Das große Excel-Handbuch für Controller

Das große Excel-Handbuch für Controller

Professionelle Lösungen

IGNATZ SCHELS UWE M. SEIDEL

Markt+Technik

Bibliografische Information der Deutschen Nationalbibliothek

Die Deutsche Nationalbibliothek verzeichnet diese Publikation in der Deutschen Nationalbibliografie; detaillierte bibliografische Daten sind im Internet über <http://dnb.d-nb.de> abrufbar.

10 9 8 7 6 5 4 3 2 1

13 12 11

ISBN 978-3-8272-4673-8

ein Imprint der Pearson Education Deutschland GmbH,
Martin-Kollar-Straße 10–12, D-81829 München/Germany

Covergestaltung: Marco Lindenbeck, webwo GmbH, mlindenbeck@webwo.de
Lektorat: Birgit Ellissen, bellissen@pearson.de
Korrektorat: Marita Böhm
Herstellung: Elisabeth Prümm, epruemm@pearson.de
Satz: Reemers Publishing Services GmbH, Krefeld
Druck und Verarbeitung: Neografia, Martin
Printed in Slovakia

Im Überblick

Inhaltsverzeichnis

Vorwort

Liebe Leserin, lieber Leser,

wir freuen uns, Ihnen das große Excel-Handbuch für Controller präsentieren zu dürfen. Für uns, das Autorenteam Ignatz Schels und Prof. Dr. Uwe Seidel, war dieses Buch eine große Herausforderung und wir hoffen, wir haben sie zu Ihrer Zufriedenheit gemeistert. Schon bei den ersten Konzeptüberlegungen waren wir uns einig, dass dieses Buch mehr enthalten muss als gebräuchliche Controlling-Tabellen und Bedienungsanleitungen. Als Controllerin/Controller haben Sie höchste Ansprüche an Fachliteratur, und wir versprechen Ihnen, dass wir diese erfüllen werden.

Dieses Buch ist eine Neuauflage, das erste große Excel-Handbuch für Controller erschien im September 2009. Wir haben viele positive Rezensionen und auch konstruktive Kritik und Anregungen bekommen, die wir gerne aufnehmen, um Ihr Buch noch besser zu machen. Das erwartet Sie in der Neuauflage:

- die Neuerungen der Version Excel 2010: Backstage-Bereich, Sicherheitscenter, Sparklines, neue PivotTables mit Datenschnitten u. a.
- neue Beispiele und Tools
- PowerPivot: ausführliche Beschreibung des BI-Tools für Excel mit Video-Tutorial »PowerPivot für Controller«
- und – alles komplett in Farbe!

Controlling & Excel

Das Berufsbild des Controllers hat sich in den letzten Jahren stark verändert. Obwohl die meisten Unternehmen ERP-Systeme und Controlling-Software aller Art einsetzen, werden viele Aufgaben in der Praxis mit der Standardsoftware Excel gelöst. Ob als Client für SAP-Berichte, als Frontend relationaler oder multidimensionaler Datenbanken oder für unternehmensspezifische Tabellenmodelle – ohne Excel ist ein effizientes Controlling undenkbar (nicht wenige Firmen nutzen ausschließlich Excel für Finanzen, Controlling und Reporting).

Entsprechend hoch sind die Anforderungen an die individuellen Fähigkeiten des Einzelnen, denn Standardsoftware ist immer nur so gut wie der Anwender. Studien belegen, dass die meisten Excel-User maximal 20 % des Potenzials nutzen und damit 80 % der anstehenden Aufgaben lösen. Aus der Erfahrung zahlreicher Seminare, Workshops und Beratungen können wir diese Aussage bestätigen. In vielen Unternehmen gibt es nur wenige richtig »gute« Excel-Profis, der große Rest »bastelt« mehr recht als schlecht mit Funktionen, Verweisen und Makros herum. Es fehlt einfach am nötigen Know-how, was häufig einer Fehleinschätzung der Bedeutung von Excel seitens der Führungsriege, fast immer aber mangelnden Fortbildungsmaßnahmen zuzuschreiben ist.

Viel Zeit und Arbeit geht dadurch verloren, effizientes Controlling und weitgehend automatisiertes Berichtswesen bleibt Wunschdenken.

Ein Buch für Excel-Controller

Dieses Buch wird Ihre Arbeit mit Excel im Controlling optimieren. Wir beschreiben alle wichtigen Controlling-Instrumente und zeigen, wie diese praxisbezogen mit Excel umgesetzt werden. Zu jedem Thema finden Sie neben fachlicher Beschreibung eine klar strukturierte und sofort einsetzbare Lösung. Auch die Anbindung an ERP-Systeme (SAP) und externe Datenquellen wird ausführlich beschrieben. Viele Lösungen aus den Bereichen Personalwesen und Projektmanagement machen dieses Buch auch besonders interessant für Controller aus diesen Bereichen.

Die Controlling-Instrumente sind nach der gebräuchlichen Differenzierung von strategischer und operativer Planung und Steuerung gegliedert. Ein eigenes Kapitel widmet sich dem Berichtswesen (Reporting), für das standardisierte Methoden und Werkzeuge vorgestellt werden. Wir haben natürlich Wert darauf gelegt, dass alle vorgestellten Themen fachlich und methodisch *State of the Art* sind, beachten Sie aber, dass es besonders für Kennzahlenberechnungen keine absolute Richtigkeit gibt.

Für die Lösungen verwenden wir Excel-Werkzeuge und -Techniken, die wir für den professionellen Einsatz besonders geeignet finden, z. B. Matrixfunktionen, Pivot-Table-Berichte, dynamische Bereiche, Gültigkeitslisten, bedingte Formatierungen und Formularelemente. Einen großen Schwerpunkt bilden die Integration externer Daten mit ODBC-Verknüpfungen und die Integration in die Office-Umgebung mit Access, Outlook und PowerPoint. VBA-Makros kommen zum Einsatz, wenn es die Aufgabe erfordert, die meisten Tabellenmodelle sind aber ausschließlich über Kalkulationen und Verknüpfungen konstruiert. Kapitel 6 enthält eine Einweisung in die Grundlagen der Makroprogrammierung mit VBA (Visual Basic for Applications), zu vielen Themen stellen wir nützliche Makros vor.

Für Einsteiger und Umsteiger

Sie planen den Umstieg von Excel 2003 auf 2007 oder 2010? Das ist nicht einfach, Microsoft hat in der neuen Version nicht nur die Dateiformate erneuert, Excel 2007 bekam neben neuen Dateiformaten (XML) eine neue Benutzeroberfläche (Multifunktionsleiste), die den Umstieg nicht gerade leicht macht. Die Version 2010 wurde noch einmal runderneuert und mit vielen weiteren Neuerungen ausgestattet (eine ausführliche Beschreibung der Unterschiede finden Sie in Kapitel 1.2).

Wir haben uns die Mühe gemacht, alle fachlichen Anleitungen für sämtliche Plattformen zu beschreiben. Achten Sie auf das Symbol in der Randleiste, es weist auf die Version hin:

Fachliche Beschreibung für Anwender der Versionen Excel 2000, Excel XP und Excel 2003 — 2003

Fachliche Beschreibung für Anwender der Version Excel 2007 — 2007

Fachliche Beschreibung für Anwender der Versionen Excel 2007 und Excel 2010 — 2007 2010

Fachliche Beschreibung für Anwender der Version Excel 2010 — 2010

Tipps und Tricks ...

... sind das Salz in der Suppe und unentbehrlich für den professionellen Einsatz von Excel im Controlling. Eine Auswahl der besten Excel-Tipps finden Sie in diesem Buch. Da viele Tipps aber zu mehreren Themen passen, haben wir diese in ein eigenes Kapitel ausgelagert und mit Tippnummern referenziert. Ein Symbol in der Randleiste verweist auf den passenden Tipp, achten Sie auf die Nummer und suchen Sie diese in Kapitel 7. Hier ein Beispiel: Tipp Nummer 01-02 beschreibt, wie Sie Vorlagen für neue Tabellenblätter anlegen:

01-02: Vorlage für neue Tabellenblätter — TIPP

Feedback und Kontakt

Wir freuen uns über Ihr Feedback. Bitte haben Sie Verständnis dafür, dass wir keinen Support zu den vorgestellten Beispiellösungen oder Makros leisten können. Aber wenn Sie einen guten Tipp oder eine interessante Lösung für Excel-Controller haben, lassen Sie es uns wissen. Über unsere Webseite können Sie Kontakt mit uns aufnehmen:

`www.excellent-controlling.de`

`info@excellent-controlling.de`

Seminare

Besuchen Sie unsere Seminare in Deutschland, Österreich und der Schweiz, hier haben Sie die Gelegenheit, professionelle Techniken und jede Menge Tipps und Tricks zu Excel im Controlling kennenzulernen und einige Tools *live* mit uns zu entwickeln. Hier finden Sie Beschreibungen, Termine und Anmeldungsinformationen:

`www.excellent-controlling.de`

XING-Gruppe »Excel im Controlling«

Nutzen Sie die XING-Gruppe »Excel im Controlling«, die wir als Moderatoren betreuen. Melden Sie sich an, werden Sie Teil unserer Community und lernen Sie interessante Leute kennen. In dieser Gruppe profitieren Sie von der Erfahrung wirklich guter Excel-Controller, und wenn Sie ein interessantes Tool haben, stellen Sie es in der *Excel-Toolbox* vor.

Nun wünschen wir Ihnen viel Spaß und viel Erfolg mit dem großen Excel-Handbuch für Controller.

Ihre Autoren

Ignatz Schels

Dr. Uwe M. Seidel

Die CD zum Buch

Alle Beispiellösungen und Übungsdaten zu den einzelnen Themen finden Sie auf der CD zum Buch. Die Dateien befinden sich im Ordner *Buchdaten*, alle Arbeitsmappen, Tabellen und Makros sind ungeschützt und frei zugänglich.

Damit die Beispieldaten und Tools entsprechend den Erklärungen im Buch mit allen Excel-Versionen verwendet werden können, wurden die meisten Dateien im XLS-Format für die Versionen bis 2003 abgespeichert. Aktivieren Sie die Dateien mit Excel ab Version 2007, schaltet das Programm in den Kompatibilitätsmodus. Konvertieren Sie die Dateien über das *Office*-Menü (2007) bzw. *Datei*-Menü (2010), um sie in das neuere Format umzuwandeln.

Dateien, die Makros enthalten, werden in Excel 2007/2010 in der Dateiendung gekennzeichnet (XLSM), bis Version 2003 gibt es diese Unterscheidung nicht. Stellen Sie sicher, dass Ihr Excel Makros zulässt, schalten Sie dazu die mittlere Stufe der Makrosicherheit ein. Eine detaillierte Anleitung finden Sie in Kapitel 2.10. Alle Makrodateien sind natürlich überprüft und frei von Viren und anderen Schädlingen.

Sollte die CD fehlen oder beschädigt sein, schreiben Sie bitte eine Mail an den Verlag, Sie bekommen umgehend Ersatz. `info@pearson.de`

Kapitel 1

Hinführung zum Thema

1.1 Controlling und Controller

Unternehmen müssen **gemanaged** und **controlled** werden. Die beiden verwendeten Begriffe zählen mittlerweile bereits zum gängigen Wortschatz der Betriebswirtschaftslehre. Eine exakte Übersetzung der beiden Begriffe in die deutsche Sprache bereitet Schwierigkeiten. Die deutschen Begriffe **geführt** und **gesteuert** kommen den angelsächsischen Begriffen wohl am nächsten. Das gilt auch für die Termini »Management« und »Controlling« wie auch »Manager« und »Controller«.

1.1.1 Management

Management ist eine Funktion, die neben der fachlichen Tätigkeit (z. B. bestellen, buchen, konstruieren, verkaufen) in den unterschiedlichen Unternehmensbereichen (z. B. F&E, Beschaffung, Produktion, Vertrieb, IT, Rechnungswesen) ausgeübt werden muss, und hat eine **personenbezogene** und eine **sachbezogene** Komponente.

Die personenbezogene Komponente umfasst	Die sachbezogene Komponente umfasst
Aufgaben und Kompetenzen,	Festlegung von Zielen,
Beurteilung von Eignung und Leistung sowie	Konkretisierung der Ziele durch die Erstellung von Plänen sowie
Förderung.	Steuerung auf der Basis von Soll-Ist-Vergleichen.

Tabelle 1.1: Personen- und sachbezogene Komponente des Managements

Dies soll an einem **Beispiel** verdeutlicht werden:

Aufgaben und Kompetenzen spiegeln sich im Eignungsprofil eines Mitarbeiters wider (Ist-Profil). Gleichzeitig ergeben sich Anforderungen aus einer wahrzunehmenden Funktion (z. B. Leitungsfunktion im Unternehmen) oder aus einem Projekt (z. B. Suche eines Mitarbeiters, der eigenverantwortlich ein Risikomanagementsystem einführt). Es wird hier vom sog. Soll-Profil gesprochen. Im nächsten Schritt sind Soll-Profil und Ist-Profil gegeneinander abzugleichen (Beurteilung der Eignung und Leistung). Daraus wird ein Förderungsbedarf abgeleitet (z. B. besitzt der Mitarbeiter zu geringe Kenntnisse auf dem Gebiet des Risikomanagements), und Förderungsmaßnahmen werden definiert (z. B. Besuch einer Schulung zum Risikomanagement). Der Manager nimmt hier die Rolle eines Trainers im betrieblichen Lernprozess wahr.

1.1.2 Controlling

To control (engl.) bedeutet steuern, regeln, aber auch kontrollieren. Am anschaulichsten lässt sich die Bedeutung von Controlling am **Beispiel** eines Controlling-Prozesses in der Technik verdeutlichen:

Mithilfe einer Temperaturvorwahl wird für einen Raum festgelegt, dass die Raumtemperatur einen bestimmten Zielwert erreichen bzw. halten soll. Die Raumtemperatur wird von einem Thermostat überwacht. Sinkt die Temperatur unter den vorgegebenen Zielwert, weil beispielsweise die Fenster undicht sind, signalisiert der Thermostat der Heizanlage, dass sie mehr heizen soll – so lange, bis die Zieltemperatur wieder erreicht ist.

Aus betriebswirtschaftlicher Sicht steht Controlling für Folgendes:

- Vereinbarung von Zielen,
- Aufstellung von Plänen zur Erreichung der Ziele und
- auf der Basis von zeitlich fixierten – z. B. monatlichen – Soll-Ist-Vergleichen (Kontrolle, Überwachung)
- Entscheidung (Steuerung) über korrektive Maßnahmen, um wieder auf Plankurs zu kommen oder Abweichungen vom Ziel zum Ende der Planperiode anzukündigen.

Dies entspricht der sachbezogenen Komponente der Managementfunktion.

Daraus ergibt sich, dass »Controlling zu betreiben« Sache des Managers ist. Nicht der Controller betreibt also das Controlling, sondern der Controller leistet hierfür den betriebswirtschaftlichen Service in Form der

- Bereitstellung standardisierter Werkzeuge (z. B. Risikoerfassungsblätter, -berichte),
- Beratung der Manager (z. B. beim Ausfüllen der Risikoerfassungsblätter, -berichte) und
- »Ermahnung«, dass das Controlling auch tatsächlich vom Manager betrieben wird.

1.1.3 Zusammenspiel von Manager und Controller

Das Zusammenspiel von Manager – hier in der Form desjenigen, der für ein Ergebnis verantwortlich ist (z. B. Vertriebsleiter, der für Deckungsbeiträge, Umsatzerlöse etc. verantwortlich ist) – und Controller – also derjenige, der den Manager mit standardisierten Controlling-Werkzeugen unterstützt (z. B. Vertriebscontroller) – kann durch das Schnittmengenbild aus der Mengenlehre verdeutlicht werden (vgl. Deyhle, »*Controllerpraxis*«, Band II, S. 177).

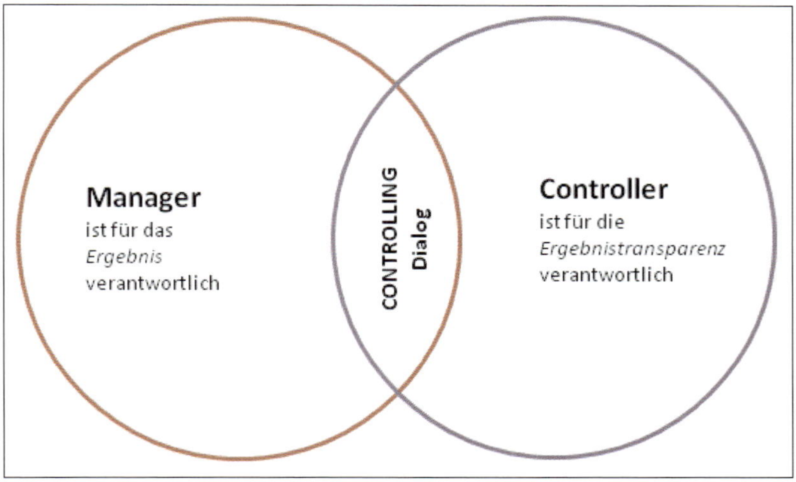

Abbildung 1.1: Controlling als Schnittmenge

Der **Manager** ist verantwortlich für das **Ergebnis** (z. B. Ausschussquote in der Produktion, Deckungsbeiträge, Umsatzerlöse im Vertrieb), wobei die tatsächliche Durchführung der Planung und Steuerung bei den operativen Einheiten liegt. Der Manager definiert die Entscheidungssituation (z. B. Ausschussoptimierung im Produktionsbereich), und die operativen Einheiten (z. B. die einzelnen Produktionsabteilungen) definieren die Maßnahmen zur Erreichung dieses Ziels (z. B. Einführung eines Qualitätsmanagementsystems, Schulung der Produktionsmitarbeiter).

Der **Controller** ist verantwortlich für die **Ergebnistransparenz**. Der Controller unterstützt den Manager und die operativen Einheiten durch die Vorgabe standardisierter Werkzeuge (z. B. Berichtsformulare, einheitliche Berechnungsmethoden für Kennzahlen, Planungsformulare) und einheitlicher Verfahrensweisen (z. B. einheitliches Vorgehen bei der Erstellung der Unternehmensplanung, einheitliche Anwendung von Verfahren zur Investitionsrechnung). Dass der Controller **kein Kontrolleur** ist, wird dadurch deutlich, dass er keine Kontrollen im Nachhinein ausübt, sondern die Manager zur Steuerung im Vorhinein anleitet.

Von der **International Group of Controlling (IGC)**, einer 1995 gegründeten internationalen Interessengemeinschaft von Institutionen und Unternehmen, die Controlling in der praktischen Anwendung und Weiterentwicklung fördern wollen, wurde ein Controller-Leitbild erarbeitet, das das Berufs- und Rollenbild des Controllers spezifiziert. Mit dem Leitbild wird auch das breite Aufgabenspektrum des Controllers deutlich.

Exkurs

Controller leisten begleitenden betriebswirtschaftlichen Service für das Management zur zielorientierten Planung und Steuerung.

Das heißt:

- Controller sorgen für Ergebnis-, Finanz-, Prozess- und Strategietransparenz und tragen somit zu höherer Wirtschaftlichkeit bei.
- Controller koordinieren Teilziele und Teilpläne ganzheitlich und organisieren unternehmensübergreifend zukunftsorientiertes Berichtswesen.
- Controller moderieren den Controlling-Prozess so, dass jeder Entscheidungsträger zielorientiert handeln muss.
- Controller sichern die dazu erforderliche Daten- und Informationsversorgung.
- Controller gestalten und pflegen die Controlling-Systeme.
- Controller sind die internen betriebswirtschaftlichen Berater aller Entscheidungsträger und wirken als Navigator zur Zielerreichung.

(Quelle: Internationaler Controllerverein e. V., »IGC – Controller-Leitbild«, 1998, S. 2)

Manager und Controller müssen im Dialog miteinander stehen. Diesen Controlling-Dialog – also das Miteinander im Controlling – symbolisiert die Schnittmenge in der obigen Abbildung. Nur so kann vermieden werden, dass der Manager gleichzeitig die Datenflut und den Informationsmangel beklagt.

1.2 Controlling und Excel

Microsoft Excel gehört zur Kategorie der Standardsoftware für Personalcomputer. Eigentlich ist Excel kein eigenständiges Programm, sondern Teil der Office-Suite Microsoft Office. Dieses Paket, das neben Excel auch das Schreibprogramm Word, die Präsentationssoftware PowerPoint, einen Mailclient namens Outlook und – je nach Version – die Datenbanksoftware Access (und weitere kleinere Programme) enthält, gehört auf den meisten Arbeitsplatzcomputern ebenso zum Standard wie das Betriebssystem Windows.

1.2.1 Excel – die Geschichte

Excel wurde ursprünglich (1985) als Bürosoftware für das grafische System Apple Macintosh entwickelt und zwei Jahre später auf das Betriebssystem Windows portiert. Mit regelmäßigen Updates im Zwei-Jahres-Rhythmus wurde das Programm erweitert und verbessert, neue Funktionen, Assistenz- und Zusatzprogramme kamen hinzu. Mit Office 95 konnten erstmals mehrere Tabellen in einer Arbeitsmappe gespeichert werden, und Excel 97 wurde mit dem für Controller wichtigsten Analysewerkzeug, der Pivot-Tabelle, ausgeliefert.

Hinweis

Geschichte und Versionsübersicht bei Wikipedia:

http://de.wikipedia.org/wiki/Microsoft_Excel

1.2.2 Updates und Versionen

Standardsoftware orientiert sich – wie der Name bereits vermuten lässt – an einem bestimmten Standard, und Microsoft Office ist führend im Bereich der funktionsübergreifenden Bürosoftware. Um den wachsenden Anforderungen der Anwender gerecht zu werden, werden Excel, Word, PowerPoint, Outlook und Co. alle drei Jahre neu aufgelegt. Diese Updates sind nicht immer beliebt und verursachen hohe Kosten bei den Unternehmen.

Zwischen den Office-Versionen 97 und 2003 hielt sich die Anzahl der Neuerungen bei Excel in Grenzen, was für viele Unternehmen ein Argument war, die Kosten für Software-Updates zu sparen. Erst mit der Version 2007 wurde Excel grundlegend erneuert. Die Tabellengröße wuchs von 65.536 Zeilen x 256 Spalten auf 1.048.576 Zeilen x 16.384 Spalten, angesichts der Datenmengen, die aus externen Quellen wie SAP abgerufen werden, eine entscheidende Neuerung. Die traditionelle Oberfläche mit Menüs und Symbolleisten musste dem »Ribbon« weichen, einer Multifunktionsleiste mit Reitern, Symbolgruppen und Symbolen.

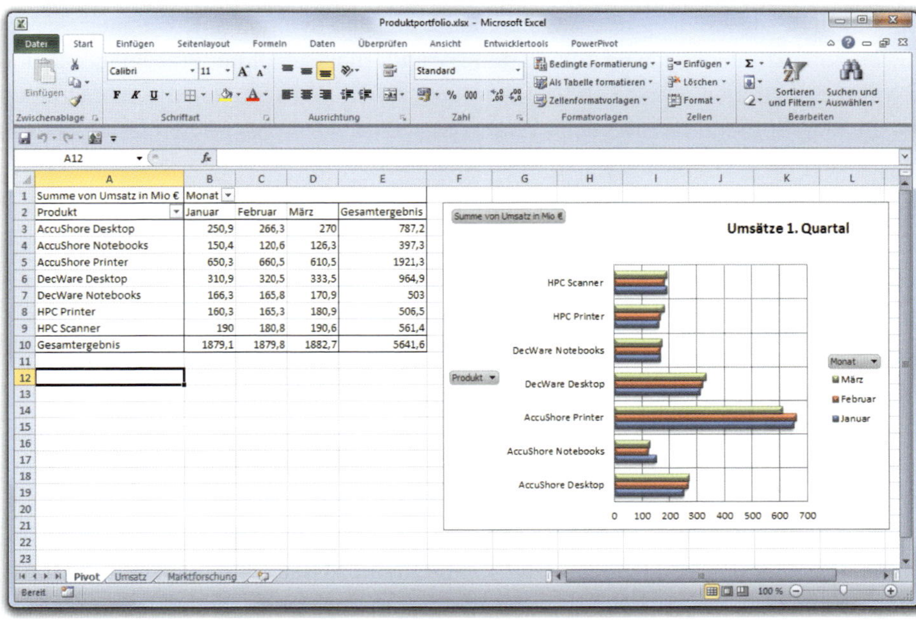

Abbildung 1.2: Excel 2010 im neuen Look mit Menüband und Backstage-Ansicht (Datei-Menü)

Office 2010 kam im Juni 2010 auf den Markt, erwartungsgemäß mit wenigen, aber wichtigen Neuerungen. Aus dem Office-Menü wurde das »Backstage« mit einer Registerkarte, die wieder *Datei* heißt. Die Multifunktionsleiste wird *Menüband* genannt, sie lässt sich wieder benutzerspezifisch anpassen. Das Sicherheitskonzept wurde runderneuert und mit einer Versionsverwaltung für Dateien versehen. Neue Funktionen gibt es dagegen wenige, einige sind umbenannt und optimiert. Für Umsteiger von den Excel-Versionen 97-2003 bietet die Funktionspalette aber über 150 neue Funktionen, die zuvor im Add-In *Analyse-Funktionen* versteckt waren.

Hinweis In diesem Buch finden Sie die Beschreibungen zu den Excel-Techniken und -Funktionen für mehrere Versionen. Sie können die Anleitungen mit den Excel-Versionen 97, 2000, XP, 2003, 2007 und 2010 nutzen. Achten Sie auf das Symbol am Seitenrand:

2003 | Beschreibung für die Excel-Versionen 97, 2000 und 2003

2007 | Beschreibung für die Excel-Version 2007

2007 2010 || Beschreibung für die Excel-Versionen 2007 und 2010

2010 | Beschreibung für die Excel-Version 2010

1.2.3 Excel im Data-Warehouse

Von allen Office-Programmen ist Excel das mächtigste und umfangreichste, und das nicht nur in Bezug auf die große Anzahl von Menüs und Symbolen. Excel hat sich vom Tabellenkalkulationswerkzeug zum Planungs- und Analysetool mit Präsentations- und Reporting-Funktionen entwickelt. Mit den integrierten Werkzeugen und nicht zuletzt über die Makroprogrammiersprache VBA (Visual Basic for Applications) lässt sich jede Aufgabe im Bereich Controlling und Reporting lösen.

Excel ist trotz der enormen Größe seiner Tabellenblätter kein Datenbankprogramm und nicht für die Verwaltung großer Datenmengen geeignet. Dazu fehlt dem Programm die Fähigkeit, relationale oder multidimensionale Verknüpfungen zwischen Datenpools herzustellen. Excel kann aber Daten aus Vorsystemen integrieren und analysieren.

Welche Rolle das Werkzeug Excel im Unternehmen spielt, hängt von mehreren Faktoren ab: Die meisten mittelständischen Firmen und Großunternehmen setzen heute ERP-Systeme ein (ERP = enterprise resource planing). Zu den bekanntesten gehören SAP, Microsoft Dynamics NAV und Sage, es gibt aber Hunderte von Standardlösungen und zahlreiche individuell erstellte Applikationen. Diese Systeme basieren meist auf relationalen Datenbanken (Oracle) oder multidimensionalen Datenbanken mit OLAP-Cubes (Cognos, Hyperion, SQL Server Analysis).

Der Controller bezieht seine Daten aus diesen Systemen, verarbeitet und verknüpft diese und erstellt seine Berichte, Analysen und Präsentationen. Als Client dient dazu meist Excel, der Datentransfer geschieht über einfache Speicherung der ERP-Daten im XLS-Format, per Copy & Paste oder über ODBC-Verbindungen. Data Warehouses und

Business-Intelligence-Lösungen nutzen Excel bereits direkt als Client, integrieren das Office-Programm als Ausgabeschnittstelle und stellen makrogesteuerte oder über Abfragen (Querys) dynamisch verknüpfte Berichte bereit.

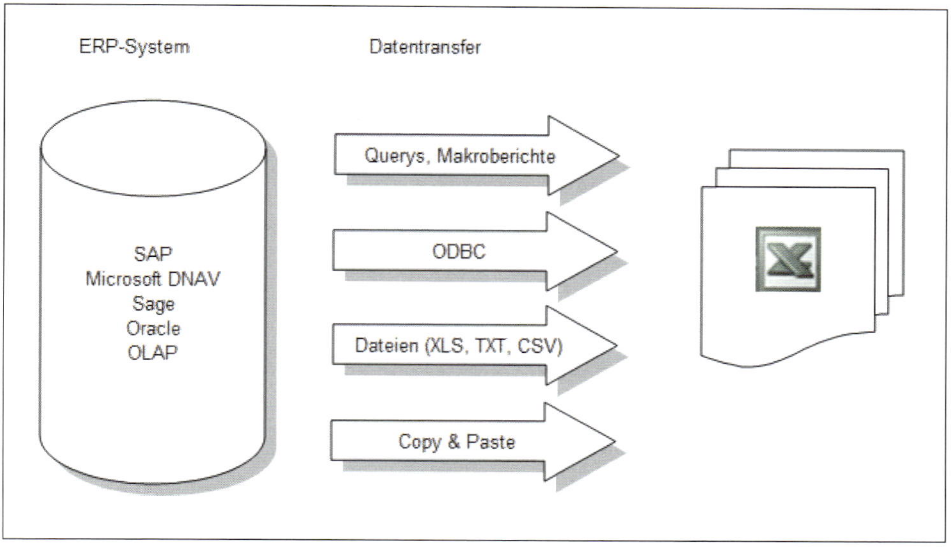

Abbildung 1.3: Excel als Client für Vorsysteme

1.2.4 PowerPivot – der nächste Schritt

Mit Excel 2010 hat Hersteller Microsoft einen längst fälligen nächsten Schritt getan. Das kostenlose Add-In *PowerPivot* bietet die Möglichkeit, sehr große Datenmengen in Excel zu integrieren und über PivotTables und PivotCharts zu verwalten. Daten aus Datenbanken (Access, SQL-Server u. a.), aus SharePoint und natürlich auch aus Excel-Tabellen werden in Sekundenschnelle eingelesen, Verknüpfungen können automatisch übernommen oder spezifisch erstellt werden. Die integrierte Formelsprache DAX bietet zahlreiche Möglichkeiten zur Auswertung und Analyse der Datenmengen. PowerPivot ist eine ideale Ergänzung und für viele Anwender sogar ein Ersatz für Business-Intelligence-Systeme (BI).

Hinweis

In Kapitel 5 finden Sie das Tutorial *PowerPivot für Controller*. Dieses Tutorial können Sie auch als Video von der CD zum Buch laden (PowerPivot_Tutorial.wmv) oder online auf YouTube ansehen. Geben Sie unter `www.youtube.de` als Suchbegriff *ExcellentControlling* ein.

http://www.youtube.com/watch?v=h4o8bzbKZfQ

http://www.youtube.com/watch?v=Ryf1ld1ES0I

1.2.5 Excel als Controlling-Tool

In vielen Unternehmen wird Excel noch als eigenständiges Controlling-Tool für Planung und Berichtswesen eingesetzt. Da Excel nicht über die Möglichkeiten von Datenbanken verfügt, Daten und Anwendungslogik zu trennen, sind für solche Anwendungen sehr viele umständliche Formelverknüpfungen nötig. Um die in Datenbanken benötigten relationalen Verknüpfungen zu simulieren, werden Verweise neue Tabellenblätter immer mehr mittels SVERWEIS() miteinander verknüpft. Das Ganze resultiert nicht selten in riesengroßen, unüberschaubaren Arbeitsmappen, in denen falsche Verknüpfungen und fehlerhafte Daten nicht mehr kontrollierbar sind.

Mit der Programmiersprache VBA lassen sich zwar Makros erstellen, die Prozesse automatisieren und Benutzereingaben im Dialog ermöglichen, in der Praxis fehlen dem Controller aber die dazu zwingend erforderlichen Kenntnisse in Programmierung und Programmorganisation, und die größtenteils per Recorder aufgezeichneten VBA-Makroprozeduren machen die Excel-Lösungen noch kritischer, weil sie sehr wartungsintensiv, intransparent und fehlerträchtig sind.

Diese berüchtigten »Excel-Basteleien« schaffen meist nur kurzfristig Lösungen, schaden aber mehr, als dass sie nutzen.

Hier einige Tipps aus der Praxis, wie Excel gewinnbringend im Controlling eingesetzt wird:

1. Trennen Sie Datenhaltung und Datenanalyse strikt. Nutzen Sie vorhandene Datenbanken oder ERP-Systeme oder erstellen Sie relationale Datenbanken mit Verknüpfungen auf diese. Excel sollte selbst niemals zur Erfassung oder Speicherung von Daten verwendet werden.
2. Automatisieren Sie den Datentransfer zwischen Ihren Vorsystemen und Excel. Lassen Sie SAP-Berichte erstellen, die weniger Kalkulationsaufwand erfordern, richten Sie BW- oder BI-Abfragen ein, die Daten automatisch aus der Datenbank ziehen (BW = Business Warehouse, BI = Business Intelligence). Nutzen Sie **PowerPivot**, wenn es um sehr große Datenmengen geht (siehe Kapitel 5).
3. Versuchen Sie, Ihre Datenanalysen mit den »Bordmitteln« von Excel zu lösen, vermeiden Sie Makros, solange es geht. Tabellenkalkulation ist erlernbar und erfordert nur Fleiß und die Fähigkeit, logisch zu denken. Makros sind eine weitere Benutzerebene, die fundiertes Wissen über Programmierung, Algorithmen und Ablaufsteuerung erfordert.
4. Können statt Kennen: Das Wissensniveau der Excel-Anwender ist grundsätzlich zu schwach für die Bewältigung der Standardaufgaben im Controlling. Die Pareto-Regel gilt besonders im Excel-Umfeld: 80 % der Anwender nutzen 20 % der Möglichkeiten, und für 20 % Effizienz werden 80 % der Ressourcen verbraucht. Wer nur wenige Funktionen des Programms kennt, wird umständlich und zeitaufwendig arbeiten und schlechte, ineffiziente Lösungen produzieren. Lassen Sie sich und Ihr Team schulen, veranstalten Sie Spezial-Workshops, stellen Sie gute Literatur bereit.

5. Makroprogrammierung ist nur dann eine nützliche Komponente bei der Erstellung von Controlling-Lösungen, wenn sie von Anfang an von programmiererfahrenen Anwendern für die Automatisierung von Prozessen und für den Benutzerdialog verwendet wird. Auf keinen Fall sollte versucht werden, bestehende Excel-Lösungen mit Makro zu »retten« oder aufzuwerten. Eine Neustrukturierung, beginnend mit Datenflussplänen und Programmablaufplänen, ist in jedem Fall vorzuziehen.

1.2.6 Relationale Datenbanken mit Microsoft Access

Für die Datenhaltung und -verwaltung im Microsoft-Office-Paket ist Access zuständig. Das relationale Datenbankprogramm wird nicht in den Basisversionen (Small Office, Studentenversion) mitgeliefert, kann aber nachgeordert werden. Excel und Access sind ein ideales Gespann, Access verfügt über direkte Schnittstellen zum Import und Export von Excel-Daten, umgekehrt bietet Excel die Möglichkeit, Access-Daten dynamisch verknüpft in Tabellenblätter und Diagramme zu integrieren.

Vorteile einer Excel-Access-Kooperation

Eine Controlling-Lösung auf der Basis dieser beiden Applikationen aufzubauen ist eine gute Entscheidung, erfordert aber eine straffe Planung und gute Kenntnisse in beiden Systemen.

- Access-Datenbanken (Version 2007/2010) können bis zu 2 GByte groß sein, falls das nicht ausreicht, können mehrere Datenbankdateien miteinander verknüpft werden. Wenn das Datenvolumen der geplanten Lösung bei Excel an Grenzen stößt, ist die Kombination Excel-Access die erste Wahl.
- Die Datenerfassung mit Access ist wesentlich sicherer als mit Excel. Im Unterschied zum Excel-Tabellenblatt fordert die Access-Tabelle eine klare Struktur mit Felddatentypen, Feldgrößen und Gültigkeitsregeln. Erfassungsformulare regeln den Dialog mit dem Anwender, Fehleingaben lassen sich ohne großen Aufwand ausschließen.
- Access bietet einen sicheren Zugriffsschutz mit Berechtigungen für Benutzer und Benutzergruppen. Tabellen, Formulare und Berichte können von vielen Anwendern gleichzeitig bearbeitet werden, lassen sich aber bis auf Satzebene sperren, wenn es nötig ist.
- Access verknüpft Tabellen relational über Schlüssel und Indizes, was Datenredundanz, Mehrfacherfassung und Erfassungsfehler auf allen Ebenen verhindert. Durch die referentielle Integrität werden Aktualisierungen und Löschungen auch an verknüpfte Datenpools weitergegeben.
- Daten aus ERP-Systemen oder anderen Datenbanken und Datenquellen lassen sich bequem integrieren und verknüpfen (SAP-Berichte im XLS-Format, SAP-BW-Querys, Textdateien, CSV).

An die Grenzen stößt Access natürlich bei Planungs- und Berichtsaufgaben für viele Unternehmensbereiche, bei Konsolidierungen über mehrere Geschäftszweige. Hier bieten große Systeme wie SAP oder multidimensionale Datenbanken einen klaren Vorteil, schlagen aber auch mit wesentlich höheren Anschaffungs- und Lizenzkosten zu Buche und erfordern wesentlich mehr Personalressourcen.

Die Makroprogrammiersprache VBA ist im Office-Paket für alle Applikationen einheitlich, VBA ist die meistgenutzte Sprache für die Erstellung von Businesslösungen. Für eine individuelle Controlling-Lösung mit gutem Kosten-Nutzen-Verhältnis gibt es keine bessere Alternative als Excel, Access und VBA.

Ein Tipp aus der Praxis: Ein guter VBA-Programmierer wird immer zusätzlich zu Excel ein Datenbanksystem kennen, er kann Sie bei der Umsetzung Ihrer Lösung beraten und den Aufwand an Access-Datenmodellierung und VBA-Optimierung einschätzen. Lassen Sie sich beraten, reservieren Sie ausreichend Zeit und Geld für eine Lösung und stellen Sie für die Umsetzung einen Mitarbeiter oder ein Mitarbeiterteam ab, das als Key-User ausgebildet wird und die fertige Lösung pflegen und weiterentwickeln kann.

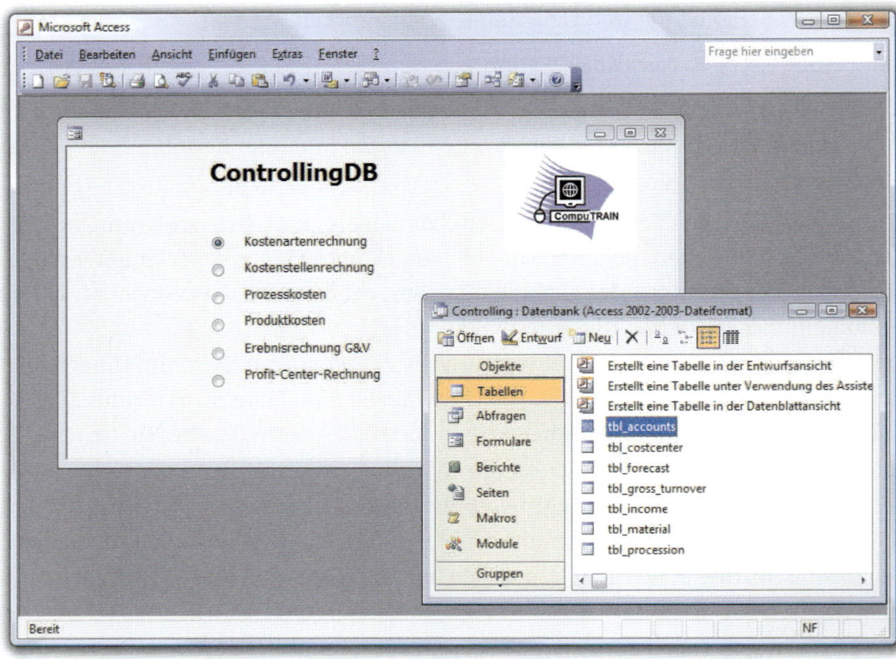

Abbildung 1.4: Controlling-Datenbank mit Microsoft Access

1.2.7 Business Intelligence – OLAP und Excel

Der Softwaremarkt bietet als Alternative zu reinen Excel-Lösungen Business-Intelligence-Software mit multidimensionalen Datenbanken an, die Excel größtenteils als Frontend unterstützen. Die Integration erfolgt über Add-Ins, die mit der Installation der BI-Software in die Excel-Oberfläche eingebaut werden. Der Vorteil: Der Controller kann sein vertrautes Excel weiter für die Analyse, das Reporting und für Präsentationen nutzen, die Daten bezieht er aber aus einem sicheren Backend-System. Die meisten Systeme unterstützen sogar die Administration der Datenbanken, sodass der Controller neue oder geänderte Daten auch wieder ins System einspeisen kann.

Spezielle Excel-Add-Ins von Drittanbietern ermöglichen auch den Zugriff auf mehrere Datenbanken aus einer Excel-Arbeitsmappe. Hier ein Auszug aus dem Angebot der in Deutschland erhältlichen multidimensionalen Datenbanken:

Hersteller	Multidimensionale Datenbank	mit Excel-Add-In	Bemerkungen
Board	Board	Nein	BI-Entwicklungsplattform für mittelständische Kunden
Cubeware	Cubeware Cockpit V6 Pro	Ja	Analyse, Reporting, Dashboarding
IBM	Cognos TM1	Ja	Hochwertige Datenbank für größere Reporting- und Planungsanwendungen
Infor	PM OLAP	Ja	Nachfolger von MIS ALEA
Jedox	Palo	Ja	Open-Source-Software ohne Lizenzkosten
Metris	MPSS OLAP Server	Ja	Versicherungen, Finanzinstitute
Microsoft	SQL Server Analysis Services	Ja	Wird mit SQL Server geliefert
MIK	MIK OLAP	Ja	Sehr gute Excel-Integration über Add-In
Oracle	Essbase	Ja	Grundlage für die Planungslösung Oracle Planning
Paris Technologies	PowerOLAP	Ja	Ähnlich wie TM1
prevero	prevero 7	Ja	Analyse, Reporting, Planung, SAP-BI-Frontend, Corporate Performance Management
SAP	SAP Netweaver BI (SAP BW)	Ja	Mit Excel-Integration BEx Analyser, bald von Pioneer abgelöst. Daten in relationalen Datenbanken werden von BW als »Engine« aufbereitet.
Thinking Networks	TN Planning	Nein	Für Großunternehmen und Konzerne, mit Funktionen für handelsrechtliche Konsolidierung

Tabelle 1.2: Multidimensionale Datenbanken (OLAP) im deutschen Markt (Auszug)

Hinweis

Moderne, durchgängige Lösungen für das Controlling haben zum Ziel, objektive Grundlagen für die ganzheitliche, strategische und operative Führung eines Unternehmens zu schaffen. Es geht um die zukunftsgerichtete Fähigkeit, das Spannungsfeld zwischen kurzfristigen, finanziellen Ergebnissen und Investitionen in künftige Erfolge unternehmensindividuell und zielgerichtet zu lösen. Hier unterstützen moderne Business-Intelligence(BI)- bzw. Business-Performance-Management(BPM)-Systeme.

Stellvertretend für derartige Systeme stellen wir die Produkte von **prevero** und **cubeware** vor, die die für eine integrierte Unternehmenssteuerung erforderlichen Instrumente in ihren Softwarelösungen abbilden.

Cubeware

Um entscheidungsrelevante Informationen für die Unternehmenssteuerung zu generieren, hat sich die Kombination von Microsoft Excel und OLAP (Online Analytical Processing)-Datenbanken für erfahrene Power-User wie Controller bewährt. Sie sind im Umgang mit Excel gut geübt, verfügen über entsprechend solide Anwendungskenntnisse und können somit auch alle Gestaltungs- und Berechnungsfreiheiten der Office-Lösung nutzen. Wie verhält es sich aber mit der großen Zahl der Nicht-Excel-Profis?

Oft stellt der Einsatz des Microsoft-Tools als Frontend für OLAP-Daten für Anwender mit geringen Excel-Kenntnissen wie Vorstände, Geschäftsführer, Außendienstmitarbeiter und Kostenstellenverantwortliche eine gewisse Herausforderung dar. Damit aber auch dieser Benutzerkreis optimale Arbeitsergebnisse erzielen kann, ist eine entsprechende Unterstützung ratsam: Ein dezidiertes BI (Business Intelligence)-Frontend ist hier die Lösung, denn es ermöglicht auch Nicht-Excel-Power-Usern, einfach, effizient und sicher Daten zu analysieren sowie Berichte und Dashboards aufzubauen oder zu planen.

Als hilfreiche Ergänzung im Doppel von Excel und OLAP-Technologie werden Anwender durch ein spezialisiertes BI-Frontend bei der Erstellung von Berichten geführt unterstützt. Hierdurch werden beispielsweise auch klassische Fehlerpotenziale in Excel minimiert, wie die Verwendung der Entfernen-Taste, die nicht nur bloße Dateninhalte löscht, sondern auch die Datenanbindungs-Formeln zur OLAP-Datenbank aus den Zellen.

Ein BI-Frontend erlaubt zudem geführte Berichtsfolgen (Stichwort: Buttons mit Sprüngen) und unterstützt mit Web- bzw. Mobile-Zugängen die Mitarbeiter auf Reisen. Ein weiterer entscheidender Vorteil liegt in der Team-Unterstützung, die es ermöglicht, von zentraler Stelle aus eine Vielzahl von Berichten mit ausgefeilten Berechtigungssystemen und Filtern zu verwalten. Wer darf was wann sehen oder ändern? Solche Aspekte finden hier genauso Berücksichtigung wie die Erstellung mehrsprachiger Berichte und deren Export in beliebige Ausgabeformate. Auch beantwortet es die Frage nach dem Umgang mit möglichen Kollisionen, wenn zum Beispiel mehrere Benutzer gleichzeitig ihre Anpassungen im selben Bericht durchführen. Selbstverständlich lassen sich Reports aus dem Frontend auch zurück nach Excel exportieren und dort weiterverwenden, um beispielsweise komplexere, formelbasierte Nebenrechnungen mit der Tabellenkalkulation durchführen. Und natürlich kann der erfahrene Power-User parallel dazu, wenn er das möchte, wie gehabt Excel als Frontend wählen.

Im gezielten Einsatz bietet ein BI-Frontend also nicht nur ein Mehr an Komfort und Benutzerfreundlichkeit, sondern ist eine ideale Ergänzung zu Microsoft Excel. Denn dieses wird auch in Zukunft eine zentrale Rolle im Umfeld von Analyse, Planung und Reporting spielen.

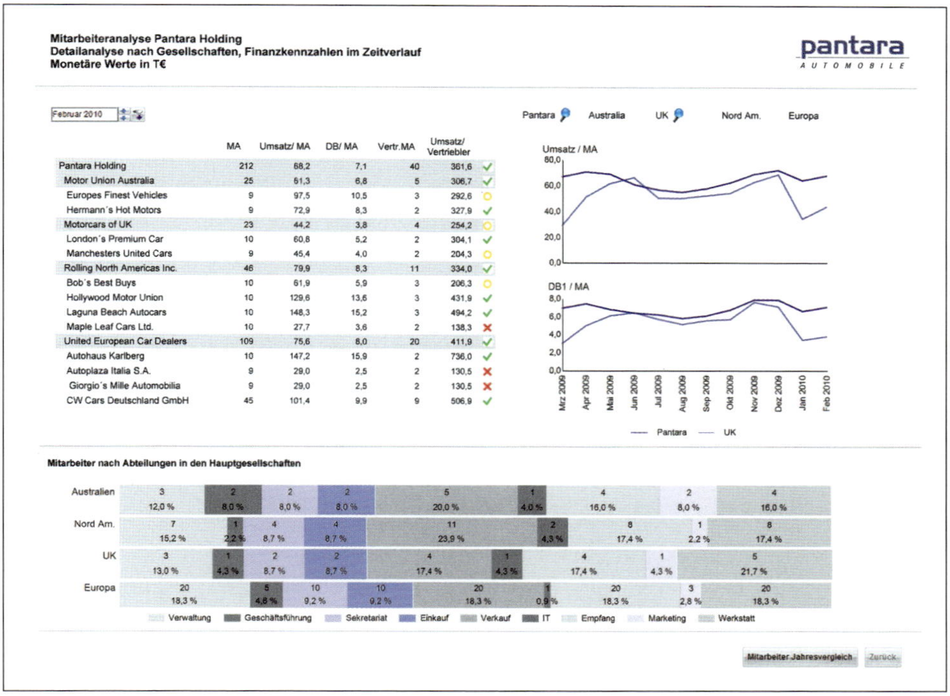

Abbildung 1.5: Cubeware-Cockpit mit Personal- und Finanzkennzahlen

Auf der CD zum Buch finden Sie im Ordner *Cubeware* Beschreibungen zu diesem Tool und eine kostenfreie Demo von *Cubeware Cockpit V6Pro*. Die Anleitung zur Installation des Cockpit-Demos und den Lizenzschlüssel finden Sie im Ordner.

CD

Prevero

Der Ansatz von prevero sieht den Planungs- und Budgetierungsprozess als zentralen Bestandteil innerhalb der Unternehmenssteuerung bzw. des Corporate Performance Management (CPM). Von ihm ausgehend werden die weiteren unternehmensübergreifenden Komponenten etabliert, wie z. B. das Risikomanagement oder die Balanced Scorecard. So werden inkonsistente Daten und uneinheitliche Metriken vermieden, und es erfolgt Schritt für Schritt eine nachvollziehbare Modellierung der Unternehmensstrategien sowie der Maßnahmen zur Steuerung und Überwachung derselben.

Die meisten IT-Tools für das Controlling sind getrieben von einem Gedanken, der mit der Standardsoftware auch sämtliche Excel-Aktivitäten aus der IT-Landschaft verbannt oder verbannen will. Die Frage ist daher, warum hier nicht das Beste aus beiden Welten zusammengenommen werden kann: Ein Ansatz sollte sein, die Umgebung des Excel-affinen Nutzers eigenständig zu belassen und gleichzeitig eine einheitliche Datenbasis im Sinne einer BI-Lösung zu schaffen.

Die Lösung von prevero liefert sämtliche Komponenten, die für eine integrierte Unternehmenssteuerung notwendig sind. Die Philosophie basiert auf dem Gedanken, alle

Vorteile von Excel zu erhalten und gleichzeitig die bekannten Defizite zu beseitigen. Hierbei unterstützt Sie der prevero Excel®Client als »Brücke zu den bestehenden Excel-Landschaften«. Daten und Formeln werden einfach und schnell mit Excel-Blättern verknüpft. Dort können nun in gewohnter Umgebung Ad-hoc-Analysen, Simulationen etc. online durchgeführt werden. Kalkulationsergebnisse oder per Hand eingegebene Werte können nach prevero zurückgeschrieben werden, sodass ein Planungszyklus auf einer einheitlichen Datenbasis realisiert werden kann. Excel wird somit als Eingabe- und Kalkulationstool beibehalten, und eine schnelle Einbindung bestehender Excel-Modelle/-Blätter ist problemlos möglich.

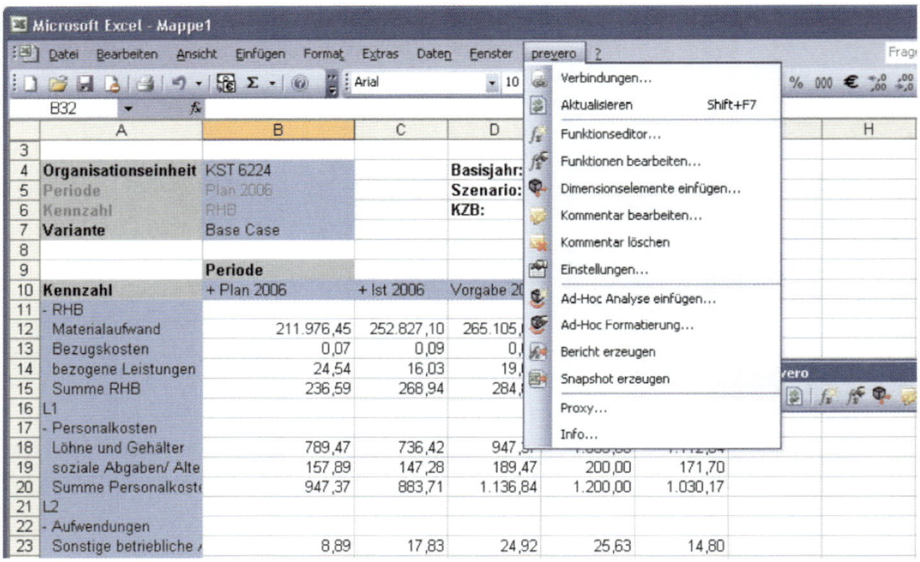

Abbildung 1.6: Integrierte Unternehmenssteuerung mit dem Excel-Client von prevero

CD

Auf der CD zum Buch finden Sie im Ordner *Prevero* Beschreibungen zu diesem Tool und eine Referenzanwendung. Lesen Sie alles Weitere unter *Readme.txt*.

1.2.8 Sharepoint- und Excel-Services

Viele Unternehmen nutzen für das Informations- und Datenmanagement bereits die Sharepoint-Services, eine Serverapplikation von Microsoft. Auf dem Sharepoint-Server stehen Listen und Bibliotheken für die teaminterne Nutzung von Daten bereit, Webseiten und Formulare vereinheitlichen die Erfassung und Pflege, und die Versionsverwaltung stellt sicher, dass keine Redundanzen auftreten. Mit dem Microsoft Office Sharepoint Server (MOSS) lässt sich eine komplette Dokumenten- und Content-Verwaltung über alle Office-Produkte sicherstellen. Die Excel-Services sind eine Sharepoint-Applikation zur teamorientierten Verwaltung von Excel-Arbeitsmappen (ab Excel 2007).

Excel-Mappen werden in eine Dokumentenbibliothek auf dem Sharepoint-Server publiziert. Externe Verbindungen werden unterstützt, die Daten können aus ERP-Systemen bezogen werden.

Alle Benutzer erstellen je nach Berechtigung Berichte, Dashboards und Webseiten, die auf diesen Excel-Mappen basieren. Der gemeinsame Zugriff erfolgt über den Webbrowser.

Hinweis

Einführung in Excel-Services und Excel Web Access:

http://office.microsoft.com/de-de/sharepointserver/HA101054761031.aspx

Abbildung 1.7: Perfektes Team: Sharepoint und Excel

Kapitel 2

Excel-Praxis für Controller

Kennen Sie Excel? Die Frage lässt sich nicht einfach beantworten aufgrund der Vielzahl der Möglichkeiten, die diese Standardsoftware bietet. Neben zahlreichen Werkzeugen für die Formatierung, Gestaltung und Drucklegung von Tabellen wollen Filter und Sortierwerkzeuge, Zielwertsuche, Solver und Teilergebnisse beherrscht sein. 350 Rechenfunktionen von A wie ABRUNDEN bis ZZR wie Zinszeitraum stehen zur Auswahl. Wer professionelle Kalkulationen erstellen will, sollte vor allem die Matrix- und Logikfunktionen beherrschen. Wer externe Daten bezieht, braucht fundierte Kenntnisse über Dateiformate und ODBC-Abfragen und Sicherheit im Umgang mit Textfunktionen. Zu den wichtigsten Werkzeugen des Controllers gehört die Pivot-Tabelle, ein Analysetool, das als »Programm im Programm« mehrere Dutzend Funktionen aufweist.

In diesem Kapitel stellen wir die wichtigsten Werkzeuge in kompakter Form vor, zeigen, wie diese zur Anwendung kommen, und sparen nicht mit Tipps und Tricks aus der Praxis.

2.1 Vorlagen, Designs und CI-Vorschriften

Was in mittleren und größeren Unternehmen für PowerPoint-Präsentationen längst vorgeschrieben ist, sollten Sie auch in Ihren Excel-Tabellen beherzigen: Schriftart und Schriftgrößen in den Tabellen müssen den CI-Richtlinien entsprechen, das Layout jeder Tabelle sollte intern genormt sein, und auch die Größe und der Inhalt der Kopf- und Fußzeilen dürfen nicht in jeder Mappe variieren. Excel bietet zwar keine Standardvorlage für neu angelegte Dokumente wie z. B. das Textprogramm Word mit NORMAL.DOT, aber mit einigen wenigen Handgriffen können Sie eine solche Standardvorlage anlegen. Diese Vorlage präparieren Sie so, dass sie auch beim normalen Programmstart die leere, unformatierte Mappe ersetzt, die Excel normalerweise anlegt.

2.1.1 Standardspeicherort und Startordner

Excel wird als Teil des Office-Pakets im Unternehmen per automatischer Installationsroutine auf allen Arbeitsplatzrechnern eingerichtet, jeder Anwender bekommt seinen Platz auf dem Server zugewiesen und über sein Profil kann er sich geräteunabhängig am Server anmelden, in seinem Benutzerverzeichnis einloggen und persönliche Daten dort ablegen. Datenspeicherung auf Festplatten sollte im Netzwerk vermieden werden, ist auch sehr häufig in Netzwerken schon nicht mehr möglich. Ideal ist die Einrichtung von Teamordnern, auf die eine begrenzte Anzahl berechtigter »User« Zugriff hat.

Welchen Ordner Excel nach dem Start automatisch für das Öffnen oder Speichern von Dateien anbietet, entscheiden Sie selbst. Tragen Sie den Pfad (Laufwerk und Ordnername) ein:

2003 *Extras/Optionen/Allgemein/Standardspeicherort*

2007 *Office-Menü/Excel-Optionen/*Kategorie *Speichern/Standardspeicherort*

2010 *Datei/Optionen/*Kategorie *Speichern/Standardspeicherort*

Der Startordner ist ein Ordner mit der Bezeichnung XLSTART, er wird mit der Installation von Excel lokal bzw. im Homeshare des Netzwerk-Users angelegt und ist zunächst leer. Alle Dateien, die in diesem Ordner gespeichert werden, holt Excel automatisch mit dem Start in den Arbeitsbereich. Sie können diesen Ordner nutzen, um automatisch Budgets, Terminübersichten, Kostenblätter o. Ä. zu aktivieren.

Betriebssystem	Ordnerpfad
Windows XP	C:\Documents and Settings\Benutzername\Application Data\Microsoft\Excel\XLStart
Windows Vista	C:\Benutzer\Benutzername\AppData\Local\Microsoft\Excel\XLStart
Windows 7	C:\Benutzer\Benutzername\AppData\Roaming\Microsoft\Excel\XLStart

Tabelle 2.1: Startordner in den verschiedenen Betriebssystemversionen

Für die gemeinsame Nutzung von Excel-Daten stellen Sie den Startordner ins Netz. Legen Sie einen beliebigen Ordner an, er muss nicht XLSTART heißen.

2003 *Extras/Optionen/Allgemein/Beim Start alle Dateien in diesem Ordner laden*

2007 *Office-Menü/Excel-Optionen/Erweitert/Allgemein/Beim Start alle Dateien öffnen in*

TIPP **01-01: Startordner XLSTART unter Windows suchen**

2.1.2 Mustervorlagen nach Corporate Identity

Damit Ihre Excel-Mappen die Vorschriften des CI-Designs erfüllen, sollten Sie mit Mustervorlagen arbeiten. Eine Mustervorlage definiert die Schrift, das Layout der Tabellen, die Farben und das Aussehen der Diagramme.

Schrift und Schriftgröße

Stellen Sie die Standardschrift und die Schriftgröße ein. Diese Einstellungen sind unabhängig von aktiven Mappen und gelten für alle neuen Arbeitsmappen:

Extras/Optionen/Allgemein/Standardschriftart (z. B. Arial, 11 Punkt) 2003

Office-Menü/Excel-Optionen/Häufig verwendet/Folgende Schriftart verwenden und *Schriftgrad* 2007

Datei/Optionen/Allgemein/Folgende Schriftart verwenden und *Schriftgrad* 2010

Mit der Standardeinstellung *Schriftart für Textkörper* stellen Sie sicher, dass die in allen Office-Programmen für Text verwendete Schrift zum Einsatz kommt. Das ist in PowerPoint die normale Schrift für Nicht-Überschriften-Texte, in Word die Schrift der Formatvorlage *Standard*. Die Schriftformatierung regelt das der Mappe zugewiesene Design (siehe unten).

Seitenlayout

Legen Sie im Seitenlayout die Größe der Kopf- und Fußzeile fest.

Datei/Seite einrichten 2003

Seitenlayout/Seitenränder/Benutzerdefinierte Seitenränder 2007 2010

Geben Sie den gewünschten Inhalt der Kopf- und Fußzeilen ein, verwenden Sie die Kopf-/Fußzeilencodes für automatische Informationen. Vorschlag:

- Kopfzeile rechts: Firmenlogo
- Fußzeile links: Name der Datei mit Pfadangabe und Datum
- Fußzeile rechts: Seitenzahl/Anzahl Seiten

Excel 2007/2010 zeigt die Informationen automatisch in der Ansicht *Seitenlayout* an, in Excel 2003 sehen Sie die Informationen nur in der Seitenansicht und im Ausdruck.

Sie können jetzt Daten oder Formeln in die erste Tabelle eintragen, z. B. das Tagesdatum (mit der Funktion =HEUTE()). Legen Sie auch alle benutzerspezifischen Zahlenformate an, die mit dieser Vorlage zur Verfügung stehen sollen, denn neue Zahlenformate werden nur in der Mappe gespeichert, in der sie erstellt wurden.

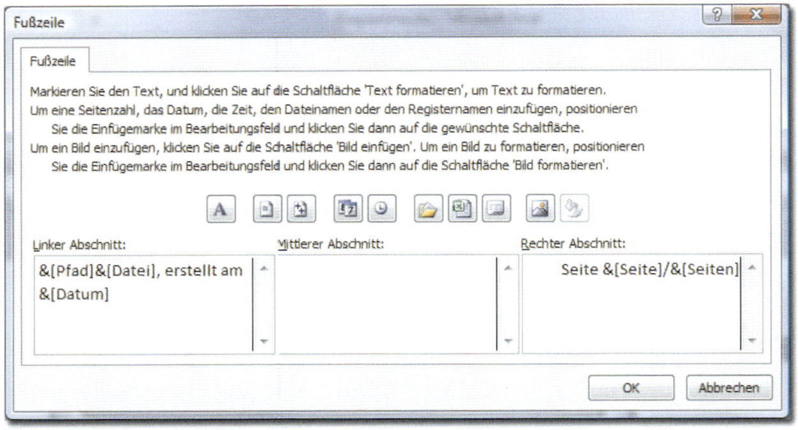

Abbildung 2.1: Automatische Informationen in Kopf- und Fußzeilen

Designs und Diagrammfarben

Bis zur Version 2003 gab Excel nur die Standardfüllfarben für Diagramme vor, ab Excel 2007 wird der Mappe ein Design zugewiesen, das für die Auswahl der Schrift, der Farben und speziell der Diagrammfüllfarben zuständig ist. Dieses Design sollte auch für Word-Dokumente und PowerPoint-Präsentationen verwendet werden, damit alle Office-Daten ein einheitliches Aussehen haben.

2003

1. Wählen Sie *Extras/Optionen/Farbe*.
2. Klicken Sie auf die erste Diagrammfüllfarbe und wählen Sie *Ändern*. Tragen Sie unter *Benutzerdefiniert* die RGB-Farbwerte ein. Ändern Sie so auch die übrigen Diagrammfüllfarben nach CI-Vorgaben.

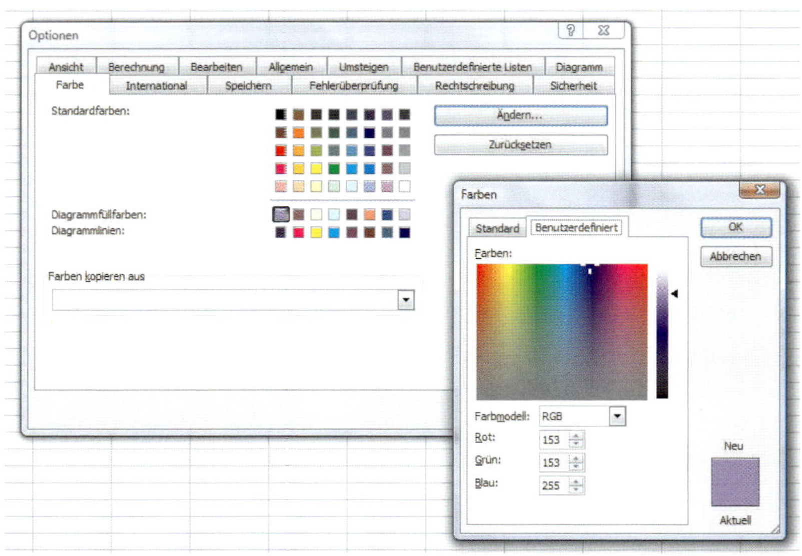

Abbildung 2.2: Hier stellen Sie die Diagrammfarben nach CI ein

Wählen Sie *Seitenlayout/Design*. Markieren Sie das Design, das als CI-Design für Office-Dateien angelegt wurde. Wenn Sie noch kein CI-Design haben, gestalten Sie dieses und speichern Sie es als Datei mit der Dateiendung *thmx* ab. Mit *Design suchen* können Sie ein Design auch aus einem Netzwerkordner laden. Die Farbpaletten finden Sie in Ihrem Profilordner unter Windows. Um ein gespeichertes Design für andere Anwender zur Verfügung zu stellen, kopieren Sie die Daten aus diesem Ordner und fügen Sie sie in die jeweiligen Benutzerprofile ein: 2007 2010

```
C:\Users\<benutzername>\AppData\Roaming\Microsoft\Templates\Document Themes
```

Mustervorlage speichern

3. Speichern Sie die Datei als Mustervorlage.

*Datei/Speichern unter/*Dateityp *Mustervorlage (*.xlt)* 2003

*Office-Menü/Speichern unter/Andere Formate/*Dateityp *Excel-Vorlage (*.xltx)* 2007

*Datei/Speichern unter/Andere Formate/*Dateityp *Excel-Vorlage (*.xltx)* 2007 2010

Die Mustervorlage wird automatisch im Vorlagenordner des Anwenders abgespeichert. Für jede neue Excel-Arbeitsmappe können Sie diese Mappe als Vorlage benutzen:

*Datei/Neu/*Vorlage auswählen 2003

Office-Menü/Neu/Meine Vorlagen 2007

Datei/Neu/Meine Vorlagen 2007 2010

Eine automatische Startmappe

Damit Excel die nach CI-Regeln gespeicherte Vorlage automatisch auch für die nach dem Start präsentierte Mappe benutzt, gehen Sie so vor:

1. Speichern Sie die Mappe unter dem Dateityp *Mustervorlage*.
2. Schalten Sie um auf den Startordner (siehe oben).
3. Nennen Sie die Mappe MAPPE.XLT (2003) bzw. MAPPE.XLTX (2007/2010).
4. Schließen Sie Excel und starten Sie das Programm neu. Die leere Mappe, die mit Excel geöffnet wird, ist eine Kopie der im Startverzeichnis abgelegten CI-Vorlage.

01-02: Vorlage für neue Tabellenblätter TIPP

2.2 Navigieren in Arbeitsmappen und Tabellenblättern

Damit Sie mit Excel möglichst zeitsparend und effizient arbeiten können, sollten Sie die Spezialtechniken für die Navigation in Tabellen und Mappen kennen. Nutzen Sie, wenn möglich, Tastaturbefehle (Shortcuts) anstelle von Menü- oder Symbolklicks, damit vermeiden Sie zeitraubende Symbol- und Menübedienungen sowie überflüssige Langzeitfahrten mit dem Mauszeiger.

Zoomen

Richten Sie Ihre Maus so ein, dass Sie mit Maustaste und der Strg-Taste zoomen können:

2003 *Extras/Optionen/Allgemein*

2007 *Office-Menü/Excel-Optionen/Erweitert*

2007 2010 *Datei/Optionen/Erweitert*

Deaktivieren Sie die Option *Beim Rollen mit Intellimouse zoomen*. Halten Sie die Strg-Taste gedrückt und zoomen Sie die Tabelle mit dem Mausrad bis zu 10 % nach unten und bis zu 400 % nach oben. Wenn Sie vor dem Zoomen einen Bereich markiert haben, bleibt dieser immer auf dem aktuell gezoomten Ausschnitt.

Nützliche Shortcuts

Nutzen Sie diese Shortcuts für eine schnelle Navigation:

Shortcut	Aktion
Strg + Pos1	Sprung zur Zelle A1
Strg +	Steuert den Zellzeiger an das Ende des Bereichs (z. B. mit Cursortaste nach unten bis zur letzten beschrifteten Zelle). Ist keine Zelle mehr beschriftet, wird die letzte Zelle der Tabelle in der eingeschlagenen Richtung markiert.
Strg + Ende	Steuert den Zellzeiger an die letzte benutzte Zelle im Tabellenblatt
Strg + *	Markiert den aktuellen Bereich (bis zur ersten Leerzeile und Leerspalte)
Strg + ⇧ + Ende	Markiert den Bereich vom Zellzeiger bis zur letzten benutzten Zelle
Strg + Bild ↓	Aktiviert das nächste Tabellenblatt in der Mappe
Strg + Bild ↑	Aktiviert das vorherige Tabellenblatt in der Mappe
Alt + Bild ↓	Steuert den nächsten Bildschirm nach rechts an (z. B. Sprung von Spalte A nach Spalte J)
Alt + Bild ↑	Steuert den vorherigen Bildschirm an
Strg + F6	Aktiviert das nächste im Fenstermenü angezeigte Fenster (die nächste Mappe)
F2	Öffnet die Zelle, auf der sich der Zellzeiger befindet
↵	Schließt die Bearbeitung einer Zelle ab
Esc	Verwirft (storniert) die Bearbeitung einer Zelle

Tabelle 2.2: Shortcuts für die Tabellennavigation

Shortcut	Aktion
F5	Öffnet das *Gehe zu*-Fenster. Sie können eine beliebige Zelladresse eingeben, die mit ↵ angesteuert wird.
Strg+C, Strg+V	Kopieren und Einfügen, viel schneller als die Menüoptionen oder Symbole. Kopien werden mit ↵ abgeschlossen.

Tabelle 2.2: Shortcuts für die Tabellennavigation (Forts.)

Eine Übersicht über alle Shortcuts der Version 2010 finden Sie auf der CD zum Buch unter *Tastenkombinationen.xlsx*.

CD

2.2.1 Neue Mappen und Tabellen

Neue Arbeitsmappen legen Sie einfach mit Strg + N an. Für ein neues Tabellenblatt klicken Sie ab Version 2007 einfach in das letzte Registerblatt rechts außen. Mit Version 2003 wählen Sie *Einfügen/Tabellenblatt*, für beide Versionen funktioniert auch ⇧ + F11.

Zum Verschieben eines Tabellenblatts ziehen Sie das Register einfach mit gedrückter Maustaste in die gewünschte Position. Ein Tabellenblatt ist auch schnell kopiert: Halten Sie die Strg-Taste gedrückt und ziehen Sie das Register des markierten Blatts nach rechts oder links. Lassen Sie zuerst die Maustaste los, wird die Tabelle kopiert. Ein Doppelklick in das Register und Sie können die Tabelle umbenennen.

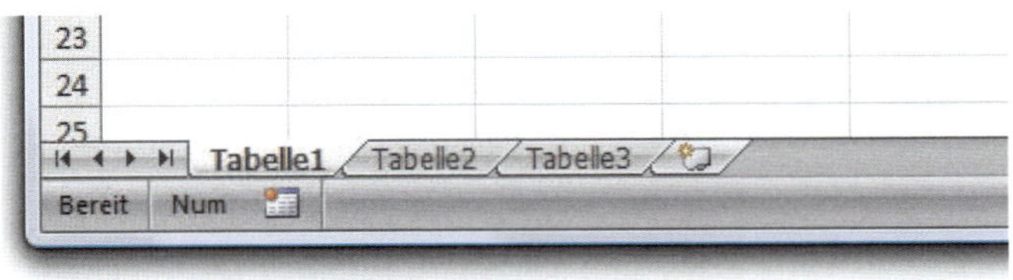

Abbildung 2.3: Tabellenregister: schnell verschoben, kopiert, dupliziert

2.2.2 Formeln, Funktionen und Zellbezüge

Richtig kalkulieren ist die Basis für funktionelle Tabellenmodelle. Verwenden Sie Text und Zahl in der Zelle korrekt, lernen Sie den Unterschied zwischen relativer und absoluter Adressierung kennen und verwenden Sie korrekte Bezüge in Formeln und Funktionen.

Formeln sind Rechenausdrücke in Zellen, sie werden mit einem =-Zeichen eingeleitet und können Text, Zahlen, Funktionen und Zellbezüge kombiniert mit arithmetischen oder logischen Operatoren enthalten. Beispiele:

```
A1: 10          =A1*A2 Ergebnis: 200
A2: 20          =A1&AA2 Ergebnis: 1020
                =A1*1,2+A2*1,5 Ergebnis: 42
                =A1*(1,2+A2)*1,5 Ergebnis: 318
                =A1<A2 Ergebnis: WAHR
```

Funktionen sind integrierte Rechenoperationen, die je nach Funktionsart eine Anzahl von Argumenten erfordern, um eine Kalkulation durchzuführen (es gibt auch Funktionen ohne Argumente). Die klassische und häufigste Funktion ist die Summe, hier z. B. mit einem Argument (Bereich) und zwei Argumenten (zwei Zellbezüge):

```
A1: 10              =SUMME(A1:A2) Ergebnis: 30
A2: 20              =SUMME(A1;A2) Ergebnis: 30
                    =SUMME(A1;100;A2;-5) Ergebnis: 125
```

Excel stellt mehr als 350 Funktionen von A wie ABRUNDEN() bis Z wie ZZR() bereit. Wenn Sie die Funktion bereits kennen, schreiben Sie sie direkt in die Formelzelle, für Anzahl/Position der Argumente erhalten Sie Hilfestellung nach Eingabe der Klammer.

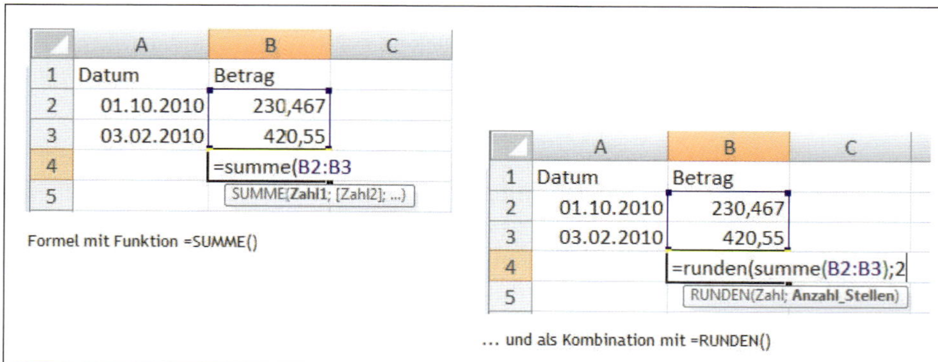

Abbildung 2.4: Formeln mit Funktionen schreiben und schachteln

Der Funktions-Assistent liefert eine Übersicht über alle Funktionen, wahlweise alphabetisch aufsteigend sortiert oder in Kategorien gelistet:

2003 *Einfügen/Funktion*

2007 2010 *Formeln/Funktion einfügen*

Klicken Sie auf das Symbol am linken Rand der Bearbeitungsleiste, um den Funktions-Assistenten zu starten oder, falls der Zellzeiger bereits auf einer Zelle mit Funktion steht, um die Argumenteübersicht noch einmal abzurufen. Wählen Sie eine Funktion und klicken Sie auf *OK*. Die Argumente können Sie eintippen (Text in Anführungszeichen, Zahlen) oder aus Zellbezügen holen (Zellen anklicken oder Bezug eintragen). Das Symbol am rechten Rand klappt das Argumentefenster zu, damit Sie die Zellen im Hintergrund sehen.

Klicken Sie auf *OK*, wenn Sie alle Argumente gesammelt oder eingegeben haben. Die Funktion wird eingetragen und berechnet.

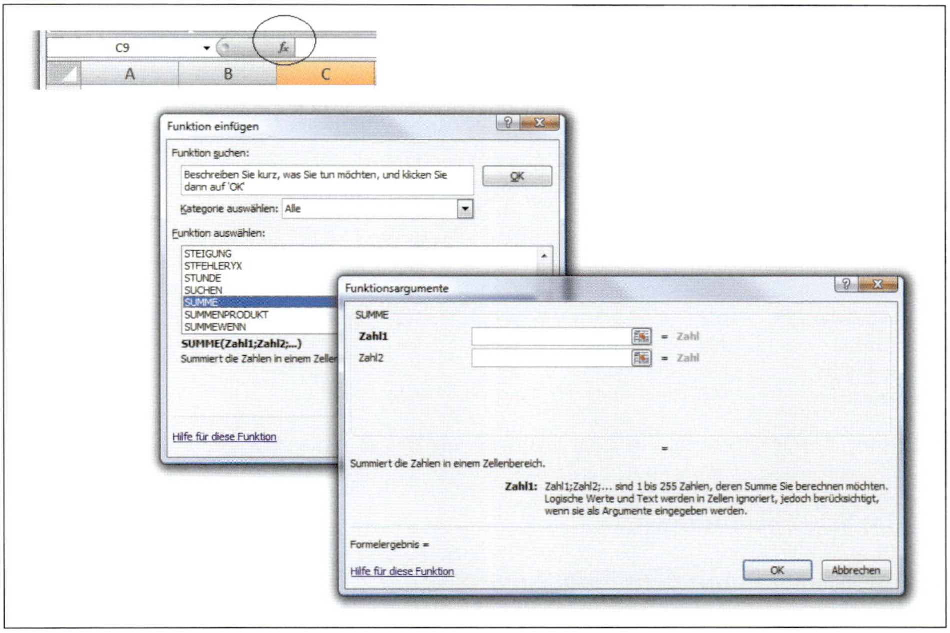

Abbildung 2.5: Funktionen schnell abrufen und Argumente sammeln

Bezüge – relativ oder absolut?

Zu den wichtigsten Grundlagen der Tabellenkalkulation gehört das Verwenden von Zellbezügen mit relativer und absoluter Adressierung. Der relative Bezug beschreibt den Weg von der Formelposition zur Zelle, der absolute Bezug bezieht sich auf die Zelle selbst. Nur der relative Bezug passt sich an, wenn die Formel kopiert oder verschoben wird, der absolute Bezug ist statisch.

Relativer Bezug: =A1

Absoluter Bezug: =$A$1, = A$1, =$A1

Ein Beispiel aus der Controller-Praxis verdeutlicht diese Technik:

Die Tabelle enthält eine Aufstellung der monatlichen Umsätze der einzelnen Unternehmensbereiche. Die Gesamtsumme pro Monat wird in Spalte E mit der Funktion SUMME() ermittelt. Berechnen Sie den prozentualen Anteil der einzelnen Monate am Gesamtergebnis.

Kopieren Sie die auf diese Art erstellte Formel nach unten, wird das Ergebnis falsch. Der Bezug E2 wird beim Kopieren korrekt um je eine Zeile erhöht, aus E2 wird E3, E4 usw. Der relative Bezug E2:E13 passt sich beim Kopieren aber ebenfalls an und wird zu E3:E15, E4:E16, E5:E17 usw. Hier ist ein absoluter Bezug für die Zeile erforderlich, der sich nicht verändert, wenn die Formel nach unten kopiert wird:

```
=E2/SUMME($E$2:$E$13)
```

F2 | =E2/SUMME(E2:E13)

	A	B	C	D	E	F
1		Werk 1	Werk 2	Werk 3	Summe	%-Anteil
2	Januar	200	300	320	820	5,00%
3	Februar	240	350	400	990	
4	März	320	350	500	1170	
5	April	400	400	550	1350	
6	Mai	520	450	580	1550	
7	Juni	500	300	600	1400	
8	Juli	390	250	650	1290	
9	August	300	280	630	1210	
10	September	390	500	620	1510	
11	Oktober	480	600	600	1680	
12	November	490	650	580	1720	
13	Dezember	510	690	500	1700	

Abbildung 2.6: Umsatzsummen und prozentuale Verteilung

TIPP

01-03: Schnelle Summen

01-04: Kopieren mit dem Füllkästchen

01-05: Mit F4 Bezugsart ändern

Formelüberwachung und Teilberechnung

Mit einem Tastenkürzel schalten Sie blitzschnell in die Formelüberwachung um: Drücken Sie [Strg] + [#]. In dieser Ansicht (mit doppelten Spaltenbreiten) sehen Sie alle Formeln anstelle der Rechenergebnisse. Mit den Symbolen der Symbolleiste bzw. Symbolgruppe *Formelüberwachung* können Sie Formelbezüge und Verknüpfungen überprüfen und Formeln Schritt für Schritt auswerten. Drücken Sie wieder [Strg] + [#], um in die normale Ansicht zurückzuschalten.

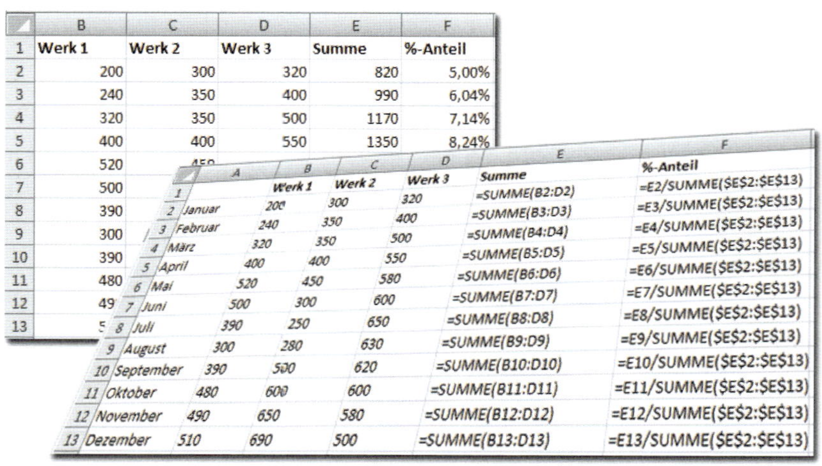

Abbildung 2.7: In der Formelansicht werden alle Formeln sichtbar gemacht

In Excel 2010 funktioniert dieser Shortcut nicht mehr. Schalten Sie um auf *Formeln* und klicken Sie in der Gruppe *Formelüberwachung* auf das Symbol *Formeln anzeigen*. 2010

Mithilfe der Werkzeuge in der Formelüberwachung lassen sich Fehler in Formeln schnell aufspüren. Blenden Sie die Spuren zum Vorgänger oder Nachfolger ein, starten Sie eine Fehlerüberprüfung oder werten Sie große Formeln Schritt für Schritt aus.

Ansicht/Symbolleisten/Formelüberwachung 2003

Formeln/Formelübernawachung 2007 2010

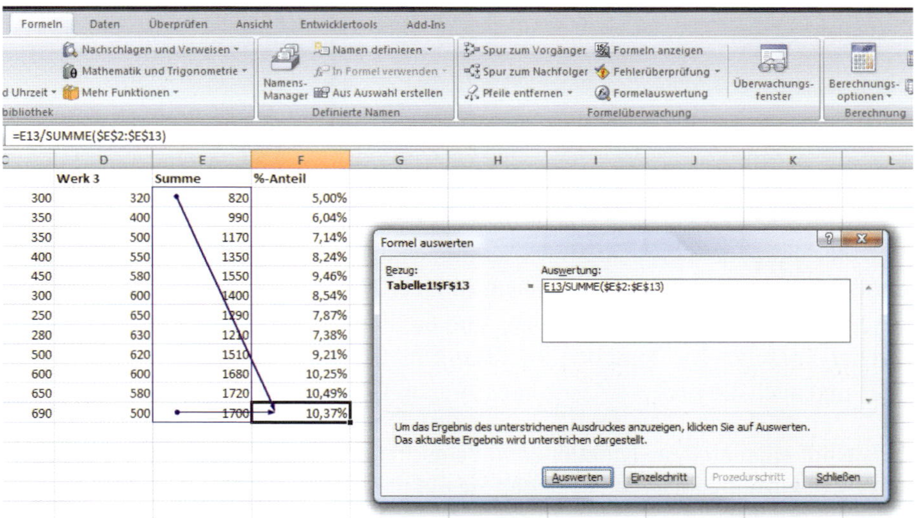

Abbildung 2.8: Schnell Fehler finden mit der Formelüberwachung

Die Analyse-Funktionen

Excel bietet mit den Analyse-Funktionen ein nützliches Werkzeug mit zusätzlichen Funktionen und Analyseverfahren und vielen zusätzlichen Funktionen aus unterschiedlichen Kategorien. Bis zur Version 2003 wird dieses Paket zwar standardmäßig installiert, aber nicht aktiviert. Mit der Aktivierung der Analyse-Funktionen erweitern Sie die Funktionsliste um viele weitere Funktionen wie = NETTOARBEITSTAGE() oder = MONATSENDE().

Extras/Add-Ins/Analyse-Funktionen. Das *Extras*-Menü enthält einen neuen Eintrag *Analyse-Funktionen.* 2003

2007 *Office-Menü, Excel-Optionen, Add-Ins/Verwalten: Excel-Add-Ins/Gehe zu*

2010 *Datei/Optionen, Add-Ins/Verwalten: Excel-Add-Ins/Gehe zu*

Kreuzen Sie die *Analyse-Funktionen* an. Im Register *Daten* finden Sie anschließend eine Gruppe *Analyse* mit dem Symbol *Datenanalyse*.

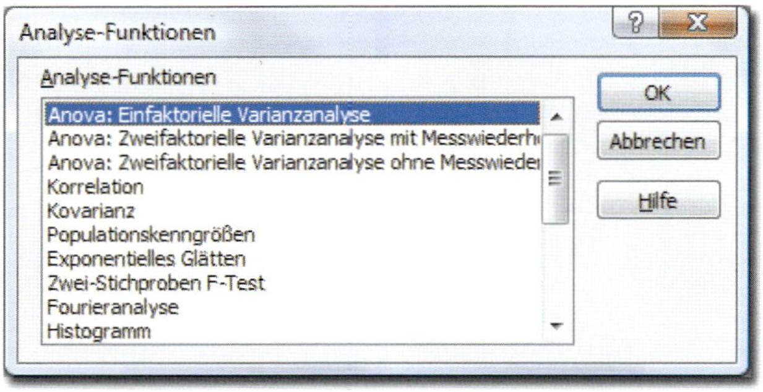

Abbildung 2.9: Die Assistenten aus den Analyse-Funktionen

Achten Sie darauf, dass diese Analyse-Funktionen in mehrsprachigen Office-Umgebungen andere Bezeichnungen haben. Wenn in einer Netzwerkumgebung das Microsoft Office Multilanguage Pack installiert ist, sind die Funktionen und Assistenten u. U. in englischer Sprache. Die Funktion NETTOARBEITSTAGE() heißt dann NETWORKDAYS() und auch die Analyse-Assistenten sind im Dialog englisch.

CD Eine Liste mit allen Analyse-Funktionen in deutscher und englischer Sprache mit Zuordnung zu den einzelnen Kategorien finden Sie auf der CD zum Buch:

Analyse-Funktionen deutsch-englisch.xls

TIPP

01-06: Analyse-Funktionen sichtbar machen

Praktische Beispiele für die Anwendung der Analyse-Funktionen und der Analyse-Assistenten finden Sie in den einzelnen Kapiteln:

Kapitel 4.2.4: Altersstrukturanalyse mit Histogramm

Kapitel 3.3.1: Berechnung der Nettoarbeitstage in Projektlisten

2.3 Bedingte Formatierung

Ein Bedingungsformat ist ein Format, das von einem Wahrheitswert abhängig ist. Dazu wird eine Bedingung für eine einzelne Zelle oder einen Bereich aufgestellt, Excel wendet das Format an, wenn der Zellinhalt der Bedingung entspricht, also WAHR wird. Ein klassischer Anwendungsfall aus der Praxis ist die Ampelformatierung, hier am Beispiel einer einfachen Kennzahlenberechnung:

Die relative Abweichung berechnet sich aus dem Verhältnis der Istkosten zu den Plankosten. Mit der Ampelformatierung kennzeichnen Sie die Werte:

- Istkosten kleiner gleich Plankosten (Grün)
- Istkosten größer Plankosten (Rot)

2003

Markieren Sie die Kennzahlen in Spalte D und wählen Sie *Format/Bedingte Formatierung*. Geben Sie die erste Bedingung an und wählen Sie unter *Format* ein Zellmuster. Mit *Hinzufügen* wird die zweite Bedingung eingeblendet, formulieren Sie auch diese und weisen Sie das Format zu.

CD

Bedingungsformatierung.xls

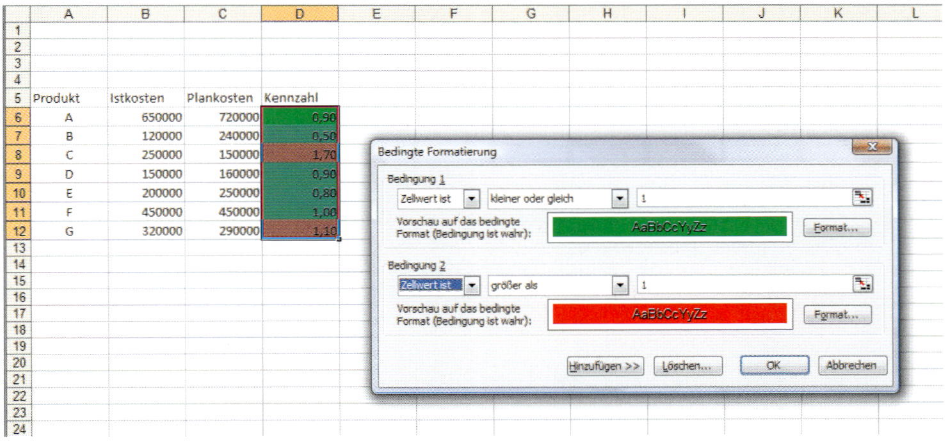

Abbildung 2.10: Ampelformatierung mit zwei Bedingungen

Eine differenziertere Formatierung erhalten Sie, wenn Sie die Bereichsgrenzen vordefinieren und die Bedingung auf diese Werte beziehen. Achten Sie auf die Genauigkeit der Zahl, mit der Funktion RUNDEN() können Sie diese eingrenzen.

CD

Bedingungsformatierung.xlsx

2007

2010

Ab Version 2007 bietet das Bedingungsformat automatische Zellmuster für die Werte an, die schon bei der Auswahl mit dem Zellzeiger auf dem Symbol optisch zugewiesen werden. Zur Auswahl stehen Farbabstufungen, Datenbalken und Symbole.

Markieren Sie den Wertebereich und wählen Sie *Start/Formatvorlagen/Bedingte Formatierung*. Zeigen Sie auf das gewünschte Format. Excel berechnet die Bedingungsformate der einzelnen Zellen aus dem Verhältnis der Werte zur Gesamtsumme.

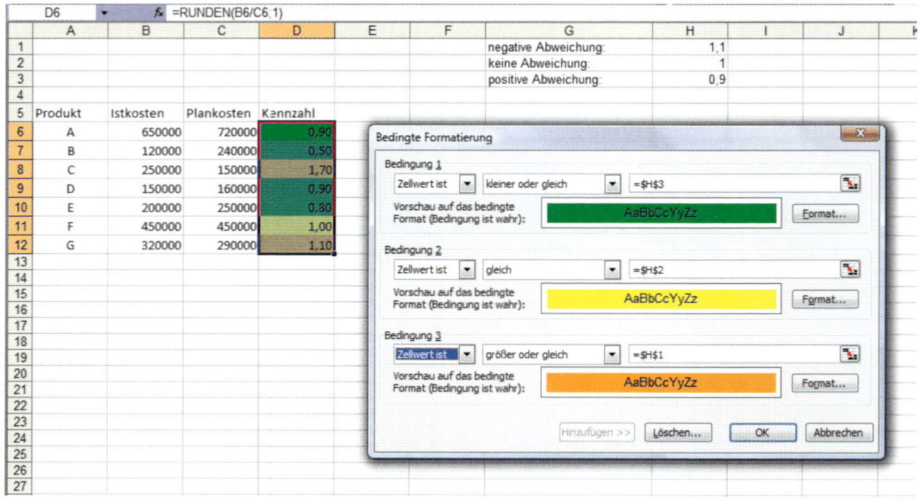

Abbildung 2.11: Ampelformatierung mit drei Bedingungen und Referenzwerten

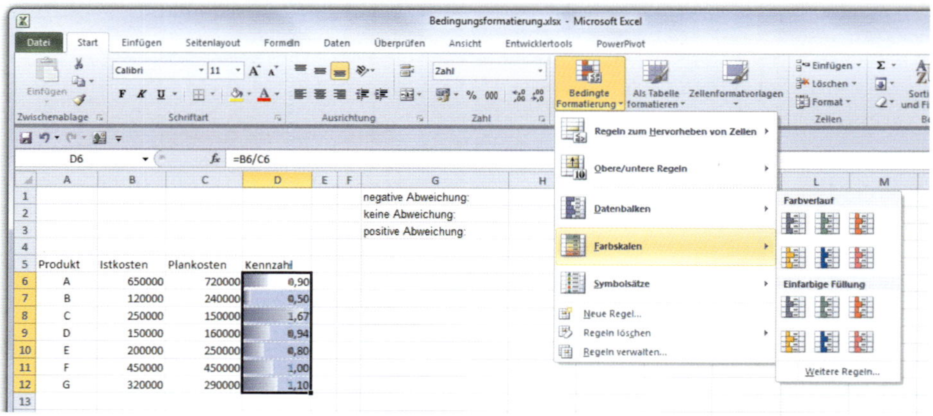

Abbildung 2.12: Automatische Bedingungsformate mit Datenbalken

Um die Ampel von Referenzwerten abhängig zu machen, bereiten Sie diese in einem anderen Bereich vor:

```
H1: 1,1 (negative Abweichung)
H2: 1 (keine Abweichung)
H3: 0,9 (positive Abweichung)
```

Aktivieren Sie die Bedingungsformatierung und stellen Sie unter *Neue Regel* drei Regeln auf. Wählen Sie den Regeltyp *Nur Zellen formatieren, die enthalten* und weisen Sie unter *Formatierung* ein Zellmuster zu:

```
Zellwert kleiner oder gleich $H$3 (Farbe Grün)
Zellwert gleich $H$2 (Farbe Gelb)
Zellwert größer oder gleich $H$1 (Farbe Rot)
```

Unter *Regeln verwalten* können Sie alle Regeln einsehen und korrigieren.

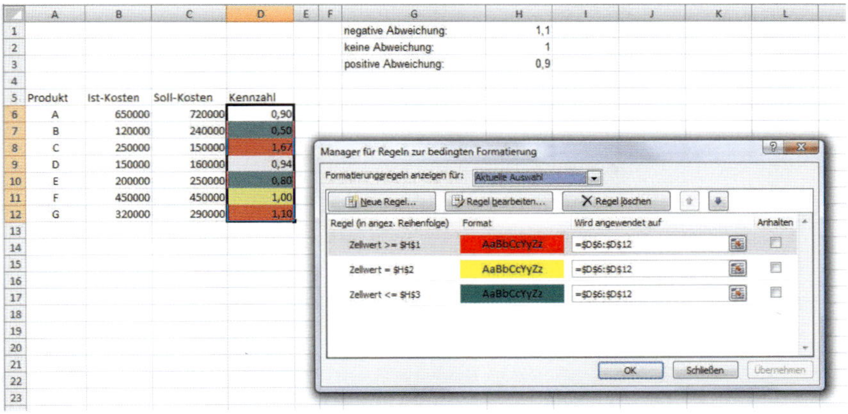

Abbildung 2.13: Ampelformatierung mit drei Regeln und Referenzwerten

Wesentlich effektiver als die Bedingungsformatierung mit Zellwerten ist die Formelbedingung. Schreiben Sie für jede Bedingung/Regel eine Formel, die als Ergebnis den Wahrheitswert WAHR oder FALSCH ausgibt. Im nächsten Beispiel vergleichen Sie die Kosten zweier Perioden und legen einen Faktor für die Beurteilung fest. Die Ampelformatierung färbt die Kosten grün, die nicht gestiegen sind, gelb werden diejenigen ausgewiesen, die im Steigerungsbereich liegen, und rot die Kosten, die darüber sind. Den Faktor der Kostensteigerung können Sie in eine Zelle schreiben oder als Konstante über einen Bereichsnamen festlegen.

	A	B	C	D	E	F
1	**Kostenart**	**Geschäftsjahr 2009**	**Geschäftsjahr 2010**			Faktor:
2	Raummiete	3.000	3.290			5%
3	Sozialabgaben	2.900	3.200			
4	Reinigungskosten	1.500	1.500			
5	Spenden	200	220			
6	Telefon	300	300			
7	Reisekosten	4.200	4.500			
8	Büromaterial	950	955			
9	Löhne und Gehälter	56.000	62.000			
10	Schulung/Seminare	2.300	2.350			
11	Instandhaltung	5.600	7.000			

Abbildung 2.14: Geschäftsjahresvergleich mit Abweichungsfaktor

Markieren Sie die Istwerte in Spalte C. Wählen Sie *Format/Bedingte Formatierung*, schalten Sie um auf *Formel ist* und tragen Sie die Formelbedingungen ein. 2003

Markieren Sie die Istwerte in Spalte C und wählen Sie *Start/Formatvorlagen/Bedingte Formatierung/Neue Regel*. Wählen Sie *Formel zur Ermittlung der zu formatierenden Zellen verwenden* und tragen Sie die erste Formel ein. Erstellen Sie für die beiden anderen Formeln ebenfalls eine Regel. 2007 2010

Achten Sie auf die korrekte relative und absolute Adressierung, der Faktor muss absolut sein:

```
Bedingung 1: Formel ist =C2=B2
Bedingung 2: Formel ist =C2/B2-1<=$F$2
Bedingung 3: Formel ist =C2/B2-1>$F$2
```

Die Formelbedingung lässt sich mit allen Funktionen ausweiten und damit sehr flexibel gestalten. Wollen Sie die Bedingung z. B. auf die gesamte Spalte anwenden, markieren Sie diese und verwenden die Funktion UND(), um die Formel zu schachteln:

```
=UND(ISTZAHL(C1);C1=B1)
```

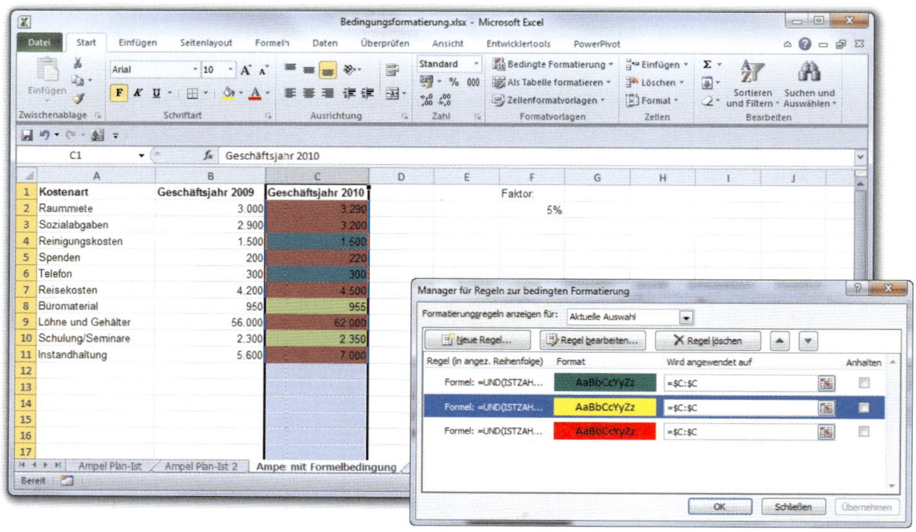

Abbildung 2.15: Flexible Bedingungsformate mit Formelbedingungen

2.4 Die wichtigsten Funktionen für Controller

Funktionen sind die wichtigsten Elemente einer Kalkulation. Einfache Rechen- oder Datumsfunktionen sind nur ein kleiner Bestandteil einer Kalkulationstabelle, die Kombination mit logischen Funktionen, Informations-, Text- und Matrixfunktionen macht die Tabelle erst zu einem automatischen Kalkulationsmodell. Lernen Sie die wichtigsten Funktionen kennen und üben Sie an Beispielen aus der Praxis.

PowerFunktionsFinder

CD

PowerFunktionsFinder.xlam

Aus dem Buch »Formeln und Funktionen« (Markt + Technik, ISBN 978-3-8272-4564-9) stammt das Tool *PowerFunktionsFinder*, ein alternativer Funktions-Assistent für die

Excel-Versionen 2007/2010. Suchen Sie Funktionen nach Bezeichnung oder Kategorie oder verwenden Sie die Stichwortwolke, um gezielt nach einem Stichwort zu suchen.

Schalten Sie im Vertrauensstellungscenter/Sicherheitscenter die Makros mit Bestätigung frei. Öffnen Sie die Datei *PowerFunktionsFinder.xlam*, aktivieren Sie die Makros. Der PowerFunktionsFinder startet automatisch und zeigt den Startdialog. Klicken Sie mit der rechten Maustaste auf die Symbolleiste für den Schnellzugriff, wählen Sie *Symbolleiste für den Schnellzugriff anpassen*.

Wählen Sie *Befehle auswählen: Makros* und fügen Sie das Makro START_PFinder in die Symbolleiste ein. Mit dem Dreieckssymbol rechts oben im Startdialog minimieren und maximieren Sie den *PowerFunktionsFinder*-Dialog.

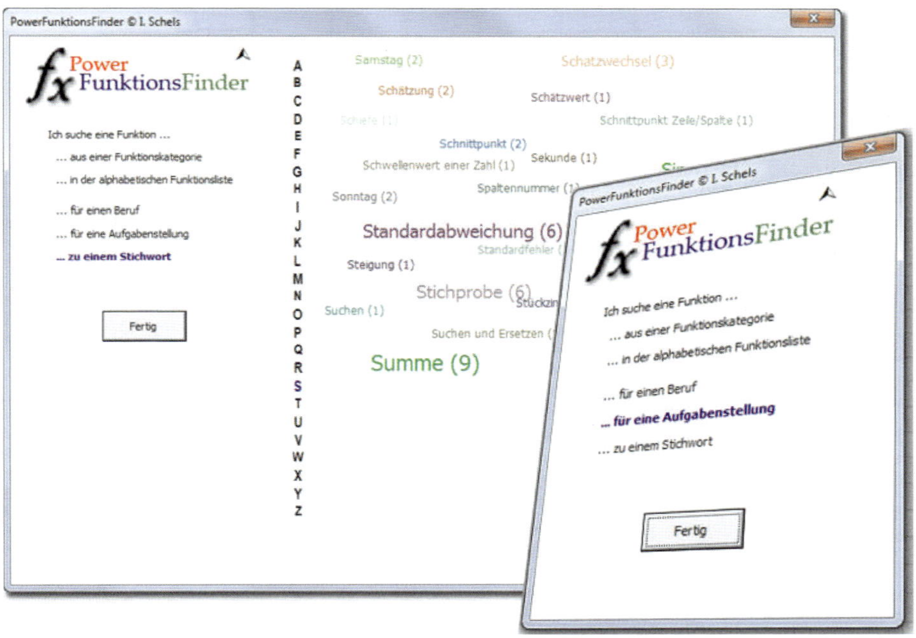

Abbildung 2.16: PowerFunktionsFinder mit Stichwortwolke

2.4.1 Summen und Statistiken – Basisfunktionen

Analysieren Sie die Jahresumsätze Ihrer Filialen mit Basisfunktionen wie SUMME() und einfachen Statistikfunktionen. Berechnen Sie Spalten- und Zeilensummen und ermitteln Sie die besten und schlechtesten Ergebnisse.

Basisfunktionen.xls CD

Für die Zeilen- und Spaltensummen verwenden Sie das Symbol *Autosumme*. Markieren Sie B5:M9 und klicken Sie auf das Symbol. Markieren Sie B5:N8 und klicken Sie noch einmal auf das Symbol.

	A	B	C	D	E	F	G
1	**Umsatzauswertung Region Süd**						
2							
3							
4		Januar	Februar	März	April	Mai	Juni
5	Filiale Weiterstadt	100	210	100	210	100	210
6	Zentralmarkt Stuttgart	120	320	120	320	120	320
7	Discountmarkt Wenningen	200	300	200	300	200	300
8	Contimarkt Freiburg	300	210	300	210	300	210
9	Summe						
10							
11	Gesamtumsatz:						
12	Größter Umsatz:						
13	Kleinster Umsatz:						
14	Durchschnitt:						
15							
16	Bestes Ergebnis (Filiale):						
17	Schlechtestes Ergebnis (Filiale):						
18	Bestes Ergebnis (Monat):						
19	Schlechtestes Ergebnis (Monat):						

Abbildung 2.17: Umsatzauswertung mit Basisfunktionen

Für die statistischen Auswertungen verwenden Sie folgende Funktionen:

Funktion	Erklärung
`=MAX()`	Ermittelt die größte Zahl aus dem angegebenen Bezug. Es können auch mehrere Bezüge angegeben werden.
`=MIN(bezug)`	Ermittelt die kleinste Zahl aus einem oder mehreren Bezügen.
`=MITTELWERT(bezug)`	Ermittelt den Durchschnitt aus einem oder mehreren Bezügen.
`=KGRÖSSTE(bezug;rang)`	Gibt den größten Wert in einem Bezug aus. Das zweite Argument bezeichnet die Rangfolge.
`=KKLEINSTE(bezug; rang)`	Gibt den kleinsten Wert in einem Bezug aus. Das zweite Argument bezeichnet die Rangfolge.

Tabelle 2.3: Formeln für statistische Auswertungen

```
B11: =SUMME(B5:M9)
B12: =MAX(B5:M9)
B13: =MIN(B5:M9)
B14: =MITTELWERT(B5:M9)
B16: =KGRÖSSTE(N5:N8;1)
B17: =KKLEINSTE(N5:N8;1)
B18: =KGRÖSSTE(B9:M9;1)
B18: =KKLEINSTE(B9:M9;1)
```

Um die Namen der Filialen bzw. Monate zu ermitteln, für die Sie die besten und schlechtesten Ergebnisse berechnet hatten, verwenden Sie die Funktion INDEX(), geschachtelt mit VERGLEICH():

= INDEX() berechnet die Schnittstelle aus Zeile und Spalte eines Bereichs.

= VERGLEICH() berechnet die Zeilen- oder Spaltennummer, in der das angegebene Suchkriterium vorkommt.

```
C16: =INDEX($A$5:$A$8;VERGLEICH(B16;$N$5:$N$8;0);1)
C17: =INDEX($A$5:$A$8;VERGLEICH(B17;$N$5:$N$8;0);1)
C18: =INDEX($B$4:$M$4;1;VERGLEICH(B18;$B$9:$M$9;0))
C19: =INDEX($B$4:$M$4;1;VERGLEICH(B19;$B$9:$M$9;0))
```

C19 =INDEX($B$4:$M$4;1;VERGLEICH(B19;$B$9:$M$9;0))

	A	B	C	D	E	F	G	H	I
1	**Umsatzauswertung Region Süd**								
2									
3									
4		Januar	Februar	März	April	Mai	Juni	Juli	August
5	Filiale Weiterstadt	100	210	100	210	100	210	190	210
6	Zentralmarkt Stuttgart	120	320	120	320	120	320	230	320
7	Discountmarkt Wenningen	200	300	200	300	200	300	250	300
8	Contimarkt Freiburg	300	210	300	210	300	210	350	210
9	Summe	720	1040	720	1040	720	1040	1020	1040
10									
11	Gesamtumsatz:	21680							
12	Größter Umsatz:	1040							
13	Kleinster Umsatz:	100							
14	Durchschnitt:	361,33							
15									
16	Bestes Ergebnis (Filiale):	3250	Contimarkt Freiburg						
17	Schlechtestes Ergebnis (Filiale):	1930	Filiale Weiterstadt						
18	Bestes Ergebnis (Monat):	1040	Februar						
19	Schlechtestes Ergebnis (Monat):	720	Januar						
20									

Abbildung 2.18: Mit INDEX() und VERGLEICH() finden Sie auch die Namen der Umsatzträger

2.4.2 Listen verknüpfen mit SVERWEIS()

Die Matrixfunktion SVERWEIS() gehört zu den wichtigsten Funktionen. Sie verbindet Listen, die einen gemeinsamen Schlüssel aufweisen, z. B. eine Kostenstelle oder eine Abrechnungsnummer. Vier Argumente sind möglich, das letzte Argument ist optional, aber besonders wichtig, weil es auf die Art der Verknüpfung Einfluss hat:

```
=SVERWEIS(Suchkriterium;Matrix;Spaltenindex;Bereich_Verweis)
```

Die Funktion sucht das Suchkriterium in der ersten Spalte der Matrix und gibt den Zellinhalt der Zelle aus, die sich in der gleichen Zeile der Fundstelle und der Spalte befindet, die mit Spaltenindex (Versatz von der ersten Spalte) angegeben ist.

Ein Beispiel aus der Praxis: Im Rahmen eines Bonussystems werden für die Verkaufsleiter Provisionen anhand der erzielten Umsätze ausgeschüttet. Berechnen Sie den Provisionssatz und die Auszahlung für die erzielten Umsätze:

Provisionen berechnen mit SVERWEIS.xls

CD

	A	B	C	D	E	F	G	H
1	Vorname	Name	Umsatz	Provision	Zahlung		Umsatz	Provisionssatz
2	Ernst	Meier	34.000 €				- €	0%
3	Fritz	Huber	42.000 €				30.000,00 €	3%
4	Gernot	Bender	60.000 €				40.000,00 €	4%
5							50.000,00 €	5%
6							60.000,00 €	8%
7							100.000,00 €	10%
8								
9								
10								
11								

Abbildung 2.19: Provisionen berechnen mit SVERWEIS()

Die Liste in A1:E4 enthält die Umsatzübersicht mit Namen und Betrag, die Provisionstabelle steht in G1:H7. In Zelle D2 wird die erste Provision berechnet. Schreiben Sie das Suchkriterium relativ und die Matrix absolut, damit die Formel nach unten auf die übrigen Zeilen kopierbar ist. Für die Auszahlung berechnen Sie das Produkt aus Provisionssatz und Umsatz:

```
D2: =SVERWEIS(C2;$G$1:$H$7;2)
E2: = C2*D2
```

Hier wird das letzte Argument bewusst nicht angegeben (WAHR wäre auch möglich), damit die Formel den nächstkleineren Wert, in diesem Fall den Provisionssatz, findet. Achten Sie darauf, dass die Matrix in der ersten Spalte aufsteigend sortiert sein muss.

	A	B	C	D	E
1	Vorname	Name	Umsatz	Provision	Zahlung
2	Ernst	Meier	34000	=SVERWEIS(C2;$G$1:$H$7;2)	=C2*D2
3	Fritz	Huber	42000	=SVERWEIS(C3;$G$1:$H$7;2)	=C3*D3
4	Gernot	Bender	60000	=SVERWEIS(C4;$G$1:$H$7;2)	=C4*D4
5					

Abbildung 2.20: SVERWEIS für den nächst kleineren Wert

Das nächste Beispiel demonstriert die Verwendung der Funktion SVERWEIS() mit absoluter Referenz. Das Suchkriterium muss eindeutig zu finden sein, sonst gibt die Funktion einen Fehler aus.

CD

Kostenartenrechnung mit SVERWEIS.xls

Die Ausgabenliste enthält neben Datum und Betrag auch die Nummer der Kostenart. Eine Liste mit diesen Nummern und der dazugehörenden Bezeichnung finden Sie in der zweiten Tabelle *Kostenarten*. Der Bereichsname KLISTE verweist auf den Bereich A1:B124, alternativ dazu können Sie einen dynamischen Bereichsnamen zuweisen.

Schreiben Sie eine Formel mit der Funktion SVERWEIS(), die aus der Kostenartenliste die Bezeichnung der Kostenart in Spalte B ausliest, und kopieren Sie die Formel nach unten.

```
D5: =SVERWEIS(B5;KLISTE;2;0)
```

Für den Verweis auf die Kostenartengruppe runden Sie zunächst mit der Funktion ABRUNDEN() die Kostenartennummer auf die nächste durch 100 teilbare Ganzzahl ab und suchen diese dann in der zweiten Spalte.

```
E5: =SVERWEIS(ABRUNDEN(B5;-2);KLISTE;2;0)
```

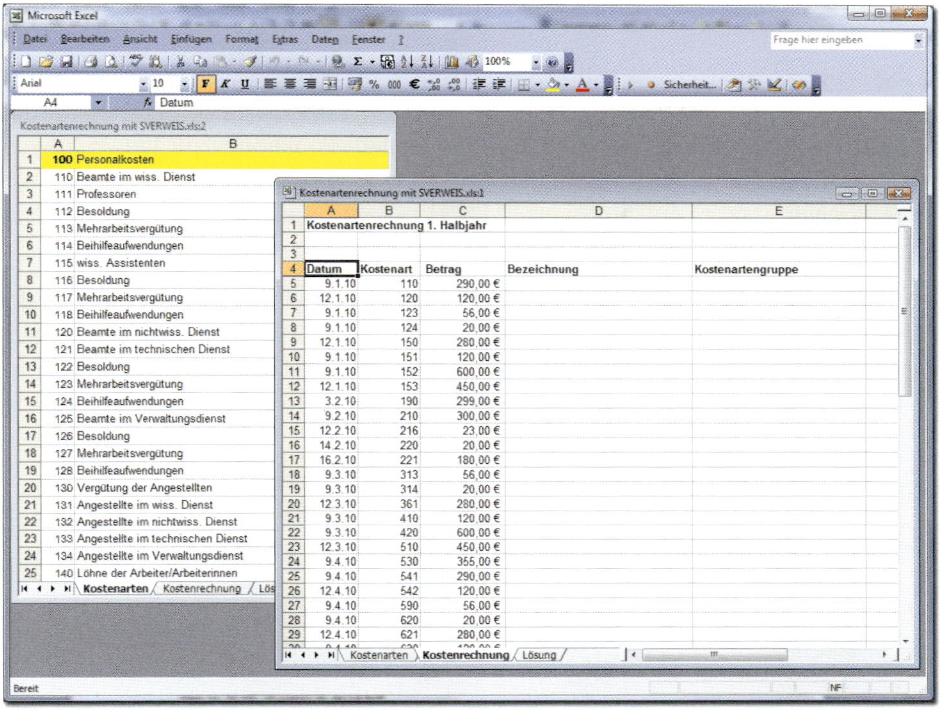

Abbildung 2.21: Kostenarten und Ausgabenliste

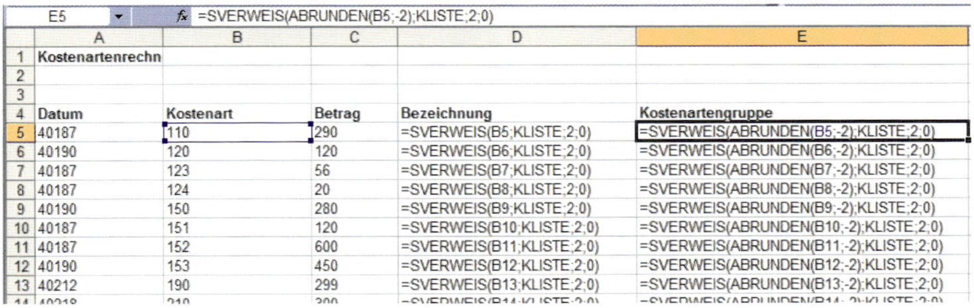

Abbildung 2.22: Kostenarten und Kostenartengruppen ermitteln mit SVERWEIS()

01-07: Bereichsnamen in Formeln verwenden

TIPP

01-08: Dynamische Bereiche

2.4.3 WENN() und andere Logikfunktionen

CD

Logikfunktionen.xls

In der Kategorie *Logik* listet der Funktions-Assistent die Funktionen, die mit Wahrheitswerten arbeiten. Zu den wichtigsten gehört WENN(), eine Funktion, die als Ergebnis den logischen Ausdruck WAHR oder FALSCH ausgibt, je nachdem, ob die im ersten Argument angegebene Bedingung zutrifft oder nicht.

```
=WENN(Bedingung;Dann;Sonst)
```

Hier ein Beispiel: Neben der Spalte mit Rechnungsbeiträgen stehen im Rechnungsjournal die Zahlungseingänge. Mit WENN() berechnen Sie, ob das Konto ausgeglichen ist. Diese Funktion findet z. B. Anwendung beim Ausziffern offener Posten.

	A	B	C	D
1	Datum	Rechnungsbetrag	Zahlungseingang	Kontostand
2	03.01.2010	2600,36	2600	
3	05.01.2010	1520,9	1520,9	
4	03.02.2010	4500,78	4500,78	
5	13.02.2010	456,32	456,32	
6	14.02.2010	78,99	20	
7	21.03.2010	50,33	50,33	

Abbildung 2.23: Ausziffern offener Posten

```
D2: =WENN(C2>=B2;"ausgeglichen";"nicht ausgeglichen")
```

Schwieriger wird es, wenn mehr als eine Bedingung ins Spiel kommt, hier können Sie die Funktion bis zu sieben Mal schachteln, d. h. für das Argument *Sonst* eine weitere WENN()-Funktion starten:

```
D2: =WENN(C2=B2;"ausgeglichen";WENN(C2<B2;"nicht ausgeglichen";"überfüllt"))
```

TIPP

01-10: Mehr als 7 WENN() schachteln

Ist das Bedingungsargument numerisch, lässt sich die etwas flexiblere Funktion WAHL() verwenden.

```
=WAHL(Zahl;Argument1;Argument2; … Argumentn)
```

Um aus einer Reihe von Datumswerten das Quartal zu berechnen, suchen Sie zunächst mit der Funktion MONAT() die Monatszahl des Datums und verwenden diese in einer WAHL()-Funktion als Bedingungsargument. Der Wert ist dann gleichzeitig die Position des Zielarguments.

B2 =WAHL(MONAT(A2);1;1;1;2;2;2;3;3;3;4;4;4)

	A	B	C	D	E
1	Datum	Quartal			
2	03.01.2010	1			
3	14.02.2010	1			
4	21.03.2010	1			
5	30.04.2010	2			
6	01.05.2010	2			
7	11.06.2010	2			
8	12.06.2010	2			
9	25.07.2010	3			
10	05.08.2010	3			
11	12.09.2010	3			
12	13.12.2010	4			

Abbildung 2.24: WAHL() sucht das Quartal aus dem Datumswert

2.4.4 SUMMEWENN() und ZÄHLENWENN()

Für das Zählen in Listen und Datenbanken ist in der Praxis die Pivot-Tabelle zuständig, sie zählt schnell und zuverlässig, wie oft ein Wert vorkommt, und berechnet Summen und Mittelwerte. Muss der Bericht aber eine einzelne Zahl ausgeben, greifen Sie zu Logikfunktionen.

Die Bestellauswertung listet Artikel und Hersteller mit Mengen und Preisen. Berechnen Sie für einen einzelnen Hersteller, eingetragen in Zelle C2, die Anzahl der Lieferungen und die Gesamtsumme des Lieferwerts.

	A	B	C	D	E	F
1			Hersteller:	Anzahl Positionen:	Lieferwert:	
2			3COM			
3						
4						
5						
6	**Art.Nr.**	**Bezeichnung**	**Hersteller**	**Menge**	**Preis (brutto)**	**Gesamtwert**
7	X101-001	OfficeConnect Fast Ethernet NIC	3COM	25	75,40	1.885,00
8	X101-002	Fast EtherLink XL 10/100 PCI RJ45 boot	3COM	62	104,40	6.472,80
9	X101-003	3Com USB Networking Interface 10/100	3COM	11	117,16	1.288,76
10	X101-004	Fast EtherLink XL10/100 PCI NM-Bulk	3COM	30	114,84	3.445,20
11	X101-005	ACER PC NIC ALN-330	Acer	2	40,60	81,20
12	X101-006	ACER NIC ALN-325C 32Bit, RJ45	Acer	96	45,24	4.343,04
13	X101-007	AirLancer MC-2 PCMCIA Card	ELSA	18	261,00	4.698,00
14	X101-019	Celeron 850 Box FC-PGA/128K/100FSB	INTEL	72	250,56	18.040,32
15	X101-020	Pentium III 933 Box FC-PGA/256K/133FSB	INTEL	26	541,72	14.084,72
16	X101-021	ACER TM 1.HDD Wechselplatte 12GB TM	ACER	28	1.009,20	28.257,60
17	X101-022	ACER TM Wechselplatte 20GB f. TM 350	ACER	65	1.392,00	90.480,00
18	X101-023	HP HD 6.4GB IDE Disk Drive Ultra ATA/66	HP	87	464,00	40.368,00
19	X101-024	HP TOP HD 9GB Ultra3 HDD 7,2K	HP	3	925,68	2.777,04
20	X101-031	EPSON Stylus Color 3000 400/800 Z/s A2	EPSON	73	3.190,00	232.870,00
21	X101-036	CANON BJC-85	CANON	60	577,68	34.660,80
22	X101-037	HP DeskJet 840C	HP	84	220,40	18.513,60

Abbildung 2.25: Bestellungen mit Lieferant und Gesamtwert

```
D2: =ZÄHLENWENN($C$7:$C$22;$C$2)
D3: =SUMMEWENN($C$7:$C$22;$C$2;$F$7:$F$22)
```

TIPP

01-09: Ganze Spalten oder Zeilen in dynamischen Bereichen

2.4.5 Fehlerbehandlung mit ISTFEHLER() und WENNFEHLER()

Mit Informationsfunktionen wie ISTNV(), ISTFEHLER() oder ISTZAHL() sichern Sie Formeln ab und verhindern Fehlerwerte in den Tabellenblättern. Fehlerwerte sind natürlich erwünscht, wenn sie auf falsche Kalkulationen oder nicht passende Datentypen hinweisen (z. B. Text statt Zahl), in der Praxis stören sie aber, wenn Tabellen bereits mit Formeln versehen sind und noch auf Daten vom Anwender warten. In Kombination mit WENN() lässt sich beispielsweise ISTFEHLER() einsetzen, um den Zellinhalt so lange zu verbergen, bis alle Argumente besetzt sind:

```
A1: 100
A2: 0
A3: =WENN(ISTFEHLER(A1/A2);"";A1/A2)
```

Ab der Version 2007 bietet Excel eine neue Funktion WENNFEHLER() an, die das Ganze etwas vereinfacht. Geben Sie einfach als erstes Argument den Rechenausdruck an und als zweites die Formel oder den Zellinhalt, der im Fehlerfall anzuzeigen ist:

```
=WENNFEHLER(A1/A2;"")
```

2.4.6 Textfunktionen

CD

Textfunktionen.xls

Für die Verarbeitung von Text in Zeilen und Spalten bietet die Funktionspalette eine Reihe nützlicher Werkzeuge. Importierte Listen, Berichte und Textdateien liefern nicht immer die gewünschte Information, erst die Nachbearbeitung mit diesen Funktionen schafft die Basis für eine Auswertung. Diese Liste liefert beispielsweise die Namen der Mitarbeiter in einer Zelle, für Filter- und Sortieraktionen oder Auswertungen müssen die Vor- und Nachnamen aber getrennt werden:

	A	B
1	Personalnr	Name
2	120901	Fritz Meier
3	120902	Hans Hermann
4	120903	Rudolf Gerstner
5	120904	Marion Müller
6	120905	Bernd Fleischmann

Abbildung 2.26: Personalliste: Vor- und Nachname in einer Zelle

Diese Aufgabe lässt sich mit einem Textanalysewerkzeug lösen. Markieren Sie die gesamte Spalte B und teilen Sie den Text in Spalten auf:

Daten/Text in Spalten 2003

Daten/Datentools/Text in Spalten 2007 2010

Der Textkonvertierungs-Assistent bietet den Datentyp *Getrennt* an, im nächsten Schritt geben Sie das Leerzeichen als Trennzeichen an und trennen die Spalte. Achten Sie darauf, dass rechts von der Textspalte genügend freie Spalten verfügbar sind.

Wenn kein eindeutiges Trennzeichen vorliegt, teilen Sie den Text mit den Textfunktionen LINKS(), RECHTS() und TEIL(). Mit der Suchfunktion FINDEN() wird die Position des Leerzeichens ermittelt, sie dient den anderen Funktionen als Größen- bzw. Positionsparameter. Diese Liste liefert beispielsweise die Kostenstellennummer und die Bezeichnung der Kostenstelle in Spalte A, die Textfunktionen teilen die Inhalte in Nummer und Bezeichnung auf.

	A	B	C
1	**Kostenstelle**	**Nr**	**Bezeichnung**
2	10-23 Büro und Verwaltung	10-23	Büro und Verwaltung
3	10-24 Außendienst	10-24	Außendienst
4	10-25 IT/Org	10-25	IT/Org
5	10-26 Produktion	10-26	Produktion
6	10-27 Sales & Marketing	10-27	Sales & Marketing

	A	B	C
1	**Kostenstelle**	**Nr**	**Bezeichnung**
2	10-23 Büro und Verwaltung	=LINKS(A2;FINDEN(" ";A2)-1)	=TEIL(A2;FINDEN(" ";A2)+1;LÄNGE(A2)-FINDEN(" ";A2))
3	10-24 Außendienst	=LINKS(A3;FINDEN(" ";A3)-1)	=TEIL(A3;FINDEN(" ";A3)+1;LÄNGE(A3)-FINDEN(" ";A3))
4	10-25 IT/Org	=LINKS(A4;FINDEN(" ";A4)-1)	=TEIL(A4;FINDEN(" ";A4)+1;LÄNGE(A4)-FINDEN(" ";A4))
5	10-26 Produktion	=LINKS(A5;FINDEN(" ";A5)-1)	=TEIL(A5;FINDEN(" ";A5)+1;LÄNGE(A5)-FINDEN(" ";A5))
6	10-27 Sales & Marketing	=LINKS(A6;FINDEN(" ";A6)-1)	=TEIL(A6;FINDEN(" ";A6)+1;LÄNGE(A6)-FINDEN(" ";A6))

Abbildung 2.27: Mit Textfunktionen gezielt Textzellen aufteilen

2.5 Rechnen mit Datum und Zeit

2.5.1 Der Excel-Kalender

Das Prinzip der Datums- und Zeitrechnung ist so einfach wie genial: Der 1. Januar 1900, ein Sonntag, ist der Beginn der Excel-Zeitrechnung und der erste Tag des Excel-Kalenders. Der Kalender endet am 31.12.9999, das ist das letzte gültige Datum in Excel. Jedes Datum ist eine serielle Zahl ausgehend vom Startdatum:

```
3. Januar 1900     3
15. Februar 1900      46
21. April 2010    40289
=HEUTE()    Das Tagesdatum, z. B. 40.408 für den 18. August 2010
```

Geben Sie ein erkennbar gültiges Datum ein, setzt Excel für dieses automatisch die serielle Zahl ein. Erst das Datumsformat macht aus der Zahl ein Datum. Für die Eingabe erlaubt sind Punkte, Schrägstriche und Bindestriche, ungültige Datumswerte (31. Februar ...) werden als Text übernommen.

```
12.1.2010 oder
12-1-2010 oder
12/01/2010
```

Formatieren Sie eine Zahlenzelle mit einem Datumsformat, wird Excel die Zahl in ein Datum umrechnen. Schreiben Sie ein Datum, verwendet Excel für die Umrechnung ein Standardformat (TT.MM.JJ). Sie können jedes Datum nachformatieren, konstruieren Sie in benutzerdefinierten Zahlenformaten mit Platzhaltern das Datum in der gewünschten Anzeigeform:

Platzhalter	Bedeutung
T	Tag ohne führende Null (1)
TT	Tag mit führender Null (01)
TTT	Wochentag abgekürzt (Mo, Di, Mi ...)
TTTT	Wochentag ausgeschrieben (Montag, Dienstag ...)
M	Monat ohne führende Null (1)
MM	Monat mit führender Null (01)
MMM	Monat abgekürzt (Jan, Feb, Mär ...)
MMMM	Monat ausgeschrieben (Januar, Februar, März ...)
JJ	Jahr zweistellig (05)
JJJJ	Jahr vierstellig (2005)

Tabelle 2.4: Platzhalter im Zahlenformat für Datumswerte

TIPP

01-21: Tipps rund ums Datum

2.5.2 Datumsfunktionen

Die Funktionsliste enthält einige wichtige Funktionen für die Datumsberechnung, u. a. das Tagesdatum, die Funktion DATUM() mit der Möglichkeit, Jahr, Monat und Tag aus Parametern zu holen, und die Wochentagsfunktion. NETTOARBEITSTAGE() ist eine Analyse-Funktion, bis Version Excel 2003 muss dafür das gleichnamige Add-In im *Extras*-Menü aktiviert sein.

Funktion	Beschreibung
=HEUTE() =JETZT()	Gibt das Tagesdatum und das Tagesdatum mit Uhrzeit aus.
=DATUM()	Berechnet die fortlaufende Zahl eines Datums in Textform.
=JAHR() =MONAT() =TAG()	Berechnet Jahr, Monat und Tag eines Datumswerts.
=WOCHENTAG()	Der Wochentag als Ziffer von 1 bis 7. Im zweiten Argument wird bestimmt, ab welchem Tag gezählt wird.
=NETTOARBEITS-TAGE()	Die Anzahl Wochentage eines Bereichs mit Datumswerten ohne Samstage/Sonntage.

Tabelle 2.5: Wichtige Datumsfunktionen

2.5.3 Kalenderwoche berechnen

Die Kalenderwoche ist in allen Controlling-Modellen eine wichtige Zeitkategorie, weil sie die Möglichkeit bietet, in größeren Zeiträumen zu planen und Termine großflächiger zu koordinieren. Excel bietet zwar eine Funktion für die Berechnung der Kalenderwoche eines Datums, die ist aber falsch:

*Einfügen/Funktion/*Kategorie *Datum und Zeit*. Die Funktion ist nur verfügbar, wenn Sie unter *Extras/Add-Ins* das Add-In *Analyse-Funktionen* (engl.: Analysis Toolpak) eingeschaltet haben. 2003

Formeln/Funktionsbibliothek/Funktion einfügen 2007 2010

Mit dem zweiten Argument *Zahl_Typ* lässt sich zwar bestimmen, mit welchem Wochentag eine Woche beginnt, die Funktion rechnet aber trotzdem falsch. Die Funktion geht davon aus, dass die erste Kalenderwoche des Jahres die Woche ist, in die der 1. Januar fällt, was aber nach europäischer Norm nicht richtig ist. Nach DIN 1330/ISO 8601 ist die 1. KW die Woche, in die mindestens 4 Tage des neuen Jahres fallen, also die Woche, die den ersten Donnerstag enthält. Das Jahr kann damit 52 oder 53 Kalenderwochen enthalten und eine KW hat immer 7 Tage.

Hinweis

Vollständige Beschreibung bei Wikipedia:

`http://de.wikipedia.org/wiki/Woche#Kalenderwoche`

Natürlich gibt es längst Lösungen für eine korrekte Kalenderwochenberechnung in Excel. Diese etwas längere (makrofreie) Formel berechnet die KW korrekt aus dem Datum in Zelle A1:

```
A1: 1.1.2010
A2: =KÜRZEN((A1-DATUM(JAHR(A1+3-REST(A1-2;7));1;REST(A1-2;7)-9))/7)
```

Da der 1. Januar 2010 auf einen Freitag fällt, ist das Ergebnis 53.

Mit der Makrosprache VBA lässt sich die Aufgabe einfacher lösen. Diese Makrofunktion berechnet die KW nach ISO 8601:

```
Function KW(Datum)
  KW = DatePart("ww", Datum, vbMonday, vbFirstFourDays)
End Function
```

2.5.4 Feiertage berechnen

Die Berechnung der Feiertage ist vor allem für die Personalplanung, aber auch in Projektplanung und Projektmanagement ein wichtiger Bestandteil des Planungsprozesses. Feiertage sind unproduktive Tage, sie verursachen keine Kosten, erwirken aber auch keine Umsätze und Gewinne. Das Internet bietet auf zahlreichen Seiten Übersichten über die Feiertage, auch mit Berücksichtigung der unterschiedlichen Regelungen in den einzelnen Bundesländern:

`www.feiertage.net`

`www.feiertage-schulferien.de`

`http://de.wikipedia.org/wiki/Feiertage_in_Deutschland`

Das Prinzip:

Alle kirchlichen und damit beweglichen Feiertage sind von einem einzigen Datum abhängig, dem Datum des Ostersonntags. Basis der Berechnung ist der julianische Kalender: Das Osterdatum fällt nach der Festlegung des 1. Konzils von Nizäa (325 n. Chr.) auf den ersten Sonntag nach dem ersten Vollmond nach Frühlingsanfang. Damit ist der 22. März der früheste Termin und der 25. April der letzte Termin, auf den Ostern fallen kann.

Die Gaußsche Osterformel

Der Mathematiker Johann Carl Friedrich Gauß (1777–1855) hat einen Algorithmus entwickelt, der als die gaußsche Osterformel bekannt ist. Vorausgesetzt, das Jahresdatum befindet sich in Zelle A1, berechnet diese Formel den Ostersonntag dieses Jahres:

```
=DATUM(A1;3;28)+REST(24-REST(A1;19)*10,63;29)-REST(KÜRZEN(A1*5/4)+REST
(24-REST(A1;19)*10,63;29)+1;7)+1
```

Verwenden Sie für Feiertagsberechnungen ein Tabellenblatt, das neben der korrekten Kalkulation des Osterdatums und der restlichen Feiertage auch eine Auswahl des Bundeslands ermöglicht. Die Tabelle *Feiertage* enthält eine makrofreie Berechnung der Feiertage mit Auswahl des Bundeslands.

CD

FeiertageDeutschland.xls

FeiertageOesterreich.xls

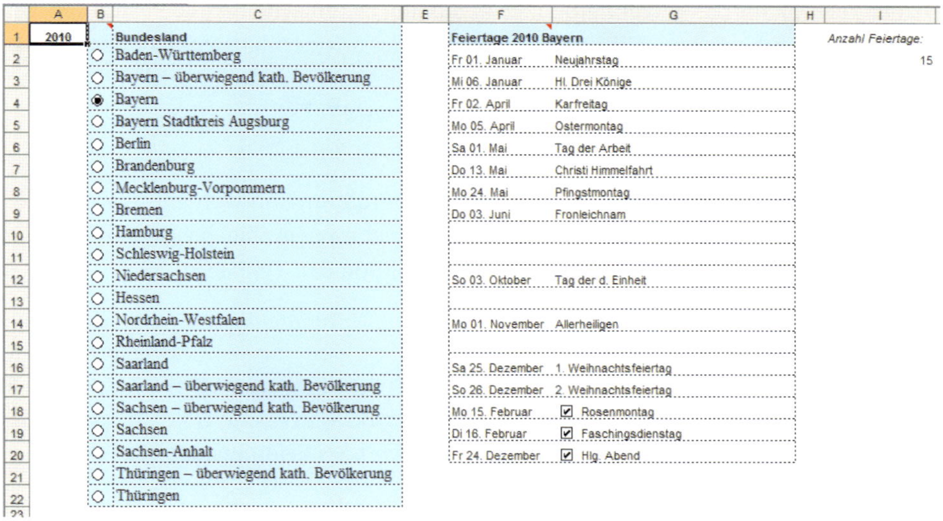

Abbildung 2.28: Die Feiertage-Tabelle enthält eine makrofreie Feiertagsberechnung

Das Prinzip der Feiertagsberechnung in dieser Tabelle ist komplex, aber durchschaubar: Die einzelnen Bundesländer werden zusammen mit einem Optionsfeld angeboten, einem Steuerelement, das mit dem gleichnamigen Werkzeug gezeichnet wird:

Ansicht/Symbolleisten/Formular 2003

Entwicklertools/Steuerelemente/Einfügen/Formularsteuerelemente. Das Register *Entwicklertools* muss dazu aktiviert werden (*Office/Excel-Optionen/Häufig verwendet/Entwicklerregisterkarte in der Multifunktionsleiste anzeigen*). 2007

Entwicklertools/Steuerelemente/Einfügen/Formularsteuerelemente. Das Register *Entwicklertools* muss dazu aktiviert werden (*Datei/Optionen/Menüband anpassen, Entwicklertools* ankreuzen). 2010

Alle Optionsfelder erhalten über *Eigenschaft* (aus dem Kontextmenü der rechten Maustaste) eine Verknüpfung auf die Zelle B1. In B1 steht nach Auswahl eines Bundeslands der Index auf das Bundesland (z. B. 5 für Berlin, 18 für Sachsen).

In der ausgeblendeten Spalte D steht ein Bitmuster, das die Abfolge der Feiertage des jeweiligen Bundeslands bestimmt. In W1 steht eine Formel, die das Bitmuster des (in B1) eingestellten Bundeslands berechnet:

```
=BEREICH.VERSCHIEBEN($W$2;B1-1;0)
```

Die festen, nicht von Ostern abhängigen Feiertage werden mit der Funktion DATUM in Abhängigkeit von der Jahreszahl in Zelle A1 berechnet, hier z. B. das Neujahrsfest am 1. Januar:

```
=DATUM(JAHR;1;1)
```

Ob der Feiertag für das gewählte Bundesland gültig ist, entscheidet die Position im Bitmuster. Mit der Funktion TEIL() lässt sich die Ziffer aus der Zeichenkette herausrechnen, und bei nicht einheitlichen Feiertagen wird das Ergebnis, 0 oder 1, mit dem Datum multipliziert, damit der Feiertag korrekt angezeigt wird.

```
=DATUM(JAHR;MONAT;TAG)*WERT(TEIL($D$1;1;1))
```

Die beweglichen Feiertage orientieren sich am Osterdatum und werden über eine Verknüpfung berechnet. Damit auch die Feiertagsbezeichnung nur bei passendem Wert im Bitmuster angezeigt wird, sichert eine WENN-Funktion den Text ab:

```
F9: =(F5+59)*WERT(TEIL($D$1;ZEILE();1))
G9: =WENN(F9;"Fronleichnam";"")
```

Für inoffizielle Feiertage wie Rosenmontag, Faschingsdienstag oder Heligabend steht ein Ankreuzkästchen zur Verfügung, das mit einer Zelle in Spalte E verknüpft ist. Mit einer WENN-Funktion lässt sich auch dieser Tag dann als Feiertag ausweisen:

```
=WENN(E18;F5-49;0)
```

Ewiger Kalender mit Feiertagen

Für Ihre Terminplanung brauchen Sie einen Kalender, der automatisch nach Eingabe der Jahreszahl die Monatsdatumswerte berechnet. Die Kalendervorlage verwendet dazu die Funktion DATUM() mit der Jahreszahl aus Zelle A1, dem Monat aus dem Datum in der Kopfzeile und der eigenen Zeilennummer für den Kalendertag.

```
A3: =DATUM($A$1;MONAT(A$2);ZEILE()-2)
```

Der Sonderfall »Schaltjahre« ist natürlich auch berücksichtigt, die Formel prüft, ob der Folgetag des 28. Februar der 29. oder der 1. März ist, und trägt das Datum entsprechend ein:

```
D31: =WENN(TAG(D30+1)=29;D30+1;"")
```

Bedingungsformat für die Wochenenden

Mit zwei Regeln wird das Bedingungsformat für die Datumswerte bestimmt, das alle Wochenendtage (Samstage, Sonntage) einfärbt.

```
Regel 1: =UND(A3<>"";WOCHENTAG(A3)=7)
Regel 2: =UND(A3<>"";WOCHENTAG(A3)=1)
```

Feiertage

Für die Feiertage in der zweiten Spalte wurde die Feiertagsberechnung mit Bundeslandauswahl in die Arbeitsmappe kopiert (siehe Kapitel 2.1.8) Der Bereich FLISTE enthält die Feiertagsdatumswerte, eine Formel mit der Funktion SVERWEIS() sorgt dafür, dass die Feiertage in den Kalender übertragen werden. ISTNV() prüft ab, ob das Datum in der Liste vorkommt.

```
B3: =WENN(ISTNV(SVERWEIS(A3;FLISTE;2;FALSCH));"";SVERWEIS(A3;FLISTE;2;FALSCH))
```

A3 | f_x =DATUM($A$1;MONAT(A$2);ZEILE()-2)

	A	B	C	D	E	F	G	H	I	J	K	L	M
1	2010												
2	Januar			Februar			März			April			Mai
3	01 Fr	Neujahrstag		01 Mo		5	01 Mo		9	01 Do			01 Sa
4	02 Sa			02 Di			02 Di			02 Fr	Karfreitag		02 So
5	03 So			03 Mi			03 Mi			03 Sa			03 Mo
6	04 Mo		1	04 Do			04 Do			04 So			04 Di
7	05 Di			05 Fr			05 Fr			05 Mo	Ostermontag	14	05 Mi
8	06 Mi			06 Sa			06 Sa			06 Di			06 Do
9	07 Do			07 So			07 So			07 Mi			07 Fr
10	08 Fr			08 Mo		6	08 Mo		10	08 Do			08 Sa
11	09 Sa			09 Di			09 Di			09 Fr			09 So
12	10 So			10 Mi			10 Mi			10 Sa			10 Mo
13	11 Mo		2	11 Do			11 Do			11 So			11 Di
14	12 Di			12 Fr			12 Fr			12 Mo		15	12 Mi
15	13 Mi			13 Sa			13 Sa			13 Di			13 Do
16	14 Do			14 So			14 So			14 Mi			14 Fr
17	15 Fr			15 Mo		7	15 Mo		11	15 Do			15 Sa
18	16 Sa			16 Di			16 Di			16 Fr			16 So

Abbildung 2.29: Die Datumswerte berechnet der Kalender aus Jahreszahl, Monat und Zeilennummer

Etwas aufwendiger, aber makrofrei ist die Kalenderwochenberechnung in der dritten Spalte. Die WENN()-Funktion prüft noch ab, ob das Datum auf einen Montag fällt:

```
C3: =WENN(WOCHENTAG(A3)=2;KÜRZEN((A3-WOCHENTAG(A3;2)-DATUM(JAHR(A3+4-
WOCHENTAG(A3;2));1;-10))/7);"")
```

VBA-Makro Termine aus Outlook

Der Kommunikationsmanager und E-Mail-Client Outlook bietet zwar auch die Möglichkeit, Feiertage zu berechnen, dazu wird eine Textdatei mit der Bezeichnung *Outlook.txt* bzw. *Outlook.hol* (2007) eingelesen, detailliert mit Bundeslandauswahl lässt sich die Feiertagsverwaltung aber nicht durchführen. Nutzen Sie diese VBA-Makrovorlage, um alle Outlook-Termine in den ewigen Kalender zu übertragen.

VBA-Makro Outlook-Termine.xls

CD

Basisdaten

In diesem Tabellenblatt finden Sie die Feiertagsberechnung nach Bundesland. Stellen Sie Ihr Bundesland ein. Die Jahreszahl wird das Makro abfragen.

Tragen Sie in die Liste ab Spalte K die Kategorien ein, die Sie in Outlook angelegt hatten, und stellen Sie in Spalte L die Farbe ein, die Sie im Kalender für die jeweilige Kategorie nutzen wollen.

Kalendervorlage

Die Kalendervorlage enthält den ewigen Kalender mit Feiertagen und KW-Berechnung.

Makro für Outlook-Termine

Starten Sie das Makro zur Übertragung der Outlook-Termine mit Klick auf das Symbol im Tabellenblatt START oder über die benutzerdefinierte Symbolleiste. In Excel 2007 finden Sie diese in der Gruppe *Add-Ins*.

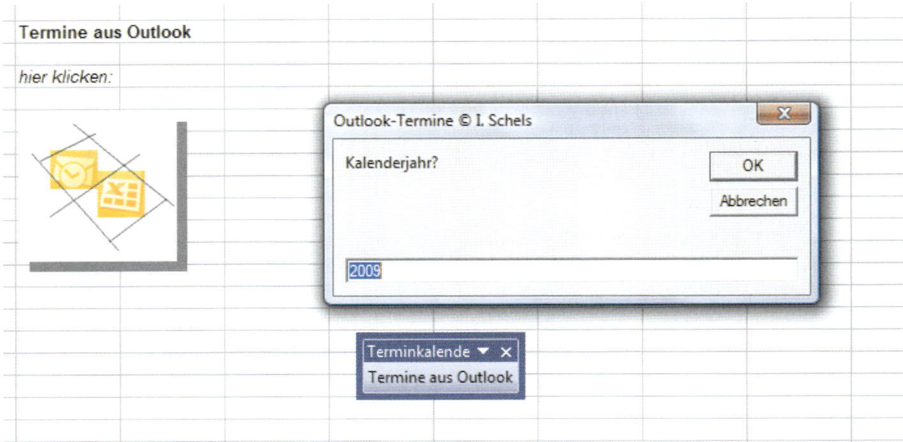

Abbildung 2.30: Outlook-Termine in den Excel-Kalender übertragen

Das Makro fordert per Eingabemeldung das Kalenderjahr an. Tragen Sie dieses ein und klicken Sie auf *OK*. Die Kalendervorlage wird kopiert und mit dem Kalenderjahr benannt. Bereits vorhandene Tabellenblätter werden ohne Rückfrage gelöscht. Das Makro holt die Termine aus dem Outlook-Kalender und weist ihnen je nach Kategorie die Farben aus den Basisdaten zu. Die Formeln werden in Werte umgewandelt, die Termin- und KW-Spalten sind nach Ablauf des Makros formelfrei.

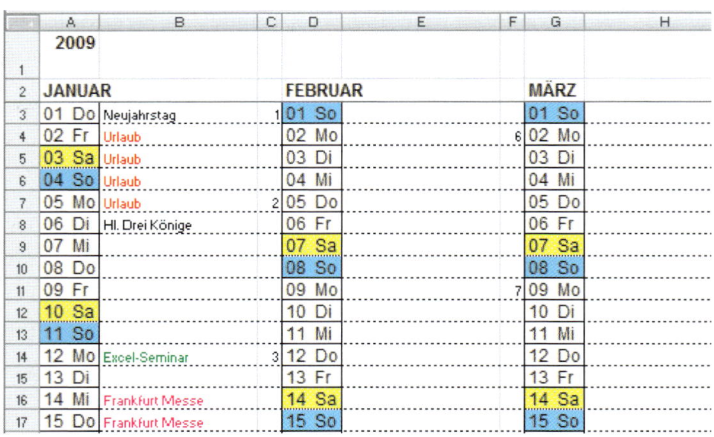

	A	B	C	D	E	F	G	H
1	2009							
2	JANUAR			FEBRUAR			MÄRZ	
3	01 Do	Neujahrstag	1	01 So			01 So	
4	02 Fr	Urlaub		02 Mo		6	02 Mo	
5	03 Sa	Urlaub		03 Di			03 Di	
6	04 So	Urlaub		04 Mi			04 Mi	
7	05 Mo	Urlaub	2	05 Do			05 Do	
8	06 Di	Hl. Drei Könige		06 Fr			06 Fr	
9	07 Mi			07 Sa			07 Sa	
10	08 Do			08 So			08 So	
11	09 Fr			09 Mo		7	09 Mo	
12	10 Sa			10 Di			10 Di	
13	11 So			11 Mi			11 Mi	
14	12 Mo	Excel-Seminar	3	12 Do			12 Do	
15	13 Di			13 Fr			13 Fr	
16	14 Mi	Frankfurt Messe		14 Sa			14 Sa	
17	15 Do	Frankfurt Messe		15 So			15 So	

Abbildung 2.31: Outlook-Termine im Excel-Kalender

2.5.5 Die Excel-Zeitrechnung

Zeit ist relativ, das hat schon Albert Einstein bewiesen. In Excel ist die Formel Zeit nicht so schwierig, das Prinzip ist einfach: Die Basis für alle Datums- und Zeitberechnungen ist ein interner, vom Programm zur Verfügung gestellter Kalender, der mit dem 1.1.1900 beginnt und am 31.12.9999 endet. Gibt der Anwender ein Datum oder eine

Uhrzeit ein, wird diese Eingabe mit dem Kalender verglichen, und das Ergebnis ist nichts anderes als eine serielle Zahl von 1 (erster Tag) bis 2958465 (letzter Tag). Ob und in welcher Form diese Zahl als Datum oder Zeit angezeigt wird, bestimmt das Zahlenformat der Zelle, und das wird automatisch zugewiesen, wenn die Eingabe bestätigt oder der Zellzeiger neu positioniert wird. Auf die Eingabe

1.1.1900 [↵]

erhält die Zelle das Standarddatumsformat »T.M.JJJ«, die Eingabe »12:30« weist der Zelle das Zahlenformat *hh:mm* zu. In beiden Fällen enthält die Zelle aber eine Zahl, nämlich 1 für den ersten Kalendertag und 0,52 für die Zeitangabe. Und diese ist nichts anderes als der Bruchteil des ersten Tages (0,52 Stunden des 1. Januars 1900). Das Zahlenformat wird nur einmal, unmittelbar nach der Eingabe, zugewiesen und bleibt der Zelle erhalten, bis es manuell zugewiesen wird. Und so bekommen Sie die Excel-Zeit in den Griff:

Geben Sie eine Zeit ein (z. B. »4:30« in Zelle A1) und formatieren Sie die Zelle mit [Strg] + [1], Zahlenformat -Kategorie *Benutzerdefiniert*. Weisen Sie der Zelle nacheinander verschiedene Zahlenformate zu:

hh:mm	04:30	Die Zeit mit führender Null (falls nötig)
h:mm	4:30	Die Zeit ohne führende Null
t.MM.JJJJ hh:mm	0.1.1900 04:30	Das Datum und die Zeit (MM großgeschrieben für Monate)
0	0,19	Der dezimale Wert der Zeit (0,19 Stunden des Tages 1)

Tabelle 2.6: Zeitformate

Erhält die Zelle sowohl ein Datum als auch eine Zeitangabe, zeigt der Dezimalwert eine Zahl mit Nachkommastellen. Beispiel:

```
12.8.2001 12:45    Ergebnis: 37115,53125 (der Tag 37115 und 0,53125tel des Tages)
```

Um in Excel-Tabellen mit Zeiten rechnen zu können, sollten Sie sich entscheiden, ob die Werte mit oder ohne Datum zu berechnen sind. Muss die Tabelle Zeiträume über mehr als einen Tag berechnen, ist das Datum erforderlich, bei täglicher Arbeitszeiterfassung oder einfachen Stundenabrechnungen genügt die Zeitangabe, die rein technisch nur mit dem ersten Kalendertag rechnet. Eine einfache Arbeitszeitenberechnung könnte dann so aussehen:

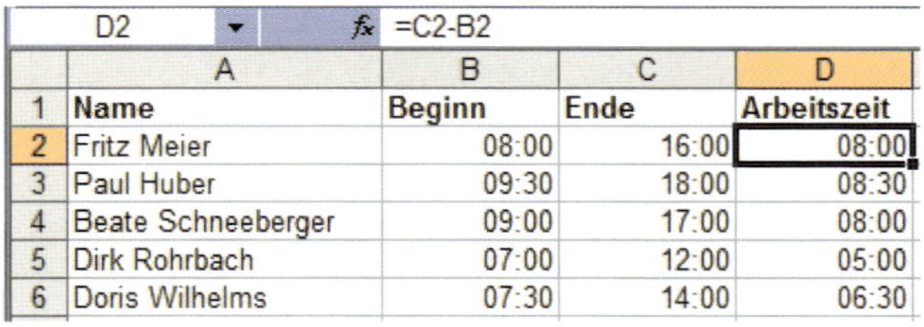
D2 =C2-B2

	A	B	C	D
1	Name	Beginn	Ende	Arbeitszeit
2	Fritz Meier	08:00	16:00	08:00
3	Paul Huber	09:30	18:00	08:30
4	Beate Schneeberger	09:00	17:00	08:00
5	Dirk Rohrbach	07:00	12:00	05:00
6	Doris Wilhelms	07:30	14:00	06:30

Abbildung 2.32: Berechnung von Zeitdifferenzen

Negativzeiten berechnen

Kritisch wird das Ganze bei Negativzeiten. Liegt das Arbeitsende vor dem Arbeitsbeginn (z. B. bei Schichtarbeit, Beginn 20:00 Uhr, Ende 4:00 Uhr), zeigt die Zelle mit der einfachen Formel »=Ende- Beginn« eine durchlaufende Kette von #-Zeichen an. Der Grund ist einleuchtend, wenn das Prinzip der Zeitberechnung bekannt ist: Das Ergebnis würde im Bereich vor dem ersten Kalendertag landen, und für diesen lässt Excel keine Datums- oder Zeitberechnung zu. Eine (schlechte) Alternative ist die Umstellung auf das 1904-Datumsformat, das aus Kompatibilitätsgründen zum Apple Macintosh-System enthalten ist: Unter *Extras/Optionen* wird auf der Registerkarte *Berechnen* die Option *1904-Datumswerte* angekreuzt. Damit ist der Kalender um 4 Jahre nach vorne versetzt, was für einfache Zeitberechnungen nützlich sein mag, die Tabellen aber gehörig durcheinanderbringt, sobald parallel mit Datums- und Zeitwerten gearbeitet wird. Die bessere Methode, um Negativzeiten zu berechnen, ist diese: Konstruieren Sie die Formel mithilfe der WENN-Funktion so, dass sie auch Zeitsprünge zwischen zwei Datumswerten richtig berechnet:

```
D2: =WENN(C2>B2;C2-B2;1-B2+C2)
```

Mit einer WENN-Formel lösen Sie auch das Problem der Sollzeitenberechnung, die zwar einfach als Differenz zwischen Arbeitszeit und Sollzeit errechnet wird, bei Zeitangaben, die unter dem Soll liegen, aber automatisch negativ und damit nicht darstellbar wird.

Zeitwerte summieren

Die Addition von Zeitwerten ist mit der richtigen Formatierung kein Problem. Wenn Sie wie oben beschrieben die Werte per Multiplikation mit 24 in Dezimalzahlen umgewandelt haben, genügt eine einfache Summe mit der gleichnamigen Funktion:

```
=SUMME(bereich)
```

Bei reinen Zeitwerten tritt ein Problem auf: Das Ergebnis wird nie mehr als 24 Stunden betragen. Im obigen Beispiel würde die Summe aus den Zeitwerten im Zellbereich D2:D6 den Wert 14:00 ergeben. Das hat einen einfachen Grund: Das Zahlenformat verhindert die Darstellung des Datums, es zeigt mit »hh:mm« immer nur die Zeit des letzten Datumstags an. Die Summe liefert aber 38 Stunden oder – für Excel – den 1. Tag des Kalenders plus 14 Stunden. Die Zuweisung des Zahlenformats »TT.MM.JJ hh:mm« würde es ans Licht bringen:

```
01.01.1900 14:00
```

Dieses Hindernis lässt sich natürlich umgehen. Weisen Sie der Zelle dieses Zahlenformat zu:

```
[hh]:mm
```

Die eckigen Klammern werden mit der `Alt-Gr`-Taste und 8 bzw. 9 erzeugt, sie sorgen dafür, dass die Gesamtstundenzahl und nicht das aus diesen resultierende Datum angezeigt wird.

Stunden und Minuten berechnen

Für die Berechnung von Zeitangaben stellt Excel Funktionen zur Verfügung. Um den Zeitwert nach Stunden, Minuten und Sekunden aufzutrennen, verwenden Sie

```
=STUNDE(zelle)
=MINUTE(zelle)
=SEKUNDE(zelle)
```

Umgekehrt lässt sich ein Zeitwert aus reinen Dezimalzahlen konstruieren über die Funktion

```
=ZEIT(stunde, minute, sekunde)
```

Liefert die Zeiterfassung beispielsweise die Stunden und Minuten in je einer Spalte der Tabelle, wandeln Sie diese einfach in eine gültige, berechenbare Zeit um (das Zahlenformat AM/PM wird dabei automatisch zugewiesen, Sie können es über *Format/Zellen* abändern):

fx =ZEIT(A2;B2;)

	A	B	C
1	Stunden	Minuten	Zeit
2	8	30	8:30 AM
3	7	23	7:23 AM
4	6	25	6:25 AM
5	7	30	7:30 AM
6	8	0	8:00 AM

Abbildung 2.33: Zeitberechnung mit ZEIT()

Zeitwerte in Textform wandelt die Funktion =ZEITWERT() in eine richtige, berechenbare Zeit um. Nützlich ist diese Funktion vor allem, wenn der Zeitwert in einen Text eingebunden ist, was häufig bei der Datenübernahme von Host-Systemen, SAP o. Ä. vorkommt. In diesem Beispiel wird die Zeit in Textform ermittelt, dazu sind Textfunktionen wie =TEIL() (Teilzeichenkette) und =FINDEN() (sucht nach einem bestimmten Zeichen) sehr hilfreich. Die Funktion =ZEITWERT() wandelt die Teilzeichenkette in einen echten Zeitwert um:

```
A2: Regelarbeitszeit: 7:45
B2: =ZEITWERT(TEIL(A2;FINDEN(" ";A2)+1;LÄNGE(A2)-FINDEN(" ";A2)))
```

Dezimale Zeitwerte und Industrieminuten

In der Praxis müssen häufig Zeiten addiert oder subtrahiert werden, z. B. bei Überstundenberechnungen oder Abzug von Pausenzeiten. Um die kritische Zeitberechnung zu vereinfachen, empfiehlt es sich, alle Werte in Dezimalzahlen umzuwandeln und die Rechenoperationen ebenfalls dezimal durchzuführen. Ein Zeitwert wird einfach mit 24 multipliziert, das Zahlenformat muss dann entsprechend Standard oder 0 heißen. Steht der Zeitwert 4:30 in Zelle A1, wird diese Formel ihn in einen Dezimalwert 4,5 umwandeln:

```
=A1*24
```

Um den Wert in Minuten umzurechnen, geben Sie ein:

```
=A1*24*60
```

Häufig werden Zeitwerte auch bereits dezimal angegeben, das sind die sogenannten Industrieminuten. Der Wert 1:45 wird mit 1,75 angegeben, das ist genau die Dezimalumrechnung mit dem Multiplikator 24. Mit der Funktion GANZZAHL() errechnen Sie die Stunden und diese, vom Wert abgezogen und mit 60 multipliziert, ergeben die Minuten. Der Zeitwert wird einfach mit der Division der Industrieminuten durch 24 ermittelt, achten Sie aber auf die Zuweisung der richtigen Zahlenformate.

	A	B	C	D
1	Industrie-minuten	Stunden =GANZZAHL(A2)	Minuten =(A2-GANZZAHL(A2))*60	Zeitwert =A2/24
2	1,75	1,00	45,00	01:45
3	2,23	2,00	13,80	02:13
4	5,00	5,00	0,00	05:00
5	11,66	11,00	39,60	11:39

Abbildung 2.34: Industrieminuten berechnen

2.6 Namen zuweisen für Bereiche und Formeln

Die Zuweisung eines Namens an einen Bereich war in Excel immer schon möglich, wird aber in der Praxis zu selten verwendet. Viele Anwender schlagen sich mit aufwendigen Bezügen herum und verschwenden wertvolle Zeit und Arbeit für die Überprüfung und Nachbesserung von Formeln. Der Bereichsname ist ein unverzichtbares Werkzeug in größeren Tabellenmodellen, größere Listen sollten grundsätzlich nur über Bereichsnamen adressiert werden.

Bereichsnamen können für einzelne Zellen und Bereiche im Tabellenblatt zugewiesen werden, unterliegen aber einigen Regeln:

- Bereichsnamen können bis zu 255 Zeichen enthalten.
- Groß- und Kleinschreibung ist gleichbedeutend.
- Das erste Zeichen darf keine Zahl sein.
- Sonderzeichen wie ! { + * – / @ < > & # sind nicht erlaubt, auch nicht Leerzeichen, Doppelpunkt und Semikolon.
- Bereichsnamen dürfen nicht wie Zelladressen lauten. A2 oder B33 ist nicht erlaubt.

2.6.1 Lokale und globale Bereichsnamen

Bereichsnamen sind in der Regel global, d. h., sie gelten für die gesamte Arbeitsmappe. Wird ein Tabellenblatt mit Bereichsnamen kopiert, legt Excel alle Bereichsnamen noch einmal als lokale Namen an. Im Namens-Manager können Sie entscheiden, ob ein Bereichsname global oder lokal definiert sein soll.

2.6.2 Schnelle Zuweisung über das Namensfeld

Die einfachste Art, einen Bereich zu benennen, ist die Zuweisung über das Namensfeld. Markieren Sie den Bereich in der Tabelle, schreiben Sie den Namen in das Namensfeld und drücken Sie die [↵]-Taste. Der Bereichsname ist global, er gilt für die gesamte Mappe.

KSBericht | fx Kostenarten

	A	B	C	D
1	Kostenarten	Plankosten	Obligo	Istkosten
2	563000 Lebensmittel	39.600	73	12500
3	563100 Futtermittel	42.500	2.000	15200
4	76300 Reinigungsmaterial	31.500	14.000	16700
5	763100 Chemikalien	43.600	1.700	18200
6	412000 Medikamente	12.700	6.000	4500
7	413000 Laborbedarf	56.400	5.000	26000
8	332000 Hilfsbetriebsmaterial	22.300	12.000	6000
9	443100 Repräsentation	12.700	5.000	3000
10	443200 Inserate	15.600	400	12000
11	443300 Spenden, Trinkgelder	21.400	4.500	13500
12	652000 Versicherungen	56.600	20.000	19000
13	652100 Kfz-Versicherungen	23.400	1.000	21000
14	652300 Beratungsleistungen	120.560	23.000	15000

Abbildung 2.35: Markierten Bereich benennen über das Namensfeld

CD

Plan-Obligo-Ist-Bericht mit Bereichsnamen.xls

Hinweis

Die Kombination aus Kostenartennummer und Kostenartenbezeichnung in einer Zelle tritt häufig auf beim Download von SAP-Berichten. Trennen Sie die beiden Informationen mit Textfunktionen oder über *Text in Spalten*.

2003

Daten/Text in Spalten

2007 2010

Daten/Datentools/Text in Spalten

Textfunktion für die Kostenartennummer:

```
=LINKS(A2;FINDEN(" ";A2)-1)
```

Textfunktion für die Kostenartenbezeichnung:

```
=TEIL(A2;FINDEN(" ";A2)+1;100)
```

Das Namensfeld bietet auch alle Bereichsnamen an, nur berechnete Namen werden nicht gelistet. Diese Zuweisung funktioniert deshalb auch nur einmal, denn wird ein bestehender Bereichsname noch einmal in das Namensfeld geschrieben, markiert Excel den Bereich.

2.6.3 Namen übernehmen

Bereichsnamen lassen sich auch einfach aus den Beschriftungen einer Liste übernehmen. Markieren Sie dazu wieder den Bereich.

2003 *Einfügen/Namen/Erstellen*

2007 2010 *Formeln/Definierte Namen/Aus Auswahl erstellen*

Kreuzen Sie an, was zutrifft (im Beispiel nur aus *Oberster Zeile*). Die Namen werden automatisch erstellt, Leerzeichen ersetzt Excel durch Unterstriche.

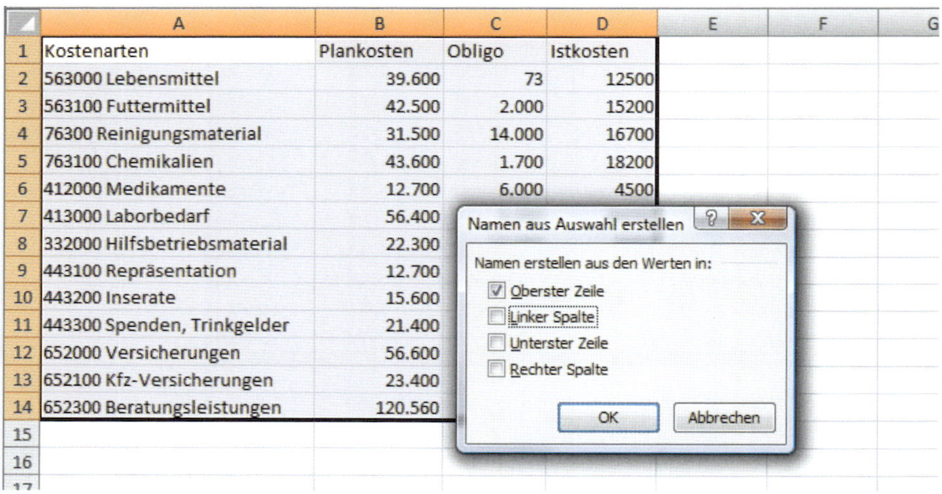

	A	B	C	D
1	Kostenarten	Plankosten	Obligo	Istkosten
2	563000 Lebensmittel	39.600	73	12500
3	563100 Futtermittel	42.500	2.000	15200
4	76300 Reinigungsmaterial	31.500	14.000	16700
5	763100 Chemikalien	43.600	1.700	18200
6	412000 Medikamente	12.700	6.000	4500
7	413000 Laborbedarf	56.400		
8	332000 Hilfsbetriebsmaterial	22.300		
9	443100 Repräsentation	12.700		
10	443200 Inserate	15.600		
11	443300 Spenden, Trinkgelder	21.400		
12	652000 Versicherungen	56.600		
13	652100 Kfz-Versicherungen	23.400		
14	652300 Beratungsleistungen	120.560		

Abbildung 2.36: Namen aus der Matrixbeschriftung übernehmen

2.6.4 Der Namens-Manager

Zur Verwaltung von Bereichsnamen verwenden Sie den Namens-Manager, hier können Sie Bereichsnamen umdefinieren und auch wieder entfernen.

2003 *Einfügen/Namen definieren.* Tragen Sie den Bereichsnamen ein, geben Sie unter *Bezieht sich auf* den Bezug an oder markieren Sie diesen im Hintergrund. Um einen lokalen Bereichsnamen anzulegen, schreiben Sie den Namen des Tabellenblatts vor den Bereichsnamen. Lokale Namen erkennen Sie am Tabellennamen am Bereichsnamen in der Liste, sie werden nur angezeigt, wenn das Tabellenblatt aktiv ist.

2007 2010 *Formeln/Namen definieren/Namens-Manager.* Mit Klick auf *Neu* legen Sie einen neuen Bereichsnamen an. Bestimmen Sie, ob sich dieser auf ein Tabellenblatt oder auf die gesamte Arbeitsmappe beziehen soll.

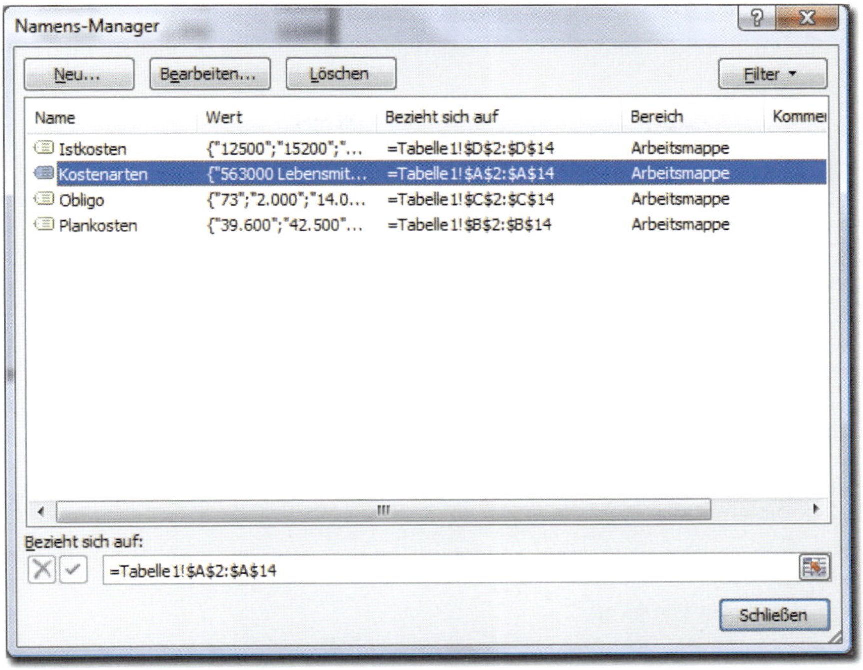

Abbildung 2.37: Der Namens-Manager verwaltet alle Bereichsnamen

2.6.5 Konstanten und Formeln in Bereichsnamen

Bereichsnamen können neben Bezügen auch Konstanten und Formeln enthalten. Nutzen Sie diese Möglichkeit konsequent, ersparen Sie sich viele Hilfszellen und Teilberechnungen in den Tabellenmodellen. In unserem Testbericht könnten Sie beispielsweise über den Namens-Manager eine Konstante für das Gesamtbudget einführen:

```
Name: Budget
Bezieht sich auf: 1.300.000
```

Wenn die einzelnen Spalten der Liste benannt sind, können Sie weitere Bereichsnamen mit Formeln definieren. Diese Formeln dürfen alle verfügbaren Funktionen, andere Bereichsnamen und Bezüge enthalten:

Bereichsname	Formel
SummePLAN	=SUMME(Plankosten) oder =SUMME(INDEX(KSLISTE;;2))
SummeIST	=SUMME(Istkosten) oder =SUMME(INDEX(KSLISTE;;3))
RestBudget	=Budget-SummeIST

Tabelle 2.7: Bereichsnamen mit Formeln

Jetzt können Sie die Auswertung des Berichts in einem beliebigen Bereich der Tabelle oder auf anderen Tabellenblättern der Arbeitsmappe machen, die Bereichsnamen stehen zur Verfügung.

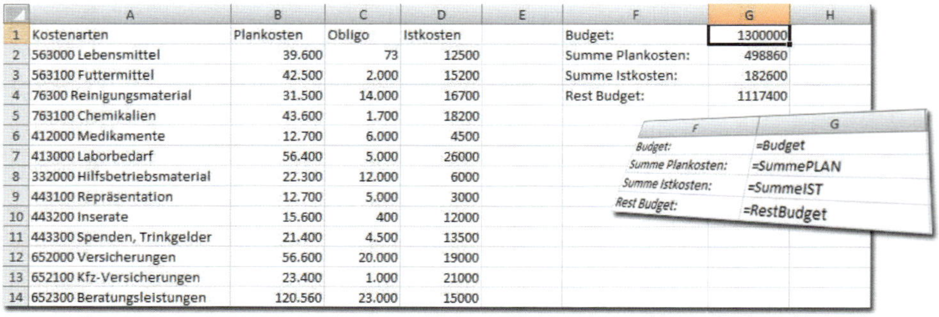

	A	B	C	D	E	F	G	H
1	Kostenarten	Plankosten	Obligo	Istkosten		Budget:	1300000	
2	563000 Lebensmittel	39.600	73	12500		Summe Plankosten:	498860	
3	563100 Futtermittel	42.500	2.000	15200		Summe Istkosten:	182600	
4	76300 Reinigungsmaterial	31.500	14.000	16700		Rest Budget:	1117400	
5	763100 Chemikalien	43.600	1.700	18200				
6	412000 Medikamente	12.700	6.000	4500				
7	413000 Laborbedarf	56.400	5.000	26000				
8	332000 Hilfsbetriebsmaterial	22.300	12.000	6000				
9	443100 Repräsentation	12.700	5.000	3000				
10	443200 Inserate	15.600	400	12000				
11	443300 Spenden, Trinkgelder	21.400	4.500	13500				
12	652000 Versicherungen	56.600	20.000	19000				
13	652100 Kfz-Versicherungen	23.400	1.000	21000				
14	652300 Beratungsleistungen	120.560	23.000	15000				

F	G
Budget:	=Budget
Summe Plankosten:	=SummePLAN
Summe Istkosten:	=SummeIST
Rest Budget:	=RestBudget

Abbildung 2.38: Flexible Auswertung mit Formel-Bereichsnamen

TIPP

01-07: Bereichsnamen in Formeln verwenden

01-08: Dynamische Bereiche

2.7 Analyse und Reporting mit PivotTables und PivotCharts

Mit der Version 4 wurde die Tabellenkalkulation Excel um eine neue und wichtige Komponente erweitert: Die Kreuztabelle, Vorgänger der PivotTable, konnte Listen im Tabellenblatt nicht nur sortieren und filtern, sondern auch automatisch zusammenfassen und im Schnittpunkt von Zeile und Spalte die Summen einzelner Werte ausgeben. Mit Version 5 wurde das Prinzip verfeinert, aus der Kreuztabelle wurde die Pivot-Tabelle, später umbenannt in PivotTable-Berichte. Das Wort Pivot stammt aus dem Französischen (pivoter = drehen) und steht für Dreh- oder Angelpunkt. Mechanische Geräte haben einen Pivot- oder Drehpunkt (Kräne, Geschütze ...), Pivots werden auch in Börsencharts für die Darstellungen von Kursentwicklungen benutzt. Das Pivot-Prinzip ist die vorherrschende Tabellenansicht multidimensionaler Datenbanken (OLAP).

2.7.1 Das Prinzip

Eine Liste enthält zeilenweise Mehrfacheinträge für ein Auswertungselement, z. B. eine Kostenstelle, einen Unternehmensbereich oder einen Artikel. Die Spalten weisen Beträge (Umsätze, Kosten, Mengen) aus. In der PivotTable werden die Zeileneinträge vereinzelt angezeigt, im Schnittpunkt zwischen Zeile und Spalte steht die Summe oder Anzahl der Werte.

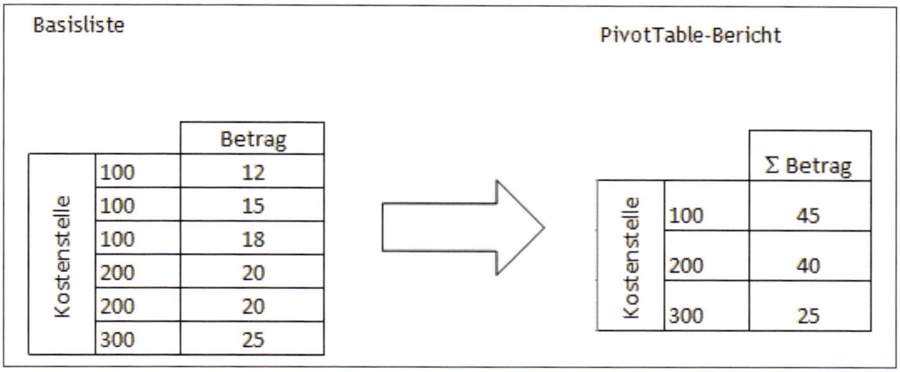

Abbildung 2.39: Das PivotTable-Prinzip

2.7.2 Voraussetzungen für Pivot-Berichte

Das sind die Voraussetzungen für einen PivotTable-Bericht:

- Basis ist eine geschlossene Liste mit Daten, eine Tabelle oder Datenbank. Sie darf keine Zusammenfassungen, Zwischenergebnisse oder Gesamtsummen enthalten. Leerzeilen sind zwar erlaubt, können aber bestimmte Ergebnisse wie Datumsgruppierungen verhindern.
- Die erste Zeile (Kopfzeile) enthält je eine Beschreibung der einzelnen Felder (Spalten). Diese Feldnamen sind einzeilig und enthalten keine Leerzeichen oder speziellen Sonderzeichen.
- Die Daten sind in den einzelnen Spalten eindeutig, d. h. vom gleichen Datentyp. Eine Datumsspalte enthält nur Datumswerte, eine Spalte mit Zahlen darf bis zum Tabellenende weder Texte noch andere Inhalte aufweisen.

Ab der Version 2007 wird der auszuwertende Bereich als Tabelle deklariert. Eine Tabelle ist ein definierter Bereich im Tabellenblatt mit zusätzlichen Steuerelementen. 2007 2010

Neben diesen technischen Voraussetzungen sollten die Daten natürlich auch faktisch auswertbar sein. Dazu muss mindestens eine Spalte Mehrfacheinträge aufweisen. Ein PivotTable-Bericht über einzelne Kostenstellen macht wenig Sinn, weil es nichts zusammenzufassen gibt. Das Beispiel zeigt eine Liste mit drei auswertbaren Spalten:

- Datumswerte können nach Monaten, Quartalen und Jahren gruppiert werden.
- Ein PivotTable-Bericht bietet die Möglichkeit, für jede Region Menge, Kosten und Umsätze aufzusummieren oder statistisch auszuwerten (Mittelwert …).
- Auch für die Produkte und Kategorien lassen sich Mengen, Kosten und Umsätze zusammenfassen.

	A	B	C	D	E	F	G
1	Datum	Region	Produkt	Kategorie	Menge	Produktkosten	Umsatz
2	10.01.2010	Nord	TFT-Bildschirm	Computer	25	3.400,00 €	10.000,00 €
3	12.01.2010	Nord	DVD-Player	HiFi/Audio	55	3.740,00 €	11.000,00 €
4	16.01.2010	Nord	Office 2003	Software/Spiele	46	14.076,00 €	41.400,00 €
5	30.01.2010	Nord	Car Race IV	Software/Spiele	31	2.635,00 €	7.750,00 €
6	25.02.2010	Ost	Scanner	Computer	50	850,00 €	2.500,00 €
7	01.02.2010	Ost	DVD-Player	HiFi/Audio	66	5.610,00 €	16.500,00 €
8	16.02.2010	Ost	PhotoShop	Software/Spiele	55	14.960,00 €	44.000,00 €
9	15.02.2010	Süd	TFT-Bildschirm	Computer	55	8.415,00 €	24.750,00 €
10	21.03.2010	Süd	Scanner	Computer	63	2.570,40 €	7.560,00 €
11	25.03.2010	Süd	Car Race IV	Software/Spiele	63	4.284,00 €	12.600,00 €
12	14.03.2010	Süd	PhotoShop	Software/Spiele	78	21.216,00 €	62.400,00 €
13	01.02.2010	West	DVD-Player	HiFi/Audio	46	3.128,00 €	9.200,00 €
14	12.03.2010	West	TFT-Bildschirm	Computer	78	10.608,00 €	31.200,00 €
15	25.03.2010	West	Office 2003	Software/Spiele	31	9.486,00 €	27.900,00 €

Abbildung 2.40: Auswertbare Liste für PivotTable-Berichte

CD

PivotTable-Berichte.xls

Wenn Sie eine Tabelle auf ihre Pivot-Tauglichkeit überprüfen, versuchen Sie, diese einfach einmal zu filtern. Finden Sie Filterkriterien, d. h. Zellinhalte, die mehrfach in einer Spalte vorkommen (idealerweise in mehreren Spalten), dann kann die Tabelle auch als Pivot-Bericht ausgegeben werden.

2.7.3 Datenbasis vorbereiten

Als Datenbasis für einen PivotTable-Bericht brauchen Sie eine Liste mit den oben beschriebenen Voraussetzungen. In der Praxis sind die Daten aber selten statisch, die Liste ändert sich in der Anzahl der Datensätze und eventuell auch in der Zusammensetzung der Spalten.

Weisen Sie der Liste einen Bereichsnamen zu, nennen Sie sie am besten *Datenbank*. Sie können jeden anderen gültigen Bereichsnamen verwenden, der globale Bereichsname *Datenbank* wird bevorzugt behandelt, der PivotTable-Assistent findet die Datenbank in der Mappe, auch wenn sie in anderen Tabellenblättern untergebracht ist. Für die Benennung markieren Sie die Liste mit [Strg] + [⇧] + [*] und tragen den Namen in das Namensfeld ein oder Sie wählen *Einfügen/Namen definieren*.

TIPP

01-08: Dynamische Bereiche

Ab Excel 2007 ist die Standarddatenbasis für PivotTable-Berichte die Tabelle, eine Sonderform der Liste. Tabellen arbeiten mit strukturierten Verweisen, das sind Formeln, die automatisch Inhalte berechnen, wenn neue Zeilen oder Spalten hinzukommen.

Wählen Sie *Einfügen/Tabellen/Tabelle*. Das bunte Tabellenlayout können Sie unter *Tabellentools/Entwurf* entfernen, wählen Sie die erste Tabellenformatvorlage.

Tabellen sollten Sie nur benutzen, wenn Sie sicherstellen können, dass alle Anwender Ihrer Daten mit Excel 2007/2010 oder 2003 arbeiten. In früheren Versionen ist diese Funktion nicht verfügbar.

STOP

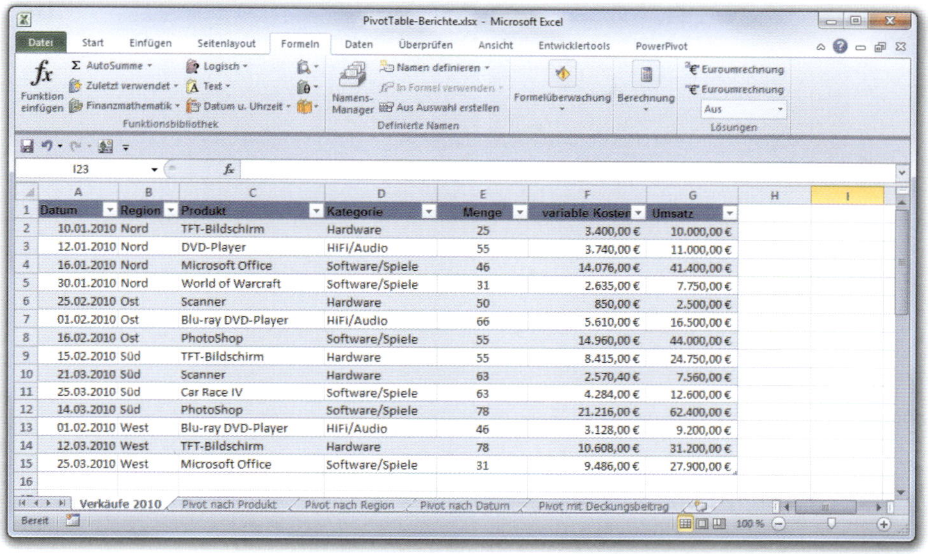

Datum	Region	Produkt	Kategorie	Menge	variable Kosten	Umsatz
10.01.2010	Nord	TFT-Bildschirm	Hardware	25	3.400,00 €	10.000,00 €
12.01.2010	Nord	DVD-Player	HiFi/Audio	55	3.740,00 €	11.000,00 €
16.01.2010	Nord	Microsoft Office	Software/Spiele	46	14.076,00 €	41.400,00 €
30.01.2010	Nord	World of Warcraft	Software/Spiele	31	2.635,00 €	7.750,00 €
25.02.2010	Ost	Scanner	Hardware	50	850,00 €	2.500,00 €
01.02.2010	Ost	Blu-ray DVD-Player	HiFi/Audio	66	5.610,00 €	16.500,00 €
16.02.2010	Ost	PhotoShop	Software/Spiele	55	14.960,00 €	44.000,00 €
15.02.2010	Süd	TFT-Bildschirm	Hardware	55	8.415,00 €	24.750,00 €
21.03.2010	Süd	Scanner	Hardware	63	2.570,40 €	7.560,00 €
25.03.2010	Süd	Car Race IV	Software/Spiele	63	4.284,00 €	12.600,00 €
14.03.2010	Süd	PhotoShop	Software/Spiele	78	21.216,00 €	62.400,00 €
01.02.2010	West	Blu-ray DVD-Player	HiFi/Audio	46	3.128,00 €	9.200,00 €
12.03.2010	West	TFT-Bildschirm	Hardware	78	10.608,00 €	31.200,00 €
25.03.2010	West	Microsoft Office	Software/Spiele	31	9.486,00 €	27.900,00 €

Abbildung 2.41: Der Bereich wird vor der Pivot-Auswertung zur Tabelle erklärt

2.7.4 PivotTable-Bericht erstellen

2003

Wählen Sie *Daten/PivotTable- und PivotChart-Bericht*. Ein Assistent startet und präsentiert die erste Abfrage. Bestätigen Sie die erste Abfrage mit *Weiter*:

```
Welche Daten möchten Sie analysieren
Microsoft Office-Excel Liste oder Datenbank.
```

Bestätigen Sie auch den vorgeschlagenen Bereichsnamen mit *Weiter*. Im letzten Schritt können Sie das PivotTable-Layout leer anlegen, entscheiden Sie sich für einen Bereich außerhalb der Basisdaten oder (besser) für ein neues Tabellenblatt.

Sehr nützlich und für manche Aktionen besser als das Pivot-Layout im Tabellenblatt ist die Layoutansicht. Klicken Sie im zweiten Schritt auf *Layout*, erhalten Sie eine Übersicht über alle Feldnamen und ein Layoutfeld mit den Bereichen *Seite*, *Zeile*, *Spalte* und *Daten*. Ziehen Sie die Felder einfach mit gedrückter Maustaste in die Bereiche.

Benutzen Sie den Layoutdialog nicht, erhalten Sie einen leeren Layoutbereich im Zieltabellenblatt oder -bereich. Die Felder aus der Kopfzeile der Datenbank/Liste stehen in einer Feldliste bereit, ziehen Sie diese mit gedrückter Maustaste in das Pivot-Layout.

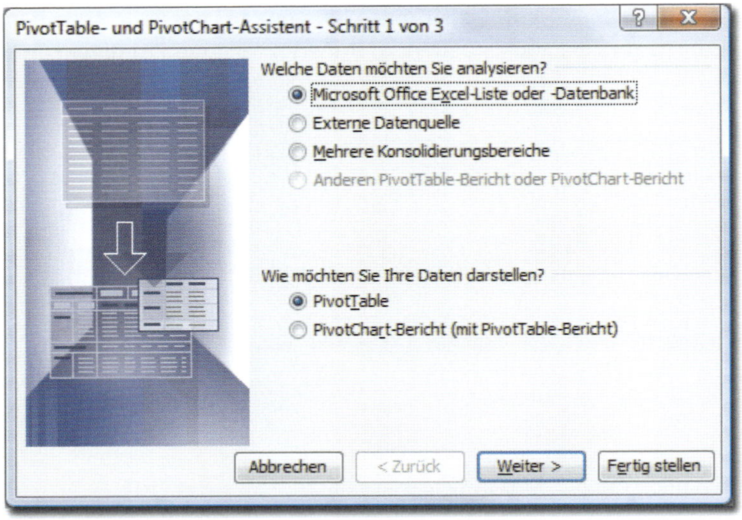

Abbildung 2.42: Der PivotTable-Assistent führt in drei Schritten zur Pivot-Tabelle

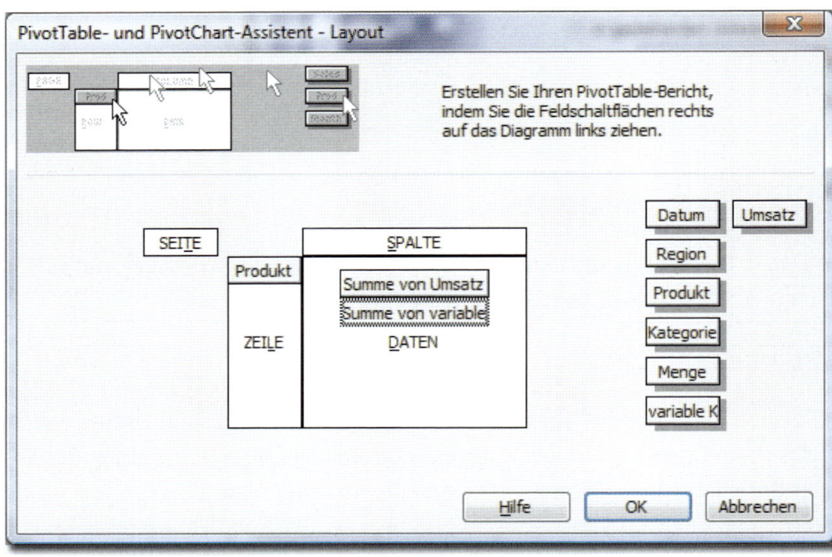

Abbildung 2.43: Das Pivot-Layout

Und so sieht das Ergebnis aus, wenn Sie sich für das oben gezeigte Layout mit dem Produkt im Zeilenbereich, der Region in Spalten und den Summen der Umsätze und Kosten im Datenbereich entscheiden. Die Funktion *Summe* wird automatisch für die Zusammenfassungen im Datenbereich verwendet, wenn die Spalten mit Zahlen gefüllt sind.

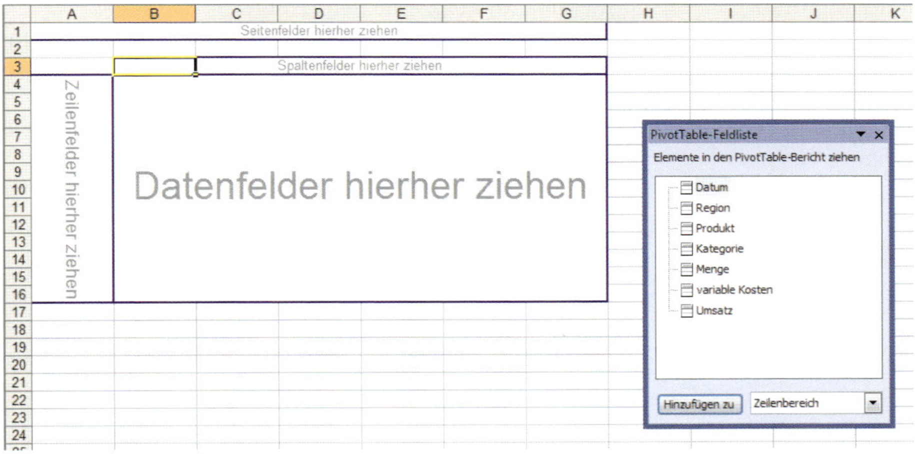

Abbildung 2.44: Das leere Pivot-Layout wird mit Feldern aus der Feldliste bestückt

Seitenfelder hierher ziehen

Produkt	Daten	Region: Nord	Ost	Süd	West	Gesamtergebnis
Car Race IV	Summe von Umsatz	7750		12600		20350
	Summe von variable Kosten	2635		4284		6919
DVD-Player	Summe von Umsatz	11000	16500		9200	36700
	Summe von variable Kosten	3740	5610		3128	12478
Office 2003	Summe von Umsatz	41400			27900	69300
	Summe von variable Kosten	14076			9486	23562
PhotoShop	Summe von Umsatz		44000	62400		106400
	Summe von variable Kosten		14960	21216		36176
Scanner	Summe von Umsatz		2500	7560		10060
	Summe von variable Kosten		850	2570,4		3420,4
TFT-Bildschirm	Summe von Umsatz	10000		24750	31200	65950
	Summe von variable Kosten	3400		8415	10608	22423
Gesamt: Summe von Umsatz		70150	63000	107310	68300	308760
Gesamt: Summe von variable Kosten		23851	21420	36485,4	23222	104978,4

Abbildung 2.45: Der PivotTable-Bericht mit Umsatz- und Kostensummen pro Produkt und Region

2007
2010

Die Versionen 2007/2010 bieten standardmäßig keinen PivotTable- und PivotChart-Assistenten. Setzen Sie den Zellzeiger in die Tabelle, Liste oder Datenbank und wählen Sie *Einfügen/Tabellen/PivotTable.* Bestätigen Sie den auszuwertenden Bereich.

Bestimmen Sie, wo der neue PivotTable-Bericht positioniert wird, übernehmen Sie die Option *In neuem Arbeitsblatt*, damit der Bericht unabhängig von den Quelldaten ist und keine Überschneidungen passieren. Mit *Vorhandenes Arbeitsblatt* geben Sie unter *Quelldatei* einen Bereich an, der abseits vom auszuwertenden Bereich liegt.

Der PivotTable-Bericht wird produziert, das neue Tabellenblatt enthält einen reservierten Bereich, in dem der Name des neuen PivotTable-Berichts angezeigt wird. Am rechten Rand taucht die PivotTable-Feldliste auf, in diesem Zusatzfenster wird das Pivot-Layout gestaltet.

In der Multifunktionsleiste (Menüband) zeigt eine neue Rubrik *PivotTable-Tools* mit zwei Registerkarten, *Optionen* und *Entwurf*. Hier stehen alle Befehle zur Auswahl, die Sie für die Ausgestaltung der PivotTable benötigen.

Hinweis

Feldliste und PivotTable-Tools sind so lange aktiv, wie der Zellzeiger in der PivotTable steht.

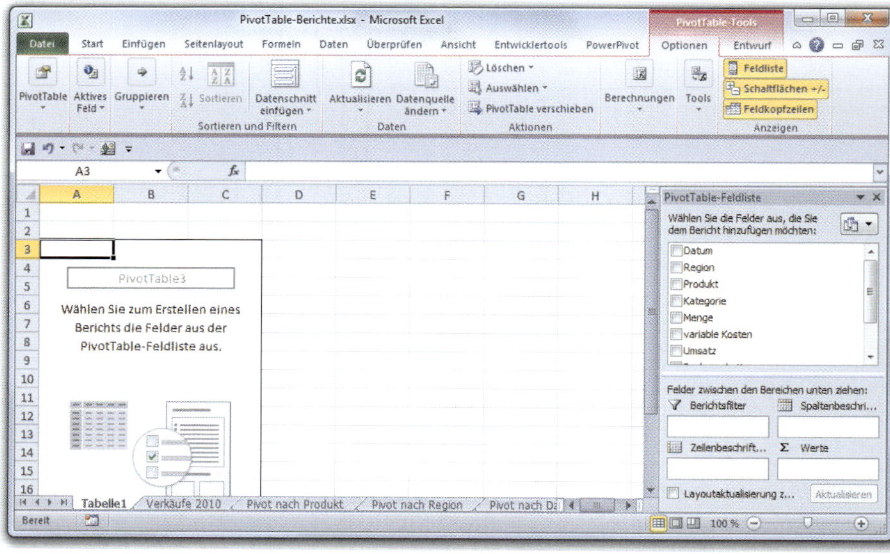

Abbildung 2.46: Die leere PivotTable mit Feldliste und PivotTable-Tools

TIPP

01-11: Klassisches Pivot-Layout für Version 2007/2010

01-12: PivotTable-Assistent für Version 2007/2010

Kreuzen Sie die Felder für das Pivot-Layout an und verschieben Sie diese auf die einzelnen Bereiche. In unserem Beispiel steht das Produkt im Bereich *Zeilenbeschriftung*, die Region wird als Spaltenbeschriftung verwendet, und die Summen der Umsätze und Kosten stehen im Wertebereich. Unter *PivotTable-Tools/Optionen* können Sie die Feldkopfzeilen ausblenden.

Die PivotTable ist zwar mit der Datenquelle verbunden, sie aktualisiert sich aber nicht automatisch. Das wäre auch in der Praxis nicht sinnvoll, wenn große Datenmengen verarbeitet werden, da mit jeder Aktion eine Neuberechnung erforderlich wäre. Aktualisieren Sie Ihre PivotTable manuell über die *Daten/Aktualisieren*.

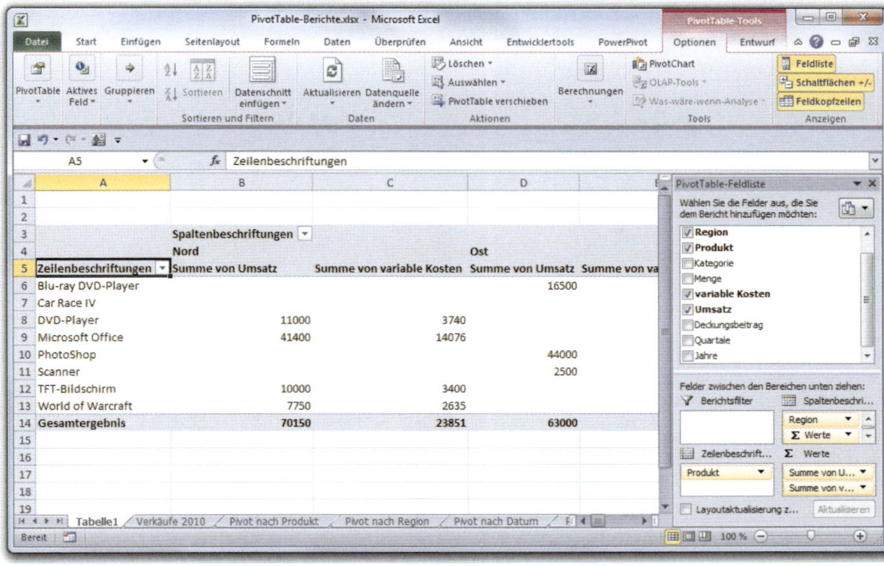

Abbildung 2.47: Die PivotTable mit den Umsatz- und Kostensummen im Wertebereich

2.7.5 Elemente filtern

Wenn Sie eine PivotTable vertikal auf eine bestimmte Datenmenge reduzieren wollen, setzen Sie einen Zeilenfilter. Entsprechend wird ein Spaltenfilter gesetzt, um die Anzahl der Spalten nach rechts zu reduzieren.

Klicken Sie auf den Filterpfeil an der Zeilen- oder Spaltenbeschriftung. Kreuzen Sie nur einzelne Elemente an, die Sie anzeigen lassen wollen. Mit *Alle* werden wieder alle Elemente angekreuzt und angezeigt.

Ab Version 2007 bietet der Filterdialog auch die Möglichkeit, die Daten zu sortieren, und er stellt zusätzliche Filter wie Beschriftungs-, Datums- und Wertefilter bereit.

2.7.6 Datenschnitte

Mit der Version 2010 hat der PivotTable-Bericht eine neue Komponente bekommen, die große Vorteile für die Pivot-Analysen bietet und einen großen Nachteil des Berichtsfilters ausgleicht: Wird eine PivotTable nach einem bestimmten Feld gefiltert, kann der Anwender zwar mehrere Elemente im Seitenfeld/Berichtsfilter auswählen, im Ergebnis lässt sich aber nicht erkennen, nach welchen Kriterien gefiltert wurde.

Datenschnitte sind zusätzliche Fenster für die PivotTable, die alle Elemente eines Felds anzeigen und diese zur Filterung anbieten. Für jedes Feld kann ein eigener Datenschnitt erstellt werden.

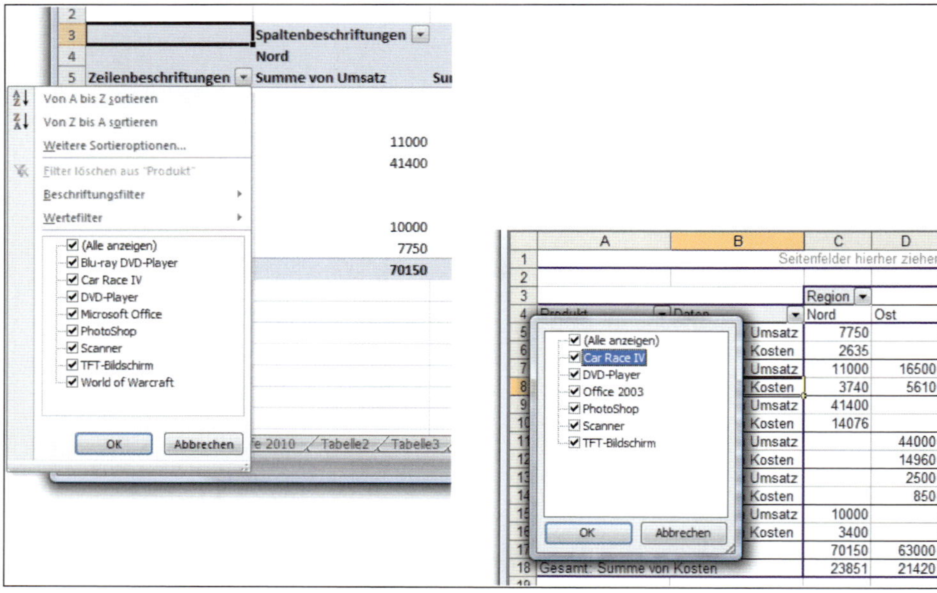

Abbildung 2.48: Filteroptionen in der PivotTable

2010 Erstellen Sie eine PivotTable und wählen Sie *PivotTable-Tools/Optionen/Sortieren und Filtern/Datenschnitt einfügen*. Kreuzen Sie die Feldnamen an, für die Sie je einen Datenschnitt einfügen wollen.

Um die PivotTable zu filtern, klicken Sie einfach auf das gewünschte Element im Datenschnitt. Halten Sie die [Strg]-Taste gedrückt und klicken Sie auf weitere Elemente für eine Mehrfachauswahl. Um den Filter wieder zu löschen, klicken Sie auf das Symbol rechts oben im Datenschnitt-Fenster.

Mit dem Einfügen eines Datenschnitts erhalten Sie ein weiteres Register im Menüband. Die *Datenschnitttools* mit fünf Gruppen werden angeboten, wenn ein Datenschnitt markiert ist. Sie können die Datenschnitte mit Formatvorlagen formatieren, Höhe, Breite und Spaltenzahl exakt definieren (manuell durch Ziehen der Randlinien) oder über die Datenschnitteinstellungen Sortierungen und Beschriftungen anbringen.

2.7.7 PivotTable-Bericht formatieren

PivotTable-Berichte sind in der Regel nicht besonders schön formatiert, was bei den großen Zahlen, die aus den Zusammenfassungen entstehen, auch nicht unbedingt sinnvoll ist. Wenn Sie aber trotzdem etwas Farbe und Muster ins Spiel bringen wollen, formatieren Sie Ihre Berichte mit Tabellenformatvorlagen.

Die Zahlenformate für die Felder im Datenbereich finden Sie in den Feldeigenschaften (Kontextmenü der rechten Maustaste). Stellen Sie hier Währungszeichen, Tausendertrennzeichen und Nachkommastellen ein.

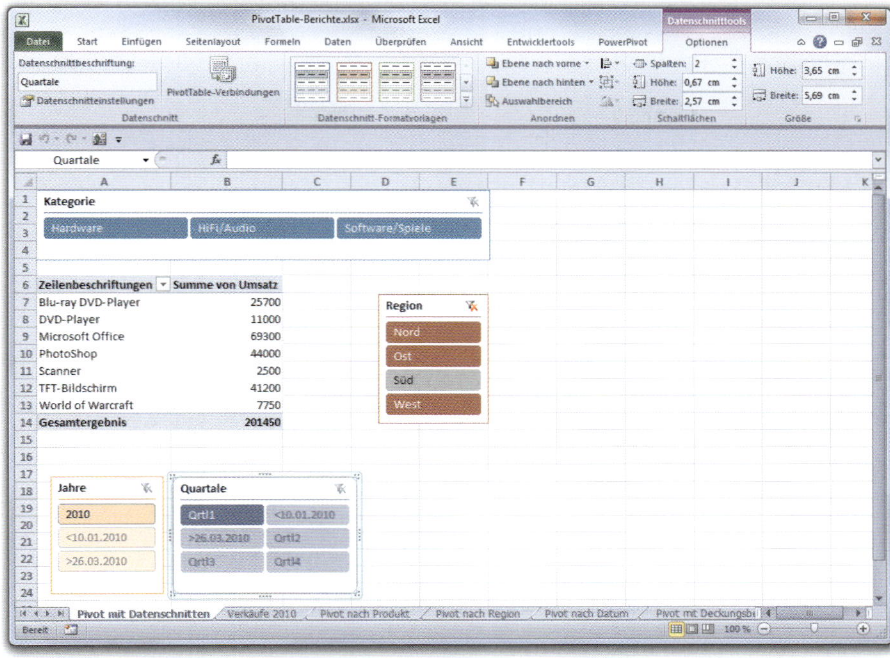

Abbildung 2.49: PivotTable mit Datenschnitten für die Felder Kategorie, Region, Jahre und Quartale

2003

Klicken Sie in der Symbolleiste *PivotTable* auf *Bericht formatieren* und markieren Sie eines der angebotenen AutoFormate. Die gesamte PivotTable wird mit den Schriftarten, Mustern, Rahmen und Zahlenformaten versehen, die in diesem Format hinterlegt sind. Aktivieren Sie mit der rechten Maustaste das Kontextmenü der PivotTable, wählen Sie *Tabellenoptionen* und kreuzen Sie die Gesamtergebnisse an, die Sie sehen wollen. Die Option *Formatierungen behalten* schalten Sie ab, wenn Sie manuelle Formatierungen bei Aktualisierungen behalten möchten.

2007
2010

Wählen Sie *PivotTable-Tools/Entwurf*. Kreuzen Sie die Optionen an und weisen Sie PivotTable-Formate aus einer Formatbibliothek zu. In der Gruppe *Layout* bzw. *Layout & Format* finden Sie Optionen für Gesamt- und Teilergebnisse und das Berichtslayout.

2.7.8 Funktionen für den Werte-/Datenbereich

Die Funktion *Summe* ist die Standardfunktion für die Aggregation der Werte im Werte- bzw. Datenbereich der PivotTable. Sie wird automatisch angewendet, wenn das Feld ausschließlich Zahlenwerte anbietet, d. h. in der Datentabelle nur Zahlen in der jeweiligen Spalte stehen. Für Texteinträge schaltet der Pivot-Assistent automatisch auf die Funktion *Anzahl* um, die Werte werden nur gezählt. Weitere Funktionen erhalten Sie zur Auswahl, wenn Sie ein Wertfeld mit der rechten Maustaste anklicken und *Feldeigenschaften* (2003) bzw. *Wertfeldeinstellungen* (2007/2010) wählen.

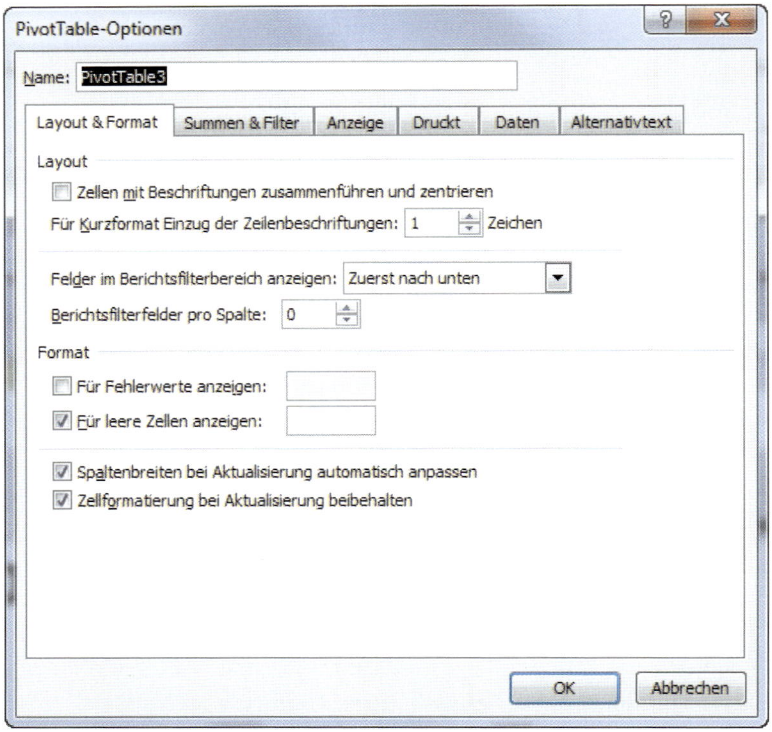

Abbildung 2.50: Optionen für die PivotTable

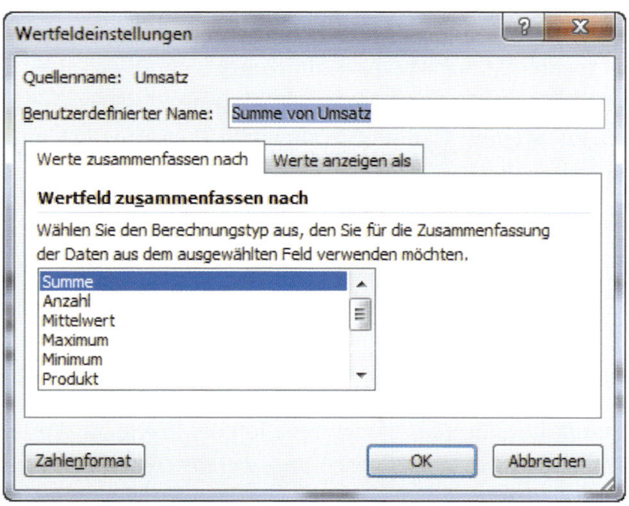

Abbildung 2.51: Die Pivot-Funktionen, hier für das Wertfeld Umsatz

Funktion	Berechnung
Summe	Summiert alle Einträge der Spalte
Anzahl	Zählt, wie viele Einträge in der Spalte vorhanden sind
Mittelwert	Errechnet das arithmetische Mittel aus allen Einträgen der Spalte
Maximum/Minimum	Gibt den größten/kleinsten Wert aus, der in der Spalte vorhanden ist
Produkt	Das Produkt der Werte in der Spalte
Anzahl Zahlen	Ermittelt die Anzahl der Felder, die Zahlenwerte enthalten
Standardabweichung	Schätzung der Standardabweichung einer Population, wahlweise mit den Daten als Stichprobe oder als Grundgesamtheit
Varianz	Schätzung der Varianz einer Population, wahlweise mit den Daten als Stichprobe oder als Grundgesamtheit

Tabelle 2.8: Funktionen für einzelne Felder

Die PivotTable kann die Werte auch in Bezug auf andere Werte oder auf Zwischenergebnisse und Gesamtergebnisse stellen. Berechnen Sie beispielsweise die prozentualen Anteile der einzelnen Umsätze am Gesamtumsatz. Ziehen Sie das Feld *Umsatz* dazu ein weiteres Mal in den Wert-/Datenbereich. Die Beschriftung können Sie direkt in der PivotTable oder im Dialog ändern.

Rechte Maustaste auf Datenfeld/*Feldeigenschaften/Optionen* — 2003

Wertfeld anklicken/*Wertfeldeinstellungen/Werte zeigen als* — 2007 2010

Funktion	Ergebnis
% des Gesamtergebnisses (Ergebnisses)	Zeigt alle Daten im Datenbereich als Prozentsatz des Gesamtergebnisses des Pivot-Berichts an
% des Spaltengesamtergebnisses (der Spalte)	Zeigt die Daten in jeder Spalte als Prozentsatz des Ergebnisses der Spalte an
% des Zeilengesamtergebnisses (der Zeile)	Zeigt die Daten jeder Zeile als Prozentsatz des Ergebnisses der Zeile an
% von (Ergebnis in)	Zeigt alle Daten als Prozentsatz eines angegebenen Felds und Feldelements an
% des Vorgängerzeilen-Gesamtergebnisses	Zeigt alle Daten als Prozentsatz der Vorgängerzeile an
% des Vorgängerspalten-Gesamtergebnisses	Zeigt alle Daten als Prozensatz der Vorgängerspalte an
% des Vorgängergesamtergebnisses	Zeigt alle Daten als Prozentsatz des Gesamtergebnisses des Vorgängers an

Tabelle 2.9: Anzeigeformen für Wert-/Datenfelder

Funktion	Ergebnis
Differenz von	Zeigt alle Daten als Differenz zwischen einem angegebenen Feld und einem Feldelement an
% Differenz von	Zeigt alle Daten mit derselben Methode wie *Differenz von* an, mit dem Unterschied, dass die Differenz als Prozentsatz der Basisdaten dargestellt wird
Ergebnis in	Stellt die Daten des markierten Felds für aufeinanderfolgende Elemente als gleitendes (kumuliertes) Ergebnis dar
% von Ergebnis in	Stellt die Daten des markierten Felds für aufeinanderfolgende Elemente als gleitendes Ergebnis in Prozent dar
Rangfolge nach Größe (Auf/Absteigend)	Zeigt die Rangfolge der Werte in der gewählten Sortierung an
Index	Zeigt die Daten nach diesem Algorithmus an: ((Wert in Zelle) x (Gesamtergebnis)) / ((Zeilengesamtergebnis) x (Spaltengesamtergebnis))

Tabelle 2.9: Anzeigeformen für Wert-/Datenfelder (Forts.)

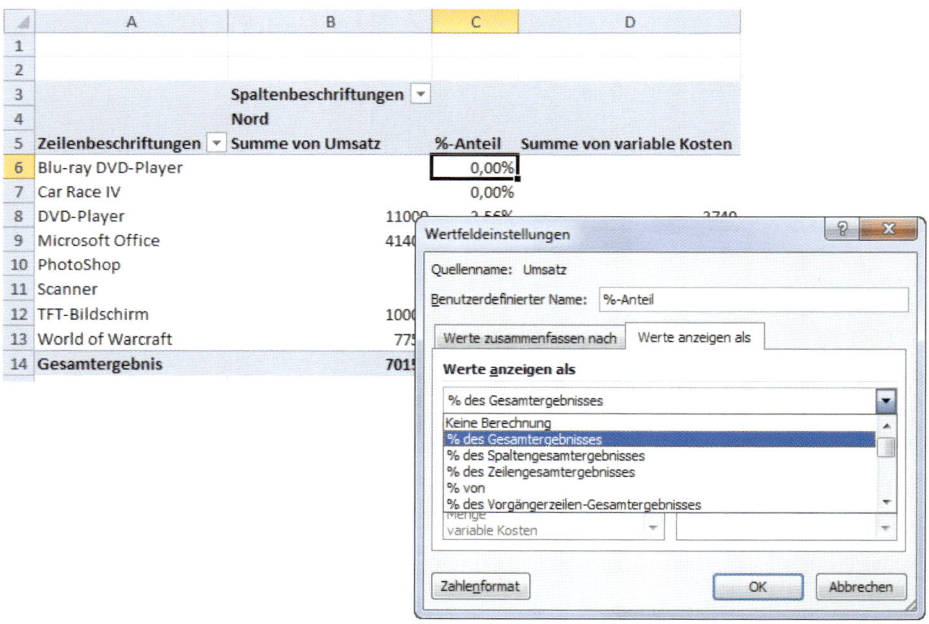

Abbildung 2.52: So berechnen Sie die prozentualen Anteile am Gesamtergebnis eines Daten-/Wertfelds

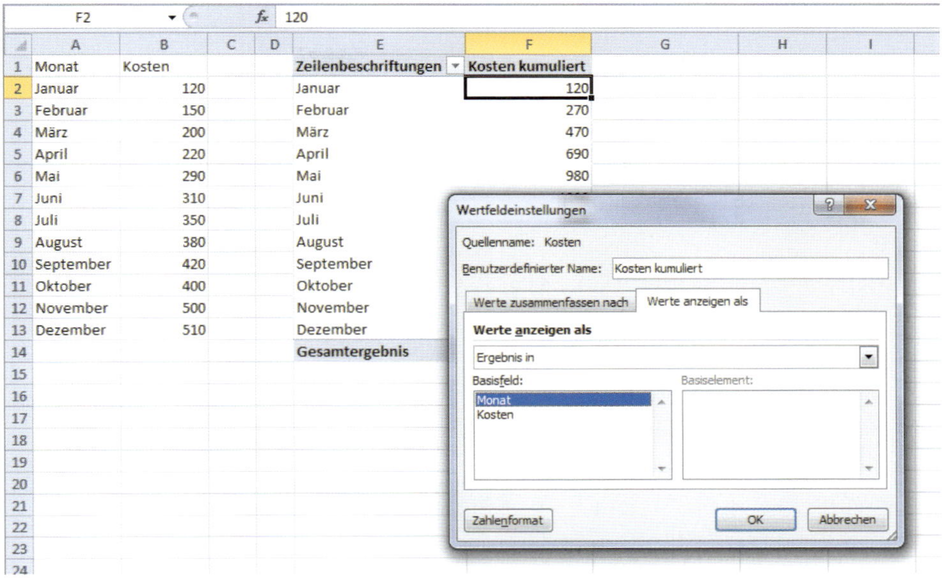

Abbildung 2.53: So werden Einzelwerte eines Wertfelds kumuliert

2.7.9 Datumsfelder gruppieren

Datumswerte können in PivotTables nach Quartalen, Monaten und Jahren gruppiert werden. Nutzen Sie die Gruppierungsfunktion im Kontextmenü der rechten Maustaste, klicken Sie auf den Feldnamen des Datumsfelds oder auf das erste Datum.

Wählen Sie *Gruppieren*. Markieren Sie die Gruppierungsebenen, die in der PivotTable angezeigt werden sollen. Mit *Gruppierung aufheben* stellen Sie wieder die Standardansicht für das Feld her.

2.7.10 Berechnete Felder

In der Praxis werden Sie häufig zusätzliche Berechnungen für die Ergebnisse in PivotTables brauchen. Schreiben Sie diese aber nicht neben oder unter die Analyse. Die Gefahr, dass die Formeln bei Neuberechnung der PivotTable nicht berücksichtigt werden, ist groß. Sie können zwar in den Tabellenoptionen dafür sorgen, dass Formeln in angrenzenden Zellen automatisch erweitert werden, besser ist aber die Verwendung eines berechneten Felds, da dieses zum Pivot-Layout gehört und dort beliebig positioniert werden kann.

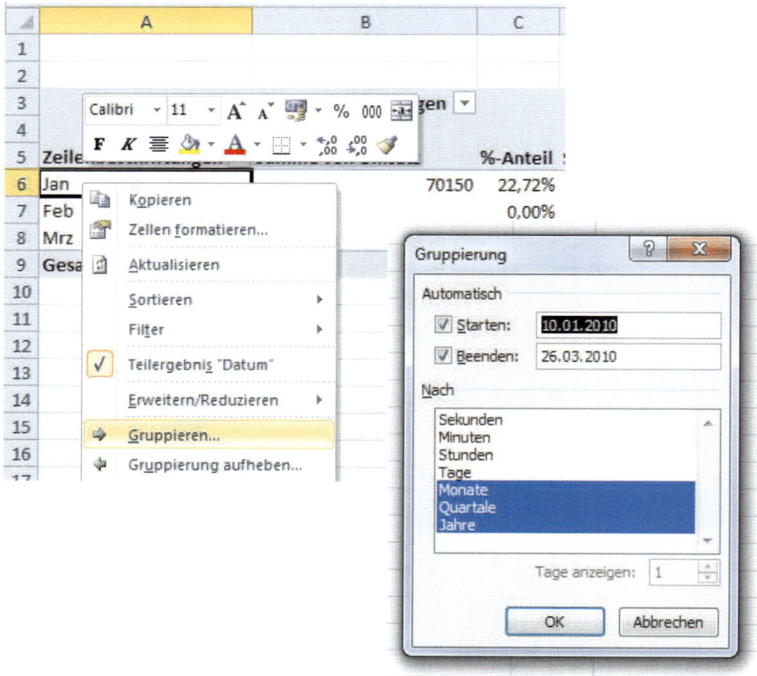

Abbildung 2.54: Datumsfelder gruppieren nach Monaten, Quartalen und Jahren

2003 Symbolleiste *PivotTable*/Option *PivotTable/Formeln/Berechnetes Feld*

2007 *PivotTable-Tools/Optionen/Formeln/Berechnetes Feld*

2010 *PivotTable-Tools/Optionen/Berechnungen/Felder/Elemente und Gruppen/Berechnetes Feld*

Geben Sie einen Feldnamen ein und tragen Sie die Formel ein. Holen Sie andere Felder per Klick auf *Hinzufügen* in die Formel. Für die Zusammenfassung in Wertebereiche wird die Funktion *Summe* verwendet.

Berechnete Felder können Feldnamen, mathematische Operatoren und Funktionen aus dem Excel-Angebot enthalten. Das Angebot ist aber sehr beschränkt, erlaubt sind nur Funktionen, die keine wechselnden Argumente haben. Auch Matrixfunktionen, Zellbezüge oder Bereichsnamen funktionieren nicht.

Erlaubt	Nicht erlaubt
=JAHR(Feld) =MONAT(Feld) =TAG(Feld)	=HEUTE() =JETZT()
=WERT() =LINKS()	=DBSUMME()

Tabelle 2.10: Funktionen für berechnete Felder

Berechnen Sie in der Beispielliste den Deckungsbeitrag aus der Differenz zwischen Umsatz und Kosten, verwenden Sie dazu ein neues berechnetes Feld.

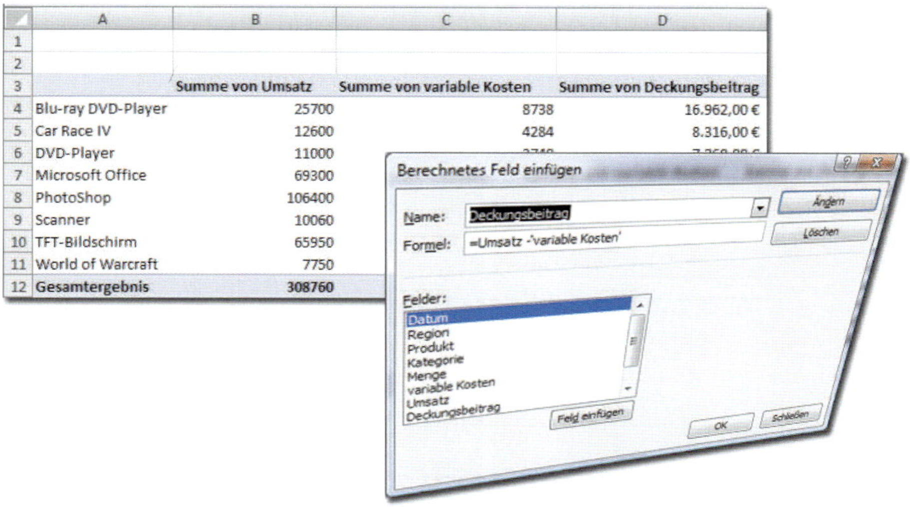

Abbildung 2.55: Deckungsbeitrag berechnen mit berechnetem Feld

2.7.11 Berechnete Elemente

Ein berechnetes Element bietet die Möglichkeit, gezielt Daten aus der Tabelle zu holen, diese mit Berechnungen zu versehen und als Auswertungselemente im Pivot-Bericht zur Verfügung zu stellen. Berechnete Elemente können nicht in gruppierten Feldern erstellt werden. Setzen Sie den Zellzeiger in das Feld, dessen Elemente Sie zur Berechnung brauchen.

Symbolleiste *PivotTable/PivotTable/Formeln/Berechnetes Element* 2003

Formeln/Berechnetes Element unter *PivotTable-Tools/Optionen* 2007

PivotTable-Tools/Optionen/Berechnungen/Felder/Elemente und Gruppen/Berechnetes Element 2010

Tragen Sie den Namen des Elements ein und erstellen Sie eine Formel aus einem der angebotenen Elemente. Mit Klick auf *Hinzufügen* wird das Element erstellt und im Datenbereich unter dem Feld eingeordnet, aus dem das Element stammt.

2.7.12 Drilldown (Details anzeigen)

Wie setzt sich eine Zahl im Datenbereich zusammen, welche Datensätze liefern die Einzelwerte für die Summe? Bevor Sie diese Frage durch Zurückblättern auf die Datenbasis beantworten, lernen Sie den Drilldown kennen: Klicken Sie doppelt auf einen summierten oder anderweitig zusammengefassten Wert im Datenbereich.

Ein neues Tabellenblatt mit einer Tabelle wird erstellt. Diese enthält die Kopfzeile der Tabelle, aus der die Daten stammen, und darunter alle Datensätze, die für die Zahl aus dem Datenbereich ihre Werte geliefert hatten.

In unserem Praxisbeispiel können Sie mit einem Drilldown alle Verkäufe für eine bestimmte Region in eine neue Tabelle kopieren. Ein Doppelklick auf den Summenwert öffnet ein neues Tabellenblatt mit den Einzelpositionen, aus denen sich dieser zusammensetzt.

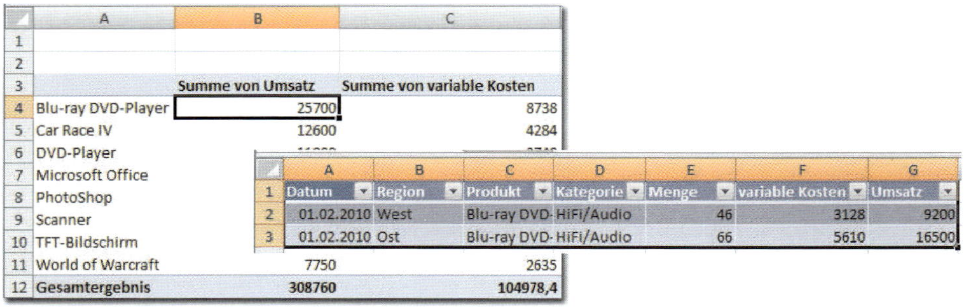

Abbildung 2.56: Ein Doppelklick löst die Summe wieder in Einzelpositionen auf

2.7.13 Pivot-Berichte aus externen Daten

Wenn Sie die (richtige) Entscheidung getroffen haben, Ihre Datenhaltung nicht Excel, sondern einer Datenbank, einem ERP-System (SAP) oder einer anderen Host-Anwendung anzuvertrauen, können Sie das Reporting größtenteils mit PivotTable-Berichten abdecken. Für den Zugriff auf die externe Datenbank brauchen Sie natürlich die Zugangsvoraussetzungen zu den externen Daten wie Benutzerprofile, Kennwörter und Berechtigungen. Stellen Sie außerdem sicher, dass Excel technisch vorbereitet ist. Die ODBC-Treiber für den Zugriff auf externe Daten werden in der Systemsteuerung verwaltet.

Excel-Praxis: Auftragsauswertung

CD

Auftrag.mdb

Üben Sie den Import externer Daten direkt in einen PivotTable-Bericht mit einer Microsoft Access-Datenbank. *Auftrag.mdb* kann für alle Excel-Versionen ab 97 als Datenquelle benutzt werden. Die Datenbank enthält eine Tabelle mit Auftragspositionen, aufgeteilt in Datum, Produktsegment, Auftragsvolumen und Status.

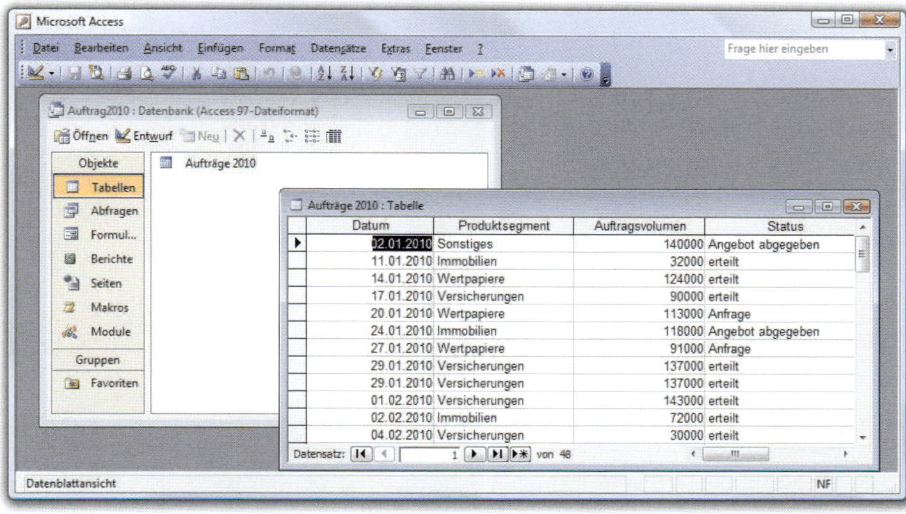

Abbildung 2.57: Auftragsdatenbank mit Tabelle Aufträge 2010

Wählen Sie *Daten/PivotTable- und PivotChart-Bericht*. Schalten Sie in der ersten Abfrage des Assistenten auf *Externe Datenquelle*. Mit Klick auf *Daten importieren* erhalten Sie die Abfrageschnittstelle des Query-Assistenten, wählen Sie die ODBC-Datenquelle *Microsoft Access*.

2003

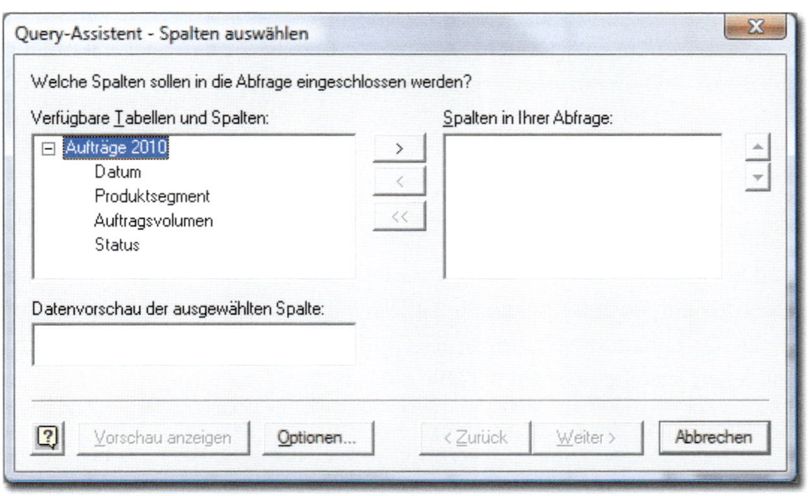

Abbildung 2.58: Der Query-Assistent bietet alle Tabellen und Abfragen aus der Datenbank an

Holen Sie alle Spalten in die Abfrage und bestätigen Sie die restlichen Fragen des Assistenten (keine Filter, Sortierung nach Datum). Nach Abschluss der Verbindung klicken Sie im Pivot-Assistenten auf *Weiter* und stellen das Layout zusammen.

```
Seite: Status
Zeile: Datum
Spalte: Produktsegment
Daten: Summe von Auftragsvolumen
```

Klicken Sie auf *Fertig stellen*, gruppieren Sie das Datum im Zeilenfeld nach Monaten und Quartalen.

Der PivotTable-Bericht wird erstellt, Sie können im Seitenfeld den Status filtern und beispielsweise nur die erteilten Aufträge listen.

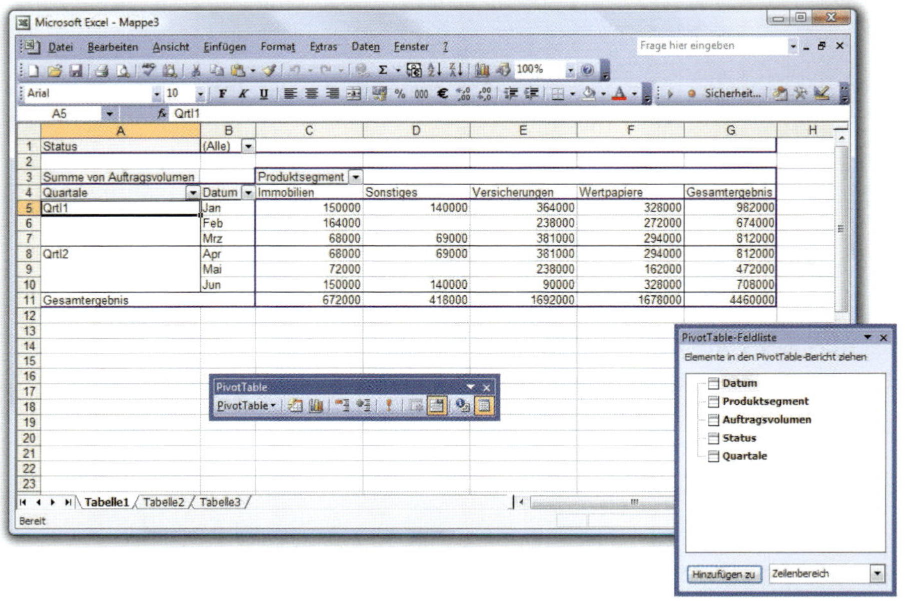

Abbildung 2.59: Der PivotTable-Bericht summiert die Auftragsbestände nach Monat und Quartal

2007
2010

Wählen Sie *Einfügen/Tabelle/PivotTable*. Schalten Sie um auf *Externe Datenquelle verwenden* und klicken Sie auf *Verbindung auswählen*. Die vorbereiteten Verbindungen (ODBC) werden aufgelistet. Klicken Sie auf *Nach weiteren Elementen suchen* und markieren Sie die Datenbankdatei *Auftrag 2010.mdb*. Markieren Sie die Tabelle *Aufträge 2010* und legen Sie eine neue PivotTable an.

Kreuzen Sie alle Elemente in der Feldliste an und verschieben Sie:

```
Berichtsfilter: Status
Zeilenbeschriftung: Produktsegment
Werte: Summe von Auftragsvolumen
```

Gruppieren Sie die Datumswerte nach Monaten und Quartalen und legen Sie einen Datenschnitt für das Feld *Datum* an. Das Feld können Sie anschließend wieder aus dem Pivot-Layout entfernen.

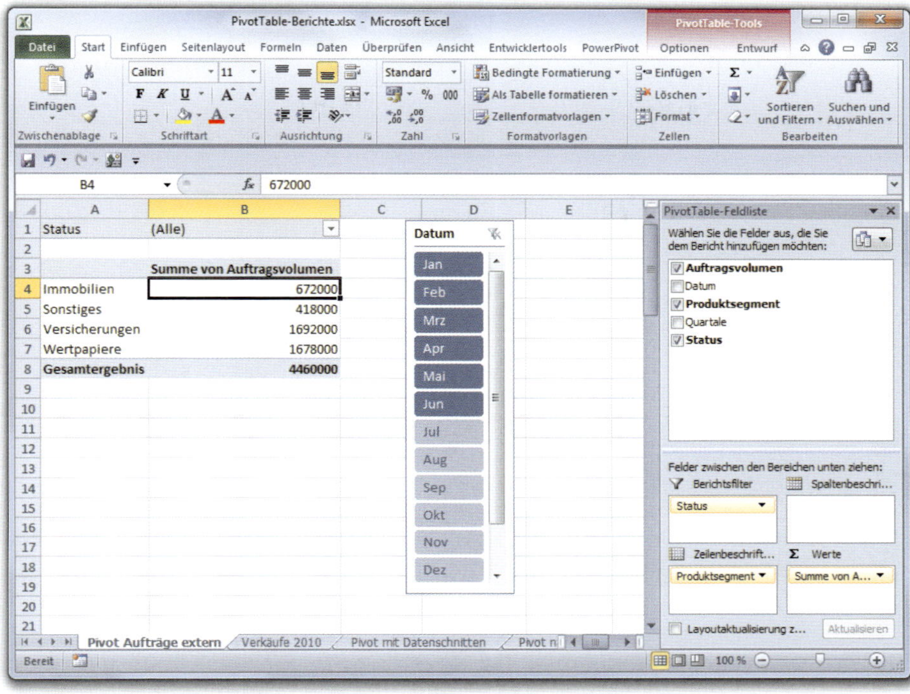

Abbildung 2.60: Der PivotTable-Bericht über die Aufträge in Excel 2010

2.7.14 PivotCharts

Daten aus Listen oder Tabellen direkt in Diagramme umzusetzen, diese Aufgabe erledigen Sie mit PivotCharts. Erstellen Sie für Präsentationen und Geschäftsberichte PivotCharts, damit sich der Nutzer Ihrer Information sprichwörtlich »ein Bild machen« kann. PivotCharts sind PivotTable-Berichte mit angeschlossener grafischer Darstellung.

Ein PivotChart wird wahlweise wie ein PivotTable-Bericht erstellt oder auf einen bereits erstellten Pivot-Bericht aufgesetzt. Im ersten Fall wird automatisch ein PivotTable-Bericht angelegt, im zweiten Fall ist das Chart mit dem Bericht verbunden und ändert seine Darstellung synchron mit diesem.

Excel-Praxis: Fehlzeitenbericht

Das Beispiel aus dem Personalcontrolling enthält einen Fehlzeitenbericht mit Namen, Kostenstellennummer und Anzahl der Fehltage.

PivotChartBerichte.xls, PivotChartBerichte.xlsx

CD

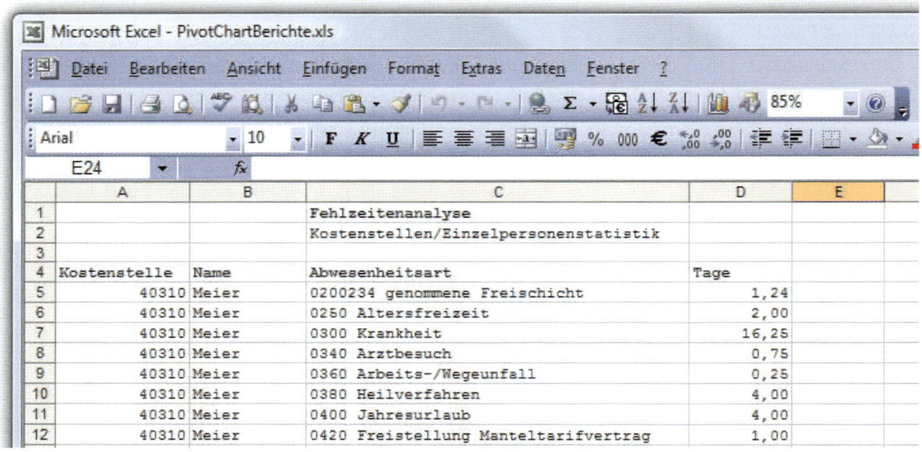

Abbildung 2.61: Fehlzeitenliste für das PivotChart

Auch für PivotCharts gilt: Die Datenbasis muss so aufgebaut sein, dass sich der Pivot-Bericht automatisch aktualisieren kann. Dazu erstellen Sie am besten eine Tabelle (ab Version 2003) oder weisen dem Quellbereich den Bereichsnamen *Datenbank* zu.

2003

Wählen Sie *Daten/PivotTable- und PivotChart-Bericht*. Schalten Sie in der ersten Abfrage des Assistenten um auf *PivotChart-Bericht* und definieren Sie das Layout über die gleichnamige Schaltfläche. Im neuen Tabellenblatt finden Sie die PivotTable, das Diagramm wird auf einem Diagrammblatt erstellt. Sie können es mit *Diagramm/Speicherort* in das Blatt mit der PivotTable verschieben. Ziehen Sie die Felder aus der Feldliste auf die Bereiche des PivotCharts.

```
Rubrikenfeld: Name
Seitenfeld: Kostenstelle, Abwesenheitsart
Datenfeld: Summe von Tage
```

Ändern Sie den Diagrammtyp über die Schaltfläche in der Symbolleiste *PivotTable*, schalten Sie bei größeren Rubriken auf den Typ *Balken* um. Um die Schaltflächen zu entfernen, wählen Sie *Pivot-Chart-Feld-Schaltflächen ausblenden* aus dem Kontextmenü, klicken Sie dazu mit der rechten Maustaste auf eine Schaltfläche.

Die Legende können Sie mit der `Entf`-Taste ausblenden, Diagrammbeschriftungen finden Sie unter *Diagramm/Diagrammoptionen*:

```
Diagrammtitel: Fehlzeitenanalyse
Rubrikenachse: Mitarbeiter
Größenachse: Anzahl Tage
```

2007
2010

Wählen Sie *Einfügen/Tabellen/PivotChart*. Bestätigen Sie den Bereich und ziehen Sie die Feldnamen in der Feldliste auf die jeweiligen Bereiche:

```
Berichtsfilter: Kostenstelle, Abwesenheitsart
Achsenfelder: Name
Werte: Summe von Tage
```

Das PivotChart wird als Säulendiagramm angelegt, ändern Sie den Diagrammtyp unter *PivotChart-Tools/Entwurf*. Hier finden Sie auch vorgefertigte Diagrammlayouts, den Diagrammtitel und die Achsenbeschriftungen definieren Sie unter *PivotChart-Tools/Layout*.

Mit dem PivotChart wird ein neues Fenster *Filterbereich* aktiv, in dem Sie Filter für die einzelnen Bereiche (Berichtsfilter, Achsenfeld) definieren können. Nutzen Sie diesen Filterbereich, um die Datenmenge zu reduzieren, wenn die Basis zu groß für eine Darstellung im PivotChart ist. In Excel 2010 arbeiten Sie mit Datenschnitten, um PivotTable und PivotChart zu filtern.

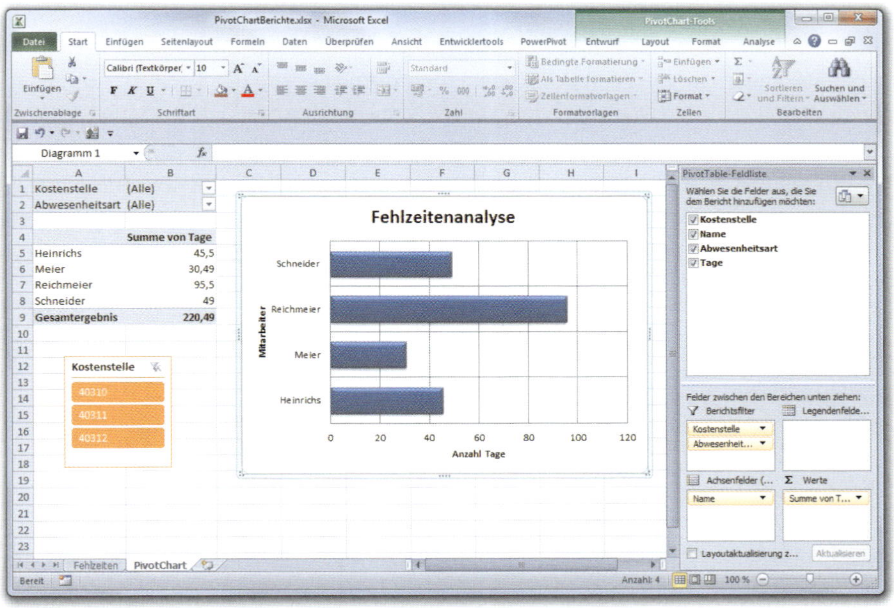

Abbildung 2.62: Das PivotChart mit PivotTable, Feldliste und Datenschnitt

2.8 Externe Datenquellen

Ob Sie Ihre Daten ausschließlich in ERP-Systemen wie SAP, Access-Datenbanken oder OLAP-Cubes verwalten oder für Ihre Kalkulationsmodelle nur einzelne Tabellen aus externen Systemen brauchen, die ODBC-Datenverbindung ist der Schlüssel zur Außenwelt. Excel liest die Daten ein und erstellt eine zunächst unsichtbare Verknüpfung auf die Quelle. Ändert sich der Datenbestand, genügt ein Klick und die Daten sind aktualisiert.

2.8.1 ODBC

Open Database Connectivity heißt das Zauberwort, eine Datenbankschnittstelle von Microsoft, die den Zugriff über Office-Applikationen auf externe Datenbanken ermöglicht und SQL als Datenbanksprache verwendet. Die ODBC-Treiber werden unter Windows verwaltet, sehen Sie unter *Verwaltung* in der Systemsteuerung nach.

ODBC bei Wikipedia: `http://de.wikipedia.org/wiki/Open_Database_Connectivity`

CD

Üben Sie mit diesen Dateien auf der Buch-CD:

Kostenstellenbericht Soll-Ist.xls

ControllingDB.mdb (Microsoft Access-Datenbank, ab Version 2000)

Kostenstellenbericht SollIst.txt

Kostenstellenbericht SollIst.csv

2003

Wählen Sie *Daten/Externe Daten importieren*. Klicken Sie auf *Daten importieren*, um eine bereits eingerichtete Verbindung oder eine externe Datenbank direkt zu nutzen. Im Auswahldialog erhalten Sie die Datenquellen, entscheiden Sie sich für einen Eintrag. Angeboten werden zunächst nur die gespeicherten Datenquellen aus dem Ordner *Eigene Datenquellen* im Benutzerordner. Schalten Sie um auf den Dateityp *Alle Dateien*, können Sie auch Access-Datenbanken, Textdateien oder Excel-Arbeitsmappen ansteuern. Bei Textdateien schaltet sich der Textkonvertierungs-Assistent hinzu, in Datenbanken müssen Sie eine Tabelle oder Abfrage wählen, falls mehrere verfügbar sind.

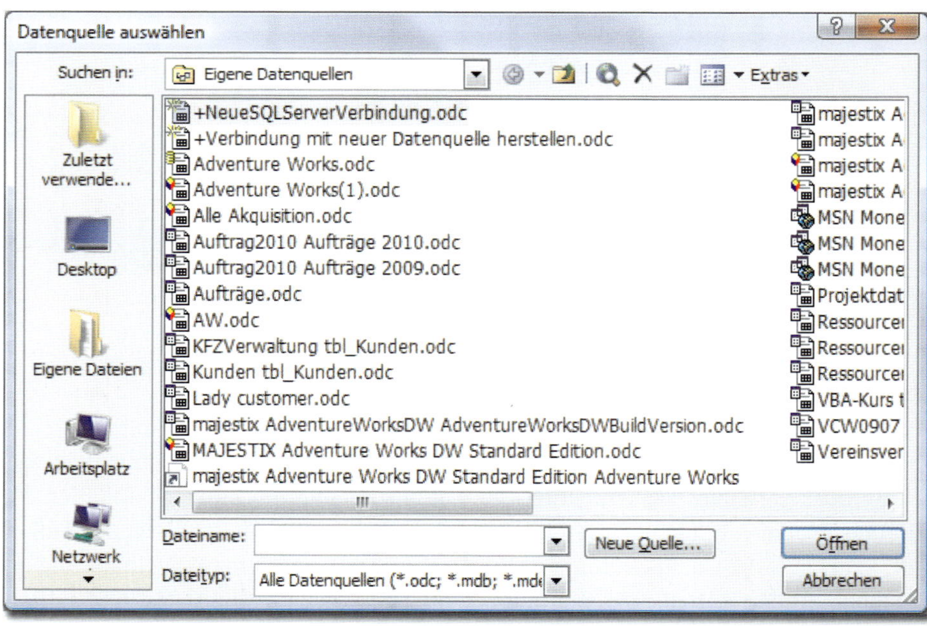

Abbildung 2.63: Zur Auswahl stehen externe Datenquellen oder Dateien

Holen Sie die Daten anschließend in einen Bereich Ihrer Arbeitsmappe, geben Sie nur die linke obere Zelle als Zielbereich an. Die Daten werden eingelesen, Excel stellt eine dynamische Verbindung zur Datenquelle bzw. Datei her.

2.8.2 Query-Assistent

Um eine neue Datenquelle anzulegen, wählen Sie *Daten/Externe Daten importieren/Neue Abfrage*. Bestätigen Sie *Neue Datenquelle* und geben Sie dieser eine (frei wählbare) Bezeichnung. Suchen Sie den passenden ODBC-Treiber sowie den Dateipfad und den Dateiordner. Sind alle Informationen eingetragen, wird die Datenquelle gespeichert. Schalten Sie zurück zur Datenquellenauswahl und starten Sie den Query-Assistenten. Er führt Sie Schritt für Schritt durch die Abfrage. Geben Sie die Spalten und bei Bedarf Filter und Sortierung an und speichern Sie die Abfrage vor dem Import der Daten als Datenquelle ab.

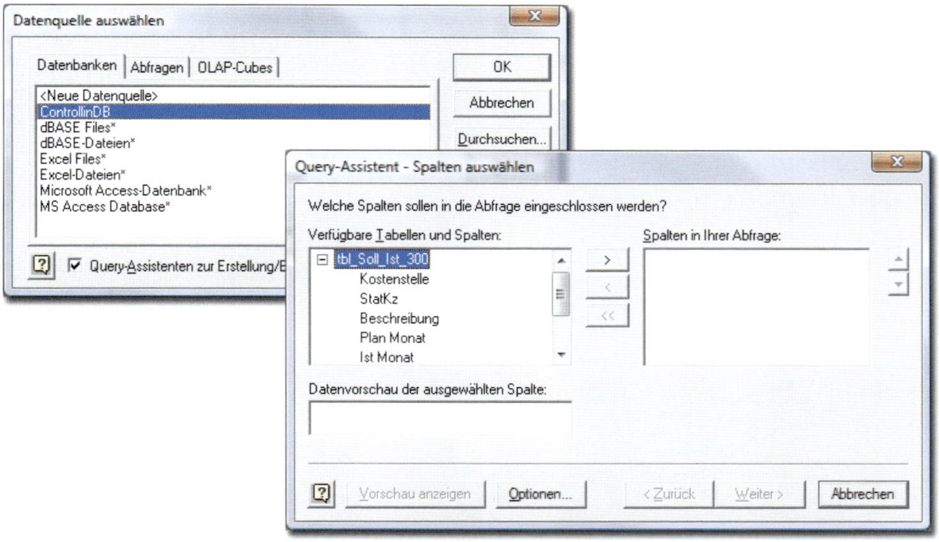

Abbildung 2.64: Eine neue ODBC-Abfrage mit dem Query-Assistenten

Der Query-Assistent bietet auch die Möglichkeit, eine Abfrage direkt zu bearbeiten. Brechen Sie dazu die Prozedur einfach ab. Im Query-Dialog können Sie auch den SQL-Befehl überprüfen, der Basis der aktuellen Abfrage ist.

In der Gruppe *Daten/Externe Daten abrufen* finden Sie eine Auswahl externer Datenquellen. Entscheiden Sie sich für Access-Datenbanken, Textdaten, Webseiten oder andere Datenquellen wie SQL-Server oder OLAP-Cubes aus den SQL Server Analysis Tools. Unter *Aus anderen Datenquellen* finden Sie auch den Query-Assistenten aus der Vorgängerversion. 2007 2010

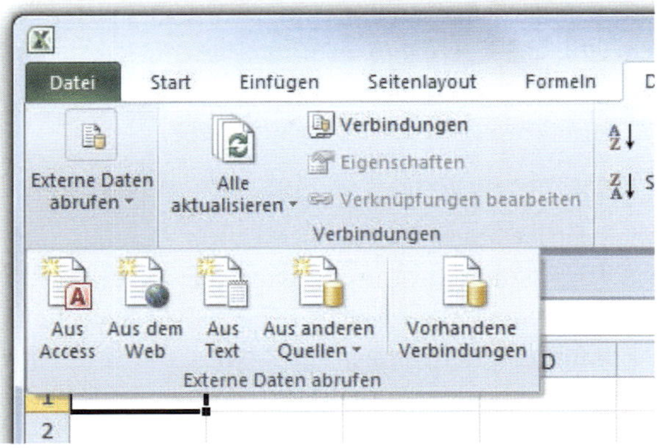

Abbildung 2.65: Hier finden Sie alle externen Datenquellen für ODBC-Abfragen

TIPP

01-14: Access-Tabellen oder Abfragen direkt einlesen

In der letzten Abfrage entscheiden Sie, ob Sie die Daten als Tabelle oder gleich als PivotTable- bzw. PivotChart-Bericht importieren. Tabellen werden automatisch mit einer etwas bunten Schnellformatvorlage formatiert; ändern Sie diese unter *Tabellentools/Entwurf* oder konvertieren Sie die Tabelle wieder in einen Bereich (*Tabellentools/Entwurf/Tools*).

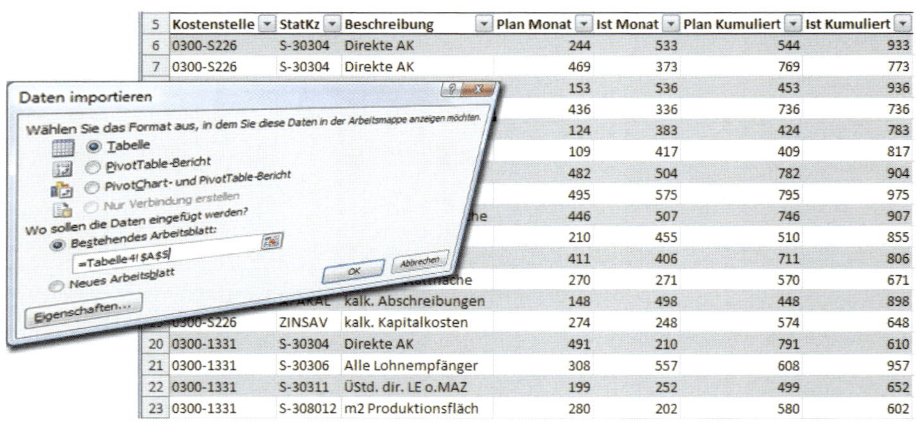

Abbildung 2.66: Datenimport aus der Access-Datenbank ControllingDB

2.8.3 Ein Bereichsname für die ODBC-Verbindung

ODBC-Abfragen sind dynamisch verknüpft, Größe und Inhalt der Tabelle ändern sich automatisch analog zur Datenquelle. Maßgeblich dafür ist ein Bereichsname, den die ODBC-Verbindung zusammen mit dem Datenimport bekommt. Sie können diesen Namen ändern: Drücken Sie Strg + F3 und suchen Sie ihn im Namens-Manager. In

Excel bis Version 2003 ist der Name lokal, d. h. nur für das Tabellenblatt gültig, ab Excel 2007 lässt sich der Name über *In anderen Tabellenblättern* sehen.

Klicken Sie in der Symbolleiste *Externe Daten* auf *Datenbereichseigenschaften*. 2003

Wählen Sie *Daten/Verbindungen* in der Gruppe *Verbindungen*. Markieren Sie die Verbindung und wählen Sie *Eigenschaften*. 2007

Ändern Sie den Namen der Verbindung und die Aktualisierungseigenschaften, tragen Sie ein Aktualisierungsintervall ein und stellen Sie sicher, dass die Verbindung automatisch beim Öffnen der Datei vorgenommen wird. Wenn Sie die Daten vor dem Speichern entfernen, bleibt das Volumen der Arbeitsmappe auch bei großen Datenimporten überschaubar.

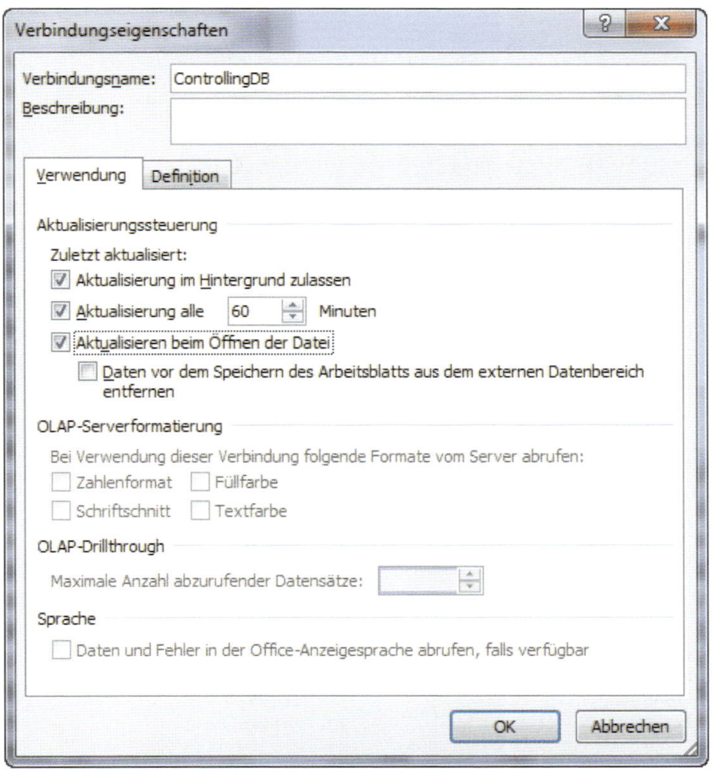

Abbildung 2.67: Verbindungseigenschaften der ODBC-Verbindung

2.9 Mit Formularen arbeiten

Kalkulationstabellen für Controlling und Finanzen sind besonders hilfreich, wenn sie interaktive Steuerelemente enthalten. Das sind beispielsweise Listen (ähnlich den Gültigkeitsprüfungslisten), die per Mausklick eine Reihe von Einträgen anbieten,

Optionsfelder oder Ankreuzkästchen. Excel bietet für solche Formularwerkzeuge zwei Werkzeugbibliotheken an:

2003 Wählen Sie *Ansicht/Symbolleisten/Formular* oder *Ansicht/Symbolleisten/Steuerelemente-Toolbox*. Die Formularleiste enthält einfachere Werkzeuge, in der Toolbox finden Sie ActiveX-Elemente, für die Eigenschaften festgelegt werden können.

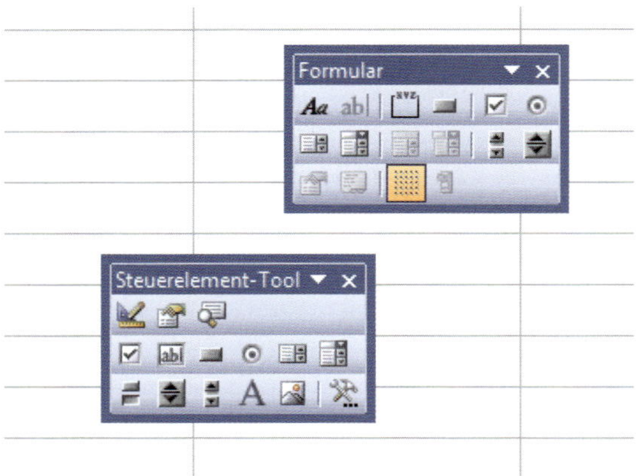

Abbildung 2.68: Formularelemente und ActiveX-Elemente aus der Toolbox

2007 Wählen Sie *Entwicklertools/Steuerelemente einfügen*. Wenn die Registerkarte *Entwicklertools* nicht angeboten wird, aktivieren Sie sie im Office-Menü unter *Excel-Optionen/Häufig verwendet/Entwicklerregisterkarte in der Multifunktionsleiste anzeigen*.

2010 Wählen Sie *Entwicklertools/Steuerelemente einfügen*. Wenn die Registerkarte *Entwicklertools* nicht angeboten wird, aktivieren Sie sie im *Datei*-Menü unter *Optionen/Menüband anpassen*. Kreuzen Sie das Register *Entwicklertools* an.

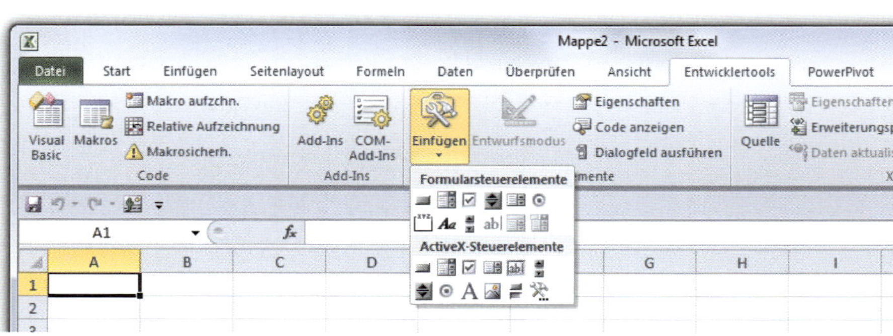

Abbildung 2.69: Formularsteuerelemente in den Entwicklertools

Verwenden Sie die einfacheren Formularelemente. Klicken Sie auf eines der angebotenen Werkzeuge und zeichnen Sie mit gedrückter Maustaste ein Objekt in das Tabellenblatt. Mit der rechten Maustaste aktivieren Sie das Kontextmenü, wählen Sie *Steuerelement formatieren*. Geben Sie auf der Registerkarte *Steuerung* die Zellverknüpfung für das neue Element an. In der angegebenen Zelle finden Sie anschließend die numerische Information über den Status des Elements:

- Kontrollkästchen liefern WAHR, wenn sie angekreuzt sind, oder FALSCH, wenn nicht.
- Optionsfelder liefern die Position des Optionsfelds, das markiert ist. Weisen Sie mehreren Optionsfeldern die gleiche Zellverknüpfung zu. Wenn Sie mehrere unterschiedliche Optionsfeldgruppen brauchen, zeichnen Sie zuvor ein Gruppenelement und ziehen die Optionsfelder in diesem Gruppenrechteck auf.
- Drehfelder und Bildlaufleisten ändern die numerischen Werte in den verknüpften Zellen anhand der eingetragenen Schrittweite.

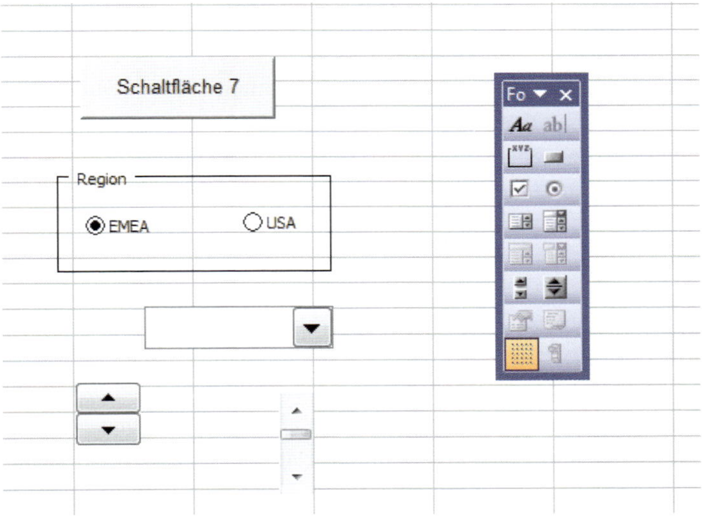

Abbildung 2.70: Formularelemente aus der Symbolleiste Formular

Die zweite Gruppe der Formularelemente, die ActiveX-Steuerelemente, bietet ebenfalls Steuerelemente wie Listen, Kontrollkästchen und Optionsfelder. Klicken Sie auf ein Symbol und zeichnen Sie das Element in die Tabelle. Im Kontextmenü der rechten Maustaste finden Sie die *Eigenschaften*, hier können Sie vom Hintergrund bis zum Mauszeiger alles einstellen, was das Steuerelement anbietet. Solange der Entwurfsmodus (Symbol in der Gruppe *Steuerelemente*) aktiv ist, lässt sich das Element bearbeiten, schalten Sie diesen aus, ist es aktiviert.

Beide Gruppen von Steuerelementen können auch mit VBA-Makros gesteuert werden, für Formularsteuerelemente wählen Sie *Makro zuweisen* im Kontextmenü, ActiveX-Elemente klicken Sie doppelt an.

2.10 Mit VBA-Makros arbeiten

VBA (Visual Basic for Applications) ist eine integrierte Programmiersprache, die in allen Anwendungen des Office-Pakets zur Verfügung steht. VBA-Makros können in jeder Applikation (Excel, Word, PowerPoint ...) erstellt werden, sie automatisieren Abläufe und führen den Anwender per Dialog durch bestimmte Prozesse. In Excel können Prozeduren und Funktionen erstellt werden.

Prozeduren sind Programme, die entweder über Makroschaltflächen oder andere Elemente in Tabellen, auf Symbolleisten oder in der Multifunktionsleiste (ab Excel 2007) aktiviert werden. Prozeduren können aber auch selbstständig aktiv werden, wenn sie bestimmten Ereignissen zugewiesen sind. So kann beispielsweise beim Öffnen einer Arbeitsmappe eine Prozedur aktiv werden, die dem Benutzer gleich die richtige Tabelle zur Verfügung stellt. Auch die Auswahl eines Zellbereichs oder der Versuch, eine Tabelle zu drucken, kann eine solche Ereignisprozedur aktivieren.

Funktionen sind Rechenwerkzeuge, die wie Excel-interne Funktionen (SUMME(), WENN() ...) arbeiten und Ergebnisse in Zellbereichen berechnen. Eine benutzerdefinierte Funktion wird in der Regel an das Tabellenblatt gebunden, in dem die Funktion benötigt wird. Funktionen können aber auch tabellenübergreifend aktiv werden, in diesem Fall muss aber der Name der Quelltabelle vorangestellt werden:

```
=Funktion(Argument1, Argument2, … Argumentn)
=Arbeitsmappe!Funktion(Argument1, Argument2, … Argumentn)
```

2.10.1 Makrosicherheit und Makros aktivieren

Makros sind natürlich nützliche und für effektive Controlling-Arbeit unentbehrliche Werkzeuge zur Optimierung der Tabellenkalkulation. Sie können aber auch Schaden anrichten und beabsichtigt oder unbeabsichtigt wichtige Daten zerstören. Aus diesem Grund sind in allen Office-Applikationen Makros standardmäßig deaktiviert. Excel bietet zur Aktivierung von Makros mehrere Sicherheitsstufen an, stellen Sie die Makrosicherheit so ein, dass beim Start einer Arbeitsmappe mit Makros eine Sicherheitswarnung erscheint. Bestätigen Sie diese, wenn Sie der Mappe vertrauen können.

Hinweis

Alle Makros in den Beispielanwendungen auf der CD zum Buch sind natürlich geprüft und absolut sicher. Kein Makro verwendet Daten auf Datenträgern des Benutzers oder greift auf Systemelemente des Betriebssystems zu.

2003

Extras/Makro/Sicherheit. Stellen Sie die Sicherheitsstufe *Mittel* ein. Auf der Registerkarte *Vertrauenswürdige Herausgeber* kreuzen Sie beide Optionen an. *Allen installierten Add-Ins und Vorlagen vertrauen* stellt sicher, dass Zusatzprogramme (Add-Ins) funktionieren, und die Option *Zugriff auf Visual Basic-Projekt vertrauen* ermöglicht die Aktivierung von Makros, die direkt mit dem Makrocode arbeiten und z. B. Module auslesen.

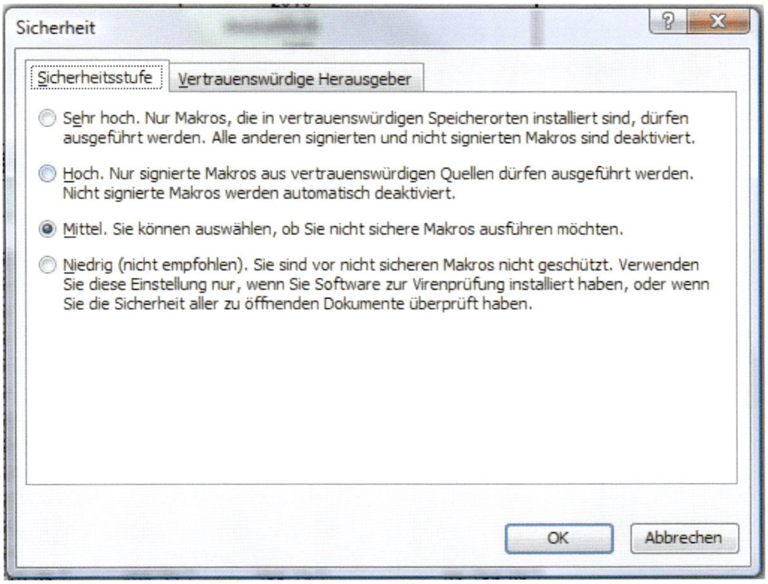

Abbildung 2.71: Die Sicherheitsstufe Mittel erzwingt eine Bestätigung für Makroarbeitsmappen

Mit dieser Sicherheitsstufe erhalten Sie nach dem Start einer Makroarbeitsmappe eine Sicherheitsmeldung, bestätigen Sie diese mit *Makros aktivieren*.

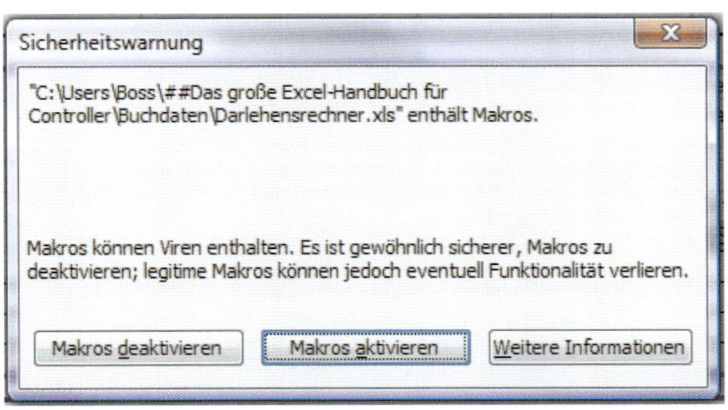

Abbildung 2.72: Makros aktivieren nach dem Start einer Makroarbeitsmappe

Office-Menü/Excel-Optionen/Vertrauensstellungscenter/Einstellungen für Makros: Alle Makros mit Benachrichtigung deaktivieren. Mit dieser Einstellung wird nach dem Start einer Makroarbeitsmappe eine Sicherheitswarung eingeblendet. 2007

Datei-Menü/Optionen/Sicherheitscenter/Einstellungen für das Sicherheitscenter/Einstellungen für Makros: Alle Makros mit Benachrichtigung deaktivieren. Mit dieser Einstellung wird nach dem Start einer Makroarbeitsmappe eine Sicherheitswarung eingeblendet. 2010

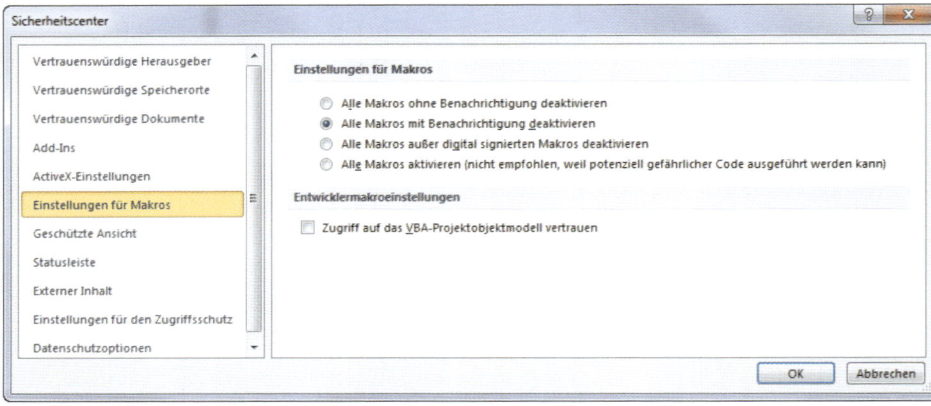

Abbildung 2.73: Benachrichtigung für Makroaktivierung einschalten

Bestätigen Sie nach dem Start der Mappe die Sicherheitswarnung mit Klick auf *Optionen* und *Diesen Inhalt aktivieren*.

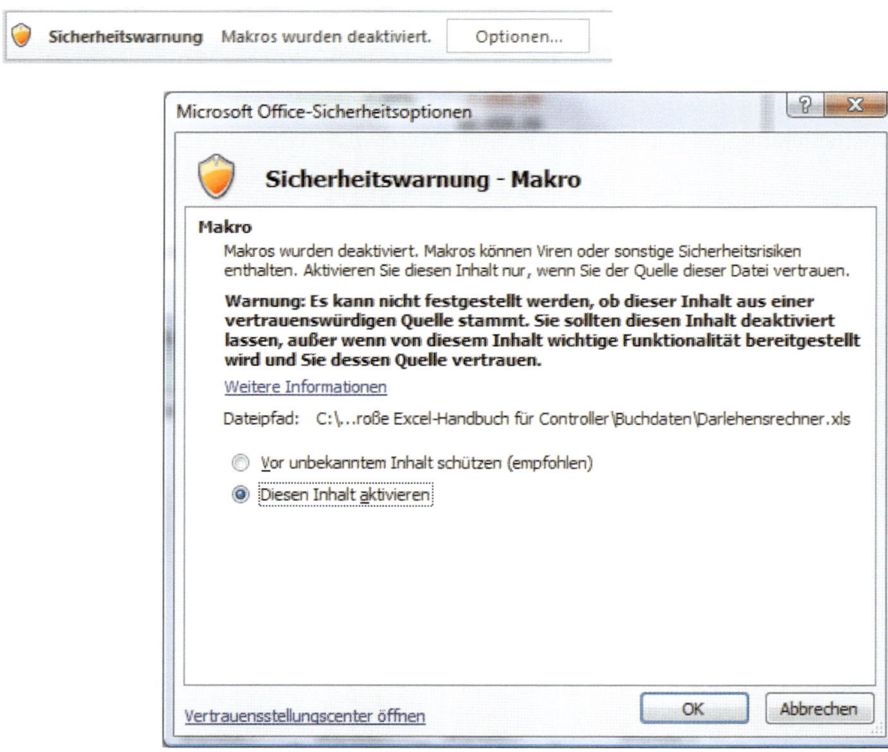

Abbildung 2.74: Inhalt aktivieren, damit die Makros funktionieren

TIPP

In Excel 2007/2010 können Speicherorte als vertrauenswürdig eingestuft werden, ab Excel 2010 lassen sich auch Makroarbeitsmappen als vertrauenswürdige Dokumenten deklarieren. Das hat den Vorteil, dass die Makrosicherheitswarnung nicht mehr bzw. nur einmal erscheint, wenn eine Mappe aktiviert wird. Bestägigen Sie die Aktivierung des Inhalts, wird das Dokument in der Windows-Datenbank *registry* abgelegt, und beim nächsten Öffnen der Mappe wird die Meldung nicht mehr erscheinen. Die Einstellung finden Sie unter *Datei/Optionen/Sicherheitscenter/Einstellungen für das Sicherheitscenter.*

2.10.2 Makroarbeitsmappen in Excel 2007/2010

Ab der Version 2007 sind Makroarbeitsmappen leichter von anderen, nicht automatisierten Mappen zu unterscheiden. Enthält eine Mappe Makros oder Funktionen, muss sie unter dem Dateityp *Excel-Arbeitsmappe mit Makros* gespeichert werden, die Dateiendung XLSM weist sie anschließend deutlich als Makromappe aus. Arbeitsmappen, die mit älteren Versionen bis Excel 2003 gespeichert wurden, weisen immer den Dateityp XLS auf, die neueren Versionen identifizieren sie erst beim Start und blenden eine Sicherheitswarnung ein, wenn sie Makros enthalten.

Kapitel 3

Planung und Budgetierung

3.1 Strategische Planung

Der Begriff »Strategie« stammt historisch gesehen aus dem **militärischen Bereich**. Im alten Griechenland bezeichnete man als »strategoi« einen General, wohl ausgehend von den Worten »stratos« (Heer) und »agein« (führen). In diesem militärischen Sinne hat *Carl von Clausewitz* im 18. Jahrhundert in seinem berühmten Buch »Vom Kriege« die Begriffe Strategie und Taktik gegenübergestellt. Taktik wird als die Lehre vom Gebrauch der Streitkräfte im Gefecht und Strategie als die Lehre vom Gebrauch der Gefechte zum Zwecke des Krieges verstanden.

In den 60er-Jahren führten Unternehmen die **strategische Planung** ein, mit deren Hilfe die Zielsetzungen des Unternehmens trotz Ungewissheit über zukünftige Entwicklungen erreicht werden sollten. Die strategische Planung sollte die Fokussierung der bislang vorherrschenden Langfristplanung auf die Gewinnsicherung um den Fokus der Potenzialnutzung erweitern. Die strategische Planung beschäftigt sich u. a. mit folgenden **Leitfragen**:

- In welchem Geschäftsfeld und in welcher Umwelt ist das Unternehmen tätig?
- In welchem Geschäftsfeld soll das Unternehmen tätig sein?
- Wie soll sich das Unternehmen im Wettbewerb in dem Geschäftsfeld behaupten?
- Kann das Unternehmen mit den bisherigen Produkten oder Dienstleistungen auch in der Zukunft erfolgreich sein?
- Wenn dies nicht der Fall ist, was ist die Kernkompetenz des Unternehmens zur langfristigen Erfolgssicherung?

Die Beantwortung dieser Fragestellungen setzen **umfangreiche Analysen** voraus, die den ersten Schritt des strategischen Managementprozesses darstellen.

Prozessschritt	Inhalte
Analyse der Ausgangslage	Umweltanalyse Branchenanalyse Wettbewerberanalyse Unternehmensanalyse Kulturanalyse Analyse der Kundenstruktur Unterstützt durch: Diverse Analysetechniken Workshop-Techniken
Strategieentwicklung	Erarbeitung einer Vision Erarbeitung einer Mission/eines Leitbilds Erarbeitung der Strategien für die o. g. Ebenen Unterstützt durch: Workshop-Techniken
Strategieumsetzung	Aufbau einer strategiegerechten Organisation Zuweisung von Ressourcen Verknüpfung von Entschädigungs- und Anreizsystemen mit den strategiebezogenen Leistungszielen Entwicklung einer strategieförderlichen Arbeitsumgebung und Unternehmenskultur Ausübung der »Leadership« Unterstützt durch: Projektmanagement Change Management Balanced Scorecard
Strategieüberwachung	Überwachung der Prämissen Überwachung der Wirksamkeit Überwachung der Umsetzung Unterstützt durch: Balanced Scorecard

Tabelle 3.1: Prozess des strategischen Managements

3.1.1 Wettbewerberanalyse

Problemstellung

Um sich von den Wettbewerbern abheben zu können, benötigt das Unternehmen Informationen über die Strategie, das wahrscheinliche Verhalten der Wettbewerber und dessen Beeinflussbarkeit. Die systematische Informationsbeschaffung erfolgt mithilfe der Wettbewerberanalyse.

Handelt es sich um eine Branche mit einer großen Anzahl von Wettbewerbern, macht es aus Wirtschaftlichkeitsgründen gerade oft keinen Sinn, jeden einzelnen Konkurrenten zu analysieren. Hier sollten strategische Gruppen gebildet und diese analysiert werden.

Fachliche Beschreibung und Beispiele

Das Vorgehensmodell zur Wettbewerberanalyse sieht folgende Schritte vor:

Schritt 1: Ermittlung der Zielpräferenz

Für die Wettbewerber muss herausgefunden werden, ob diese primär qualitative oder quantitative Ziele verfolgen. Beispiele für Ziele sind:

- finanzielle Ziele (z. B. Return on Investment, Shareholder-Value)
- Marktziele (z. B. Gewinn von Marktanteilen, Ausbau des Markenimages)
- Ressourcenziele (z. B. Investitionen)

Schritt 2: Ermittlung der Annahmen, die hinter dem Verhalten stehen

Das Verhalten des Wettbewerbers kann von unterschiedlichen Annahmen bestimmt sein, die es zu ermitteln gilt. **Beispiele** für solche Annahmen sind:

- Wertvorstellungen (z. B. Wunsch nach Größe)
- branchentypische Annahmen (z. B. »Qualität geht über Preis« bei Bionahrungsmitteln)

Schritt 3: Analyse der Strategie

In einem dritten Schritt ist die Strategie des Wettbewerbers zu analysieren. **Beispiele** für mögliche Strategien der Wettbewerber sind:

- Ausrichtung einer Produkt-Service-Strategie auf ein gewisses Servicekonzept (z. B. Reaktionszeit bei Ausfall des EDV-Produkts innerhalb von 12 Stunden bundesweit)
- Ausrichtung einer Kundenstrategie auf bestimmte Kundengruppen (z. B. Apotheker) oder auf den Endbenutzer (z. B. Patient) direkt
- Konzentration auf ein bestimmtes Marktsegment (z. B. Sportfachhandel)
- Ausrichtung der Strategie an der Produktionskapazität (z. B. Produktion von Massenartikeln aufgrund hoher Investitionen in Produktionsanlagen)
- Verfolgung einer Distributionspolitik (z. B. nur Fachhandel, nicht Großmärkte)
- Verfolgung von Wachstums- oder Größenzielen (z. B. IT-Branche vor Einbruch des Neuen Marktes)

Schritt 4: Ermittlung der Stärken und Schwächen

Im letzten Schritt sind für den Wettbewerber dessen

- Ressourcen (welche Ressourcen stehen beim Konkurrenten im Hintergrund?)
- Fähigkeiten (was zeichnet den Konkurrenten besonders aus?),
- Stärken (wo wird der Konkurrent angreifen?) und
- Schwächen (wo ist der Konkurrent verwundbar?)

zu ermitteln. **Beispiele** sind:

- hohe Eigenkapitalausstattung (Bereitschaft für Preiskrieg)
- hohe Fluktuation von Führungskräften
- gutes Markenimage

- hoher Kostendruck
- hoher Preisdruck aufgrund Investition in große Produktionskapazitäten
- Produktion mit veralteten Technologien

Hinweis

Die Beschaffung von Daten über Wettbewerber bereitet im heutigen Internetzeitalter wesentlich weniger Mühe als die Selektion von wichtigen und unwichtigen Informationen. Aus diesem Grund sollte eine Bewertung der gesammelten Informationen in einem Führungskräfte-Workshop durchgeführt werden.

Excel-Praxis: Wettbewerberanalyse

Um eine aussagekräftige Wettbewerberanalyse mit Excel aufzubauen, brauchen Sie in erster Linie Informationen über Märkte, Unternehmen und im Detail die direkten Konkurrenten. Zahlen und Fakten erhalten Sie u. a. aus den offiziellen Publikationen (Presseerklärungen, Geschäftsbericht, Unternehmensbroschüre), eine wichtige Informationsquelle ist das Internet mit seinen direkten und indirekten Verweisen und Verlinkungen. Marktforschungsinstitute und Marktforschungsportale im Internet haben sich auf die Suche nach entsprechenden Daten spezialisiert.

`www.marktforschung.de`

`www.globalintelligence.de`

`www.management-monitor.de`

`www.folden.de`

`www.hoppenstedt.de`

Das Statistische Bundesamt liefert wichtige Vergleichszahlen und Indikatoren (`www.eds-destatis.de`).

CD

Wettbewerbsanalyse.xls

Im Tabellenblatt *Wettbewerber* sind die Unternehmen aufgeführt, die im direkten Wettbewerb stehen. Diese Liste können Sie zur Erfassung der Zielpräferenzen und der Verhaltensannahmen nutzen. Für die Wettbewerbsanalyse ziehen Sie nur die ersten fünf Unternehmen in Betracht, erstellen Sie dazu ein Ranking in der ersten Spalte. Der Listenbereich (A1:F9) trägt den globalen Bereichsnamen *Wettbewerber*.

	A	B	C	D	E	F
1	**Nr**	**Firma**	**Geschäftsbereich**	**Firmensitz**	**Anzahl Mitarbeiter**	**Internet**
2	1	Bio Landbau AG	Biolebensmittel Einzelhandel	Amberg	250	www.biolandbau.com
3	2	Bio Generics AG	Biolebensmittel Großhandel	Regensburg	500	www.biogenerics.com
4	3	Fleischmann AG	Biolebensmittel Großhandel	Weiden	650	www.fleischmannbio.com
5	4	Gärtner & Söhne	Biolebensmittel Großhandel	Neumarkt	800	www.gaertnerbio.com
6	5	Sallermann KG	Molkerei, Biomilchprodukte	Weiden	300	www-sallermannbio.de
7	6	Bernhard & Braun GmbH	Bioobst und -gemüse	Regensburg	120	www.bernhardbraun.de
8	7	Gut & Gesund GmbH	Bioobst und -gemüse	Regensburg	500	www.gutundgesund.de
9	8	Frischware Discount	Biolebensmittel Großhandel	Amberg	400	www.frischware.com

Abbildung 3.1: Wettbewerberliste mit Ranking

Analyse der fünf wichtigsten Wettbewerber

Das Tabellenblatt *Wettbewerbsanalyse* enthält drei Auswertungsblöcke für diese Teilbereiche:

```
Unternehmen, Produkte und Dienstleistungen
Marketing, Vertrieb, Kunden
Personal, Management, interne Prozesse
```

Die Wettbewerbernamen holen Sie mit einem SVERWEIS() aus der Liste. Entscheiden Sie sich für eine Neubewertung der Firmen, werden automatisch wieder die ersten fünf Unternehmen im Formular angezeigt:

```
D3: =SVERWEIS(1;Wettbewerber;2;0)
F3: =SVERWEIS(2;Wettbewerber;2;0)
H3: =SVERWEIS(3;Wettbewerber;2;0)
J3: =SVERWEIS(4;Wettbewerber;2;0)
```

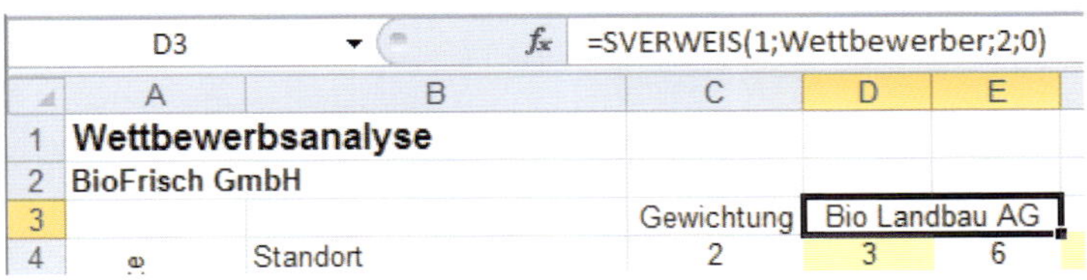

Abbildung 3.2: Verweis auf den ersten Wettbewerber in der Liste

Spalte A und B enthalten die Kategorien und die Unterkategorien, in Spalte C sind die Gewichtungen für die Bewertungskriterien eingetragen. Die farbig unterlegten Zellen dienen zur Eingabe der Bewertungen. Das Produkt aus Bewertung und Gewichtung berechnen Sie über eine einfache Formel, die das Ergebnis nur anzeigt, wenn ein Bewertungswert eingetragen ist:

```
E4: =WENN(D4;D4*C4;"")
```

Damit der Benutzer bei den Bewertungen bzw. Gewichtungen nur Werte zwischen 1 und 5 einträgt, verwenden Sie eine Gültigkeitsprüfung:

Daten/Gültigkeit 2003

Daten/Datentools/Datenüberprüfung 2007 2010

Tragen Sie unter *Zulassen Ganze Zahl zwischen 1 und 5* ein, vergessen Sie nicht, auf der Registerkarte *Fehlermeldung* eine entsprechende Meldung für Falscheingaben einzutragen. Wenn Sie dem Benutzer eine Eingabehilfe geben wollen, tragen Sie diese auf der Registerkarte *Eingabemeldung* ein.

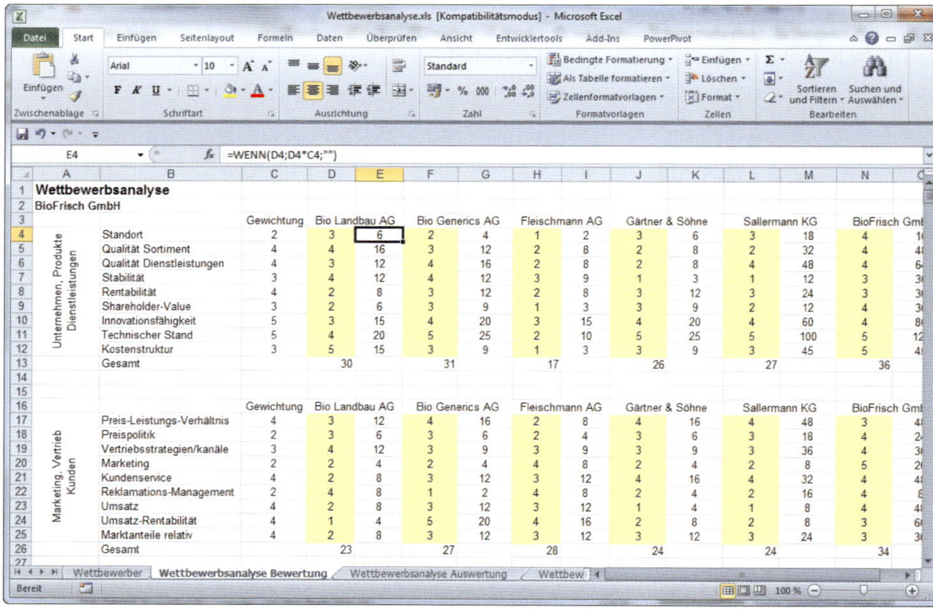

Abbildung 3.3: Wettbewerbsanalyse mit Gewichtung und Bewertung

TIPP

01-15: Gültigkeitsprüfung verhindert Überschreiben von Formeln

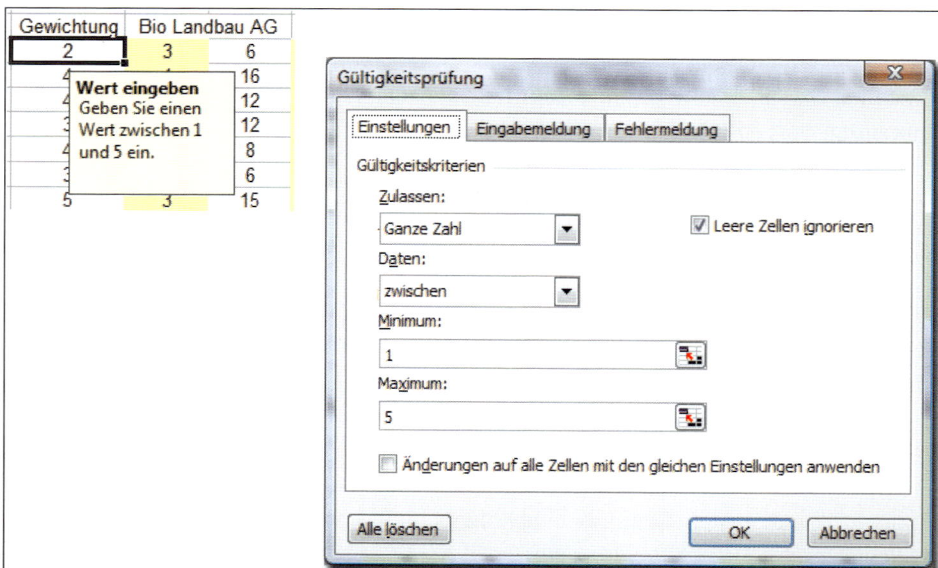

Abbildung 3.4: Die Gültigkeitsprüfung sichert die Eingabezellen ab

Grafische Auswertung

Für eine grafische Gegenüberstellung der Bewertungen werden die Summen der einzelnen Kriterien in ein weiteres Tabellenblatt verknüpft. Ein Balken- oder Säulendiagramm verdeutlicht den Unterschied zwischen dem eigenen Unternehmen und den Wettbewerbern. Markieren Sie dazu den Bereich inklusive der Rubrikenbeschriftung und der Legende (A3:G6).

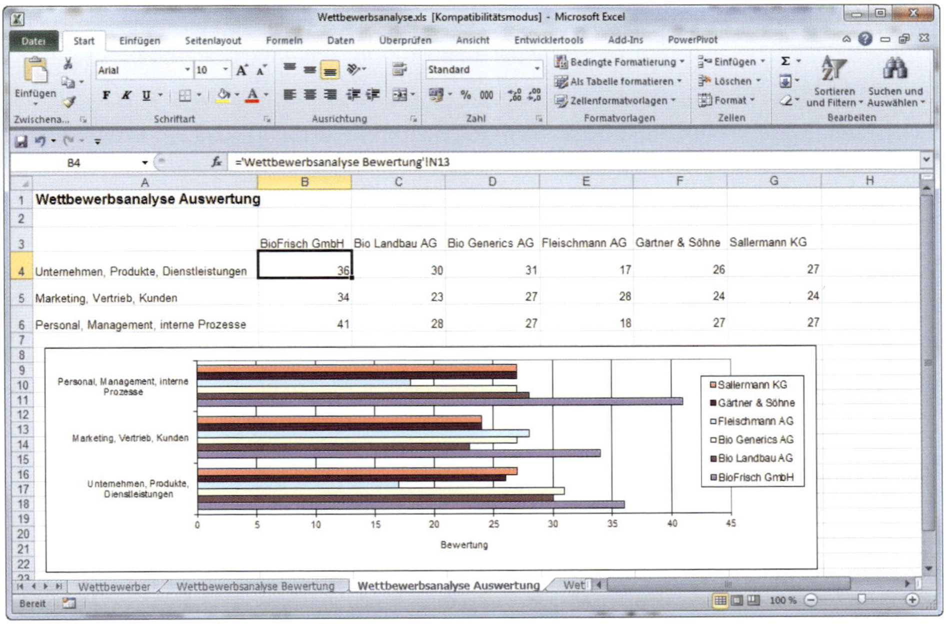

Abbildung 3.5: Ein Balkendiagramm zeigt die Unterschiede in den Bewertungen

Wesentlich aussagekräftiger ist die grafische Auswertung, wenn Sie für jeden Wettbewerber ein eigenes Diagramm erstellen. Markieren Sie dazu zuerst die Reihe mit den Bewertungspunkten Ihres Unternehmens und anschließend mit gedrückter [Strg]-Taste die Punkte des ersten Wettbewerbers. Erstellen Sie ein Balkendiagramm und entfernen Sie alle Elemente außer den beiden Datenreihen. Weisen Sie den Balken die Werte als Beschriftung zu. Das erste Diagrammobjekt kopieren Sie mit gedrückter [Strg]-Taste, verschieben Sie die blaue Farbmarkierung, die auf die Datenverknüpfung verweist, einfach mit dem Mauszeiger auf die nächste Reihe.

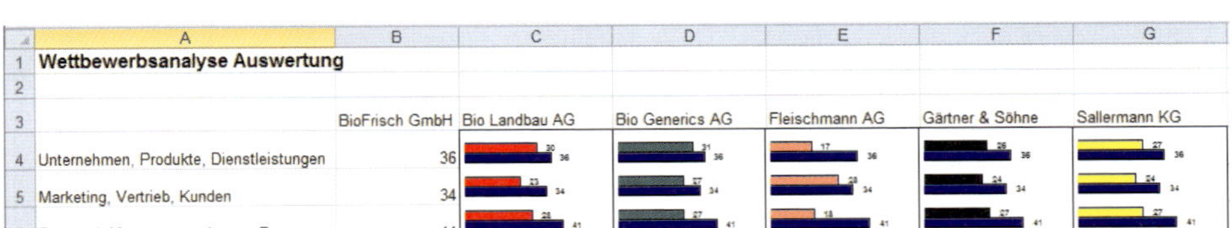

Abbildung 3.6: Für jeden Wettbewerber ein eigenes Diagramm

3.1.2 Portfolioanalyse

Problemstellung

Unternehmen stehen vor dem Problem, ein Produkt/Markt-Programm zu definieren, das ausgewogen auf die zukünftigen Chancen und Risiken ausgelegt ist. Dazu ist eine **Analyse der strategischen Positionierung** erforderlich. Dahinter steht die Notwendigkeit, dass geschäftliches Handeln in unterschiedlichen Wettbewerbssituationen bzw. unterschiedlichen Märkten auch unterschiedliche strategische Herangehensweisen erfordert. Dabei bezieht sich die strategische Positionierung nicht zwangsläufig nur auf ein einzelnes Produkt.

Es wird das Ziel verfolgt, ein **strategisches Geschäftsfeld (SGF)**, das ein Produkt, eine Produktgruppe, ein Unternehmensbereich oder ein ganzes Unternehmen sein kann, nicht isoliert zu betrachten, sondern eine ganzheitliche Planung aller SGF zu verfolgen, die dem Grundsatz der Ausgewogenheit folgt. SGF müssen sich nicht mit der Organisationsstruktur des Unternehmens decken. Charakteristisch für sie sind eigene Märkte und Wettbewerber.

Hierzu bedienen sich Unternehmen seit den 70er-Jahren der Portfolioanalyse, die zu einem der wichtigsten Instrumente des strategischen Managements zählt. Die Portfoliotechnik unterstützt bei der

- Visualisierung der Ergebnisse der strategischen Analyse,
- Darstellung und Charakterisierung strategischer Alternativen,
- Darstellung der strategischen Stoßrichtungen,
- Abbildung der zeitlichen Veränderung der Markt- und Wettbewerbssituation.

Der Portfolioansatz selbst geht auf finanzwirtschaftliche Überlegungen zurück. Es werden bestimmte Kriterien (z. B. Erwartungswert und die Standardabweichung der Kapitalrendite) bewertet, um ein Wertpapierbündel (Portefeuille) zusammenzustellen, das eine optimale Verzinsung des börsenmäßig investierten Kapitals erwirtschaften sollte (**Portfolio Selection**).

Fachliche Beschreibung und Beispiele

Gegenstand der Portfoliotechnik ist eine zweidimensionale Darstellung in Matrixform, die sog. **Portfoliomatrix**, in der zwei Bewertungskriterien abgetragen werden. Auf der einen Achse wird eine durch das Unternehmen selbst beeinflussbare Größe (z. B. Marktanteil), auf der zweiten Achse eine nicht beeinflussbare externe Größe (z. B. Marktwachstum) abgebildet.

Die beiden bekanntesten **Portfoliomodelle** wurden von zwei renommierten Strategieberatungsunternehmen erarbeitet:

Bezeichnung	Kriterium 1	Kriterium 2
Marktwachstums-/Marktanteils-Portfolio (Boston Consulting Group)	Marktwachstum (zur Abbildung der Attraktivität eines Markts)	relativer Marktanteil (zur Abbildung der Wettbewerbsposition relativ zum Mitbewerber)
Marktattraktivitäts-/Wettbewerbsstärken-Portfolio (McKinsey)	Marktattraktivität	relative Wettbewerbsposition (zur Abbildung des Wettbewerbsvorteils)

Tabelle 3.2: Kriterien der Portfoliomodelle

Marktwachstums-/Marktanteils-Portfolio

Die nachfolgende Abbildung zeigt die **Portfoliomatrix** der Boston Consulting Group:

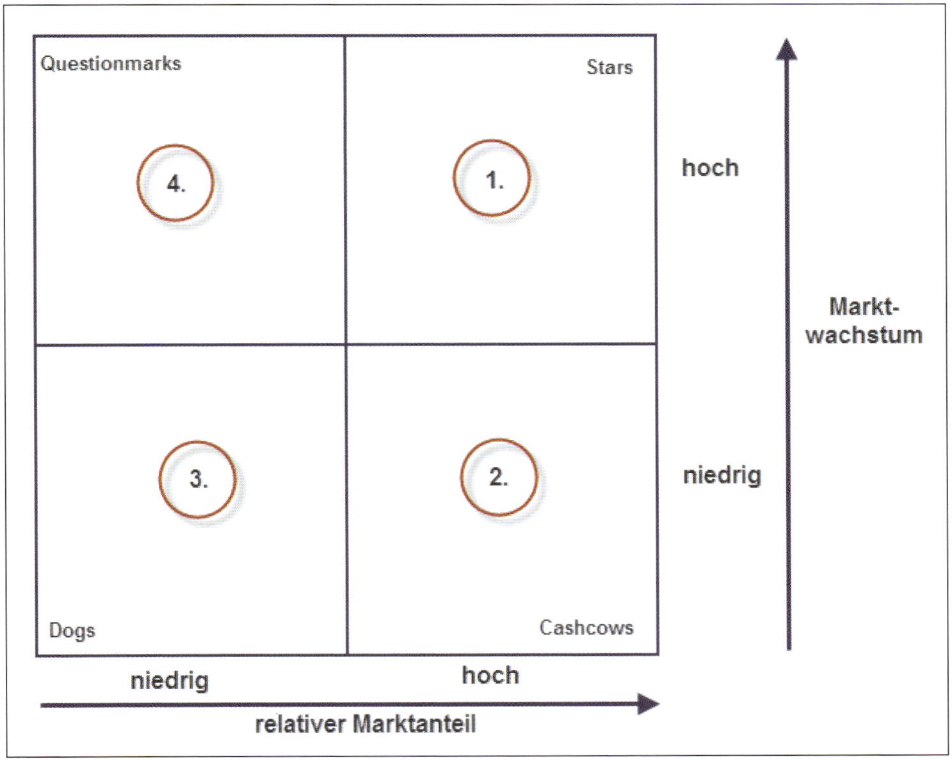

Abbildung 3.7: Portfoliomatrix nach Boston Consulting Group

Hinweis

Das **Marktwachstum** bildet die Marktkomponente ab. Das Marktwachstum ist in den unterschiedlichen Phasen des Produktlebenszyklus unterschiedlich hoch. So können in stark wachsenden Märkten besser Marktanteile gewonnen werden als in stagnierenden Märkten.

Wichtig ist ferner, dass nicht der absolute Marktanteil, sondern der **relative Marktanteil** im Portfolio abgetragen wird. Es handelt sich dabei um denjenigen Marktanteil, der relativ zum bedeutendsten Wettbewerber gemessen wird. Es wird davon ausgegangen, dass ein großer Marktanteil – entsprechend der Erfahrungskurventheorie – Potenzial für eine günstige Kostenposition und damit für eine Kostenführerschaft bietet.

Die einzelnen **Quadranten (Felder) des Portfolios** zeigen die unterschiedlichen strategischen Positionierungen, für die verschiedene Strategien zu erarbeiten sind.

1. **Stars (Sterne)** sind charakterisiert durch ein hohes Marktwachstum und einen hohen relativen Marktanteil. Um den relativen Marktanteil zu verbessern oder zu halten, muss in diese Geschäftsfelder investiert werden. Sie sind zu fördern.
2. **Cashcows (Cash-Kühe)** sind charakterisiert durch einen hohen relativen Marktanteil und ein geringes Marktwachstum. Die Märkte mit niedrigem Wachstum sind regelmäßig gereift und sollten abgeschöpft werden, bevor eine Rückzugsstrategie angegangen wird.
3. **Poor Dogs (Arme Hunde)** sind charakterisiert durch einen niedrigen relativen Marktanteil und ein niedriges Marktwachstum. Wachstumsperspektiven sind regelmäßig nicht vorhanden und die Position gegenüber dem Mitbewerber ist negativ. Aus diesen Märkten sollte sich das Unternehmen besser zurückziehen.
4. **Questionmarks (Fragezeichen)** sind charakterisiert durch einen niedrigen relativen Marktanteil und ein hohes Marktwachstum. Die in der Zukunft erreichbare Position ist ungewiss. Einerseits kann ein Ausbau der Marktposition durch eine konsequente Wachstumsstrategie erreicht werden, andererseits kann auch der Rückzug empfehlenswert sein, falls die Risiken für die erforderlichen Investitionen als zu groß und die Erfolgsaussichten als zu gering eingestuft werden. Die Beurteilung dieses Felds des Portfolios ist sehr schwierig und erfordert umfangreiche Analysen.

Marktattraktivitäts-/Wettbewerbsstärken-Portfolio (McKinsey)

Die nachfolgende Abbildung zeigt die **Portfoliomatrix** von McKinsey:

Anders als die 4-Felder-Portfoliomatrix der Boston Consulting Group (BCG) ist die Portfoliomatrix von McKinsey in **neun Quadranten** unterteilt (3 x 3). Es existiert keine Bezeichnung der neun Felder verglichen mit den vier plakativen Bezeichnungen des BCG-Portfolios. Die Bewertung der beiden Kriterien »Marktattraktivität« und »Wettbewerbsstärke« erfolgt anhand einer dreistufigen Skala »gering – mittel – hoch« unter Berücksichtigung folgender Kriterien (Auszug):

1. Marktattraktivität
   - Marktgröße
   - Marktwachstum
   - Branchenrentabilität
   - Umweltbedingungen (z. B. Inflation, Konjunkturzyklen)
2. Wettbewerbsstärke
   - Wettbewerbsposition (im Hinblick auf Qualität, Technologie, Produktion)
   - Umsatzrentabilität

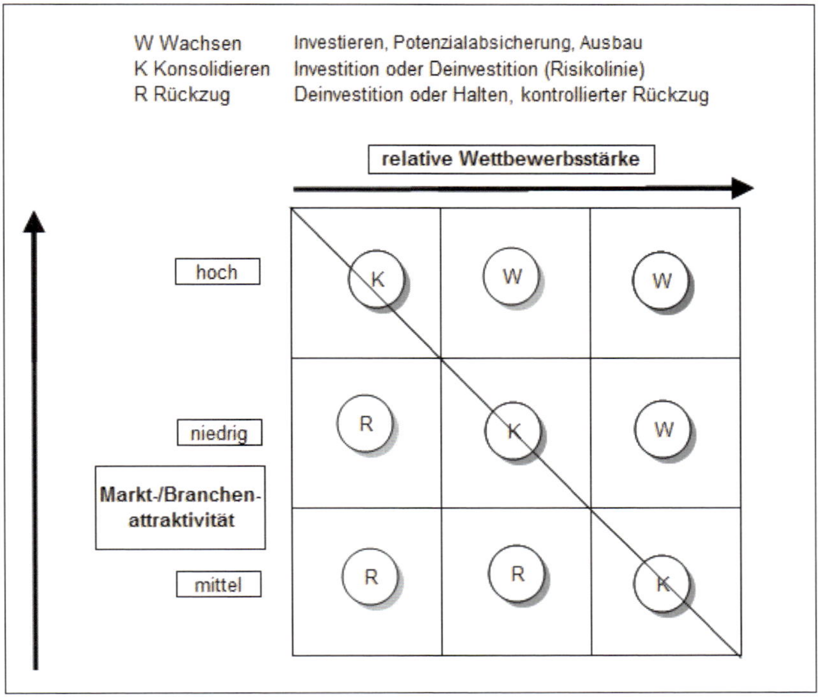

Abbildung 3.8: Portfoliomatrix nach McKinsey

Entsprechend des BCG-Ansatzes werden für die Felder des McKinsey-Portfolios folgende **Normstrategien** vorgeschlagen: Ernten bzw. selektiver Rückzug, Halten bzw. selektives Vorgehen/Konsolidieren, Ausbauen/Wachstum.

Vorgehensmodell

Die nachfolgenden Schritte sind erforderlich, um ein Portfolio zu erstellen:

1. Definition der SGF unter Maßgabe einer strikten Trennung von Markt/Kunden und Wettbewerbern
2. Identifikation des bedeutendsten Wettbewerbers je SGF
3. Ermittlung der Marktanteile (absolut und relativ) je SGF
4. Ermittlung des Marktwachstums (durchschnittlich über einen Planungszeitraum von z. B. fünf Jahren) je SGF
5. Ermittlung finanzieller Kennzahlen (z. B. Umsatz, Deckungsbeitrag, Gewinn, Cashflow) je SGF
6. Platzierung des SGF in der Portfoliomatrix
7. Visualisierung der Bedeutung des SGF mittels Kreis (Durchmesser abhängig von Höhe des Umsatzes, Deckungsbeitrags, Gewinns)
8. Interpretation der Portfoliomatrix gemäß Beschreibung der einzelnen Felder
9. Erarbeitung von Strategien zur strategischen Positionierung des SGF

Excel-Praxis: Portfoliodiagramm

CD

Produktportfolio.xls

Das Beispiel enthält eine Produktübersicht mit Umsatz, Wachstum in % und Marktanteilen. Erstellen Sie ein Portfoliodiagramm mit den Marktanteilen in der Rubrikenachse, zeigen Sie das Wachstum auf der Größenachse und definieren Sie das Volumen der einzelnen »Blasen« über den Umsatz.

	A	B	C	D
1	**Portfolioanalyse**			
2	*Costcenter Medium-Markt Weilheim*			
3				
4				
5		Geschäftsjahr 2010		
6	**Produkt**	**Umsatz in Mio €**	**Wachstum in %**	**Marktanteil**
7	AccuShore Notebooks	150,4	-12%	10%
8	DecWare Notebooks	110,3	13%	4%
9	AccuShore Desktop	89,2	6%	21%
10	DecWare Desktop	66,4	-10%	5%
11	HPC Printer	41,8	15%	20%
12	HPC Scanner	21,5	5%	15%
13	AccuShore Printer	320,8	21%	30%

Abbildung 3.9: Daten für die grafische Portfolioanalyse

2003

Markieren Sie den Bereich mit den Werten für Umsatz, Wachstum und Marktanteil, im Beispiel B7:D13. Mit *Einfügen/Diagramm* erhalten Sie die Auswahl der Diagrammtypen, wählen Sie *Blase*. Schalten Sie im nächsten Schritt des Assistenten auf *Reihe* um und definieren Sie die Zuweisungen neu:

```
X-Werte: Marktanteile (D7:D13)
Y-Werte: Wachstum (C7:C13)
Größen: Umsatz (B7:B13)
```

Im letzten Schritt des Assistenten entfernen Sie die Gitternetze und die Legende. Tragen Sie auf der Registerkarte *Titel* die Achsenbeschriftungen ein:

```
Diagrammtitel: Portfolioanalyse
Rubrikenachse: Marktanteile in %
Größenachse: Wachstum in %
```

Schließen Sie das Diagramm ab und aktivieren Sie einzelne Elemente per Doppelklick für die Formatierung. Die Achsenformatierung der Rubriken- und Größenachse setzen Sie unter *Muster/Teilstrichbeschriftungen* auf *Tief*, entfernen Sie jeweils auch die *Teilstriche*. Die Rubrikenachse schneidet die Größenachse (*Skalierung*) im Mittelwert (15 %).

Unter *Diagramm/Diagrammoptionen* finden Sie Felder für die Beschriftung der Achsen und den Diagrammtitel.

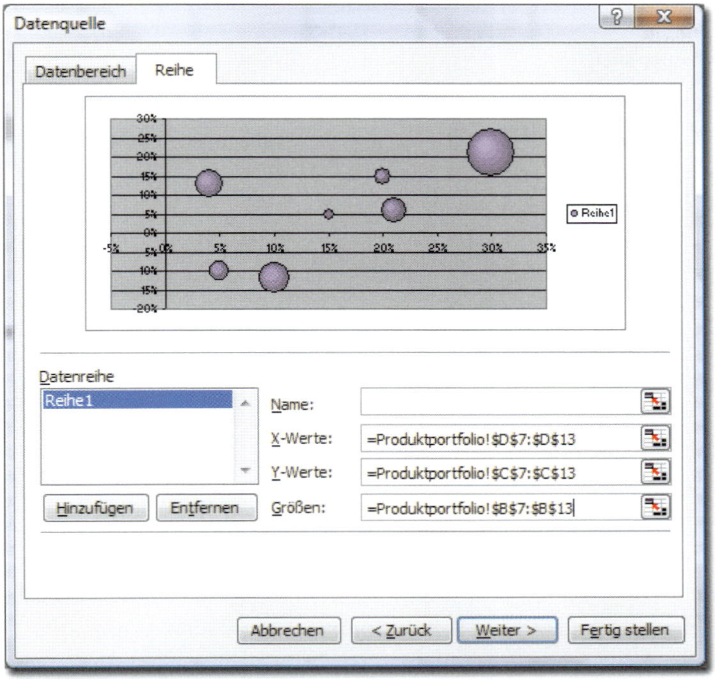

Abbildung 3.10: Die Werte werden dem Blasendiagramm neu zugewiesen

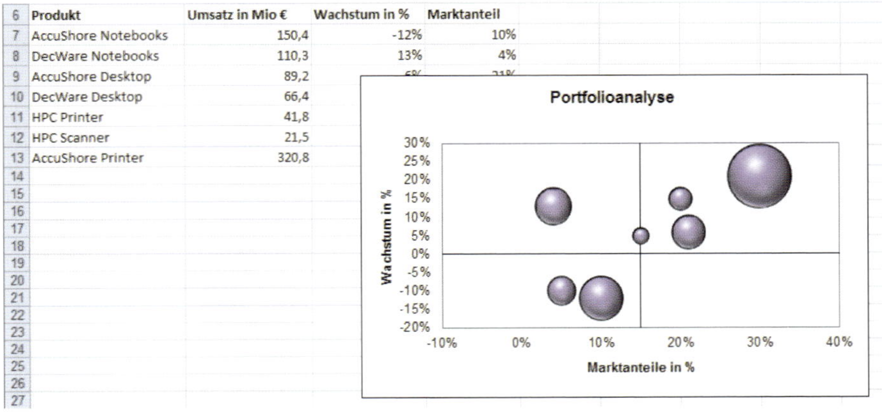

6	Produkt	Umsatz in Mio €	Wachstum in %	Marktanteil
7	AccuShore Notebooks	150,4	-12%	10%
8	DecWare Notebooks	110,3	13%	4%
9	AccuShore Desktop	89,2		
10	DecWare Desktop	66,4		
11	HPC Printer	41,8		
12	HPC Scanner	21,5		
13	AccuShore Printer	320,8		

Abbildung 3.11: Das Vier-Fenster-Portfoliodiagramm mit Marktanteilen und Wachstum in %

CD

2007

2010

Produktportfolio.xlsx

Markieren Sie die Daten im Bereich B7:D13 und erstellen Sie mit *Einfügen/Diagramme/Andere Diagramme* ein Blasendiagramm. Unter *Diagrammtools/Entwurf* finden Sie in der Gruppe *Daten* die Option *Daten auswählen*. Definieren Sie die Zuordnungen neu:

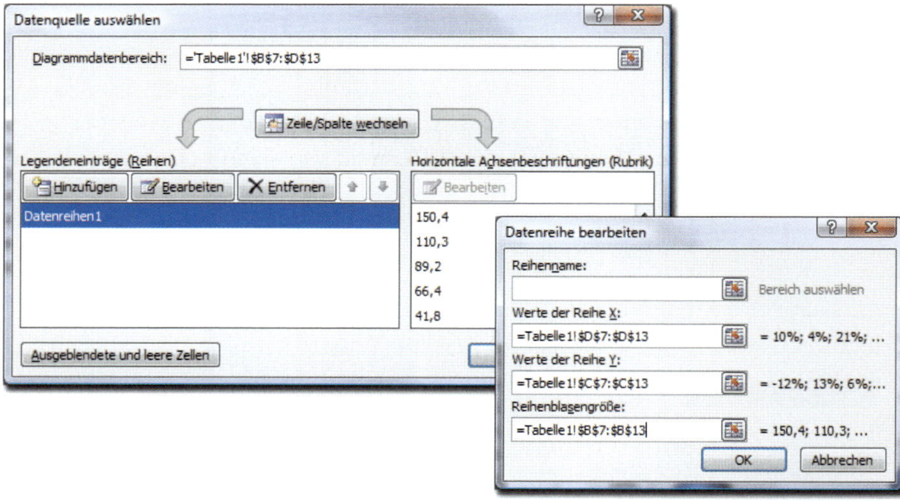

Abbildung 3.12: Daten neu definieren für das Blasendiagramm

Wählen Sie *Diagrammtools/Layout*, Gruppe *Aktuelle Auswahl*. Hier finden Sie alle Elemente des Diagramms, setzen Sie den Schnittpunkt der vertikalen Achse auf 0,15 und entfernen Sie alle Teilstriche. Die Teilstrichbeschriftungen setzen Sie jeweils *Tief*. Die Achsenbeschriftungen und den Diagrammtitel weisen Sie aus der Gruppe *Layout/Beschriftungen* zu.

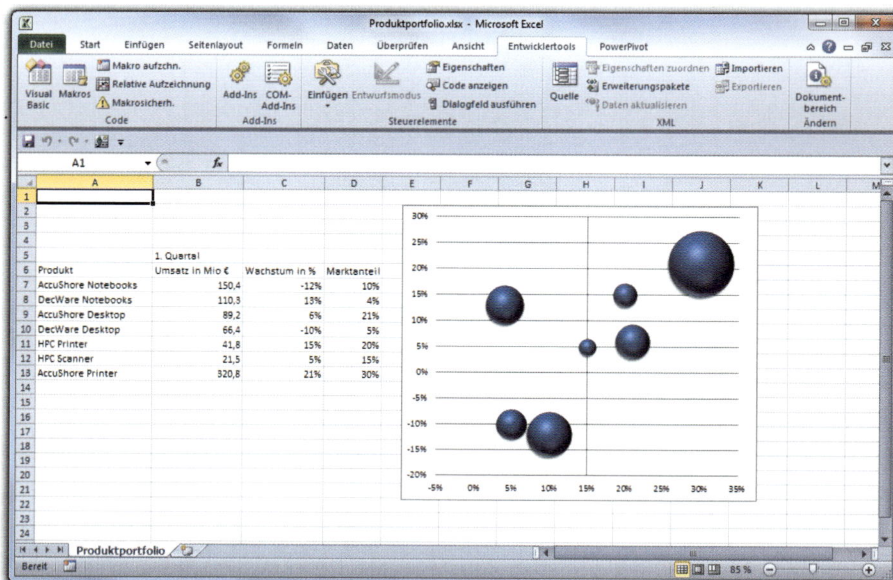

Abbildung 3.13: Das Portfoliodiagramm mit Marktanteilen und Wachstum in %

Datenpunktbeschriftungen einfügen

Für die Beschriftung der Datenpunkte lässt sich nur eine der Wertespalten verwenden, das Blasendiagramm bietet nicht die Möglichkeit, die Produktnamen aus der ersten Spalte zuzuweisen. Sie können die Beschriftung aber einfügen, das Beschriftungselement im Diagramm markieren und jeden Datenpunkt einzeln durch nochmaliges Markieren aktivieren, den Textinhalt ändern und neu positionieren.

01-16: Makro beschriftet Datenreihen individuell

TIPP

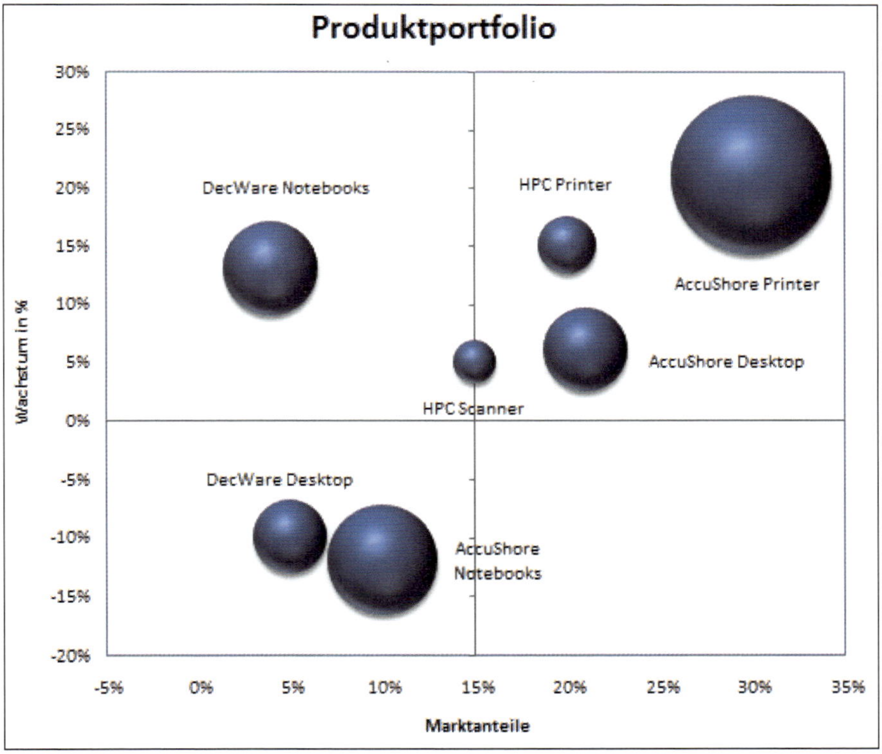

Abbildung 3.14: Portfoliodiagramm mit Punktbeschriftungen

3.1.3 SWOT-Analyse

Problemstellung

Die isolierte Betrachtung von Stärken (Strengths) und Schwächen (Weaknesses) (unternehmensinterne Sicht) sowie Chancen (Opportunities) und Risiken (Treats) (unternehmensexterne Sicht) ist wenig sinnvoll. Aus diesem Grund müssen beide Perspektiven miteinander kombiniert werden. Auf diese Weise können strategische Optionen erarbeitet werden.

Problem	Bewertung als	
	positiv	negativ
Istzustand mit Ursachenanalyse (gegenwartsbezogen; intern)	**S**trengths (Stärken => sichern)	**W**eaknesses (Schwächen => beseitigen)
Potenzial (zukunftsbezogen; extern)	**O**pportunities (Chancen => nutzen)	**T**hreads (Gefahren => vermeiden)

Abbildung 3.15: Zielsetzungen der SWOT-Analyse

Fachliche Beschreibung und Beispiele

Das Vorgehensmodell zur SWOT-Analyse sieht folgende Schritte vor:

Schritt 1: Auflistung der Stärken und Schwächen des Unternehmens

Die wichtigsten (internen) Stärken und Schwächen werden der nachstehend beschriebenen Stärken-Schwächen-Analyse (siehe 3.1.4) entnommen und in die SWOT-Matrix übertragen.

Schritt 2: Auflistung der Chancen und Gefahren des Unternehmens (3.1.5)

Die wichtigsten (externen) Chancen und Gefahren werden dem nachstehend beschriebenen Chancen-Gefahren-Profil der Umweltanalyse (siehe 3.1.5) entnommen und ebenfalls in die SWOT-Matrix übertragen.

Schritt 3: Konkretisierung der gelisteten Stärken, Schwächen, Chancen und Risiken

Es ist nicht ausreichend, die Stärken, Schwächen, Chancen und Risiken lediglich aufzulisten. Es besteht dabei die Gefahr der Pauschalierung und Generalisierung; die Formulierungen wirken abstrakt. Daher wird dringend empfohlen, für jede identifizierte Stärke, Schwäche und Chance sowie für jedes Risiko zunächst ein Argument (A) zu finden, dann hierfür eine Begründung (B) anzuführen und abschließend ein Beispiel (B) zu nennen (ABB-Schema).

Schritt 4: Maßnahmenorientierung

Da es nicht das Ziel der SWOT-Analyse ist, nur Fakten zu einem Zeitpunkt konkretisiert aufzulisten, sollten anschließend unbedingt Maßnahmen (M) abgeleitet werden. Hierdurch wird der Steuerungsgedanke unterstützt. Das ABB-Schema wird somit zum ABBM-Schema erweitert.

Das nachfolgende **Beispiel** zeigt die Konkretisierung und Maßnahmenorientierung:

- Produktchancen
  - O2: neue Anforderungen an KMU
    - A: zunehmender Controlling-Bedarf bei KMU
    - B: strengere Anforderungen nach Basel II (Rating)
    - B: von Banken gefordert: Planungsrechnungen, SWOT
    - M: Angebot von Dienstleistung der CA an KMU für Businessplan-Erstellung, SWOT-Analysen
    - …

Abbildung 3.16: ABBM-Schema für eine Chance O2

3.1.4 Stärken-Schwächen-Analyse

Problemstellung

Aufgrund einer fehlenden Unternehmensanalyse sind zahlreiche Unternehmen nicht in der Lage, ihre eigenen Ressourcen, Fähigkeiten, Stärken (Strengths) und Schwächen (Weaknesses) zu identifizieren und dabei Kompetenzen herauszuarbeiten, die von den Wettbewerbern nicht ohne Weiteres kopiert werden können. Dabei sind mehrere Faktoren zu untersuchen (Analysebereiche), zu denen jeweils umfangreiche Fragestellungen bzw. zu untersuchende Aspekte genannt werden:

- Strategie- und Planungssicht
- Markt- und Kundensicht
- Beschaffungs-, Produktions- und Technologiesicht
- Finanzsicht
- Organisations- und Informationssicht
- Personal- und Führungssicht
- Unternehmenskultur

Fachliche Beschreibung und Beispiele

Die auf der Basis der Analyse des eigenen Unternehmens erhobenen Daten müssen in einer Gesamtsicht zusammengeführt werden. Daraus werden die Stärken und Schwächen des Unternehmens ersichtlich. Diese Informationen können dann den Informationen zum wichtigsten Wettbewerber oder zur strategischen Gruppe von Wettbewerbern gegenübergesellt werden.

Schritt 1: Erstellung eines Stärken-Schwächen-Profils für das Unternehmen

Die Daten der Unternehmensanalyse werden in einer auf Ebene der einzelnen Sichten aggregierten Gesamtübersicht zusammengefasst. Das Unternehmen beurteilt seine eigenen Stärken und Schwächen.

Erfolgsfaktor	Schwäche			Stärke			Erforderliche Veränderungen
	−3	−2	−1	1	2	3	
Strategie- und Planungssicht							
Markt- und Kundensicht							
Beschaffungs-, Produktions- und Technologiesicht							
Finanzsicht							
Organisations- und Informationssicht							
Personal- und Führungssicht							
Unternehmenskultur							

Tabelle 3.3: Stärken-Schwächen-Profil

Schritt 2: Erstellung eines Stärken-Schwächen-Profils für den wesentlichen Wettbewerber

Das oben genannte Stärken-Schwächen-Profil wird in einem zweiten Schritt für den wichtigsten Wettbewerber bzw. die wichtigste strategische Gruppe von Wettbewerbern erstellt.

Schritt 3: Stärken-Schwächen-Analyse (Vergleich der Ergebnisse der Schritte 1 und 2)

Die Stärken und Schwächen des eigenen Unternehmens werden mit den Stärken und Schwächen des wesentlichen Wettbewerbers bzw. einer strategischen Gruppe verglichen, und ein Stärken-Schwächen-Profil wird erstellt. Durch den Vergleich beider Profile kann das Verbesserungspotenzial für das eigene Unternehmen abgelesen werden. Es werden diejenigen Faktoren deutlich, an denen Veränderungen ansetzen sollten, um die Wettbewerbsfähigkeit des eigenen Unternehmens zu erhöhen.

Schritt 4: Ableitung strategischer Maßnahmen

In den Bereichen, in denen der Rückstand des eigenen Unternehmens zur Konkurrenz am größten ist, sollten dringend strategische Maßnahmen definiert werden.

Hinweis

Durch Einfügen einer zusätzlichen Spalte »Gewichtung« im Stärken-Schwächen-Profil besteht die Möglichkeit, die einzelnen Erfolgsfaktoren zu gewichten. Die Summe der Einzelgewichte aller Erfolgsfaktoren ergibt »1« oder »100 %«.

Excel-Praxis: SWOT-Analyse – Stärken-Schwächen-Analyse

SWOT.xls

CD

Basisdaten

Das erste Tabellenblatt enthält die Basisdaten für alle übrigen Formulare:

- Analysebereiche
- Wettbewerber (Firmennamen)
- Bewertungsskala
- Gewichtungen

Tragen Sie die für Ihr Unternehmen passenden Wettbewerberlisten ein. Die Bewertungsskala sieht Bewertungen von –3 bis +3 vor, die Gewichtungen werden von 1 bis 5 vergeben. Alle Spalten sind mit Bereichsnamen versehen, damit sich die Basisdaten komfortabel in die Formulare verknüpfen lassen.

	A	B	C	D	E	F
1	Analysebereiche	Tabellenblatt	Wettbewerber	Bewertungsskala		Gewichtung
2	Strategie- und Planungssicht	Leitfragen StrategiePlanung	Bio Landbau AG	-3	Schwäche	1
3	Markt- und Kundensicht	Leitfragen MarktKunden	Bio Generics AG	-2	Schwäche	2
4	Beschaffungs-, Produktions- und Technologiesicht	Leitfragen Besch_Prod_Tech	Fleischmann AG	-1	Schwäche	3
5	Finanzsicht	Leitfragen Finanzsicht	Gärtner & Söhne	0	Neutral	4
6	Organisations- und Informationssicht	Leitfragen OrgInformation	Sallermann KG	1	Stärke	5
7	Personal- und Führungssicht	Leitfragen PersonalFührung	Bernhard & Braun GmbH	2	Stärke	
8	Unternehmenskultur	Leitfragen Unternehmenskultur	Gut & Gesund GmbH	3	Stärke	
9			Frischware Discount			

Abbildung 3.17: Basisdaten für das Stärken-Schwächen-Profil

Zu den einzelnen Analysebereichen stehen Leitfragen zur Verfügung, die Sie bei der Ausarbeitung der Stärken-Schwächen-Analyse heranziehen können. Klicken Sie in Spalte B auf den Hyperlink, der zum Tabellenblatt für den jeweiligen Analysebereich in Spalte A führt. In jedem Leitfragenblatt stehen zwei weitere Hyperlinks zur Auswahl, die Sie wieder zurück zu den Basisdaten oder zur Stärken-Schwächen-Analyse bringen.

	A	B	C	D	F	G	H
1		Stärken-Schwächen-Analyse			zurück zu den Basisdaten		
2		*Leitfragen*			zur Stärken-Schwächen-Analyse		
3							
4		**Strategie- und Planungssicht**					
5		Zur langfristigen Sicherstellung der Wettbewerbsfähigkeit des Unternehmens ist es erforderlich, dass das Risiko unvorhergesehener Ereignisse durch eine systematische Informationsbeschaffung und -auswertung reduziert wird. Um ein ungeplantes und daher meist unkoordiniertes Reagieren vermeiden zu können, sollten konkrete Ziele festgelegt werden, die einen Rahmen für ein geplantes und koordiniertes Agieren vorgeben.	Ja	Nein			
6	1.	Ist bekannt, was das „Geschäft" des Unternehmens heute und in fünf Jahren ist?	●	○	Stärke		
7	2.	Verfügt das Unternehmen über eine Strategie?	○	●	Schwäche		
8	3.	Ist die Strategie schriftlich festgehalten?	○	●	Schwäche		
9	4.	Wurde die Strategie an die Mitarbeiter des Unternehmens und ggf. an Externe kommuniziert?	○	●	Schwäche		
10	5.	Wird regelmäßig die Wettbewerbsposition analysiert?	●	○	Stärke		
11	6.	Wird regelmäßig die Umwelt analysiert?	●	○	Stärke		
12	7.	Werden die Ergebnisse der Analysen mit den Verantwortlichen besprochen?	●	○	Stärke		
13	8.	Sind die Kundenbedürfnisse bekannt?	●	○	Stärke		
14	9.	Können Änderungen der Kundenbedürfnisse in der Zukunft erkannt werden?	●	○	Stärke		

Abbildung 3.18: Leitfragen zu allen Analysebereichen (hier: Strategie- und Personalsicht)

Die Leitfragen können mithilfe von Formularelementen beantwortet werden. Zur optischen Unterstützung wurden die Spalten mit Bedingungsformaten versehen, die den im Formularelement (Optionsfelder) gewählten Wert analysieren und die Zellen entsprechend einfärben. Die Verknüpfung zwischen Optionsfeld und Zelle finden Sie auf der Registerkarte *Steuerung* unter den *Eigenschaften* des Elements (Klick mit der rechten Maustaste). Mit einer WENN()-Funktion wird in der Spalte daneben das Ergebnis noch einmal analysiert, sie definiert die Auswahl als Stärke oder Schwäche.

```
F6: =WENN(E6=1;"Stärke";WENN(E6=2;"Schwäche";""))
```

Stärken-Schwächen-Analyse

Das Formular für die Stärken-Schwächen-Analyse sieht bis zu zehn Einträge für die einzelnen Analysebereiche vor, mit Gültigkeitslisten stellen Sie diese zur Auswahl.

2003 *Daten/Gültigkeit/Zulassen: Liste*

2007 2010 *Daten/Datentools/Datenüberprüfung/Zulassen: Liste*

Die erste Spalte bietet die Analysebereiche an, weitere Gültigkeitslisten mit Bezug auf die Basisdaten stehen in den Spalten *Gewichtung* und *Bewertung*, damit werden Falscheingaben vermieden. Die Ergebnisspalte berechnet mit einer Formel das Produkt aus Gewichtung und eingetragener Bewertung, und in der Spalte *Zuordnung* ermittelt eine weitere Formel, ob die eingetragene Bewertung als Stärke oder Schwäche auszulegen ist. Eine Bedingungsformatierung für die gesamte Spalte formatiert das Formelergebnis noch mit roter bzw. grüner Schriftfarbe.

```
E6: =WENN(UND(C6<>"";D6<>"");C6*D6;"")
F6: =WENN(D6<>"";SVERWEIS(D6;Bewertungen;2;0);"")
```

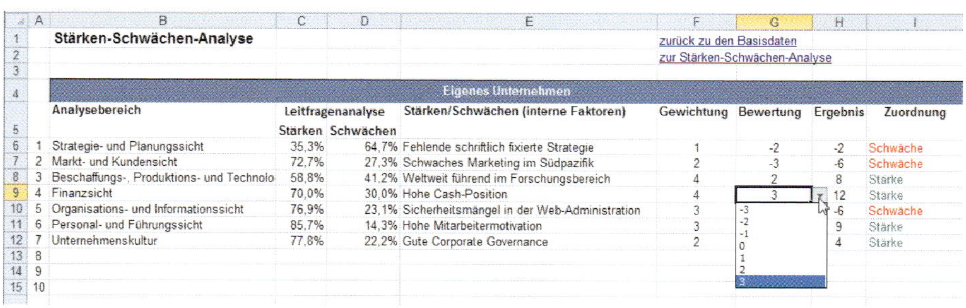

	A	B	C	D	E	F	G	H	I
1		Stärken-Schwächen-Analyse				zurück zu den Basisdaten			
2						zur Stärken-Schwächen-Analyse			
3									
4		Eigenes Unternehmen							
5		Analysebereich	Leitfragenanalyse Stärken	Schwächen	Stärken/Schwächen (interne Faktoren)	Gewichtung	Bewertung	Ergebnis	Zuordnung
6	1	Strategie- und Planungssicht	35,3%	64,7%	Fehlende schriftlich fixierte Strategie	1	-2	-2	Schwäche
7	2	Markt- und Kundensicht	72,7%	27,3%	Schwaches Marketing im Südpazifik	2	-3	-6	Schwäche
8	3	Beschaffungs-, Produktions- und Technolo	58,8%	41,2%	Weltweit führend im Forschungsbereich	4	2	8	Stärke
9	4	Finanzsicht	70,0%	30,0%	Hohe Cash-Position	4	3	12	Stärke
10	5	Organisations- und Informationssicht	76,9%	23,1%	Sicherheitsmängel in der Web-Administration	3	-3	-6	Schwäche
11	6	Personal- und Führungssicht	85,7%	14,3%	Hohe Mitarbeitermotivation	3	-2	9	Stärke
12	7	Unternehmenskultur	77,8%	22,2%	Gute Corporate Governance	2	-1	4	Stärke
13	8						0		
14	9						1		
15	10						2		
							3		

Abbildung 3.19: Stärken-Schwächen-Analyse-Formular mit Gültigkeitsliste und Formeln

TIPP 01-17: Dynamische Gültigkeitslisten

Das gleiche Formular wird für die Wettbewerberbewertung angelegt, der infrage kommende Wettbewerber kann aus einer Gültigkeitsliste geholt werden. Damit die Bewertungen vergleichbar sind, wurden die Gewichtungen aus der eigenen Tabelle verknüpft. Tragen Sie die Bewertungen ein, berechnen die Formeln die Ergebnisse und die Zuordnung.

	A	B	C	D	E	F	G	H	I
1		**Stärken-Schwächen-Analyse**				zurück zu den Basisdaten			
2						zur Stärken-Schwächen-Analyse			
3									
4		Eigenes Unternehmen							
5		**Analysebereich**	**Leitfragenanalyse** Stärken	Schwächen	**Stärken/Schwächen (interne Faktoren)**	**Gewichtung**	**Bewertung**	**Ergebnis**	**Zuordnung**
6	1	Strategie- und Planungssicht	35,3%	64,7%	Fehlende schriftlich fixierte Strategie	1	-2	-2	Schwäche
7	2	Markt- und Kundensicht	72,7%	27,3%	Schwaches Marketing im Südpazifik	2	-3	-6	Schwäche
8	3	Beschaffungs-, Produktions- und Technolo	58,8%	41,2%	Weltweit führend im Forschungsbereich	4	2	8	Stärke
9	4	Finanzsicht	70,0%	30,0%	Hohe Cash-Position	4	3	12	Stärke
10	5	Organisations- und Informationssicht	76,9%	23,1%	Sicherheitsmängel in der Web-Administration	3	-2	-6	Schwäche
11	6	Personal- und Führungssicht	85,7%	14,3%	Hohe Mitarbeitermotivation	3	3	9	Stärke
12	7	Unternehmenskultur	77,8%	22,2%	Gute Corporate Governance	2	2	4	Stärke
13	8								
14	9								
15	10								
16									
17		Bio Landbau AG							
18		**Analysebereich**			**Stärken/Schwächen (interne Faktoren)**	**Gewichtung**	**Bewertung**	**Ergebnis**	**Zuordnung**
19	1	Strategie- und Planungssicht				1	-3	-3	Schwäche
20	2	Markt- und Kundensicht				2	-2	-4	Schwäche
21	3	Beschaffungs-, Produktions- und Technologiesicht				4	3	12	Stärke
22	4	Finanzsicht				4	-1	-4	Schwäche
23	5	Organisations- und Informationssicht				3	1	3	Stärke
24	6	Personal- und Führungssicht				3	1	3	Stärke
25	7	Unternehmenskultur				2	2	4	Stärke
26	8								
27	9								
28	10								
29									

Abbildung 3.20: Gleiche Bewertungskriterien für den stärksten Wettbewerber

Für die grafische Gegenüberstellung verwenden Sie ein Balkendiagramm oder ein Netzdiagramm. Das Netzdiagramm stellt die Ergebnisse auf einer Linie ausgehend vom Mittelpunkt dar. Je weiter der Punkt vom Zentrum entfernt ist, desto positiver ist das Ergebnis. Das Delta zwischen den eigenen Ergebnissen und denen des Wettbewerbers ergibt sich aus der Differenz zwischen den Datenpunkten. Mit einem Balkendiagramm lässt sich die Bewertung und das Delta zwischen Unternehmen und Mitbewerber ebenfalls gut darstellen.

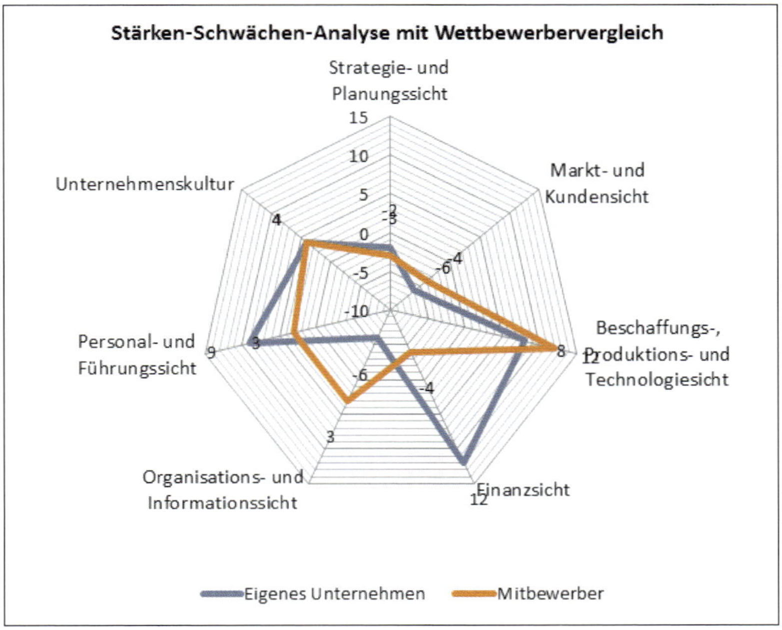

Abbildung 3.21: Netzdiagramm für die Stärken-Schwächen-Analyse

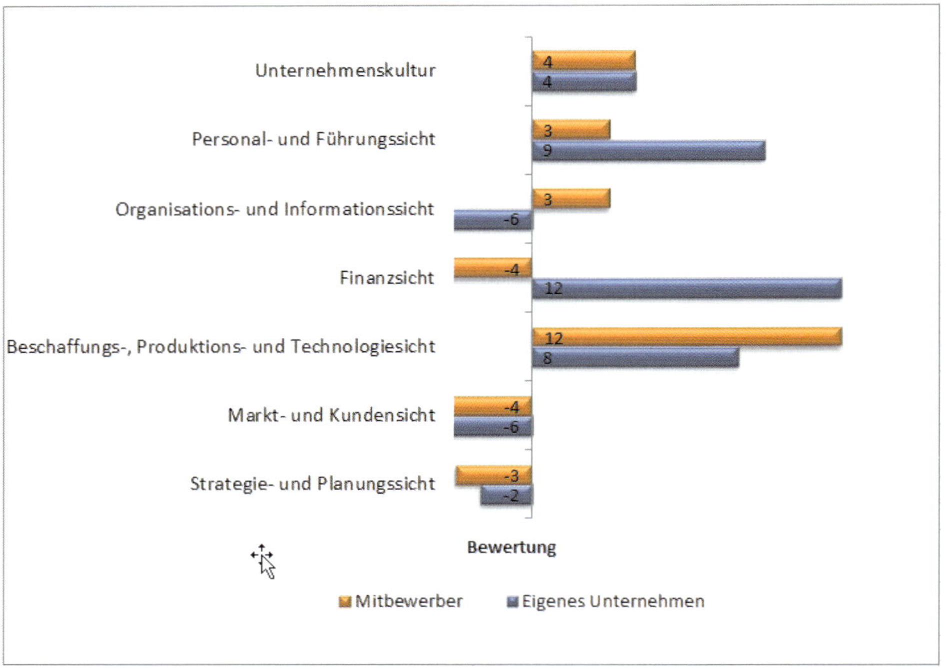

Abbildung 3.22: Balkendiagramm mit Nullpunkt und Positiv-/Negativ-Achse

TIPP Tipps zur Diagrammgestaltung mit flexiblen Legenden und Grafikobjekten auf Datenreihen finden Sie in Kapitel 5.

3.1.5 Umweltanalyse (Chancen-Risiken-Analyse)

Problemstellung

Da mit der Analyse von Stärken (Strengths) und Schwächen (Weaknesses) nur die unternehmensinterne Sicht abgebildet wird, muss diese Perspektive um die Analyse des Unternehmensumfelds ergänzt werden (externe Sicht). Das Unternehmen ist ferner Bedrohungen bzw. Risiken (Threats) von außen ausgesetzt und kann andererseits in seinem Umfeld Chancen (Opportunities) realisieren.

Fachliche Beschreibung und Beispiele

Das Vorgehensmodell zur Umweltanalyse sieht folgende Schritte vor:

Schritt 1: Identifikation der Trends/Entwicklungen

Die Ableitung der Chancen und Gefahren eines Unternehmens setzt zunächst die Identifikation von Trends/Entwicklungen im Unternehmensumfeld voraus, die anhand der nachfolgenden Checkliste durchgeführt werden kann:

1. Ökonomische Umwelt – »Gesundheitszustand der Volkswirtschaft«
   Wirtschafts- und Handelspolitik
   Wachstum
   Zinsen
   Wechselkurse
   Inflation
   Branchenentwicklung
2. Technologische Umwelt
   Technologischer Wandel/neue Technologien
   Substitutionsprozesse
   Produktlebenszyklen
   Produktionsmethoden/-verfahren
   Zusätzliche Kosten/Kosteneinsparungen durch neue Technologien
3. Soziale Umwelt
   Shareholder-Ansatz (Anteilseigner stehen im Vordergrund)
   Stakeholder-Ansatz (Einbeziehung von Mitarbeitern, Kunden, Lieferanten etc.)
   Arbeitsmotivation
   Konsumentenverhalten
   Kulturelle Herkunft und Schichtzugehörigkeit
   Einstellungen zu bestimmten Themen (z. B. Gesundheit, Umweltschutz)
4. Demografische Umwelt
   Geburtenrate
   Lebenserwartung
   Gesundheitstrends
5. Politische und rechtliche Umwelt
   Regulierungen bestimmter Lebensbereiche (z. B. Umweltschutz)
   Rechtliche Entwicklungen (z. B. Steuerrecht, Umweltrecht)
   Politische Entwicklungen im In- und Ausland (z. B. Im-/Exportverbote)
   Bürgerkriege, Revolutionen

Hinweis

Bei der Beurteilung von Chancen und Gefahren kann immer wieder beobachtet werden, dass Gefahren häufig leichter wahrgenommen und dramatisiert werden als Chancen. Daher sollte gezielt die Chancensuche begangen werden.

Schritt 2: Erstellung eines Chancen-Gefahren-Profils

Aus den identifizierten Trends/Entwicklungen kann ein Chancen-Gefahren-Profil erstellt werden, in dem die einzelnen Trends/Entwicklungen aus Sicht des Unternehmens als Chance und/oder Risiko kategorisiert werden.

Kriterien	Trend/Entwicklung	Chance	Gefahr	Begründung
Ökonomische Umwelt	1.	X		
	2.		X	
	3.		X	
Technologische Umwelt	4.	X		
	5.		X	
Soziale Umwelt	6.		X	
	7.	X		
	8.		X	
Demografische Umwelt	9.		X	
	10.	X		
	11.		X	
Politische und rechtliche Umwelt	12.	X		
	13.		X	
	14.		X	
etc.	15.	X		

Tabelle 3.4: Chancen-Gefahren-Profil

Hinweis

Die beschriebene Analyse der Chancen und Gefahren eines Unternehmens kann um einen Baustein erweitert werden, indem neben der oben beschriebenen am wahrscheinlichsten eintretenden Entwicklung auch **Szenarien** für den **Best Case** und den **Worst Case** (beste und schlechteste Entwicklung) aufgezeigt werden. Diese Szenariotechnik kann auch bei den in den vorausgehenden Abschnitten beschriebenen Analysen zum Einsatz kommen.

Excel-Praxis: Chancen-Gefahren-Profil

CD

Swot.xls

Für das Formular zur Erfassung eines Chancen-Gefahren-Profils stehen alle Umweltanalysebereiche und deren Kriterien als Basisdaten bereit, damit der Benutzer eine gezielte Auswahl über Gültigkeitslisten treffen kann. Damit der Anwender des Formulars die Kriterien abhängig vom markierten Bereich wählen kann, werden die Bereiche selbst mit einem Bereichsnamen fixiert, und die einzelnen Kriterien erhalten Bereichsnamen mit Nummern (UAB1 … UAB5).

Das Formular im Tabellenblatt *Umweltanalyse* bietet Gültigkeitslisten für die Bereiche und die Kriterien an. Wählen Sie in Spalte A den Bereich und holen Sie das Kriterium aus der Gültigkeitsliste in Spalte B.

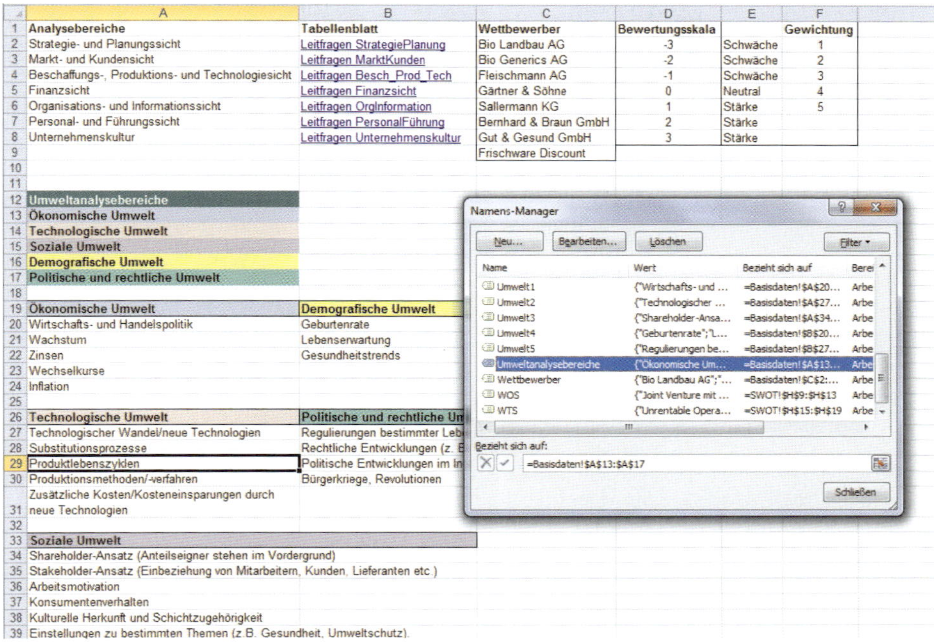

Abbildung 3.23: Umweltanalysebereiche und Kriterien

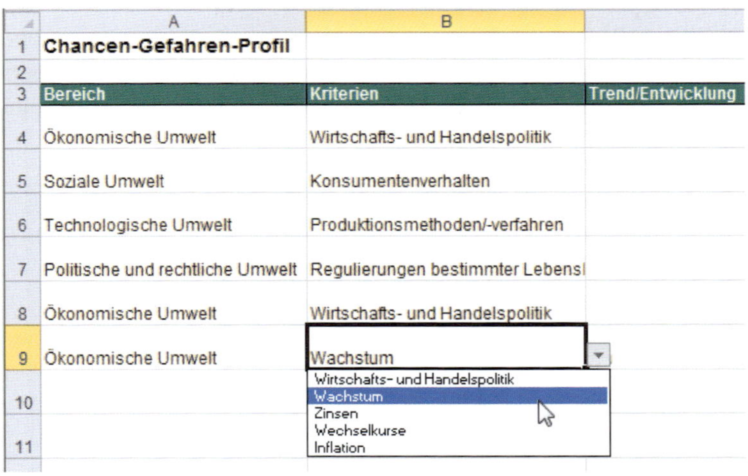

Abbildung 3.24: Bereiche und Kriterien über Gültigkeitslisten

01-18: Wechselnde Gültigkeitslisten

TIPP

Tragen Sie die Trends oder Entwicklungen in Spalte C ein. Bei mehrzeiligen Einträgen verwenden Sie `Alt` + `↵` für einen Zeilenumbruch in der Zelle. Die Optionsfelder zur Identifizierung als Chance oder Gefahr sind mithilfe von Formularelementen erstellt, die Zellverknüpfung der einzelnen Gruppen liegt auf Spalte G.

	A	B	C	D	E	F	G
1	**Chancen-Gefahren-Profil**						
2							
3	Bereich	Kriterien	Trend/Entwicklung	Chance	Gefahr	Nr	Begründung
4	Ökonomische Umwelt	Wirtschafts- und Handelspolitik	Einkommenssteigerung 12% p.a.	●	○	1	Neue Märkte für Bioprodukte in Deutschland/Ost und Fernost
5	Soziale Umwelt	Konsumentenverhalten	Gesundheitsbewusstsein zunehmend	●	○	1	Bioprodukte sind im Trend
6	Technologische Umwelt	Produktionsmethoden/-verfahren	Handelsabkommen mit China	●	○	1	Pressebericht Spiegel 3/10
7	Politische und rechtliche Umwelt	Regulierungen bestimmter Lebens	Beschränkungen im EU-Raum zunehmend	○	●	2	neue EU-Verordnungen
8	Ökonomische Umwelt	Wirtschafts- und Handelspolitik	Neue ausländische Konkurrenz	○	●	2	Billigprodukte aus Fernost
9	Ökonomische Umwelt	Wachstum	Margeneinbruch im Food-Bereich	○	●	2	13% Rückgang bei Milch/Soja
10				○	○		
11				○	○		
12				○	○		
13				○	○		
14							
15							

Abbildung 3.25: Optionsfelder regeln die Auswahl Chance/Gefahr

3.1.6 Unternehmensstrategien

Problemstellung

Da bei der Wahl der Unternehmensstrategie in der Praxis meist mehrere Optionen bestehen, müssen diese dem Unternehmen erst transparent gemacht werden, bevor das Unternehmen eine oder mehrere strategische Optionen auswählt und dann als Strategien nachhaltig verfolgt. Hierfür ist eine Priorisierung der strategischen Optionen erforderlich.

Fachliche Beschreibung und Beispiele

Die Grundlage bildet die SWOT-Analyse, aus deren vier Analysebereiche durch Kombination vier Strategiebereiche gebildet werden (SO-, WO-, ST- und WT-Strategien), die die strategischen Optionen enthalten.

Strategiebereich	Zusammensetzung aus ...	Erläuterung
SO-Strategien	internen Stärken (S) externen Chancen (O)	Das Unternehmen versucht, seine Stärken einzusetzen, um Chancen zu nutzen.
WO-Strategien	internen Schwächen (W) externen Chancen (O)	Das Unternehmen versucht, durch Aufgreifen von Chancen seine Schwächen auszugleichen.
ST-Strategien	internen Stärken (S) externen Gefahren (T)	Das Unternehmen versucht, seine Stärken einzusetzen, um Gefahren abzuwehren.
WT-Strategien	internen Schwächen (W) externen Gefahren (T)	Das Unternehmen versucht, seine Schwächen abzubauen und Gefahren abzuwehren.

Tabelle 3.5: Übersicht über die Strategiebereiche der SWOT-Matrix

Hinweis

In der Regel werden in der betrieblichen Praxis nicht alle in der SWOT-Matrix genannten Strategiemöglichkeiten umgesetzt. Vielmehr gibt die SWOT-Matrix einen Entscheidungsspielraum vor. Das Unternehmen wählt diejenige Strategie aus, die die jeweilige Situation des Unternehmens am effizientesten verbessern und zielführend umgesetzt werden kann.

Das nachfolgende **Beispiel** zeigt die Ergebnisse der vier Analysebereiche als Zeilen- und Spaltenköpfe der nachfolgenden Matrix. Die strategischen Optionen wurden in der Matrix grau hinterlegt.

SWOT-Analyse	**Stärken – S (intern)** **1. Cash** **2. Forschung & Entwicklung** **3. Mitarbeitermotivation**	**Schwächen – W (intern)** **1. Personalkosten** **2. schwaches Marketing im Südpazifik** **3. Kapazitätsauslastung Südeuropa 65 %**
Chancen – O (extern) **1. Einkommenssteigerung 12 % p. a.** **2. Gesundheitsbewusstsein zunehmend** **3. Handelsabkommen mit China**	SO-Strategien 1. Entwicklung neuer Gesundheitsprodukte 2. Kauf eines Nahrungsmittelherstellers in Hongkong mit starker Stellung in China	WO-Strategien 1. Joint Venture mit einem japanischen Unternehmen 2. Produktionsverlagerung nach China
Gefahren – T (extern) **1. Beschränkungen im EU- Raum zunehmend** **2. neue ausländische Konkurrenz** **3. Margeneinbruch im Food-Bereich**	ST-Strategien 1. drastische Erhöhung der Werbeausgaben 2. innovative Produkte im traditionellen Food-Bereich entwickeln	WT-Strategien 1. unrentable Operationen in Südeuropa schließen 2. Diversifikation im Non-Food-Bereich

Tabelle 3.6: SWOT-Matrix eines Nahrungsmittelherstellers (Auszug)

Excel-Praxis: Strategische Optionen auf Basis der SWOT-Analyse

Für die Zusammenfassung der Daten aus den beiden Formularen *Stärken-Schwächen-Analyse* und *Umweltanalyse* steht ein weiteres Formular mit dem Registernamen *SWOT* bereit.

Die Daten aus den beiden Formularen *Stärken-Schwächen-Analyse* und *Umweltanalyse* werden automatisch in die vier SWOT-Bereiche übernommen, das Ergebnis ist auf maximal fünf Einträge pro Bereich beschränkt. Dazu werden im Tabellenblatt *PivotTables* vier PivotTables angelegt. Die ersten beiden filtern die Stärken und Schwächen aus der Liste im Tabellenblatt *StärkenSchwächen*, die beiden anderen holen die Chancen und Gefahren aus der *Umweltanalyse*. Die Ergebnisse der PivotTable-Berichte werden als Matrixverknüpfung in das SWOT-Formular übernommen:

Die PivotTable-Ergebnisse erhalten je einen Bereichsnamen (Stärken, Schwächen, Chancen, Gefahren). Im SWOT-Formular wird der Zielbereich markiert, dann wird der Bereichsname mit =-Zeichen als Verknüpfung eingetragen. Die Formel muss mit [Strg] + [⇧] + [Enter] abgeschlossen werden, damit der Bereich als Matrix übertragen wird.

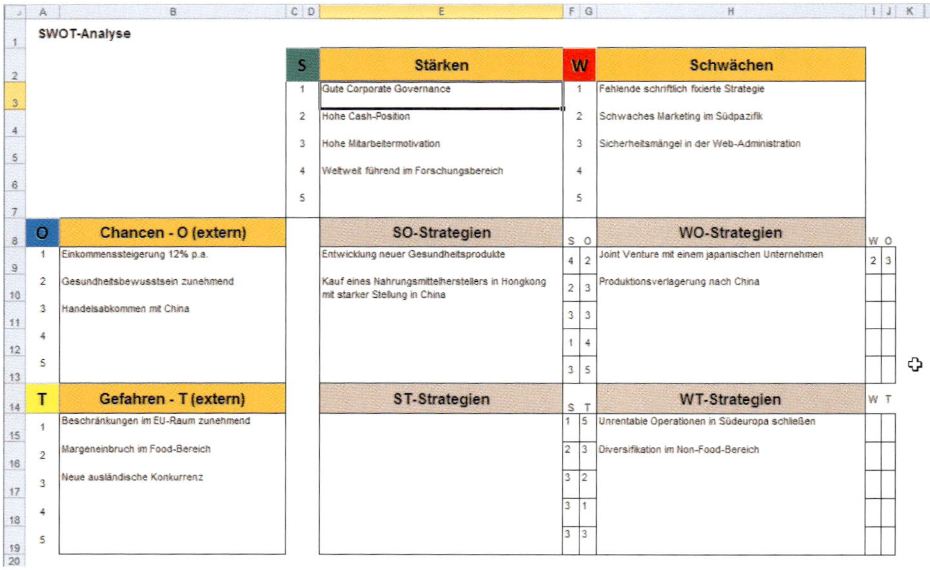

Abbildung 3.26: Tabellenblatt SWOT

Hinweis Achten Sie darauf, die PivotTables manuell zu aktualisieren, wenn sich der Inhalt der einzelnen Bereiche ändert.

Abbildung 3.27: Hier der SWOT-Bereich Stärken in einer PivotTable ...

Abbildung 3.28: ... und die Matrixverknüpfung im SWOT-Bereich

3.1.7 Businessplan

Problemstellung

Trotz zahlreicher guter und innovativer Ideen gelingt es nur einem Bruchteil der potenziellen Unternehmer, eine nachhaltige Finanzierung ihrer Geschäftsidee zu erreichen. Daher werden vor allem gerade bei der Gründung und Erweiterung von Unternehmen seitens der Kapitalgeber (z. B. Banken, Venture-Capital-Geber) strenge Vorgaben an die Plausibilität und Nachvollziehbarkeit des **nachhaltigen Erfolgs einer Geschäftsidee** gestellt. Als Instrument hierfür dient der Business- bzw. Geschäftsplan, der sowohl qualitative als auch quantitative Informationen aufbereitet und systematisch darstellt. Die Informationen stammen sowohl aus dem strategischen wie auch aus dem operativen Umfeld des Unternehmens. Werden Informationen nur selektiv zur Verfügung gestellt, hat dies in der Regel negative Konsequenzen für die Gründungs- bzw. Erweiterungsidee. Viele Kapitalgeber verfahren nach dem Grundsatz **Fehlende Informationen sind schlechte Informationen**. Dies zeigt, dass bei mangelnder Datenverfügbarkeit von der ungünstigen Situation ausgegangen wird.

Die Erstellung eines Businessplans hat folgende **Vorteile**:

- Systematische Aufbereitung der Geschäftsidee
- Identifikation von Informationsdefiziten
- Fokussiertes Vorgehen zur Verwirklichung der Geschäftsidee
- Instrument zur Kommunikation der Geschäftsidee zwischen den Geschäftspartnern
- Abbildung benötigter Ressourcen (z. B. Finanzen, Personal) und Identifikation von Defiziten
- »Generalprobe auf Papier« vor der tatsächlichen Unternehmensgründung bzw. -erweiterung

Fachliche Beschreibung und Beispiele

Vor der Erstellung eines Businessplans sollte die **Geschäftsidee** überzeugend dargestellt und präsentiert werden. Hierzu gehört die Darstellung des

- Kundennutzens = > Problemlösungsbeitrag (z. B. Kostenersparnis, Zeitersparnis, Produktivitätssteigerung)
- Markts = > Größe, Zielgruppen/-segmente, Differenzierung zum Wettbewerber
- wirtschaftlichen Erfolgs (»Ertragsmechanik«) = > Preisgestaltung, Kostensituation, Bruttomarge

Die Detaillierung der oben genannten drei Kriterien erfolgt im Businessplan. Die **formale Gestaltung des Businessplans** sollte

- aussagekräftig (Voraussetzung: Analyse des Informationsbedarfs der Kapitalgeber),
- strukturiert (systematische Gliederung auf Basis von Empfehlungen, z. B. Gründerzentren),
- verständlich (zielgruppenorientierte Formulierungen, ausgerichtet auf Kapitalgeber),
- prägnant (von McKinsey wird empfohlen: max. 30 Seiten inkl. Anhang),
- ansprechend (übersichtlich, schnörkellos)

sein.

Die **Gliederung** könnte sich an folgendem Beispiel orientieren:

1. Executive Summary
   - Vision
   - Ziele
   - Kapitalbedarf
   - Begründung
   - Wesentliche Finanzkennzahlen
   - Schlüsselpersonen
2. Kundenproblem
   - Ausgangslage
   - Zielgruppen
3. Lösungsbeitrag durch die Geschäftsidee
   - Lösungsansatz
   - Strategische Geschäftsfelder
4. Markt und Kunden
   - Zielmarkt
   - Zielkunden (u. a. Beschreibung, Kennzahlen, Kundennutzen)
   - Referenzmarkt
   - Referenzkunden (u. a. Beschreibung, Kennzahlen, Lösungsbeiträge)
   - Marketing & Vertrieb (u. a. Zielgruppen, Marketingstrategie, USP, Preis, Vertriebskanäle, Regionen, Partner)

5. Substitutsprodukte und Wettbewerb
   - Substitutsprodukte (u. a. Beschreibung, Anbieter, Vergleich zum eigenen Produkt)
   - Wettbewerber (u. a. TOP-3-Wettbewerber, Stärken und Schwächen der Wettbewerber)
6. Unternehmen und Rechtsform
   - Historie
   - Branchenbeschreibung
   - Team
   - Gesellschafterstruktur
   - Rechtsform
7. Unternehmensstrategie
   - Vision
   - Strategische Erfolgsfaktoren
   - Strategische Ziele (z. B. differenziert nach Innovation, Entwicklung, Personal, Organisation, Vertrieb, Finanzen)
   - Controlling
8. Unternehmensplanung
   - Planungsprämissen
   - Absatz- und Umsatzplan
   - Personalplan
   - Investitions- und Abschreibungsplan
   - Kostenplan
   - Kapitalbedarfsplan
   - Liquiditätsplan und Plan-Cashflow-Rechnung
   - Planerfolgsrechnung und gegebenenfalls Planbilanz
   - Plankennzahlen
9. SWOT-Analyse und Szenarien
   - Stärken (u. a. Beschreibung, Tragweite, Maßnahmen zur Sicherung)
   - Schwächen (u. a. Beschreibung, Tragweite, Maßnahmen zur Behebung)
   - Chancen (u. a. Beschreibung, Eintrittswahrscheinlichkeit, Tragweite, Maßnahmen zur Realisierung)
   - Risiken (u. a. Beschreibung, Eintrittswahrscheinlichkeit, Tragweite, Maßnahmen zur Vermeidung)
   - Alternativszenarien (best, worst, realistic)
10. Anhang

Tipp: Businessplan-Handbuch, Netzwerk Nordbayern

Unter den zahlreichen Beispielen und Hilfestellungen, die zum Thema Businessplan im Internet zu finden sind, ist das Projekt des Netzwerks Nordbayern besonders interessant. Schreiben Sie Ihren Businessplan und nehmen Sie an einem Wettbewerb teil, in dem Sie von professionellen Unternehmer- und Kapitalgeberjuroren unterstützt werden. Der Wettbewerb ist in drei Phasen unterteilt:

Phase 1: Geschäftsidee

Phase 2: Grob-Businessplan

Phase 3: Detail-Businessplan

Ein Handbuch zur Businessplan-Erstellung, das zum kostenlosen Download zur Verfügung steht, und Muster für erfolgreiche Pläne unterstützen Sie bei Ihrem Vorhaben.

`www.netzwerk-nordbayern.de`

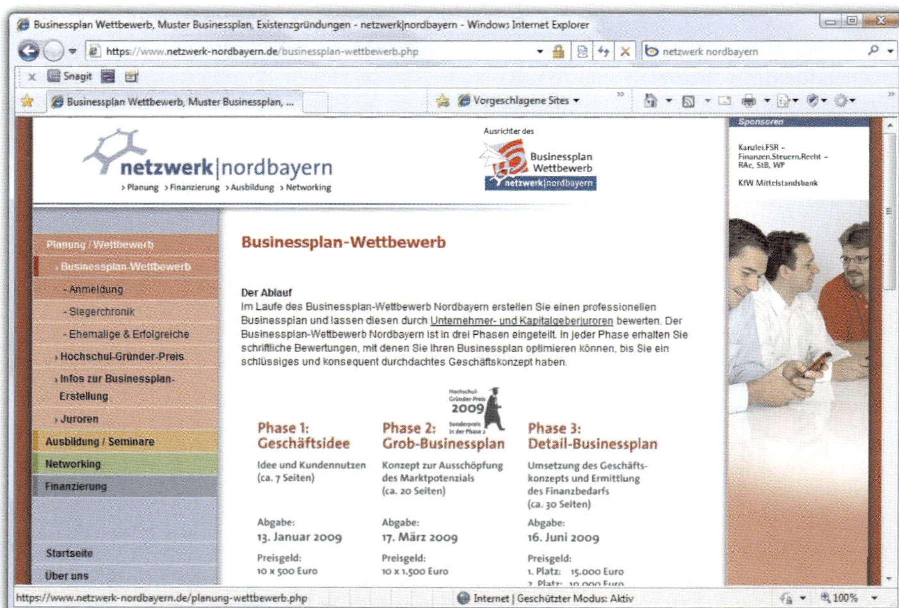

Abbildung 3.29: Businessplan-Wettbewerb beim Netzwerk Nordbayern

Excel-Praxis: Businessplan

CD

Businessplan.xls

Die Beispiellösung erhebt keinen Anspruch auf Vollständigkeit, sie kann nur als Anregung dienen für einen individuellen, auf die Unternehmensform und das Volumen des Vorhabens zugeschnittenen Businessplan.

Der Businessplan sollte in jedem Fall in gedruckter Form vorgelegt werden, die Excel-Vorlage dient nur zur Datensammlung und für die Aufbereitung der einzelnen Planelemente. Hier einige Tipps für die Gestaltung:

Muss	Nicht erlaubt
Sorgfältige Ausführung, klare Ausdrucksweise	Rechtschreib- und Tippfehler, grammatikalische »Ausrutscher«
Einheitliche Schriftart und Schriftgröße für Überschriften und Fließtext	Überflüssige Formatierungen, Farben, Hervorhebungen (Fettdruck, Großschrift)
Titelseite mit Namen und Firmenlogo (falls vorhanden), maximal 20 bis 30 Seiten Umfang	Gestalterische Elemente, Werbefotos, Promotionmaterial
Kleine Grafiken und Tabellen im Text	Größere Dokumente wie Referenzen, Fachartikel, Zeugnisse, Angebote als Anhang beifügen

Tabelle 3.7: Gestaltungstipps für den Businessplan

Planungsunterlagen

Erstellen Sie die Planungsunterlagen mit einem Textverarbeitungssystem (Word) oder mit PowerPoint, nutzen Sie Excel für die Kalkulationstabellen:

- Investitionen und Abschreibungen
- Erträge und Aufwendungen
- Zinsen und Tilgung
- Gewinn-Verlust-Rechnung
- Liquiditätsplanung
- Personalplanung
- Kennzahlenberechnung

Kleinere Tabellenbereiche können in das Dokument oder in PowerPoint-Folien per OLE (object linking and embedding) verknüpft werden, größere Blätter drucken Sie im Querformat aus und legen sie den Unterlagen bei. Achten Sie bei Verknüpfungen auf die Qualität des Ergebnisses, nicht immer wird der Quellbereich richtig abgebildet:

Markieren Sie den Bereich im Excel-Tabellenblatt und kopieren Sie ihn mit [Strg] + [C]. Wechseln Sie in das Word-Dokument oder in den PowerPoint-Vortrag und fügen Sie die Verknüpfung ein:

Bearbeiten/Inhalte einfügen 2003

Start/Zwischenablage/Einfügen/Inhalte einfügen 2007 2010

Fügen Sie die Kopie als Excel-Arbeitsblattobjekt ein, wird die gesamte Arbeitsmappe kopiert, aber nicht verknüpft. Ein Doppelklick auf das eingefügte Objekt öffnet diese in der Zielanwendung, und Sie können alle Tabellenblätter und Diagramme bearbeiten.

Verwenden Sie die Verknüpfung, aktivieren Sie mit dem Doppelklick automatisch wieder die Quellanwendung, Änderungen werden dynamisch in Word oder PowerPoint aktualisiert.

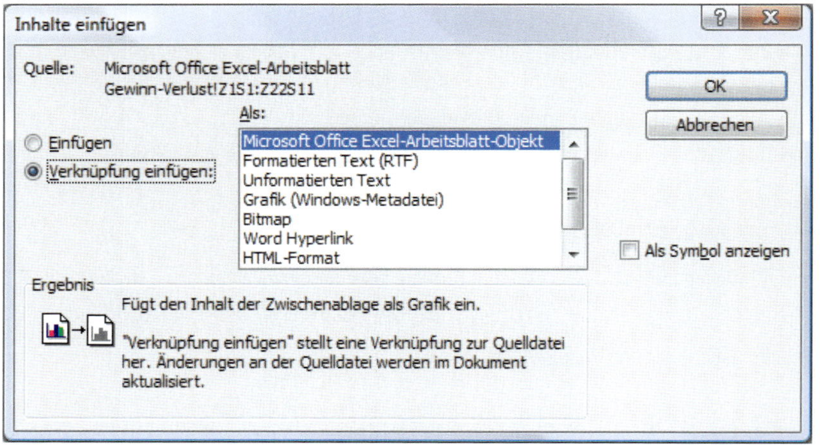

Abbildung 3.30: Excel-Bereiche in Word oder PowerPoint verknüpft einfügen

TIPP

01-19: Bildkopien

Start

Auf der ersten Seite mit dem Registernamen START befindet sich ein Bereich *Persönliche Daten*. Geben Sie hier Name und Adresse ein und bezeichnen Sie das Vorhaben, für das der Businessplan erstellt wird. Die Zelle, in die das Startjahr eingetragen wird, ist mit einem Bereichsnamen versehen, der in den übrigen Tabellenblättern verlinkt ist.

Die Menüsteuerung enthält die Liste aller weiteren Tabellenblätter, über die Hyperlinks können Sie diese per Mausklick ansteuern.

2003 *Einfügen/Hyperlink*

2007 2010 *Einfügen/Hyperlinks/Hyperlink*

Unter der Überschrift *Steuersätze* sind die für die Planung benötigten aktuellen Steuersätze eingetragen. Ein globaler Bereichsname für jeden Wert sorgt wieder für eine reibungslose Verlinkung in anderen Tabellenblättern.

- Gewerbesteuer
- Körperschaftssteuer
- Solidaritätszuschlag
- Umsatzsteuer

	A	B	C	D	E	F
1		**Persönliche Daten**				
2						
3		Firma:				
4						
5		Name:		Vorname:		
6						
7		Adresse:				
8						
9						
10						
11		Bezeichnung des Vorhabens:				
12						
13						
14		Startjahr:				
15		2010				
16						
17						
18						
19						
20						
21						
22						
23						
24						
25						

START

Abbildung 3.31: Startblatt mit persönlichen Daten

G	H	I	J
Menü		**Steuersätze**	
Investitionen und Abschreibungen		Gewerbesteuerhebesatz	450%
Erträge und Aufwendungen		Körperschaftssteuer	15,0%
Personalplanung		Solidaritätszuschlag	5,5%
Liquidität Eingabe		Umsatzsteuer	19%
Liquidität			
Gewinn-Verlust			
Zinsen und Tilgung			
Kennzahlen			

Abbildung 3.32: Menü und Steuersätze im Startmenü

Investitionen und Abschreibungen

Das gleichnamige Tabellenblatt dient zur Erfassung der geplanten Investitionen und Abschreibungen. Die Abschreibung ist die Verteilung der Anschaffungs- und Herstellungskosten über die betriebsgewöhnliche Nutzungsdauer. Für das erste Jahr erstreckt sich die Planung detailliert über 12 Monate, für die beiden nächsten Jahre werden die Kosten nur quartalsweise geplant. Für die beiden letzten Jahre des 5-Jahres-Plans fassen Sie die halbjährigen Kosten zusammen.

Den Abschluss bilden zwei Summenzeilen, hier berechnen Sie die Summen der Investitionen und der Abschreibungen pro Spalte.

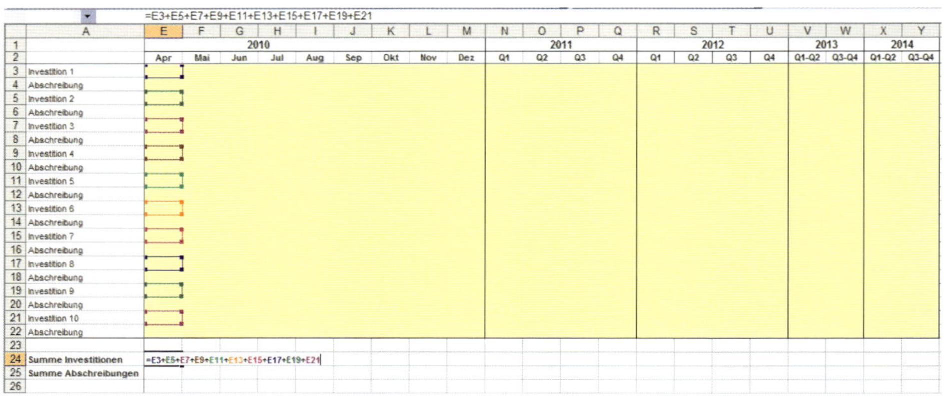

Abbildung 3.33: Investitionen und Abschreibungen

Ertrags- und Aufwendungsplan mit Gliederungen

Für die Planung der Erträge und Aufwendungen steht ein weiteres Tabellenblatt im Businessplan zur Verfügung. Planen Sie hier die Umsatzerlöse, Bestandsveränderungen und Eigenleistungen als Gesamtleistung. Der Rohertrag wird über die Differenz zwischen Gesamtleistung und Materialaufwand ermittelt.

Für den Personalaufwand ist eine Verknüpfung auf das Tabellenblatt *Personalplanung* eingetragen, die Abschreibungen holen Sie ebenfalls per Verknüpfung aus *Investitionen und Abschreibungen*.

Nach Abzug sonstiger betrieblicher Aufwendungen erhalten Sie das Betriebsergebnis, der Zinsaufwand ist aus dem Tabellenblatt *Zinsen und Tilgung* verknüpft, weitere Aufwendungen können noch in der nächsten Zeile eingegeben werden. Die Differenz zwischen dem Betriebsergebnis und diesen Aufwendungen führt zum Ergebnis gewöhnlicher Geschäftstätigkeit. Die Kosten für Gewerbesteuer und Körperschaftssteuer werden mithilfe der im Startblatt eingetragenen Sätze berechnet, und die Differenz zum Ergebnis führt zum Jahresüberschuss bzw. Jahresfehlbetrag.

```
B31: =WENN(B30>0;B30*(0,035*Gewerbesteuerhebesatz);0)
B32: =WENN(B31>0;(B30-B31)*Körperschaftssteuersatz*(1+Solidaritätszuschlag);0)
B33: =B30-SUMME(B31:B32)
```

Mit der Gliederungsfunktion behalten Sie die Übersicht über große Tabellen, die in Kategorien unterteilbar sind. Dabei werden die Zeilen und Spalten unter bzw. rechts von den Hauptüberschriften eine Ebene tiefer gesetzt. Die Position der Untereinträge lässt sich einstellen, in unserem Beispiel müssen die Detailzeilen unter den Hauptzeilen und die Detailspalten links von den Hauptspalten stehen.

Markieren Sie immer ganze Zeilen oder Spalten, bevor Sie die Gliederung starten. Excel wird die Ebene automatisch erstellen, bei markierten Zellen erfolgt eine Rückfrage.

	A	B	C	D	E	F	G	H	I	J	K	L	M
1								2010					
2		Jan	Feb	Mrz	Apr	Mai	Jun	Jul	Aug	Sep	Okt	Nov	Dez
3	Umsatzerlöse	500,0 T€	500,0 T€	500,0 T€	500,0 T€	500,0 T€	500,0 T€	600,0 T€	600,0 T€	600,0 T€	600,0 T€	600,0 T€	600,0 T€
4	Produkt 1 / Markt 1	250,0 T€	250,0 T€	250,0 T€	250,0 T€	250,0 T€	250,0 T€	300,0 T€	300,0 T€	300,0 T€	300,0 T€	300,0 T€	300,0 T€
5	Produkt 2 / Markt 2	250,0 T€	250,0 T€	250,0 T€	250,0 T€	250,0 T€	250,0 T€	300,0 T€	300,0 T€	300,0 T€	300,0 T€	300,0 T€	300,0 T€
6	Bestandsveränderung	24,0 T€	24,0 T€	24,0 T€	24,0 T€	24,0 T€	24,0 T€	24,0 T€	24,0 T€	24,0 T€	24,0 T€	24,0 T€	24,0 T€
7	Produkt 1	12,0 T€	12,0 T€	12,0 T€	12,0 T€	12,0 T€	12,0 T€	12,0 T€	12,0 T€	12,0 T€	12,0 T€	12,0 T€	12,0 T€
8	Produkt 2	12,0 T€	12,0 T€	12,0 T€	12,0 T€	12,0 T€	12,0 T€	12,0 T€	12,0 T€	12,0 T€	12,0 T€	12,0 T€	12,0 T€
9	Summe Aktivierte Eigenleistungen	30,0 T€	270,0 T€	270,0 T€	270,0 T€	270,0 T€	270,0 T€	270,0 T€	270,0 T€	270,0 T€	270,0 T€	270,0 T€	270,0 T€
10	Anlage 1	15,0 T€	120,0 T€	120,0 T€	120,0 T€	120,0 T€	120,0 T€	120,0 T€	120,0 T€	120,0 T€	120,0 T€	120,0 T€	120,0 T€
11	Anlage 2	15,0 T€	150,0 T€	150,0 T€	150,0 T€	150,0 T€	150,0 T€	150,0 T€	150,0 T€	150,0 T€	150,0 T€	150,0 T€	150,0 T€
12	Sonstige betriebliche Erträge	200,0 T€	200,0 T€	200,0 T€	200,0 T€	200,0 T€	200,0 T€	200,0 T€	200,0 T€	200,0 T€	200,0 T€	200,0 T€	200,0 T€
13	Gesamtleistung	754,0 T€	994,0 T€	994,0 T€	994,0 T€	994,0 T€	994,0 T€	1.094,0 T€	1.094,0 T€	1.094,0 T€	1.094,0 T€	1.094,0 T€	1.094,0 T€
14	Materialaufwand	350,0 T€	350,0 T€	350,0 T€	350,0 T€	350,0 T€	350,0 T€	350,0 T€	350,0 T€	350,0 T€	350,0 T€	350,0 T€	350,0 T€
15	Vorprodukt 1 / Fremdleistung 1	150,0 T€	150,0 T€	150,0 T€	150,0 T€	150,0 T€	150,0 T€	150,0 T€	150,0 T€	150,0 T€	150,0 T€	150,0 T€	150,0 T€
16	Vorprodukt 2 / Fremdleistung 2	200,0 T€	200,0 T€	200,0 T€	200,0 T€	200,0 T€	200,0 T€	200,0 T€	200,0 T€	200,0 T€	200,0 T€	200,0 T€	200,0 T€
17	Rohertrag	404,0 T€	644,0 T€	644,0 T€	644,0 T€	644,0 T€	644,0 T€	744,0 T€	744,0 T€	744,0 T€	744,0 T€	744,0 T€	744,0 T€
18	Personalaufwand	54,8 T€	54,8 T€	54,8 T€	54,8 T€	54,8 T€	54,8 T€	54,8 T€	54,8 T€	54,8 T€	54,8 T€	54,8 T€	54,8 T€
19	Abschreibungen												
20	Sonstige betriebliche Aufwendungen	48,0 T€	48,0 T€	48,0 T€	48,0 T€	48,0 T€	48,0 T€	48,0 T€	60,0 T€	60,0 T€	60,0 T€	60,0 T€	60,0 T€
21	Raumkosten	12,0 T€	12,0 T€	12,0 T€	12,0 T€	12,0 T€	12,0 T€	12,0 T€	14,0 T€	14,0 T€	14,0 T€	14,0 T€	14,0 T€
22	Versicherungen, Beiträge, Abgaben	5,0 T€	5,0 T€	5,0 T€	5,0 T€	5,0 T€	5,0 T€	5,0 T€	7,0 T€	7,0 T€	7,0 T€	7,0 T€	7,0 T€
23	Reparaturen, Instandhaltungen	8,0 T€	8,0 T€	8,0 T€	8,0 T€	8,0 T€	8,0 T€	8,0 T€	10,0 T€	10,0 T€	10,0 T€	10,0 T€	10,0 T€
24	Fahrzeugkosten	15,0 T€	15,0 T€	15,0 T€	15,0 T€	15,0 T€	15,0 T€	15,0 T€	17,0 T€	17,0 T€	17,0 T€	17,0 T€	17,0 T€
25	Werbe- und Reisekosten	3,0 T€	3,0 T€	3,0 T€	3,0 T€	3,0 T€	3,0 T€	3,0 T€	5,0 T€	5,0 T€	5,0 T€	5,0 T€	5,0 T€
26	Sonstige	5,0 T€	5,0 T€	5,0 T€	5,0 T€	5,0 T€	5,0 T€	5,0 T€	7,0 T€	7,0 T€	7,0 T€	7,0 T€	7,0 T€
27	Betriebsergebnis	301,2 T€	541,2 T€	541,2 T€	541,2 T€	541,2 T€	541,2 T€	641,2 T€	629,2 T€	629,2 T€	629,2 T€	629,2 T€	629,2 T€
28	- Zinsaufwand												
29	- Sonstige neutrale Aufwendungen	10,0 T€	10,0 T€	10,0 T€	10,0 T€	10,0 T€	10,0 T€	10,0 T€	10,0 T€	10,0 T€	10,0 T€	10,0 T€	10,0 T€
30	Ergebnis gewöhnlicher Geschäftstätigkeit	291,2 T€	531,2 T€	531,2 T€	531,2 T€	531,2 T€	531,2 T€	631,2 T€	619,2 T€	619,2 T€	619,2 T€	619,2 T€	619,2 T€
31	- Gewerbesteuer	45,9 T€	83,7 T€	83,7 T€	83,7 T€	83,7 T€	83,7 T€	99,4 T€	97,5 T€	97,5 T€	97,5 T€	97,5 T€	97,5 T€
32	- Körperschaftsteuer	38,8 T€	70,8 T€	70,8 T€	70,8 T€	70,8 T€	70,8 T€	84,2 T€	82,6 T€	82,6 T€	82,6 T€	82,6 T€	82,6 T€
33	Jahresüberschuß / Jahresfehlbetrag	206,5 T€	376,7 T€	376,7 T€	376,7 T€	376,7 T€	376,7 T€	447,6 T€	439,1 T€	439,1 T€	439,1 T€	439,1 T€	439,1 T€

Abbildung 3.34: Erträge und Aufwendungen im Businessplan

Mit *Datei/Gruppierung und Gliederung/Einstellungen* definieren Sie die Position der Detailzeilen/-spalten. Gliedern Sie markierte Zeilen und Spalten mit *Daten/Gruppierung und Gliederung/Gruppieren*. 2003

Aktivieren Sie die Einstellungen über das Dialogkästchen rechts unten in der Gruppe *Daten/Gliederung*. Die markierten Zeilen und Spalten werden mit *Daten/Gliederung/Gruppierung/Gruppieren* eine Ebene tiefer geschoben. 2007 2010

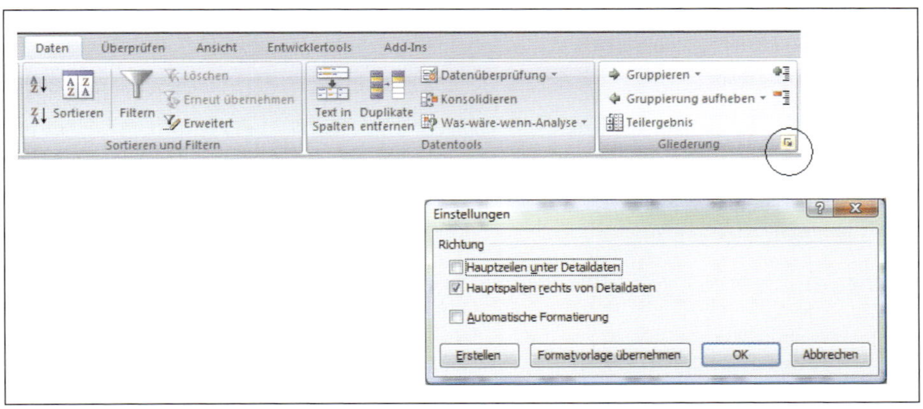

Abbildung 3.35: Gliederungseinstellungen im Daten-Menü

Nutzen Sie die Gliederungselemente, um den großen Ertrags- und Aufwendungsplan auf die wichtigsten Kennzahlen zu verdichten. Dazu müssen alle Ebenen einem Kategoriebegriff oder einer Summe untergeordnet sein. Mit einem Klick auf eine Ebenennummer klappen alle untergliederten Zeilen und Spalten zu bzw. auf.

	A	N	O	P	Q	R	S	T	U	V	W
1		2010			2011					2012	
2		Summe	Q1	Q2	Q3	Q4	Summe	Q1	Q2	Q3	Q4
3	Umsatzerlöse	6.600,0 T€	700,0 T€	700,0 T€	700,0 T€	700,0 T€	2.800,0 T€	700,0 T€	700,0 T€	700,0 T€	700,0 T€
4	Produkt 1/ Markt 1		350,0 T€	350,0 T€	350,0 T€	350,0 T€	1.400,0 T€	350,0 T€	350,0 T€	350,0 T€	350,0 T€
5	Produkt 2 / Markt 2		350,0 T€	350,0 T€	350,0 T€	350,0 T€	1.400,0 T€	350,0 T€	350,0 T€	350,0 T€	350,0 T€
6	Bestandsveränderung	288,0 T€	30,0 T€	30,0 T€	30,0 T€	30,0 T€	120,0 T€	30,0 T€	30,0 T€	30,0 T€	30,0 T€
7	Produkt 1		15,0 T€	15,0 T€	15,0 T€	15,0 T€	60,0 T€	15,0 T€	15,0 T€	15,0 T€	15,0 T€
8	Produkt 2		15,0 T€	15,0 T€	15,0 T€	15,0 T€	60,0 T€	15,0 T€	15,0 T€	15,0 T€	15,0 T€
9	Summe Aktivierte Eigenleistungen	3.000,0 T€	360,0 T€	360,0 T€	360,0 T€	360,0 T€	1.440,0 T€	360,0 T€	360,0 T€	360,0 T€	360,0 T€
10	Anlage 1		180,0 T€	180,0 T€	180,0 T€	180,0 T€	720,0 T€	180,0 T€	180,0 T€	180,0 T€	180,0 T€
11	Anlage 2		180,0 T€	180,0 T€	180,0 T€	180,0 T€	720,0 T€	180,0 T€	180,0 T€	180,0 T€	180,0 T€
12	Sonstige betriebliche Erträge		180,0 T€	180,0 T€	180,0 T€	180,0 T€	720,0 T€	180,0 T€	180,0 T€	180,0 T€	180,0 T€
13	Gesamtleistung	12.288,0 T€	1.270,0 T€	1.270,0 T€	1.270,0 T€	1.270,0 T€	5.080,0 T€	1.270,0 T€	1.270,0 T€	1.270,0 T€	1.270,0 T€
14	Materialaufwand	4.200,0 T€	350,0 T€	350,0 T€	350,0 T€	350,0 T€	1.400,0 T€	350,0 T€	350,0 T€	350,0 T€	350,0 T€
15	Vorprodukt 1 / Fremdleistung 1		150,0 T€	150,0 T€	150,0 T€	150,0 T€	600,0 T€	150,0 T€	150,0 T€	150,0 T€	150,0 T€
16	Vorprodukt 2 / Fremdleistung 2		200,0 T€	200,0 T€	200,0 T€	200,0 T€	800,0 T€	200,0 T€	200,0 T€	200,0 T€	200,0 T€
17	Rohertrag	8.088,0 T€	920,0 T€	920,0 T€	920,0 T€	920,0 T€	3.680,0 T€	920,0 T€	920,0 T€	920,0 T€	920,0 T€
18	Personalaufwand										
19	Abschreibungen										
20	Sonstige betriebliche Aufwendungen	636,0 T€	60,0 T€	60,0 T€	60,0 T€	60,0 T€	240,0 T€	60,0 T€	60,0 T€	60,0 T€	60,0 T€
21	Raumkosten		14,0 T€	14,0 T€	14,0 T€	14,0 T€	56,0 T€	14,0 T€	14,0 T€	14,0 T€	14,0 T€

Abbildung 3.36: Alle Gliederungsebenen sind sichtbar ...

	A	N	S	X	AA	AD
1		2010	2011	2012	2013	2014
2		Summe	Summe	Summe	Summe	Summe
3	Umsatzerlöse	6.600,0 T€	2.800,0 T€	2.800,0 T€	2.800,0 T€	3.600,0 T€
6	Bestandsveränderung	288,0 T€	120,0 T€	120,0 T€	120,0 T€	1.640,0 T€
9	Summe Aktivierte Eigenleistungen	3.000,0 T€	1.440,0 T€	1.440,0 T€	720,0 T€	800,0 T€
13	Gesamtleistung	12.288,0 T€	5.080,0 T€	5.080,0 T€	4.000,0 T€	6.440,0 T€
14	Materialaufwand	4.200,0 T€	1.400,0 T€	1.400,0 T€	1.200,0 T€	1.400,0 T€
17	Rohertrag	8.088,0 T€	3.680,0 T€	3.680,0 T€	2.800,0 T€	5.040,0 T€
18	Personalaufwand					
19	Abschreibungen					
20	Sonstige betriebliche Aufwendungen	636,0 T€	240,0 T€	240,0 T€	250,0 T€	306,0 T€
27	Betriebsergebnis	7.452,0 T€	3.440,0 T€	3.440,0 T€	2.550,0 T€	4.734,0 T€
28	- Zinsaufwand					
29	- Sonstige neutrale Aufwendungen		40,0 T€	40,0 T€	4,0 T€	6,0 T€
30	Ergebnis gewöhnlicher Geschäftstätigkeit	7.332,0 T€	3.400,0 T€	3.400,0 T€	2.546,0 T€	4.728,0 T€
31	- Gewerbesteuer	1.155,0 T€	535,6 T€	535,6 T€	401,0 T€	744,6 T€
32	- Körperschaftsteuer	977,6 T€	453,2 T€	453,2 T€	339,4 T€	630,4 T€
33	Jahresüberschuß / Jahresfehlbetrag	5.199,4 T€	2.411,2 T€	2.411,2 T€	1.805,6 T€	3.353,0 T€

Abbildung 3.37: ... oder der Plan ist auf die wichtigsten Positionen verdichtet

TIPP

01-20: Gliederungssymbole in der Symbolleiste

Personalplanung

Für die Planung der Personalkapazitäten steht in der Businessplanvorlage ein Tabellenblatt mit fünf Jahresspalten bereit, die Überschriften sind mit dem Startjahr im Startblatt verknüpft. Für die Kategorisierung werden »business units« oder Abteilungen verwendet, die Eingaben sind auf Kategorieebene summiert, und mithilfe der Gliederungsebenen können Sie den Plan wieder auf BU-Ebene verdichtet ausgeben.

Geben Sie die geplante Mitarbeiterzahl umgerechnet in Vollzeitkräfte ein, Halbtageskräfte planen Sie mit 0,5 Mitarbeitern. Die Personalkosten entsprechen dem Arbeitslohn inklusive Sozialabgaben und Nebenkosten.

	A	B	C	D	E	F	G	H	I	J	K
1		2010		2011		2012		2013		2014	
2		Anzahl	Personal-	Anzahl	Personal-	Anzahl	Personal-	Anzahl	Personal-	Anzahl	Personal-
3		Mitarbeiter	kosten	Mitarbeiter	kosten	Mitarbeiter	kosten	Mitarbeiter	kosten	Mitarbeiter	kosten
4	**Management**	**17,0**	**157 T€**								
5	Geschäftsführung (CEO)	3,0	45 T€								
6	Finanzen (CFO)	4,0	32 T€								
7	Technik (CTO)	5,0	40 T€								
8	Organisation (COO)	5,0	40 T€								
9	**Forschung & Entwicklung**	**15,0**	**135 T€**								
10	Ingenieure	5,0	50 T€								
11	Techniker/innen	5,0	50 T€								
12	Assistent(inn)en	5,0	35 T€								
13	**Produktion & Herstellung**	**35,0**	**180 T€**								
14	Beschaffung	5,0	30 T€								
15	Fertigung	20,0	100 T€								
16	Logistik	10,0	50 T€								
17	**Marketing & Vertrieb**	**20,0**	**115 T€**								
18	Marketing	5,0	30 T€								
19	Verkauf	10,0	60 T€								
20	Service	5,0	25 T€								
21	**Verwaltung**	**11,0**	**51 T€**								
22	Buchhaltung	3,0	18 T€								
23	Personal	3,0	18 T€								
24	Sekretariat	5,0	15 T€								
25	**Sonstige**	**5,0**	**20 T€**								
26											
27	**Summe**	**103,0**	**658 T€**								
28											

Abbildung 3.38: Personalplanung im Businessplan mit Mitarbeiterzahl und Personalkosten

Liquiditätsplanung

Für die Liquiditätsplanung verwenden Sie hauptsächlich Daten aus dem Erträge- und Aufwendungenplan mit einfachen Verknüpfungen. Für die Einzahlungen und Auszahlungen wird eine weitere Überschrift eingeführt, Einzahlungen und Auszahlungen werden summiert, die Differenz der beiden Werte bildet die Netto-Einzahlung.

Da die Umsatzerlöse steuerpflichtig sind, werden alle Einzahlungen mit dem im Startblatt eingetragenen Umsatzsteuersatz aufmultipliziert, bei Auszahlungen, die steuerlich absetzbar sind, wird der Steuerbetrag wieder abgezogen.

Beispiel für Umsatzerlöse Produkt 1:

```
='Erträge u. Aufwendungen'!B4*(1+Umsatzsteuer)
```

Da Gewerbe- und Körperschaftssteuer quartalsweise gezahlt werden, wurden die verknüpften Werte entsprechend aufsummiert. Die Umsatzsteuer wird im jeweiligen Folgemonat bezahlt.

Für die Eingabe der Finanzmittel ist ein weiterer Block vorgesehen, hier werden die für die Erhaltung der Liquidität erforderlichen Werte eingetragen (oder aus anderen Tabellenblättern verknüpft). Die Liquidität pro Periode berechnet sich aus der Differenz zwischen Netto-Ergebnis und der Summe der Finanzmittel. In der nächsten Zeile wird für die kumulative Liquidität die monatliche Liquidität vom Vormonatswert abgezogen.

	A	B	C	D	E	F	G	H	I	J	K	L	M	N
1								2010						
2		Jan	Feb	Mrz	Apr	Mai	Jun	Jul	Aug	Sep	Okt	Nov	Dez	Summ
3	EINZAHLUNGEN AUS ...													
4	Umsatzerlöse	595,0 T€	595,0 T€	595,0 T€	595,0 T€	595,0 T€	595,0 T€	714,0 T€	714,0 T€	714,0 T€	714,0 T€	714,0 T€	714,0 T€	7.854,
5	Produkt 1 / Markt 1	297,5 T€	297,5 T€	297,5 T€	297,5 T€	297,5 T€	297,5 T€	357,0 T€	357,0 T€	357,0 T€	357,0 T€	357,0 T€	357,0 T€	3.927,
6	Produkt 2 / Markt 2	297,5 T€	297,5 T€	297,5 T€	297,5 T€	297,5 T€	297,5 T€	357,0 T€	357,0 T€	357,0 T€	357,0 T€	357,0 T€	357,0 T€	3.927,
7	Sonstige betriebliche Erträge	238,0 T€	238,0 T€	238,0 T€	238,0 T€	238,0 T€	238,0 T€	238,0 T€	238,0 T€	238,0 T€	238,0 T€	238,0 T€	238,0 T€	2.856,
8	AUSZAHLUNGEN FÜR ...													
9	Materialaufwand	416,5 T€	416,5 T€	416,5 T€	416,5 T€	416,5 T€	416,5 T€	416,5 T€	416,5 T€	416,5 T€	416,5 T€	416,5 T€	416,5 T€	4.998,
10	Vorprodukt 1 / Fremdleistung 1	178,5 T€	178,5 T€	178,5 T€	178,5 T€	178,5 T€	178,5 T€	178,5 T€	178,5 T€	178,5 T€	178,5 T€	178,5 T€	178,5 T€	2.142,
11	Vorprodukt 2 / Fremdleistung 2	238,0 T€	238,0 T€	238,0 T€	238,0 T€	238,0 T€	238,0 T€	238,0 T€	238,0 T€	238,0 T€	238,0 T€	238,0 T€	238,0 T€	2.856,
12	Personalaufwand	54,8 T€	54,8 T€	54,8 T€	54,8 T€	54,8 T€	54,8 T€	54,8 T€	54,8 T€	54,8 T€	54,8 T€	54,8 T€	54,8 T€	657,
13	Sonstige betriebliche Aufwendungen	54,0 T€	54,0 T€	54,0 T€	54,0 T€	54,0 T€	54,0 T€	54,0 T€	67,4 T€	67,4 T€	67,4 T€	67,4 T€	67,4 T€	715,
14	Raumkosten	12,0 T€	12,0 T€	12,0 T€	12,0 T€	12,0 T€	12,0 T€	12,0 T€	14,0 T€	14,0 T€	14,0 T€	14,0 T€	14,0 T€	154,
15	Versicherungen, Beiträge, Abgaben	5,0 T€	5,0 T€	5,0 T€	5,0 T€	5,0 T€	5,0 T€	5,0 T€	7,0 T€	7,0 T€	7,0 T€	7,0 T€	7,0 T€	70,
16	Reparaturen, Instandhaltungen	9,5 T€	9,5 T€	9,5 T€	9,5 T€	9,5 T€	9,5 T€	9,5 T€	11,9 T€	11,9 T€	11,9 T€	11,9 T€	11,9 T€	126,
17	Fahrzeugkosten	17,9 T€	17,9 T€	17,9 T€	17,9 T€	17,9 T€	17,9 T€	17,9 T€	20,2 T€	20,2 T€	20,2 T€	20,2 T€	20,2 T€	226,
18	Werbe- und Reisekosten	3,6 T€	3,6 T€	3,6 T€	3,6 T€	3,6 T€	3,6 T€	3,6 T€	6,0 T€	6,0 T€	6,0 T€	6,0 T€	6,0 T€	55,
19	Sonstige	6,0 T€	6,0 T€	6,0 T€	6,0 T€	6,0 T€	6,0 T€	6,0 T€	8,3 T€	8,3 T€	8,3 T€	8,3 T€	8,3 T€	83,
20	Zinsaufwand													
21	Sonstige neutrale Aufwendungen	10,0 T€	10,0 T€	10,0 T€	10,0 T€	10,0 T€	10,0 T€	10,0 T€	10,0 T€	10,0 T€	10,0 T€	10,0 T€	10,0 T€	120,
22	Gewerbesteuer		129,6 T€			251,1 T€			280,6 T€			292,5 T€		953,
23	Körperschaftsteuer			180,4 T€			212,4 T€			249,4 T€			247,8 T€	890,
24	Umsatzsteuer		72,1 T€	72,1 T€	72,1 T€	72,1 T€	72,1 T€	72,1 T€	94,7 T€	92,9 T€	92,9 T€	92,9 T€	92,9 T€	898,
25	Investitionen													
26	Tilgung													
27														
28	Summe Einzahlungen	833,0 T€	833,0 T€	833,0 T€	833,0 T€	833,0 T€	833,0 T€	952,0 T€	952,0 T€	952,0 T€	952,0 T€	952,0 T€	952,0 T€	10.710,
29	Summe Auszahlungen	535,3 T€	737,0 T€	787,8 T€	607,4 T€	858,5 T€	819,8 T€	607,4 T€	924,0 T€	891,0 T€	641,6 T€	934,1 T€	889,4 T€	9.233,
30														
31	Netto-Einzahlung	297,7 T€	96,0 T€	45,2 T€	225,6 T€	-25,5 T€	13,2 T€	344,6 T€	28,0 T€	61,0 T€	310,4 T€	17,9 T€	62,6 T€	1.476,

Abbildung 3.39: Liquiditätsplan im Tabellenblatt Liquidität

32	FINANZIERUNGSMASSNAHMEN								
33	Eigenkapital								
34	Kontokorrentkredit								
35	Gesellschafterdarlehen								
36	Stille Beteiligung								
37	Investitionskredit								
38	Summe Finanzmittel								
39	Liquidität je Periode	297,7 T€	96,0 T€	45,2 T€	225,6 T€	-25,5 T€	13,2 T€	344,6 T€	28,0 T€
40	Liquidität kumulativ	297,7 T€	393,7 T€	438,9 T€	664,5 T€	639,0 T€	652,2 T€	996,8 T€	1.024,8 T€

Abbildung 3.40: Finanzierungsmaßnahmen für den Liquiditätsplan

Eine Übersicht über die Liquidität über die einzelnen Planjahre erhalten Sie, wenn Sie in Zeilen und Spalten jeweils die Gliederungsebene 1 anklicken.

Gewinn- und Verlustrechnung

Auch die G&V im Tabellenblatt *Gewinn-Verlust* bedient sich für die Planungszahlen aus dem Ertrags- und Aufwendungsplan, die Summen der einzelnen Planjahre werden mit Verknüpfungen in das Tabellenblatt geholt. In der Spalte daneben berechnet eine Formel den prozentualen Wert, z. B. für die Umsatzerlöse als Anteil an der Gesamtleistung oder die anteiligen Personalkosten pro Jahr.

Zinsen und Tilgung

Die Kosten für die Finanzierungsmaßnahmen werden in den Zinsen- und Tilgungsplan eingetragen. Wie im Investitionsplan wird für das erste Planjahr monatlich geplant, für die beiden Folgejahre reichen die Quartalskosten und die Planjahre 4 und 5 werden halbjährlich geplant. Geben Sie für die jeweiligen Finanzierungsarten die Anfangsbestände, Erhöhungen und den Zinssatz p. a. als Prozentwert ein. Die Tilgung tragen Sie mit Minuszeichen ein, Perioden-Endbestand, durchschnittliche Valuta und die Zinsen für die Periode werden per Formel berechnet. Die Zinssummen der einzelnen Perioden sind als Kosten im Erträge- und Aufwendungsplan verknüpft.

	A	N	X	AA	AD	AE
1		2010	2012	2013	2014	
2		Summe	Summe	Summe	Summe	
3	EINZAHLUNGEN AUS ...					
4	Umsatzerlöse	7.854,0 T€	32.011,0 T€	3.332,0 T€	4.284,0 T€	
7	Sonstige betriebliche Erträge	2.856,0 T€	11.067,0 T€	428,4 T€	1.071,0 T€	
8	AUSZAHLUNGEN FÜR ...					
9	Materialaufwand	4.998,0 T€	18.742,5 T€	1.428,0 T€	1.666,0 T€	
12	Personalaufwand	657,6 T€	1.808,4 T€			
13	Sonstige betriebliche Aufwendungen	715,0 T€	2.818,6 T€	280,6 T€	344,2 T€	
20	Zinsaufwand					
21	Sonstige neutrale Aufwendungen	120,0 T€	450,0 T€	4,0 T€	6,0 T€	
22	Gewerbesteuer	953,8 T€	4.575,0 T€	401,0 T€	744,6 T€	
23	Körperschaftsteuer	890,0 T€	4.097,0 T€	339,4 T€	630,4 T€	
24	Umsatzsteuer	898,9 T€	4.048,2 T€	407,0 T€	655,7 T€	
25	Investitionen					
26	Tilgung					
27						
28	Summe Einzahlungen	10.710,0 T€	43.078,0 T€	3.760,4 T€	5.355,0 T€	
29	Summe Auszahlungen	9.233,3 T€	36.539,7 T€	2.860,0 T€	4.046,9 T€	
30						
31	Netto-Einzahlung	1.476,7 T€	6.538,3 T€	900,4 T€	1.308,1 T€	
32	FINANZIERUNGSMASSNAHMEN					
33	Eigenkapital					
34	Kontokorrentkredit					
35	Gesellschafterdarlehen					
36	Stille Beteiligung					
37	Investitionskredit					
38	Summe Finanzmittel					
39	Liquidität je Periode					
40	Liquidität kumulativ					

Abbildung 3.41: Liquiditätsplanung 5 Jahre

	A	B	C	D	E	F	G	H	I	J	K
1		2010		2011		2012		2013		2014	
2	Umsatzerlöse	6.600,0 T€	46,2%	2.800,0 T€	55,1%	2.800,0 T€	55,1%	2.800,0 T€	70,0%	3.600,0 T€	55,9%
3	Bestandsveränderung	288,0 T€	2,0%	120,0 T€	2,4%	120,0 T€	2,4%	120,0 T€	3,0%	1.640,0 T€	25,5%
4	Aktivierte Eigenleistungen	3.000,0 T€	21,0%	1.440,0 T€	28,3%	1.440,0 T€	28,3%	720,0 T€	18,0%	800,0 T€	12,4%
5	Sonstige betriebliche Erträge	2.400,0 T€	16,8%	720,0 T€	14,2%	720,0 T€	14,2%	360,0 T€	9,0%	400,0 T€	6,2%
6											
7	**Gesamtleistung**	**14.298,0 T€**	**100,0%**	**5.080,0 T€**	**100,0%**	**5.080,0 T€**	**100,0%**	**4.000,0 T€**	**100,0%**	**6.440,0 T€**	**100,0%**
8	Materialaufwand	4.200,0 T€	29,4%	1.400,0 T€	27,6%	1.400,0 T€	27,6%	1.200,0 T€	30,0%	1.400,0 T€	21,7%
9											
10	**Rohertrag**	**10.098,0 T€**	**70,6%**	**3.680,0 T€**	**72,4%**	**3.680,0 T€**	**72,4%**	**2.800,0 T€**	**70,0%**	**5.040,0 T€**	**78,3%**
11	Personalaufwand	657,6 T€	4,6%	658,0 T€	13,0%	658,0 T€	13,0%	658,0 T€	16,5%	658,0 T€	10,2%
12	Abschreibungen										
13	Sonstige betriebliche Aufwendungen	636,0 T€	4,4%	240,0 T€	4,7%	240,0 T€	4,7%	250,0 T€	6,3%	306,0 T€	4,8%
14											
15	**Betriebsergebnis**	**8.804,4 T€**	**61,6%**	**2.782,0 T€**	**54,8%**	**2.782,0 T€**	**54,8%**	**1.892,0 T€**	**47,3%**	**4.076,0 T€**	**63,3%**
16	Zinsaufwand										
17	Sonstige neutrale Aufwendungen	120,0 T€	0,8%	40,0 T€	0,8%	40,0 T€	0,8%	4,0 T€	0,1%	6,0 T€	0,1%
18											
19	**Ergebnis gewöhnlicher Geschäftstätigkeit**	**8.684,4 T€**	**60,7%**	**2.742,0 T€**	**54,0%**	**2.742,0 T€**	**54,0%**	**1.888,0 T€**	**47,2%**	**4.070,0 T€**	**63,2%**
20	Ertragsteuern	1.941,3 T€	13,6%	797,6 T€	15,7%	797,6 T€	15,7%	549,2 T€	13,7%	1.183,6 T€	18,4%
21											
22	**Jahresüberschuss / Jahresfehlbetrag**	**6.743,1 T€**	**47,2%**	**1.944,4 T€**	**38,3%**	**1.944,4 T€**	**38,3%**	**1.338,8 T€**	**33,5%**	**2.886,4 T€**	**44,8%**

Abbildung 3.42: Gewinn- und Verlustrechnung mit Planwerten und Berechnung der prozentualen Anteile

	A	E	F	G	H	I	J	K	L	M	N	O	P	Q	R	S	T	U	V	W	X	Y
1		2010									2011				2012				2013		2014	
2		Apr	Mai	Jun	Jul	Aug	Sep	Okt	Nov	Dez	Q1	Q2	Q3	Q4	Q1	Q2	Q3	Q4	Q1-Q2	Q3-Q4	Q1-Q2	Q3-Q4
3	**Kontokorrentkredit**																					
4	Anfangsbest. Planperiode																					
5	Erhöhung																					
6	Tilgung																					
7	Endbestand Planperiode																					
8	Durchschnittl. Valuta																					
9	Zinssatz p. a.																					
10	Zinsen																					
11	**Gesellschafterdarlehen**																					
12	Anfangsbest. Planperiode																					
13	Erhöhung																					
14	Tilgung																					
15	Endbestand Planperiode																					
16	Durchschnittl. Valuta																					
17	Zinssatz p. a.																					
18	Zinsen																					
19	**Stille Beteiligung**																					
20	Anfangsbest. Planperiode																					
21	Erhöhung																					
22	Tilgung																					
23	Endbestand Planperiode																					
24	Durchschnittl. Valuta																					
25	Zinssatz p. a.																					
26	Zinsen																					
27	**Investitionskredit**																					
28	Anfangsbest. Planperiode																					
29	Erhöhung																					
30	Tilgung																					
31	Endbestand Planperiode																					
32	Durchschnittl. Valuta																					
33	Zinssatz p. a.																					
34	Zinsen																					
35																						
36	**Summe Zinsen**																					
37																						
38	**Summe Tilgungen**																					

Abbildung 3.43: Zins- und Tilgungsplan für den Businessplan

Kennzahlen

Das Kennzahlenblatt liefert eine Übersicht über die wichtigsten betrieblichen Kennzahlen aus der G&V.

Für die Umsatzerlöse und das Betriebsergebnis pro Monat wird das Ergebnis aus der Gewinn- und Verlustrechnung durch 12 geteilt. Das Betriebsergebnis durch die Anzahl der geplanten Mitarbeiter geteilt ergibt das Betriebsergebnis pro Mitarbeiter, teilen Sie die Personalkosten durch die Plananzahl Mitarbeiter, erhalten Sie den Aufwand pro Mitarbeiter. Der betriebliche Cashflow ist die Summe aus Betriebsergebnis und Abschreibungen pro Periode, und der allgemeine Cashflow errechnet sich aus dem Jahresüberschuss/Jahresfehlbetrag plus Abschreibungen. Für die Umsatzrentabilität wird der Jahresüberschuss/Jahresfehlbetrag durch die Gesamtleistung (Umsatzerlöse + Eigenleistungen + Bestandsveränderungen) geteilt.

	A	B	C	D	E	F
1		**2010**	**2011**	**2012**	**2013**	**2014**
2	Umsatzerlöse/Monat	6.600,0 T€	2.800,0 T€	2.800,0 T€	2.800,0 T€	3.600,0 T€
3	Betriebsergebnis/Monat	733,7 T€	231,8 T€	231,8 T€	157,7 T€	339,7 T€
4	Betriebsergebnis/Mitarbeiter	85,5 T€	27,0 T€	27,0 T€	18,4 T€	39,6 T€
5	Personalaufwand/Mitarbeiter	6,4 T€	6,4 T€	6,4 T€	6,4 T€	6,4 T€
6	Betrieblicher Cashflow	8.804,4 T€	2.782,0 T€	2.782,0 T€	1.892,0 T€	4.076,0 T€
7	Cashflow	6.743,1 T€	1.944,4 T€	1.944,4 T€	1.338,8 T€	2.886,4 T€
8	Umsatzrentabilität	*47,16%*	*38,28%*	*38,28%*	*33,47%*	*44,82%*

Abbildung 3.44: Betriebliche Kennzahlen im Businessplan

3.1.8 Zielvereinbarung

Problemstellung

Zahlreiche Unternehmen investieren viel Aufwand in den operativen Planungsprozess zur Erstellung der Unternehmensplanung für das nächste Geschäftsjahr, jedoch fehlt in vielen Fällen die notwendige Verknüpfung zu den Unternehmenszielen. Oftmals sind diese nur der Unternehmensleitung bekannt bzw. nur auf sehr abstrakter Ebene formuliert. Eine Konkretisierung und Kaskadierung der Unternehmensziele nach unten ist oft nicht vorhanden. In der Praxis wird zudem festgestellt, dass die Unternehmensziele die Inhalte und Absichten der vorgelagerten Elemente des »strategischen Vorbaus«, z. B. Leitbild und Vision, nicht aufgreifen und widerspiegeln.

Fachliche Beschreibung und Beispiele

Mithilfe der Formulierung der Unternehmensziele werden Unternehmensleitbild und -vision konkretisiert. Die Unternehmensziele selbst müssen wiederum durch die Planung konkretisiert werden. Es sollte eine ausgewogene Anzahl an Zielkennzahlen gefunden werden.

Schritt 1: Formulierung der Unternehmensziele

Der Zielbildungsprozess läuft nach einem Schema vergleichbar mit dem zur Leitbilderstellung ab, jedoch kann die Einbindung aller Mitarbeiter etwas schwächer ausgeprägt sein.

Beispiele für Unternehmensziele sind:

- Markt-, Produkt- und Publizitätsziele (z. B. Kundenzufriedenheit, Aufbau von Wettbewerbsvorteilen, Innovationsförderung, Bekanntheitsgrad, Imagepflege, Produkt-Kunden-Nutzen ausrichten, Erhöhung der Kundenbindung, Unabhängigkeit von Lieferanten, Beschaffungssicherung)
- Produktions-, Prozess- und Qualitätsziele (z. B. Erhöhung der Produktqualität, Erhöhung der Qualität der zugelieferten Produkte und Dienstleistungen, Einführung eines Total-Quality-Management, kontinuierliche Verbesserung der Prozesse, Verbesserung der Kommunikation, Prozessflexibilität)
- Erfolgs- und Finanzziele (z. B. Überschuss-/Gewinnstreben, Liquiditätssicherung, langfristiges stabiles Umsatzwachstum, Erhöhung der Kapitalrendite, Orientierung der Ausschüttung an einer stabilen Eigenkapitalquote, Stabilisierung des ROI, Kostenführerschaft, Kostensenkung, Leistungsoptimierung, Marktanteil)
- Ökologie-, Sozial- und Humanziele (z. B. Einführung einer Mitarbeiter- und Umweltorientierung, Förderung der Projekt- und Teamarbeit, Steigerung der Mitarbeiterzufriedenheit, Erhöhung der Mitarbeiterqualifikation)
- Sicherheitsziele (z. B. Risikobegrenzung, Erfüllung der Mindestsicherheitsstandards aufgrund gesetzlicher Vorgaben)

Hinweis

Aufgrund der Mehrdimensionalität der Unternehmensziele tritt das ehemals alleinige Ziel »Gewinnmaximierung« mittlerweile in den Hintergrund. Wichtig bei der Zielformulierung ist, dass die Unternehmensziele konkretisiert und soweit erforderlich quantifiziert werden können. Dies ist schon deshalb erforderlich, um die Zielerreichung überwachen und für die Beurteilung von Mitarbeitern verwenden zu können.

Schritt 2: Konkretisierung der Unternehmensziele

Bei der Erarbeitung der Unternehmensziele werden erste konkrete Zielwerte für das Gesamtunternehmen verbindlich festgelegt. Hierzu ist es erforderlich, die Unternehmensziele zu konkretisieren. Dies soll am **Beispiel** des finanziellen Ziels »Erhöhung der Kapitalrendite« verdeutlicht werden:

Die Kapitalrendite kann erhöht werden durch

- Steigerung des Gewinns oder
- Senkung des Investitionsvolumens.

Die Steigerung des Gewinns kann wiederum erreicht werden durch

- Steigerung der Umsatzerlöse (für welches Produkt, welchen Kunden, welche Region?) oder
- Senkung der Kosten (welche Kostenarten in welchen Kostenstellen bzw. Profitcentern?).

Die Steigerung der Umsatzerlöse kann wiederum erreicht werden durch

- Steigerung der Absatzmenge, d. h. Verkauf von mehr Produkten bzw. Dienstleistungen, oder
- Erhöhung des Preises (verbunden mit der Gefahr, dass die Absatzmenge sinkt).

Schritt 3: Quantifizierung der Unternehmensziele

Die Formulierung des konkretisierten Unternehmensziels »Steigerung der Absatzmenge« ist weniger aussagekräftig wie die Formulierung »Steigerung der Absatzmenge um 11 Prozent« oder, noch genauer, »Steigerung der Absatzmenge im Marktsegment xy um 11 Prozent in den nächsten zwei Jahren«. In der letzten Aussage ist sowohl eine markt-, eine wert- als auch eine zeitbezogene Position enthalten.

Schritt 4: Plausibilisierung der Unternehmensziele

Werden die Ziele nicht in einem ausgewogenen Verhältnis zueinander formuliert, lösen sie mehr Verwirrung aus, als dass sie Nutzen stiften. Daraus folgt, dass die Ziele gegeneinander abgewogen werden müssen. Es ist absolut unwahrscheinlich,

- gleichzeitig den Umsatz und den Gewinn zu maximieren,
- mit den denkbar niedrigsten Kosten das größtmögliche Umsatzwachstum zu erzielen,
- in möglichst kurzer Zeit das beste Produkt zu gestalten,
- gleichzeitig schnelles Wachstum und Kontinuität zu erreichen,
- gleichzeitig den Gewinn zu maximieren und höchsten Umweltschutzansprüchen gerecht zu werden.

Schritt 5: Kaskadierung (»Herunterbrechen«) der Ziele

In Abhängigkeit von der Unternehmensgröße und -struktur kann es erforderlich sein, die Unternehmensziele auf weitere Unternehmensebenen (z. B. Tochtergesellschaften, Geschäftsbereiche) »herunterzubrechen« und dort auf die Belange dieser Unternehmenseinheiten auszugestalten. Als Instrument bietet sich hier beispielsweise die Balanced Scorecard an.

Excel-Praxis: Zielformulierung nach SMART

Zielformulierung SMART.xls

CD

Mit der Zielformulierung wird eine Sollvorgabe für leitende Mitarbeiter oder Projektteams geschaffen. Auftraggeber und Mitarbeiter müssen die Ziele gemeinsam formulieren, die Ziele müssen klar, messbar und nachvollziehbar sein. Das SMART-Modell ermöglicht eine Überprüfung der Zielsetzung nach den wichtigsten Kriterien. Die Abkürzung SMART steht für folgende Eigenschaften:

- S = Spezifisch-konkret: Ist das Ziel so präzise formuliert, dass es keinen Spielraum für Interpretationen oder zusätzliche Forderungen lässt?
- M = Messbar: Woran ist zu erkennen, dass das Ziel quantitativ oder qualitativ erreicht wurde?
- A = Angemessen: Steht das Ziel relativ zum Aufwand und ist es verhältnismäßig?
- R = Realistisch: Ist das Ziel anspruchsvoll, aber erreichbar?
- T = Terminiert: Ist für das Ziel ein eindeutiger Endtermin festgelegt?

Das Zielformulierungsformular nach SMART enthält eine Aufstellung der Zielkategorien und je eine Zieleliste für alle Kategorien im Tabellenblatt *Basisdaten*. Anstelle oder zusätzlich zu den allgemeinen Kategorien und Zielformulierungen können hier natürlich auch konkrete, individuelle Unternehmensziele eingetragen werden. Damit diese im SMART-Formular per Gültigkeitsliste angeboten werden können, wurden den Bereichen Bereichsnamen zugewiesen:

```
A2:A5: Zielkategorien
B2:B10: Ziele1
...
E2:E3: Ziele4
```

Hinweis

Achten Sie darauf, dass die Bereichsnamen wieder alle Zellen der jeweiligen Spalte einschließen, wenn Sie die Listen abändern.

TIPP

01-17: Dynamische Gültigkeitslisten

Das Zielformulierungsformular kann im Führungskräftegespräch zur Definition der Ziele herangezogen werden. Zielkategorien und Ziele werden in den ersten beiden Spalten über Gültigkeitslisten angeboten, damit eine einheitliche Auswertung möglich ist, sollten diese nicht überschreibbar sein. Die Ziele in Spalte B passen sich automatisch der in Spalte A gewählten Kategorie an.

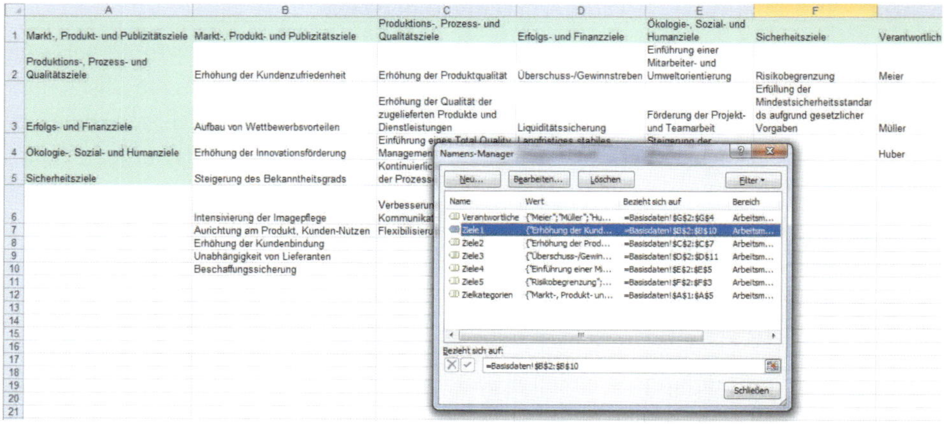

Abbildung 3.45: Zielkategorien und Ziele in den Basisdaten

TIPP

01-18: Wechselnde Gültigkeitslisten

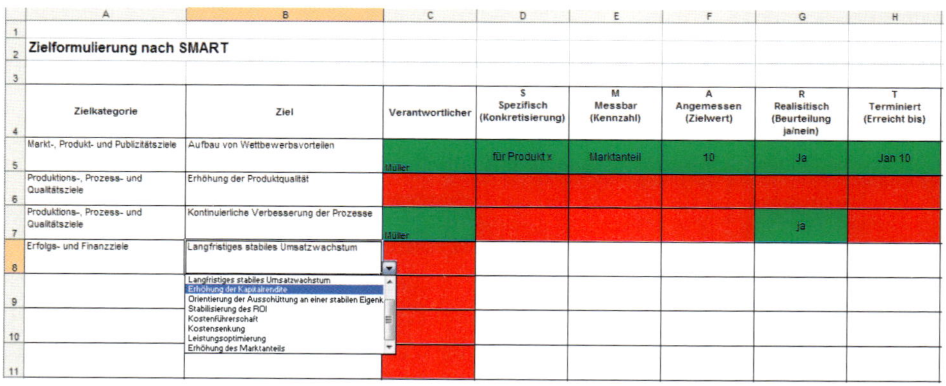

Abbildung 3.46: Zielformulierung nach SMART

Eine weitere Spalte ist für die Eingabe des Plan-Zielerreichungsgrads reserviert, dieser Wert wird im Mitarbeitergespräch abgestimmt. Mithilfe von Formularelementen (Drehfeldern) kann der Wert per Mausklick erhöht oder verringert werden.

Nach Ablauf der Zielfrist trägt der Verantwortliche den Ist-Zielerreichungsgrad in die nachfolgende Spalte ein, und das Formular berechnet das Delta über eine Formel:

```
K5: =WENN(UND(H5<>"";I5<>"");I5-H5;"")
```

Schließlich wird noch der Zielerreichungsgrad aus dem Mittelwert der einzelnen Deltawerte gebildet (mit der Funktion AUFRUNDEN() erhalten Sie den nächsten ganzzahligen Wert ohne Nachkommastellen). Dieser Wert kann im Rahmen der Zielvereinbarung für die Boniberechnung und die Mitarbeiterbeurteilung herangezogen werden.

```
fx =WENN(UND(I5<>"";J5<>"");J5-I5;"")
```

F	G	H	I	J	K
A Angemessen (Zielwert)	R Realisitisch (Beurteilung ja/nein)	T Terminiert (Erreicht bis)	Plan-Zielerreichungs- grad in %	Ist-Zielerreichungs- grad in %	Abweichung
10	Ja	Jan 10	100	94	-6
			100	93	-7
	ja		100	94	-6
			100	94	-6
			100		

Abbildung 3.47: Zielerreichungsgrad Plan/Ist mit Deltaberechnung

```
fx =AUFRUNDEN(MITTELWERT(K5:K17);0)
```

H	I	J	K
	100		
	100		
		Zielerreichungsgrad:	-7

Abbildung 3.48: Mittelwert aus den Zielabweichungen als Kennzahl für den Zielerreichungsgrad

Zielbeziehungen und Zielkonflikte

Sind die Ziele im Detail formuliert, ist es wichtig, die Zielbeziehungen zu untersuchen. Ziele können zueinander folgendermaßen in Beziehung stehen:

- Konflikt: Die Erfüllung des einen Ziels wird durch die Erfüllung des anderen Ziels negativ beeinflusst.
- Neutral: Die Erfüllung des einen Ziels wird durch die Erfüllung des anderen Ziels nicht beeinflusst.
- Unterstützung: Die Erfüllung des einen Ziels wird durch die Erfüllung des anderen Ziels positiv beeinflusst.

Zielbeziehungsmatrix.xls CD

Das Excel-Formular überprüft die Zielbeziehungen und analysiert sie. Tragen Sie die Zielformulierungen nur vertikal ein, die horizontale Beschriftung transponiert die vertikale Liste der 20 Ziele automatisch mithilfe einer Matrixformel. Diese Formel wird für den markierten Bereich (im Beispiel C7:V7) eingetippt und muss mit [Strg] + [⇧] + [↵] abgeschlossen werden. Geschweifte Klammern rund um die Formel kennzeichnen diese als Matrix oder Array, diese Klammern werden nicht eingegeben:

```
{=MTRANS($B$8:$B$27)}
```

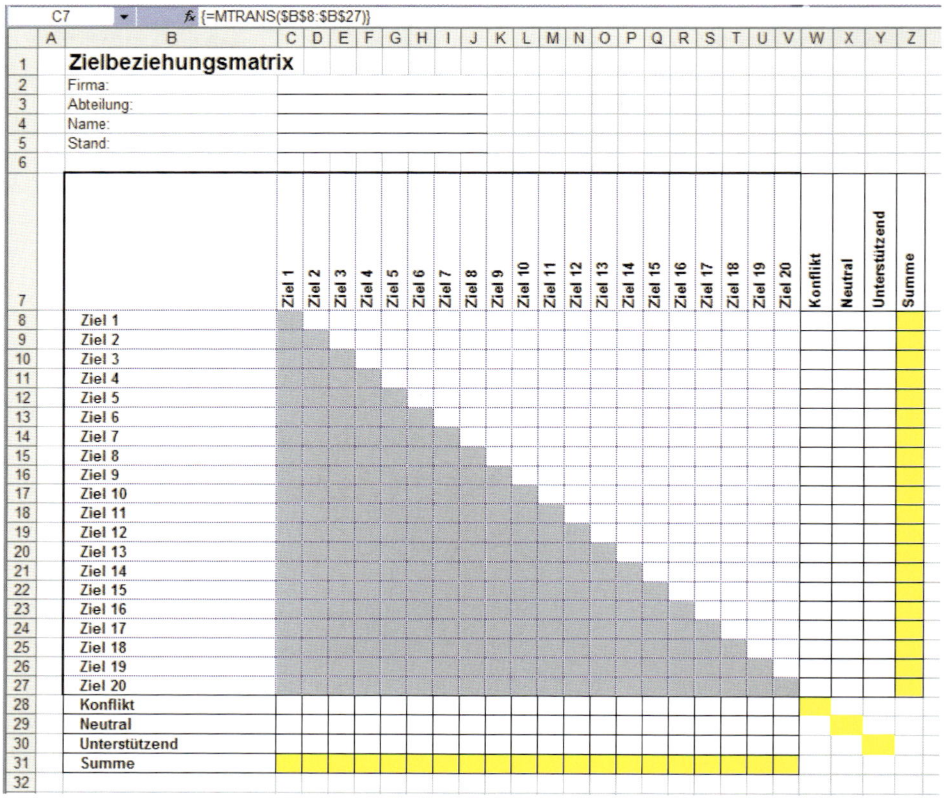

Abbildung 3.49: Die Zielbeziehungsmatrix

Damit der Benutzer Ihrer Matrix keine Fehler bei der Eingabe machen kann, wird im Schnittpunktbereich der horizontalen und vertikalen Zielbeschreibungen eine Gültigkeitsliste (Datenüberprüfung) mit vordefinierter Eingabeliste und Fehlermeldung erstellt.

2003 *Daten/Gültigkeit*

2007 2010 *Daten/Datentools/Datenüberprüfung*

Zulassen: Liste

Quelle: 1;2;3

```
Eingabemeldung: Titel: Bitte Zielbeziehung bewerten:
Eingabemeldung: 1 = Zielkonflikt, 2 = Neutral, 3 = Ziele unterstützen sich
Fehlermeldung: Bitte Zielbewertung verwenden, 1 = Zielkonflikt, 2 = Neutral, 3 =
Ziele unterstützen sich
```

Die grauen Zellen sind mit einer weiteren Gültigkeitsliste vor Überschreibung geschützt.

01-15: Gültigkeitsprüfung verhindert Überschreiben von Formeln

TIPP

Der Benutzer der Zielbeziehungsmatrix holt die Ziffer der Zielbeziehung einfach per Klick auf den Pfeil am Zellrand aus der Liste.

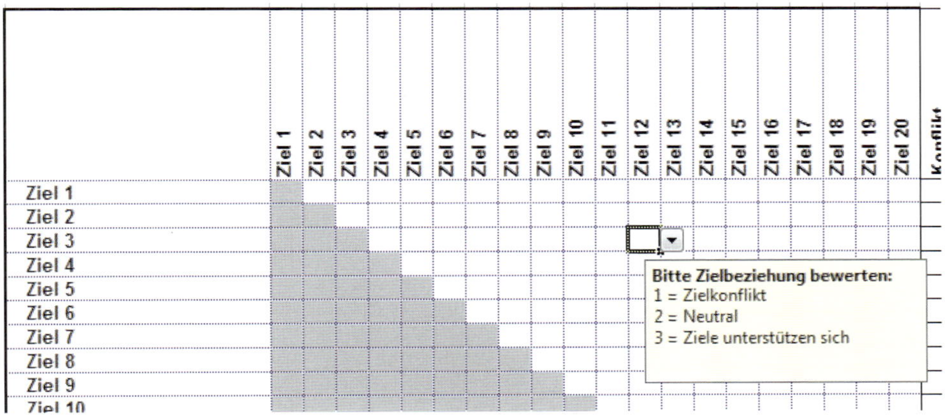

Abbildung 3.50: Zielbeziehungen im Schnittpunkt der Zielbezeichnungen

Mithilfe der Funktion ZÄHLENWENN() werden die Zielbeziehungen horizontal und vertikal ausgewertet. Die Formel zählt, wie oft der jeweilige Konflikt in den einzelnen Bereichen vorkommt. Mit SUMME()-Funktionen wird die Anzahl der gezählten Konflikte zeilen- und spaltenweise aufsummiert, die Gesamtsummen ergeben sich aus der Addition der Teilsummen.

```
W7: Konflikt
X7: Neutral
Y7: Unterstützend
W8: =ZÄHLENWENN(D8:V8;1)
X8: =ZÄHLENWENN(D8:V8;2)
Y8: =ZÄHLENWENN(D8:V8;3)
Z8: =SUMME(W8:Y8)
Gesamtsumme Konflikte (W28): =SUMME(C28:V28)=SUMME(W8:W27)
Gesamtsumme Neutrale Beziehungen (X29): =SUMME(C29:V29)+SUMME(X8:X27)
Gesamtsumme Unterstützende Ziele (Y30): =SUMME(C30:V30)+SUMME(Y8:Y27)
```

Die Präferenzmatrix

Die Analyse der Zielbeziehungen wird in der Praxis ergeben, dass einige Ziele konträr zu anderen stehen, sodass eine Entscheidung zu treffen ist, welche der Ziele verfolgt und welche aufgegeben werden müssen. Eine Gewichtung der Ziele ist erforderlich,

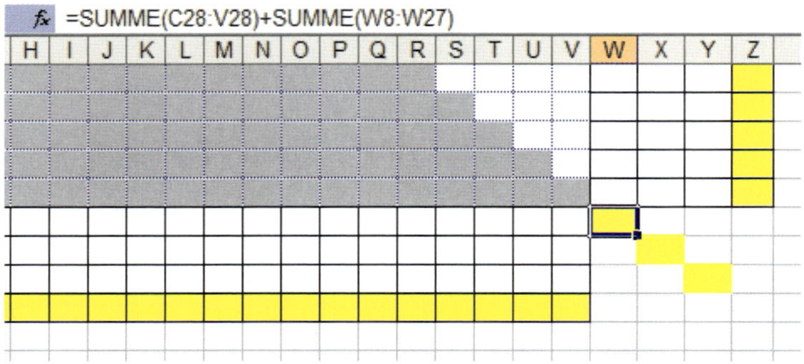

Abbildung 3.51: Summen der Zielbeziehungsarten

Ziel für Ziel muss miteinander verglichen werden. Um diese »Präferenzen« auch abbilden zu können, wird ein Werkzeug aus der Risikoanalyse verwendet, die Präferenzmatrix.

Ziel dieser Matrix ist der Vergleich aller Teilziele im Projekt und die Auswertung nach Wichtigkeit. Wird jedes Ziel mit jedem anderen Ziel verglichen, entsteht eine Matrix aus Zahlen, in der die Summe der Nennungen die Gewichtungsreihenfolge festlegt.

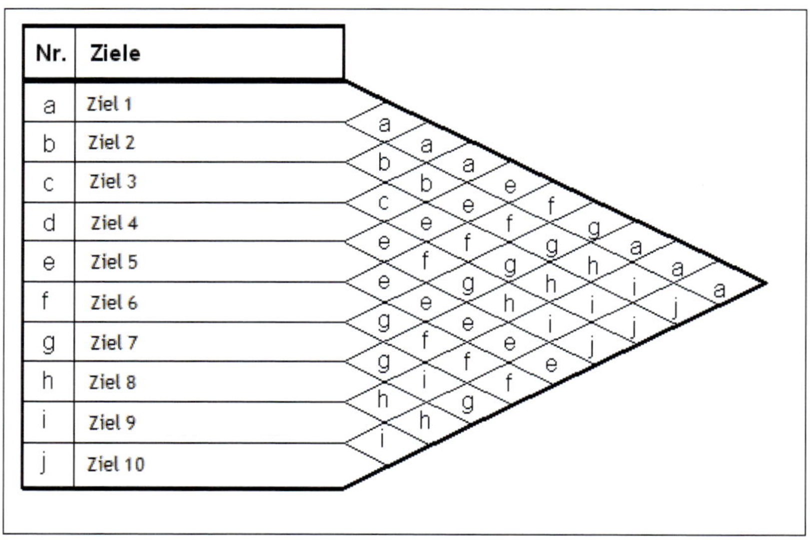

Abbildung 3.52: Die Präferenzmatrix vergleicht und gewichtet Ziele

Im Tabellenblatt *Basisdaten* finden Sie eine Aufstellung der Zielkategorien und je eine Zieleliste für alle Kategorien. Anstelle oder zusätzlich zu den allgemeinen Kategorien und Zielformulierungen können hier natürlich auch konkrete, individuelle Unternehmensziele eingetragen werden. Damit diese im Präferenzmatrix-Formular per Gültigkeitsliste angeboten werden können, wurden den Bereichen Bereichsnamen zugewiesen:

```
A2:A5: Zielkategorien
B2:B10: Ziele1
…
E2:E3: Ziele4
```

Hinweis

Achten Sie darauf, dass die Bereichsnamen wieder alle Zellen der jeweiligen Spalte einschließen, wenn Sie die Listen abändern.

TIPP

01-17: Dynamische Gültigkeitslisten

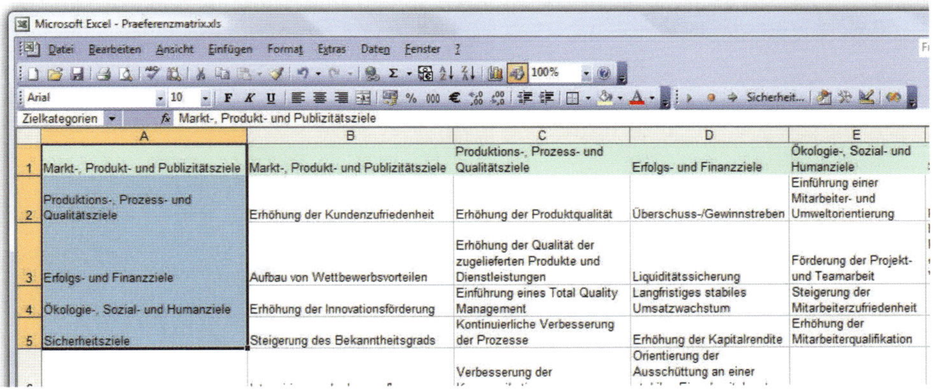

Abbildung 3.53: Zielkategorien und Ziele in den Basisdaten

Mit dem Formular im Tabellenblatt *Präferenzmatrix* werden die Ziele erfasst und bewertet. Eine Gültigkeitsliste in Zelle C4 bietet die Kategorien an, die Spalte B stellt die dazu passenden Ziele in Gültigkeitslisten zur Auswahl.

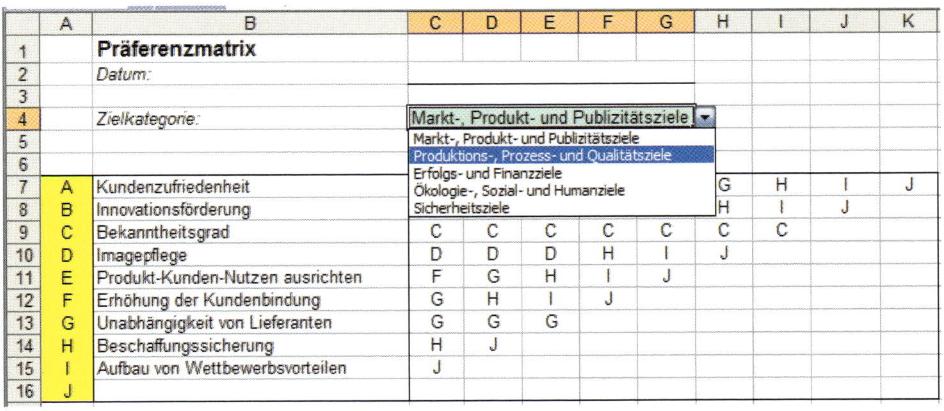

Abbildung 3.54: Gültigkeitslisten für Zielkategorien und Ziele

TIPP

01-18: Wechselnde Gültigkeitslisten

Vergleichen Sie die Ziele miteinander, tragen Sie in die Spalten C bis K die Buchstaben der Ziele ein, die Sie stärker gewichten als das jeweilige Zeilenziel. Ist das Zeilenziel bedeutender, schreiben Sie dessen Buchstaben in die Zelle. Beispiel: Ziel A ist vorrangig vor Ziel B und Ziel C, alle anderen sind höher zu gewichten.

Für die Auswertung der Matrix sorgt ein Bereich unterhalb der Tabelle. Die Funktion ZÄHLENWENN() zählt in diesem die Nennungen der einzelnen Ziele im Matrizenbereich. Die prozentualen Anteile der Nennungen an der Gesamtsumme folgen in der Zeile darunter, und mit der Funktion RANG() lässt sich die Anzahl Nennungen berechnen.

```
B20: Nennungen
C20: =ZÄHLENWENN($C$7:$K$16;C19)
B21: % von Gesamt:
C21: =C20/SUMME($C$20:$L$20)
C22: =RANG(C20;$C$20:$L$20)
```

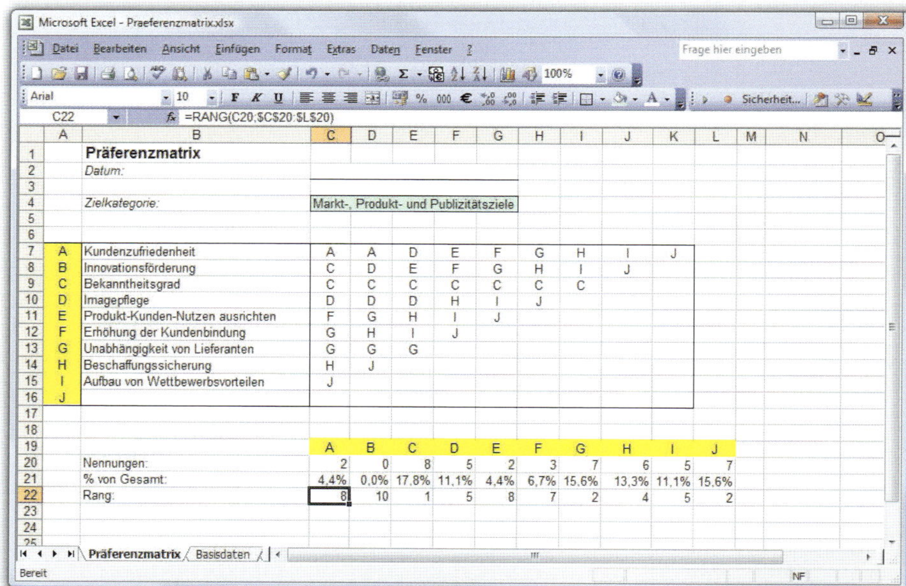

Abbildung 3.55: Die Auswertung der Präferenzmatrix

3.2 Operative Planung und Budgetierung

In Anlehnung an die Differenzierung zwischen strategischem und operativem Controlling wird zwischen unterschiedlichen **Konkretisierungsstufen der Planung** unterschieden. In der nachfolgenden Tabelle werden die drei praxisüblichen Ausprägungen der Planung charakterisiert:

Planungsstufen	Fragestellungen	Fristigkeit	Informationen (Auszug)	Beispiele
Strategische Planung auch Langfristplanung	Welche Ziele verfolgt die Kostenstelle, der Geschäftsbereich, das Unternehmen? Welche Wege zur Zielerreichung werden verfolgt?	langfristig (5 und mehr Jahre)	Chancen und Risiken Stärken und Schwächen Informationen über Unternehmen der Privatwirtschaft, die Verwaltungsleistungen erbringen können Erfolgspotenziale	Neuausrichtung einer IT-Einheit zu einem Shared Service Center, um im Wettbewerb gegen externe Dienstleister bestehen zu können
Taktische Planung auch Mittelfristplanung	Welche Maßnahmen sollen ergriffen werden? Welche Mittel sind dafür einzusetzen?	mittelfristig (2 bis 4 Jahre)	konkrete Programme Produktziele menschliche Potenziale finanzielle Kapazitäten betriebswirtschaftliche Zahlen wie Liquidität, Wirtschaftlichkeit, Rentabilität	in der Praxis häufig Hochrechnungen der Ergebnisse der operativen Planung
Operative Planung auch Kurzfristplanung (häufig auch als »Budgetierung« bezeichnet)	Was soll im kommenden Jahr geschehen?	kurzfristig (1 Jahr)	Leistungsmengen Fallzahlen Erlöse Kosten Deckungsbeiträge Gewinne Liquidität Verwaltungsprozesse Durchlaufzeiten	Erhöhung der Stückzahlen für ein Produkt von 100.000 auf 125.000

Tabelle 3.8: Gegenüberstellung von strategischer, taktischer und operativer Planung

Im Rahmen der **operativen Planung** werden die Leistungserstellungs- und Leistungsverwertungsprozesse planerisch konkretisiert. Dabei wird von gegebenen Kapazitäten (z. B. Anzahl Mitarbeiter, Maschinen) und feststehendem Produktangebot ausgegangen. Im Vordergrund steht nun der optimale Einsatz der zur Verfügung stehenden Ressourcen zur Erstellung der festgelegten Produkte. Diese Planung erfolgt in der Regel auf der untersten Hierarchieebene.

Hinweis

Bevor mit der eigentlichen Erstellung der Teilpläne begonnen werden kann, muss den Planungsverantwortlichen klar sein, für welche **Objekte** sie die planerische Zuständigkeit und Verantwortung besitzen. Vom Controller, der den Planungsprozess koordiniert und die Teilpläne zusammenführt, sollte im Vorfeld eine Liste erstellt werden, aus der hervorgeht, welcher Planer welche Kostenstelle(n) und/oder welche Kostenträger/Produkte (und ggf. Projekte) zu beplanen hat. Somit wird der Begriff **»Teilplan«** in zwei Dimensionen verwendet:

- für die einzelnen Verantwortungsbereiche (Kostenstellen, Produkte, Projekte) und
- für die nachfolgenden aufeinander aufbauenden Planungsmodule (Teilpläne).

In diesem Zusammenhang sollte der Controller nochmals den **Zusammenhang zwischen Output** (= Produkt- und ggf. Projektseite) und **Input** (= Kostenstellen) klarlegen. Die Verbindung von Input und Output liegt im sog. KLR-Verrechnungsmodell, mit dessen Hilfe die entsprechenden Verrechnungen zwischen den KLR-Objekten unter der Maßgabe einer vollständigen Kostenverrechnung auf die Kostenträger/Produkte zu erfolgen haben. Damit werden im Planungsprozess nicht nur Primärkosten, sondern auch Sekundärkosten geplant.

Hinweis

Während die operative Planung von der Fragestellung »Was soll im kommenden Jahr geschehen?« ausgeht und damit die Ergebnisse der taktischen Planung weiter konkretisiert, wird mit der Budgetierung ein Rahmen definiert, der für das kommende Jahr **verbindliche Vorgaben** enthält. Der zeitliche Horizont ist ebenso wie bei der operativen Planung kurzfristig, d. h. auf ein Jahr in die Zukunft ausgerichtet. Budgetiert werden z. B. Einzahlungen und Auszahlungen (in der Liquiditätsrechnung), Aufwand und Ertrag (in der Gewinn- und Verlustrechnung) und Kosten- und Leistungen (in der KLR). In der Privatwirtschaft werden im Gegensatz zur öffentlichen Verwaltung und zu Non-Profit-Organisationen (NPO) auch »Gewinnbudgets« festgeschrieben. Typische Budgets sind:

- **Finanzbudgets** als Vorgabewerte für Ein- und Auszahlungen zur Sicherstellung der Liquidität
- **Investitionsbudgets** als Vorgabewerte für Auszahlungen für Investitionsvorhaben, ermittelt auf der Grundlage von Investitionsrechenverfahren
- **Bilanzbudgets** als Vorgabewerte für einzelne Vermögens- und Kapitalpositionen selbstständig bilanzierender Einheiten (z. B. Tochterunternehmen eines Konzerns)
- **Aufwands- und Ertragsbudgets** als Vorgabewerte für einzelne Positionen der Gewinn- und Verlustrechnung bilanzierender Einheiten
- **Kosten- und Erlösbudgets** als Vorgabewerte für Kosten- und Erlösarten in der KLR auf Basis von Kostenstellen (inputorientiert) und Kostenträgern/Produkten (outputorientiert)

3.2.1 Absatz- und Umsatzplanung

Problemstellung

Die Planung der zu erstellenden Leistungen muss in Behörden ebenso wie in Unternehmen der Privatwirtschaft entsprechend der **geplanten Inanspruchnahme durch »Kunden«** (im Sinne der öffentlichen Verwaltung z. B. Bürger oder andere Behörden als Leistungsabnehmer) erfolgen. Bei der Leistungsplanung müssen die vorhandenen Kapazitäten/Ressourcen als Restriktionen berücksichtigt werden, damit ggf. der Bedarf an zusätzlichen Ressourcen frühzeitig ermittelt oder Unterauslastungen vermieden werden können.

Fachliche Beschreibung und Beispiele

Schritt 1: Erstellung der Absatzplanung

Der **Absatzplan** (Produktmengenplan) ist im Rahmen der Leistungsplanung auf der Basis der vorhandenen und/oder geschätzten Nachfrage zunächst für die Hauptprodukte und im Anschluss für die unterstützenden Leistungen zu erstellen.

Wichtig bei der Erstellung ist die Definition aussagekräftiger **Zähleinheiten** für die Leistungsmengen (z. B. Anzahl hergestellter Fahrzeuge, Anzahl durchgeführter Untersuchungen, Anzahl erstellter Bescheide in einer Behörde). Dabei sollte auf die Rubrik »Zähleinheiten« in den Kostenträger-/Produktsteckbriefen (fachliche Beschreibung der Kostenträger/Produkte) zurückgegriffen werden, wobei darauf zu achten ist, dass nur outputorientierte Zähleinheiten verwendet werden. Diese werden auch als **Absatz- bzw. Leistungsmengeneinheiten** bezeichnet.

Bei der Absatzplanung steht die Ermittlung der Absatzmenge im Vordergrund. Es sollten auch **Preise** für die Kostenträger/Produkte (z. B. aufgrund von Kalkulationen) in das Planungsformular je Kostenträger/Produkt eingetragen werden, sofern diese bereits bekannt sind.

Produktgruppe/-bereich:		Verantwortlicher:	Planungszeitraum:
Kostenträger/Produkt	**Menge**	**Preis**	**Anmerkungen**

Tabelle 3.9: Absatzmengenplan

Im Zuge der Planung der Produktmengen (Absatzmengen) sollten auch die weiteren **produktbezogenen Kennzahlen**, die einem Kostenträger/Produkt (z. B. Varianten) zugeordnet sind, geplant werden. Diese stellen die Grundlage für weitere Berechnungen dar, z. B. Verteilung der Kostenträger-/Produktgesamtkosten auf einzelne Varianten des Kostenträgers/Produkts im Rahmen der Äquivalenzziffernkalkulation.

Kostenträger/Produkt:	Verantwortlicher:	Planungszeitraum:
Kennzahl	**Menge/Einheit**	**Anmerkung**
Anzahl Variante A		
Anzahl Variante B		

Tabelle 3.10: Kennzahlenplan

Schritt 2: Erstellung der Umsatzplanung

Der **Umsatz- bzw. Erlösplan** kann häufig erst im Anschluss an die Kostenplanung erstellt werden, da die **Produktpreise** meist auf **Selbstkostenbasis** kalkuliert werden müssen. Die Selbstkosten liegen jedoch erst nach erfolgter Kostenplanung vor. Stehen die Preise für die Kostenträger/Produkte z. B. aufgrund gesetzlicher fixierter Vorgaben für Gebühren bereits zu Beginn des Planungsprozesses fest, können die Erlöse bereits nach der Absatzplanung durch Multiplikation von Absatzmenge und Preis (z. B. Gebühr für Ausweiserstellung) ermittelt und in den Umsatzplan aufgenommen werden. Die Umsatz- bzw. Erlösplanung erfolgt durch die Multiplikation von Planmenge und Planpreis.

Produktgruppe/-bereich		Verantwortlicher:	Planungszeitraum:
Kostenträger/Produkt	Menge	Preis	Umsatzerlöse (Menge x Preis)
Gesamt:			

Tabelle 3.11: Umsatz- bzw. Erlösplan

Excel-Praxis: Spezialtechniken für Absatz- und Umsatzplanung

Für eine realistische Einschätzung über die Absatzmengen der Produkte oder Dienstleistungen seines Unternehmens braucht der Controller Zahlen und Fakten. Die Gewichtung der Einflussgrößen hängt von Märkten und Branchen ab. Im Gastronomiegewerbe wird sich der Produktabsatz weniger dynamisch und dramatisch entwickeln als im Elektroniksektor, und Möbelgroßhändler sind stärker dem Konkurrenzdruck unterworfen als Fliesenleger. Im Wesentlichen sind diese Faktoren für die Absatzplanung maßgeblich:

Intern	Extern
Marketing, Produktstrategien Produktionspläne Investitionen Personalentwicklung	Absätze und Umsätze der Vorjahre Trends und Entwicklungen Marktforschung, Statistiken

Absatztrends ermitteln mit TREND()

CD

Absatzplanung Trendermittlung.xls

Tragen Sie die Kostenträger oder Produkte in ein Formular ein. Je nach Größe des Produktsortiments planen Sie entweder nach Produkten oder nach Sparten, Kategorien oder Produktsegmenten. Mit einer Trendanalyse ermitteln Sie den Absatztrend. Voraussetzung dafür ist ein Vergleichszeitraum wie hier im Beispiel die Absatzzahlen der letzten drei Jahre.

	A	B	C	D	E	F	G	H	I
1	**Absatzplanung**								
2	***Golfshop***		Verantwortlich: ______________						
			Datum: ______________						
3									
4									
5			Vorjahre				Planung		
6	**Kostenträger/Produkt**	**2007**	**2008**	**2009**	**2010**	**2011**	**2012**	**2013**	**2014**
7	Golfbälle	35.000	32.000	30.000					
8	Driver	200	180	190					
9	Eisen	12.000	13.500	15.000					
10	Elektro-Caddy	120	150	190					
11	Golfbag	350	250	200					
12	Golfschuhe	420	300	250					
13	Holz	650	450	400					
14	Hybrid	360	450	490					
15	Putter	820	600	620					
16	Trolley	650	500	450					
17	Wedge	290	200	150					
18	Zubehör	1.500	1.800	2.200					

Abbildung 3.56: Absatzplanung 5-Jahres-Zeitraum

Die Funktion TREND() errechnet den linearen Trend nach der Methode der kleinsten Quadrate. Markieren Sie die erste Zelle im Ergebnisbereich und holen Sie die Funktion mithilfe des Funktions-Assistenten oder über das Symbol am linken Rand der Bearbeitungsleiste. Schalten Sie um auf die Kategorie *Statistik* und wählen Sie *Trend*. Geben Sie die Bereiche an, achten Sie auf die relativen und absoluten Bezüge:

```
E7: =TREND(B7:D7;$B$6:$D$6;$E$6)
```

Das etwas zu genaue Ergebnis können Sie mit den Funktionen ABRUNDEN(), AUFRUNDEN() oder GANZZAHL() kombinieren, verwenden Sie einen negativen Wert bei den Rundungsfunktionen, wenn Sie links vom Komma runden wollen.

```
E7: =AUFRUNDEN(TREND(B7:D7;$B$6:$D$6;$E$6);-1)
```

Kopieren Sie die Formel per Doppelklick auf das Füllkästchen nach unten auf die übrigen Zeilen der Absatzplanung.

E7 fx =AUFRUNDEN(TREND(B7:D7;$B$6:$D$6;$E$6);-1)

	A	B	C	D	E	F	G	H	I
1	**Absatzplanung**								
2	***Golfshop***		Verantwortlich: ______________						
			Datum: ______________						
3									
4									
5			Vorjahre				Planung		
6	**Kostenträger/Produkt**	**2007**	**2008**	**2009**	**2010**	**2011**	**2012**	**2013**	**2014**
7	Golfbälle	35.000	32.000	30.000	27.340				
8	Driver	200	180	190	180				
9	Eisen	12.000	13.500	15.000	16.500				
10	Elektro-Caddy	120	150	190	230				
11	Golfbag	350	250	200	120				
12	Golfschuhe	420	300	250	160				
13	Holz	650	450	400	250				
14	Hybrid	360	450	490	570				
15	Putter	820	600	620	480				
16	Trolley	650	500	450	340				
17	Wedge	290	200	150	80				
18	Zubehör	1.500	1.800	2.200	2.540				

Abbildung 3.57: Trendberechnung in der Absatzplanung

Deckungsbeiträge und Ergebnis ermitteln

CD

AbsatzUmsatzplanung Erzeugniseinheit.xls

In diesem Planungsmodell für einzelne Produkte oder Produktsparten wird das zu erwartende Marktvolumen mit dem Marktanteil multipliziert, das Ergebnis ist die Planabsatzmenge. Geben Sie die Produktkosten pro Einheit sowie die geschätzten Strukturkosten ein. Berechnet werden der Deckungsbeitrag je Erzeugniseinheit, der Deckungsbeitrag für die gesamte Absatzmenge der Periode sowie das Periodenergebnis.

	A	B	C	D	E	F	G	H	I
1	**Absatz- und Umsatzplanung auf Basis der Erzeugniseinheit**								
2									
3									
4			2010			2011			2012
5		Aktuell	Neu	Summe	Aktuell	Neu	Summe	Aktuell	Neu
6	Marktvolumen			-			-		
7	Marktanteil								
8	Absatzmengen	-	-	-	-	-	-	-	-
9	Verkaufspreis / Einheit								
10	./. Produktkosten / Einheit								
11	Deckungsbeitrag / Einheit	- €	- €	- €	- €	- €	- €	- €	- €
12	Deckungsbeitrag Summe	- €	- €	- €	- €	- €	- €	- €	- €
13	./. Strukturkosten			- €			- €		
14	Ergebnis	- €	- €	- €	- €	- €	- €	- €	- €

Abbildung 3.58: Absatz- und Umsatzplanung auf Basis der Erzeugniseinheit

Dynamische Bereiche und Diagramme

Ein nützliches Werkzeug für Planungsmodelle ist der dynamische Bereich und – für Präsentationen oder Planspiele – das dynamische Diagramm. Mit der Matrixfunktion BEREICH.VERSCHIEBEN() lässt sich eine Variantenkalkulation erstellen, in der die berechneten Werte und das Diagramm die Daten bis zu einem bestimmten, vom Anwender eingestellten Planmonat anzeigen.

Die Funktion BEREICH.VERSCHIEBEN() erfordert fünf Argumente, drei davon sind erforderlich, die Angabe der Höhe und Breite ist optional.

2003

*Einfügen/Funktion/*Kategorie *Matrix*

2007
2010

*Formeln/Funktionsbibliothek/Funktion einfügen/*Kategorie *Matrix*

Geben Sie als Bezug eine Zelle oder einen Bereich an. Wird ein mehrzeiliger Bereich angegeben, gilt die erste Zelle dieses Bereichs als Ausgangspunkt. Mit *Zeilen* und *Spalten* bestimmen Sie die Verschiebung nach unten (Zeilen) oder rechts (Spalten), negative Werte verschieben nach oben bzw. nach links. Das Ergebnis ist der Inhalt der Zelle, die mit dieser Verschiebung angesteuert wird.

Wird unter *Höhe* und/oder *Breite* ein Wert größer 1 angegeben, ist das Ergebnis eine Matrix, die z. B. mit der Funktion SUMME() summiert werden oder als Basis für Bereichsnamen gelten kann (siehe Praxisbeispiel »Dynamisches Diagramm«).

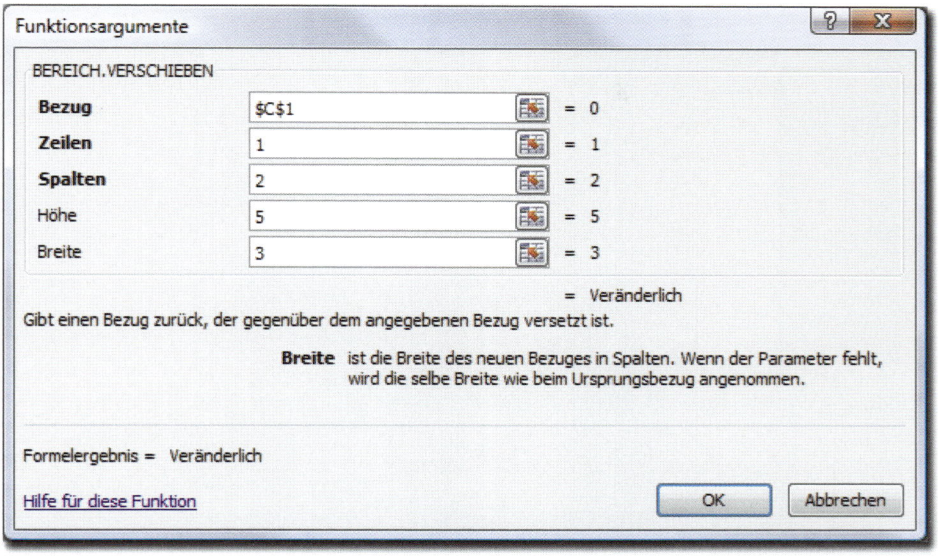

Abbildung 3.59: Matrixfunktion BEREICH-VERSCHIEBEN()

Ein Beispiel für die Verwendung der Matrixfunktion: Absatzplanung mit dynamischem Diagramm.xls CD

Das Tabellenblatt *Monatsplanung* enthält eine Monatsaufstellung mit Planwerten und Vorjahreswerten. Der Bereich mit den Monatsnamen wird markiert und mit dem Bereichsnamen *Monate* versehen.

Die beiden Wertespalten werden ebenfalls mit einem Bereichsnamen versehen, hier können Sie die Excel-Technik der automatischen Namenszuweisung nutzen. Markieren Sie die Absatzwerte inklusive Beschriftung (B5:C17).

Einfügen/Namen erstellen/Aus oberster Zeile 2003

Formel/Definierte Namen/Aus Auswahl erstellen/… Aus oberster Zeile 2007 2010

Mit einer Gültigkeitsliste werden alle Planmonate in Zelle F2 zur Auswahl gestellt.

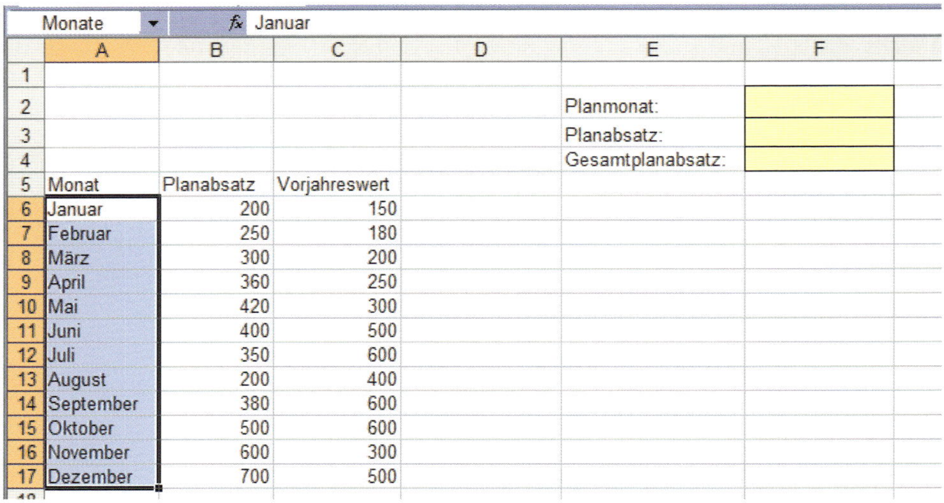

Monate | *fx* Januar

	A	B	C	D	E	F
1						
2					Planmonat:	
3					Planabsatz:	
4					Gesamtplanabsatz:	
5	Monat	Planabsatz	Vorjahreswert			
6	Januar	200	150			
7	Februar	250	180			
8	März	300	200			
9	April	360	250			
10	Mai	420	300			
11	Juni	400	500			
12	Juli	350	600			
13	August	200	400			
14	September	380	600			
15	Oktober	500	600			
16	November	600	300			
17	Dezember	700	500			

Abbildung 3.60: Planungsmodell mit Monatsnamen und dem Bereichsnamen *Monate*

2003 *Daten/Gültigkeit/Zulassen: Liste, Quelle: Monate*

2007 2010 *Daten/Datentools/Datenüberprüfung/Zulassen: Liste, Quelle: Monate*

Den numerischen Monatswert, der in der Matrixformel benötigt wird, berechnen Sie über die Funktion VERGLEICH() in einer Hilfszelle:

```
H1: =VERGLEICH(F2;Monate;0)
```

Mit der Matrixfunktion BEREICH.VERSCHIEBEN() berechnen Sie den Planabsatz des ausgewählten Monats:

```
F3: =BEREICH.VERSCHIEBEN($B$5;$H$1;0)
```

Der Gesamtabsatz bis zu diesem Monat wird ebenfalls mit BEREICH.VERSCHIEBEN() berechnet. Das Ergebnis ist eine Teilmatrix (mit Fehlerwert in der Zelle):

```
F4: BEREICH.VERSCHIEBEN($B$5;1;0;$H$1;1)
```

Mit der Funktion SUMME() geschachtelt, ergibt die Formel die Summe der Planwerte für den in der Gültigkeitsliste gewählten Monat:

```
F3: =SUMME(BEREICH.VERSCHIEBEN($B$5;1;0;$H$1;1))
```

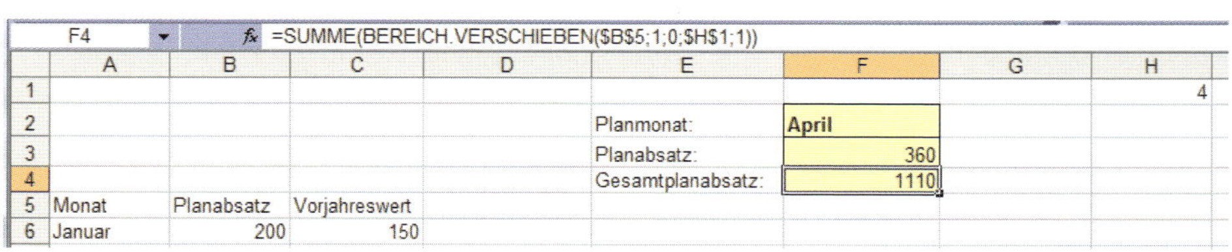

F4 | *fx* =SUMME(BEREICH.VERSCHIEBEN($B$5;1;0;$H$1;1))

	A	B	C	D	E	F	G	H
1								4
2					Planmonat:	April		
3					Planabsatz:	360		
4					Gesamtplanabsatz:	1110		
5	Monat	Planabsatz	Vorjahreswert					
6	Januar	200	150					

Abbildung 3.61: Eine dynamische Funktion mit Monatsauswahl

Für die grafische Umsetzung in einem Balkendiagramm erstellen Sie zunächst ein Diagramm aus den Zellbezügen. Markieren Sie A5:C17 und fügen Sie ein Diagramm ein:

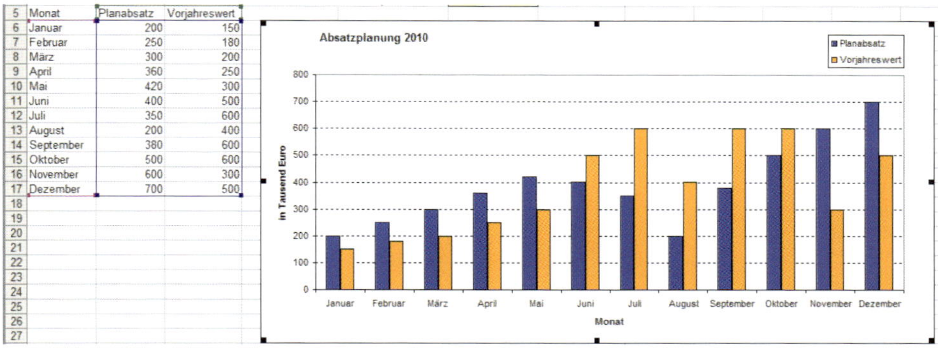

	Monat	Planabsatz	Vorjahreswert
6	Januar	200	150
7	Februar	250	180
8	März	300	200
9	April	360	250
10	Mai	420	300
11	Juni	400	500
12	Juli	350	600
13	August	200	400
14	September	380	600
15	Oktober	500	600
16	November	600	300
17	Dezember	700	500

Abbildung 3.62: Säulendiagramm mit allen Monats-Planwerten

Um die Anzahl der Monate im Diagramm von der Auswahl in der Gültigkeitsliste (Zelle F2) abhängig zu machen, erstellen Sie zwei neue Bereichsnamen:

Einfügen/Namen definieren — 2003

Formeln/Definierte Namen/Namen definieren — 2007 2010

Bereichsname *Planabsatz*:

```
=BEREICH.VERSCHIEBEN(Tabelle1!$B$6;0;0;VERGLEICH(Tabelle1!$F$2;Monate;0);1)
```

Bereichsname *Vorjahreswert*:

```
=BEREICH.VERSCHIEBEN(Tabelle1!$B$6;0;1;VERGLEICH(Tabelle1!$F$2;Monate;0);1)
```

Anstelle der Funktion VERGEICH() können Sie auch die Hilfszelle H1 angeben. Das Ergebnis ist jeweils eine dynamische Teilmatrix, die alle Werte bis zum gewählten Monat einschließt. Um diese beiden Matrizen im Diagramm darzustellen, tragen Sie die Bereichsnamen in die Funktion DATENREIHE() der jeweiligen Reihe ein. Die Funktion wird in der Bearbeitungsleiste sichtbar, wenn Sie eine Reihe anklicken:

Erste Reihe:

```
=DATENREIHE(Tabelle1!$B$5;Tabelle1!Monate;Tabelle1!Planabsatz;1)
```

Zweite Reihe:

```
=DATENREIHE(Tabelle1!$C$5;Tabelle1!Monate;Tabelle1!Vorjahreswert;2)
```

Fehlt noch eine variable Beschriftung über ein Textfeld, das neben dem gewählten Monat auch den Gesamtplanumsatz im Diagramm ausweist. Tragen Sie die Formel in eine Hilfszelle ein. Sie verknüpft die Inhalte der Zellen mit einem Zeilenumbruch (ZEICHEN(10)).

```
H2: =E2&" "&F2&ZEICHEN(10)&$E$4&" "&$F$4
```

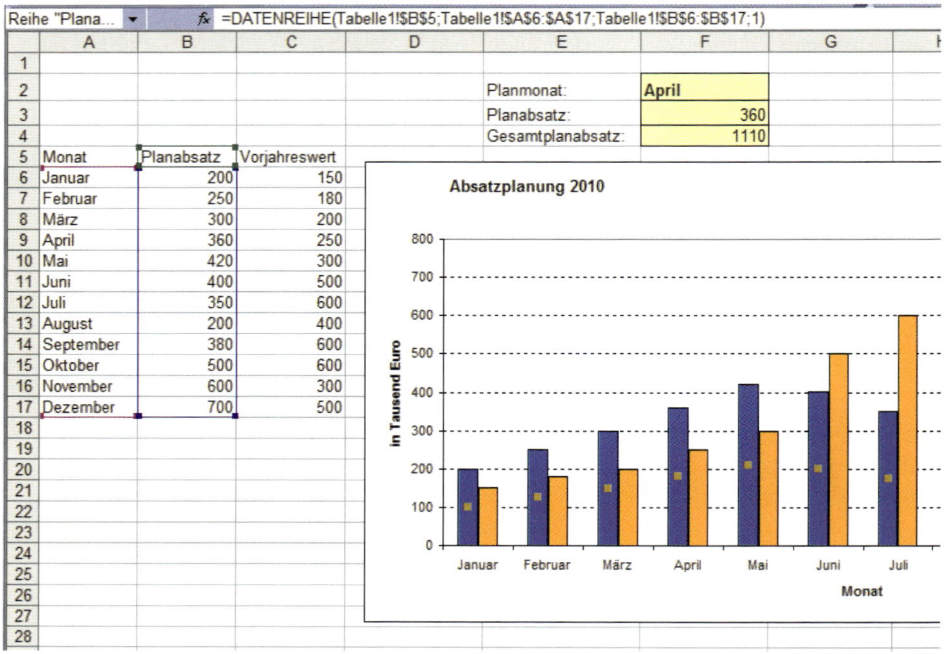

Abbildung 3.63: Die Basis der Diagrammreihe ist die Funktion DATENREIHE()

Um das Ergebnis der Formel, einen zweizeiligen Text, in das Diagramm zu platzieren, markieren Sie das Diagrammobjekt, schreiben die Verknüpfung auf die Hilfszelle (H2) und drücken die [↵]-Taste. In Excel ab Version 2007 legen Sie zuerst einen Diagrammtitel an, markieren diesen und verknüpfen ihn mit Zelle H2.

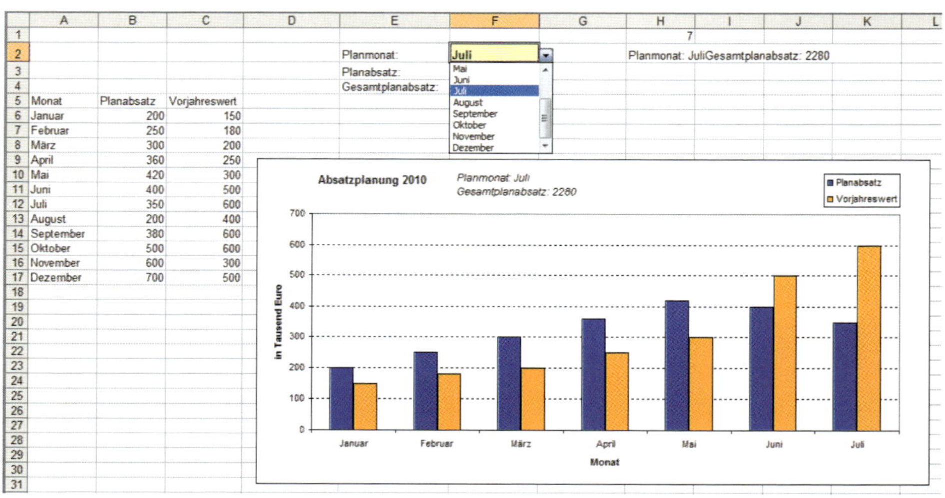

Abbildung 3.64: Alles dynamisch: Monatsauswahl, dynamische Datenreihen und automatische Beschriftung

Excel-Praxis: Absatzplanung mit dynamischen Planausschnitten

Absatzplanung mit dynamischen Planausschnitten.xls

CD

Eine interessante Variante der dynamischen Planung mit der Funktion BEREICH.VERSCHIEBEN() ist die Verwendung von Planausschnitten. Der Anwender der Planungstabelle definiert dabei den Beginn des gewünschten Ausschnitts (z. B. den ersten Monat des Planjahres oder Quartals) und die Anzahl der Abschnitte (z. B. 3 für ein Quartal). Mit der Matrixfunktion wird die Absatzsumme für diesen Planabschnitt berechnet, und auch das Diagramm passt sich diesen Einstellungen an und präsentiert den eingestellten Abschnitt aus der Gesamtplanung.

Für einen Planungszeitraum von mehr als einem Jahr erstellen Sie eine Datumsreihe ab dem ersten Monat. Kopieren Sie das Datum mit dem Füllkästchen am Zellzeiger, verwenden Sie aber die rechte Maustaste und wählen Sie im Kontextmenü den Befehl *Monate ausfüllen*. Das Zahlenformat für die Spalte definieren Sie benutzerdefiniert:

```
MMMM JJ
```

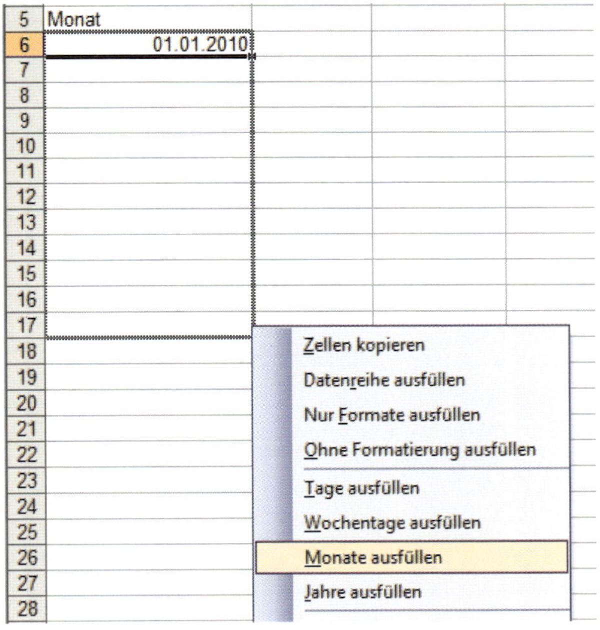

Abbildung 3.65: Füllreihe mit Monaten im Kontextmenü des Füllkästchens

Der Bereichsname *Monate* wird jetzt ebenfalls mithilfe der Matrixfunktion gebildet, damit stellen Sie sicher, dass neue, angefügte Planungen automatisch wieder in der Gültigkeitsliste angeboten werden:

2003 | *Einfügen/Namen/Definieren*

2007 2010 | *Formel/Definierte Namen/Namen definieren*

```
Name: Monate
Bezieht sich auf:
=BEREICH.VERSCHIEBEN(Monatsplanung!$A$6;0;0;ANZAHL2(Monatsplanung!$A:$A)-1;1)
```

Der Beginn des Planausschnitts wird in Zelle F2 mithilfe eines Formularelements bestimmt. Ein Drehfeld wird in die Tabelle gezeichnet und über *Steuerelement formatieren* im Kontextmenü mit einer Zellverknüpfung (H2) versehen. Die Matrixfunktion ermittelt dann den gewählten Monat:

2003 | *Ansicht/Symbolleisten/Formular* – Drehfeld

2007 2010 | *Entwicklertools/Steuerelemente einfügen/Formularsteuerelemente*

```
F2: =BEREICH.VERSCHIEBEN($A$5;$H$2;0)
```

Auch für die Anzahl der Planabschnitte steht ein Drehfeld bereit, die Zellverknüpfung zeigt auf Zelle F3. Damit können sowohl der Beginn der Planung als auch die Anzahl der Abschnitte flexibel eingestellt werden.

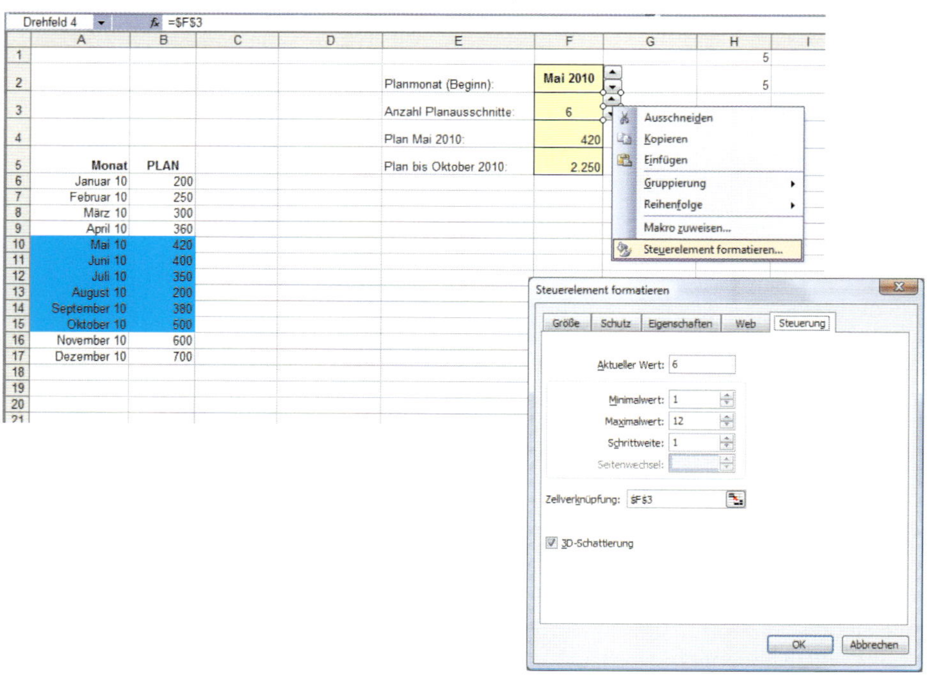

Abbildung 3.66: Drehfelder aus der Werkzeugsammlung der Formularelemente

Der gewählte Bereich in der Plantabelle wird mit einem Bedingungsformat formatiert. Markieren Sie den Bereich von A6 bis zum Ende der Spalte B.

Format/Bedingte Formatierung 2003

Start/Formatvorlagen/Bedingte Formatierung/Neue Regel 2007 2010

Formel:

```
=UND($A6<>"";ZEILE($A6)-5>=VERGLEICH($F$2;Monate;0);ZEILE($A6)-
5<VERGLEICH($F$2;Monate;0)+$F$3)
```

Für die Berechnung der Planzahl und der Plansumme wird wieder die Matrixfunktion verwendet. Die Formel für die Beschriftung der Plansumme ist etwas aufwendiger, weil sie eine Verschiebung über den Periodenzeitraum hinaus berücksichtigen muss:

```
E4: ="Plan "&TEXT($F$2;"MMMM JJJJ")&":"
E5: ="Plan bis
"&WENN(VERGLEICH($F$2;Monate;0)+$F$3>=ZEILEN(Monate);TEXT(INDEX(Monate;ZEILEN(Monate
);1);"MMMM JJJJ");TEXT(INDEX(Monate;VERGLEICH($F$2;Monate;0)+$F$3-1);"MMMM
JJJJ"))&":"
F4: =BEREICH.VERSCHIEBEN($B$5;VERGLEICH($F$2;Monate;0);0)
F5: =SUMME(BEREICH.VERSCHIEBEN($B$5;VERGLEICH($F$2;Monate;0);0;$F$3;1))
```

Um das Diagramm dynamisch an die gewählte Periode anzupassen, müssen zwei Bereichsnamen erstellt werden, die aus den Vorgaben jeweils eine Matrix für die Rubrikenachse und den Größenbereich bilden.

```
Bereichsname: A_Monate
Bezieht sich auf:
=BEREICH.VERSCHIEBEN(Monatsplanung!$A$5;VERGLEICH(Monatsplanung!$F$2;Monate;0);0;Mo
natsplanung!$F$3;1)
Bereichsname: A_PLAN
Bezieht sich auf:
=BEREICH.VERSCHIEBEN(Monatsplanung!$B$5;VERGLEICH(Monatsplanung!$F$2;Monate;0);0;Mo
natsplanung!$F$3;1)
```

Das Diagramm wird zunächst mit festen Bezügen auf den Planbereich erstellt, anschließend markieren Sie die Balkenreihe und tauschen einfach die absoluten Bezüge auf den Rubriken- und Größenbereich gegen die Bereichsnamen aus (der Name des Tabellenblatts muss stehen bleiben, er wird durch den Namen der Arbeitsmappe ersetzt).

Excel-Praxis: Der Szenario-Manager als Planungswerkzeug

Planungen werden in der Praxis häufig auf Basis einer Ursprungsplanung mehrfach überarbeitet, sodass bis zur Fertigstellung eines endgültigen Plans mehrere Versionen erstellt werden. Regelmäßig werden Planungen in Form von Szenarien in realistische, optimistische und pessimistische Planversionen unterteilt (Realistic Case, Best Case, Worst Case). Das CO-Modul von SAP stellt für diese Aufgabe die Funktion »Planversionen anlegen« zur Verfügung, in Excel lässt sich die Aufgabe mit dem Szenario-Manager lösen.

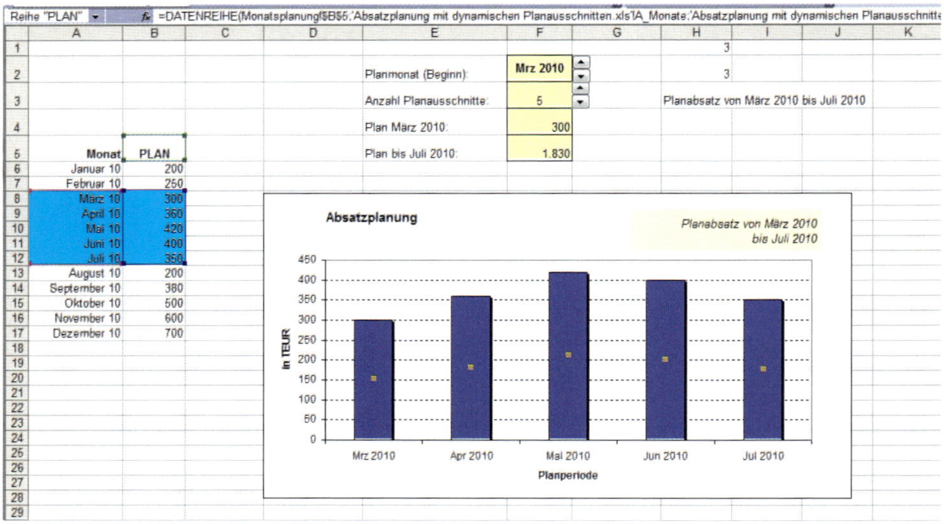

Abbildung 3.67: Das Diagramm passt sich automatisch der gewählten Planperiode an

Hinweis

Die Ursprungsplanversion sollte immer erhalten bleiben. Bei der Versionsbezeichnung können Sie sich an die SAP-spezifischen Begriffe anlehnen und die Planversionen wie folgt bezeichnen:

Planversion 1: Ursprungsplan (z. B. Plankopie aus dem Vorjahr)

Planversion 2: Plananpassung aufgrund Planungsrunde 1 (z. B. auf Basis pauschaler Umwertungen 20 % Erhöhung)

Planversion 3: Plananpassung aufgrund Planungsrunde 2 (nach manuellen Eingriffen)

Planversion 4: Finaler und genehmigter Plan

Planversion 0: Kopie des finalen Plans (Planversion 4) zur Darstellung von Plan/Ist-Vergleichen und Fortschreibung mit Forecast-Werten

Szenarien sind Planversionen, die den aktuellen Inhalt eines Zellbereichs festhalten. Der Planer kann seine erste Planung speichern, neue Werte eintragen und diese mit dem zuvor gesicherten »Szenario« vergleichen. Für den Vergleich zwischen den einzelnen Planungen werden Szenarioberichte erstellt.

Excel-Praxis: Produktplanung

Testen Sie den Szenario-Manager an diesem Praxisbeispiel:

CD

Produktplanung mit Szenarien.xls

Im Tabellenblatt *Produktplanung* werden die Planabsätze der einzelnen Produktkategorien und die durchschnittlichen EK-Preise eingetragen. Der Planumsatz berechnet sich aus dem Produkt der beiden Werte.

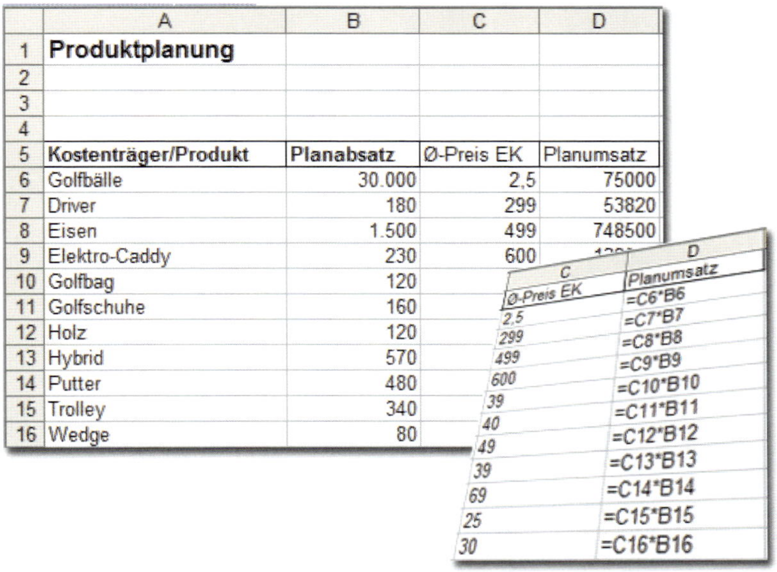

	A	B	C	D
1	**Produktplanung**			
2				
3				
4				
5	**Kostenträger/Produkt**	**Planabsatz**	Ø-Preis EK	Planumsatz
6	Golfbälle	30.000	2,5	75000
7	Driver	180	299	53820
8	Eisen	1.500	499	748500
9	Elektro-Caddy	230	600	
10	Golfbag	120		
11	Golfschuhe	160		
12	Holz	120		
13	Hybrid	570		
14	Putter	480		
15	Trolley	340		
16	Wedge	80		

C	D
Ø-Preis EK	Planumsatz
2,5	=C6*B6
299	=C7*B7
499	=C8*B8
600	=C9*B9
39	=C10*B10
40	=C11*B11
49	=C12*B12
39	=C13*B13
69	=C14*B14
25	=C15*B15
30	=C16*B16

Abbildung 3.68: Planabsatz mit Planumsatzberechnung

Planabsatz als Szenario speichern

Speichern Sie die erste Planung in einem Szenario. Markieren Sie dazu den Bereich B6:B16.

Extras/Szenarien — 2003

Daten/Datentools/Was-wäre-wenn-Analyse/Szenario-Manager — 2007 2010

Klicken Sie auf *Hinzufügen* und tragen Sie den Szenarionamen ein:

```
Planversion 1
```

Die veränderbaren Zellen werden aus der Markierung übernommen. Geben Sie noch eine Bemerkung ein und bestätigen Sie mit *OK*. Bestätigen Sie auch die angezeigten Werte und schließen Sie den Szenario-Manager wieder.

Ändern Sie jetzt die Planung, erhöhen Sie die Werte um 20 %. Schreiben Sie dazu den Faktor (1,2) in eine Hilfszelle, kopieren Sie diese mit [Strg] + [C], markieren Sie den Zielbereich B6:B16 und multiplizieren Sie den Bereich mit dem Faktor.

Bearbeiten/Inhalte einfügen/Multiplizieren — 2003

Start/Einfügen/Inhalte einfügen/Multiplizieren — 2007 2010

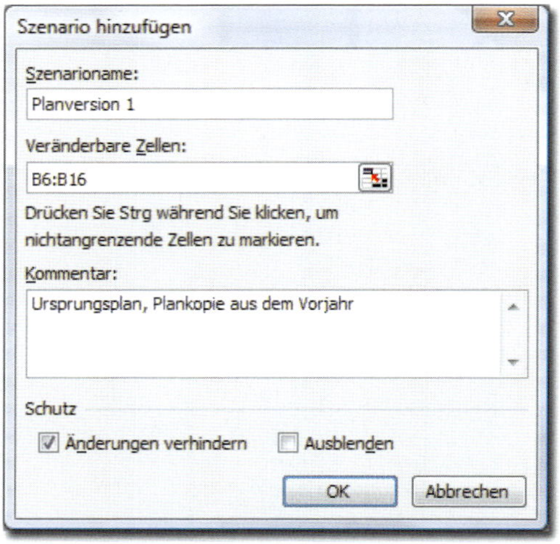

Abbildung 3.69: Das erste Szenario wird erstellt

Markieren Sie wieder den Bereich B6:B16, aktivieren Sie den Szenario-Manager und speichern Sie das neue Szenario unter dieser Bezeichnung:

```
Name:
Planversion 2
Kommentar:
Plananpassung aufgrund Planungsrunde 1 (pauschale Umwertung + 20 %)
```

Das zweite Szenario ist erstellt, Sie können zum gegebenen Zeitpunkt weitere Szenarien speichern, z. B. weitere Planversionen und je ein Realistic-Case-, Best-Case- und Worst-Case-Szenario.

TIPP

Achten Sie darauf, dass nur Zellen mit Texten, Zahlen oder Datumswerten in Szenarien erlaubt sind, Formelzellen werden nicht akzeptiert. Szenarien dürfen außerdem nicht mehr als 32 Zellbereiche umfassen.

Szenarien aktivieren

Schalten Sie über den Szenario-Manager zwischen den einzelnen gespeicherten Szenarien um, wählen Sie dazu nach dem Aufruf das Szenario in der Liste und klicken Sie auf *Anzeigen*. Um die Liste der Szenarien direkt auf dem Bildschirm zu sehen, können Sie diese auch als Symbol in eine Symbolleiste holen:

2003

Ansicht/Symbolleisten/Anpassen. Schalten Sie um auf *Befehle* und holen Sie aus der Kategorie *Extras* das Symbol *Szenario*. Ziehen Sie es mit gedrückter Maustaste in eine Symbolleiste. Über die Registerkarte *Symbolleisten* können Sie für dieses Symbol auch eine neue Symbolleiste erstellen. Klicken Sie nach dem Einfügen des Symbols auf *Anfügen*, um die Symbolleiste mit der Arbeitsmappe zu verbinden. Neue Szenarios erstellen Sie mit diesem Symbol ganz einfach, indem Sie die Daten ändern, den Bereich mit den Absatzzahlen wieder markieren, den Namen für das neue Szenario einfach in das Symbol schreiben und die [↵]-Taste drücken.

2007 2010

Klicken Sie mit der rechten Maustaste in die *Symbolleiste für den Schnellzugriff* und wählen Sie *Symbolleiste für den Schnellzugriff anpassen*. Holen Sie aus der Kategorie *Alle Befehle* den Befehl *Szenario* in die rechte Liste. Die Szenarienliste steht anschließend in dieser kleinen Symbolleiste zur Verfügung. Symbolleisten aus Arbeitsmappen, die mit der Vorgängerversion 2003 erstellt sind, finden Sie in der Gruppe *Add-Ins*.

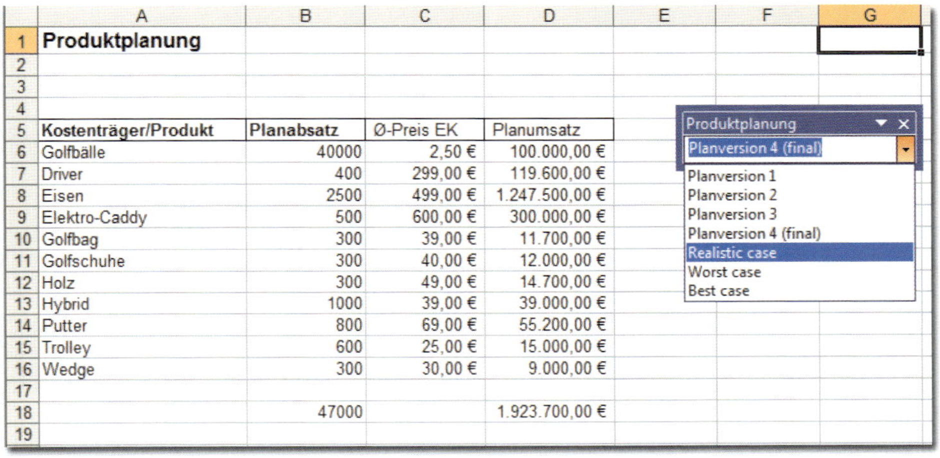

Abbildung 3.70: Mit Symbolleisten können die Szenarien direkt am Bildschirm abgerufen werden

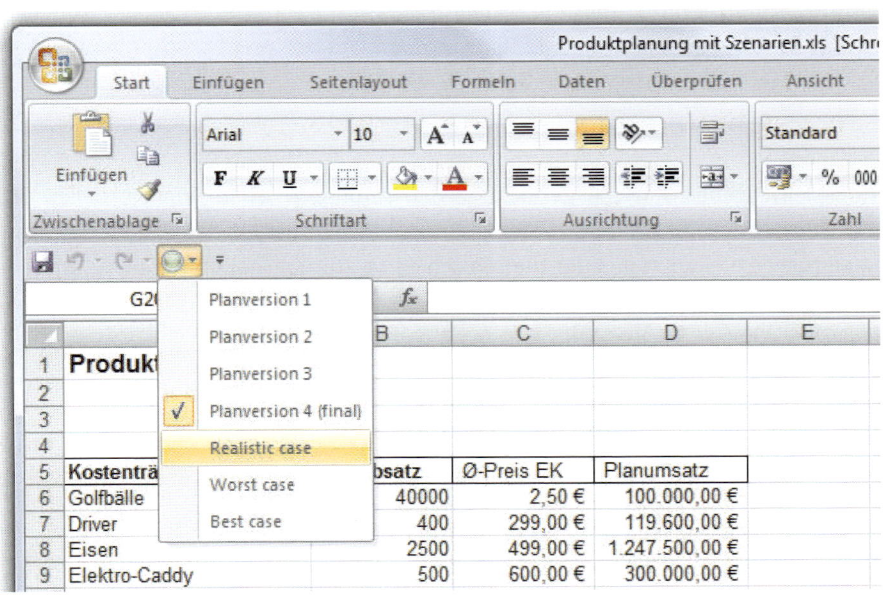

Abbildung 3.71: Szenarios in der Symbolleiste für den Schnellzugriff

2007 2010

In Excel 2010 können Sie die Szenarien auch in das Menüband integrieren. Aktivieren Sie die Anpassung über *Datei/Optionen/Menüband anpassen*. Fügen Sie eine neue Gruppe in eines der bestehenden Register ein, geben Sie ihr mit *Umbennen* den Gruppennamen *Planung* und suchen Sie in der Liste der Befehle (Kategorie *Alle Befehle*) nach *Szenario*. Ein Klick auf *Hinzufügen* und die Szenarienliste ist in die neue Gruppe integriert.

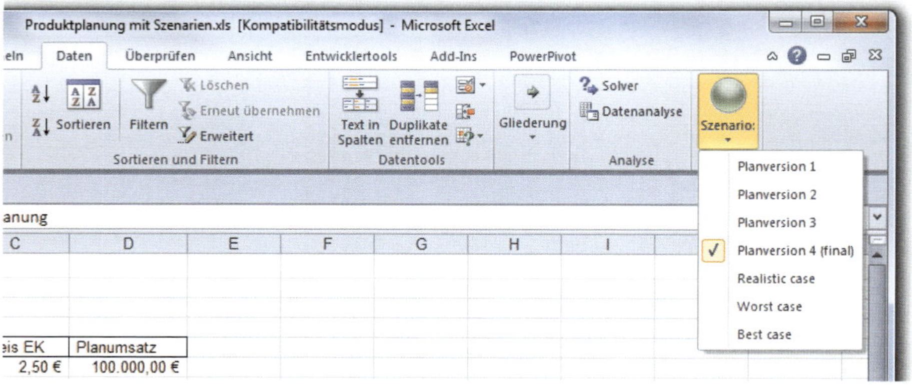

Abbildung 3.72: Szenarien im Menüband von Excel 2010

Szenarioberichte

Für die Gegenüberstellung der einzelnen Szenarios stellt der Szenario-Manager Berichte zur Verfügung. Damit Sie die Plansummen (Absatz und Umsatz) vergleichen können, summieren Sie zunächst die beiden Spalten:

```
B18: =SUMME(B6:B16)
D18: =SUMME(D6:D16)
```

Szenarioberichte geben nur die Zellbezüge der variablen Zellen wieder. Legen Sie einen Bereichsnamen für die Planzahlen an, wird dieser anstelle der Bezüge verwendet. Sie können die Namen aus der markierten Auswahl übernehmen lassen, markieren Sie A5:B16.

2003

Einfügen/Namen erstellen/Aus oberster Zeile, linker Spalte

2007 2010

Formeln/Definierte Namen/Aus Auswahl erstellen

Die beiden Summenzellen erhalten ebenfalls Bereichsnamen:

```
B18: SummePlanabsatz
D18: SummePlanumsatz
```

Aktivieren Sie den Szenario-Manager und klicken Sie auf *Zusammenfassen*.

```
Berichtstyp: Szenariobericht
Ergebniszellen: =$B$18;$D$18
```

Der Bericht gibt die aktuellen Werte und die in den einzelnen Szenarien gespeicherten Werte spaltenweise aus.

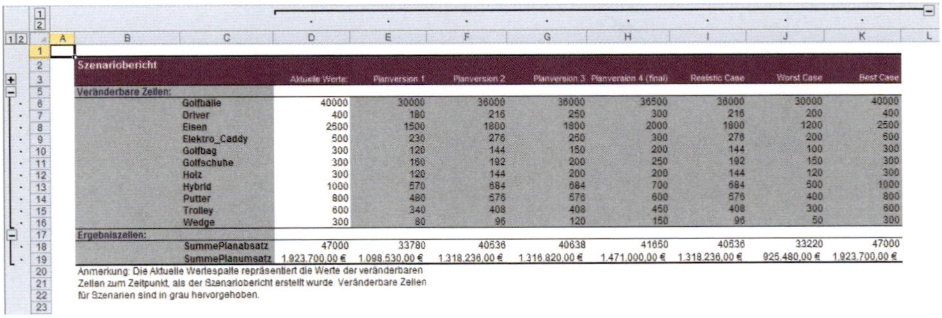

Szenariobericht

	Aktuelle Werte:	Planversion 1	Planversion 2	Planversion 3	Planversion 4 (final)	Realistic Case	Worst Case	Best Case
Veränderbare Zellen:								
Golfbälle	40000	30000	36000	36000	36500	36000	30000	40000
Driver	400	180	216	250	300	216	200	400
Eisen	2500	1500	1800	1800	2000	1800	1200	2500
Elektro_Caddy	500	230	276	250	300	276	200	500
Golfbag	300	120	144	150	200	144	100	300
Golfschuhe	300	160	192	200	250	192	150	300
Holz	300	120	144	200	200	144	120	300
Hybrid	1000	570	684	684	700	684	500	1000
Putter	800	480	576	576	600	576	400	800
Trolley	600	340	408	408	450	408	300	600
Wedge	300	80	96	120	150	96	50	300
Ergebniszellen:								
SummePlanabsatz	47000	33780	40536	40638	41650	40536	33220	47000
SummePlanumsatz	1.923.700,00 €	1.098.530,00 €	1.318.236,00 €	1.316.820,00 €	1.471.000,00 €	1.318.236,00 €	925.480,00 €	1.923.700,00 €

Anmerkung: Die Aktuelle Wertespalte repräsentiert die Werte der veränderbaren Zellen zum Zeitpunkt, als der Szenariobericht erstellt wurde. Veränderbare Zellen für Szenarien sind in grau hervorgehoben.

Abbildung 3.73: Szenariobericht mit Zusammenfassung der einzelnen Szenarien

Excel-Praxis: Absatz-, Preis- und Umsatzplanung, erweitert um Plan/Ist-Vergleich und Forecast

Absatz- und Umsatzplanung.xls

CD

Für eine umfangreiche Planung der Absätze und Umsätze sollten Sie eine Liste erstellen, die leicht zu filtern und zu sortieren ist und sich mit Excel-Werkzeugen wie Teilergebnis und PivotTable-Bericht auswerten lässt. Voraussetzung für eine solche Liste ist eine durchgehend beschriftete Kopfzeile, die Datenspalten dürfen keine Leerzeilen und keine Zwischensummen enthalten.

Produkte

Die ersten Spalten sind für die Bezeichnungen der Kostenträger/Produkte reserviert. Nehmen Sie alle für die Auswertung und Analysen relevanten Informationen auf, z. B. Kategorien, Produktbezeichnungen und Hersteller, in der Praxis auch Kostenstellen, Absatzgebiete, Fertigungsbereiche etc. Die Kopfzeile unserer Liste befindet sich im Beispiel in Zeile 9.

Absatz, Preis und Umsatz

Beginnen Sie mit der Einrichtung des Plan/Ist-Modells für den ersten Monat. Fügen Sie eine Zeile für den Monatsnamen ein, reservieren Sie je drei Spalten für den Absatz mit Plan- und Istwert und der berechneten Abweichung in Stück (Absatz) bzw. Euro (Preis, Umsatz) und in Prozent. Schreiben Sie die Bezeichnungen in die Kopfzeile, damit die Spalten beim Auswerten per Filter oder PivotTable identifizierbar sind. Trennen Sie die Bereiche Absatz, Preis und Umsatz jeweils mit einer Leerspalte.

	A	B	C
1	**Absatz- und Umsatzplanung**		
2	*Verantwortlich:*	____________	
3	*Planungszeitraum:*	**Jan. - Dez. 2010**	
4			
5			
6			
7			
8			
9	**Produktgruppe**	**Produkt**	**Hersteller**
10	Golfbälle	Callaway XS	Callaway
11	Golfbälle	Titleist Pro Am	Titleist
12	Golfbälle	TopFlite XP	TopFlite
13	Driver	Cobra SL	Cobra
14	Driver	Nike Swosh	Nike
15	Driver	Callaway FTI	Callaway
16	Eisen	Mizuno SC	Mizuno
17	Eisen	Ping Raptor	Ping
18	Eisen	Callaway ST	Callaway
19	Eisen	Cobra QF	Cobra
20	Elektro-Caddy	PowaKaddy GCX	PowaKaddy

Abbildung 3.74: Kostenträger mit Produktgruppe, Produkt und Hersteller im Absatz-/Umsatzplan

Blenden Sie die Gitternetzlinien des Tabellenblatts aus:

2003

Extras/Optionen/Register Allgemein/Gitternetzlinien

2007
2010

Seitenlayout/Tabellenblattoptionen/Gitternetzlinien/Ansicht

Absatz- und Umsatzplanung

Verantwortlich: ____________

Planungszeitraum: **Jan. - Dez. 2010**

Januar

	A	B	C	D	E	F	G	I	J	K	L	N	O	P	Q
7				Absatz				Preis				Umsatz			
8				PLAN	IST	Abw.		PLAN	IST	Abw.		PLAN	IST	Abw.	
9	**Produktgruppe**	**Produkt**	**Hersteller**	Absatz PLAN 01	Absatz IST 01	in Stück	in %	Preis PLAN 01	Preis IST 01	in EUR	in %	Umsatz PLAN 01	Umsatz IST 01	in EUR	in %
10	Golfbälle	Callaway XS	Callaway	790				5,9				4.661,0			
11	Golfbälle	Titleist Pro Am	Titleist	958				4,9				4.694,2			
12	Golfbälle	TopFlite XP	TopFlite	530				4,5				2.385,0			
13	Driver	Cobra SL	Cobra	6				499,0				2.994,0			
14	Driver	Nike Swosh	Nike	5				389,0				1.945,0			
15	Driver	Callaway FTI	Callaway	4				458,0				1.832,0			
16	Eisen	Mizuno SC	Mizuno	447				689,9				308.385,3			
17	Eisen	Ping Raptor	Ping	250				899,9				224.975,0			
18	Eisen	Callaway ST	Callaway	380				899,9				341.962,0			
19	Eisen	Cobra QF	Cobra	298				399,9				119.170,2			
20	Elektro-Caddy	PowaKaddy GCX	PowaKaddy	10				899,0				8.990,0			

Abbildung 3.75: Der erste Monat wird eingerichtet

Die Plandaten für den ersten Monat können Sie gleich eintragen oder mit der Absatzplanung, falls vorhanden, verknüpfen. Berechnen Sie dann die Abweichung in Stück und % für den Absatz:

```
F10: =WENN(UND(D10>0;E10>0);E10-D10;0)
G10: =WENN(UND(D10>0;E10>0);(E10-D10)/D10*100;0)
```

Kopieren Sie die Formeln auf die beiden anderen Abweichungsspalten von Preis und Umsatz. Der Istumsatz wird als Produkt von Istabsatz und Istpreis kalkuliert:

```
O10: =E10*J10
```

Ein benutzerdefiniertes Zahlenformat weist die negativen Werte in den beiden Spalten in roter Schrift aus, Nullwerte werden unterdrückt. Markieren Sie die Spalten und drücken Sie [Strg] + [1] für die Zuweisung des Zahlenformats. Schalten Sie auf *Benutzerdefiniert* und tragen Sie ein:

```
#.##0,0;[Rot]-#.##0,0;""
```

Gruppieren Sie die einzelnen Bereiche Absatz, Umsatz und Preis mithilfe der Gliederungsfunktion. Um den gesamten Monat in eine Ebene zu untergliedern, ziehen Sie die Markierung über eine weitere Leerspalte (bis Spalte S) und gruppieren Sie sie wieder. Geben Sie den Monatsnamen in diese Spalte ein, bevor Sie alle Zellen über alle Spalten verbinden.

Daten/Gruppierung und Gliederung/Gruppieren 2003

Daten/Gliederung/Gruppierung/Gruppieren 2007 2010

01-20: Gliederungssymbole in der Symbolleiste

TIPP

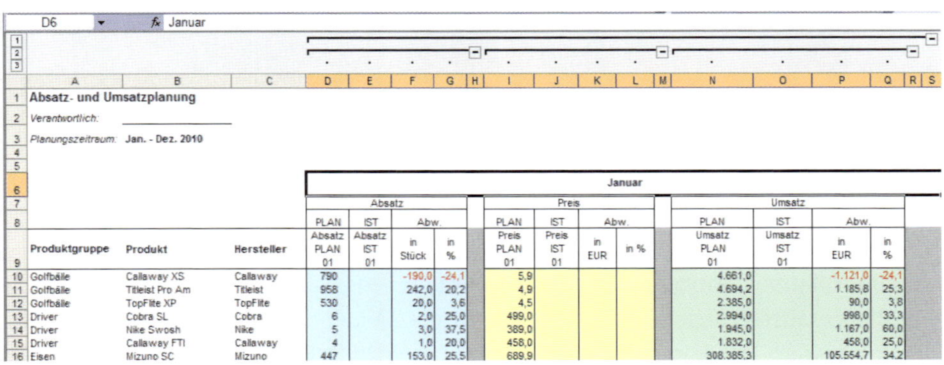

D6 Januar

Absatz- und Umsatzplanung

Verantwortlich:

Planungszeitraum: **Jan. - Dez. 2010**

			Januar												
			Absatz				Preis				Umsatz				
			PLAN	IST	Abw.		PLAN	IST	Abw.		PLAN	IST	Abw.		
	Produktgruppe	**Produkt**	**Hersteller**	Absatz PLAN 01	Absatz IST 01	in Stück	in %	Preis PLAN 01	Preis IST 01	in EUR	in %	Umsatz PLAN 01	Umsatz IST 01	in EUR	in %
10	Golfbälle	Callaway XS	Callaway	790		-190,0	-24,1	5,9				4.661,0		-1.121,0	-24,1
11	Golfbälle	Titleist Pro Am	Titleist	958		242,0	20,2	4,9				4.694,2		1.185,8	25,3
12	Golfbälle	TopFlite XP	TopFlite	530		20,0	3,6	4,5				2.385,0		90,0	3,8
13	Driver	Cobra SL	Cobra	6		2,0	25,0	499,0				2.994,0		998,0	33,3
14	Driver	Nike Swosh	Nike	5		3,0	37,5	389,0				1.945,0		1.167,0	60,0
15	Driver	Callaway FTI	Callaway	4		1,0	20,0	458,0				1.832,0		458,0	25,0
16	Eisen	Mizuno SC	Mizuno	447		153,0	25,5	689,9				308.385,3		105.554,7	34,2

Abbildung 3.76: Monatskalkulation mit Gliederungsebenen

Jetzt können Sie die Kalkulation für den nächsten Monat anlegen, kopieren Sie dazu einfach alle Spalten des ersten Monats in die nächste freie Spalte, tragen Sie den nächsten Monatsnamen in die verbundenen Zellen in Zeile 6 ein und ändern Sie die Spaltenbeschriftungen in Zeile 9. Legen Sie die Planung für alle 12 Monate des Planjahres an und ändern Sie, falls erforderlich, die Planwerte für Absätze und Preise.

Absatz-/Umsatzgesamtplanung

Für die Gesamtplanung, die als weiterer Block hinter dem letzten Monat angelegt wird, addieren Sie nur die PLAN-/IST-Zellen der Absätze und Umsätze. Die Methode, die Zellen einzeln zu kopieren, ist aufwendig und sehr fehlerträchtig, besser ist hier die Verwendung von Bereichsnamen. Weisen Sie den einzelnen Plan- und Ist-Spalten Bereichsnamen zu, indem Sie diese markieren und den Namen in das Namensfeld links oben schreiben. Drücken Sie die [↵]-Taste, um die Benennung abzuschließen.

Bereichsname	Bezieht sich auf
AbsatzPLAN01	D10:D40
AbsatzIST01	E10:E40
UmsatzPLAN01	N10:N40
UmsatzIST01	O10:O40

usw.

Addieren Sie die Bereiche im Block *Gesamt*. Die Formel können Sie mit [Strg] + [↵] in die zuvor markierte Spalte schreiben oder mit dem Füllkästchen nach unten kopieren.

```
GN10: =AbsatzPLAN01+AbsatzPlan02 …. + AbsatzPLAN12
```

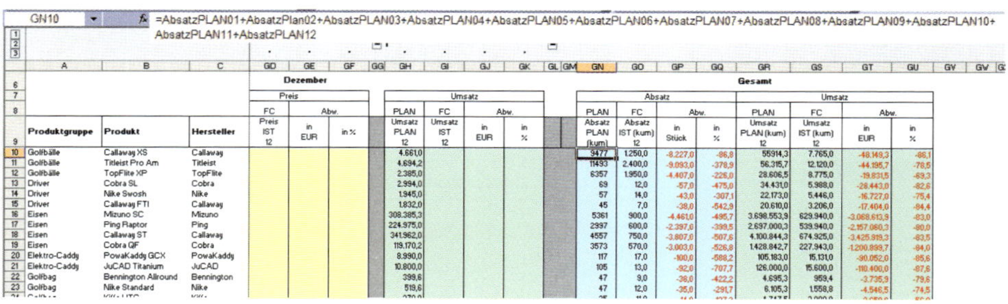

Abbildung 3.77: In der Absatz-/Umsatzgesamtplanung werden alle Plan- und Istwerte addiert

Year to date und Forecast

Die Jahresplanung erfolgt auf Basis der Unternehmensziele. In der Praxis ändern sich aber die Voraussetzungen, die Grundlage für die Zieldefinition und die ursprüngliche Planung waren. Der Forecast ist die Abbildung geänderter Entwicklungen, d. h. ein überarbeiteter Prognosewert. Er hat die Aufgabe, die zu erwartenden Istwerte zum Periodenende nach dem jeweiligen Istzustand der Vorperiode(n) zu prognostizieren. Year to date (YTD) bezeichnet den Zeitraum seit Geschäftsjahresbeginn bis zum aktuellen Berichtszeitpunkt. Er kumuliert die bis dahin aufgelaufenen Werte. Als deutsche Übersetzung findet sich häufig auch die Bezeichnung »Lfd. Jahr«.

In der Absatz-/Umsatzplanung werden deshalb alle angepassten bzw. überarbeiteten Planwerte, die in Perioden liegen, für die noch keine Istwerte vorhanden sind, als Forecast (FC) ausgewiesen. Verwenden Sie die Funktion *Suchen/Ersetzen* ([Strg] + [H]), um die Spalten umzubenennen.

Der Forecast für das Gesamtjahr wird aus der Summe aller Planwerte gebildet. Nach jeder Fortschreibung der Istwerte pro Periode (Monat) erfolgt eine YTD-Berechnung, die mit der Gesamtplanung abgeglichen werden kann.

Für die YTD-Berechnung werden die Plan- und Istabsätze sowie die Plan- und Istumsätze bis zum aktuellen Monat aufsummiert. Bereiten Sie den Block neben der Gesamtberechnung vor, die Plan- und Ist-Spalten für Umsätze und Absätze bleiben zunächst leer.

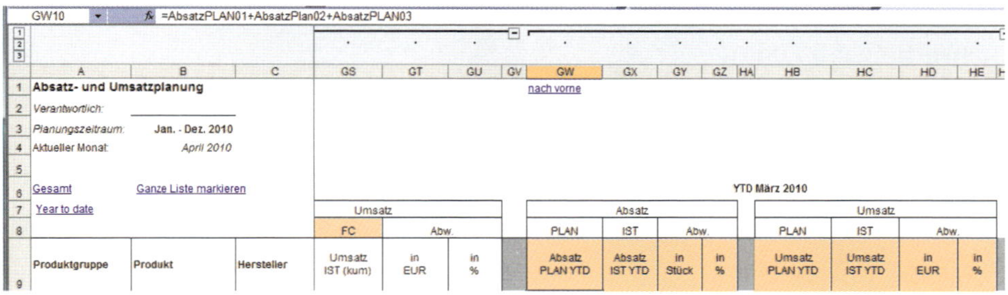

Abbildung 3.78: Die YTD-Kalkulation fasst alle Vormonatswerte zusammen

Der YTD-Wert wird zum Monatsabschluss fortgeschrieben, tragen Sie dazu einfach die Formel ein, mit der die Absätze und Umsätze berechnet werden, z. B. bis Monat März:

```
GW10: =AbsatzPLAN01+AbsatzPLAN02+AbsatzPLAN03
GX10: =AbsatzIST01+AbsatzIST02+AbsatzIST03
HB10: =UmsatzPLAN01+UmsatzPLAN02+UmsatzPLAN03
HC10: =UmsatzIST01+UmsatzIST02+UmsatzIST03
```

Gesamtplan mit Bereichsnamen präparieren

Für die Auswertung des Plans mit Filtern und PivotTable-Berichten empfiehlt es sich, dem gesamten Bereich ab der Kopfzeile einen Bereichsnamen zuzuweisen. Über das Namensfeld links oben ist dieser Name schnell abgerufen, der Bereich wird markiert und die Auswertungswerkzeuge können verwendet werden.

Markieren Sie den Bereich ab der Kopfzeile bis zum letzten Eintrag in der Liste. Setzen Sie dazu den Zellzeiger in Zelle A9 und drücken Sie [Strg] + [⇧] + [Ende]. Schreiben Sie den Bereichsnamen *AbsatzUmsatz* in das Namensfeld oder verwenden Sie den Namens-Manager (Aufruf mit [Strg] + [F3]).

Einfügen/Namen definieren 2003

Formel/Definierte Namen/Namen definieren 2007 2010

Geben Sie auch den wichtigsten und häufig besuchten Bereichen (YTD, Forecast Gesamtjahr) Bereichsnamen, damit Sie diese schnell im Tabellenblatt ansteuern können.

Hyperlinks für schnelle Steuerung

Mit Hyperlinks können Sie auch innerhalb des Tabellenblatts gezielt einzelne Bereiche ansteuern und so viel Zeit sparen. Nutzen Sie die zugewiesenen Bereichsnamen als Quelle oder steuern Sie einzelne Zellen im aktuellen Dokument an.

2003 *Einfügen/Hyperlink*

2007 2010 *Einfügen/Hyperlinks/Hyperlink*

Auswertung mit Filtern

Setzen Sie den AutoFilter auf den Bereich *AbsatzUmsatz*, bietet die Kopfzeile je einen Filterpfeil pro Spalte an. Über diesen lässt sich die Liste zeilenweise filtern, z. B. nach Kategorien oder Herstellern, aber auch (mit benutzerdefinierten Filtern) gezielt nach bestimmten Kriterien.

2003 *Daten/Filter/AutoFilter*

2007 2010 *Daten/Sortieren und Filtern/Filtern*

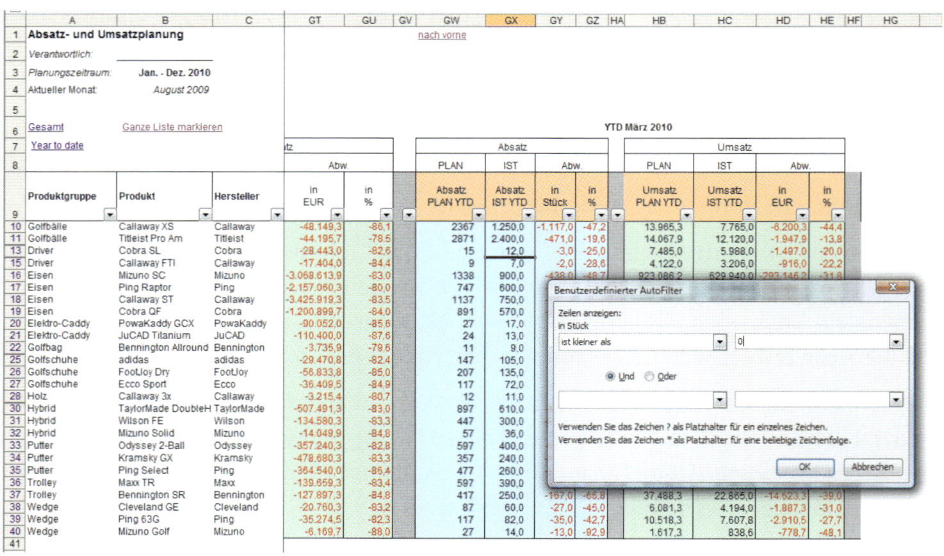

Abbildung 3.79: AutoFilter benutzerdefiniert, hier alle negativen Planabweichungen im YTD

Die Summen der Plan- und Istdaten ermitteln Sie am besten einige Zeilen unterhalb der Absatz-/Umsatzplanung. Die Funktion SUMME() summiert immer den gesamten Bereich, unabhängig davon, ob ein Filter gesetzt ist. Hier z. B. die Summe der geplanten Umsätze im ersten Monat:

```
N42: =SUMME(N10:N40)
```

Mit der Funktion TEILERGEBNIS() ermitteln Sie die Summe der Umsätze bei gefilterter Liste. Das erste Argument ist der Parameter, der die Auswertungsfunktion bestimmt, mit 9 summieren Sie den Bereich, die 1 würde den Mittelwert berechnen, die 3 die Anzahl der Positionen:

```
=TEILERGEBNIS(9;N10:N40)
```

Verwenden Sie TEILERGEBNIS zusätzlich zur Summe, um den Umsatzanteil der gefilterten Werte zu ermitteln. Wenn Sie den Bereich mit einem Bereichsnamen (*Absatz-Umsatz*) versehen hatten, können Sie mit einem Formeltrick die gesamte Spalte des Bereichs summieren, in der sich die Formel befindet. Die Formel lässt sich damit ganz einfach auf alle anderen Umsatzspalten kopieren:

```
=TEILERGEBNIS(9;INDEX(AbsatzUmsatz;;SPALTE()))
```

	C	H	M	N	O	P	Q	R
6				Januar				
7				Umsatz				
8				PLAN	IST	Abw.		
9	Hersteller			Umsatz PLAN 01	Umsatz IST 01	in EUR	in %	
10	Callaway			4.661,0	3.540,0	-1.121,0	-24,1	
15	Callaway			1.832,0	2.290,0	458,0	25,0	
18	Callaway			341.962,0	359.960,0	17.998,0	5,3	
28	Callaway			349,5	419,4	69,9	20,0	
41								
42	Summe:			1.265.154,7				
43	Summe gefiltert:			348.804,5				
44	%-Anteil:			28%				
45								

=SUMME(N10:N40)
=TEILERGEBNIS(9;INDEX(AbsatzUmsatz;;SPALTE()))
=N43/N42

Abbildung 3.80: Mit TEILERGEBNIS() gefilterte Werte summieren, hier mit Anteilsberechnung

Auswertung mit Teilergebnissen

Die Teilergebnisberechnung zählt zu den etwas älteren Werkzeugen von Excel, sie wurde von den PivotTable-Berichten abgelöst. Teilergebnisse sind Zwischensummen, die sich automatisch in den Auswertungsbereich einfügen und auch wieder entfernt werden können. Achten Sie darauf, dass die Gruppierungsspalte sortiert sein muss:

Daten/Teilergebnisse 2003

Daten/Gliederung/Teilergebnis 2007 2010

Hier im Beispiel ist die Liste nach Kategorien sortiert, als Auswertungsfunktion wird die Summe angegeben. Unter *Teilergebnisse addieren zu* sind alle Absatz- und Umsatzspalten angekreuzt. Mit Klick auf *OK* werden die Teilergebnisse eingefügt, *Alle entfernen* löscht nach einem erneuten Aufruf alle Zwischenergebnisse wieder aus der Liste.

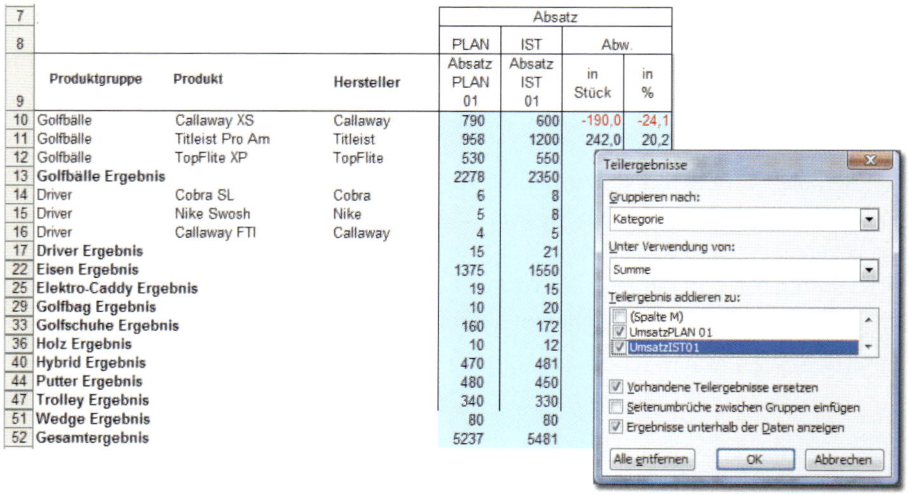

	Produktgruppe	Produkt	Hersteller	Absatz PLAN 01	Absatz IST 01	Abw. in Stück	Abw. in %
10	Golfbälle	Callaway XS	Callaway	790	600	-190,0	-24,1
11	Golfbälle	Titleist Pro Am	Titleist	958	1200	242,0	20,2
12	Golfbälle	TopFlite XP	TopFlite	530	550		
13	**Golfbälle Ergebnis**			2278	2350		
14	Driver	Cobra SL	Cobra	6	8		
15	Driver	Nike Swosh	Nike	5	8		
16	Driver	Callaway FTI	Callaway	4	5		
17	**Driver Ergebnis**			15	21		
22	**Eisen Ergebnis**			1375	1550		
25	**Elektro-Caddy Ergebnis**			19	15		
29	**Golfbag Ergebnis**			10	20		
33	**Golfschuhe Ergebnis**			160	172		
36	**Holz Ergebnis**			10	12		
40	**Hybrid Ergebnis**			470	481		
44	**Putter Ergebnis**			480	450		
47	**Trolley Ergebnis**			340	330		
51	**Wedge Ergebnis**			80	80		
52	**Gesamtergebnis**			5237	5481		

Abbildung 3.81: Zwischensummen einfügen mit Teilergebnis

Auswertung mit PivotTable-Berichten

Die beste und sicherste Möglichkeit, die Absatz- und Umsatzplanung auszuwerten, ist der PivotTable-Bericht, einfach auch Pivot-Tabelle genannt. Pivot-Tabellen werden in der Praxis in zusätzlichen Tabellenblättern gehalten, sie sind halbdynamisch mit der Liste verknüpft und können auf Knopfdruck aktualisiert werden.

STOP

Wichtigste Voraussetzung für PivotTable-Berichte ist eine durchgehende beschriftete Kopfzeile mit gültigen Feldnamen (siehe Kapitel 2.1.9). Der Pivot-Assistent verweigert seine Dienste, wenn eine Spalte nicht beschriftet ist oder unzulässige Sonderzeichen enthält. Tragen Sie in die Kopfzeile der Leerspalten, die Sie für die Gliederungsfunktion brauchen, einfach ein Leerzeichen ein.

Legen Sie passende PivotTable-Berichte für Ihre Absatz- und Umsatzplanung an:

2003

Daten/PivotTable- und PivotChart-Bericht

2007 2010

Einfügen/Tabellen/PivotTable

Nutzen Sie auch PivotCharts zur Visualisierung der Soll/Ist-Vergleiche. Abweichungen, die nicht in der AbsatzUmsatz-Liste enthalten sind, können Sie mithilfe zusätzlicher Formelfelder berechnen.

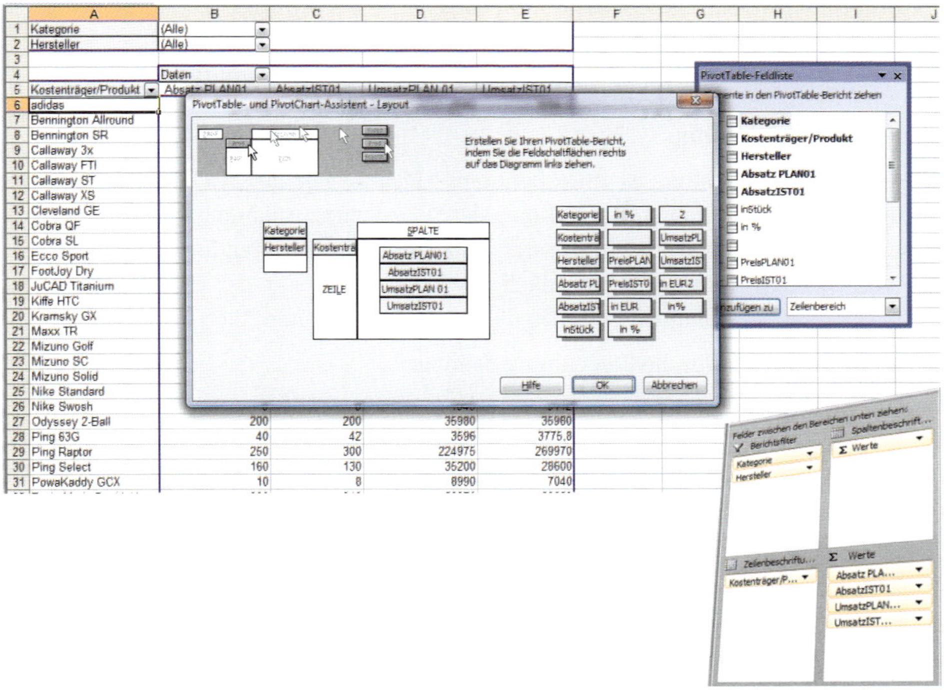

Abbildung 3.82: Pivot-Layouts für die Absatz- und Umsatzplanung nach Kostenträger/Produkt

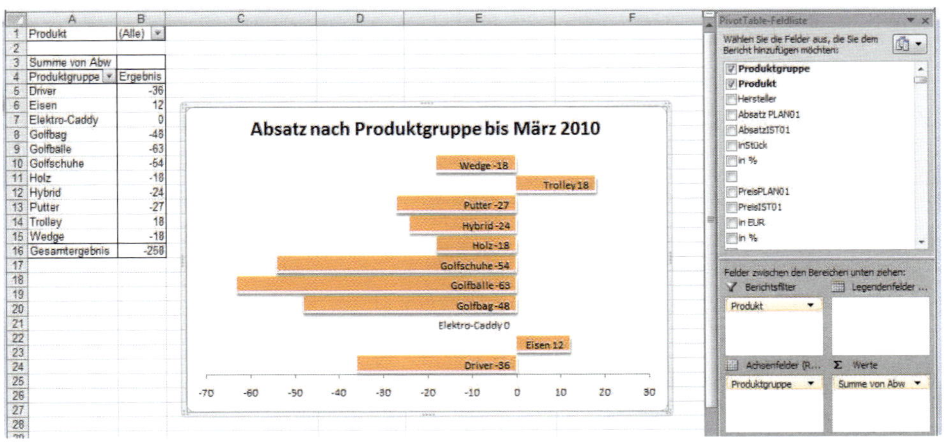

Abbildung 3.83: Transparenz über Absatzplus und -minus mit PivotCharts

Excel-Praxis: Nützliche Statistikwerkzeuge für die Planung

CD Statistikwerkzeuge für Planung.xls, Tabellenblatt *Exponentielle Glättung*

Exponentielle Glättung

Die exponentielle Glättung ist eine quantitative Planungstechnik nach einem mathematisch-statistischen Verfahren. Im Rahmen der Unternehmensplanung wird sie zur Prognose von zukünftigen Werten eingesetzt. Im Unterschied zur Trendberechnung werden die vorliegenden Werte unterschiedlich gewichtet. Je größer der Glättungsfaktor ist, desto stärker werden aktuelle Werte und desto schwächer ältere Werte gewichtet.

Diese Werte werden für die Berechnung benötigt:

Vorhersagewert oder Prognosewert (P_{t+1})

Alter Vorhersagewert (P_t)

Istwert der Periode (I_t)

Glättungsfaktor Alpha (α)

Die Formel berechnet den Prognosewert nach dem Verfahren der exponentiellen Glättung.

G7 | fx =(1-G6)*G4+(G6*G5)

	A	B	C	D	E	F	G
1	**Prognose durch exponentielle Glättung 1. Ordnung**						
2							
3							
4	P_t	=	alter Vorhersagewert für Periode t (ermittelt in t_{-1})				19.700,00
5	I_{t+1}	=	Istwert der Periode t				20.200,00
6	α	=	Glättungsfaktor				0,30
7	**P_{t+1}**	=	**Prognosewert**	=	**$(1 - \alpha) * P_t + (\alpha * I_t)$**		**19.850,00**

Abbildung 3.84: Prognosewert berechnen mit exponentieller Glättung

Regressionsanalysen

CD Statistikwerkzeuge für Planung.xls, Tabellenblatt *Regressionsanalyse*

Die Regressionsanalyse ermittelt den Zusammenhang zwischen einer abhängigen und mehreren unabhängigen Variablen. Die einfachste und meistbenutzte Art ist die lineare Regression mittels der Methode der kleinsten Quadrate.

In diesem Praxisbeispiel wird das Verhältnis zwischen bestimmten Kosten und Umsätzen berechnet, die Kostenarten werden zur Auswahl gestellt.

Ausgangspunkt für die Berechnung ist die Kostenaufstellung mit Angabe der Periode und der Kostenart in einer Liste.

Die Perioden sind mit dem Bereichsnamen *Perioden* versehen, die Kostenarten mit *Kostenarten*. Mithilfe dieser Namen wird eine Gültigkeitsprüfung für alle Kostenarten und ein variabler Kostenbereich in Spalte C erstellt. Wählen Sie in Zelle D1 eine Kostenart.

Diese Formel berechnet die Kosten der eingestellten Kostenart in der ersten Periode:

```
C8:
=BEREICH.VERSCHIEBEN($L$2;VERGLEICH(A8;Perioden;0);VERGLEICH($D$1;Kostenarten;0))
```

L	M	N	O	P
	Kosten			
Periode	Material	Personal	Werbung	Marketing
2004	500	2500	150	100
2005	800	3000	180	120
2006	1500	3500	160	120
2007	1800	4200	200	150
2008	1850	4500	250	180
2009	1900	4500	300	210
2010	2000	5000	200	250

Kostenarten

Perioden

	A	B	C	D	E
1	Regressionsanalyse		Kostenart:	Werbung	
2				Material	
3				Personal	
4				Werbung	
				Marketing	
5			Werbung	Umsatz	Werbung
6		Periodenabstand	Kostenart:	0	quadriert
7	Periode	n	x	y	x²
8	2004	1	150	7000	22500
9	2005	2	180	7300	32400
10	2006	3	160	7100	25600
11	2007	4	200	7500	40000
12	2008	5	250	8000	62500
13	2009	6	300	8500	90000
14	2010	7	200	7800	40000
15	Σ	28	1440	53200	313000

Abbildung 3.85: Die Kostenarten stehen in einer Gültigkeitsliste zur Auswahl

In Spalte A werden die einzelnen Perioden eingetragen. Die Regressionsanalyse berechnet die Beziehung zwischen der Kostenart und den Umsatzzahlen. In Spalte J (Regressionslinie) können die Beziehungen zwischen Kosten und Umsatz abgelesen werden. Für die letzte Periode bedeutet das, dass bei einem Werbekostenaufwand von 200 ein Umsatz von 7543,44 zu erwarten wäre.

	A	B	C	D	E	F	G	H	I	J
1	Regressionsanalyse		Kostenart:	Werbung						
2										
3										
4										
5			Werbung	Umsatz	Werbung	Werbung	Anfangsstand		Werbung	
6		Periodenabstand	Kostenart:	0	quadriert	Umsatz	des Trend	Regressionszuwachs	* Regressionszuwachs	Regressionlinie
7	Periode	n	x	y	x²	x * y	a	b	b * x	y = a +b * x
8	2004	1	150	7000	22500	1050000	5563,88	9,897785349	1484,67	7048,55
9	2005	2	180	7300	32400	1314000	5563,88	9,897785349	1781,60	7345,49
10	2006	3	160	7100	25600	1136000	5563,88	9,897785349	1583,65	7147,53
11	2007	4	200	7500	40000	1500000	5563,88	9,897785349	1979,56	7543,44
12	2008	5	250	8000	62500	2000000	5563,88	9,897785349	2474,45	8038,33
13	2009	6	300	8500	90000	2550000	5563,88	9,897785349	2969,34	8533,22
14	2010	7	200	7800	40000	1560000	5563,88	9,897785349	1979,56	7543,44
15	Σ	28	1440	53200	313000	11110000			14252,81	53200,00

Abbildung 3.86: Die Regressionslinie berechnet das Verhältnis zwischen Kosten und Umsatz

3.2.2 Personalplanung

Problemstellung

Die Erstellung des Absatzmengenplans im Rahmen der Leistungsplanung erfolgt unter Berücksichtigung der **vorhandenen Ressourcen bzw. Kapazitäten**. Bei der Beantragung und Bewilligung zusätzlicher personeller Ressourcen (Stellen) ist zu beachten, dass eine derartige Bewilligung nur bei **vollständiger Auslastung des Personals** möglich ist. Demzufolge muss es ein zentrales Ziel sein, das gemäß Stellenplan vorgesehene Personal vollständig auszulasten.

Fachliche Beschreibung und Beispiele

Als Teilpläne sind insbesondere

- ein Personalkapazitätsplan (Personalplan),
- ein Raumkapazitätsplan sowie
- ein Plan der Kapazität an technischer Ausstattung und Maschinen

zu erstellen. Ein wesentlicher Teil der Kapazitätsplanung bei Dienstleistungsunternehmen und auch bei Behörden ist die Planung der **personellen Ressourcen (Personalplan)**. In Abhängigkeit der Art der Leistungserstellung können weitere Teilpläne mindestens genauso relevant sein wie der Personalplan, z. B. bei produzierenden Unternehmen die Planung maschineller Ressourcen.

Kostenstelle:			Verantwortlicher:	Planungszeitraum:
Stellenbezeichnung	Stelleneinstufung	Arbeitszeit in %	Zugang (+) Abgang (–) der Stelle	Personalkosten
Gesamt:				

Tabelle 3.12: Personalplan

Hinweis

Zusätzlich zu Personalplanungsformularen sollten auch Vorlagen für die Planung sachlicher Ressourcen (z. B. Maschinen) verwendet werden. Bei Unternehmen, in denen z. B. Schulungsaktivitäten eine große Rolle spielen und damit eine Kapazitätsplanung in Form einer Raumplanung erforderlich ist, werden für diese Aufgaben eigene Planungsformulare entworfen.

Excel-Praxis: Personal(kosten)planung für Lohn- und Gehaltsempfänger

Bei der Personal(kosten)planung müssen folgende Mitarbeiterkategorien unterschieden werden:

- Produktive Lohnempfänger (z. B. Mitarbeiter der Fertigung)
- Unproduktive Lohnempfänger (z. B. Hilfsarbeiter)
- Gehaltsempfänger (z. B. Verwaltungsmitarbeiter)

Die Kosten der produktiven Lohnempfänger sollten grundsätzlich als fertigungsbezogene Personalkosten auf den Kostenträgern geplant werden. Der unproduktive Anteil der Arbeitszeit dieser Mitarbeiter sollte bewertet und als Gemeinkosten auf Kostenstellen geplant werden.

Unbezahlte Abwesenheiten (z. B. Urlaub, Feiertage, Krankheit, Schulung) sollten als Gemeinkosten auf Kostenstellen geplant werden, die Kosten der unproduktiven Lohnempfänger werden vollständig als Gemeinkosten auf Kostenstellen geplant.

Sowohl bei den Lohn- als auch bei den Gehaltsempfängern sind Urlaubs-/Weihnachtsgeld bzw. Sonderzahlungen (z. B. 13. Monatsgehalt) sowie der Arbeitgeberanteil zur Sozialversicherung (ca. 20 bis 22 %) in der Planung zu berücksichtigen.

Personalplanung.xls

CD

Basisdaten und Feiertagsliste

Im Tabellenblatt *Basisdaten* sind die wichtigsten Parameter für die Personalplanung hinterlegt. Tragen Sie neben allgemeinen Daten (Firmenbezeichnung, Geschäftsjahr) den Prozentsatz für unproduktive Zeiten und den Steigerungsfaktor für Löhne und Gehälter ein und geben Sie den Arbeitgeberanteil an der Sozialversicherung in Prozent ein.

	A	B
1	**Basisdaten Personalplanung**	
2		
3	Firma:	Mustermann GmbH
4	Beginn Geschäftsjahr:	01.01.2010
5	Ende Geschäftsjahr:	31.12.2010
6	Prozentsatz unproduktive Zeiten:	10%
7	Steigerungsfaktor:	2,25%
8	Prozentsatz Arbeitgeberanteil Sozialversicherung:	22%

Abbildung 3.87: Basisdaten für die Personalplanung

Die Feiertagsliste stammt aus der Vorlage in *FeiertageDeutschland.xls*. Die Datumswerte sind mit dem globalen Bereichsnamen FTAGE gekennzeichnet (siehe Kapitel 2.1.8). In Zelle A1 steht das aus den Basisdaten abgeleitete Geschäftsjahr:

```
A1: =JAHR(BeginnGJ)
```

Personalbestand

Das Tabellenblatt *Personal* enthält eine Liste mit den Personaldaten. Neben Personalnummer, Bereich und Stellenbezeichnung sind die Stundenlöhne und Gehälter sowie die Urlaubstage und die Arbeitszeitregelung eingetragen (LE/GE = Lohnempfänger/Gehaltsempfänger). Die gesamte Liste ist mit dem Bereichsnamen *Personaldatenbank* versehen, ein weiterer Bereichsname berechnet die Liste der Personalnummern:

```
PersNr: =BEREICH.VERSCHIEBEN(Personaldatenbank;1;0;ZEILEN(Personaldatenbank)-1;1)
```

	A	B	C	D	E	F	G	H
1	PersNr	Name	Bereich	Stellenbezeichnung	Stundenlohn/Gehalt	Urlaub	Arbeitszeit	Produktiv
2	1020-321	Dieter Heinzmann	Dreherei	Facharbeiter DF	15	30	LE	x
3	1020-322	Friedrich Meier	Fräserei	Facharbeiter DF	15	24	LE	x
4	1020-323	Bernd Köhler	Montage	Montagefacharbeiter	15	26	LE	x
5	1020-324	Stefan Braun	Lackiererei	Lackierer	15	30	LE	x
6	1020-325	Willi Krumm	Produktion	Produktionshelfer	12	25	LE	
7	1020-326	Hermann Hofinger	Produktion	Produktionshelfer	12	25	LE	
8	1020-327	Monika Weber	Verwaltung	Verwaltungsangestellte	2300	30	GE	
9	1020-328	Herta Fröhlich	Verwaltung	Sekretärin	2100	30	GE	
10	1020-329	Ludwig Hamberger	Verwaltung	Buchhalter	2400	30	GE	

Abbildung 3.88: Personalbestand im Tabellenblatt Personal

Personalplanung

In der ersten Spalte des Tabellenblatts *Personalplan* werden die Personalnummern per Gültigkeitsliste angeboten. Mit der SVERWEIS()-Funktion berechnet das Blatt die übrigen Personaldaten (Name, Bereich, Stundenlohn/Gehalt, Urlaub). Lohn- oder Gehaltssteigerungen werden pauschal über den Steigerungsfaktor berechnet oder manuell in die Liste eingetragen.

```
C9: =WENN(B9<>"";SVERWEIS(B9;Personaldatenbank;2;0);"")
```

	A	B	C	D	E	F	G
1		**Personalplanung 2010**					
2							
3		Firma:	Mustermann GmbH				
4		Verantwortlich:					
5							
6							
7	Lfd. Nr.	Pers.-Nr.	Name	Bereich	Std.-Lohn/Gehalt Vorjahr	Std-Lohn/Gehalt nach Erhöhung	Std./AT
8		**Lohnempfänger produktiv**					
9	1	1020-321	Dieter Heinzmann	Dreherei	15,0 €	15,34 €	8 h
10	2	1020-322	Friedrich Meier	Fräserei	15,0 €	15,34 €	8 h
11	3	1020-323	Bernd Köhler	Montage	15,0 €	15,34 €	8 h
12	4	1020-324	Stefan Braun	Lackiererei	15,0 €	15,34 €	8 h
13	5	1020-325	Willi Krumm	Produktion	12,0 €	12,27 €	8 h
14	6	1020-326	Hermann Hofinger	Produktion	12,0 €	12,27 €	8 h
15					Ø-Stundensatz:	**14,32 €**	
16							
17		**Lohnempfänger unproduktiv**					
18	7	1020-325	Willi Krumm	Produktion	12,0 €	12,27 €	8 h
19	8	1020-326	Hermann Hofinger	Produktion	12,0 €	12,27 €	8 h
20							
21							
22		**Gehaltsempfänger**					
23	9	1020-327	Monika Weber	Verwaltung	2.300,0 €	2.300,00 €	8 h
24	10	1020-328	Herta Fröhlich	Verwaltung	2.100,0 €	2.100,00 €	8 h
25	11	1020-329	dwig Hamberger	Verwaltung	2.400,0 €	2.400,00 €	8 h
26							
27							
28							
29							
30							
31							
32							

1020-322
1020-323
1020-324
1020-325
1020-326
1020-327
1020-328
1020-329

Abbildung 3.89: Personaldaten werden mit Gültigkeitslisten und Verweisfunktionen aus der Datenbank übernommen

Arbeitstage und Abwesenheitszeiten berechnen

Für die Berechnung der Arbeitszeiten pro Jahr wird zunächst die Stundenzahl pro Arbeitstag eingetragen. Die Funktion NETTOARBEITSTAGE() berechnet die Anzahl der Tage, die nicht auf Samstage und Sonntage fallen und keine Feiertage sind. Der Bereichsname FLISTE verweist auf die Liste der Feiertage im gleichnamigen Tabellenblatt.

```
H9: =NETTOARBEITSTAGE(BeginnGJ;EndeGJ;FTAGE)
```

STOP

NETTOARBEITSTAGE() ist bis zur Version 2003 im Paket der Analyse-Funktionen enthalten, und damit diese zur Verfügung stehen, muss unter *Extras/Add-Ins* das Add-In *Analyse-Funktionen* aktiviert sein.

Die bezahlten Abwesenheitstage werden detailliert geplant und nach Urlaub, Krankheit, Schulung (geplante Seminartage) aufgesplittet. Die Anzahl der Feiertage berechnet die Funktion ZÄHLENWENN() aus der Feiertagsliste, die Summe wird für die Berechnung der Abwesenheitsstunden verwendet:

```
L9: =ZÄHLENWENN(INDEX(FTAGE;;1);">0")
N9: =SUMME(J9:M9)
O9: =N9*G9
```

H9 =NETTOARBEITSTAGE(BeginnGJ;EndeGJ;FTAGE)

	G	H	I	J	K	L	M	N	O	P
6						bezahlte Abwesenheit				
7	Std./AT	Arbeitstage pro Jahr	Bruttostunden	Urlaub	Krankheit	Feiertage	Schulung	Abwesenheit Gesamt	Stunden Abwesenheit	Unproduktive Zeit
8										
9	8 h	250	2000	30,0 t	8,0 t	15,0 t	5,0 t	58,0 t	464 h	154 h
10	8 h	250	2000	24,0 t	8,0 t	15,0 t	5,0 t	52,0 t	416 h	158 h
11	8 h	250	2000	26,0 t	8,0 t	15,0 t	5,0 t	54,0 t	432 h	157 h
12	8 h	250	2000	30,0 t	8,0 t	15,0 t	5,0 t	58,0 t	464 h	154 h
13	8 h	250	2000	25,0 t	8,0 t	15,0 t	5,0 t	53,0 t	424 h	158 h
14	8 h	250	2000	25,0 t	8,0 t	15,0 t	5,0 t	53,0 t	424 h	158 h
15										
16										
17										
18	8 h	250	2000	25,0 t	8,0 t	15,0 t	5,0 t	53,0 t	424 h	158 h
19	8 h	250	2000	25,0 t	8,0 t	15,0 t	5,0 t	53,0 t	424 h	158 h
20										

Abbildung 3.90: Nettoarbeitstage und Abwesenheiten planen und berechnen

Personalkosten

Im letzten Teil der Liste werden die Personalkosten berechnet. Die Gesamtkosten berechnen sich aus dem Produkt aus Gesamtstunden und Lohn/Gehalt, bei Mitarbeitern im Produktivbereich werden die fertigungsbezogenen Kosten auf den Kostenträgern geplant, der unproduktive Anteil wird als Gemeinkosten auf die Kostenstelle umgelegt. Zur Kostensumme addiert werden Urlaubs- und Weihnachtsgeld und der Sozialaufwand unter Berücksichtigung des Prozentsatzes für den Arbeitgeberbeitrag zur Sozialversicherung (Basisdaten).

=(V9+W9)*ArbeitgeberSozialversicherung

P Unproduktive Zeit	Q Gemeinkosten Zeit	R **Gemeinkosten Lohn / Gehalt**	S Fertigung Stunden	T **Fertigung Lohn**	U Gesamt Stunden	V **GESAMT**	W Urlaubsgeld Weinachtsgeld	X Arbeitgeberanteil Sozialversicherung	Y **Sozial-aufwand**	Z **Personal-kosten**
154 h	618 h	**9.472**	1382	**21.203**	2000	**30.675**	2.556	7.311	**9.867**	**40.542**
158 h	574 h	**8.810**	1426	**21.865**	2000	**30.675**	2.556	7.311	**9.867**	**40.542**
157 h	589 h	**9.031**	1411	**21.644**	2000	**30.675**	2.556	7.311	**9.867**	**40.542**
154 h	618 h	**9.472**	1382	**21.203**	2000	**30.675**	2.556	7.311	**9.867**	**40.542**
158 h	582 h	**7.136**	1418	**17.404**	2000	**24.540**	2.045	5.849	**7.894**	**32.434**
158 h	582 h	**7.136**	1418	**17.404**	2000	**24.540**	2.045	5.849	**7.894**	**32.434**
		51.058	8438	**120.722**	12000	**171780**	14.315	40.941	**55.256**	**227.036**
158 h	582 h	**7.136**				**7.136**	595	1.701	**2.295**	**9.432**
158 h	582 h	**7.136**				**7.136**	595	1.701	**2.295**	**9.432**
		14.272				**14.272**	1.189	3.092	**4.591**	**18.863**
153 h	625 h	**27.600**				**27.600**	2.300	6.578	**8.878**	**36.478**
153 h	625 h	**25.200**				**25.200**	2.100	6.006	**8.106**	**33.306**
		52.800				**52.800**	**4.400**	**12.584**	**16.984**	**69.784**
		118.130				238.852	19.904	56.617	76.831	315.683

Abbildung 3.91: Personalkostenberechnung

Formeln überprüfen mit Formelüberwachung

Ein wichtiges Werkzeug für formelintensive Tabellen ist die Formelüberwachung. Sie bietet die Möglichkeit, den Weg von und zu einer Formel sowie die Verknüpfung mit anderen Zellen und Tabellenblättern optisch anzuzeigen. Mit der Fehlerüberprüfung lässt sich ein Formelfehler Schritt für Schritt nachvollziehen.

2003

Ansicht/Symbolleisten/Formelüberwachung. Klicken Sie auf die Formelzelle und anschließend auf das Symbol, das die Spur zum Vorgänger oder Nachfolger zieht. Schalten Sie mit Strg + # auf die Formeldarstellung um, wird diese Symbolleiste automatisch eingeblendet. Auf externe Verknüpfungen verweist ein Tabellensymbol. Klicken Sie dieses doppelt an, wird die Verknüpfung im Dialogfenster eingeblendet.

U Gesamt Stunden	V **GESAMT**	W Urlaubsgeld Weinachtsgeld	X Arbeitgeberanteil Sozialversicherung	Y **Sozial-aufwand**	Z **Personal-kosten**
2000	**30.675**	2.556	7.311	**9.867**	**40.542**
2000	**30.675**	2.556	7.311	**9.867**	**40.542**
2000	**30.675**	2.556	7.311	**9.867**	**40.542**
2000	**30.675**	2.556	7.311	**9.867**	**40.542**
2000	**24.540**	2.045	5.849	**7.894**	**32.434**
2000	**24.540**	2.045	5.849	**7.894**	**32.434**
12000	**171780**	14.315	40.941	**55.256**	**227.036**
	7.				**9.432**
	7.				**9.432**
	14.272	1.189	3.092	**4.591**	**18.863**

Formelüberwachung

Abbildung 3.92: Die Formelüberwachung zieht Spuren zu Vorgängern und Nachfolgern

2007
2010

Formeln/Formelüberwachung

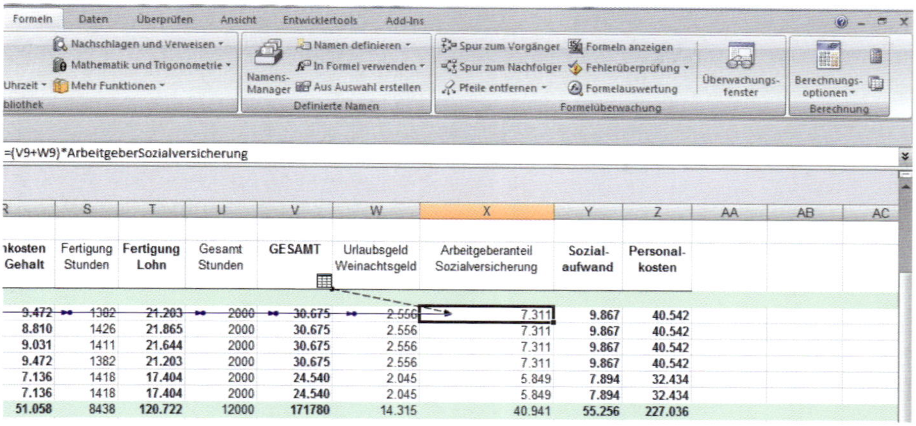

Abbildung 3.93: Formelüberwachung mit Spuren zum Vorgänger in Excel 2007

Excel-Praxis: Kostenstellen-Personalplanung mit 3D-Bezug

Selbst in Unternehmen, die Vorsysteme mit HR-Modulen (HR = human resources) einsetzen, kann die Mehrjahresplanung und die Detailplanung im Personalbereich mit Excel durchgeführt werden. Das Kalkulationsblatt ist flexibler und bietet mehr individuelle Auswertungsmöglichkeiten, die erforderlichen Daten lassen sich per ODBC aus dem Vorsystem importieren.

Personalplanung.xls

CD

Basisdaten mit Kostenstellenplan

Das Tabellenblatt *Basisdaten* enthält die Firmenbezeichnung und ein Eingabefeld für das erste Planjahr. Der Kostenstellenplan stellt sicher, dass in allen Planformularen die korrekten Kostenstellennummern und Bezeichnungen verwendet werden. Dieser Plan kann in der Praxis meist aus dem Vorsystem (SAP) geladen werden. Weisen Sie der Liste einen Bereichsnamen zu, damit neue Kostenstellen oder Änderungen automatisch in den verknüpften Tabellenblättern berücksichtigt werden.

01-08: Dynamische Bereiche

TIPP

Mehrjahresplanung

Das Tabellenblatt *Personalplanung Vorlage* dient als Vorlage für die Mehrjahresplanung der einzelnen Kostenstellen. Eine Gültigkeitsprüfung bietet in Zelle B4 die Kostenstellen aus dem Kostenstellenplan zur Auswahl an, die Abteilung und der Name des/der Kostenstellenverantwortlichen sucht eine Formel mit der Funktion SVERWEIS().

Bereichsname: KSLISTE

	A	B	C	D	E	F
1	**Basisdaten für Personalplanung**			Kostenstelle	Abteilung	Leitung
2						
3	Firma:	Mustermann GmbH		11300	Einkauf	Dr. Fritz Angermüller
4	1. Planjahr:	2010		12300	Produktion	Dr. Gerd Fritsch
5				12330	Produktion	Silvia Brehm
6				13320	IT/Org	Hermann Schmitt
7				14300	Verkauf/Marketing	Holger Fresen
8				14310	Forschung & Entwicklung	Dr. Wilhelm Schiesser
9				15300	Qualitätssicherung	Gerd Köster
10				16300	Controlling	Monika Bergmeister
11				17300	Werkstatt	Erdan Özdemir

Abbildung 3.94: Basisdaten mit Kostenstellenplan

```
B5: =WENN(B4<>"";SVERWEIS(B4;KSLISTE;2;0);"")
B6: =WENN(B4<>"";SVERWEIS(B4;KSLISTE;3;0);"")
```

Die erste Wertespalte ist für die Eingabe der Vorjahreswerte reserviert. Die Planwerte (und später die Istwerte) werden in die farbig markierten Zellen eingetragen, die Gesamtanzahl Führungskräfte, Mitarbeiter und der gesamte Personalbestand werden per SUMME()-Funktion berechnet.

Im Bereich *Kennzahlen* plant der Personalplaner die jährlichen Personalkosten sowie die Ausgaben für Weiterbildung. Die Fluktuationsrate wird aus den jährlichen Abgängen in der Detailplanung ermittelt, ebenso die Fehlzeitenquote. Der Altersdurchschnitt lässt sich aus dem Headcount (Personalliste) berechnen (siehe Kapitel 4.2.4).

	A	B	C	D	E	F	G	H	I	J	K	L
1	**Personalplanung mehrjährig**											
2	**Muster GmbH**											
3												
4	Kostenstelle	11300										
5	Abteilung	Einkauf										
6	Verantwortlich	Dr. Fritz Angermüller										
7												
8												
9			**2010**		**2011**		**2012**		**2013**		**2014**	
10	**Position**	Vorjahr	PLAN 2010	IST 2010	PLAN 2011	IST 2011	PLAN 2012	IST 2012	PLAN 2013	IST 2013	PLAN 2014	IST 2014
11	Führungskräfte	15										
12	Vollzeit	12										
13	Teilzeit	3										
14	Mitarbeiter	50										
15	Vollzeit	35										
16	Teilzeit	15										
17	Auszubildende	5										
18	Gesamt	70										
19												
20	**Kennzahlen**											
21	Personalkosten (in TEUR)	300										
22	Weiterbildungskosten (in TEUR)	15										
23	Fluktuationsrate	6%										
24	Fehlzeitenquote	8%										
25	Altersdurchschnitt	32										
26	Weibliche Führungskräfte im Management	5										

Abbildung 3.95: Personalplanung mit Kennzahlen

Für jede Kostenstelle wird eine Kopie dieser Vorlage angelegt, ein weiteres Tabellenblatt berechnet die Gesamtplanung und den Ist-Personalbestand. Achten Sie darauf, dass die Kostenstellenblätter nebeneinander in der Arbeitsmappe angeordnet sind, damit die 3D-Bezüge in den Formeln funktionieren.

Mit einem 3D-Bezug werden die Daten aus einer beliebigen Anzahl Tabellenblätter zusammengefasst. Nutzen Sie ihn, um einzelne Zellen über mehrere Kalkulationen aufzusummieren oder Mittelwerte zu bilden.

Im Tabellenblatt *Personalplanung Gesamt* berechnet ein 3D-Bezug die Summe der Vollzeit-Führungskräfte über alle Kostenstellen (Zelle B12). Dazu wird in der Verknüpfung ein Von-bis-Bezug vom ersten bis zum letzten Blatt verwendet. Um diesen zu konstruieren, schreiben Sie

```
=SUMME(
```

in die Zelle, markieren das erste Register und mit gedrückter [⇧]-Taste das letzte Register. Klicken Sie anschließend noch auf die Zielzelle und drücken Sie die [↵]-Taste. Damit wird der 3D-Bezug generiert:

```
C12: =SUMME('KS 11300:KS 13320'!C12)
```

Die Formel kann mit dem relativen Zellbezug über alle weiteren Zeilen und Spalten kopiert werden. Kommen neue Kostenstellen hinzu, genügt es, diese einfach zwischen die beiden Anfangs- und Endblätter einzufügen, die in der Formel verwendet werden.

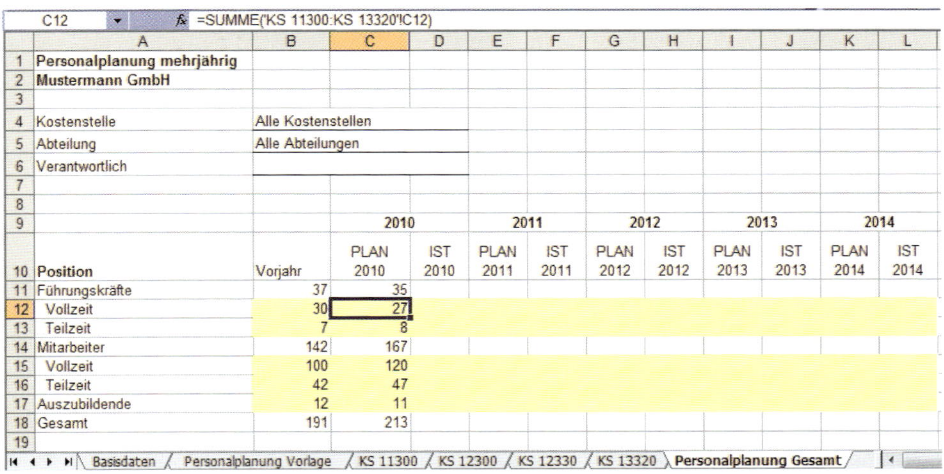

C12 | =SUMME('KS 11300:KS 13320'!C12)

	A	B	C	D	E	F	G	H	I	J	K	L
1	**Personalplanung mehrjährig**											
2	**Mustermann GmbH**											
3												
4	Kostenstelle	Alle Kostenstellen										
5	Abteilung	Alle Abteilungen										
6	Verantwortlich											
7												
8												
9			**2010**		**2011**		**2012**		**2013**		**2014**	
10	**Position**	Vorjahr	PLAN 2010	IST 2010	PLAN 2011	IST 2011	PLAN 2012	IST 2012	PLAN 2013	IST 2013	PLAN 2014	IST 2014
11	Führungskräfte	37	35									
12	Vollzeit	30	27									
13	Teilzeit	7	8									
14	Mitarbeiter	142	167									
15	Vollzeit	100	120									
16	Teilzeit	42	47									
17	Auszubildende	12	11									
18	Gesamt	191	213									
19												

Basisdaten / Personalplanung Vorlage / KS 11300 / KS 12300 / KS 12330 / KS 13320 / **Personalplanung Gesamt**

Abbildung 3.96: Kostenstellendaten summieren mit 3D-Bezug

Anstelle der Funktion SUMME() lässt sich auch jede andere Funktion einsetzen, die Zellbezüge verarbeitet. Berechnen Sie die Durchschnittswerte der Kennzahlen Fluktuationsrate und Fehlzeiten mit der Funktion MITTELWERT().

20	**Kennzahlen**		
21	Personalkosten (in TEUR)	576	528
22	Weiterbildungskosten (in TEUR)	41	35
23	Fluktuationsrate		
24	Fehlzeitenquote		
25	Altersdurchschnitt		
26	Weibliche Führungskräfte im Management		

21	=SUMME('KS 11300:KS 13320'!B21)	=SUMME('KS 11300:KS 13320'!C21)
22	=SUMME('KS 11300:KS 13320'!B22)	=SUMME('KS 11300:KS 13320'!C22)
23	=MITTELWERT('KS 11300:KS 13320'!B23)	=MITTELWERT('KS 11300:KS 13320'!C23)
24	=MITTELWERT('KS 11300:KS 13320'!B24)	=MITTELWERT('KS 11300:KS 13320'!C24)
25	=SUMME('KS 11300:KS 13320'!B25)/4	=SUMME('KS 11300:KS 13320'!C25)/4
26	=SUMME('KS 11300:KS 13320'!B26)	=SUMME('KS 11300:KS 13320'!C26)

Abbildung 3.97: Kennzahlen aller Kostenstellen zusammenfassen

Excel-Praxis: Personalplanung mit Mitarbeiterdatenbank

Unabhängig davon, ob die Personalplanung auf Kostenstellen- oder Abteilungsbasis erfolgt, ist sie doch immer auf die Basis der vorhandenen Daten angewiesen, und das sind vor allem die Mitarbeiterdaten. Größere Unternehmen pflegen diese natürlich in ERP-Systemen wie SAP. Adressen, Geburtsdatum und Einstellungsdatum gehören zu den Stammdaten, mit der Verknüpfung zu Lohnabrechnungssystemen und Finanzbuchhaltung wird auch die Zuordnung von Zugängen und Abgängen automatisch geregelt. Ist in Ihrem Unternehmen ein entsprechendes System installiert, sollte der Export einer Liste mit diesen Daten kein Problem sein.

CD

Mitarbeiterdatenbank.xls

Personalplanung mit Mitarbeiterdatenbank.xls

	A	B	C	D	E	F	G	H	I	J	K	L	M	N
1	PersNr	Vorname	Nachname	Strasse	PLZ	Ort	Geburtstag	Geschlecht	Eintritt	Austritt	Kostenstelle	Abteilung	Stellenbezeichnung	Arbeitszeit
2	00001202	Elisabeth	Apak	Stuttgarter Str. 40	80442	München	09.08.80	w	20.01.2001		18100	Verwaltung	Assistenz/Sekretariat	LE
3	00001208	Andreas	Bauer	Waldvereinsweg 37	81706	Friedberg	25.02.69	m	02.10.1999		17200	Reklamation	Reklamartionssachbearbeiter/in	LE
4	00001216	Ewald	Beuttenmüller	Seestr. 26	86968	München	17.01.80	m	12.01.2001		12300	Controlling	Finanzcontroller	GE
5	00001220	Armin	Bleicher	Vd K-Siedlung 16	87325	München	23.06.70	m	13.10.2000		18100	Verwaltung	Assistenz/Sekretariat	LE
6	00001223	Wolfgang	Brucker	Achalmstr. 18	80786	Gräfelfing	08.01.82	m	05.05.1998		18100	Verwaltung	Assistenz/Sekretariat	LE
7	00001224	Wolfgang	Bühler	Albrecht-Bengel-Str. 11	88589	Aubing	22.02.74	m	26.01.1999		12300	Controlling	Bereichscontroller	GE
8	00001236	Werner	Müller	Bahnhofstr. 54	85320	Fürstenfeldbruck	13.10.76	m	08.06.2002	01.09.2009	12300	Controlling	Controller Qualitätssicherung	GE
9	00001242	Franz	Eismann	Schulstr. 3	80489	Dachau	12.10.56	m	23.02.1995		12300	Controlling	Leitung Controlling	GE
10	00001255	Helene	Flaig	Neuffenstr. 41	82502	Karlsfeld	17.01.66	m	03.05.1999		13300	EDV/Benutzerservice	IT-Leiter	GE
11	00001256	Dr. German	Fleckenstein	Sankt-Gunther-Str. 3	81326	Ismaning	09.12.71	m	21.10.2001		11000	Geschäftsleitung	CEO	GE
12	00001275	Anna	Hartl	Waldenbucher Weg 20	86120	Ismaning	19.07.68	w	12.09.2000		13300	EDV/Benutzerservice	Programmierer	LE
13	00001279	Gesine	Hasil	Rothweg 12	82660	Fremann	05.03.85	w	09.08.2000		19200	Verwaltung	Verwaltungsassistenz	LE
14	00001280	Axel	Hauser	Vaihinger Str. 26	82420	Dietrichshofen	04.09.69	m	16.03.2009		19200	Marketing/PR	Leiter Marketing	LE
15	00001292	Siegfried	Jeß	Claudiusstr. 5	86493	Tegernsee	21.07.74	m	06.02.1998	12.12.2009	19300	Verkauf	Außendienstmitarbeiter	LE
16	00001298	Konrad	Karius	Justinus-Kerner-Str. 22	84074	Gmund	11.12.66	m	25.08.1999		19300	Verkauf	Außendienstmitarbeiter	LE
17	00001321	Walter	List	Bayerwaldstr. 8	83905	München	20.12.68	m	17.06.2000		19300	Verkauf	Leitung Verkauf	GE
18	00001330	Nasr	Maurer	Hammer 6	89179	München	19.06.56	m	26.07.1996		21500	Werkstatt	Hausmeister	GE
19	00001337	Jonas	Mickeleit	Hans-Watzlik-Str. 6	80543	Wasserburg	18.07.65	m	13.01.2009		19500	Personal/HR	Leitung Personalabteilung	GE
20	00001358	Peter	Pertler	Goethestr. 17	85545	Petershausen	24.12.77	m	07.12.2000		17300	Kundenservice	Kundenbetreuer	TZ
21	00001367	Richard	Rank	Friedrichstr. 62	82023	Pasing	30.10.67	m	18.10.1998	14.09.2009	17300	Kundenservice	Kundenbetreuer	GE
22	00001376	Karin	Russi	Kolpingstr. 2	85686	Zolling	05.08.69	w	05.01.2002	01.12.2009	14300	Forschung & Entwicklung	Entwicklungsingenieur	GE
23	00001377	Orhan	Sadiki	Grafenauer Str. 22	84112	Fürstenfeldbruck	30.12.80	m	19.04.1999		14300	Forschung & Entwicklung	Entwicklungsingenieur	GE
24	00001384	Josef	Schäffer	Langgasse 3	82178	Gmund	09.09.80	m	28.01.2002		19500	Personal/HR	Personalsachbearbeiter/in	GE
25	00001390	Maria	Schmidt	Hohenzollernring	84717	München	04.08.82	w	26.01.2009		14300	Forschung & Entwicklung	Entwicklungsingenieur	GE
26	00001397	Johann	Schulz	Löcherhaldenstr. 53	86752	Erding	23.09.82	m	24.05.2003		11000	Geschäftsleitung	Assistenz der Geschäftsleitung	GE
27	00001405	Marta	Serino	Hindenburgstr. 23	88802	Erding	21.06.81	w	13.02.2002		17100	Produktion	Werkzeugeinrichter	LE
28	00001408	Jürgen	Simbeck	Königsfeld 4	88098	Starnberg	25.12.66	m	18.08.2007		21500	Werkstatt	Betriebselektriker	TZ
29	00001414	Josef	Stehr	Lembergstr. 6	89042	München	18.04.72	m	17.06.2008		17300	Kundenservice	Servicemechaniker	LE
30	00001418	Ernst	Schmidtmeier	Silcher Str. 7	87044	Zolling	10.10.66	m	12.06.1998		16300	Marketing	Marketingmitarbeiter	GE
31	00001419	Elfriede	Thalmann	Stuttgarter Str. 49	80526	Fürstenfeldbruck	24.09.74	w	21.07.2009		15300	Finanzbuchhaltung	Leitung Finanzbuchhaltung	GE
32	00001420	Erwin	Thamm	Silcher Str. 20	88054	Dachau	18.09.72	m	01.10.2004	16.09.2009	15300	Finanzbuchhaltung	Buchhalter/in	GE
33	00001427	Erika	Vasica	Sonnenhalde 44	80618	Aubing	01.07.68	w	14.06.2001		14300	Forschung & Entwicklung	Assistent F&E	GE
34	00001434	Albert	Weinfurter	Zeppelinstr. 26	88264	Ismaning	04.09.76	m	06.11.2004	12.10.2009	16300	Marketing	Marketingmitarbeiter	GE
35	00001437	Eugenie	Weißbeck	Seiler Str. 2	83211	Zolling	05.02.70	w	27.05.2001	11.11.2009	17100	Produktion	Mechatroniker	GE
36	00001440	Georgios	Wild	Schafgartenstr. 13	85481	Karlsfeld	05.01.80	m	09.06.2009		15300	Finanzbuchhaltung	Buchhalter/in	TZ
37	00001444	Herbert	Wolpert	Mühlhaldenstr. 37	87388	Fürstenfeldbruck	28.10.68	m	14.03.2003		17100	Produktion	C&C-Fräser	LE
38	00001445	Franz	Zettwoch	Schönbrunner Str. 26	85775	Erding	07.03.69	m	04.05.2007		13300	EDV/Benutzerservice	IT-Operator	LE
39	00001447	Gerd	Zupanski	Schäfersteige 61	81752	München	26.04.72	m	09.03.2001		17100	Produktion	Lagerist	LE
40	00001449	Marco	Scholz	Holzgasse 3	80618	Aubing	12.02.90	m	12.01.2009		13300	EDV/Benutzerservice	Auszubildender/e	AZ
41	00001451	Alexander	Wiedemann	Wiesengrund 1	88264	Ismaning	23.06.90	m	12.01.2009		21500	Werkstatt	Auszubildender/e	AZ
42	00001453	Sabine	Assmann	Dietrichstr. 5	83211	Zolling	24.05.92	w	12.01.2009		16300	Marketing	Auszubildender/e	AZ
43	00001455	Rolf	Berger	Sonnenallee 34	88098	Starnberg	13.05.94	m	16.06.2009		17100	Produktion	Auszubildender/e	AZ
44	00001457	Emma	Wollschläger	Goetheplatz 3	81752	München	31.03.94	w	16.06.2009		19200	Marketing/PR	Auszubildender/e	AZ
45	00001459	Stefan	Schwab	Rotkreuzplatz 32	81752	München	17.12.95	m	16.06.2009		14300	Forschung & Entwicklung	Auszubildender/e	AZ

Abbildung 3.98: Mitarbeiterdatenbank mit Eintritts- und Austrittsdatum

Daten aus ERP-System importieren

Um die Liste aus dem externen System zu importieren, muss dieses den Zugriff ermöglichen. In SAP R/3 erstellen Sie einen passenden Bericht und exportieren ihn als XLS-Datei, BW oder BI bieten die Möglichkeit, die Daten über eine Query verknüpft im Excel-Format bereitzustellen. Für einen Zugriff per ODBC muss ein entsprechender Treiber installiert sein, sehen Sie in der Systemsteuerung von Windows unter *Verwaltung/ODBC-Treiber* nach.

Auf der CD zum Buch finden Sie eine Beispieldatenbank PERSONAL.MDB. Testen Sie den ODBC-Zugriff mit dieser Datei. CD

2003

Daten/Externe Daten importieren/Neue Abfrage erstellen. Wählen Sie die Datenquelle bzw. den ODBC-Treiber *Microsoft Access* und suchen Sie die Datei. Fügen Sie alle Spalten der Tabelle *Headcount* in die Abfrage ein. Filtern und sortieren Sie nach Ihrer Wahl und holen Sie die Daten in ein leeres Tabellenblatt. Um die verknüpften Daten zu aktualisieren, wählen Sie in der Symbolleiste *Externe Daten* oder im Kontextmenü der Liste *Daten aktualisieren*.

2007 2010

Daten/Externe Daten abrufen/Aus Access. Suchen Sie die Datei *Personal.mdb* und fügen Sie die Daten aus dem Tabellenblatt *Headcount* als Tabelle in ein neues Tabellenblatt ein. Mit *Daten/Verbindungen/Alle aktualisieren* können Sie jederzeit den neuen, aktuellen Stand aus der externen Quelle importieren.

Bereichsname für die Mitarbeiterdatenbank

Wenn Sie die Daten aus einem externen System importiert haben, sind diese bereits mit einem Bereichsnamen versehen. Verwenden Sie nur diesen für Planungen und Auswertungen, denn mit der Aktualisierung der Verknüpfung wird auch der Bezug dieses Bereichsnamens angepasst. Achten Sie aber darauf, dass der Name lokal gilt, d.h., er ist nur für das Tabellenblatt gültig, in dem sich die Verknüpfung befindet. Mit einem kleinen Trick erstellen Sie einen globalen, in allen Tabellenblättern gültigen Namen:

Drücken Sie [Strg] + [F3]. Legen Sie einen neuen Bereichsnamen für die gesamte Arbeitsmappe an. Geben Sie den Namen *Mitarbeiterdatenbank* ein und beziehen Sie sich auf den Namen der ODBC-Verbindung:

```
Name: Mitarbeiterdatenbank
Bezieht sich auf: =Tabelle_Abfrage_von_Microsoft_Access_Datenbank
```

Personalbelegungsübersicht mit PivotCharts

Für eine Übersicht über die Personalbelegung der einzelnen Abteilungen erstellen Sie einen PivotTable-Bericht mit den Abteilungen im Zeilenbereich (Zeilenbeschriftungen), dem Geschlecht im Spaltenbereich (Spaltenbeschriftung) und der Anzahl Mitarbeiter im Datenbereich (Wertebereich). Zählen Sie dazu das Feld *Personalnummer* oder *Nachname*.

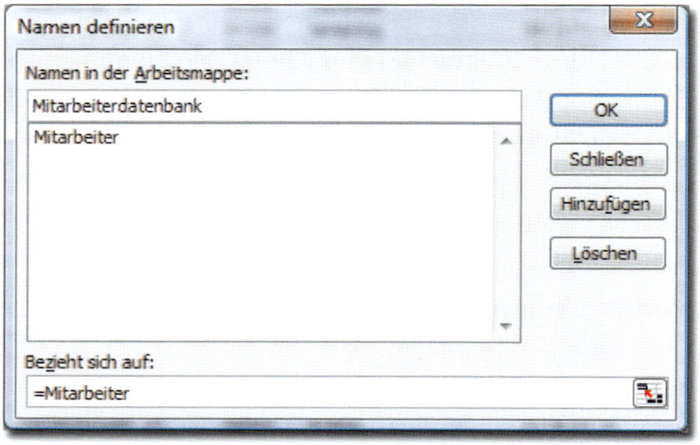

Abbildung 3.99: Globaler Bereichsname für die lokale ODBC-Verbindung

Für die Diagrammdarstellung empfiehlt sich ein PivotChart, erstellen Sie ein gestapeltes Balkendiagramm mit dieser PivotTable und verschieben Sie das Chart aus dem Diagrammblatt in das Tabellenblatt.

2003

Daten/PivotTable- und PivotChart-Bericht/PivotChart. Mit *Diagramm/Speicherort* holen Sie das Diagramm in das Tabellenblatt mit der PivotTable.

2007
2010

Einfügen/Tabellen/PivotTable/PivotChart

```
Achsenfelder: Abteilung
Legendenfelder: Personalnummer
Wertebereich: Anzahl von PersNr
```

Schalten Sie im PivotChart um auf den Diagrammtyp *Balkendiagramm gestapelt*.

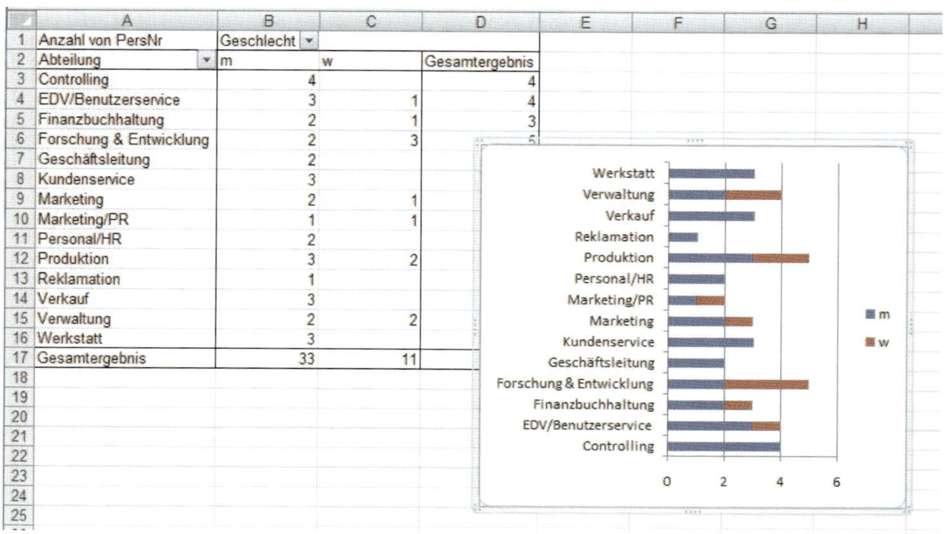

	A	B	C	D
1	Anzahl von PersNr	Geschlecht		
2	Abteilung	m	w	Gesamtergebnis
3	Controlling	4		4
4	EDV/Benutzerservice	3	1	4
5	Finanzbuchhaltung	2	1	3
6	Forschung & Entwicklung	2	3	5
7	Geschäftsleitung	2		
8	Kundenservice	3		
9	Marketing	2	1	
10	Marketing/PR	1	1	
11	Personal/HR	2		
12	Produktion	3	2	
13	Reklamation	1		
14	Verkauf	3		
15	Verwaltung	2	2	
16	Werkstatt	3		
17	Gesamtergebnis	33	11	

Abbildung 3.100: Anzahl Mitarbeiter pro Abteilung mit PivotChart

Damit das Stapelbalkendiagramm die Daten links und rechts auf der vertikalen Achse anordnet, fügen Sie ein neues Element für das Feld *Geschlecht* ein. Negieren Sie den Wert, den Sie links an der Achse sehen wollen, hier z. B. die Anzahl männlicher Teilnehmer. Der Zellzeiger steht auf »m« in Spalte B.

Symbolleiste *PivotTable, PivotTable/Formeln/Berechnetes Element* 2003

PivotTable-Tools/Optionen/Tools/Formeln/Berechnetes Element 2007

PivotTable-Tools/Optionen 7Berechnungen/Felder/Elemente und Gruppen/Berechnetes Element 2010

```
Name: Männlich
Formel: =m*-1
```

Blenden Sie das Originalelement mit dem Feldfilter der PivotTable aus und benennen Sie das w-Feld um in »Weiblich«. Damit die negativen Werte in der PivotTable und im Diagramm positiv angezeigt werden, weisen Sie dem Feld dieses Zahlenformat zu:

```
0;0
```

Das PivotChart wird jetzt noch formatiert. Entfernen Sie alle Achsen, stellen Sie die Achsenbeschriftung der Rubrik nach außen und verringern Sie die Abstandsbreite der Balken. Die Belegungszahlen werden als Datenbeschriftung auf oder neben die Balken gesetzt.

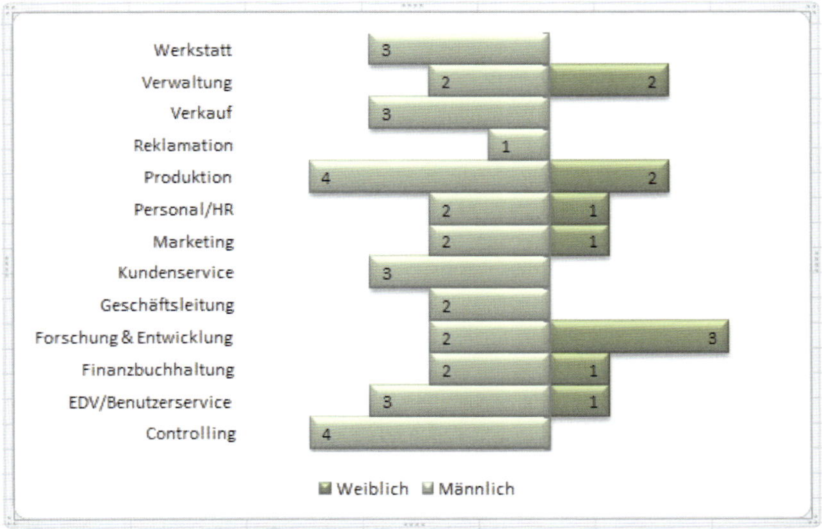

Abbildung 3.101: PivotChart: Stapelbalken mit Negativachse

PivotTable-Bericht Zugänge/Abgänge für alle Abteilungen

Zählen Sie die Zugänge und Abgänge in der Mitarbeiterdatenbank für die Planperiode mithilfe zweier PivotTable-Berichte. Legen Sie diese in einem neuen Tabellenblatt an:

2003

Daten/PivotTable- und PivotChart-Bericht. Ziehen Sie die Feldnamen *Abteilung*, *Vorname* und *Nachname* in den Zeilenbereich und den Feldnamen *Eintritte* einmal in den Seitenbereich und ein weiteres Mal in den Datenbereich. Um die Eintritte eines bestimmten Jahres zu filtern, klicken Sie doppelt auf das Seitenfeld *Eintritt* und blenden die Einträge aus, die nicht infrage kommen. Die Zwischenergebnisse für die Zeilenfelder löschen Sie, indem Sie das erste Ergebnis markieren und Strg + - drücken.

Die zweite PivotTable fügen Sie im gleichen Tabellenblatt ein (Sie können auch die erste kopieren und zwei Spalten weiter einfügen). In dieser zählen Sie die Austritte und filtern wieder das Seitenfeld *Austritt* nach der Periode.

	A	B	C	D	E	F	G	H	I
1	Eintritt	(Mehrere Elemente)				Austritt	(Mehrere Elemente)		
2									
3	Anzahl von Eintritt					Anzahl von Eintritt			
4	Abteilung	Vorname	Nachname	Ergebnis		Abteilung	Vorname	Nachname	Ergebnis
5	Controlling	Ewald	Beuttenmüller	1		Controlling	Werner	Müller	1
6	EDV/Benutzerservice	Marco	Scholz	1		Finanzbuchhaltung	Erwin	Thamm	1
7	Geschäftsleitung	Dr. German	Fleckenstein	1		Forschung & Entwicklung	Karin	Russi	1
8	Kundenservice	Josef	Stehr	1		Kundenservice	Richard	Rank	1
9	Werkstatt	Nasr	Maurer	1		Marketing	Albert	Weinfurter	1
10	Gesamtergebnis			5		Produktion	Eugenie	Weißbeck	1
11						Verkauf	Siegfried	Jell	1
12						Gesamtergebnis			7

Abbildung 3.102: Zwei PivotTable-Berichte für Eintritte und Austritte

2007
2010

Einfügen/Tabelle/PivotTable. Ziehen Sie die Feldnamen *Abteilung*, *Vorname* und *Nachname* in den Zeilenbeschriftungsbereich und den Feldnamen *Eintritte* einmal in den Berichtsfilter und ein zweites Mal in den Wertebereich. Um die Eintritte eines bestimmten Jahres zu filtern, klicken Sie auf das Berichtsfilterfeld *Eintritt* und filtern die Einträge heraus, die nicht infrage kommen. Die Zwischenergebnisse für die Zeilenfelder können Sie mit der Option *Teilergebnis* im Kontextmenü des Feldnamens entfernen.

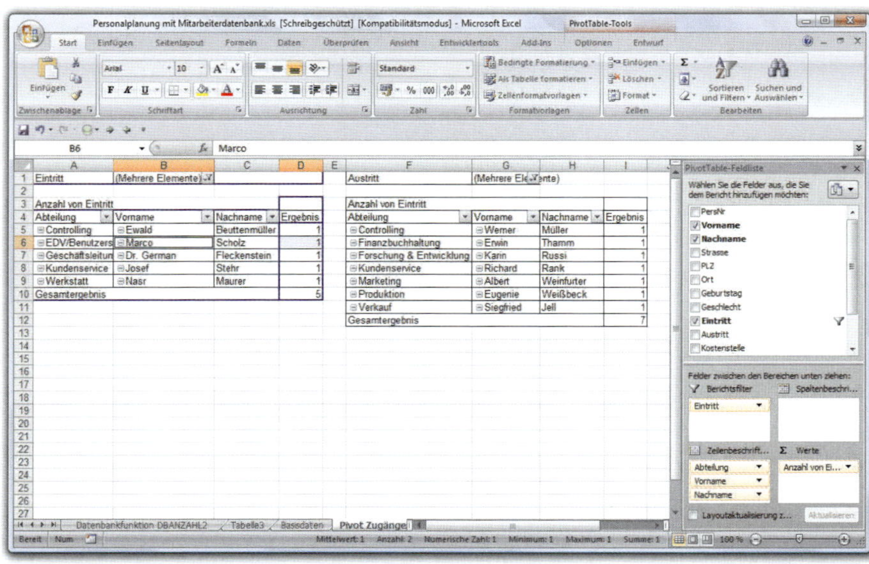

Abbildung 3.103: PivotTable-Berichte mit Pivot-Layout ab Version 2007

Die zweite PivotTable fügen Sie in das gleiche Tabellenblatt ein (Sie können auch die erste kopieren und zwei Spalten weiter einfügen). In dieser zählen Sie die Austritte und filtern wieder das Berichtsfilterfeld *Austritt* nach der Periode.

Zugänge/Abgänge auswerten mit DBANZAHL2()

Personalplanung mit Mitarbeiterdatenbank.xls, Datenbankfunktionen

CD

Die Datenbankfunktion DBANZAHL2() bietet die Möglichkeit, Einträge in einer Liste unter Berücksichtigung von Suchkriterien zu zählen. In unserem Beispiel stehen die Abteilungen in einer Gültigkeitsliste zur Auswahl (mit »Alle« als ersten Eintrag). Der Suchkriterienbereich für die Eintritte des aktuellen Jahres befindet sich im Bereich E1:G2, für Austritte im Bereich E4:G5. Die Funktion zählt die Einträge in den entsprechenden Spalten:

```
B8: =DBANZAHL2(Mitarbeiterdatenbank;"PersNr";$E$1:$G$2)
C8: =DBANZAHL2(Mitarbeiterdatenbank;"PersNr";$E$4:$G$5)
```

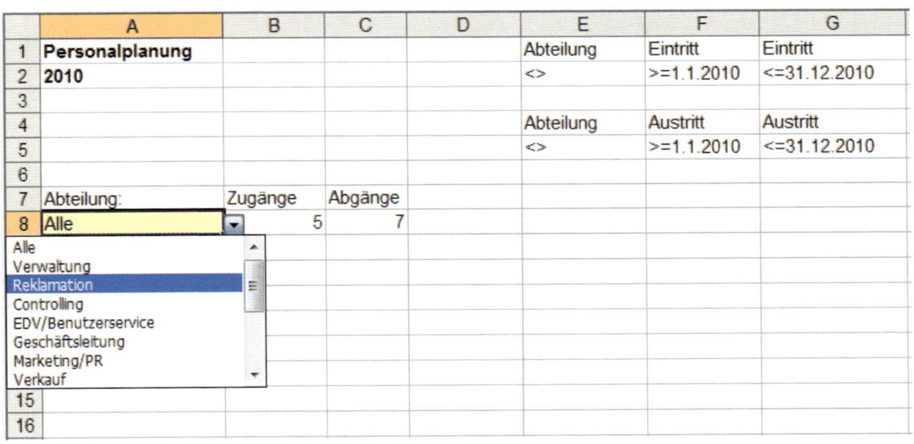

Abbildung 3.104: Eintritte/Austritte zählen mit Datenbankfunktion

In Kapitel 4.2.4 finden Sie ein Personalinformationssystem auf Basis einer Access-Datenbank mit weiteren Excel-Abfragetechniken.

CD

3.2.3 Investitionsplanung

Problemstellung

Investitionen dienen der Erhöhung, Desinvestitionen der Verminderung von Kapazitäten. Ergeben sich bei der Kapazitätsplanung **Unterauslastungen oder Kapazitätsengpässe**, ist zu untersuchen, ob Desinvestitions- oder Investitionsmaßnahmen unter Wirtschaftlichkeitsaspekten sinnvoll sind. Sind entsprechende Maßnahmen vorgesehen, so müssen diese in einem Investitionsplan dokumentiert werden. Darüber hinaus liefert die Investitionsplanung die Planabschreibungen, die in die Kostenplanung eingehen.

Zur Beurteilung der Wirtschaftlichkeit von Investitionsalternativen wird auf die diversen statischen und dynamischen Verfahren der **Investitionsrechnung** verwiesen.

Fachliche Beschreibung und Beispiele

Im Rahmen der Investitionsplanung werden die im Planungszeitraum je Kostenstelle geplanten **Neuanschaffungen** von Investitionsgütern eingetragen. Die erforderlichen Angaben orientieren sich an den Informationen, die für die Anlagenbuchhaltung zur Erfassung und Bewertung angeschaffter oder hergestellter Anlagegüter benötigt werden.

Kostenstelle:			Verantwortlicher:		Planungszeitraum:
Investitionsobjekt	Anschaffungszeitpunkt	Nutzungsdauer in Jahren	Abschreibungsmethode	Anschaffungskosten	Abschreibung pro Jahr
Gesamt:					

Tabelle 3.13: Investitions- und Abschreibungsplan

Excel-Praxis: Investitionsplanung

CD

Investitionsplanung.xls, Investitionsplanung.xlsm

Investitionen sind Projekte zur Vergrößerung des Anlagevermögens und sollten als solche systematisch geplant und verwaltet werden. Ab einer bestimmten Größe wird ein Unternehmen einen »genormten« Investitionsantrag ausarbeiten, in dem die wichtigsten Kennzahlen bereits berechnet sind. Die in der Controlling-Abteilung eingehenden Anträge werden der Investitionsentscheidung zugeführt, anschließend wird die Investition in einer Datenbank gespeichert.

Investionsplanung.xls ist eine makrogesteuerte Lösung mit diesen Tabellenblättern:

START: Startblatt mit Makroschaltflächen für die einzelnen Makros

Investitionsantrag Vorlage: Vorlage für Investitionen, die im Netzwerk zur Verfügung gestellt werden kann

Investitionsantrag F&E: Beispiele für ausgefüllte Antragsvorlagen

Investitionsentscheidung: Tabellenblatt für die Daten aus Investitionsanträgen mit Makroschaltflächen

InvestitionenDB: Datenbank mit allen Investitionen, für die ein Antrag eingereicht wurde

Der Investitionsantrag

Der Investitionsantrag ist der erste Schritt zur Investition. Er wird als Excel-Vorlage den Mitarbeitern zur Verfügung gestellt, die Investitionen beantragen können. Das Formular sollte knapp, aber vollständig sein, »one page only« heißt das Prinzip, alle relevanten Informationen auf einer Druckseite unterzubringen. Kopieren Sie die Vorlage in eine neue Arbeitsmappe und stellen Sie diese auf ein Netzwerkverzeichnis oder auf einen Sharepoint-Server, auf den alle für Investitionen zuständigen Mitarbeiter (z. B. Kostenstellen- oder Abteilungsleiter) Zugriff haben.

Alle Eingabefelder sind farbig (gelb) gekennzeichnet, Kommentare geben Hinweise darauf, wie diese auszufüllen sind. Die Formelzellen sind mit einer Gültigkeitsprüfung vor Überschreibungen geschützt. Stellen Sie sicher, dass der Antragsteller alle Eingabefelder ausfüllt, damit die automatische Makroauswertung funktioniert.

01-10: Gültigkeitsprüfung verhindert Überschreiben von Formeln

TIPP

VBA-01: Mussfelder in Formularen

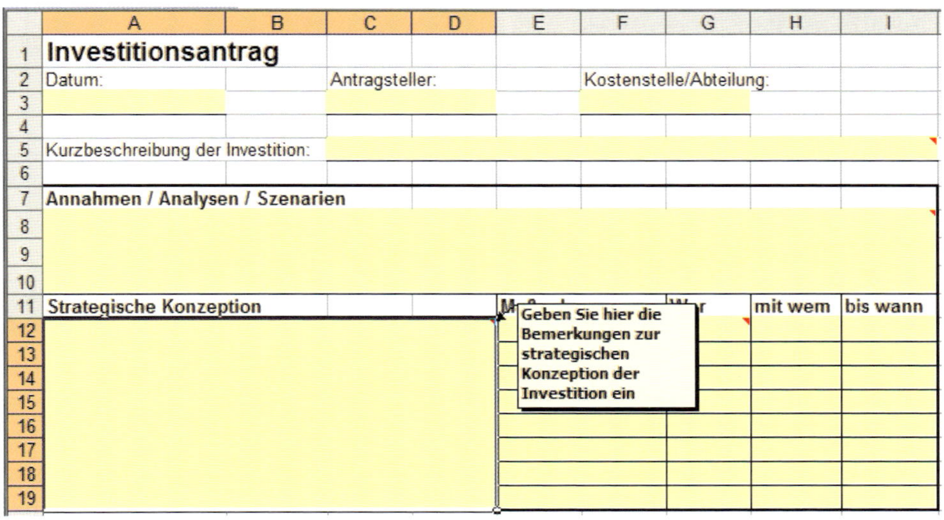

Abbildung 3.105: Investitionsantrag, erster Teil

Cashflow-Berechnung

Im zweiten Teil des Antrags wird der Cashflow/Einzahlungsüberschuss berechnet. Diese Kennzahl drückt aus, was wieder zurückfließt:

- Welche Einzahlungen kommen durch die Investition wieder zurück (neue Produkte, mehr Produktion, bessere Qualität ...)?
- Welche Auszahlungen sind durch Verzicht auf alte Verfahren nicht mehr erforderlich (Ratio-Projekte)?

Von diesen Beträgen werden die durch die Investition erforderlich gewordenen Auszahlungen und die damit wegfallenden Einzahlungen abgezogen. Diese Differenz ist der Einzahlungsüberschuss.

In Zelle B24 steht die Investitionsauszahlung, sie wird nach B36 verknüpft. In Zeile 36 wird der Cashflow für fünf Nutzungsjahre berechnet, der jährliche Cashflow ist der Mittelwert aus allen Werten.

```
C36: =C28+C29-C32-C33
C37: =SUMME(C36:G36)/5
```

	A	B	C	D	E	F	G	H	I
20									
21	**Sachverhalt - vor**	**Entsch.**	**Nutzungsjahre**					**Bemerkungen**	
22	**Ertragsteuern**	**Jahr**	**1**	**2**	**3**	**4**	**5**		
23									
24	Investitions-	420.000							
25	Auszahlung								
26									
27									
28	Einzahlungen		250.000	250.000	250.000	250.000	250.000		
29	Wegfallende Auszahlungen		10.000	10.000	10.000	10.000	10.000		
30									
31									
32	Zusätzliche Auszahlungen		15.000	15.000	15.000	15.000	15.000		
33	Wegfallende Einzahlungen		10.000	10.000	10.000	10.000	10.000		
34									
35									
36	=Cashflow	-420.000	235.000	235.000	235.000	235.000	235.000		
37	Ø Cashflow p.a.	235.000							
38									
39	**Weitere Bemerkungen (Kommentar des Controllerbereichs)**								

Abbildung 3.106: Investitionsantrag, Teil 2 mit Cashflow-Berechnung

Die Investitionsentscheidung

Zur Auswertung der von den Fachbereichen eingereichten Investitionsanträge benutzen Sie ein Entscheidungsblatt, in dem die Antragsdaten weiter berechnet werden. Für den Transfer zwischen Antrag und Entscheidungsblatt stehen Makros zur Verfügung, die per Klick auf die entsprechende Schaltfläche aufgerufen werden:

1. Kopieren Sie eingegangene Anträge in die Arbeitsmappe *Investitionsentscheidung* (Beispiel *Investitionsantrag F&E*).
2. Klicken Sie auf *Alle Daten löschen*, löschen Sie damit die Eingabezellen im Tabellenblatt *Investitionsentscheidung*.
3. Klicken Sie auf *Investitionsantrag importieren* und importieren Sie mit diesem Makro die Daten aus einem der angebotenen Tabellenblätter. Eine VBA-Userform bietet alle Blätter an, die mit »Investitionsantrag« beginnen.

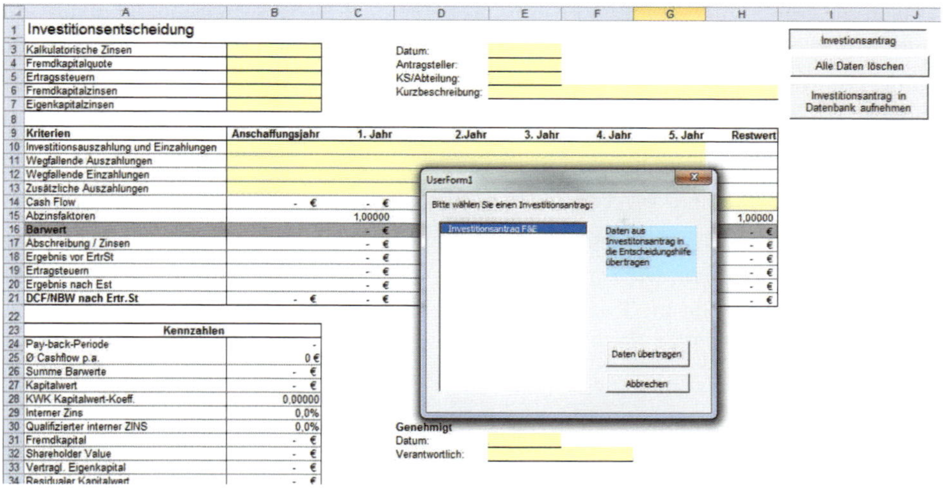

Abbildung 3.107: Investitionsantrag in Entscheidungshilfe kopieren

Pay-back-Periode und Kapitalwert

Die Pay-back-Periode ist eine Kennzahl für das Amortisationsrisiko. Sie drückt aus, wie viel Zeit (in Jahren) vergeht, bis sich das investierte Kapital amortisiert hat. Das Formular berechnet die Zeit unverzinst und verwendet dazu den durchschnittlichen Jahres-Cashflow. Die Formel rundet das Ergebnis auf zwei Nachkommastellen ab und verknüpft das Ergebnis mit dem Text »Jahre«.

```
B24: =WENN(B10>0;RUNDEN(B10/C14;2)&" Jahre";"- ")
```

Zur Berechnung des Kapitalwerts wird zunächst der DCF (discounted cash flow) berechnet, die Summe der jährlich abgezinsten Cashflows. Geben Sie die Diskontfaktoren für alle 5 Jahre ein und multiplizieren Sie die Cashflows mit diesen. Die Differenz zwischen DCF und Investitionssumme ergibt den Kapitalwert. Dividieren Sie den Kapitalwert durch die Investition, erhalten Sie den Kapitalwertkoeffizienten.

```
B26: =SUMME(C16:H16)
B27: =B26-B10
B28: =WENN(B10=0;0;B27/B10)
```

Internen Zinsfuß berechnen mit IKV()

Das Entscheidungsblatt berechnet weitere Kennzahlen aus den Antragsdaten. Geben Sie die anfallenden Zinsen und die Fremdkapitalquote ein und tragen Sie im Kennzahlenbereich das Fremdkapital und das Eigenkapital ein. Mit den finanzmathematischen Funktionen IKV() und QIKV() werden der interne Zins und der qualifizierte interne Zins berechnet.

```
B29: =WENN(UND(B14=0;C14=0;D14=0;E14=0;F14=0;G14=0);0;IKV(B14:H14))
B30: =WENN(UND(B14=0;C14=0;D14=0;E14=0;F14=0;G14=0);0;QIKV(B14:H14;0,1;0,12))
```

Tragen Sie eine Fremdkapitalquote ein und berechnen Sie den Shareholder-Value aus dem Nettobarwert abzüglich Fremdkapital, das vertragliche Eigenkapital (Investition minus Fremdkapital) und den residualen Kapitalwert (Shareholder-Value minus Eigenkapital).

Die Investitionen-Datenbank

Für die Verwaltung aller erfassten und berechneten Anträge steht das Tabellenblatt *InvestitionenDB* bereit, es listet alle Investitionen mit Datum, Antragsteller und den wichtigsten Kennzahlen. Die Daten können Sie wieder bequem mit einem VBA-Makro übertragen, klicken Sie im Tabellenblatt *Investitionsentscheidung* auf *Investitionsantrag in Datenbank aufnehmen*. Die Daten werden automatisch am unteren Ende der Liste angefügt.

	A	B	C	D	E	F	G	H	I
1	**Investitionsanträge**								
2									
3									
4	**Datum**	**Antragsteller**	**KS/Abteilung**	**Investition**	**Investitionssumme**	**Pay-back-Periode**	**Cashflow p.a.**	**Kapitalwert**	**Genehmigt am**
5	12.01.2010	Fröhlich	IT/Org	Intranet-Server und Arbeitsplatz-PCs	52.000	2,0 Jahre	180.000	-1.677.900	01.02.2010
6	13.03.2010	Schmitt	IT/Org	CNC-Fräsmaschine FX/100	600.000	2,14 Jahre	280.020	-2.199.900	10.03.2010
7	12.01.2010	Dr. Huber	Forschung & Entwicklung	Hochfrequenzempfänger Galaxy	420.000	1,79 Jahre	235.010	-1.744.950	13.04.2010
8	13.03.2010	Dr. Huber	Forschung & Entwicklung	Multidimension GraphicSystem	600.000	2,14 Jahre	280.020	-2.199.900	10.03.2010
9	12.01.2010	Dr. Huber	Forschung & Entwicklung	Spektrometer FX/300	420.000	1,79 Jahre	235.010	-1.744.950	13.04.2010
10	13.03.2010	Meier	Produktion	Kika Schweissroboter	600.000	2,14 Jahre	280.020	-2.199.900	10.03.2010
11	12.01.2010	Meier	Produktion	Presswerk DX/1200	420.000	1,79 Jahre	235.010	-1.744.950	13.04.2010
12	13.03.2010	Meier	Produktion	CNC-Fräsmaschine FX/100	600.000	2,14 Jahre	280.020	-2.199.900	10.03.2010
13	12.01.2010	Meier	Forschung & Entwicklung	Spektrometer FX/300	420.000	1,79 Jahre	235.000	367.756	

Abbildung 3.108: Investitionsanträge aus dem Entscheidungsblatt in die Datenbank übertragen

Die Listenform der Datenbank ermöglicht gezielte Auswertungen mit Filtern, Teilergebnissen oder PivotTable-Berichten. Der Bereichsname *Datenbank* ist dynamisch, er passt sich automatisch an, wenn neue Anträge in die Datenbank importiert werden.

TIPP

01-08: Dynamische Bereiche

Legen Sie einen neuen PivotTable-Bericht mit der Kostenstelle/Abteilung im Seitenbereich (Berichtsfilter), den Investitionen im Zeilenbereich (Zeilenbeschriftung) und der Investitionssumme im Datenbereich (Wertebereich) an. Kopieren Sie die PivotTable und filtern Sie die beiden Tabellen nach den antragstellenden Kostenstellen/Abteilungen.

2010

In Excel 2010 legen Sie einen Datenschnitt für jede PivotTable an und filtern diesen nach der Kostenstelle.

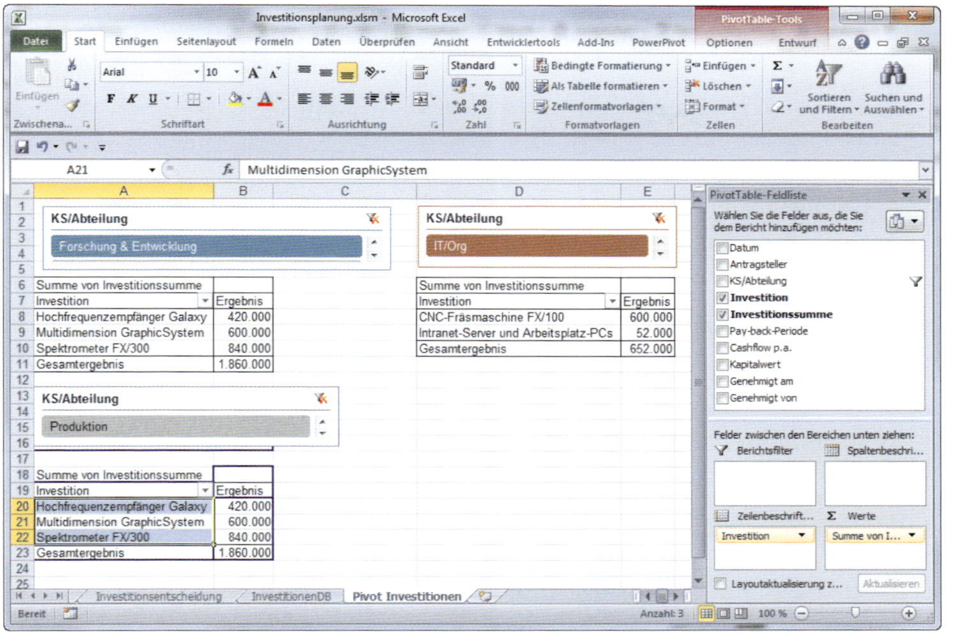

Abbildung 3.109: PivotTable-Berichte summieren die Investitionen pro Kostenstelle/Abteilung

3.2.4 Kostenplanung

Problemstellung

Ein weiterer wichtiger Bestandteil des Planungsverfahrens ist die Kostenplanung, die auch Planungsdaten aus vorgelagerten Phasen des Planungsprozesses erhält (z. B. aus der Investitionsplanung die aus einer geplanten Investitionsmaßnahme, z. B. Anschaffung einer Maschine, resultierenden Abschreibungen künftiger Perioden). Diese Planung erfolgt ebenfalls kostenstellenbezogen.

Hieraus ist die enge Verzahnung der einzelnen Teilpläne ersichtlich; es wird in diesem Zusammenhang auch von einer **Integration der Teilpläne** gesprochen.

Fachliche Beschreibung und Beispiele

Bei der Kostenplanung werden zunächst die Primärkosten und im zweiten Schritt die Sekundärkosten geplant. Hierbei sollten die Grundsätze der **analytischen Planung** Beachtung finden, um zu möglichst detaillierten und verlässlichen Plandaten zu gelangen.

Schritt 1: Planung der Primärkosten

Die Primärkostenplanung umfasst sowohl die Planung der **Einzelkosten** der Kostenträger/Produkte als auch die Planung der **Gemeinkosten**, die kostenstellenbezogen anfallen und auf die Kostenträger/Produkte verrechnet werden.

- Einzelkostenplanung
  - Kostenträger/Produkte
  - Projekte
- Kostenstellenbezogene Planung der Gemeinkosten
  - Verrechnungskostenstellen
  - Leitungskostenstellen
  - Servicekostenstellen
  - Hauptkostenstellen

Die strukturierte Planung der **Kostenträger-/Produkteinzelkosten** veranschaulicht nachfolgende Grafik:

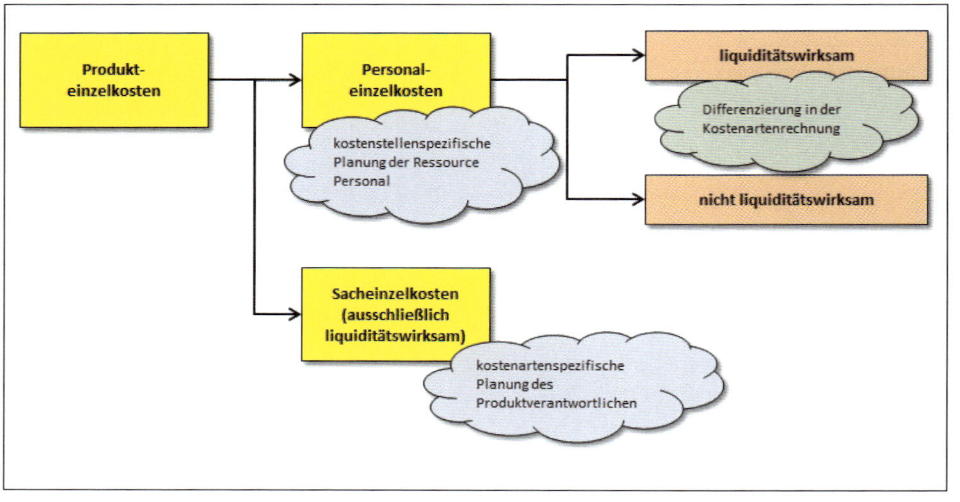

Abbildung 3.110: Planung der Produkteinzelkosten

Schritt 2: Planung der Sekundärkosten

Im Anschluss an die Primärkostenplanung muss die Sekundärkostenplanung durchgeführt werden, da die Plan-(Voll-)Kosten der Kostenträger/Produkte ermittelt werden müssen. Dies kann in der Regel nur DV-gestützt (z. B. mittels Planverrechnungen) geschehen, da die Kostenplanung in annähernder Detaillierungstiefe erfolgen sollte wie die Istkostenrechnung.

Je nach **Verrechnungssystematik** des Unternehmens umfasst die Sekundärkostenplanung die Ermittlung

- der Sekundärkosten aus der innerbetrieblichen Leistungsverrechnung (ILV) der Personalkosten der Kostenstellen auf die Kostenträger/Produkte,
- der Sekundärkosten der Kostenstellen aus der Entlastung der Verrechnungs-, Leitungs- und Servicekostenstellen,
- ggf. der Sekundärkosten aus der Verrechnung projektbedingter Kosten.

Hinweis

Das Ergebnis der Primär- und Sekundärkostenplanung sind die Plan-(Voll-)Kosten der Kostenträger/Produkte. Ihre Summe entspricht den Gesamtkosten des Unternehmens bzw. der Behörde. Dies gilt jedoch nur, falls das Unternehmen bzw. die Behörde als Kostenrechnungsverfahren die fachlich angreifbare, aber weniger aufwendige Vollkostenrechnung anwendet. Im Falle der Anwendung der Teilkostenrechnung werden nur die Teilkosten verrechnet. Dies erfordert eine Kostenspaltung in variable und fixe Kosten (Produkt- und Strukturkosten).

Für die beiden Schritte der Primär- und Sekundärkostenplanung wird ein Planungsformular benutzt.

Kostenstelle/Produkt:			Verantwortlicher:	Planungszeitraum:
Kostenart	Primärkosten/ Sekundärkosten a) ILV b) Umlage	Menge	Preis	Kosten
Belastung				
Summe Belastung:				
Entlastung				
Summe Entlastung:				
Gesamt:				
Über-/Unterdeckung				

Tabelle 3.14: Kostenplan

Bei einer exakten Planung der innerbetrieblichen Leistungsverrechnung ergibt sich regelmäßig die Notwendigkeit der **simultanen (gleichzeitigen) Errechnung der Verrechnungspreise**. Dies liegt daran, dass die Hilfs- bzw. Vorkostenstellen (z. B. Kraftwerk, Fuhrpark, Werkstatt) in einem gegenseitigen Leistungsaustausch stehen, d. h., die Kostenstelle »Kraftwerk« liefert Strom an die Kostenstelle »Fuhrpark«, die ihrerseits wieder Fahrleistungen an die Kostenstelle »Kraftwerk« liefert. Die Verrechnungspreise der sich gegenseitig beliefernden Kostenstellen müssen gleichzeitig mithilfe eines linearen Gleichungssystems mit mehreren Unbekannten (= Verrechnungspreise) ermittelt werden.

Ausgangsbasis ist folgende Grundgleichung: **Input (in €) = Output (in €)**

Der **Input der Kostenstelle 1** stellt dabei die primären Gemeinkosten (in €) der Kostenstelle 1 zuzüglich der sekundären Gemeinkosten dar, die sie aus der Leistungsbeziehung zur Kostenstelle 2 von dieser Kostenstelle 2 verrechnet bekommt.

Der **Output der Kostenstelle 1** ist ihr bewerteter Gesamtoutput (in €) abzüglich eines ggf. anfallenden Eigenverbrauchs.

Für die Kostenstelle 2 wird analog verfahren und ebenfalls eine Gleichung formuliert.

Excel-Praxis: Innerbetriebliche Leistungsverrechnung mit Matrixfunktionen

CD

Innerbetriebliche Leistungsverrechnung.xls

Excel stellt für die Berechnung der innerbetrieblichen Leistungsverrechnung zwei Matrixfunktionen zur Verfügung: Mithilfe dieser Funktionen können die Verrechnungspreise der einzelnen Kostenstellen berechnet werden.

- MINV() berechnet eine Matrixinversion.
- MMULT() multipliziert Matrizen.

Zwei Kostenstellen mit gegenseitigen Lieferungen

Das Beispiel demonstriert das Verfahren an den beiden Kostenstellen Kraftwerk und Fuhrpark. Neben den primären Kosten und der Gesamtleistung werden der Eigenverbrauch und die jeweilige Lieferung an die zweite Kostenstelle angegeben.

	A	B	C	D	E	F
1	**Grundgleichung für innerbetriebliche Leistungsverrechnung**					
2	**nach dem simultanen Gleichungsverfahren:**					
3						
4	Gesamtleistung der KST1 - Eigenverbrauch KST1 = Kosten KST1 + Fremdbezug Leistung von KST2					
5						
6	**Kostenstelle 1: Kraftwerk**					
7						
8	Primäre Kosten Kraftwerk (€)				4.000	
9	Gesamtleistung Kraftwerk (KWh)				50.000	
10	Eigenverbrauch Kraftwerk (KWh)				0	
11	Lieferung an Fuhrpark (in KWh)				5.000	
12						
13	**Kostenstelle 2: Fuhrpark**					
14						
15	Primäre Kosten Fuhrpark (€)				19.500	
16	Gesamtleistung Fuhrpark (Km)				2.000	
17	Eigenverbrauch Fuhrpark (Km)				0	
18	Lieferung an Kraftwerk (km)				100	
19						
20						
21	**Grundgleichungen (bewerteter Input in € = bewerteter Output in €):**					
22						
23	Kostenstelle 1: Kraftwerk			4.000 €+100 Km x q2 €/Km = 50.000 KWh x q1 €/KWh		
24	Kostenstelle 2: Fuhrpark			19.500 € + 5.000 KWh x q1 €/KWh = 2.000 Km x q2 €/Km		
25						

Abbildung 3.111: Zwei Kostenstellen mit eigenen Kosten und Leistungen und innerbetrieblichen Leistungen

Die Ausgangsmatrix listet spaltenweise die eigenen Kosten der Kostenstelle und die erbrachte Leistung als invertierten Wert. Die Matrixfunktion MINV() invertiert diese Matrix, und mit MMULT() wird diese invertierte Matrix mit den Primärkosten der Kostenstellen multipliziert.

Ausgangsmatrix mit Gesamtleistung und Leistungsaustausch				
			primäre Kosten	
Kraftwerk	50.000	-100	4.000	
Fuhrpark	-5.000	2.000	19.500	
Inverse Matrix mit errechneten Verrechnungspreisen				
			Lösung	
Kraftwerk	0,000020	0,000001	**0,100**	=q1 (Verrechnungspreis für eine KWh Strom)
Fuhrpark	0,000050	0,000503	**10,000**	=q2 Verrechnungskreis für einen km Fahrleistung)

29				primäre Kosten	
30	Kraftwerk	=E9-E10	=E18*-1	=E8	
31	Fuhrpark	=E11*-1	=E16-E17	=E15	
32					
33	**Inverse Matrix mit errech**				
34					
35				**Lösung**	
36	Kraftwerk	=MINV(B30:C31)	=MINV(B30:C31)	**=MMULT(B36:C37;D30:D31)**	=q1 (Verrechnungspreis für eine KWh Strom)
37	Fuhrpark	=MINV(B30:C31)	=MINV(B30:C31)	**=MMULT(B36:C37;D30:D31)**	=q2 Verrechnungskreis für einen km Fahrleistung)

Abbildung 3.112: Berechnung der Verrechnungspreise mit MINV() und MMULT()

Excel-Praxis: Kostenplanung mit Primärkostenplanung und interner Leistungsverrechnung

Kostenplanung.xlsL

CD

Kostenstellenplan

Das Tabellenblatt *Kostenstellenplan* enthält eine Liste der Kostenstellen mit Kostenstellennummer und Bezeichnung. Um diese Liste, die in der Praxis auch per ODBC-Verknüpfung aus ERP-Systemen geholt werden kann, in anderen Tabellen verwenden zu können, wurde ihr ein Bereichsname zugewiesen. Die gesamte Liste trägt den Namen *Kostenstellenliste*, die zweite Spalte wird über BEREICH.VERSCHIEBEN() aus diesem Bereich berechnet.

```
Name: Kostenstellen
Bezieht sich auf:
=BEREICH.VERSCHIEBEN(Kostenstellenliste;1;1;ZEILEN(Kostenstellenliste)-1;1)
```

Kostenstellen verknüpfen mit Matrixfunktion MTRANS()

Die Matrixfunktion MTRANS() bietet die Möglichkeit, vertikale Matrizen in horizontale zu transferieren (und umgekehrt). Im Tabellenblatt *Kostenplanung* bildet sie die Kopfzeile der Liste. Dazu wird zunächst der gesamte Bereich markiert und die Funktion eingetragen:

```
=MTRANS(Kostenstellen)
```

Die Formel muss mit [Strg] + [⇧] + [↵] abgeschlossen werden, damit die transferierte Matrix erzeugt wird. Geschweifte Klammern rund um die Formel kennzeichnen diese anschließend als Matrixformel. Die Matrix kann nur geschlossen verändert oder gelöscht werden, einzelne Teile dürfen nicht verändert werden.

```
{=MTRANS(Kostenstellen)}
```

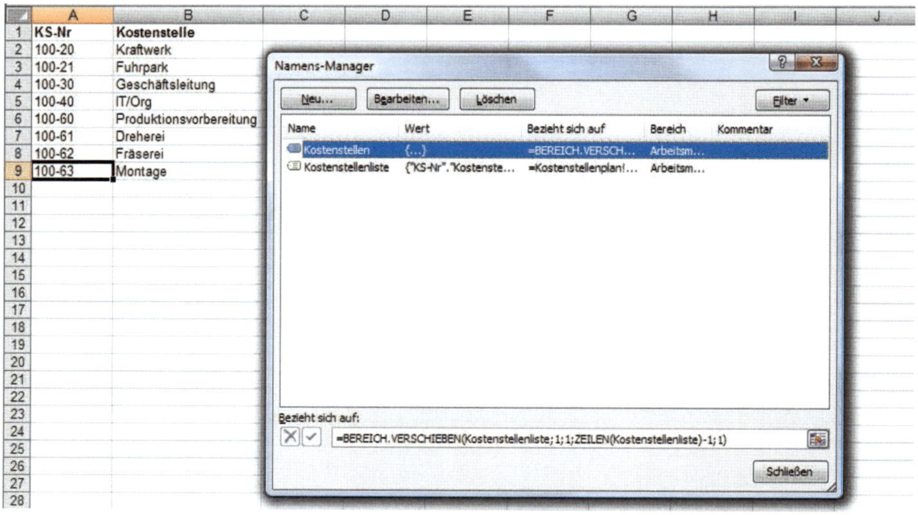

Abbildung 3.113: Bereichsnamen für den Kostenstellenplan

C16 {=MTRANS(Kostenstellen)}

	A	B	C	D	E	F	G
1	**Kostenplanung mit Primärkostenplanung und interner Leistungsverrechnung**						
2							
3		Planjahr:	2010				
4		Verantwortlich:					
5							
6			Kraftwerk	Fuhrpark	Geschäftsleitung	IT/Org	Produktionsvorbereitung
7	Kostenart-Nr	Kostenart	150000	250000	200000	80000	90000
8	4120	Gehälter	0	0	0	0	0
9	4113	Gemeinkostenlöhne	30000	50000	40000	16000	18000
10	4123	Soz. Nebenkosten	500	5000	1000	2000	0
11	4040	Instandhaltung	0	0	0	0	0
12	4998	Vertriebskosten	0	0	0	0	0
13	4240	Strom/Energiekosten	2000	1000	500	0	0
14	4380	Beiträge/Gebühren	2000	4000	0	200	700
15	4997	Verwaltungskosten	2000	4000	4000	2000	2000
16	4900	Sonstige Kosten	10000	10000	8000	2000	4000
17	4993	Kalk. Afa	10000	10000	8000	2000	4000
18	4991	Sonst. kalk. Kosten	12000	15000	8000	3000	5000
19	**Summe**	**Primäre Gemeinkosten**	**218500**	**349000**	**269500**	**107200**	**123700**
20		**Gesamtleistung**	**50000**	**2000**			
21							
22		ILV Kraftwerk	18635,68				
23		ILV Fuhrpark		23713,57			
24							
25							
26	**Summe**	**Sekundäre Gemeinkosten**	**18635,68**	**23713,57**	**0,00**	**0,00**	**0,00**
27	**Summe**	**Gesamtkosten**	**237135,68**	**372713,57**	**269500,00**	**107200,00**	**123700,00**

Abbildung 3.114: Die Matrixfunktion MTRANS() transferiert die Kostenstellen

Kostenplan mit Primär- und Sekundärkosten

Der Kostenplan listet pro Kostenstelle die Primärkosten und die Sekundärkosten, die über die innerbetriebliche Leistungsverrechnung ermittelt werden. Die Gesamtkosten sind die Summe der Primär- und Sekundärkosten.

3.2.5 Finanz- und Liquiditätsplanung

Problemstellung

Ein weiterer Bestandteil des Planungsverfahrens ist die Planung der Einzahlungen und Auszahlungen in Form **zahlungs-/liquiditätswirksamer Wertströme**. Hieraus können sich gravierende Unterschiede zur Kosten- und Erlösplanung ergeben. Aus diesem Grund werden die Wertansätze in der Kosten- und Erlösplanung und diejenigen in der Finanz-/Liquiditätsplanung nicht übereinstimmen.

In den nachfolgenden Beispielen wird deutlich, dass sich Kosten-/Erlösplanung und Finanz-/Liquiditätsplanung nicht ersetzen, sondern zwangsläufig ergänzen müssen. Die Cashflow- bzw. Kapitalflussrechnung baut auf der Basis zahlungs-/liquiditätswirksamer Wertströme auf.

Exkurs

a) Unterschied bei der Planung der Kosten und Auszahlungen

Ein Unternehmen plant für den Planungszeitraum 2010 die Anschaffung von vier neuen Personal Computern (PC) im Januar 2010. Die Anschaffungskosten betragen je PC 1.500 EUR, in Summe 6.000 EUR. Die Anschaffungskosten führen zu Auszahlungen in Höhe von 6.000 EUR im Jahr der Anschaffung, da der Lieferant der PCs auf die Zahlung seiner Rechnung innerhalb von zwei Wochen besteht. Die PCs werden in 2010 und in den folgenden drei Jahren (d.h. insgesamt vier Jahre) genutzt und über diesen Zeitraum linear abgeschrieben. Pro PC ergibt sich ein jährlicher Abschreibungsbetrag in Höhe von 375 EUR, in Summe betragen die Abschreibungen für die vier PCs 1.500 EUR. Die Kosten werden als geplante Jahresabschreibungen in die Kostenplanung für den Planungszeitraum 2010 übernommen. Somit steht der geplanten Auszahlung in 2010 in Höhe von 6.000 EUR lediglich geplante Kosten in Form der Abschreibungen in Höhe von 1.500 EUR gegenüber.

b) Unterschied bei der Planung der Erlöse und Einzahlungen

Ein Unternehmen ermittelt auf Basis der geplanten Selbstkosten und der geplanten Absatzmengen Erlöse für ein Produkt. Die Erlöse stammen aus dem Verkauf eines Produkts (z.B. Fahrzeug). Im Sinne der kaufmännischen Buchhaltung wird neben dem Umsatzerlös eine Forderung aus Lieferungen und Leistungen verbucht. Es ist nicht sichergestellt, ob die Forderung aus Lieferungen und Leistungen von Kunden im Planungszeitraum 2010 auch tatsächlich bezahlt wird und so den Cashflow und den Zahlungsmittelbestand des Unternehmens erhöhen wird. Aus diesem Grund ist die Unterscheidung zwischen der Planung der Erlöse aus der Güter- bzw. Leistungsverwertung (= Erlösplanung) und deren tatsächliche »Bezahlung« (= Finanz-/Liquiditätsplanung) durch den Leistungsempfänger (z.B. Kunde, Bürger) erforderlich.

Fachliche Beschreibung und Beispiele

Der Finanzplan bildet für **zukünftige Perioden** die Ein- und Auszahlungen des Unternehmens ab und lässt einen Liquiditätsbedarf oder -überschuss erkennen. Ähnlich einer Kapitalflussrechnung integriert er die

- Planung der Zahlungsströme des operativen Bereichs,
- Investitionsplanung und
- Finanzierungsplanung.

Ausgangspunkt für die Ermittlung des Liquiditätsbedarfs bzw. -überschusses ist der Anfangsbestand an Zahlungsmitteln. Die Plandaten werden für die Zukunft unterschiedlich genau ermittelt.

Anhand einer **rollierenden Planung** werden die drei Monate des ersten Quartals monatsgenau, die drei weiteren Quartale des Jahres quartalsmäßig und die folgenden vier Jahre auf der Basis von Jahresplanwerten geplant. Hierdurch verbindet der Finanzplan die kurzfristige Liquiditätsplanung mit der längerfristigen Investitions- und Finanzierungsplanung.

Die nachfolgende Abbildung (in Anlehnung an: Grunwald/Grunwald, Seite 120) zeigt eine **Überblicksdarstellung des Finanzplans**. Die einzelnen Positionen müssen, um dem Management steuerungsrelevante Aussagen liefern zu können, in Detaildarstellungen weiter heruntergebrochen werden.

Finanzplan (Übersicht) in TEUR				Periode									
				Laufendes Jahr						Folgejahre			
				M1	M2	M3	Q2	Q3	Q4	J2	J3	J4	J5
Zahlungsmittelanfangsbestand	Kassenbestand												
	Kontostand Bank 1												
	Kontostand Bank 2												
	Summe Anfangsbestand an Zahlungsmitteln												
Operative Plan-Cashflow-Rechnung	**Zahlungen aus dem operativen Bereich**												
		1. Operative Einzahlungen											
		=	Summe operative Einzahlungen										
		2. Operative Auszahlungen											
		=	Summe operative Auszahlungen										
		3. Veränderung des Working Capital											
		=	Summe Veränderungen WC										

Tabelle 3.15: Überblicksdarstellung eines Finanzplans (Prinzipskizze)

Finanzplan (Übersicht) in TEUR			Periode									
			Laufendes Jahr						Folgejahre			
			M1	M2	M3	Q2	Q3	Q4	J2	J3	J4	J5
	I. Zahlungsüberschuss/-bedarf aus dem operativen Bereich vor Zinsen und Steuern											
	Betriebsfremde Zahlungen											
	=	Saldo betriebsfremder Ein- und Auszahlungen										
	II. Zahlungsüberschuss/-bedarf vor Steuern und Zinsen											
Investitions-planung	**Investitionsbereich**											
	=	Finanzbedarf für Investitionen (abzüglich Freisetzung finanzieller Mittel aus Deinvestitionen)										
	III. Zahlungsüberschuss/-bedarf vor Steuern und Zinsen nach Investitionen											
Finanzierungs-planung	**Finanzierungsbereich**											
	=	Saldo Finanzzu- und -abflüsse Fremdkapital										
	=	Saldo Finanzzu- und -abflüsse Eigenkapital										
	IV. Zahlungsüberschuss/-bedarf vor Steuern nach Investitionen und Finanzierung											
	=	Saldo sonstige Zahlungen (z. B. Steuern)										
	V. Zahlungsüberschuss/-bedarf nach Steuern gesamt											
Zahlungsmittelendbestand		Kassenbestand										
		Kontostand Bank 1										
		Kontostand Bank 2										
	VI. Summe Endbestand Zahlungsmittel											
	-	Sicherheitenbestand										

Tabelle 3.15: Überblicksdarstellung eines Finanzplans (Prinzipskizze) (Forts.)

Finanzplan (Übersicht) in TEUR	Periode									
	Laufendes Jahr						Folgejahre			
	M1	M2	M3	Q2	Q3	Q4	J2	J3	J4	J5
Über-/Unterdeckung										
Kreditlinien										
Eventualverbindlichkeiten bzw. Avale										

Tabelle 3.15: Überblicksdarstellung eines Finanzplans (Prinzipskizze) (Forts.)

Hinweis

Die **Abrechnung des Finanzplans** erfolgt durch Gegenüberstellung von Plan- und Istwerten. Hierzu werden in dem unten beispielhaft dargestellten Finanzplan weitere Spalten für die Istwerte und die Abweichungen eingefügt. Aufgrund der besseren Übersichtlichkeit wurde hierauf an dieser Stelle verzichtet.

Nachdem in der obigen Überblicksdarstellung nur auf hoher Ebene aggregierte Werte in den Finanzplan eingeflossen sind, wird unten ein Ausschnitt weiter detailliert. Dies ist schon deshalb erforderlich, da auf der aggregierten Ebene eine **Planung und Steuerung der Liquidität** nicht möglich ist. **Detaillierte Planwerte** für die Ein- und Auszahlungen aus dem operativen Geschäft etc. sind zwingend erforderlich. Diese werden in Detailsichten zum Finanzplan geplant und abgerechnet. Die Detailsichten können auch mehrdimensional angelegt sein:

- sachliche Gliederung nach Ein- und Auszahlungsarten
- Gliederung nach Produkten bzw. Produktgruppen/-bereichen
- Gliederung nach Kunden bzw. Kundengruppen/-bereichen
- räumliche Gliederung (z. B. Regionen)

Die nachfolgende Abbildung zeigt einen **Ausschnitt** aus dem obigen Finanzplan:

Operative Plan-Cashflow-Rechnung	Zahlungen aus dem operativen Geschäft		M1	M2	M3	Q2	Q3	Q4	J2	J3	J4	J5
	1. Operative Einzahlungen											
	+	Einzahlungen aus Umsätzen Region Nord bzw. Produkt I										
	+	Einzahlungen aus Umsätzen Region Süd bzw. Produkt II										
	+	Einzahlungen aus Umsätzen Region West bzw. Produkt III										

Tabelle 3.16: Detailsicht der Ein- und Auszahlungen aus dem operativen Geschäft (Prinzipskizze)

Operative Plan-Cashflow-Rechnung	Zahlungen aus dem operativen Geschäft		M1	M2	M3	Q2	Q3	Q4	J2	J3	J4	J5
	+	Einzahlungen aus Umsätzen Region Ost bzw. Produkt IV										
	=	Summe operative Einzahlungen										
	2. Operative Auszahlungen											
	-	Auszahlungen für Material										
	-	Auszahlungen für Dienstleistungen										
	-	Auszahlungen für Personal										
		davon für:										
		- Gehälter										
		- Löhne										
		- Lohnsteuer										
		- Gesetzl. soziale Aufwendungen										
		- Frw. soziale Aufwendungen										
		- ...										
	-	Auszahlungen für Energie										
		davon für:										
		- Strom										
		- Gas										
		- Wasser										
		- ...										
	-	Auszahlungen für Lizenzen										
	-	Auszahlungen für Miete										
	-	Sonstige Auszahlungen (...)										
	=	Summe operative Auszahlungen										

Tabelle 3.16: Detailsicht der Ein- und Auszahlungen aus dem operativen Geschäft (Prinzipskizze) (Forts.)

Die **Vorteile** der Erstellung eines Finanzplans liegen auf der Hand: Mithilfe eines detailliert ausgearbeiteten und regelmäßig aktualisierten Finanzplans lassen sich Liquiditätsengpässe frühzeitig erkennen. Zudem können die finanziellen bzw. liquiditätsmäßigen Auswirkungen von Investitionsprojekten dargestellt werden. Auch die Umsetzung von Unternehmensstrategien und von Maßnahmen der Finanzierungspolitik können im Finanzplan abgebildet und analysiert werden. Durch Gegenüberstellung von Plan- und Istwerten können Abweichungen erkannt und differenziert analysiert werden. Dies ist Voraussetzung für das Einleiten von Gegensteuerungsmaßnahmen. Der Finanzplan ist daher ein zwingend erforderliches Instrument zur wirkungsvollen und nachhaltigen Unternehmenssteuerung. Durch den Einsatz von »Was-wäre-wenn-Analysen« können Szenarien der unternehmerischen Tätigkeit (z. B. Umsatzeinbruch in einer Region, Auswirkungen tariflicher Veränderungen, Änderungen von Konditionen) simuliert und die Auswirkungen auf die Liquidität des Unternehmens dargestellt werden.

Voraussetzung für die Erstellung eines Finanzplans ist jedoch die Kenntnis der Ausprägung zahlreicher Parameter, z. B.:

- Zahlungsverhalten der Kunden
- Dauer des Produktionsprozesses
- Wechselbeziehungen zwischen Absatzprozess und Lagervolumen
- notwendige Investitionen in das Working Capital bei Geschäftsausweitung
- Zahlungsbedingungen bei der Beschaffung
- Auswirkungen organisatorischer Maßnahmen

Die **Grenzen** des Finanzplans werden deutlich, wenn man sich vor Augen führt, dass nicht alle Faktoren, die das Unternehmensgeschehen beeinflussen, mittels Ein- und Auszahlungen dargestellt werden können. Faktoren wie

- die Leistung des Managements,
- die Motivation und Qualifikation der Mitarbeiter,
- das wirkungsvolle Funktionieren von Steuerungsinstrumenten,
- die auf das Unternehmen wirkenden Markt- und Wettbewerbskräfte

können nicht im Finanzplan wiedergegeben werden.

Excel-Praxis: Finanzplanung

Bei der Erstellung der Finanzplanung auf Basis der Kapitalflussrechnung wird unterschieden in

- originäre Erstellung und
- derivative Erstellung.

Bei der **originären Erstellung** des Finanzplans werden ausgehend vom Zahlungsmittelanfangsbestand die Einzahlungen und Auszahlungen differenziert nach den Planungsbereichen

- operativ bzw. betrieblich,
- investiv und
- finanzierungsbedingt

geplant. Die Gesamtsumme der einzelnen Planungsbereiche ergibt die geplante Veränderung des Zahlungsmittelbestands, die der Gegenüberstellung von Zahlungsmittelanfangs- und Zahlungsmittelendbestand entsprechen muss.

Finanzplanung Originär.xls

CD

Im Tabellenblatt *Finanzplanung* ist ein Finanzplanungsmodell mit 5-Jahres-Planungszeitraum aufgebaut. Der Finanzplan ist vertikal untergliedert in diese Bereiche:

- Zahlungsmittelanfangsbestand: Kassenbestand und Kontostände der einzelnen Bankkonten
- Betrieblicher bzw. operativer Bereich: operative Ein- und Auszahlungen und Veränderungen des »Working Capital«
- Investitionsbereich: Einzahlungen und Auszahlungen, Zahlungsüberschuss oder -bedarf
- Finanzierungsbereich: Einzahlungen und Auszahlungen, Zahlungsüberschuss oder -bedarf

	A	B	C	D	E	F	G	H	I	J	K	L	M	N	O	P	Q
1		**Originäre Finanzplanung**															
2		Firma:															
3		Verantwortlich:															
4																	
5				2010			2011			2012			2013			2014	
6			PLAN	IST	Abw	PLAN	IST	Abw	PLAN	IST	Abw	PLAN	IST	Abw	PLAN	IST	Abw
7	**Zahlungsmittelanfangsbestand**																
8		Kassenbestand															
9		Kontostand Bank 1															
10		Kontostand Bank 2															
11		Kontostand Bank 3															
12		Summe Anfangsbestand Finanzmittel	0	0	0	0	0	0	0	0	0	0	0	0	0	0	0
13	**I. Betrieblicher/operativer Bereich**																
14		Operative Einzahlungen															
15																	
16																	
17																	
18		Summe operative Einzahlungen	0	0	0	0	0	0	0	0	0	0	0	0	0	0	0
19		Operative Auszahlungen															
20																	
21																	
22																	
23																	
24																	
25		Summe operative Auszahlungen	0	0	0	0	0	0	0	0	0	0	0	0	0	0	0
26		Veränderung des Working Capital															
27																	
28																	
29																	
30		Summe Veränderungen WC	0	0	0	0	0	0	0	0	0	0	0	0	0	0	0
31		Zahlungsüberschuss/-bedarf aus dem operativen Bereich	0	0	0	0	0	0	0	0	0	0	0	0	0	0	0
32	**II. Investitionsbereich**																
33		Einzahlungen															

Abbildung 3.115: Finanzplanung

Die Bereiche sind mit Gliederungsebenen versehen, ein Klick auf die höhere Ebenennummer blendet die Detailebene aus.

Die **derivative Erstellung** des Finanzplans erfolgt nach folgenden Schritten:

1. Planung der einzelnen Positionen der Gewinn- und Verlustrechnung (= Plan-GuV)
2. Planung der einzelnen Positionen der Bilanz (= Planbilanz)

3. Ableitung einer einfachen Bewegungsbilanz auf Basis der in Schritt 2 geplanten Bilanzpositionen
4. Ableitung des derivativen Finanzplans aus dem geplanten Jahresergebnis (gem. Schritt 1) unter Einbeziehung der Korrekturen nicht zahlungswirksamer Geschäftsvorfälle (z. B. Abschreibungen, Veränderungen langfristiger Rückstellungen) und der Veränderungen der einzelnen Bilanzpositionen gemäß einfacher Bewegungsbilanz

CD

Finanzplanung Derivativ.xls

Das Hauptmenü enthält die allgemeinen Daten (Firmenbezeichnung, Planjahr) und eine Menüsteuerung für die einzelnen Tabellenblätter in Form von Hyperlinks.

	A	B	C	D
1	**Derivative Finanzplanung**			
2	**Hauptmenü**			
3				
4		Firma:	Mustermann GmbH	
5		Planjahr:	2010	
6				
7		Gewinn- und Verlustrechnung		
8		Bilanz		
9		Bewegungsbilanz		
10		Kapitalflussrechnung		
11		Diagramme		
12				

Abbildung 3.116: Hauptmenü derivative Finanzplanung

Plan-Gewinn- und Verlustrechnung

In der Plan-Gewinn- und Verlustrechnung werden die Umsatzerlöse und alle weiteren betrieblichen Aufwände zum EBITDA (*earnings before interest, taxes, depreciation and amortization*) aufsummiert. Unter Berücksichtigung der Abschreibungen ergibt sich das EBIT (*earnings before interest and taxes*). Das EBT (*earnings before taxes*), der Gewinn vor Steuern, errechnet sich aus dem EBIT zuzüglich Beteiligungsergebnisse, Abschreibungen und Zinsen und abzüglich der Zinserträge. Nach Abzug der Ergebnis- und Ertragssteuern wird der Jahresüberschuss berechnet.

Alle Aufwendungen werden als negative Beträge eingegeben, das Zahlenformat weist sie entsprechend aus. Um die Eingaben abzusichern, können Gültigkeitsregeln für die Eingabebereiche aufgestellt werden.

2003 *Daten/Gültigkeit*

2007 2010 *Daten/Datentools/Datenüberprüfung*

01-15: Gültigkeitsprüfung verhindert Überschreiben von Formeln

TIPP

	A	B	C	D	E	F	G
1	**Derivative Finanzplanung**						Hauptmenü
2	**Gewinn- und Verlustrechnung**						
3							
4		2009	2010	2011	2012	2013	2014
5	**Income Statement**						
6	Umsatzerlöse	6.000	6.600	7.200	7.800	8.400	9.000
7	Sonstige betriebliche Erträge	400	500	600	700	800	900
8	Materialaufwand	-2.200	-2.500	-2.800	-3.100	-3.400	-3.700
9	Personalaufwand	-1.200	-1.500	-1.800	-2.100	-2.400	-2.700
10	Sonstiger betrieblicher Aufwand	-2.000	-2.000	-2.000	-2.000	-2.000	-2.000
11	**EBITDA**	1.000	1.100	1.200	1.300	1.400	1.500
12	Abschreibungen Sachanlagen	-1.000	-900	-800	-700	-600	-500
13	**EBIT**	0	200	400	600	800	1.000
14	Ergebnis aus Beteiligungen	100	120	140	160	180	200
15	Abschreibungen Finanzanlagen						
16	Zinserträge	50	50	50	50	50	50
17	Zinsaufwand	-200	-180	-160	-140	-120	-100
18	EBT	-50	190	430	670	910	1.150
19	EE-Steuern		-80	-210	-330	-450	-550
20	Jahresüberschuss	-50	110	220	340	460	600

Abbildung 3.117: Plan-Gewinn- und Verlustrechnung in der derivativen Finanzplanung

Planbilanz

In der Planbilanz werden die immateriellen Vermögensgegenstände, Sach- und Finanzanlagen zum Anlagevermögen aufsummiert. Vorräte, Forderungen und sonstige Vermögensgegenstände bilden das Umlaufvermögen, die Summe aus beiden ergibt die Aktiva der Planbilanz (Bilanzsumme). Eigenkapital, Rückstellungen, Verbindlichkeiten und Kredite werden als Passiva ausgewiesen.

	A	B	C	D	E	F	G
1	**Derivative Finanzplanung**						Hauptmenü
2	**Bilanz**						
3							
4		**2009**	**2010**	**2011**	**2012**	**2013**	**2014**
5	**Balance Sheet**						
6	Sachanlagen	10000	9500	9000	9500	9600	9500
7	Finanzanlagen	1100	1100	1100	1100	1100	1100
8	**Anlagevermögen**	11100	10600	10100	10600	10700	10600
9	Vorräte	1000	500	700	500	700	500
10	Forderungen	1000	900	800	700	600	500
11	Sonstige Vermögensgegenstände	500	550	600	650	700	750
12	Wertpapiere	200	200	200	200	200	200
13	Liquide Mittel	1000	900	800	700	600	500
14	**Umlaufvermögen**	3700	3050	3100	2750	2800	2450
15	**Bilanzsumme Aktiva**	14800	13650	13200	13350	13500	13050
16	Eigenkapital	7900	6850	6500	6750	7000	6650
17	Kurzfristige Rückstellungen	1500	1500	1500	1500	1500	1500
18	Langfristige Rückstellungen	2000	2200	2400	2600	2800	3000
19	Verbindlichkeiten aus Lieferungen und Leistungen	500	500	500	500	500	500
20	Sonstige Verbindlichkeiten	1100	1000	900	800	700	600
21	Anleihen und langfristige Kredite	1800	1600	1400	1200	1000	800
22	**Bilanzsumme Passiva**	14800	13650	13200	13350	13500	13050
23							
24	Kontrolle Aktiva-Passiva	0	0	0	0	0	0

Abbildung 3.118: Planbilanz in der derivativen Finanzplanung

Die Kontrollsumme (Aktiva minus Passiva) muss 0 betragen. Ein Bedingungsformat mit zwei Regeln prüft die Zellen ab und weist ein entsprechendes Hintergrundmuster zu (Rot/Grün).

Plan-Bewegungsbilanz

Die Veränderungen in der einfachen Plan-Bewegungsbilanz stellen lediglich »suggerierte« Cash-Veränderungen dar, die in der Plan-Kapitalflussrechnung korrigiert werden. Korrekturen in der Praxis:

1. Addition der Abschreibungen
2. Addition der Zuführungen zu langfristigen Rückstellungen
3. Subtraktion der Reduzierung von langfristigen Rückstellungen

Diese Sachverhalte sind nicht zahlungswirksam.

Bei der Erstellung der einfachen Plan-Bewegungsbilanz sind folgende **Vorzeichenregeln** zu beachten:

Aktiva	Passiva
Zunahme => – (minus)	Zunahme => + (plus)
Abnahme => + (plus)	Abnahme => – (minus)

	A	B	C	D	E	F
1	**Derivative Finanzplanung**					Hauptmenü
2	**Bewegungsbilanz**					
3		**2010**	**2011**	**2012**	**2013**	**2014**
4						
5	Sachanlagen	500	500	-500	-100	100
6	Finanzanlagen	0	0	0	0	0
7	Anlagevermögen	500	500	-500	-100	100
8	Vorräte	500	-200	200	-200	200
9	Forderungen aus Lieferung u. Leistung	100	100	100	100	100
10	sonstige Vermögensgegenstände	-50	-50	-50	-50	-50
11	Wertpapiere	0	0	0	0	0
12	Liquide Mittel	100	100	100	100	100
13	Umlaufvermögen	650	-50	350	-50	350
14	Bilanzsumme Aktiva	1.150	450	-150	-150	450
15	Eigenkapital	-1.050	-350	250	250	-350
16	kurzfristige Rückstellungen	0	0	0	0	0
17	langfristige Rückstellungen	200	200	200	200	200
18	Verbindlichkeiten aus Lief. u. Leistg.	0	0	0	0	0
19	sonst. Verbindlichkeiten	-100	-100	-100	-100	-100
20	Anleihen und langfristige Kredite	-200	-200	-200	-200	-200
21	Bilanzsumme Passiva	-1.150	-450	150	150	-450
22						
23						
24	Kontrolle Aktiva-Passiva	0	0	0	0	0

Abbildung 3.119: Plan-Bewegungsbilanz in der derivativen Finanzplanung

Plan-Kapitalflussrechnung

Die Plan-Kapitalflussrechnung wird in der Praxis häufig derivativ unter Ableitung aus dem Ergebnis der Plan-Gewinn- und Verlustrechnung (= geplanter Jahresüberschuss/-fehlbetrag) erstellt. Das Ergebnis der Plan-Gewinn- und Verlustrechnung wird um die o.g. nichtzahlungswirksamen Positionen korrigiert. Es errechnet sich daraus der Brutto-Cashflow.

Nach Berücksichtigung der Veränderungen der operativen (i. d. R. kurzfristigen) Vermögensgegenstände, Rückstellungen und Verbindlichkeiten aus der Plan-Bewegungsbilanz kann der Cashflow aus der operativen Geschäftstätigkeit ermittelt werden.

Werden zusätzlich die Cashflows aus Investitions- und Finanzierungstätigkeit berücksichtigt, kann die Veränderung der liquiden Mittel bestimmt werden. Diese Veränderung muss mit dem Ergebnis der Gegenüberstellung der liquiden Mittel zum Beginn und zum Ende des Geschäftsjahres übereinstimmen.

Die Plan-Kapitalflussrechnung stellt damit eine »Abstimmungsbrücke« der liquiden Mittel von einem auf den anderen Stichtag dar (= Fondsveränderungsrechnung). Die Ursachen der Veränderung der liquiden Mittel liegen im operativen Bereich, im Investitions- und im Finanzierungsbereich (= Ursachenrechnung).

	A	B	C	D	E	F
1	**Derivative Finanzplanung**					Hauptmenü
2	**Kapitalflussrechnung**					
3		**2010**	**2011**	**2012**	**2013**	**2014**
4	Cashflow-Statement					
5	**Jahresüberschuss**	110	220	340	460	600
6	Abschreibungen auf Sachanlagen	900	800	700	600	500
7	Abschreibungen auf Finanzanlagen	0	0	0	0	0
8	Zuführung/Auflösung langfristiger Rückstellungen	200	200	200	200	200
9	Sonstige Anpassungen					
10	**Brutto-Cashflow**	**1210**	**1220**	**1240**	**1260**	**1300**
11	Veränderungen der Vorräte	500	-200	200	-200	200
12	Veränderung der Forderung aus Lieferungen und Leistungen	100	100	100	100	100
13	Veränderung der sonstigen Vermögensgegenstände	-50	-50	-50	-50	-50
14	Veränderung der Verbindlichkeiten aus Lieferungen und Leistungen	0	0	0	0	0
15	Veränderung der kurzfristigen Rückstellungen	0	0	0	0	0
16	Veränderung der sonstigen Verbindlichkeiten	-100	-100	-100	-100	-100
17	Sonstige Anpassungen					
18	**Mittelzu-/abfluss aus operativer Geschäftstätigkeit**	**1660**	**970**	**1390**	**1010**	**1450**
19	Investitionen in Sachanlagen	-400	-300	-1200	-700	-400
20	Investitionen in Finanzanlagen	0	0	0	0	0
21	Abgänge von Sachanlagen					
22	Abgänge von Finanzanlagen					
23	Sonstige Anpassungen					
24	**Mittelzu-/abfluss aus Investitionstätigkeit**	**-400**	**-300**	**-1200**	**-700**	**-400**
25	Dividenden	-1160	-570	-90	-210	-950
26	Aufnahme/Tilgung von Anleihen und langfristigen Krediten	-200	-200	-200	-200	-200
27	Sonstige Anpassungen					
28	**Mittelzu-/abfluss aus Finanzierung**	**-1360**	**-770**	**-290**	**-410**	**-1150**
29						
30	**Veränderung liquide Mittel (inkl. Wertpapiere)**	**-100**	**-100**	**-100**	**-100**	**-100**
31						
32	**Fondsänderungsnachweis**					
33	Liquide Mittel per 1. Januar	1200	1100	1000	900	800
34	Liquide Mittel per 31. Dezember	1100	1000	900	800	700
35	**Veränderung liquide Mittel**	**-100**	**-100**	**-100**	**-100**	**-100**
36	**Abstimmung**	**0**	**0**	**0**	**0**	**0**

Abbildung 3.120: Plan-Kapitalflussrechnung in der derivativen Finanzplanung

Diagramme

Nach dem OPO-Prinzip (one page only) visualisieren Diagramme die wichtigsten Kennzahlen aus der Kapitalflussrechnung. Überflüssige Elemente wie Rubriken und Gitternetze werden entfernt, die Daten für die jeweiligen Reihen verbergen sich im Hintergrund. Die Option *Datenbeschriftung* stellt die Werte über bzw. unter die Datenpunkte der einzelnen Säulendiagramme.

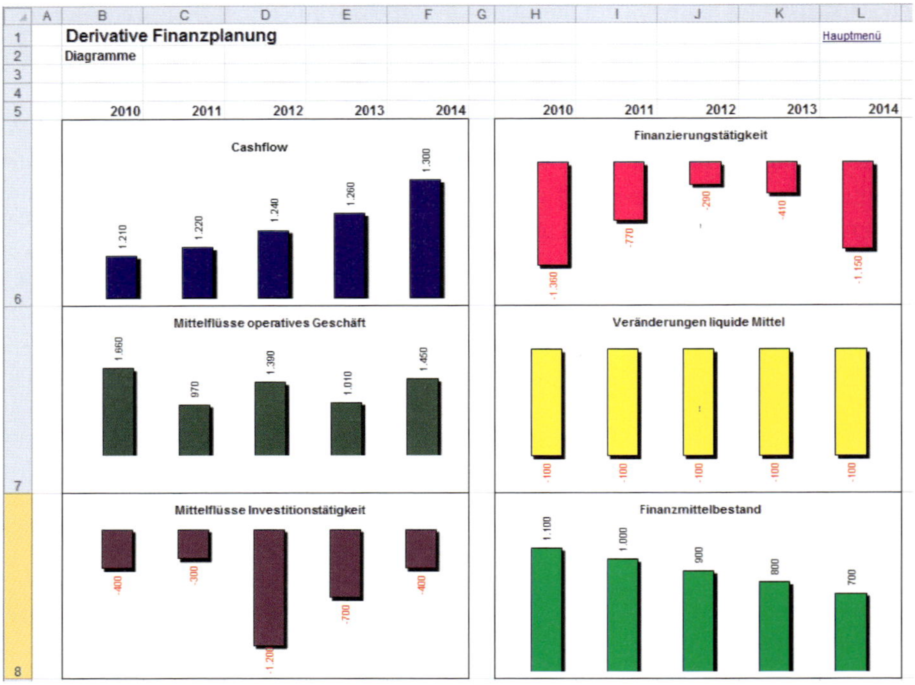

Abbildung 3.121: Diagramme für die wichtigsten Kennzahlen aus der Kapitalflussrechnung

Excel-Praxis: Liquiditätsplanung

Die **Planung der Liquidität** erfolgt in der Regel auf detaillierterer Ebene als die Finanzplanung. Der Finanzplan dient jedoch als Basis und wird auf der Zeitachse feiner untergliedert. In der Praxis hat sich die monatliche Liquiditätsplanung bewährt, jedoch sollten Unternehmen, die über eine wenig ausgeprägte Finanzdecke verfügen bzw. sich sogar in einer angespannten Finanzsituation befinden, den Planungshorizont auf Wochenbasis oder gar auf Tagesbasis verfeinern.

	A	B	C	D	E	F	G	H	I	J	K	L	M
1	**Liquiditätsplanung für das Geschäftjahr 2010**												
2	**Firma:**												
3	Mustermann GmbH												
4	**Geschäftsjahr:**												
5	2010												
6													
7	Datum	Januar	Februar	März	April	Mai	Juni	Juli	August	September	Oktober	November	Dezember
8	**Zahlungsmittelanfangsbestand**		- €	- €	- €	- €	- €	- €	- €	- €	- €	- €	- €
9	**I. Einzahlungen**												
10	aus Lieferung und Leistung												
11	aus Liquidation von Sachvermögen												
12	Sonstiges												
13	Neutraler Bereich												
14	Kapitalaufnahme												
15	Finanzierungserträge												
16	**Summe Einzahlungen**	- €	- €	- €	- €	- €	- €	- €	- €	- €	- €	- €	- €
17	**II. Auszahlungen**												
18	Material												
19	Personal												
20	Leistungen Dritter												
21	Steuern und Abgaben												
22	Sonstiges												
23	Investitionen												
24	Neutraler Bereich												
25	Kapitaltilgung												
26	Finanzierungsaufwendungen												
27	**Summe Auszahlungen**	- €	- €	- €	- €	- €	- €	- €	- €	- €	- €	- €	- €
28	**Zahlungsmittelendbestand**	- €	- €	- €	- €	- €	- €	- €	- €	- €	- €	- €	- €

Abbildung 3.122: Liquiditätsplanung auf Monatsbasis

Liquiditätsplanung Monatsbasis.xls

CD

3.2.6 Projektplanung

Problemstellung

Die Arbeit in Projekten nimmt – neben der Erledigung des Tagesgeschäfts – bei vielen Unternehmen einen immer höheren Stellenwert ein. Dies bedingen u. a. der Technologiewandel und die immer kürzer werdenden Produktlebenszyklen. Hierdurch gewinnt die Projektarbeit zunehmende Bedeutung in allen Industriezweigen. Die positiven Auswirkungen der Projektarbeit sowohl innerhalb des Unternehmens als auch auf dessen Stellung in Markt und Wettbewerb werden in der nachfolgenden Abbildung verdeutlicht:

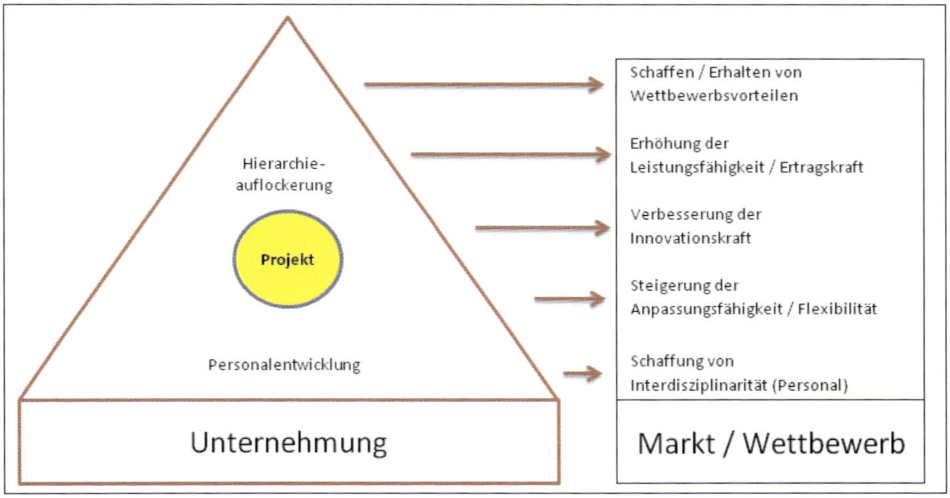

Abbildung 3.123: Auswirkungen der Projektarbeit

Fachliche Beschreibung und Beispiele

Um Projekte erfolgreich zum definierten Projektziel zu führen, ist nach der ersten Phase der Projektdefinition, in der das »Projekt aufgesetzt« (Projektzieldefinition, Projektorganisation, Wirtschaftlichkeitsanalyse etc.) wird, in der zweiten Phase das Projekt ausführlich zu planen. Dieser Phase kommt eine besondere Bedeutung zu. Je genauer die Planung eines Projekts vorgenommen wird, desto weniger Unvorhergesehenes sollte in späteren Projektphasen auftreten. Allerdings darf auch der Aufwand einer exakten Planung nicht unterschätzt werden. Es müssen hierzu genügend Ressourcen bereitgestellt werden. Je größer ein Projekt ist, desto weniger ist es möglich, gleich zu Beginn des Projekts alle Projektphasen ausführlich zu planen. Daher werden zunächst die zeitlich nahe liegenden Phasen geplant, und im Laufe des Projektfortschritts erfolgt sukzessive die Planung der weiteren Projektphasen.

In der Planungsphase müssen mehrere **Planungsschritte** ausgeführt werden:

- Strukturplanung
- Aufwandsschätzung
- Terminplanung
- Einsatzmittelplanung
- Kostenplanung

Strukturplanung

Ausgangspunkt für alle weiteren Planungsaktivitäten und auch für die Projektsteuerung/-überwachung ist die Strukturplanung. Strukturiert werden müssen das Produkt, das Projekt und die Konten. Die **Produktstruktur** gibt die technische Struktur des zu entwickelnden Produkts hierarchisch wieder. Die einzelnen Ebenen der Produktstruktur werden weiter untergliedert. Es entsteht ein sog. **Produktstrukturplan**:

Exkurs

Praxisbeispiel (Auszug):

Das Produkt »Implementierte Finanzbuchhaltungssoftware« kann wie folgt strukturiert werden, wobei in diesem Beispiel zur **Produktstruktur** nur die Debitorenbuchhaltung weiter untergliedert wird:

1. Hauptbuch
2. Debitorenbuchhaltung
   Stammdaten Debitoren
      Anschrift
      Bankdaten
      Zahldaten
      Hauptbuchabstimmung
   Mahnwesen
      Mahnstufen
      Mahnschreiben
      Mahnkosten
   Berichtswesen
      Stammdatenberichte Debitoren
      Offene-Posten-Liste Debitoren
3. Kreditorenbuchhaltung
4. Anlagenbuchhaltung
5. Bankbuchhaltung

Neben der Strukturierung des Ergebnisses des Projekts muss auch das Projekt selbst strukturiert werden. Die **Projektstruktur** beschreibt die aufgabenbezogene Gliederung des Projekts in einem hierarchischen Projektstrukturplan (PSP). Dabei werden mehrere PSP-Arten unterschieden:

- **objektorientierter** PSP (Differenzierung nach der technischen Struktur des Produkts; ähnlich dem Produktstrukturplan)

- **funktionsorientierter** PSP (Differenzierung nach Funktionen, z. B. der Entwicklung)
- **ablauforientierter** PSP (Differenzierung nach der Prozessorganisation/dem Vorgehensmodell, z. B. Planung, Konzeption, Realisierung, Test)

Ziel ist die »Zerlegung« des Projekts in abzuarbeitende Aufgabenpakete (**Arbeitspakete**), denen Verantwortliche, Termine, Ressourcen und Budgets zugewiesen werden können. Die Arbeitspakete können vom Verantwortlichen in einzelne Aufgaben (auch: Vorgänge) weiter untergliedert werden (**Aufgabenplanung**), deren Nachverfolgung mittels Offener-Punkte-Listen und nicht mittels des Projektstrukturplans erfolgt.

Aufwandsschätzung

Die frühzeitige Abschätzung des Aufwands insbesondere von DV-Projekten dient als Grundlage für die Planung von Terminen und Ressourcen. Bei personalintensiven Projekten (z. B. Einführung einer Standardsoftware) steht die **Schätzung des Personalaufwands** im Vordergrund. Dabei kommen in der Praxis zahlreiche mehr oder weniger genaue und unterschiedlich aufwendige Methoden zur Anwendung. Unterschieden werden:

- Vergleichsmethoden (z. B. Analogienmethode, Relationenmethode)
- algorithmische Methoden (z. B. Gewichtungsmethode, Stichprobenmethode)
- Kennzahlenmethoden (z. B. Multiplikatormethode, Prozentsatzmethode)

Wesentliche **Einflussfaktoren** für eine Aufwandsschätzung sind:

- Erfahrungswerte aus früheren Projekten
- Einsatz von Bezugsgrößen (z. B. Anzahl Programmzeilen, Anzahl Kostenstellen, Anzahl Verrechnungen in der KLR, Anzahl Berechtigungsrollen)
- Funktionsumfang (z. B. bei Softwareeinführungen)
- Komplexitätsgrad (z. B. strikte Einführung des Standards oder Abweichungen vom Standard durch Modifikationen und Erweiterungen)
- Qualität (z. B. Eindeutigkeit der Nummernsystematik und der Systematik bei Kostenstellenbildung und Kontenplanerstellung, Genauigkeit von Verrechnungen in der KLR)
- Projektdauer (nicht beliebig reduzierbar; im Zusammenhang zu sehen mit der Anzahl eingesetzter Projektmitarbeiter; Berücksichtigung des Koordinationsaufwands zusätzlicher Projektmitarbeiter)
- Personalqualität (z. B. Ausbildung, Motivation, Fachkenntnisse, Unternehmenskenntnisse, Branchenerfahrung)
- Projektumfeld (z. B. umfangreiche Berichterstattung, zeitintensive Besprechungen, abstimmungsintensiver Projektauftraggeber, Einhaltung von Standards)

Terminplanung

Nach der Definition der Arbeitspakete in der Strukturplanung sind diese nun in **logische Abhängigkeiten** zu bringen (Ablauf). Die einzelnen Arbeitspakete bzw. Aufgaben/Vorgänge werden zeitlich eingeplant. Fixiert werden jeweils Anfangs- und Endtermine pro

Arbeitspaket bzw. Aufgabe/Vorgang. Zudem müssen Meilensteine festgelegt werden. Auf Basis dieser Informationen beginnt die Termindurchrechnung (**Terminierung**). Die Terminierung kann erfolgen durch Vorwärtsrechnung und Rückwärtsrechnung.

Die **Darstellung und Verfolgung der Termine** erfolgt bei kleinen Projekten in Terminlisten, bei größeren Projekten mittels Gantt- bzw. Balkendiagrammen und bei komplexen Projekten auf der Basis von Netzplänen.

Einsatzmittel-/Ressourcenplanung

Die in einem Projekt eingesetzten **Ressourcen** werden häufig auch unpersönlich als »Einsatzmittel« bezeichnet. Umfasst werden davon finanzielle Mittel, Personal und Betriebsmittel (z. B. Maschinen, EDV-Anlagen). Die Einsatzmittelplanung bestimmt die **Bedarfe an Einsatzmitteln** zu bestimmten Terminen und deren Bereitstellung über definierte Zeiträume. Der Zeitpunkt des Bedarfs kann zu Beginn eines Arbeitspakets bzw. eines Vorgangs, an dessen Ende oder während der gesamten Vorgangsdauer (z. B. Personal) liegen. Im Rahmen der Ermittlung werden die einzelnen Bedarfe aufsummiert und für die Einsatzmittel Kapazitätsübersichten erstellt. Ergeben sich Engpässe beim Einsatz der Ressourcen, ist es Aufgabe der Einsatzmittelplanung, einen **Kapazitätsausgleich** herbeizuführen.

Gerade bei personalintensiven Projekten ist die **Personaleinsatzplanung** eine der wichtigsten Planungsaktivitäten. Bei der Personaleinsatzplanung werden die

- Qualifikation des Personals,
- verfügbare Personalkapazität,
- zeitliche und örtliche Verfügbarkeit und
- organisatorische Zuordnung

einbezogen. Die Planung erfolgt in **vier Schritten**:

1. Ermittlung des **Vorrats** (Bestimmung der [verfügbaren] Personalkapazität)
   - qualifikationsgerecht
   - zeitgerecht (Berücksichtigung von Ausfallzeiten aufgrund von Urlaub, Krankheit, Schulung)
2. Errechnung des **Bedarfs** (für Arbeitspakete bzw. Vorgänge, Berücksichtigung des Produktivanteils und der Ressourcenteilbarkeit, Verhältnis von Personalbedarf und Bearbeitungszeit)
3. **Vergleich** von Bedarf und Vorrat (Erstellung von Auslastungsdiagrammen, Kapazitätskurven)
4. **Auslastungsoptimierung**
   - termintreuer Ausgleich (keine Verschiebung des Projektendtermins möglich, Notwendigkeit von Mehrarbeit)
   - kapazitätstreuer Ausgleich (keine Erhöhung der Kapazität möglich, Notwendigkeit der Verschiebung des Projektendtermins)

Kostenplanung

Die im Rahmen der Einsatzmittelplanung geplanten Aufwendungen für die einzelnen Ressourcen (**Mengenplanung**) müssen im Folgenden mit **Preisen** bewertet werden. Dies ist eine wesentliche Aufgabe der Kostenplanung. Diese analytische Kostenplanung (Kosten = Menge x Preis bzw. Kostensatz) wird vor allem bei der Planung der

- Personalkosten,
- Fremdleistungskosten,
- IT-Kosten (insbesondere bei Fremdbezug, z. B. Storage-on-Demand),
- Reisekosten

angewendet. Zudem werden Kosten von untergeordneter Bedeutung pauschal geplant (z. B. Kosten für Büromaterial, Telekommunikation). Die Kosten des Werteverzehrs und der Bindung von Kapital in Betriebsmitteln werden in der Regel in der Anlagenbuchhaltung im Plan ermittelt (Abschreibungen, kalkulatorische Zinsen) und in die Projektkostenrechnung als Planwert fortgeschrieben.

Die Planung von Kosten erfolgt nicht nur auf der sachlichen Ebene (Kostenart), sondern es werden weitere Elemente der Kostenrechnung als **kostentragende Elemente** definiert:

- (Projekt-)Kostenstellen
- (Projekt-)Kostenträger
- Projekte bzw. PSP-Elemente

Die **Personalkostenplanung** (Personalkosten als dem Projekt direkt zurechenbare Kosten) folgt in der Regel dem folgenden schematischen Ablauf:

- Ermittlung der Planmengen (Anzahl Stunden pro Mitarbeiterkategorie)
- Ermittlung der Planpreise (Plankostensatz für Mitarbeiter je Mitarbeiterkategorie)
- Ermittlung der Plankosten (Planmenge x Planpreis = Plankosten)
- Ermittlung der Planerlöse (Planmenge x Planerlössatz = Planerlös)
- Ermittlung von Plandeckungsbeiträgen (Planerlöse – Plankosten = Plandeckungsbeitrag)

Excel-Praxis: Projektplanung – Organigramme und GANTT-Charts

Für das Projektmanagement hat der Softwaremarkt natürlich zahlreiche Produkte im Angebot, vom einfachen Terminplanungssystem bis zur Komplettlösung mit Onlinedatenbanken und Collaboration-Plattformen reicht die Palette der Projektmanagement-Tools. Zur Planerstellung und Planverfolgung einzelner Projekte wird *Microsoft Project* oder *Open Workbench* eingesetzt, Multiprojektmanagement lässt sich mit *Microsoft Project Server*, *SAP cProjects* oder *A-Plan* verwirklichen. Enterprise-PM-Systeme integrieren das Projektmanagement in die unternehmensweite Planung (ERP-Software, *Clarity*, *InLoox* etc.).

Excel als Planungs- und Verwaltungstool für Projekte einzusetzen hat Vor- und Nachteile. Bei der Realisierung eines schnellen Projektplans mit Dauer- und Terminberechnungen ist die Tabellenkalkulation unschlagbar, auch die Verknüpfung von Projektplänen mit Ressourcen und Budgetierung gelingt noch mit wenig Aufwand. Schwieriger und aufwendiger ist die Umsetzung von Vorgangsbeziehungen, ein wesentlicher Bestandteil der Projektplanung, hier muss der Anwender schon zur VBA-Makroprogrammierung greifen.

Organigramme – Projektziele

Ein wesentlicher Bestandteil der Projektplanung ist die grafische Darstellung von Abläufen oder Hierarchien. Excel bietet in allen Versionen Werkzeuge zum Zeichnen von Organigrammen an.

2003 | *Einfügen/Schematische Darstellung*

Zur Auswahl stehen Organigramme, Zyklusdiagramme, Radialdiagramme und andere Diagrammtypen. Die gezeichneten Objekte können beschriftet und mit verschiedenen Standardlayouts formatiert werden.

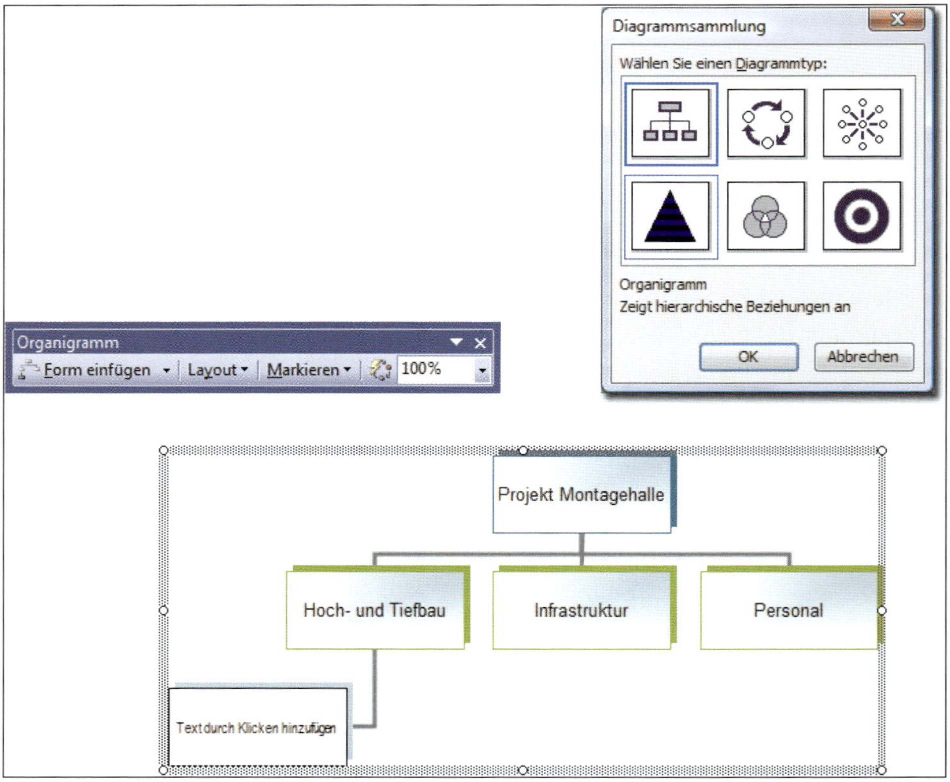

Abbildung 3.124: Schematische Darstellung in Excel 2003, hier ein Organigramm

Einfügen/Illustrationen/SmartArt 2007 2010

SmartArt-Diagramme werden als Objekte in das Tabellenblatt gezeichnet und über die Gruppe *SmartArt-Tools* in der Multifunktionsleiste bearbeitet und formatiert. Für die Beschriftung steht eine Textgliederung in einem eigenen Fenster zur Verfügung.

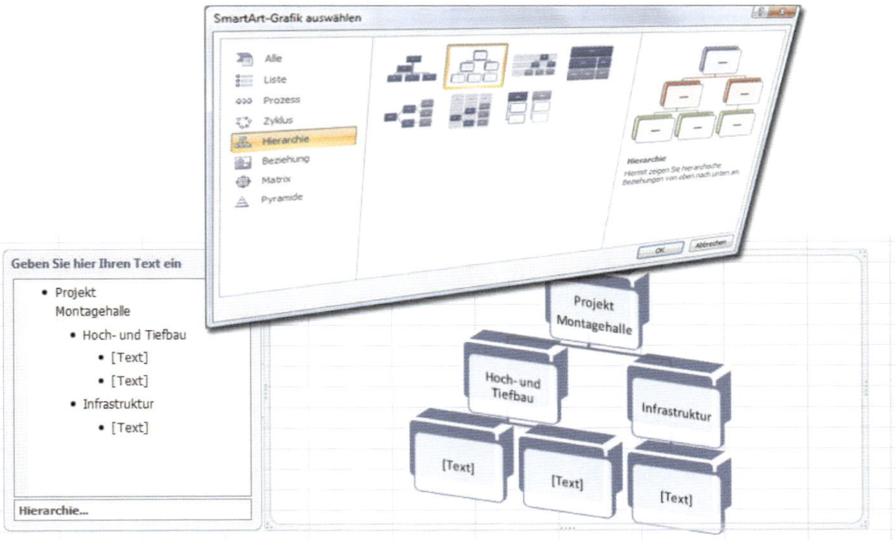

Abbildung 3.125: SmartArt-Diagramme in Excel 2007, hier ein Hierarchiediagramm

Organigramme mit Zellverknüpfungen

SmartArts bieten leider keine Möglichkeit, die textlichen Inhalte aus Tabellenbereichen zu integrieren. Eine Alternative bieten die Zeichenwerkzeuge aus der Symbolleiste *Zeichnen* (2003) bzw. aus der Formenbibliothek (2007). Jedes gezeichnete Objekt kann mit einer Zelladresse verknüpft werden und bildet dann deren Text als Beschriftung ab. Hier ein Beispiel für Zieldefinitionen, die nach PM-Technik in Ergebnisziele und Vorgehensziele aufgeteilt werden:

Ansicht/Symbolleisten/Zeichnen 2003

Einfügen/Illustrationen/Formen 2007 2010

Zeichnen Sie eine Grundform des Organigramms in der erforderlichen Größe und formatieren Sie diese mit Hintergrundfarbe und Schatten. Kopieren Sie das Objekt, ziehen Sie es dazu mit dem Mauszeiger und gedrückter [Strg]-Taste am Rahmen. Zur Verknüpfung markieren Sie ein Objekt, schreiben ein =-Zeichen und klicken auf die gewünschte Zelle. Mehrzeilige Texte schreiben Sie in der Zelle mit einem Absatzumbruch ([Alt]-Taste und [↵]-Taste) oder mit einer Formel, die Texte, Zelladressen und das Zeichen für Absatzumbruch mit der Funktion ZEICHEN() verknüpft:

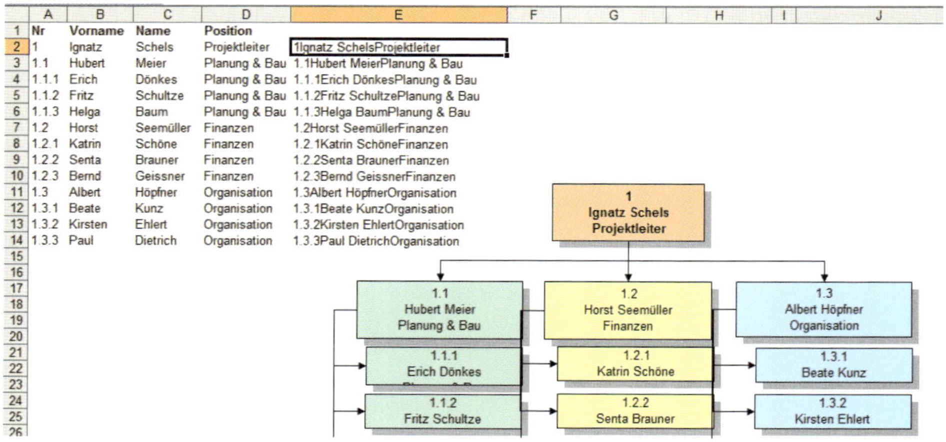

	Nr	Vorname	Name	Position	E
1	Nr	Vorname	Name	Position	
2	1	Ignatz	Schels	Projektleiter	1Ignatz SchelsProjektleiter
3	1.1	Hubert	Meier	Planung & Bau	1.1Hubert MeierPlanung & Bau
4	1.1.1	Erich	Dönkes	Planung & Bau	1.1.1Erich DönkesPlanung & Bau
5	1.1.2	Fritz	Schultze	Planung & Bau	1.1.2Fritz SchultzePlanung & Bau
6	1.1.3	Helga	Baum	Planung & Bau	1.1.3Helga BaumPlanung & Bau
7	1.2	Horst	Seemüller	Finanzen	1.2Horst SeemüllerFinanzen
8	1.2.1	Katrin	Schöne	Finanzen	1.2.1Katrin SchöneFinanzen
9	1.2.2	Senta	Brauner	Finanzen	1.2.2Senta BraunerFinanzen
10	1.2.3	Bernd	Geissner	Finanzen	1.2.3Bernd GeissnerFinanzen
11	1.3	Albert	Höpfner	Organisation	1.3Albert HöpfnerOrganisation
12	1.3.1	Beate	Kunz	Organisation	1.3.1Beate KunzOrganisation
13	1.3.2	Kirsten	Ehlert	Organisation	1.3.2Kirsten EhlertOrganisation
14	1.3.3	Paul	Dietrich	Organisation	1.3.3Paul DietrichOrganisation

Abbildung 3.126: Organigramme mit Text aus verknüpften Zellen

CD Projektplanung Organigramme.xls

Projektplan mit GANTT-Diagramm

Das GANTT-Diagramm gehört zur Standardausstattung jeder Projektplanung. Benannt nach dem amerikanischen Ingenieur *Henry L. Gantt*, stellt es die zeitliche Abfolge der Aktivitäten im Projektplan auf einer Zeitachse dar. Excel bietet zwar keinen eigenen Diagrammtyp mit dieser Bezeichnung, GANTT-Diagramme lassen sich aber mit einem Trick auch mit gestapelten Balken erstellen.

CD Projektplanung GANTT-Diagramm.xls

Der Projektplan enthält neben den Bezeichnungen die Datumswerte für Beginn und Ende des jeweiligen Vorgangs oder der Projektphase. Die Dauer wird als Differenz zwischen Anfang und Ende berechnet, das benutzerdefinierte Zahlenformat fügt den Text »Tage« an:

```
D2: =C2-B2+1
Zahlenformat: 0" Tage"
```

Die Nettodauer berechnet die Funktion NETTOARBEITSTAGE(). Das dritte Argument bietet die Möglichkeit, freie Tage (Feiertage, projektfreie Tage) zu berücksichtigen, hier ist im Beispiel die Feiertagsberechnung in einem weiteren Tabellenblatt bereitgestellt worden, der Bereichsname FTAGE verweist auf die Spalte mit den freien Tagen (siehe Kapitel 2.1.8: Feiertage berechnen mit Bundeslandauswahl).

```
E2: =NETTOARBEITSTAGE(B2;C2;FTAGE)
```

	A	B	C	D	E
1	Vorgang	Beginn	Ende	Dauer (Brutto)	Dauer (Netto)
2	Grobplanung	01.01.2010	25.02.2010	56 Tage	36 Tage
3	Detailplanung	20.02.2010	31.03.2010	40 Tage	28 Tage
4	Beschaffung	01.04.2010	20.04.2010	20 Tage	12 Tage
5	Fertigung	15.04.2010	30.05.2010	46 Tage	30 Tage
6	Montage	01.06.2010	15.07.2010	45 Tage	32 Tage
7	Probebetrieb	15.07.2010	30.08.2010	47 Tage	33 Tage
8	Inbetriebnahme	01.09.2010	15.09.2010	15 Tage	11 Tage

	A	B	C	D	E
1	Vorgang	Beginn	Ende	Dauer (Brutto)	Dauer (Netto)
2	Grobplanung	40179	40234	=C2-B2+1	=NETTOARBEITSTAGE(B2;C2;FTAGE)
3	Detailplanung	40229	40268	=C3-B3+1	=NETTOARBEITSTAGE(B3;C3;FTAGE)
4	Beschaffung	40269	40288	=C4-B4+1	=NETTOARBEITSTAGE(B4;C4;FTAGE)
5	Fertigung	40283	40328	=C5-B5+1	=NETTOARBEITSTAGE(B5;C5;FTAGE)
6	Montage	40330	40374	=C6-B6+1	=NETTOARBEITSTAGE(B6;C6;FTAGE)
7	Probebetrieb	40374	40420	=C7-B7+1	=NETTOARBEITSTAGE(B7;C7;FTAGE)
8	Inbetriebnahme	40422	40436	=C8-B8+1	=NETTOARBEITSTAGE(B8;C8;FTAGE)

Abbildung 3.127: Projektplan mit Berechnung der Vorgangsdauer in Brutto- und Nettotagen

Für das GANTT-Diagramm markieren Sie zunächst den Bereich mit den Vorgangsbezeichnungen und dem Beginndatum. Erstellen Sie ein Diagramm vom Typ Stapelbalken.

Einfügen/Diagramm/Diagrammtyp/Balken/Untertyp 2 2003

Einfügen/Diagramme/Balken/2D-Balken/Typ 2 2007 2010

Im nächsten Schritt markieren Sie die Bruttotage (D2:D8), kopieren diese mit `Strg` + `C`, markieren das Diagramm und fügen die Daten mit der `↵`-Taste ein.

	A	B	C	D	E	F	G	H
1	Vorgang	Beginn	Ende	Dauer (Brutto)	Dauer (Netto)			
2	Grobplanung	01.01.2010	25.02.2010	56 Tage	36 Tage			
3	Detailplanung	20.02.2010	31.03.2010	40 Tage	28 Tage			
4	Beschaffung	01.04.2010	20.04.2010	20 Tage	12 Tage			
5	Fertigung	15.04.2010	30.05.2010	46 Tage	30 Tage			
6	Montage	01.06.2010	15.07.2010	45 Tage	32 Tage			
7	Probebetrieb	15.07.2010	30.08.2010	47 Tage	33 Tage			
8	Inbetriebnahme	01.09.2010	15.09.2010	15 Tage	11 Tage			

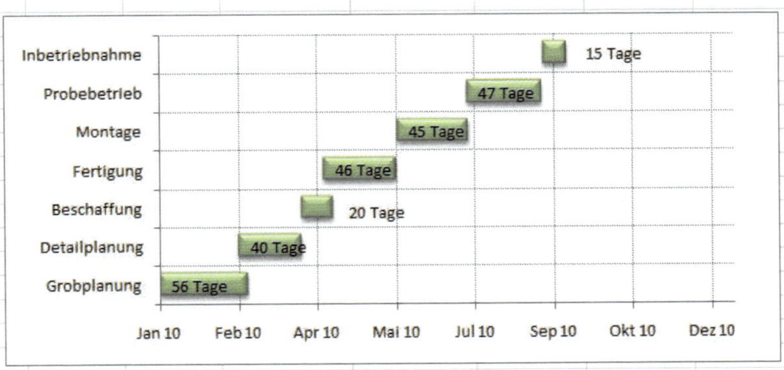

Abbildung 3.128: Ein GANTT-Diagramm mit Datumsreihe im Monatsintervall

Blenden Sie dann in der ersten Datenreihe den Rahmen und das Füllmuster aus. Damit bleibt nur die Balkenreihe mit dem Vorgang von Beginn bis Ende sichtbar. Die horizontale Größenachse wird noch entsprechend präpariert, weisen Sie ihr ein Zahlenformat zu und setzen Sie das Minimum und das Maximum der Achse fest. In Excel 2003 können Sie dazu direkt die Datumswerte eintragen, ab Excel 2007 müssen Sie den dezimalen Zahlenwert des Datums verwenden.

```
Zahlenformat (benutzerdefiniert): MMM JJ
Minimum: 1.1.2010 (40.179)
Maximum: 31.12.2010 (40.453)
```

Um die Dauer der einzelnen Vorgänge im GANTT-Diagramm anzuzeigen, weisen Sie dem Diagramm eine Datenreihenbeschriftung zu. Setzen Sie die Werte ein und löschen Sie die Beschriftungen für die erste Reihe.

GANTT-Chart mit bedingter Formatierung

CD Projektplanung GANTT mit Bedingungsfomat.xls

Die vorgestellte Methode, GANTT-Charts mit Stapelbalken zu generieren, eignet sich nur für kleinere Phasen- oder Projektablaufpläne mit einer überschaubaren Anzahl von Vorgängen. Eine Alternative bietet die Bedingungsformatierung. Der Projektplan wird dazu wieder mit Vorgangs- und Phasenbezeichnungen, Beginn und Ende und Berechnung der Dauer aufgesetzt. Die restlichen Spalten werden auf Spaltenbreite 25 (Pixel) verkleinert, die Kopfzeile bekommt eine Datumsreihe ab dem Projektbeginn. Über der Kopfzeile bringen Sie eine Formelreihe an, die an jedem Monatsersten den Namen des Monats anzeigt:

```
F1: =WENN(TAG(F6)=1;F6;"")
F5: =C7 (Projektbeginn)
G5: =F5+1
Zahlenformat Zeile 5: TTT
F6: =C7
G6: =F6+1
Zahlenformat Zeile 6: TT
```

Formatieren Sie alle Zellen dieser Datumsspalten ab dem ersten Vorgang mit einem Bedingungsformat, das abprüft, ob das Datum in der Kopfzeile zwischen dem Anfangs- und Enddatum des Projektvorgangs liegt. Weisen Sie ein einfarbiges Hintergrundmuster zu.

2003 *Format/Bedingte Formatierung*

2007 2010 *Start/Formatvorlagen/Bedingte Formatierung/neue Regel/Formel … verwenden*

Bedingungsregel:

```
F8: =UND(F$6>=$C8;F$6<=$D8)
```

Mithilfe der Gliederungsfunktion setzen Sie die Monatswerte bis zum nächsten Monatsersten eine Ebene tiefer, damit lässt sich der GANTT-Bereich des Projektplans monatsweise auf- und zuklappen.

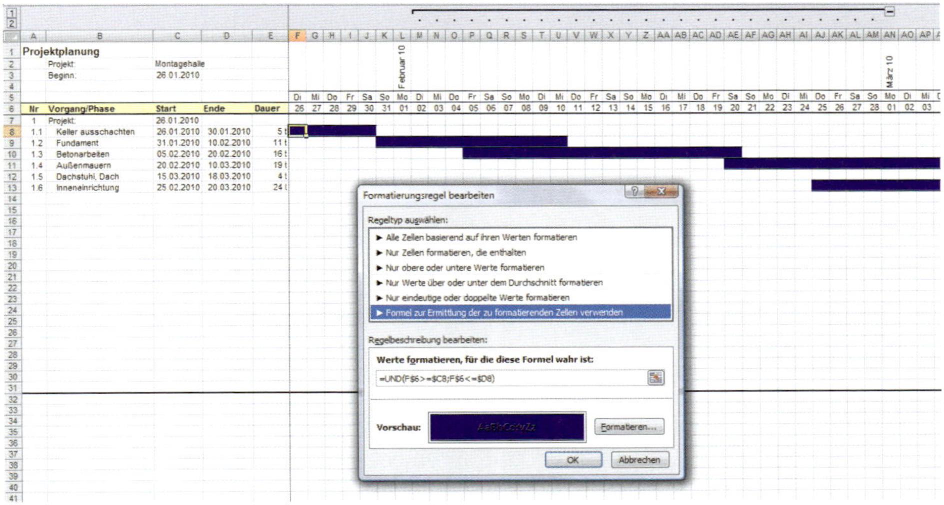

Abbildung 3.129: Projektplan mit GANTT-Chart aus Bedingungsformaten

Excel-Praxis: Projektablaufplan mit Terminplanung

Projektplanung Projektstrukturplan.xls

CD

Die Beispiellösung enthält einen Projektstrukturplan mit GANTT-Diagramm für das Projekt »Freizeitpark«, der alle Möglichkeiten von Excel ausschöpft.

Die Projektinfo

Das Tabellenblatt *ProjektINFO* enthält die wichtigsten Basisdaten für das Projekt. Neben dem Projektnamen wird der Projektbeginn eingetragen, das Ende des Projekts berechnet sich per KGRÖSSTE()-Funktion aus dem Projektstrukturplan. Alle Zähl- und Summenformeln beziehen sich auf den Bereichsnamen *Datenbank*, mit *INDEX(Datenbank;;Spaltennummer)* lässt sich eine einzelne Spalte definieren.

Der Projektstrukturplan

Für den Projektstrukturplan wird zunächst eine Vorgangsliste angelegt, die in Phasen unterteilt und mit Meilensteinen versehen ist. Die Kennung in der ersten Spalte definiert eine Zeile als Vorgang, Phase (P1, P2 … P*n*) oder Meilenstein (M). Für die farbige Kennzeichnung sorgen Bedingungsformate, Phasen werden in dunkelroter Schrift ausgewiesen, Meilensteine in Magenta.

	A	B
1	**Projekt-Informationen**	
2		
3	*Allgemein*	
4	*Projekt*	Freizeitpark "Fantasy Island"
5	*Projektbeginn*	Montag, 8. März 2010
6	*Projektende*	Mittwoch, 31. März 2010
7	*Anzahl Meilensteine*	10
8	*Anzahl Phasen*	10
9	*Anzahl Vorgänge*	48
10	*Anzahl Projekttage*	14

	A	B
1	**Projekt-Informationen**	
2		
3	*Allgemein*	
4	*Projekt*	Freizeitpark "Fantasy Island"
5	*Projektbeginn*	40243
6	*Projektende*	=KGRÖSSTE(INDEX(Datenbank;;5);1)
7	*Anzahl Meilensteine*	=ZÄHLENWENN(INDEX(Datenbank;;1);"M")
8	*Anzahl Phasen*	=SUMME(WENN(LINKS(INDEX(Datenbank;;1);1)="P";1;0))
9	*Anzahl Vorgänge*	=ZEILEN(Datenbank)-1-B8-B7
10	*Anzahl Projekttage*	=SUMME(INDEX(Datenbank;;6))

Abbildung 3.130: Projektinformationen mit Berechnungen

Der Terminbereich enthält die Spalten Beginn, Dauer, Ende und Projekttage. Der Projektbeginn ist aus der Projektinfo verknüpft, eingetragen werden Beginn und Dauer. Die Funktion NETTOARBEITSTAGE() berechnet die Anzahl Projekttage abzüglich Feiertage und projektfreie Tage. Die Liste dieser Datumswerte bezieht die Funktion aus dem Tabellenblatt *Feiertage* mit der Feiertagsberechnung nach Bundesland (siehe Kapitel 2.1.8). Die Liste wurde über zwei Jahre angelegt, damit sie für Projekte gültig ist, die über den Jahreswechsel dauern.

F8 =WENN(UND(C8<>"";E8<>"");NETTOARBEITSTAGE(C8;E8;FLISTE);"")

Schaltflächen: Kalender | Alles anzeigen | Nur Vorgänge | Phasenplan | Meilensteinplan | Tage | KW | Monate

	A	B	C	D	E	F	G
1		**Projektstrukturplan**					
2		*Projekt "Freizeitpark Fantasy Island"*					
3		*Projektleitung: I. Schels*					
4							
5	Nr	Projektvorgang	Beginn	Dauer	Ende	Projekttage	Termine
6	M	Projektbeginn	08.03.2010				
7	P1	**Konzept/Definition**	**08.03.2010**	**18 Tage**	**23.03.2010**	**16 Tage**	
8		– Vorbereitungsworkshop	08.03.2010	2 Tage	09.03.2010	2 Tage	
9		– Kick-off-Meeting	15.03.2010	1 Tag	15.03.2010	1 Tag	
10		– Projektteam aufstellen	16.03.2010	4 Tage	19.03.2010	4 Tage	
11		– Lastenheft und Pflichtenheft erstellen	22.03.2010	10 Tage	31.03.2010	8 Tage	
12		– Projektstart-Workshop durchführen	23.03.2010	1 Tag	23.03.2010	1 Tag	
13	M	Projektstart	29.03.2010				
14	P2	**Vorplanung**					
15		– Gelände- und Umfeldanalyse	01.04.2010	3 Tage	03.04.2010	1 Tag	
16		– Flächennutzungsplan	06.04.2010	3 Tage	08.04.2010	3 Tage	
17		– Bauanträge und Bebauungsplan	10.04.2010	5 Tage	14.04.2010	3 Tage	
18		– Wasserrechtsanalyse	13.04.2010	2 Tage	14.04.2010	2 Tage	
19	P3	**Kalkulation**					
20		– Wirtschaftlichkeitsplan, Break-even, Liquiditätsanalyse	19.04.2010	6 Tage	24.04.2010	5 Tage	
21		– Massen- und Mengenkalkulation	21.04.2010	2 Tage	22.04.2010	2 Tage	
22		– Raumordnungsverfahren	21.04.2010	12 Tage	02.05.2010	8 Tage	
23		– Umweltverträglichkeitsstudien	23.04.2010	6 Tage	28.04.2010	4 Tage	

Abbildung 3.131: Projektstrukturplan mit Terminbereich

PSP mit GANTT-Diagramm

Die Vorgangsbalken im GANTT-Diagramm werden mit einem Bedingungsformat mit zwei Regeln erzeugt. Zeile 5 enthält dazu eine Datumsreihe ab dem Projektbeginn, die Kalenderwoche wird mit einer Makrofunktion berechnet. Das Bedingungsformat prüft ab, ob die Spalte im Datumsbereich des Vorgangs liegt, und weist die Samstage und Sonntage sowie die Feiertage farbig aus (hier für Zelle H6):

```
1. Bedingungsregel:
=UND($C6<>"";$E6<>"";$A6<>"M";LINKS($A6;1)<>"P";H$5>=$C6;H$5<=$E6)
2. Bedingungsregel: =ODER(WOCHENTAG(H$5)=7;WOCHENTAG(H$5)=1)
3. Bedingungsregel: =NICHT(ISTNV(SVERWEIS(H$5;FLISTE;1;0)))
```

01-22: Alle Bedingungsformate markieren

TIPP

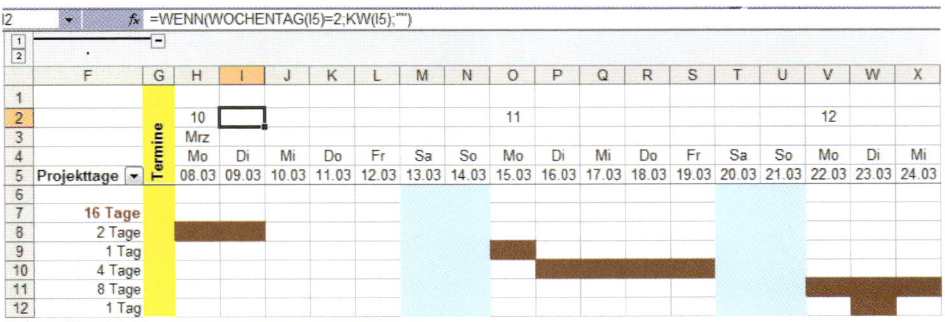

Abbildung 3.132: Das GANTT-Diagramm mit Vorgangsbalken und Wochentag-/Feiertagsmarkierung

VBA-Makros für Kalender und Anzeigesteuerung

Für den nötigen Komfort bei der Erfassung und Auswertung des PSP sorgen kleine Makros, die über Formularschaltflächen aktiviert werden.

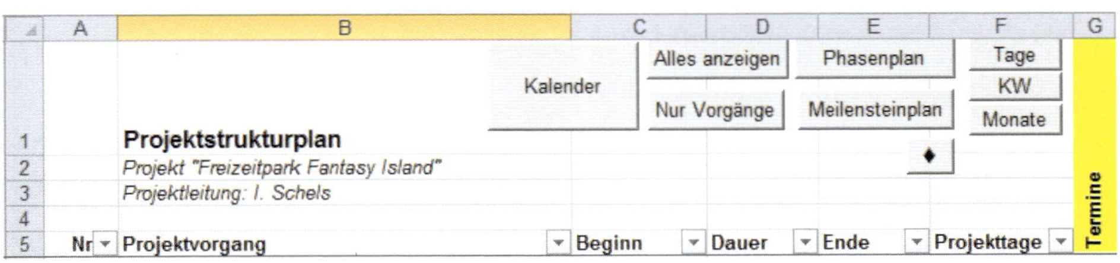

Abbildung 3.133: Makroschaltflächen

Kalender: Das Makro aktiviert zur Unterstützung der Datumseingaben in der *Beginn*-Spalte einen Kalender, der auf den Projektbeginn eingestellt ist. Markieren Sie eine Eingabezelle und klicken Sie auf das gewünschte Datum im Kalender, um dieses einzutragen. Der Kalender ist modal, er bleibt auf dem Bildschirm, bis das Fenster geschlossen wird.

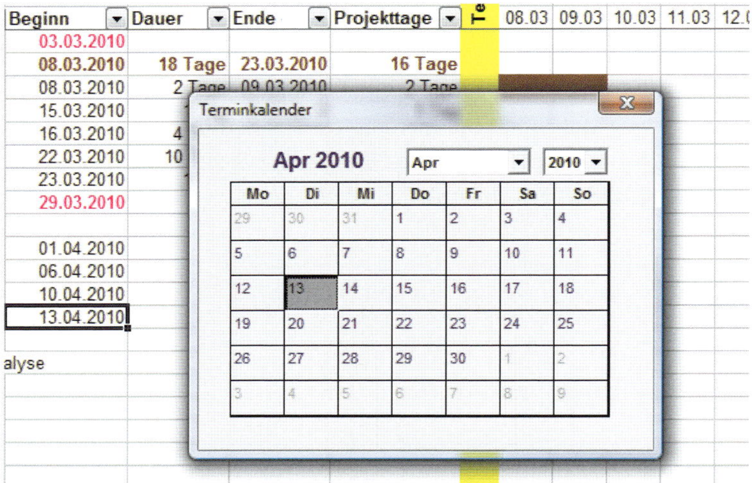

Abbildung 3.134: VBA-Kalender für den Projektbeginn

Anzeigemakros: Mit den Schaltflächen *Alles anzeigen*, *Nur Vorgänge*, *Phasenplan* und *Meilensteinplan* schalten Sie den PSP auf die jeweilige Anzeige um. Dazu aktiviert das Makro einfach den passenden AutoFilter. Das GANTT-Diagramm reduziert mit den Makros *Tage*, *KW* und *Monate* die Anzeige auf die jeweiligen Terminspalten.

Raute für Meilensteine: Die Raute ist das Standardsymbol für die Position eines Meilensteins im Projektstrukturplan. Ihre Form symbolisiert die Entscheidung, die mit einem Meilenstein verbunden ist. Meilensteine werden deshalb auch als *decision gates* oder *decision points* bezeichnet. Die Makroschaltfläche mit dem Rautensymbol zeichnet Rauten in die Zellen der einzelnen Datumsspalten, an denen die Meilensteine beginnen. Starten Sie das Makro nach jeder Änderung im Projektplan, es löscht alle Rautensymbole und zeichnet diese neu an den Meilensteinterminen.

Excel-Praxis: Ressourcen- und Kapazitätsplanung

Ressourcendatenbank und Stakeholder

Für eine effektive Ressourcenplanung empfiehlt es sich, alle Projektbeteiligten in einer Datenbank zu verwalten. Stakeholder ist der Fachbegriff dafür, Stakeholder können Mitarbeiter und Fremdunternehmen sein, Behörden und Ämter oder auch Anrainer und alle weiteren indirekt am Projekt Beteiligten. Legen Sie eine Stakeholder-Datenbank an, erfassen Sie in einer Tabelle zunächst alle Projektbeteiligten und filtern Sie anschließend die Teilmengen heraus, die Sie für das aktuelle Projekt brauchen.

Microsoft Access eignet sich für die Aufgabe besonders. Das Datenbankprogramm ist nicht kompliziert, kleine Verknüpfungen und Abfragen sind schnell erstellt. Wer gute Kenntnisse in Datenbankmodellierung und Abfragetechniken mitbringt, hat natürlich die Möglichkeit, viele Aufgaben nach Access zu verlagern und damit die Arbeit mit der Tabellenkalkulation enorm zu entlasten.

Ressourcendatenbank.mdb

CD

Die Beispieldatenbank enthält je eine Tabelle mit den Stammdaten der Bauunternehmen und der Mitarbeiter sowie eine Liste aller Projekte mit Projektbeginn und -ende. Die Zuordnung der Ressourcen zum Projekt übernimmt die Tabelle *Projektzuordnung Baufirmen*, sie enthält Verknüpfungen zu den Tabellen *Baufirmen* und *Projekte*.

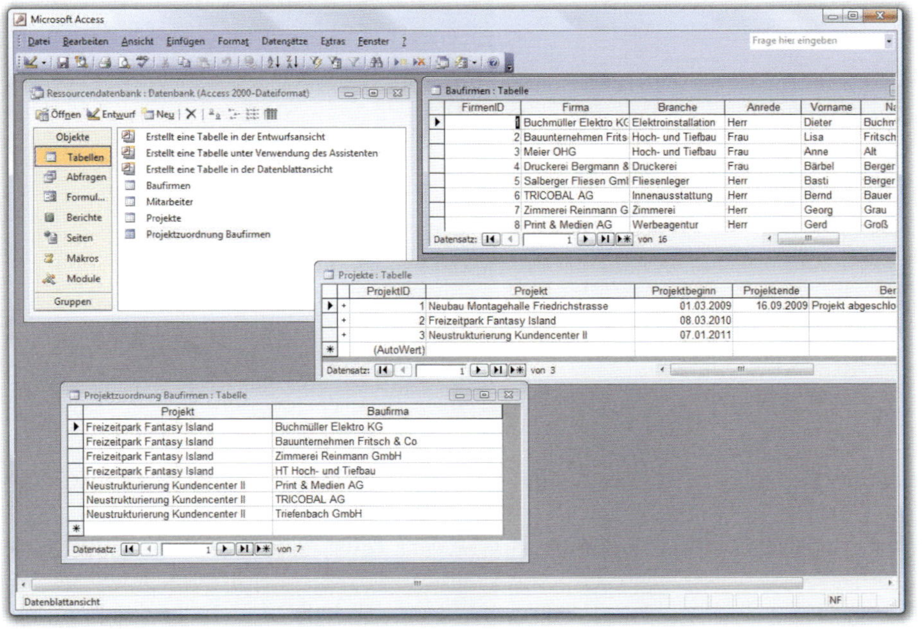

Abbildung 3.135: Ressourcendatenbank mit Zuordnung Baufirmen-Projekte

Für eine Liste der Unternehmen, die an einem bestimmten Projekt beteiligt sind, wird die Abfrage *Baufirmen* <*Projektname*> erstellt. Die Abfrage wird einfach nach der Projektnummer gefiltert und sammelt die benötigten Felder aus den verknüpften Tabellen.

Um die Daten für die Kapazitätsplanung nach Excel zu befördern, verwenden Sie eine ODBC-Abfrage.

2003

Daten/Externe Daten importieren/Neue Abfrage erstellen. Datenquelle: *Microsoft Access-Datenbank*. Geben Sie den Dateinamen der Datenbank an und holen Sie aus der Access-Abfrage *Projektzuordnung Baufirmen* nur die Spalte *Firma* in die Excel-Abfrage. Über die Symbolleiste *Externe Daten* können Sie die Abfrage nach Änderungen oder Neueintragungen in Access aktualisieren oder die Abfrage bearbeiten.

Die Abfrage ist automatisch mit einem dynamischen Bereichsnamen versehen, der aber lokal nur für das Tabellenblatt gilt. Sie können diesen über die Tabellenoptionen überprüfen und abändern. Mit der Zuweisung an einen globalen Bereichsnamen öffnen Sie ihn auch für andere Tabellen:

```
Name: Firmen
Bezieht sich auf: Abfrage von Access-Datenbank
```

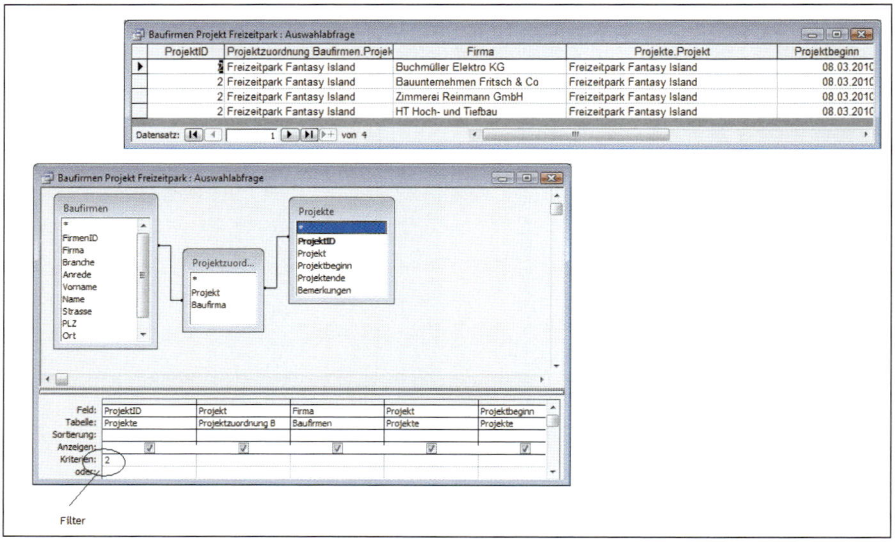

Abbildung 3.136: Die Abfrage filtert die passenden Datensätze für das Projekt

2007
2010

Daten/Externe Daten abrufen/Aus Access oder *Daten/Externe Daten abrufen/Aus anderen Quellen/Von Microsoft Query*. Geben Sie die Datei an und holen Sie die Abfrage in das Tabellenblatt. Das Ergebnis ist eine Tabelle, ändern Sie den Tabellennamen unter *Tabellentools* auf *Firmen*.

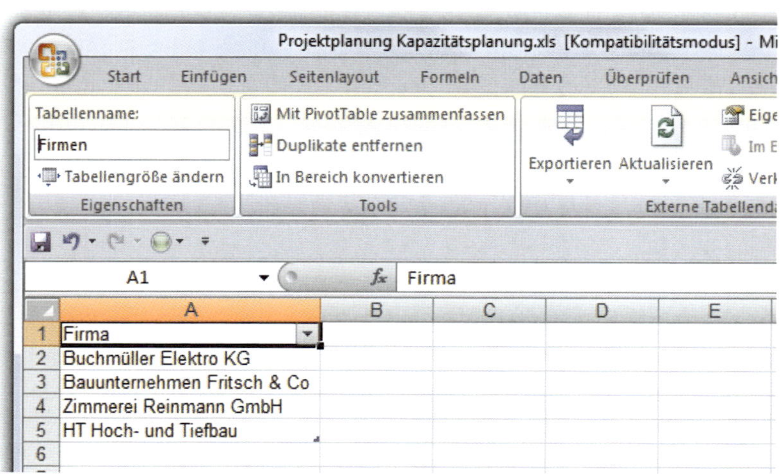

Abbildung 3.137: Die projektbeteiligten Firmen aus der Ressourcendatenbank

Kapazitätsplanung

CD

Projektplanung Kapazitätsplanung.xls

Für die Kapazitätsplanung schreiben Sie die Plankapazität in Stunden neben die verknüpften Firmennamen. Ein Bereichsname berechnet diesen Bereich dynamisch, damit er in der Planungstabelle verwendet werden kann:

```
Name: PlanKapa
Bezieht sich auf:
=BEREICH.VERSCHIEBEN(Ressourcen!Firmen;0;0;ZEILEN(Ressourcen!Firmen);2)
```

Die Abstimmung der Kapazitäten erfolgt nach Arbeitspaket. Je nach Projektgröße wird pro Phase oder für einzelne Vorgänge ein Arbeitspaket erstellt. Das Tabellenblatt *Kapazitätsplanung* enthält Verknüpfungen auf die Firmennamen und die Plankapazitäten. Die Iststunden und die im Arbeitspaket benötigten Detailstunden werden manuell erfasst, ein Bedingungsformat formatiert die berechneten Abweichungen mit 90%-Differenz als Rot-Gelb-Grün-Ampel.

	A	B	C	D	E	F	G	H
1	**Kapazitätsplanung**							
2	Projekt:	*Freizeitpark Fantasy Island*						
3	Arbeitspaket:	*Neubau Restaurant Osteingang*						
4				*Ressource*	Buchmüller Elektro KG	Bauunternehmen Fritsch & Co	Zimmerei Reinmann GmbH	HT Hoch- und Tiefbau
5	Projekt:			*Stunden geplant*	400,00 h	450,00 h	300,00 h	400,00 h
6				*Stunden ist*	300 h	390 h	280 h	490 h
7				*Delta*	-100 h	-60 h	-20 h	90 h
8	**Arbeitspaket**	**benötigte Kapazität**	**zugewiesene Kapazität**	**Abstimmung Kapazität**				
9	Aushub, Tiefbau	200,0 h	30,0 h	-170,0 h	15,0 h	5,0 h	5,0 h	5,0 h
10	Bodenfläche, Unterbau	120,0 h	110,0 h	-10,0 h	100,0 h			10,0 h
11	Keller	150,0 h	50,0 h	-100,0 h		50,0 h		
12	Erdgeschoss mit Eingang	150,0 h	60,0 h	-90,0 h	10,0 h		50,0 h	
13	Dachgeschoss	210,0 h	50,0 h	-160,0 h				50,0 h
14	Dachstuhl und Gauben	120,0 h	300,0 h	180,0 h	100,0 h	100,0 h	100,0 h	
15	Estricharbeiten	100,0 h	50,0 h	-50,0 h			50,0 h	
16	Sanitärinstallation	100,0 h	455,0 h	355,0 h	37,0 h			418,0 h
17	Elektroinstallation	100,0 h	228,0 h	128,0 h		228,0 h		
18	Heizung	100,0 h	0,0 h					
19	Malerarbeiten	100,0 h	41,0 h	-59,0 h	31,0 h		10,0 h	
20	Verputz außen	150,0 h	0,0 h					
21	Verputz innen	150,0 h	28,0 h	-122,0 h	7,0 h	7,0 h	7,0 h	7,0 h
22	**Summe**	**1.750,0 h**	**1.402,0 h**	**-98,0 h**	**300,0 h**	**390,0 h**	**222,0 h**	**490,0 h**

Abbildung 3.138: Kapazitätsplanung mit Ampelformatierung

Ressourcenplanung Mitarbeiter mit Urlaubsplanung

CD

Projektplanung Ressourcenplan Mitarbeiter.xls

Die Kapazitätsplanung der Mitarbeiter ist in der Praxis mit der Urlaubs- und Abwesenheitsplanung verknüpft. Das Beispiel zeigt einen dynamischen Jahresplan mit integrierter Feiertagsberechnung. Mit Eingabe der Jahreszahl in Zelle A1 werden automatisch die Monate und Tage berechnet, Wochenenden und Feiertage kennzeichnet ein Bedingungsformat. Über die Gliederungsfunktion lassen sich einzelne Monate ein- und ausblenden.

Die Liste der Mitarbeiter ist über die Matrixfunktion MTRANS() aus einer Mitarbeitertabelle verknüpft, diese kann in der Praxis wie oben beschrieben per ODBC-Verknüpfung aus der Ressourcendatenbank bezogen werden. Abwesenheiten werden per Kürzel in die Tabelle eingetragen, eine Gültigkeitsprüfung stellt sicher, dass nur zugelassene Kürzel (U = Urlaub, K = Krank, S = Seminar) verwenden werden.

TIPP

Wenn Sie den Abwesenheitsplan gleichzeitig für die Projektkapazitätsplanung nutzen wollen, erweitern Sie die Gültigkeitsregeln um die Projektnummern.

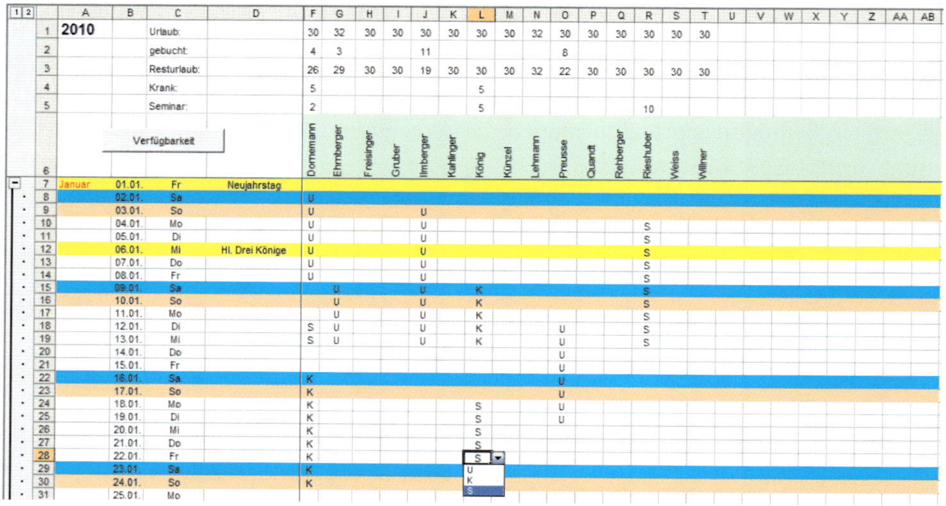

Abbildung 3.139: Ressourcenplan mit Urlaubs- und Abwesenheitsverwaltung

Das Makro *Verfügbarkeit*, das per Klick auf die gleichnamige Schaltfläche gestartet wird, erstellt zwei Halbjahreslisten mit den Abwesenheiten der einzelnen Mitarbeiter. Tragen Sie die Projektnummern oder Projektnamen in die Datumsspalten ein.

Ressourcenzuweisung

CD

Projektplanung Ressourcenzuweisung.xls

Für die Zuweisung der Ressourcen an die einzelnen Projektvorgänge reservieren Sie im Projektstrukturplan weitere Spalten vor der Terminschiene. Die Spalte *Ressourcen* erhält eine Gültigkeitsliste auf die Namen der Ressourcen aus dem Tabellenblatt *Ressourcen*.

Daten/Gültigkeit 2003

Daten/Datentools/Datenüberprüfung 2007 2010

```
Zulassen: Liste
Quelle: =BEREICH.VERSCHIEBEN(Ressourcen;1;0;ZEILEN(Ressourcen)-1;1)
```

Der Planwert wird mit SVERWEIS() aus der Ressourcenliste geholt, die Istwerte werden manuell eingetragen. Für die Berechnung der Abweichung sorgt eine Formel:

```
K7: =WENN(UND(I7<>"";J7<>"");I7-J7;"")
```

Gliedern Sie die Termine und die Ressourcen jeweils in eine weitere Ebene aus, dann können Sie die Bereiche bei Bedarf über die Gliederungsnummer auf- und zuklappen.

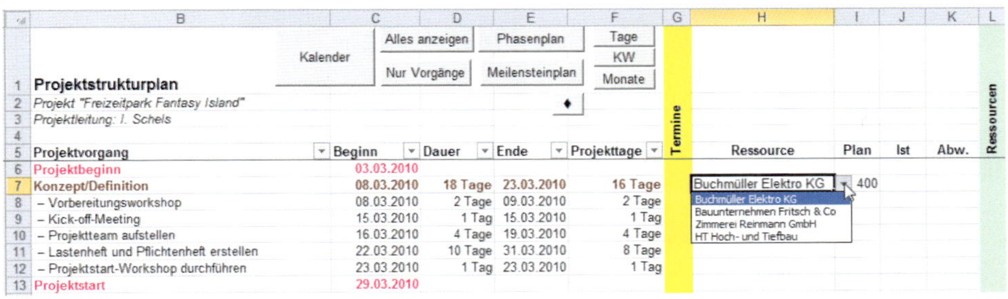

Abbildung 3.140: Ressourcenzuweisung im Projektstrukturplan

Excel-Praxis: Projektkostenplanung

Was-wäre-wenn-Analyse – Mehrfachoperation

Realistische Kostenschätzungen erfordern Erfahrungswerte und Daten aus der Vergangenheit, aber solche liegen bei neuen Projekten nicht immer vor. Mit Was-wäre-wenn-Analysen können Umsätze, Kosten und Gewinne/Verluste für einzelne Teilbereiche, Projektphasen oder Arbeitspakete geschätzt werden. Das Beispiel zeigt eine Analyse der Umsätze und Gewinne/Verluste des Projekts »Freizeitpark« auf Basis der Besucherzahlen und Eintrittspreise.

Projektplanung Was-wäre-wenn.xls CD

Die für diese Analyse benötigte Matrixtechnik wurde mehrfach umbenannt, bis zur Excel-Version 97 stand sie unter *Mehrfachoperation* im Menü, in Excel 2003 heißt sie *Tabelle*, ab Excel 2007 *Datentabelle*.

Die Mehrfachoperation lässt sich mit einer oder zwei Varianten durchführen. Um den Gewinn/Verlust mit variablen Besucherzahlen und Ticketpreisen zu berechnen, schreiben Sie eine Verknüpfung auf die Formel in das Tabellenblatt:

```
B18: =B15
```

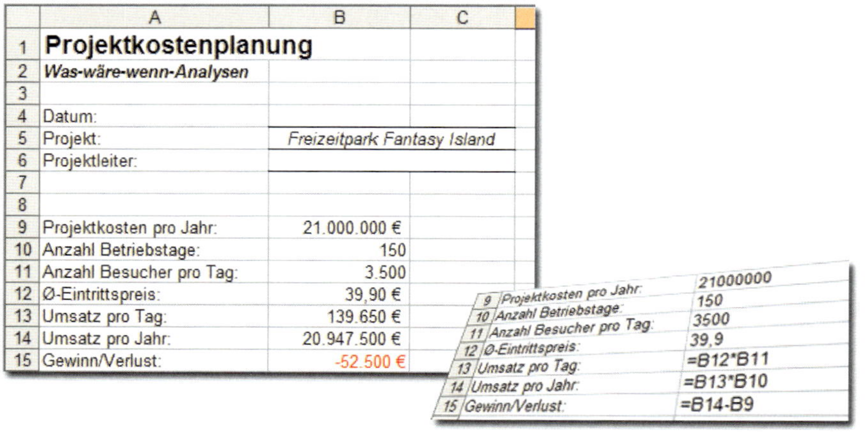

	A	B	C
1	**Projektkostenplanung**		
2	*Was-wäre-wenn-Analysen*		
3			
4	Datum:		
5	Projekt:	*Freizeitpark Fantasy Island*	
6	Projektleiter:		
7			
8			
9	Projektkosten pro Jahr:	21.000.000 €	
10	Anzahl Betriebstage:	150	
11	Anzahl Besucher pro Tag:	3.500	
12	Ø-Eintrittspreis:	39,90 €	
13	Umsatz pro Tag:	139.650 €	
14	Umsatz pro Jahr:	20.947.500 €	
15	Gewinn/Verlust:	-52.500 €	

9	Projektkosten pro Jahr:	21000000
10	Anzahl Betriebstage:	150
11	Anzahl Besucher pro Tag:	3500
12	Ø-Eintrittspreis:	39,9
13	Umsatz pro Tag:	=B12*B11
14	Umsatz pro Jahr:	=B13*B10
15	Gewinn/Verlust:	=B14-B9

Abbildung 3.141: Projektkostenplanung Gewinn- und Verlustrechnung

In die nebenstehenden Spalten der gleichen Zeile tragen Sie die variablen Besucherzahlen ein, und die Zeilen unter der Formel erhalten die Varianten für die Ticketpreise. Damit ist die Voraussetzung für die Berechnung der Matrix mit zwei Varianten geschaffen.

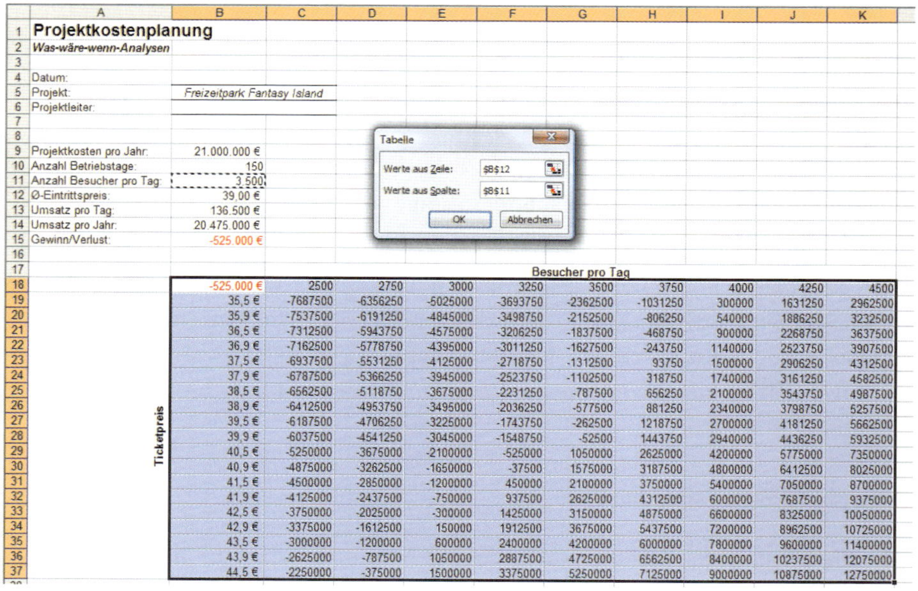

	A	B	C	D	E	F	G	H	I	J	K
1	**Projektkostenplanung**										
2	*Was-wäre-wenn-Analysen*										
3											
4	Datum:										
5	Projekt:	*Freizeitpark Fantasy Island*									
6	Projektleiter:										
7											
8											
9	Projektkosten pro Jahr:	21.000.000 €									
10	Anzahl Betriebstage:	150									
11	Anzahl Besucher pro Tag:	3.500									
12	Ø-Eintrittspreis:	39,00 €									
13	Umsatz pro Tag:	136.500 €									
14	Umsatz pro Jahr:	20.475.000 €									
15	Gewinn/Verlust:	-525.000 €									
16											
17						Besucher pro Tag					
18		-525.000 €	2500	2750	3000	3250	3500	3750	4000	4250	4500
19		35,5 €	-7687500	-6356250	-5025000	-3693750	-2362500	-1031250	300000	1631250	2962500
20		35,9 €	-7537500	-6191250	-4845000	-3498750	-2152500	-806250	540000	1886250	3232500
21		36,5 €	-7312500	-5943750	-4575000	-3206250	-1837500	-468750	900000	2268750	3637500
22		36,9 €	-7162500	-5778750	-4395000	-3011250	-1627500	-243750	1140000	2523750	3907500
23		37,5 €	-6937500	-5531250	-4125000	-2718750	-1312500	93750	1500000	2906250	4312500
24		37,9 €	-6787500	-5366250	-3945000	-2523750	-1102500	318750	1740000	3161250	4582500
25		38,5 €	-6562500	-5118750	-3675000	-2231250	-787500	656250	2100000	3543750	4987500
26		38,9 €	-6412500	-4953750	-3495000	-2036250	-577500	881250	2340000	3798750	5257500
27		39,5 €	-6187500	-4706250	-3225000	-1743750	-262500	1218750	2700000	4181250	5662500
28		39,9 €	-6037500	-4541250	-3045000	-1548750	-52500	1443750	2940000	4436250	5932500
29		40,5 €	-5250000	-3675000	-2100000	-525000	1050000	2625000	4200000	5775000	7350000
30		40,9 €	-4875000	-3262500	-1650000	-37500	1575000	3187500	4800000	6412500	8025000
31		41,5 €	-4500000	-2850000	-1200000	450000	2100000	3750000	5400000	7050000	8700000
32		41,9 €	-4125000	-2437500	-750000	937500	2625000	4312500	6000000	7687500	9375000
33		42,5 €	-3750000	-2025000	-300000	1425000	3150000	4875000	6600000	8325000	10050000
34		42,9 €	-3375000	-1612500	150000	1912500	3675000	5437500	7200000	8962500	10725000
35		43,5 €	-3000000	-1200000	600000	2400000	4200000	6000000	7800000	9600000	11400000
36		43,9 €	-2625000	-787500	1050000	2887500	4725000	6562500	8400000	10237500	12075000
37		44,5 €	-2250000	-375000	1500000	3375000	5250000	7125000	9000000	10875000	12750000

Abbildung 3.142: Mehrfachoperation mit zwei Varianten

Markieren Sie den gesamten Bereich inklusive Formelverknüpfung und Varianten (B3:K37) und starten Sie die Mehrfachoperation:

2003 | *Daten/Tabelle*

Daten/Datentools/Was-wäre-wenn-Analyse/Datentabelle

2007
2010

Geben Sie in das Dialogfeld die Zelle an, für die Sie die Varianten erstellt haben:

Werte aus Zeile: B12 (Eintrittspreis)

Werte aus Spalte: B11 (Anzahl Besucher)

Excel erstellt eine Mehrfachoperationsmatrix und berechnet darin die Gewinne/Verluste im Schnittpunkt der beiden Varianten.

Mit dem passenden Zahlenformat erkennen Sie auf einen Blick, welche Kombination aus Ticketpreis und Besucherzahl das Projekt in die Gewinnzone bringt:

```
#.##0;[Rot]-#.##0
```

Projektbudget und Projektkosten

Projektplanung Projektkosten.xls

CD

Die Projektkosten werden wieder im Projektstrukturplan erfasst und berechnet. Das Tabellenblatt *Kosten* enthält eine Aufstellung über das Projektbudget und die Kosten der einzelnen Projektphasen, die bei entsprechender Projektgröße natürlich detaillierter ausfallen wird. Die Liste ist mit dem Bereichsnamen *Projektkosten* versehen.

	A	B	C	D
1	**Projektkostenplanung**			
2				
3	*Projekt:*	*Freizeitpark "Fantasy Island"*		
4	*Projektbeginn:*	*Montag, 08. März 2010*		
5				
6	Projektbudget:	32.000.000 €		
7	Plankostensumme:	21.412.000 €		
8				
9	**Phase**	**Plankosten**	**% von Plansumme**	**%-Anteil am Projektbudget**
10	Konzept/Definition	630000	2,94%	1,97%
11	Vorplanung	120000	0,56%	0,38%
12	Kalkulation	50000	0,23%	0,16%
13	Detailplanung	1500000	7,01%	4,69%
14	Geländeplanung	1300000	6,07%	4,06%
15	Geländemodellierung	2300000	10,74%	7,19%
16	Spielbereiche anlegen	12500000	58,38%	39,06%
17	Bewirtschaftung und sanitäre Anlagen	1500000	7,01%	4,69%
18	Management und Personal	1500000	7,01%	4,69%
19	Abschluss	12000	0,06%	0,04%

Abbildung 3.143: Projektbudget und Plankosten

Der Projektstrukturplan erhält vor der Terminschiene zusätzliche Spalten für die Plankosten, Istkosten und Restkosten. Die Plankosten für die einzelnen Phasen berechnet eine Formel mit der Funktion SVERWEIS() aus dem Bereich *Projektkosten*:

```
M7: =WENN(LINKS(A7;1)="P";SVERWEIS(B7;Projektkosten;2;0);"")
```

Die Istkosten werden manuell erfasst, ebenso die Restkosten als Schätzwert für die noch anfallenden Kosten. Das verfügbare Budget wird aus der Differenz zwischen Istkosten und Restkosten ermittelt:

```
P7: =WENN(UND(N7<>"";O7<>"");N7-7;"")
```

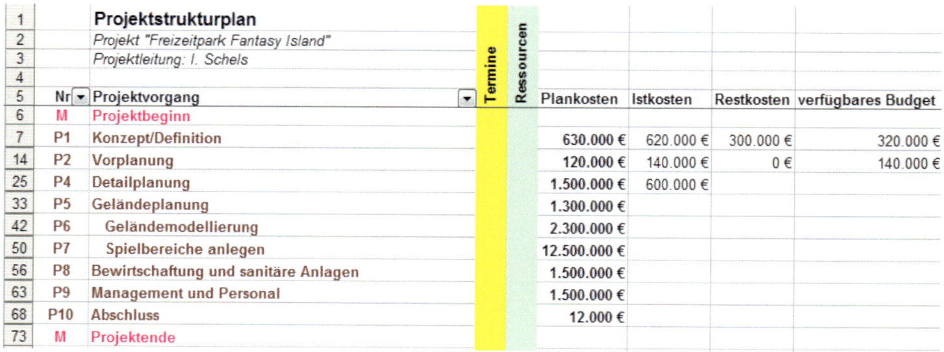

1		Projektstrukturplan						
2		Projekt "Freizeitpark Fantasy Island"						
3		Projektleitung: I. Schels						
4								
5	Nr	Projektvorgang	Termine	Ressourcen	Plankosten	Istkosten	Restkosten	verfügbares Budget
6	M	Projektbeginn						
7	P1	Konzept/Definition			630.000 €	620.000 €	300.000 €	320.000 €
14	P2	Vorplanung			120.000 €	140.000 €	0 €	140.000 €
25	P4	Detailplanung			1.500.000 €	600.000 €		
33	P5	Geländeplanung			1.300.000 €			
42	P6	Geländemodellierung			2.300.000 €			
50	P7	Spielbereiche anlegen			12.500.000 €			
56	P8	Bewirtschaftung und sanitäre Anlagen			1.500.000 €			
63	P9	Management und Personal			1.500.000 €			
68	P10	Abschluss			12.000 €			
73	M	Projektende						

Abbildung 3.144: Projektkosten erfassen im Projektstrukturplan

Eine zusätzliche Spalte in der Sektion *Kosten* enthält die »Kostenampel« mit rotem Signal, wenn die Istkosten über den Plankosten liegen, mit gelbem Signal, wenn die Istkosten noch 10.000 € unter dem Plan liegen, und grünem Signal, wenn die Kosten darunter liegen. Eine dreifach geschachtelte WENN-Funktion berechnet die Differenz und trägt einen »Smiley« ein, ein Sonderzeichen aus dem Zeichensatz *Wingdings* (Zeichen J, K und L). Für die Farbgebung sorgt ein Bedingungsformat, das den Inhalt der Zellen abprüft.

```
Q7: =WENN(ODER(M7="";N7="");"";WENN(N7<M7-10000;"J";WENN(UND(N7>=M7-
10000;N7<=M7);"K";"L")))
```

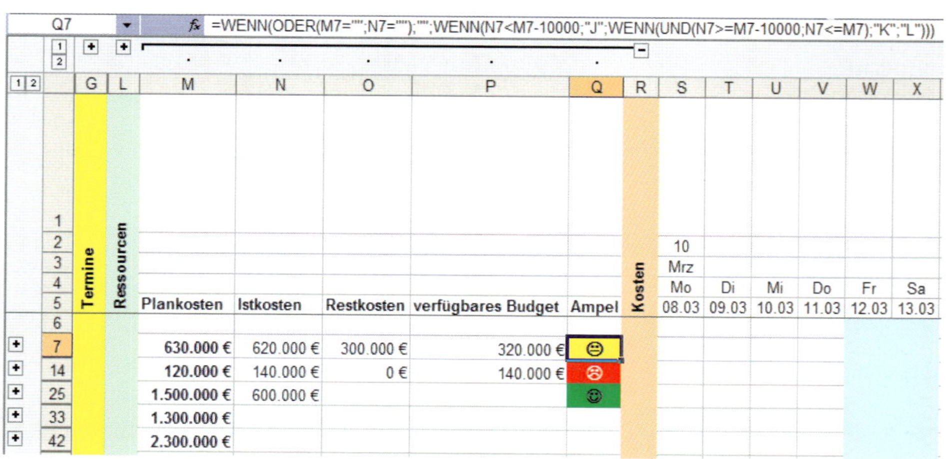

Q7 =WENN(ODER(M7="";N7="");"";WENN(N7<M7-10000;"J";WENN(UND(N7>=M7-10000;N7<=M7);"K";"L")))

	G	L	M	N	O	P	Q	R	S	T	U	V	W	X
1														
2									10					
3									Mrz					
4									Mo	Di	Mi	Do	Fr	Sa
5	Termine	Ressourcen	Plankosten	Istkosten	Restkosten	verfügbares Budget	Ampel	Kosten	08.03	09.03	10.03	11.03	12.03	13.03
6														
7			630.000 €	620.000 €	300.000 €	320.000 €	☺							
14			120.000 €	140.000 €	0 €	140.000 €	☹							
25			1.500.000 €	600.000 €			☺							
33			1.300.000 €											
42			2.300.000 €											

Abbildung 3.145: Die Kostenampel mit Wingdings-Smileys und Bedingungsformaten

Kapitel 4

Steuerung und Berichtswesen

4.1 Strategische Instrumente

4.1.1 Risikomanagement

Problemstellung

Jedes unternehmerische Handeln ist mit Risiken verbunden. Strebt ein Unternehmen nachhaltig nach hohen Gewinnen, muss es in aller Regel bereit sein, auch Risiken einzugehen. Jedoch sollten nur diejenigen Risiken kontrolliert eingegangen werden, denen Chancen gegenüberstehen, die für das Unternehmen Wettbewerbsvorteile ableiten lassen.

Bei der ersten Kategorie handelt es sich um **reine Risiken** im Sinne einer Schadensgefahr, die nicht aus dem unternehmerischen Handeln unmittelbar resultieren (z. B. Ausfallrisiko durch Feuer oder Sturm). Bei Eintritt des reinen Risikos wird das Vermögen unmittelbar gemindert. Es handelt sich dabei um seltene und unregelmäßige Gefahren für die Unternehmensentwicklung.

Risiken aus dem unternehmerischen Handeln sind **spekulative Risiken** (z. B. Risiko bei der Markteinführung eines neuen Produkts) und in der Regel nicht kalkulierbar und versicherbar. Dabei kann das Risiko, das aus dem unternehmerischen Handeln resultiert, unterteilt werden in eine

- Verlustgefahr (Risiko im engeren Sinne) und
- Chance (Risiko im weiteren Sinne).

Die Folgen des unternehmerischen Handelns können sich vermögensmindernd (Verlustgefahr) und vermögensmehrend (Chance) auswirken.

Vom gesetzlichen Rahmen des **KonTraG** werden sowohl das **reine Risiko (Schadensgefahr)** als auch ein Teil des spekulativen Risikos, nämlich das **Risiko im engeren Sinne (Verlustgefahr)**, erfasst. Nicht erfasst wird das Risiko im weiteren Sinne, die Chance. Somit stellt die Bewältigung versicherbarer Risiken nur einen Teilbereich des Risikomanagements dar.

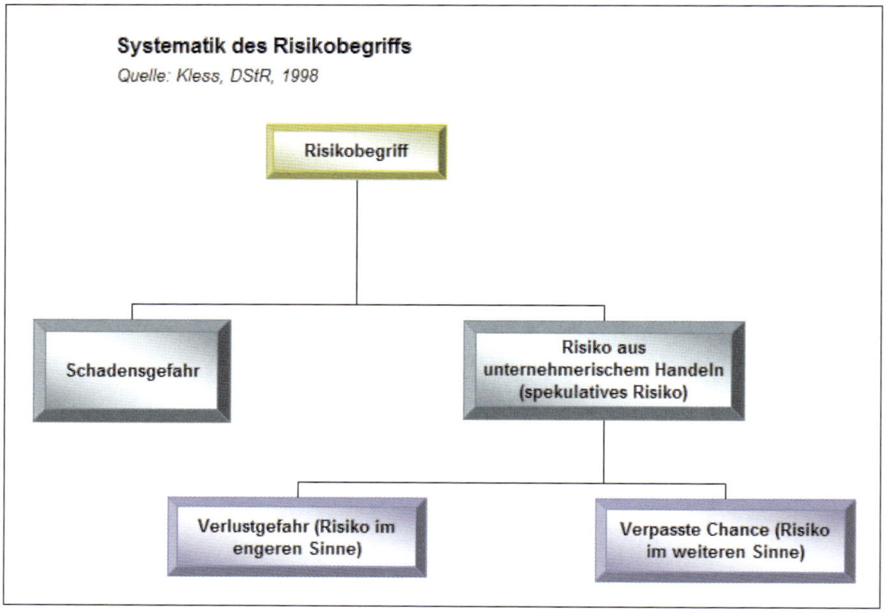

Abbildung 4.1: Die Systematik des Risikobegriffs

Fachliche Beschreibung und Beispiele

Der kontrollierte Umgang mit Risiken setzt die Orientierung an einem systematischen und kontinuierlich angewendeten Risikomanagementprozess voraus. Aufbauend auf einer Risikostrategie, muss ein Risikomanagementprozess im Unternehmen eingeführt werden, der folgende Bestandteile umfasst:

- Risikoidentifikation (einschl. Risikosystematisierung)
- Risikobewertung (einschl. Risikoaggregation)
- Risikosteuerung und -überwachung i. e. S.
- Risikokommunikation

Die o. g. Bestandteile des Risikomanagementsystems sowie deren Inhalte und Maßnahmen sind gemäß den Anforderungen des Instituts der Wirtschaftsprüfer (IDW) zu dokumentieren (Risikodokumentation) und zu überwachen.

Die nachfolgende Abbildung zeigt die o. g. Bestandteile, integriert in einen fortlaufenden **Risikomanagementprozess**:

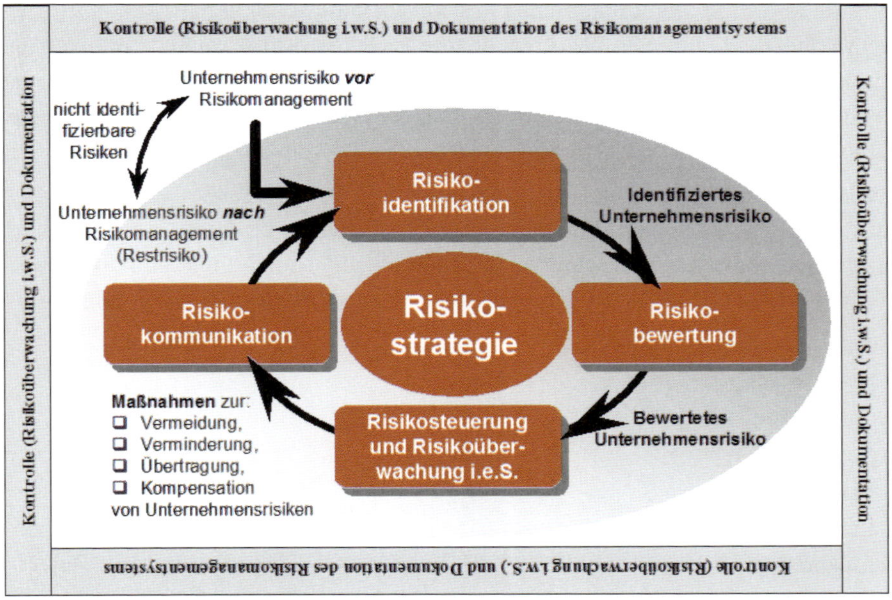

Abbildung 4.2: Risikomanagementprozess

Risikostrategie

Dem eigentlichen Risikomanagementprozess vorgelagert ist die Risikostrategie, die die grundsätzliche risikopolitische Ausrichtung des Unternehmens enthält. Aus diesem Grund wird die Risikostrategie auch als **risikopolitische Grundsätze** – »risk management framework« – bezeichnet. Diese dokumentieren die Verpflichtung und das Engagement des Projektauftraggebers und der Projektleitung, den kritischen und bewussten Umgang mit Risiken zu forcieren (sog. »commitment«).

Risikoidentifikation

Ein effektives Risikomanagement ist nur möglich, wenn detaillierte Kenntnisse über alle Projektrisiken vorhanden sind. Die Risikoidentifikation liefert **Risikoinformationen** für die nachgelagerten Schritte des Risikomanagementprozesses, insbesondere für die

- Risikobewertung, da nur diejenigen Risiken auch bewertet werden können, die vorher identifiziert wurden,
- Risikosteuerung und -überwachung, da nur für diejenigen Risiken Maßnahmen zur Risikobewältigung definiert werden können und deren Ausführung überwacht werden kann, die im Rahmen der Risikobewertung priorisiert wurden.

Hinweis

Es reicht nicht aus, lediglich zum Projektstart eine einmalige Inventur der Risiken durch Abfrage durchzuführen. Vielmehr sind sämtliche Projektbereiche, in denen wesentliche Risiken entstehen können, **laufend** in den Risikomanagementprozess einzubeziehen. Ziel des Risikomanagementsystems sind die ständige Analyse und Steuerung sowie die kontinuierliche Überwachung der Risiken.

Als Medium zur Risikoidentifikation bieten sich **Workshops** mit dem Projektauftraggeber, dem Projektleiter und den Teilprojektleitern als Leiter der operativen Einheiten an. Die Moderation der Workshops sollte aus Akzeptanzgründen und aus Gründen der Vermeidung einer »Betriebsblindheit« von Projektexternen (z. B. Unternehmensberatern) durchgeführt werden.

Bei der Identifikation sollten sich die Beteiligten zunächst ein **Risikoschema** erarbeiten, um die nachfolgenden Workshops zu strukturieren und damit die Workshop-Arbeit möglichst effizient zu gestalten. Die nachfolgende Aufzählung enthält ein Beispiel für ein Risikoschema, das dann in weiteren Workshops detailliert werden muss:

- Managementrisiken
- Prozessrisiken
- Produktrisiken
- Personalrisiken
- IT-Risiken
- Finanzrisiken
- Rechtliche Risiken

Risikobewertung

Als Grundlage für die Ableitung von Maßnahmen der Risikosteuerung müssen die identifizierten Risiken in einer zweiten Phase des Risikomanagementprozesses bewertet werden. Dabei existieren Risiken, die quantitativ gemessen, und andere, die qualitativ beurteilt werden können.

Schritt 1: Festlegung der Bewertungskriterien

Hierfür sind **Bewertungskriterien** festzulegen. **Beispiele** hierfür sind:

- Finanzielle Auswirkungen
- Häufigkeit des Auftretens (ohne Kontrollen)
- Wirkung auf die Reputation des Unternehmens

Die Häufigkeit des Auftretens liefert wichtige Anhaltspunkte für die spätere Beurteilung der Eintrittswahrscheinlichkeit.

Schritt 2: Ausprägung der Bewertungskriterien

Nach der Definition der Bewertungskriterien sind diese für jedes Risiko **strukturiert** auszuprägen:

	Niedrig	Mittel	Hoch	Sehr hoch
(1) Finanzielle Auswirkungen	< 1 Mio. €	1 Mio. € bis 5 Mio. €	> 5 Mio. € und < 10 Mio. €	> 10 Mio. €
(2) Häufigkeit des Auftretens	Seltener als einmal pro Jahr	Einmal pro Quartal	Monatlich	Täglich

Tabelle 4.1: Strukturierung der Bewertungskriterien (Beispiel)

	Niedrig	Mittel	Hoch	Sehr hoch
(3) Wirkung auf die Reputation des Unternehmens	Lokal	Regional	National	Global
(4) ...				

Tabelle 4.1: Strukturierung der Bewertungskriterien (Beispiel) (Forts.)

Schritt 3: Festlegung von Schwellwerten

Für die einzelnen Risiken ist festzulegen, wann diese als bestandsgefährdend eingestuft werden (z. B. wenn bei den Bewertungskriterien die Ausprägungen »Hoch« und »Sehr hoch« vergeben wurden).

Schritt 4: Bewertung vor Maßnahmen (Bruttorisiko)

Bei der ersten Bewertung ist darauf zu achten, dass die o. g. Angaben zu den Bewertungskriterien **vor** Berücksichtigung von **Maßnahmen** zur Risikosteuerung festgehalten werden. Der Grund liegt – wie schon bei der Risikoidentifizierung beschrieben – in der Sicherstellung der Vollständigkeit.

Beispiel: Die Markteinführung eines Nachfolgeprodukts, das die Anforderungen und Erwartungen des Markts verfehlt, kann beispielsweise zu bedrohlichen Verlusten des Marktanteils führen.

- Finanzielle Auswirkungen: sehr hoch
- Häufigkeit des Auftretens: niedrig (Produktwechsel seltener als einmal im Jahr)
- Wirkung auf die Reputation des Unternehmens: sehr hoch

Beispiel: täglich anfallender Ausschuss bei der Fertigung eines Massenprodukts

- Finanzielle Auswirkungen: niedrig
- Häufigkeit des Auftretens: hoch
- Wirkung auf die Reputation des Unternehmens: niedrig

Diese Informationen sollten – neben der Risikonummer, der Risikobezeichnung, der Risikobeschreibung und dem Risikoverantwortlichen – ebenfalls in den Risikokatalog (Risikoliste) aufgenommen werden. Zudem kann die Risikoursache dokumentiert werden, um nach internen und externen Ursachen unterscheiden zu können.

Schritt 5: Bewertung nach Berücksichtigung bestehender Maßnahmen (A-Netto-Risiko)

In einem weiteren Schritt gilt es, die bereits **bestehenden Maßnahmen (A-Maßnahmen)** der Risikosteuerung mit in die Bewertung einzubeziehen. Hierzu müssen die ergriffenen Maßnahmen festgestellt, dokumentiert und deren Wirksamkeit beurteilt werden. Anschließend erfolgt erneut eine Beurteilung gemäß der o. g. Beurteilungskriterien – also eine Beurteilung nach Berücksichtigung bestehender Maßnahmen.

Den Risikoinformationen im Risikokatalog (Risikoliste) müssen nun weitere Daten hinzugefügt werden:

- Maßnahmen zur Risikosteuerung vorhanden,
- Beschreibung der bestehenden Maßnahmen,

- Beurteilung der Wirksamkeit der bestehenden Maßnahmen,
- Ausprägung der Bewertungskriterien **nach** Berücksichtigung bestehender Maßnahmen (vgl. Schritt 4),
- ggf. Bemerkungen.

Schritt 6: Bewertung nach Berücksichtigung geplanter Maßnahmen (B-Netto-Risiko)

Anschließend müssen – sofern das Risiko aufgrund der Berücksichtigung der bereits bestehenden Maßnahmen zur Risikosteuerung bei der Bewertung noch nicht unter die Schwellenlinie der Bestandsgefährdung gesenkt werden konnte – weitere **geplante Maßnahmen (B-Maßnahmen)** definiert werden, die – gemäß den Anforderungen im vorhergehenden Schritt – dokumentiert werden müssen. Daraus folgt, dass eine dritte Bewertung erforderlich ist: eine Bewertung nach Berücksichtigung geplanter Maßnahmen zur Risikosteuerung. Der Schritt 6 ist bereits eng mit der Risikosteuerung im nächsten Abschnitt verknüpft.

Die nachfolgende Abbildung zeigt die grafische Aufbereitung einer Risikoentwicklung mittels einer **Risikomatrix** unter Zugrundelegung der Bewertungskriterien »Eintrittswahrscheinlichkeit« und »Auswirkung auf das Unternehmen« in einer vierstufigen Skalierung:

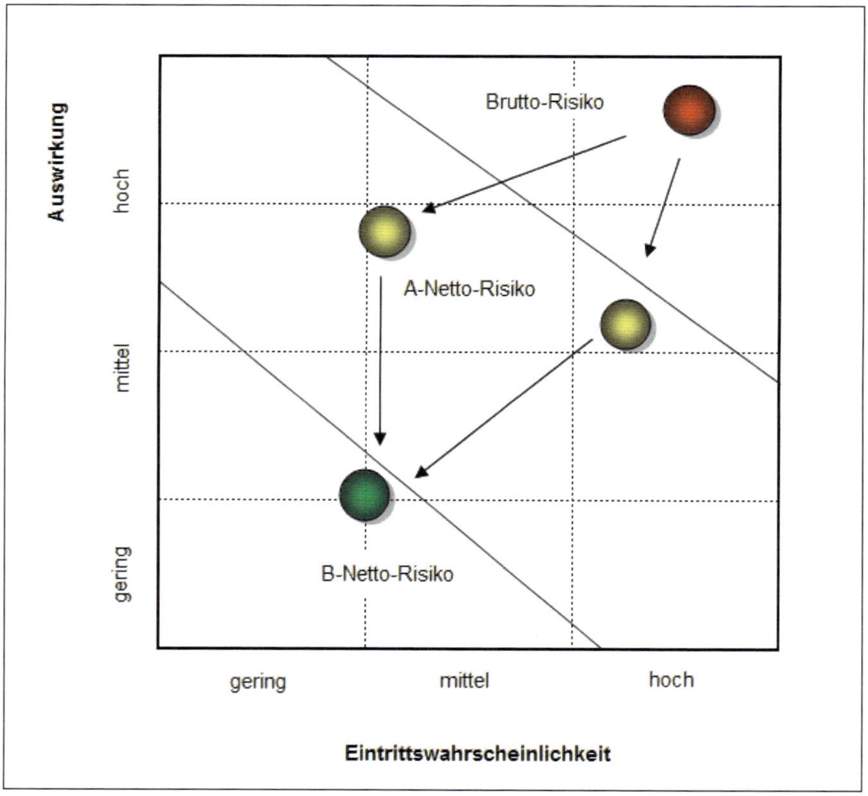

Abbildung 4.3: Darstellung der Risikoentwicklung in einer Risikomatrix

Hinweis

Die Beurteilung der Tragweite der erkannten Risiken hinsichtlich Eintrittswahrscheinlichkeit und quantitativen Auswirkungen darf nicht nur auf einzelne Risiken abgestellt sein, sondern muss auch das Zusammenwirken einzelner Risiken oder die Kumulation von Risiken im Zeitablauf zu bestandsgefährdenden Risiken berücksichtigen.

Risikosteuerung

Wie bei den anderen Controlling-Instrumenten ist es auch beim Risikomanagement nicht Ziel, nur die potenziellen Risiken aufzulisten und zu bewerten, vielmehr muss im Vordergrund der kontrollierte Umgang mit den Risiken stehen. Dies setzt das Ergreifen unterschiedlicher **Strategien der Risikosteuerung** voraus:

- Risiko**vermeidung** (Verzicht auf risikoreiche Aktivitäten im Projekt, z. B. Verzicht auf die Annahme eines Change Request, der als Festpreis ausgeführt werden soll)
- Risiko**verminderung** (Reduzierung der Eintrittswahrscheinlichkeit und/oder der Auswirkung, z. B. durch Datensicherungen vor Mandantenkopien oder Einspielen von Updates)
- Risiko**überwälzung** (auch Risikoübertragung oder Risikotransfer; Übertragung des Risikos auf Dritte, z. B. Überwälzung auf einen Dienstleister, z. B. Unternehmensberater)
- Risiko**kompensation** (auch Risikoakzeptanz; z. B. bei Bagatellrisiken oder bei Risiken, für die keine anderen Strategien der Risikosteuerung anwendbar sind)

Risikoüberwachung

Bei der Risikoüberwachung ist zu unterscheiden:

Begriff	Beschreibung
Risikoüberwachung im engeren Sinne (i. e. S.)	Laufende Überwachung der einzelnen Risikopositionen
Risikoüberwachung im weiteren Sinne (i. w. S.)	Überwachung des Risikomanagementsystems

Tabelle 4.2: Risikoüberwachung i. e. S. und i. w. S.

Risikokommunikation

Ein **Risikoberichtswesen** mit definierten **Schwellenwerten (»Ampelfunktion«)** für jede Stufe der Risikokommunikation (z. B. Teilprojektleiter an Projektleiter; Projektleiter an Lenkungsausschuss; Lenkungsausschuss an Unternehmensleitung) sollte installiert werden. Neben den regelmäßigen Berichten muss das Risikoberichtswesen so flexibel gestaltet sein, dass bei Eilbedürftigkeit (z. B. neu auftretende, wesentliche Risiken) umgehend – unter Umgehung förmlicher Berichtsstrukturen, institutionalisierter Kommunikationswege und Periodizitäten der Berichterstattung – Sofortmeldungen an die zuständigen Entscheidungsträger gelangen (Ad-hoc-Berichterstattung).

Excel-Praxis:Risikoidentifikation per Fragebogenaktion

Risikomanagement beginnt mit der Identifikation der Risiken, und wer wäre für diese Aufgabe besser geeignet als die Bereichs- oder Abteilungsleiter im Unternehmen (Risikoverantwortliche). Im Rahmen einer Fragebogenaktion werden diese aufgefordert, Risiken in ihrem Bereich zu identifizieren und an den Risikocontroller zurückzumelden. Diese Aktion kann je nach Dringlichkeit einmal monatlich oder quartalsweise starten, für die Versendung der Fragebogen kommen kleine VBA-Makros zum Einsatz. Voraussetzung ist das Mailsystem Outlook aus dem Microsoft Office-Paket.

CD

Risikomanagement.xls

Basisdaten: Mitarbeiter und Bereiche

Das Tabellenblatt *Risikobereiche* enthält eine Liste mit den Bereichsbezeichnungen und den Namen der Verantwortlichen. Zweckmäßig ist hier auch die Speicherung der Mailadresse, die später per Makro ausgelesen wird. Die gesamte Liste erhält den Bereichsnamen RV (Risikoverantwortliche) zugewiesen, für die Spalten Gruppenleiter und Gruppen werden die Bereichsnamen dynamisch erstellt.

TIPP

01-17: Dynamische Gültigkeitslisten

	A	B	C	D	E
1	Nr	Abteilung/Ressort	Name	Telefon	eMail
2	1	Absatzmärkte	Dietmar Burghardt	1234	dburghardt@mustermann.de
3	2	Wettbewerb	Franz Meyer	2566	fmeyer@mustermann.de
4	3	Beschaffungsmärkte	Susanne Reisig	3552	sreisig@mustermann.de
5	4	Investitionen	Dr. Wilhelm Schröder	1236	wschröder@mustermann.de
6	5	Produktion	Albert Schmidt	1555	aschmidt@mustermann.de
7	6	Management und Personal	Karl Mischnik	8563	kmischnik@mustermann.de
8	7	Finanzmarkt	Gerd Braumeister	1522	gbraumeister@mustermann.de
9	8	Forschung und Entwicklung	Cornelia Tischner	3256	ctischner@mustermann.de
10	9	IT und Rechenzentrum	Erwin Kreutzer	4563	ekreutzer@mustermann.de
11	10	Gesetzgebung	Dieter Schreck	6211	dschreck@mustermann.de
12	11	Steuern	Wilma Grossmann	3122	wgrossmann@mustermann.de
13	12	Politik	Anneliese Ortlieb	6654	aortlieb@mustermann.de
14	13	Logistik	Bernhard Bäumer	5899	bbaeumer@mustermann.de
15	14	Umwelt	Ulla Lehmann	3012	ulehmann@mustermann.de

Abbildung 4.4: Risikobereiche und Risikoverantwortliche mit Mailadresse

Formular Risikobewertung

Im Tabellenblatt *Formular Risikobewertung* finden Sie ein Formular, das im ersten Teil neben der Risikogruppe und dem Namen des Risikoverantwortlichen Felder für die Bezeichnung des Risikos, eine detaillierte Beschreibung und die Ursachen enthält. Eine Bewertungsskala von 1 bis 4 ist vorgeschrieben, der Bearbeiter kann über Formularelemente (Drehfelder) zunächst das Risiko ohne Berücksichtigung von Maßnahmen bewerten.

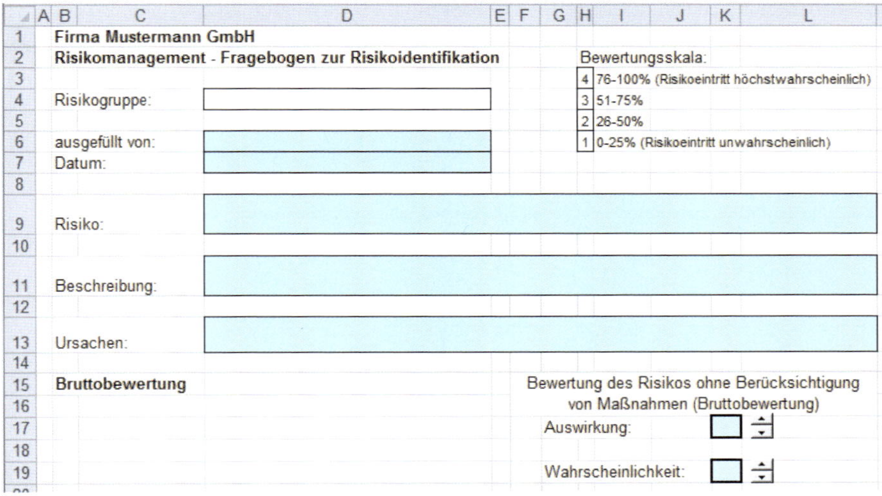

Abbildung 4.5: Formular Risikobewertung – erster Teil

In der Nettobewertung A wird das Risiko erneut bewertet, und zwar unter Berücksichtigung bereits bestehender Maßnahmen. Bis zu zwölf Maßnahmen trägt der Bearbeiter in die dafür vorgesehenen Zellen ein, die Effektivität wird wieder anhand der Bewertungsskala mit Drehfeldern bewertet. Eine Formel berechnet die Effektivität der Nettobewertung A als arithmetisches Mittel der einzelnen Werte.

```
K28: =WENN(ANZAHL(F26:F37)=0;"";MITTELWERT(F26:F37))
```

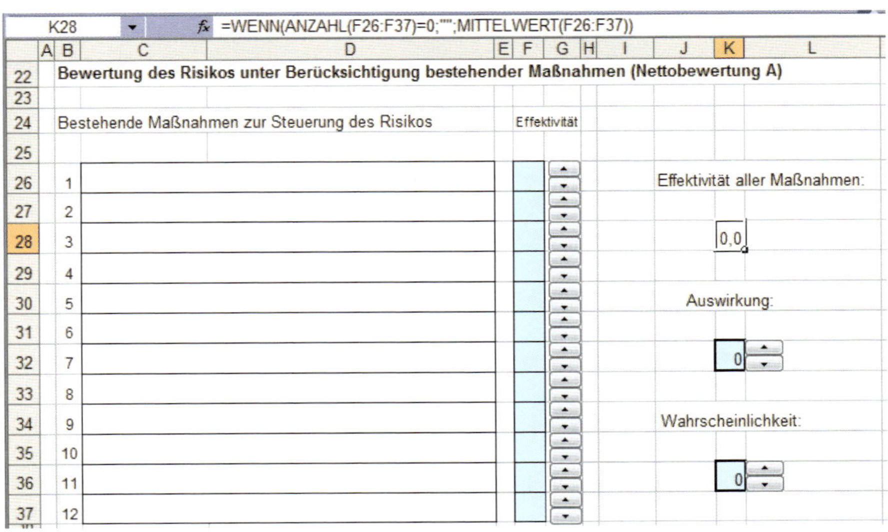

Abbildung 4.6: Nettobewertung A unter Berücksichtigung bestehender Maßnahmen

In der Nettobewertung B wird das gleiche Verfahren für die Bewertung unter Berücksichtigung geplanter Maßnahmen angewandt, hier trägt der Bearbeiter des Formulars die Maßnahmen in die vorbereiteten Felder ein und bewertet wieder die Effektivität nach der Bewertungsskala. Die Effektivität errechnet sich wieder über die Funktion MITTELWERT().

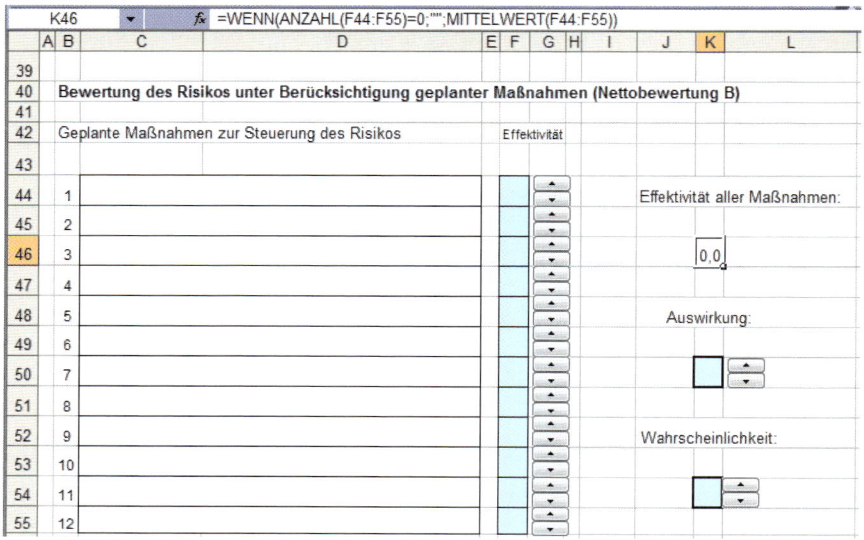

Abbildung 4.7: Nettobewertung B unter Berücksichtigung geplanter Maßnahmen

TIPP

VBA-01: Mussfelder in Formularen

Startformular mit Auswahl Bereichsleiter und Risikogruppe

Das Tabellenblatt *START* enthält zwei Kombinationsfelder. Das erste stellt über den Bereichsnamen aus der Bereichsleiterliste die Namen der Risikoverantwortlichen zur Auswahl, mit dem zweiten Element lässt sich die Risikogruppe abrufen. Durch eine gemeinsame Zellverknüpfung stellen Sie sicher, dass in beiden Elementen gegenseitig die richtige Auswahl getroffen wird. Im Hintergrund berechnen Formeln mit der Funktion INDEX() die Daten aus der getroffenen Auswahl.

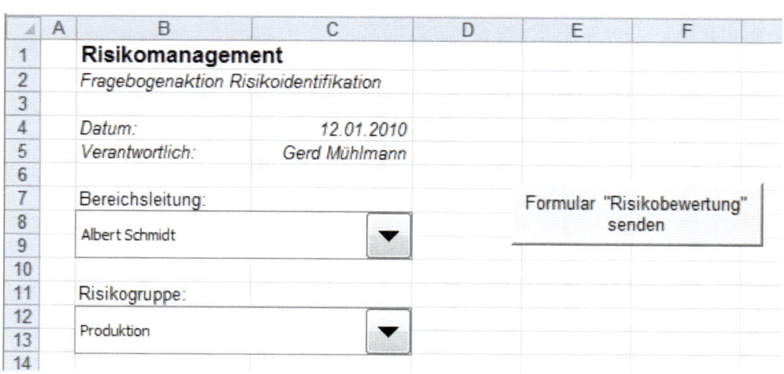

Abbildung 4.8: Formular-Auswahlelemente für die Bereichsleitung und die Risikogruppe in START

Formular versenden per VBA-Makro

Die Schaltfläche im Tabellenblatt *START* ist mit einem VBA-Makro verbunden, das die Aufgabe hat, dem gewählten Bereichsleiter eine Kopie des Formulars als Dateianhang zu schicken. Das Makro wird dazu zunächst die Daten aus dem Startblatt in Variablen einlesen, anschließend eine Kopie des Formulars *Risikobewertung* anlegen und als Datei im aktuellen Ordner speichern. Den Dateinamen konstruiert die Prozedur aus *»Fragebogen Risikobewertung_«* und dem Namen des Bereichsleiters. Falls die Datei bereits existiert, wird sie ohne Rückfrage gelöscht. Anschließend öffnet das Makro eine neue Nachricht in Outlook, fügt die Mailadresse des Risikoverantwortlichen ein und erstellt einen Anhang mit der zuvor angelegten Fragebogendatei. Die Nachricht wird nicht sofort gesendet, damit sie noch überprüft werden kann.

Drücken Sie `Alt` + `F11`, um den VBA-Editor zu öffnen. Hier finden Sie das Makro:

```
Projekt: Risikomanagement.xls
Modul: modFragebogen
```

Das Makro ist gut dokumentiert, sehen Sie sich den Algorithmus an und ändern Sie ihn ggf. für eigene Zwecke ab.

```
Sub FormularSenden()
 Dim ol As Object, mail As Object
 Dim shStart As Worksheet, strBereichsleiter As String
 Dim strFragebogen As String, strGruppe As String, shMail As String
 Dim strMailadresse As String, strMail As String, strSender As String
 Set shStart = ThisWorkbook.Worksheets("START")
 With shStart
   strBereichsleiter = .Range("B8")
   strGruppe = .Range("B12")
   strMail = .Range("B9")
   strSender = .Range("C5")
 End With
 ' Wenn kein Bereichsleiter gewählt ist, Abbruch
 If strBereichsleiter = "" Then
   MsgBox "Bitte wählen Sie einen Bereichsleiter", vbCritical, "Risikomanagement"
   Exit Sub
 End If
 ' Fragebogen kopieren
 Sheets("Formular Risikobewertung").Copy
 ' Fragebogen mit Daten füllen
 With ActiveSheet
   .Range("D4") = strGruppe
   .Range("D6") = strBereichsleiter
   .Name = strBereichsleiter
 End With
 ' Fragebogen als Datei speichern und schließen
 Application.DisplayAlerts = False
 strFragebogen = "Risikobewertung_" & strBereichsleiter
 With ActiveWorkbook
   .SaveAs Filename:=strFragebogen
   .Close
 End With
```

```
 Application.DisplayAlerts = False
 ' Neue Outlook-Nachricht öffnen
 Set ol = CreateObject("Outlook.Application")
 Set mail = ol.createitem(0)
 With mail
  .Subject = "Risikomanagement - Fragebogen Risikobewertung"
  .body = "Sehr geehrte Kollegin/sehr geehrter Kollege," _
    & Chr(13) _
    & "mit dieser Nachricht erhalten Sie einen Fragebogen zur Risikobewertung. " _
    & "Bitte füllen Sie diesen aus und senden Sie ihn zurück. " _
    & Chr(13) & "Mit freundlichen Grüßen" _
    & Chr(13) & Chr(13) & strSender
  .to = strMail
  ' Dateiendung ab Excel 2007: xlsx
  .attachments.Add CurDir & "\" & strFragebogen & ".xls"
  .display
 End With
 Set mail = Nothing
 Set ol = Nothing
End Sub
```

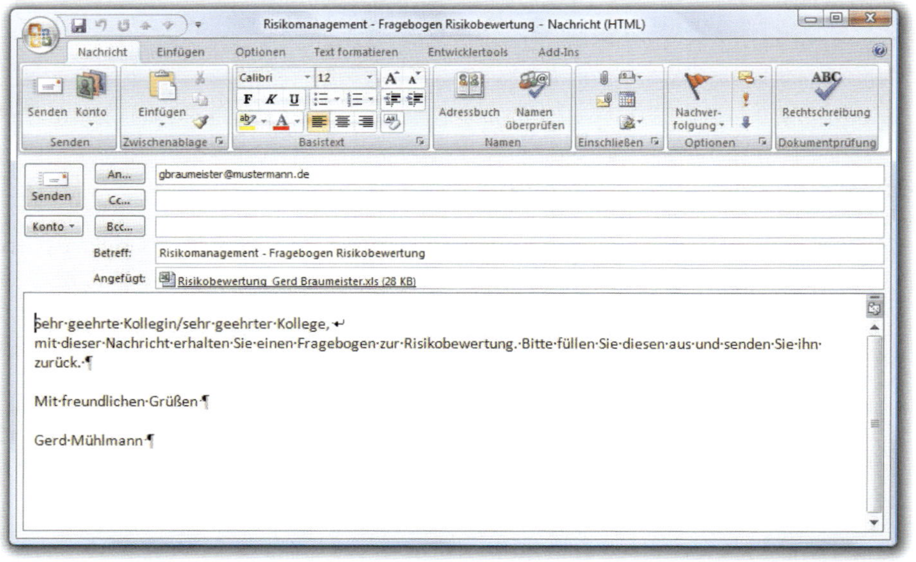

Abbildung 4.9: Der Fragebogen wird per Mail an den Risikoverantwortlichen versandt

Fragebogenrückläufer in Risikodatenbank schreiben

Die nächste Aufgabe im Rahmen der Fragebogenaktion besteht darin, die Rückläufer auszuwerten. Die ausgefüllten Fragebogen kommen per Mailanhang oder werden einfach in einem offenen Netzwerkordner gespeichert. Microsoft Sharepoint-Server eignen sich auch bestens als Sammelstelle für Dokumente aus unterschiedlichen Bereichen des Unternehmens.

Die Risikodatenbank wird als Liste aufgebaut, die Kopfzeile enthält die Überschriften für alle relevanten Fragebogenfelder.

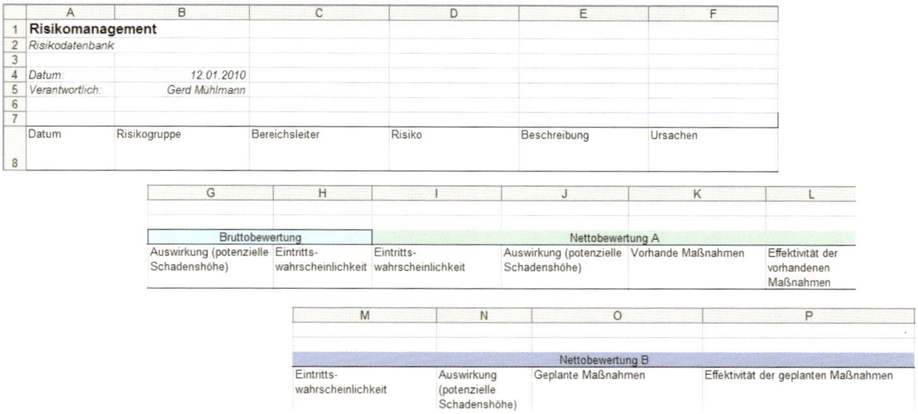

Abbildung 4.10: Risikodatenbank

Die Rückläuferfragebogen sind mit den Namen der Risikoverantwortlichen versehen, sie werden einfach aus den Dateien in die Arbeitsmappe *Risikomanagement* kopiert oder verschoben.

STOP

Achten Sie darauf, dass die Tabellenblätter umbenannt werden müssen, wenn mehrere Fragebogen von einem Risikoverantwortlichen zurückgesandt wurden.

Hier ein Beispiel für ein definiertes Risiko: Der Produktionsleiter meldet Werkzeugbruch bei Überarbeitung als Produktionsstör- und -ausfallrisiko und gibt überaltete Fertigungsanlagen als Ursachen an. Auswirkung und Wahrscheinlichkeit sind mit der höchsten Bruttobewertung angegeben, Maßnahmen sind beschrieben.

Ein VBA-Makro im Startblatt holt alle Fragebogen-Tabellenblätter in eine UserForm und bietet diese dem Auswerter zur Auswahl an. Mit Klick auf die Schaltfläche »= > *Datenbank*« wird der Fragebogen ausgelesen, das Makro sucht die nächste freie Zeile unterhalb der Kopfzeile in der Risikodatenbank und überträgt die Daten.

Drücken Sie `Alt` + `F11` für den Visual Basic-Editor. Im Projekt-Explorer finden Sie das Projekt *Risikomanagement.xls* mit einem Formular (UserForm) *frmFragebogen*. Klicken Sie doppelt auf die Schaltfläche, sehen Sie den Makrocode zum Transfer der Daten in die Datenbank.

Auswertung Risikodatenbank per Risk-Map

Wenn alle Rückläufer ausgewertet sind, enthält die Datenbank einen Datensatz pro Risiko. Der Listenaufbau ermöglicht eine gezielte Auswertung über AutoFilter (Risiken nach Gruppen) und PivotTables (Durchschnittswerte Auswirkungen und Eintrittswahrscheinlichkeit).

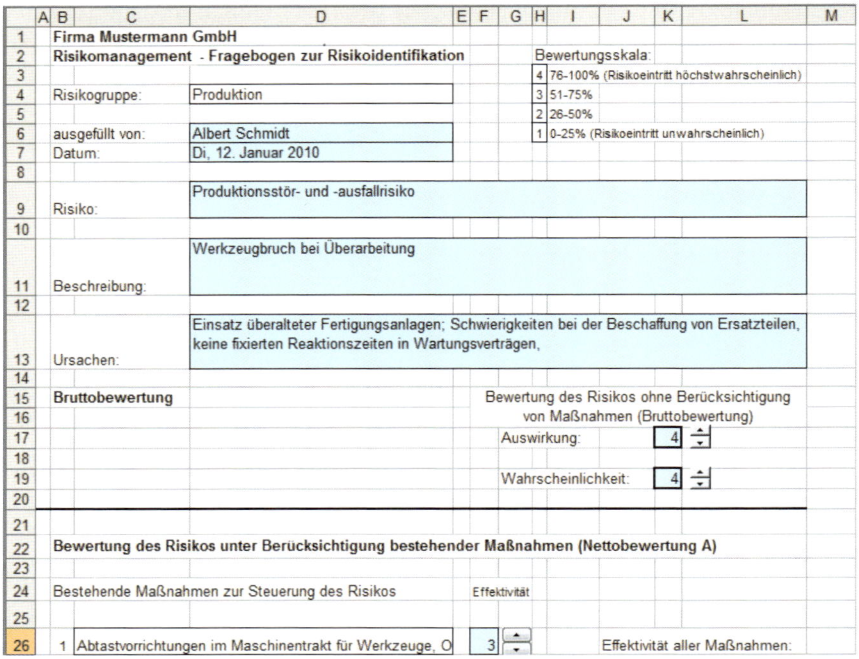

Abbildung 4.11: Risikoidentifikation im Bereich Produktion

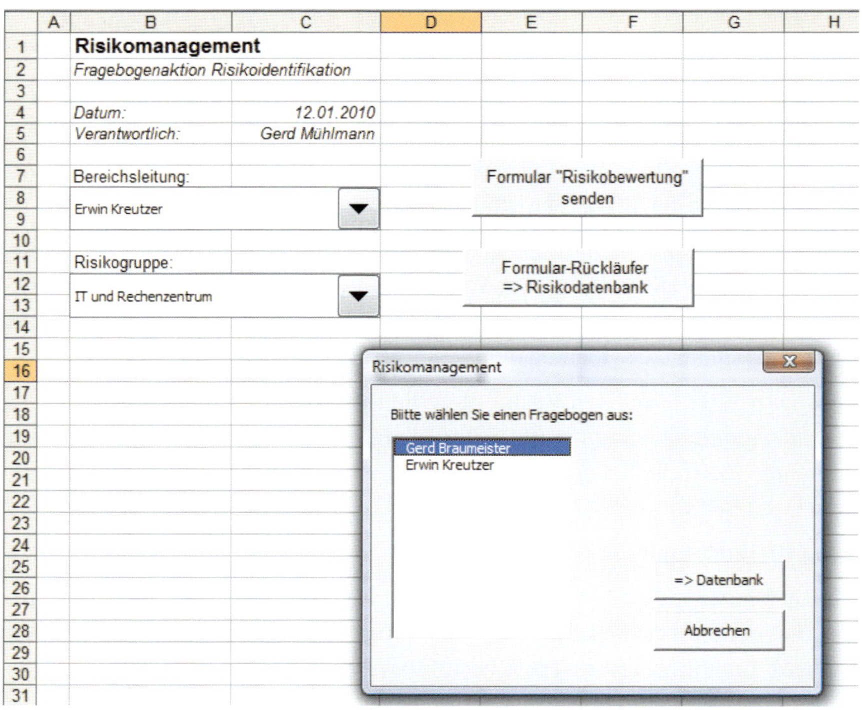

Abbildung 4.12: Rückläuferfragebogen per Makro in die Datenbank schreiben

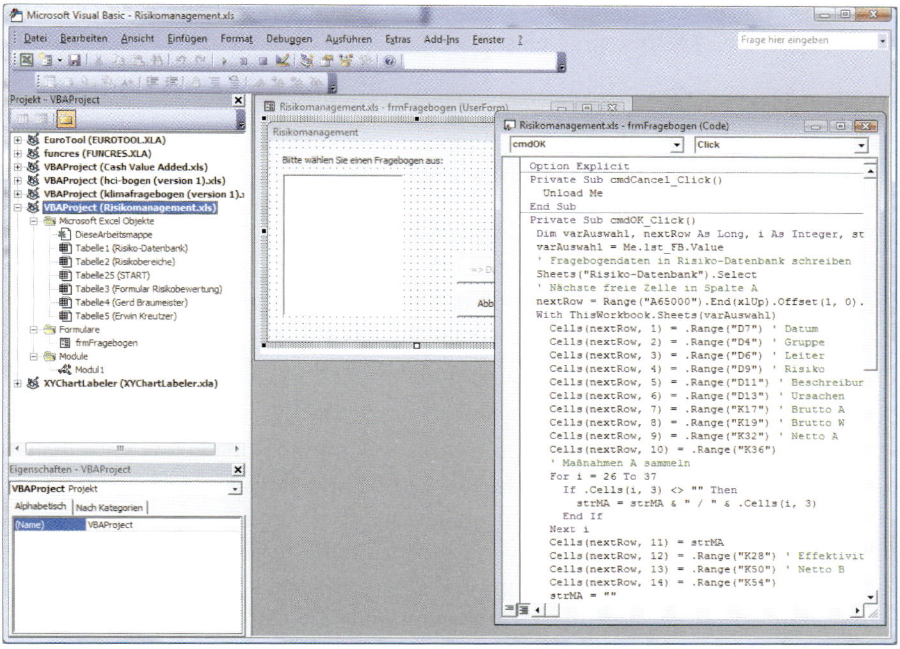

Abbildung 4.13: VBA-Makro für den Transfer der Formulardaten in die Risikodatenbank

Für die optische Darstellung bietet sich die Diagrammart *Blasen (Portfolio)* an. Erstellen Sie ein Diagramm aus drei Größen: Der Grad der Auswirkung bildet die X-Achse, die Eintrittswahrscheinlichkeit wird auf der Größenachse (Y) aufgetragen. Für die Größe der Blase geben Sie noch den Grad der Auswirkung an.

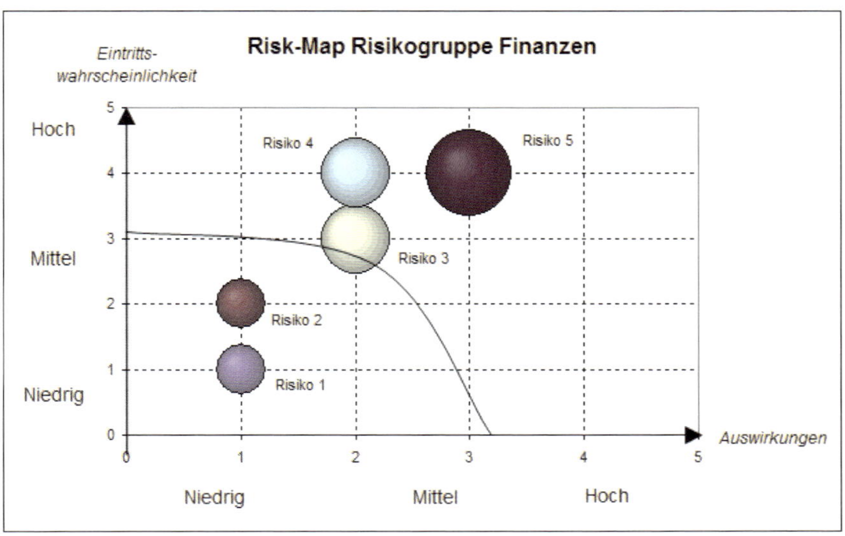

Abbildung 4.14: Risk-Map für einzelne Risikogruppe (Bruttoberwertung)

Erstellen Sie ein leeres Diagramm und fügen Sie die Risiken einer Gruppe aus der Risikodatenbank als einzelne Datenreihen ein.

2003 | *Diagramm/Datenquelle*

2007 2010 | *Diagramm/Diagrammtools/Entwurf/Daten/Daten auswählen*

Risikobewertung mit Monte-Carlo-Simulation

Ein leistungsfähiges Risikomanagement zeichnet sich durch die Fähigkeit aus, Rückschlüsse aus bekannten Risiken zu ziehen und gleichzeitig zukünftige Risiken vorauszusehen, um Schaden abzuwenden, bevor dieser entsteht. Ein Standardwerkzeug für die Bewertung zukünftiger Risiken ist die Monte-Carlo-Simulation, ein Verfahren auf Basis von Zufallsexperimenten.

Im Rahmen einer Monte-Carlo-Simulation werden z. B. die Wirkungen von Einzelrisiken in einem Unternehmensmodell abgebildet und hinsichtlich ihres Einflusses auf die entsprechenden Posten der Gewinn- und Verlustrechnung (GuV) und/oder der Bilanz bewertet. Durch Wahrscheinlichkeitsverteilungen werden die Wirkungen von Einzelrisiken auf Positionen in der GuV oder in der Bilanz im Modell beschrieben. In unabhängigen Simulationsläufen wird so zur Bestimmung des Risikos mithilfe der Monte-Carlo-Simulation ein Geschäftsjahr mehrere Tausend Mal simuliert und die Wirkung einer zufällig eingetretenen Kombination der potenziellen Risiken auf die GuV und/oder die Bilanz bestimmt.

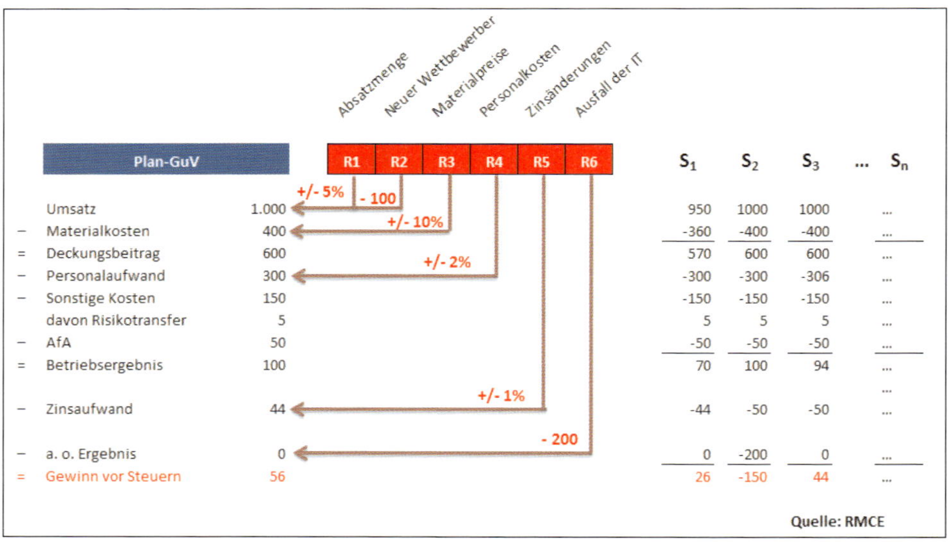

Abbildung 4.15: Monte-Carlo-Simulation für Unternehmensmodelle

In Kapitel 4.2.2 finden Sie ein praktisches Beispiel für die Realisierung der Monte-Carlo-Simulation mit Excel, eine Risikobewertung von Ersatzinvestitionen. Auf Basis eines (begrenzten) Investitionsbudgets wird die Mittelverwendung mit dem geringsten Risiko und die Höhe/Wahrscheinlichkeit des Risikos ermittelt.

4.1.2 Target Costing/Zielkostenmanagement

Problemstellung

Der Großteil vor allem kleiner und mittlerer Unternehmen wenden noch immer die **klassischen bzw. traditionellen Kalkulationsmethoden/-verfahren** (z. B. Divisionskalkulation, Äquivalenzziffernkalkulation) an, um die Selbstkosten ihrer Produkte zu bestimmen und den Angebotspreis zu kalkulieren.

Kalkulationsverfahren	Kritik
Einfache Divisionskalkulation	Die Anwendbarkeit der einfachen Divisionskalkulation ist für Einproduktbetriebe, die ein homogenes Massenprodukt herstellen, geeignet. Die Gesamtkosten werden durch die Anzahl der hergestellten Produkte dividiert und damit Durchschnittskosten ermittelt. Eingeschränkte Analysemöglichkeiten verursachen zudem die fehlende Berücksichtigung der Veränderung von Lagerbeständen.
Äquivalenzziffernkalkulation	Bei der Äquivalenzziffernkalkulation hängt die Qualität der Kalkulationsergebnisse stark von der Wahl der Äquivalenzziffern ab, einer Art Gewichtungsfaktoren, anhand derer die Gesamtkosten auf die einzelnen Produktsorten des Unternehmens verteilt werden.
Zuschlagskalkulation	In der Kritik steht die nicht verursachungsgerechte Verteilung der Gemeinkosten, die mithilfe von Gemeinkostenzuschlagssätzen den Erzeugnissen zugerechnet werden. Damit erfolgt eine Fixkostenproportionalisierung, die dem Grundsatz der verursachungsgerechten Kostenzuordnung nicht gerecht wird.

Tabelle 4.3: Kritik an klassischen Kalkulationsverfahren

In allen Fällen wird deutlich, dass der Preis auf Basis der zugrunde liegenden Kosten (z. B. Materialkosten, Fertigungskosten) abgeleitet wird. Er orientiert sich nicht an den von den Kunden benötigten Funktionalitäten und am Marktpreis. Die Forderung, dass der **Marktpreis als Orientierungsrahmen** für die Preisbildung des Angebotspreises der eigenen Produkte dienen sollte, wird nicht erfüllt. Aufgrund der Volatilität des Absatzmarkts und damit des Marktpreises besteht die Gefahr, dass die traditionellen Kalkulationsverfahren dazu führen, dass sich das Unternehmen »aus dem Markt« kalkuliert, da die Kosten der Unterbeschäftigung die Kosten pro Erzeugniseinheit negativ beeinflussen.

Die Lösung bietet das **Target Costing (TC)** als **innovatives Kalkulationsverfahren**, für das diese Merkmale charakteristisch sind:

- Orientierung an den Kundenbedürfnissen bei der Festlegung der Produktfunktionen
- Orientierung am Marktpreis von vergleichbaren Produkten der Wettbewerber
- Einsatz in der frühen Phase der Produktentwicklung
- Iterative Ergebnisermittlung

Damit wird deutlich, dass es sich beim Target Costing um ein **strategisches und marktorientiertes Kostenmanagementkonzept** und nicht nur um ein weiteres Kalkulationsverfahren handelt. Es handelt sich um ein Bündel von Instrumenten zur Kostenplanung, -steuerung und -kontrolle, die in der frühen Phase der Produktgestaltung eingesetzt werden, das in den 1970er-Jahren in der Automobilindustrie Japans seine Renaissance fand, nachdem bereits in den 1920er-Jahren bei der Entwicklung des VW Käfers ähnliche Ansätze verfolgt wurden. In deutschen Unternehmen durchgesetzt hat sich das Verfahren allerdings erst in den 1980er-Jahren unter dem Begriff »Zielkostenrechnung« oder »Zielkalkulation«.

Fachliche Beschreibung und Beispiele

Die Logik des Target Costing ist recht einfach: Es werden ausgehend von einem **marktorientierten Zielverkaufspreis (Target Price)** unter Berücksichtigung eines Sollgewinns (Target Profit) die maximal erlaubten Kosten (Allowable Costs) festgelegt und daraus die **Zielkosten (Target Costs)** abgeleitet. Demnach verfolgt das Konzept die Beantwortung der Fragestellung »Was darf ein Produkt kosten?«.

Beispiel

Bei der Entwicklung des **VW Käfers** sollte beachtet werden, dass der Stückpreis damals nicht mehr als 1.000 Reichsmark betragen sollte. In der heutigen Zeit findet das Target Costing Anwendung beim Automobilhersteller Dacia, der zum Automobilkonzern Renault gehört. Als Ziel wurde definiert, ein Auto, den **Dacia Logan**, für den europäischen Markt mit ordentlicher Qualität zu entwickeln, dessen Verkaufspreis nicht über 8.000 EUR liegen darf. Bei der Entwicklung des Fahrzeugs musste diese Zielvorgabe eingehalten werden, was dazu geführt hat, dass auf Ausstattungsoptionen und auf sehr teure Materialien verzichtet wurde. Zudem wurde auf einer Plattform eines Renault-Fahrzeugs entwickelt, um grundlegende Entwicklungskosten einzusparen.

Dem Target Costing liegt ein **Vorgehensmodell** zugrunde, das folgende Phasen unterscheidet:

1. Zielkostenfindung
2. Zielkostenspaltung
3. Zielkostenerreichung

Phase 1: Zielkostenfindung

Die zentrale Fragestellung, die es in dieser Phase zu beantworten gilt, lautet: »Was ist der Kunde bereit, für bestimmte Produkteigenschaften zu bezahlen?« Diese Frage kann nur beantwortet werden, wenn Kundenbedürfnisse bzw. -anforderungen an Produktqualität und -funktionalitäten regelmäßig hinterfragt werden. Diese **Faktoren der Kaufentscheidung** müssen bei der Festlegung des Zielverkaufspreises berücksichtigt werden. Eine fundierte Markt- und Kundenkenntnis ist somit unabdingbar.

Zudem muss der Zielverkaufspreis am Markt durchsetzbar sein. Dies erfordert die Analyse **weiterer Einflussfaktoren**, wie z. B.

- Preise der Wettbewerbsprodukte
- Preissensibilität der Kunden
- Veränderung der Kostensituation im Unternehmen (Lebenszykluskosten)
- Preispositionierung

Zur Ermittlung der Zielkosten können unterschiedliche **Methoden** angewendet werden:

- Market into Company (Ableitung der Zielkosten aus dem am Markt erwarteten Zielverkaufspreis abzüglich des Sollgewinns)
- Out of Company (Ableitung der Zielkosten aus den produktions- und entwicklungstechnischen Faktoren wie z. B. Kapazität, Technologien, Erfahrungskurven)
- Into and out of Company (Kombination der beiden vorgenannten Methoden; die Zielkosten ergeben sich als eine Art »Kompromiss« zwischen außen- und innenorientierten Zielkosten)
- Out of Competitor (Ableitung der Zielkosten durch geschätzte bzw. unterstellte Kosten des Wettbewerbers)
- Out of Standard Cost (Ableitung der Zielkosten aus den Istkosten bestehender Produkte)

Der ursprüngliche Ansatz des Target Costing wird mit der **Market into Company-Methode** am konsequentesten verfolgt, da hier die Kunden- und Marktorientierung am besten sichergestellt sind. Die übrigen Methoden beinhalten das Risiko, dass die Kundenbedürfnisse nur unzureichend berücksichtigt werden.

Phase 2: Zielkostenspaltung

In dieser Phase werden die Zielkosten für das gesamte Produkt in **Detailvorgaben für einzelne Produktkomponenten** differenziert. Dafür müssen die durch den Kunden definierten Produktmerkmale und die sie realisierenden Produktkomponenten in einen Zusammenhang gesetzt werden. Dies ist erforderlich, um die Entwicklung und Produktion der einzelnen Produktkomponenten zielorientiert steuern zu können.

Die Zurechnung der Zielkosten zu den einzelnen Produktkomponenten in einer Matrixform kann mithilfe unterschiedlicher **Methoden** erfolgen:

1. Komponentenmethode (Ableitung der Produktkomponenten aus einem Referenzmodell (z. B. Vorgängermodell, Wettbewerbsprodukte) und Spaltung der Zielkosten nach den Kostenrelationen des Referenzmodells)
2. Funktionsmethode (Verteilung der Zielkosten auf die Produktkomponenten gemäß den Wertschätzungen der Produktmerkmale durch die Kunden und der Erfüllung dieser durch die Produktkomponenten; Anwendung eines komponentenspezifischen Zielkostenindex)

Die Zielkostenspaltung wird auch als das **Herzstück des Target Costing** bezeichnet.

Phase 3: Zielkostenerreichung

Nach der Vereinbarung der Zielkosten muss mittels des **Produktkonzepts** sichergestellt werden, dass einerseits die Kundenanforderungen erfüllt und andererseits die Zielkosten eingehalten werden. Dabei kommen mehrere Methoden und Instrumente zum Einsatz, um eine effektive Kostensenkung in der frühen Entwicklungsphase zu erreichen. Dazu sind die Kostensenkungspotenziale aufzuzeigen und wirkungsvoll zu realisieren.

Die nachfolgende Tabelle zeigt diverse **Ansätze zur Zielkostenerreichung** (Quelle: Arnaout, »Target Costing in der deutschen Unternehmenspraxis«, 2001, S. 54):

Konstruktions-/technologie-orientierte Ansätze	Produkt-/prozessorientierte Ansätze	Organisatorische Ansätze
Value Control Charts	Benchmarking	Just-in-time/Zulieferermanagement
Cost Tables	Prozesskostenrechnung	Funktionsübergreifende Teams
Design to Cost	Lebenszyklusrechnung	Simultaneous Engineering
Reverse Engineering	Quality Function Deployment	Projektkostenrechnung
Konstruktionsbegleitende Kalkulationen und Kostenschätzungen		

Tabelle 4.4: Ansätze zur Zielkostenerreichung

Hinweis

Die einzelnen Aktivitäten des Target Costing können anhand eines **mehrstufigen Prozesses** beschrieben werden:

1. Bestimmung der Funktions-/Eigenschaftsstruktur des Produkts (Produktmerkmale)
2. Gewichtung der Produktmerkmale
3. Ermittlung der »Allowable Costs« (Target Price minus Target Profit)
4. Entwicklung eines Produktentwurfs
5. Kostenschätzung der Produktkomponenten (Bauteile)
6. Gewichtung der Produktkomponenten
7. Bestimmung eines komponentenspezifischen Zielkostenindex
8. Erstellung eines Zielkosten-Kontrolldiagramms
9. Identifikation der Kostensenkungspotenziale
10. Realisierung der Kostensenkungspotenziale
11. Iterativer Kalkulationsprozess

Excel-Praxis: Target Costing

CD

Target Costing.xls

Die Arbeitsmappe zeigt, wie die Zielkosten eines Produkts, im Beispiel ein Elektro-Golfcaddy, berechnet werden. Im Tabellenblatt *Kundensicht* sind die Anforderungen gelistet, die der Kunde an das Produkt stellt. Diese Daten wurden über Umfragen und Kundenbefragungen erhoben, die Liste sollte aber nicht mehr als zehn Elemente (Anforderungen) enthalten. Die Anforderungen werden mithilfe von Formularelementen (Drehfelder) in Spalte D gewichtet. Die Summe der Gewichtungen muss immer 100 % betragen.

Die Kundensicht

Produkt, Kundengruppe und Anforderungsliste sind mit Bereichsnamen versehen, damit sie einfacher mit den übrigen Tabellenblättern zu verknüpfen sind.

	A	B	C	D
1		**Target Costing**		
2		*Kundenanforderungen/Funktionen*		
3				
4		Produkt:		
5		Elektro-Golfwagen (Caddy)		
6		Kundengruppe:		
7		Golfer/innen, Golfshops		
8				
9	**Nr**	**Anforderungen**	**Gewichtung**	
10	1	Einfache Bedienung	15%	
11	2	Leichte Batterie	20%	
12	3	Batterieladung hält mehrere Runden	10%	
13	4	Niedriges Gesamtgewicht	15%	
14	5	Kompakt zusammenklappbar	15%	
15	6	Kundendienst/Service	25%	
16	7	Sonderausstattung	0%	
17	8		0%	
18	9		0%	
19	10		0%	
20		Summe:	100%	

Abbildung 4.16: Kundensicht mit Gewichtungen über Drehfelder

Die Entwicklersicht

Das Tabellenblatt *Entwicklersicht* listet die Baugruppen des Produkts mit technischen Beschreibungen der einzelnen Komponenten. Auch hier sollte die Liste nicht mehr als zehn Einträge enthalten.

Funktionserfüllungsgrad und Bedeutung berechnen

Im dritten Tabellenblatt *Funktionserfüllungsgrad* werden die Daten aus der Kundensicht und der Entwicklersicht zu einer Matrix zusammengeführt. Die Liste der Kundenanforderungen kommt als Matrixverknüpfung in Spalte A, dazu wird der Bereich A10:A19 markiert und die Verknüpfung auf den Bereichsnamen geschrieben:

```
A10:B19: =Kundenanforderungen
```

Die Matrixformel muss mit [Strg] + [⇧] + [↵] abgeschickt werden, damit alle Elemente der Ausgangsmatrix abgebildet werden. Um die Entwicklerliste als horizontale Beschriftung der Matrix zu transferieren, verwenden Sie die Matrixfunktion MTRANS(). Schreiben Sie wieder die Formel in den markierten Bereich, der exakt so groß wie die Quellmatrix sein muss, und schließen Sie mit [Strg] + [⇧] + [↵] ab:

```
C9:H9: =MTRANS(Baugruppen)
```

	A	B	C
1		**Target Costing**	
2		*Entwicklersicht*	
3			
4		Produkt:	
5		**Elektro-Golfwagen (Caddy)**	
6		Kundengruppe:	
7		**Golfer/innen, Golfshops**	
8			
9	**Nr**	**Baugruppe**	**Beschreibung**
10	1	Steuerelektronik	Multifunktionsschalter am Griff mit Stopp-Funktion, Bremse, Drehregler für Geschwindigkeit, Fernbedienung
11	2	Elektromotor	Zwei Motoren á 300 Watt, Planetengetriebe Noisless, Li-Ion Batterie 14,8 V / 15, 4 Ah, Gewicht 2 kg. Akkuladegerät mit 2-Stunden-Aufladung
12	3	Reifen und Felgen	Vollgummi-Bereifung auf 3-Stege-Felgen, Gewicht 2,1 kg auswechselbar
13	4	Gestänge und Griff	Alu-Rohrrahmen, 4 kg Gewicht, vollverzinkt, rostfrei, Gummigriff mit Spezialbeschichtung
14	5	Golftaschenhalterung	Hart-PVC mit reißfesten Bändern, Klettverschluss
15	6	Scorekartenhalter	Hart-PVC, Standardmaß anschraubbar

Abbildung 4.17: Die Baugruppen aus Entwicklersicht

Beide Matrizen sind an den geschweiften Klammern rund um die Formel erkennbar. Jetzt werden die prozentualen Gewichtungen der Baugruppen in Bezug auf die Anforderungen eingetragen, die Summe der Werte sollte pro Anforderung 100 % betragen.

	A	B	C	D	E	F	G	H	I
1	**Target Costing**								
2	*Funktionserfüllungsgrad*								
3									
4	Produkt:								
5	**Elektro-Golfwagen (Caddy)**								
6	Kundengruppe:								
7	**Golfer/innen, Golfshops**								
8									
9	**Baugruppe** / **Kundenanforderung**	Gewichtung	Steuerelektronik	Elektromotor	Reifen und Felgen	Gestänge und Griff	Golftaschenhalterung	Scorekartenhalter	
10	Einfache Bedienung	15%	25%	15%	10%	20%	20%	10%	100%
11	Leichte Batterie	20%	20%	10%	15%	25%	15%	15%	100%
12	Batterieladung hält mehrere Runden	10%	15%	20%	10%	15%	25%	15%	100%
13	Niedriges Gesamtgewicht	15%	10%	15%	20%	20%	25%	10%	100%
14	Kompakt zusammenklappbar	15%	5%	15%	20%	25%	20%	15%	100%
15	Kundendienst/Service	25%	25%	15%	10%	20%	25%	5%	100%
16	Sonderausstattung	0%	25%	15%	10%	20%	20%	10%	100%
17		0%	15%	15%	20%	20%	25%	5%	100%
18		0%	10%	20%	20%	20%	25%	5%	100%
19		0%	5%	15%	15%	30%	25%	10%	100%

Abbildung 4.18: Gewichtung der Kundenanforderungen bezogen auf die Baugruppen

Eine weitere Tabelle mit den gleichen Matrizenbeschriftungen führt die beiden Gewichtungen zum Funktionserfüllungsgrad zusammen. Die Gewichtung der ersten Anforderung wird mit den Gewichtungen der ersten Baugruppe multipliziert, die Gewichtung der zweiten Anforderung mit denen der zweiten usw. Die Summe der Multiplikationen ist die Bedeutung in %.

		Gewichtung	Steuerelektronik	Elektromotor	Reifen und Felgen	Gestänge und Griff	Golftaschenhalterung	Scorekartenhalter	Summe
22									
23	Einfache Bedienung	15%	3,75%	2,25%	1,50%	3,00%	3,00%	1,50%	15%
24	Leichte Batterie	20%	4,00%	2,00%	3,00%	5,00%	3,00%	3,00%	20%
25	Batterieladung hält mehrere Runden	10%	1,50%	2,00%	1,00%	1,50%	2,50%	1,50%	10%
26	Niedriges Gesamtgewicht	15%	1,50%	2,25%	3,00%	3,00%	3,75%	1,50%	15%
27	Kompakt zusammenklappbar	15%	0,75%	2,25%	3,00%	3,75%	3,00%	2,25%	15%
28	Kundendienst/Service	25%	6,25%	3,75%	2,50%	5,00%	6,25%	1,25%	25%
29	Sonderausstattung	0%	0,00%	0,00%	0,00%	0,00%	0,00%	0,00%	0%
30		0%	0,00%	0,00%	0,00%	0,00%	0,00%	0,00%	0%
31		0%	0,00%	0,00%	0,00%	0,00%	0,00%	0,00%	0%
32		0%	0,00%	0,00%	0,00%	0,00%	0,00%	0,00%	0%
33	Summe	100%	17,75%	14,50%	14,00%	21,25%	21,50%	11,00%	100%

22		Gewichtung	=C9	=D9	=E9	=F9	=G9	=H9
23	=A10	=B10	=C10*$B23	=D10*$B23	=E10*$B23	=F10*$B23	=G10*$B23	=H10*$B23
24	=A11	=B11	=C11*$B24	=D11*$B24	=E11*$B24	=F11*$B24	=G11*$B24	=H11*$B24
25	=A12	=B12	=C12*$B25	=D12*$B25	=E12*$B25	=F12*$B25	=G12*$B25	=H12*$B25
26	=A13	=B13	=C13*$B26	=D13*$B26	=E13*$B26	=F13*$B26	=G13*$B26	=H13*$B26
27	=A14	=B14	=C14*$B27	=D14*$B27	=E14*$B27	=F14*$B27	=G14*$B27	=H14*$B27
28	=A15	=B15	=C15*$B28	=D15*$B28	=E15*$B28	=F15*$B28	=G15*$B28	=H15*$B28
29	=A16	=B16	=C16*$B29	=D16*$B29	=E16*$B29	=F16*$B29	=G16*$B29	=H16*$B29
30	=A17	=B17	=C17*$B30	=D17*$B30	=E17*$B30	=F17*$B30	=G17*$B30	=H17*$B30
31	=A18	=B18	=C18*$B31	=D18*$B31	=E18*$B31	=F18*$B31	=G18*$B31	=H18*$B31
32	=A19	=B19	=C19*$B32	=D19*$B32	=E19*$B32	=F19*$B32	=G19*$B32	=H19*$B32
33	Summe	=SUMME(B23:B32)	=SUMME(C23:C32)	=SUMME(D23:D32)	=SUMME(E23:E32)	=SUMME(F23:F32)	=SUMME(G23:G32)	=SUMME(H23:H32)

Abbildung 4.19: Die Bedeutung wird aus dem Produkt der Gewichtungen berechnet

Zielkostenindex- und Zielgewinnermittlung

Im Tabellenblatt *Zielgewinn* werden die geplante Zielmenge und der Zielpreis des Produkts eingetragen, daraus errechnet sich der Zielumsatz.

```
B11: =B9*B10
```

Multipliziert mit einem ebenfalls manuell erfassten Zielgewinn in % ergibt sich aus dem Zielumsatz der Zielgewinn in EUR. Die Zielkosten berechnet das Blatt aus der Differenz zwischen Umsatz und Gewinn.

```
B13: =B11*B12
C12: 12%
B15: =B11-B13
```

Anschließend werden die Zielkosten auf die einzelnen Baugruppen aufgeteilt, die über eine Verknüpfung in Spalte A übertragen wurden. Der Wert für die Bedeutung lässt sich einfach aus der Tabelle *Funktionserfüllungsgrad* verlinken, für größere Listen können Sie eine Formel mit der Matrixfunktion BEREICH.VERSCHIEBEN() verwenden, die den Vergleich auf die Baugruppenbezeichnung als Spaltenverschiebung benutzt:

```
=BEREICH.VERSCHIEBEN(Funktionserfüllungsgrad!$B$22;ZEILEN(Kundenanforderungen)+1;VER
GLEICH(A20;Baugruppen;0))
```

Die erlaubten Kosten berechnet das Modell aus dem prozentualen Anteil der Bedeutung an den Zielkosten, und nach Eingabe der Kosten gemäß Kalkulation wird der Kostenanteil pro Baugruppe berechnet. Die Zielkostenlücke ist die Differenz aus erlaubten Kosten und kalkulierten Kosten, der Zielkostenindex errechnet sich aus dem Anteil des Kostenanteils pro Baugruppe an der berechneten Bedeutung gemäß Funktionserfüllungsgrad.

```
C20: =B20*$B$15
E20: =D20/$D$26
F20: =C20-D20
G20: =B20/E20
```

	A	B	C	D	E	F	G
1	**Target Costing**						
2	*Zielkostenermittlung*						
3							
4	Produkt:						
5	**Elektro-Golfwagen (Caddy)**						
6	Kundengruppe:						
7	**Golfer/innen, Golfshops**						
8							
9	Zielmenge:	2.000					
10	Zielpreis:	1.500 €					
11	Zielumsatz	3.000.000 €	100%				
12	Zielgewinn in %:		12%				
13	Zielgewinn in EUR:	360.000 €					
14	Zielkosten in %:		88%				
15	Zielkosten in EUR:	2.640.000 €					
16							
17	Aufteilung der Zielkosten auf die Baugruppen:						
18							
19	Baugruppe	Bedeutung in % gem. Funktions-erfüllungsgrad	erlaubte Kosten	Kosten gemäß Kalkulation	Kostenanteil	Zielkostenlücke	Zielkostenindex
20	Steuerelektronik	17,75%	468600	550000	18,61%	-81.400	0,954
21	Elektromotor	14,50%	382800	415000	14,04%	-32.200	1,032
22	Reifen und Felgen	14,00%	369600	450000	15,23%	-80.400	0,919
23	Gestänge und Griff	21,25%	561000	700000	23,69%	-139.000	0,897
24	Golftaschenhalterung	21,50%	567600	520000	17,60%	47.600	1,222
25	Scorekartenhalter	11,00%	290400	320000	10,83%	-29.600	1,016
26			2640000	2955000	100%	315.000	

Abbildung 4.20: Zielkosten und Zielgewinn mit Zielkostenindex

Zielkostendiagramm

Für die optische Darstellung der Zielkosten verwenden Sie ein Punktediagramm. Jede Baugruppe bildet eine einzelne Datenreihe, der Datenpunkt wird aus dem Wert für die Bedeutung (X) und dem Kostenanteil (Y) gebildet. Zeichnen Sie Diagonale und einen mittels mathematischer Funktion ermittelten Zielkorridor ein und beschriften Sie das Diagramm. Für alle Baugruppen über der Diagonale sind Kostensenkungen möglich, für die Werte unter der Diagonale sollte die Qualität überprüft werden.

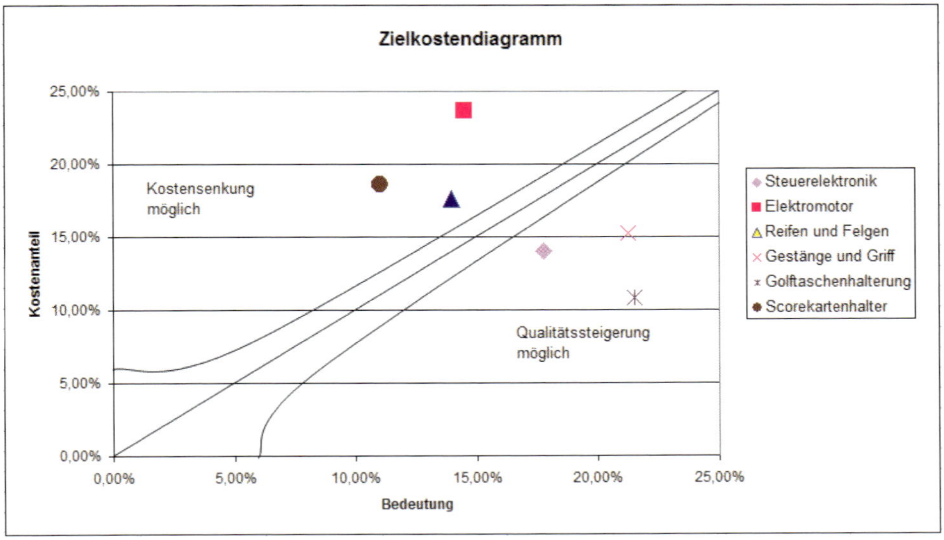

Abbildung 4.21: Zielkostendiagramm mit Zielkorridor

4.1.3 Rating nach Basel II

Problemstellung

Seit einiger Zeit werden Stichworte wie **Basel II** und **Rating** in der Medienberichterstattung häufig genannt. Im Zusammenhang damit wird von neuen Herausforderungen für den Mittelstand und von Kreditverknappung und -verteuerung gerade für kleine und mittlere Unternehmen (KMU) gesprochen. Mit derartigen Aussagen wurden Befürchtungen bei den Unternehmen ausgelöst, dass die breite **Fremdfinanzierungsbasis deutscher KMU** gefährdet sein könnte.

Diese Tatsache hat jedoch auch ihre positiven Seiten. Fremdfinanzierte Unternehmen sind gezwungen, sich stärker als bisher mit ihrem Unternehmen, seinen Stärken und Schwächen sowie den Chancen und Risiken ihres unternehmerischen Handelns zu beschäftigen. Unternehmen müssen sich zwangsläufig mit der Systematik eines Ratings auseinandersetzen, um so den Anforderungen der Kreditinstitute – die ihrerseits aufgrund der Empfehlungen des Baseler Ausschusses für Bankenaufsicht (»Basel II«) und des Kreditwesengesetzes (KWG) zur **risikogerechten Eigenkapitalhinterlegung** verpflichtet sind – Rechnung tragen zu können.

Unternehmen müssen daran arbeiten, ihre Leistungsfähigkeit und Bonität kontinuierlich zu verbessern, und sich noch stärker als bisher an betriebswirtschaftlichen Maßstäben orientieren. Dazu kommt, dass aufgrund der chronischen Ertragsschwäche deutscher Kreditinstitute diese gezwungen sind, ihre Firmenkundenportfolios zu sanieren und ertragsstärker auszugestalten. Dies hat dazu geführt, dass Kreditinstitute von Kreditgeschäften mit Unternehmen, bei denen das **Kreditausfallrisiko** zu hoch erscheint, Abstand genommen haben (und auch zukünftig nehmen werden) bzw. sich ein höheres Kreditausfallrisiko durch entsprechend höhere Zinssätze vergüten lassen. Dies wird damit begründet, dass in der Vergangenheit Kredite an bonitätsschwache Unternehmen zu Lasten bonitätsstarker Unternehmen subventioniert wurden und die Kreditbepreisung regelmäßig nicht risikoabhängig erfolgte.

Fachliche Beschreibung und Beispiele

Der Begriff »Rating« leitet sich aus dem englischen Wort »to rate« ab, das u. a. »bewerten« bedeutet, und steht sowohl

- für das Bewertungsverfahren selbst als auch
- für das Ergebnis der Bewertung.

Die **charakteristischen Merkmale des Ratings** sind:

- systematisches, standardisiertes und objektiviertes Bewertungsverfahren (Rating-Verfahren),
- standardisierter Ablauf (Rating-Prozess),
- Berücksichtigung quantitativer (»harter«) und qualitativer (»weicher«) Faktoren (Rating-Kriterien),
- Bewertung der Bonität, d. h. der Fähigkeit eines Schuldners, seinen (zukünftigen) Kapitaldienstverpflichtungen (Erbringung von Tilgungs- und Zinszahlungen) nachkommen zu können und zu wollen, bzw. der wirtschaftlichen Lage eines Unternehmens,
- zukunftsorientierte und umfassende Erfolgs- und Risikobeurteilung,
- Zusammenfassung in einer skalierten Gesamtaussage (Rating-Ergebnis),
- Ableitung von Aussagen bzw. Empfehlungen über Stärken, Schwächen, Gefahren und Potenziale eines Unternehmens.

Im Gegensatz zu publikumsorientierten Großunternehmen, wo Ratings vor allem für potenzielle Eigenkapital- (z. B. Aktionäre) und Fremdkapitalgeber (z. B. bei Emission von Anleihen) Informationen zur Fundierung der Anlageentscheidung liefern, profitiert bei KMU – häufig eigentümergeführt – der Unternehmer selbst vom Rating seines Unternehmens.

Nicht nur das Rating-Ergebnis, das bei Großunternehmen meist im Vordergrund steht, sondern insbesondere die intensive und geordnete **Vorbereitung auf das Rating** selbst bietet dem **Unternehmer** entscheidende Vorteile. Er muss sich – um beim Rating ein gutes Ergebnis und damit risikogerechte Kreditkonditionen zu erhalten – mit allen betriebswirtschaftlichen Funktionen seines Unternehmens intensiv auseinandersetzen und Risikopotenziale seines unternehmerischen Handelns identifizieren, bewerten und steuern. Je früher sich ein KMU also einem Rating stellt, desto früher wird auch der Prozess der betriebswirtschaftlichen Analyse des eigenen Unternehmensgebarens in Gang gesetzt. Damit werden frühzeitig Krisensymptome erkannt, und Krisenursachen kann gegengesteuert werden.

In engem Zusammenhang mit dem jeweiligen Krisenstadium (Strategiekrise => Erfolgskrise => Liquiditätskrise) ist der jeweilige **Handlungsspielraum** zur Ergreifung von Gegensteuerungsmaßnahmen zu sehen. Während in der Strategiekrise ein noch relativ hoher Handlungsspielraum besteht (»potenzielle Krise«), reduziert sich dieser von der Erfolgskrise, die noch als »beherrschbare Krise« gesehen werden kann, bis hin zur Liquiditätskrise (»akute Krise«) erheblich. Meist nicht mehr beherrschbar ist die Krise in der Insolvenz selbst. Auch die **Bonität** nimmt über die einzelnen Krisenstadien hinweg ab. Damit einher geht die Verschlechterung des Rating-Ergebnisses. Dies liegt daran, dass das Rating Aufschluss über die Kreditwürdigkeit eines Unternehmens *in der Zukunft* geben muss. Wird also ein Rating bereits in einem frühen – meist noch unentdeckten – Krisenstadium durchgeführt, fällt es zum einen hinsichtlich seines Ergebnisses besser aus und zum anderen besteht die Chance, die potenzielle »Strategiekrise« frühzeitig zu erkennen, bevor Auswirkungen auf Umsatz und Ergebnis sich in der quantitativen Bewertung (z. B. Jahresabschlussanalyse) zeigen. Die Rating-Kriterien stehen also in Zusammenhang mit den identifizierten Krisensymptomen bzw. -ursachen.

Erst in jüngster Vergangenheit haben sich auch in Europa Rating-Agenturen nach US-amerikanischem Vorbild durchgesetzt. Dazu zählen zunächst die im Markt etablierten Rating-Agenturen, z. B. Moody´s Investor Services (Moody´s), Standard & Poors (S&P) oder Fitch Ratings, zu deren Kundenkreis international tätige Großunternehmen zählen. Durch die **Einbeziehung mittelständischer Unternehmen** wird das Marktvolumen für Rating-Agenturen ungemein erweitert. Dies führt dazu, dass – speziell auf den Mittelstand ausgerichtete – Rating-Agenturen in den vergangenen Jahren neu gegründet wurden (z. B. Creditreform Rating AG, Euler Hermes Rating GmbH, RS Rating Services AG, URA Unternehmens Ratingagentur AG). Die **Kosten** variieren von 2.500 EUR für ein E-Rating bis zu 80.000 EUR für ein Rating einer international anerkannten Rating-Agentur.

Die **Rating-Ergebnisse** werden in Form unterschiedlicher **Buchstaben(-kombinationen)** abgebildet, hinter denen Risikogewichte stehen. Die Ergebnisse der externen Ratings werden in der nachfolgenden Tabelle für die beiden bekanntesten Rating-Agenturen, deren Skalen den meisten übrigen Rating-Agenturen als Vorbild dienen, gegenübergestellt. Dabei umfassen die Rating-Ergebnisse AAA/Aaa bis BBB-/Baa3 den **Investmentbereich** (investment grade) und die Beurteilungen BB+/Ba1 bis D/C den **spekulativen Bereich** (non-investment grade). Der Vorteil der Skalierung liegt in der Zusammenfassung des Rating-Ergebnisses zu einer Buchstabenkombination. Dies verkürzt den Leseaufwand und vermeidet Interpretationsspielräume bei verbalen Formulierungen, insbesondere bei Übersetzungen in fremde Sprachen.

Moody`s	S&P	Bonitätseinstufung	Bewertung
Aaa	AAA	höchste Bonität, geringstes Ausfallrisiko	sehr gut
Aa1 Aa2 Aa3	AA+ AA AA-	hohe Bonität, kaum höheres Risiko; hohe Zahlungswahrscheinlichkeit	sehr gut bis gut
A1 A2 A3	A+ A A-	überdurchschnittliche Bonität, etwas höheres Risiko; starke Fähigkeit zur Zinszahlung und Tilgung	gut bis befriedigend
Baa1 Baa2 Baa3	BBB+ BBB BBB-	mittlere Bonität, stärkere Anfälligkeit bei negativen Entwicklungen im Unternehmensumfeld; angemessene Fähigkeit zur Zinszahlung und Tilgung	befriedigend
Ba1 Ba2 Ba3	BB+ BB BB-	spekulativ; wahrscheinlich in der Lage, Zinszahlung und Tilgung zu leisten, aber bei negativen Entwicklungen gefährdet	ausreichend
B1 B2 B3	B+ B B-	geringe Bonität, relativ hohes Ausfallrisiko	mangelhaft
Caa (1-3) Ca	CCC CC	geringste Bonität, höchstes Ausfallrisiko	ungenügend
C	SD/D	in Zahlungsverzug (»[selective] default«)	zahlungsunfähig

Tabelle 4.5: Rating-Skalierung im Vergleich (Emittenten-Rating)

Bevor insbesondere KMU ein Rating extern in Auftrag geben oder sich von einer Bank raten lassen, sollte sich die Unternehmensleitung zunächst bewusst werden, ob ihr Unternehmen **grundsätzliche Anforderungen** eines Ratings erfüllen kann. Beim Rating werden neben den meisten Unternehmen bereits bekannten quantitativen (harten) Kriterien, die sich überwiegend aus der Aufbereitung und Analyse der Jahresabschlüsse vergangener Perioden (z. B. Umsatz, Gewinn, Cashflow, Liquiditäts- und Rentabilitätskennzahlen) ergeben, auch qualitative Kriterien analysiert und bewertet. Zu Letzteren gehören Kriterien wie z. B. Unternehmensstrategie/-ziele, Kunden-, Lieferanten- und Produktstruktur, Zusammensetzung und Fähigkeiten des Managements, Risikomanagement, Rechnungswesen und Controlling, deren Qualität zu beurteilen ist.

Mithilfe der nachfolgenden **Checkliste** kann das Unternehmen überprüfen, ob es überhaupt »reif« bzw. »fit« für die Durchführung eines externen oder internen Ratings ist. Ist dies nicht der Fall – d. h., können die nachfolgenden Fragen nicht mit »Ja« beantwortet werden –, sollte sich das Unternehmen bewusst sein, dass das Rating ein negatives Rating-Ergebnis zur Folge haben kann. Bei einem externen Rating fallen die entsprechenden Kosten an und bei einem internen Rating wird beim Kreditinstitut zunächst einmal ein negatives Rating-Ergebnis »zu den Akten« genommen. Die Unternehmensleitung sollte die mit »Nein« beantworteten Fragen intensiv prüfen und die aufgedeckten Schwachstellen beheben. Hierfür ist häufig die Einschaltung externen Sachverstands hilfreich.

Kriterium	Fragestellung	Ja	Nein
Strategie	Hat das Unternehmen eine Unternehmensstrategie schriftlich formuliert?		
	Werden aus der Unternehmensstrategie differenziert Produkt-, Investitions-, Markt-, Wachstumsziele etc. abgeleitet?		
	Sind Stärken, Schwächen, Chancen und Risiken der unternehmerischen Tätigkeit schriftlich festgehalten?		
Markt und Wettbewerb	Ist eine aussagefähige und schriftliche Analyse des Marktumfelds vorhanden?		
	Kennt das Unternehmen seine Wettbewerbsposition im Markt und ist diese schriftlich fixiert?		
	Gehen die Ergebnisse aus der Analyse des Marktumfelds und der Wettbewerbsposition in die Planung ein?		
	Sind die Kern- und Randbereiche des unternehmerischen Handelns schriftlich dokumentiert?		
	Liegt ein schriftliches zukunftsfähiges Marketing- und Vertriebskonzept, differenziert nach Produkten bzw. Produktgruppen, vor?		
Kunden	Ist die Kundenstruktur zur Vermeidung von Kundenabhängigkeiten ausreichend diversifiziert?		
	Bestehen Abhängigkeiten von bestimmten Kunden?		
	Werden regelmäßig und systematisch Bonitätsüberprüfungen der umsatzstarken Kunden durchgeführt?		
	Sind die Zahlungsausfälle in der Vergangenheit bekannt und dokumentiert?		
Lieferanten	Ist die Lieferantenstruktur zur Vermeidung von Lieferantenabhängigkeiten ausreichend diversifiziert?		
	Bestehen Abhängigkeiten von einem bestimmten Lieferanten?		
	Existiert eine Aufstellung von in Anspruch genommenen Lieferantenkrediten (in der Regel durch die mangelhafte Ausnutzung von Skontierungsmöglichkeiten)?		

Tabelle 4.6: Arbeitshilfe für den Rating-Fitness-Check

Kriterium	Fragestellung	Ja	Nein
Organisation und Personal	Ist eine aktuelle Unternehmensdarstellung (vgl. Nr. 1, 2 und 6 der Checkliste zur Vorbereitung auf das Kreditgespräch) schriftlich verfügbar?		
	Sind die aktuellen Unternehmensstrukturen (einschließlich Beteiligungsverhältnisse) schriftlich dokumentiert?		
	Existieren Stellenbeschreibungen mit klarer Zuweisung von Aufgabe, Kompetenz und Verantwortung (AKV-Prinzip)?		
	Existieren ein Konzept zur Gewinnung von Mitarbeitern sowie ein Personalentwicklungskonzept, das Maßnahmen zur Bindung von Mitarbeitern, insbesondere von Führungskräften, an das Unternehmen vorsieht?		
Management	Ist ein wirkungsvolles Risikomanagementsystem im Unternehmen implementiert und ist dieses hinreichend dokumentiert?		
	Sind die personellen Kapazitäten auf Managementebene ausreichend?		
	Verfügt das Management über ausreichende Erfahrung und Kompetenzen zur Steuerung des Unternehmensgeschehens?		
	Bestehen hinreichend »verlässliche« Regelungen zur Unternehmensnachfolge?		
Rechnungswesen und Controlling	Sind die Jahresabschlüsse zumindest der vergangenen drei Jahre aufbereitet?		
	Besteht ein wirkungsvolles Forderungsmanagement im Unternehmen?		
	Sind die gelegten stillen Reserven dokumentiert?		
	Verfügt das Unternehmen über (Mehrjahres-)Planungen (z. B. Absatz-, Umsatz-, Produktions-, Beschaffungs-, Personal-, Finanz- und Liquiditätsplan)?		
	Werden regelmäßig Soll/Plan-Ist-Vergleiche und Abweichungsanalysen durchgeführt?		
	Ist ein aussagefähiges Controlling (einschließlich Deckungsbeitragsrechnungen) vorhanden?		

Tabelle 4.6: Arbeitshilfe für den Rating-Fitness-Check (Forts.)

Hinweis

Die Checkliste erhebt keinen Anspruch auf Vollständigkeit und stellt auch keinen abschließenden Rating-Katalog dar, sondern dient der »Bewusstseinsbildung« für Problemstellungen im Vorfeld, die in ähnlicher Art und Weise sowohl bei externen als auch internen Ratings hinterfragt werden.

Nach dem Rating-Fitness-Check beginnt der eigentliche **Rating-Prozess**, der in vier Phasen unterteilt werden kann und unbedingt als Projekt organisiert werden sollte:

1. Phase 1: Vorbereitung
   - Initiierung eines Projekts
   - Interne Schwachstellenanalyse
   - Schwachstellenbeseitigung
   - Auswahl der Rating-Agentur
   - Informationsgespräch
2. Phase 2: Durchführung des Ratings
   - Vertragsabschluss
   - Vorbereitung der Rating-Unterlagen
   - Analyse durch das Analystenteam
   - Managementgespräch
   - Präsentation, Diskussion und Verabschiedung des Rating-Ergebnisses
3. Phase 3: Nutzung des Rating-Ergebnisses
   - Interne Nutzung
   - Veröffentlichung
4. Phase 4: Laufende Überprüfung des Rating-Ergebnisses
   - Laufende Kommunikation mit der Rating-Agentur
   - Wiederholungs-Rating (Re-Rating)

Das Herzstück der Bonitätsanalyse stellt die Untersuchung unternehmensspezifischer Faktoren dar. Damit bildet sich die Rating-Agentur bzw. das Kreditinstitut ein Urteil über das **Unternehmensrisiko**, das sich aus diesen Punkten zusammensetzt:

- Finanzrisiko – im Wesentlichen analysiert mittels quantitativer Kriterien – und
- Geschäftsrisiko – vor allem mittels qualitativer Kriterien untersucht.

Die Beurteilung beider Risiken geht gewichtet in das Gesamturteil ein. Sowohl die zugrunde gelegten quantitativen und qualitativen Rating-Kriterien als auch die Gewichtung variiert bei den einzelnen Rating-Agenturen und Banken. Somit stellen die im MS-Excel-Modell dargestellten **Rating-Kriterien** weder eine abschließende Aufzählung dar noch bilden sie ein konkretes Rating-Verfahren einer bestimmten Rating-Agentur oder eines Kreditinstituts ab. Vielmehr sind sie eine Sammlung von Einflussfaktoren auf das Gesamturteil bei einem Rating, die bei so gut wie allen Ratings in irgendeiner Form auftreten.

Ein **Erfahrungsbericht** eines Unternehmens zeigt folgende qualitative und quantitative Rating-Kriterien:

Unternehmens-Rating einer privaten Großbank – Elemente einer Präsentation
1. Profil und Entwicklung des Unternehmens: Internationale Aktiengesellschaft Unternehmensetappen Marktposition Umsatz- und Ertragsentwicklung Internationale Ausrichtung Vertriebskanäle
2. Unternehmensposition/Stärken und Schwächen Klare Unternehmensstrategie ausgerichtet auf zentrale strategische Ziele, z. B. – Markenführerschaft – Innovation und Trendsetter – Qualitätsziele Gutes ausgeglichenes Geschäftsfeldportfolio, z. B. – Ertragreiches Zusatzgeschäft – Wachstumsgeschäftsfelder – Zukunftsgeschäftsfeld Erfahrenes und qualifiziertes Topmanagement und starke Managementcrew auf den nächsten Ebenen Schnelle Reaktionsfähigkeit auf neue Kundenanforderungen (Handel/Endkunden) Weltweit effektiver Produktions- und Logistikverbund Aussagefähiges Controlling
3. Markt- und Wettbewerbsentwicklung Aktuelle Marktsituation, Konjunktur Marktpotenzial, Entwicklung Marktvolumen Marktstruktur und Wettbewerber Preise und Renditen Markteintrittsbarrieren Vertriebskanäle, Tophandelspartner Substitutionsgefahren Geschäftsentwicklung Kapazitätsauslastung und Perspektiven
4. Marktaussichten Wachstum Wettbewerbsfaktor Nachfrage
5. Kritische Erfolgsfaktoren, Chancen und Herausforderungen Darstellung der wichtigsten kritischen Erfolgsfaktoren, z. B. – Produkte, Sortiment – Service – Forschung & Entwicklung – Produktion – Vertriebs- und Vertriebskanäle – Neue Märkte
6. Wichtige Finanzkennzahlen Auswertung wichtiger Finanzkennzahlen (3 bis 5 Jahre) im Benchmark zu den statistischen Werten von Standard & Poors; siehe nachfolgende Tabelle

Tabelle 4.7: Rating-Kriterien im Unternehmens-Rating einer privaten Großbank (Auszug)

Die folgende Tabelle zeigt im Überblick eine **Auswahl wichtiger Finanzkennzahlen**.

Kennzahl	Definition	Aussagewert
EBITDA	Ergebnis vor Zinsen, Steuern, Abschreibung und Amortisation von Firmenwerten	Erlaubt einen Vergleich von klassischen Geschäftsbereichen mit den Ergebnissen käuflich erworbener Geschäftsbereiche, die Firmenwertabschreibungen haben
EBIT	Ergebnis vor Zinsen und Steuern	Erlaubt einen Ergebnisvergleich internationaler Unternehmen
EBIT/Interest	EBIT im Verhältnis zum Zinsaufwand	Zeigt die Fähigkeit des Unternehmens, die angefallenen Zinsen aus dem EBIT zu bedienen
Total Debt/EBITDA	Gesamtverschuldung im Verhältnis zum EBITDA	Zeigt die Schuldendienstfähigkeit auf: In welchem Zeitraum kann das Unternehmen seine Gesamtverschuldung zurückführen?
Total Debt/Capital	Gesamtverschuldung zu Kapital	Zeigt den Anteil der zinstragenden Verbindlichkeiten an der gesamten Finanzierungsstruktur
EBITDA/Umsatz	EBITDA im Verhältnis zum Umsatz	»Brutto-Umsatz-Rendite« bei abschreibungsintensiven Unternehmen
EBIT/Gesamtkapital	EBIT im Verhältnis zum Gesamtkapital	Die Gesamtkapitalrendite zeigt, wie erfolgreich das Gesamtkapital abgesenkt wurde.
Brutto Free Cashflow	Gesamtergebnis vor Ertragssteuern + Zinsaufwand + Abschreibungen +/- Veränderung Rückstellungen - Investitionen (AV + UV) - Akquisitionen = Brutto Free Cashflow	Über eine Zeitreihe diskontiert, zeigt er die Wertsteigerung auf.
Netto Free Cashflow	Jahresüberschuss nach Ertragssteuern (NOPAT) + Abschreibungen +/- Rückstellungsveränderungen - Investitionen (im AV+UV) - Akquisitionen - Ausschüttungen/Entnahmen = Free Cashflow	Steht zur Verbesserung des Eigenkapitals zur Verfügung
Nettowertschöpfung pro Vollzeitmitarbeiter	Nettoumsatz - Materialeinsatz - Fremdleistung = Nettowertschöpfung pro Vollzeitmitarbeiter	Zeigt die Produktivitätsentwicklung auf

Tabelle 4.8: Ausgewählte Finanzkennzahlen im Unternehmens-Rating einer privaten Großbank

Kennzahl	Definition	Aussagewert
Nettowertschöpfung/Personalkosten	Nettowertschöpfung im Verhältnis zu Personalkosten inklusive Personalnebenkosten	Zeigt die Produktivitätsentwicklung auf
EVA Economic Value Added	Betriebsergebnis nach Ertragssteuern ($NOPAT_{BI}$) abzüglich der Capital Charge	Ist der Übergewinn, d. h., die Rendite übersteigt die Kapitalkosten; ist ein jahresüberschussorientierter Wertsteigerungsmaßstab
ROCE Return on Capital Employed	Betriebsergebnis (Operating Profit) im Verhältnis zum investierten Kapital (Capital Employed)	Renditeorientierter Wertsteigerungsmaßstab
CFROI Cashflow Return On Investment	CFBIT (Cashflow vor Zinsen und Ertragssteuern) im Verhältnis zum betriebsnotwendigen Vermögen – zinsfreies Fremdkapital	Cashflow-orientierter Wertsteigerungsmaßstab
Umsatzentwicklung und Deckungsbeitragsentwicklung nach Produkten Märkten/Ländern Kunden	Brutto- und Nettoumsatzentwicklung nach Erlösschmälerungen	Entwicklung des Produkt-, Markt-, Kundenportfolios

Tabelle 4.8: Ausgewählte Finanzkennzahlen im Unternehmens-Rating einer privaten Großbank (Forts.)

Excel-Praxis: Checkliste und Kurzanalyse

Auch für den Aufbau einfacher Fragebogen und Checklisten eignet sich Excel besser als Textverarbeitungs- oder Präsentationsprogramme. Zum Ankreuzen, Anklicken oder Ausfüllen stehen Formularelemente aus der Symbolleiste *Formular* (2003) bzw. aus der Steuerelemente-Liste in den Entwicklertools (2007) bereit (siehe Kapitel 2.1.12).

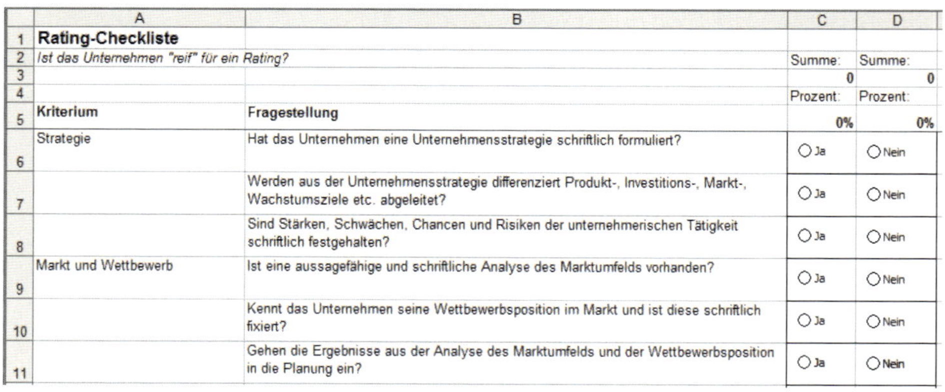

	A	B	C	D
1	**Rating-Checkliste**			
2	*Ist das Unternehmen "reif" für ein Rating?*		Summe:	Summe:
3			0	0
4			Prozent:	Prozent:
5	**Kriterium**	**Fragestellung**	0%	0%
6	Strategie	Hat das Unternehmen eine Unternehmensstrategie schriftlich formuliert?	○ Ja	○ Nein
7		Werden aus der Unternehmensstrategie differenziert Produkt-, Investitions-, Markt-, Wachstumsziele etc. abgeleitet?	○ Ja	○ Nein
8		Sind Stärken, Schwächen, Chancen und Risiken der unternehmerischen Tätigkeit schriftlich festgehalten?	○ Ja	○ Nein
9	Markt und Wettbewerb	Ist eine aussagefähige und schriftliche Analyse des Marktumfelds vorhanden?	○ Ja	○ Nein
10		Kennt das Unternehmen seine Wettbewerbsposition im Markt und ist diese schriftlich fixiert?	○ Ja	○ Nein
11		Gehen die Ergebnisse aus der Analyse des Marktumfelds und der Wettbewerbsposition in die Planung ein?	○ Ja	○ Nein

Abbildung 4.22: Rating-Checkliste mit Formularelementen

Rating-Checkliste.xls

CD

Nutzen Sie die oben beschriebene Checkliste, um zu prüfen, ob Ihr Unternehmen reif ist für ein Rating. Die Formularelemente sind mit der Spalte E verknüpft, eine ZÄHLENWENN()-Funktion addiert die positiven und negativen Antworten.

Rating Kurzanalyse.xls

CD

Die nachfolgende **Rating-Kurzanalyse** zeigt die Kombination quantitativer und qualitativer Rating-Kriterien, die auf Basis ihrer Gewichtung und Bewertung mit Noten von 1 bis 4 zu einem Rating-Gesamtergebnis führen. Der Aufbau eines Rating-Systems erfolgt nach der Methode der **Nutzwertanalyse**:

1. Definition von Kriterien (= quantitative und qualitative Rating-Kriterien, z. B. Umsatzrentabilität)
2. Hierarchisierung der Kriterien (= Rating-Kriterienbereiche, z. B. Ertragslage)
3. Gewichtung der einzelnen Kriterien (= Rating-Kriteriengewichte, in Summe 100 % pro Kriterienbereich)
4. Ermittlung von Teilnutzwerten pro Rating-Kriterium und Kriterienbereich (= gewichtete Kriteriennoten)
5. Gewichtung der Kriterienbereiche (= Rating-Kriterienbereichsgewichte, in Summe 100 %, häufig aufgeteilt in 60 % für die quantitativen Kriterien und 40 % für die qualitativen Kriterien)
6. Summierung der Teilnutzwerte zum Gesamtnutzwert (= Summierung der gewichteten Kriteriennoten zu einer Gesamtnote)

	A/B	C	D	E	F/G	H	I
1	**Rating-Kurzanalyse**						
2	***Rating-Kriterien***						
3							
4		Gewichtung	Note 1	Note 2	Note 3	Note 4	gew. Note
5	**Ertragslage**						
6	1. Gesamtkapitalrentabilität	30%		2			0,60
7	2. Cashflow Marge	20%		2			0,40
8	3. Zinsdeckungsquote	30%			3		0,90
9	4. Umsatzrentabilität	20%			3		0,60
10					Ertragslage :		2,5
11							
12	**Finanz- und Vermögenslage**						
13	1. Eigenkapitalquote	20%	1				0,20
14	2. Anlagendeckung	25%		2			0,50
15	3. Dynamischer Verschuldungsgrad	30%		2			0,60
16	4. Liquidität	25%		2			0,50
17					Finanz- / Verm.lage		1,8
18							
19	**Brancheneinschätzung**						

Abbildung 4.23: Rating-Kurzanalyse

Excel-Praxis: Easy-Rating von Ernst & Young

Das Beratungsunternehmen Ernst & Young bietet ein Tool zur Bonitätsbeurteilung mittelständischer Unternehmen an. *Easy-Rating* ist eine makrogesteuerte Arbeitsmappe, sie wird an verschiedenen Stellen im Internet gegen ein geringes Entgelt zum Download angeboten.

Unterschieden werden das quantitative Rating (Bilanz- und GuV-Auswertung mittels Kennzahlen und Fragen aus dem Teilrating I) sowie das qualitative Rating mittels umfangreicher Kriterienkataloge zu Stärken, Schwächen, Chancen und Risiken des Unternehmens (insbes. Teilrating II und III).

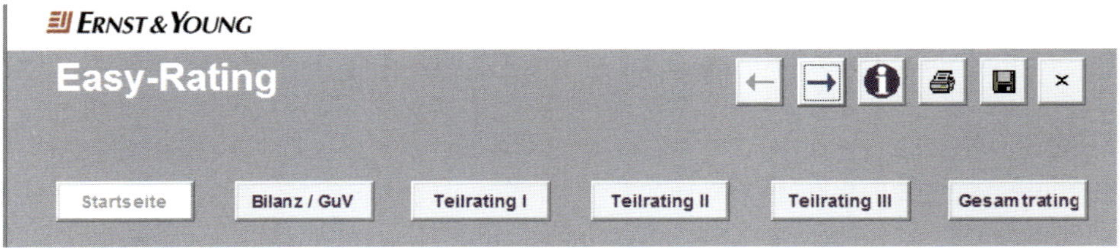

Abbildung 4.24: Kriterienbereiche Easy-Rating von Ernst & Young

Easy-Rating bietet auf der ersten Seite ein Ausfüllformular für die wichtigsten Firmendaten. Auf dem nächsten Blatt werden die Daten der Bilanz und GuV eingetragen, neben dem aktuellen Berichtsjahr stehen auch die beiden Vorjahre zur Auswahl. Mit drei Teilrating-Formularen prüft Easy-Rating Chancen und Stärken ab, zur Auswahl stehen alle für das Rating relevanten Kategorien (Vermögens- und Finanzlage, Bilanz, Ertrag, Qualität Unternehmen/Management/Produkte u. v. m.).

Im Gesamtrating werden alle eingegebenen Bewertungen zusammengefasst und gewichtet nach den einzelnen Teilratings ausgewertet.

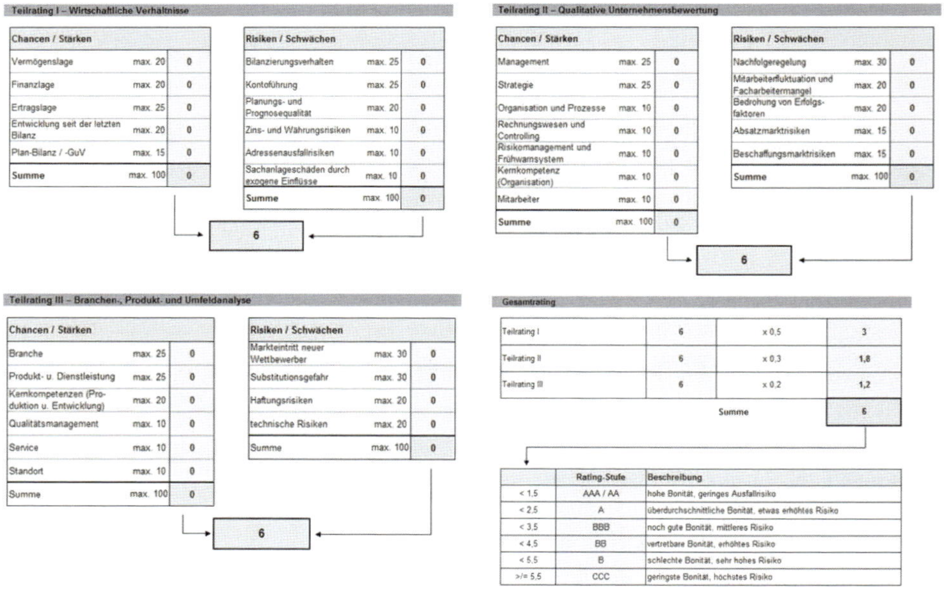

Abbildung 4.25: Zusammensetzung des Gesamtratings aus drei Teilratings

4.1.4 Shareholder-Value (SHV)

Problemstellung

Die Notwendigkeit wertorientierter Steuerungskonzepte kann auf unterschiedliche Weise begründet werden. Einige Gründe seien hier genannt:

- Der Trend zur Privatisierung ehemals öffentlicher Unternehmen (z. B. Telekommunikations-, Energieversorgungsunternehmen) bringt für das Management und die Mitarbeiter stärkeren Kostendruck und ein erhöhtes Renditebewusstsein seitens der neuen Eigentümer mit sich.
- Die Portfolio-Manager institutioneller Investoren, die im globalisierten Kapitalmarkt zunehmend an Einfluss gewinnen, geben den Performance-Druck, den sie von den Anlegern erfahren, an die Manager ihrer Beteiligungsunternehmen weiter, um Renditen zu erzielen, die über Vergleichsindizes liegen.
- Aufgrund strengerer Kreditvergaberichtlinien gemäß Basel II werden Kreditinstitute gezwungen, bei ihren Kreditengagements selektiver vorzugehen. Als Ergänzung zur traditionellen Jahresabschlussanalyse werden die zukünftige Zahlungsfähigkeit des Kredit suchenden Unternehmens wie auch umfangreiche qualitative Faktoren beurteilt. Durch die bonitätsabhängigen Eigenkapitalanforderungen werden schlecht eingestufte Unternehmen Fremdkapital nur zu höheren Zinssätzen beschaffen können. Damit wirkt sich die verstärkte Wertorientierung auch auf nicht börsennotierte Unternehmen aus.
- Der Renditedruck hat auch bei Familienunternehmen Einzug gehalten. Nachfolgegenerationen im Management hinterfragen die Rentabilität »ihres« Familienunternehmens kritischer als die Gründergenerationen. Weniger Unternehmerleidenschaft, vielmehr Renditeerwartung drängen sich in den Vordergrund.

Im Rahmen der wertorientierten Unternehmensführung werden **zwei Konzepte** zur Beantwortung unterschiedlicher Fragestellungen unterschieden:

Kriterium	Shareholder-Value	Economic Value Added
Kernfrage	Was ist das Unternehmen wert?	Hat das Management ökonomischen Wert geschaffen oder vernichtet?
Anwendungsbereich	Unternehmensbewertung	Performance-Messung
Betrachtungszeitraum	Mehrjahresrechnung	Einjahresrechnung
Erfolgsgröße	Free Cash Flow (zukünftig)	Net Operating Profit After Taxes Before Interest ($NOPAT_{BI}$) (zukünftig/vergangen)
Vergleichsgröße	Kapitalkosten	Kapitalkosten

Tabelle 4.9: Vergleich wertorientierter Konzepte

Für Anteilseigner (Shareholder) und potenzielle Investoren stellt sich die Kernfrage: »Was ist das Unternehmen wert, an dem Sie Anteile halten bzw. in das Sie investieren wollen?« Der betriebswirtschaftliche Wert eines Unternehmens bemisst sich an dem finanziellen Vorteil, den seine Eigentümer in Form **zukünftiger Einzahlungsüberschüsse (= Free Cash Flows)** erwarten können. Diese werden mit einem geeigneten **Diskontierungssatz** abgezinst, um das in den Free Cash Flows enthaltene Risiko zu berücksichtigen und sie zeitlich vergleichbar zu machen.

Das Shareholder-Value-Konzept mit seiner **Discounted-Cash-Flow(DCF)-Methode** steht in enger Verbindung zur **Investitionsrechnung**, wobei keine Einzelinvestitionen, sondern Unternehmensteile oder ganze Unternehmen zu bewerten sind. Damit wird deutlich, dass dieses Konzept nicht laufend, sondern anlassbezogen angewendet wird. Anlässe sind Unternehmenskäufe und -verkäufe oder Fusionen. Unterschiedlich zur klassischen Investitionsrechnung ist ferner, dass das zu bewertende Unternehmen keine vordefinierte Nutzungsdauer (wie z. B. eine Maschine) aufweist, sondern theoretisch unendlich lange zur Verfügung steht. Aus diesem Grund muss ein Fortführungswert in die Berechnung einbezogen werden.

Fachliche Beschreibung und Beispiele

Zur Erstellung einer Unternehmensbewertung auf Basis der Discounted-Cash-Flow(DCF)-Methode werden folgende Schritte vorgeschlagen:

Schritt 1: Prüfung der Geeignetheit traditioneller Bewertungsgrößen

Die Unternehmensbewertung auf Basis **traditioneller Maßstäbe** (z. B. Return On Investment, ROI, oder Gewinn pro Aktie) ist starker Kritik ausgesetzt:

- Bilanzierungs- und Bewertungsspielräume beeinflussen den Periodenerfolg und damit die Zuverlässigkeit der Entscheidungsbasis.
- Es werden im Rahmen der Rechnungslegung nach dem Handelsgesetzbuch (HGB) bewusst stille Reserven gelegt.
- Erfolgsgrößen des Rechnungswesens lassen das Risiko unternehmerischen Handelns unberücksichtigt.
- Durch die Orientierung am Periodenerfolg werden die tatsächlichen Zahlungsströme (Cashflows) außer Acht gelassen.
- Bei der Renditeforderung der Eigenkapitalgeber wird die Dividende regelmäßig als Residualgröße gesehen, anstatt eine Mindestverzinsung des Eigenkapitals zu fordern.
- Der Zeitwert des Geldes wird nicht berücksichtigt, obwohl nachvollziehbar ist, dass ein Euro, den man heute erhält, mehr wert ist als ein Euro, der erst morgen zur Auszahlung kommt.

Folglich ist die Verwendung herkömmlicher Maßstäbe nicht geeignet, um einen Unternehmenswert festzustellen.

Schritt 2: Identifikation eines Maßstabs zur Erfolgsbeurteilung

Aufgrund seiner geringeren Beeinflussbarkeit im Vergleich zum bilanziellen Gewinn wird als Erfolgsmaßstab der **Free Cash Flow (FCF)** gewählt. Dieser kann aus Erfolgsgrößen der Gewinn- und Verlustrechnung (GuV-Rechnung) unter Anwendung von Korrekturen auf Basis des nachfolgenden Schemas näherungsweise ermittelt werden.

		Detailplanungszeitraum			Terminal Value (TV)
		Jahr 1	...	Jahr n	
	Umsatzerlöse				
-	Herstellungskosten				
=	Bruttoergebnis vom Umsatz				
-	Vertriebskosten				
-	Verwaltungskosten				
-	F&E-Kosten				
+	sonstige betriebliche Erträge				
-	sonstige betriebliche Aufwendungen				
=	**Operatives Ergebnis vor Zinsen und Steuern bzw. Earnings Before Interest and Taxes (EBIT)**				
-	Ertragssteuern (adaptiert)				
=	**Operatives Ergebnis nach Steuern und vor Zinsen bzw. Net Operating Profit After Taxes Before Interest ($NOPAT_{BI}$)**				
+	Abschreibungen auf das Anlagevermögen				
-	Zuschreibungen auf das Anlagevermögen				
+	Zuführungen langfristiger Rückstellungen				
-	Auflösung langfristiger Rückstellungen				
=	**Brutto-Cashflow**				
-	Investitionen in das Anlagevermögen (AV)				
-	Investitionen in das Net Working Capital (NWC) (Vorräte + Forderungen LuL + sonstiges operatives UV – erhaltene Anzahlungen – Verbindlichkeiten LuL – sonstiges operatives Fremdkapital)				
=	**Operativer Free Cash Flow**				

Tabelle 4.10: FCF-Ermittlungsschema

Da der operative FCF ermittelt werden muss, ist es erforderlich, den Wert der **nicht betriebsnotwendigen Vermögensgegenstände** (z. B. nicht betriebsnotwendige Wertpapiere, nicht betriebsnotwendige Gegenstände des Sachanlagevermögens) in einer separaten Rechnung zu ermitteln. Diese sind mit Liquidationswerten abzüglich eventuell anfallender Veräußerungskosten anzusetzen. Stille Reserven sind aufzudecken und führen ggf. zu einer steuerlichen Belastung.

Hinweis

Das operative Ergebnis (EBIT) kann auch aus dem internen Rechnungswesen nach dem Schema der stufenweisen Deckungsbeitragsrechnung abgeleitet werden. Kalkulatorische Größen sollten dabei eliminiert werden. Bei der Ableitung aus der GuV-Rechnung sollten Beteiligungsergebnis und außerordentliches Ergebnis eliminiert werden.

Jenseits des Detailplanungszeitraums (mindestens 5 Jahre, aber auch zu vertreten 7 bis 10 Jahre) wird unterstellt, dass sich das Unternehmen in einem »eingeschwungenen« Zustand (Gleichgewichtszustand) befindet. Es wird für die dem Detailplanungszeitraum folgenden Jahre ein »durchschnittliches Geschäftsjahr« unterstellt, in dem konstante (oder ggf. auch konstant wachsende) FCFs anfallen. Dies wird mithilfe des sog. **Terminal Value (TV) bzw. Fortführungswerts** als ewige Rente abgebildet. Dieser wird ermittelt, indem der normalisierte FCF (NFCF) durch den Diskontierungssatz i (von dem ggf. die Wachstumsrate g des NFCF abgezogen wird) dividiert wird.

Hinweis

Aufgrund seines großen Wertbeitrags zum Unternehmenswert muss der Terminal Value exakt bestimmt werden; es sollte keinesfalls aus Vereinfachungsgründen unüberlegt der FCF des letzten Jahres des Detailplanungszeitraums übernommen werden.

Schritt 3: Berücksichtigung des Zeitwerts des Geldes und des Risikos

Die im vorigen Schritt geplanten FCF (inkl. Terminal Value) stehen den Investoren in der Zukunft zur Verfügung. Um den Wert dieser Zahlungen zum heutigen Zeitpunkt ermitteln zu können, ist eine Abzinsung erforderlich. Hierzu wird ein geeigneter Diskontierungssatz benötigt, der folgende Aspekte berücksichtigen sollte:

- Entity-Ansatz (FCFs stehen sowohl Eigen- als auch Fremdkapitalgebern zur Verfügung, d. h., es müssen davon Zins- und Tilgungszahlungen sowie Ausschüttungen geleistet werden)
- Mischzinssatz für Eigenkapital und Fremdkapital
- Berücksichtigung des Risikos der Eigenkapitalgeber, da Ausschüttungen und Kurssteigerungen nicht vertraglich zugesichert sind
- Vertraglich fixierte Fremdkapitalzinsen
- Berücksichtigung der Kapitalstruktur zu Marktwerten (nicht zu Buchwerten)

Es ergibt sich der sog. **WACC** (*Weighted Average Cost of Capital*) bzw. gewichtete Kapitalkostensatz:

Exkurs

$$\text{WACC (in \%)} = r_{EK} \times EK/FK + r_{FK} \times (1-t) \times FK/GK$$

Legende zur Formel:

r_{EK} = Renditeforderung der Eigenkapitalgeber

r_{FK} = Renditeforderung der Fremdkapitalgeber

i = risikofreier langfristiger Kapitalmarktzins (z. B. zehnjährige Bundesanleihe)

EK = Eigenkapital zu Marktwerten (= Börsenkapitalisierung)

FK = Fremdkapital zu Marktwerten (aus Vereinfachungsgründen Buchwert)

GK = Gesamtkapital zu Marktwerten

t = Ertragssteuersatz

(1-t) = Tax Shield (= Korrekturfaktor, da FK-Zinsen steuerlich abzugsfähig sind)

Die **Renditeforderung der Eigenkapitalgeber r_{EK}** leitet sich ab aus

- risikofreiem langfristigem Kapitalmarktzins
- zzgl. individuellem Risikozuschlag b x (r_M – i) für das »allgemeine Marktrisiko«, mit

  b = Beta-/Risikofaktor des Unternehmens (z. B. im Handelsblatt abgedruckt),
  r_M = risikobehaftete Aktienmarktrendite

Die Renditeforderung der Fremdkapitalgeber r_{FK} leitet sich ab aus

- risikofreiem langfristigem Kapitalmarktzins
- zzgl. bonitätsabhängigem Zinszuschlag z (z. B. E.ON nimmt 0,5 %-Punkte)

Schritt 4: Ermittlung des Shareholder-Value (SHV)

Die Ergebnisse des Schritts 2 (= FCFs und Terminal Value) werden mit dem Ergebnis des Schritts 3 (= WACC) abgezinst (diskontiert). Es ergibt sich der Barwert der FCFs. Dieser wird um die Barwerte der Synergieeffekte bzw. Restrukturierungsmaßnahmen korrigiert, sofern diese Zahlungen nicht bereits in die FCF-Planung eingegangen sind. Schließlich wird der Marktwert des nicht betriebsnotwendigen Vermögens addiert, und es ergibt sich der Wert des Gesamtkapitals (= Unternehmenswert). Wird von diesem der Marktwert des Fremdkapitals abgezogen, bleibt als Endgröße der **Shareholder-Value (SHV)** als Marktwert des Eigenkapitals übrig. Das nachfolgende Ermittlungsschema zeigt dies bildhaft:

		Jahr 1	...	Jahr n	Terminal Value (TV)
	operativer Free Cashflow (FCF)				
	Diskontierung der FCFs und des TV mit WACC	FCF_1 / $(1+i)^1$	+...+	FCF_n / $(1+i)^n$	TV / $(1+i)^n$
=	Addition der diskontierten FCFs und des diskontierten TV zum **Barwert der FCFs**				
+/-	Barwerte der Synergieeffekte bzw. Restrukturierungsmaßnahmen (bei Bedarf)				
+	Marktwert des nicht betriebsnotwendigen Vermögens				
=	**Wert des Gesamtkapitals (= Unternehmenswert)**				
-	Marktwert des Fremdkapitals				
=	**Shareholder-Value (SHV) (Marktwert des Eigenkapitals)**				

Tabelle 4.11: SHV-Ermittlungsschema

Bei der **Beurteilung des SHV-Konzepts** wird von den Kritikern allen voran die Prognoseunsicherheit bei der Ermittlung der FCFs mehrerer zukünftiger Perioden und des Terminal Value angeführt, die dem Bewertenden große Ermessensspielräume eröffnet. Diese Subjektivität ist jedoch auch gleichzeitig als Stärke im Sinne einer flexiblen Methode zu sehen. Folglich kann es einen objektiven Unternehmenswert nicht geben. Kritisiert wird auch, dass das Ergebnis der SHV-Rechnung sehr stark vom Terminal Value abhängt. Letztendlich handelt es sich um ein sehr komplexes Verfahren der Finanztheorie, dessen Adressatenkreis im Unternehmen häufig auf die oberste Führungsebene beschränkt ist. Daher erscheint es für ein unternehmensweit einsetzbares Performance-Messungs- und Incentive-System weniger gut einsetzbar; auch ist die »abstrakte« Größe des Unternehmenswerts für ein internes Reporting nicht geeignet.

Excel-Praxis: Shareholder-Value

CD

Shareholder Value.xls

TIPP

Nutzen Sie diese Eingabetechniken für die Formelkonstruktionen:

Weisen Sie jeder Zelle, die als Konstante in weiteren Formeln benutzt wird, einen Bereichsnamen zu. Bereichsnamen sind immer absolut, Sie müssen sich nicht um relative und absolute Bezüge kümmern.

Klicken Sie auf eine Zelle, anstatt die Zelladresse einzutippen. Wenn die Zelle mit einem Bereichsnamen versehen ist, wird dieser eingetragen.

Mit [F3] erhalten Sie eine Liste aller Bereichsnamen, nutzen Sie [F3] auch in Formeln.

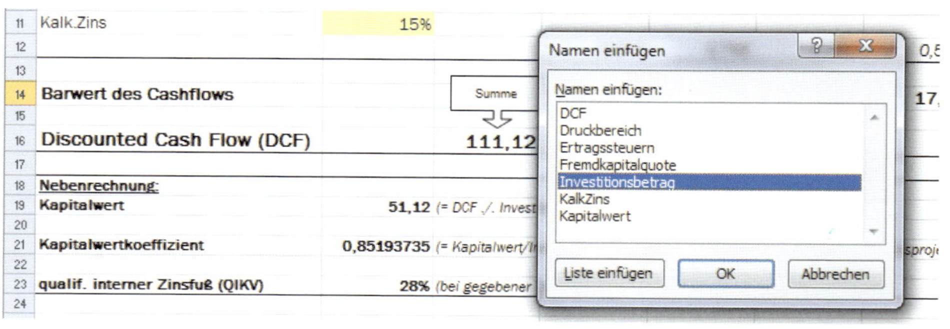

Abbildung 4.26: Mit [F3] wird der Bereichsname in die Formel geholt

Für die Berechnung des Shareholder-Value wird der Investitionsbetrag in einer Zelle (C6) fixiert, ein Bereichsname erleichtert die zahlreichen Verknüpfungen.

Der Cash-Outflow zum Zeitpunkt »heute« ist der invertierte Investitionsbetrag, für die weiteren Perioden werden die erwarteten Cash-Inflows eingetragen. Der Wert der in seiner Aussagekraft begrenzten statischen Pay-back-Zeit berechnet sich aus der Division von Investitionsbetrag und dem in der folgenden Periode zu erwartenden Cash-Inflow. Nach Eingabe des kalkulatorischen Zinssatzes wird der Barwert des Cashflows berechnet. Weitere Formeln:

```
Barwert des Cashflows: Cashflow (Periode) x Zinssatz
Discounted Cash Flow: Summe der Cashflows aller Perioden
Kapitalwertkoeffizient: =Kapitalwert/Investitionsbetrag
```

DCF | *fx* =SUMME(D14:H14)

	A	B	C	D	E	F	G	H
1	**Shareholder-Value**							
2								
3								
4								
5	**Kriterien**		**heute**	**1. Jahr**	**2. Jahr**	**3. Jahr**	**4. Jahr**	**Endwert**
6	**Investitionsbetrag**		**60**					
7	Wegfall Auszahlungen/ hinzukommende Einzahlungen							
8	minus hinkommende Auszahlungen/ wegfallende Einzahlungen							
9	**Cashflow der Periode**		**-60**	**32**	**30**	**40**	**30**	**30**
10	Pay-back-Zeit statisch (Jahre)	1,88						
11	Kalk.Zins	15%						
12				*0,870*	*0,756*	*0,658*	*0,572*	*0,572*
13								
14	**Barwert des Cashflows**		Summe	**27,83**	**22,68**	**26,30**	**17,15**	**17,15**
15								
16	**Discounted Cash Flow (DCF)**		**111,12**	*(= Present Value)*				
17								
18	**Nebenrechnung:**							
19	**Kapitalwert**	**51,12**	*(= DCF ./. Investitionsbetrag)*					
20								
21	**Kapitalwertkoeffizient**	**0,85193735**	*(= Kapitalwert/Investitionsbetrag; dient dem Vergleich mehrerer Investitionsprojekte)*					
22								
23	**qualif. interner Zinsfuß (QIKV)**	**28%**	*(bei gegebener Wiederanlageprämisse von 12%)*					

Abbildung 4.27: Shareholder-Value-Berechnung, Teil I

Geben Sie die Fremdkapitalquote ein und berechnen Sie den Anteil des Fremdkapitals am Investitionsbetrag:

```
Fremdkapitalquote x Investitionsbetrag
```

Um aus dem Cashflow der Periode das Ergebnis vor Ertragssteuern zu ermitteln, müssen Abschreibungen und Fremdkapitalzinsen abgezogen werden. Der Prozentwert für Ertragssteuern wird eingetragen und für die Berechnung der Steuern pro Periode verwendet. Dieser Wert wird für den Cashflow nach Ertragssteuern abgezogen, nach Abzinsung ergibt sich der Barwert des Cashflows für alle Perioden. Die Summe dieser Werte ergibt den sog. Discounted Cash Flow (DCF).

Der Shareholder-Value errechnet sich aus dem Abzug des Fremdkapitals vom DCF. Ziehen Sie davon noch das ursprünglich eingesetzte Eigenkapital ab, erhalten Sie auch den residualen Kapitalwert.

	A	B	C	D	E	F	G	H
25								
26	**Fremdkapitalquote**	42,00	*(= Anteil des Fremdkapitals am Investitionsbetrag von 60)*					
27	70%							
28								
29	**Berücksichtigung von**							
30	* Abschreibungen	15,00	*(Investitionsbetrag 60 auf 4 Jahre)*			(zur Ermittlung der Ertragsteuern)		
31	* Fremdkapitalzinsen	2,50	*(5,95% auf Fremdkapital 42)*					
32	Summe	17,50	p.a.					
33								
34								
35				1. Jahr	2. Jahr	3. Jahr	4. Jahr	Endwert
36								
37	Cash Flow der Periode			32,00	30,00	40,00	30,00	30,00
38								
39	./. Abschreibungen / Zinsen			-17,50	-17,50	-17,50	-17,50	-17,50
40								
41								
42	= Ergebnis vor ErtrSt.			14,50	12,50	22,50	12,50	12,50
43								
44	=> *Ertragssteuern*	*30%*	Steuersatz	*4,35*	*3,75*	*6,75*	*3,75*	*3,75*
45								
46								
47			heute	1. Jahr	2.Jahr	3. Jahr	4. Jahr	Endwert
48	Cashflow der Periode			32,00	30,00	40,00	30,00	30,00
49	./. Ertragsteuern			-4,35	-3,75	-6,75	-3,75	-3,75
50	= Cashflow nach ErtrSt.			27,65	26,25	33,25	26,25	26,25
51								
52	EK-Quote 30% * EK-Zinssatz	12%	(z. B.)					
53	FK-Quote 70% * FK-Zinssatz	5,95%	(von oben)					
54	*Abzinsfaktoren bei Ø Zins*	*7,8%*		*0,928*	*0,861*	*0,799*	*0,741*	*0,741*
55	Barwerte des Cashflows		Summe	25,66	22,60	26,57	19,46	19,46
56								
57	DCF nach ErtrSt.		113,76					
58								
59								
60								
61	*SHAREHOLDER-VALUE*	*113,06*	*(= DCF ./. Fremdkapital)*					
62	davon ursprüngl. Eigenkapital	18,00	*(= 30% der Investition)*					
63	=> Residualer Kapitalwert	95,06						

Abbildung 4.28: Shareholder-Value-Berechnung, Teil II

4.1.5 Economic Value Added (EVA)

Problemstellung

Neben dem Wert eines Unternehmens bzw. eines Unternehmensteils muss die Frage beantwortet werden, ob das **Management** in der vergangenen Periode einen **ökonomischen Wert geschaffen** hat. Damit steht die Performance-Messung im Vordergrund, da durch das Management durchaus auch ökonomischer Wert vernichtet werden kann. Benötigt wird ein Performance-Maßstab, der auf den Daten einer Betrachtungsperiode basiert und damit für einen Plan-Ist-Vergleich sowie als Grundlage für die Incentivierung der Führungskräfte aller Hierarchieebenen geeignet ist.

Absolute Maßstäbe wie das **Betriebsergebnis** (EBIT) sind zwar einfach zu kommunizieren, jedoch wird hierbei der Kapitaleinsatz vernachlässigt (z. B. die mit einer Umsatzausweitung und folgender EBIT-Steigerung verbundene Erhöhung des Net Working Capital).

Die **Eigenkapitalrentabilität** (Return on Equity – ROE) berücksichtigt zwar den Kapitaleinsatz der Eigenkapitalgeber, unterliegt allerdings dem Leverage-Effekt, der besagt, dass die Eigenkapitalrentabilität mit zunehmendem Verschuldungsgrad steigt. Zudem fehlt die Berücksichtigung des Fremdkapitaleinsatzes.

Die **Gesamtkapitalrentabilität** (Return on Investment – ROI, Return on Capital Employed – ROCE, Return on Net Assets – RONA) berücksichtigt zwar den gesamten Kapitaleinsatz (Eigen- und Fremdkapital), allerdings sendet sie falsche Signale bei Neuinvestitionen, die zu einer Senkung der Gesamtkapitalrentabilität führen können. Dies liegt daran, dass die Erwirtschaftung der Kapitalkosten als Benchmark nicht in die Berechnung einfließt.

Fachliche Beschreibung und Beispiele

Aus der o. g. Kritik an der Gesamtkapitalrentabilität wird ersichtlich, dass das Unternehmen eine **Hürde in Form der Kapitalkosten** definieren muss, die es mit dem Unternehmensergebnis zu übertreffen gilt (vergleichbar mit den kalkulatorischen Kosten oder dem Managementerfolg [= Gewinn über ein ROI-Ziel hinaus]).

Schritt 1: Ermittlung des Geschäftsvermögens

Zum Ansatz kommt das im Jahresdurchschnitt **netto investierte Kapital**. Hierfür wird die Bilanzsumme um alle nicht verzinslichen Passivpositionen (unverzinsliche Rückstellungen und unverzinsliche Verbindlichkeiten) korrigiert.

Schritt 2: Ermittlung des Geschäftsergebnisses

Das Geschäftsergebnis wird in Form des operativen Ergebnisses nach Steuern und vor Zinsen bzw. Net Operating Profit After Taxes Before Interes (**$NOPAT_{BI}$**) angesetzt, das aus dem EBIT unter Abzug der adaptierten Ertragssteuern ermittelt wird. Das Geschäftsergebnis basiert folglich auf den Daten der externen Rechnungslegung und unterliegt damit der Abschlussprüfung.

Schritt 3: Durchführung von Anpassungen (»Adjustments« bzw. »Conversions«)

Sowohl beim Geschäftsvermögen als auch beim Geschäftsergebnis werden Anpassungen durchgeführt, um die Aussagefähigkeit und die Nachhaltigkeit der Vermögenswerte und Ergebnisse sicherzustellen. Insbesondere **F&E-Aufwand** und **Marketingaufwand** werden in einer Nebenrechnung (nicht in der Bilanz) als Vermögenswerte »aktiviert« und über die voraussichtliche Nutzungsdauer abgeschrieben.

Goodwill-Abschreibungen werden zum EBIT hinzuaddiert, da sich ein Firmenwert nicht planmäßig abnutzt. Damit verbleibt der Geschäfts- oder Firmenwert in voller Höhe im Geschäftsvermögen.

Bei **Miet- und Leasingverpflichtungen** wird deren Barwert ermittelt und zum Geschäftsvermögen addiert. Der Zinsanteil der Leasingrate erhöht das EBIT. Damit wird eine Gleichbehandlung von Miete bzw. Leasing und Kauf erreicht.

Schritt 4: Ermittlung einer Kapitalrendite

Die Kapitalrendite wird ermittelt, indem der $NOPAT_{BI}$ zum Geschäftsvermögen in Relation gesetzt und als Prozentsatz ausgewiesen wird.

Schritt 5: Ermittlung des Economic Value Added (EVA)

Von der in Schritt 4 ermittelten Kapitalrendite (in %) wird der Kapitalkostensatz in Form des WACC (in %) abgezogen. Damit errechnet sich der EVA (in %), der durch Multiplikation mit dem Geschäftsvermögen zum EVA (absolut) wird.

Excel-Praxis: Economic Value Added und Cash Value Added

CD

Economic Value Added.xls

In dieser Beispiellösung sind alle Tabellenblätter vorbereitet, die für die Ermittlung des Economic Value Added erforderlich sind. Das Startblatt enthält Hyperlinks zur Ansteuerung der einzelnen Blätter.

	A	B	C
1		**Economic Value Added**	
2		*Economic Value Added = $NOPAT_{BI}$ - (WACC*IC)*	
3			
4		Taxes	Erfassung der relevanten EE-Steuersätze zur Ermittlung der Ertragssteuern auf das EBIT und der Steuererstattung auf die Fremdkapitalzinsen
5		Invested Capital	Berechnung des Invested Capital (IC) bzw. Investierten Kapitals
6		$NOPAT_{BI}$	Berechnung des $NOPAT_{BI}$
7		Weighted Average Cost of Capital	Berechnung des Weighted Average Cost of Capital (WACC) bzw. gewichteten Kapitalkostensatzes
8		Economic Value Added	Übersicht über den Economic Value Added (EVA)
9		EVA-Diagramm	Diagramm mit NOPAT und EVA

Abbildung 4.29: Startblatt mit Hyperlink-Steuerung

Datenerfassung Teil 1: Steuern, Kapital und Nettoergebnis

Die Tabellenblätter *Taxes*, *Invested Capital* und $NOPAT_{BI}$ sind für die Eingabe der oben beschriebenen Geschäftsergebnisse und Geschäftsvermögen vorgesehen. Ermitteln Sie in *Taxes* die Steuerbelastung für den EBIT und die Steuerersparnis für Fremdkapitalzinsen. Berechnen Sie ausgehend von der Bilanzsumme das *Invested Capital* und den $NOPAT_{BI}$ (Net Operating Profit After Taxes Before Interest = Nettobetriebsergebnis nach Ertragssteuern und vor Zinsen).

Datenerfassung Teil 2: »Conversions« bzw. »Adjustments«

Nach der Ermittlung des Ergebnisses nach obigem Schema müssen die Korrekturen – differenziert nach den Kategorien »Operating«, »Funding«, »Sharholder« und »Tax« – durchgeführt werden. Das Ergebnis ist der $NOPAT_{BI}$.

	A	B	E
1		**NOPAT$_{BI}$ - Net Operating Profit After Taxes Before Interest**	
2	+	Umsatzerlöse	1.000.000,00
3	+)(./	Erhöhung oder Verminderung des Bestands an fertigen und unfertigen Erzeugnissen	50.000,00
4	+	andere aktivierte Eigenleistungen	100.000,00
5	+	sonstige betriebliche Erträge	200.000,00
6	./.	Materialaufwand	-300.000,00
7	./.	Personalaufwand	-200.000,00
8	./.	Abschreibungen	-200.000,00
9	./.	sonstige betriebliche Aufwendungen	-50.000,00
10	=	**Betriebsergebnis (EBIT)**	**600.000,00**
11	+	Erträge aus Beteiligungen	50.000,00
12	+	Erträge aus anderen Wertpapieren und Ausleihungen des Finanzanlagevermögens	10.000,00
13	+	sonstige Zinsen und ähnliche Erträge,	5.000,00
14	./.	Abschreibungen auf Finanzanlagen und auf Wertpapiere des Umlaufvermögens	-2.000,00
15	./.	Zinsen und ähnliche Aufwendungen,	-15.000,00
16	=	**Finanzergebnis**	**48.000,00**
17	=	**Ergebnis der gewöhnlichen Geschäftstätigkeit**	**648.000,00**
18	+	außerordentliche Erträge	100.000,00
19	./.	außerordentliche Aufwendungen	-50.000,00
20	=	**Außerordentliches Ergebnis**	**50.000,00**
21	./.	Steuern vom Einkommen und vom Ertrag	-300.000,00
22	./.	sonstige Steuern	-5.000,00
23	=	**Steuerergebnis**	**-305.000,00**
24	=	**Ergebnis vor Korrekturen**	**393.000,00**

Abbildung 4.30: NOPAT$_{BI}$-Berechnung – Teil 1

	A	B	D	E
1		**NOPAT$_{BI}$ - Net Operating Profit After Taxes Before Interest**		
24	=	**Ergebnis vor Korrekturen**		**393.000,00**
25	+	außerordentliche Aufwendungen	**Operating** Conversions	50.000,00
26	./.	außerordentliche Erträge		-100.000,00
27	+	Zinsaufwendungen		15.000,00
28	./.	Zinserträge		-5.000,00
29	+	Beteiligungsaufwand		2.000,00
30	./.	Beteiligungserträge		-60.000,00
31	+	Zinsanteil der Zuführung zu Pensionsrückstellungen		
32	+	Abschreibungen auf aktiviertes nicht betriebsnotwendiges Vermögen		

Abbildung 4.31: NOPAT$_{BI}$-Berechnung – Teil 2

Ermittlung des Gesamtkapitalkostensatzes

Damit die Abhängigkeit der einzelnen Konstanten bei der Ermittlung des Gesamtkapitalkostensatzes deutlich wird, nutzt das Tabellenblatt *Cost of Capital* die Flowchart-Darstellung.

EconomicValue Added

Auch für diese Kennzahl eignet sich die Flowchart-Darstellung. NOPAT$_{BI}$ und Invested Capital werden zu Profit Margin und Capital Turnover zusammengeführt. Das Produkt daraus ist der Return on Invested Capital, und der EVA ist die Differenz aus Ergebnis und Kapitalkosten.

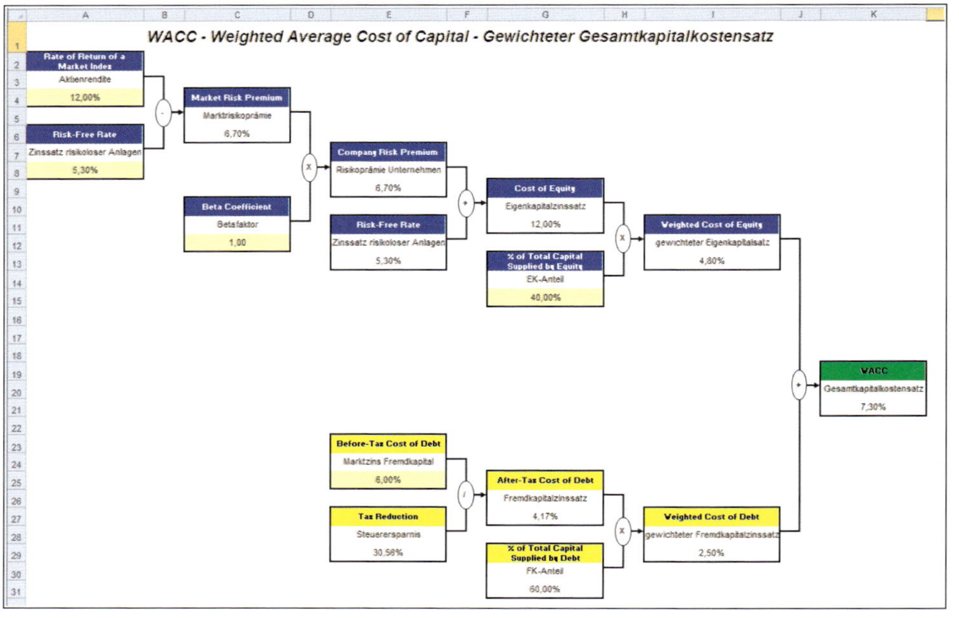

Abbildung 4.32: Gesamtkapitalkostensatz

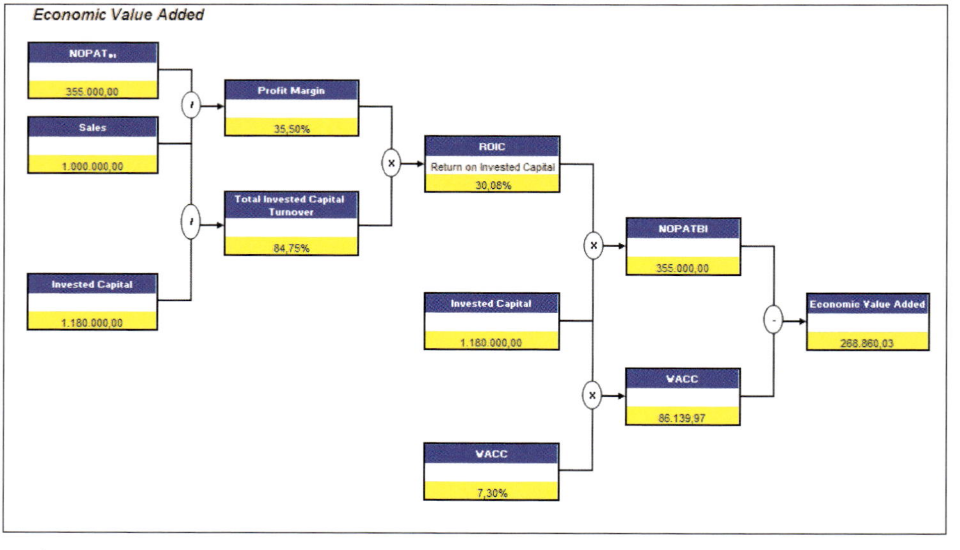

Abbildung 4.33: Economic Value Added

Cash Value Added

Da in die EVA-Berechnung das Geschäftsergebnis in Form des **$NOPAT_{BI}$** auf Basis der Daten des externen Rechnungswesens eingeht, können sich Steigerungen der Kapitalrendite (Schritt 4) rein abschreibungsbedingt ergeben, da im Zeitablauf die Kapitalbasis durch die Abschreibungen sinkt (ceteris paribus, d. h. gleichbleibendes Geschäftsergebnis im Abschreibungszeitraum unterstellt). Aus diesem Grund ermitteln einige Unternehmen als Indikator für die Wertschaffung einen **Cash Value Added (CVA)**. Hierfür wird die Bruttoinvestitionsbasis (BIP) multipliziert mit dem Cash Flow Return on Investment (CFROI), von dem der Kapitalkostensatz abgezogen wird. Alternativ kann der CVA ermittelt werden, indem vom Brutto-Cashflow die ökonomische Abschreibung und die mit dem WACC multiplizierte BIP (= Kapitalkosten) abgezogen werden.

Cash Value Added.xls

CD

Cash Value Added einer Investition vor und nach Ertragssteuern

Investitionsvorhaben	Kauf einer neuen Maschine
Projektverantwortlicher	Hans Mustermann

Ermittlung der Steuerbelastung		
Ergebnis vor Steuern		100,00%
Gewerbesteuerhebsatz	400,00%	
Gewerbesteuer 5/6-Methode		-16,67%
Ergebnis nach Gewerbesteuer		83,33%
Körperschaftsteuersatz	15,00%	-12,50%
Solidaritätszuschlag	5,50%	-0,69%
Ergebnis nach Steuern		**70,15%**
Ergebnis vor Steuern		100,00%
Ergebnis nach Steuern		-70,15%
Steuerbelastung		**29,85%**

Ermittlung des WACC nach Steuern		
Aktienrendite		11,30%
Zinssatz risikoloser Anlagen		5,30%
Marktrisikoprämie		6,00%
Betafaktor		0,95
Risikoprämie Unternehmen		5,70%
Eigenkapitalsatz		**11,00%**
Marktzins Fremdkapital		5,60%
Tax Shield	29,85%	-1,67%
Fremdkapitalzinssatz		**3,93%**
Eigenkapitalquote		86,81%
Fremdkapitalquote		13,19%
Gewichteter Eigenkapitalsatz		9,55%
Gewichteter Fremdkapitalsatz		0,52%
Gesamtkapitalsatz nach EE-Steuern (WAC		**10,07%**

Ermittlung des WACC vor Steuern	
Aktienrendite	11,30%
Zinssatz risikoloser Anlagen	5,30%
Marktrisikoprämie	6,00%
Betafaktor	0,95
Risikoprämie Unternehmen	5,70%
Eigenkapitalsatz	11,00%
Steuerbereinigung	4,68%
Eigenkapitalsatz nach Steuerbereinigung	**15,68%**
Marktzins Fremdkapital	**5,60%**
Eigenkapitalquote	86,81%
Fremdkapitalquote	13,19%
Gewichteter Eigenkapitalsatz	13,61%
Gewichteter Fremdkapitalsatz	0,74%
Gesamtkapitalsatz vor EE-Steuern (WACC	**14,35%**

Abbildung 4.34: Berechnung des Cash Value Added

Abschreibung

In diesem Beispiel werden die Abschreibungen nicht manuell erfasst, sondern mithilfe der Funktion LIA() (lineare Abschreibung) über eine Nutzungsdauer von vier Jahren aus dem Investitionsbetrag berechnet.

C33 | =-WENN(C23>$B$25;0;LIA(-$B$24;0;$B$25))

Ermittlung des CVA nach Steuern						
	Jahr 0	**Jahr 1**	**Jahr 2**	**Jahr 3**	**Jahr 4**	**Jahr 5**
Investitionsbetrag (Capex)	-100,00					
Nutzungsdauer	4,00					
Umsatzerlöse		35,00	35,00	35,00	35,00	
Sonstige betriebliche Erträge		6,39	6,39	6,39	6,39	
Materialaufwand						
Personalaufwand						
Sonstiger betrieblicher Aufwand						
Sonstige Steuern						
EBITDA		**41,39**	**41,39**	**41,39**	**41,39**	**0,00**
Abschreibungen		-25,00	-25,00	-25,00	-25,00	0,00

Abbildung 4.35: Abschreibung berechnen mit LIA()

4.1.6 Mitarbeiterzufriedenheitsbefragung

Problemstellung

Die Förderung von Mitarbeitern (z. B. durch Schulungen) wird im Rechnungswesen eines Unternehmens als Aufwendungen bzw. Kosten für Fortbildungen ausgewiesen. Die Rechnungswesensicht ist jedoch charakterisiert durch ihre periodengerechte Erfassung von Aufwendungen und Erträgen bzw. Kosten und Leistungen. Es erfolgt **keine Aktivierung des Mitarbeiterpotenzials** als immaterieller Vermögensgegenstand.

Zur Steuerung der Mitarbeiterpotenziale werden u. a. folgende **Kennzahlen** herangezogen:

- Mitarbeiterproduktivität

  Es soll der Zusammenhang zwischen »Investitionen in Mitarbeiter« und Produktivitätssteigerung nachgewiesen werden. Gemessen wird die Mitarbeiterproduktivität häufig mittels der Kennzahl »Umsatz pro Mitarbeiter«.
- Mitarbeitertreue

  Ziel des Unternehmens ist es, gute Mitarbeiter zu halten. Mitarbeiter stellen dem Unternehmen intellektuelles bzw. Humankapital zur Verfügung. Die Mitarbeitertreue kann z. B. mithilfe der Kennzahl »Fluktuationsquote« gemessen werden.
- Mitarbeiterzufriedenheit

  Der Leitsatz »Zufriedene Kunden setzen zufriedene Mitarbeiter voraus« führt dazu, dass die Zufriedenheit der beiden Stakeholder-Gruppen messbar gemacht werden muss. Die Messung der Zufriedenheit erfolgt mittels Befragungen: Kunden- und Mitarbeiterzufriedenheitsbefragung.

Die Mitarbeiterzufriedenheit hat dabei einen wesentlichen Einfluss auf die beiden anderen Kennzahlen. Eine **negative Mitarbeiterzufriedenheit** spiegelt sich somit wider in:

- Fehlzeiten und krankheitsbedingte Abwesenheit
- Unfallhäufigkeit
- Beschwerden
- Streiks
- Fluktuation
- Sabotagen
- Fehlende Produktivität

Fachliche Beschreibung und Beispiele

Bei der **Messung** der Mitarbeiterzufriedenheit wird unterschieden:

- direkte Messung: Mitarbeiterbefragung, 360-Grad-Feedback
- indirekte Messung: Mitarbeiterfluktuation, Kündigungsrate, Krankenstand, Fehltage, Fehlerrate

Die **Beeinflussung der Mitarbeiterzufriedenheit** kann z. B. aufgrund nachfolgender **Kriterien** erfolgen:

- Unternehmensverwaltung
- Beschäftigungsbedingungen
- Mitarbeiterbeteiligung an der Zielfindung
- Arbeitssicherheit
- Fürsorgeleistungen des Unternehmens für Mitarbeiter
- Sicherheit des Arbeitsplatzes
- Entlohnung und freiwillige Sozialleistungen
- Betriebsklima
- Mitarbeiterführung durch Vorgesetzte
- Motivationsfähigkeit der Vorgesetzten
- Arbeitsaufgaben
- Arbeitszeit
- Fort- und Weiterbildungsmöglichkeiten
- Entwicklungsmöglichkeiten
- Informationsflüsse
- Kooperation
- Image des Unternehmens

Dabei fällt auf, dass die Entlohnung lediglich ein Faktor ist, der positive Wirkung auf die Mitarbeiterzufriedenheit zeigt. Die o. g. Kriterien fließen so in den **Beurteilungsbogen** zur Mitarbeiterzufriedenheitsbefragung ein.

Positiv auf die Mitarbeiterzufriedenheit wirkt sich auch die Übernahme von Verantwortung durch den Mitarbeiter aus. Dies steht in unmittelbarem Zusammenhang mit **Orientierung des Handelns der Mitarbeiter an den Unternehmenszielen**. Je mehr Mitarbeiter diese kennen und die Unternehmensziele von diesen akzeptiert werden, desto größer ist die Wahrscheinlichkeit, dass die Mitarbeiter auch ihr Handeln danach ausrichten.

Bekanntheitsgrad der Ziele	Auswirkungen auf das Handeln der Mitarbeiter
von Unternehmenszielen hören	mangelnde Betroffenheit
über Unternehmensziele etwas Neues lernen	Änderung der Handlungsweise durch Mitarbeiter
positive Auswirkungen des eigenen Handelns erkennen	Erkenntnis, dass die eigene Verhaltensänderung dem Mitarbeiter selbst, den Kunden und dem Unternehmen hilft
von den Unternehmenszielen überzeugt sein	Multiplikatorwirkung aufgrund des Befürwortens der Unternehmensziele; Versuch, andere von den Unternehmenszielen zu überzeugen

Tabelle 4.12: Abhängigkeit von Mitarbeiterhandeln und Bekanntheitsgrad der Unternehmensziele

Der **Ablauf** einer Mitarbeiterzufriedenheitsbefragung folgt einem fünfstufigen Schema, bei dem das Projektteam zahlreiche Fragen beantworten muss:

1. Vorbereitung
   - Definition des Projektziels (Was soll mit der Befragung erreicht werden?)
   - Auswahl des Projektteams (Welche Personen bilden das Projektteam, das das Projekt »Mitarbeiterbefragung« durchführen soll?)
   - Projektplanung (Welche Aktivitäten müssen wann durch wen und mit welchem Aufwand erbracht werden?)
   - Projektrisikomanagement (Welche Risiken beinhaltet das Projekt? Welche Maßnahmen werden dagegen unternommen?)
2. Konzeption
   - Auswahl der Analysebereiche (Welche Abteilungen, Sparten, Unternehmensbereiche sollen untersucht werden? Soll eine Vollbefragung aller Mitarbeiter durchgeführt werden?)
   - Auswahl Kriterien (Welche der o.g. Kriterien sollen durch die Mitarbeiter beurteilt werden?)
   - Festlegung Gewichtung (Stehen die ausgewählten Kriterien in einem gleichgewichtigen Verhältnis oder werden diese anders gewichtet?)
   - Information der Mitarbeiter (Mithilfe welcher Instrumente – z.B. Schwarzes Brett, Informationsmails, Rundschreiben – werden die Mitarbeiter über die anstehende Befragung in Kenntnis gesetzt?)
3. Durchführung
   - Einzelbefragung (Sollen zufällig ausgewählte Mitarbeiter in Einzelgesprächen befragt werden?)
   - Mitarbeiterversammlung (Soll eine Mitarbeiterversammlung durchgeführt werden, in der die Zielsetzung und die Konzeption der Befragung vorgestellt und die Fragebogen ausgeteilt werden? Wie wird der Rücklauf der Fragebogen organisiert?)
   - Versand und anonymisierter Rücklauf (Sollen die Befragungsbogen z.B. mit der Gehaltsabrechnung versendet werden? An welche Stelle erfolgt der anonymisierte Rücklauf?)
   - Webbefragung (Soll ein Webtool zum Einsatz kommen, mithilfe dessen die Mitarbeiter ihre Bewertungen abgeben können?)
   - Rücklauf-Incentives (Soll die Rückgabe der Beurteilungsbogen z.B. mit der Teilnahme an einer Verlosung incentiviert werden?)
4. Auswertung
   - Auswertungsmethoden (Welche statistischen Auswertungsmethoden kommen zum Einsatz: Mittelwerte, Standardabweichungen, Varianzanalysen, Kreuztabellen etc.?)

   - Toolunterstützung (Welche Tools kommen zum Einsatz? Bietet das Web-Befragungstool eine Funktionalität zur Auswertung der Befragungsergebnisse?)
   - Adressatenkreis (Für welche Personengruppen, z. B. Geschäftsführung, Betriebsrat, Aufsichtsrat, alle Mitarbeiter, statistisch ambitionierte Mitarbeiter, sollen die Ergebnisse der Befragung transparent gemacht werden?)
   - Darstellungsform (Wird eine grafische Auswertung benötigt? Erfolgt ein Vergleich mit Durchschnittswerten? Erfolgt ein Vergleich der Befragtengruppen miteinander?)
5. Präsentation
   - Vorstellung durch das Projektteam (Soll eine unternehmens-/abteilungsöffentliche Vorstellung der Ergebnisse der Befragung durchgeführt werden?)
   - Druck (Sollen die Ergebnisse z. B. in einer Imagebroschüre veröffentlicht werden?)

Die **Auswertung** der einzelnen Kriterien, die die Mitarbeiterzufriedenheit beeinflussen und die im Rahmen einer Mitarbeiterzufriedenheitsbefragung beurteilt werden, erfolgt anhand folgender Instrumente:

- Stärken-Schwächen-Analyse der Kategorien und Einzelfragen
- Vergleich der befragten Fachabteilungen bezüglich der einzelnen Kategorien
- Vergleich der Ergebnisse der Kriterien mit den Ergebnissen der Kriterien anderer Unternehmen bzw. mit Branchenwerten (Benchmarking)
- Vergleich der Ergebnisse unterschiedlicher Befragungszeitpunkte und Ableitung von Trendentwicklungen

Excel-Praxis: Fragebogenaktion Mitarbeiterbefragung

Für die Mitarbeiterbefragung stellen Sie einen Fragebogen mit Fragen zu einzelnen Kategorien zusammen:

- Arbeit und Arbeitsplatz
- Verhältnis zu Kolleginnen und Kollegen
- Führung und Abteilungsleitung
- Organisation und Technik
- Fort- und Weiterbildung
- Statistische Angaben

Die Fragen müssen sorgfältig gewählt werden, Fragen, die Rückschlüsse auf Personen oder Gruppen ermöglichen, sind nicht erlaubt, ebenso Fragen zu persönlichen Defiziten. Unabhängig davon, ob die Befragung anonym oder öffentlich ausgeschrieben ist, muss der Betriebsrat in Kenntnis gesetzt werden und über die Fragenauswahl entscheiden.

CD Mitarbeiterzufriedenheit Fragebogen.xls

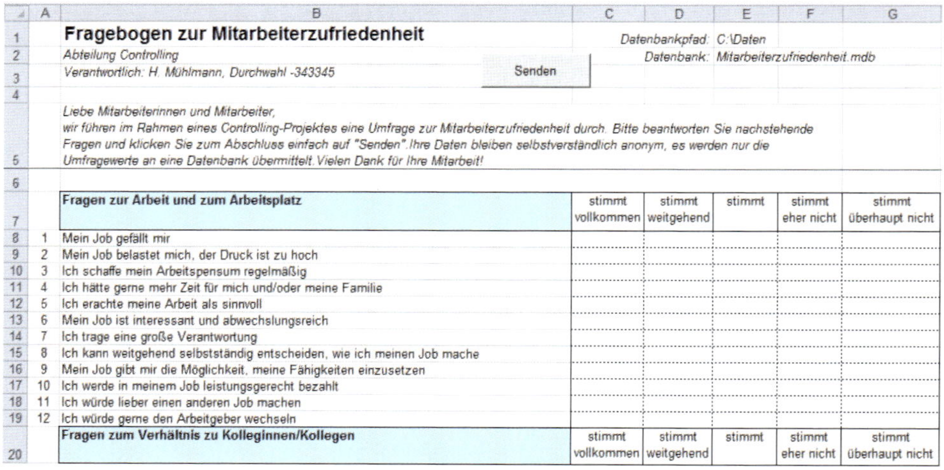

	A	B	C	D	E	F	G
1		**Fragebogen zur Mitarbeiterzufriedenheit**	*Datenbankpfad:*	*C:\Daten*			
2		*Abteilung Controlling*	*Datenbank:*	*Mitarbeiterzufriedenheit.mdb*			
3		*Verantwortlich: H. Mühlmann, Durchwahl -343345* Senden					
4							
5		*Liebe Mitarbeiterinnen und Mitarbeiter, wir führen im Rahmen eines Controlling-Projektes eine Umfrage zur Mitarbeiterzufriedenheit durch. Bitte beantworten Sie nachstehende Fragen und klicken Sie zum Abschluss einfach auf "Senden". Ihre Daten bleiben selbstverständlich anonym, es werden nur die Umfragewerte an eine Datenbank übermittelt. Vielen Dank für Ihre Mitarbeit!*					
6							
7		**Fragen zur Arbeit und zum Arbeitsplatz**	stimmt vollkommen	stimmt weitgehend	stimmt	stimmt eher nicht	stimmt überhaupt nicht
8	1	Mein Job gefällt mir					
9	2	Mein Job belastet mich, der Druck ist zu hoch					
10	3	Ich schaffe mein Arbeitspensum regelmäßig					
11	4	Ich hätte gerne mehr Zeit für mich und/oder meine Familie					
12	5	Ich erachte meine Arbeit als sinnvoll					
13	6	Mein Job ist interessant und abwechslungsreich					
14	7	Ich trage eine große Verantwortung					
15	8	Ich kann weitgehend selbstständig entscheiden, wie ich meinen Job mache					
16	9	Mein Job gibt mir die Möglichkeit, meine Fähigkeiten einzusetzen					
17	10	Ich werde in meinem Job leistungsgerecht bezahlt					
18	11	Ich würde lieber einen anderen Job machen					
19	12	Ich würde gerne den Arbeitgeber wechseln					
20		**Fragen zum Verhältnis zu Kolleginnen/Kollegen**	stimmt vollkommen	stimmt weitgehend	stimmt	stimmt eher nicht	stimmt überhaupt nicht

Abbildung 4.36: Fragebogen zur Mitarbeiterzufriedenheit

Formelauswertungen

Für die Auswertung der Fragen sind Formeln in der Spalte H zuständig. Diese Matrixformel wandelt das Kreuz in der Fragebogenzelle in eine Zahl zwischen 1 (stimmt vollkommen) und 5 (stimmt überhaupt nicht) um:

```
H8: =SUMME(WENN(C8:G8<>"";8-SPALTE(C8:G8)))
```

Die statistischen Angaben werden ebenfalls mit Formeln in der Spalte H berechnet, damit die Auswertung komfortabler in die Datenbank transferiert werden kann.

Abstimmen mit Ereignismakros

Zur Beantwortung der Fragen kann einfach ein Kreuz in das bestreffende Feld gesetzt werden, alternativ dazu sind auch Formularelemente möglich, die aber sehr aufwendig zu zeichnen sind (siehe Kapitel 2.1.12).

Eine einfache Makrosteuerung bietet die sogenannte Ereignissteuerung. Die Makrosprache bietet die Möglichkeit, Ereignisse mit Makros zu versehen. So löst beispielsweise die Aktivierung eines Tabellenblatts, das Anklicken einer Zelle oder das Speichern der Arbeitsmappe ein Ereignis aus. Aktivieren Sie mit `Alt` + `F11` den VBA-Editor und sehen Sie sich das Angebot an Ereignissen an.

Klicken Sie im Projekt-Explorer unter *Microsoft Excel Objekte* doppelt auf das Tabellenblatt mit dem Fragebogen. Schalten Sie im linken Listenelement des neuen Fensters von *Allgemein* auf *Worksheet*. Das erste Ereignismakro wird gleich erstellt, in der rechten Liste finden Sie alle Ereignisse, die Sie in dieser Tabelle anprogrammieren können.

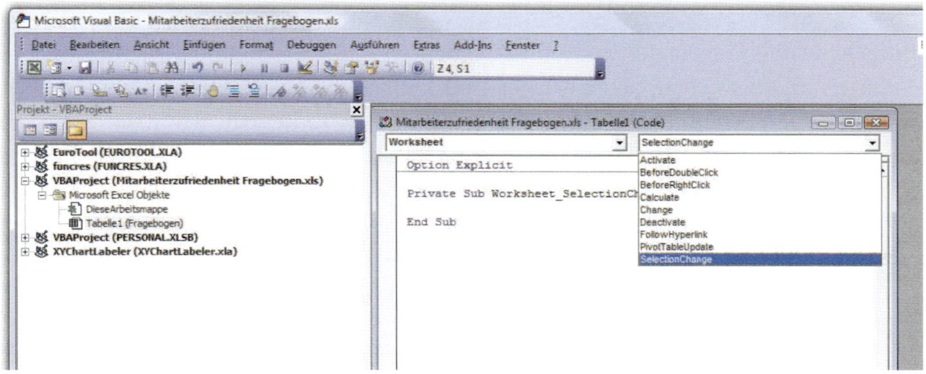

Abbildung 4.37: Ereignisprogrammierung im VBA-Editor

Als Ereignis für unsere Aufgabe kommt nur *SelectionChange* infrage, das ist das Setzen des Zellzeigers. Das Makro berechnet zunächst die Zeilen- und Spaltennummer der aktiven Zelle, prüft dann ab, ob in der ersten Spalte eine Fragenummer steht, und setzt ein Kreuz in die Zelle, wenn alle Voraussetzungen erfüllt sind. Damit nur ein Kreuz pro Zeile stehen bleibt, löscht es vorher alle Fragezellen der aktiven Zeile.

Listing 4.1: Ereignismakro zum Ankreuzen der Fragen im Fragebogen

```
Private Sub Worksheet_SelectionChange(ByVal Target As Range)
  Dim intRow As Integer, intCol As Integer, i As Integer
  ' Variabeln mit der Zeilen- und Spaltennummer der aktiven Zelle belegen
  intRow = ActiveCell.Row
  intCol = ActiveCell.Column
  ' Prüfen, ob der Zellzeiger in einer Fragezelle steht
  If Cells(intRow, 1) <> "" And intCol > 2 And intCol < 8 Then
    ' Alle Zellen der Zeile löschen
    For i = 3 To 7
      Cells(intRow, i) = ""
    Next i
    ' Frage ankreuzen (mit Signal)
    Beep
    ActiveCell.Value = "X"
  End If
End Sub
```

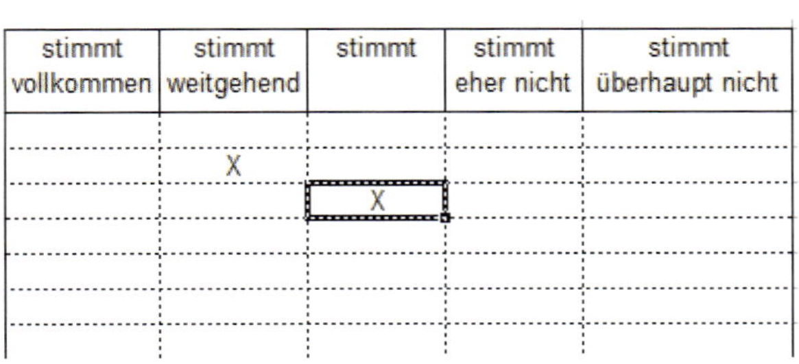

Abbildung 4.38: Ein Klick mit dem Mauszeiger und das Kreuz ist gesetzt

Blattschutz und Arbeitsmappenschutz

Schützen Sie den Fragebogen vor unbeabsichtigten Änderungen und stellen Sie sicher, dass die Mitarbeiter keine Fragen löschen und auch nichts hinzufügen. Für die Auswertung sind Zellverknüpfungen reserviert und Formeln hinterlegt, schützen Sie auch diese mit einem Blattschutz. Markieren Sie die gesamte Tabelle mit [Strg] + [ ] und [⇧] + [ ]. Aktivieren Sie mit [Strg] + [1] die Zellformatierung und schalten Sie auf der Registerkarte *Schutz* die Option *Ausgeblendet* ein, um alle Formeln unsichtbar zu machen. Markieren Sie alle Ankreuzzellen und entfernen Sie in der Zellformatierung unter *Schutz* das Häkchen an der Option *Gesperrt*. Weisen Sie der Tabelle anschließend den Blattschutz zu.

2003 | *Extras/Schutz/Blatt schützen*. Geben Sie ein Kennwort ein und wiederholen Sie es.

2007 2010 | *Überprüfen/Änderungen/Blatt schützen*

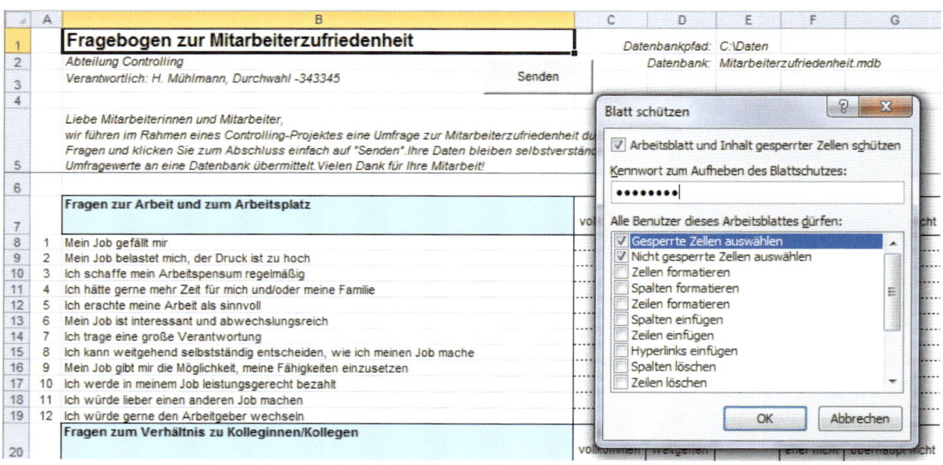

Abbildung 4.39: Blattschutz für das Formular einschalten

Auswertung mit Access-Datenbank

Ab einer bestimmten Unternehmensgröße wäre es etwas zu aufwendig, die Fragebogen zu versenden und die Rückläufer auszuwerten, wie es im Beispiel Risikomanagement (siehe Kapitel 4.1.1) demonstriert wird. Die einfachere Lösung ist eine Access-Datenbank, die im Netzwerk bereitgestellt wird. Der Mitarbeiter lädt die Arbeitsmappe mit dem Fragebogen, die ihm per Mail zugeschickt, auf einem Netzwerkserver oder auf dem Sharepoint-Server bereitgestellt wird. Nach dem Ausfüllen verschickt er die Daten per Klick auf eine Makroschaltfläche an die Datenbank.

CD

Mitarbeiterzufriedenheit.mdb

Die Datenbank wurde im Format Access 2003 erstellt und kann auch mit neueren Access-Versionen bearbeitet werden. Die Tabelle *Fragebogen* enthält die Fragentexte und die Zuordnung zu den Kategorien. In der Tabelle *Antworten* werden die Daten aus den Fragebogen gespeichert, diese Aufgabe übernimmt das VBA-Makro in Excel.

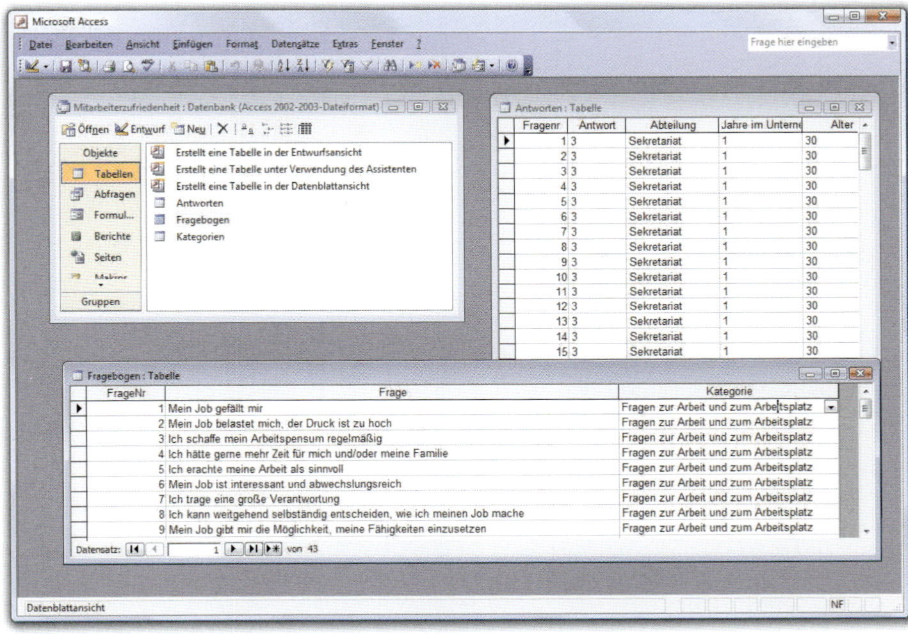

Abbildung 4.40: Datenbank mit drei Tabellen

Der Pfad zur Datenbank und der Dateiname sind im Excel-Fragebogen verankert, damit das Makro das Ziel leichter findet. Geben Sie hier den Netzwerkpfad ein, auf den die Mitarbeiter Zugriff haben, bevor Sie den Fragebogen verteilen.

```
E1: C:\Daten
E2: Mitarbeiterzufriedenheit.mdb
```

Das VBA-Makro aktiviert über die DAO-Schnittstelle die Access-Datenbank, dazu werden der Pfad und der Dateiname aus dem Tabellenblatt *START* ausgelesen. Anschließend schreibt das Makro die Werte aus dem Fragebogen in die Tabelle *Antworten* und beendet die Prozedur mit einer Abschlussmeldung.

STOP

Stellen Sie sicher, dass im VBA-Editor unter *Extras/Verweise* der Eintrag *Microsoft DAO 3.6 Object Library* aktiviert ist. Diese Bibliothek wird für den Zugriff auf die Datenbank benötigt.

Listing 4.2: Makro DatenSenden

```
Sub DatenSenden()
 ' Variablen dimensionieren und zuweisen
 Dim db As DAO.database, rs As DAO.Recordset, i As Integer
 Dim strPfad As String, strDatei As String, shFB As Worksheet, strMText As String
 Set shFB = ThisWorkbook.Worksheets("Fragebogen")
 strPfad = ThisWorkbook.Sheets("Fragebogen").Range("E1")
 strDatei = ThisWorkbook.Sheets("Fragebogen").Range("E2")
 strMText = "Ihre Fragebogendaten wurden erfolgreich" _
   & vbCr _
   & "in die Datenbank übertragen." _
   & vbCr & "Vielen Dank!"
 ' Datenbank und Tabelle öffnen
 Set db = OpenDatabase(strPfad & "\" & strDatei)
 Set rs = db.openrecordset("Antworten")
 i = 8
 ' Schleife bis Zeile 49
 Do While i < 50
 If shFB.Cells(i, 1) <> "" Then
   With rs
     ' Neuer Datensatz
     .AddNew
     ' Daten in die Felder der Tabelle schreiben
     .Fields("FrageNr") = shFB.Cells(i, 1)
     .Fields("Antwort") = shFB.Cells(i, 8)
     .Fields("Jahre im Unternehmen") = shFB.Cells(51, 8)
     .Fields("Alter") = shFB.Cells(52, 8)
     .Fields("Geschlecht") = shFB.Cells(53, 8)
     .Fields("Familienstand") = shFB.Cells(54, 8)
     .Fields("Abteilung") = shFB.Cells(55, 8)
     .Update
   End With
 End If
 i = i + 1
 ' Schleifenende
 Loop
 ' Variablen zurücksetzen
 Set rs = Nothing
 Set db = Nothing
 ' Abschlussmeldung
 MsgBox strMText, vbInformation, "Projekt Mitarbeiterzufriedenheit"
End Sub
```

Das Makro wird über eine Schaltfläche im Fragebogen aktiviert, nach Abschluss des Transfers erscheint eine Meldung.

Fragebogenauswertung

Für die Auswertung der Antworten bietet sich die Abfrageschnittstelle von Access an. Mit Access-Abfragen können Tabellen verknüpft und Teilmengen gefiltert werden. Die Abfrageergebnisse holt sich der auswertende Controller per ODBC nach Excel oder gleich in die PowerPoint-Präsentation.

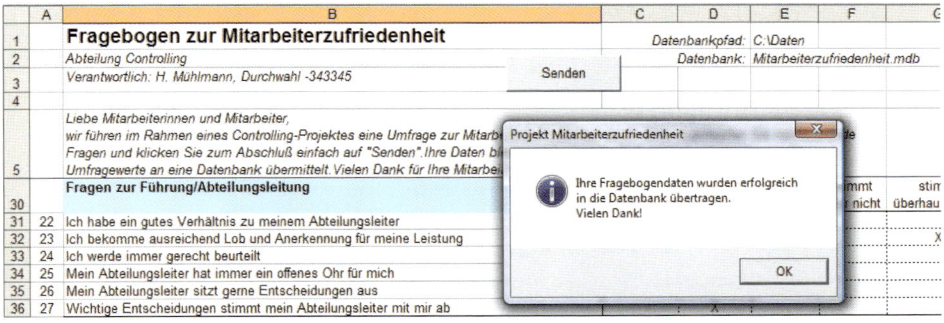

Abbildung 4.41: Abschlussmeldung nach dem Transfer der Daten in die Datenbank

Diese Abfragen finden Sie in der Beispieldatei:

- Bewertungen pro Frage (Punktesumme, Anzahl Meldungen, Durchschnittsbewertung)
- Bewertungen pro Abteilung
- Anzahl Meldungen nach Geschlecht
- Durchschnittsnoten (nach Frage, Kategorie, Geschlecht, Abteilung)

ODBC-Abfrage per PivotTable

Daten/PivotTable- und PivotChart-Bericht/Externe Datenquelle/Daten importieren 2003

Wählen Sie den Access-Treiber und suchen Sie die Datenbankdatei. Im nächsten Schritt geben Sie die Tabelle oder Abfrage an, die Sie importieren wollen. Beantworten Sie die weiteren Fragen und erstellen Sie das Pivot-Layout direkt aus den Access-Daten.

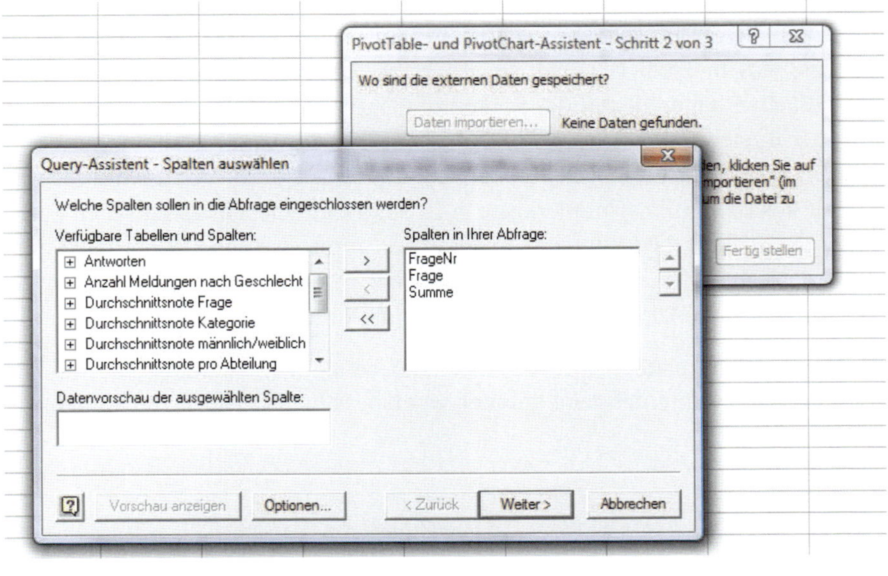

Abbildung 4.42: PivotTable-Bericht direkt aus der Access-Datenbank erstellen

2007
2010

Daten/Externe Daten abrufen/Aus Access

Suchen Sie die Datenbankdatei und wählen Sie eine Abfrage oder Tabelle aus. Schalten Sie um auf *PivotTable-Bericht* und fügen Sie die Daten in ein neues Arbeitsblatt ein.

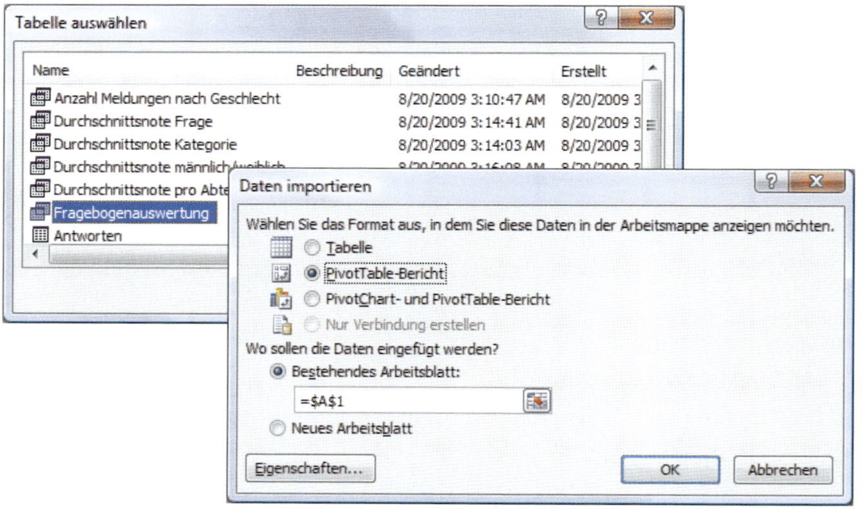

Abbildung 4.43: Aus Access direkt in den PivotTable-Bericht

4.1.7 Human Capital Index

Problemstellung

Der Leitsatz von Peter Drucker »**If you can´t measure it, you can´t manage it**« besagt, dass nur das, was messbar ist, auch steuerbar ist. Am einfachsten ist die Messung finanzieller Sachverhalte, die auf der Datengrundlage von Bilanz und GuV-Rechnung basieren. Hierfür steht mit der traditionellen Jahresabschlussanalyse ein breites Sortiment an Kennzahlen zur Vermögens-, Finanz- und Ertragslage zur Verfügung, das sich – mit seinen bekannten Einschränkungen, z. B. aufgrund der bilanzpolitischen Spielräume oder der Stichtagsbezogenheit – in der Praxis durchgesetzt hat. Derartige Kennzahlen werden auch für immaterielle Vermögenswerte und allen voran für die Entwicklung des Humankapitals (engl.: human capital) benötigt.

Hinweis Es ist wichtig, dass Mitarbeiter nicht als Kostenfaktor, sondern als (immaterieller) Vermögensbestandteil eines Unternehmens gesehen werden. Daher wird auch von Humanvermögen gesprochen.

Fachliche Beschreibung und Beispiele

Das Human Capital (HC) setzt sich in Anlehnung an die Empfehlungen des **Human Capital Club e. V.** (www.humancapitalclub.de) aus den folgenden drei Kategorien zusammen:

- Individuelles Human Capital (verkörpert in den Mitarbeitern selbst)
- Dynamisches Human Capital (repräsentiert durch die Personalprozesse)
- Strukturelles Human Capital (abgebildet in der Unternehmensorganisation, insbesondere in der Organisation des Personalbereichs)

Die drei HC-Kategorien können weiter differenziert werden, wobei die Aufzählung der einzelnen **Komponenten** nicht abschließend ist.

Individuelles HC (= Personen)	Dynamisches HC (= Prozesse)	Strukturelles HC (= Systeme/Strukturen)
Wissen	Marketing	Aufbau und Organisation
Fähigkeiten	Beschaffung	Effektivität
Erfahrung	Entwicklung	Effizienz
Kreativität	Einsatz	Corporate Governance
Motivation	Verwaltung	Mitarbeiterbeteiligung
Identifikation	Betreuung	Anreizsysteme
Zufriedenheit	Freisetzung	Unternehmenskultur
Loyalität	Führung	
Integrität	Kommunikation	
Gesundheit	Veränderung/Innovation	
	Kooperation	

Tabelle 4.13: Komponenten des Human Capital

Für alle Komponenten können **Kennzahlen/Messgrößen** gefunden werden, die im Rahmen des Personalcontrollings Anwendung finden. Beispielhaft können genannt werden:

- Fähigkeiten: Anzahl Potenzialträger im Verhältnis zu allen Mitarbeitern
- Erfahrung: Seniors Ration (ältere Mitarbeiter, z. B. über 50 Jahre, im Verhältnis zu allen Mitarbeitern)
- Identifikation: Mitarbeiterverfügbarkeit
- Zufriedenheit: Happy Employee Index
- Führung: Quote der 360-Grad-Beurteilung
- Beschaffung: Dauer Vakanzen
- Effizienz: Umsatz pro Mitarbeiter, DB pro Mitarbeiter
- Gesundheit: Anzahl Krankheitstage

Ein Kennzahlensystem bzw. eine Kombination mehrerer Kennzahlen stellt der **Human Capital Index (HCI)** dar. Er führt quantitative (z. B. Anzahl Mitarbeiter, Ausfalltage, Fluktuation, Anzahl Verbesserungsvorschläge) und qualitative Messgrößen (z. B. Mitarbeiterzufriedenheit) in einer Indexzahl zusammen. Dabei sind die einzelnen Bestandteile des HCI nicht normiert, was letztendlich dessen Vergleichbarkeit zwischen Unternehmen maßgeblich einschränkt.

Der **HCI der Salzburg AG** – eingeführt 2005 – wird im Unternehmen als strategische Kennziffer bezeichnet und besteht aus vier Teilindizes, die sich auf wichtige und steuerbare Teilbereiche des Human Capital beziehen:

- Engagement-Index
- Zufriedenheits-Index
- Führungs-Index
- Gesundheits-Index

Die Teilindizes werden als Mittelwert der einzelnen Teilfragen gebildet und fließen gleichgewichtig in den HCI der Salzburg AG ein. Den Teilfragen zugrunde liegt eine fünfstufige Antwortskala (Stufe 1 »trifft völlig zu« bis Stufe 5 »trifft gar nicht zu«). Je wertmäßig niedriger die Indices ausfallen, desto besser ist das Ergebnis.

Hinweis

1. Eine reine Umbenennung von Personalmanagement in Human Capital Management reicht nicht aus.
2. Das Management von Human Capital ist nicht ausschließlich Aufgabe der Personalexperten, auch die Führungskräfte und Controller leisten einen Wertbeitrag.
3. Mitarbeiter dürfen nicht zum Kostenbestandteil degradiert werden, sondern müssen als Vermögenswert des Unternehmens erkannt werden.
4. Das Human Capital sollte einheitlich, risiko- und zukunftsorientiert bewertet werden, jedoch müssen realitätsferne Bewertungsmethoden vermieden werden.

Die nachfolgend dargestellte Umsetzung in Microsoft Excel erfüllt noch nicht alle der obengenannten Anforderungen an die Human-Capital-Bewertung. Die einzelnen Bestandteile des HCI können durch **Risikoparameter** (z. B. Eintrittswahrscheinlichkeiten) und **Prognosen** (z. B. zukünftige Leistungsbeiträge) ergänzt werden.

Excel-Praxis: HCI-Bogen

CD

Human Capital Index.xls

Wie in Kapitel 4.1.1 beschrieben, lässt sich eine Mitarbeiterbefragung am besten mit elektronischen Fragebogen durchführen, die im Netzwerk oder auf Sharepoint-Servern bereitgestellt werden. Für die Gestaltung dieses Fragebogens stellt Excel Formularwerkzeuge bereit, Datenübertragung und Auswertung erfordern VBA-Makroprogrammierung.

Quoten für HR-Kennzahlen

Die Beispiellösung enthält im Tabellenblatt *Basisdaten* drei Skalen für die allgemeinen HR-Kennzahlen. Geben Sie hier Quoten und Noten für Fehlzeiten, Fluktuation und Verbesserungsvorschläge ein. Im Beispiel würde eine Quote von 10 % für die Fehlzeiten zur schlechtesten Note führen.

	A	B	C	D	E	F	G	H
1	**Human Capital Index-Bogen HCI**							
2	*Basisdaten*							
3								
4								
5	**Skala für die Fehlzeitenquote**			**Skala für die Fluktuationsquote**			**Skala für die Verbesserungsvorschläge**	
6	Quote	Note		Quote	Note		Quote	Note
7	2%	1		5%	1		20%	4
8	5%	2		10%	2		30%	3
9	7%	3		15%	3		40%	2
10	10%	4		20%	4		50%	1

Abbildung 4.44: Basisdaten mit Quoten für HR-Kennzahlen

Fragebogen für Teilindizes

Für die einzelnen Teilindizes werden Fragebogen vorbereitet und an die Mitarbeiter verteilt. Die Rückläufer können je nach Quantität direkt in die Auswertung kopiert oder auf Abteilungsebene gesammelt, aufsummiert und als Abteilungsbeurteilung in die Auswertung geschickt werden.

Der Fragebogen (hier im Beispiel für den Teilindex »Zufriedenheit«) ist mit Formularelementen (Drehfeldern) bestückt, die über ihre Zellverknüpfung einen Wert in Spalte H hinterlassen. Achten Sie darauf, dass alle Drehfelder einer Zeile in einem Gruppenfeld zusammengefasst werden müssen.

	A	B	C	D	E	F	G	H
1	**Klimafragebogen**							
2	**Zufriedenheits-Index**							
3	Bitte benoten Sie die 6 Klimafragen:							
4		trifft gar nicht zu	trifft weniger zu	trifft zu	trifft teilweise zu	trifft völlig zu		
5	Ich bin mit meinem Chef zufrieden	○	◉	○	○	○		2
6	Ich arbeite gerne mit meinen Kollegen zusammen	○	◉	○	○	○		2
7	Ich fühle mich gut über die Vorgänge in meinem Unternehmen informiert	○	○	◉	○	○		3
8	Ich fühle mich von meinen Kollegen akzeptiert	○	○	◉	○	○		3
9	Ich habe keine Angst um meinen Arbeitsplatz	○	○	○	◉	○		4
10	Ich möchte noch in 3 Jahren im Unternehmen sein	○	○	○	◉	○		4
11						Durchschnitt:		3

Abbildung 4.45: Fragebogen für den Teilindex »Zufriedenheit«

HCI-Auswertung: HR-Kennzahlen

Das Auswertungsblatt ist zweigeteilt. Im ersten Teil sind allgemeine Kennzahlen aus dem Personalbereich (HR) abgebildet. Krankheitsrate und Fluktuationsrate als prozentualer Wert treffen Aussagen über das Betriebsklima in der bewerteten Abteilung, auch der Anteil an eingereichten Verbesserungsvorschlägen lässt entsprechende Rückschlüsse zu. Das Resultat wird gewichtet und benotet. Damit die Noten individuell anpassbar sind, holt eine SVERWEIS()-Funktion den Skalenwert aus einer Quotentabelle in den Basisdaten. Gewicht und Note ergeben als Produkt die erste Punktzahl (Bewertungssumme A).

H8 =SUMME(H5:H7)

	A	B	C	D	E	F	G	H
1	**Human Capital Index-Bogen HCI**							
2	*Auswertung*							
3								
4	**Messgröße**	**Formel**			**Resultat**	**Gewicht**	**Note**	**Punkte**
5	Krankheitsrate	Anzahl Kurzabsenzen je Mitarbeiter: absolut oder %			2%	15	1	15
6	Fluktuationsquote	Anzahl Austritte / Bestand Mitarbeiter: absolut oder %			10%	25	2	50
7	Verbesserungsvorschläge	Anzahl Vorschläge / Zahl Mitarbeiter: absolut oder %			50%	20	1	20
8						Bewertungssumme A:		85

	A	B	C	D	E	F	G	H
1	**Skala für die Fehlzeitenquote**			**Skala für die Fluktuationsquote**			**Skala für die Verbesserungsvorschläge**	
2	*Quote*	*Note*		Quote	Note		Quote	Note
3	*2%*	*1*		5%	1		20%	4
4	*5%*	*2*		10%	2		30%	3
5	*7%*	*3*		15%	3		40%	2
6	*10%*	*4*		20%	4		50%	1

Abbildung 4.46: Der Human Capital Index, Teil I mit allgemeinen HR-Kennzahlen

Fragebogenauswertung mit 3D-Bezug

Im zweiten Teil des Auswertungsblatts werden die Werte aus den in die Arbeitsmappe kopierten Fragebogen zusammengefasst (im Beispiel 5 Stück). Um die Summe oder den Mittelwert einzelner Zellen aus einer großen Menge von Tabellenblättern zu bilden, verwenden Sie einen 3D-Bezug. Als Argument wird die auszuwertende Zelle über den Bereich vom ersten bis zum letzten Tabellenblatt angegeben. Achten Sie auf die Apostrophe, sie sind nötig, wenn die Tabellennamen Leerzeichen enthalten.

```
B11: =MITTELWERT('Fragebogen 1:Fragebogen 5'!H5)
```

Der HCI-Divisor

Die beiden Bewertungssummen werden jetzt zur Kennzahl HCI-Divisor zusammengefasst. Um die Unterschiede auszugleichen, wird der Durchschnittswert mit einem Faktor multipliziert. Dieser Faktor (im Beispiel 40) wird abhängig von der Anzahl der Fragen festgelegt. Die Summe aus beiden Bewertungssummen ergibt den HCI-Divisor.

```
B17: =MITTELWERT(B11:B16)
Bewertungssumme B (B19): =B18*B17
HCI-Divisor (B20): =(H8+B19)/100
```

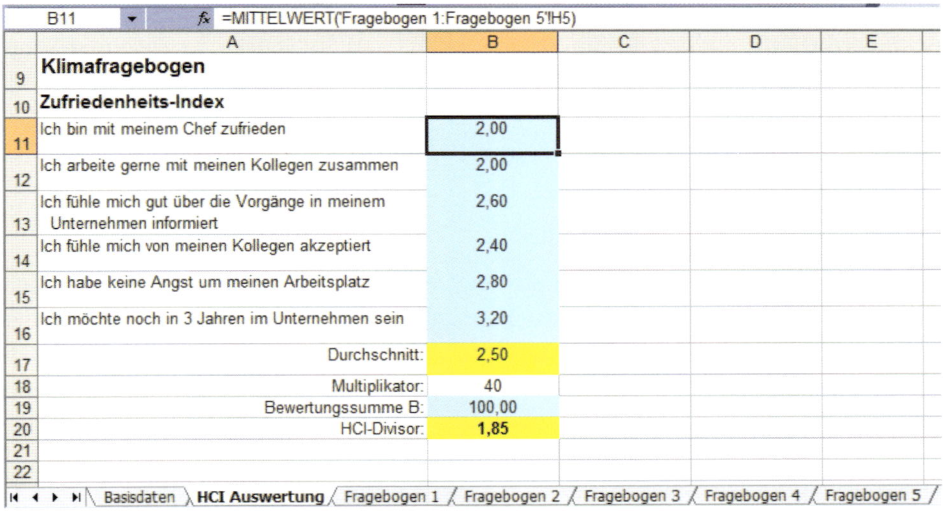

B11 =MITTELWERT('Fragebogen 1:Fragebogen 5'!H5)

	A	B	C	D	E
9	**Klimafragebogen**				
10	**Zufriedenheits-Index**				
11	Ich bin mit meinem Chef zufrieden	2,00			
12	Ich arbeite gerne mit meinen Kollegen zusammen	2,00			
13	Ich fühle mich gut über die Vorgänge in meinem Unternehmen informiert	2,60			
14	Ich fühle mich von meinen Kollegen akzeptiert	2,40			
15	Ich habe keine Angst um meinen Arbeitsplatz	2,80			
16	Ich möchte noch in 3 Jahren im Unternehmen sein	3,20			
17	Durchschnitt:	2,50			
18	Multiplikator:	40			
19	Bewertungssumme B:	100,00			
20	HCI-Divisor:	**1,85**			
21					
22					

Basisdaten | **HCI Auswertung** | Fragebogen 1 | Fragebogen 2 | Fragebogen 3 | Fragebogen 4 | Fragebogen 5

Abbildung 4.47: 3D-Bezug und Berechnung des HCI-Divisors

4.1.8 Balanced Scorecard

Problemstellung

In vielen Unternehmen wird der Prozess der strategischen Unternehmensplanung und -umsetzung noch immer auf höchster Unternehmensebene »im stillen Kämmerchen« betrieben und die Strategie wird als »Geheimwissen« des Managements dargestellt. Daraus erwachsen **Defizite**, die eine **zielgerichtete und zukunftsorientierte Unternehmenssteuerung** schwierig, wenn nicht sogar unmöglich machen:

- Vision, Leitbild und Strategien sind zu realitätsfern und daher nicht umsetzbar.
- Verknüpfung der Strategie mit den Zielvorgaben der Bereiche, Abteilungen, Teams und Mitarbeiter fehlt.
- Strategien existieren losgelöst von der Ressourcenallokation.
- Operatives Alltagshandeln wird der strategischen Ausrichtung bevorzugt.

Zudem erfolgt die (operative) Unternehmenssteuerung noch immer mit großer **Finanzlastigkeit**, was sich insbesondere in den verwendeten Kennzahlen (z. B. Kapitalquoten, Rentabilitäten) ausdrückt.

Hinweis

Ein Flugzeugcockpit soll als Beispiel des täglichen Lebens dienen. Der Flugkapitän kann das Flugzeug nicht nur mit einem Instrument zur Messung der Fluggeschwindigkeit steuern. Auch Faktoren wie Flughöhe, Kerosinstand, Wetter und die übrigen Luftverkehrsteilnehmer spielen eine Rolle.

Fachliche Beschreibung und Beispiele

Zur Behebung der beschriebenen Probleme erarbeiteten *Kaplan* und *Norton* ein Konzept, das neben finanziellen Größen auch nichtfinanzielle Größen und zudem die strategische Stoßrichtung berücksichtigen sollte. Entstanden ist daraus die sog. **Balanced Scorecard (BSC)**, mit deren Hilfe Vision, Leitbild und Strategie(n) in Ziele und Kennzahlen übersetzt werden und in vier Perspektiven unterteilt sind:

- Finanzwirtschaftliche Perspektive
- Kundenperspektive
- Interne Prozessperspektive
- Lern- und Entwicklungsperspektive

Anhand des Leitsatzes »**Translate Strategy into Action**« werden strategische Ziele (»strategy«) mithilfe von Messgrößen/Kennzahlen messbar gemacht, und es werden zur Erreichung angestrebter Vorgabewerte Maßnahmen (»action«) definiert. Zudem wird durch den Einsatz von vier Perspektiven eine Ausgewogenheit (»balanced«) der wesentlichen Aspekte im Unternehmen geschaffen und die Finanzlastigkeit in den Hintergrund gerückt. Die Zahl Vier ist nicht »normiert«, weshalb sich in der Praxis auch weitere Perspektiven finden, z. B.:

- Umweltperspektive
- Projektperspektive
- Öffentliche Perspektive

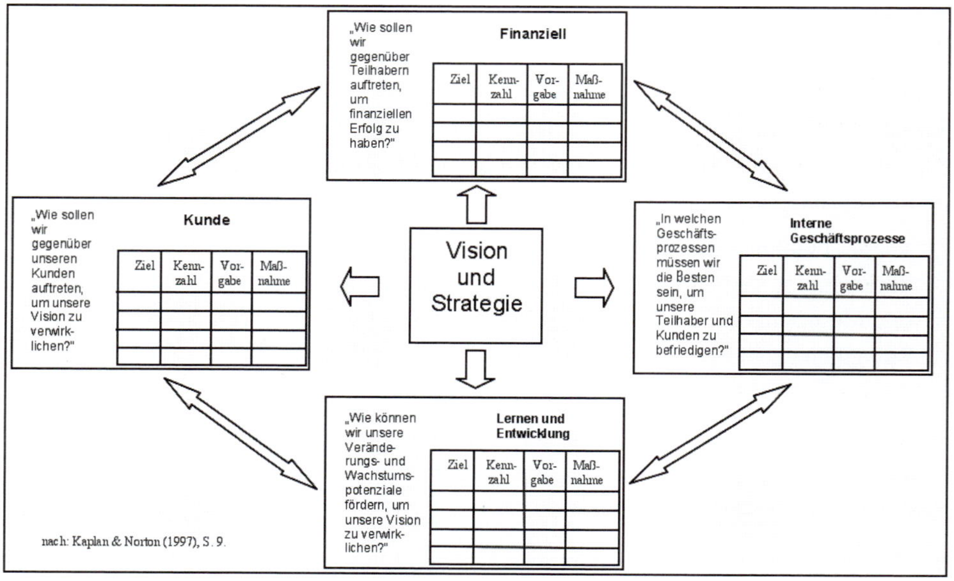

Abbildung 4.48: Aufbau einer Balanced Scorecard (Grundmodell nach Kaplan/Norton)

Zur Einführung einer BSC existieren zahlreiche Ansätze – meist geprägt von konkurrierenden Beratungsinstitutionen. Das nachfolgende **Vorgehensmodell** orientiert sich an *Horváth*, einem der wichtigsten Vertreter des BSC-Gedankens im deutschsprachigen Raum.

Schritt 1: Schaffung der organisatorischen Voraussetzungen

Die Einführung einer BSC ist unbedingt als **Projekt** im Unternehmen zu integrieren. Damit ist eine eigene Projektorganisation mit Projektzielen, -planung, -steuerung, -berichtswesen etc. erforderlich. Die Beteiligung und Akzeptanz der Beteiligten ist durch eine laufende Kommunikation und Einbindung in die Projektarbeit sicherzustellen.

Schritt 2: Schaffung der strategischen Voraussetzungen

Die Erfahrungen in der Praxis zeigen, dass in vielen Unternehmen der gesamte **strategische Vorbau** im Unternehmen hinterfragt werden sollte. Häufig ergeben sich hieraus fehlende Visionen, Leitbilder, fehlendes klares Verfahren zur Strategieableitung, widersprüchliche Strategieformulierungen etc. – Mängel, die zunächst bereinigt werden müssen, bevor die eigentliche BSC-Entwicklung starten kann.

Schritt 3: Entwicklung einer BSC

Die eigentliche Entwicklung einer BSC beschäftigt sich mit dem Aufbau der **Kernelemente** der BSC:

- Ableitung strategischer Ziele
- Aufbau von **Strategy Maps** zur Identifikation von Wechselwirkungen und Wirkungszusammenhängen
- Auswahl der Messgrößen/Kennzahlen
- Festlegung der **Zielwerte**
- Bestimmung der Maßnahmen/Aktionen

Kennzahlen für die vier Perspektiven werden nachfolgend genannt:

1. Finanzwirtschaftliche Perspektive
   - Rentabilitäten
   - Kapitalquoten
   - Wertorientierte Kennzahlen
   - Cashflow-basierte Kennzahlen
   - Kennzahlen der Bilanzanalyse
2. Kundenperspektive
   - Marktanteil
   - Kundentreue
   - Kundenzufriedenheit
   - Kundenwert
   - Kennzahlen zur Akquisitionsleistung des Vertriebs
3. Interne Prozessperspektive
   - Ausschussquote
   - Durchlaufzeit
   - Prozessqualität

4. Lern- und Entwicklungsperspektive
   - Mitarbeiterzufriedenheit
   - Mitarbeiterproduktivität
   - Fluktuationsrate
   - Kennzahlen zur Fort- und Weiterbildung
   - Kennzahlen zum betrieblichen Vorschlagswesen

Schritt 4: Strategieorientierte Ausrichtung der Organisation

Wurde die BSC für das Gesamtunternehmen entwickelt, müssen die nachgeordneten Unternehmenseinheiten (z. B. Bereiche, Abteilungen, Teams) festgelegt werden, die in die **kaskadenförmige Struktur** der BSC einbezogen werden. Die Unternehmenseinheiten definieren z. B. ihre Zielbeiträge zur Erfüllung der auf der nächsthöheren Hierarchieebene definierten strategischen Ziele. Auch eine Abstimmung der nachgeordneten Scorecards untereinander ist empfehlenswert.

Schritt 5: Integration und laufender Betrieb

Abschließend ist ein kontinuierlicher Einsatz der BSC sicherzustellen, indem die Ergebnisse **in die bestehenden Steuerungs- und Berichtswesenssysteme integriert** werden. Es sollte kein eigener Verwaltungs- und Berichtsapparat für die BSC aufgebaut werden. Dies schafft Widerstände und lässt die Akzeptanz des Instruments sinken. Somit wäre eine kontinuierliche Anwendung als Steuerungsinstrument durch die Führungskräfte zur Führung ihrer Mitarbeiter gefährdet. Auch die Integration in wertorientierte Steuerungsansätze und in das Risikomanagement des Unternehmens wird empfohlen.

Excel-Praxis: Balanced-Scorecard-Vorlagen mit Ampelfunktion

Der Aufbau einer Balanced Scorecard mit Excel muss aus technischer Sicht keine große Herausforderung sein, es kommt vielmehr darauf an, die richtigen Werkzeuge zur Visualisierung von Entwicklungen und Differenzen zu benutzen. Die vielzitierte Ampelfunktion gehört ebenso dazu wie der Einsatz von Bedingungsformaten. Die Kennzahlen der verschiedenen Perspektiven stammen in der Praxis aus dem ERP-System oder aus dem operativen Geschäft, ein automatischer Transfer der Monatswerte in die Balanced Scorecard lässt sich über Verknüpfungen oder mit VBA-Makros realisieren.

CD Balanced Scorecard.xls

Basisdaten – Vision, Mission und Strategie

Diese BSC-Vorlage enthält mehrere Berichtsbogen mit einem gemeinsamen Kopfbereich, in dem der Berichtsmonat und der Empfänger der BSC (Geschäftsführung) aufgeführt sind. Vision, Mission und Strategie sind hier ebenfalls einmalig festgeschrieben. Um die Basisdaten für alle Blätter zur Verfügung zu stellen, werden ihnen globale Bereichsnamen zugewiesen. Dazu markieren Sie Beschriftungen und Daten (A4:B8) und erstellen die Bereichsnamen automatisch:

Einfügen/Namen erstellen/Aus linker Spalte — 2003

Formeln/Namen definieren/Aus Auswahl erstellen/Aus linker Spalte — 2007 2010

Abbildung 4.49: Basisdaten für die BSC mit globalen Bereichsnamen

Berichtsbogen 1 – BSC mit bedingter Formatierung

Im ersten Berichtsbogen sind die den vier Perspektiven zuordenbaren Kennzahlen in strategische und operative Kennzahlen aufgeteilt. Die Istwerte werden der Monats- und Jahresplanung gegenübergestellt, Bedingungsformate formatieren die Werte in den Ampelfarben Rot, Gelb und Grün.

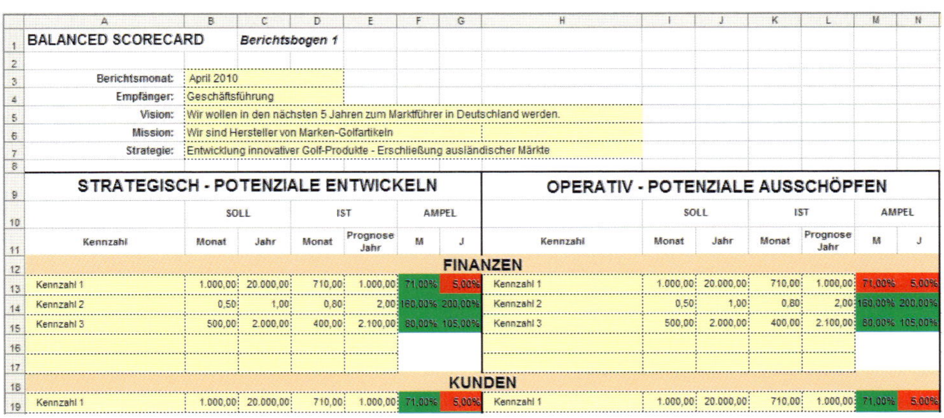

Abbildung 4.50: Berichtsbogen 1 mit Soll/Ist-Kennzahlenvergleich zu den Perspektiven

Berichtsbogen 2 – BSC mit Ampelfunktion je Perspektive

Der zweite Berichtsbogen zeigt, wie mit einfachen Mitteln eine Ampelfunktion realisiert wird. Die vier Perspektiven werden in Blöcken untereinander angeordnet, Soll und Ist werden über einen gewichteten Zielerreichungsgrad ausgewertet. Die Ampel enthält ein Zeichen aus dem Wingdings-Zeichensatz in großer Schrift, für die Ampelfarbe sorgt eine Bedingungsformatierung, die den Schwellenwert (Spalte K) mit dem Zielerreichungsgrad vergleicht.

Symbole aus verschiedenen Zeichensätzen stellt Excel in einer Menüoption zur Auswahl. Aktivieren Sie diese, schalten Sie auf den Zeichensatz um und holen Sie das Symbol mit Klick auf *Einfügen* in das Tabellenblatt.

2003 *Einfügen/Symbol*

2007 2010 *Einfügen/Text/Symbol*

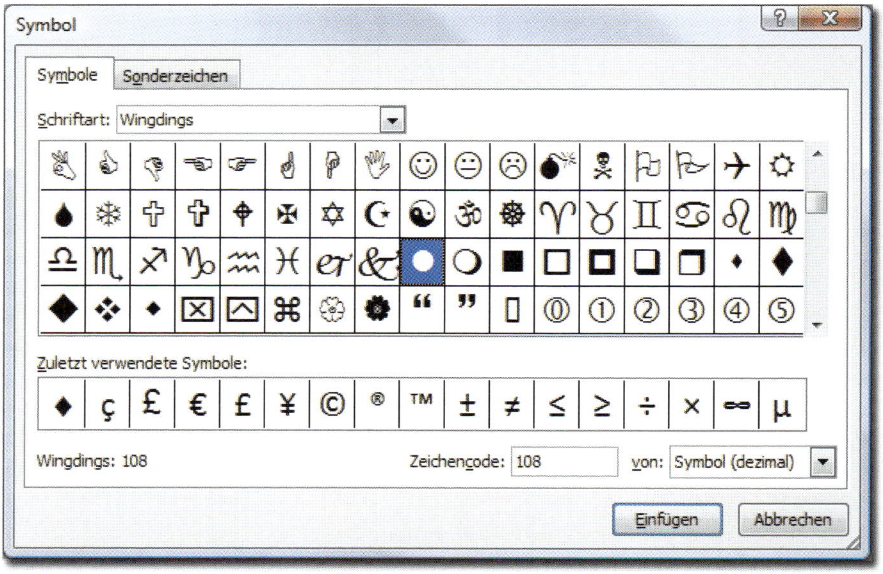

Abbildung 4.51: Zeichensätze bieten verschiedene Symbole an

Berichtsbogen 3 – BSC mit Ampelfunktion auf Zielebene

Ein weiteres Beispiel für den Einsatz der Ampelfunktion mithilfe von Sonderzeichen und bedingter Formatierung. Hier sind die Perspektiven spaltenweise angeordnet, die einzelnen Ziele werden als Blöcke mit Zielsetzung, Kennzahl und der Berechnung der Zielerreichung zeilenweise untereinander geschrieben. Die Ampel visualisiert die Zielerfüllung über Bedingungsformate.

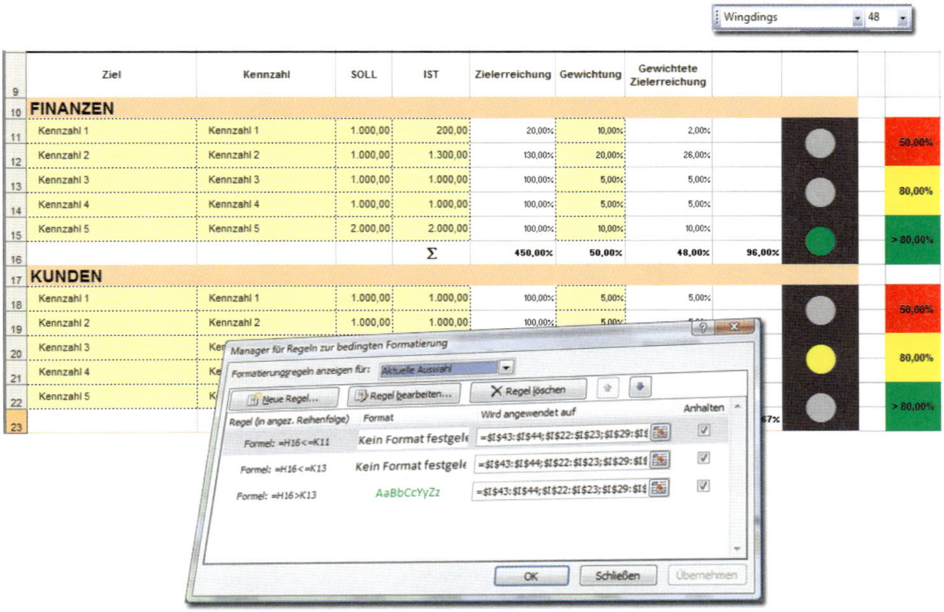

Abbildung 4.52: Ampelfunktion mit Bedingungsformaten und Wingdings

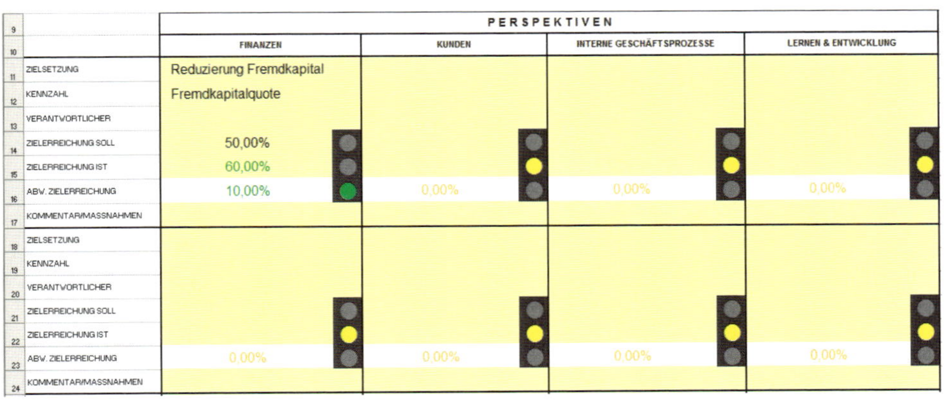

Abbildung 4.53: Ampelfunktion auf Zielebene

Excel-Praxis: Balanced-Scorecard-Cockpit

Balanced Scorecard Cockpit.xls

CD

Dieses Beispiel demonstriert die Verknüpfung und Visualisierung von Kennzahlen in die BSC. Bilanz und Gewinn- und Verlustrechnung werden in Zahlen abgebildet, weitere wichtige Finanzkennzahlen wie Umsatzrentabilität, Kapitalumschlag und Return on Investment visualisiert das Cockpit über Tachometerdiagramme. Für die Darstellung der Kennzahlen der übrigen Perspektiven kommen kleine Balkendiagramme zum Einsatz.

Hinweis Lesen Sie in Kapitel 5, wie Tachometerdiagramme entstehen.

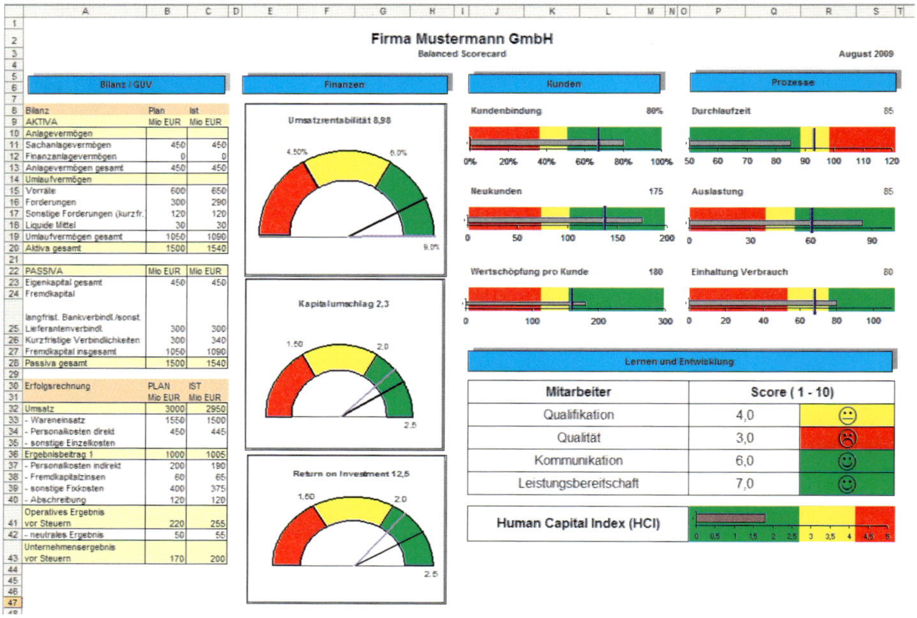

Abbildung 4.54: Die BSC als Kennzahlen-Cockpit

Kennzahlen

Ein Tabellenblatt fasst die wichtigsten Kennzahlen aus den vier Perspektiven zusammen, hier stehen in der Praxis auch Verknüpfungen zu anderen Arbeitsmappen, Links auf Intranet- oder Internetseiten oder auch ODBC-Verbindungen auf externe Datenbanken. Die Kennzahlenlisten sind mit Bereichsnamen versehen, damit die Werte einfacher in das Cockpit zu verknüpfen sind.

	A	B	C	D	E	F
1	**Kennzahlen Vertrieb/Marketing**			**Kennzahlen Finanzen**		
2	Kundenbindung	80%			SOLL	IST
3	Neukunden	175		Umsatzrentabilität	7,67	8,98
4	Wertschöpfung pro Kunde	180		Kapitalumschlag	2,50	2,30
5				ROI	13,00	12,50
6	**Kennzahlen Prozessmanagement**					
7	Durchlaufzeit	85				
8	Auslastung	85				
9	Einhaltung Verbrauch	80				
10						
11						
12	**Kennzahlen Lernen/Entwicklung**					
13	Qualifikation	4				
14	Qualität	3				
15	Kommunikation	6				
16	Leistungsbereitschaft	7				
17	Human Capital Index (HCI)	1,8				

Abbildung 4.55: Kennzahlen aus den Perspektiven im Tabellenblatt Kennzahlen

Benutzerdefinierte Kennzahlenfunktion

Eine Controlling-Kennzahl zu berechnen ist kein großes Geheimnis, vorausgesetzt, der Rechenweg ist bekannt. Die meisten Kennzahlen lassen sich bei Vorlage der benötigten Werte mit einfacher Arithmetik berechnen. Die Liquidität 1. Grades berechnet sich aus den flüssigen Mitteln dividiert durch die kurzfristigen Verbindlichkeiten, für die Gesamtkapitalrentabilität addieren Sie Gewinn und Fremdkapitalzinsen und dividieren die Summe durch das Gesamtkapitel usw.

CD

Hier finden Sie eine Übersicht über Controlling-Kennzahlen:

`www.controllerspielwiese.de`

`www.my-controlling.de`

Excel hat für solche Kennzahlen keine Funktionen im Angebot, die das Schreiben der Formeln erleichtern würden, aber solche Kennzahlenfunktionen lassen sich einfach mit der Makrosprache VBA erstellen. Eine benutzerdefinierte Funktion steht wie jede andere interne Funktion zur Verfügung, solange die Arbeitsmappe aktiv ist, in der das VBA-Projekt hinterlegt ist. Hier ein Beispiel, schreiben Sie die Funktion *Umsatzrentabilität*:

$$\text{Umsatzrentabilität} = \frac{\text{Gewinn}}{\text{Umsatz}} \times 100$$

Abbildung 4.56: Berechnungsformel für die Umsatzrentabilität

Schreiben Sie die benötigten Parameter in ein Tabellenblatt, möglichst mit Beschriftung. Wenn Sie die Werte mit einem Bereichsnamen versehen, wird dieser im Funktions-Assistenten angeboten:

```
A1: Gewinn
A2: 40.000
C1: Umsatz
C2: 130.000
```

Mit [Alt] + [F11] schalten Sie in den VBA-Editor. Wählen Sie *Einfügen/Modul.* Schreiben Sie die Funktion in das Modul:

Listing 4.3: Funktion Umsatzrentabilität

```
Function Umsatzrentabilität(Gewinn, Umsatz)
  Umsatzrentabilität = Gewinn / Umsatz * 100
End Function
```

Schalten Sie zurück zu Excel und markieren Sie die gewünschte Ergebniszelle. Holen Sie die Funktion mit dem Funktions-Assistenten, klicken Sie dazu auf das Symbol links in der Bearbeitungsleiste. Schalten Sie um auf die Kategorie *Benutzerdefiniert* und holen Sie die Funktion. Tragen Sie die Zellverknüpfungen zu den Werten ein. Wenn Sie die Zellen benannt hatten, können Sie mit F3 den Bereichsnamen abholen. Klicken Sie auf *OK*, um die Funktion einzufügen.

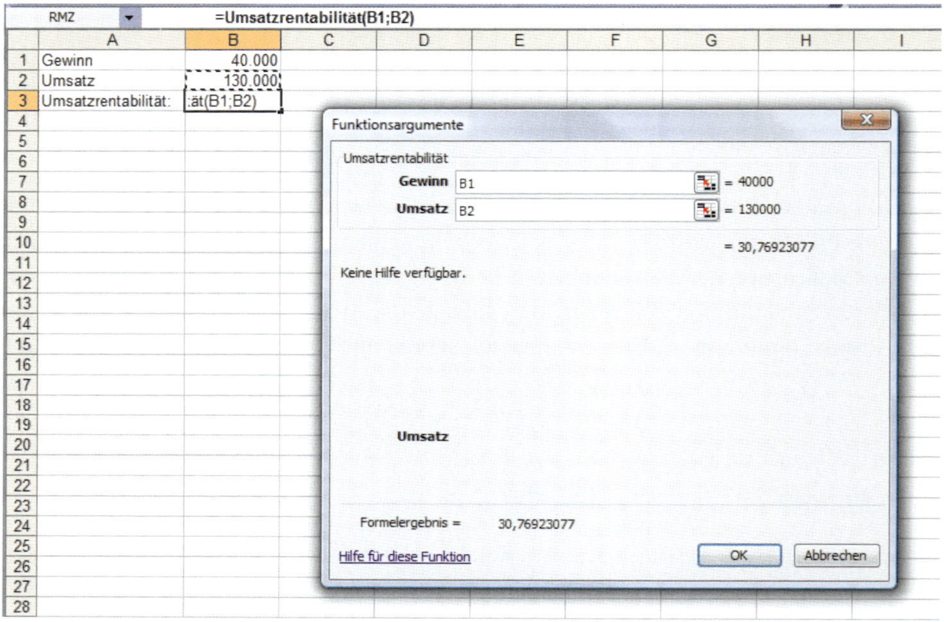

Abbildung 4.57: Benutzerdefinierte Funktion im Funktions-Assistenten

Das Praxisbeispiel *Balanced Scorecard Cockpit.xls* enthält eine Auswahl der wichtigsten Kennzahlenfunktionen im Modul *modKennzahlen*. Berechnen Sie mit diesen Funktionen die Kennzahlen für die einzelnen Perspektiven.

Tachometerdiagramme per Kamera verknüpfen

Die Finanzkennzahlen Umsatzrentabilität, Return on Investment und Kapitalumschlag werden im Kennzahlenblatt in Tachometerdiagramme umgesetzt. Diese Diagramme sind etwas zu groß für das Cockpit, kopieren Sie sie zusammen mit dem gezeichneten Rahmen als Kamerakopie in das Cockpit. Die Kamera erstellt eine verknüpfte Bildkopie eines Zellbereichs. Stellen Sie sicher, dass das Rahmenobjekt exakt auf den Zellrändern sitzt. Mit gedrückter Alt-Taste ziehen Sie die Markierungspunkte exakt auf die Gitternetze.

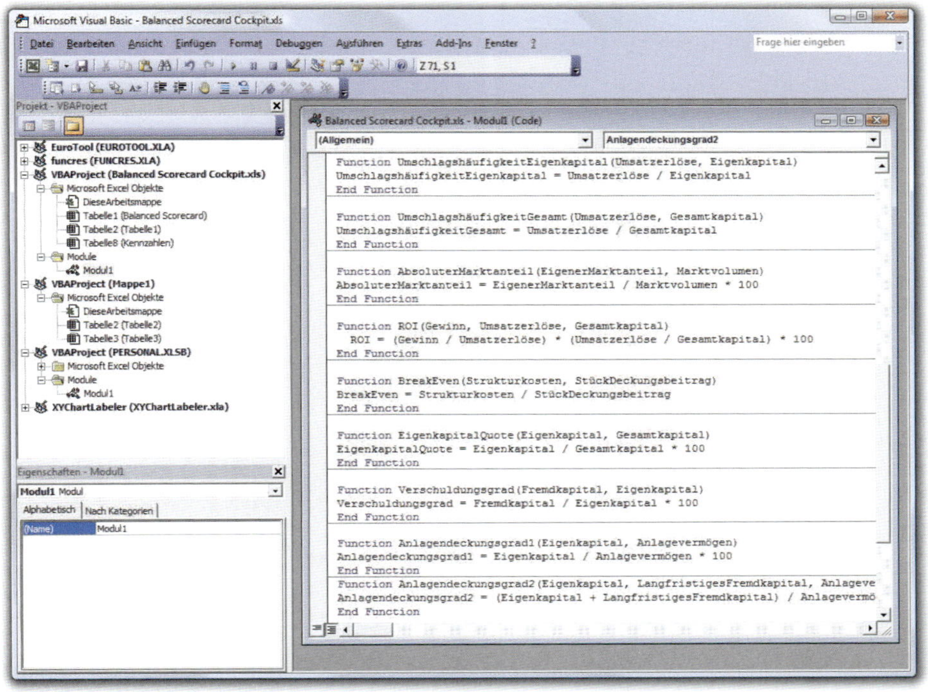

Abbildung 4.58: Kennzahlenfunktionen im BSC-Cockpit

Fügen Sie die Kamera in Ihre Excel-Symboloberfläche ein, falls sie noch nicht eingebunden ist:

2003

Ansicht/Symbolleisten/Anpassen. Schalten Sie um auf *Befehle* und suchen Sie in der Kategorie *Extras* das Symbol der Kamera. Ziehen Sie dieses Symbol mit gedrückter Maustaste nach oben in eine Symbolleiste Ihrer Wahl. Schließen Sie die Anpassen-Dialogbox wieder.

2007 2010

Klicken Sie mit der rechten Maustaste in die Symbolleiste für den Schnellzugriff, wählen Sie *Symbolleiste für den Schnellzugriff anpassen*. Schalten Sie um auf *Alle Befehle* und suche Sie das Symbol *Kamera*. Markieren Sie es und klicken Sie auf *Hinzufügen*. Schließen Sie die Anpassung wieder, das Symbol befindet sich jetzt in der kleinen Symbolleiste.

Um das Diagramm zu »fotografieren«, markieren Sie den Zellbereich hinter dem Diagramm (mit ⇧-Taste und Pfeiltasten), klicken Sie auf die Kamera, wechseln Sie in das Cockpit und setzen Sie die Fotografie per Klick ab.

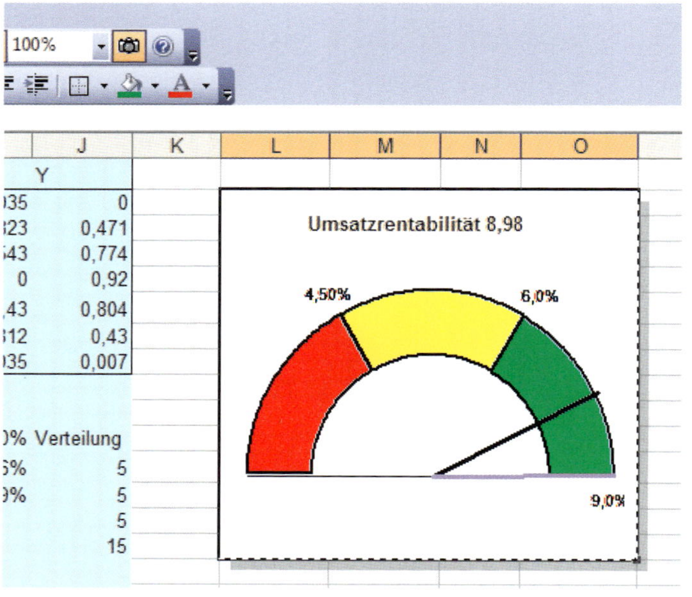

Abbildung 4.59: Die Kamera fotografiert Diagramme und Zellbereiche

TIPP Mit einem Doppelklick auf das verknüpfte Objekt schalten Sie wieder zurück zur Quellanwendung und markieren diese auch gleich wieder.

Kennzahlenverknüpfungen

Für die Verknüpfung der Kennzahlen in das Cockpit verwenden Sie die INDEX()-Funktion und Verweise mit SVERWEIS(), hier z. B. für die Kundenbindung:

```
M8: =SVERWEIS(J8;KennzahlenV;2;0)
J8: =INDEX(KennzahlenV;1;1)
```

Balkendiagramme und bedingte Formate

Für die Visualisierung der einzelnen Kennzahlen zeichnen Sie Balkendiagramme und blenden alle überflüssigen Elemente aus. Nur die Rubrikenachse und die Datenreihe bleiben sichtbar. Der Hintergrund wird mit Zellmustern gestaltet, den Sollwert zeichnen Sie als Linie über die Formenbibliothek ein.

Die Ampelfunktion zeigt einen Smiley aus der Wingdings-Kollektion, die Zellen erhalten dazu das Schriftformat *Wingdings*, und eine Formel mit der Funktion WENN sorgt dafür, dass das richtige Symbol angezeigt wird.

```
R32: =WENN(P32<4;"L";WENN(UND(P32>=4;P32<6);"K";"J"))
```

Bedingungsformate mit drei Regeln weisen den Zellen die passenden Ampelformate zu, prüfen Sie einfach den Zellinhalt per Formel ab:

```
Zellwert gleich "J"
Zellwert gleich "K"
Zellwert gleich "L"
```

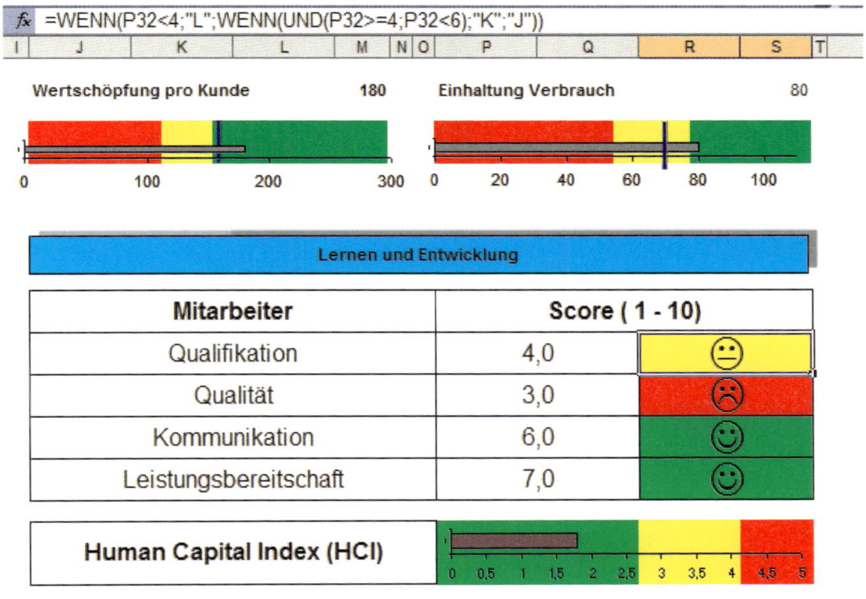

Abbildung 4.60: Balkendiagramme und Bedingungsformate für die Ampel

4.2 Operative Instrumente

4.2.1 Erlöse und Kosten

Kosten- und Leistungsrechnung

Problemstellung

Der zunehmende Wettbewerbsdruck und die stetig steigenden Anforderungen an Lieferbereitschaft, -service und Produktqualität sind nur einige wenige Gründe, weshalb Unternehmen Transparenz über ihre Kosten- und Erlössituation benötigen. Ferner sind für Produktentscheidungen wie z. B. Neueinführung, Differenzierung oder Einstellung von Produkten exakt kalkulierte Kostendaten erforderlich.

Neben diesen externen Gründen werden auch interne **Gründe** für die Einführung einer Kosten- und Leistungsrechnung (KLR) genannt:

- Schaffung von Transparenz über die Erstellung interner Leistungen
- Verbesserung der Wirtschaftlichkeit
- Grundlage für die Einführung einer Kostenplanung
- Steuerung der Leistungserstellung
- Schaffung teilautonomer Unternehmenseinheiten (z. B. Profitcenter)
- Basis für Einführung eines ganzheitlichen Kosten- und Erlöscontrollings

Fachliche Beschreibung

Die Kosten- und Leistungsrechnung (KLR) als Teilbereich des internen Rechnungswesens wird auch als Kosten- und Erlösrechnung (KER), Kostenrechnung (KoRe) oder Betriebsergebnisrechnung bezeichnet. Ihre **Aufgaben** liegen u. a. in der

- Wirtschaftlichkeitskontrolle von Prozessen, Kostenstellen, Unternehmensbereichen etc.
- Kalkulation der Herstellungskosten der Produkte
- Gewinnung von Informationen für die Entscheidungsrechnung (z. B. zur Selbstherstellung oder Fremdbezug)
- Durchführung einer kurzfristigen Erfolgsrechnung (KER)
- Ermittlung von Wertansätzen der fertigen und unfertigen Erzeugnisse im Rahmen der Erstellung des Jahresabschlusses

Die KLR erhält ihre Rohdaten aus der Finanzbuchhaltung inkl. der Anlagenbuchhaltung, der Betriebsstatistik und aus anderen externen Quellen (z. B. Stücklisten aus der Materialwirtschaft, Arbeitspläne aus der Produktionsplanung). Die Buchhaltungsdaten werden in der **Abgrenzungsrechnung** hinsichtlich der Abgrenzungskriterien »betriebsfremd«, »periodenfremd« und »außerordentlich« überprüft und dann als Kosten bzw. Leistungen/Erlöse in die KLR fortgeschrieben.

Der Aufbau der KLR folgt einem dreistufigen Schema:

- Kostenartenrechnung
- Kostenstellenrechnung
- Kostenträgerrechnung

Die **Kostenartenrechnung** beantwortet die Frage »Welche Kosten sind entstanden?«, z. B. Personalkosten, Materialkosten, Abschreibungen, Dienstleistungskosten, Instandhaltungskosten. Die Kosten- und Erlösarten sind direkt mit den Sachkonten der Finanzbuchhaltung verknüpft. Neben diesen aufwandsgleichen Kosten werden zudem kalkulatorische Kosten in der KLR erfasst und verarbeitet (z. B. kalkulatorische Abschreibungen, Zinsen, Wagniskosen).

Die Kosten werden einerseits nach ihrer Herkunft differenziert in primäre und sekundäre Kosten, wobei die primären Kosten aus den Geschäftsvorfällen des Unternehmens mit seiner Umwelt und die sekundären Kosten aus der Verrechnung von Kosten im Rahmen unternehmensinterner Leistungsaustausche entstehen.

Nach ihrer Zurechnung werden im Sinne der Vollkostenrechnung unterschieden:

- Einzelkosten: direkte Zurechnung zu den Produkten/Kostenträgern (z. B. Fertigungseinzelmaterial, Fertigungseinzellöhne)
- Gemeinkosten: fehlende direkte Zurechnung, Sammlung auf Kostenstellen und Verteilung mittels Umlagen und Leistungsverrechnung

Die **Kostenstellenrechnung** stellt das Bindeglied zwischen Kostenartenrechnung und Kostenträgerrechnung her und beantwortet die Frage »Wo sind die Kosten entstanden?«. Die Kostenstellenbildung orientiert sich am Aufbau des Unternehmens (Organigramm). Ihre Aufgaben liegen in der

Verteilung der nach Kostenarten aufgegliederten Gemeinkosten auf die Kostenstellen entsprechend dem Verursachungsprinzip;

Leistungsverrechnung zwischen den Kostenstellen (innerbetriebliche Leistungsverrechnung) und Erstellung des Betriebsabrechnungsbogens (BAB), z. B. nach dem Stufenleiterverfahren oder dem simultanen Gleichungsverfahren bzw. Simultanverfahren;

Berechnung der Zuschlagssätze für die Material-, Fertigungs-, Verwaltungs- und Vertriebsgemeinkosten zur Verrechnung der Kosten auf die Kostenträger;

Kontrolle der Wirtschaftlichkeit.

Die **Kostenträgerrechnung** als letzte Stufe der KLR gibt Antwort auf die Frage »Wofür sind die Kosten entstanden?«. Ihre beiden Teilrechnungen sind die

Kostenträgerstückrechnung (Kalkulation),

Kostenträgerzeitrechnung (kurzfristige Erfolgsrechnung).

Im Rahmen der **Kalkulation** werden die Kosten pro Erzeugniseinheit ermittelt. Hierbei kommen diverse Kalkulationsverfahren bzw. -methoden zur Anwendung:

Divisionskalkulation (Massenfertigung, Einproduktunternehmen, Division der Herstellungskosten durch die Gesamtzahl der produzierten Leistungen nach dem Durchschnittsprinzip)

Äquivalenzziffernkalkulation (Sortenfertigung, Definition einer Einheitssorte [Referenzprodukt mit Äquivalenzziffer, ÄZ, = 1], Festlegung der ÄZ für die übrigen Produkte, um das Kostenaufteilungsverhältnis ermitteln zu können)

Zuschlagskalkulation (Serien- oder Einzelauftragsfertigung, Mehrproduktunternehmen mit heterogenem Produktprogramm, Trennung von Einzel- und Gemeinkosten, Ermittlung differenzierter Zuschlagssätze)

Bezüglich der **kurzfristigen Erfolgsrechnung** wird auf die Ausführungen zur Deckungsbeitragsrechnung verwiesen.

Excel-Praxis: Betriebsabrechnungsbogen Stufenleiter- und Simultanverfahren

Kostenrechnung BAB Stufenleiterverfahren.xls

CD

In dieser Beispiellösung finden Sie einen Betriebsabrechnungsbogen (BAB), in dem die Gemeinkosten der allgemeinen Kostenstellen auf Basis der eingegebenen Verteilungsschlüssel im Stufenleiterverfahren verrechnet werden. Dabei ist darauf zu achten, dass diejenigen Allgemeinen Kostenstellen mit den wenigsten Rückverrechnungen als Erstes im BAB angeordnet werden. Ziel ist es, alle Kosten der allgemeinen Kostenstellen (Vor- oder Hilfskostenstellen) an die End- bzw. Hauptkostenstellen zu verrechnen.

```
=Kosten/Summe(Verteilungen)*Verteilung
```

Betriebsabrechnungsbogen - Stufenleiterverfahren

Kostenart	Summe	Verteilungsschlüssel A1	A2	A3	A4	M	F1	F2	F3	F4	F5	Vw	V	Allgemeine Kostenstellen A1	A2	A3	A4	Material
Fertigungsmaterial	330.000,00																	330.000,00
Fertigungslöhne	750.000,00																	
Einzelkosten	**1.080.000,00**													**0,00**	**0,00**	**0,00**	**0,00**	**330.000,00**
Hilfsstoffe	18.000,00	3,00	2,00	1,00	2,00	4,00	12,00	12,00	12,00	12,00	12,00	2,00	6,00	675,00	450,00	225,00	450,00	900,00
Betriebsstoffe	60.000,00	4,00	3,00	1,00	2,00	5,00	10,00	10,00	10,00	10,00	10,00	2,00	7,00	3.243,24	2.432,43	810,81	1.621,62	4.054,05
Energie	10.000,00	3,00	1,00	2,00	1,00	3,00	8,00	8,00	8,00	8,00	8,00	5,00	4,00	508,47	169,49	338,98	169,49	508,47
Hilfslöhne	77.000,00	5,00	2,00	4,00	2,00	3,00	20,00	20,00	20,00	20,00	20,00	3,00	5,00	3.104,84	1.241,94	2.483,87	1.241,94	1.862,90
Gehälter	65.000,00	2,00	8,00	4,00	1,00	12,00	2,00	2,00	2,00	2,00	2,00	15,00	22,00	1.756,76	7.027,03	3.513,51	878,38	10.540,54
Abschreibungen	35.000,00	5,00	2,00	3,00	1,00	32,00	15,00	15,00	15,00	15,00	15,00	4,00	10,00	1.325,76	530,30	795,45	265,15	8.484,85
Versicherungen	51.000,00	2,00	2,00	5,00	2,00	12,00	28,00	28,00	28,00	28,00	28,00	5,00	3,00	596,49	596,49	1.491,23	596,49	3.578,95
Instandhaltung	22.000,00	3,00	2,00	3,00	1,00	14,00	42,00	42,00	42,00	42,00	42,00	10,00	6,00	265,06	176,71	265,06	88,35	1.236,95
Sonstiges	12.000,00	4,00	1,00	2,00	1,00	8,00	16,00	16,00	16,00	16,00	16,00	12,00	8,00	413,79	103,45	206,90	103,45	827,59
Primäre Gemeinkosten	**350.000,00**													**11.889,42**	**12.727,84**	**10.130,82**	**5.414,87**	**31.994,30**
		A1	3,00	4,00	2,00	3,00	4,00	4,00	4,00	4,00	4,00	5,00	4,00	-11.889,42	869,96	1.159,94	579,97	869,96

Abbildung 4.61: BAB Stufenleiterverfahren

CD

Kostenrechnung BAB Simultanverfahren.xls

Betriebsabrechnungsbogen - Simultanverfahren

Kostenart	Summe	Verteilungsschlüssel A1	A2	A3	A4	M	F1	F2	F3	F4	F5	Vw	V	Allgemeine Ko A1	A2
Fertigungsmaterial	330.000,00														
Fertigungslöhne	750.000,00														
Einzelkosten	**1.080.000,00**													**0,00**	**0,00**
Hilfsstoffe	18.000,00	3,00	2,00	1,00	2,00	4,00	12,00	12,00	12,00	12,00	12,00	2,00	6,00	675,00	450,00
Betriebsstoffe	60.000,00	4,00	3,00	1,00	2,00	5,00	10,00	10,00	10,00	10,00	10,00	2,00	7,00	3.243,24	2.432,43
Energie	10.000,00	3,00	1,00	2,00	1,00	3,00	8,00	8,00	8,00	8,00	8,00	5,00	4,00	508,47	169,49
Hilfslöhne	77.000,00	5,00	2,00	4,00	2,00	3,00	20,00	20,00	20,00	20,00	20,00	3,00	5,00	3.104,84	1.241,94
Gehälter	65.000,00	2,00	8,00	4,00	1,00	12,00	2,00	2,00	2,00	2,00	2,00	15,00	22,00	1.756,76	7.027,03
Abschreibungen	35.000,00	5,00	2,00	3,00	1,00	32,00	15,00	15,00	15,00	15,00	15,00	4,00	10,00	1.325,76	530,30
Versicherungen	51.000,00	2,00	2,00	5,00	2,00	12,00	28,00	28,00	28,00	28,00	28,00	5,00	3,00	596,49	596,49
Instandhaltung	22.000,00	3,00	2,00	3,00	1,00	14,00	42,00	42,00	42,00	42,00	42,00	10,00	6,00	265,06	176,71
Sonstiges	12.000,00	4,00	1,00	2,00	1,00	8,00	16,00	16,00	16,00	16,00	16,00	12,00	8,00	413,79	103,45
Primäre Gemeinkosten	**350.000,00**													**11.889,42**	**12.727,84**
	A1		5,00	15,00		5,00	40,00	40,00	40,00	40,00	40,00	5,00	3,00	-13.432,71	288,26
Umlage	A2	300,00		120,00	500,00	600,00	400,00	400,00	400,00	400,00	400,00	400,00	300,00	975,46	-13.721,52
	A3	20,00	30,00		20,00	50,00	100,00	100,00	100,00	100,00	100,00	200,00	50,00	275,20	412,79
	A4	5,00	5,00	10,00		20,00	10,00	10,00	10,00	10,00	10,00	15,00	20,00	292,63	292,63

Abbildung 4.62: BAB Simultanverfahren

Beim Simultanverfahren (auch simultanes Gleichungsverfahren) werden die Verrechnungspreise nicht nacheinander, sondern simultan (= gleichzeitig) berechnet. Rückverrechnungen zwischen den Allgemeinen Kostenstellen (Hilfs- oder Vorkostenstellen) werden bei der Verrechnungspreisermittlung berücksichtigt. Ziel ist – wie auch beim Stufenleiterverfahren – die vollständige Entlastung der Allgemeinen Kostenstellen auf die Haupt- bzw. Endkostenstellen.

Excel-Praxis: Kalkulationsmethoden

Divisionskalkulation

Kostenrechnung einstufige Divisionskalkulation.xls

CD

In der Divisionskalkulation werden die Gesamtkosten einer Periode durch die Leistungseinheiten dividiert. Das Ergebnis sind die Selbstkosten pro Leistungseinheit. Die Beispiellösung berechnet nach Eingabe der Kosten pro Kostenart die Kosten pro Leistungsmenge. Mit der Summe der Selbstkosten wird ein Gewinnaufschlag berechnet, daraus ergibt sich der Barverkaufspreis. Abzüge für Skonto und Rabatt führen zum Netto-Verkaufspreis, und mit aufaddierter Umsatzsteuer wird der Brutto-Verkaufspreis berechnet.

Die Nachkalkulation verwendet das gleiche Verfahren, und die Differenz aus beiden Kalkulationen ergibt die Abweichung.

	A	B	C	D	E	F
1	**Einstufige Divisionskalkulation**					
2						
3		Vorkalkulation		Nachkalkulation		Abweichung
4	**Leistungsmenge**	**1.000.000,00 ST**		**500.000,00 ST**		**-500.000,00 ST**
5	Kostenart	Kosten	Kosten pro Leistungsmenge	Kosten	pro Leistungsmenge	
6	Rohstoffe	500.000,00 €	0,50 €	500.000,00 €	1,00 €	- 0,50 €
7	Hilfsstoffe	70.000,00 €	0,07 €	70.000,00 €	0,14 €	- 0,07 €
8	Betriebsstoffe	30.000,00 €	0,03 €	30.000,00 €	0,06 €	- 0,03 €
9	Löhne	300.000,00 €	0,30 €	300.000,00 €	0,60 €	- 0,30 €
10	Gehälter	50.000,00 €	0,05 €	50.000,00 €	0,10 €	- 0,05 €
11	Sozialabgaben	100.000,00 €	0,10 €	100.000,00 €	0,20 €	- 0,10 €
12	Abschreibungen	700.000,00 €	0,70 €	700.000,00 €	1,40 €	- 0,70 €
13	Zinsen		- €		- €	- €
14	Versicherungen		- €		- €	- €
15	Beiträge		- €		- €	- €
16	Sonstige Steuern		- €		- €	- €
17	Öffentliche Abgaben		- €		- €	- €
18	Büromaterial		- €		- €	- €
19			- €		- €	- €
20			- €		- €	- €
21			- €		- €	- €
22	**Selbstkosten**	**1.750.000,00 €**	**1,75 €**	**1.750.000,00 €**	**3,50 €**	- 1,75 €
23	Gewinnaufschlag	**10,00 %**	**0,18 €**	**8,00 %**	**0,28 €**	- 0,11 €
24	Barverkaufspreis		**1,93 €**		**3,78 €**	- 1,86 €
25	Kundenskonto	**2,00 %**	**0,04 €**	**3,00 %**	**0,12 €**	- 0,08 €
26	Zielverkaufspreis		**1,96 €**		**3,90 €**	- 1,93 €
27	Kundenrabatt	**5,00 %**	**0,10 €**	**10,00 %**	**0,43 €**	- 0,33 €
28	Netto-Verkaufspreis		**2,07 €**		**4,33 €**	- 2,26 €
29	Umsatzsteuer	**19,00 %**	**0,39 €**	**19,00 %**	**0,82 €**	- 0,43 €
30	Brutto-Verkaufspreis		**2,46 €**		**5,15 €**	- 2,69 €

Abbildung 4.63: Einstufige Divisionskalkulation

Kostenrechnung Äquivalenzziffernkalkulation mehrstufig.xls

CD

Die Äquivalenzziffernkalkulation wird verwendet, um die Herstellungskosten für mehrere Produkte einer Sortenfertigung zu ermitteln. Unser Beispielbetrieb stellt fünf Produkte her und veranschlagt dafür jeweils eine einheitliche Summe für Material-, Lohn- und sonstige Kosten. Im Basisdatenblatt sind Produkte und Kosten aufgeführt und mit Bereichsnamen versehen.

	A	B	C	D	E	F
1	**Produktübersicht**				**Kosten**	
2						
3	Produktnr	Bezeichnung	Stückzahl		Materialkosten	100.000,00 €
4	1	Tisch 100 x 100	1000		Lohnkosten	75.000,00 €
5	2	Tisch 50 x 50	400		Sonstige Kosten	2.000,00 €
6	3	Tisch rund	100			
7	4	Tisch ausziehbar	500			
8	5	Beistelltisch	300			
9						

Abbildung 4.64: Produkte und Kosten allgemein

Um die unterschiedlichen Anteile der einzelnen Produkte an den Herstellungskosten zu ermitteln, werden die Produkte jeweils mit einer Äquivalenzziffer versehen, zunächst für die erste Kostenart (Material). Ein Drehfeld sorgt dafür, dass die Ziffer im 01-Intervall erhöht und verringert werden kann. In den weiteren Spalten werden die Recheneinheit pro Material und die Materialkosten pro Stück berechnet. Die Kontrollsumme stellt sicher, dass die Gesamtsumme wieder mit den veranschlagten Materialkosten identisch ist.

```
E4: =WENN(C4*B4=0;"";B4*C4)
E9: =SUMME(E4:E8)
F4: =WENN(E4="";"";Materialkosten/$E$9*E4/B4)
G4: =WENN(F4="";"";F4*B4)
G9: =SUMME(G4:G8)
```

	A	B	C	E	F	G
1	**Äquivalenzziffernkalkulation mehrstufig**					
2						
3	Produkt	Menge	Äquivalenzziffer Material	Recheneinheit Material	Materialkosten/Stück	Materialkosten gesamt
4	Tisch 100 x 100	1000	1	1000	45,05	45045,05
5	Tisch 50 x 50	400	0,8	320	36,04	14414,41
6	Tisch rund	100	1,5	150	67,57	6756,76
7	Tisch ausziehbar	500	1,2	600	54,05	27027,03
8	Beistelltisch	300	0,5	150	22,52	6756,76
9	Summe			2220		100000,00

Abbildung 4.65: Materialkostenberechnung mit Äquivalenzziffer

Nach der Eingabe der Äquivalenzziffern für die restlichen Kostenarten wird die gesamte Liste mit Gliederungsebenen auf die Kostensummen versehen. Die erste Gliederungsebene gibt die Kostensummen wieder.

Differenzierte Zuschlagskalkulation

Kostenrechnung Zuschlagskalkulation.xls

CD

In der Zuschlagskalkulation werden die Einzelkosten direkt den Kosten und die anteilig indirekt verrechenbaren Kosten (Gemeinkosten) mit einem Prozentzuschlag oder Index berechnet. Sie wird als Kalkulationsform in der Sorten-, Serien- oder Einzelfertigung verwendet, wenn eine gleichmäßige Verrechnung mit Äquivalenzziffern nicht möglich ist. In der differenzierten Zuschlagskalkulation werden die Gemeinkosten zuerst auf die Kostenstellen verteilt und dann mit differenzierten Zuschlagssätzen auf den Kostenträger verrechnet.

Nutzen Sie die Formelüberwachung, um die Berechnungen in der Beispiellösung nachzuvollziehen. Mit *Spur zum Vorgänger* markieren Sie alle Verbindungen, die zu einem Wert führen. Klicken Sie das Symbol dazu mehrfach an. Die *Spur zum Nachfolger* zeigt auf, in welcher Formel ein Wert verwendet wird, und mit *Alle Spuren entfernen* bzw. *Pfeile entfernen* löschen Sie alle Spuren wieder.

Ansicht/Symbolleisten/Formelüberwachung 2003

Formeln/Formelüberwachung 2007 2010

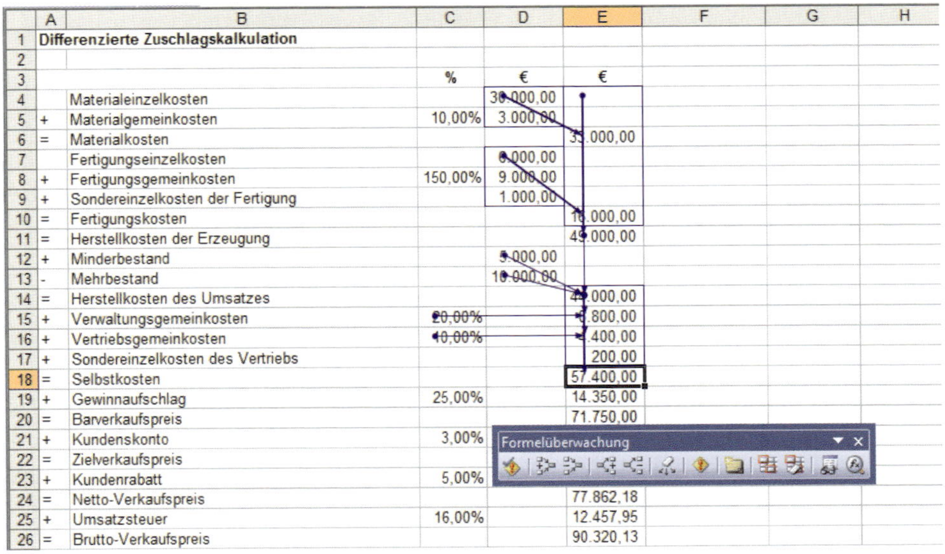

	A	B	C	D	E	F	G	H
1	Differenzierte Zuschlagskalkulation							
2								
3			%	€	€			
4		Materialeinzelkosten		30.000,00				
5	+	Materialgemeinkosten	10,00%	3.000,00				
6	=	Materialkosten			33.000,00			
7		Fertigungseinzelkosten		6.000,00				
8	+	Fertigungsgemeinkosten	150,00%	9.000,00				
9	+	Sondereinzelkosten der Fertigung		1.000,00				
10	=	Fertigungskosten			16.000,00			
11	=	Herstellkosten der Erzeugung			49.000,00			
12	+	Minderbestand		5.000,00				
13	-	Mehrbestand		10.000,00				
14	=	Herstellkosten des Umsatzes			44.000,00			
15	+	Verwaltungsgemeinkosten	20,00%		8.800,00			
16	+	Vertriebsgemeinkosten	10,00%		4.400,00			
17	+	Sondereinzelkosten des Vertriebs			200,00			
18	=	Selbstkosten			57.400,00			
19	+	Gewinnaufschlag	25,00%		14.350,00			
20	=	Barverkaufspreis			71.750,00			
21	+	Kundenskonto	3,00%					
22	=	Zielverkaufspreis						
23	+	Kundenrabatt	5,00%					
24	=	Netto-Verkaufspreis			77.862,18			
25	+	Umsatzsteuer	16,00%		12.457,95			
26	=	Brutto-Verkaufspreis			90.320,13			

Abbildung 4.66: Differenzierte Zuschlagskalkulation

Gemeinkostenwertanalyse

Problemstellung

Bereits in den 1970er-Jahren wurde die Notwendigkeit erkannt, die **Gemeinkostenbereiche** im Unternehmen transparent zu gestalten und steuern zu können. Dies war die Folge, dass in vielen Unternehmen den Gemeinkostenbereichen zu wenig Aufmerksamkeit geschenkt wurde und diese von stetig zunehmenden Kosten geprägt waren. Problematisch erwies sich damals und erweist sich heute noch das Problem, dass die Leistungen der Gemeinkostenbereiche nicht wirklich bekannt sind. Dies ist die Folge einer **fehlenden Outputorientierung** der Gemeinkostenbereiche.

Gemeinkosten sind diejenigen Kosten, die dem einzelnen Auftrag bzw. Kostenträger (Produkt) nicht direkt zugerechnet werden können (z. B. Kosten administrativer Tätigkeiten wie Personalverwaltung, Rechnungswesen, IT- und Unternehmenssicherheit, Reinigung, Unternehmenskommunikation). Einzelkosten dagegen können dem Auftrag bzw. Kostenträger (Produkt) direkt zugerechnet werden (z. B. Fertigungsmaterial, Fertigungslöhne). Die Verrechnung der Gemeinkosten, die auf den »Overhead-Kostenstellen« gesammelt und auf die Kostenträger verrechnet werden, erfolgt mithilfe des Betriebsabrechnungsbogens. Ziel darf es jedoch nicht sein, ungeachtet der entgegenstehenden Leistung die Gemeinkosten »unreflektiert« zu verrechnen, nur um eine Entlastung der Gemeinkostenbereiche zu erreichen.

Folglich wird ein Instrument benötigt, mit dessen Hilfe **Kosten und Nutzen von Leistungen der Gemeinkostenbereiche** beurteilt und nicht erforderliche Leistungen identifiziert werden können. Die nicht erforderlichen Leistungen müssen abgebaut und somit deren Kosten eliminiert werden.

Fachliche Beschreibung und Beispiele

Die Durchführung der Gemeinkostenwertanalyse (GWA), die auch als Overhead Value Analysis (OVA) bezeichnet wird, erfolgt in einem

- **managementorientierten Ansatz,** der auf die Strategieberatungsgesellschaft McKinsey zurückzuführen ist. Insbesondere die operative Einbindung des mittleren Managements und das daraus resultierende Problemverständnis sollen genutzt werden, um die Gemeinkosten-Reduktionspotenziale aufzudecken und zu realisieren.
- **kreativitätsfördernden Ansatz**, der nicht nur von den Mitgliedern »irgendeines« Projektteams, sondern von allen Führungskräften im Unternehmen getragen werden sollte. Sie alle leisten durch Kreativität der eigenen Ideen ihren Beitrag, um nicht benötigte Leistungen und damit Kosten zu identifizieren und abzubauen. Unterstützt werden sie von Moderations- und Toolexperten. Dabei kommen unterschiedliche Kreativitätstechniken zum Einsatz (z. B. Brainstorming, Collective Notebook-Technik, Methode 653).

An einem GWA-Projekt sind u. a. beteiligt:

- Leiter der leistungserstellenden Gemeinkostenbereiche
- Führungskräfte der leistungsempfangenden Bereiche

- Controller als Moderatoren
- externe Berater als Toolexperten mit Methodenwissen

Der GWA liegt ein **Vorgehensmodell** zugrunde, das mehrere Phasen unterscheidet:

1. Phase 1: Vorbereitung (Schaffung des organisatorischen Rahmens) (Dauer: ca. drei Wochen)
   - Definition des Projektziels
   - Festlegung der Projektorganisation
   - ggf. Auswahl des externen Beraters
   - Erstellung der Projektplanung
   - Definition der »Projektspielregeln«
   - Auswahl der Analyseeinheiten
   - Schulung der Beteiligten
2. Phase 2: Analyse (Ermittlung der Einsparpotenziale) (Dauer: ca. zwei bis vier Monate)
   - Identifikation und Strukturierung der Leistungen der einbezogenen Gemeinkostenbereiche sowie deren Leistungsempfänger
   - Identifikation und Strukturierung der Kosten, die auf die Leistungen entfallen
   - Gegenüberstellung von Kosten und Nutzen
   - Suche nach Einspar-/Verbesserungspotenzialen (Zielsetzung in der Praxis: 40 %, z. B. durch reduzierte Qualität und/oder Häufigkeit, Verzicht auf bzw. Ersatz von Leistungen)
   - Bewertung der Einspar-/Verbesserungspotenziale (insbesondere hinsichtlich der Wirksamkeit sowie deren Folgewirkungen, z. B. bei Qualitätsreduktion) und Prüfung deren Realisierbarkeit (z. B. Akzeptanz von Qualitätsreduktionen beim Kunden, entgegenstehende Qualitätsvereinbarungen, vertragliche Verpflichtungen)
   - Priorisierung der Maßnahmen nach deren Wirksamkeit
   - Verabschiedung eines »Aktionsprogramms«
3. Phase 3: Realisierung (Umsetzung der definierten Maßnahmen) (Dauer: ggf. mehrere Jahre)
   - Erarbeitung einer Realisationsplanung
   - Umsetzung der Maßnahmen des verabschiedeten »Aktionsprogramms« (z. B. bezogen auf Personalmaßnahmen wie Reduktion der Mitarbeiter, Flexibilisierung der Arbeitszeit, Veränderung der Mitarbeiterqualifikation) mit der Folge der (teilweisen) Realisierung der Einsparpotenziale
4. Phase 4: Maßnahmencontrolling (Überwachung und Steuerung der Maßnahmenumsetzung parallel zu Phase 3)

Hinweis

In der Praxis werden in der Analysephase meist sehr ehrgeizige Einsparpotenziale in Höhe von ca. 40 % als Zielsetzung definiert, wobei klar ist, dass dieses Einsparpotenzial nicht vollständig realisiert wird. Realisiert werden häufig nur 10 bis 20 %.

Als zusammenfassende **Charakterisierung** lässt sich festhalten:

- Universeller Einsatz in allen Gemeinkostenbereichen möglich, d. h. keine Beschränkung auf repetitive Tätigkeiten
- Realisierung kurz-/mittelfristiger Ergebnisverbesserungen möglich
- Systematische und transparente Methode
- Festsetzung von Kosteneinsparzielen in Höhe von ca. 40 % führt zu Akzeptanzproblemen
- Operatives Instrument der Kostensteuerung
- Verlagerung der Haupttätigkeiten und damit des Hauptaufwands auf die Führungskräfte

Excel-Praxis: Gemeinkostenwertanalyse

CD

Gemeinkostenwertanalyse.xls

Mit dieser Praxislösung steuern Sie den Prozess der Gemeinkostenwertanalyse von der Mitarbeiterbefragung bis zur Auswertung der Mitarbeiterdaten und Berechnung der Tätigkeitskosten. Die Arbeitsmappe enthält diese Tabellenblätter:

- Personaldatenbank mit Mailadressen und Stundensätzen
- Tätigkeitsliste (abteilungsbezogen)
- Erfassungsformular für abteilungsbezogene Tätigkeiten
- Tätigkeitsauswertung für eine Abteilung mit Kostenberechnung und Verknüpfung auf Stundensätze
- VBA-Makro zum Versenden des Tätigkeitsformulars an die Mitarbeiter
- VBA-Makro zur Erfassung von Rückläuferformularen in der Tätigkeitsauswertung

Basisdaten Personal

Im Tabellenblatt *Personal* tragen Sie die Mitarbeiterdaten mit Name, Personalnummer, Stundensatz und Mailadresse ein. Diese Liste wird sowohl für die Fragebogenaktion als auch für die Auswertung der Rückläuferfragebogen verwendet.

	A	B	C	D	E	F
1	Mitarbeiter	Personalnr	Abteilung	Kostenstelle	Stundensatz	Mailadresse
2	Bernd Höfler	100-23	Auftragsbearbeitung	3202010	12,0 €	bhoefler@mustermann.com
3	Dieter Müller	100-24	Auftragsbearbeitung	3202010	15,0 €	dmueller@mustermann.com
4	Margit Hoffmeister	100-25	Auftragsbearbeitung	3202010	15,0 €	mhoffmeister@mustermann.com
5	Stefan Schwalb	100-26	Auftragsbearbeitung	3202020	12,0 €	sschwalb@mustermann.com
6	Ludwig Sterzinger	100-27	Auftragsbearbeitung	3202020	15,0 €	lsterzinger@mustermann.com

Abbildung 4.67: Personalliste für die GWA

Tätigkeiten und Formular »Tätigkeitsanalyse«

Das Formular *Tätigkeitsanalyse* wird an alle Mitarbeiter einer Abteilung oder Unternehmenseinheit versandt. Es sollte deshalb neben einer freundlichen Ansprache so viele Erklärungen und Bedienungshinweise wie nötig enthalten. Für die unternehmensweite Durchführung einer GWA empfiehlt es sich, die Tätigkeiten der Mitarbeiter in den einzelnen Abteilungen oder Unternehmenseinheiten vorzudefinieren. Nur so lässt sich eine einheitliche Auswertung sicherstellen. Die Tätigkeiten können im ersten Schritt aus den Arbeitsplatzbeschreibungen übernommen werden, möglich wäre auch eine Befragungsaktion im Vorfeld der Analyse. Als Tätigkeiten sollten keine Arbeitstechniken (Briefe schreiben, telefonieren), sondern nur Arbeitsplatzaufgaben wie Ersatzteilbestellung, Lohndatenerfassung, Auftragsbearbeitung etc. aufgenommen werden.

Die Tätigkeitenliste steht zweckmäßig im Formular, das an die Mitarbeiter versandt wird. Dieses ist mit einem lokalen Bereichsnamen versehen, der von der VBA-Makroauswertung verwendet wird. Achten Sie bei der Erfassung oder Erweiterung der Liste darauf, dass der Bereichsname wieder alle Tätigkeiten umfasst.

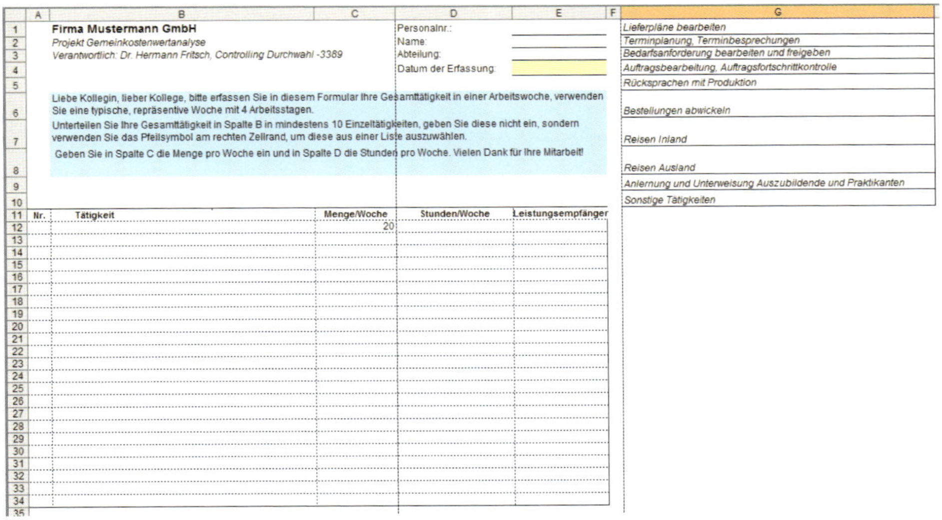

Abbildung 4.68: Erfassungsformular und Tätigkeitenliste für die Abteilung

Die Tätigkeitsfelder sind mit einer Gültigkeitsliste versehen, damit der Mitarbeiter einen Überblick über alle Eingabemöglichkeiten hat und keine eigenen Tätigkeiten erfassen muss oder kann.

Auch die Mengen- und Stundenfelder sind mit einer Gültigkeitsprüfung präpariert, bei Falscheingaben erscheint eine Fehlermeldung mit Hilfestellung. Diese Fehlermeldungen definieren Sie im dritten Registerblatt der Gültigkeitsprüfung, bei Bedarf können Sie auch eine Eingabemeldung definieren, sie erscheint, wenn der Zellzeiger auf die Zelle gesetzt wird.

2003 | *Daten/Gültigkeit*

2007 2010 | *Daten/Datentools/Datenüberprüfung*

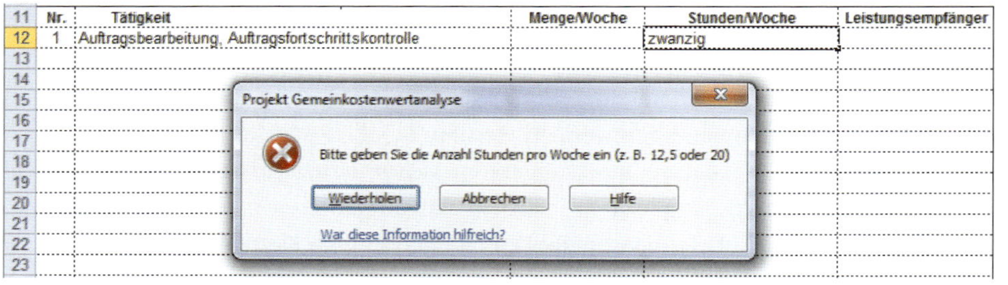

Abbildung 4.69: Fehlermeldungen werden auch für Erklärungen und Hilfestellung benutzt

VBA-Makro »Formular senden«

Für den Versand der Formulare steht ein VBA-Makro zur Verfügung. Es schreibt die Mitarbeiterdaten aus der Personaltabelle in eine UserForm und aktiviert diese für den Anwender. In die UserForm wurde dafür eine fünfspaltige Liste eingezeichnet, eine Schaltfläche im Tabellenblatt START aktiviert das Makro.

Listing 4.4: VBA-Makro für den Formularversand

```
Sub FormularSenden()
 Dim shPersonal As Worksheet, i
 Set shPersonal = ThisWorkbook.Worksheets("Personal")
 shPersonal.Select
 ' Mitarbeiterauswahl mit UserForm
 With frmPersonal
  .lstPersonal.RowSource = shPersonal.Range("Personaldatenbank").Address
  .txtFormular = "Formular Tätigkeitsanalyse"
  .Show
End With
End Sub
```

Markieren Sie einzelne Mitarbeiter per Klick auf den Eintrag in der Liste. Ein weiterer Klick hebt die Markierung wieder auf. Die Liste ist dafür mit der Eigenschaft *Multiselect* präpariert. Klicken Sie auf die Schaltfläche *Formular senden*, wenn alle Mitarbeiter markiert sind.

Listing 4.5: VBA-Makro zum Versenden der Outlook-Nachrichten

```
Private Sub cmdOK_Click()
 Dim shPersonal As Worksheet, i As Integer
 Dim ol As Object, mail As Object
 Dim strMitarbeiter As String, strPersNr As String, strKostenstelle As String
 Dim strFragebogen As String, strAbteilung As String, shMail As String
 Dim strMailadresse As String, strMail As String
 Set shPersonal = ThisWorkbook.Worksheets("Personal")
```

```
 ' Schleife für alle markierten Mitarbeiter
 For i = 0 To Me.lstPersonal.ListCount - 1
  If Me.lstPersonal.Selected(i) = False Then GoTo nextMA
   ' Fragebogen kopieren
   Sheets("Formular Tätigkeitsanalyse").Copy
   ' Fragebogen mit Daten füllen
   With shPersonal.Range("Personaldatenbank")
    strMitarbeiter = .Cells(i + 1, 1)
    strPersNr = .Cells(i + 1, 2)
    strAbteilung = .Cells(i + 1, 3)
    strKostenstelle = .Cells(i + 1, 4)
    strMailadresse = .Cells(i + 1, 6)
    strFragebogen = Me.txtFormular.Value
   End With
   ' Fragebogen als Datei speichern und schließen
   Application.DisplayAlerts = False
   strFragebogen = "Projekt GWA_" & strMitarbeiter
   With ActiveWorkbook
    .SaveAs Filename:=strFragebogen
    .Close
   End With
   Application.DisplayAlerts = False
   ' Neue Outlook-Nachricht öffnen
   Set ol = CreateObject("Outlook.Application")
   Set mail = ol.createitem(0)
   With mail
    .Subject = "Projekt GWA - Fragebogen Tätigkeitsanalyse"
    .body = "Sehr geehrte Kollegin/sehr geehrter Kollege," _
    & Chr(13) _
    & "mit dieser Nachricht erhalten Sie einen Fragebogen " _
    & "zur Erfassung Ihrer arbeitsplatzbezogenen Tätigkeiten. " _
    & Chr(13) & "Bitte füllen Sie diesen aus und senden Sie ihn als Dateianhang " _
    & "zurück an den Absender (hfritsch@mustermann.com). " _
    & Chr(10) & Chr(13) & "Vielen Dank!"
   .To = strMailadresse
   ' Dateiendung ab Excel 2007: xlsx
   .Attachments.Add CurDir & "\" & strFragebogen & ".xls"
   .display
   ' Sofort senden mit .send
  End With
nextMA:
 Next i
 Set mail = Nothing
 Set ol = Nothing
 ' UserForm ausblenden
 Unload Me
End Sub
```

Das Makro der Schaltfläche *Formular senden* übernimmt jetzt die Aufgabe, für jeden markierten Mitarbeiter eine Outlook-Nachricht zu generieren und diese mit den Daten aus der Personaldatenbank zu bestücken. Das Tabellenblatt mit dem Fragebogen wird vorher als Datei im XLS-Format abgespeichert, der Dateiname setzt sich zusammen aus »Projekt GWA_« und dem Namen des Mitarbeiters.

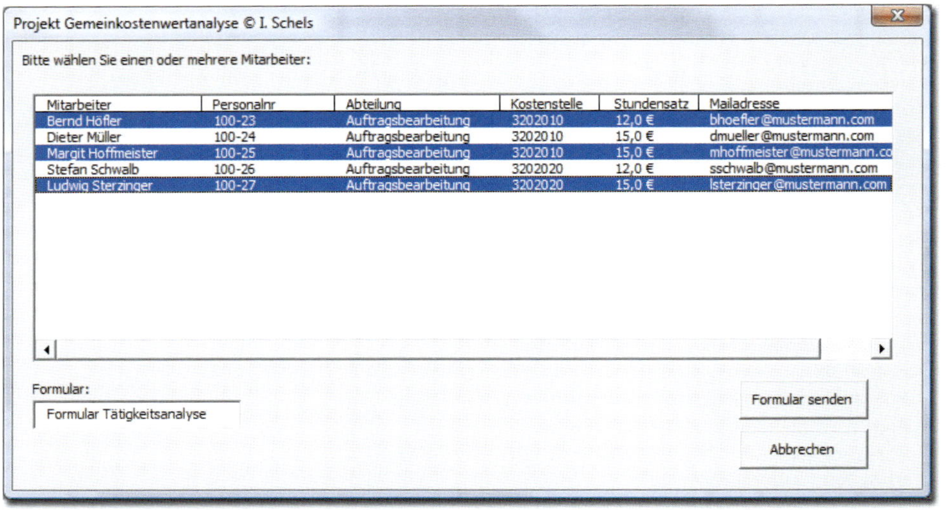

Abbildung 4.70: UserForm mit Multiselect-Mitarbeiterliste

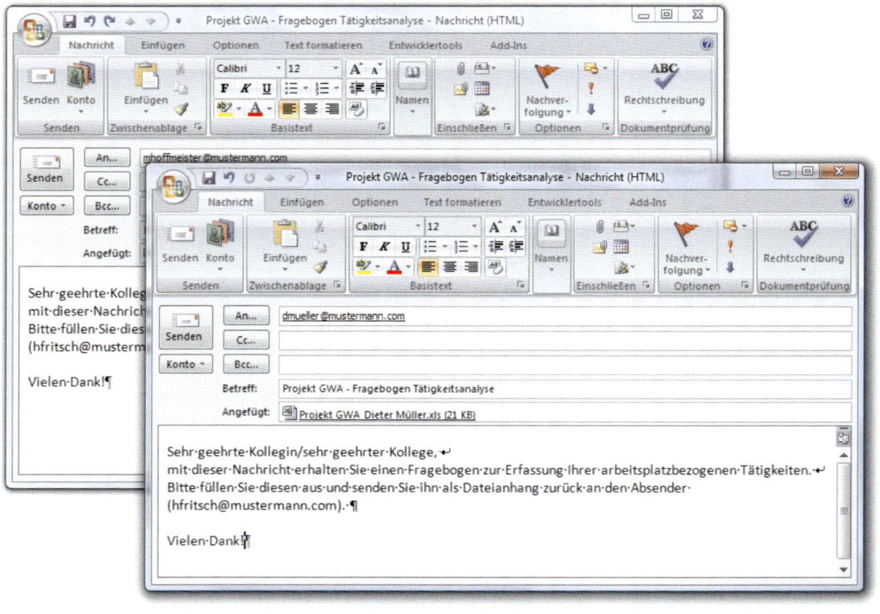

Abbildung 4.71: Diese Outlook-Nachrichten generiert das Makro aus der UserForm

Listing 4.6: Das VBA-Makro kopiert das Tätigkeitsformular und versendet es per Mail im Anhang

```
Private Sub cmdOK_Click()
 Dim shPersonal As Worksheet, i As Integer
 Dim ol As Object, mail As Object
 Dim strMitarbeiter As String, strPersNr As String, strKostenstelle As String
 Dim strFragebogen As String, strAbteilung As String, shMail As String
 Dim strMailadresse As String, strMail As String
```

```
 Set shPersonal = ThisWorkbook.Worksheets("Personal")
 ' Schleife für alle markierten Mitarbeiter
 For i = 0 To Me.lstPersonal.ListCount - 1
  If Me.lstPersonal.Selected(i) = False Then GoTo nextMA
   ' Fragebogen kopieren
   Sheets("Formular Tätigkeitsanalyse").Copy
   ' Fragebogen mit Daten füllen
   With shPersonal.Range("Personaldatenbank")
    strMitarbeiter = .Cells(i + 1, 1)
    strPersNr = .Cells(i + 1, 2)
    strAbteilung = .Cells(i + 1, 3)
    strKostenstelle = .Cells(i + 1, 4)
    strMailadresse = .Cells(i + 1, 6)
    strFragebogen = Me.txtFormular.Value
   End With
   With ActiveSheet
     .Range("E1") = strPersNr
     .Range("E2") = strMitarbeiter
     .Range("E3") = strAbteilung
   End With
   ' Fragebogen als Datei speichern und schließen
   Application.DisplayAlerts = False
   strFragebogen = "Projekt GWA_" & strMitarbeiter
   With ActiveWorkbook
    .SaveAs Filename:=strFragebogen
    .Close
   End With
   Application.DisplayAlerts = False
   ' Neue Outlook-Nachricht öffnen
   Set ol = CreateObject("Outlook.Application")
   Set mail = ol.createitem(0)
   With mail
    .Subject = "Projekt GWA - Fragebogen Tätigkeitsanalyse"
    .body = "Sehr geehrte Kollegin/sehr geehrter Kollege," _
    & Chr(13) _
    & "mit dieser Nachricht erhalten Sie einen Fragebogen " _
    & "zur Erfassung Ihrer arbeitsplatzbezogenen Tätigkeiten. " _
    & Chr(13) & "Bitte füllen Sie diesen aus und senden Sie ihn als Dateianhang " _
    & "zurück an den Absender (hfritsch@mustermann.com). " _
    & Chr(10) & Chr(13) & "Vielen Dank!"
   .To = strMailadresse
   ' Dateiendung ab Excel 2007: xlsx
   .Attachments.Add CurDir & "\" & strFragebogen & ".xls"
   .display
   ' Sofort senden mit .send
  End With
nextMA:
 Next i
 Set mail = Nothing
 Set ol = Nothing
 ' UserForm ausblenden
 Unload Me
End Sub
```

VBA-Makro »Formularauswertung«

Auch die Auswertung der von den Mitarbeitern zurückgesandten Formulare erfordert ein wenig Makrohilfe. Das Auswertungsblatt ist mit Spalten für Mitarbeitername, Abteilung, Tätigkeit, Menge, Stunden, Kosten und Leistungsempfänger vorbereitet. Eine Formel mit der Funktion TEILERGEBNIS() über den Wertfeldern sorgt dafür, dass die Mengen, Stunden und Kosten bei gefilterten Listen automatisch auf den gefilterten Wert berechnet werden.

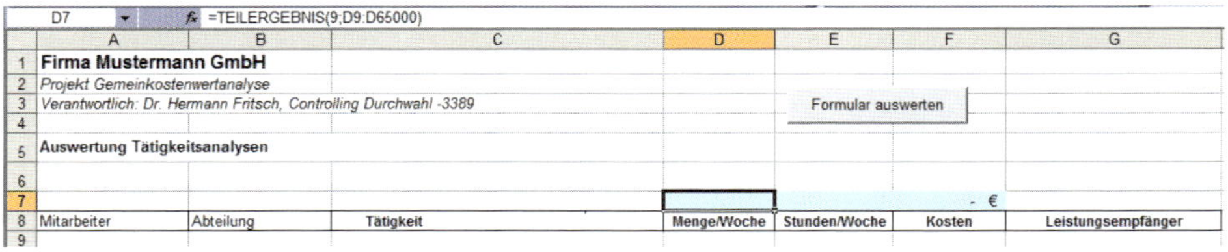

Abbildung 4.72: Das Auswertungsblatt mit Teilergebnissen

Die Schaltfläche *Formular auswerten* startet ein Makro, das den bekannten Dateidialog zum Öffnen einer Datei präsentiert. Suchen Sie eine Datei, die mit »Projekt GWA« beginnt, und öffnen Sie diese. Nach einer Sicherungsmeldung kann die Datei ausgewertet werden, das Makro holt die Daten aus dem Formular und schreibt sie in das Auswertungsblatt. Dabei wird auch eine Formel mit einer SVERWEIS()-Funktion kreiert, die den Stundensatz aus der Personaltabelle holt, um die Kosten der Tätigkeiten zu berechnen.

Listing 4.7: VBA-Makro zur Auswertung gespeicherter Tätigkeitsanalyse-Formulare

```
Sub FormularAuswerten()
  Dim varFile, lastAction, nextAction, strMitarbeiter As String
  Dim strAbteilung As String, shAuswertung As Worksheet, i As Integer
  Dim okMsg
  Set shAuswertung = ThisWorkbook.Sheets("Auswertung Tätigkeitsanalyse")
  ' Dateiliste öffnen
  varFile = Application.GetOpenFilename("Microsoft Excel (*.xls), *.xls")
  If varFile = False Then Exit Sub
  ' Fragebogendatei aktivieren
  Workbooks.Open varFile
  strMitarbeiter = Range("E2")
  strAbteilung = Range("E3")
  okMsg = MsgBox("Fragebogen von " & strMitarbeiter & " auswerten?", vbYesNo +
vbQuestion, "Projekt GWA")
  If okMsg = vbNo Then
    ActiveWorkbook.Close
    Exit Sub
  End If
  ' Daten auslesen und in Tätigkeitsauswertung schreiben
  With ActiveSheet
   lastAction = .Range("B65000").End(xlUp).Row
   If lastAction = 11 Then
```

```
    MsgBox "Keine Auswertungsdaten im Formular", vbCritical, "Projekt GWA"
    Exit Sub
  End If
  For i = 12 To lastAction
   nextAction = shAuswertung.Range("B65000").End(xlUp).Row + 1
   shAuswertung.Cells(nextAction, 1) = strMitarbeiter
   shAuswertung.Cells(nextAction, 2) = strAbteilung
   shAuswertung.Cells(nextAction, 3) = .Cells(i, 2)
   shAuswertung.Cells(nextAction, 4) = .Cells(i, 3)
   shAuswertung.Cells(nextAction, 5) = .Cells(i, 4)
   shAuswertung.Cells(nextAction, 7) = .Cells(i, 5)
   ' SVerweisformel für die Kosten
   shAuswertung.Cells(nextAction, 6) = _
     "=VLOOKUP(RC1,Personaldatenbank,5,0)*RC[-1]"
  Next i
 End With
 ActiveWorkbook.Close
End Sub
```

Break-even-Analyse

Problemstellung

Die **Fundierung von Entscheidungen** der Führungskräfte durch Aufbereitung von Informationen stellt eine der wesentlichen Aufgaben des Controllers dar. Die Festlegung des Gewinnziels und des Beschäftigungsgrads, Entscheidungen über die auszubringende Menge, die Hinterfragung der Preispolitik oder die Rentabilität von Erweiterungsvorhaben ist nur eine Auswahl an solchen Entscheidungssituationen.

Die o. g. Entscheidungssachverhalte können tabellarisch und grafisch veranschaulicht werden. Grundlage dafür ist die sog. Break-even-Analyse, die auch als **Gewinnschwellenanalyse** oder **Nutzschwellenanalyse** bezeichnet wird. Mit ihrer Hilfe wird allgemein die Beziehung von Kosten, Erlösen sowie Gewinn bzw. Verlust rechnerisch ermittelt und in einem Break-even-Diagramm visualisiert. Die Auswirkungen von **Preis-, Kosten- und/oder Mengenänderungen** werden auf einfache Art und Weise transparent.

Fachliche Beschreibung und Beispiele

Der **Grundgedanke** der Break-even-Analyse besagt, dass das Unternehmen erst dann Gewinn erwirtschaftet, wenn all seine Kosten (= Vollkosten) durch Erlöse gedeckt sind. Diese Aussage hat nicht nur für das gesamte Unternehmen Gültigkeit, sondern kann auch auf Unternehmensteile bis hin zu einzelnen Produkten heruntergebrochen werden. Im Bereich der Investitionsrechnung wird dieser Ansatz häufig mithilfe von Zahlungsströmen praktiziert.

Schritt 1: Ermittlung der Erlöse

Die Ermittlung der Erlöse folgt dem gleichen Prinzip, das der Absatz- und Umsatzplanung zugrunde liegt. Die Absatzmengen werden mit ihren Preisen multipliziert. Es ergeben sich die (Umsatz-)Erlöse. Der Einfachheit halber wird in der betrieblichen Praxis häufig ein linearer Verlauf der Erlöse unterstellt. Sollten sich Anzeichen für einen progressiven oder degressiven Erlösverlauf ergeben, ist dieser zugrunde zu legen.

Hinweis Es sollte darauf geachtet werden, dass die Erlöse möglichst realitätsnah abgebildet werden. Dazu gehört, dass auch Erlösschmälerungen berücksichtigt werden müssen, da diese mit zunehmender Absatzmenge bei einem Kunden wahrscheinlicher werden. Folglich führt die einfache Multiplikation der Absatzmengen mit den Listenpreisen oft zu überhöhten Erlösen.

Schritt 2: Ermittlung der Kosten

Die einfache Aussage der Vollkostendeckung wird kostenrechnerisch weiter detailliert, indem eine **Kostenspaltung** in fixe (= Strukturkosten) und variable (= Produktkosten) Kostenbestandteile durchgeführt wird. Hinter diesen beiden Kostenkategorien stehen zahlreiche einzelne Kostenarten, verteilt auf diverse Kostenstellen bzw. Kostenträger. Eine blockweise Differenzierung könnte wie folgt aussehen:

1. Variable Kosten (Produktkosten)
   - Fertigungsmaterial
   - Fertigungslöhne
   - Variable Fertigungskosten
2. Fixe Kosten (Strukturkosten)
   - Fixe Fertigungskosten
   - Vertriebskosten
   - Verwaltungskosten

Schritt 3: Ermittlung des Deckungsbeitrags

Mithilfe der Kostenspaltung kann eine einfache Deckungsbeitragsrechnung als kurzfristige Erfolgsrechnung für das Unternehmen erstellt werden. Der **Deckungsbeitrag** ergibt sich, indem von den Erlösen die variablen Kosten (= Produktkosten) abgezogen werden. Interpretiert wird der Deckungsbeitrag als derjenige Betrag, der zur Deckung der fixen Kosten und zur Erwirtschaftung eines Gewinns zur Verfügung steht.

Schritt 4: Ermittlung des Break-even-Punkts

Die Ermittlung des Break-even-Punkts (BEP) stellt bei der Betrachtung von **Vollkosten** gleichzeitig auch die Gewinnschwelle dar, d. h. dass ab diesem Punkt das Unternehmen die Verlustzone verlässt und Gewinn erwirtschaftet. Der BEP ist charakterisiert durch zwei Parameter:

- Break-even-Absatzmenge (BEA)
- Break-even-Umsatz (BEU)

Bei einer Absatzmenge von x (= BEA) erwirtschaftet das Unternehmen einen Umsatz von y (= BEU), der zur Deckung der gesamten Kosten (= Vollkosten) ausreicht und zu einem Ergebnis von null führt. Es wird also weder Gewinn noch Verlust erwirtschaftet.

Die Break-even-Betrachtung kann jedoch auch nur auf Basis der **Teilkosten** durchgeführt werden. Das Unternehmen betrachtet in diesem Zusammenhang nur das Teilziel, dass die variablen Kosten (= Produktkosten) durch die erwirtschafteten Erlöse gedeckt sein müssen (**Teildeckungsziel**). Die fixen Kosten (= Strukturkosten) stehen bei dieser Betrachtung im Hintergrund. Die Deckung der variablen Kosten kann auf Basis unterschiedlicher Verkaufsmengen oder Beschäftigungsgrade simuliert werden.

Der BEP kann mithilfe nachfolgender Formeln **rechnerisch** ermittelt werden:

- Ausgangsbasis: Erlöse = Kosten (E = K)
- Erlöse = Preis mal Menge (E = p x)
- Kosten = fixe Kosten plus (variable Stückkosten mal Menge) ($K = K_F + (k_V\ x)$)
- Stückdeckungsbeitrag = Preis minus variable Stückkosten ($db = p - k_V$)
- BEA = Fixe Kosten/Stückdeckungsbeitrag ($BEU = K_F/db$)
- BEU = BEA mal Preis (BEU = BEA p)

Excel-Praxis: Break-even-Analyse

Break-Even-Analyse.xls CD

Kalkulieren Sie den Gewinnschwellenwert oder Break-even-Point (BEP) für das Produkt *Air Star Turbo*. Das Tabellenblatt *Break Even* enthält eine Auflistung mit den Produktkosten (variable Stückkosten), dem Produktpreis pro Stück und den Strukturkosten (Fixkosten). Die Schrittweite für die Variantentabelle ist ebenfalls angegeben. Mit Bereichsnamen werden die Formeln transparenter, holen Sie diese gleich aus der Beschriftung, markieren Sie den Bereich A3:B7.

Einfügen/Namen erstellen/Aus linker Spalte 2003

Formeln/Definierte Namen/Aus Auswahl erstellen 2007 2010

Die Break-even-Formel

Der BEP für die Absatzmenge berechnet sich aus dieser Formel:

$$\text{BEP Absatzmenge} = \frac{\text{Strukturkosten}}{\text{Preis pro Stück - Produktkosten}}$$

Abbildung 4.73: BEP-Formel für die Absatzmenge

Die Excel-Formel verwendet die Funktion AUFRUNDEN(), um den Wert nach oben zu runden:

```
B9: =AUFRUNDEN(Strukturkosten/(Preis_pro_Stück-Produktkosten);0)
```

Der BEP für den Umsatz wird aus dem Produkt von Absatz-BEP und Produktpreis ermittelt:

```
B10: =B9*Preis_pro_Stück
```

Eine einfache Was-wäre-wenn-Analyse mit den beiden Argumenten *Produktkosten* und *Preis pro Stück* bietet Drehfelder, Formularelemente, die über die Entwicklertools von Excel gezeichnet werden. Die Zellverknüpfung sorgt dafür, dass die richtige Zelle variiert wird.

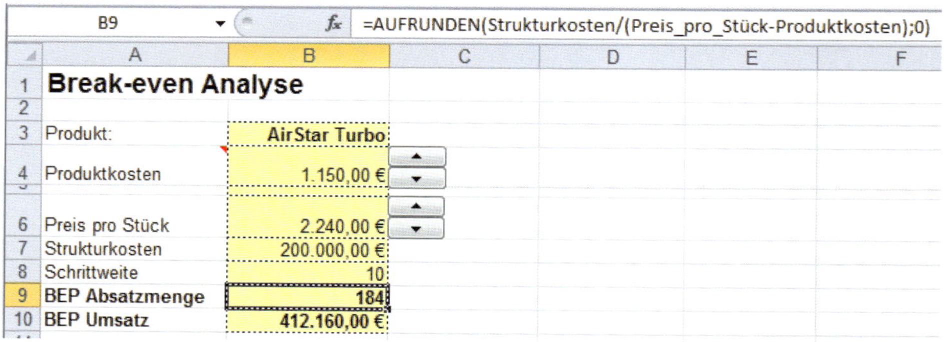

Abbildung 4.74: Break-even-Berechnung für das Produkt Air Star Turbo

Variantenliste

Wie sieht der Break-even bei steigenden Absatzmengen aus? Für eine lineare Kalkulation erhöhen Sie den Absatz in Spalte A um den Schrittmengenwert und berechnen die übrigen Werte in den Spalten daneben.

Zelle	Berechnung	Formel
A13	Absatzmenge	0
A14	Menge plus Schrittweite	=A13+Schrittweite
B13	Produktkosten	=A13*Produktkosten
C13	Strukturkosten	=Strukturkosten
D13	Gesamtkosten	=B13+C13
E13	Umsatz	=A13*Preis_pro_Stück
F13	Deckungsbeitrag	=E13-B13
G13	Gewinn/Verlust	=E13-D13

Tabelle 4.14: Variantenberechnung für den BEP

G13 f_x =E13-D13

	A	B	C	D	E	F	G
11							
12	Menge	Produktkosten	Strukturkosten	Gesamtkosten	Umsatz	Deckungsbeitrag	Gewinn/Verlust
13	0	0	200000	200.000	0	0	-200.000
14	10	11500	200000	211.500	22.400	10.900	-189.100
15	20	23000	200000	223.000	44.800	21.800	-178.200
16	30	34500	200000	234.500	67.200	32.700	-167.300
17	40	46000	200000	246.000	89.600	43.600	-156.400
18	50	57500	200000	257.500	112.000	54.500	-145.500
19	60	69000	200000	269.000	134.400	65.400	-134.600
20	70	80500	200000	280.500	156.800	76.300	-123.700
21	80	92000	200000	292.000	179.200	87.200	-112.800
22	90	103500	200000	303.500	201.600	98.100	-101.900
23	100	115000	200000	315.000	224.000	109.000	-91.000
24	110	126500	200000	326.500	246.400	119.900	-80.100
25	120	138000	200000	338.000	268.800	130.800	-69.200
26	130	149500	200000	349.500	291.200	141.700	-58.300
27	140	161000	200000	361.000	313.600	152.600	-47.400

Abbildung 4.75: BEP-Analyse mit wachsenden Absatzmengen

Break-even-Diagramm

Für ein Diagramm, das den Schnittpunkt von Kosten und Umsätzen und damit den BEP visualisiert, markieren Sie zunächst die Absatzmengen und dann mit gedrückter [Strg]-Taste die Gesamtkosten und die Umsätze. Vergessen Sie nicht, die Überschriften mit zu markieren, sonst tauchen diese nicht in der Legende auf. Verwenden Sie ein Punktediagramm, damit die Mengenspalte die Werte für die Horizontalachse liefert.

Einfügen/Diagramm/Diagrammtyp Punkte/Untertyp 3 (Linien ohne Punkte) 2003

Einfügen/Diagramme/Punkt/Untertyp 3 2007 2010

12	Menge	Produktkosten	Strukturkosten	Gesamtkosten	Umsatz	Deckungsbeitrag	Gewinn/Verlust
13	0	0	200000	200.000	0	0	-200.000
14	10	11500	200000	211.500	22.400	10.900	-189.100
15	20	23000	200000	223.000	44.800	21.800	-178.200
16	30	34500					
17	40	46000					
18	50	57500					
19	60	69000					
20	70	80500					
21	80	92000					
22	90	103500					
23	100	115000					
24	110	126500					
25	120	138000					
26	130	149500					
27	140	161000					
28	150	172500					
29	160	184000					
30	170	195500					
31	180	207000					
32	190	218500					
33	200	230000					
34	210	241500					
35	220	253000					
36	230	264500	200000	464.500	515.200	250.700	50.700

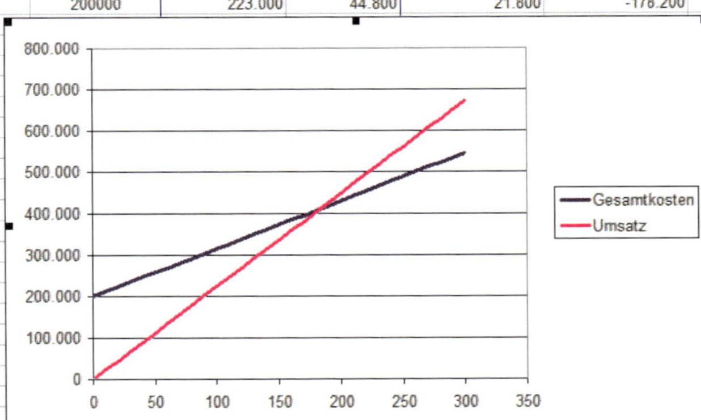

Abbildung 4.76: Das Punktediagramm zeigt den Schnittpunkt zwischen Kosten und Umsatz

Kopieren Sie die übrigen Spalten in das Diagramm. Markieren Sie dazu die Werte inklusive Überschrift, kopieren Sie diese mit [Strg] + [C], markieren Sie das Diagrammobjekt und drücken Sie [↵]. Die Werte werden in das Diagramm kopiert und dabei natürlich als neue Datenreihe abgebildet.

Jetzt zeigt das Diagramm drei BEP-Schnittpunkte, die auf einer vertikalen Linie liegen:

1. Schnittpunkt Gesamtkosten und Umsatz
2. Schnittpunkt Fixkosten und Deckungsbeitrag
3. Schnittpunkt Gewinn/Verlust mit der Mengenachse

Für eine fachgerechte Beschriftung brauchen Sie neben der Überschrift und den Achsenbeschriftungen, die einfach als Diagrammobjekte eingefügt werden, ein paar »Botschaften«. Das Diagramm erlaubt zwar Verknüpfungen in die Tabelle, hier darf aber nur eine Zelle angegeben werden. Verknüpfte Texte wie = "Break Even« & $B$9 sind nicht erlaubt. Schreiben Sie diese Formeln in Zellen Ihrer Wahl:

```
="Break-even "&$B$3
="Wir müssen "&B9&" Stück verkaufen, um Gewinn zu erzielen!"
="Mit einem Umsatz von "&TEXT(B10;"#.00")&" € decken wir unsere gesamten Kosten"
```

Verknüpfen Sie die Zellen einzeln mit dem Diagramm. Markieren Sie dieses, schreiben Sie ein = -Zeichen und klicken Sie auf die erste Formelzelle. Die Verknüpfung wird als Textobjekt eingetragen, formatieren Sie dieses mit Schrift, Schriftgröße und Fettdruck und positionieren Sie Ihre Botschaften am oberen Diagrammrand.

TIPP Weisen Sie dem Textobjekt gleich einen weißen Hintergrund zu, dann lässt es sich besser »greifen«.

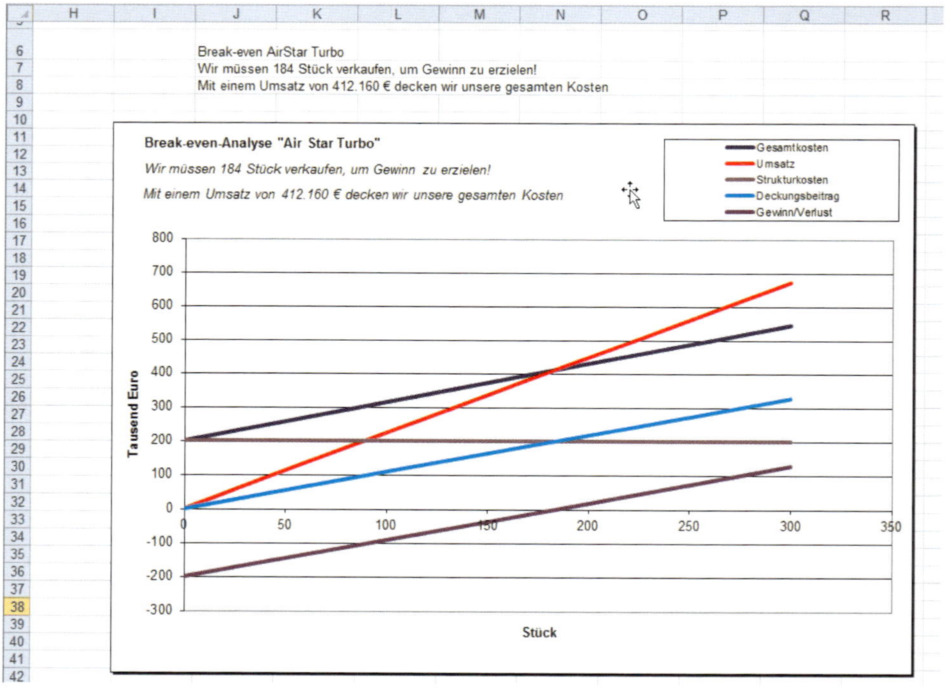

Abbildung 4.77: Das Break-even-Diagramm mit drei BEP-Schnittpunkten und verknüpften Überschriften

Deckungsbeitragsrechnung

Problemstellung

Viele Unternehmen, die Kostenrechnungssysteme im Einsatz haben, führen keine Kostenspaltung in fixe (korrekter: Strukturkosten) und variable (korrekter: Produktkosten) Kostenbestandteile durch. Folglich werden alle Kosten, die im Unternehmen anfallen, auf die Kostenträger verrechnet. Dieses Verfahren wird als **Vollkostenrechnung** bezeichnet.

Die **Nachteile** der Vollkostenrechnung liegen auf der Hand:

1. Da keine Kostenspaltung erfolgt, werden die in den Gesamtkosten enthaltenen, aber nicht von der Beschäftigung (z. B. Outputmenge mal Anzahl produzierter Stück) abhängigen fixen Kosten mit auf die Kostenträger verrechnet (Proportionalisierung von Fixkosten).
2. Die Verteilung der Kosten der Kostenträger auf die einzelnen Einheiten erfolgt in Abhängigkeit der gewählten Kalkulationsverfahren. Das sehr einfache Verfahren der Divisionskalkulation setzt eine Gleichartigkeit der Leistungen voraus. Ist dies nicht gegeben, führt sie zu falschen Kosten pro Erzeugniseinheit. Bei der Äquivalenzziffernkalkulation stellt die Wahl der richtigen Äquivalenzziffern für den Kostenrechner eine große Herausforderung dar (Wahl der Kalkulationsverfahren).
3. Es ist keine Aussage über Kosten möglich, die kurzfristig bei Produktionsverzicht vermeidbar sind und die trotz Nichtproduktion weiterhin anfallen. Dadurch besteht die Gefahr, dass Produkte aus dem Produktionsprogramm eliminiert werden, die unter Teilkostengesichtspunkten einen positiven Deckungsbeitrag abliefern würden (Fehlentscheidungen bei der Planung des Produktionsprogramms).
4. Als Folge von 3. kann es auch zu fehlerhaften Entscheidungen bei der Wahl zwischen Eigenfertigung und Fremdbezug kommen.
5. Die kurzfristige Preisfindung und -beurteilung ist ohne eine Kostenspaltung nicht zielführend möglich, da bei der Vollkostenrechnung nicht identifiziert werden kann, welche Kosten kurzfristig abbaubar sind und welche Kosten auch bei einem Produktionsstopp anfallen würden. Lediglich eine langfristige Preisuntergrenze kann mithilfe der Vollkostenrechnung auf Basis der gesamten Stückkosten ermittelt werden. Die kurzfristige Preisuntergrenze setzt die Kenntnis der variablen Stückkosten und damit eine Kostenspaltung voraus.

Die Nachteile zeigen deutlich, dass das System der Vollkostenrechnung für die Fundierung von Entscheidungen zu Preisen und zum Produktsortiment nicht geeignet ist. Eine Kostenspaltung ist zwingend erforderlich, gefolgt von einer Teilkostenbetrachtung.

Fachliche Beschreibung und Beispiele

Bei der **Teilkostenrechnung** wird im Vergleich zur Vollkostenrechnung nur ein Teil der Kosten (= variable Kosten; Produktkosten) auf die Kostenträger verrechnet. Die restlichen Kosten (= fixe Kosten; Strukturkosten) werden in einem Block bzw. in mehreren Blöcken berücksichtigt.

Die **Deckungsbeitragsrechnung** ist ein Kostenrechnungsverfahren, das auf der Teilkostenbetrachtung aufbaut. Der Deckungsbeitrag eines Produkts errechnet sich als Differenz zwischen Erlösen und variablen Kosten. Er stellt den Betrag dar, der zur Deckung der fixen Kosten und zur Erzielung des Gewinns verwendet wird. Unterschieden werden beim Einproduktbetrieb:

- Stückdeckungsbeitrag = Preis minus variable Stückkosten ($db = p - k_V$); es handelt sich dabei um denjenigen Deckungsbeitrag, den ein Stück erbringt, um den Fixkostenblock zu decken und Gewinn zu erzielen.
- Periodendeckungsbeitrag = Menge mal Stückdeckungsbeitrag ($DB = x\ db$); es handelt sich hierbei um den Deckungsbeitrag aller Produkte der betrachteten Periode.

Beim Mehrproduktbetrieb wird der Gesamt- bzw. Periodendeckungsbeitrag über alle Produkte des Unternehmens summiert.

Der Gesamtbetriebserfolg (auch Nettobetriebsergebnis/-erfolg) wird ermittelt, indem vom Gesamt- bzw. Periodendeckungsbeitrag die Fixkosten K_F im Block bzw. in Summe abgezogen werden: $NBE = DB - K_F$. Diese Form der Deckungsbeitragsrechnung wird auch als **einstufige Deckungsbeitragsrechnung** bezeichnet. Ihre Periodenform lässt sich tabellarisch wie folgt darstellen:

	Erlöse (E)	Preis mal Menge
-	variable Kosten (K_V)	variable Stückkosten mal Menge
=	**Deckungsbeitrag (DB)**	Periodendeckungsbeitrag
-	fixe Kosten (K_F)	»Fixkostenblock«
=	**Nettobetriebsergebnis (NBE)**	

Tabelle 4.15: Schema der einstufigen Deckungsbeitragsrechnung

Die **Einsatzgebiete** der einstufigen Deckungsbeitragsrechnung sind vielfältig:

- Gewinnschwellen-Analyse
- Bestimmung der Preisuntergrenze
- Entscheidung über die Annahme/Ablehnung von Zusatzaufträgen
- Kurzfristige Produktions- und Absatzplanung
- Entscheidung über Eigenfertigung bzw. Fremdbezug

In der **Kritik** steht die einstufige Deckungsbeitragsrechnung vor allem wegen ihrer blockweisen Verrechnung der fixen Kosten. Die zu wenig differenzierte Betrachtung kann nur mit der mehrstufigen Deckungsbeitragsrechnung geheilt werden. Ferner soll »das Denken in Deckungsbeiträgen« die Gefahr mit sich bringen, dass der weniger versierte Manager den Deckungsbeitrag als Gewinn interpretieren und damit die Fixkosten vernachlässigen könnte.

Die **mehrstufige bzw. stufenweise Deckungsbeitragsrechnung (Fixkostendeckungsrechnung)** geht vom gleichen Grundgedanken wie die einstufige Deckungsbeitragsrechnung aus, nur werden die Fixkosten nicht in Summe (»als Block«) verrechnet, sondern in einzelne Fixkostenschichten zerlegt und nacheinander verrechnet. Die Fixkostenschichten sind durch unterschiedliche Ausprägungen der **Produktnähe** charakterisiert:

- Produktfixe Kosten (z. B. produktbezogene Lizenzen)
- Produktgruppenfixe Kosten (z. B. Abschreibung einer Maschine, auf der mehrere Produkte einer Produktgruppe gefertigt werden)
- Bereichsfixe Kosten (z. B. Abschreibungen auf eine Werkhalle)
- Unternehmensfixe Kosten (z. B. Gehälter der Unternehmensleitung)

Der **Aufbau** der mehrstufigen bzw. stufenweisen Deckungsbeitragsrechnung sieht wie folgt aus:

		Produkt A	Produkt B	Produkt C	Produkt D	Produkt E	Summe
	Erlöse	X	X	X	X	X	X
-	Variable Kosten	X	X	X	X	X	X
=	**Deckungsbeitrag I**	**X**	**X**	**X**	**X**	**X**	**X**
-	Produktfixe Kosten	X	X	X	X	X	X
=	**Deckungsbeitrag II**	**X**	**X**	**X**	**X**	**X**	**X**
-	Produktgruppenfixe Kosten	X		X		X	X
=	**Deckungsbeitrag III**	**X**		**X**		**X**	**X**
-	Bereichsfixe Kosten	X		X			X
=	**Deckungsbeitrag IV**	**X**		**X**			**X**
-	Unternehmensfixe Kosten						X
=	**Nettobetriebsergebnis (NBE)**						**X**

Tabelle 4.16: Schema der mehrstufigen Deckungsbeitragsrechnung

Dem **Transparenzgewinn** steht der zusätzliche Aufwand der Zuordnung der fixen Kosten zu den Bezugsobjekten »Produkt«, »Produktgruppe«, »Unternehmensbereich« und »Gesamtunternehmen« entgegen. Ziel sollte es sein, möglichst viele fixe Kosten zu identifizieren, die möglichst »nahe« am Produkt sind und damit den produkt- oder zumindest produktgruppenfixen Kosten zugeordnet werden können.

Excel-Praxis: Deckungsbeitragsrechnung mit Variantenkalkulation

CD

Deckungsbeitrag-I-Rechnung.xls

Basis dieser Deckungsbeitragsrechnung ist eine Preisliste mit Variantenkalkulation im Tabellenblatt *Preisliste*. Der Nettopreis der eigengefertigten Artikel in Spalte C wird über die Matrixfunktion BEREICH-VERSCHIEBEN() aus einer Variantenliste bezogen, hier der Grundpreis für den ersten Artikel. Das dritte Argument bestimmt die Anzahl der Spalten, um die ab Zelle E6 verschoben wird, dazu steht in Zelle D6 die Ziffer 1:

```
C6: =BEREICH.VERSCHIEBEN(E6;0;$D$2)
```

Mit einem Drehfeld aus dem Angebot der Formularwerkzeuge kann dieser Parameter verändert werden, das Ergebnis ist die nächste Preisvariante.

2003 *Ansicht/Symbolleisten/Formular/Drehfeld*

2007 2010 *Entwicklertools/Steuerelemente einfügen/Formularsteuerelemente.* Wenn die Registerkarte *Entwicklertools* nicht angeboten wird, schalten Sie sie ein unter *Optionen/Excel-Optionen* (2007) bzw. *Datei/Optionen/Menüband anpassen* (2010).

Über *Steuerelement formatieren* im Kontextmenü des gezeichneten Elements bestimmen Sie die Minimal- und Maximalgrenzen für das Drehfeld und die Verknüpfung zur Zelle D2. Die Überschrift der gewählten Variante wird ebenfalls per Formel übertragen:

```
C2: ="Variante "&D2&": "&BEREICH.VERSCHIEBEN(E5;0;$D$2)
```

Klicken Sie auf das Drehfeld, um eine Preisvariante aus der Liste ab Spalte F zu wählen. Weitere Varianten können Sie einfach in zusätzliche Spalten schreiben.

C2 ="Variante "&D2&": "&BEREICH.VERSCHIEBEN(E5;0;$D$2)

	A	B	C	D	E	F	G	H
1	**Preisliste**							
2	Golf Elektro-Caddy	Variante	1: Grundpreis	1				
3	*Produkte aus Eigenfertigung*							
4						Preisvarianten		
5	Artikelnr	Produkt	Preis netto	Deckungsbeitrag I		Grundpreis	Grundpreis +20%	Grundpreis -20%
6	13-200-3	Golfpower Elektro-Caddy Standard	1.200,00 €	295,00 €		1.200,00 €	1.440,00 €	960,00 €
7	13-200-4	Golfpower Titanium Chrom V	1.650,00 €	525,00 €		1.650,00 €	1.320,00 €	1.320,00 €
8	13-200-5	SuperCaddy Lithium	2.300,00 €	1.145,00 €		2.300,00 €	1.840,00 €	1.840,00 €
9	13-200-6	SuperCaddy Platinum Edition	2.900,00 €	1.395,00 €		2.900,00 €	2.320,00 €	2.320,00 €

Abbildung 4.78: Preisliste mit Variantenkalkulation

Mit der Matrixfunktion MTRANS() werden die Artikelbezeichnungen und die gewählten Preise in die Deckungsbeitragsrechnung im Tabellenblatt *DB I* übernommen (Bereich B3:E4). Der Nettopreis ermittelt sich nach Abzug von Rabatten, Skonti und anderen Nachlässen, für jeden Artikel wird eine Liste mit Produktkosten erstellt. Der Deckungsbeitrag I berechnet sich aus der Differenz zwischen Nettopreis und der Summe der Produktkosten.

B19 fx =+B8-B18

	A	B	C	D	E
1	**Deckungsbeitrag I-Rechnung**				
2					
3	**Produkt**	Golfpower Elektro-Caddy Standard	Golfpower Titanium Chrom V	SuperCaddy Lithium	SuperCaddy Platinum Edition
4	Preis netto	1.200,0	1.650,0	2.300,0	2.900,0
5	Rabatt	120,0	150,0	150,0	180,0
6	Skonto	20,0	30,0	30,0	50,0
7	Sonstige Nachlässe	10,0	10,0	10,0	20,0
8	**Nettopreis**	**1.050,0**	**1.460,0**	**2.110,0**	**2.650,0**
9					
10	**Produktkosten**				
11	Aluminium-Rohr	400,0	500,0	500,0	600,0
12	Elektronik, Steuerung	80,0	120,0	120,0	150,0
13	Räder und Felgen	60,0	90,0	90,0	120,0
14	Lithium-Batterie	20,0	30,0	30,0	50,0
15	Beschlagmaterial	25,0	25,0	25,0	25,0
16	Zubehör	50,0	50,0	50,0	60,0
17	Montage	120,0	120,0	150,0	250,0
18	**Summe Produktkosten**	**755,0**	**935,0**	**965,0**	**1.255,0**
19	**Deckungsbeitrag I**	**295,0**	**525,0**	**1.145,0**	**1.395,0**

Abbildung 4.79: Der Deckungsbeitrag I ist die Differenz aus Nettopreis und Produktkosten

Der Deckungsbeitrag wird wieder mit MTRANS() in die Preisliste verknüpft, die Formel muss dazu mit [Strg] + [⇧] + [↵] abgeschlossen werden und ist anschließend mit gschweiften Klammern als Matrixformel gekennzeichnet:

```
D6:D9: {=MTRANS('DB I'!$B$19:$E$19)}
```

Excel-Praxis: Mehrstufige Deckungsbeitragsrechnung

Deckungsbeitragsrechnung.xls

CD

In diesem Praxisbeispiel lernen Sie eine Deckungsbeitragsrechnung auf Basis dieser Daten kennen:

Umsatz: Der Brutto-Umsatz einer Periode wird aus dem ERP-System, aus der Buchhaltung oder vom Key-Account geliefert.

Rabattverwaltung: Die Rabatte, die den Kunden eingeräumt werden, sind kategorisiert, der Rabattschlüssel ist im Kundenumsatz hinterlegt und wird in der DB-Rechnung ausgewertet. Erlösschmälerungen können so statistisch ausgewertet werden, Verkauf und Marketing können eine realistische »Rabattpolitik« betreiben (sales concessions management).

Kostenträgerstückrechnung: Das Controlling verwaltet das Artikelsortiment des Unternehmens, weist Artikelnummern und Kategorien zu und bestimmt die Verkaufspreise. Dazu führt es für die eigenproduzierten Artikel eine Produktkalkulation durch, in der zwischen Material- und Lohnkosten unterschieden wird. Dieser Prozess bietet entscheidende Vorteile:

- Rentabilität des Produkts überwachen
- Gewinnbringende Preisgestaltung
- Transparenz in den Kostenarten Material und Lohn

Prozessberichte und Prozesskostensätze: Die Bemühkosten rund um einen einzelnen Kunden werden aus den unterschiedlichen Kostenstellen zusammengeholt und in Prozessberichten zusammengefasst. Parallel dazu melden die einzelnen Kostenstellen Prozesskostensätze für die Bemühungen, und der Controller errechnet aus diesen die Strukturkosten.

Diese Tabellenblätter finden Sie dafür in der Beispiellösung:

Tabellenblatt	Inhalt
Artikelliste	Hier sind alle Artikel aus dem Artikelstamm mit Artikelnummer, Bezeichnung, Produktkosten und Verkaufspreis gelistet.
Kunden	Diese Tabelle enthält eine Kundenliste mit Kundennummer und Adresse.
Prozessbericht	Dieser Bericht enthält die Informationen über die Bemühprozesse, die in den einzelnen Kostenstellen für die jeweiligen Kunden angefallen sind. Neben Kundennummer und Datum werden auch der Vorgang und die kostentragende Kostenstelle gelistet.
Prozesskosten	In dieser Tabelle sind die Prozesskostensätze der einzelnen Vorgangsarten nach Kostenstelle sortiert gelistet.
Strukturkosten	In dieser Tabelle werden die monatlichen Strukturkosten für die einzelnen Kunden auf Basis des Prozessberichts (Vorgangsberichts) berechnet.
Rabatte	Diese Tabelle enthält die einzelnen Rabattarten und die zugehörigen Rabattsätze. Da die Umsatztabelle nur die Rabattnummer wiedergibt, muss eine Formel pro Kundensatz hier den passenden Rabattsatz suchen.
Umsatz	Eine Umsatzliste aus der Datenbank, dem Buchungssystem oder aus anderer Quelle. Sie enthält die Spalten Kundennummer, Artikelnummer, Menge, Kaufdatum und Rabattart. Der Umsatz wird von der Anwendung berechnet.
DB-Rechnung	Das Auswertungsblatt, das mithilfe von Verknüpfungen, Formeln und einer Makrosteuerung den Deckungsbeitrag eines einzelnen Kunden im vorgegebenen Zeitraum ermittelt.

Tabelle 4.17: Tabellenblätter in der Beispiellösung Deckungsbeitragsrechnung.xls

Startblatt und Hauptmenü

Im Tabellenblatt START finden Sie Hyperlinks für die Ansteuerung der einzelnen Tabellenblätter, in jedem dieser Blätter führt ein Link wieder zurück zum Hauptmenü.

Artikelverwaltung

Die Artikelliste kategorisiert die Artikel über die Artikelnummer und listet die Produktkosten und den kalkulierten Verkaufspreis. Die erste Ziffer der Artikelnummer gibt Auskunft über den Status, Artikel mit der Nummer 8 werden über Distributoren eingekauft, Artikel mit Anfangsziffer 9 fertigt das Unternehmen selbst. Eine WENN-Funktion gibt den passenden Text aus:

```
B2: =WENN(LINKS(A2;1)="8";"Zukauf";"Eigenfertigung")
```

Abbildung 4.80: Startblatt mit Hauptmenü und Hyperlinks

B8 =WENN(LINKS(A8;1)="8";"Zukauf";"Eigenfertigung")

	A	B	C	D	E	F	G	H
1	Artikelnr	Kategorie	Artikel	Produktkosten	VK-Preis		zurück zum Hauptmenü	
2	8001	Zukauf	Ben Hogan Eisen-Set	699,00 €	1.299,00 €			
3	8002	Zukauf	Mizuno Eisen-Set	499,00 €	1.199,00 €			
4	8003	Zukauf	Callaway ERC II	890,00 €	1.690,00 €			
5	8004	Zukauf	Nike Golfbag	199,00 €	390,00 €			
6	8005	Zukauf	FootJoy Golfschuhe	119,00 €	260,00 €			
7	8006	Zukauf	Titleist Golfbälle 3er Pack	3,20 €	5,90 €			
8	9001	Eigenfertigung	Golfpower Elektro-Caddy Standard	1.740,00 €	2.900,00 €			
9	9002	Eigenfertigung	Golf Trolley MaxFun XL	99,00 €	199,00 €			
10								

Abbildung 4.81: Artikelliste mit Kategorien

Als Produktkosten für Zukäufe gilt der Einkaufspreis, die Eigenfertigungen werden über eine Produktkalkulation berechnet, die dem betrieblichen Herstellungsprozess folgt. Material wird nach Stückliste oder Rezeptur geplant, Arbeitsgänge stammen aus Arbeitsplänen. Die Vorlage gliedert die Kostenarten in Spalten, die Zeilen drücken den Fertigungsverlauf aus. Verknüpfen Sie den kalkulierten Produktpreis aus K36 in die Kostenspalte der Artikelliste. Die Verknüpfung bleibt auch erhalten, wenn die verknüpfte Arbeitsmappe geschlossen ist.

Produktkalkulation.xls CD

Kundenstammverwaltung

Die Kundenliste wird in der Praxis aus dem ERP-System bezogen, für individuelle Auswertungen können Sie auch eine selbst gepflegte Kundenliste verwenden. Das Tabellenblatt *Kunden* listet die Kunden mit Kundennummer, Firmenbezeichnung und Adresse.

	A	B	C	D	E	F	G	H	I	J	K
1	**Produktkalkulation**										
2											
3	Artikelnummer:	**9001**									
4	Produktbezeichnung:	**Golfpower Elektro-Caddy Standard**			Kalkulationseinheit:		**1 Stück**				
5											
6	**Positionen**	Material		Löhne		Proko Fertigung		Material	Lohn	Proko	Produkt
7		Menge	Preis	Zeit	L-Sätze	Bezgr.	KOSAs	Kosten	Kosten	Fertigung	Kosten
8	1	2	3	4	5	6	7	8	9	10	11
9								2*3	4*5	6*7	8+9+10
10		Stk.	EK/Stk.	Std.	EUR/Std.	z.B. Std.	EUR/Std.	EUR	EUR	EUR	EUR
11	*Fertigungsmaterial/*										
12	*bezogene Teile/*										
13	*Fremdleistungen*										
14	Lithium-Batterie	1	199					199			199
15	*Elektro-Motor*	1	299					299			299
16											
17											
18											
19	*Eigenteile*										
20	Alu-Rohr	3	12	3	15	6	15	36	45	90	171
21	Steuerungsmodul	1	69	2	15	3	18	69	30	54	153
22	Kabelverbindung	3	32	2	15	3	15	96	30	45	171
23	Räder Gummi	2	12	4	15	6	15	24	60	90	174
24	Felgen	2	29	2	15	4	15	58	30	60	148
25	Beschlagmaterial	20	3	2	15	4	15	60	30	60	150
26	Zubehör	5	25	2	15			125	30		155
27											
28											
29	**Summe Stückliste**							**966**	**255**	**399**	**1620**
30	*Fertigungs-/Dispostellen*										
31	Montage			3	20	3	20		60	60	120
32											
33											
34	**Summe Arbeitsplan**								**60**	**60**	**120**
35	**Herstellkosten**							**966**	**315**	**459**	**1740**
36										Proko je Stück:	**1740**

Abbildung 4.82: Produktkalkulation für eigengefertigte Artikel

Rabatte

Das Tabellenblatt *Rabatte* enthält eine Übersicht über die Rabatte und Vergütungen (sales concessions), die dem Kunden eingeräumt werden. Tragen Sie hier die unterschiedlichen Rabattarten und Rabattsätze ein. Achten Sie darauf, dass der globale Bereichsname *Rabatte* die gesamte Liste umfasst.

TIPP

01-08: Dynamische Bereiche

	A	B	C
1	**Rabattartnr**	**Rabattart**	**Rabatt**
2	1	Mengenrabatt/Skonto	3%
3	2	Aktionsrabatt	2%
4	3	Großkundenrabatt	5%
5	4	Neukundenrabatt	12%
6	5	Jubiläumsrabatt	10%
7	6	Chefrabatt	10%
8	7	Treuerabatt	15%
9	8	Promotionrabatt	15%
10	9	Jahresbonus	10%
11	10	Rückvergütung	12%

Abbildung 4.83: Rabattarten

Umsatz und DB I

Die Umsatzaufstellung im Tabellenblatt *Umsatz und DB* enthält in den ersten Spalten alle Umsätze der Auswertungsperiode mit Kundennummer, Artikelnummer, Menge, Kaufdatum und Rabattart. Diese Daten werden aus dem Vorsystem importiert oder per ODBC-Verknüpfung mit einer externen Datenbank verknüpft. Der Nettoumsatz wird aus dem Produkt von Menge und Artikelnettopreis berechnet, eine Formel mit SVERWEIS() holt diesen aus der Artikelliste. Auch der Wert für den Rabattschlüssel wird mit SVERWEIS() aus der *Rabatte*-Tabelle geholt.

```
F2: =C2*SVERWEIS(B2;Artikelliste;4;FALSCH)
G2: =F2*SVERWEIS(E2;Rabatte;3;FALSCH)
H2: =F2-G2
```

Der Deckungsbeitrag der Stufe I wird aus der Differenz zwischen Umsatz und Produktkosten ermittelt. Für diese holt sich eine weitere SVERWEIS()-Funktion die Produktkosten aus der Artikelliste.

```
I2: =SVERWEIS(B2;Artikelliste;4;0)*C2
J2: H2-I2
```

I2 fx =SVERWEIS(B2;Artikelliste;4;0)*C2

	A	B	C	D	E	F	G	H	I	J
1	Kundennr	Artikelnr	Menge	Kaufdatum	Rabattart	Umsatz	Rabatt	Umsatz netto	Produktkosten	DB I
2	13010	8001	25	07.05.2010	5	32475,00	3247,5	29227,50	17475	11752,50
3	13040	8001	25	03.03.2010	6	32475,00	3247,5	29227,50	17475	11752,50
4	13020	8001	15	25.04.2010	7	19485,00	2922,8	16562,25	10485	6077,25
5	13040	8001	10	15.06.2010	9	12990,00	1299,0	11691,00	6990	4701,00
6	13020	8001	20	21.07.2010	2	25980,00	519,6	25460,40	13980	11480,40
7	13020	8001	25	23.07.2010	3	32475,00	1623,8	30851,25	17475	13376,25
8	13020	8001	30	12.08.2010	10	38970,00	4676,4	34293,60	20970	13323,60
9	13070	8001	15	12.08.2010	1	19485,00	584,6	18900,45	10485	8415,45
10	13010	8002	10	07.05.2010	10	11990,00	1438,8	10551,20	4990	5561,20
11	13050	8002	10	03.03.2010	3	11990,00	599,5	11390,50	4990	6400,50
12	13010	8002	10	09.06.2010	2	11990,00	239,8	11750,20	4990	6760,20

Abbildung 4.84: Umsatzliste mit Umsatznetto- und DB-I-Berechnung

Strukturkosten berechnen

Für die zweite Stufe der Deckungsbeitragsrechnung wird ein Strukturkostensatz für jeden einzelnen Kunden benötigt. Zur Erinnerung: Strukturkosten sind die Kosten, die für alle einem Kunden zurechenbaren Bemühungen im Auswertungszeitraum angefallen sind. Die Basis dieser Berechnung ist eine Liste mit allen Prozessen rund um den Kunden. Zu dieser Liste existiert wiederum ein Prozesskostensatz, der für jede kostenverursachende Tätigkeit aufzustellen ist. Der Bericht wird in der Praxis vom Controller zusammengestellt, er holt sich die Daten dazu aus den verschiedenen Quellen (Buchhaltung, Accounting-System, Datenbanken, SAP u. a.). Die Kostenstellen, die für die Verrechnung der einzelnen Kosten zeichnen, sind für die Aufstellung der Prozesskostensätze verantwortlich, der Controller besorgt sich die Daten vom Kostenstellenverantwortlichen.

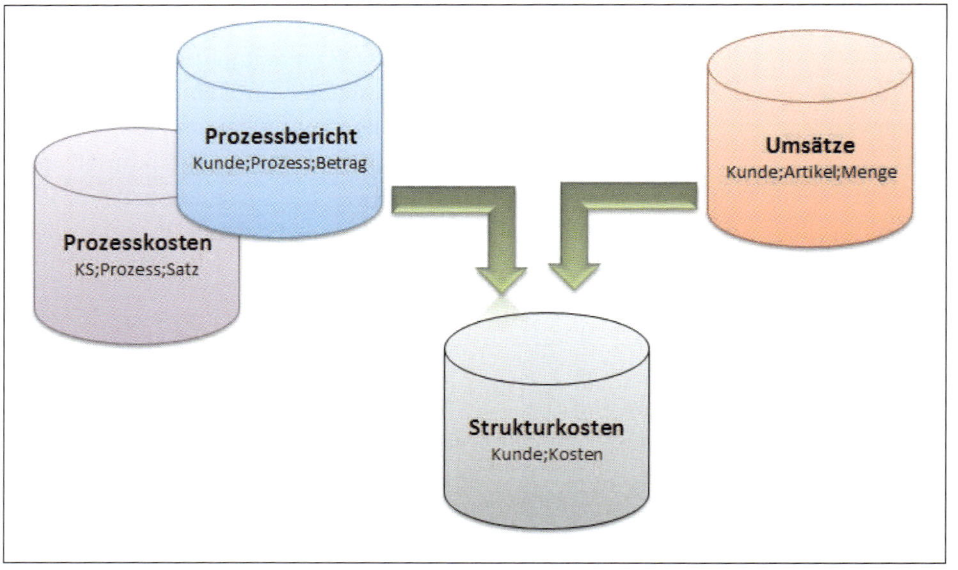

Abbildung 4.85: Strukturkostenberechnung

Das Tabellenblatt *Prozesskosten* enthält die Prozesskostensätze, aufgegliedert nach Kostenstelle. Jedem Prozess ist ein Prozesskostensatz zugeordnet, der vom Kostenstellenverantwortlichen festgelegt wird, Einflussgrößen sind Material- und Personalkosten anteilig am Umsatz. Im *Prozesskostenbericht* werden diese dem Kunden zugeordnet. Der Prozesskostensatz lässt sich nicht per SVERWEIS() holen, da dieser das Suchkriterium in der ersten Spalte verlangt. Eine Alternative bietet die Funktion INDEX(), sie sucht die Bezeichnung in der dritten Spalte und liefert als Ergebnis den Prozesskostensatz aus der vierten Spalte der Prozesskostenliste.

```
E2: =INDEX(PKosten;VERGLEICH(C2;INDEX(PKosten;;3);0);4)
```

Für die Auswertung der Prozesskosten pro Kunde ist der PivotTable-Bericht das geeignete Werkzeug. Die Liste ist mit dem Bereichsnamen *PListe* versehen, der PivotTable-Bericht erhält diese Elemente:

```
Zeilenbereich/Zeilenbeschriftung: Kundennummer
Spaltenbereich/Spaltenbeschriftung: Datum, nach Monaten gruppiert
Datenbereich/Wertebereich: Summe Prozesskosten
```

DB II berechnen

Für die Berechnung des Deckungsbeitrags der Stufe II auf Kundenbasis holt sich die Umsatztabelle jetzt die Strukturkosten aus der PivotTable. Beim Versuch, die erste Zelle zu verknüpfen, erhalten Sie eine interessante und wertvolle Matrixfunktion: PIVOTDATENZUORDNEN() verknüpft die Summe aus dem Datenbereich über einen Filter, der sich bequem an die Liste anpassen lässt. Schreiben Sie dazu ein =-Zeichen in die Zielzelle, wechseln Sie zum Tabellenblatt mit dem PivotTable-Bericht und klicken Sie auf die erste Strukturkostensumme.

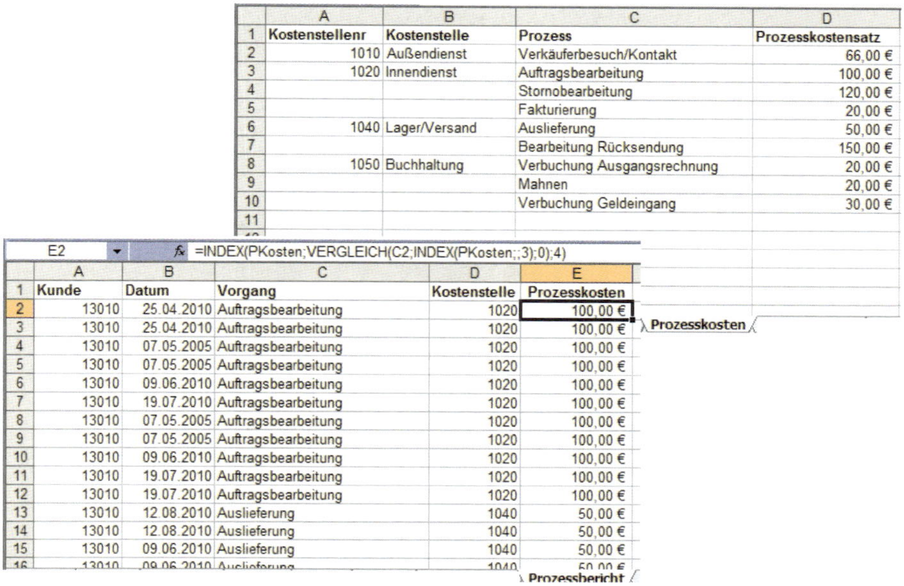

	A	B	C	D
1	Kostenstellenr	Kostenstelle	Prozess	Prozesskostensatz
2	1010	Außendienst	Verkäuferbesuch/Kontakt	66,00 €
3	1020	Innendienst	Auftragsbearbeitung	100,00 €
4			Stornobearbeitung	120,00 €
5			Fakturierung	20,00 €
6	1040	Lager/Versand	Auslieferung	50,00 €
7			Bearbeitung Rücksendung	150,00 €
8	1050	Buchhaltung	Verbuchung Ausgangsrechnung	20,00 €
9			Mahnen	20,00 €
10			Verbuchung Geldeingang	30,00 €
11				

Prozesskosten

E2 =INDEX(PKosten;VERGLEICH(C2;INDEX(PKosten;;3);0);4)

	A	B	C	D	E
1	Kunde	Datum	Vorgang	Kostenstelle	Prozesskosten
2	13010	25.04.2010	Auftragsbearbeitung	1020	100,00 €
3	13010	25.04.2010	Auftragsbearbeitung	1020	100,00 €
4	13010	07.05.2005	Auftragsbearbeitung	1020	100,00 €
5	13010	07.05.2005	Auftragsbearbeitung	1020	100,00 €
6	13010	09.06.2010	Auftragsbearbeitung	1020	100,00 €
7	13010	19.07.2010	Auftragsbearbeitung	1020	100,00 €
8	13010	07.05.2005	Auftragsbearbeitung	1020	100,00 €
9	13010	07.05.2005	Auftragsbearbeitung	1020	100,00 €
10	13010	09.06.2010	Auftragsbearbeitung	1020	100,00 €
11	13010	19.07.2010	Auftragsbearbeitung	1020	100,00 €
12	13010	19.07.2010	Auftragsbearbeitung	1020	100,00 €
13	13010	12.08.2010	Auslieferung	1040	50,00 €
14	13010	12.08.2010	Auslieferung	1040	50,00 €
15	13010	09.06.2010	Auslieferung	1040	50,00 €
16	13010	09.06.2010	Auslieferung	1040	50,00 €

Prozessbericht

Abbildung 4.86: Prozesskosten ermitteln über den Prozesskostenbericht

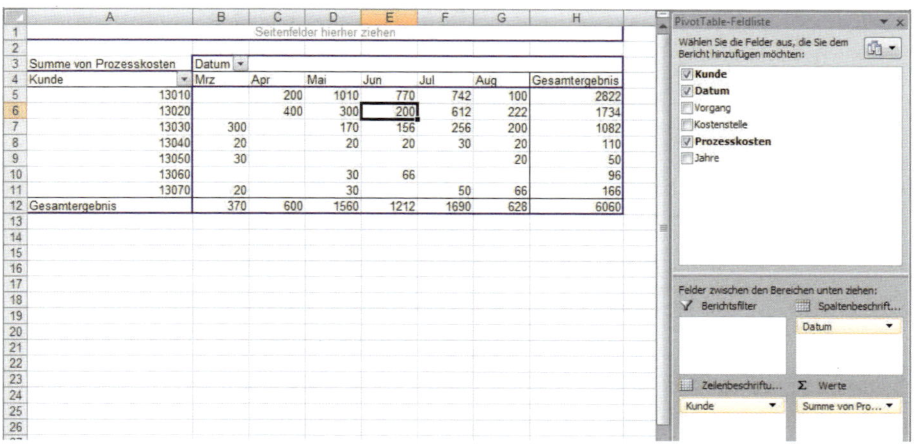

	A	B	C	D	E	F	G	H
1	Seitenfelder hierher ziehen							
2								
3	Summe von Prozesskosten	Datum						
4	Kunde	Mrz	Apr	Mai	Jun	Jul	Aug	Gesamtergebnis
5	13010		200	1010	770	742	100	2822
6	13020		400	300	200	612	222	1734
7	13030	300		170	156	256	200	1082
8	13040	20		20	20	30	20	110
9	13050	30					20	50
10	13060			30	66			96
11	13070	20		30		50	66	166
12	Gesamtergebnis	370	600	1560	1212	1690	628	6060

Abbildung 4.87: Auswertung der Strukturkosten per PivotTable-Bericht

```
=PIVOTDATENZUORDNEN("Prozesskosten";Pivot_Strukturkosten!$A$3;"Kunde";"13010")
```

Tauschen Sie die Kundennummer im letzten Argument gegen den Zeilenwert in Spalte A, holt sich die Formel die Summe des ersten Kunden im Umsatzblatt:

```
K2: =PIVOTDATENZUORDNEN("Prozesskosten";Pivot_Strukturkosten!$A$3;"Kunde";A2)
```

Die Formel wird per Doppelklick auf das Füllkästchen nach unten kopiert und die Spalte enthält anschließend die Strukturkosten der Kunden. Für den DB II subtrahieren Sie in der nächsten Spalte die Strukturkosten vom Deckungsbeitrag I:

```
L2: =J2-K2
```

K2 =PIVOTDATENZUORDNEN("Prozesskosten";Pivot_Strukturkosten!$A$3;"Kunde";A2)

	A	B	C	D	E	F	G	H	I	J	K	L
1	Kundennr	Artikelnr	Menge	Kaufdatum	Rabattart	Umsatz	Rabatt	Umsatz netto	Produktkosten	DB I	Strukturkosten	DB II (Kunde)
2	13010	8001	25	07.05.2010	5	32475,00	3247,5	29227,50	17475	11752,50	2822,00	8930,50
3	13040	8001	25	03.03.2010	6	32475,00	3247,5	29227,50	17475	11752,50	110,00	11642,50
4	13020	8001	15	25.04.2010	7	19485,00	2922,8	16562,25	10485	6077,25	1734,00	4343,25
5	13040	8001	10	15.06.2010	9	12990,00	1299,0	11691,00	6990	4701,00	110,00	4591,00
6	13020	8001	20	21.07.2010	2	25980,00	519,6	25460,40	13980	11480,40	1734,00	9746,40
7	13020	8001	25	23.07.2010	3	32475,00	1623,8	30851,25	17475	13376,25	1734,00	11642,25
8	13020	8001	30	12.08.2010	10	38970,00	4676,4	34293,60	20970	13323,60	1734,00	11589,60
9	13070	8001	15	12.08.2010	1	19485,00	584,6	18900,45	10485	8415,45	166,00	8249,45
10	13010	8002	10	07.05.2010	10	11990,00	1438,8	10551,20	4990	5561,20	2822,00	2739,20
11	13050	8002	10	03.03.2010	3	11990,00	599,5	11390,50	4990	6400,50	50,00	6350,50
12	13010	8002	10	09.06.2010	2	11990,00	239,8	11750,20	4990	6760,20	2822,00	3938,20
13	13010	8002	10	19.07.2010	9	11990,00	1199,0	10791,00	4990	5801,00	2822,00	2979,00
14	13030	8002	10	23.07.2010	8	11990,00	1798,5	10191,50	4990	5201,50	1082,00	4119,50
15	13040	8002	50	23.07.2010	6	59950,00	5995,0	53955,00	24950	29005,00	110,00	28895,00
16	13010	8002	20	12.08.2010	8	23980,00	3597,0	20383,00	9980	10403,00	2822,00	7581,00
17	13030	8003	30	07.05.2010	3	50700,00	2535,0	48165,00	26700	21465,00	1082,00	20383,00
18	13040	8003	10	07.05.2010	2	16900,00	338,0	16562,00	8900	7662,00	110,00	7552,00

Abbildung 4.88: Deckungsbeitrag II mit Strukturkosten aus dem PivotTable-Bericht

Auswertung per PivotTable-Bericht

Die Umsatzliste enthält jetzt alle Informationen für eine umfangreiche DB-Rechnung. Erstellen Sie einen PivotTable-Bericht mit gruppiertem Kaufdatumswert im Zeilenbereich und den Summen von Umsatz, DB I und DB II im Datenbereich. Wenn Sie die Artikelbezeichnungen und Firmennamen per SVERWEIS() aus den entsprechenden Tabellenblättern in die Umsatzliste verknüpfen, können Sie diese auch noch als Filterelemente im Seitenbereich/Berichtsfilter einsetzen, um gezielt einzelne Kunden oder Artikelgruppen auszuwerten.

	A	B	C	D	E	F
1	Kunde	(Alle)				
2	Artikel	(Alle)				
3						
4				Daten		
5	Jahre	Quartale	Kaufdatum	Umsatz	DB I	DB II
6	2010	Qrtl1	Mrz	101465	37269	35765
7		Qrtl2	Apr	105285	33557,25	24279,25
8			Mai	170065	62680,7	54110,7
9			Jun	135407	52812,5	46752,5
10		Qrtl3	Jul	186613	80219,01	66933,01
11			Aug	141430	49652,55	38094,55
12	Gesamtergebnis			840265	316191,01	265935,01
13						
14						
15		Daten				
16	Kunde	Umsatz	DB I	DB II		
17	Golfshop GLC Griesberg	16567	8242,8	8142,8		
18	Golfshop Riedertshofen	208800	70624	56752		
19	Gruber Sporthaus	136815	57470,5	56920,5		
20	Karlstadt Sport	114435	35715,45	34885,45		
21	Pro-Shop Thalhausen	14550	5184	4992		
22	Sport und Spiel Hackner	176190	70392,5	63900,5		
23	Sport Urbanus	172908	68561,76	40341,76		
24	Gesamtergebnis	840265	316191,01	265935,01		
25						
26						

Abbildung 4.89: PivotTable-Berichte in der Deckungsbeitragsrechnung

Profitcenter-Rechnung und Vertriebscontrolling

Problemstellung

Mangelndes Unternehmertum ist nicht nur ein Phänomen, über das sich Politik und Wirtschaft allgemein beklagen, es ist auch ein Problem, das innerhalb eines Unternehmens in Form mangelnder Eigenverantwortung, Eigeninitiative, Kompetenzen und Anreizsysteme auftreten kann.

Letztendlich wird ein System einer eigenverantwortlichen Selbststeuerung benötigt, das gekennzeichnet ist durch

- ziel- und ergebnisorientierte Führung,
- Marktnähe/-leistung,
- schnelle und kurze Entscheidungswege,
- unternehmerische Kompetenzen,
- Controlling-Begleitung für einen eigenverantwortlichen Leiter/Manager,
- Erfolgsrechnung als Instrument zur Entscheidungsunterstützung,
- Einbindung in ein Gesamtunternehmen,
- aus Synergie- und Effizienzgründen Abnahme von zentral erbrachten Leistungen.

Die o. g. Kriterien charakterisieren den Profitcenter-Gedanken, bei dem nicht die Bildung autarker Bereiche im Vordergrund steht, sondern ein **Zusammenspiel von Freiraum und Bindung** realisiert werden soll. »Unternehmer im Unternehmen« sollen etabliert werden.

Fachliche Beschreibung und Beispiele

Der **Weg zum Profitcenter** ist wesentlich durch das Kriterium der Marktnähe bestimmt. Dementsprechend werden folgende Centertypen unterschieden:

	Costcenter	Servicecenter	Profitcenter
Marktnähe	gering	mittel	hoch
Preis	Bezugsgrößen oder Standards of Performance	Erfolgsrechnung mit internem Umsatz und marktpreisähnlichen Preisen	extern erzielter Umsatz; Marktpreise
Kundenorientierung	Kundenorientierung steht im Hintergrund	eingeschränkte Freiheitsgrade; eingeschränkte Kundenorientierung, aber mit Abnahmeverpflichtung durch die Kunden; häufig interne Kunden (»Zwangskunden«)	große Freiheitsgrade; Kunden können sich frei entscheiden; externe Kunden
Beispiele	Verwaltungseinheiten, vorgelagerte Fertigungseinheiten	Rechenzentrum/IT, Buchhaltung	Sparten »Medizintechnik«, und »Telematik« eines Unternehmens

Tabelle 4.18: Centertypen

Als Profitcenter kommen entsprechend der **Organisation der Marktbearbeitung** z. B. infrage:

- Sparten
- Produkte
- Regionen
- Vertriebswege
- Kundentypen

Wesentliches Kriterium ist die Erzielung eines eigenen **Umsatzes »von außen«**. Daneben sind weitere Kriterien für die Bildung von Profitcentern zu beachten:

- eigener Periodenerfolg
- eigenes Produktprogramm
- eigene unternehmerische Kompetenzen
- eigene Ergebnisverantwortung

Die Organisation des Profitcenters in einer eigenen Rechtsform ist nicht erforderlich.

Zur Steuerung eines Profitcenters bietet sich das Grundschema einer mehrstufigen Deckungsbeitragsrechnung (DB-Rechnung) an, das als **Profitcenter-Rechnung** ausgestaltet ist:

- Deckungsbeitrag I: zur ergebnisorientierten Priorisierung des Produktsortiments
- Deckungsbeitrag II: zur Steuerung der produkt- bzw. kundenbezogenen Maßnahmen
- Deckungsbeitrag III: zur Steuerung der Kosten der organisatorischen Einheit »Profitcenter«

Zu Steuerung von Profitcentern sollte mit dem Profitcenter-Leiter (= Manager) »sein« **Ergebnisziel** vereinbart und transparent gestaltet werden. Als Zielmaßstab bietet sich in Form einer absoluten Kennzahl z. B. der DB III als Profitcenter-Ergebnis an. Als relative Kennzahl könnte z. B. dienen:

1. Margenproduktivität: Summe DB I pro Jahr, bezogen auf die direkten Fix-/Strukturkosten der Periode
2. Contribution on Investment (COI): DB III, bezogen auf direkt investiertes Vermögen innerhalb des Profitcenters

Hinweis

Daneben sollten Marktziele (z. B. Kundenzufriedenheit, Marktanteil, Stammkundenquote) und Finanzziele (z. B. Zahlungsfähigkeit, Eigenkapitalquote) in das »Ziel-Trio« für den Profitcenter-Leiter Eingang finden.

Das nachfolgende **Ermittlungsschema** für eine Profitcenter-Rechnung zeigt die wesentlichen absoluten und relativen Kennzahlen im Überblick:

	Position	Produkt 1	Produkt 2	Produkt 3	Summe
	Bruttoerlöse (Listenpreise)	x	x	x	x
-	Erlösschmälerungen	x	x	x	x
=	Nettoerlöse	x	x	x	x
-	Standardisierte proportionale Kosten (Produktkosten)	x	x	x	x
=	**Deckungsbeitrag I (DB I)**	**x**	**x**	**x**	**x**
	Kennzahlen zur ergebnisorientierten Priorisierung				
	DB I/Einheit Erzeugnis	x	x	x	x
	DB I/Einheit relevanter Engpässe	x	x	x	x
	DBU (in % vom Umsatz)	x	x	x	x
-	Direkte Fixkosten (Strukturkosten) für Werbung, Verkaufsförderung, Kundendienst, technische Anwendungsberatung, Support (Kosten, die dem gezielten Ausbau der Marktstellung dienen)	x	x	x	x
=	**Deckungsbeitrag II (DB II)**	**x**	**x**	**x**	**x**
-	Profitcenter-direkte Fixkosten (Strukturkosten) (Kosten der Organisation der Marktbearbeitung)				x
=	**Deckungsbeitrag III (DB III) als Zielmaßstab für den Profitcenter-Leiter**				**x**

Tabelle 4.19: Ermittlungsschema für eine Profitcenter-Rechnung

Das formulierte DB-III-Ziel sollte für den Profitcenter-Leiter **»mit Mühe erreichbar«** sein. Die Zielhöhe muss jedes Jahr neu und individuell mit jedem Profitcenter-Leiter vereinbart werden. Das Ziel darf den Profitcenter-Leiter weder über- noch unterfordern, damit wird weder Frustration bzw. Resignation noch fehlende Motivation erzeugt. **Hinweis**

Excel-Praxis: Vertriebscontrolling

Ein zentraler Bestandteil der wertorientierten Betriebswirtschaft ist die Kundenertragswertberechnung (customer lifetime value). Sie definiert die Anzahl der Jahre, die ein Kunde dem Unternehmen erhalten bleibt, dient zur Berechnung der Stammkundenquote und bietet die Zahlenbasis für Kundenbindungsmaßnahmen im Marketing-/ Sales-Bereich. Der Gegenwartswert wird aus dem Deckungsbeitrag II des Kunden gebildet (DB I aus den Liefermengen abzüglich kundenbezogene Strukturkosten), abgezinst wird mit dem Kapitalkostensatz.

In der Beispiellösung können zukünftig zu erwartende Einzahlungen und Auszahlungen erfasst und diskontiert werden.

Kundenertragswertberechnung und Kunden-Scoring

CD Kundenertragswertberechnung.xls

	A	B	C	D	E	F	G	H	I
1	**Customer Lifetime Value - Kapitalwert für Kunden-Geschäftsbeziehung**								
2									
3	Kundenname	*Mustermann GmbH*							
4									
5	Jahr	2010	2011	2012	2013	2014	2015	2016	2017
6	Kapitalisierungzinssatz	8,00%	8,00%	8,00%	8,00%	8,00%	8,00%	8,00%	8,00%
7	**Einzahlungen**								
8	Verkauf		10.000,00	30.000,00	45.432,00	52.555,00			
9	Wartung				1.500,00	1.500,00			
10	Sonstiges								
11	**Summe Einzahlungen**	0,00	10.000,00	30.000,00	46.932,00	54.055,00	0,00	0,00	0,00
12	**Auszahlungen**								
13	Pre-Sales Aquisition	-5.300,00	-12.000,00	-4.200,00	-4.877,00	-5.022,00			
14	Außendienstbesuche		-3.228,00	-200,00	-250,00	-250,00			
15	nachträglich gewährte Boni			-500,00	-600,00	-600,00			
16	Werbung	-350,00	-400,00	-800,00	-400,00	-750,00			
17	Angebotserstellung		-700,00	-150,00	-100,00	-350,00			
18	Bestellabwicklung, Fakturierung	-150,00	-150,00	-500,00	-800,00	-200,00			
19	Kundendienst	-500,00	-500,00		-750,00	-600,00			

Abbildung 4.90: Kundenertragswertberechnung mit Diskontierung

Nicht jeder Kunde ist gleich wertvoll für das Unternehmen, und bevor Maßnahmen für die Gewinnung oder Rückgewinnung von Kunden eingeleitet werden, sollte ein Kunden-Scoring die Spreu vom Weizen trennen. Die Kriterien, die den Kunden für das Unternehmen wertvoll machen, werden in monetäre und ideelle Werte untergliedert.

Die Praxislösung listet eine Auswahl dieser Kriterien und bietet die Möglichkeit, diese zu gewichten. Mindestwerte und Höchstwerte aller Punkte- und Gewichtungseinträge regelt eine Gültigkeitsprüfung, für die Ampelformatierung sind Bedingungsformate zuständig, das Farbschema ist unterhalb der Scoring-Tabelle fixiert.

CD Kundenscoring.xls

Kundenzufriedenheitsanalyse

In welchem Maß der Kunde mit einem Unternehmen zufrieden ist, zeigt sich natürlich durch seine Loyalität und die Intensität der Geschäftsbeziehung. Um eine Basis für Kundenbindungsmaßnahmen zu schaffen, empfiehlt sich eine regelmäßige Befragung mit Aufschlüsselung der einzelnen kundenrelevanten Bereiche und Gewichtung. Können dazu noch Fragen zu den Leistungen der wichtigsten Mitbewerber gestellt werden, lässt sich eine Analyse durchführen, die den eigenen Beurteilungswert dem Durchschnitt der Mitbewerber gegenüberstellt.

	Kunden-Scoring	Kunden								Kunden						
3		Kunde A	Kunde B	Kunde C	Kunde D	Kunde E	Kunde F	Kunde G	Gewichtung	Kunde A	Kunde B	Kunde C	Kunde D	Kunde E	Kunde F	Kunde G
4	***monetäre Kriterien***															
5	Umsatz	1	2	3	4	5	6	7	5	5	10	15	20	25	30	35
6	Deckungsbeitrag	8	9	10	5	5	3	4	8	64	72	80	40	40	24	32
7	Customer Lifetime Value	7	7	9	7	7	9	10	4	28	28	36	28	28	36	40
8	Preissensibilität	5	6	6	3	9	9	3	5	25	30	30	15	45	45	15
9	Zahlungsmentalität	3	5	3	4	8	6	3	3	9	15	9	12	24	18	9
10	Bonität	2	5	6	2	6	5	4	8	16	40	48	16	48	40	32
11	Betreuungsaufwand	4	5	5	2	4	5	5	6	24	30	30	12	24	30	30
12										0	0	0	0	0	0	0
13										0	0	0	0	0	0	0
14										0	0	0	0	0	0	0
15	***Zwischenergebnis***	***30***	***39***	***42***	***27***	***44***	***43***	***36***		***171***	***225***	***248***	***143***	***234***	***223***	***193***
16	***nicht monetäre Kriterien***															
17	Empfehlungswert	3	3	5	5	1	1	9	5	15	15	25	25	5	5	45
18	Konzernzugehörigkeit	1	1	3	3	8	3	5	7	7	7	21	21	56	21	35
19	Cross-Selling-Potential	1	1	1	5	5	5	8	3	3	3	3	15	15	15	24
20	Image-Faktor	3	5	6	4	7	7	4	6	18	30	36	24	42	42	24
21	Zukunftsperpektive	3	5	5	3	5	8	3	4	12	20	20	12	20	32	12
22	Sympathiefaktor	3	5	6	5	6	9	7	3	9	15	18	15	18	27	21
23										0	0	0	0	0	0	0
24										0	0	0	0	0	0	0
25										0	0	0	0	0	0	0
26										0	0	0	0	0	0	0
27	***Zwischenergebnis***	***14***	***20***	***26***	***25***	***32***	***33***	***36***		***64***	***90***	***123***	***112***	***156***	***142***	***161***
28	***Gesamtergebnis***	***44***	***59***	***68***	***52***	***76***	***76***	***72***		***235***	***315***	***371***	***255***	***390***	***365***	***354***

Abbildung 4.91: Kunden-Scoring mit Gewichtung und Ampelformatierung

Zur Kundenbefragung bietet sich eine Fragebogenaktion an einen repräsentativen Kundenkreis an. Die Praxislösung zeigt, wie die Antworten gewichtet und mit den Mitbewerberdaten verglichen werden. Bedingungsformate färben die Ergebnisse nach dem Ampelprinzip ein (rot = höher als eigener Wert, gelb = gleicher Wert, grün = niedriger als eigener Wert).

Kundenzufriedenheitsanalyse.xls

CD

	Analyse Kundenzufriedenheit			Mitbewerber						Mitbewerber						
3		**Bedeutung für Kunden**	**eigene Firma**	A	B	C	D	E	**eigene Firma**	A	B	C	D	E	**Durchschnitt**	**Abw. eigene Firma zu Durchschnitt**
4	Quantität des Außendienstes	3,00	**2,00**	1,00	5,00	2,00	4,00	4,00	6,00	3,00	15,00	6,00	12,00	12,00	9,60	-37,50%
5	Qualität des Außendienstes	4,00	**3,00**	5,00	2,00	2,00	3,00	4,00	12,00	20,00	8,00	8,00	12,00	16,00	12,80	-6,25%
6	Erreichbarkeit	5,00	**4,00**	2,00	5,00	2,00	4,00	4,00	20,00	10,00	25,00	10,00	20,00	20,00	17,00	17,65%
7	Problemlösungskompetenz	5,00	**5,00**	2,00	2,00	3,00	5,00	4,00	25,00	10,00	10,00	15,00	25,00	20,00	16,00	56,25%
8	Quantität des Kundendienstes	4,00	**4,00**	1,00	5,00	5,00	2,00	2,00	16,00	4,00	20,00	20,00	8,00	8,00	12,00	33,33%
9	Qualität des Kundendienstes	4,50	**4,50**	5,00	5,00	2,00	2,00	3,00	20,25	22,50	22,50	9,00	9,00	13,50	15,30	32,35%
10	Produktinformationen	3,00	**2,00**	2,00	2,00	1,00	1,00	5,00	6,00	6,00	6,00	3,00	3,00	15,00	6,60	-9,09%
11	Seminarangebote	2,00	**1,00**	3,00	3,00	3,00	1,00	1,00	2,00	6,00	6,00	6,00	2,00	2,00	4,40	-54,55%
12	Schnelligkeit Auftragsbearbeitung	5,00	**3,00**	5,00	1,00	1,00	2,00	5,00	15,00	25,00	5,00	5,00	10,00	25,00	14,00	7,14%
13	Qualität Auftragsbearbeitung	5,00	**3,50**	2,00	3,00	3,00	5,00	5,00	17,50	10,00	15,00	15,00	25,00	25,00	18,00	-2,78%

Abbildung 4.92: Analyse der Kundenbefragung mit Ampelformatierung

Vertriebskennzahlen

CD

Vertriebskennzahlen.xls

Keiner ist näher am Kunden als Vertrieb und Außendienst, und die Aktivität der *salespersons* liefert wertvolle Informationen für das Berichtswesen. Allgemeine Verkaufsmesszahlen lassen sich aus der Anzahl der Aufträge und Kunden und dem Betreuungsaufwand berechnen:

```
Intensität der Kundenbetreuung: Anzahl Kundenbesuche / Anzahl Kunden
Effizienz Kundenbesuche: Anzahl Kundenbesuche / Anzahl Aufträge
Durchschnittlicher Kilometeraufwand pro Kunde: gefahrene Kilometer / Anzahl Kunden
Durchschnittlicher Kilometeraufwand pro Auftrag: gefahrene Kilometer / Anzahl
Aufträge
```

Mit kleinen Infografiken visualisieren Sie die Kennzahlen. Blenden Sie alle überflüssigen Elemente aus.

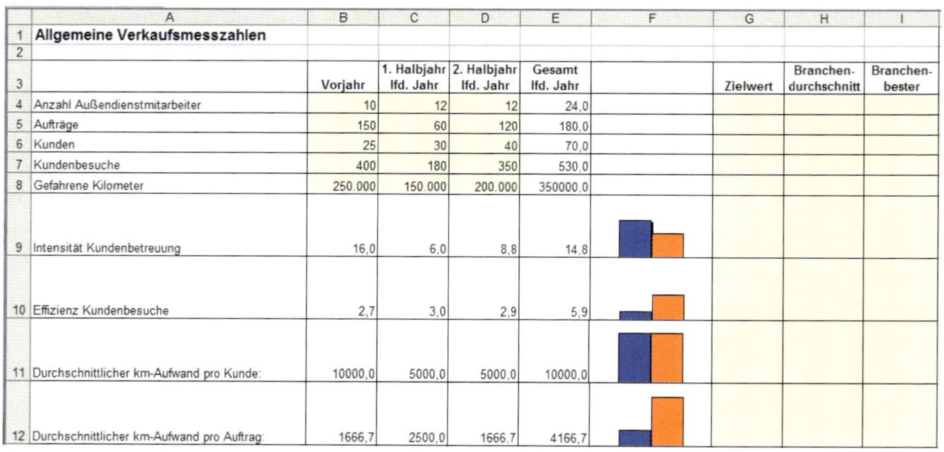

	A	B	C	D	E	F	G	H	I
1	**Allgemeine Verkaufsmesszahlen**								
2									
3		Vorjahr	1. Halbjahr lfd. Jahr	2. Halbjahr lfd. Jahr	Gesamt lfd. Jahr		Zielwert	Branchen-durchschnitt	Branchen-bester
4	Anzahl Außendienstmitarbeiter	10	12	12	24,0				
5	Aufträge	150	60	120	180,0				
6	Kunden	25	30	40	70,0				
7	Kundenbesuche	400	180	350	530,0				
8	Gefahrene Kilometer	250.000	150.000	200.000	350000,0				
9	Intensität Kundenbetreuung	16,0	6,0	8,8	14,8				
10	Effizienz Kundenbesuche	2,7	3,0	2,9	5,9				
11	Durchschnittlicher km-Aufwand pro Kunde:	10000,0	5000,0	5000,0	10000,0				
12	Durchschnittlicher km-Aufwand pro Auftrag:	1666,7	2500,0	1666,7	4166,7				

Abbildung 4.93: Verkaufsmesszahlen

Mit Auftragskennzahlen steuern Sie Bestand und Effizienz der Aufträge. Die Tabelle berücksichtigt auch die Reklamationen und vergleicht die Ergebnisse mit einem Zielwert.

```
Erfolgsquote: Anzahl Aufträge / Anzahl Angebote
Auftragsfluss: Auftragseingangswert / Wert des aktuellen Auftragsbestands
Durchschnittl. Auftragsvolumen: Anzahl Aufträge / Anzahl Kunden
Durchschnittl. Auftragsgröße: Wert Auftragseingänge / Anzahl Aufträge
Reklamationsquote: Anzahl Reklamationen / Anzahl Aufträge
```

Die allgemeinen Vertriebskennzahlen vergleichen den eigenen Umsatz mit dem Branchenumsatz, weisen Wachstum oder Differenzen beim Kundenbestand aus und berechnen den Angebotserfolg. Auch hier empfiehlt sich wieder eine kleine Infografik zur schnellen Visualisierung.

	A	B	C	D	E	F	G
1	**Auftragskennzahlen**						
2			laufendes Jahr				
3		Vorjahr	1. Halbjahr	2. Halbjahr	Gesamt	Zielwert	
4	Anzahl der Kunden	25	20	30	50		
5	Anzahl der Angebote	280	340	250	590		
6	Anzahl der Aufträge	170	90	160	250		
7	Wert Auftragseingänge	2.300.000 €	620.000 €	1.200.000 €	1.820.000 €		
8	*davon*						
9	bis 1.000 Euro	50	60	110	170		
10	zwischen 1.000 und 10.000 Euro	60	50	50	100		
11	zwischen 10.001 und 100.000 Euro	50	20	50	70		
12	über 100.000 Euro	10	30	150	180		
13	Wert des aktuellen Auftragbestands		400.000 €	900.000 €	1.300.000 €	2.000.000 €	
14	Anzahl der Reklamationen	20	50	30	80	10	
15	**Erfolgsquote**	61%	26%	64%	42%	80%	
16	**Auftragsfluss**		155%	133%	140%	100%	
17	**Durchschnittl. Auftragsvolumen**	6,8	4,5	5,3	5,0	10,0	
18	**Durchschnittliche Auftragsgröße**	13.529 €	6.889 €	7.500 €	7.280 €	10.000 €	
19	**Reklamationsquote**	12%	56%	19%	32%	10%	

Abbildung 4.94: Auftragskennzahlen

	A	B	C	D	E	F	G
1	**Vertriebskennzahlen**						
2							
3	Eigener Umsatz	200,00 €					
4	Branchenumsatz	1.000,00 €					
5							
6	Marktanteil	20%					
7							
8	Alter Kundenbestand	40					
9	Gesamter Kundenbestand	200					
10							
11	Anteil der Stammkunden	20%					
12							
13	Erteilte Aufträge	50					
14	Abgegebene Angebote	100					
15							
16	Angebotserfolg	50%					
17							

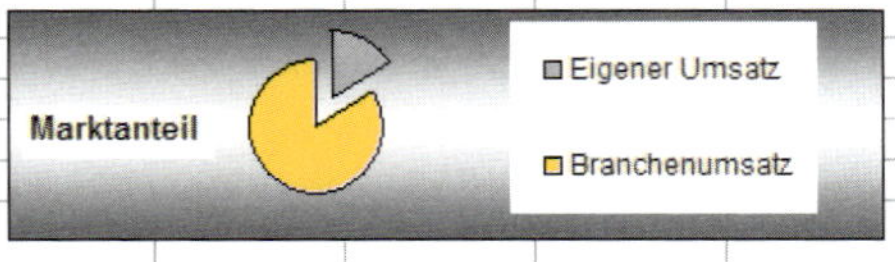

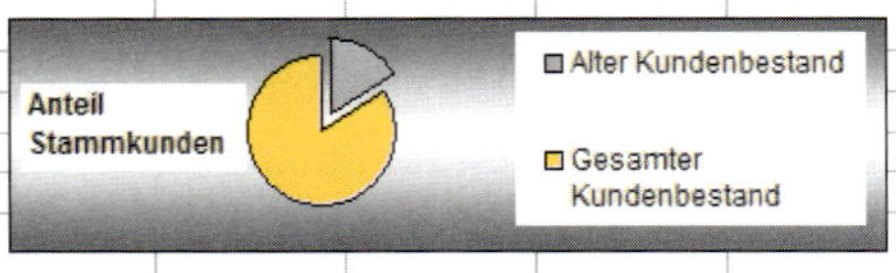

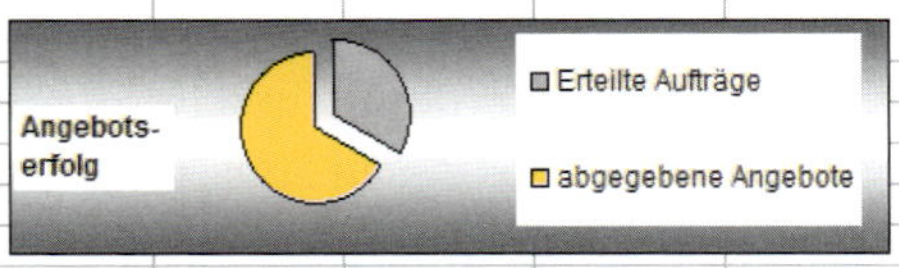

Abbildung 4.95: Allgemeine Vertriebskennzahlen

4.2.2 Investition

Mit Investition wird die **Verwendung finanzieller Mittel** verstanden, die im Rahmen der Finanzierung beschafft wurden. Investitionen erfolgen regelmäßig in Form von Sachgütern (z. B. Maschinen) und Rechten (z. B. Beteiligungen). Unter Berücksichtigung der **tatsächlichen Zahlungsströme** werden im Rahmen von Investitionen Auszahlungen und Einzahlungen berücksichtigt. Hier werden unterschieden:

- Bestandsabhängige Zahlungen durch Anschaffung des Investitionsobjekts (Auszahlung) und durch Desinvestition des Investitionsobjekts (Einzahlung)
- Nutzungsabhängige Zahlungen durch den Einsatz des Investitionsobjekts, z. B. Auszahlungen des laufenden Betriebs und laufende Einzahlungen aus Umsatzerlösen

Der **Investitionsprozess** folgt in der Praxis regelmäßig folgenden Phasen:

- Investitionsvorschlag
- Vorauswahl der Investitionsvorschläge und erste Abstimmung mit der Finanzplanung des Unternehmens
- Erarbeitung der Prämissen und Schaffung der Datengrundlagen für die Investitionsrechnung
- Durchführung der **Investitionsrechnung (hier im Fokus)**
- Investitionsentscheidung
- Feinabstimmung mit der Finanzplanung des Unternehmens
- Investitionsrealisierung
- Investitionskontrolle (-nachrechnung)

Der Schwerpunkt der beschriebenen Excel-Tools für Controller liegt auf der Investitionsrechnung selbst. Hier können statische und dynamische Verfahren bzw. Methoden unterschieden werden. Bei beiden Verfahrensgruppen stehen die Beurteilung der Vorteilhaftigkeit einer Investition und damit die Entscheidungsfundierung im Vordergrund.

Statische Verfahren

Problemstellung

Viele kleine und mittlere Unternehmen sind auf der Suche nach betriebswirtschaftlich wenig komplexen und einfach handhabbaren Verfahren zur Fundierung ihrer Investitionsentscheidungen. Problematisch bei diesen Verfahren ist allerdings, dass

- es sich dabei um Ein-Perioden-Betrachtungen handelt,
- keine Wechselwirkungen berücksichtigt werden und
- die Verfahren auf Kosten und Erlösen basieren und sich damit nicht an den tatsächlichen Zahlungsströmen orientieren.

Fachliche Beschreibung und Beispiele

Bei der fachlichen Beschreibung der statischen Verfahren der Investitionsrechnung werden unterschieden:

Kostenvergleichsrechnung

Das einfachste Verfahren stellt die Kostenvergleichsrechnung dar. Sie vergleicht die Kosten verschiedener Investitionsalternativen. Die Investitionsalternative mit den **geringsten Kosten** wird als die vorteilhafteste Alternative beurteilt. Erlöse, die durch die Investitionsalternativen erwirtschaftet werden, bleiben außer Ansatz, da unterstellt wird, dass diese durch die Investition nicht beeinflusst werden können. Welche **Kostenarten** in den Kostenvergleich einbezogen werden, ist nicht festgelegt, es wird jedoch empfohlen, einen möglichst umfangreichen und kostenartenmäßig differenzierten Kostenvergleich durchzuführen, bei dem zwischen fixen Kosten (Strukturkosten) und variablen Kosten (Produktkosten) zu unterscheiden ist. Einzubeziehen sind:

- Kapitalkosten: kalkulatorische Abschreibungen, kalkulatorische Zinsen
- Betriebskosten: Personalkosten, Materialkosten, Instandhaltungskosten, Raumkosten, Energiekosten, Werkzeugkosten

Der Kostenvergleich kann **pro Periode** (durchschnittliche Kosten pro Jahr) oder **pro Leistungseinheit** (durchschnittliche Kosten pro Stück/Liter/Tonne Ausbringungsmenge) durchgeführt werden.

Mithilfe der Kostenvergleichsrechnung kann aufgrund ihrer Einfachheit lediglich ein erster Überblick über die potenziell anfallenden Kosten erreicht werden. **Nachteilig** wirkt sich die Jahresbetrachtung der Kosten aus, da Entwicklungen im Zeitablauf unberücksichtigt bleiben. Auch die Differenzierung in fixe Kosten (Strukturkosten) und variable Kosten (Produktkosten) führt in der Praxis zur Schwierigkeiten. Die fehlende Einbeziehung der Erlöse setzt voraus, dass sich diese entweder im Zeitablauf nicht ändern oder bei allen Investitionsalternativen gleichartig verändern. Nicht zuletzt fehlen die Berücksichtigung des Kapitaleinsatzes und die Beurteilung von dessen Rentabilität.

Gewinnvergleichsrechnung

Wird die Kostenvergleichsrechnung um die Komponente der **Erlöse** ergänzt und aus der Gegenüberstellung von Erlösen und Kosten ein Gewinn ermittelt, entsteht eine Gewinnvergleichsrechnung. Die Einbeziehung der Erlöse ist sinnvoll, da diese eben nicht bei allen Investitionsalternativen als gleich hoch unterstellt werden können. Dies kann u. a. daran liegen, dass die Leistungsfähigkeit der Investitionsalternativen unterschiedlich hoch sein kann und damit bei gleichen Stückerlösen unterschiedlich hohe Periodenerlöse erzielt werden können.

Es wird diejenige Investitionsalternative bevorzugt, die den **höchsten Gewinn** erwirtschaftet. Der Gewinnvergleich kann – wie auch der Kostenvergleich – pro Periode oder pro Leistungseinheit durchgeführt werden.

Bei der Differenzierung der Kosten gelten die bei der Kostenvergleichsrechnung gemachten Ausführungen. Der Ansatz der Erlöse erfolgt ebenfalls als durchschnittlicher Jahreswert.

Obgleich der wesentliche Mangel der Kostenvergleichsrechnung, nämlich die fehlende Einbeziehung der Erlöse, durch die Gewinnvergleichsrechnung geheilt wird, ergibt sich in diesem Zusammenhang die Schwierigkeit der **Zurechnung der Erlöse** zu einer einzelnen Investitionsalternative. Das Problem entsteht insbesondere dann, wenn an der Erstellung des Produkts mehrere Maschinen beteiligt sind. Oftmals wird dann eine

Erlöszuordnung mittels Schlüsselung vorgenommen, die nicht immer willkürfrei ist. Die übrigen Nachteile der Kostenvergleichsrechnung bleiben bestehen.

Rentabilitätsvergleichsrechnung

Der Mangel der fehlenden **Einbeziehung des Kapitaleinsatzes**, der sowohl bei der Kosten- als auch bei der Gewinnvergleichsrechnung existent ist, wird im Rahmen der Rentabilitätsrechnung behoben. Ziel ist die Ermittlung einer absoluten Vorteilhaftigkeit einer Investitionsalternative.

Die Rentabilitätsvergleichsrechnung basiert auf den Ergebnissen der Kosten- und Gewinnvergleichsrechnung und ergänzt diese um die Ermittlung einer **durchschnittlichen jährlichen Verzinsung** des eingesetzten Kapitals. Das bedeutet, dass der Gewinn, der sich aus Erlösen minus Kosten (grundsätzlich ohne kalkulatorische Zinsen) ergibt, ins Verhältnis zum durchschnittlich eingesetzten Kapital gesetzt und mit 100 multipliziert wird. Es ergibt sich ein Prozentsatz, der als **Rentabilität** bzw. Rendite bezeichnet wird.

Die Ermittlung der Kosten, der Erlöse und folglich des Gewinns erfolgt nach Maßgabe der Kosten- und Gewinnvergleichsrechnung. Als durchschnittlich eingesetztes Kapital werden bei nicht abnutzbaren Investitionsobjekten (z. B. Grundstücke) die vollen AK und bei abnutzbaren Investitionsobjekten (z. B. Maschinen) regelmäßig die halben Anschaffungskosten (AK) angesetzt. Wesentliche Restwerte sollten bei der Berechnung berücksichtigt werden.

Es wird diejenige Investitionsalternative bevorzugt, die die höchste durchschnittliche Verzinsung des durch die Investition gebundenen Kapitals (= Rentabilität bzw. Rendite) erwirtschaftet.

Die **Schwierigkeiten** der Erlöszuordnung zu den Investitionsalternativen bleiben – wie auch die Ein-Jahres-Betrachtung – auch bei der Anwendung der Rentabilitätsvergleichsrechnung bestehen. Der Nachteil der Ein-Jahres-Betrachtung kann durch die Verwendung von Werten einer Durchschnittsperiode (anstatt der ersten Nutzungsperiode) verbessert werden. Probleme ergeben sich, wenn sich die Anschaffungskosten und/oder Nutzungsdauern der einzelnen Investitionsalternativen unterscheiden.

Amortisationsvergleichsrechnung

Die Amortisationsvergleichsrechnung geht wie die Rentabilitätsvergleichsrechnung von den Ergebnissen der Kosten- und Gewinnvergleichsrechnung aus. Sie verfolgt das Ziel, die **Amortisationszeit** einer Investitionsalternative (Kapitalrückgewinnungszeit, Pay-back-Zeit) zu ermitteln. Sie wird daher auch als Kapitalrückfluss- oder Pay-back-Methode bezeichnet.

Zur Ermittlung der Amortisationszeit wird der Kapitaleinsatz (ggf. abzüglich eines wesentlichen Restwerts) ins Verhältnis zum durchschnittlichen Rückfluss gesetzt. Es ergibt sich eine Anzahl Jahre, nach denen sich die Investitionsalternative amortisiert hat. Der Kapitaleinsatz wird um einen **wesentlichen Restwert** deshalb reduziert, da dieser nicht amortisiert werden muss. Da bei den statischen Verfahren nicht auf den tatsächlichen Zahlungsstrom abgestellt wird, ergibt sich der durchschnittliche Rückfluss nicht aus der Differenz der durchschnittlichen jährlichen Einzahlungen abzüglich der durchschnittlichen jährlichen Auszahlungen, sondern unter Ansatz von Erlösen und Kosten. Diese werden aus der Kosten- und Gewinnvergleichsrechnung abgeleitet.

Eine Investitionsalternative wird gewählt, wenn

- ihre Amortisationszeit unter der vom Unternehmen festgelegten **maximalen Amortisationszeit** liegt und
- ihre Amortisationszeit kürzer ist als die der übrigen Investitionsalternativen.

Damit steht dem Unternehmen ein einfaches Instrument zur Beurteilung des **finanzwirtschaftlichen Risikos** zur Verfügung, da mit der Amortisationszeit Aspekte der Sicherheit und Unabhängigkeit indirekt einbezogen werden. Die oben beschriebenen Nachteile der Rentabilitätsvergleichsrechnung bleiben bestehen. Eine Ermittlung der Rentabilität der einzelnen Investitionsalternativen erfolgt nicht, weshalb mehrere statische Methoden ergänzend und nicht isoliert angewendet werden sollten. Ferner bleiben Rückflüsse nach der Amortisationszeit, die zwischen den einzelnen Investitionsalternativen sehr unterschiedlich ausfallen können, unberücksichtigt.

Dynamische Verfahren

Problemstellung

Die Nachteile der statischen Verfahren wurden im vorhergehenden Abschnitt ausführlich erläutert. Diese schränken die Aussagekraft statischer Verfahren stark ein. Der höhere Aufwand bei der Anwendung dynamischer Verfahren ist dadurch gerechtfertigt, dass genauere Informationen bzgl. der Vorteilhaftigkeit einer Investitionsalternative gewonnen werden können. Dies liegt im Wesentlichen an der

- Orientierung an den tatsächlichen Zahlungsströmen in Form von Ein- und Auszahlungen anstelle der Verwendung von Erlösen und Kosten,
- Einbeziehung aller Nutzungsperioden anstatt einer Ein-Jahres-Betrachtung, was allerdings die Schwierigkeiten der Schätzung von Ein- und Auszahlungen der in das Verfahren einbezogenen Perioden mit sich bringt,
- Nutzung finanzmathematischer Methoden, die einer Vergleichbarkeit der Zahlungen im Zeitablauf dienen und auf einem vom Unternehmen festzulegenden Kalkulationszinssatz basieren.

Fachliche Beschreibung und Beispiele

Wesentlich bei den dynamischen Verfahren ist, dass der »Gegenwartswert des Geldes« bei den Berechnungen Berücksichtigung findet. Der **Barwert** einer zukünftigen Zahlung ist derjenige Wert, der sich durch **Abzinsung** mit dem Abzinsungsfaktor ergibt. Es wird damit der Wert einer zukünftigen Zahlung zu Beginn des Betrachtungszeitpunkts (Zeitpunkt der Investition) berechnet. Ein Betrag, der erst in fünf Jahren zu einer Zahlung führt, hat heute einen niedrigeren Gegenwarts- bzw. Barwert. Bei mehrmaligen periodisch (= jährlich) wiederkehrenden Zahlungen kommt der Barwertfaktor zur Anwendung.

Soll der Wert einer heutigen Zahlung zu einem zukünftigen Zeitpunkt ermittelt werden, ist der **Endwert** zu ermitteln. In diesem Fall erfolgt keine Abzinsung, sondern eine Aufzinsung mithilfe des Aufzinsungsfaktors (bei einmaligen Zahlungen) bzw. des Endwertfaktors (bei mehrmaligen Zahlungen).

Bei der fachlichen Beschreibung der statischen Verfahren der Investitionsrechnung werden folgende Methoden unterschieden:

Kapitalwertmethode

Bei der Kapitalwertmethode werden die **Kapitalwerte** der einzelnen Investitionsalternativen ermittelt und miteinander verglichen. Der Kapitalwert ergibt sich als Differenz zwischen dem Barwert der mit einer Investitionsalternative in Zusammenhang stehenden Einzahlungen (z. B. Umsatzerlöse, Liquidationserlös) und dem Barwert ihrer Auszahlungen (z. B. Anschaffungswert, Auszahlungen für Wartung, Betrieb etc.).

Ein Kapitalwert **größer Null** (positiver Kapitalwert) zeigt, dass von der Investitionsalternative sowohl die mit ihr in Zusammenhang stehenden Auszahlungen als auch die an sie gestellte Verzinsungsanforderung erreicht werden. Ein »Investitionsgewinn« wurde erwirtschaftet.

Hat eine Investitionsalternative einen Kapitalwert **gleich Null**, bedeutet dies, dass ihre Einzahlungen sowohl ihre Auszahlungen als auch die an sie gestellte Verzinsung erfüllen, jedoch keinen zusätzlichen Gewinn erwirtschaften. Die Investitionsalternative verzinst sich exakt mit dem der Berechnung zugrunde liegenden Kalkulationszinssatz.

Ein Kapitalwert **kleiner Null** (negativer Kapitalwert) zeigt, dass die Investitionsalternative Kapital vernichtet. Die Einzahlungen decken nicht die Auszahlungen und die Mindestverzinsung. Die Investitionsalternative führt folglich zu einem »Investitionsverlust«.

Damit ist die Vorteilhaftigkeit einer Investitionsalternative gegeben, wenn

- ihr Kapitalwert größer Null ist und
- sie verglichen mit den übrigen Investitionsalternativen einen höheren Kapitalwert aufweist.

Die Kapitalwertmethode bietet die Möglichkeit, Zahlungsreihen differenziert erfassen und bewerten zu können, sowohl betragsmäßig als auch in zeitlicher Hinsicht. Problemtisch ist allerdings die Zurechenbarkeit der Zahlungen zu den einzelnen Investitionsalternativen, wenn an der Erstellung des Produkts mehrere Maschinen beteiligt sind. Die Anwendung der Kapitalwertmethode setzt die Prognose von Zahlungen voraus, die den üblichen Prognoseunsicherheiten unterliegen. Die Aussagen zur Rentabilität einer Investitionsalternative stehen bei der Kapitalwertmethode nicht im Vordergrund. Es wird lediglich gezeigt, ob die geforderte Mindestverzinsung erreicht wird oder nicht.

Interne Zinsfußmethode

Bei der internen Zinsfußmethode erfolgt der Vorteilhaftigkeitsvergleich auf Basis des internen Zinsfußes. Dies ist derjenige **Zinssatz**, der beim Abzinsen der Zahlungen zu einem **Kapitalwert gleich Null** führt.

Entspricht der interne Zinsfuß der geforderten Mindestverzinsung oder liegt er über ihr, wird die Investition als vorteilhaft bewertet. Im Alternativenvergleich »gewinnt« diejenige Investitionsalternative, die den höchsten internen Zinsfuß hat, sofern die geforderte Mindestverzinsung erreicht wird.

Die Anwendung der internen Zinsfußmethode zur Beurteilung der Vorteilhaftigkeit von Investitionsalternativen wird vom **Zentralverband der Elektrotechnischen Industrie (ZVEI)** empfohlen. Die Vorteile entsprechen denen, die bei der Kapitalwertmethode genannt sind, ebenso ihre Nachteile. Zusätzlich kann mithilfe der internen Zinsfußmethode eine Aussage über die Rentabilität der Investitionsalternativen getroffen werden. Allerdings leidet die Vergleichbarkeit der einzelnen Investitionsalternativen unter den regelmäßig vorkommenden Abweichungen ihrer Anschaffungswerte und/oder Nutzungsdauern. Mithilfe fiktiver Differenzinvestitionen wird versucht, diese Vergleichbarkeit herzustellen. Problematisch bei der Anwendung der internen Zinsfußmethode ist die mangelhafte Abbildung negativer Zahlungsüberschüsse, was jedoch in der Praxis insbesondere in der Anlaufphase möglich sein kann.

Annuitätenmethode

Die Annuitätenmethode ist eine Form der Kapitalwertmethode, bei der allerdings nicht der Totalerfolg einer Investitionsalternative, sondern der **Periodenerfolg** auf Basis durchschnittlicher jährlicher Ein- und Auszahlungen ermittelt wird. Als Maßstab für den Vorteilhaftigkeitsvergleich dient nicht der Kapitalwert, sondern die **Annuität**. Die Annuität einer Investitionsalternative ist der auf die Investitionsdauer bzw. den Betrachtungszeitraum mithilfe des Kapitalwiedergewinnungsfaktors gleichmäßig verteilte Kapitalwert. Es wird damit eine Art »Gewinn pro Periode« ermittelt, der durch eine Investitionsalternative erwirtschaftet wurde.

Zur Ermittlung der Annuität wird zunächst auf die Ergebnisse der Kapitalwertmethode (= Kapitalwerte der Investitionsalternativen) zurückgegriffen. Dann werden diese mit dem Kapitalwiedergewinnungsfaktor multipliziert, und die Annuität wird ermittelt.

Ist die Annuität größer null, wird die Investition als vorteilhaft bewertet. Im Alternativenvergleich »gewinnt« diejenige Investitionsalternative, die die höchste Annuität aufweist.

In der Praxis wird die **Periodisierung des Totalerfolgs überwiegend positiv** gesehen. Zudem ist kein Ansatz von Differenzinvestitionen erforderlich. Die Annuitätenmethode bietet – wie auch die Kapitalwertmethode – die Möglichkeit, Zahlungsreihen differenziert erfassen und bewerten zu können, sowohl betragsmäßig als auch in zeitlicher Hinsicht. Problemtisch ist allerdings die Zurechenbarkeit der Zahlungen zu den einzelnen Investitionsalternativen, und die Methodenanwendung setzt die Prognose von Zahlungen voraus, die den üblichen Prognoseunsicherheiten unterliegen.

Excel-Praxis: Investitionsrechnung

CD

Investitionsrechnung.xls

Diese Praxislösung demonstriert eine Investitionsrechnung für drei Alternativen nach einem statischen und dynamischen Verfahren. Das Tabellenblatt *Basisdaten* hält die wichtigsten Parameter bereit, für die einzelnen Alternativen werden Anschaffungskosten, Nutzungsdauer, Restwert (Liquidationserlös), Maximalkapazität und der kalkulatorische Zinsfuß eingetragen.

	A	B	C	D
1	**Investitionsanalyse**			
2	*Basisdaten*			
3				
4	Geschäftsjahr:	2010		
5				
6	Investitionsobjekt	**Alternative 1**	**Alternative 2**	**Alternative 3**
7	Anschaffungskosten	235.000 €	220.000 €	280.000 €
8	Nutzungsdauer	8 Jahre	8 Jahre	8 Jahre
9	Restwert/Liquidationserlös	19.000 €	23.500 €	14.000 €
10	Diskontierter Restwert/Liquidationserlös	9.535,46 €	11.793,86 €	7.026,13 €
11	Kalkulatorischer Zinsfuß	9,00%	9,00%	9,00%
12	Maximalkapazität	36.500	39.000	34.000

Abbildung 4.96: Basisdaten für die Investitionsrechnungsverfahren

Mehrdimensionale Bereichsnamen

Achten Sie auf die spezielle Bereichsnamenstechnik: Über den Namens-Manager werden alle Werte für die drei Alternativen mit Bereichsnamen versehen, der Name lässt sich nach Markierung des gesamten Bereichs aus der obersten Zeile und linken Spalte holen. Dazu muss der Bereich inklusive Beschriftungen markiert sein (A4:D10):

2003 *Einfügen/Namen/Erstellen/Aus oberster Zeile/linker Spalte*

2007 2010 *Formeln/Definierte Namen/aus Auswahl erstellen*

Leerzeichen und in Namen nicht erlaubte Sonderzeichen ersetzt Excel durch Unterstriche. Drücken Sie [Strg] + [F3] und ändern Sie die Namen entsprechend ab (z. B. *Restwert* statt *Restwert_Liquidationserlös*).

Die in den Basisdaten zugewiesenen globalen Bereichsnamen können als Matrix in den Berechnungen verwendet werden, Excel weist automatisch den Wert aus der richtigen Spalte zu.

TIPP Drücken Sie bei der Erstellung einer Formel die Funktionstaste [F3], um die Liste der Bereichsnamen zu sehen. Holen Sie den gewünschten Namen per Doppelklick in die Formel.

Die Formel zur Berechnung des diskontierten Restwerts würde ohne Bereichsnamen lauten:

```
B8: =B7*1/(1+B9)^(B6)
```

Mit Bereichsnamen sieht die Formel so aus:

```
B8: =Restwert*1/(1+Kalkulatorischer_Zinsfuß)^(Nutzungsdauer)
```

Statisches Verfahren mit Rentabilitätsvergleich

Im Tabellenblatt *Statische Verfahren* wird für jede Alternative die Auslastung in Prozent eingegeben, die Stückzahl errechnet sich aus dem Produkt von Prozentzahl und Maximalkapazität.

```
B7: =B6*Maximalkapazität
```

Der zweite Abschnitt listet die Kosten auf, aufgeteilt in Struktur- und Produktkosten, hier werden die Jahreswerte für die einzelnen Kostenarten eingetragen. Auch bei der Berechnung der kalkulatorischen Abschreibungen und der Zinsen kommen die mehrdimensionalen Bereichsnamen aus den Basisdaten zum Einsatz:

```
B14: =(Anschaffungskosten-Restwert)/Nutzungsdauer
B15: =((Anschaffungskosten+Restwert)*Kalkulatorischer_Zinsfuß)*0,5
```

Für die Berechnung der Ergebnisse werden die Anschaffungskosten der drei Alternativen noch einmal aus den Basisdaten geholt:

- Die Kostenvergleichsrechnung ermittelt die Gesamtkosten (Strukturkosten plus anteilige Produktkosten) und die Stückkosten (Gesamtkosten/Auslastung).
- In der Gewinnvergleichsrechnung errechnet sich der Erlös aus der Stückauslastung multipliziert mit dem Verkaufspreis abzüglich der Gesamtkosten.
- Die Rentabilitätsvergleichsrechnung addiert Gewinn und Zinsen und dividiert die Summe durch die Hälfte der Anschaffungskosten.
- Für die Berechnung der Amortisationsdauer werden die Anschaffungskosten durch die Summe aus Gewinn, Abschreibungen und Zinsen dividiert.

Dynamische Verfahren

In der Investitionsrechnung nach dynamischen Verfahren wird für jede Alternative eine Matrix mit wechselnden Auslastungen über mehrere Geschäftsjahre beginnend ab dem in den Basisdaten verankerten Geschäftsjahr aufgebaut. Die prozentuale Auslastung wird eingetragen und führt zur Berechnung der Auslastung in Stück.

Für die Summe der Gesamtkosten werden die Werte der einzelnen Kostenarten eingetragen, die Summe der Einzahlungen berechnet sich aus dem Verkaufspreis, multipliziert mit der Stückauslastung. Für den Zahlungssaldo wird in einer Zwischenrechnung auf den negativen ersten Anschaffungswert der Restwert addiert, im ersten und allen folgenden Geschäftsjahren berechnet er sich aus Einzahlungen minus Kosten.

B15 =(Anschaffungskosten-Restwert)/Nutzungsdauer

	A	B	C	D
1	**Investitionsanalyse**			
2	*Statische Verfahren*			
3				
4	**Eingaben**			
5		**Alternative 1**	**Alternative 2**	**Alternative 3**
6	**I. Kapazität und Auslastung**			
7	Auslastung in %	78,00%	79,00%	76,00%
8	Auslastung in Stück	28470	30810	25840
9	**II. Kosten**			
10	1. Strukturkosten			
11	Mieten, Pachten	18.000,00	18.000,00	18.000,00
12	Personalkosten	95.630,00	94.100,00	90.900,00
13	Versicherungen, Abgaben	2.500,00	2.300,00	1.900,00
14	Andere Kosten	4.200,00	4.600,00	2.750,00
15	Kalkulatorische Abschreibungen	27.000,00	24.562,50	33.250,00
16	Zinsen	11.430,00	10.957,50	13.230,00
17	**Summe Strukturkosten**	**158.760,00**	**154.520,00**	**160.030,00**
18	2. Produktkosten			
19	Rohstoffe, Material	139.000,00	153.870,00	143.090,00
20	Fertigungslöhne	98.000,00	94.800,00	92.300,00
21	Kommunikation, Frachten	2.000,00	2.000,00	2.000,00
22	Energien	9.800,00	8.730,00	9.200,00
23	Andere Kosten	4.000,00	3.500,00	2.900,00
24	**Summe Produktkosten**	**252.800,00**	**262.900,00**	**249.490,00**
25	**III. Erlöse und Preise**			
26	Verkaufspreis pro Stück	11,99	12,99	13,80

Abbildung 4.97: Statisches Verfahren der Investitionsrechnung – Eingabe und Berechnung der Zinsen

B38 =RUNDEN(Anschaffungskosten/(B34+B15+B16);2)

	A	B	C	D
27				
28	**Ergebnisse**			
29	**I. Anschaffungskosten**	235000	220000	280000
30	**II. Kostenvergleichsrechnung**			
31	Gesamtkosten	355944	362211	349642,4
32	Stückkosten	12,5	11,76	13,53
33	**III. Gewinnvergleichsrechnung**			
34	Gewinn	-14588,7	38010,9	6949,6
35	**IV. Rentabilitätsvergleichsrechnung**			
36	Rentatibilität in %	-2,69	44,52	14,41
37	**V. Amortisationsvergleichsrechnung**			
38	Amortisationsdauer	9,86	2,99	5,24

Abbildung 4.98: Ergebnisse der Investitionsrechnung (statische Verfahren)

Der erste Wert aus dem Bereich »Kalkulatorischer Zinsfuß« in den Basisdaten wird zur Berechnung des Abzinsungsfaktors verwendet, hier darf nicht der gesamte Bereichsname verwendet werden. Nutzen Sie die Funktion INDEX() oder geben Sie eine direkte Verknüpfung auf die Zelle an:

```
C21: =1/(1+INDEX(Kalkulatorischer_Zinsfuß;1;1)*1)
```

Die Einzelbarwerte berechnen sich aus dem Produkt von Gewinn und Abzinsungsfaktor, sie werden für die kumulierten Barwerte auf den Zahlungssaldo addiert.

```
C22: =RUNDEN((C19-C16)*C21;2)
C23: =B20+C22
```

Die Anzahl der Geschäftsjahre in Zeile 4 wird über eine Matrixformel berechnet und dazu mit [Strg] + [⇧] + [↵] abgeschlossen. Die geschweiften Klammern weisen auf die Matrix hin, sie werden nicht eingegeben. Den letzten negativen Wert und den ersten positiven Wert berechnet die Funktion INDEX() mithilfe des Ergebnisses:

```
B25: {=SUMME(WENN(C23:L23<0;1;0))}
B26: =INDEX(C23:L23;1;B25)
B27: =INDEX(C23:L23;1;B25+1)
```

B25 | {=SUMME(WENN(C23:L23<0;1;0))}

	A	B	C	D	E	F	G	H	I	J	K	L
1	**Investitionsanalyse**											
2	*Dynamische Verfahren*											
3												
4	**Alternative 1**		**2010**	**2011**	**2012**	**2013**	**2014**	**2015**	**2016**	**2017**		
5	**I. Allgemeine Angaben**											
6	Auslastung in %		78,00%	79,00%	82,00%	84,00%	81,00%	80,00%	79,00%	76,00%	0,00%	0,00%
7	Auslastung in Stück		28.470,00	28.835,00	29.930,00	30.660,00	29.565,00	29.200,00	28.835,00	27.740,00	0,00	0,00
8	**II. Auszahlungen**											
9	Personalkosten		181.200,00	182.400,00	183.100,00	184.000,00	180.310,00	178.890,00	176.900,00	170.890,00	0,00	0,00
10	Materialaufwendungen		132.890,00	133.300,00	135.790,00	137.400,00	134.900,00	133.100,00	132.300,00	130.700,00	0,00	0,00
11	Mieten, Pachten		18.000,00	18.000,00	18.000,00	18.000,00	18.000,00	18.000,00	18.000,00	18.000,00	0,00	0,00
12	Energien		9.100,00	9.200,00	9.300,00	9.400,00	9.300,00	9.200,00	9.000,00	8.800,00	0,00	0,00
13	Fracht		2.480,00	3.020,00	3.120,00	3.200,00	3.050,00	3.000,00	2.890,00	2.800,00	0,00	0,00
14			0,00	0,00	0,00	0,00	0,00	0,00	0,00	0,00	0,00	0,00
15	Sonstige		2.900,00	2.920,00	2.950,00	3.000,00	2.900,00	2.870,00	2.810,00	2.730,00	0,00	0,00
16	Summe Auszahlungen		346.570,00	348.840,00	352.260,00	355.000,00	348.460,00	345.060,00	341.900,00	333.920,00	0,00	0,00
17	**III. Einzahlungen**											
18	Verkaufspreis		12,96	13,43	13,65	13,76	13,68	13,60	13,55	13,51	0,00	0,00
19	Summe Einzahlungen		368.971,20	387.254,05	408.544,50	421.881,60	404.449,20	397.120,00	390.714,25	374.767,40	0,00	0,00
20	**IV. Zahlungssaldo**	-225.464,54	22.401,20	38.414,05	56.284,50	66.881,60	55.989,20	52.060,00	48.814,25	40.847,40	0,00	0,00
21	**IV. Abzinsungsfaktor**		0,92	0,84	0,77	0,71	0,65	0,60	0,55	0,50	0,00	0,00
22	**V. Einzelbarwerte**		20.551,56	32.332,34	43.461,96	47.380,61	36.389,14	31.041,68	26.703,07	20.499,93	0,00	0,00
23	**VI. Kumulierte Barwerte**		-204.912,98	-172.580,64	-129.118,68	-81.738,07	-45.348,93	-14.307,25	12.395,82	32.895,75	32.895,75	32.895,75
24												
25	**Anzahl Jahre**	6										
26	**Letzter negativer Wert**	-14.307,25										
27	**Erster positiver Wert**	12.395,82										

Abbildung 4.99: Investitionsrechnung, dynamische Verfahren – Eingaben und Berechnungen der ersten Alternative

B87 | =ABS(RMZ(Basisdaten!B11;Basisdaten!B8;B83))

	A	B	C	D
79	**Ergebnisse**			
80		**Alternative 1**	**Alternative 2**	**Alternative 3**
81	**I. Anschaffungskosten**	235000	220000	280000
82	**II. Kapitalwertmethode**			
83	Kapitalwert	12.253,66 €	22.978,63 €	2.102,31 €
84	**III. Interne Zinsfuß-Methode**			
85	Interner Zinsfuß in %	9,32	10,47	8,55
86	**IV. Annuitätenmethode**			
87	Annuität	2.213,92 €	4.151,65 €	379,83 €
88	**V. Amortisationsrechnung**			
89	Amortisationszeitraum	7,84	7,07	11,00

Abbildung 4.100: Ergebnisse der Investitionsrechnungen mit dynamischen Verfahren

Für die Ergebnisse werden die Anschaffungskosten noch einmal aus den Basisdaten verknüpft. Der Kapitalwert wird mithilfe der Funktion NBW() (Nettobarwert) ermittelt, die Funktion erfordert den Abzinsungssatz und die Zahlungen als Argumente. Für die Berechnung des internen Zinsfußes stellt Excel in der Kategorie der finanzmathematischen Funktionen die Funktion IKV() zur Verfügung, und die Annuität berechnet die Funktion RMZ(). Der Amortisationszeitraum wird aus den zuvor errechneten Werten Anzahl der Jahre, letzter negativer Wert und erster positiver Wert ermittelt.

Excel-Praxis: Ersatzinvestitionen – Risikobewertung mit Monte-Carlo-Simulation

Die Monte-Carlo-Simulation ist ein Verfahren auf Basis von Zufallsexperimenten, es wird für die Lösung komplexer Aufgaben eingesetzt, für die es keine oder nur sehr aufwendige analytische Möglichkeiten gibt. Bei Wikipedia finden Sie eine ausführliche Beschreibung:

`http://de.wikipedia.org/wiki/Monte-Carlo-Simulation`

Im Risikomanagement wird die Monte-Carlo-Simulation verwendet, um Risikofälle vorauszuberechnen und Ausfälle oder Schadensfälle zu kalkulieren und erforderliche Maßnahmen auszuarbeiten, bevor der Schaden entsteht. Eine Schadensdatenbank, wie sie bei Versicherungen und im Bankwesen zum Einsatz kommt, kann immer nur den Blick in die Vergangenheit richten, die Simulation zukünftig eintretender Ereignisse ist ein wichtiger Teil im Gesamtkonzept des Risikomanagements.

Der Softwaremarkt hält zahlreiche Produkte für solche Simulationen bereit. ORC (operational risk center) von der Firma Interexa (`www.interexa.de`) ist z. B. eine Standardsoftware zur Steuerung operationaler Risiken. Sie ermöglicht die Berechnung der Eigenkapitalunterlegung mittels Monte-Carlo-Simulation auf Basis der tatsächlichen Verluste aus der Schadensfalldatenbank sowie der Verlustschätzungen aus dem Self-Assessment.

Monte-Carlo-Simulation mit dem Solver

Excel bietet mit dem Add-In *Solver* ein gutes Werkzeug für solche Simulationen. Der Solver löst Gleichungen mit mehreren Unbekannten auf Basis der linearen Optimierung. In der Version 2010 wurde das Add-In überarbeitet und mit einer neuen Oberfläche ausgestattet. Als Lösungsmethoden stehen neben der linearen Optimierung (Simplex-LP) auch das GRG-Nichtlinear-Modul und das EA-Modul für nicht kontinuierliche Aufgaben zur Auswahl.

2003 *Extras/Solver*. Wenn das Add-In nicht verfügbar ist, wählen Sie *Extras/Add-Ins* und schalten den Solver ein.

2007 2010 *Daten/Analyse/Solver*. Das Add-In kann über die Excel-Optionen (*Office-* bzw. *Datei-*Menü) in der Kategorie *Add-Ins* aktiviert werden.

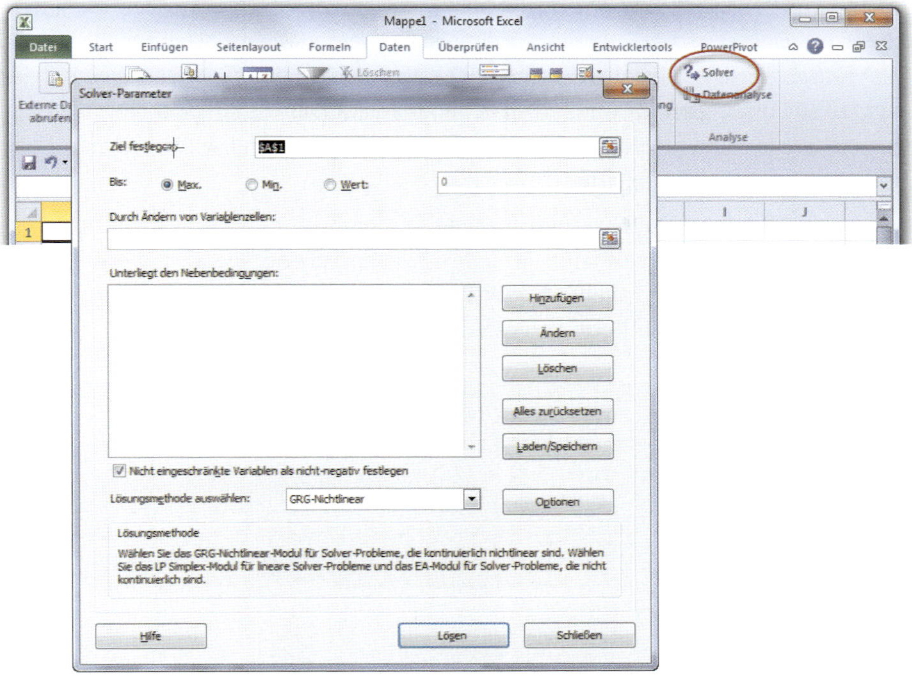

Abbildung 4.101: Der Excel-Solver löst Probleme durch Optimierung

Auf der Webseite der Firma *Frontline Systems*, des Entwicklers des Solvers, finden Sie Beispiele und Tutorials zum Solver, u. a. mit dem Thema Monte-Carlo-Simulation:

`www.solver.com`

Excel-Praxis: Risikobewertung von Ersatzinvestitionen mit Monte-Carlo-Simulation

Ralf Platvoet von der Mittelstandsberatungsfirma Paulssen und Platvoet in Remscheid (`www.PundPBeratung.de`) hat in der XING-Gruppe *Excel im Controlling* ein nützliches Tool veröffentlicht, das wir mit freundlicher Genehmigung hier vorstellen.

Ausfallwahrscheinlichkeiten.xls

CD

Es gelten die Restriktionen eines begrenzten Investitionsbudgets, d. h., der Bedarf für die Ersatzinvestitionen ist größer als die vorhandenen Mittel. Gesucht ist die Mittelverwendung (Verteilung auf einzelne Investitionsobjekte) mit dem geringsten Risiko und die Höhe/Wahrscheinlichkeit des Risikos. Über eine Monte-Carlo-Simulation wird mithilfe von einer Ausfallwahrscheinlichkeit (je Anlage) und einem maximalen Schadensbetrag (je Anlage), wenn dieser Ausfall eintritt, ein Value at Risk (VaR) bestimmt. Dieser VaR kann dann über unterschiedliche Szenarien minimiert werden.

Erste Annahme: Ausfallwahrscheinlichkeiten und Schadenshöhen werden als extern gegeben vorausgesetzt, d. h., die Berechnung ist momentan nicht Bestandteil des Tools. Zweite Annahme: Die Ausfallwahrscheinlichkeiten folgen einer Gleichverteilung (ist momentan so vorgesehen, es könnten später aber auch Exponential- oder Normalverteilungen eingebaut werden). In der Datei im Blatt *Berechnung* sind entsprechende Kommentare zur Bearbeitung eingefügt.

Das maximale Risiko (Schaden) wird in Zeile 13 (Spalte C und D) ausgewiesen. Das zugehörige Konfidenzintervall kann in Zeile 12 entsprechend geändert werden. Über Grafiken in den weiteren Tabellenblättern werden die Häufigkeitsverteilung/Verteilungsfunktion und Risikofunktion dargestellt.

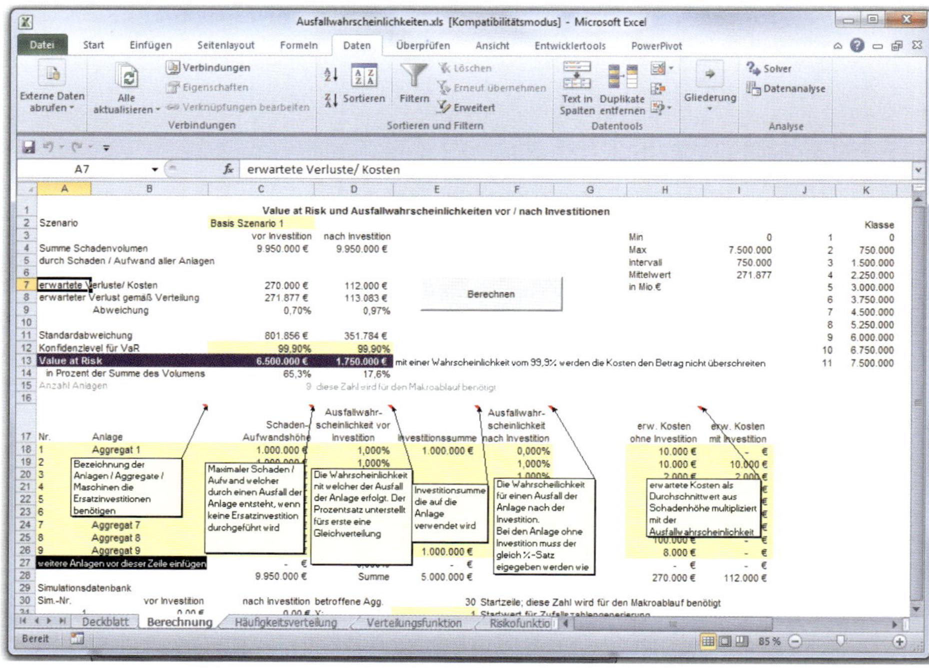

Abbildung 4.102: Berechnung der Ausfallwahrscheinlichkeit mit Monte-Carlo-Simulation

4.2.3 Finanzen

Kennzahlen zur Bilanzanalyse

Problemstellung

Da **absolute Zahlen** eines Jahresabschlusses als Einzelwerte nur **wenig Aussagekraft** besitzen, müssen diese durch Vergleiche über die Zeit und durch Relationenbildung mit anderen Werten zu aussagekräftigen Kennzahlen(-systemen) weiterentwickelt werden.

Beurteilt werden müssen zunächst die **Leistung** des Unternehmens und des Managements. Dabei wird nicht nur auf die vergangenheitsbezogene Analyse historischer

Daten abgestellt. Benötigt wird auch die Prognose zukünftiger Entwicklungen der Leistungsfähigkeit des Unternehmens.

Hinweis

Bei der Durchführung einer Bilanzanalyse muss zudem das **Bilanzierungsumfeld** betrachtet werden. Hierin liegt häufig die **Motivation** für das Ergreifen gestalterischer Maßnahmen:

- Änderung der Fassung von Standards
- Konjunkturelle Entwicklungen
- Veränderungen des Markts (z. B. stärkerer Wettbewerb)
- Gelegenheit für bilanzpolitische Maßnahmen (z. B. anstehende Gestaltung von Leasingverträgen)
- Existenz und Arbeitsweise eines Prüfungsausschusses und einer internen Revision
- Besonderer Druck auf das Management (z. B. durch Analysten, Kapitalgeber)
- Manipulationsanreize für das Management (z. B. übermäßig hohe gewinnabhängige Vergütung)

Fachliche Beschreibung und Beispiele

Die Analyse des Jahresabschlusses untergliedert sich in einen quantitativen und einen qualitativen Teil. Im vorliegenden Handbuch steht die quantitative Analyse des Jahresabschlusses im Vordergrund. Sie basiert auf **Kennzahlen** und **Kennzahlensystemen**. Am häufigsten werden Verhältniszahlen verwendet.

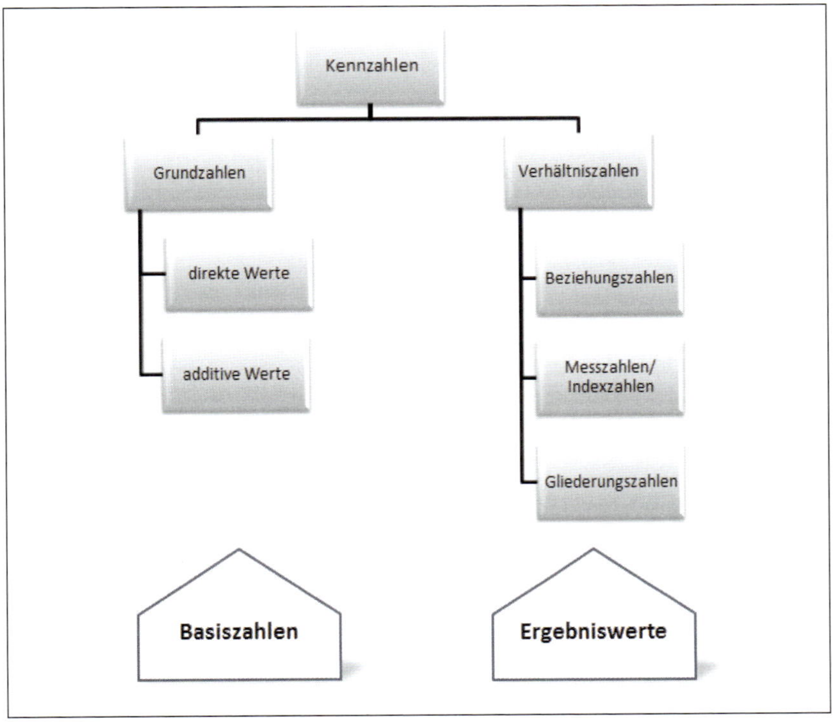

Abbildung 4.103: Formen von Kennzahlen (Quelle: Tanski, J., 2006, S. 157)

Die Durchführung einer Jahresabschlussanalyse setzt einige Vorarbeiten voraus. Die Analyse von Jahresabschlüssen nach einer einheitlichen **Vorgehensweise** und angelehnt an allgemein gültige Definitionen ist Voraussetzung für eine Vergleichbarkeit der Abschlüsse. Mithilfe der nachfolgenden Schritte kann die Durchführung einer Jahresabschlussanalyse vorbereitet werden:

Schritt 1: Prüfung der für die Jahresabschlussanalyse zu verwendenden Informationen

Idealerweise liegt ein vom Abschlussprüfer **testierter Jahresabschluss** und ggf. Lagebericht vor. Ist dies nicht der Fall, sollten die einzelnen Bilanz- und GuV-Positionen sowie Anhang und ggf. Lagebericht entsprechend den Grundsätzen einer Jahresabschlussprüfung geprüft werden. Vor allem Anhang und Lagebericht enthalten wichtige Informationen hinsichtlich Aufgliederung von Positionen und Entwicklung des Unternehmens.

Schritt 2: Zusammenfassung und Saldierung von Positionen

Zur Verwendung im Rahmen der Kennzahlenbildung sind die Positionen der Bilanz und GuV-Rechnung ausgehend von den **Mindestgliederungsschemata** in geeigneter Weise zusammenzufassen. Aufgrund der Differenzierung des **HGB** nach Nichtkapitalgesellschaften und Kapitalgesellschaften und innerhalb der Kapitalgesellschaften nach Größenordnung wird regelmäßig von der **großen Kapitalgesellschaft** ausgegangen. Bei der Analyse von HGB-Jahresabschlüssen wird die GuV vorzugsweise nach dem Gesamtkostenverfahren (GKV) aufgestellt, im Rahmen der internationalen Rechnungslegung überwiegend nach dem Umsatzkostenverfahren (UKV).

Im Rahmen der **IAS/IFRS** wird keine dem HGB entsprechend umfangreiche Gliederung von Bilanz und GuV vorgegeben. Vielmehr setzen diese Rechnungslegungsvorschriften auf eine Reihe von **Pflichtangaben**, deren weitere Untergliederungen (z. B. der Aufwendungen) wahlweise auch im Anhang erfolgen können. Die GuV-Mindestangaben sind nach IAS 1.81 f. die folgenden:

- Umsatzerlöse,
- Finanzierungsaufwendungen,
- Gewinn- und Verlustanteile an assoziierten Unternehmen und Joint Ventures, die nach der Equity-Methode bilanziert wurden,
- Steueraufwendungen,
- Nachsteuerergebnis aufgegebener Geschäftsbereiche,
- Periodenergebnis und
- die Verteilung des Periodenergebnisses auf Gesellschafter des Mutterunternehmens und Minderheitsgesellschafter.
- Seit 2005 darf das außerordentliche Ergebnis nicht mehr gesondert ausgewiesen werden.

Das standardmäßig verwendete **GuV-Gliederungsschema nach dem UKV** orientiert sich an nachfolgendem Aufbau:

IAS/IFRS-Gewinn- und Verlustrechnung		Jahr 1	Jahr 2	Jahr 3
	Umsatzerlöse			
-	Umsatzkosten (Kosten der umgesetzten Leistung)			
=	Bruttoergebnis (vom Umsatz)			
+	Sonstige betriebliche Erträge			
-	Vertriebskosten			
-	Allgemeine Verwaltungskosten			
-	F&E-Kosten			
-	Sonstige betriebliche Aufwendungen			
=	Betriebsergebnis			
+/-	Ergebnis der at-equity-bewerteten Unternehmen			
+	Finanzierungserträge			
-	Finanzierungsaufwendungen			
=	(Übriges) Finanzergebnis			
=	Ergebnis aus fortgeführten Geschäftsbereichen vor Steuern			
-	Ertragssteueraufwand			
=	Ergebnis aus fortgeführten Geschäftsbereichen nach Steuern			
+/-	Nachsteuerergebnis aufgegebener Geschäftsbereiche			
=	Periodenergebnis nach Steuern			
	davon entfällt auf:			
	Gesellschafter des Mutterunternehmens			
	Minderheitsgesellschafter			

Tabelle 4.20: IFRS-Standard-GuV nach dem UKV

Schritt 3: Aufgliederung der Bilanzpositionen nach Fristigkeiten

Zur Beurteilung der **Liquidierbarkeit** von Vermögensgegenständen sollten diese in kurz-, mittel- und langfristiges Vermögen gegliedert werden. Diese Informationen sind für externe Analysten einer HGB-Bilanz nur schwer erkennbar, sodass das Management des zu bewertenden Unternehmens bei dieser Aufgliederung unterstützend tätig sein muss. Auf der Passivseite ist das Fremdkapital in kurz-, mittel- und langfristiges Fremdkapital zu differenzieren. Kritisch gesehen werden muss vor allem die Fristigkeit der sonstigen Rückstellungen, die im Zweifelsfall aus Gründen der Vorsicht bei den kurzfristigen Fremdmitteln auszuweisen sind.

Nachdem die **Bilanzgliederung nach IAS/IFRS** nunmehr ohnehin nach der **Fristigkeit** (in lang- und kurzfristige Vermögenswerte und Schulden) zu gliedern ist, sind zahlreiche der o. g. Positionen der Aktiv- und Passivseite einfacher zu identifizieren, als dies bei der Bilanzgliederung des § 266 HGB der Fall ist. Die Gliederung nach Liquiditätsnähe wird als Ausnahmefall angesehen, der zu begründen ist. Nachfolgend sind beispielhaft Gliederungsschemata für einige Analysepositionen dargestellt.

Anlagevermögen		Jahr 1	Jahr 2	Jahr 3
	Immaterielle Vermögensgegenstände (IAS/IFRS-Werte)			
+	Biologische Vermögenswerte (IAS/IFRS)			
+	Sachanlagen			
+	Als Finanzinvestition gehaltene Immobilien (IAS/IFRS)			
+	Finanzanlagen (IAS/IFRS: at-equity-Beteiligungen; sonstige langfristige Finanzanlagen)			
=	**Anlagevermögen**			
	Anlagevermögen			
+	Außerplanmäßige (aktivisch abgesetzte) Abschreibungen gemäß § 254 HGB auf das Anlagevermögen (nicht IAS/IFRS)			
=	**Um steuerliche Maßgeblichkeit bereinigtes Anlagevermögen**			

Tabelle 4.21: Aufbereitung des Anlagevermögens

Umlaufvermögen		Jahr 1	Jahr 2	Jahr 3
	Vorräte			
+	Forderungen aus Lieferungen und Leistungen (LuL)			
+	Sonstige Vermögensgegenstände (IAS/IFRS: sonstige Vermögenswerte; übrige Steuerforderungen)			
+	Wertpapiere			
+	Flüssige Mittel (Kassenbestand, Bundesbankguthaben, Guthaben bei Kreditinstituten, Schecks) (IAS/IFRS: Zahlungsmittel und Zahlungsmitteläquivalente)			
+	Aktive Rechnungsabgrenzungsposten ohne Disagio			
=	**Umlaufvermögen**			

Tabelle 4.22: Aufbereitung des Umlaufvermögens

Umlaufvermögen		Jahr 1	Jahr 2	Jahr 3
+	Flüssige Mittel (Kassenbestand, Bundesbankguthaben, Guthaben bei Kreditinstituten, Schecks) (IAS/IFRS: Zahlungsmittel und Zahlungsmitteläquivalente)			
+	Wertpapiere (IAS/IFRS: keine ausdrückliche Regelung; in IAS 7 Einbeziehungswahlrecht)			
=	**Liquide Mittel**			

Tabelle 4.22: Aufbereitung des Umlaufvermögens (Forts.)

Fremdkapital		Jahr 1	Jahr 2	Jahr 3
	Verbindlichkeiten mit einer Restlaufzeit ≤ 1 Jahr			
=	**Kurzfristige Verbindlichkeiten**			
+	Verbindlichkeiten mit einer Restlaufzeit > 1 Jahr und zugleich ≤ 5 Jahre			
+	Fremdkapitalanteil des Sonderpostens mit Rücklageanteil (50 %) (IAS/IFRS: nicht vorhanden)			
=	**Kurz- und mittelfristige Verbindlichkeiten**			
+	Verbindlichkeiten mit einer Restlaufzeit > 5 Jahre (= langfristige Verbindlichkeiten)			
=	**Gesamtverbindlichkeiten**			
	Verbindlichkeiten mit einer Restlaufzeit ≤ 1 Jahr			
+	Steuerrückstellungen (IAS/IFRS: latente Steuerverbindlichkeiten werden beim langfristigen Fremdkapitel ausgewiesen)			
+	Sonstige Rückstellungen (ggf. abzüglich Aufwandsrückstellungen; ggf. Zuordnung im mittel- oder langfristigen Bereich aufgrund Erläuterungen im Anhang; IAS/IFRS: keine Aufwandsrückstellungen)			
+	Dividendenzahlungen			
+	Passive Rechnungsabgrenzungsposten			
+	Fremdkapitalanteile der Korrekturpositionen im Übergang vom bilanziellen zum um die steuerlichen Wirkungen (z. B. bei Auflösung stiller Reserven) bereinigten Eigenkapital			
=	**Kurzfristige(s) Fremdmittel (Fremdkapital)**			
+	Verbindlichkeiten mit einer Restlaufzeit > 1 Jahr und zugleich ≤ 5 Jahre			
+	Erhaltene Anzahlungen auf Bestellungen			
+	Fremdkapitalanteil des Sonderpostens mit Rücklageanteil (50 %) (IAS/IFRS: nicht vorhanden)			

Tabelle 4.23: Aufbereitung des Fremdkapitals

Fremdkapital		Jahr 1	Jahr 2	Jahr 3
=	**Kurz- und mittelfristige(s) Fremdmittel (Fremdkapital)**			
+	Verbindlichkeiten mit einer Restlaufzeit > 5 Jahre			
+	Rückstellungen für Pensionen und ähnliche Verpflichtungen			
+	Fremdkapitalanteil der unterlassenen, nicht bilanzierungspflichtigen Pensionsrückstellungen (Art. 28 Abs. 2 EGHGB)			
+	Latente Steuerverbindlichkeiten (IAS/IFRS)			
=	**Langfristige(s) Fremdmittel (Fremdkapital) (IAS/IFRS: langfristige Schulden > 1 Jahr; keine mittelfristigen Schulden ausgewiesen)**			

Tabelle 4.23: Aufbereitung des Fremdkapitals (Forts.)

Gesamtkapital		Jahr 1	Jahr 2	Jahr 3
	Bilanzielles bzw. wirtschaftliches Eigenkapital			
+	Kurz- und mittelfristige(s) Fremdmittel (Fremdkapital)			
+	Langfristige(s) Fremdmittel (Fremdkapital)			
=	**Gesamtkapital**			

Tabelle 4.24: Aufbereitung des Gesamtkapitals

Schritt 4: Ermittlung und Interpretation der Kennzahlen

Im Rahmen der traditionellen Jahresabschlussanalyse werden folgende Bereiche mithilfe von **Kennzahlen** beleuchtet:

- Vermögensintensitäten
- Investitions- und Abschreibungspolitik
- Zahlungsziele und Umschlagshäufigkeit
- Kapital- und Finanzierungsstruktur
- Liquidität
- Rentabilität

Die nachfolgende **Kennzahlensammlung** enthält neben der Berechnungsformel auch eine Kurzinterpretation der jeweiligen Kennzahl.

Anlageintensität		Jahr 1	Jahr 2	Jahr 3
Formel	Anlagevermögen/Gesamtvermögen x 100			
Aussage	Je kleiner der Anteil des Anlagevermögens am Gesamtvermögen ist, desto größer ist die Flexibilität bei Beschäftigungsschwankungen und desto geringer ist das Risiko zu groß ausgelegter Produktionsanlagen. Eine hohe Anlagenintensität kann eine hohe Kapitalbindungs- und Strukturkostenbelastung nach sich ziehen. Die Anlagenintensität ist ein Indikator für Markteintrittsbarrieren.			

Tabelle 4.25: Kennzahlensammlung zur Jahresabschlussanalyse

Umlaufintensität (Arbeitsintensität)		**Jahr 1**	**Jahr 2**	**Jahr 3**
Formel	Umlaufvermögen/Gesamtvermögen x 100			
Aussage	Je größer der Anteil des Umlaufvermögens (insbesondere Vorräte) am Gesamtvermögen ist, desto größer ist die Flexibilität des Unternehmens. Je kurzfristiger das Vermögen gebunden ist, desto höher ist das Liquiditätspotenzial und desto größer ist die Anpassungsfähigkeit des Unternehmens. Dies geht ggf. mit einer geringeren Strukturkostenbelastung und geringeren fixen Zahlungsverpflichtungen einher.			

Anlagenabnutzungsgrad		**Jahr 1**	**Jahr 2**	**Jahr 3**
Formel	Kumulierte Abschreibungen auf Sachanlagevermögen/Sachanlagevermögen zu historischen Anschaffungskosten x 100			
Aussage	Mithilfe der Kennzahl kann festgestellt werden, ob im Unternehmen moderne Sachanlagen – eine Voraussetzung für eine langfristige Unternehmenssicherung – zum Einsatz kommen. Je höher der Anlagenabnutzungsgrad ist, desto höher ist das durchschnittliche Alter der Sachanlagen und desto größer ist der künftige Nachholbedarf an Investitionen für Erneuerung im Sachanlagevermögen (und umgekehrt).			

Investitionsquote		**Jahr 1**	**Jahr 2**	**Jahr 3**
Formel	Nettoinvestitionen in das Sachanlagevermögen/Sachanlagevermögen zu historischen Anschaffungskosten x 100			
Aussage	Die Investitionsquote kennzeichnet Unternehmenswachstum. Je höher die Nettoinvestitionen, d. h. je mehr investiert wurde, desto größer die Investitionsquote. Durch den Bezug zu den historischen Anschaffungskosten wird ein Steigen der Investitionsquote aufgrund abschreibungsbedingten Sinkens des Anlagenbestands bei gleich bleibenden Nettoinvestitionen vermieden.			

Wachstumsquote		**Jahr 1**	**Jahr 2**	**Jahr 3**
Formel	Nettoinvestitionen in das Sachanlagevermögen/Abschreibungen des Geschäftsjahres auf das Sachanlagevermögen x 100			
Aussage	Wird über die Abschreibung hinaus investiert, liegt ein echtes Wachstum vor. Ein Substanzverzehr liegt bei einer dauerhaft negativen Wachstumsquote vor. Die Unternehmenspolitik könnte das Ziel der Abschöpfung und nicht ein Wachstumsziel verfolgen.			

Abschreibungsquote		**Jahr 1**	**Jahr 2**	**Jahr 3**
Formel	Abschreibungen des Geschäftsjahres auf das Sachanlagevermögen/Sachanlagevermögen zu historischen Anschaffungskosten x 100			
Aussage	Eine steigende Abschreibungsquote lässt erkennen, inwieweit durch Abschreibungen stille Reserven zu Lasten des Gewinns gebildet werden bzw. bei einer sinkenden Abschreibungsquote stille Reserven zu Gunsten des Gewinns aufgelöst werden. Informationen über steuerrechtlich in Anspruch genommene Sonderabschreibungen erhöhen die Aussagekraft der Kennzahl.			

Umschlagsdauer der Vorräte		**Jahr 1**	**Jahr 2**	**Jahr 3**
Formel	∅ Bestand an Vorräten/Umsatzerlöse x 365			
Aussage	Die Kennzahl gibt an, wie lange (in Tagen) die Vorräte und das zu ihrer Finanzierung erforderliche Kapital durchschnittlich im Unternehmen gebunden sind. Eine geringe Umschlagsdauer könnte – isoliert betrachtet – insoweit interpretiert werden, dass Anspannungen der Liquidität aus dem laufenden Umsatzprozess abgefangen werden können. Aus einer geringen Bindungsdauer könnte jedoch auch gefolgert werden, dass die laufenden Ersatzbeschaffungen einen Zahlungsmittelbedarf hervorrufen und bei einer längeren Umschlagsdauer Liquiditätsverschlechterungen seltener anfallen.			

Tabelle 4.25: Kennzahlensammlung zur Jahresabschlussanalyse (Forts.)

Debitorenlaufzeit (Kundenziel)		**Jahr 1**	**Jahr 2**	**Jahr 3**
Formel	∅ Bestand an Forderungen aus LuL/Umsatzerlöse x 365			
Aussage	Mithilfe der Kennzahl kann das Zahlungsverhalten der Kunden und die Dauer der Liquiditätswirkung der Umsatzerlöse analysiert werden. Ein langes Kundenziel deutet auf Optimierungspotenzial beim Forderungsmanagement (z. B. Einräumung von Skonto, Mahnwesen) hin und lässt Risiken erkennen (z. B. schlechte Bonität der Kunden, Gefahr des Forderungsausfalls, schlechte Produktqualität führt zu verzögerter Abnahme oder Rechnungsbezahlung). Eine Verkürzung des Kundenziels könnte bedeuten, dass durch eine Verfrühung der Einzahlungszeitpunkte einem wachsenden Kapitalbedarf oder nicht gedeckten Kapitalbedarfsspitzen entgegengewirkt wird. Eine Verlängerung des Kundenziels könnte interpretiert werden, dass das Unternehmen zur Verbesserung der Auftragslage Zugeständnisse hinsichtlich des Zahlungsziels macht oder Kunden schlechterer Bonität beliefert.			
Kreditorenlaufzeit (Lieferantenziel)		**Jahr 1**	**Jahr 2**	**Jahr 3**
Formel	∅ Bestand an Verbindlichkeiten aus LuL/Materialaufwand + RHB-Bestandsveränderungen x 365			
Aussage	Umgekehrte Argumentation wie bei der Debitorenlaufzeit			
Eigenkapitalquote		**Jahr 1**	**Jahr 2**	**Jahr 3**
Formel	Bilanzielles bzw. wirtschaftliches Eigenkapital/Gesamtkapital x 100			
Aussage	Ein hoher Anteil des Eigenkapitals am Gesamtkapital sichert die Dispositionsfreiheit des Unternehmens und schützt vor Überschuldung und der damit drohenden Insolvenz. Je höher der Eigenkapitalanteil, desto größer ist der Gläubigerschutz und desto kreditwürdiger ist das Unternehmen, d. h., Neukreditaufnahmen werden dadurch erleichtert. Andererseits können Fremdkapitalzinsen als Aufwand steuermindernd eingesetzt werden, während die Finanzierung über Eigenkapital eine hohe steuerliche Belastung nach sich zieht. Auch aus Gründen des Unternehmenswachstums und des technischen Fortschritts sollte die Ausschöpfung des Fremdfinanzierungsspielraums vom Unternehmen durchaus in Betracht gezogen werden. Eine angemessene Eigenkapitalquote beträgt – in Abhängigkeit von Branche und spezieller Unternehmenssituation – ca. 1/3 des Gesamtkapitals, ist aber in der Praxis deutscher Unternehmen häufig niedriger.			
Selbstfinanzierungsgrad		**Jahr 1**	**Jahr 2**	**Jahr 3**
Formel	Gewinnrücklagen/Gesamtkapital x 100			
Aussage	Der Selbstfinanzierungsgrad gibt an, in welchem Maße das Unternehmen in der Lage war, mittels Einbehaltung (Nichtausschüttung) von Gewinnen Eigenkapital zu bilden. Die Bildung stiller Rücklagen kann hiermit jedoch nicht erkannt werden. Auch der Teil der Selbstfinanzierung, der aus Gesellschaftsmitteln zu Kapitalerhöhungen geführt hat, kann nicht erkannt werden, da diese Mittel bereits im gezeichneten Kapital enthalten sind.			
Statischer Verschuldungsgrad I (+ II)		**Jahr 1**	**Jahr 2**	**Jahr 3**
Formel	Fremdkapital (+ sonstige finanzielle Verpflichtungen)/Eigenkapital x 100			
Aussage	Der statische Verschuldungsgrad I drückt die Relation von Fremdkapital zu Eigenkapital aus. Durch Erweiterung des Fremdkapitals um die im Anhang angabepflichtigen sonstigen finanziellen Verpflichtungen können sowohl der statische Verschuldungsgrad als auch der Anspannungsgrad modifiziert werden.			

Tabelle 4.25: Kennzahlensammlung zur Jahresabschlussanalyse (Forts.)

Anspannungsgrad I (+ II)		**Jahr 1**	**Jahr 2**	**Jahr 3**
Formel	Fremdkapital (+ sonstige finanzielle Verpflichtungen)/Gesamtkapital x 100			
Aussage	Die Kennzahl I gibt den Anteil des Fremdkapitals am Gesamtkapital an. Je höher der Anspannungsgrad, desto geringer ist die Eigenkapitalquote. Dies hat in der Regel negative Auswirkungen auf die Kreditwürdigkeit des Unternehmens. In der deutschen Analysepraxis wird jedoch meist die Eigenkapitalquote verwendet. Der Anspannungsgrad sollte differenziert nach den verschiedenen Restlaufzeiten des Fremdkapitals (kurz-, mittel-, langfristig) ermittelt werden.			
Anlagendeckungsgrad A		**Jahr 1**	**Jahr 2**	**Jahr 3**
Formel	Bilanzielles bzw. wirtschaftliches Eigenkapital/Anlagevermögen x 100			
Aussage	Die Kennzahl bildet im Sinne der horizontalen Bilanzanalyse einen Zusammenhang zwischen Finanzierung und Vermögensaufbau ab. Entsprechend dem Grundsatz der Fristenkongruenz sollten Vermögensteile durch Mittel finanziert werden, die so lange zur Verfügung stehen, wie das Kapital in den Vermögensteilen gebunden ist, d. h., langfristig gebundenes Vermögen sollte mit langfristigem Kapital und kurzfristig gebundenes Vermögen kann mit kurzfristigem Kapital finanziert werden. Idealerweise ist das Anlagevermögen durch Eigenkapital gedeckt.			
Anlagendeckungsgrad B		**Jahr 1**	**Jahr 2**	**Jahr 3**
Formel	Bilanzielles bzw. wirtschaftliches Eigenkapital + langfristiges Fremdkapital/Anlagevermögen x 100			
Aussage	Da die Deckung des Anlagevermögens in der Praxis häufig nicht durch Eigenkapital realisiert werden kann, wird zur Deckung das langfristige Fremdkapital hinzugerechnet. Je größer der Anlagendeckungsgrad B ist, desto solider ist die Finanzierung. Jedoch kann die Deckungsstrukturanalyse auch durch Faktoren beeinträchtigt sein, die auf eine abnehmende Geschäftstätigkeit oder sinkende Beschäftigung hindeuten (z. B. Verringerungen im Sachanlagevermögen oder in den Vorräten). Neben dem Anlagevermögen muss auch ein Teil des Umlaufvermögens langfristig finanziert sein.			
Liquidität 1. Grades (Barliquidität, Cash Ratio)		**Jahr 1**	**Jahr 2**	**Jahr 3**
Formel	Liquide Mittel/Kurzfristiges Fremdkapital x 100			
Aussage	Die Kennzahl gibt das Verhältnis von liquiden Mitteln zu kurzfristigem Fremdkapital wieder. Aufgrund der extremen Beeinflussbarkeit und Stichtagsbezogenheit und aufgrund der Tatsache, dass kaum repräsentative Normwerte/Branchenvergleiche existieren, ist bei alleiniger Betrachtung dieser Kennzahl Vorsicht geboten. Die Kennzahl sollte nur im Zusammenhang mit anderen Kennzahlen (z. B. Kreditoren- und Debitorenziel) beurteilt werden.			
Liquidität 2. Grades (Quick Ratio)		**Jahr 1**	**Jahr 2**	**Jahr 3**
Formel	Liquide Mittel + kurzfristige Forderungen/kurzfristiges Fremdkapital x 100			
Aussage	Die Liquidität 2. Grades gibt an, inwieweit die Forderungen und flüssigen Mittel die kurzfristigen Verbindlichkeiten decken. Die Kennzahl gibt Hinweise auf die Zahlungsfähigkeit des Unternehmens. Der Wert der Kennzahl sollte größer 100 % sein.			
Liquidität 3. Grades (Current Ratio)		**Jahr 1**	**Jahr 2**	**Jahr 3**
Formel	Liquide Mittel + kurzfristige Forderungen + Vorräte/kurzfristiges Fremdkapital x 100			
Aussage	Die Kennzahl gibt Hinweise auf die Gesamtliquidität (Mobilität) des Unternehmens. Der Wert der Kennzahl sollte größer 150 % sein.			

Tabelle 4.25: Kennzahlensammlung zur Jahresabschlussanalyse (Forts.)

Nettoumlaufvermögen (Net Working Capital)		**Jahr 1**	**Jahr 2**	**Jahr 3**
Formel	Kurzfristiges (steuerlich bereinigtes) Umlaufvermögen – kurzfristiges Fremdkapital			
Aussage	Die Kennzahl wird als Indikator für die Finanzkraft eines Unternehmens verwendet. Es handelt sich dabei um denjenigen Teil des Umlaufvermögens, der nicht zur Deckung kurzfristiger Verbindlichkeiten benötigt wird. Die Verwendung des um steuerlicher Maßnahmen bereinigten Umlaufvermögens ist bei HGB-Jahresabschlüssen ratsam, d. h., gelegte stille Reserven aufgrund steuerlicher Unterbewertungen im Umlaufvermögen sind zu berücksichtigen. Die Liquidierbarkeit der einbezogenen Vermögensteile sollte innerhalb eines Jahres erfolgen können.			
Net Working Capital Ratio		**Jahr 1**	**Jahr 2**	**Jahr 3**
Formel	Kurzfristiges steuerlich bereinigtes Umlaufvermögen/kurzfristiges Fremdkapital (x 100)			
Aussage	Darstellung des Net Working Capital in Quotientenform.			
Eigenkapitalrentabilität		**Jahr 1**	**Jahr 2**	**Jahr 3**
Formel	Jahresüberschuss (+ Ertragssteuern)/durchschnittliches Eigenkapital x 100			
Aussage	Die Kennzahl gibt Aufschluss über die Verzinsung (Dividende und Thesaurierung, aber ohne Kurs- und Wertsteigerung) des Eigenkapitals. Sie wird als Unternehmerrendite bezeichnet. Ihre Höhe hängt stark von der Gesamtkapitalrentabilität, der Fremdkapitalzinsbelastung und dem Verschuldungsgrad ab. Zur Eliminierung steuerlicher Einflüsse werden häufig auch der bereinigte Jahresüberschuss und das bereinigte Eigenkapital verwendet. Wird die Eigenkapitalrentabilität vor Steuern zur Eliminierung von Einflüssen der Gewinnverwendungspolitik ermittelt, so sind zum Jahresüberschuss die Einkommen-/Ertragssteueraufwendungen hinzuzurechnen. Hinsichtlich ihrer Höhe kann für die Eigenkapitalrentabilität keine allgemeingültige Aussage gemacht werden. In Abhängigkeit der Branche variiert die Eigenkapitalrentabilität sehr stark. Generell kann davon ausgegangen werden, dass anlagenintensive Branchen über eine geringere Eigenkapitalrentabilität verfügen als Unternehmen mit hohem Umlaufvermögen. Dies erklärt sich aus den o. g. Finanzierungsregeln. Als Zielwert für die Eigenkapitalrentabilität sollte auf jeden Fall der Zinssatz einer langfristigen Anlage am Kapitalmarkt zuzüglich eines Risikozuschlags für den Einsatz als haftendes Kapital erreicht werden. Ein Sinken der Eigenkapitalrentabilität kann unterschiedliche Ursachen haben: Die Fremdkapitalverzinsung ist gestiegen, das Jahresergebnis hat sich verschlechtert, die Eigenkapitalquote ist gestiegen.			
Gesamtkapitalrentabilität		**Jahr 1**	**Jahr 2**	**Jahr 3**
Formel	Jahresüberschuss + Zinsaufwand + Ertragssteuern/durchschnittliches Gesamtkapital x 100			
Aussage	Mithilfe der Gesamtkapitalrentabilität – als Unternehmensrendite bezeichnet – kann eine Rendite ermittelt werden, die unabhängig von der Finanzierungsstruktur (Anteil an Eigen- und Fremdkapital) des Unternehmens ist. Je höher der ermittelte Prozentsatz, desto besser. Sie gibt Aufschluss über die Höhe der Verzinsung des Gesamtkapitals. Während bei der Eigenkapitalrentabilität der dem Eigenkapital zufließende Gewinn betrachtet wird, muss bei der Gesamtkapitalrentabilität auch der dem Fremdkapital zufließende Zinsaufwand einbezogen werden. Eine Ermittlung der Gesamtkapitalrentabilität vor Steuern ist sinnvoll, da aufgrund der Abzugsfähigkeit der Fremdkapitalzinsen die Verschuldung Auswirkung auf die Steuerbelastung hat. Zur Ausnutzung des (positiven) Leverage-Effekts muss die Gesamtkapitalrentabilität mit dem Fremdkapitalzinssatz verglichen werden. Die Substitution von Eigenkapital durch Fremdkapital führt solange zu einer Steigerung der Eigenkapitalrentabilität, so lange die Gesamtkapitalrentabilität über dem Fremdkapitalzinssatz liegt.			

Tabelle 4.25: Kennzahlensammlung zur Jahresabschlussanalyse (Forts.)

	Die Gefahren der sinkenden Eigenkapitalquote und die Risiken der Fremdkapitalaufnahme dürfen dabei jedoch nicht außer Acht gelassen werden. Ist hingegen die Gesamtkapitalrentabilität niedriger als der Fremdkapitalzinssatz, sinkt die Eigenkapitalrentabilität bei Substitution von Eigen- durch Fremdkapital (negativer Leverage-Effekt). Ein Vergleich der Gesamtkapitalrentabilität mit den Kapitalkosten (WACC, Weighted Average Cost of Capital) gibt an, inwieweit der gesamte Kapitaleinsatz zu einem positiven oder negativen Wertbeitrag geführt hat, d. h. Wert geschaffen oder vernichtet hat.			
Umsatzrentabilität		**Jahr 1**	**Jahr 2**	**Jahr 3**
Formel	Jahresüberschuss + Zinsaufwand + Ertragssteuern/Umsatz x 100			
Aussage	Die Kennzahl wird vor allem für den zwischenbetrieblichen Vergleich und in Kombination mit der Gesamtkapitalrentabilität genutzt. Sie gibt die durchschnittliche aus dem Umsatz erwirtschaftete Marge an. Berechnet wird die Höhe des Gewinnanteils am Umsatz. Eine Bereinigung der Kennzahl um das neutrale Ergebnis, d. h., der Jahresüberschuss wird durch den ordentlichen Betriebserfolg ersetzt, erhöht ihre Aussagekraft. Mithilfe der Umsatzrentabilität können sowohl externe (z. B. Preis, Absatzmenge) als auch interne (z. B. Aufwendungen) Faktoren analysiert werden. Eine Veränderung der Umsatzrentabilität ist auf Änderungen dieser Faktoren zurückzuführen (z. B. veränderte Betriebsleistung, neues Fertigungsprogramm, Umstrukturierung der Kunden). Ob eine Verschlechterung der Umsatzrentabilität auf die allgemeine wirtschaftliche Entwicklung oder die Geschäftspolitik des Unternehmens zurückzuführen ist, kann mittels Branchenvergleich erkannt werden. Der Zielwert für die Umsatzrentabilität sollte in Abhängigkeit der Branche im zweistelligen Prozentbereich liegen. Eine Umsatzrendite von 10 % bedeutet, dass mit jedem umgesetzten Euro ein Gewinn von 10 Cent erwirtschaftet wurde.			
Kapitalumschlagshäufigkeit		**Jahr 1**	**Jahr 2**	**Jahr 3**
Formel	Umsatz/durchschnittliches Gesamtkapital			
Aussage	Die Kennzahl gibt an, wie häufig das in der Periode gebundene Kapital durch den Umsatz der Periode umgeschlagen wird. Je höher der Kapitalumschlag, desto höher ist die Gesamtkapitalrentabilität bei vorgegebener Umsatzrentabilität. Der Zielwert für die Kapitalumschlagshäufigkeit sollte in Abhängigkeit der Branche zwischen 1,75 und 3 liegen. Durch die Kombination von Umsatzrentabilität und Kapitalumschlagshäufigkeit entsteht die Kennzahl des Return on Investment (ROI).			

Tabelle 4.25: Kennzahlensammlung zur Jahresabschlussanalyse (Forts.)

Hinweis

Die **Grenzen** der quantitativen Jahresabschlussanalyse liegen

1. in der mangelnden Zukunftsbezogenheit der Daten aufgrund der Vergangenheitsorientierung des Jahresabschlusses,
2. in der mangelnden Vollständigkeit der Daten (daher werden im Rahmen des Ratings zusätzlich auch qualitative Kriterien betrachtet),
3. im Vorsichtsprinzip (zumindest bei Jahresabschlüssen nach HGB),
4. in den bilanzpolitisch ausnutzbaren Spielräumen und Wahlrechten der Rechnungslegungsvorschriften (zum Teil eingeschränkt durch Vorschriften z. B. zur Bewertungsstetigkeit, Berichts- und Offenlegungspflichten),
5. in der mangelnden Verfügbarkeit nicht veröffentlichter Informationen für externe Analysten.

Excel-Praxis: Kennzahlenrechner

CD

Kennzahlenrechner.xla

Diese Praxislösung unterstützt Sie bei der Erstellung der Bilanzanalyse durch die Bereitstellung der wichtigsten Kennzahlen in einem mit der Makrosprache VBA programmierten Dialogfenster (UserForm). Das Makro ist als Add-In abgespeichert und kann so in die Oberfläche eingebunden werden, dass es weder als aktive Arbeitsmappe noch als ausgeblendete Anwendung präsent ist. Sie können es aber jederzeit erweitern und mit zusätzlichen Kennzahlen füllen.

Hinweis

Um eine Arbeitsmappe als Add-In zu speichern, suchen Sie einfach nach dem Aufruf des Speicherbefehls den Dateityp *Microsoft Office Excel Add-In (*.xla)*. Add-In-Dateien sind an der Endung zu erkennen (XLA bis Excel 2003, XLAM ab Excel 2007).

Der Start

Stellen Sie sicher, dass Excel so konfiguriert ist, dass Makros in Arbeitsmappen akzeptiert werden.

2003

Extras/Makro/Sicherheit. Stellen Sie die Sicherheitsstufe *Mittel* ein und starten Sie Excel neu.

Starten Sie die Makrolösung per Klick auf den Dateinamen *Kennzahlenrechner.xla*. Bestätigen Sie die Sicherheitswarnung mit Klick auf *Makros aktivieren*. Das Add-In blendet automatisch eine Symbolleiste mit der Bezeichnung *Kennzahlenrechner* ein, diese Leiste wird beim Schließen des Add-Ins wieder gelöscht. Klicken Sie auf *Kennzahlenrechner starten*, um die Anwendung zu starten. Mit Klick auf *Schließen* wird das Add-In geschlossen.

Abbildung 4.104: Der Kennzahlenrechner startet mit einer eigenen Symbolleiste (Excel 2003)

2007

Office-Menü/Excel-Optionen/Vertrauensstellungscenter/Einstellungen für Makros: Alle Makros mit Benachrichtigung deaktivieren

2010

Datei/Optionen/Sicherheitscenter/Einstellungen für Makros: Alle Makros mit Benachrichtigung deaktivieren

Starten Sie die Makrolösung per Klick auf den Dateinamen *Kennzahlenrechner.xla*. Bestätigen Sie den Sicherheitshinweis per Klick auf *Makros aktivieren*. Das Startmakro aktivieren Sie im Register *Add-Ins*, klicken Sie auf *Kennzahlenrechner starten*. Mit Klick auf *Schließen* wird das Add-In geschlossen.

Für einen schnellen Start fügen Sie die Steuerungsmakros des Add-Ins in die Symbolleiste für den Schnellzugriff oder in das Menüband (Excel 2010) ein:

1. Rechte Maustaste auf die Symbolleiste oder das Menüband
2. Symbolleiste für den Schnellzugriff anpassen oder Menüband anpassen.
3. Befehle auswählen: Makros
4. Markieren Sie die Makros *StartKennzahlenRechner* und *Kennzahlenrechner schließen* und klicken Sie auf *Hinzufügen*.

Abbildung 4.105: Add-In-Makros im Register Add-Ins und in der Symbolleiste für den Schnellzugriff

Kennzahlenrechner bedienen

Nach dem Start präsentiert der Kennzahlenrechner eine Liste mit den oben aufgeführten Kennzahlen. Klicken Sie auf die gewünschte Kennzahl, wird im unteren Teil die Beschreibung dazu eingeblendet. Gleichzeitig erhalten Sie die Formel und die Eingabefelder (Referenzfelder) für die Formelargumente angezeigt. Referenzfelder bieten die Möglichkeit, die Inhalte aus einem aktiven Tabellenblatt zu holen. Klicken Sie in das entsprechende Feld und klicken Sie im Hintergrund auf die Zelle mit dem gewünschten Wert. Ein Klick auf das Symbol am rechten Rand des Referenzfelds verkleinert die gesamte Dialogbox, suchen Sie den Wert und aktivieren Sie den Dialog wieder per Klick auf das Symbol oder mit der [↵]-Taste. Alternativ dazu können Sie natürlich den Wert auch direkt in das Referenzfeld eintragen.

Klicken Sie auf die roten Symbole am rechten Rand, um das Eingabefeld zu löschen. Mit einem Klick auf das Symbol *Kennzahl berechnen* (grünes Häkchen) wird die Kennzahl nach der eingeblendeten Formel berechnet. Dazu müssen natürlich die Argumente besetzt und korrekt sein, das Kennzahlenfeld meldet *Fehler!*, wenn das Resultat nicht berechnet werden kann.

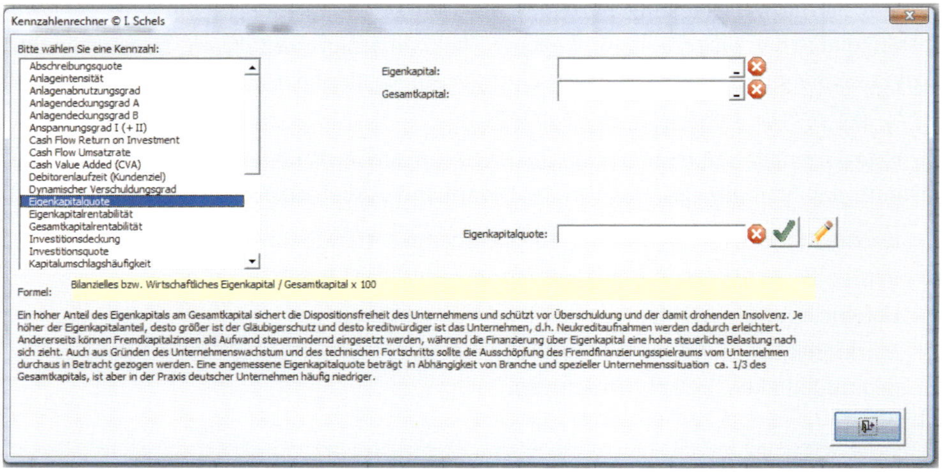

Abbildung 4.106: Kennzahlenrechner mit Referenzfeldern für die Argumente der Kennzahlenformeln

Ein Klick auf das Symbol *Kennzahl in Tabelle schreiben* (Stift) schreibt die berechnete Kennzahl in die aktive Zelle. Wurde die Kennzahl über Verknüpfungen generiert, enthält die Formel auch diese Verknüpfungen. Nach dem Eintrag wird der Kennzahlenrechner geschlossen.

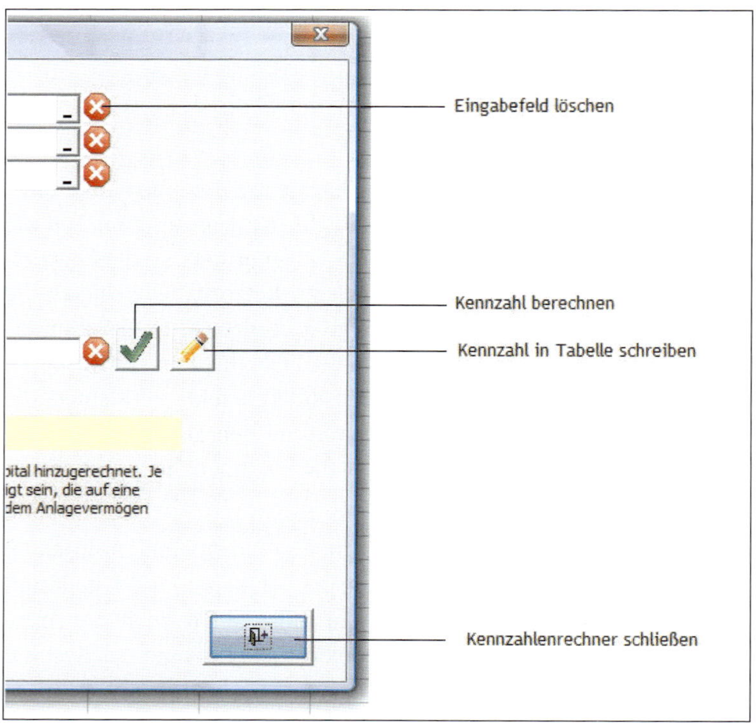

Abbildung 4.107: Die Symbole im Kennzahlenrechner

Das große Symbol rechts unten beendet den Kennzahlenrechner, ohne die Formel in die aktive Zelle zu schreiben.

Add-In einbinden

Wenn Sie den Kennzahlenrechner permanent in die Excel-Oberfläche integrieren wollen, binden Sie ihn als Add-In ein:

Extras/Add-Ins. Klicken Sie auf *Durchsuchen* und wechseln Sie in den Ordner, in dem das Add-In gespeichert ist. Markieren Sie die Datei und bestätigen Sie mit *OK*. Das Add-In wird eingebunden und automatisch mit Excel gestartet. In der Liste der Add-Ins können Sie es ankreuzen oder per Klick deaktivieren, ohne es aus dem Angebot zu entfernen. Achten Sie darauf, dass die Datei beim Start von Excel verfügbar sein muss. 2003

Office-Menü/Excel-Optionen/Add-Ins 2007

Datei/Optionen/Add-Ins 2010

Klicken Sie unter *Verwalten: Excel-Add-Ins* auf *Gehe zu*. Suchen Sie die Datei und binden Sie sie als Add-In in die Oberfläche ein. Um das Add-In zu deaktivieren, ohne es aus der Oberfläche zu löschen, entfernen Sie das Häkchen vor dem Eintrag in der Liste.

Add-In bearbeiten

Die Makros in einem Add-In können im VBA-Editor bearbeitet werden, solange das Add-In nicht mit einem VBA-Makroschutz versehen ist. Drücken Sie `Alt` + `F11`, um den VBA-Editor zu öffnen, und überprüfen Sie die Prozeduren und Funktionen in den einzelnen Objekten und die UserForms.

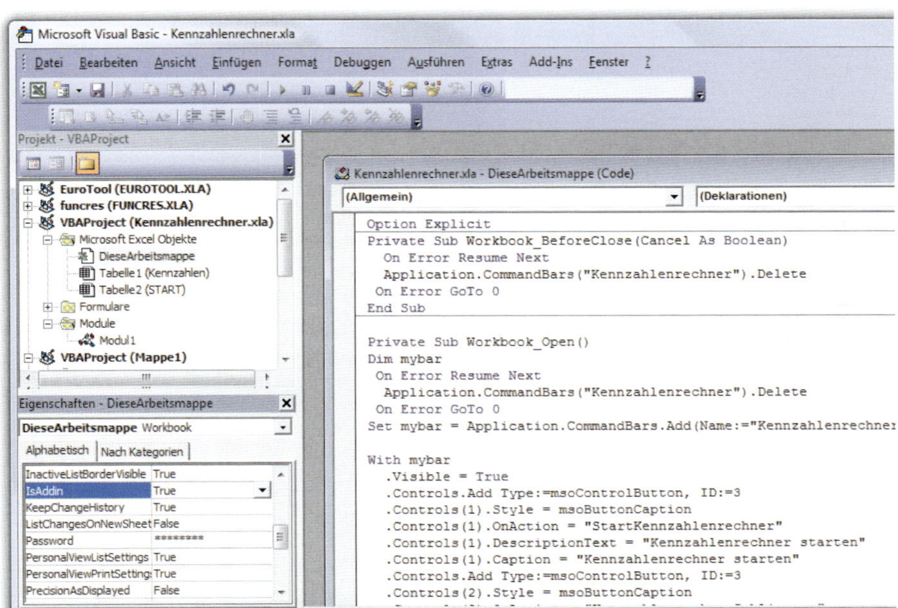

Abbildung 4.108: Add-In sichtbar machen im VBA-Editor

Die Kennzahlen und deren Beschreibungen sind in einem Tabellenblatt zu finden, das beim Speichern der Arbeitsmappe als Add-In automatisch ausgeblendet wird. Mit einem Trick machen Sie auch die Tabellenblätter des Add-Ins sichtbar:

Aktivieren Sie im *Ansicht*-Menü des VBA-Editors das Eigenschaftenfenster und den Projekt-Explorer. Klicken Sie im Projekt-Explorer auf den Eintrag *DieseArbeitsmappe* und suchen Sie im Eigenschaftenfenster die Eigenschaft *IsAddIn*. Setzen Sie diese auf *True*, werden die Tabellenblätter des Add-Ins sichtbar und können bearbeitet werden.

Excel-Praxis: Ermittlung von wirtschaftlichem Eigenkapital

CD

Ermittlung wirtschaftliches Eigenkapital.xls

Gegenüber dem bilanziellen Eigenkapital basiert das wirtschaftliche Eigenkapital auf einer stärker detaillierten Berechnungsweise. Es wird z. B. zur Ermittlung von Kapitalstrukturkennzahlen im Rahmen der Bilanzanalyse herangezogen. Neben der vollständigen Hinzurechnung bzw. dem Abzug von Positionen zum gezeichneten Kapital werden auch Posten der Passivseite der Bilanz nur anteilig bei der Ermittlung des wirtschaftlichen Eigenkapitals berücksichtigt. So wird z. B. der Sonderposten mit Rücklageanteil häufig hälftig zum Eigenkapital hinzugerechnet. Die andere Hälfte wird bei der Ermittlung des Fremdkapitals addiert.

Die Praxislösung gibt die Eigenkapitalwerte mit einem EK-Anteil in Prozent an. Der Prozentwert kann mithilfe von Formularelementen (Drehfeldern) eingestellt werden.

	A	B	C	D	E	F
1	Ermittlung des bereinigten bzw. wirtschaftlichen Eigenkapitals					
2		Bezeichnung	EK vor Bereinigung	EK-Anteil %		EK nach Bereinigung
3	+	gezeichnetes Kapital	400.000,00	100%		400.000,00
4	./.	nicht eingeforderte Einlagen	-40.000,00	100%		-40.000,00
5	=	***eingefordertes Kapital***				360.000,00
6	+	Kapitalrücklagen	2.500.000,00	100%		2.500.000,00
7	+	Gewinnrücklagen	4.500.000,00	100%		4.500.000,00
8	./.	Rücklage für eigene Anteile	-1.500.000,00	100%		-1.500.000,00
9	./.	Aufwendungen für die Ingangsetzung und Erweiterung des Geschäftsbetriebs	-3.200.000,00	100%		-3.200.000,00
10	./.	aktivierter Geschäfts- oder Firmenwert	-1.800.000,00	100%		-1.800.000,00
11	./.	Disagio	-50.000,00	100%		-50.000,00
12	./.	aktivische latente Steuern	-150.000,00	100%		-150.000,00
13	+	passivische latente Steuern	300.000,00	100%		300.000,00
14	+	Aufwandsrückstellungen	2.500.000,00	100%		2.500.000,00
15	+	Sonderposten mit Rücklageanteil	880.000,00	50%		440.000,00
16	+	Baukostenzuschüsse	2.750.000,00	67%		1.842.500,00
17	+	Sonderposten für Investitionszuschüsse im Anlagevermögen	500.000,00	50%		250.000,00
18	+	Jahresüberschuss	280.000,00	100%		280.000,00
19	./.	Jahresfehlbetrag		100%		0,00
20	+	Gewinnvortrag	330.000,00	100%		330.000,00
21	./.	Verlustvortrag		100%		0,00
22	./.	auszuschüttender Betrag	-3.000.000,00	100%		-3.000.000,00
23	=	***umgegliedertes bilanzielles Eigenkapital***				3.602.500,00
24	+	unterlassene Zuschreibungen	250.000,00	60%		150.000,00
25	+	Unterbewertung des Umlaufvermögens unter dem Niederstwert	500.000,00	60%		300.000,00
26	+	Unterbewertung wegen Anwendung eines Bewertungsvereinfachungsverfahrens	350.000,00	60%		210.000,00
27	./.	nicht ausgewiesene Rückstellungen für Pensionen und ähnliche Verpflichtungen	-275.000,00	60%		-165.000,00
28	+	sonstige erkennbare stille Rücklagen	150.000,00	60%		90.000,00
29	=	***bereinigtes bzw. wirtschaftliches Eigenkapital***				4.187.500,00

Abbildung 4.109: Ermittlung des wirtschaftlichen Eigenkapitals

Excel-Praxis: Bilanzanalyse

Bilanzanalyse.xls

CD

In diesem Praxisbeispiel wird eine Bilanzanalyse mit Aufstellung der Aktiva und Passiva, Gewinn- und Verlustrechnung und Berechnung der wichtigsten Bilanzkennzahlen realisiert. Im Tabellenblatt *Basisdaten* sind die allgemeinen Firmendaten aufgeführt, hier tragen Sie auch die Jahreszahlen für die beiden Istjahre und zwei Folgejahre (Planjahre) ein. Die Berücksichtigung von Planjahren in der Bilanzanalyse ist schon deshalb sinnvoll, da einerseits nicht nur vergangenheitsbezogen die Kennzahlen ermittelt werden und andererseits das Unternehmen »gezwungen« wird, auch Planbilanzen zu erstellen.

Die Jahreszahlen sind mit globalen Bereichsnamen versehen, damit sie einfach mit den weiteren Tabellenblättern zu verknüpfen sind.

IST_1 | fx 2008

	A	B	C	D	E
1	**Bilanzanalyse**				
2	*Basisdaten*				
3					
4	Firma:	*Mustermann GmbH*			
5	Verantwortlich:				
6	Datum:				
7	Geschäftsjahre:				
8	IST 1	2008			
9	IST 2	2009			
10	PLAN 1	2010			
11	PLAN 2	2011			

Abbildung 4.110: Basisdaten für die Bilanzanalyse

Aktiva und Passiva

Die Auflistung der Anlage- und Umlagevermögen (Aktiva) sowie der Schulden und des Eigenkapitals (Passiva) wird auf einem Tabellenblatt zusammengefasst. So lässt sich einfach prüfen, ob die beiden Summen identisch sind. Die Aktiva sind unterteilt in ausstehende Einlagen, Anlagevermögen, Umlaufvermögen und Rechnungsabgrenzungen. Mit Gliederungsebenen werden Details ausgeblendet (im Beispiel Umlaufvermögen, Unterpunkt IV). Die Spalte neben den Vermögenswerten berechnet jeweils die prozentualen Anteile an der Bilanzsumme und bietet eine zusätzliche Kontrolle über die Kalkulation. In der Delta-Spalte wird die Differenz der beiden Jahresprozentwerte ausgewiesen.

Auf der Passiva-Seite werden Eigenkapital, Rückstellungen, Verbindlichkeiten und Rechnungsabgrenzungen aufsummiert. Die prozentualen Anteile an der Gesamtsumme werden wie auf der Aktiva-Seite berechnet.

	A	B	C	D	E	F	G	H	I
1	**Bilanzanalyse**								
2									
3									
4	**Aktiva**	**2008**		**2009**		**2010**		**2011**	
5	Ausstehende Einlagen	0	0,00%	0	0,00%	0	0,00%	0	0,00%
6	**A. Anlagevermögen**	**1.269.500**	68,31%	**1.945.900**	65,69%	**1.945.900**	104,70%	**1.945.900**	65,69%
7	I. Immaterielle Vermögensgegenstände	0	0,00%	0	0,00%	0	0,00%	0	0,00%
8	II. Sachanlagen	1.269.500	68,31%	1.945.900	65,69%	1.945.900	104,70%	1.945.900	65,69%
9	III. Finanzanlagen	0	0,00%	0	0,00%	0	0,00%	0	0,00%
10	**B. Umlaufvermögen**	**537.600**	28,93%	**839.300**	28,33%	**839.300**	45,16%	**839.300**	28,33%
11	I. Vorräte	0	0,00%	0	0,00%	0	0,00%	0	0,00%
12	II.1-3 Forderungen	247.900	13,34%	575.200	19,42%	575.200	30,95%	575.200	19,42%
13	II.4. Sonstige Vermögensgegenstände	128.200	6,90%	128.200	4,33%	128.200	6,90%	128.200	4,33%
14	III. Wertpapiere	0	0,00%	0	0,00%	0	0,00%	0	0,00%
15	IV. Kassenbestand, Guthaben bei Kreditinstituten	161.500	8,69%	135.900	4,59%	135.900	7,31%	135.900	4,59%
16	Kassenbestand	0	0,00%	0	0,00%	0	0,00%	0	0,00%
17	Bundesbankguthaben	161.500	8,69%	135.900	4,59%	135.900	7,31%	135.900	4,59%
18	Guthaben bei Kreditinstitut 1	0	0,00%	0	0,00%	0	0,00%	0	0,00%
19	Guthaben bei Kreditinstitut 2	0	0,00%	0	0,00%	0	0,00%	0	0,00%
20	Schecks	0	0,00%	0	0,00%	0	0,00%	0	0,00%
21	**C. Rechnungsabgrenzungsposten**	**51.400**	2,77%	**177.000**	5,98%	**177.000**	9,52%	**177.000**	5,98%
22	**Summe Aktiva**	**1.858.500**	100,00%	**2.962.200**	100,00%	**2.962.200**	159,39%	**2.962.200**	100,00%
23									
24	**Passiva**	**2008**		**2009**		**2010**		**2011**	
25	**A. Eigenkapital**	415.200	22,34%	704.200	23,77%	704.200	23,77%	704.200	23,77%
26	I. Gezeichnetes Kapital	260.800	14,03%	438.300	14,80%	438.300	14,80%	438.300	14,80%
27	II./III. Kapital- und Gewinnrücklagen	0	0,00%	0	0,00%	0	0,00%	0	0,00%
28	IV. Gewinnvortrag/Verlustvortrag	-13.400	-0,72%	-79.500	-2,68%	-79.500	-2,68%	-79.500	-2,68%
29	V. Jahresüberschuss/Jahresfehlbetrag	167.800	9,03%	345.400	11,66%	345.400	11,66%	345.400	11,66%
30	**B. Rückstellungen**	24.300	1,31%	73.300	2,47%	73.300	2,47%	73.300	2,47%
31	Langfristige Rückstellungen	0	0,00%	0	0,00%	0	0,00%	0	0,00%
32	Kurzfristige Rückstellungen	24.300	1,31%	73.300	2,47%	73.300	2,47%	73.300	2,47%
33	**C. Verbindlichkeiten**	1.419.000	76,35%	2.053.500	69,32%	2.053.500	69,32%	2.053.500	69,32%
34	Anleihen	0	0,00%	0	0,00%	0	0,00%	0	0,00%
35	Verbindlichkeiten gegenüber Kreditinstituten	1.026.100	55,21%	854.400	28,84%	854.400	28,84%	854.400	28,84%
36	Verbindlichkeiten aus Lieferungen und Leistungen, Anzahlungen, Wechsel	370.800	19,95%	104.600	3,53%	104.600	3,53%	104.600	3,53%
37	Sonst. Verbindlichkeiten, Verbindlichkeiten gegenüber verbundenen Unternehmen	22.100	1,19%	1.094.500	36,95%	1.094.500	36,95%	1.094.500	36,95%
38	**D. Rechnungsabgrenzungsposten**	0	0,00%	131.200	4,43%	131.200	4,43%	131.200	4,43%
39	**Summe Passiva**	**1.858.500**	100,00%	2.962.200	100,00%	**2.962.200**	100,00%	2.962.200	100,00%

Abbildung 4.111: Aktiva und Passiva in der Bilanzanalyse

Als Kontrollinstrumente z. B. zur Überprüfung, ob Aktiva- und Passiva-Summen identisch sind, bietet sich die Bedingungsformatierung an. Markieren Sie die Zellen und stellen Sie eine Formelbedingung auf, hier z. B. für die Zellen B23 und B40. Achten Sie darauf, dass die Bezüge absolut angegeben werden müssen:

2003 *Format/Bedingte Formatierung*

2007 2010 *Start/Formatvorlagen/Bedingte Formatierung/Neue Regel*

```
Formel: =$B$23<>$B$40
Format: Hintergrundfarbe Rot
```

Alternativ zur Bedingungsformatierung können Sie aber auch eine Formel mit WENN-Bedingung verwenden, die in einer Zelle mit auffälliger Schriftgröße und Schriftformatierung darauf hinweist, dass die beiden Summen nicht übereinstimmen:

```
E1: =WENN($B$23<>$B$40;"Achtung! Summe Aktiva nicht identisch mit Summe Pasiva!";"")
```

Abbildung 4.112: Kontrolle über bedingte Formatierung

Gewinn- und Verlustrechnung

In der GuV werden wieder die Istjahre und die Planjahre gegenübergestellt. Die Gesamtleistung berechnet sich über die Summe aus Umsatzerlösen, Bestand und Eigenleistungen, für den Rohertrag werden Materialaufwand und weitere Leistungen addiert. Zur Ermittlung des Betriebsergebnisses der gewöhnlichen Geschäftstätigkeit werden alle Kosten und Aufwendungen vom Rohertrag abgezogen und die Erträge aufaddiert. Der Jahresüberschuss oder Fehlbetrag wird nach Addierung außerordentlicher Erträge und Abzug von außerordentlichen Aufwendungen sowie der Steuern ermittelt.

Hinweis

Nutzen Sie für die Kontrolle der Formelbezüge die Formelüberwachung, sie zeigt schnell und zuverlässig alle Verbindungen von und zu den Formelzellen an. In Excel 2003 wird sie unter *Ansicht/Symbolleisten* aktiviert, ab Excel 2007 steht sie im Register *Formeln* als eigene Symbolgruppe zur Verfügung.

Verbindlichkeiten- und Anlagenspiegel

Die Differenzierung der Verbindlichkeiten nach ihrer Restlaufzeit hat Auswirkungen auf die Berechnung derjenigen Bilanzanalysekennzahlen, die auf die Fristigkeit des Fremdkapitals zurückgreifen. So gehen in die Berechnung des Working Capital lediglich kurzfristige Verbindlichkeiten ein. Diese sind definiert mit einer Restlaufzeit von bis zu einem Jahr. Sie sind dem Verbindlichkeitenspiegel zu entnehmen.

Da bei der vereinfachten Cashflow-Berechnung die Aus- bzw. Einzahlungen für Investitionen und aus De(s)investitionen berücksichtigt werden, diese Werte jedoch nicht aus der Bilanz entnommen werden können, sind die Angaben dem Anlagenspiegel (im Beispiel nur für 2008 gefüllt) zu entnehmen.

B27 =B14-B15-B18-B21+B22+B23+B24-B25-B26

Bilanzanalyse
Gewinn- und Verlustrechnung

	2008		2009		2010		2011	
1. Umsatzerlöse	1.694.700	100,00%	2.474.600	100,00%	2.474.600	100,00%	2.474.600	100,00%
2. Erhöhung / Verminderung Erz.Bestand	0	0,00%	0	0,00%	0	0,00%	0	0,00%
3. andere aktivierte Eigenleistungen	0	0,00%	0	0,00%	0	0,00%	0	0,00%
Gesamtleistung	**1.694.700**	100,00%	**2.474.600**	100,00%	**2.474.600**	100,00%	**2.474.600**	100,00%
4. sonstige betr. Erträge	25.000	1,48%	27.900	1,13%	27.900	1,13%	27.900	1,13%
5. Materialaufwand	115.000	6,79%	118.700	4,80%	118.700	4,80%	118.700	4,80%
a) Waren, Roh-, Hilfs-, Betriebsstoffe	115.000	6,79%	117.700	4,76%	117.700	4,76%	117.700	4,76%
b) bezogene Leistungen	0	0,00%	1.000	0,04%	1.000	0,04%	1.000	0,04%
Rohertrag	**1.604.700**	94,69%	**2.383.800**	96,33%	**2.383.800**	96,33%	**2.383.800**	96,33%
6. Personalaufwand	268.200	15,83%	329.500	13,32%	329.500	13,32%	329.500	13,32%
a) Löhne und Gehälter	176.300	10,40%	259.900	10,50%	259.900	10,50%	259.900	10,50%
b) gesetzliche soziale Abgaben	91.900	5,42%	69.				69.600	2,81%
7. Abschreibungen	585.000	34,52%	775.				75.100	31,32%
a) auf Sachanlagen	585.000	34,52%	775.				75.100	31,32%
b) auf Umlaufvermögen	0	0,00%	0	0,00%	0	0,00%	0	0,00%
8. Sonstige betr. Aufwendungen	804.300	47,46%	839.300	33,92%	839.300	33,92%	839.300	33,92%
9. Erträge aus Beteiligungen	0	0,00%	0	0,00%	0	0,00%	0	0,00%
10. Erträge aus anderen Wertpapieren	0	0,00%	0	0,00%	0	0,00%	0	0,00%
11. sonstige Zinsen u. ähnliche Erträge	0	0,00%	1.000	0,04%	1.000	0,04%	1.000	0,04%
12. Abschreibungen auf Finanzanlagen	300	0,02%	47.400	1,92%	47.400	1,92%	47.400	1,92%
13. Zinsen u. ähnliche Aufwendungen	500	0,03%	900	0,04%	900	0,04%	900	0,04%
14. Ergebnis der gew. Geschäftstätigkeit	**-53.600**	-3,16%	**392.600**	15,87%	**392.600**	15,87%	**392.600**	15,87%
15. außerordentliche Erträge	141.800	8,37%	0	0,00%	0	0,00%	0	0,00%
16. außerordentliche Aufwendungen	10.900	0,64%	0	0,00%	0	0,00%	0	0,00%
17. Außerordentliches Ergebnis	**130.900**	7,72%	**0**	0,00%	**0**	0,00%	**0**	0,00%
18. Steuern vom Einkommen und Ertrag	3.300	0,19%	40.800	1,65%	40.800	1,65%	40.800	1,65%
19. sonstige Steuern	-3.300	-0,19%	8.300	0,34%	8.300	0,34%	8.300	0,34%
20. Jahresüberschuss / -fehlbetrag	**77.300**	4,56%	**343.500**	13,88%	**343.500**	13,88%	**343.500**	13,88%

Formelüberwachung

Abbildung 4.113: Gewinn- und Verlustrechnung mit Formelüberwachung

Bilanzanalyse
Verbindlichkeitenspiegel

Fremdkapitalfristen 2008	Summe	RLZ < 1 Jahr	RLZ 1 > 5 Jahre	RLZ > 5 Jahre
Anleihen	- €	- €	- €	- €
Verbindlichkeiten gegenüber Kreditinstituten	1.026.100,00 €	226.100,00 €	400.000,00 €	400.000,00 €
Verbindlichkeiten aus Lieferungen und Leistungen, Anzahlungen, Wechsel	370.800,00 €	170.800,00 €	200.000,00 €	- €
Sonst. Verbindlichkeiten, Verbindlichkeiten gegenüber verbundenen Unternehmen	22.100,00 €	22.100,00 €	- €	- €

Fremdkapitalfristen 2009	Summe	RLZ < 1 Jahr	RLZ 1 > 5 Jahre	RLZ > 5 Jahre
Anleihen	- €	- €	- €	- €
Verbindlichkeiten gegenüber Kreditinstituten	854.500,00 €	250.000,00 €	400.000,00 €	204.500,00 €
Verbindlichkeiten aus Lieferungen und Leistungen, Anzahlungen, Wechsel	104.600,00 €	104.600,00 €	- €	- €
Sonst. Verbindlichkeiten, Verbindlichkeiten gegenüber verbundenen Unternehmen	1.094.500,00 €	144.500,00 €	150.000,00 €	800.000,00 €

Bilanzanalyse
Anlagenspiegel

Anlagenspiegel	2008	2009	2010	2011
Ansch.-/Herstellungskosten	- €	- €	- €	- €
Zugänge	791.700,00 €	676.400,00 €	676.400,00 €	676.400,00 €
Abgänge	10.900,00 €	- €	- €	- €
kumulierte Abschreibung	58.500,00 €	- €	- €	- €
Zuschreibungen	- €	- €	- €	- €
Bilanzwert	- €	- €	- €	- €
Abschreibungen d. Geschäftsjahres	585.000,00 €	775.100,00 €	775.100,00 €	775.100,00 €

Abbildung 4.114: Verbindlichkeiten- und Anlagenspiegel in der Bilanzanalyse

Bilanzkennzahlen mit Warnsystem

Für die Berechnung der Bilanzkennzahlen werden die Werte aus den verschiedenen Tabellenblättern (Aktiva und Passiva, Verbindlichkeits- und Anlagenspiegel, GuV) verknüpft. Ein Warnsystem stellt sicher, dass Abweichungen von den Zielwerten deutlich gekennzeichnet werden. Dazu werden die Schwellenwerte für die Kennzahlen in eine Liste geschrieben. Die erste Spalte enthält die Bezeichnung der Kennzahl, in der zweiten Spalte ist der Zielwert aufgeführt. Mithilfe von Textfunktionen wird in der dritten Spalte ein Hinweistext konstruiert, der im Kennzahlenblatt auf die Abweichung hinweist. Die Funktion ZEICHEN(10) sorgt für einen Zeilenumbruch im Text, im Unterschied zur Zeilenumbruchformatierung wird dieser immer ausgeführt, auch wenn die Spalte breit genug wäre. Die Funktion TEXT() wird bei der Verknüpfung von Textketten häufig benötigt, sie wandelt einen Wert in Text um und weist ihm dabei das passende Zahlenformat zu.

C4 fx ="mindestens "&ZEICHEN(10)&TEXT(B4;"0%")&" !"

	A	B	C
1	**Bilanzanalyse**		
2	**Schwellenwerte für Bilanzkennzahlen**		
3			
4	Umsatzrentabilität	5%	mindestens 5% !
5	Eigenkapitalrentabilität	25%	mindestens 25% !
6	Gesamtkapitalrentabilität	12%	mindestens 12% !
7	Cashflow-Umsatz Quote	33%	mindestens 33% !
8	Liquidität 1. Grades	33%	mindestens 33% !
9	Liquidität 2. Grades	120%	mindestens 120% !
10	Liquidität 3. Grades	150%	mindestens 150% !
11	Dynamischer Verschuldungsgrad (Jahre)	3,5 Jahre	maximal 3,5 Jahre !
12	Selbstfinanzierungsquote	50%	mindestens 50% !
13	Umlaufintensität	30%	mindestens 30% !
14	Debitorenziel (Tage)	30	weniger als 30 Tage !
15	Lagerdauer I (Tage)	30	weniger als 30 Tage !
16	Eigenkapitalquote	33%	mindestens 33% !
17	Fremdkapitalquote	67%	maximal 67% !
18	Anlagendeckungsgrad	100%	mindestens 100% !
19	Verschuldungsgrad	100%	maximal 100% !

Bereich "Schwellenwerte"

Abbildung 4.115: Schwellenwerte für das Warnsystem mit globalem Bereichsnamen

Die Kennzahlen werden zweckmäßig in das Tabellenblatt mit der GuV geschrieben. Für die Verknüpfungen auf andere Tabellenblätter schreiben Sie die Formel, beginnend mit einem =-Zeichen, und klicken zuerst auf das Tabellenregister und anschließend auf die gewünschte Zelle. Häufig benutzte Werte wie z. B. das Umlaufvermögen oder die Aktiva-Summen können Sie auch zuvor mit einem globalen Bereichsnamen belegen, in der Formel mit der Funktionstaste F3 abholen und anstelle des Zellenbezugs einsetzen.

Die Formelüberwachung zeigt die Spur zu allen verknüpften Vorgänger- oder Nachfolgerzellen. Verknüpfungen auf andere Tabellen werden mit einem Tabellensymbol angezeigt, klicken Sie dieses doppelt an und klicken Sie unter *Gehe zu* noch einmal doppelt auf die Verknüpfung, um auf diese umzuschalten.

Das Warnsystem holt sich mithilfe der Funktionen WENN() und SVERWEIS() den Vergleich zwischen dem Bilanzwert und dem Zielwert in der Liste mit dem Bereichsnamen *Schwellenwerte*. Weicht dieser ab, präsentiert ein zweiter SVERWEIS() die Warnmeldung aus der dritten Spalte. Für die optische Hervorhebung sorgen Schriftformate oder Bedingungsformate.

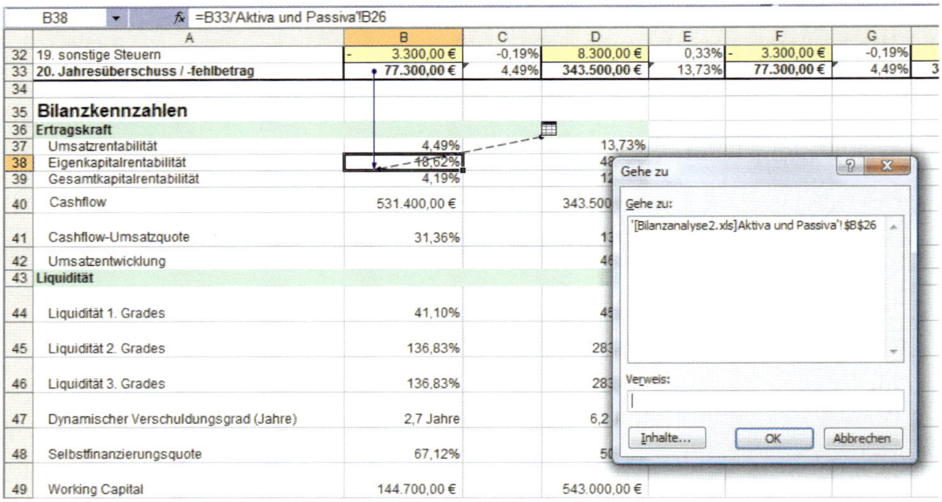

B38 | f_x =B33/'Aktiva und Passiva'!B26

	A	B	C	D	E	F	G
32	19. sonstige Steuern	- 3.300,00 €	-0,19%	8.300,00 €	0,33%	- 3.300,00 €	-0,19%
33	**20. Jahresüberschuss / -fehlbetrag**	**77.300,00 €**	4,49%	**343.500,00 €**	13,73%	**77.300,00 €**	4,49%
34							
35	**Bilanzkennzahlen**						
36	**Ertragskraft**						
37	Umsatzrentabilität	4,49%		13,73%			
38	Eigenkapitalrentabilität	18,62%		4[illegible]			
39	Gesamtkapitalrentabilität	4,19%		1[illegible]			
40	Cashflow	531.400,00 €		343.500			
41	Cashflow-Umsatzquote	31,36%		1[illegible]			
42	Umsatzentwicklung			4[illegible]			
43	**Liquidität**						
44	Liquidität 1. Grades	41,10%		4[illegible]			
45	Liquidität 2. Grades	136,83%		28[illegible]			
46	Liquidität 3. Grades	136,83%		28[illegible]			
47	Dynamischer Verschuldungsgrad (Jahre)	2,7 Jahre		6,2			
48	Selbstfinanzierungsquote	67,12%		5[illegible]			
49	Working Capital	144.700,00 €		543.000,00 €			

Abbildung 4.116: Mit der Formelüberwachung Verknüpfungen überprüfen

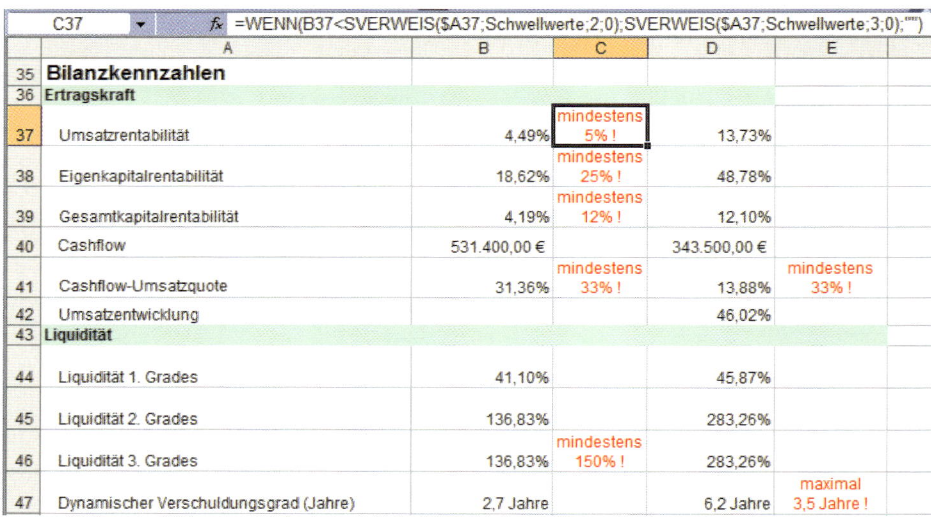

C37 | f_x =WENN(B37<SVERWEIS($A37;Schwellwerte;2;0);SVERWEIS($A37;Schwellwerte;3;0);"")

	A	B	C	D	E
35	**Bilanzkennzahlen**				
36	**Ertragskraft**				
37	Umsatzrentabilität	4,49%	mindestens 5% !	13,73%	
38	Eigenkapitalrentabilität	18,62%	mindestens 25% !	48,78%	
39	Gesamtkapitalrentabilität	4,19%	mindestens 12% !	12,10%	
40	Cashflow	531.400,00 €		343.500,00 €	
41	Cashflow-Umsatzquote	31,36%	mindestens 33% !	13,88%	mindestens 33% !
42	Umsatzentwicklung			46,02%	
43	**Liquidität**				
44	Liquidität 1. Grades	41,10%		45,87%	
45	Liquidität 2. Grades	136,83%		283,26%	
46	Liquidität 3. Grades	136,83%	mindestens 150% !	283,26%	
47	Dynamischer Verschuldungsgrad (Jahre)	2,7 Jahre		6,2 Jahre	maximal 3,5 Jahre !

Abbildung 4.117: Das Warnsystem mit Verweisen auf die Zielwerte

Return on Investment (ROI) und Cash Flow Return on Investment (CFROI)

Problemstellung

Die Darstellungen zu den Einzelrentabilitätskennzahlen im vorstehend beschriebenen Abschnitt Kennzahlen zur Bilanzanalyse zeigen deutlich, dass diese in einem **Ursache-Wirkungs-Zusammenhang** stehen.

Die **Eigenkapitalrentabilität** wird über den Leverage-Effekt auf das Zusammenwirken von drei Kennzahlen zurückgeführt:

- Gesamtkapitalrentabilität, die im Folgenden weiter aufgegliedert wird,
- Fremdkapitalzinslast, die ihrerseits beeinflusst wird vom Fremdkapitalzinssatz des Kapitalmarkts, vom unternehmensindividuell gewährten Fremdkapitalzinssatz, der Höhe des verzinslichen Fremdkapitals und der Höhe des unverzinslichen Fremdkapitals, sowie
- Verschuldungsgrad, der von der Kapitalstruktur, d. h. der Höhe des Fremdkapitals und der Höhe des Eigenkapitals, beeinflusst wird.

Fachliche Beschreibung und Beispiele

Mithilfe von **Kennzahlensystemen** wird die zu analysierende Kennzahl durch Aufgliederung hinsichtlich ihrer Treiber untersucht. Kennzahlensysteme können sowohl für die Eigen- als auch für die Gesamtkapitalrentabilität als jeweilige »Spitzenkennzahl« gebildet werden.

Die **Gesamtkapitalrentabilität** lässt sich mittels der Kombination von Umsatzrentabilität und Kapitalumschlagshäufigkeit (die Einzelkennzahlen sind im vorigen Abschnitt Kennzahlen zur Bilanzanalyse erläutert) als Kennzahlensystem darstellen, und dessen Treiber lässt sich einerseits ergebnis- und andererseits vermögens- bzw. kapitalmäßig analysieren. Dies geschieht mithilfe der Spitzenkennzahl **Return on Investment (ROI)**, die im ROI-Schema bzw. ROI-Baum in ihre Bestandteile zerlegt wird. Die nachfolgende Abbildung zeigt beispielhaft einen vereinfachten ROI-Baum (in Anlehnung an: `www.controllerspielwiese.de`):

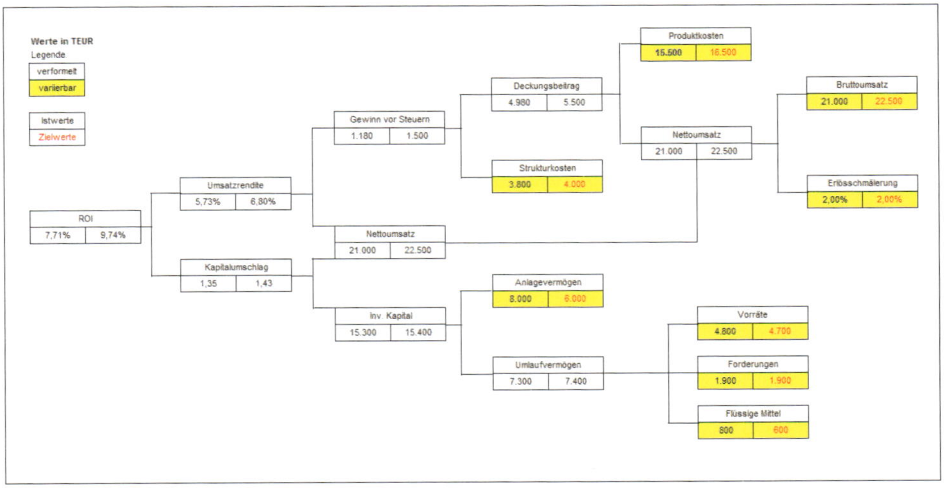

Abbildung 4.118: ROI-Baum

Möglichkeiten der **Analyse des ROI:**

- analytisch (ausgehend vom ROI als Spitzenkennzahl bis zur einzelnen GuV-Position)
- synthetisch (beginnend auf Ebene der GuV-Positionen und bei der Spitzenkennzahl ROI endend)

Die **Schwächen** der traditionellen Kennzahlen der Rentabilitätsanalyse sind offensichtlich:

- Die Struktur und das Alter der Vermögenspositionen werden bei der Ermittlung der Gesamtkapitalrentabilität nicht berücksichtigt.
- Verzerrungen durch den Leverage-Effekt bei der Ermittlung der Eigenkapitalrentabilität
- Verzerrungen der Erfolgsgröße durch die Nutzung von Bilanzierungs- und Bewertungsspielräumen
- Verzerrungen der Kapitalgröße durch Bildung stiller Reserven und einen in der Regel zu niedrigen Bilanzausweis
- keine Berücksichtigung des eingesetzten Kapitals bei der Ermittlung der Umsatzrentabilität
- Verfälschung des ROI, wenn anstelle des ordentlichen Betriebsergebnisses (= EBIT) der Jahresüberschuss (vor Steuern) verwendet wird, da in dessen Ermittlung das Zins- und außerordentliche Ergebnis eingeht
- Verfälschung der Gesamtkapitalrentabilität einer Investition, da sich Renditesteigerungen im Zeitablauf durch abschreibungsbedingtes Sinken der Kapitalbasis ergeben

Zur Behebung einiger Schwächen der traditionellen Kennzahlen der Rentabilitätsanalyse werden bei der erfolgswirtschaftlichen Analyse des Jahresabschlusses auch der sog. **Cash Flow Return on Investment (CFROI)** und zugehörige Kennzahlen ermittelt und analysiert. Beim CFROI wird nicht mehr eine GuV-Position (Aufwands- und Ertragsorientierung) einem buchwertmäßigen Kapital gegenübergestellt, sondern ein **Cashflow** (Zahlungsgröße) **in Relation zum zeitnahen Wert des Kapitals** (Investitionswert) gesetzt. Die Kennzahl kann so zur Beurteilung einzelner Investitionsprojekte bis hin zur Steuerung eines gesamten Konzerns verwendet werden.

Die Daten für die Ermittlung des Cashflows und der Bruttoinvestitionsbasis entstammen dem Jahresabschluss. Die Nutzung des **Cashflows**, der durch den finanziellen Rückfluss auf die eingesetzten und verzinslich finanzierten Aktiva auf Basis der Wiederbeschaffungswerte gekennzeichnet ist, erfolgt aufgrund seiner Bewertungsunabhängigkeit, die bei einer Erfolgsgröße nicht gegeben ist (zur Ermittlung des Cashflows siehe nachfolgende Darstellungen). Die **Bruttoinvestitionsbasis** – auch als »capital employed« bezeichnet – errechnet sich aus Subtraktion des nichtverzinslichen Fremdkapitals von den (inflationsangepassten) historischen Anschaffungswerten der Aktiva.

Cash Flow Return on Investment (CFROI)		Jahr 1	Jahr 2	Jahr 3
Formel	Brutto-Cashflow/Bruttoinvestitionsbasis x 100			
Aussage	Das Grundmodell sieht eine CFROI-Ermittlung für ein Jahr vor. Eine Dynamisierung wird erreicht, indem unterstellt wird, dass der Brutto-Cashflow während der Nutzungsdauer jährlich erzielt wird und die freigesetzten Beträge wieder angelegt werden. Ermittelt wird durch Iteration der Zinssatz, bei dem die Summe der diskontierten Cashflows (zzgl. Restwert des Endvermögens) gleich dem Investitionswert ist. Damit kann die Verzinsung berechnet werden, die die Investition, der Geschäftsbereich etc. erwirtschaftet. Die errechnete Verzinsung muss mit den Kapitalkosten verglichen werden. Ist die errechnete Verzinsung größer als die Kapitalkosten, handelt es sich um eine wertsteigernde Investition bzw. Tätigkeit des Bereichs, für den die Verzinsung ermittelt wurde. Ist die errechnete Verzinsung kleiner als die Fremdkapitalkosten, so wurden mit der Investition nicht einmal die Kapitalkosten erwirtschaftet und Wert wurde vernichtet.			
Weighted Average Costs of Capital (WACC)		**Jahr 1**	**Jahr 2**	**Jahr 3**
Formel	Kapitalkosten = Fremdkapitalkosten + Eigenkapitalkosten $k = r_{FK} + (i + \beta (r_M - i))$ $k_{gewichtet} =$ r_{FK} x (Fremdkapital/Gesamtkapital) + r_{FK} (Eigenkapital/Gesamtkapital)			
Aussage	Die Kapitalkosten setzen sich aus den Kosten des Fremdkapitals (r_{FK}), d. h. Zinssatz für Fremdkapital, und den Kosten des Eigenkapitals (r_{EK}) zusammen. Die Kosten des Eigenkapitals bestehen wiederum aus der Rendite risikofreier Anlagen (i) und einem Risikozuschlag für den möglichen Verlust des Eigenkapitals. Der Risikozuschlag wird auf Basis der Kapitalmarkttheorie unter Gewichtung der Rendite einer Alternativinvestition (r_M) (z. B. Rendite eines Marktportfolios, Aktienindices) ermittelt. Das Risiko der individuellen Abweichung kommt im sog. β-Faktor (Gewichtungsfaktor) zum Ausdruck. Dieser misst die Kovarianz zwischen der Renditeerwartung des betrachteten Engagements und der des Marktportfolios M bezogen auf die Varianz des Marktportfolios. Ist $\beta > 1$, ist das Risiko des Engagements höher als das des Marktportfolios. Zur Berücksichtigung der Anteile von Eigen- und Fremdkapital (auf Basis der Marktwerte) muss eine Gewichtung mit der Kapitalstruktur erfolgen.			
Cash Value Added (CVA)		**Jahr 1**	**Jahr 2**	**Jahr 3**
Formel	(CFROI – WACC) x Bruttoinvestitionsbasis			
Aussage	Mit der Formel kann der Wertbeitrag der Investition, des Geschäftsbereichs etc. ermittelt werden.			

Tabelle 4.26: Formeln zur Berechnung des CFROI

Hinweis

Die dargestellten Cashflow-orientierten Kennzahlen sind Bestandteil einer wertorientierten Unternehmensführung und des Shareholder-Value-Gedankens. Aufgrund der mangelnden Datenbasis in den Jahresabschlüssen können diese Berechnungsmodelle externen Analysten nur dann Informationen liefern, sofern die erforderlichen Aussagen über Kapitalkosten etc. in den Geschäftsberichten veröffentlicht werden.

Excel-Praxis: Kennzahlen Dupont ROI und ROI visualisieren

CD

DuPont ROI-Kennzahlensystem.xls

Die Berechnung des ROI nach dem Du-Pont-ROI-System zeigt dieses Organigramm. Alle Eingabefelder sind gelb unterlegt, die Formeln lassen sich durch die Aufteilung auf sechs Ebenen und die Farbgebung der einzelnen Blöcke gut nachvollziehen.

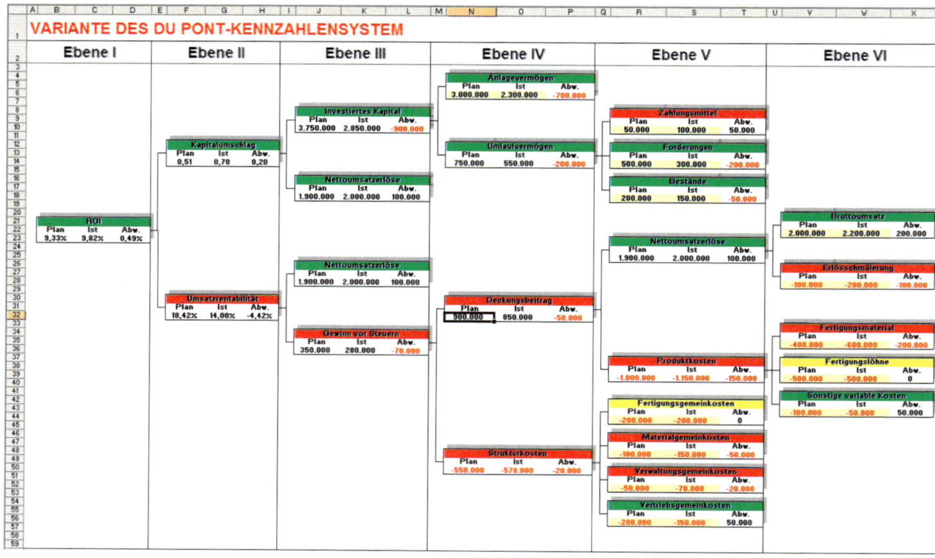

Abbildung 4.119: Du Pont-ROI-Kennzahlenschema

Excel-Praxis: ROI berechnen mit dem ROI-Baum

CD

Return on Investment ROI-Baum.xls

In dieser Praxislösung wird der ROI mit VBA-Makrounterstützung Schritt für Schritt berechnet. Das Ergebnis ist ein ROI-Baum mit Eingabefeldern und Formeln. Im vereinfachten ROI-Schema werden zwei Hauptkennzahlen berechnet, die Umsatzrendite und der Kapitalumschlag:

```
Umsatzrendite = Gewinn vor Steuern/Nettoumsatz
Kapitalumschlag = Nettoumsatz/Investiertes Kapital
```

Aus dem Produkt dieser beiden Kennzahlen entsteht der ROI:

```
ROI = Umsatzrendite x Kapitalumschlag
```

Die Einflussgrößen für den ROI-Baum sind:

Für die Umsatzrendite	Für den Kapitalumschlag
Bruttoerlöse Erlösschmälerungen (z. B. Rabatte) Produktkosten (proportionale Kosten) Strukturkosten (Fixkosten)	Anlagevermögen Umlaufvermögen (Vorräte, Forderungen, flüssige Mittel)

Tabelle 4.27: Einflussgrößen für den ROI-Baum

In einer Excel-Tabelle aufgebaut, bietet der ROI-Baum die Möglichkeit, die Einflussgrößen entweder direkt einzutragen oder über Verknüpfungen aus anderen Tabellen zu integrieren. Über diese Verknüpfungen lässt sich ein Wert (beispielsweise die Strukturkosten) beliebig weit detaillieren, und der Controller hat die Möglichkeit, Stellgrößen zu bilden, um den Einfluss der Wertänderungen auf den ROI zu verfolgen.

Ein Formel-Assistent für den ROI-Baum

Für die Darstellung eines Prozesses, in dem vom Anwender Schritt für Schritt Eingaben angefordert werden, sind in der Programmierung sogenannte Assistenten im Einsatz. Die Makrosprache VBA bietet die Möglichkeit, Dialogfenster (UserForms) zu programmieren, die sich gegenseitig aufrufen. UserForms können mit den Eingaben des Benutzers Berechnungen durchführen und diese mit anderen UserForms teilen, an Zellbereiche übergeben oder aus diesen auslesen.

Der Formel-Assistent, in VBA erstellt und mit sechs UserForms versehen, fordert Schritt für die Schritt die für die ROI-Berechnung erforderlichen Werte an. Diese Werte können mit Referenzfeldern in einer aktiven Arbeitsmappe und Tabelle markiert werden, z. B. in der Bilanz oder GuV-Rechnung.

Das erste Tabellenblatt enthält Testdaten, die für die ROI-Berechnung benötigt werden. Aktivieren Sie die Arbeitsmappe, bestätigen Sie die Aktivierung der Makros und klicken Sie auf die Schaltfläche *ROI berechnen*, um den Assistenten zu starten.

	A	B	C
1	**ROI-Berechnung**		
2	**(Return on Investment)**		
3			
4	Bruttoerlöse:	2000	
5	Erlösschmälerungen in %	2%	
6	Produktkosten:	1350	
7	Strukturkosten:	560	
8	Anlagevermögen:	30	
9	Vorräte:	400	
10	Forderungen:	20	
11	Flüssige Mittel:	50	

Abbildung 4.120: Startblatt mit Testdaten und Makro-Startschaltfläche

Nach dem Klick auf die Schaltfläche erhalten Sie die erste Dialogbox. Der Cursor blinkt in einem Eingabefeld für Zelladressen. Sie können im Hintergrund die Zelle mit dem Wert der Bruttoerlöse markieren. Klicken Sie auf *Weiter*, wenn die Verknüpfung im Feld sichtbar ist.

Im nächsten Schritt werden Sie aufgefordert, die Erlösschmälerungen anzugeben. Klicken Sie dazu wieder im Hintergrund auf die entsprechende Zelle (B5). Mit dem Eintrag der Zelladresse wird im unteren Teil der Dialogbox der Nettoumsatz berechnet. Klicken Sie auf *Weiter*, um zum nächsten Schritt zu schalten. Wenn Sie eine bereits eingetragene Verknüpfung ändern wollen, schalten Sie mit Klick auf *Zurück* zum jeweils vorherigen Schritt des Assistenten zurück. Mit Klick auf die Schaltfläche *Abbrechen* beenden Sie den Assistenten, in diesem Fall wird kein ROI-Baum erstellt.

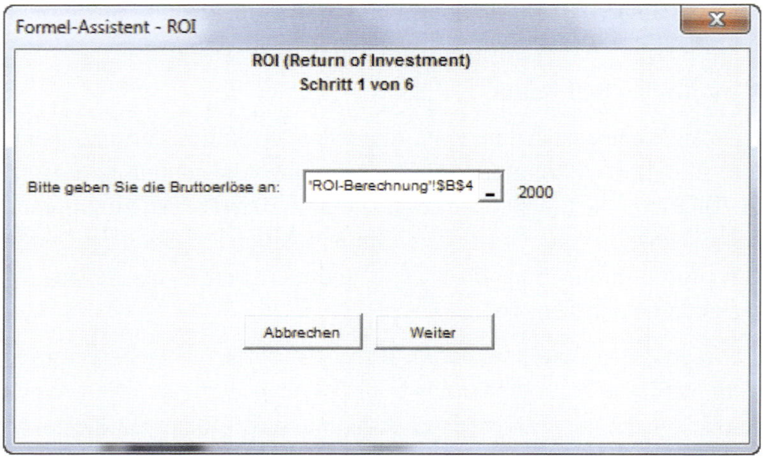

Abbildung 4.121: Schritt 1: Bruttoerlöse

Der nächste Schritt bietet die Möglichkeit, die Produktkosten anzugeben, nach dem Klick auf die passende Zelle im Hintergrund berechnet der Assistent gleich den Deckungsbeitrag. Markieren Sie im nächsten Schritt die Zelle mit den Strukturkosten, überprüfen Sie die Berechnung des Gewinns vor Steuern.

Hinweis Zeigen Sie mit dem Mauszeiger auf einen der berechneten Werte im unteren Bereich. Die »QuickInfo«, eine gelbe Hilfszeile, zeigt die Formel, auf deren Basis dieser Wert berechnet wird.

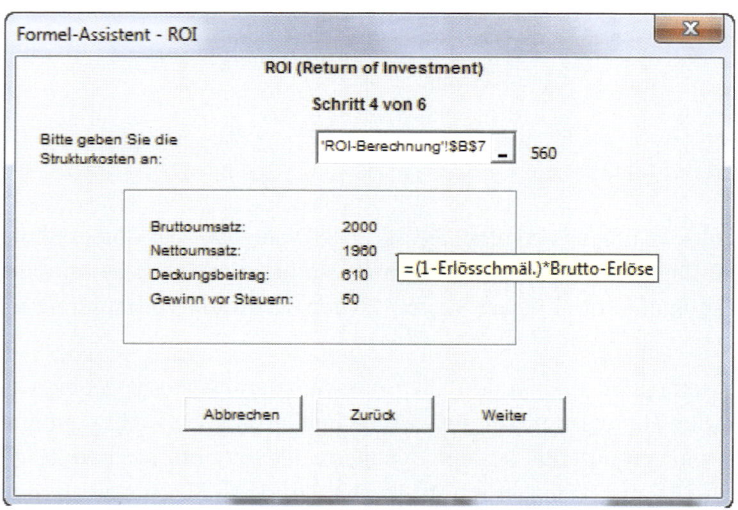

Abbildung 4.122: Schritt 4 mit Formelanzeige am Mauszeiger

Im Schritt 5 von 6 tragen Sie die Aktiva ein. Klicken Sie auf den Wert für das Anlagevermögen, setzen Sie den Cursor in das Feld »Vorräte« und holen Sie diesen ebenfalls aus der Tabelle. Tragen Sie auch die Zelladressen für die beiden anderen Werte (Forderungen, Flüssige Mittel) ein. Ein Klick auf *Weiter* schaltet zum letzten Schritt des Assistenten.

Jetzt ist der ROI-Baum fertig, überprüfen Sie noch einmal die eingetragenen Verknüpfungen und schalten Sie ggf. zurück, um einzelne Werte zu ändern. Wenn alle Einträge korrekt sind, starten Sie die Erstellung des ROI-Baums als Tabellenmodell mit Klick auf die Schaltfläche *ROI-Baum*.

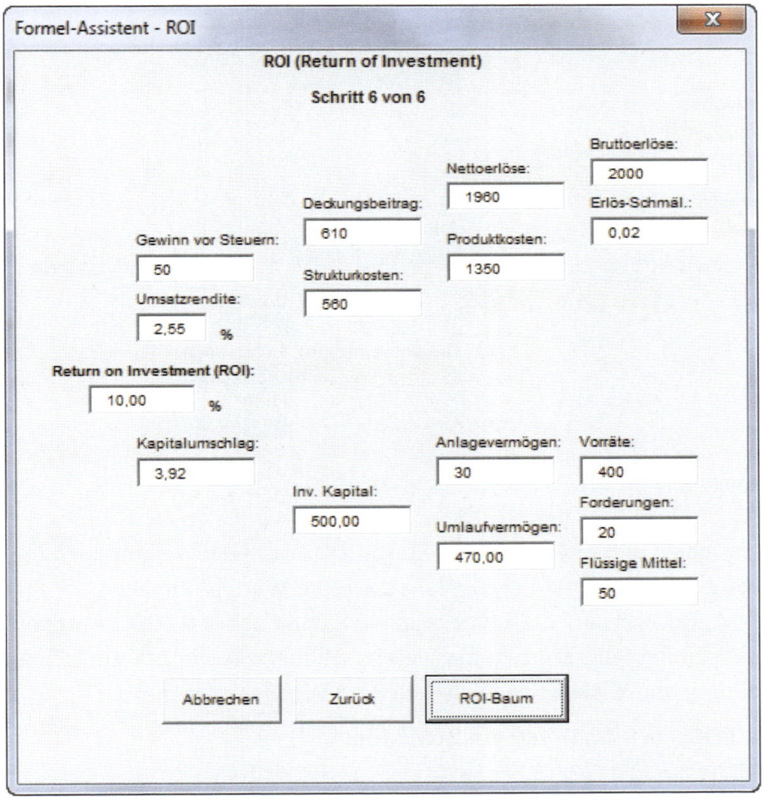

Abbildung 4.123: Letzter Schritt des Assistenten mit fertigem ROI-Baum

Die letzte Dialogbox wird geschlossen, und der Assistent legt eine neue Tabelle an, in die er die Beschriftungen und die Werte aus den einzelnen Dialogen einträgt. Für die Zwischenberechnungen werden die Formeln produziert und ebenfalls eingetragen, und die drei ausschlaggebenden Formeln für die Berechnung der Umsatzrendite, des Kapitalumschlags und letztendlich des ROI werden ebenfalls eingetragen.

Hinweis Die neue Tabelle erhält den Registernamen ROI-Baum. Wenn eine Tabelle dieses Namens bereits existiert, wird sie zuvor ohne Rückfrage gelöscht.

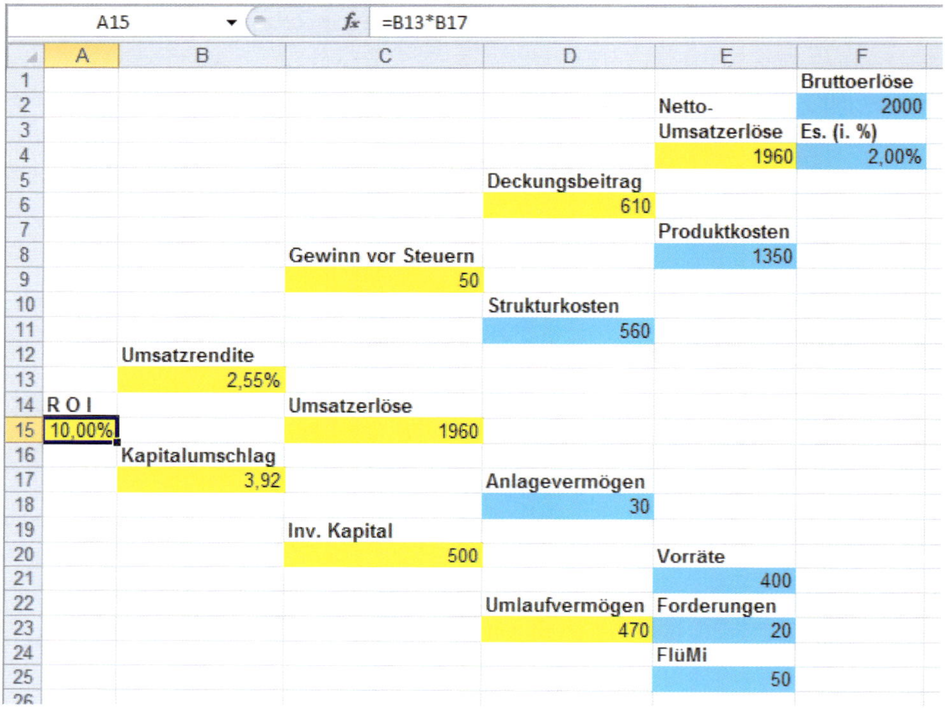

A15 =B13*B17

	A	B	C	D	E	F
1						Bruttoerlöse
2					Netto-	2000
3					Umsatzerlöse	Es. (i. %)
4					1960	2,00%
5				Deckungsbeitrag		
6				610		
7					Produktkosten	
8			Gewinn vor Steuern		1350	
9			50			
10				Strukturkosten		
11				560		
12		Umsatzrendite				
13		2,55%				
14	R O I		Umsatzerlöse			
15	10,00%		1960			
16		Kapitalumschlag				
17		3,92		Anlagevermögen		
18				30		
19			Inv. Kapital			
20			500		Vorräte	
21					400	
22				Umlaufvermögen	Forderungen	
23				470	20	
24					FlüMi	
25					50	

Abbildung 4.124: Der ROI-Baum als Tabelle mit Formeln und Eingabefeldern

Die gelb markierten Zellen enthalten die Formeln für die Zwischenberechnungen und die Endformeln. Türkis markiert sind die Zellen, die reine Werte enthalten. Für Prozentzahlen hat der Makro-Assistent die Zellen mit dem Zahlenformat *0,00%* formatiert. Sie können den Assistenten jederzeit neu aktivieren, schalten Sie einfach zurück zur Tabelle *ROI-Berechnung* und klicken Sie wieder auf die Makroschaltfläche.

Zielwertsuche für SOLL/IST-Analysen am ROI-Baum

Wie hoch dürfen die Fixkosten sein, um eine Umsatzrendite von 3 % zu erreichen?

Wie wirken sich erhöhte Forderungsbeträge auf den Kapitalumschlag aus?

Welche durchschnittlichen Rabatte können wir unseren Kunden gewähren, um das ROI-Ziel von 12,5 % nicht zu gefährden?

Diese und weitere Fragen zur ROI-Kennzahl lassen sich mithilfe der Zielwertsuche berechnen. Diese Excel-Funktion sucht, wie der Name schon ausdrückt, einen vom Anwender vordefinierten Zielwert durch Iteration einer an der Formel beteiligten Stellgröße. Berechnen Sie den maximalen Durchschnittsrabatt für einen ROI von 12,5 %, markieren Sie dazu die Zelle A15 mit der Formel für die ROI-Kennzahl.

Extras/Zielwertsuche 2003

Daten/Datentools/Was-wäre-wenn-Analyse/Zielwertsuche 2007 2010

Die Zielwertsuche präsentiert ein Dialogfenster, die Zielzelle ist bereits eingetragen. Setzen Sie den Cursor in die Eingabezeile für den Zielwert und tragen Sie den Wert »12,5 %« ein. Klicken Sie in das Feld für die veränderbare Zelle und markieren Sie in der Tabelle die Zelle F4, in der sich der Prozentwert für die Erlösschmälerung befindet. Ein Klick auf *OK* berechnet den Zielwert.

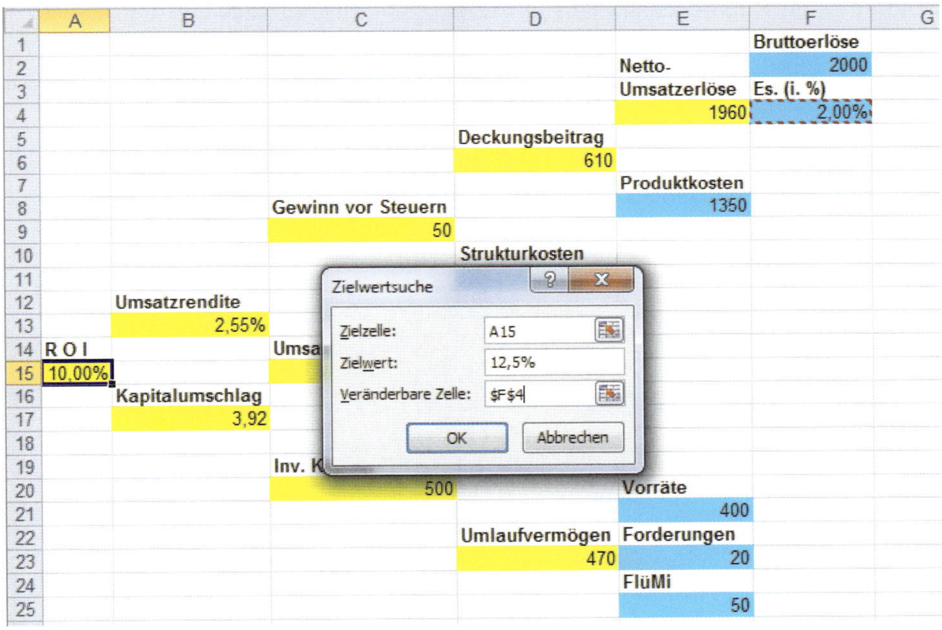

Abbildung 4.125: Die Zielwertsuche mit Zielwert und veränderbarer Zelle

Der berechnete Zielwert wird sofort eingetragen, das Dialogfenster meldet das Ergebnis (das bedingt durch die Iteration nicht immer exakt den Zielwert trifft). Sie können mit Klick auf *OK* den Wert in die Tabelle übertragen oder auf *Abbrechen* klicken, um den alten Wert wiederherzustellen. Hinweis: Der Zielwert lässt sich nur per Hand eintragen, er kann nicht über eine Verknüpfung in der Tabelle oder einen Bereichsnamen gewählt werden. Wenn die Iteration kein Ergebnis findet, meldet die Zielwertsuche, dass keine Lösung verfügbar ist.

Zielwerte finden mit Solver

Für eine Zielwertsuche mit mehreren Parametern verwenden Sie den Solver. Der Solver ist ein Spezialwerkzeug für lineare Optimierung, er bietet die Möglichkeit, Maximalwerte oder vordefinierte Zielwerte unter Angabe mehrerer variabler Zellen zu berechnen. Dazu können beliebig viele Nebenbedingungen definiert werden.

Der Solver ist ein Add-In, das im Lieferumfang von Excel enthalten, aber standardmäßig nicht installiert ist, wenn nicht die Vollversion von Office eingerichtet wurde.

2003

Extras/Solver. Wenn das Add-In nicht zur Verfügung steht, wählen Sie *Extras/Add-Ins* und kreuzen 'die Option *Solver* an.

2007 2010

Daten/Analyse/Solver. Wenn das Add-In nicht verfügbar ist, wählen Sie im Office-Menü *Excel-Optionen/Add-Ins*, klicken unter *Verwalten: Excel-Add-Ins* auf *Gehe zu* und kreuzen die Option *Solver* an.

Geben Sie für die Zielzelle den gewünschten Zielwert ein und markieren Sie eine oder mehrere veränderbare Zellen (mit gedrückter [Strg]-Taste). Tragen Sie unter *Hinzufügen* die Nebenbedingungen ein. Mit Klick auf *Lösen* wird der Solver eine Lösung berechnen und sofort eintragen. Sie können diese übernehmen oder den Vorgang abbrechen.

Hinweis

Die lineare Optimierung geht immer den einfachsten Weg, sichern Sie die Berechnung mit vielen Nebenbedingungen ab.

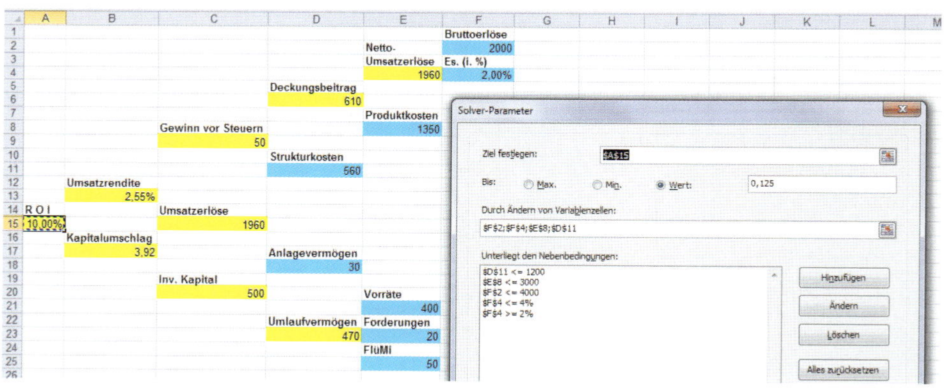

Abbildung 4.126: Der Solver ermöglicht mehr veränderbare Zellen und Nebenbedingungen

2010

Excel 2010 enthält eine neue Solver-Version mit verbesserter Benutzeroberfläche, einen neuen evolutionären Solver, der auf genetischen Algorithmen basiert und Modelle mit beliebigen Excel-Funktionen verarbeitet, neue globale Optimierungsoptionen, verbesserte lineare Programmierungs- und nichtlineare Optimierungsmethoden und neue Berichte zu Linearität und Machbarkeit. Das Solver-Add-In für Excel 2010 ist auch in einer 64-Bit-Version verfügbar. Hier finden Sie Informationen:

`www.solver.com`

Benutzerdefinierte Funktion ROI

Um die ROI-Berechnung in einem Tabellenmodell ständig zur Verfügung zu haben, kann eine benutzerdefinierte Funktion in VBA erstellt werden. Diese Funktion wird im VBA-Editor in ein Modul geschrieben und steht anschließend wie alle Excel-Funktionen im Angebot des Funktions-Assistenten. Starten Sie den VBA-Editor mit [Alt] + [F11], fügen Sie mit *Einfügen/Modul* ein neues Modul ein und erstellen Sie die Funktion.

CD

Auf der CD zum Buch finden Sie die Moduldatei *VBAFunktionROI.bas*. Klicken Sie mit der rechten Maustaste im Projekt-Explorer auf das VBA-Projekt, wählen Sie *Datei/Importieren* und holen Sie die Datei als neues Modul in das aktuelle VBA-Projekt oder in die persönliche Makroarbeitsmappe.

Listing 4.8: Benutzerdefinierte Funktion ROI

```
Function ROI(BruttoErlöse, Erlösschmälerungen, Produktkosten, _
   Strukturkosten, Anlagevermögen, Vorräte, Forderungen, FlüssigeMittel)
  Dim NettoUmsatz, Deckungsbeitrag, Gewinn_v_Steuern
  Dim Umsatzrendite, Umlaufvermögen, InvKapital, Kapitalumschlag
  NettoUmsatz = (1 - Erlösschmälerungen) * BruttoErlöse
  Deckungsbeitrag = NettoUmsatz - Produktkosten
  Gewinn_v_Steuern = Deckungsbeitrag - Strukturkosten
  Umsatzrendite = Gewinn_v_Steuern / NettoUmsatz
  Umlaufvermögen = Vorräte + Forderungen + FlüssigeMittel
  InvKapital = Anlagevermögen + Umlaufvermögen
  Kapitalumschlag = NettoUmsatz / InvKapital
  ROI = Umsatzrendite * Kapitalumschlag
End Function
```

Aufgerufen wird die Funktion mit dem Funktions-Assistenten in der Kategorie *Benutzerdefiniert*. Tragen Sie die Argumente ein oder klicken Sie auf die entsprechenden Zellbereiche.

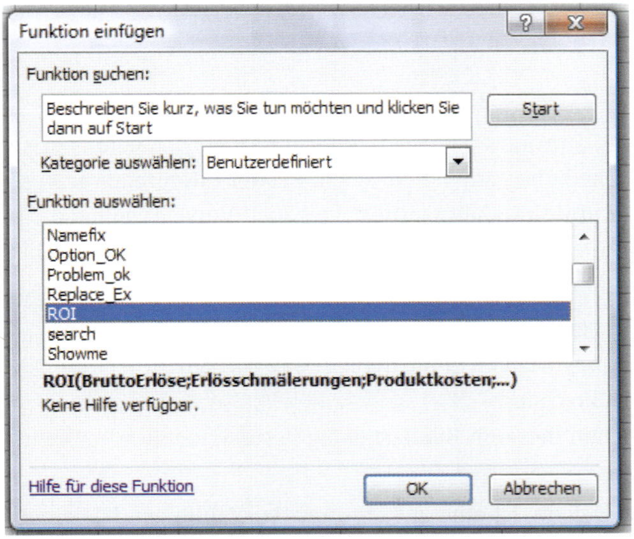

Abbildung 4.127: ROI-Funktion im Funktions-Assistenten ...

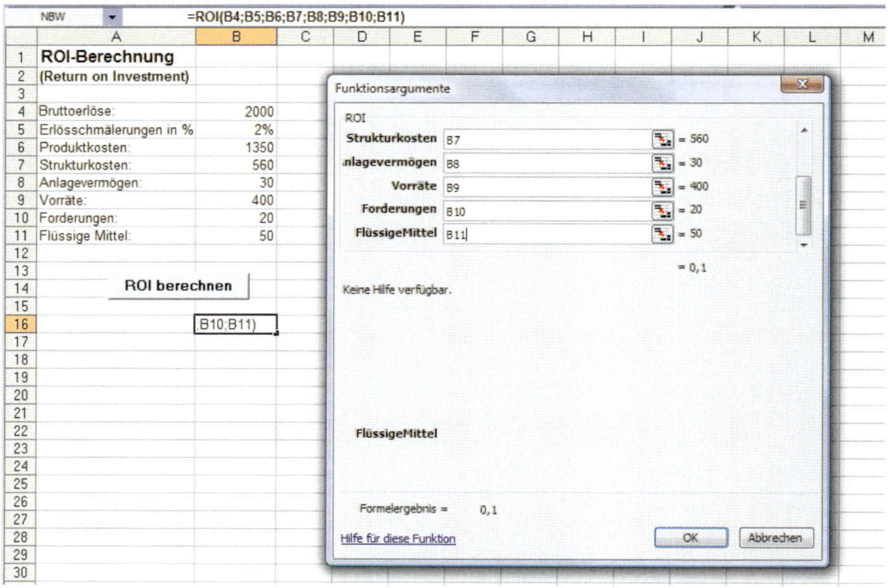

Abbildung 4.128: ... und die Argumente werden aus der Tabelle geholt

Die benutzerdefinierte Funktion kann auch aus anderen Arbeitsmappen stammen, in diesem Fall muss aber im Aufruf der Name der Mappe vorangestellt werden:

```
=Mappe.xls!ROI()
```

Wenn die Mappe bei der Neuberechnung der Funktion nicht zur Verfügung steht, wird ein Fehlerwert ausgegeben.

Cashflow-Rechnung

Problemstellung

Im Abschnitt Kennzahlen zur Bilanzanalyse (siehe Kapitel 4.2.3) wurden bereits Kennzahlen zur Analyse der drei Liquiditätsgrade beschrieben. Bei der Interpretation dieser **bestandsgrößenorientierten Liquiditätskennzahlen** ist jedoch Vorsicht geboten. Die Aussagekraft der o. g. Kennzahlen ist eingeschränkt; sie können nur eine erste Einschätzung der Liquiditätssituation geben, da

- die Kennzahlen stichtagsbezogen ermittelt werden,
- nur bilanzierte Zahlungsverpflichtungen in die Berechnung einfließen,
- die Fristigkeiten zu grob gehalten sind,
- kein Zusammenhang zwischen der zum Bilanzstichtag bestehenden und zukünftigen Liquidität besteht.

Zur Behebung der genannten Defizite ist eine auf Ein- und Auszahlungen basierende Analyserechnung erforderlich. Die **stromgrößenorientierte Analyse** von

- Cashflow und
- Kapitalflussrechnung

verfügt über **Vorteile** gegenüber der bestandsgrößenorientierten Liquiditätsanalyse:

- Sie ist nicht stichtagsbezogen und lässt erkennen, in welchem Maße das Unternehmen in der Lage ist, sich aus eigener Kraft zu finanzieren.
- Sie ist nicht aufwands- und ertragsorientiert und dient nicht der Ermittlung eines ausschüttungsfähigen Gewinns, sondern zielt auf eine Beurteilung der Liquidität und damit der Finanzlage ab.

Fachliche Beschreibung und Beispiele

Der Cashflow ist definiert als Überschuss der Summe der Einzahlungen über die Summe der Auszahlungen. Die Analyse des Cashflows verfolgt mehrere Ziele. Der Cashflow dient als **Indikator** zur

- Beurteilung der Ertragskraft,
- Beurteilung der Finanzkraft im Sinne des Innenfinanzierungspotenzials und
- Früherkennung von Fehlentwicklungen im Rahmen der Krisenprognose,

wobei die **Beurteilung der Finanzkraft** klar im Vordergrund steht.

Beurteilt wird die Fähigkeit des Unternehmens, aus eigener Kraft nachhaltig Liquidität zu generieren und damit aus den Einzahlungen die operativen Auszahlungen sowie die Auszahlungen für Investitionen, Kapitaldienste (Tilgung und Zinszahlung) und Ausschüttungen bestreiten zu können. Der Cashflow ist daher kein Maßstab für die vorhandene Liquidität, sondern stellt eine Kennzahl zur Beurteilung der **Innenfinanzierungskraft** und **Verschuldungsfähigkeit** eines Unternehmens dar. Für die Gläubiger des Unternehmens ist der Cashflow eine Kennzahl zur Beurteilung der **Rückzahlungsfähigkeit** von Verbindlichkeiten und der damit verbundenen Zinszahlungen (Bonitätsbeurteilung).

Die **Ermittlung des Cashflows** kann originär oder derivativ (abgeleitet) erfolgen. Die indirekte Ermittlung wird in der nachfolgenden Darstellung zunächst anhand der Berechnung des vereinfachten Cashflows erläutert.

Ermittlung	Formel		Hinweis
originär	 - =	Operative Einzahlungen der Periode Operative Auszahlungen der Periode Cashflow	Voraussetzung für die direkte Ermittlung des Cashflows ist die Differenzierung von zahlungswirksamen und nichtzahlungswirksamen Geschäftsvorfällen anhand der Kontenbewegungen. Diese Form der Analyse bleibt häufig nur dem Unternehmen selbst vorbehalten, da externen Analysten Informationen über Zahlungsvorgänge fehlen.
derivativ	 +/- +/- =	»Praktikerformel« Jahresüberschuss Abschreibungen/Zuschreibungen Zuführungen/Auflösungen langfristiger Rückstellungen Vereinfachter Cashflow (Brutto-Cashflow)	Die indirekte Ermittlung des Cashflows erfolgt auf Basis der Informationen aus der GuV-Rechnung, ausgehend vom Jahresergebnis, das um nichtzahlungswirksame Erträge und Aufwendungen korrigiert wird. Zudem sollen Korrekturen vorgenommen werden, um zahlungswirksame Transaktionen, die keinen Niederschlag in der GuV-Rechnung haben, zu berücksichtigen.

Tabelle 4.28: Ermittlungsformen des Cashflows

Die in der obigen Tabelle angegebene vereinfachte Berechnung des Cashflows nach der »Praktikerformel« ist sehr ungenau, da zahlreiche weitere zu korrigierende Tatbestände nicht berücksichtigt werden. Infolgedessen sind im Laufe der Zeit **zahlreiche Ermittlungsschemata** für den (vermeintlich) »richtig« ermittelten Cashflow entstanden. Eine der vielen Ermittlungsvarianten sei im Folgenden genannt:

		Jahr 1	Jahr 2	Jahr 3
	Jahresüberschuss/-fehlbetrag			
+/-	Gewinn/Verlust aus dem Verkauf von Anlagevermögen			
+	Abschreibungen auf das Anlagevermögen			
-	Zuschreibungen auf das Anlagevermögen			
+	Dotierung (- Auflösung) langfristiger Rückstellungen			
=	**Cashflow aus dem Ergebnis**			
-	Erhöhung (+ Senkung) von Vorräten inkl. geleisteter Anzahlungen, aktive Rechnungsabgrenzungsposten			
+	Erhöhung (- Senkung) von erhaltenen Anzahlungen, passiven Rechnungsabgrenzungsposten			
-	Erhöhung (+ Senkung) von Forderungen aus LuL, Konzernforderungen aus LuL und sonstigem Umlaufvermögen			
+	Erhöhung (- Senkung) von Verbindlichkeiten aus LuL, Schuldwechsel, Konzern- und sonstige Verbindlichkeiten			
+	Erhöhung (- Senkung) kurzfristiger Rückstellungen			
=	**Cashflow aus der betrieblichen Tätigkeit**			
-	Investitionen in das Anlagevermögen			
+	Einzahlungen aus Abgängen aus dem Anlagevermögen			
=	**Cashflow aus Investitionstätigkeit** (Anm.: auch häufig als freier oder **Free Cash Flow** bezeichnet, mit dessen Hilfe Schuldentilgung und Ausschüttung betrieben werden können; in Phasen starken Wachstums weisen Unternehmen vermehrt einen negativen Free Cash Flow aus)			
+	Einzahlungen aus Kapitalerhöhungen (inkl. Agio)			
+	Einzahlungen aus Gesellschaftszuschüssen			
-	Ausschüttungen an Gesellschafter (Gewinnausschüttung, Rückzahlung von Kapital)			
=	*Cashflow (von den) an die Gesellschafter(n)* (die Zwischensumme ermöglicht eine Trennung in Eigen- und Fremdfinanzierung)			
+	Einzahlungen aus kurzfristigen Kreditaufnahmen (inkl. Kredite im Konzern)			

Tabelle 4.29: Beispiel für die Cashflow-Ermittlung

		Jahr 1	Jahr 2	Jahr 3
+	Einzahlungen aus Anleihen, Darlehen und langfristigen Krediten (inkl. Darlehen im Konzern)			
=	**Cashflow aus Finanzierungstätigkeit** (ist dieser positiv, d. h. handelt es sich um einen Überschuss, so kann er zur Schuldentilgung und/oder Gewinnausschüttung verwendet werden)			

Tabelle 4.29: Beispiel für die Cashflow-Ermittlung (Forts.)

Die Analyse des Cashflows erfolgt anhand diverser **Kennzahlen**, die in der nachfolgenden Tabelle aufbereitet sind.

		Jahr 1	Jahr 2	Jahr 3
Cashflow-Umsatzrate		**Jahr 1**	**Jahr 2**	**Jahr 3**
Formel	Operativer Cashflow/Umsatz x 100			
Aussage	Die Kennzahl gibt Auskunft darüber, wie viel Prozent des Umsatzes als liquide Mittel dem Unternehmen für Investitionen, Schuldentilgung und Ausschüttung zur Verfügung standen. Anhand von Plandaten lässt sich auch das zukünftige Innenfinanzierungspotenzial ermitteln.			
Schuldentilgungsdauer (in Jahren), dynamischer Verschuldungsgrad		**Jahr 1**	**Jahr 2**	**Jahr 3**
Formel	Netto-Fremdkapital/Cashflow			
Aussage	Mithilfe der Schuldentilgungsdauer, die in Jahren angegeben wird, eignet sich der Cashflow als Indikator zur Analyse der Verschuldungsfähigkeit. Das Netto-Fremdkapital errechnet sich aus der Summe von Verbindlichkeiten und den Nichtpensionsrückstellungen abzüglich der liquiden Mittel. Die Kennzahl drückt aus, nach wie viel Jahren das Unternehmen in der Lage wäre, aus eigener Finanzkraft die Schulden zu tilgen. Die Annahme, dass zukünftige Cashflows ausschließlich zur Schuldentilgung verwendet werden können, ist jedoch nicht zutreffend, da aus dem Cashflow auch das Unternehmenswachstum, das Investitionen und ggf. zusätzliche Neuverschuldung mit sich bringt, und die Ausschüttungen bestritten werden müssen. Vor allem zeitliche und zwischenbetriebliche Vergleiche bieten sich an.			
Investitionsdeckung		**Jahr 1**	**Jahr 2**	**Jahr 3**
Formel	Operativer Cashflow/Nettoinvestitionen in das Anlagevermögen x 100			
Aussage	Die Kennzahl dient der Beurteilung, inwieweit das Unternehmen in der Lage war (bzw. mithilfe von Planzahlen: in der Lage sein wird), die Investitionen aus selbst erwirtschafteten Mitteln zu bestreiten. Wird eine Investitionsdeckung von 100 % erreicht, so bedeutet dies, dass der operative Cashflow vollständig für Nettoinvestitionen verwendet wurde. Ein 100 % übersteigender Teil des Cashflows kann für Zwecke der Schuldentilgung etc. verwendet werden. Es handelt sich dabei um den freien Cashflow, d. h. den um investive Aspekte bereinigten operativen Cashflow. Je höher die Investitionsdeckung ausfällt, desto günstiger ist dies für das Unternehmen. Es muss jedoch einschränkend angemerkt werden, dass eine hohe Investitionsdeckung auch die Folge geringer Investitionen in das Anlagevermögen sein kann. Daher ist die Kennzahl im Zusammenhang mit Kennzahlen zur Abschreibungs- und Investitionspolitik des Unternehmens (z. B. Wachstumsquote) zu betrachten.			

Tabelle 4.30: Kennzahlen zur Analyse des Cashflows

Eine der ertragsorientierten Ermittlung des Cashflows vergleichbare Kenngröße sind die sogenannten **Earnings Before Interest, Taxes, Depreciation and Amortization (EBITDA)**, die der angelsächsischen Finanzanalyse entstammen und im Rahmen der Aktienkursanalyse internationale Verbreitung finden. In Anlehnung an die GuV-Gliederung gemäß § 275 HGB lässt sich der EBITDA nach folgendem Schema errechnen:

		Jahr 1	Jahr 2	Jahr 3
	Jahresüberschuss/-fehlbetrag			
+/-	Außerordentliches Ergebnis (IAS/IFRS: darf nicht separat ausgewiesen werden)			
+/-	Ertragssteuern			
=	**Ergebnis der gewöhnlichen Geschäftstätigkeit (EGT) bzw. EBT (Earnings Before Taxes)**			
+	Zinsaufwand			
=	**EBIT (ordentliches Ergebnis vor Zinsen und Steuern; Earnings Before Interest and Taxes)**			
+	Abschreibungen auf Anlagevermögen			
+	Abschreibungen auf Geschäfts-/Firmenwert (Goodwill) (IAS/IFRS: keine planmäßige Abschreibung zulässig)			
=	**EBITDA (Earnings Before Interest, Taxes, Depreciation and Amortization)**			

Tabelle 4.31: Berechnungsschema EBITDA

Die wesentlichen Unterschiede des EBITDA zum Cashflow sind:

- Der EBITDA misst approximativ den Cashflow des unverschuldeten Unternehmens.
- Der EBITDA ist eine Vorsteuergröße.
- Eine Bereinigung um langfristige Rückstellungen und andere zahlungsunwirksame Aufwendungen und Erträge erfolgt mit Ausnahme der Abschreibungen nicht.

Excel-Praxis: Cashflow-Berechnung

CD

Cashflow mit Kennzahlen.xls

Das Tabellenblatt *Bilanz und GuV* enthält eine verkürzte Bilanz und Gewinn- und Verlustrechnung für die Berechnung der Cashflow-Kennzahlen. Im Tabellenblatt *Cashflowmit Kennzahlen* werden die einzelnen Kennzahlen über Verknüpfungen zur Bilanz und GuV berechnet. Nutzen Sie den Kennzahlenrechner (*Kennzahlenrechner.xla*), um die Verknüpfungen zu erstellen und die Kennzahlenformeln korrekt einzutragen.

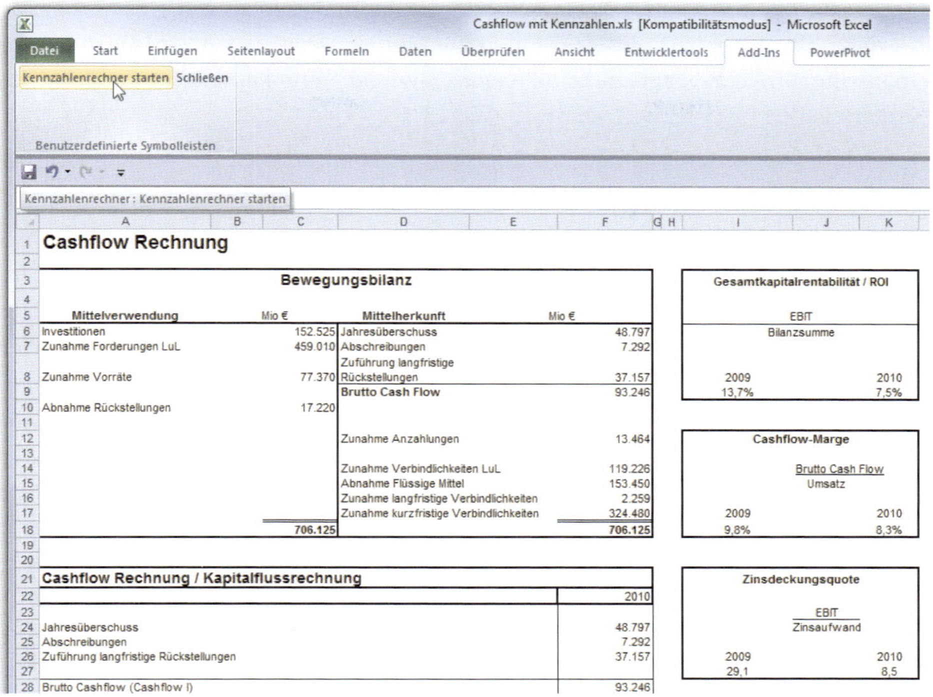

Abbildung 4.129: Cashflow-Kennzahlen im Kennzahlenrechner

Kapitalflussrechnung

Problemstellung

Der Cashflow bietet zwar Informationen über die Zahlungsströme eines Unternehmens, jedoch sind diese regelmäßig nur näherungsweise, da der Cashflow meist derivativ indirekt aus dem Jahresergebnis abgeleitet wird. Zudem zeigen Erfahrungen aus der Praxis, dass die Ermittlung des Brutto-Cashflows ohne differenzierte Betrachtung der Ein- und Auszahlungen im Vordergrund steht. Somit ist keine abstimmbare Überleitung des Bestands der liquiden Mittel am Jahresanfang zum Bestand der liquiden Mittel am Jahresende möglich.

Erst mithilfe der Analyse des zahlungsorientierten Cashflows, die auf der **Kapitalflussrechnung** basiert, kann ein umfassender Einblick in Ein- und Auszahlungen aus operativem Geschäft, Investitions- und Finanzierungstätigkeit gewonnen und eine Bestandsüberleitung der liquiden Mittel gegeben werden.

Fachliche Beschreibung und Beispiele

Zur Gewinnung von Informationen über die Mittelverwendung und -aufbringung wird der Cashflow um Zahlungsgrößen ergänzt, die sich auf Bilanzpositionen auswirken, jedoch keinen GuV-Bezug aufweisen. Dies geschieht in Form der Kapitalflussrechnung als **Finanzrechnung**, die die Veränderung der Liquidität und der sie bestimmenden Größen darstellt. Während **US-GAAP** und **IAS/IFRS** die Kapitalflussrechnung als

Pflichtbestandteil des Jahresabschlusses/Konzernabschlusses vorschreiben, sieht das HGB diese aktuell nur für nichtbörsennotierte Muttergesellschaften vor, die den Konzernanhang um eine Segmentberichterstattung und eine Kapitalflussrechnung zu erweitern haben (§ 297 Abs. 1 HGB).

Wie auch bei der Ermittlung des Cashflows gibt es bei der Erstellung der Kapitalflussrechnung Tendenzen zur **Standardisierung** auf internationaler und deutscher Ebene.

Im Mittelpunkt der Kapitalflussrechnung steht ein **Finanzmittelfonds**, der aus der Bilanz ausgegliedert wird. Liegt eine Kapitalflussrechnung gemäß DRS 2 bzw. IAS 7 oder FAS 95 vor, entspricht der Finanzmittelfonds (Zahlungsmittel und Zahlungsmitteläquivalente) den »liquiden Mittel« (flüssige Mittel und Wertpapiere des Umlaufvermögens mit einer Laufzeit kleiner drei Monaten).

Die Veränderung dieses Bestands an liquiden Mitteln wird im **Fondsänderungsnachweis (Fondsveränderungsrechnung)** in einer Summe dargestellt. Eine Zunahme des Fonds kann grundsätzlich als eine Verbesserung, eine Abnahme als Anspannung der Liquidität gewertet werden. Jedoch darf eine potenzielle Zahlungsunfähigkeit erst dann prognostiziert werden, wenn das Unternehmen bei einer Verschlechterung der Liquidität nicht mehr in der Lage ist, den Finanzmittelfonds aufzufüllen. Bei einer Steigerung des Finanzmittelfonds sollten die dahinter stehenden Absichten des Unternehmens geklärt werden (z. B. Erwerb von Beteiligungen, Investitionen in Sachanlagen). Auch die Frage nach der Effizienz des Cash-Managements muss in diesem Zusammenhang gestellt werden.

Die Ursachen für die Veränderung der liquiden Mittel, d. h. des Finanzmittelfonds, werden in der **Ursachenrechnung** erläutert. Ursachen können liegen im

- **operativen bzw. betrieblichen Bereich** (häufig gekennzeichnet durch einen **Einzahlungsüberschuss**, jedoch bei Neugründung oder starker Expansion auch vorübergehend negativ möglich),
- **Investitionsbereich** (häufig gekennzeichnet durch einen **Auszahlungsüberschuss**, da bei wachsenden Unternehmen die erforderlichen Ersatzinvestitionen getätigt werden müssen),
- **Finanzierungsbereich** (entsprechend der Saldierung der Ergebnisse aus dem betrieblichen und dem Investitionsbereich ergibt sich ein Finanzbedarf oder -überschuss, der durch Finanzierungsmaßnahmen gedeckt bzw. verwendet werden muss).

Die in den drei Ursachenbereichen entstehenden Cashflows werden in **IAS 7** definiert und inhaltlich umschrieben. Der **Cashflow aus betrieblicher Tätigkeit** ist definiert als mit Umsatzerlösen zusammenhängende Finanzmittelbewegungen (IAS 7.14):

- Einzahlungen aus dem Verkauf von Waren und Dienstleistungen, Lizenzen, Honoraren und sonstigen Erlösen
- Auszahlungen an Lieferanten von Gütern und Dienstleistungen sowie an Arbeitnehmer

- Ein- und Auszahlungen von Versicherungsunternehmen für Prämien, Renten, Schadensregulierung und andere Versicherungsleistungen
- Zahlungen und Rückerstattungen von Ertragssteuern
- Ein- und Auszahlungen für Handelskontrakte

Zum **Cashflow aus Investitionstätigkeit** gehören der Erwerb und die Veräußerung langfristiger Vermögenswerte und sonstiger Finanzinvestitionen, die nicht zu den Zahlungsmitteläquivalenten gehören (IAS 7.16):

- Auszahlungen für die Beschaffung von Sachanlagen, immateriellen Vermögenswerten und anderen langfristigen Vermögenswerten
- Einzahlungen für den Verkauf von Sachanlagen etc.
- Auszahlungen für den Erwerb von Anteilen an anderen Unternehmen, von Schuldtiteln anderer Unternehmen und von Anteilen an Joint Ventures
- Auszahlungen für Dritten gewährte Darlehen sowie Einzahlungen aus Tilgung dieser Darlehen

Der **Cashflow aus Finanzierungstätigkeit** ist umschrieben mit Aktivitäten, die sich auf den Umfang und die Zusammensetzung der Eigenkapitalposten, des nicht dem operativen Bereich zugeordneten Fremdkapitals und der Ausleihungen des Unternehmens auswirken (IAS 7.17):

- Einzahlungen aus der Ausgabe von Anteilen an dem Unternehmen oder anderen Eigenkapitalinstrumenten
- Auszahlungen an Eigentümer zum Erwerb oder Rückerwerb von (eigenen) Anteilen an dem Unternehmen
- Einzahlungen aus der Aufgabe von Schuldverschreibungen, Schuldscheinen und Rentenpapieren
- Einzahlungen aus der Aufnahme von Darlehen
- Auszahlungen für die Rückzahlung von Ausleihungen
- Auszahlung von Leasingnehmern zur Tilgung von Verbindlichkeiten aus Finanzierungs-Leasingverträgen

Die Kapitalflussrechnung muss durch einen externen Analysten häufig auf Basis der GuV-Rechnung und der Bilanz abgeleitet werden (derivative Ermittlung). Dies ist immer dann erforderlich, wenn das zu analysierende Unternehmen keine Kapitalflussrechnung veröffentlicht. Die erforderlichen Bilanzpositionen werden unter Erstellung einer **Bewegungsbilanz**, die die Mittelverwendung (aus Aktiva-Mehrung und Passiva-Minderung) der Mittelherkunft (aus Passiva-Mehrung und Aktiva-Minderung) gegenüberstellt, mit der Cashflow-Rechnung zu einer Kapitalflussrechnung verknüpft.

Excel-Praxis: Kapitalflussrechnung (Ermittlungsschema)

Im vorherigen Beispiel zur Excel-Praxis der Cashflow-Rechnung (siehe Kapitel 4.2.3) wurde der Cashflow bereits nach den drei Ursachen seiner Veränderung in betrieblichen (operativen), investitions- und finanzierungsbedingten Cashflow differenziert berechnet.

Die Cashflow-Rechnung wird zur Kapitalflussrechnung erweitert, indem zusätzlich die Veränderung der flüssigen Mittel (= Finanzmittelfonds) vom einen zum anderen Geschäftsjahr dargestellt wird.

In Anlehnung an die Empfehlung des Hauptfachausschusses (HFA 1/1995) des Instituts der Wirtschaftsprüfer (IDW) kann folgendes Ermittlungsschema zur Erstellung einer Kapitalflussrechnung verwendet werden (in Anlehnung an: Mansch/Stolberg/von Wysocki, Seite 185 ff.):

CD

Kapitalflussrechnung Ermittlungsschema.xls

	A	B	C	D	E
1	**Ermittlungsschema zur Erstellung einer Kapitalflussrechnung**				
2					
3	Vorzeichen	GuV-/Bilanzposition	Jahr 1	Jahr 2	Jahr 3
4		**Umsatzerlöse**			
5	+	Abnahme (- Zunahme) Forderungen LuL			
6	+	Abnahme (- Zunahme) Forderungen gegen verbundene Unternehmen			
7	+	Abnahme (- Zunahme) Forderungen gegen Beteiligungsunternehmen			
8	+	Abnahme (- Zunahme) sonstiger Vermögensgegenstände			
9	+	Zunahme (- Abnahme) erhaltener Anzahlungen			
10	=	**Umsatzeinzahlungen**			
11	+	Sonstige betriebliche Erträge			
12	-	Abnahme Sonderposten mit Rücklageanteil (nicht IAS/IFRS)			
13	-	Zuschreibung auf das Anlagevermögen			
14	+	Zunahme (- Abnahme) passiver Rechnungsabgrenzungsposten			
15	=	**Sonstige betriebliche Einzahlungen**			
16	-	Materialaufwand			
17	-	Zunahme (+ Abnahme) Vorräte			
18	+	Erhöhung (- Verminderung) Bestände			
19	-	Zunahme (+ Abnahme) geleisteter Anzahlungen			
20	+	Aufwendungen für aktivierte Eigenleistungen			
21	+	Zunahme (- Abnahme) Verbindlichkeiten LuL			
22	=	**Materialauszahlungen**			
23	-	Personalaufwand			

Abbildung 4.130: Ermittlungsschema zur Erstellung einer Kapitalflussrechnung

Finanzierung

Problemstellung

Die Durchführung von Investitionen setzt die Beschaffung bzw. Bereitstellung finanzieller Mittel in Form von Kapital voraus. Damit ist die Finanzierung neben der Investition und dem Zahlungsverkehr eine der drei Säulen der betrieblichen Finanzwirtschaft. Sie umfasst alle betrieblichen Prozesse zur Bereitstellung und Rückzahlung der finanziellen Mittel, die für die Durchführung von Investitionen benötigt werden.

Fachliche Beschreibung

Die Finanzierung kann vereinfacht nach folgenden **Kriterien** differenziert werden:

a) nach den **Kapitalarten**

- Eigenkapital
  - Beteiligungsfinanzierung (Zuführung von außen in Form von Geldeinlagen, Sacheinlagen, Rechten; durch alte Gesellschafter, die ihre Einlage erhöhen; durch Aufnahme neuer Gesellschafter)

    - Selbstfinanzierung (Finanzierung aus zurückbehaltenen Gewinnen, d. h. keine Ausschüttung der Gewinne an Eigenkapitalgeber)

- Fremdkapital
    - Fremdfinanzierung (Zuführung von außen in Form von Geld- oder Sacheinlagen; i. d. R. Kreditfinanzierung)
    - Finanzierung aus Rückstellungsgegenwerten (Steuerstundungen durch Rückstellungsbildung; Voraussetzung: Zufluss als Einzahlungen über Umsatzprozess)

- nicht eindeutig zuordenbar
    - Finanzierung aus Abschreibungsgegenwerten (Reinvestition von Anteilen der Abschreibung, die aus den Umsatzerlösen der verkauften Produkte in das Unternehmen zurückfließen)
    - Finanzierung aus sonstigen Kapitalfreisetzungen (z. B. Rationalisierung, Verkauf von Vermögensteilen)

b) nach der **Kapitalherkunft**

- Außenfinanzierung
    - Beteiligungsfinanzierung
    - Fremdfinanzierung

- Innenfinanzierung
    - Finanzierung aus Umsatzerlösen (Finanzierung aus zurückbehaltenden Gewinnen; Finanzierung aus Abschreibungsgegenwerten; Finanzierung aus Rückstellungsgegenwerten; auch Überschussfinanzierung oder Cashflow-Finanzierung)
    - Finanzierung aus sonstigen Kapitalfreisetzungen

In den nachfolgenden Ausführungen wird auf die in kleinen und mittelständischen Unternehmen gebräuchlichste Finanzierungsform näher eingegangen: **Fremdfinanzierung mittels langfristiger Bankkredite** (Darlehen). In diesem Zusammenhang wird auch die Ermittlung des Effektivzinses erläutert.

Bei den langfristigen Bankkrediten werden regelmäßig drei **Formen** unterschieden:

- Abzahlungsdarlehen
- Annuitätendarlehen
- Festdarlehen

Das **Abzahlungsdarlehen** wird in periodisch (z. B. jährlich) gleichen Beträgen getilgt, d. h., der Tilgungsbetrag bleibt über die Laufzeit des Darlehens konstant. Aus diesem Grund reduziert sich die Höhe der Verbindlichkeit kontinuierlich, weshalb die Beträge der Fremdkapitalzinsen sinken. Aufgrund der konstanten Tilgungsbeträge und sinkenden Zinsbeträge sinkt die Summe aus beiden (= periodische Zahlungen an den Kreditgeber).

Beim **Annuitätendarlehen** wird eine über die Laufzeit des Darlehens gleichbleibende Zahlung vom Kreditnehmer an den Kreditgeber (z. B. Bank) geleistet, die Annuität. Sie enthält einen Zins- und einen Tilgungsanteil. Im Zeitablauf nimmt der Tilgungsanteil zu und der Zinsanteil der Annuität ab. Die Annuität wird berechnet, indem der Barwert des Darlehens zum Ausgabezeitpunkt mit dem Kapitalwiedergewinnungsfaktor multipliziert wird.

Für das **Festdarlehen** ist charakteristisch, dass während der Laufzeit des Darlehens lediglich Zinsen gezahlt werden, jedoch keine Tilgung geleistet wird. Die Tilgung erfolgt am Ende der Laufzeit in einem Betrag.

Die effektive Höhe der **Fremdkapitalzinsen** hängt einerseits vom nominalen Zinssatz ab, der für einen bestimmten Zeitraum (z. B. fünf oder zehn Jahre bei Annuitätendarlehen im Wohnungsbau) festgeschrieben sein kann oder im Rahmen einer variablen Verzinsung an einen Referenzzinssatz (z. B. Basiszinssatz, EURIBOR) gekoppelt ist, und andererseits von der Höhe des Auszahlungsbetrags des Darlehens. Häufig kommt es bei der Auszahlung von Darlehen vor, dass der Kapitalgeber einen bestimmten Betrag des Darlehens einbehält, der jedoch vom Kreditnehmer dennoch zurückzuzahlen ist. Dieser Unterschiedsbetrag zwischen Auszahlungsbetrag und Rückzahlungsbetrag des Darlehens, der auch als Damnum bezeichnet wird, stellt eine Abweichung zwischen dem vertraglich vereinbaren (nominellen) Zinssatz und dem effektiven Zinssatz, der dem Kreditnehmer letztendlich entsteht, dar. Die **Effektivverzinsung** kann auf unterschiedliche Weise berechnet werden:

- praxisnahe Näherungsformel, die davon ausgeht, dass das Darlehen zum Ende seiner Laufzeit getilgt wird
- Tilgung erfolgt in jährlich gleichen Raten
- Tilgung erfolgt nach einer tilgungsfreien Zeit in jährlich gleichen Raten

Excel-Praxis: Finanzmathematische Funktionen

Die Kategorie *Finanzmathematik* im Funktions-Assistenten stellt die wichtigsten Rechenwerkzeuge zur Berechnung von Finanzierungsmodellen bereit. Neben Funktionen zur Berechnung von Abschreibungen stehen Zins-, Barwert- und Annuitätenberechnungen zur Auswahl.

Hinweis

Bis Excel Version 2003 sind viele finanzmathematische Funktionen im Zusatzpaket (Add-In) *Analyse-Funktionen* untergebracht, das standardmäßig nicht installiert wird. Über *Extras/Add-Ins* können Sie die Analyse-Funktionen aktivieren (siehe Kapitel 2.1.5).

Die finanzmathematischen Funktionen sind im Funktions-Assistenten alphabetisch geordnet, sie lassen sich aber diesen fünf Gruppen zuordnen:

Unterjährige Zinsberechnungen mit einfacher Verzinsung

AUFGELZINSF() und AUFGELZINSF() bieten einfache Zinsberechnungen für die Ermittlung unterjährlicher Stückzinsen von Wertpapieren. Zinsbeginn und Zinsende werden als Datum eingegeben, die Berechnungsbasis ist variabel (30/360, aktuell/360, aktuell/365 oder aktuell/aktuell).

Unterperiodische Zinsberechnung mit Zinseszinsen

Die Funktion EFFEKTIV() berechnet den effektiven Jahreszins nach Eingabe der Anzahl unterjährlicher Perioden. Mit NOMINAL() wird ausgehend vom effektiven Jahreszinssatz und der Anzahl unterjährlicher Perioden der nominelle Jahreszinssatz als Basis für den relativen Periodenzinssatz berechnet.

Homogene Perioden, heterogene Zahlungen

Die Funktion NBW() liefert den Nettobarwert (Kapitalwert) einer Investition auf Basis einer Reihe von periodischen Zahlungen und eines Abzinsungsfaktors. Der Nettobarwert wird zusätzlich um eine Periode abgezinst. Um den Nettokapitalwert korrekt zu berechnen, muss das Ergebnis mit dem Aufzinsungsfaktor multipliziert werden.

Die Funktion IKV() liefert den internen Zinsfuß einer Investition, mit QIKV() wird der qualifizierte interne Zinsfuß berechnet (siehe Kapitel 3.2.3: Investitionsplanung).

Homogene Perioden, homogene Zahlungen

Das ist die größte Gruppe der finanzmathematischen Funktionen, sie liefert Rechenwerkzeuge für Renten- und Annuitätenberechnungen.

BW() liefert den Barwert einer Investition.

RMZ() liefert periodische Zahlungen für eine Annuität.

ZZR() gibt die Anzahl von Perioden für eine Investition zurück.

ZINS() liefert den Zinssatz einer Annuität pro Periode.

ZW() liefert den zukünftigen Wert einer Investition.

ZINSZ() und KAPZ() berechnen den Zins- bzw. Tilgungsanteil einer Annuität für eine bestimmte Periode.

ZINSZ liefert die Zinszahlung einer Investition für die angegebene Periode.

KAPZ liefert die Kapitalrückzahlung einer Investition für die angegebene Periode.

Heterogene Perioden und heterogene Zahlungen

Bei unterschiedlich langen Perioden zwischen den Zahlungszeitpunkten und unterschiedlichen Beträgen ist es notwendig, die Zahlungen genau zu erfassen. Die Funktion IKV() setzt homogene Zahlungsperioden voraus, mit XINTZINSFUSS() kann der interne Zinsfuß einer Reihe nicht periodisch anfallender Zahlungen berechnet werden. Anstelle von NBW() kommt XKAPITALWERT() für die Kapitalwertberechnung zum Einsatz, wenn eine Reihe nicht periodisch anfallender Zahlungen vorliegt.

Weitere finanzmathematische Funktionen

Neben den vorgestellten Funktionen bietet die Gruppe noch viele weitere Funktionen. Sehen Sie sich die Beschreibungen im Hilfetext an, der nach Auswahl der Funktion im Funktions-Assistenten zur Verfügung gestellt wird.

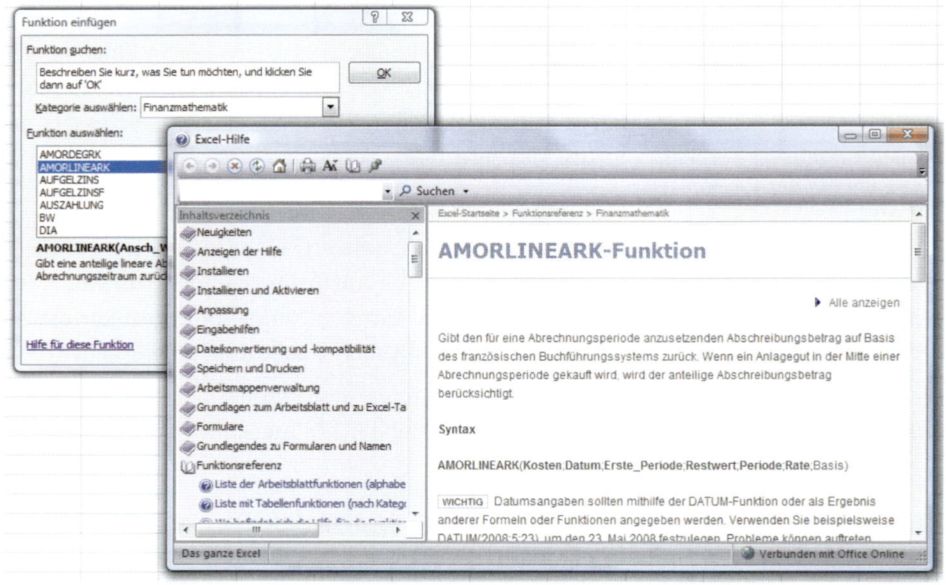

Abbildung 4.131: Hilfetext für finanzmathematische Funktionen

Zinsrechnungen

CD

Finanzmathematische Funktionen

Das Beispiel demonstriert den Einsatz finanzmathematischer Funktionen in der Annuitätenberechnung. Für ein Darlehen von 50.000 € wird ein Zinssatz von 6,5 % und eine Laufzeit von 5 Jahren definiert. Die Funktionen berechnen die regelmäßigen Zahlungen, die Zinsen und die Tilgungsraten. Die Funktion ABS() wandelt die negativen Werte jeweils in die absolute Zahl um.

```
B6: =ABS(RMZ($B$4/12;$B$5*12;$B$3))
B7: =ABS(KUMKAPITAL($B$4/12;60;B3;1;12;0))
B10: =ABS(ZINSZ($B$4/12;A10;$B$5*12;$B$3;0;0))
C10: =ABS(KAPZ($B$4/12;A10;$B$5*12;$B$3;0;0))
```

Für eine variable Monatsreihe zur Abbildung der Monatsnummer bis zum Ende der Darlehenslaufzeit nutzen Sie eine Kombination aus WENN() und ZEILE():

```
A10: =WENN(ZEILE()-9<=$B$5*12;ZEILE()-9;"")
```

Im Tabellenblatt *Mehrfachoperation mit RMZ* finden Sie eine Vergleichsrechnung mit Varianten für den Zinssatz und die Laufzeit der Annuität. Excel stellt für diese Zwecke die Mehrfachoperation zur Verfügung, in Excel 2003 heißt die Funktion *Tabelle*, ab Excel 2007 *Datentabelle*. Verwendet wird aber die Matrixfunktion MEHRFACHOPERATION().

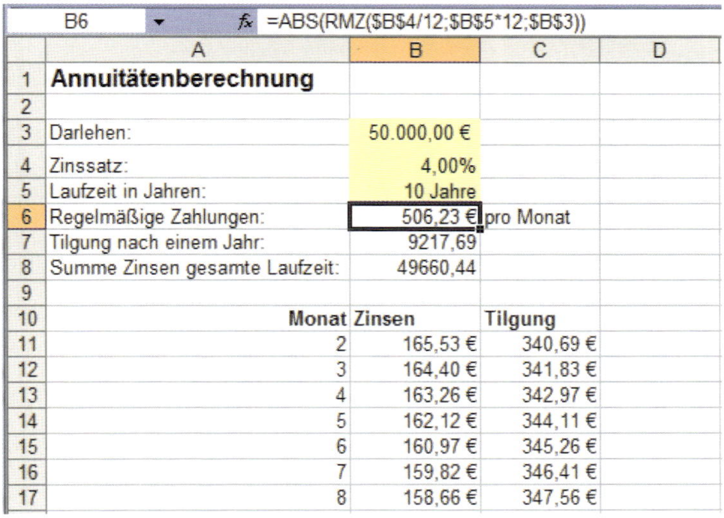

B6 | =ABS(RMZ($B$4/12;$B$5*12;$B$3))

	A	B	C	D
1	**Annuitätenberechnung**			
2				
3	Darlehen:	50.000,00 €		
4	Zinssatz:	4,00%		
5	Laufzeit in Jahren:	10 Jahre		
6	Regelmäßige Zahlungen:	506,23 €	pro Monat	
7	Tilgung nach einem Jahr:	9217,69		
8	Summe Zinsen gesamte Laufzeit:	49660,44		
9				
10	**Monat**	**Zinsen**	**Tilgung**	
11	2	165,53 €	340,69 €	
12	3	164,40 €	341,83 €	
13	4	163,26 €	342,97 €	
14	5	162,12 €	344,11 €	
15	6	160,97 €	345,26 €	
16	7	159,82 €	346,41 €	
17	8	158,66 €	347,56 €	

Abbildung 4.132: Annuitätenberechnung mit finanzmathematischen Funktionen

Die Formel zur Berechnung der regelmäßigen Zahlungen wird in die linke obere Ecke der Matrix geschrieben, die Zinssätze werden zeilenweise und die Monate spaltenweise als Matrixbeschriftung aufgetragen. Anschließend wird die gesamte Matrix markiert (im Beispiel Bereich B6:F12) und die Berechnung gestartet:

Daten/Tabelle — 2003

Daten/Datentools/Was-wäre-wenn-Analyse/Datentabelle — 2007 2010

Als *Werte aus der Zeile* wird der für die Formel verwendete Zeitraum eingetragen, klicken Sie dazu auf die Zelle B5. Für die *Werte aus Spalte* variiert die Matrixformel den Zinssatz, klicken Sie auf die Zelle B4.

Das Ergebnis ist eine Matrix, die im Schnittpunkt von Zeile und Spalte die RMZ()-Funktion auf die Zeilen- und Spaltenbeschriftungen anwendet. Formatieren Sie diese Matrix, die aus einer einzigen Funktion besteht, mit Bedingungsformaten, um den größten bzw. kleinsten Wert hervorzuheben:

1. Regel:

```
=C7=MIN($C$7:$F$12)
```

2. Regel:

```
=C7=MAX($C$7:$F$12)
```

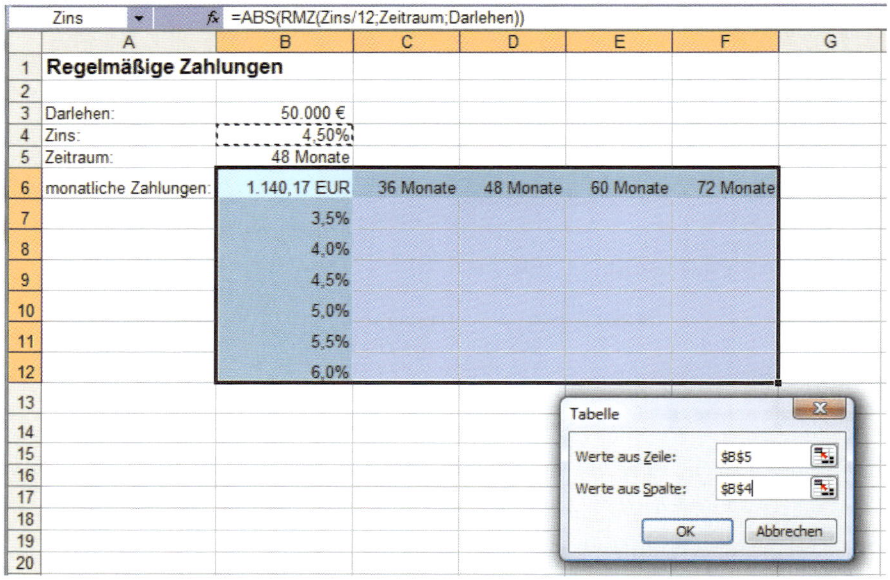

Zins | =ABS(RMZ(Zins/12;Zeitraum;Darlehen))

	A	B	C	D	E	F	G
1	**Regelmäßige Zahlungen**						
2							
3	Darlehen:	50.000 €					
4	Zins:	4,50%					
5	Zeitraum:	48 Monate					
6	monatliche Zahlungen:	1.140,17 EUR	36 Monate	48 Monate	60 Monate	72 Monate	
7		3,5%					
8		4,0%					
9		4,5%					
10		5,0%					
11		5,5%					
12		6,0%					

Abbildung 4.133: Mehrfachoperation für regelmäßige Zahlungen

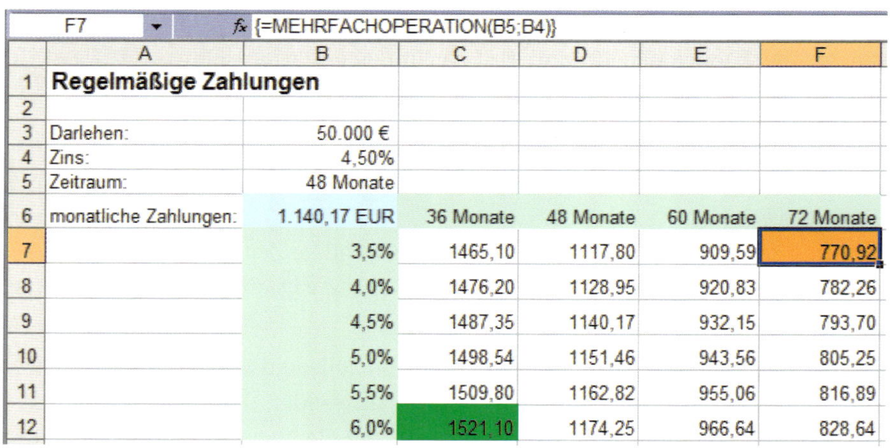

F7 | {=MEHRFACHOPERATION(B5;B4)}

	A	B	C	D	E	F
1	**Regelmäßige Zahlungen**					
2						
3	Darlehen:	50.000 €				
4	Zins:	4,50%				
5	Zeitraum:	48 Monate				
6	monatliche Zahlungen:	1.140,17 EUR	36 Monate	48 Monate	60 Monate	72 Monate
7		3,5%	1465,10	1117,80	909,59	770,92
8		4,0%	1476,20	1128,95	920,83	782,26
9		4,5%	1487,35	1140,17	932,15	793,70
10		5,0%	1498,54	1151,46	943,56	805,25
11		5,5%	1509,80	1162,82	955,06	816,89
12		6,0%	1521,10	1174,25	966,64	828,64

Abbildung 4.134: Varianten berechnen mit der Matrixfunktion MEHRFACHOPERATION()

Excel-Praxis: Darlehensrechner

CD

Darlehensrechner.xls

In dieser Praxislösung finden Sie einen Tilgungsplan für verschiedene Darlehensarten (Annuitätendarlehen, Abzahlungsdarlehen, Festdarlehen). Das Tabellenmodell verwendet Standardfunktionen und selbstdefinierte VBA-Makrofunktionen. Stellen Sie sicher, dass die Makrosicherheitstufe so eingestellt ist, dass die Makros funktionieren (siehe Kapitel 2.10).

Basisdaten

Tragen Sie im ersten Abschnitt des Tabellenblatts *Darlehensrechner* die Basisdaten für das Darlehen ein. Für die Darlehensart und die Zahlungsweise für Tilgungen stehen jeweils Gültigkeitslisten bereit. Wählen Sie zwischen Annuitätendarlehen, Abzahlungsdarlehen oder Festdarlehen und geben Sie die Zahlungsperiode an (monatlich, vierteljährlich, halbjährlich, jährlich). Geben Sie anschließend die Darlehenssumme und das gewünschte Damnun ein (Teil der Darlehenssumme, der dem Kapitalnehmer nicht ausbezahlt wird und diesem steuerliche Vorteile bringen kann). Tragen Sie auch den Nominalzinssatz, den Beginn der Darlehensaufnahme und die gewünschte Anzahl der Tilgungsraten sowie Tilgungsaussetzungen und den gewünschten Enddarlehensbestand ein.

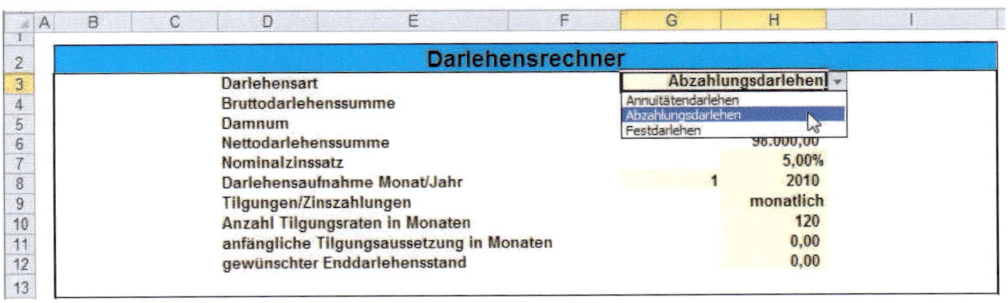

Abbildung 4.135: Basisdaten für den Darlehensrechner

Tilgungsplan

Der Tilgungsplan berechnet Zahlungen, Zinsen und Tilgungen des gewählten Darlehens und verwendet dazu Standardfunktionen wie WENN() und benutzerdefinierte Funktionen. Diese sind besonders nützlich, wenn Formeln zu lang oder zu komplex werden. So werden beispielsweise die Zinsen und die Tilgungsraten mithilfe einer selbst programmierten Funktion berechnet. Die Funktion ZINSZAHLUNG() erhält als Argumente die Tilgungsperiode, den Darlehensstand, den Nominalzinssatz und die Laufzeit:

```
G17: =WENN(D17="";"";Zinszahlung($H$9;E17;$H$7;D17))
```

Die Funktion berechnet mit diesen Argumenten den Zinsaufwand. Drücken Sie `Alt` + `F11`, um den VBA-Editor zu aktivieren, und suchen Sie die Funktion im Modul *modFunctions*.

Listing 4.9: Benutzerdefinierte Funktion zur Zinsberechnung

```
Function Zinszahlung(Mittelfluss, Darlehensstand, Zinssatz, Laufzeit)
 Select Case Mittelfluss
  Case "monatlich"
   Zinszahlung = Darlehensstand * Zinssatz / 12
  Case "vierteljährlich"
   Zinszahlung = Darlehensstand * Zinssatz / 4
  Case "halbjährlich"
```

```
    Zinszahlung = Darlehensstand * Zinssatz / 2
   Case "jährlich"
   Zinszahlung = Darlehensstand * Zinssatz / 1
  End Select
  If Laufzeit = "" Then Zinszahlung = ""
End Function
```

Auch die Tilgungsraten werden über eine benutzerdefinierte Funktion berechnet. Die Formel prüft zunächst, ob eine Laufzeit und keine Tilgungsaussetzung vorliegt, und berechnet dann die Raten mithilfe von Zwischenrechnungen, die mit der finanzmathematischen Funktion RMZ() arbeiten.

Listing 4.10: Benutzerdefinierte Funktion für Tilgungszahlungen

```
H17:
=WENN(D17="";"";WENN(D17<=$H$11;0;Tilgungszahlung($G$3;$H$4;$S$5;$H$9;G17;$R$5;$R$6
;$R$7;$R$8)))
Function Tilgungszahlung(Darlehensart, Darlehenssumme, Tilgungsdarlehen, _
  Mittelfluss, Zinszahlung, Annuität_Monat, Annuität_Quartal, _
  Annuität_Halbjahr, Annuität_Jahr)
 Select Case Darlehensart
  Case "Annuitätendarlehen"
   Select Case Mittelfluss
    Case "monatlich"
     Tilgungszahlung = Annuität_Monat - Zinszahlung
    Case "vierteljährlich"
     Tilgungszahlung = Annuität_Quartal - Zinszahlung
    Case "halbjährlich"
     Tilgungszahlung = Annuität_Halbjahr - Zinszahlung
    Case "jährlich"
     Tilgungszahlung = Annuität_Jahr - Zinszahlung
   End Select
 Case "Abzahlungsdarlehen"
  Tilgungszahlung = Tilgungsdarlehen
 Case "Festdarlehen"
  Tilgungszahlung = 0
 End Select
End Function
```

Filterwert und Teilergebnisse

In der Zeile 15 ist die Summe der Ratenzahlungen, der Zinsen und der Tilgungen ausgewiesen. Der AutoFilter für den Tilgungsplan bietet die Möglichkeit, die gesamte Liste nach bestimmten Monaten oder Jahren zu filtern. Um die Summen der gefilterten Werte zu ermitteln, verwenden Sie die Funktion TEILERGEBNIS() mit »9« als Wert für das erste Argument. Diese Funktion summiert im Unterschied zu SUMME() die gefilterten Werte:

```
=TEILERGEBNIS(9;F16:F65535)
```

H17 =WENN(D17="";"";WENN(D17<=$H$11;0;WENN(UND($G$3="Festdarlehen";ZEILE()-16=$H$10);$H:

Darlehensrechner

Darlehensart		Abzahlungsdarlehen
Bruttodarlehenssumme		100.000
Damnum	2,00%	-2.000,00
Nettodarlehenssumme		98.000,00
Nominalzinssatz		5,00%
Darlehensaufnahme Monat/Jahr	1	2010
Tilgungen/Zinszahlungen		monatlich
Anzahl Tilgungsraten in Monaten		120
anfängliche Tilgungsaussetzung in Monaten		0,00
gewünschter Enddarlehensstand		0,00

Tilgungsplan Abzahlungsdarlehen

Monat	Jahr	Laufzeit	Darlehensstand 1	Zahlung	Zinsen	Tilgung	Darlehensstand 2
				125208,33	25208,33	100000	
1	2010	1	100.000,00	1.250,00	416,67	833,33	99.166,67
2	2010	2	99.166,67	1.246,53	413,19	833,33	98.333,33
3	2010	3	98.333,33	1.243,06	409,72	833,33	97.500,00
4	2010	4	97.500,00	1.239,58	406,25	833,33	96.666,67
5	2010	5	96.666,67	1.236,11	402,78	833,33	95.833,33
6	2010	6	95.833,33	1.232,64	399,31	833,33	95.000,00

Abbildung 4.136: Tilgungsplan mit benutzerdefinierten Funktionen

Die benutzerdefinierte Funktion FILTERWERT() liest den gefilterten Wert aus und schreibt ihn über die Spalte. In den Spalten *Zahlung*, *Zinsen* und *Tilgung* wird die Summe berechnet, wenn die Liste nicht gefiltert ist. Die Teilergebnisfunktion zeigt bei eingeschaltetem Filter die Teilsumme an.

```
F15:
=WENN(ODER(filterwert($B$16)<>"";filterwert($C$16)<>"");TEILERGEBNIS(9;F16:F65535);
SUMME(F16:F65535))
```

VBA 02: Gefilterten Wert anzeigen

TIPP

Effektivzinsberechnung

Im Tabellenblatt *Effektivzinsberechnung* wird mit den Daten aus dem Darlehensrechner der Effektivzins der Annuität berechnet. Excel bietet für diesen Zweck zwar die Funktion EFFEKTIV() an, diese berücksichtigt aber kein Damnun:

```
=EFFEKTIV(Nominalzins/12;Perioden)
```

Die Formel in D14 berechnet den Effektivzinssatz für die Tilgung am Ende der Laufzeit, in D31 wird der Effektivzinssatz für eine jährliche Tilgung berechnet.

Excel-Praxis: Leverage-Effekt

Zur Ausnutzung des (positiven) Leverage-Effekts muss die Gesamtkapitalrentabilität mit dem Fremdkapitalzinssatz verglichen werden. Die Substitution von Eigenkapital durch Fremdkapital führt so lange zu einer Steigerung der Eigenkapitalrentabilität, solange die Gesamtkapitalrentabilität über dem Fremdkapitalzinssatz liegt. Die Gefahren der sinkenden Eigenkapitalquote und die Risiken der Fremdkapitalaufnahme dürfen dabei jedoch nicht außer Acht gelassen werden. Ist hingegen die Gesamtkapitalrentabilität niedriger als der Fremdkapitalzinssatz, sinkt die Eigenkapitalrentabilität bei Substitution von Eigen- durch Fremdkapital (negativer Leverage-Effekt).

D15 | f_x =WENN(D13=0;"";WENN(D12=0;"";(D10+D11/D13)/D12*100))

Effektivzins

Tilgung am Ende der Laufzeit			Tilgung jährlich in gleichen Raten		
$r = \frac{Z + \frac{D}{n}}{K} \cdot 100$			$r = \frac{Z + \frac{D}{t_f + \frac{(n - t_f) + 1}{2}}}{K} \cdot 100$		
Z =	Nominalzinssatz	5,00%	Z =	Nominalzinssatz	5,00%
D =	Damnum	2,00%	D =	Damnum	2,00%
K =	Auszahlungkurs	98,00%	K =	Auszahlungkurs	98,00%
n =	Laufzeit in Jahren	10	t_f =	tilgungsfreie Jahre	0
			n =	Laufzeit in Jahren	10
r =	**Effektivzinssatz**	**5,30612 %**	r =	**Effektivzinssatz**	**5,47310 %**

Abbildung 4.137: Effektivzinssatz berechnen (Praktiker-Methode)

CD Leverage-Effekt.xls

Das Investitionsvorhaben

Im Unternehmen soll eine neue Maschine für 100.000 € gekauft werden. Es wird von einem geschätzten Gewinn von 10.000 € ausgegangen. Unter der Voraussetzung, dass 6 % Zinsen für Fremdkapital entrichtet werden müssen, bieten sich folgende Szenarien an.

B13 | f_x =(B11/B6)

	A	B	C	D	E
1					
2	**Anteil Eigenkapital**	**100%**	**75%**	**50%**	**25%**
3	**Gesamtkapital**	**100.000 €**	**100.000 €**	**100.000 €**	**100.000 €**
4	davon				
5	Fremdkapital (FK)	0 €	25.000 €	50.000 €	75.000 €
6	Eigenkapital (EK)	100.000 €	75.000 €	50.000 €	25.000 €
7					
8	Gewinn vor Abzug FK-Zinsen	10.000 €	10.000 €	10.000 €	10.000 €
9	6% Fremdkapitalzinsen	0 €	1.500 €	3.000 €	4.500 €
10					
11	**Gewinn nach Abzug FK-Zinsen**	**10.000 €**	**8.500 €**	**7.000 €**	**5.500 €**
12					
13	**Eigenkapitalrentabilität**	**10,00%**	**11,33%**	**14,00%**	**22,00%**
14	**Gesamtkapitalrentabilität**	**10,00%**	**11,50%**	**13,00%**	**14,50%**

Abbildung 4.138: Szenarien für die Finanzierung einer Investition

Für die Gewinnberechnung werden die Kosten für die Zinsen vom zu erwartenden Gewinn abgezogen. Die Eigenkapitalrentabilität errechnet sich über diese Formel:

```
Rentabilität des Eigenkapitals = (Gewinn/Eigenkapital)  * 100
```

Die Gesamtkapitalrentabilität berechnet sich über diese Formel:

```
Rentabilität des Gesamtkapitals = (Gewinn + Fremdkapitalzinsen)/Gesamtkapital * 100
```

Die Eigenkapitelrentabilität steigt bei zunehmender Fremdfinanzierung der Investition. Dadurch steigen jedoch auch die Fremdkapitalzinsen, und der Gewinn sinkt allmählich. Die Erhöhung der Eigenkapitalrentabilität über die Fremdfinanzierung von Investitionen, bei der die Gesamtrentabilität über dem Fremdkapitalzins liegt, ist der Leverage-Effekt. Dazu müssen die Investitionen eine Gesamtrentabilität erwirtschaften, die über den zu zahlenden Fremdkapitalzinsen liegen.

Mit zunehmendem Anteil an Fremdkapital steigt zwar die Eigenkapitalrentabilität, der Gewinn sinkt aber auch, da die Zinsbeträge für das Fremdkapital steigen. Da der Gewinn vor einer Investition geschätzt werden muss, beinhaltet dies auch ein gewisses Risiko für das Unternehmen.

Szenarien speichern mit dem Szenario-Manager

Halten Sie die Ausgangssituation als Szenario fest und ändern Sie die zu erwartenden Gewinne, um die Auswirkung auf die Kennzahlen zu sehen. Markieren Sie den Bereich B8:E8.

Extras/Szenarien/Hinzufügen 2003

Daten/Datentools/Was-wäre-wenn-Analyse/Szenario-Manager 2007 2010

Geben Sie den Szenarionamen ein und bestätigen Sie die markierten Zellen und deren Werte, um das Szenario zu speichern.

```
Name: Gewinnerwartung 10.000 _
```

Ändern Sie anschließend die Werte ab, tragen Sie 2.500 € für alle Finanzierungsmodelle ein und speichern Sie wieder den Bereich B8:E8 als Szenario.

```
Name: Gewinnerwartung 2.500 _
```

Holen Sie die Szenarien in eine Symbolleiste oder (ab Excel 2007) in die Symbolleiste für den Schnellzugriff, damit Sie schnell zwischen den einzelnen Varianten umschalten können.

Ansicht/Symbolleisten/Anpassen. Schalten Sie um auf *Befehle* und holen Sie aus der Kategorie *Extras* das Symbol *Szenario*. Ziehen Sie es mit gedrückter Maustaste in eine Symbolleiste. Über die Registerkarte *Symbolleisten* können Sie für dieses Symbol auch eine neue Symbolleiste erstellen. Klicken Sie nach dem Einfügen des Symbols auf *Anfügen*, um die Symbolleiste mit der Arbeitsmappe zu verbinden. 2003

Klicken Sie mit der rechten Maustaste in die *Symbolleiste für den Schnellzugriff* und wählen Sie *Symbolleiste für den Schnellzugriff anpassen*. Holen Sie aus der Kategorie *Alle Befehle* den Befehl *Szenario* in die rechte Liste. Die Szenarienliste steht anschließend in dieser kleinen Symbolleiste zur Verfügung. Symbolleisten aus Arbeitsmappen, die mit der Vorgängerversion 2003 erstellt sind, finden Sie in der Gruppe *Add-Ins*. 2007 2010

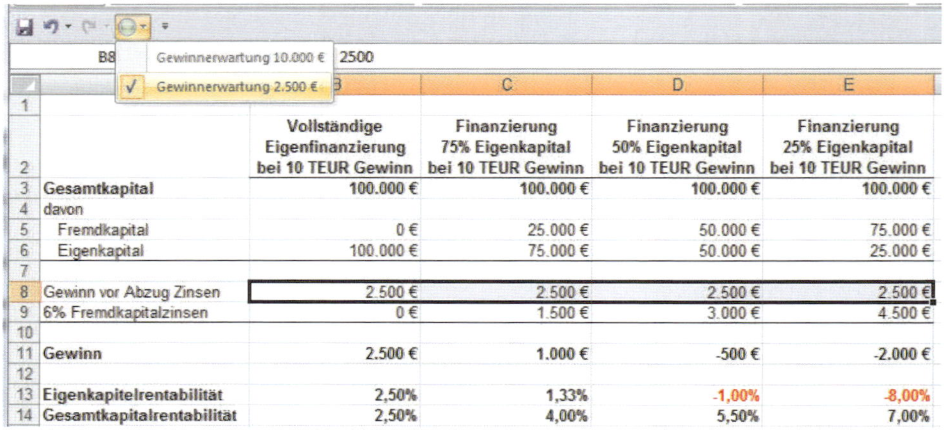

	A	B	C	D	E
1					
2		Vollständige Eigenfinanzierung bei 10 TEUR Gewinn	Finanzierung 75% Eigenkapital bei 10 TEUR Gewinn	Finanzierung 50% Eigenkapital bei 10 TEUR Gewinn	Finanzierung 25% Eigenkapital bei 10 TEUR Gewinn
3	**Gesamtkapital**	**100.000 €**	**100.000 €**	**100.000 €**	**100.000 €**
4	davon				
5	Fremdkapital	0 €	25.000 €	50.000 €	75.000 €
6	Eigenkapital	100.000 €	75.000 €	50.000 €	25.000 €
7					
8	Gewinn vor Abzug Zinsen	2.500 €	2.500 €	2.500 €	2.500 €
9	6% Fremdkapitalzinsen	0 €	1.500 €	3.000 €	4.500 €
10					
11	**Gewinn**	**2.500 €**	**1.000 €**	**-500 €**	**-2.000 €**
12					
13	**Eigenkapitelrentabilität**	**2,50%**	**1,33%**	**-1,00%**	**-8,00%**
14	**Gesamtkapitalrentabilität**	**2,50%**	**4,00%**	**5,50%**	**7,00%**

Abbildung 4.139: Die Szenarien in der Symbolleiste für den Schnellzugriff

Leasing

Problemstellung

Aufgrund des **hohen Fremdkapitalanteils** vieler Unternehmen ist die Suche nach Kreditalternativen oftmals unumgänglich. Unternehmen überprüfen sukzessive ihre Investitions- und Finanzierungspolitik und stoßen dabei auf alternative Wege zum klassischen Investitionskredit oder zur Finanzierung von Investitionen über den Kontokorrentkredit.

Problematisch erweist sich auch, dass die angebotene Kreditlaufzeit und die Amortisationsdauer der Investition nicht immer übereinstimmen. Nicht nur in der Aufbauphase von Unternehmen sind **Leasing** oder Mietkauf Alternativen zur traditionellen Kreditfinanzierung. »Die Leasing-Branche ist Deutschlands größter Investor und generiert ein jährliches Investitionsvolumen von über 55 Mrd. €. Insbesondere für mittelständische Unternehmen ist Leasing mittlerweile bedeutender als der klassische Bankkredit und damit die Außenfinanzierungsalternative Nr. 1«, so der Bundesverband Deutscher Leasing-Unternehmen.

Fachliche Beschreibung und Beispiele

Leasing ist die **miet- oder pachtweise Überlassung** eines Wirtschaftsguts (Leasingobjekt) durch einen Leasinggeber an einen Leasingnehmer. Die Unterschiede zur Miete liegen in der Übertragung von Wartungs- und Instandsetzungsleistungen, aber auch von Gewährleistungsansprüchen an den Leasingnehmer.

Leasing kann nach diversen Kriterien differenziert werden in:

Unterscheidungskriterium	Ausprägung
Person des Leasinggebers	Direktes Leasing bzw. Herstellerleasing (Hersteller des Leasingguts = Leasinggeber) Indirektes Leasing (zwischen Hersteller und Leasingnehmer ist eine Leasinggesellschaft geschaltet)

Tabelle 4.32: Unterscheidungskriterium beim Leasing

Unterscheidungskriterium	Ausprägung
Anzahl der Leasingobjekte	Equipment-Leasing (einzelnes Wirtschaftsgut) Plant-Leasing (Gesamtheit ortsfester Wirtschaftsgüter)
Art der Leasingobjekte	Konsumgüter-Leasing (z. B. Fernsehgeräte, z. T. Serviceleistungen enthalten) Investitionsgüter-Leasing (bewegliche und unbewegliche Güter des AV)
Verpflichtungscharakter des Leasingvertrags	Operate-Leasing (Erläuterung siehe unten) Finance-Leasing (Erläuterung siehe unten)
Sonstige	Spezial-Leasing Sale and Lease Back

Tabelle 4.32: Unterscheidungskriterium beim Leasing (Forts.)

Die **Vorteile** des Leasings liegen offensichtlich auf der Hand:

- Schonung der Liquidität aufgrund kontinuierlich niedrigerer Liquiditätsabflüsse
- Absetzbarkeit der Leasingraten als Betriebsausgaben gemäß den Leasingerlassen des BMF und der steuerrechtlichen Rechtsprechung
- Minderung der Steuerlast, sofern Gewinn erwirtschaftet wird
- Bilanzneutralität bei Bilanzierung nach HGB beim Leasingnehmer. Die Leasingraten stellen Aufwand in der GuV-Rechnung des Leasingnehmers dar.
- Leasingraten sind periodisch wiederkehrende Zahlungen, die parallel zur Nutzung des Leasingobjekts anfallen. Sie können in der Finanzplanung einfach berücksichtigt werden.
- Flexible Anpassung an den technischen Fortschritt bei entsprechender Gestaltung der Laufzeit des Leasingvertrags
- Einfache Rückgabe des Leasingobjekts bei Einhaltung des vertraglich vereinbarten Zustands des Leasingobjekts an den Leasinggeber
- Organisatorische und personelle Erleichterungen beim Leasingnehmer durch die Möglichkeit der Inanspruchnahme eines Full-Service-Leasings mit Übernahme von Serviceleistungen durch den Leasinggeber

Den zahlreichen Vorteilen stehen allerdings auch **Nachteile** gegenüber, die nicht unbeleuchtet bleiben dürfen:

- Kein Eigentumserwerb durch den Leasingnehmer
- Häufig höhere Gesamtkosten beim Leasing im Vergleich zu einem Kauf, der mit Fremdkapital finanziert wird
- Leasingraten fallen auch in Zeiten niedriger Beschäftigung an, auch wenn das Leasingobjekt nicht benötigt wird.
- Schwierigkeiten bei der Rückgabe des Leasingobjekts bei Schäden, die über die normale Abnutzung hinausgehen

Operate-Leasing

Das **Operate-Leasing** steht dem klassischen Mietvertrag am nächsten. Typisch dafür sind:

- Kurzfristige Kündbarkeit des Leasingvertrags
- Kurze Grundmietzeit
- Kurzfristige Anpassung an Beschäftigungsschwankungen
- Höhere Kosten des Leasingvertrags aufgrund der hohen Flexibilität

Die Leasingraten stellen beim Leasingnehmer Aufwand in der GuV-Rechnung dar; das Leasingobjekt wird beim Leasinggeber aktiviert und abgeschrieben. Die vereinnahmten Leasingraten stellen beim Leasinggeber Erträge dar.

Finanzierungs-Leasing

Im Gegensatz zum Operate-Leasing hat das **Finanzierungs-Leasing** einen eher langfristigen Charakter. Der Leasingvertrag ist innerhalb der Grundmietzeit, die einen maßgeblichen Teil der Nutzungsdauer ausmacht, nicht kündbar.

Die Rechnungslegung nach **HGB** sieht grundsätzlich eine Aktivierung und Abschreibung des Leasingobjekts beim Leasinggeber vor. In der Bilanz des Leasingnehmers erscheint das Leasingobjekt grundsätzlich nicht; er weist die Leasingraten als Aufwand aus.

Bei Bilanzierung nach **IFRS** herrscht der Grundsatz des wirtschaftlichen Eigentums (substance over form), und der Leasingnehmer aktiviert grundsätzlich einen Vermögenswert und passiviert im Gegensatz dazu eine Leasingverbindlichkeit. Der Vermögenswert wird abgeschrieben und die Leasingverbindlichkeit über den Tilgungsanteil der Leasingraten abgebaut. Der Leasinggeber aktiviert eine Leasingforderung.

Beim Finanzierungs-Leasing werden unterschiedliche **Vertragstypen** unterschieden:

- Leasingvertrag ohne Optionsrecht, d. h., es existiert keine Vereinbarung über das Leasingobjekt für die Zeit nach der Grundmietzeit (GMZ). Vom Leasingnehmer muss das Leasingobjekt nach Ablauf des Leasingvertrags an den Leasinggeber zurückgegeben werden.
- Leasingvertrag mit Kaufoptionsrecht, d. h., der Leasingnehmer hat das Recht (aber nicht die Pflicht), das Leasingobjekt nach Ablauf des Leasingvertrags zu erwerben
- Leasingvertrag mit Mietverlängerungsoption, d. h., der Leasingnehmer hat das Recht (aber nicht die Pflicht), das Leasingobjekt nach Ablauf des Leasingvertrags zu mieten
- Spezial-Leasingvertrag, d. h. Zuschnitt des Leasingobjekts direkt auf die Bedürfnisse des Leasingnehmers (z. B. Spezialmaschine)

Excel-Praxis: Leasingrechner für Leasinggesellschaften

CD

Leasingrechner.xls

Die Leasinggesellschaft kauft ein Leasingobjekt (z. B. Fahrzeug) und finanziert dieses mittels eines Annuitätendarlehens. Die monatlichen Zahlungen an den Fremdkapitalgeber (z. B. Bank) stellen Auszahlungen dar und reduzieren die Liquidität der Leasinggesellschaft.

Das Leasingobjekt befindet sich im Anlagevermögen der Leasinggesellschaft und wird daher abgeschrieben. Die Abschreibungen stellen Aufwand in der Gewinn- und Verlustrechnung (GuV) der Leasinggesellschaft dar. Der Leasingnehmer least das Leasingobjekt von der Leasinggesellschaft. Die von ihm bezahlten Leasingraten stellen bei der Leasinggesellschaft Erlöse in der GuV und Einzahlungen in der Liquiditätsrechnung dar.

Durch die Gegenüberstellung der Aufwendungen (= Abschreibungen und Fremdkapitalzinsen) und der Leasingerlöse kann die Leasinggesellschaft den Gewinn/Verlust des Leasingobjekts ermitteln. Die Gegenüberstellung der Auszahlungen (= Annuität) und der Einzahlungen (= Einzahlungen aus Leasingerlösen) gibt Aufschluss über den Liquiditätsvorteil/-nachteil.

Leasingrechner mit VBA-Makro

Die Praxislösung demonstriert die Berechnung der monatlichen Zinsen, Zahlungen, Tilgung und Abschreibung für eine Annuität mit mehrjähriger Laufzeit. Eine Tabellenvorlage enthält die Basisdaten, die zur besseren Übersicht mit Bereichsnamen versehen sind, und die Rechenformeln für den ersten Monat in Zeile 13.

Der Monat wird aus dem Abschreibungsbeginn berechnet:

```
A13: =DATUM(JAHR(ABeginn);MONAT($B$5)+ZEILE()-11;1)
```

Der Zins wird für den ersten Monat als Prozentsatz des Darlehens angegeben, für die weiteren Monate wird der Zins des Vormonats abgezinst.

```
B13: =WENN(A13=ABeginn;Darlehen*Zinsen%/12;E12*Zinsen%/12)
```

Die Annuität wird aus den Basisdaten übernommen, für die Tilgung wird der Zins subtrahiert. Für das Restdarlehen wird im ersten Monat die Tilgung vom Darlehen subtrahiert, in den weiteren Monaten wird die Tilgung vom Restdarlehen des Vormonats abgezogen:

```
E13: =WENN(A13=ABeginn;Darlehen-D13;E12-D13)
```

Die Abschreibung berechnet die Funktion LIA() aus dem Nettoerlös, dem Restwert und der Laufzeit:

```
G13: =LIA(Netto;Restwert;Laufzeit)
```

Der Restwert wird im ersten Monat aus der Differenz zur Nettoabschreibung berechnet, in den Folgemonaten aus dem Restwert des Vormonats abzüglich Abschreibung.

```
H13: =WENN(A13=ABeginn;Netto-G13;H12-G13)
```

Die Differenz zwischen Nettoerlös und Annuität ergibt den Liquiditätsüberschuss und für den Gewinn/Verlust pro Monat werden Zins und Abschreibung vom Nettoerlös abgezogen.

```
J13: =I13-C13
K13: =I13-B13-G13
```

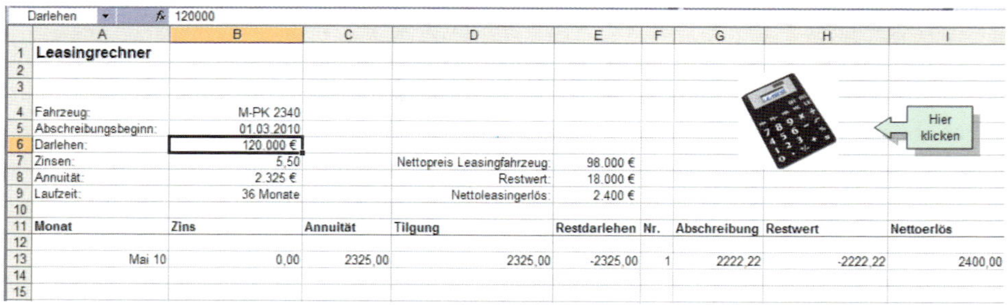

Abbildung 4.140: Vorlage für Leasingrechner

Die Aufgabe, die Basisdaten in ein neues Tabellenblatt zu schreiben und in diesem die Leasingraten sowie die Zwischensummen pro Jahr zu berechnen, übernimmt das VBA-Makro, das per Klick auf das Grafiksymbol gestartet wird. Eine Dialogbox (UserForm) wird eingeblendet, sie hat sich die Daten aus der Vorlage über das Initialize-Ereignis besorgt und präsentiert diese in Textfeldern. Übernehmen Sie die Vorschläge oder geben Sie neue Daten ein.

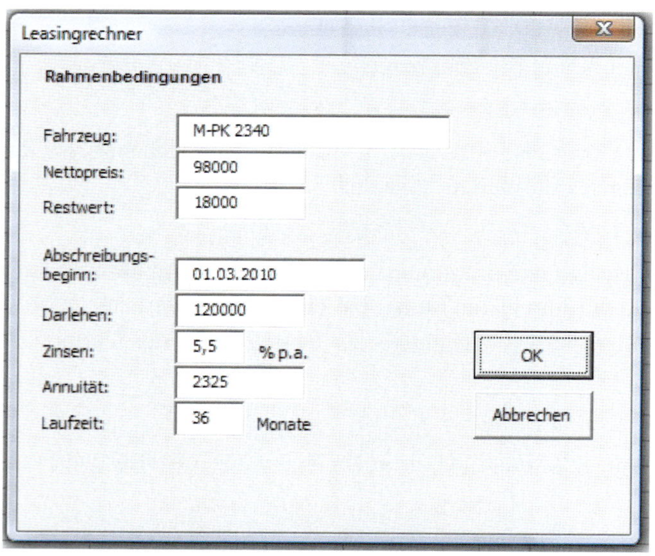

Abbildung 4.141: Die Basisdaten werden in einer UserForm gesammelt

Mit der Schaltfläche *OK* werden die Eingaben bestätigt, ein Makro kopiert die Daten in ein neues Tabellenblatt, füllt die Formeln bis zum Ende der Laufzeit nach unten auf und zieht nach jedem Jahresende eine Zwischensumme ein. Anschließend wird das Blatt noch umbenannt, es bekommt die Fahrzeugbezeichnung als Namen, wenn ein Blatt dieses Namens noch nicht in der Mappe steht.

B21 =SUMME(B12:B20)

	A	B	C	D	E	F	G
1	**Leasingrechner**						
2							
3							
4	Fahrzeug:	M-PK 2340					
5	Abschreibungsbeginn:	01.03.2010					
6	Darlehen:	120.000 €					
7	Zinsen:	5,50		Nettopreis Leasingfahrzeug:	98.000 €		
8	Annuität:	2.325 €		Restwert:	18.000 €		
9	Laufzeit:	36 Monate		Nettoleasingerlös:	2.400 €		
10							
11	**Monat**	**Zins**	**Annuität**	**Tilgung**	**Restdarlehen**	**Nr.**	**Abschreibung**
12							
13	Mai 10	0,00	2325,00	2325,00	-2325,00	1	2222,22
14	Jun 10	-10,66	2325,00	2335,66	-4660,66	2	2222,22
15	Jul 10	-21,36	2325,00	2346,36	-7007,02	3	2222,22
16	Aug 10	-32,12	2325,00	2357,12	-9364,13	4	2222,22
17	Sep 10	-42,92	2325,00	2367,92	-11732,05	5	2222,22
18	Okt 10	-53,77	2325,00	2378,77	-14110,82	6	2222,22
19	Nov 10	-64,67	2325,00	2389,67	-16500,50	7	2222,22
20	Dez 10	-75,63	2325,00	2400,63	-18901,13	8	2222,22
21		-301,13	**18600,00**	**18901,13**			**17777,78**
22	Jan 11	-86,63	2325,00	2411,63	-21312,76	9	2222,22

Abbildung 4.142: Leasingberechnung über die gesamte Laufzeit mit Zwischensummen

Excel-Praxis: Vergleich Leasing/Bar- und Kreditkauf bei Stiftung Warentest

Barkauf, Kredit, Leasing oder 3-Wege-Finanzierung: Stiftung Warentest bietet einen Rechner zum (kostenlosen) Download an, der Autokäufer bei der Planung der Finanzierung unterstützt und die beste Finanzierungsart berechnet. Für die Finanzierung über Leasing werden die unterschiedlichen Varianten berechnet, neben Sonderzahlung und monatlichen Raten muss auch der Restwert des Fahrzeugs nach Ablauf der Leasingzeit berücksichtigt werden.

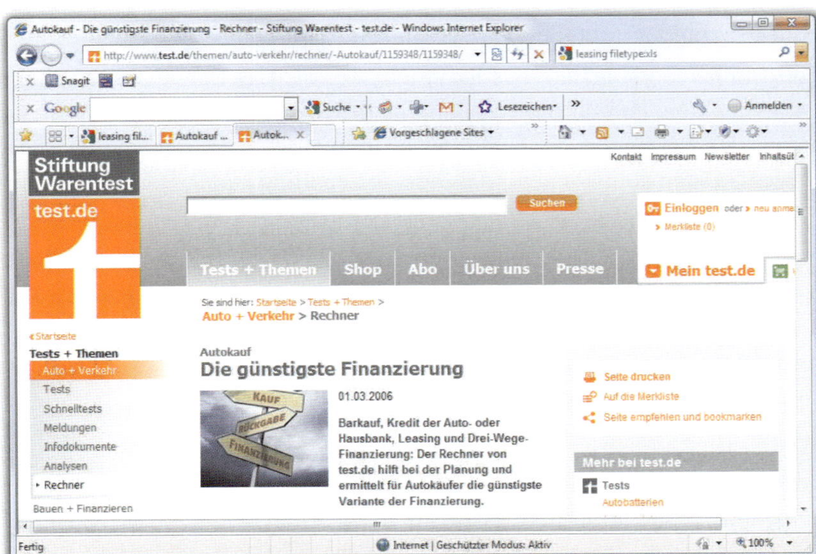

Abbildung 4.143: Leasingrechner bei Stiftung Warentest

http://www.test.de/themen/auto-verkehr/rechner/-Autokauf/1159348/1159348/

4.2.4 Personal

Problemstellung

Eine wichtige Voraussetzung zum Aufbau eines effizienten Personalcontrollings ist eine valide Datenbasis und damit die lückenlose Erfassung aller relevanten Daten im Personalumfeld, z. B. Fehlzeiten, Abwesenheitszeiten und -gründe oder die Eintritte und Austritte. In der Praxis stammen die Daten aus ERP-Systemen (SAP) oder Personalabrechnungssystemen wie Paisy, LOGA u. a. Kleinere Unternehmen nutzen Excel und erstellen Mitarbeiterlisten, Urlaubspläne und Fehlzeitenlisten.

Sind viele Tabellen (Datenpools) im Unternehmen vorhanden, wird die Datenauswertung mit Excel immer aufwendiger und fehlerträchtiger und ein automatisiertes System für Personalkennzahlen lässt sich nur mit VBA-Makro-Unterstützung realisieren. Die Alternative ist eine Access-Datenbank, die weitgehend ohne Programmierung auskommt, vorausgesetzt, der Anwender beherrscht die Datenbankmodellierung, die wichtigsten Normalisierungsregeln und die Abfragetechnik.

Excel-Praxis: Personalinformationssystem mit ODBC und Access

Mit Excel ein Personalinformationssystem aufzubauen, das nicht nur Bestandsdaten auswertet, sondern auch Änderungen und Neuaufnahmen automatisch berücksichtigt, erfordert viele Verknüpfungen und Formelkonstrukte. Excel ist zwar für die Auswertung von Listen bestens gerüstet, AutoFilter, Spezialfilter, Teilergebnis- und Datenbankfunktionen und die PivotTable-/PivotChart-Berichte erfordern wenige Handgriffe, um bestehende Daten auszuwerten. Ändert sich der Datenbestand, kommen neue Mitarbeiter oder Mitarbeiterdaten (Eintritte, Austritte, Fehlzeiten, Änderungen der Gehaltsstruktur usw.) hinzu, werden Excel-Verknüpfungen schnell unüberschaubar.

Die Lösung liegt in der Kombination aus Excel und Access: Das Datenbankprogramm sorgt für die Datenhaltung und für die Verknüpfung der Datenpools und stellt Abfragen mit Berechnungen zur Verfügung, die Änderungen automatisch integrieren. Excel ist der »Client«, der Access-Daten abholt und für das Personalreporting und Präsentationen aufbereitet.

Das wichtigste Werkzeug ist ODBC (Open Database Connectivity), die Schnittstelle zwischen Excel und externen Datenbanksystemen. Mit ODBC werden dynamische Verknüpfungen aufgebaut, die das Kopieren von Daten überflüssig machen. Viele ERP-Systeme sind ODBC-fähig, in der Praxis haben aber die wenigsten Mitarbeiter die Rechte für ODBC-Zugriffe (Beschreibung ODBC siehe Kapitel 2.1.11).

Der Datenfluss

Das Organigramm zeigt den Datenfluss der Musterlösung: Die Daten werden aus dem Personalinformations- oder -abrechnungssystem in XLS-Dateien exportiert oder per VBA-Makro ausgelesen. Eine Access-Datenbank enthält Verknüpfungen auf diese XLS-Daten oder direkte ODBC-Verbindungen zum Host. Mit ODBC werden die in der Datenbank verknüpften und berechneten Daten dynamisch von Access nach Excel transferiert und dort ausgewertet.

VBA-03: SAP-Daten auslesen

TIPP

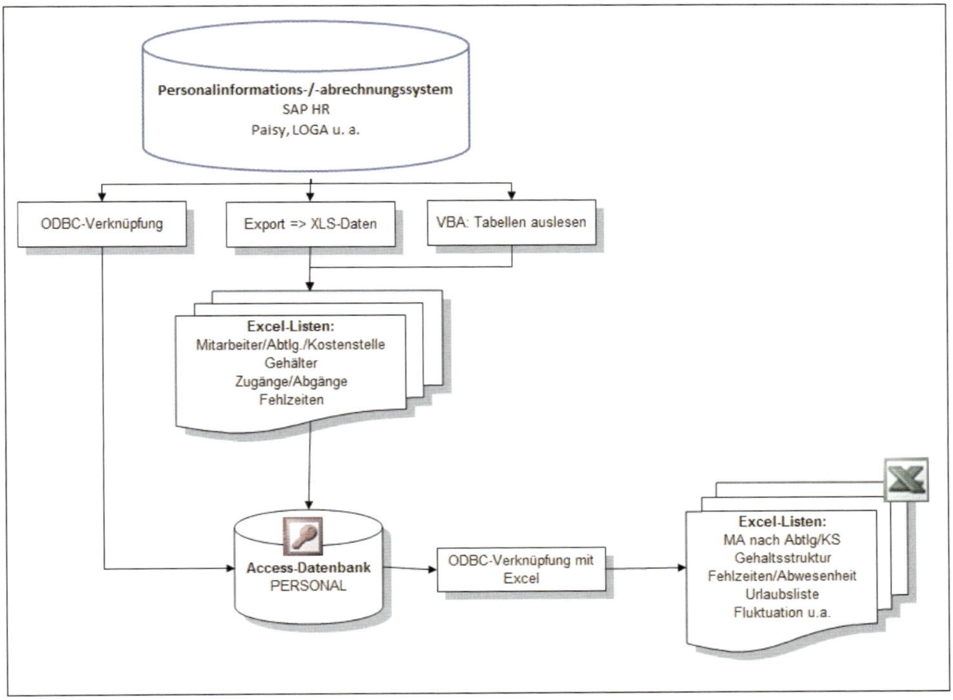

Abbildung 4.144: Schema Personalinformationssystem mit Excel

Die Access-Datenbank Personal.mdb

Personal.mdb

CD

Die Beispieldatenbank ist im Format für Access 2000 erstellt, sie kann mit allen Access-Versionen ab Office 2000 bearbeitet werden. Für Ihr persönliches Personalkennzahlensystem können Sie eine neue Datenbank in Access anlegen oder das Beispiel mit eigenen Tabellen und Abfragen erweitern. Wenn die Personaldaten im Excel-Format vorliegen, kopieren Sie die Tabelle einfach über die Zwischenablage in das Tabellenmodul der Datenbank:

Stellen Sie sicher, dass die Kopfzeile der Liste eindeutige Bezeichnungen und keine Sonderzeichen, Punkte oder Leerzeichen enthält. Markieren Sie die gesamte Liste mit [Strg] + [⇧] + [*] und kopieren Sie sie mit [Strg] + [C] in die Zwischenablage. Wechseln Sie zu Access und fügen Sie die Liste mit [Strg] + [V] in das Datenbankmodul ein.

Normalisierung

Der Begriff Normalisierung bezeichnet die gezielte Aufteilung der Daten in einzelne Tabellen und die Verknüpfung über Schlüsselfelder. Speichern Sie z. B. zu jedem Mitarbeiter die Kostenstelle und die Abteilungsbezeichnung, wird eine Änderung in der Kostenstellenstruktur problematisch werden und viel Änderungsaufwand kosten. Legen Sie aber in der Mitarbeitertabelle ein Feld Kostenstelle an, in dem nur das Primärschlüsselfeld der Kostenstellentabelle gespeichert ist, übernimmt diese automatisch alle Änderungen.

Wenn eine Datenbank »normalisiert« ist, werden Sie in der Praxis selten mit den Tabellen, sondern meist mit Abfragen arbeiten. Abfragen holen die Informationen aus mehreren verknüpften Tabellen zusammen. Im Beziehungsfenster von Access sehen Sie alle Verknüpfungen zwischen Datenbanktabellen.

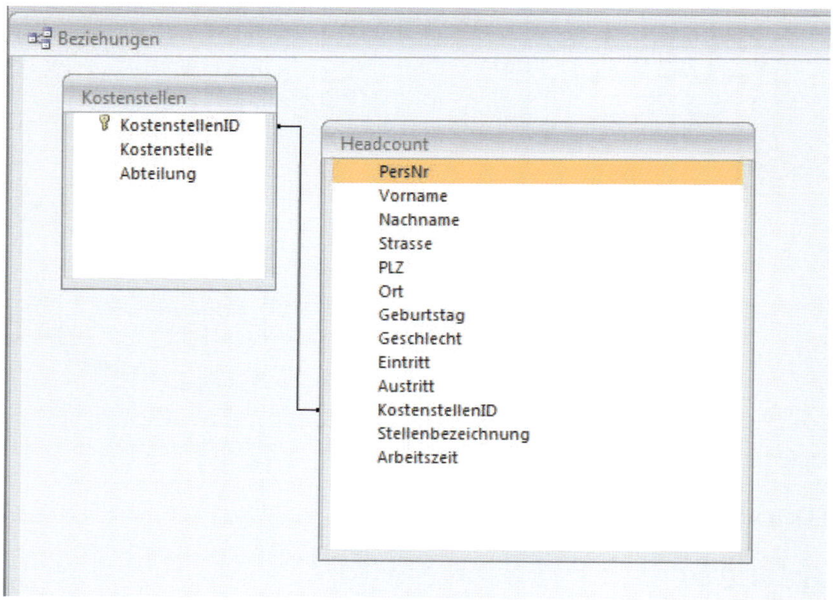

Abbildung 4.145: Normalisierung mit verknüpften Schlüsselfeldern

Mitarbeiterstammdaten

Die Stammdaten der Mitarbeiter sind in der Tabelle *Headcount* hinterlegt, die Kostenstelle ist mit dem Schlüsselfeld der Tabelle *Kostenstellen* verknüpft, in der auch die Abteilungsbezeichnung steht. Für Auswertungen aus den Mitarbeiterstammdaten können Sie jetzt beliebige Abfragen erstellen und in der Datenbank speichern. Nutzen Sie die Kriterienzeile im Abfrageentwurf, um die Daten zu filtern, und holen Sie nur die Felder in die Abfrage, die Sie in der neuen Liste brauchen. Eine Mitarbeiterliste mit Kostenstelle und Abteilungsbezeichnung erhalten Sie über die Abfrage *Mitarbeiter mit Kostenstelle und Abteilung*. Sie listet die Mitarbeiter mit Kostenstelle und Abteilung und sortiert die ausgetretenen Mitarbeiter über einen Kriterienausdruck aus:

```
Spalte: Austritt
Kriterium: Ist Null
```

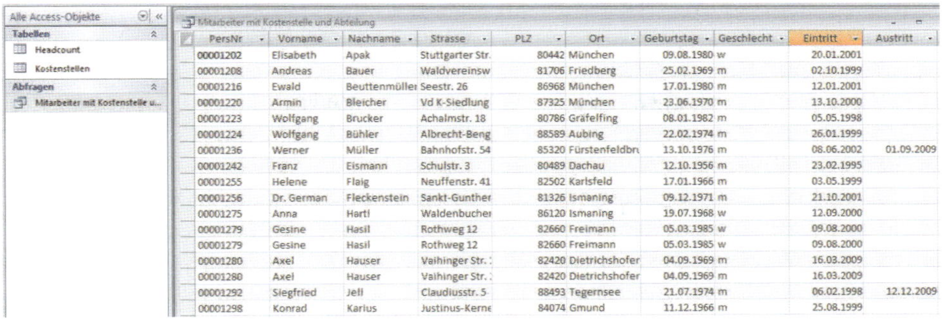

Alle Access-Objekte
Tabellen: Headcount, Kostenstellen
Abfragen: Mitarbeiter mit Kostenstelle u...

Mitarbeiter mit Kostenstelle und Abteilung

PersNr	Vorname	Nachname	Strasse	PLZ	Ort	Geburtstag	Geschlecht	Eintritt	Austritt
00001202	Elisabeth	Apak	Stuttgarter Str.	80442	München	09.08.1980	w	20.01.2001	
00001208	Andreas	Bauer	Waldvereinsw	81706	Friedberg	25.02.1969	m	02.10.1999	
00001216	Ewald	Beuttenmüller	Seestr. 26	86968	München	17.01.1980	m	12.01.2001	
00001220	Armin	Bleicher	Vd K-Siedlung	87325	München	23.06.1970	m	13.10.2000	
00001223	Wolfgang	Brucker	Achalmstr. 18	80786	Gräfelfing	08.01.1982	m	05.05.1998	
00001224	Wolfgang	Bühler	Albrecht-Beng	88589	Aubing	22.02.1974	m	26.01.1999	
00001236	Werner	Müller	Bahnhofstr. 54	85320	Fürstenfeldbru	13.10.1976	m	08.06.2002	01.09.2009
00001242	Franz	Eismann	Schulstr. 3	80489	Dachau	12.10.1956	m	23.02.1995	
00001255	Helene	Flaig	Neuffenstr. 41	82502	Karlsfeld	17.01.1966	m	03.05.1999	
00001256	Dr. German	Fleckenstein	Sankt-Gunther	81326	Ismaning	09.12.1971	m	21.10.2001	
00001275	Anna	Hartl	Waldenbucher	86120	Ismaning	19.07.1968	w	12.09.2000	
00001279	Gesine	Hasil	Rothweg 12	82660	Freimann	05.03.1985	w	09.08.2000	
00001279	Gesine	Hasil	Rothweg 12	82660	Freimann	05.03.1985	w	09.08.2000	
00001280	Axel	Hauser	Vaihinger Str.	82420	Dietrichshofer	04.09.1969	m	16.03.2009	
00001280	Axel	Hauser	Vaihinger Str.	82420	Dietrichshofer	04.09.1969	m	16.03.2009	
00001292	Siegfried	Jell	Claudiusstr. 5	88493	Tegernsee	21.07.1974	m	06.02.1998	12.12.2009
00001298	Konrad	Karius	Justinus-Kerne	84074	Gmund	11.12.1966	m	25.08.1999	

Abbildung 4.146: Die Mitarbeiterstammdaten aus der Abfrage

So sieht die Abfrage mit den ersten drei Spalten der Mitarbeiterliste und einem Filter für alle Mitarbeiter der Kostenstelle 12300 (Abtlg. Controlling) aus:

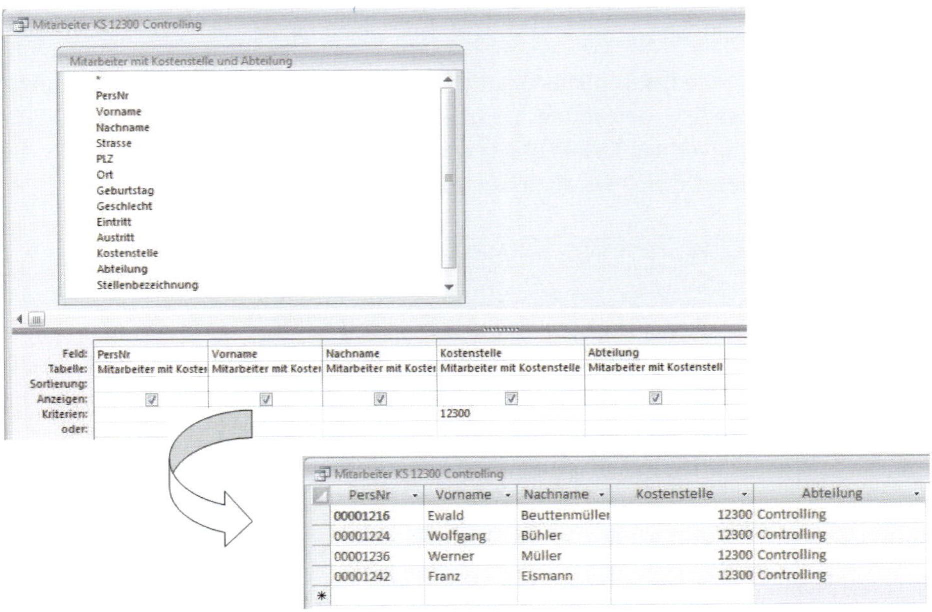

PersNr	Vorname	Nachname	Kostenstelle	Abteilung
00001216	Ewald	Beuttenmüller	12300	Controlling
00001224	Wolfgang	Bühler	12300	Controlling
00001236	Werner	Müller	12300	Controlling
00001242	Franz	Eismann	12300	Controlling

Abbildung 4.147: Abfragen mit Kriterien und Spaltenauswahl, hier die Mitarbeiter aus dem Controlling

Die Abfrage *Mitarbeiter ausgetreten* verwendet die Tabellen *Headcount* und *Kostenstellen* und filtert die ausgetretenen Mitarbeiter über diesen Kriterienausdruck:

```
Spalte: Austritt
Kriterium: Ist Nicht Null
```

Um spätere Auswertungen zu erleichtern, enthält die Abfrage je ein berechnetes Feld für das Austrittsjahr und den Austrittsmonat:

```
Feldname: Austrittsjahr
Formel: Jahr([Austritt])
```

```
Feldname: Austrittsmonat
Formel: Monat([Austritt])
```

Abwesenheitsarten Stammdaten

Die Access-Tabelle *Abwesenheitsarten* enthält die Nummern und Bezeichnungen der Abwesenheitsarten. Ändern Sie diese entsprechend Ihren Vorgaben im Unternehmen ab.

Bewegungsdaten Abwesenheit mit Abwesenheitsstammdaten verknüpfen

CD

Personalcontrolling Abwesenheiten Q1 2010.xls

Die Abwesenheitsdaten werden in unserem Beispiel aus dem Personalabrechungssystem in eine Excel-Tabelle mit diesem Aufbau exportiert:

- Datum von
- Datum bis
- Personalnummer
- Abwesenheitsschlüssel

Wenn die Anzahl der Abwesenheitstage nicht vom ERP- oder Personalabrechnungssystem ausgewiesen ist, berechnen Sie diese mit der Funktion NETTOARBEITSTAGE(). Holen Sie zuvor das Tabellenblatt *Feiertage* in die Arbeitsmappe, damit Sie die Feiertage und betriebsfreien Tage abziehen können.

E2 =NETTOARBEITSTAGE(A2;B2;Feiertage)

	A	B	C	D	E
1	Datum von	Datum bis	Personalnr	AbwesenheitsNr	Anzahl Tage
2	22.03.2010	26.03.2010	00001202	100	5
3	02.03.2010	09.03.2010	00001242	100	6
4	21.03.2010	30.03.2010	00001292	100	7
5	12.03.2010	19.03.2010	00001337	100	6
6	13.01.2010	23.01.2010	00001216	100	8
7	05.02.2010	11.02.2010	00001216	100	5
8	06.01.2010	09.01.2010	00001298	100	2
9	11.01.2010	14.01.2010	00001321	220	4
10	04.02.2010	07.02.2010	00001330	220	2
11	25.01.2010	30.01.2010	00001390	220	5
12	28.01.2010	30.01.2010	00001408	220	2

Abbildung 4.148: Bewegungsdaten Abwesenheiten

Diese Tabelle wird ständig aktualisiert, das Ergebnis steht immer in der gleichen Arbeitsmappe bereit. Damit Access mit den neuesten und aktuellsten Daten arbeiten kann, werden die Bewegungsdaten nicht in die Access-Datenbank kopiert, sondern verknüpft:

2003

Daten/Externe Daten/Tabelle verknüpfen

Externe Daten/Importieren/Excel/Erstellen Sie eine Verknüpfung … 2007

Externe Daten/Importieren und Verknüpfen/Excel 2010

Die Verknüpfung wird mit einem Excel-Symbol in der Tabellenliste (Tabellenmodul) gekennzeichnet. Aktivieren Sie im Kontextmenü den Tabellenverknüpfungs-Manager, um die Verknüpfung zu aktualisieren oder neu zu definieren.

Für eine Liste, die alle für eine Auswertung benötigten Daten enthält, erstellen Sie wieder eine Entwurfsabfrage. Holen Sie die Bewegungsdaten, die große Mitarbeiterabfrage und die Abwesenheitsartentabelle in den Abfrageentwurf und verknüpfen Sie die Felder temporär. Ziehen Sie dazu einfach mit der Maus eine Linie zwischen den beiden Feldnamen. Das Ergebnis ist eine Liste mit einer Kombination aus allen drei Tabellen. Speichern Sie die Abfrage ab.

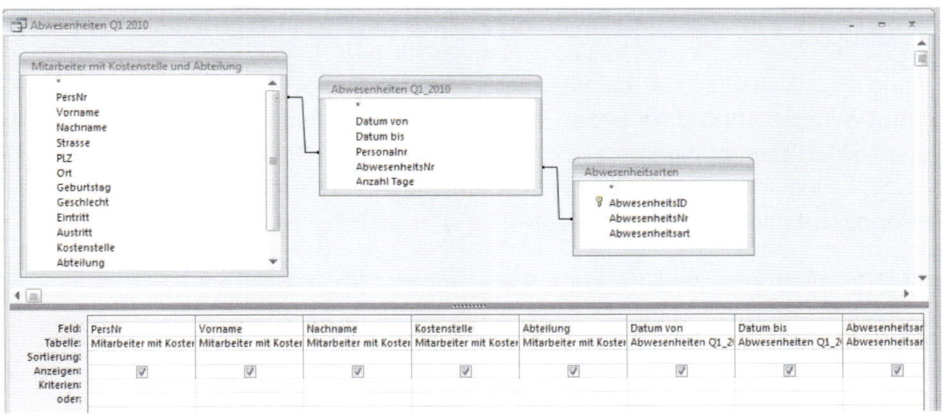

Abbildung 4.149: Die Abfrage holt die Daten aus verknüpften Tabellen und Abfragen zusammen

Personaldaten per ODBC aus Access-Datenbank nach Excel exportieren

Auch für den Export der Daten aus der Datenbank sollten Sie die dynamische Verknüpfung vorziehen, auch wenn Access ein einfaches und schnelles Werkzeug für den Transfer zur Tabellenkalkulation bereitstellt:

Markieren Sie die Tabelle oder Abfrage im Datenbankfenster und klicken Sie im Symbol *Office-Verknüpfungen* auf das Excel-Symbol. Die Daten werden in eine neue, unverknüpfte Access-Arbeitsmappe geschrieben und sofort gespeichert. 2003

Markieren Sie die Tabelle oder die Abfrage und wählen Sie *Externe Daten/Exportieren/Excel*. Geben Sie im Assistenten den gewünschten Dateinamen an und exportieren Sie die Daten. 2007 2010

Die ODBC-Verknüpfung über den Query-Assistenten bietet mehr Möglichkeiten: Sie können einzelne Spalten wählen, benutzerdefinierte Filter ansetzen und die Daten dynamisch mit Excel verknüpfen. Ändert sich die Datenbasis, genügt ein Klick auf das

Aktualisieren-Symbol und Excel zeigt wieder den aktuellen Bestand. Damit schließt sich der Kreis: Die Access-Datenbank enthält Verknüpfungen zu den Bewegungsdaten in Excel, die Auswertungstabelle verknüpft die Access-Daten. Ändern sich die Bewegungsdaten (z. B. Abwesenheiten), ändern sich automatisch auch die Auswertungen im Excel-Personalkennzahlensystem.

Legen Sie eine neue Arbeitsmappe oder ein neues Tabellenblatt für die ODBC-Verknüpfung an, schließen Sie alle mit Access verknüpften Excel-Daten und auch die Access-Datenbank.

2003

Um eine Tabelle oder Abfrage zu verknüpfen, können Sie mit *Datei/Öffnen* und dem Dateityp *Access-Datenbank* einfach eine MDB-Datei öffnen und die gewünschte Tabelle oder Abfrage wählen. Für detaillierte Abfragen nutzen Sie MS Query:

Daten/Externe Daten/Neue Abfrage. Erstellen Sie eine Datenquelle mit dem Treiber *Access-Datenbanken*, geben Sie den Pfad und Dateinamen der MDB-Datei an. Verwenden Sie die Datenquelle und holen Sie eine Tabelle oder Abfrage in die Query-Abfrage. Wählen Sie die Spalten aus und filtern und sortieren Sie bei Bedarf nach einzelnen Feldern. Die letzte Abfrage fordert noch die Zielzelle an, dann werden die Daten in das Tabellenblatt einverknüpft.

CD

Personalcontrolling ODBC mit Access.xls

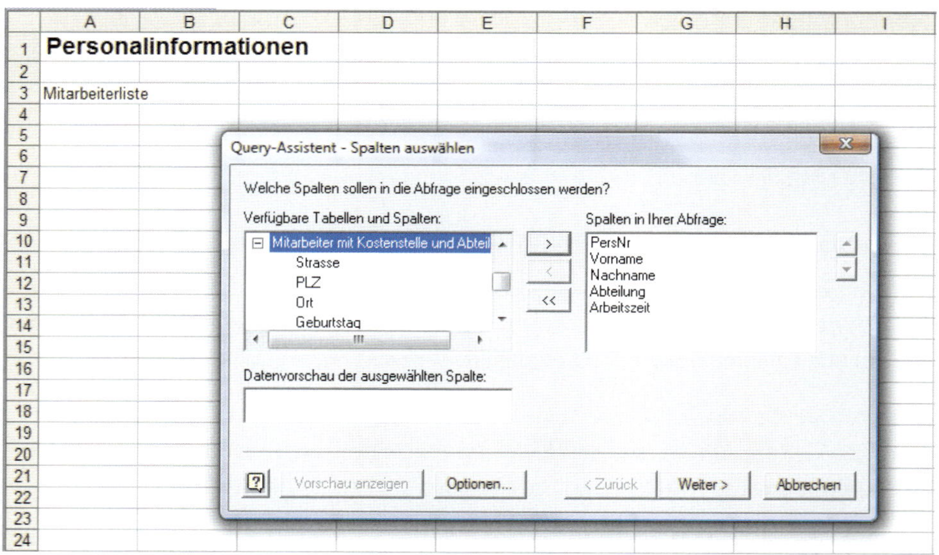

Abbildung 4.150: Access-Daten per ODBC über MS Query mit Excel verknüpfen

Mit *Daten/Externe Daten abrufen/Aus Access* holen Sie eine Tabelle oder Abfrage in das aktuelle Tabellenblatt. Für gezielte Abfragen nutzen Sie den Query-Assistenten:

2007
2010

Daten/Externe Daten abrufen/Aus anderen Quellen/Von Microsoft Query. Erstellen Sie eine Datenquelle mit dem Treiber *Access-Datenbanken*, geben Sie den Pfad und Dateinamen der MDB-Datei an. Verwenden Sie die Datenquelle und holen Sie eine Tabelle oder Abfrage in die Query-Abfrage. Wählen Sie die Spalten aus und filtern und sortieren Sie bei Bedarf nach einzelnen Feldern. Die letzte Abfrage fordert noch die Zielzelle an, dann werden die Daten in das Tabellenblatt einverknüpft. Das Ergebnis ist eine Tabelle mit (buntem) Tabellenformat, Sie können sie in einem Bereich konvertieren oder über die Tabellentools das Layout ändern.

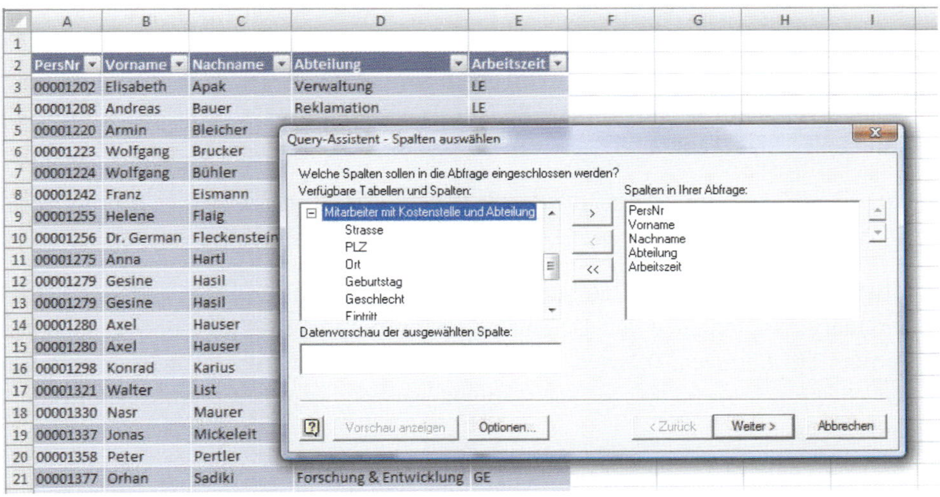

Abbildung 4.151: Die Access-Daten werden per ODBC in eine Tabelle geschrieben

ODBC-Verknüpfungsname in Formeln nutzen

Für jede ODBC-Verknüpfung wird ein Bereichsname oder Tabellenname (ab Excel 2007) erstellt, der für Auswertungen der verknüpften Daten sehr hilfreich ist. Sie können diesen lokalen Namen jederzeit ändern, tragen Sie in den Tabellenoptionen eine Bezeichnung Ihrer Wahl ein. Im Beispiel wurde das ODBC-Ergebnis in MA-Liste umbenannt. Schreiben Sie Auswertungsformeln, die mit ZEILEN() die Anzahl Mitarbeiter zählen und mit INDEX() und ZÄHLENWENN() die 5. Spalte (Arbeitszeit) analysieren:

```
Anzahl MA: =ZEILEN(MA_Liste)-1
Anzahl Lohnempfänger: =ZÄHLENWENN(INDEX(MA_Liste;;5);"LE")
Anzahl Gehaltsempfänger: =ZÄHLENWENN(INDEX(MA_Liste;;5);"GE")
```

E4 =ZÄHLENWENN(INDEX(MA_Liste;;5);"GE")

	A	B	C	D	E
1	**Personalinformationen**				
2				Anzahl MA:	39
3				Anzahl LE:	15
4				Anzal GE:	14
5	**Mitarbeiterliste**				
6	**PersNr**	**Vorname**	**Nachname**	**Abteilung**	**Arbeitszeit**
7	00001202	Elisabeth	Apak	Verwaltung	LE
8	00001208	Andreas	Bauer	Reklamation	LE
9	00001220	Armin	Bleicher	Verwaltung	LE
10	00001223	Wolfgang	Brucker	Verwaltung	LE

Abbildung 4.152: Auswertungsformeln für die ODBC-Verknüpfung

PivotTable-Berichte per ODBC

Die ideale Kombination für ODBC-Abfragen in Kennzahlensystemen ist die Verbindung mit dem PivotTable- und PivotChart-Bericht. Holen Sie die externen Daten gleich verknüpft in eine PivotTable:

2003

Daten/PivotTable- und Pivotchart-Bericht/Externe Datenquelle. Suchen Sie mit *Daten importieren* die Datenbank oder eine bereits erstellte Datenquelle.

2007 2010

Arbeiten Sie wie oben beschrieben mit MS Query, entscheiden Sie im letzten Schritt des Query-Assistenten, ob die Daten als Tabelle oder als PivotTable-Bericht eingefügt werden. Mit *Einfügen/Tabellen/PivotTable* können Sie ebenfalls auf *Externe Datenquelle verwenden* schalten, eine Datenquelle verwenden oder direkt nach der Datenbankdatei suchen.

Hier ein Beispiel für die Auswertung der Fluktuation in den einzelnen Abteilungen: Die Abfrage *Mitarbeiter ausgetreten* wird in eine PivotTable eingelesen, die Abteilung steht in der *Zeilenbeschriftung* (Zeilenbereich), *Austrittsjahr* und *Austrittsmonat* im Berichtsfilter (Seitenbereich). Der Wertebereich (Datenbereich) zählt die Anzahl der Austritte pro Abteilung.

Jetzt können Sie auch den Abwesenheitsbericht aus der zuvor erstellten Abfrage erstellen, natürlich am besten wieder über einen PivotTable-Bericht. Setzen Sie die Abteilung in den Berichtsfilter (Seitenbereich) und die Abwesenheitsart, die Datumswerte sowie den Namen des Mitarbeiters in die Zeilenbeschriftung (Zeilenbereich). Im Wertebereich (Datenbereich) werden die Abwesenheitstage summiert.

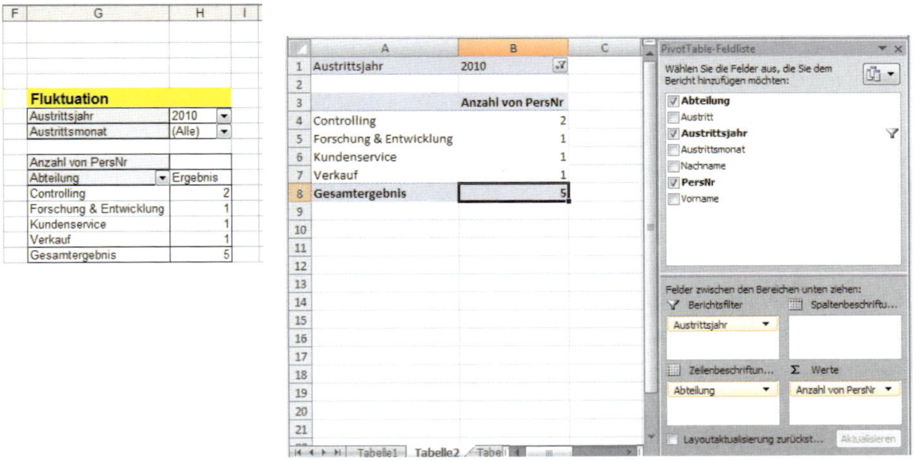

Abbildung 4.153: ODBC und PivotTable – ein ideales Paar

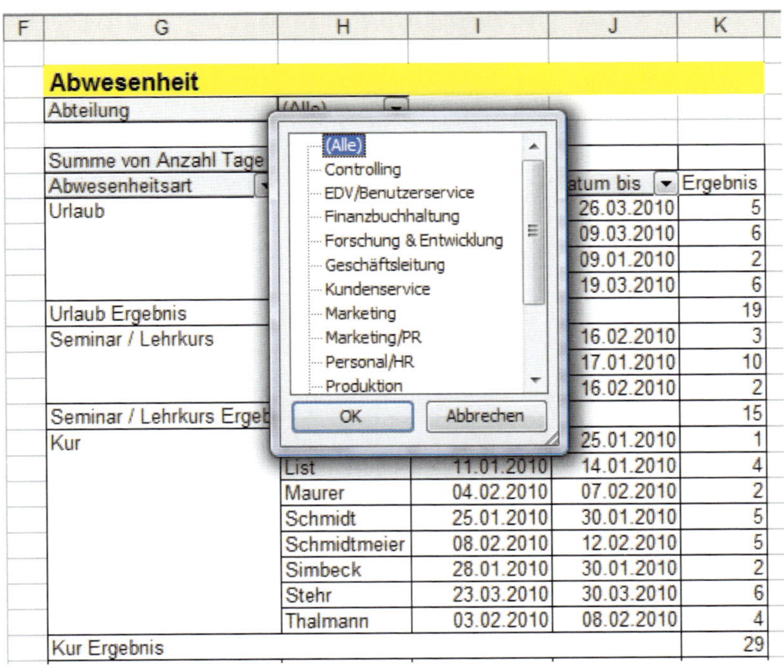

Abbildung 4.154: PivotTable-Abwesenheitsbericht

Excel-Praxis: Urlaubs- und Abwesenheitsplanung

CD

Personalcontrolling Urlaubsplanung.xls

Die Erfassung und die Verwaltung der Mitarbeiterabwesenheiten lassen sich in einer zweidimensionalen Excel-Tabelle am besten in der Form von Metaplänen abbilden, wie sie mit dem großformatigen Karton oder auf dem Aluminiumboard realisiert wird. Sind ERP-Systeme oder Personalabrechnungssysteme im Einsatz, wird der Mitarbeiter seine Urlaubsplanung über diese abwickeln, aber auch der klassische Urlaubsschein ist noch häufig im Einsatz. In allen Fällen wird die Personalplanung eine Übersicht über alle Abwesenheiten für das gesamte Jahr brauchen.

Eine Excel-Arbeitsmappe für die Abwesenheitsübersicht wird in einem Netzwerkordner oder auf dem Sharepoint-Server bereitgestellt. Die Termine werden von den Mitarbeitern eingetragen, die Tabelle berechnet automatisch Abwesenheitszeiten und Resturlaub.

Mitarbeiterliste

Im Tabellenblatt *Mitarbeiter* steht die Liste mit den Namen, der Abteilungszugehörigkeit und dem Urlaubsanspruch der Mitarbeiter bereit. Diese Liste holen Sie am besten per ODBC aus der Mitarbeiterdatenbank (siehe Kapitel 2.1.11). Der Bereich erhält den Bereichsnamen MLISTE, dieser kann über den Namens-Manager zugewiesen oder mit einer dynamischen Formel berechnet werden, damit sichergestellt ist, dass Änderungen automatisch erkannt werden.

```
Bereichsname: MLISTE
Formel: =BEREICH.VERSCHIEBEN(Mitarbeiter!$A$1;0;0;ANZAHL2(Mitarbeiter!$A:$A);5)
```

	A	B	C	D	E
1	**MitarbeiterNr**	**Vorname**	**Name**	**Abteilung**	**Urlaubsanspruch**
2	10-320-001	Hubert	Dornemann	Marketing	30 Tage
3	10-320-002	Sebastian	Ehrnberger	Produktion	32 Tage
4	10-320-003	Klaus	Freisinger	Lager	30 Tage
5	10-320-004	Birgit	Gruber	Produktion	30 Tage
6	10-320-005	Marco	Ilmberger	Verwaltung	30 Tage
7	10-320-006	Christian	Kahlinger	Produktion	30 Tage
8	10-320-007	Cornelia	König	Verwaltung	30 Tage
9	10-320-008	Jeanette	Künzel	Produktion	30 Tage
10	10-320-009	Christian	Lehmann	Lager	32 Tage
11	10-320-010	Florian	Preusse	Lager	30 Tage
12	10-320-011	Florian	Quandt	Verwaltung	30 Tage
13	10-320-012	Hans	Rehberger	Sales	30 Tage
14	10-320-013	Anna	Rieshuber	Verwaltung	30 Tage
15	10-320-014	Fritz	Weiss	Sales	30 Tage
16	10-320-015	Dieter	Willner	Marketing	30 Tage

Abbildung 4.155: Mitarbeiterliste mit Urlaubsanspruch

Feiertage und Abwesenheiten

Das Tabellenblatt *Feiertage und Abwesenheit* stellt die Feiertagsberechnung mit Bundeslandauswahl (siehe Kapitel 2.1.8) und eine Liste mit Abwesenheitsarten zur Verfügung. In dieser stehen die Abwesenheiten, wie sie im Personalsystem definiert sind, oder vereinfachte Begriffe wie *Urlaub*, *Krankheit*, *Fortbildung* etc.

Auch für diese Listen sind Bereichsnamen unentbehrlich, sie werden einfach zugewiesen oder per Matrixformel berechnet:

Bereichsname	Bezieht sich auf
FLISTE	F2:G22
FTAGE	F2:F22
Abwesenheiten	K2:K5

Tabelle 4.33: Bereichsnamen im Tabellenblatt Feiertage und Abwesenheiten

Urlaubsübersicht

Wichtigster Bestandteil des Tabellenblatts *Urlaubsübersicht* ist eine Datumsreihe über das gesamte Jahr, die sich automatisch aus der aktuellen Jahreszahl berechnet. Dazu wird diese in die erste Zelle eingetragen und mit dem Bereichsnamen *Jahr* versehen. Im Beispiel ist sie per Zahlenformat mit dem restlichen Text der Überschrift verknüpft:

```
A1: 2010
Zahlenformat: "Urlaubsübersicht "0
```

Das erste Datum steht in Zelle B9, die Funktion =DATUM() berechnet es mithilfe der Jahreszahl und der Zeilennummer. In der ersten Spalte wird der Monat berechnet und auf die Anzeige am Monatsersten reduziert. Spalte C enthält das Datum noch einmal, das benutzerdefinierte Zahlenformat sorgt dafür, dass wahlweise der Monat (MMMM), das abgekürzte Datum (TT.MM) oder der Wochentag (TTT) angezeigt wird.

```
A9: =WENN(TAG(B9)=1;TEXT(B9;"MMMM");"")
B9: =DATUM(Jahr;1;ZEILE()-8)
C9: =B9
```

Die nächste Spalte verweist auf Feiertage oder betriebsfreie Tage aus dem Tabellenblatt *Feiertage und Abwesenheiten*. Zusätzliche Einträge (z. B. *Betriebsversammlung*, *Betriebsausflug*) werden einfach mit dem entsprechenden Datum im Bereich FLISTE angehängt.

```
C9: =WENN(NICHT(ISTNV(SVERWEIS(B9;FLISTE;2;0)));SVERWEIS(B9;FLISTE;2;0);"")
```

In Excel ab Version 2007 können Sie die Formel so abkürzen:

```
C9: =WENNFEHLER(SVERWEIS(B9;FLISTE;2;0));"")
```

Bedingte Formatierung für Wochenendtage und Feiertage

Für die optische Kennzeichnung der betriebsfreien Tage verwendet das Tabellenblatt die Bedingungsformatierung. Dazu wird der gesamte Terminbereich mit allen Spalten für die Einträge der Mitarbeiter markiert.

2003 *Format/Bedingte Formatierung*

2007 2010 *Start/Formatvorlagen/Bedingte Formatierung/Neue Regel*

Die erste Regel vergleicht das erste Datum mit der Datumsspalte der Feiertagsliste und weist das Format zu, wenn das Datum nicht enthalten ist. Achten Sie auf den absoluten Bezug für die Spalte ($B9), er stellt sicher, dass die gesamte Zeile formatiert wird.

```
=NICHT(ISTNV(VERGLEICH($B9;FTAGE;0)))
```

Zwei weitere Bedingungen formatieren die Wochenendtage Samstag und Sonntag, die Funktion WOCHENTAG() prüft das Datum entsprechend ab, der Samstag ist Wochentag 7, der Sonntag 1. WOCHENTAG() kann auch mit einem zusätzlichen Parameter versehen werden, in diesem Fall beginnt die Zählung bei 1 für den Montag.

```
=WOCHENTAG($B9)=7
=WOCHENTAG($B9)=1
```

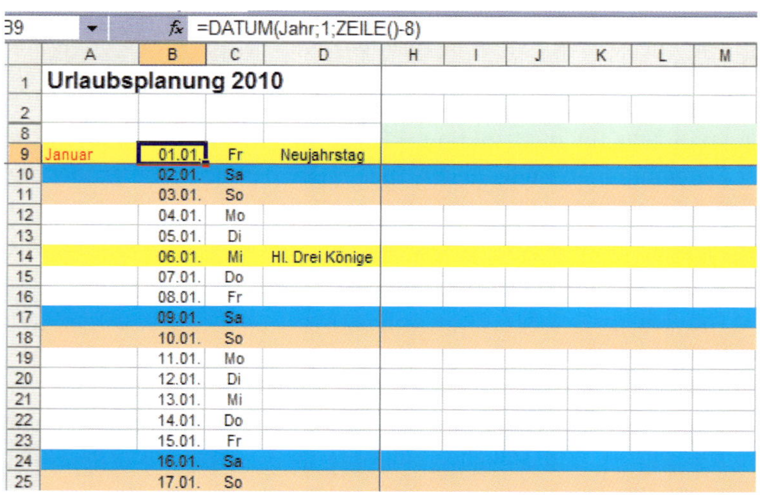

Abbildung 4.156: Dynamischer Jahresplan auf Basis der Jahreszahl mit bedingter Formatierung

Mitarbeiternamen und Abwesenheiten

Die Namen der Mitarbeiter bezieht die Urlaubsübersicht aus der ersten Zeile der Mitarbeiterdatenbank. Hier wird eine trickreiche Formel verwendet, die mit der eigenen Spaltennummer als Zeilenindex arbeitet, um den Mitarbeiternamen aus dem Bereich MLISTE zu importieren. Die Formel kann mit dem Füllkästchen nach rechts kopiert werden:

```
F8: =INDEX(MLISTE;SPALTE()-4;3)
```

Um in den Zeilen unter den Mitarbeiternamen Abwesenheiten, Urlaubstage und Resturlaub gezielt berechnen zu können, sollte eine Gültigkeitsprüfung (Datenüberprüfung) dafür sorgen, dass nur die in der Liste *Abwesenheiten* vordefinierten Begriffe verwendet werden. Die Fehlermeldung im dritten Register des Dialogs weist den Benutzer darauf hin, wenn ein anderer Eintrag gewählt wird.

Daten/Gültigkeit/Zulassen: Liste, Quelle: = Abwesenheiten 2003

Daten/Datentools/Was-wäre-wenn-Analyse/Datenüberprüfung/Zulassen: Liste, Quelle: = Abwesenheiten 2007 2010

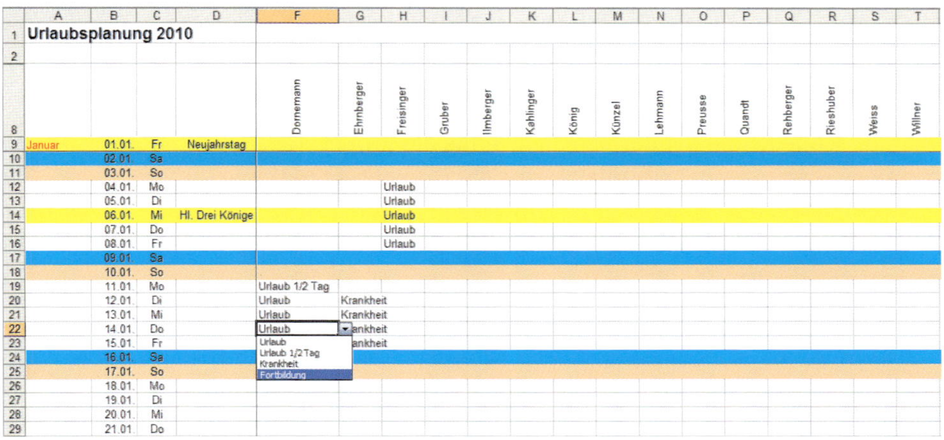

Abbildung 4.157: Urlaubs- und Abwesenheitseinträge per Gültigkeitsliste

Auswertungen

Für die Auswertung der eingetragenen Abwesenheiten sind im Kopfbereich des Tabellenblatts *Urlaubsübersicht* fünf Zeilen reserviert. In der Spalte mit dem Mitarbeiternamen wird zunächst der Urlaubsanspruch eingetragen, ein Verweis auf die dritte Spalte des Bereichs MLISTE genügt:

```
F3: =WENN(ISTTEXT(F8);VERWEIS(F8;INDEX(MLISTE;;3);INDEX(MLISTE;;5));"")
```

Wenn sichergestellt werden kann, dass an Wochenenden und Feiertagen keine Einträge erfolgen, können die gebuchten Urlaubstage in der nächsten Zeile mit ZÄHLENWENN() gesucht werden. Der Resturlaub berechnet sich aus der Differenz zwischen Urlaubsanspruch und gebuchten Tagen:

```
F4: =ZÄHLENWENN(F9:F374;"Urlaub")+ZÄHLENWENN(F9:F374;"Urlaub 1/2 Tag")*0,5
F5: =WENN(ISTTEXT(F8);F3-F4;"")
```

Für den Fall, dass Wochenenden und Feiertage auch beschriftet, aber für die Auswertung ausgeschlossen werden sollen, verwendet die Tabelle eine Hilfsspalte, in der mit WENN() eine 0 für diese Tage und eine 1 für alle anderen Tage des Terminkalenders errechnet wird:

```
E9: =WENN(ODER(D9<>"";WOCHENTAG(B9)=7;WOCHENTAG(B9)=1);0;1)
```

Die Urlaubstage können jetzt mit einem Matrizenvergleich gezählt werden. In einer Matrixformel mit einer Kombination aus SUMME() und WENN() werden zunächst die Einträge gezählt. Eine weitere WENN()-Funktion vergleicht die Zahlen in der Hilfsspalte, und das Ergebnis enthält die Summe der Einträge, die allen Bedingungen entsprechen. Achten Sie darauf, dass diese Matrixformeln immer mit [Strg] + [⇧] + [↵] abzuschließen sind, damit die beiden Matrizen Element für Element verglichen werden. Geschweifte Klammern rund um die Formel weisen auf die richtige Schreibweise hin, sie werden nicht eingetippt:

```
F4:
{ME(WENN(F$9:F$374="Urlaub";WENN($E$9:$E$374=1;1;0)))+(SUMME(WENN(F$9:F$374="Urlaub
1/2 Tag";WENN($E$9:$E$374=1;1;0)))*0,5)}
F6: {=SUMME(WENN(F$9:F$374="Krankheit";WENN($E$9:$E$374=1;1;0)))}
F7: {=SUMME(WENN(F$9:F$374="Fortbildung";WENN($E$9:$E$374=1;1;0)))}
```

Gliederungsebenen für Auswertung und Monate

Für eine schnelle und komfortable Bedienung des großen Tabellenbereichs mit Terminen über ein ganzes Jahr empfiehlt es sich, Gruppierungsebenen zu verwenden. Der Auswertungsbereich ist ebenso zeilenweise gruppiert wie die einzelnen Monate, die Gruppierung wird so eingestellt, dass die Detaildaten unter dem Ebenensymbol zusammengefasst werden.

2003 *Daten/Gruppierung und Gliederung/Einstellungen: Hauptzeilen nicht unter Detaildaten*

2007 2010 *Daten/Gliederung/Gruppieren.* Die Einstellungen (Hauptzeilen nicht unter Detaildaten) finden Sie unter dem Dialogfeldsymbol rechts unten am Gruppensymbol.

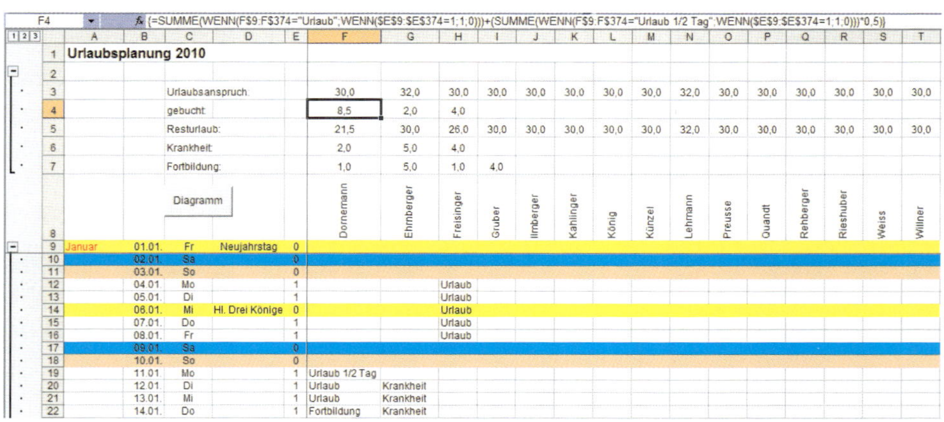

Abbildung 4.158: Auswertung der Abwesenheitszeiten mit Matrixfunktionen

Urlaubsdiagramme

Für einen Urlaubsplan über einen Zeitraum von mehreren Monaten sind die Diagrammtypen von Excel nicht geeignet, die Rubrikenachse kann nicht so viele Einträge aufnehmen. Eine Alternative bietet die Makrosprache VBA: Die Mitarbeiter werden in die erste Spalte eines neuen Tabellenblatts geschrieben, in der Horizontalen entsteht eine Datumsreihe, und die restlichen Spalten werden auf eine geringe Spaltenbreite gesetzt. Das Makro sucht die Einträge für die Abwesenheiten und trägt diese zusammen mit einem Farbmuster im Schnittpunkt von Datum und Mitarbeitername ein.

Excel bietet bis zur Version 2003 nur 256 Spalten, eine Ganzjahressicht ist damit nicht möglich. Das Makro wird deshalb je ein Urlaubsdiagramm pro Halbjahr erstellen. Ein Klick auf die Schaltfläche *Diagramm* startet das Makro. Die beiden Tabellenblätter werden neu angelegt. Wenn sie bereits vorhanden sind, werden sie ohne Rückfrage vom Makro gelöscht. Die VBA-Prozedur sucht für den Eintrag das Kürzel, das in *Feiertage und Abwesenheiten* neben dem für die Urlaubstabelle vorgesehenen Eintrag definiert ist (z. B. U für Urlaub).

	A	B	C	D	E	F	G	H	I	J	K	L	M	N	O	P	Q	R	S	T	U	V
1	2010	01.01.	02.01.	03.01.	04.01.	05.01.	06.01.	07.01.	08.01.	09.01.	10.01.	11.01.	12.01.	13.01.	14.01.	15.01.	16.01.	17.01.	18.01.	19.01.	20.01.	21.01.
2		Fr	Sa	So	Mo	Di	Mi	Do	Fr	Sa	So	Mo	Di	Mi	Do	Fr	Sa	So	Mo	Di	Mi	Do
3	Dornemann											U1/2	U	U	F				K	U		K
4	Ehrnberger												K	K	K	K				F	F	F
5	Freisinger				U	U	U	U	U													
6	Gruber																					
7	Ilmberger																					
8	Kahlinger																					
9	König																					
10	Künzel																					
11	Lehmann																					
12	Preusse																					
13	Quandt																					
14	Rehberger																					
15	Rieshuber																					
16	Weiss																					
17	Willner																					
18																						

Abbildung 4.159: Abwesenheitsdiagramm für ein Halbjahr

Excel-Praxis: Monatliche Entgeltabrechnung mit Zuschlägen

Personalcontrolling Entgeltabrechnung.xls

CD

Auch in diesem Praxisbeispiel kommt die Spezialtechnik der Matrixvergleiche zum Einsatz. Die Aufgabe besteht darin, eine Vorlage für die Erfassung von Arbeitsstunden zu schaffen, die automatisch die Datumsreihe für den eingestellten Monat berechnet und Wochenendtage, Feiertage und andere arbeitsfreie Tage kennzeichnet. Die Auswertung dieser »Lohnzettel« sollte bei der Berechnung der Arbeitsnehmerbezüge Zuschläge für die Wochenendstunden berücksichtigen.

Basisdaten

Das Tabellenblatt *Basisdaten* enthält das Abrechnungsjahr, eine Monatsreihe von Januar bis Dezember, den Grundlohn und die Zuschläge für Samstage und Sonntage. Alle Daten sind mit Bereichsnamen versehen.

Die Lohnzettel-Vorlage

Im Tabellenblatt *Lohnzettel Vorlage* wird das aktuelle Jahr verknüpft. Der Monat kann über ein Formularelement (Kombinationsfeld) gewählt werden. Kombinationsfelder werden über *Eigenschaften* im Kontextmenü mit dem Eingabebereich und einer Ausgabeverknüpfung versehen, in die bei Auswahl eines Eintrags die Zeilennummer aus dem Bereich (1 = Januar, 2 = Februar etc.) geschrieben wird.

Abbildung 4.160: Abrechnungsjahr und -monat werden in der Vorlage zur Auswahl gestellt

Mit der Funktion DATUM() wird in der Zelle B6 der erste Tag der Datumsreihe berechnet, die Argumente für Jahr und Monat stammen aus dem Kopfbereich. Der Tag wird über die Formel für die Spaltennummer berechnet, so kann die Formel bis zum Monatsende nach rechts kopiert werden. Die Zeile 5 kopiert das Datum und zeigt über ein anderes Zahlenformat den Wochentag an.

```
B6: =DATUM(Jahr;$B$3;SPALTE()-1), Zahlenformat TT
B5: =B6, Zahlenformat TTT
```

Um die unterschiedliche Anzahl Tage pro Monat und den 29. Februar in Schaltjahren zu berücksichtigen, wird dieser über eine Formel berechnet, die den Folgetag des 28. Februar abprüft:

```
AD6: =WENN(TAG($AC$6+1)=1;0;$AC$6+1)
```

In Spalte A werden die Namen der Arbeitnehmer eingetragen, und um die Eingabe und Berechnung der Arbeitsstunden zu erleichtern, bekommt der gesamte Tabellenbereich ein Bedingungsformat, das Samstage und Sonntage mit einem Hintergrundmuster versieht. Damit auch Feiertage und freie Tage berücksichtigt werden, steht das Tabellenblatt *Feiertage* mit der Feiertagsberechnung pro Bundesland zur Verfügung (siehe Kapitel 2.1.8). Der Bereich mit den Datumswerten der Feiertage trägt den Bereichsnamen FLISTE.

Diese Regeln formatieren die arbeitsfreien Tage für die erste Zelle (B5):

```
Regel 1: =UND(WOCHENTAG(B$5)=7;B$5<>0)
Regel 2: =UND(WOCHENTAG(B$5)=1;B$5<>0)
Regel 3: =UND(NICHT(ISTNV(VERGLEICH(B$5;FTAGE;0)));B$5<>0)
```

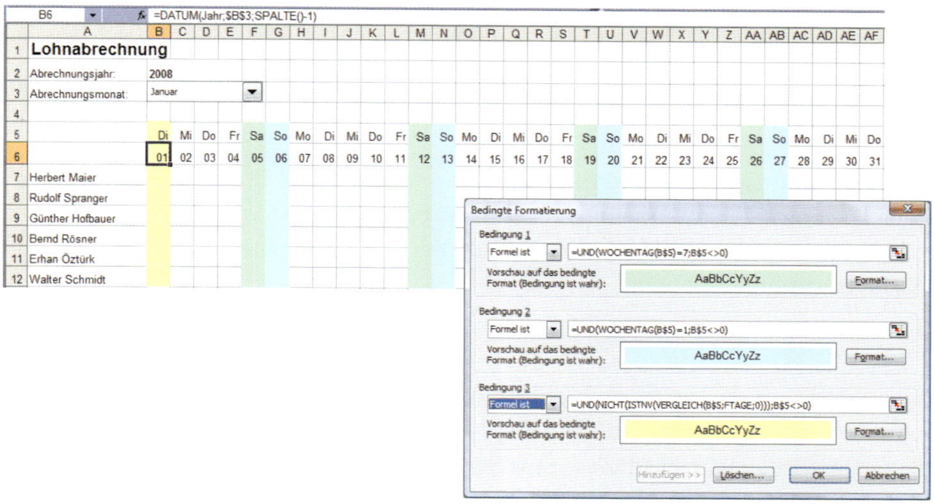

Abbildung 4.161: Lohnzettelvorlage mit Datumsberechnung und Bedingungsformaten

Lohnabrechnung mit Matrixformeln

Für die Berechnung der Arbeitstunden pro Monat und Arbeitnehmer reicht eine einfache Summe nicht aus. Die Arbeitsstunden müssen mit der Datumsreihe verglichen werden, damit die Abrechung zwischen Wochenendstunden und Wochentagsstunden unterscheiden kann. Im Bereich ab der Zelle AH7 befindet sich die Berechnung. Ein Klick auf das Ebenensymbol der Gliederung öffnet den Bereich.

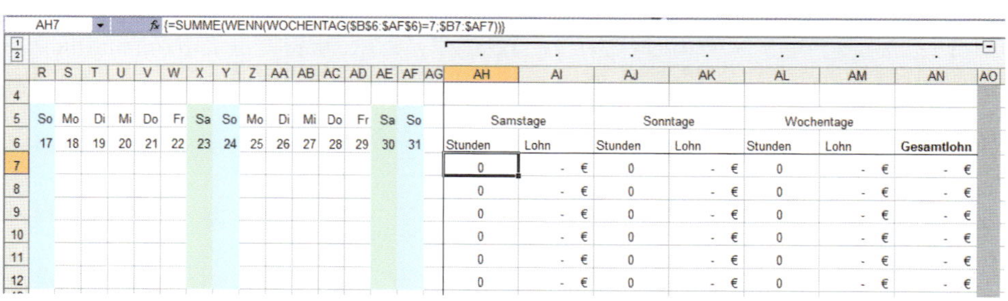

Abbildung 4.162: Der Lohnabrechnungsbereich

Die erste Formel vergleicht die Arbeitsstunden des ersten Arbeitnehmers mit den Wochentagen der Datumsreihe B6:AF6. Die Kombination aus SUMME() und WENN() summiert nur Stunden auf, die der Bedingung entsprechen. Damit die Formel die Matrix Element für Element vergleichen kann, muss sie mit [Strg] + [⇧] + [↵] abgeschickt werden.

```
AH7: =SUMME(WENN(WOCHENTAG($B$6:$AF$6)=7;$B7:$AF7))
```

Hinweis Drücken Sie die Tastenkombination auch nach jeder Formeländerung. Geschweifte Klammern rund um die Formel weisen darauf hin, dass es sich um eine Matrixformel handelt.

Auch die Sonntagsstunden werden über eine Matrixformel über den Vergleich zwischen Datumsreihe und Arbeitnehmerstunden berechnet. Die Wochenstunden berechnen sich aus der Differenz zwischen der Stundensumme und den beiden Wochenendstundensummen.

```
AJ7: =SUMME(WENN(WOCHENTAG($B$6:$AF$6)=1;$B7:$AF7))
AL7: =SUMME(B7:AF7)-AH7-AJ7
```

Für die Berechnung der Lohnzahlungen wird die Stundensumme mit dem Grundlohn und den Zuschlägen summiert. Die Basisdaten enthalten die jeweiligen Eurobeträge, die mit passenden Bereichsnamen versehen sind.

```
AI7: =AH7*Grundlohn+AH7*Grundlohn*ZSamstag
AK7: =AJ7*Grundlohn+AJ7*Grundlohn*ZSonntag
AM7: =AL7*Grundlohn
AN7: =AI7+AK7+AM7
```

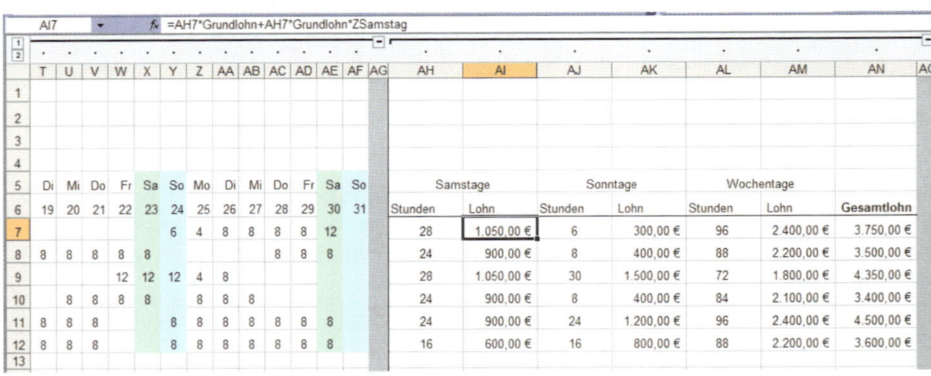

AI7 | =AH7*Grundlohn+AH7*Grundlohn*ZSamstag

	T	U	V	W	X	Y	Z	AA	AB	AC	AD	AE	AF	AG
1														
2														
3														
4														
5	Di	Mi	Do	Fr	Sa	So	Mo	Di	Mi	Do	Fr	Sa	So	
6	19	20	21	22	23	24	25	26	27	28	29	30	31	
7						6	4	8	8	8	8	12		
8	8	8	8	8	8					8	8	8		
9				12	12	12	4	8						
10		8	8	8	8		8	8	8					
11	8	8	8			8	8	8	8	8	8	8		
12	8	8	8			8	8	8	8	8	8	8		
13														

	AH	AI	AJ	AK	AL	AM	AN	AO
1								
2								
3								
4								
5	Samstage		Sonntage		Wochentage			
6	Stunden	Lohn	Stunden	Lohn	Stunden	Lohn	**Gesamtlohn**	
7	28	1.050,00 €	6	300,00 €	96	2.400,00 €	3.750,00 €	
8	24	900,00 €	8	400,00 €	88	2.200,00 €	3.500,00 €	
9	28	1.050,00 €	30	1.500,00 €	72	1.800,00 €	4.350,00 €	
10	24	900,00 €	8	400,00 €	84	2.100,00 €	3.400,00 €	
11	24	900,00 €	24	1.200,00 €	96	2.400,00 €	4.500,00 €	
12	16	600,00 €	16	800,00 €	88	2.200,00 €	3.600,00 €	
13								

Abbildung 4.163: Lohnabrechnung mit Zuschlägen im Abrechnungsbereich

Excel-Praxis: Abrechnungsdaten: Lohnabrechnung auswerten

CD Personalcontrolling Lohnabrechnung Mandanten.xls

Personalabrechnungssysteme sind in der Praxis zwar mit zahlreichen nützlichen Funktionen ausgestattet, haben aber nicht immer ideale Ausgabeformate zur Weiterverarbeitung von Mitarbeiter- oder Mandantendaten. Häufig werden die Daten in Gruppen zusammengefasst, Abrechnungsperioden tauchen nur einmal in der Kopfzeile auf, und Personalnummern oder Kostenstellen sind nicht durchgehend angegeben, was eine Auswertung mit Excel-Werkzeugen wie Filtern, Teilergebnissen oder PivotTable-Berichten besonders erschwert. In der Folge müssen Sachbearbeiter im Personalcontrolling viel Zeit und Arbeit aufwenden, um die Daten in ein für Auswertungen taugliches Format zu bringen. Das Beispiel zeigt, wie ein solcher »Output« aussehen kann.

	A	B	C	D	E	F
1	**Abrechnungsmonat**	**Abrechnungsjahr**	**Firma**			
2	Januar	2010	Mustermann GmbH			
3						
4						
5	**Kostenstelle**	**Personalnummer**	**Name**	**Lohnartennummer**	**Lohnart**	**Betrag**
6	KS 340-500	100-311	Dieter Jenninger	320	Gehalt	4320,00
7				350	Fahrt Wohnung-Arbeitsplatz	25,30
8				290	Kilometergeld Pauschal	55,00
9				800	AG-Abgabe Sozialversicherung	800,00
10				950	Kostenumlagen A/B	12,90
11				1350	Lohnsteuerpauschale	4,30
12				1352	Pauschale Kirchensteuer	2,30
13				1354	Pauschale Solid.-Zuschlag	1,50
14						
15	KS 340-900	100-3112	Helga Baumann	320	Gehalt	8500,00
16				51	Fahrt zum Arbeitsplatz	180,00
17				90	PKW-Nutzung	310,00
18				191	Fahrt Wohnung-Arbeitsplatz	98,80
19				730	Sachbezüge	-551,80
20				916	AG-Abgabe Sozialversicherung	905,98
21				924	Kostenumlagen A/B	13,50
22				1350	Pauschale LSt/KiSt/SoliZ	24,12
23				1350	Lohnsteuerpauschale	4,30
24				1352	Pauschale Kirchensteuer	2,30
25				1354	Pauschale Solid.-Zuschlag	1,50
26						
27						
28	KS 340-1200	100-313	Stefan Schermer	320	Gehalt	4900,00
29				90	Fahrt zum Arbeitsplatz	283,00
30				386	Bonuszahlungen	350,00
31				730	Sachbezüge	-650,00
32				916	AG-Abgabe Sozialversicherung	823,02
33				924	Kostenumlagen A/B	8,10
34				1350	Lohnsteuerpauschale	4,30
35				1352	Pauschale Kirchensteuer	2,30
36				1354	Pauschale Solid.-Zuschlag	1,50

Abbildung 4.164: Lohnabrechnung für Mandanten aus einem Personalabrechnungssystem

Die wichtigste Aufbereitungstechnik für solche Datenblöcke ist der Gruppenwechsel: Die Daten werden mit wenigen Handgriffen in Listenform gebracht und können dann bequem mit Analysewerkzeugen weiterverarbeitet werden. Wenn sichergestellt ist, dass der Aufbau identisch bleibt, können die dafür benötigten Schritte auch per Makrorecorder aufgezeichnet werden. Für die nächste Lohnabrechnung genügt dann ein Klick auf eine Makroschaltfläche.

TIPP

Nützliche Tastenkombinationen sind hier:

Markierte Spalte oder markierte Zellen einfügen: Strg + +

Markierte Spalte oder markierten Bereich löschen: Strg + -

Formel nach unten kopieren: Doppelklick auf das Füllkästchen (nur wenn angrenzender Bereich gefüllt ist)

Gruppenwechselformel für Kostenstellen

Beginnen Sie mit der ersten Spalte, der Kostenstelle: Fügen Sie Leerzeilen vor der Kostenstellennummer ein und kopieren Sie die erste Kostenstellennummer inklusive Überschrift in diese Spalte. Schreiben Sie in der nächsten Zeile eine Formel, die abprüft, ob die Spalte 2 einen Eintrag enthält. Wenn ja, wird dieser übernommen, wenn nicht, wird die vorherige Kostenstelle kopiert. Kopieren Sie diese Formel mit dem Füllkästchen bis zum Ende der Liste.

```
A7: =WENN(B7<>"";B7;A6)
```

fx =WENN(B7<>"";B7;A6)

	A	B	C	D
1	**Abrechnungsmonat**	**Abrechnungsjahr**	**Firma**	
2	Januar	2010	Mustermann GmbH	
3				
4				
5	**Kostenstelle**	**Kostenstelle**	**Personalnummer**	**Name**
6	KS 340-500	KS 340-500	100-311	Dieter Jenninger
7	KS 340-500			
8	KS 340-500			
9	KS 340-500			
10	KS 340-500			
11	KS 340-500			
12	KS 340-500			
13	KS 340-500			
14	KS 340-500			
15	KS 340-900	KS 340-900	100-3112	Helga Baumann
16	KS 340-900			
17	KS 340-900			
18	KS 340-900			
19	KS 340-900			

Abbildung 4.165: Gruppenwechselformel für Kostenstellen

Fügen Sie auch für die Personalnummern und die Namen der Mitarbeiter Leerzeilen oder Leerspalten ein und verwenden Sie die Formel, um alle Zellen zu füllen. Markieren Sie dann den gesamten Bereich per Klick auf das Kästchen links oben, in dem sich Zeilennummern und Spalten treffen, und lösen Sie die Formeln auf. [Strg] + [C] kopiert den Bereich.

2003 *Bearbeiten/Inhalte einfügen/Werte*

2007 2010 *Start/Zwischenablage/Einfügen/Inhalte einfügen/Werte*

Um die restlichen Informationen in die Liste zu holen, fügen Sie drei weitere Spalten ein, kopieren die Daten nach unten, markieren Abrechnungsmonat, Jahr und Firma und kopieren diese nach unten. Halten Sie die [Strg]-Taste fest, wenn das Füllkästchen Füllreihen bildet, die nicht richtig sind (z. B. Monate).

	A	B	C	D	E	F
1	Abrechnungsmonat	Abrechnungsjahr	Firma			
2	Januar	2010	Mustermann GmbH			
3						
4						
5	Kostenstelle	Personalnummer	Name	Lohnartennummer	Lohnart	Betrag
6	KS 340-500	100-311	Dieter Jenninger	320	Gehalt	4320,00
7	KS 340-500	100-311	Dieter Jenninger	350	Fahrt Wohnung-Arbeitsplatz	25,30
8	KS 340-500	100-311	Dieter Jenninger	290	Kilometergeld Pauschal	55,00
9	KS 340-500	100-311	Dieter Jenninger	800	AG-Abgabe Sozialversicherung	800,00
10	KS 340-500	100-311	Dieter Jenninger	950	Kostenumlagen A/B	12,90
11	KS 340-500	100-311	Dieter Jenninger	1350	Lohnsteuerpauschale	4,30
12	KS 340-500	100-311	Dieter Jenninger	1352	Pauschale Kirchensteuer	2,30
13	KS 340-500	100-311	Dieter Jenninger	1354	Pauschale Solid.-Zuschlag	1,50
14	KS 340-500	100-311	Dieter Jenninger			
15	KS 340-900	100-3112	Helga Baumann	320	Gehalt	8500,00
16	KS 340-900	100-3112	Helga Baumann	51	Fahrt zum Arbeitsplatz	180,00
17	KS 340-900	100-3112	Helga Baumann	90	PKW-Nutzung	310,00
18	KS 340-900	100-3112	Helga Baumann	191	Fahrt Wohnung-Arbeitsplatz	98,80
19	KS 340-900	100-3112	Helga Baumann	730	Sachbezüge	-551,80
20	KS 340-900	100-3112	Helga Baumann	916	AG-Abgabe Sozialversicherung	905,98

Abbildung 4.166: Liste mit durchgehenden Nummern und Namen

	A	B	C	D	E	F	G	
1								
2								
3								
4								
5	Abrechnungsmonat	Abrechnungsjahr	Firma	Kostenstelle	Personalnummer	Name	Lohnartennummer	Lohnart
6	Januar	2010	Mustermann GmbH	KS 340-500	100-311	Dieter Jenninger	320	Gehalt
7				KS 340-500	100-311	Dieter Jenninger	350	Fahrt Wohn
8				KS 340-500	100-311	Dieter Jenninger	290	Kilometerge
9				KS 340-500	100-311	Dieter Jenninger	800	AG-Abgabe
10				KS 340-500	100-311	Dieter Jenninger	950	Kostenumla
11				KS 340-500	100-311	Dieter Jenninger	1350	Lohnsteuer

Abbildung 4.167: Alle weiteren Daten werden in die Liste kopiert

Leerzeilen aussortieren oder filtern

Wenn die Liste überflüssige Leerzeilen enthält, markieren Sie den gesamten Bereich und sortieren ihn aufsteigend nach einer Spalte, in der sich leere Zellen befinden. Damit werden die Leerzeilen automatisch nach unten befördert und können einfach gelöscht werden. Auch für den AutoFilter markieren Sie den gesamten Bereich. Schalten Sie den Filter ein und filtern Sie alle leeren heraus. Markieren Sie diese mit [Strg] + [Ende] und drücken Sie [Strg] + [-], um sie zu löschen.

Auswertung mit PivotTable-Berichten

Wenn die Liste vollständig ist und in jeder Spalte durchgehende Daten enthält, weisen Sie ihr einen Bereichsnamen zu und werten sie über PivotTable-Berichte aus:

Daten/PivotTable- und PivotChart-Bericht 2003

Einfügen/Tabellen/PivotTable 2007 2010

Setzen Sie die Kostenstelle und die Lohnart in den Zeilenbereich (Zeilenbeschriftung) und den Betrag in den Datenbereich (Wertebereich). Der PivotTable-Bericht summiert die Daten und weist die Zwischenergebnisse für jedes Zeilenelement aus. Um überflüssige Zwischensummen zu löschen, markieren Sie diese und drücken [Strg] + [-].

	A	B	C	D
1				
2	Abrechnungsjahr	(Alle)		
3	Abrechnungsmonat	(Alle)		
4				
5	Summe von Betrag			
6	Kostenstelle	Lohnart	Ergebnis	
7	KS 340-1200	AG-Abgabe Sozialversicherung	823,02	
8		Bonuszahlungen	350	
9		Fahrt zum Arbeitsplatz	283	
10		Gehalt	4900	
11		Kostenumlagen A/B	8,1	
12		Lohnsteuerpauschale	4,3	
13		Pauschale Kirchensteuer	2,3	
14		Pauschale Solid.-Zuschlag	1,5	
15		Sachbezüge	-650	
16	KS 340-1200 Ergebnis		5722,22	
17	KS 340-500	AG-Abgabe Sozialversicherung	800	
18		Fahrt Wohnung-Arbeitsplatz	25,3	
19		Gehalt	4320	
20		Kilometergeld Pauschal	55	
21		Kostenumlagen A/B	12,9	
22		Lohnsteuerpauschale	4,3	
23		Pauschale Kirchensteuer	2,3	
24		Pauschale Solid.-Zuschlag	1,5	
25	KS 340-500 Ergebnis		5221,3	
26	KS 340-900	AG-Abgabe Sozialversicherung	905,98	
27		Fahrt Wohnung-Arbeitsplatz	98,8	
28		Fahrt zum Arbeitsplatz	180	

Abbildung 4.168: Auswertung der Lohnabrechnung mit PivotTable-Berichten

Excel-Praxis: Einsatzplanung Mitarbeiter (Dienstplan)

CD

Personalcontrolling Einsatzplanung Mitarbeiter.xls

Ob im User-Helpdesk oder im Pflegedienst, im Schulbereich oder auf Wache – Dienstpläne werden für zahlreiche Zwecke gebraucht. Dieses Praxistool erstellt Wochen- und Jahrespläne und bietet die Möglichkeit, Mitarbeiter schnell in Pläne einzutragen. Die Wochenpläne werden nach Kalenderwochen organisiert, das Tool benutzt für die Berechnung von KW, Feiertagen und Datumswerten eine Mischung aus Excel-Funktionen und VBA-Makros.

Basisdaten

Tragen Sie hier die Rahmenbedingungen für den Dienstplan ein:

```
A2: Firmenname
A4: laufendes Jahr
```

Kreuzen Sie in A7:A13 die Arbeitstage an, die im Dienstplan berücksichtigt werden sollen. Arbeitsfreie Tage werden im Wochen- und Jahresplan automatisch farbig gekennzeichnet.

Stunden pro Tag: Hier bestimmen Sie die Zeilenbeschriftungen für den Wochenplan. Die Angabe der Art (Dienst oder Pause) ist wichtig, Pausen werden in der Auswertung ausgefiltert.

Farben im Wochenplan: Die Farben, die Sie hier angeben, werden für neue Wochenpläne benutzt.

Stationen: Bestimmen Sie im Bereich L2:L17 die Bezeichnungen der Bereiche, für die Sie Wochenpläne erstellen (im Beispiel Stationen, in der Praxis Werksteile, Gebäude u. v. m.).

Kalenderwochen: Hier werden die Kalenderwochen für das laufende Jahr (A4) berechnet. In Spalte O sehen Sie das Datum des ersten Tages jeder Kalenderwoche (immer ein Montag).

	A	B	C	D	E	F	G	H	I	J	K	L	M	N	O
1	Firma			Stunden pro Tag					Farben im Wochenplan			Stationen		Kalenderwochen	
2	Klinikum Altendorf			von	bis	Art	Zeilenhöhe		Dienst			Empfang		1	04. Januar 10
3	Jahr			08:00	08:30	Dienst	20		Arbeitsfrei			Notaufnahme		2	11. Januar 10
4	2010			08:45	09:30	Dienst	20		Feiertag			Station A		3	18. Januar 10
5				09:30	09:45	Pause	15					Station B		4	25. Januar 10
6	Arbeitstage pro Woche			10:15	11:00	Dienst	20					Logistik		5	01. Februar 10
7	☑	Montag		11:00	11:45	Dienst	20							6	08. Februar 10
8	☑	Dienstag		11:45	12:30	Dienst	20							7	15. Februar 10
9	☑	Mittwoch		12:30	12:45	Pause	15							8	22. Februar 10
10	☑	Donnerstag		12:45	13:30	Dienst	20							9	01. März 10
11	☑	Freitag		13:30	14:15	Dienst	20							10	08. März 10
12	☐	Samstag		14:15	15:00	Dienst	20							11	15. März 10
13	☐	Sonntag		15:00	15:15	Pause	15							12	22. März 10
14				15:15	16:00	Dienst	20							13	29. März 10

Abbildung 4.169: Basisdaten für den Einsatzplan

Feiertage

Die Feiertagsliste mit Bundeslandauswahl wurde aus der Arbeitsmappe *Feiertage Deutschland.xls* übertragen, für die Auswertung werden zwei Bereichsnamen benötigt (FLISTE und FLISTE_D).

Mitarbeiter

In diesem Tabellenblatt werden die Mitarbeiter erfasst, für die Dienstpläne geplant sind. Die Überschriften können beliebig ausgetauscht werden, die Makrolösung verwendet die Titel aus den Spalten B bis E.

Dienstplan KW-Vorlage

Das ist die Vorlage für die Wochendienstpläne. Die Makrolösung wird diese Vorlage mit den Angaben in der Tabelle *Basisdaten* füllen und die Datumswerte für die Kalenderwoche berechnen. Sie können diese Vorlage nach Belieben formatieren und gestalten, ändern Sie aber nicht den Aufbau des Kopfbereichs und fügen Sie keine Spalten ein.

Jahresdienstplan-Vorlage

Das ist die Vorlage für den Jahresdienstplan mit Berechnung der Kalenderwochen. Die Makrolösung wird automatisch die Stunden (ohne Pausen) eintragen und die Einträge aus allen Wochendienstplänen übertragen. Ändern Sie auch diese Vorlage nicht, da das Makro genau auf den Aufbau der Zeilen und Spalten abgestimmt ist.

VBA-Makrosteuerung

Mit dem Start der Arbeitsmappe wird eine neue Symbolleiste »Einsatzplan« erzeugt. In Excel bis Version 2003 steht diese am rechten Rand des Bildschirms, ab Excel 2007 finden Sie die Symbole in der Gruppe *Add-Ins*. Klicken Sie die Gruppe mit der rechten Maustaste an und wählen Sie *Gruppe zur Symbolleiste für den Schnellzugriff hinzufügen*.

Die Symbolleiste wird mit dem Schließen der Mappe automatisch wieder entfernt. Wählen Sie die einzelnen Optionen, um neue Einsatzpläne anzulegen, Pläne auszuwählen oder zu löschen, Jahrespläne zu erstellen oder Mitarbeiterdaten in die Wochenpläne zu übertragen.

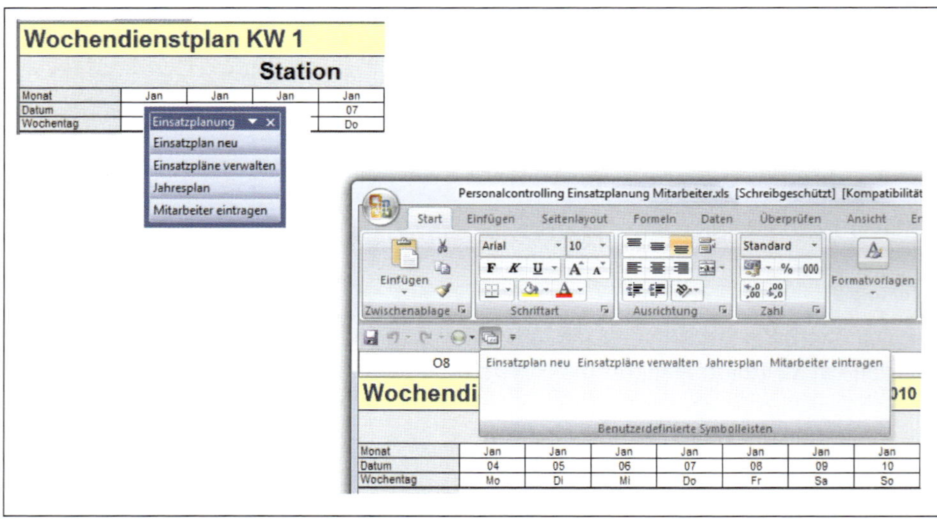

Abbildung 4.170: Symbolleistensteuerung für den Einsatzplan

Einsatzplan anlegen

Erstellen Sie mit dieser Option einen neuen Wochendienstplan. Wählen Sie die Kalenderwoche, Anfangs- und Enddatum werden automatisch berechnet. Wählen Sie anschließend eine Station aus und klicken Sie auf *Einsatzplan erstellen*, um eine Kopie der KW-Vorlage anzulegen, in der die neue KW, die Stundeneinteilung aus den Basisdaten und die Bezeichnung der Station eingetragen ist. Der Name der neuen Tabelle wird die Bezeichnung der Station in spitzen Klammern und die KW-Nummer enthalten:

```
<Station 1>KW1
```

Ändern Sie diese Bezeichnung nicht, da sie für die Jahresplanauswertung genau in dieser Form benötigt wird.

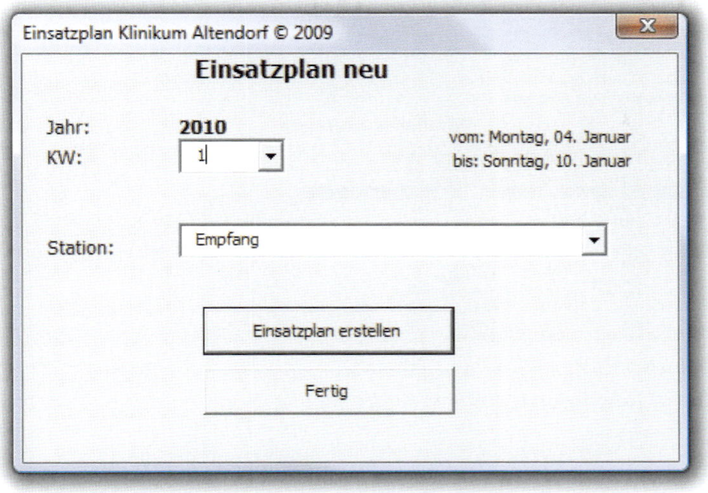

Abbildung 4.171: Ein neuer Einsatzplan wird erstellt

Dienstpläne verwalten

Wählen Sie diese Option, um alle Dienstpläne einer Station aufzulisten. Suchen Sie zuerst die Station in der ersten Liste. Die Dienstpläne dieser Station werden in der zweiten Liste angezeigt. Sie können einen markierten Dienstplan aktivieren oder löschen.

Dienstpläne verwalten

Wählen Sie diese Option, um alle Dienstpläne einer Station aufzulisten. Suchen Sie zuerst die Station in der ersten Liste. Die Dienstpläne dieser Station werden in der zweiten Liste angezeigt. Sie können einen markierten Dienstplan aktivieren oder löschen.

Mitarbeiter eintragen

Diese Option öffnet eine Liste mit allen Datensätzen aus der Mitarbeitertabelle. Aktivieren Sie einen Einsatzplan und markieren Sie im Bereich ab Zelle B6 die Zelle(n), die Sie beschriften wollen. Wählen Sie die Information, die Sie eintragen wollen, über die Optionen rechts. Klicken Sie auf einen Mitarbeiter und wählen Sie *Eintragen*, um die Information in die markierten Zellen einzutragen. Dieser Dialog bleibt im Hintergrund offen, Sie können in der Tabelle oder Mappe weiterarbeiten und die Mitarbeiterliste einfach für einen neuen Eintrag wieder anklicken.

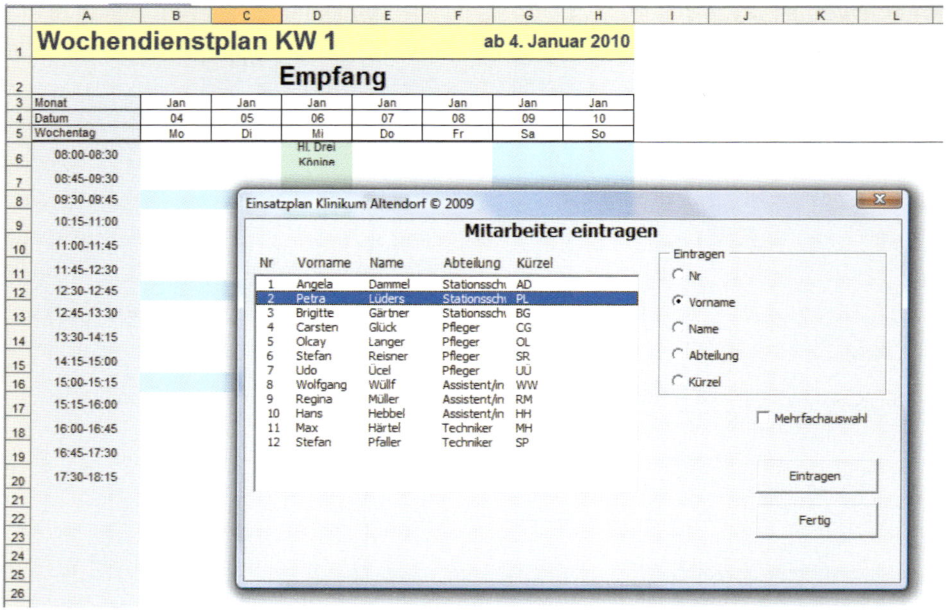

Abbildung 4.172: Mitarbeiter in den Einsatzplan eintragen

Jahresplan erstellen

Mit dieser Option erstellen Sie einen Jahresplan aus allen Dienstplänen einer Station. Im ersten Feld wird das laufende Jahr angezeigt, wählen Sie zuerst eine Station. Klicken Sie dann auf einzelne Dienstpläne oder auf *Alle auswählen*, um alle Dienstpläne zu markieren. Mit *Erstellen* wird eine Kopie der Jahresplanvorlage angelegt, und die Daten aus den Dienstplänen werden eingetragen. Achten Sie darauf, dass die Stundeneinteilung aller Dienstpläne identisch sein muss.

Excel-Praxis: Altersstrukturanalyse

CD

Personal.mdb

Personalcontrolling Altersstrukturanalyse.xls

Zu den wichtigen Aufgaben im Personalcontrolling zählt die Beobachtung der Personalentwicklung. Für die Planung von Fortbildungsmaßnahmen, die Erstellung von Arbeitsfähigkeitsprofilen und die daraus resultierenden Rekrutingmaßnahmen muss eine verlässliche Altersstrukturanalyse vorliegen, die sowohl die Präsenz als auch die Verteilung der einzelnen Altersgruppen auf die Abteilungen oder Unternehmensbereiche aufzeigt. ERP-Systeme bieten meist solche Analysen an, beschränken sich aber oft auf Teilbereiche. Excel bietet gute Werkzeuge für diese Aufgabe an.

Mitarbeiterdaten aus SAP BW oder Access-Datenbank

Damit die Altersstrukturanalyse stets aktuell ist, sollten die Daten aus einer Personaldatenbank bezogen oder dynamisch aus dem ERP-System geladen werden. Mit SAP BW (Business Warehouse) werden sogenannte Querys erstellt, die Daten aus dem SAP-Modul in eine Excel-Tabelle exportieren. Zur Aktualisierung genügt ein erneuter Aufruf der Query.

Stellt die Personaldatenbank den gesamten Headcount zur Verfügung, lässt sich mit ODBC eine gezielte Abfrage auf die benötigten Daten erstellen. In unserem Beispiel holen wir die Daten für die Altersstrukturanalyse aus der Access-Datenbank *Personal.mdb* (Format Access 2000).

Daten/Externe Daten importieren/Neue Abfrage erstellen 2003

Daten/Externe Daten abrufen/Aus anderen Quellen/Von Microsoft Query 2007 2010

Wählen Sie den Access-Datenbanktreiber und markieren Sie im nächsten Schritt die Datenbankdatei. MS Query stellt alle Tabellen und Abfragen bereit, holen Sie aus der Abfrage *Abfrage Headcount KS Abtlg* diese Felder:

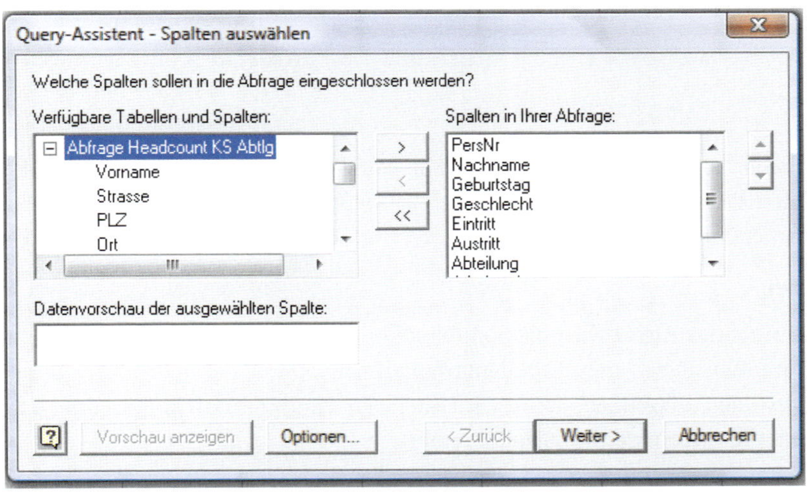

Abbildung 4.173: Abfragedaten aus der Personaldatenbank importieren

Filtern Sie im nächsten Schritt alle ausgetretenen Mitarbeiter:

```
Zu filternde Spalte: Austritt
Filter: Ist Null
```

Bestätigen Sie alle weiteren Abfragen von MS Query und holen Sie die Daten in ein Tabellenblatt. Das Abfrageergebnis wird angezeigt, ändern Sie den Bereichs- bzw. Tabellennamen:

2003

Der Bereichsname der Abfrage steht in den Tabellenoptionen, aktivieren Sie diese in der Symbolleiste *Externe Daten* oder im Kontextmenü und ändern Sie ihn von *Abfrage von Access-Datenbank* auf *Headcount*.

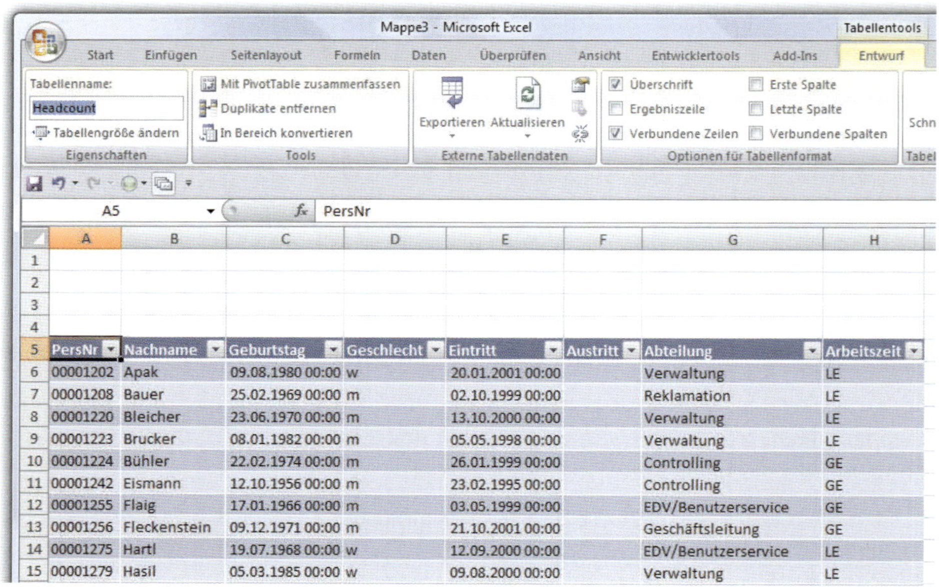

Abbildung 4.174: Datenbankdaten, per ODBC gefiltert und importiert

2007
2010

Das Ergebnis der Abfrage ist eine Tabelle. Mit *Tabellentools/Entwurf/Eigenschaften* ändern Sie den Tabellennamen von *Tabelle_Abfrage_von_Microsoft_Access_ Datenbank* auf *Headcount*.

Alter berechnen

Für die Berechnung des Alters wird die Spalte rechts vom Abfragebereich benutzt. Bis Version 2003 müssen Sie in den Tabellenoptionen die Option *Formeln und angrenzende Zellen ausfüllen* ankreuzen, damit wird die Formel automatisch kopiert oder entfernt, wenn sich die Anzahl der Mitarbeiter ändert.

Das Alter berechnet sich im einfachsten Fall über diese Formel, die das Geburtsjahr des Mitarbeiters (Zelle C6) vom aktuellen Jahr subtrahiert:

```
=JAHR(HEUTE())-JAHR(C6)
```

Diese Formel berücksichtigt aber nicht den Stichtag, für eine genauere Berechnung verwenden Sie eine WENN-Funktion, die abprüft, ob das Geburtsdatum des Mitarbeiters vor oder nach dem Tagesdatum liegt:

```
=JAHR(HEUTE())-JAHR(C6)-WENN(DATUM(JAHR(HEUTE());MONAT(C6);TAG(C6))>HEUTE();1;0)
```

Alternative: DATEDIF()

Einfacher berechnen Sie das Alter mit der Funktion DATDIF(). Geben Sie das Geburtsdatum, das Tagesdatum und »Y« im letzten Argument an, und das Alter wird berechnet:

=DATEDIF(C6;HEUTE();"Y") 2003

=DATEDIF(Headcount[[#Diese Zeile];[Geburtstag]];HEUTE();"Y") 2007 2010

Hinweis

DATDIF() ist eine undokumentierte Funktion, die es schon sehr lange in Excel gibt. Sie berechnet Datumsdifferenzen, verwendet aber 31 Tage pro Monat zur Berechnung. Für exakte Analysen ist sie deshalb nicht geeignet.

Zahlenformat »Jahre«

Das benutzerdefinierte Zahlenformat weist die Alterswerte als Jahre aus, formatieren Sie am besten die ganze Spalte:

```
0" Jahre"
```

Bereichsname um Formelspalte erweitern

In Excel bis Version 2003 muss der aus der Abfrage generierte Bereichsname um eine Spalte erweitert werden, damit er bei neuen Abfrageergebnissen wieder korrekt ist. Erstellen Sie einen zweiten Bereichsnamen *Headcount2*, tragen Sie diese Formel dafür ein:

```
=BEREICH.VERSCHIEBEN(Headcount;0;0;;SPALTEN(Headcount)+1)
```

Altersstruktur berechnen mit Histogramm

Das Histogramm ist ein Werkzeug aus den Analyse-Funktionen. Verwenden Sie es, wenn Sie die Altersstruktur anhand vordefinierter Klassen berechnen wollen. Bis Excel Version 2003 müssen die Analyse-Funktionen aktiviert werden:

Extras/Add-Ins/Analyse-Funktionen 2003

Office-Menü/Excel-Optionen/Add-Ins 2007

Datei/Optionen/Add-Ins 2010

Falls die Analyse-Funktionen nicht aktiviert sind, schalten Sie das Add-In unter *Gehe zu* ein.

Tragen Sie in einen freien Zellbereich die Altersklassen ein und weisen Sie dem Bereich (inklusive Überschrift) den Bereichsnamen *Altersklassen* zu.

2003

Extras/Analyse-Funktionen/Histogramm

```
Eingabebereich: INDEX(Headcount2;;9)
Klassenbereich: Altersklassen
Beschriftungen: Ja
Ausgabe: Neues Tabellenblatt, Diagrammdarstellung
```

2007
2010

Daten/Analyse/Datenanalyse/Histogramm

```
Eingabebereich: INDEX(Headcount;;9)
Klassenbereich: Altersklassen
Beschriftungen: Ja
Ausgabe: Neues Tabellenblatt, Diagrammdarstellung
```

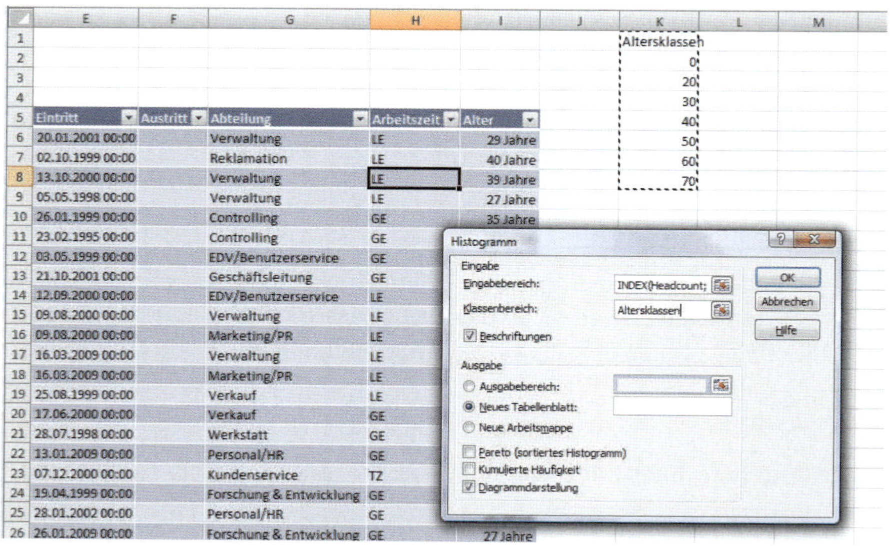

Abbildung 4.175: Das Histogramm verwendet die Spalte mit den Alterswerten und die Altersklassen

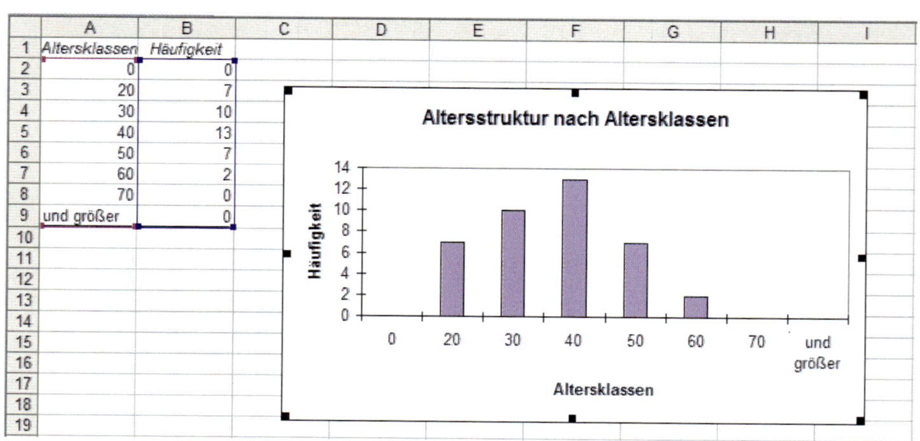

Abbildung 4.176: Histogramm Altersstruktur

Das Ergebnis ist ein neue, unverknüpfte Tabelle und ein Diagramm mit den Altersstrukturen. Ändern Sie die Überschrift und löschen Sie die Legende.

Altersstrukturanalyse mit PivotTable-Bericht

Wesentlich flexibler als das Analyse-Werkzeug ist für diese Aufgabe der PivotTable-Bericht. Die PivotTable zählt die Alterswerte der angegebenen Zeilen- oder Spaltenelemente und bietet die Möglichkeit, nach Abteilungen und Geschlecht zu unterscheiden. Erstellen Sie einen PivotTable-Bericht aus den Daten der Personaldatenbank:

2003

Daten/PivotTable- und PivotChart-Bericht

```
Bereich: Headcount2
Seite: Abteilung
Zeile: Alter
Spalte: Geschlecht
Daten: Anzahl von PersNr
```

2007
2010

Einfügen/Tabellen/PivotTable

```
Bereich: Headcount
Berichtsfilter: Abteilung
Zeilenbeschriftung: Alter
Spaltenbeschriftung: Geschlecht
Wertebereich: Anzahl von PersNr
```

Benennen Sie das Wertfeld um in »Anzahl Mitarbeiter«.

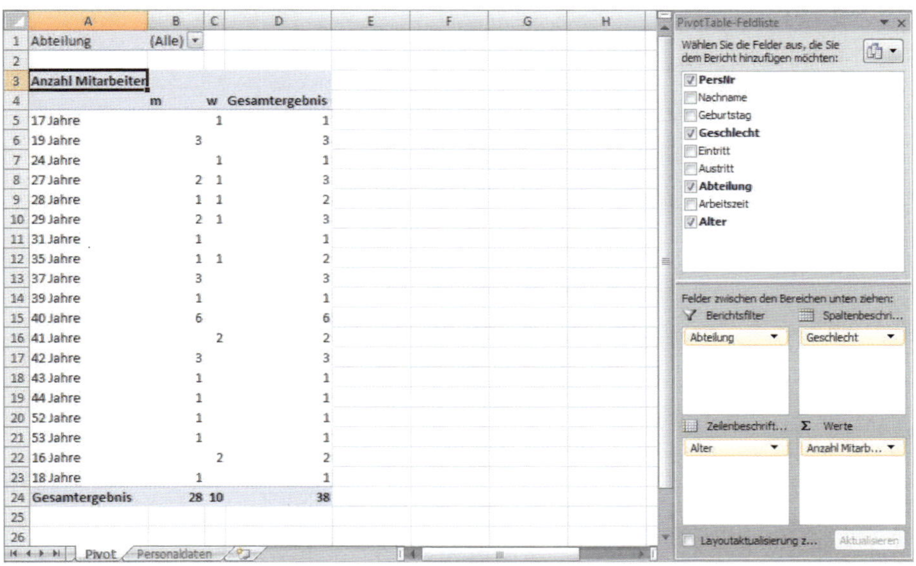

Abbildung 4.177: PivotTable-Bericht mit Altersstrukturanalyse

PivotChart »Alterspyramide«

Um die Daten in einem pyramidenförmigen Diagramm darzustellen, legen Sie ein PivotChart mit dem Charttyp *Balkendiagramm gestapelt* an. Damit das Stapelbalkendiagramm die Daten links und rechts auf der vertikalen Achse anordnet, fügen Sie ein neues Element für das Feld *Geschlecht* ein. Negieren Sie den Wert, den Sie links an der Achse sehen wollen, hier z. B. die Anzahl männlicher Teilnehmer. Der Zellzeiger steht auf »m« in Spalte B.

2003 Symbolleiste *PivotTable/PivotTable/Formeln/Berechnetes Element*

2007 *PivotTable-Tools/Optionen/Tools/Formeln/Berechnetes Element*

2010 *PivotTable-Tools/Optionen/Tools/Berechnungen/Felder, Elemente und Gruppen/Berechnetes Element*

```
Name: Männlich
Formel: =m*-1
```

Blenden Sie das Originalelement mit dem Feldfilter der PivotTable aus und benennen Sie das w-Feld um in »Weiblich«. Damit die negativen Werte in der PivotTable und im Diagramm positiv angezeigt werden, weisen Sie dem Feld dieses Zahlenformat zu:

```
0;0
```

Formatieren Sie das PivotChart, setzen Sie die Achsenbeschriftung der vertikalen Achse nach außen und die Legende nach unten. Setzen Sie die Abstandsbreite zwischen den Balken auf 0 und die Überlappung auf 100.

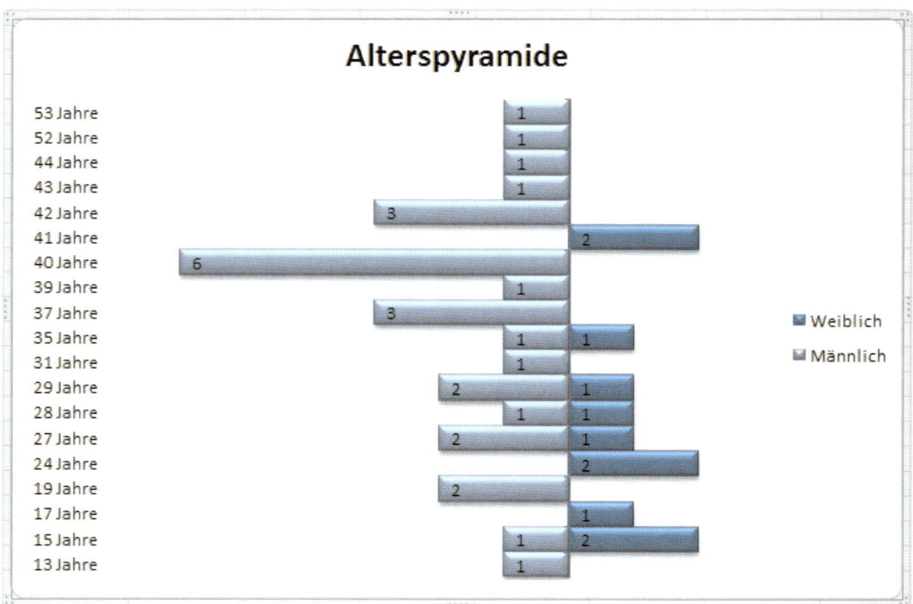

Abbildung 4.178: Das PivotChart als Alterspyramide

Excel-Praxis: Arbeitsanfallanalyse

Personalcontrolling Arbeitsanfallanalyse.xls

CD

Die Personaleinsatzplanung hat vorrangig die Aufgabe, für die anfallende Arbeit genug Personal zur Verfügung zu stellen. Das erhält und erhöht die Produktivität, stellt die Kunden zufrieden und entlastet die Mitarbeiter. Um festzustellen, wie viel Arbeit in einem Unternehmensbereich vorhanden ist, muss der Arbeitsanfall der Vergangenheit analysiert werden. Arbeitsspitzen und Arbeitstäler, Über- und Unterbelastungen lassen sich aus diesen Erhebungen erkennen und verwerten.

Kriterien definieren

In der Arbeitsanfallanalyse werden zunächst die für das Unternehmen zutreffenden Kriterien definiert. Das sind in der Praxis Umsatz- oder Verkaufszahlen, geschriebene Aufträge, Kunden- oder Besucherfrequenzen, Telefonate, Supportleistungen usw. Fertigungsbetriebe definieren den Arbeitsanfall nach der Anzahl produzierter Artikel, Dienstleister und Programmierer rechnen Arbeitsstunden ab, Callcenter überwachen die Anzahl der Kundenkontakte. Im Tabellenblatt *Kriterien* ist eine Liste vorbereitet, die jederzeit abgeändert oder durch neue, eigene Kriterien ergänzt werden kann. Ein globaler Bereichsname auf der Liste sorgt dafür, dass die Liste in anderen Tabellenblättern zu verwenden ist.

	A	B	C
1	**Kriterien**	Alarm	
2		Anmietung Fahrzeug	
3		Aufträge	
4		Besucherfrequenz	
5		Kubikmeter	
6		Kundenbesuche	
7		Kundenfrequenz	
8		Mietvertrag	
9		Quadratmeter	
10		Reinigungsarbeiten	
11		Reklamation	
12		Rückgabe Fahrzeug	
13		Stückproduktion	
14		Supportleistung	
15		Telefonanrufe	
16		Tickets	
17		Überwachungseinsatz	
18		Umsatz	
19		Unfallhilfe	
20		Verkauf	
21		Versorgung Patienten	

Abbildung 4.179: Kriterienliste mit Bereichsnamen *Kriterien*

Arbeitsanfall pro Woche

Das Tabellenblatt stellt die Kriterien aus der Kriterienliste in Gültigkeitsprüfungslisten zur Auswahl, im Beispiel sind drei Spalten mit den Kriterien *Kundenfrequenz*, *Umsatz* und *Aufträge* vorgesehen. In der Zeile darunter wird ein Gewichtungsfaktor eingetragen und mit Bereichsnamen versehen. Bei wichtigen Kriterien ist dieser höher, bei weniger wichtigen geringer, die Summe muss immer 100 sein. Die Zellen sind mit einem Bedingungsformat versehen, das mit dieser Regel eine Überschreitung abprüft und die Zellen entsprechend (rot) einfärbt:

```
Formelbedingung: =Gewicht1+Gewicht2+Gewicht3>1
```

	A	B	C	D	E	F	G
1	**Arbeitsanfallanalyse**						
2	Wochenverlauf						
3							
4		**Kundenfrequenz**		**Umsatz**		**Aufträge**	
5	Gewichtung	33%		33%			

Auswahlliste: Aufträge, Besucherfrequenz, Kubikmeter, Kundenbesuche, Kundenfrequenz, Mietvertrag, Quadratmeter, Reinigungsarbeiten

Abbildung 4.180: Kriterienauswahl und Gewichtung

	A	B	C	D	E	F	G	H	I	J
1	**Arbeitsanfallanalyse**									
2	Wochenverlauf									
3										
4		**Kundenfrequenz**		**Umsatz**		**Aufträge**		**Arbeitsanfall**	**Arbeitsstunden**	
5	Gewichtung	33%		33%		33%		Verteilung (gewichtet)		
6	Montag	25	13%	120.000,00 €	24%	12	25%	20,7%	80	31%
7	Dienstag	50	26%	150.000,00 €	31%	15	31%	29,1%	120	46%
8	Mittwoch	120	62%	220.000,00 €	45%	21	44%	50,0%	60	23%
9	Donnerstag		0%		0%		0%	0,0%		0%
10	Freitag		0%		0%		0%	0,0%		0%
11	Samstag		0%		0%		0%	0,0%		0%
12	Sonntag		0%		0%		0%	0,0%		0%
13		195	100%	490.000,00 €	100%	48	100%	100%	260	100%

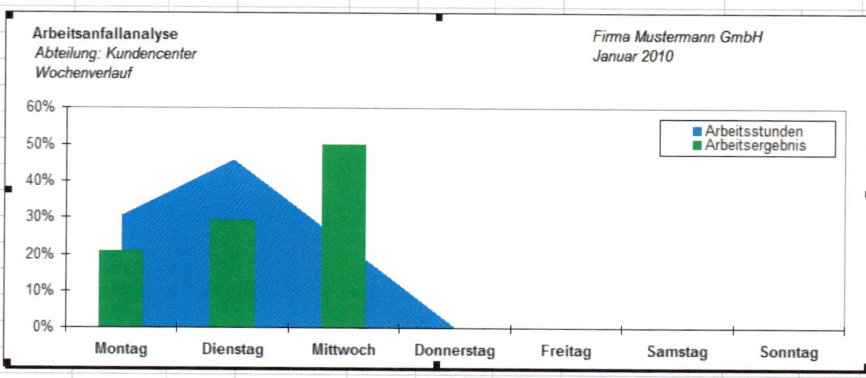

Abbildung 4.181: Datenerfassung und Anteilberechnung für die einzelnen Wochentage

Die Daten (Stunden, Anzahl, Beträge) für die Kriterien trägt der Anwender zu jedem Wochentag in die gelb markierten Felder ein, auch die Anzahl der Arbeitsstunden muss erfasst werden. Die Formeln in Zeile 13 summieren die Einträge, und in den Spalten C, E und F werden die prozentualen Anteile berechnet. Der Arbeitsanteil berechnet sich aus den Produkten von Daten und Gewichtungen.

```
H6: =C6*Gewicht1+E6*Gewicht2+G6*Gewicht3
```

Für die Gegenüberstellung des gewichteten Arbeitsanfalls und der täglichen Arbeitsstunden sorgt ein Diagramm mit dem Diagrammtyp *Säulen-Flächen*. Die Arbeitsstunden aus Spalte J bilden die erste Datenreihe, der Arbeitsanfall steht in Flächenform als zweite Reihe im Diagramm.

Arbeitsanfall im Jahresverlauf

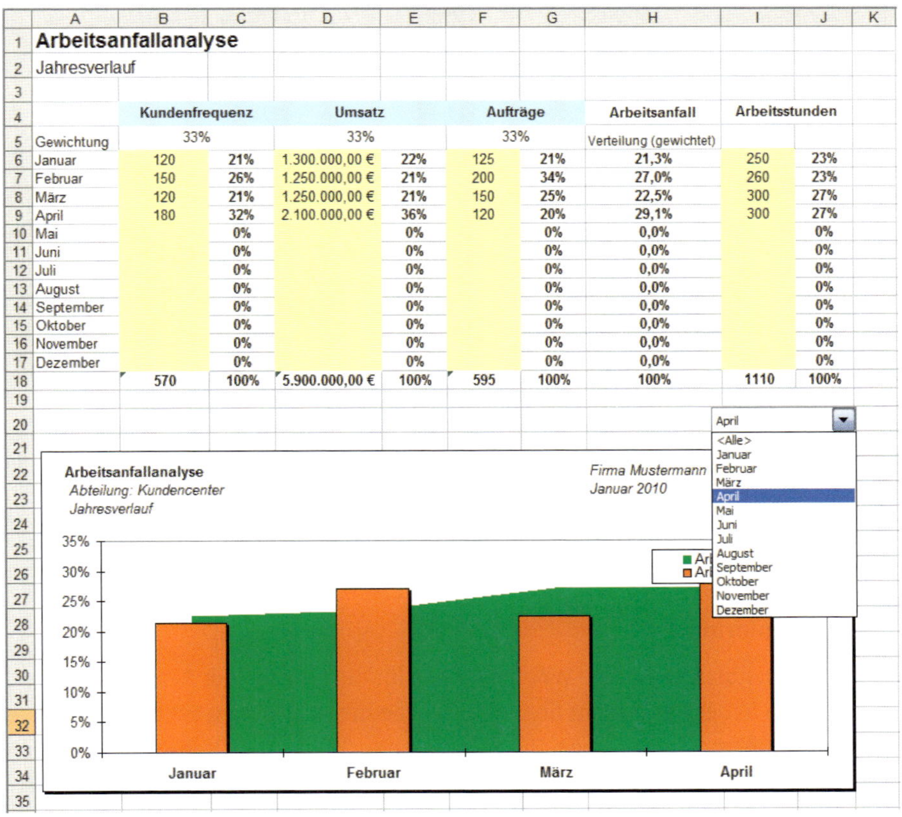

	A	B	C	D	E	F	G	H	I	J
1	**Arbeitsanfallanalyse**									
2	Jahresverlauf									
3										
4		**Kundenfrequenz**		**Umsatz**		**Aufträge**		**Arbeitsanfall**	**Arbeitsstunden**	
5	Gewichtung	33%		33%		33%		Verteilung (gewichtet)		
6	Januar	120	21%	1.300.000,00 €	22%	125	21%	21,3%	250	23%
7	Februar	150	26%	1.250.000,00 €	21%	200	34%	27,0%	260	23%
8	März	120	21%	1.250.000,00 €	21%	150	25%	22,5%	300	27%
9	April	180	32%	2.100.000,00 €	36%	120	20%	29,1%	300	27%
10	Mai		0%		0%		0%	0,0%		0%
11	Juni		0%		0%		0%	0,0%		0%
12	Juli		0%		0%		0%	0,0%		0%
13	August		0%		0%		0%	0,0%		0%
14	September		0%		0%		0%	0,0%		0%
15	Oktober		0%		0%		0%	0,0%		0%
16	November		0%		0%		0%	0,0%		0%
17	Dezember		0%		0%		0%	0,0%		0%
18		570	100%	5.900.000,00 €	100%	595	100%	100%	1110	100%

Abbildung 4.182: Arbeitsanfallanalyse im Jahresverlauf

Das Tabellenblatt für die Analyse des Jahresverlaufs ist ähnlich wie die Wochenübersicht aufgebaut, das Diagramm lässt sich aber mithilfe eines Formularelements auf das gesamte Jahresvolumen oder bis zu einem bestimmten Monat einstellen. Dazu wird das Kombinationsfeld mit einer Monatsnamenreihe und einer Verknüpfungszelle versehen. Die Bereiche, aus denen das Diagramm gebildet wird, berechnen sich über Formeln im Namens-Manager:

```
Rubrik:
=WENN(Jahresverlauf!$J$20=1;Jahresverlauf!$A$6:$A$17;BEREICH.VERSCHIEBEN(Jahresverla
uf!$A$6;0;0;Jahresverlauf!$J$20-1;1))
Arbeitsanfall:
=WENN(Jahresverlauf!$J$20=1;Jahresverlauf!$H$6:$H$17;BEREICH.VERSCHIEBEN(Jahresverla
uf!$H$6;0;0;Jahresverlauf!$J$20-1;1))
Arbeitsstunden:
=WENN(Jahresverlauf!$J$20=1;Jahresverlauf!$J$6:$J$17;BEREICH.VERSCHIEBEN(Jahresverla
uf!$J$6;0;0;Jahresverlauf!$J$20-1;1))
```

Die Funktion DATENREIHE(), aus der das Diagramm gebildet wird, enthält diese Bereiche anstelle der absoluten Bezüge:

```
=DATENREIHE(Jahresverlauf!$H$4;Jahresverlauf!Rubrik;Jahresverlauf!Arbeitsanfall;2)
```

Excel-Praxis: Reisekostenabrechnung

CD

Personalcontrolling Reisekostenabrechnung.xls

Diese Praxislösung bietet eine Reisekostenabrechnung mit Berechnung der Verpflegungspauschalen. Für Inlandsreisen gibt es einen Einheitssatz für Verpflegung und Übernachtung, bei ausländischen Zielen werden unterschiedliche Tagegelder fällig. Grundlage der Berechnung ist eine Tabelle, in der die Pauschalen aller Reiseländer gelistet sind. Mithilfe von Verweisfunktionen lassen sich die Geldwerte für die Reisedauer berechnen, vorausgesetzt, diese wurden zuvor aus den eingegebenen Zeitwerten für Beginn und Ende der Reise kalkuliert.

Hinweis

Diese Tabelle finden Sie im Internet auf den Seiten des Bundesfinanzministeriums als PDF-Datei. Sehen Sie dort regelmäßig nach. Hier der Link:

```
http://www.bundesfinanzministerium.de/nn_54338/DE/BMF__Startseite/Service/Dow
nloads/Abt__IV/BMF__Schreiben/041,templateId=raw,property=publicationFile.pdf
```

Das Reisekostenformular

In diesem Tabellenblatt steht eine Wochentabelle für die Eingabe der Reisedaten bereit. Da Dienstreisten in der Regel nicht über eine Woche hinausgehen, trägt der Mitarbeiter die Reisedaten für maximal sieben Wochentage ein. Wenn die Dienstreise mehr als eine Woche dauert, wird ein zweites Wochenblatt ausgefüllt und abgerechnet. Neben den persönlichen Daten des Mitarbeiters (Name, Abteilung, Kostenstelle, Gebiet) zeigt der Kopfbereich die beiden Datumswerte *Reiseanfang* und *Reiseende* an. Diese Datumswerte werden per Formel aus dem Minimal- und Maximalwert der Datumsspalte berechnet:

```
Vom:    =WENN(MIN($B$11:$B$23)=0;"";MIN($B$11:$B$23))
Bis:    =WENN(MAX($B$11:$B$23)=0;"";MAX($B$11:$B$23))
```

	A	B	C	D	E
1	Auslandstagegeld				
2	Land	>=24 Std	14 bis 24 Std	8 bis 14 Std	Ü-Pauschale
3	Inland	24	12	6	20
4	Ägypten	30	20	10	50
5	Äquatorialguinea	39	26	13	87
6	Äthiopien	30	20	10	110
7	Afghanistan	30	20	10	95
8	Albanien	30	20	10	90
9	Algerien	48	32	16	80
10	Andorra	32	21	11	82
11	Angola	42	28	14	110
12	Antigua und Barbuda	42	28	14	85
13	Argentinien	42	28	14	90
14	Armenien	24	16	8	90
15	Aserbaidschan	30	20	10	140
16	Australien	39	26	13	90

Abbildung 4.183: Die Tabelle mit den Tagegeldpauschalen der einzelnen Reiseländer

Spalte B ist für die Eingabe der Datumswerte reserviert. Geben Sie die Datumswerte ein oder benutzen Sie den VBA-Kalender, der mit Klick auf das Kalendersymbol am linken Rand startet. Das gewählte Datum wird in die Datumszelle in Spalte B eingetragen.

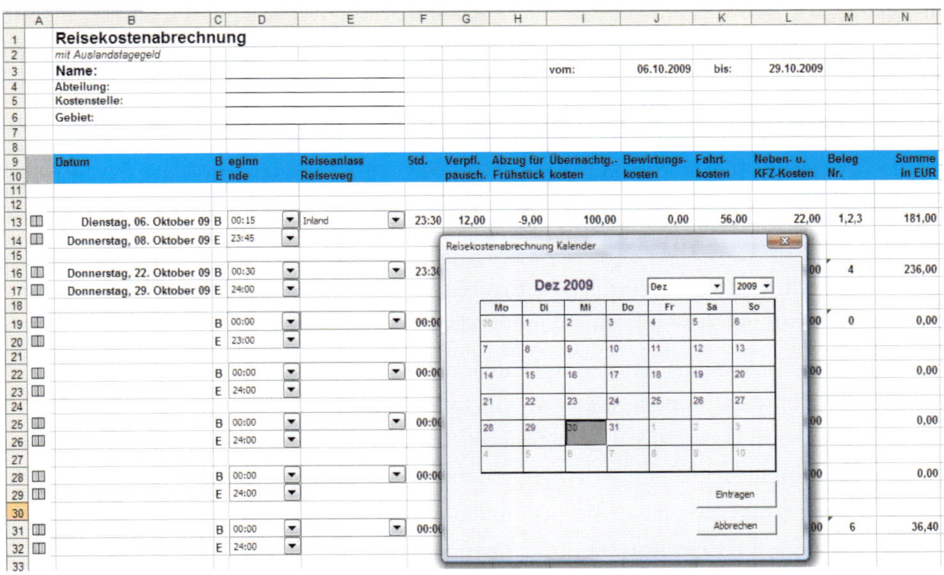

Abbildung 4.184: Reisekostenformular

Die Reisezeiten werden aus den Kombinationsfeldern in Spalte D geholt, sie bieten die Zeit für je einen Tag in 15-Minuten-Abständen an. Die Berechnung der Stundendifferenz zwischen Reisebeginn und Reiseende eines Tages übernimmt die Spalte F.

```
F11: =WENN(UND(B11<>"";D12>D11);D12-D11;0)
```

In Spalte E steht ein weiteres Formularelement (Kombinationsfeld) bereit. Es enthält die Liste der Länder, für die Tagegeldpauschalen in der Datentabelle hinterlegt sind. Wählen Sie hier den ersten Eintrag *Inland*, wenn die Reise in Deutschland stattfand, oder suchen Sie das entsprechende Reiseland.

Für die Berechnung der Verpflegungspauschale wird die Formel in Spalte G abprüfen, in welchem Zeitrahmen sich der Reisetag befindet. Der Verweis liefert die passende Tagegeldpauschale aus der Datentabelle. Da Zeitangaben Zahlen zwischen 0 und 1 sind, muss die Stundendifferenz mit 24 multipliziert werden (Umrechnung in Industrieminuten).

```
G11:
=WENN(F11*24>8;SVERWEIS(E11;Tagesgelder;WENN(F11*24>24;2;WENN(UND(F11*24>=14;F11*24
<24);3;WENN(UND(F11*24>=8;F11<14);4)));FALSCH);0)
```

4.2.5 Projekt

Arbeitszeit-/Stundenerfassung

Problemstellung

In personalintensiven Projekten steht die **Erfassung des Personalaufwands (Stundenerfassung)** (in der Regel in der Einheit »geleistete Stunden«) und dessen Bewertung mit einem Personalkostenverrechnungssatz im Vordergrund. Verantwortlich hierfür ist der Projektleiter bzw. der Projektcontroller (in größeren Projekten).

Fachliche Beschreibung und Beispiele

Die Erfassung der geleisteten Stunden erfolgt durch die Projektmitarbeiter in Form von Projektstundennachweisen in MS-Excel-Arbeitsblättern oder in einer Standardsoftware (z. B. Modul CATS im SAP R/3).

Nur bei Beachtung der wesentlichen **Erfolgsfaktoren einer Stundenerfassung** kann diese als Instrument zur Lieferung valider Istmengen dienen:

- Die Stundenerfassung muss standardisiert (z. B. mit Formularen für den Projektstundennachweis), regelmäßig und vollständig durchgeführt werden.
- Es sind Erfassungsstichtage zu definieren (z. B. am letzten Arbeitstag eines Monats oder am ersten Arbeitstag des Folgemonats für den abgelaufenen Monat).
- Die Stundenerfassung ist als Bringschuld der Projektmitarbeiter festzulegen.
- Die Stundenerfassung muss auf der Ebene der Arbeitspakete entsprechend dem in der Strukturplanung definierten PSP erfolgen.
- Es sind auch externe Berater und Führungskräfte in die Stundenerfassung einzubeziehen.
- Ausgenommen von der Stundenerfassung sind häufig pauschal über Umlagen verrechnete Bürokräfte.

Die Stundenerfassung kann neben der Erfassung bezogen auf Arbeitspakete bzw. PSP-Elemente zudem tätigkeitsbezogen erfolgen. Hierzu müssen im Vorfeld Tätigkeitsarten festgelegt werden, die neben dem Arbeitspaket bzw. PSP-Element zu erfassen sind. Tätigkeitsarten können z. B. für Besprechungen, Recherche, Abstimmung, Konzepterstellung i. e. S. definiert werden.

Idealerweise wird vor der Buchung der Stunden auf das Arbeitspaket bzw. PSP-Element ein Genehmigungs-Workflow angestoßen, bei dem die vom Mitarbeiter erfassten Stunden dem verantwortlichen Teilprojektleiter in elektronischer Form zur Genehmigung vorgelegt werden und dieser die erfassten Stunden freizeichnet. Erst dann werden die Stunden auf dem Arbeitspaket bzw. PSP-Element verbucht. Auf diese Weise können Fehlbuchungen oder bewusste Falschkontierungen vermieden werden.

Um manuelle Stundenerfassungen und Übertragungs- bzw. Verknüpfungsfehler zu vermeiden, sollte die Stundenerfassung in einer eigens dafür vorgesehenen (Standard-) Software erfolgen; diese ermöglicht i. d. R. eine tagesgenaue Eingabe.

Plausibilitätskontrollen sollten vorgesehen sein, z. B. Vollständigkeitsprüfung, Maximalstunden pro Tag, Wochenend- und Feiertagsarbeit.

Mittels Zugriffssteuerung sollten Projektmitarbeiter lediglich die Erfassung von Stunden auf den ihnen zugeordneten Arbeitspaketen bzw. PSP-Elementen durchführen können. Damit wird vermieden, dass »fremde« Arbeitspakete bzw. PSP-Elemente bebucht werden.

Excel-Praxis: Projektstundenerfassung

Projektcontrolling Stundenerfassung Projekt.xls — CD

Diese Beispiellösung demonstriert einzelne Prozesse im Projektmanagement wie die Zuordnung von Ressourcen an Arbeitspakete im Projektplan, den Übertrag und die Zuweisung der Arbeitspakete an einzelne Ressourcen und die Stundenerfassung im Projekt mithilfe von Monatsstundentabellen.

Ressourcenliste

Das Tabellenblatt *Ressourcen* enthält eine Ressourcenliste mit Firma, Vorname, Name und Funktion, weitere Felder können jederzeit angefügt werden. Wichtig ist die Zuordnung der Bereichsnamen:

```
Ressourcen: Bereichsname für die gesamte Liste
RNAMEN: Bereichsname für die Namensspalte der Ressourcen (ohne Überschrift), Formel:
=BEREICH.VERSCHIEBEN(Ressourcen;1;2;ZEILEN(Ressourcen)-1;1)
```

Projektplan mit Ressourcenzuordnung

Der Projektplan enthält die Phasen und Arbeitspakete des gesamten Projekts und fünf Spalten für die Zuweisung von bis zu fünf Ressourcennamen. Dazu wird der Bereich mit einer Gültigkeitsliste versehen, der Bezug verweist auf die Ressourcennamen.

	A	B	C	D
1	**Firma**	**Vorname**	**Nachname**	**Funktion**
2	Mustermann GmbH	Ewald	Beuttenmüller	Entwickler
3	Mustermann GmbH	Wolfgang	Bühler	Entwickler
4	Mustermann GmbH	Werner	Müller	Entwickler
5	Mustermann GmbH	Franz	Eismann	Produktmanager
6	SoftTec AG	Helene	Flaig	Entwickler
7	SoftTec AG	Anna	Hartl	Entwickler
8	SoftTec AG	Dr. Franz	Zettwoch	Produktmanager
9	SoftTec AG	Marco	Scholz	Marketingleiter
10	Rehmann Consulting	Elfriede	Thalmann	IT-Leiter
11	Rehmann Consulting	Erwin	Thamm	Produktion
12	Rehmann Consulting	Georgios	Wild	Produktion

RNAMEN

Abbildung 4.185: Ressourcenliste mit Bereichsnamenzuordnung für die Nachnamen

2003 *Daten/Gültigkeit/Zulassen: Liste, Quelle: =RNAMEN*

2007 2010 *Daten/Datentools/Datenüberprüfung/Zulassen: Liste, Quelle: =RNAMEN*

Die Ressourcen können jetzt durch Auswahl des Namens aus der Gültigkeitsliste an die Arbeitspakete zugewiesen werden.

	A	B	C	D	E	F	G	H
1	**Projektplan**							
2	Projekt:	Entwicklung SAC-R/22						
3								
4					Ressourcenzuordnung			
5	**Phase**	**Arbeitspaket**	**R1**	**R2**	**R3**	**R4**	**R5**	**PLAN**
6	Design	Entwurf Gehäuse	Beuttenmüller	Bühler	Müller	Hartl	Zettwoch	80
7	Design	Elektronikdesign	Eismann	Flaig	Zettwoch			120
8	Design	Leiterplattenentwurf	Müller	Zettwoch				150
9	Design	CAD-Entwurf	Beuttenmüller	Hartl	Zettwoch	Scholz		200
10	Design	Drahtgittermodell entwerfen	Scholz	Hartl				180
11	Design	Farbabstimmung	Flaig	Beuttenmüller				80
12	Design	Lackierung, Beschriftung	Müller	Eismann	Hartl			
13	Konstruktion	Gehäuse PVC konstruieren				Beuttenmüller		
14	Konstruktion	Motor und Antrieb				Bühler		
15	Konstruktion	Elektronik und Schaltungen				Müller		
16	Konstruktion	Gehäuse fräsen und polieren				Eismann		
17	Konstruktion	Komponenten zusammenfügen				Flaig		
18	Konstruktion	Funktionstest A/34				Hartl		
19	Konstruktion	Finalisierung				Zettwoch		
20	Software-Entwicklung	Strukturplan entwerfen				Scholz		
21	Software-Entwicklung	Datenflussmodell und Objekte						
22	Software-Entwicklung	Codierung, Testläufe						
23	Software-Entwicklung	Debugging						
24	Software-Entwicklung	Implementation						

Abbildung 4.186: Projektplan mit Ressourcenzuordnung

Arbeitspakete filtern mit dem Spezialfilter

Der Spezialfilter ist ein nützliches Werkzeug für die Datenfilterung aus größeren Listen. Im Unterschied zum AutoFilter kopiert er die gefilterten Datenmengen in einen Zielbereich, das Filterkriterium wird dazu separat im Tabellenblatt angegeben. Die Prozedur wird einfacher, wenn die drei Bereiche mit Bereichsnamen versehen werden, der Spezialfilter ordnet die lokalen Bereichsnamen *Suchkriterien* und *Zielbereich* automatisch zu, wenn sie im Dialog angegeben werden. Die auszuwertende Liste muss eine Kopfzeile mit eindeutigen Spaltenbeschriftungen enthalten, in Excel bis Version 2003 findet der Spezialfilter einen Bereich *Datenbank* automatisch.

Der Suchkriterienbereich muss in der ersten Zeile einen oder mehrere Spaltentitel aus der Liste enthalten, die Suchkriterien werden in die Zeilen darunter geschrieben. Hier sind auch »Wildcards« mit Platzhaltern wie * und ? erlaubt (z. B. M* oder M??er). Für unseren Projektplan erstellen wir einen Suchkriterienbereich, der den gesuchten Namen aus allen fünf Ressourcenspalten sucht. Der Name der Ressource wird per Gültigkeitsliste angeboten:

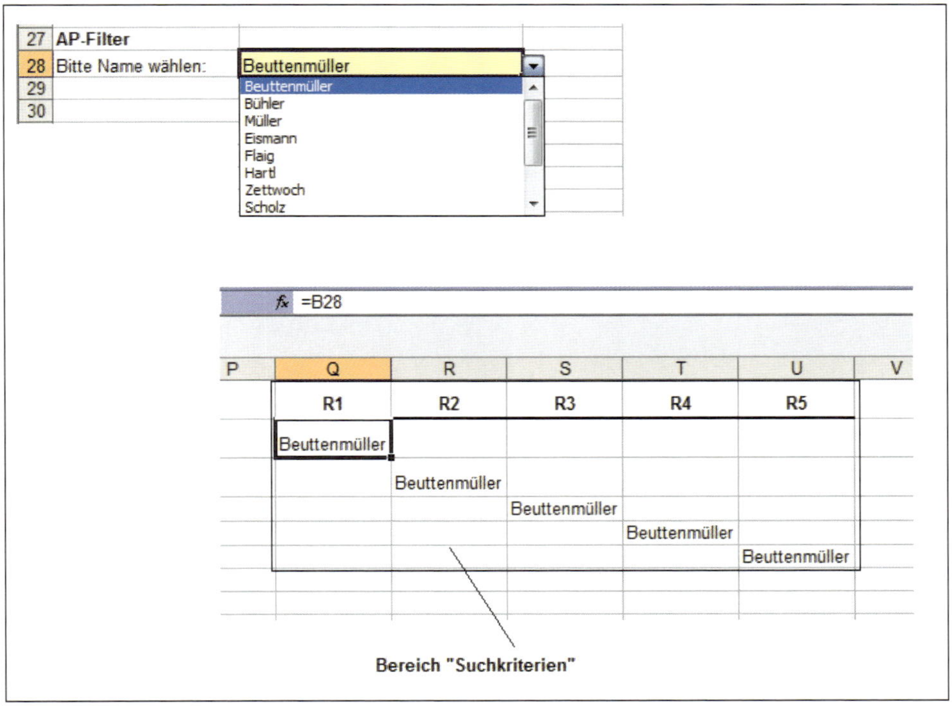

Abbildung 4.187: Suchname und Suchkriterienbereich für alle Ressourcen

Der Zielbereich besteht aus einer Auswahl von Spaltentiteln aus der Liste, die Anzahl und Anordnung sind beliebig, im Unterschied zum Suchkriterienbereich ist dieser Bereich aber immer nur eine Zeile groß. Wird er mit dem Bereichsnamen *Zielbereich* versehen, findet der Spezialfilter ihn automatisch.

Tragen Sie den gesuchten Namen in das Filterfeld ein und starten Sie den Spezialfilter:

2003 *Daten/Filter/Spezialfilter*

2007 2010 *Daten/Sortieren und Filtern/Erweitert*

Wählen Sie die Aktion *An eine andere Stelle kopieren* und geben Sie die Bereiche an:

```
Listenbereich: Projektplan
Kriterienbereich: Suchkriterien
Kopieren nach: Zielbereich
```

Der Spezialfilter kopiert die Arbeitspakete der Ressource in den Zielbereich. Bereits eingetragene Daten werden zuvor automatisch gelöscht. Die Arbeitspakete können jetzt auf das Stundenerfassungsblatt der Ressource kopiert werden. Wenn Sie den Zielbereich im Stundenblatt der Ressource anlegen und markieren, kopiert der Spezialfilter die Daten auch gleich in dieses Tabellenblatt, wird aber vorher eine Warnung bringen, dass der Listenbereich nicht bekannt ist.

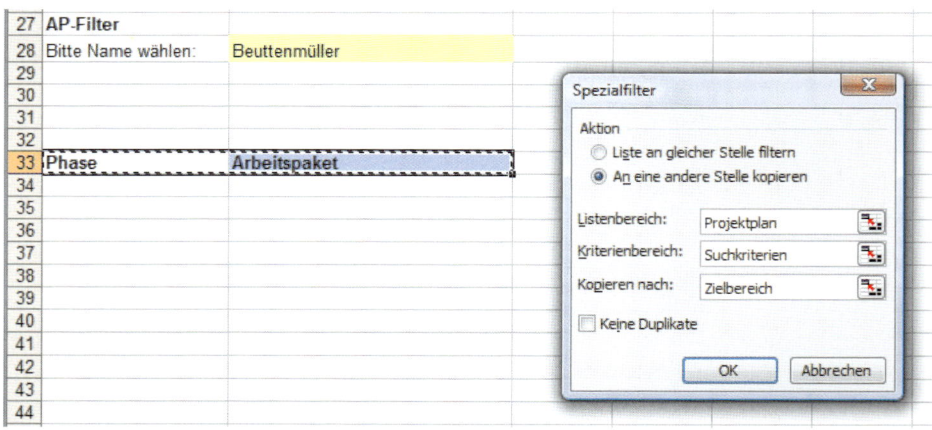

Abbildung 4.188: Arbeitspakete kopieren mit dem Spezialfilter

Projektstundenerfassung

Das Stundenerfassungsblatt enthält eine Monatsauswahl und eine Datumsreihe für den gesamten Monat. Wochenendtage und Feiertage sind per Bedingungsformat markiert, die Kalenderwochen berechnet (siehe Ewiger Kalender mit Feiertagen, Kapitel 2.1.8). Der Projektmitarbeiter trägt seine Stunden zum jeweiligen Arbeitspaket ein, die Summenspalte summiert diese.

Eine weitere Spalte im Projektplan enthält die Planstunden, die Iststunden werden den Ressourcen zugeordnet, in die Folgespalten übertragen und in der Istspalte aufsummiert. Die Differenz zwischen Ist- und Planstunden berechnet die Spalte *Rest*.

C12 | f_x =SUMME(D12:AH12)

	A	B	C	D	E	F	G	H	I	J	K	L	M	N	O	P	Q
1	**Projektstundenerfassung**																
2																	
3	Projekt:	Entwicklung SAC-R/22															
4	Projektmitarbeiter:	Beuttenmüller															
5	Funktion:	Entwickler															
6	Jahr:	**2010**															
7	Monat:	Januar		1													
8																	
9							1							2			
10				Fr	Sa	So	Mo	Di	Mi	Do	Fr	Sa	So	Mo	Di	Mi	Do
11	Phase	Arbeitspaket	Summe	01	02	03	04	05	06	07	08	09	10	11	12	13	14
12	Design	Entwurf Gehäuse	21,0				3,0	4,0		4,0	4,0			2,0	2,0	2,0	
13	Design	CAD-Entwurf	24,0				2,0	2,0						4,0	4,0	4,0	4,0
14	Design	Farbabstimmung	32,0														
15																	
16																	
17																	
18																	
19																	

	R	S	T	U	V	W	X	Y	Z	AA	AB	AC	AD	AE	AF	AG	AH
1																	
2																	
3																	
4																	
5																	
6																	
7																	
8																	
9				3							4						
10	Fr	Sa	So	Mo	Di	Mi	Do	Fr	Sa	So	Mo	Di	Mi	Do	Fr	Sa	So
11	15	16	17	18	19	20	21	22	23	24	25	26	27	28	29	30	31
12																	
13	4,0																
14				4,0	4,0	4,0	4,0	4,0			4,0	4,0	4,0				
15																	
16																	
17																	
18																	
19																	

Abbildung 4.189: Stundenerfassung für Projektmitarbeiter

H	I	J	K	L	M	N	O
Stunden							
PLAN	IST	Rest	R1	R2	R3	R4	R5
80,0	21,0	59,0	21,0				
120,0	0,0	120,0					
150,0	0,0	150,0					
200,0	24,0	176,0	24,0				
180,0	0,0	180,0					
80,0	32,0	48,0		32,0			
	0,0	0,0					
	0,0	0,0					
	0,0	0,0					
	0,0	0,0					
	0,0	0,0					
	0,0	0,0					
	0,0	0,0					
	0,0	0,0					
	0,0	0,0					
	0,0	0,0					
	0,0	0,0					
	0,0	0,0					
	0,0	0,0					

Abbildung 4.190: Plan- und Iststunden erfassen und Delta berechnen

Projektcontrolling

Problemstellung

Nachdem das Projekt in allen Facetten geplant wurde, muss es während der Abarbeitung der einzelnen Arbeitspakete – **Projektdurchführung** – gesteuert und überwacht werden. Die Daten aus der Steuerung und Überwachung gehen u. a. in die Projektberichterstattung und -dokumentation ein.

Fachliche Beschreibung und Beispiele

Im Fokus des Projektcontrollings i. e. S. stehen dabei die Steuerung und Überwachung von Terminen, Aufwand und Kosten sowie der Sachfortschritt.

Termin

Ziel der Steuerung und Überwachung von Terminen ist, sicherzustellen, dass die den Arbeitspaketen zugewiesenen **Fertigstellungstermine** tatsächlich eingehalten werden und es zu keinem zeitlichen Verzug kommt. Um Abweichungen rechtzeitig erkennen und diesen gegensteuern zu können, bedarf es einer laufenden Aktualisierung der geplanten Termine. Zudem müssen von den Mitarbeitern laufend Rückmeldungen zum Terminstatus gegeben werden. Es ist festzustellen, ob für noch nicht abgeschlossene Arbeitspakete der Fertigstellungstermin gehalten oder nicht gehalten oder ggf. sogar vorgezogen werden kann. Hierzu ist ein **Terminrückmeldewesen** zu installieren, das die Rückmeldewege, den Rückmeldeturnus und die Aufbereitung der Rückmeldedaten regelt. Zudem sind Fertigstellungsmeldungen von Arbeitspaketen zu melden. Inhalte der Rückmeldungen sollten sein:

- Projekt- bzw. Teilprojektbezeichnung
- Arbeitspaket (eindeutige Identifizierung durch Arbeitspaketnummer)
- Arbeitspaket-Verantwortlicher
- Berichtsdatum
- Terminänderung (Schätzung des neuen Fertigstellungstermins)
- Grund der Terminänderung

Hinweis Neben der terminlichen Steuerung und Überwachung eines Projekts müssen auch Aufwand und Kosten regelmäßig verfolgt werden. Entgegen den gängigen betriebswirtschaftlichen Betrachtungen (z. B. im Handelsrecht) werden im Projektmanagement häufig unter dem Begriff **Aufwand** nicht monetär bewertete Inputgrößen (Mengen, z. B. Anzahl Stunden) verstanden; **Kosten** sind dann der monetär bewertete Aufwand (Menge x Preis bzw. Verrechnungssatz).

Aufwand und Kosten

Nach der Erfassung des Aufwands muss dieser bewertet werden. Hierzu wird der Aufwand (z. B. Anzahl geleisteter Stunden) mit dem **Personalkostenverrechnungssatz** pro Stunde bzw. **Stundenverrechnungssatz** bewertet. Die Ermittlung des Verrechnungssatzes erfolgt entweder auf der Basis einer individuellen Kalkulation oder es werden unternehmensweit vorgegebene Standardverrechnungssätze verwendet. Letzteres geschieht häufig bei der Ermittlung und Verrechnung von Personalkosten im Rahmen der KLR der öffentlichen Verwaltung. Hier wird auf landes- oder bundeseinheitliche Personalkostensätze (z. B. ermittelt vom BMF) zurückgegriffen.

Bei der Buchung von **Rechnungen Dritter** (z. B. externe Dienstleister wie Unternehmensberater oder externe Programmierer) werden diese einer standardmäßigen Rechnungseingangsprüfung unterzogen. Hierbei erfolgt die rechnerische und sachliche

Richtigzeichnung durch den Projektleiter. Die Rechnungen Dritter sind ebenfalls bezogen auf das Arbeitspaket bzw. PSP-Element in der Finanzbuchhaltung zu erfassen und in die Projektkostenrechnung fortzuschreiben.

Nach Erfassung und Bewertung sind die Istaufwände und Istkosten den geplanten Aufwänden und Kosten im Rahmen eines **Plan-Ist-Vergleichs** gegenüberzustellen. Es genügt jedoch nicht, isoliert die Aufwands- und Kostensituation zu betrachten. In dem Vergleich müssen zwingend auch die Terminsituation und der Sachfortschritt (Abarbeitungsstand des Arbeitspakets) berücksichtigt werden. Plan-Ist-Vergleiche können durchgeführt werden als:

- **absoluter** Plan-Ist-Vergleich (Gegenüberstellung des aktuellen Istwerts mit dem absoluten Endplanwert; Gefahr, dass Kostenüberschreitungen zu spät erkannt werden)
- **linearer** Plan-Ist-Vergleich (Gegenüberstellung des aktuellen Istwerts mit einem anteiligen Planwert, für den ein linearer Verlauf über die Projektlaufzeit unterstellt wird; nur möglich bei annähernd gleichmäßigem Kostenanfall)
- **aufwandskorrelierter** Plan-Ist-Vergleich (Gegenüberstellung der aktuellen Istwerte mit den auf den Netzplanelementen [Arbeitspakete bzw. Vorgänge] erfassten Planwerten)
- **plankorrigierter** Plan-Ist-Vergleich (Gegenüberstellung der aktuellen Istwerte mit den laufenden korrigierten Planwerten durch Schätzung des Restaufwands; aufwendig, aber sehr genau)

Hinweis

Beim Plan-Ist-Vergleich sind auch die Verpflichtungen zu beachten, die aufgrund von Bestellungen eingegangen wurden, jedoch mangels Lieferung bzw. Leistung und Rechnungsstellung noch nicht als Istkosten erfasst wurden. Es handelt sich dabei um sog. Obligos.

Werden **Abweichungen** festgestellt, sind umgehend **Gegensteuerungsmaßnahmen** zu ergreifen. Diese könnten sein:

- Verbesserung der Motivation der Projektmitarbeiter
- Beseitigung von Konflikten, die die Produktivität der Projektmitarbeiter oder die Zusammenarbeit mit dem Kunden hemmen
- Verbesserung der Qualifikation der Projektmitarbeiter
- Optimierung der Arbeitsabläufe
- Reduzierung von »Abstimmungsorgien«
- Effizientere Gestaltung von Besprechungen und Workshops
- Sicherstellung der vereinbarten Mitarbeit des Kunden

Ähnlich wie bei der Meilenstein-Trendanalyse sollte auch der Verlauf der Kosten aufgezeigt und prognostiziert werden. Eine isolierte Kostenbetrachtung ist wie oben erwähnt zu vermeiden. Daher sollte die Meilenstein-Trendanalyse um eine **Kostentrendanalyse** ergänzt werden. Dies setzt allerdings voraus, dass die Berichtsstichtage für Termine und

Kosten identisch sind. Zudem ist zu den Berichtsstichtagen der Sachfortschritt zu beurteilen und mit den geleisteten Aufwänden und entstandenen Kosten sowie dem Terminverlauf in Beziehung zu setzen.

Sachfortschritt

Das Ziel der Sachfortschrittskontrolle liegt auf der Beantwortung der Frage, ob für die bislang aufgewendeten Kosten eine **entsprechende Leistung** vorliegt. Die Schwierigkeit liegt im Finden geeigneter Kennzahlen zur Messung des Sachfortschritts, der sowohl produkt- (Erreichen bestimmter technischer Daten) als auch projektbezogen (Bestimmung des Fertigstellungsgrads) gesteuert und überwacht werden muss.

Im Folgenden wird nur auf den projektbezogenen Sachfortschritt in Form des **Fertigstellungsgrads** eingegangen, da die Ermittlung des produktbezogenen Sachfortschritts technisches Wissen über das Produkt voraussetzt und dieser Publikation keine konkreten Projektergebnisse zugrunde liegen. Zur Ermittlung des Fertigstellungsgrads stehen mehrere **Methoden** zur Verfügung:

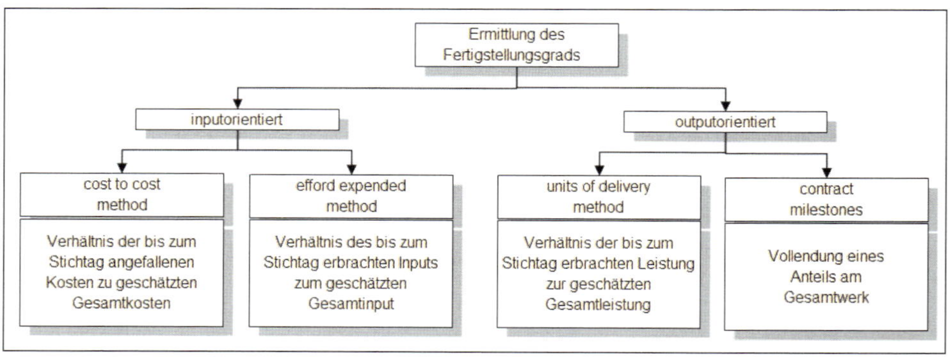

Abbildung 4.191: Methoden zur Ermittlung des Fertigstellungsgrads

Während in der Bewertungspraxis der **Internationalen Rechnungslegung (IAS 11)** die »**cost to cost method**« zur Bewertung langfristiger Fertigungsaufträge verwendet wird, kommt in der **Projektmanagementpraxis** sehr häufig die »**effort expended method**« zum Einsatz, bei der das fertige Arbeitsvolumen in Relation zum gesamten Arbeitsvolumen gesetzt wird. Problematisch bei der Anwendung dieser Methode ist die Bestimmung des fertigen Arbeitsvolumens, da dieses dem **subjektiven Einfluss** des schätzenden Projektmitarbeiters unterliegt. Der Fertigstellungsgrad kann

- relativ (prozentualer Anteil der Aufgabenerfüllung pro Arbeitspaket) oder
- absolut (Gegenüberstellung der fertig gemeldeten (= vollständig abgeschlossenen) und nicht fertig gemeldeten Arbeitspakete)

ermittelt werden.

Hinweis

Vielfach ist in der Projektpraxis das sog. **»Fast-schon-fertig-Syndrom«** zu beobachten, wonach Projektmitarbeiter den angegebenen Fertigstellungsgrad »schönreden«, d. h., der vom Projektmitarbeiter im Rahmen von Rückmeldungen angegebene Fertigstellungsgrad liegt über dem tatsächlichen. Dies führt in der Regel zu einer Terminverschiebung, da der ursprüngliche Plantermin nicht eingehalten werden kann. Nicht selten werden für die letzten 10 % einer Aufgabe mehr als 40 % der Zeit benötigt.

Die Gründe für die **Fehleinschätzungen** sind vielschichtig:

- Die Projektmitarbeiter leiden an Selbstüberschätzung.
- Der Anteil der bereits erbrachten Leistung wird überschätzt.
- Abschließende Aktivitäten zur Fertigstellung eines Arbeitspakets (z. B. Abnahmen, Abstimmgespräche) werden unterschätzt.
- Der Druck des Projektleiters veranlasst Projektmitarbeiter, »sich in die eigene Tasche zu lügen«.

Hinweis

Im Rahmen der Internationalisierung der Rechnungslegung nimmt das Thema Projektmanagement und -controlling insbesondere bei der **Bewertung langfristiger Fertigungsaufträge** ein besonderes Gewicht ein. Der Projektcontroller eines nach internationalen Regelungen bilanzierenden Unternehmens kann hieraus neue Aufgabenfelder rekrutieren.

Projektberichtswesen

Die einzelnen Projektcontrolling-Parameter gehen in die Projektberichterstattung bzw. das **Projektberichtswesen** ein. Zur Vermeidung der Verteilung überflüssiger Informationen müssen zu Projektbeginn in einer **Kommunikationsmatrix**

- Berichtsempfänger (z. B. Lenkungsausschussmitglieder, Projektleiter, Teilprojektleiter),
- Berichtswege (z. B. von Teilprojektleiter an Projektleiter),
- Berichtsstichtage (z. B. dritter Arbeitstag des Folgemonats für den abgelaufenen Monat),
- Berichtszeiträume (z. B. Monat) und
- Berichtsart (z. B. Statusbericht der Teilprojekte)

festgelegt werden.

Vor allem bei einer Berichterstattung in schriftlicher Form sind die **Berichtsinhalte** mit den Berichtsempfängern abzustimmen. Geklärt werden müssen insbesondere

- Umfang (z. B. maximale Seitenanzahl),
- Detaillierungsgrad (z. B. Termin-, Aufwands-, Kosten- und Sachfortschrittsinformationen auf Ebene der Arbeitspakete oder Teilprojekte),
- Standardisierungsgrad (z. B. hoch, d. h. wenig Freitextmöglichkeiten),
- Layout (einschließlich Verwendung von grafischen Elementen wie Ampeln, Diagrammen, Datentabellen, verbalen Erläuterungen) und
- Kommunikationsmittel (z. B. schriftlich, per E-Mail, mündlich).

Projektberichte können z. B. sein:

- Plan-Ist-Vergleiche (einschließlich Forecast und Trendanalysen) für Termin, Aufwand und Kosten
- Statusberichte mit Aussagen zum Sachfortschritt
- Qualitäts- und Risikoberichte
- Auslastungsberichte

Excel-Praxis: Zeit-Kosten-Trendanalyse

CD

Projektcontrolling Zeit-Kosten-Trendanalyse.xls

Die Zeit-Kosten-Trendanalyse stellt die Dauer des Projekts den Kosten gegenüber. Die kumulierten Plankosten und die Istkosten werden für die jeweilige Periode eingetragen. Eine Formel berechnet die Plankosten in % und bezieht sich dazu auf den Maximalwert der Plankostenspalte.

```
D10: =WENN(C10="";"";C10/MAX($C$10:$C$27))
```

	A	B	C	D	E	F
1	***Projektcontrolling***					
2	***Zeit-Kosten-Trenddiagramm***					
3						
4	Projektnr.:		10/21/300			
5	Projektname:		Einführung BW-System			
6	Projektverantwortlicher:		Max Mustermann			
7						
8	**Zeit**	**Zeit in % bezogen auf Plan**	**Plankosten kummuliert**	**Plankosten in %**	**Istkosten kummuliert**	**Istkosten in %**
9	0	0,00%				
10	1	10,00%	5.000 TEUR	8,33%	3.000 TEUR	5,00%
11	2	20,00%	10.000 TEUR	16,67%	3.000 TEUR	5,00%
12	3	30,00%	15.000 TEUR	25,00%	15.000 TEUR	25,00%
13	4	40,00%	20.000 TEUR	33,33%	25.000 TEUR	41,67%
14	5	50,00%	20.000 TEUR	33,33%	30.000 TEUR	50,00%
15	6	60,00%	25.000 TEUR	41,67%	40.000 TEUR	66,67%
16	7	70,00%	30.000 TEUR	50,00%	50.000 TEUR	83,33%
17	8	80,00%	40.000 TEUR	66,67%	60.000 TEUR	100,00%
18	9	90,00%	50.000 TEUR	83,33%	70.000 TEUR	116,67%
19	10	100,00%	60.000 TEUR	100,00%	80.000 TEUR	133,33%
20	11	110,00%			90.000 TEUR	150,00%
21	12	120,00%			100.000 TEUR	166,67%
22	13	130,00%			150.000 TEUR	250,00%
23	14	140,00%				
24	15	150,00%				
25	16	160,00%				
26	17	170,00%				
27	18	180,00%				

Abbildung 4.192: Gegenüberstellung Plankosten und Istkosten mit Ampelformatierung

Auch der Prozentwert der Istkosten bezieht sich auf den Maximalwert der Plankosten. Bedingungsformate in der Spalte F sorgen für eine Ampelformatierung, die eine Abweichung der Istkosten von den Plankosten sichtbar macht.

```
F10: =WENN(E10="";" ";E10/MAX($C$10:$C$27))
Bedingungsformat Regel 1: E10<C10 (Grün)
Bedingungsformat Regel 2: E10=C10 (Gelb)
Bedingungsformat Regel 1: E10>C10 (Rot)
```

Das Diagramm zur Zeit-Kosten-Trendanalyse trägt die Plan- und Istkosten auf einer Zeitreihe auf, als Diagrammtyp eignet sich das Linien- oder Flächendiagramm. Damit die Reihe bei den noch nicht besetzten Zeitwerten nicht auf den Nullpunkt abfällt, werden nur die eingetragenen Werte übernommen.

Hinweis

Tipps, wie Grafikobjekte auf Datenreihen gezeichnet werden und wie der Linienabfall auf null zu verhindern ist, finden Sie in Kapitel 5.

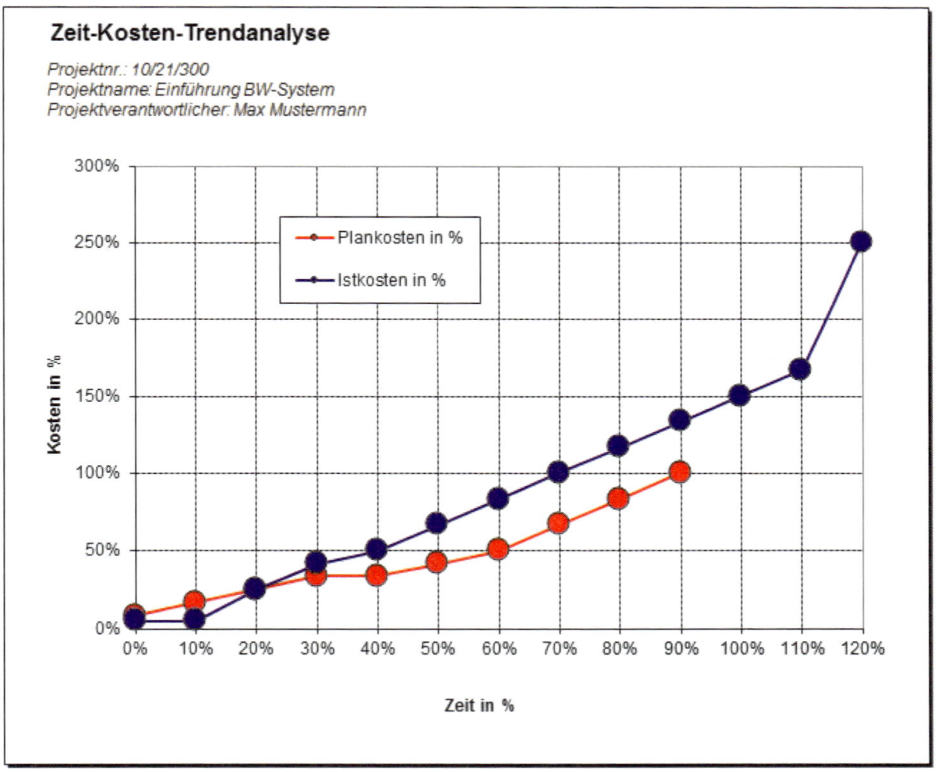

Abbildung 4.193: Zeit-Kosten-Trendanalyse-Diagramm

Excel-Praxis: Earned-Value-Analyse

CD

Projektcontrolling Earned Value Analyse.xls

Das wichtigste und bekannteste Verfahren im Projektcontrolling ist das *Earned Value Management (EVM)*, am besten zu übersetzen mit »Projektsteuerung nach Fertigstellungswert«.

Earned Value ist der Wert der fertig gestellten Arbeiten

Kosten im Projekt sind erst dann relevant, wenn das Ergebnis vorliegt, und das Problem vieler Projekte ist die Kostentransparenz bis zur Arbeitspaketebene. Die Projektleiter kennen zwar die Budgetauslastung und wissen, wie viel Geld noch »im Topf« ist, können aber mit dem vorliegenden Planungsmaterial nicht nachvollziehen, ob das Geld in der richtigen Proportion zum Einsatz kam.

Das EVM ist für die Positionsbestimmung im Projekt wichtig, das Werkzeug zu dieser Methode ist die Earned Value Analysis (EVA). EVA vergleicht das Projekt zum aktuellen Status mit der Planung, dazu müssen drei Kostengrößen vorliegen:

- die geplanten Kosten (planned value)
- der Fertigungsstellungswert (earned value)
- die aktuellen Kosten (actual cost)

Die Frage nach dem Projektstatus lässt sich nur beantworten, wenn bekannt ist, was bis zu einem bestimmten Tag (Stichtag) erreicht worden ist, und dazu gilt es, den *Earned Value* zu ermitteln. Dieser Wert ist in der Höhe identisch mit den geplanten Kosten zum Stichtag, ist aber im Unterschied zu den Plankosten nicht dem Starttermin, sondern dem Endtermin des Vorgangs zugeordnet.

EVA zum Stichtag

Das Tabellenblatt EVA enthält neben den Projektdaten im Kopfbereich die Berechnung des Projektendes mit der Funktion KGRÖSSTE() und ein Eingabefeld für den Stichtag. Ein Kalendersymbol aktiviert ein VBA-Makro mit einem Kalendersteuerelement, der Stichtag kann damit per Klick auf ein Datum fixiert werden.

Mit der Fertigstellungsgradermittlung nach der 0/100-Methode werden die wichtigsten EVM-Kennzahlen berechnet:

- Fertigstellungswert (Earned Value): Summe der geplanten Kosten zum Stichtag
- Kostenplan (Cost Worked Scheduled): Summe der Plankosten
- Istkosten (Actual Cost Work Performed): Summe der Istkosten
- Kostenabweichung: Fertigstellungswert-Istkosten
- Scheduled Performance Index: Fertigstellungswert/Kostenplan
- Cost Performance Index: Fertigstellungswert/Istkosten
- Scheduled Variance: Kostenplan-Fertigstellungswert

Im Projektplan werden die einzelnen Phasen und Arbeitspakete (Vorgänge) eingetragen, Start- und Endtermine der Phasen berechnet die Tabelle per Formeln. Plan- und Istkosten werden ebenfalls erfasst oder importiert, und die Formeln im EVA-Bereich berechnen die Kosten zum Stichtag (nur für Arbeitspakete):

```
J14: =WENN(UND(C14<>"";H14<=Stichtag);F14;"")
K14: =WENN(UND(C14<>"";D14<=Stichtag);F14;"")
L14: =WENN(UND(C14<>"";G14<=Stichtag);I14;"")
```

J14 =WENN(UND(C14<>"";H14<=Stichtag);F14;"")

Earned-Value-Analyse

mit Fertigstellungsgradermittlung nach der 0/100-Methode

		Stichtag:	**15.03.2010**
Projekt:		Fertigstellungswert (Earned Value):	12.500 €
Verantwortlich:		Kostenplan (Budgeted Cost Work Scheduled):	17.900 €
Stand:		Istkosten (Actual Cost Work Performed):	16.300 €
		Kostenabweichung (Cost Variance): -	3.800 €
Projektbeginn:	Do 21.01.10	Schedule Performance Index:	70%
Projektende:	Mi 21.04.10	Cost Performance Index:	77%
		Scheduled Variance:	5.400,00 €

		Plan			Ist			EVA		
Nr.	**Name**	**Start**	**Ende**	**Kosten geplant**	**Start**	**Ende**	**IST-Kosten**	**Earned Value**	**Planned Value**	**Actual Cost**
1	**Phase 1**	**20.01.2010**	**01.03.2010**	**8.000 €**	**07.01.2006**	**01.03.2006**	**6.300 €**			
1.1	Vorgang 1	20.1.2010	3.2.2010	2.500 €	7.1.2010	10.2.2010	2.800 €	2.500,00 EUR	2.500,00 EUR	2.800,00 EUR
1.2	Vorgang 2	25.1.2010	1.3.2010	4.500 €	21.1.2010	5.2.2010	500 €	4.500,00 EUR	4.500,00 EUR	500,00 EUR
1.3	Vorgang 3	12.2.2010	25.2.2010	1.000 €	15.2.2010	1.3.2010	3.000 €	1.000,00 EUR	1.000,00 EUR	3.000,00 EUR
2	**Phase 2**	**15.2.2010**	**28.2.2006**	**9.900 €**	**12.02.2006**	**25.02.2006**	**11.500 €**			
2.1	Vorgang 5	15.2.2010	28.2.2010	4.500 €	12.2.2010	25.2.2010	6.000 €	4.500,00 EUR	4.500,00 EUR	6.000,00 EUR
2.2	Vorgang 6	12.3.2010	30.3.2010	3.400 €	15.3.2010	1.4.2010	4.000 €		3.400,00 EUR	4.000,00 EUR
2.3	Vorgang 7	13.3.2010	4.4.2010	2.000 €	16.3.2010	3.4.2010	1.500 €		2.000,00 EUR	
3	**Phase 3**	**01.04.2010**	**16.04.2006**	**27.000 €**	**01.04.2006**	**21.04.2006**	**20.000 €**			
3.1	Vorgang 2	1.4.2010	16.4.2010	15.000 €	1.4.2010	21.4.2010	12.000 €			
3.2	Vorgang 3	12.4.2010	21.4.2010	12.000 €	11.4.2010	25.4.2010	8.000 €			

Abbildung 4.194: Earned-Value-Analyse zum Stichtag

Termin- und Meilenstein-Trendanalysen

Problemstellung

Beim Termincontrolling darf nicht nur der Vergleich von Plan- und Ist-Terminen eine Rolle spielen. Der initiale Plantermin wurde bereits zu einem relativ frühen Zeitpunkt in der Phase der Projektplanung festgelegt. Im Laufe der Projektdurchführung ergeben sich laufend Änderungen, die die Anpassung von Terminen erforderlich machen. Folglich muss eine **Erwartungs-/Prognoserechnung** auch für Termine durchgeführt werden (sog. Termin-Forecast oder Estimate To Complete – ETC).

Fachliche Beschreibung und Beispiele

In der Berichterstattung sollte besonderer Wert auf die Termine gelegt werden, die bereits überschritten sind oder die voraussichtlich nicht gehalten werden können. Letztere Termine erhält der Projektleiter oder -controller nur, indem er regelmäßig einen ETC abfragt (siehe vorstehender »Hinweis«). Als Kennzahl dient die **Termintreue** des Gesamtprojekts, eines Teilprojekts oder Arbeitspakets. Zur Visualisierung des Terminverlaufs werden **Termintrendanalysen** eingesetzt, allen voran die Meilenstein-Trendanalyse (MTA) oder die Meilenstein-Signalliste.

Die Gründe für **Terminverschiebungen** sind vielschichtig:

- aufgrund von Fluktuation oder Krankheit fehlendes Personal
- fehlende Qualifikation

- unvorhergesehene Schwierigkeiten
- unrealistische Terminplanung
- falsche Ablaufplanung
- Change Requests

Um diesen Terminverschiebungen zu begegnen, können u. a. folgende **Gegensteuerungsmaßnahmen** ergriffen werden:

- Einsatz zusätzlicher Projektmitarbeiter
- Qualifizierung der Projektmitarbeiter
- Austausch von Projektmitarbeitern
- Anordnung von Überstunden
- Urlaubssperre
- Verschiebung von Schulungen der Projektmitarbeiter
- Optimierung der Arbeitsabläufe
- Reduzierung des Leistungsumfangs
- Vergabe von Arbeitspaketen an Externe

Excel-Praxis: Meilenstein-Trendanalyse

CD

Projektcontrolling Meilenstein-Trendanalyse.xls

Die Meilenstein-Trendanalyse beschränkt sich auf die wesentlichen Ereignisse im Projektplan, die Meilensteine. Sie zeigt auf, wie sich diese im Projektverlauf entwickeln, die grafische Darstellung macht kritische Entwicklungen sofort sichtbar.

Für den Aufbau der MTA wird zunächst ein Meilensteinbericht angelegt, die Daten werden aus der Projektplanung übernommen. Die Gliederung der Berichtszeiträume nach Kalenderwochen bietet sich an, das Tabellenblatt berechnet diese nach Eingabe des Meilensteintermins korrekt nach DIN mit einer Formel (siehe Kapitel 2.1.8). Der Projektcontroller trägt die Endtermine unter den einzelnen KWs ein, verzögert sich ein Meilenstein erkennbar, wird der voraussichtliche Endtermin eingetragen. Im Beispiel ist der erste Meilenstein im Plan, der zweite verzögert sich ab KW 4.

	A	B		C	D	E	F	G	H	I	J	K	L	M	N	O	P	Q	R	S	T	U	V	W	X	Y
1	**Meilenstein-Trendanalyse**																									
2	Projekt:	Air Star Plus Neue Lüftergeneration																								
3	*Projektleiter:*	I. Schels																								
4	*Stand:*	01. Juni 2010																								
5					**Berichtszeitraum (KW)**																					
6	**Meilensteine**	**Ende geplant**		**KW**	0	1	2	3	4	5	6	7	8	9	10	11	12	13	14	15	16	17	18	19	20	21
7	Abschluss Designphase	Mi	03.02.10	5. KW	5	5	5	5	5	5																
8	Abnahme Gehäuse	Mi	17.03.10	11. KW	11	11	11	11	12	12	13	13	13	14	14	14										
9	Abnahme Elektronik	Mi	10.03.10	10. KW	10	10	10	10	10	10	9	9	9	10	10											
10	Abnahme Motor	Mi	17.03.10	11. KW	11	11	13	13	13	14	14	14	14	14	14	14										
11	Abschluß Testphase	Mo	12.04.10	15. KW	15	15	15	15	14	14	15	15	13	13	13	13	14	15	15	15						
12	Nullserie fertig gestellt	Mi	28.04.10	17. KW	17	17	16	16	16	16	16	17	17	17	17	18	18	18	18	18	18	18				
13	Fertigung	Fr	21.05.10	20. KW	20	20	20	20	20	19	19	19	19	19	19	19	20	20	20	20	20	20	21	21	21	21

Abbildung 4.195: Meilensteinplan mit KW-Berechnung

Das MTA-Diagramm wird als Punktediagramm mit Linien und Punktmarkierungen angelegt, dazu wird zuerst die Liste der Meilensteine markiert (A6:A3) und dann mit gedrückter [Strg] + Taste der Berichtszeitraum (D6:Y13). Für die Diagonale, die den Abschluss bildet und das Diagramm in zwei Hälften teilt, kopieren Sie einfach die Rubrikenachse (D6:Y6) noch einmal in das Diagramm oder zeichnen über die Formenbibliothek eine Linie in das Diagrammobjekt.

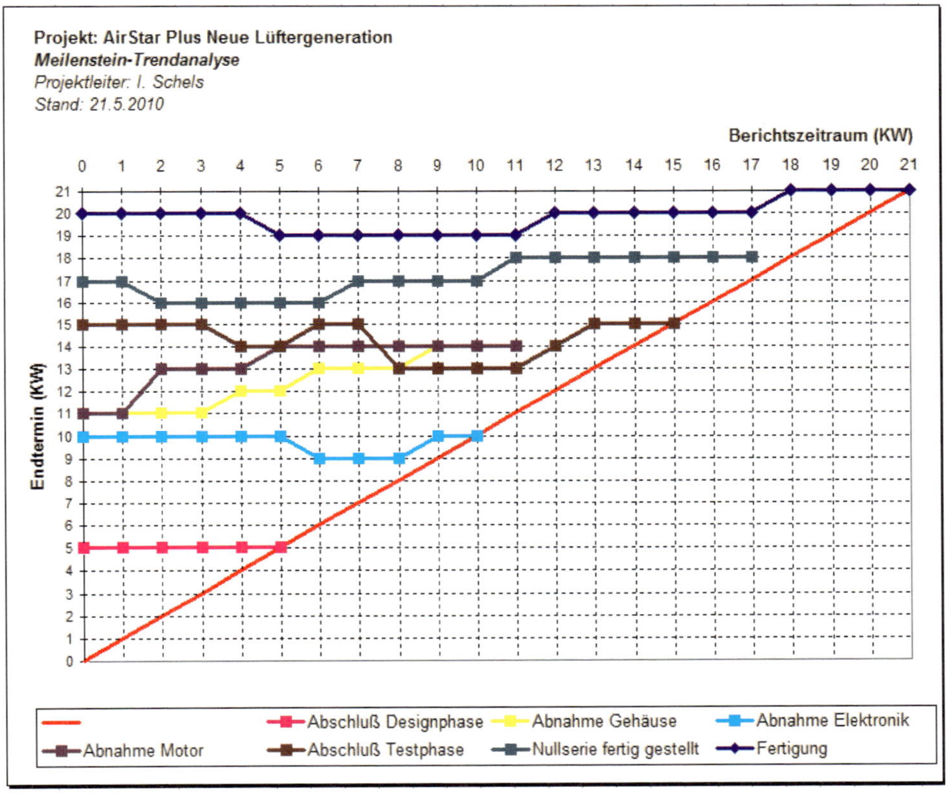

Abbildung 4.196: Meilenstein-Trenddiagramm als Punktediagramm

Excel-Praxis: Publikation zu Excel im Projektmanagement

Ob Sie Excel für kleinere Projekte nutzen oder Microsoft Project, Project-Planner oder ein anderes größeres Softwaresystem für Ihr Projektmanagement einsetzen, in jedem Fall wird die Tabellenkalkulation nützliche Dienste leisten für die Auswertung von projektbezogenen Daten.

Hinweis

Das Buch »Projektmanagement mit Excel« im Verlag Addison-Wesely (Autor: Ignatz Schels) enthält ausführliche Beschreibungen und viele Beispiele zu den wichtigsten Verfahren der Projektplanung und des Projektcontrollings.

Abbildung 4.197: Projektmanagement mit Excel

Projekt-Magazin: viele Excel-Beispiele

Das »Projekt-Magazin« ist ein Online-Fachmagazin für Projektmanagement, das neben aktuellen Meldungen und Beiträgen zahlreiche Praxisbeispiele für Excel-Anwender anbietet. Abonnenten können diese bequem als ZIP-Dateien zusammen mit den Beschreibungen im PDF-Format downloaden.

`www.projektmagazin.de`

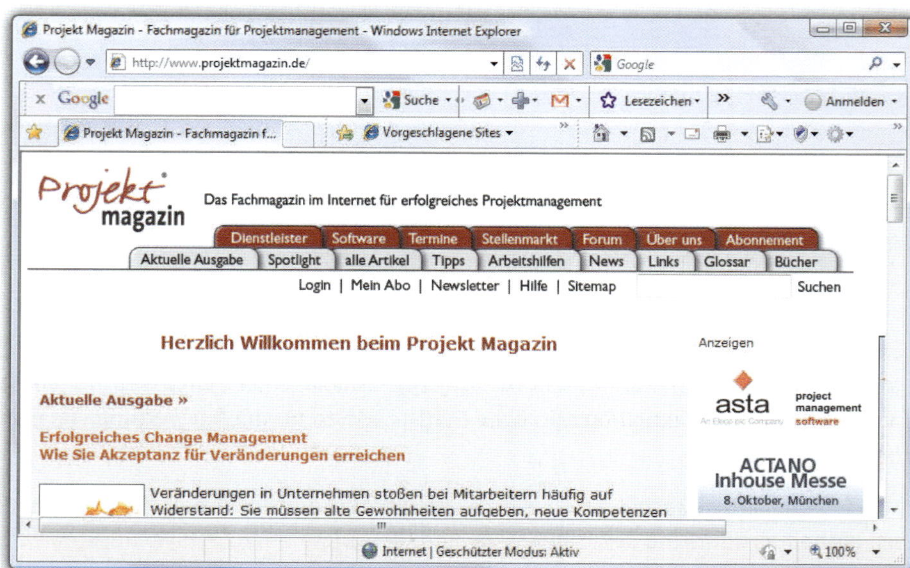

Abbildung 4.198: PM-Fachmagazin mit vielen Excel-Beispielen: das »Projekt-Magazin«

4.2.6 Sonstige

ABC-Analyse

Problemstellung

Entscheidungen unter Unsicherheit zu treffen stellt für die meisten Unternehmen ein großes Problem dar. Es stellen sich immer wieder – branchenunabhängig – ähnliche Fragen:

- Welche Kunden bringen den höchsten Deckungsbeitrag und sind damit besonders förderwürdig?
- Welche Materialien repräsentieren den höchsten Wert im Lager und sind daher bei Preisverhandlungen mit Lieferanten besonders interessant?
- Welches sind die größten Kostenblöcke, die damit großes Kostensenkungspotenzial liefern?

Bei der Untersuchung dieser Gegebenheiten wird regelmäßig festgestellt, dass relativ kleine Mengen (z. B. Anzahl Kunden, Anzahl Bauteile, Anzahl Kostenarten) einen relativ hohen Wert widerspiegeln. Diese »kleinen Mengen« müssen identifiziert werden, damit die Steuerungsmaßnahmen gezielt ergriffen werden können und nicht nach dem »Gießkannenprinzip« durchgeführt werden. Die **Priorisierung der Steuerungsmaßnahmen** hat wiederum eine positive Auswirkung auf den dahinter stehenden Mitteleinsatz.

Das relevante Controlling-Instrument ist die ABC-Analyse, die vor allem in den traditionellen Unternehmensbereichen wie in der Materialwirtschaft, im Vertrieb und in der Produktion zum Einsatz kommt. Allerdings kann das Verfahren auch allgemein bei der Abarbeitung von Aufgaben nützlich sein. Auch hier ist eine Priorisierung nach unterschiedlicher Dringlichkeit bzw. Nutzenbeitrag möglich.

Fachliche Beschreibung und Beispiele

Die fachliche Grundlage der ABC-Analyse ist eine **Klassifizierung diverser Problembereiche**. Hierzu werden **drei Klassen** gebildet:

- A-Klasse (z. B. A-Kunden, A-Materialien, A-Aufgaben)
- B-Klasse (z. B. B-Kunden, B-Materialien, B-Aufgaben)
- C-Klasse (z. B. C-Kunden, C-Materialien, C-Aufgaben)

Schritt 1: Datengewinnung

Die Klassifizierung der **Kunden** erfolgt anhand von Umsatzerlösen bzw. Deckungsbeiträgen. Im ersten Fall reichen die Informationen aus der Finanzbuchhaltung (Debitoren, Umsatzerlöse), im zweiten Fall werden aussagefähigere Informationen aus der Deckungsbeitragsrechnung benötigt. Die **Materialien** werden anhand ihres Werts, **Aufgaben** anhand ihrer Dringlichkeit oder ihres Nutzenbeitrags klassifiziert.

Schritt 2: Klassenbildung

Die Klassenbildung selbst erfolgt nach dem bekannten Rahmen des **Pareto-Prinzips**: Mit den ersten 20 % des Inputs können ca. 75 bis 80 % des Outputs erreicht werden. Bezogen auf die Kunden eines Unternehmens bedeutet dies bei vielen Unternehmen, dass sie mit ca. 20 % der Kunden 80 % der Umsatzerlöse bzw. Deckungsbeiträge erwirtschaften. Zur Analyse des Lagerwerts von Materialien könnten folgende Klassen gebildet werden:

Klasse	Anteil am Lagerwert	%-Anteil an der Anzahl der Materialien
A-Teile	75 %	5 %
B-Teile	20 %	20 %
C-Teile	5 %	75 %

Tabelle 4.34: ABC-Analyse in der Materialwirtschaft

Schritt 3: Ableitung von Maßnahmen

Am Beispiel der Materialwirtschaft könnten u. a. folgende Maßnahmen abgeleitet werden, die unmittelbare Auswirkungen auf den Lagerwert einerseits, aber auch auf die Verfügbarkeit der Teile andererseits haben:

A-Teile	C-Teile
Intensivierung der Preisverhandlungen	Vereinfachung der Bestellabwicklung
Präzisierung der Disposition	Erhöhung der Bestellmengen
Reduzierung der Abrufmengen	Vereinfachung der Bestandskontrollen
Verbesserung der Bestandsführung	Festlegung höherer Sicherheitsbestände
Einholung mehrerer Angebote	Einführung von Abbuchungsverfahren

Tabelle 4.35: Maßnahmen für A- und C-Teile

Excel-Praxis: ABC-Analyse

CD

ABC-Analyse.xls

Für eine ABC-Analyse zur Bewertung der Kundenumsätze und der Deckungsbeiträge liefert das ERP-System eine Liste mit Kundennamen, Umsätze der Periode (Jahr, Halbjahr, Quartal, KW) in das Tabellenblatt *Kundendaten*. Die Klasseneinteilung übernimmt eine weitere Tabelle, hier wird die Ober- und Untergrenze für die drei Kategorien A, B und C festgelegt. Diese Festlegung orientiert sich an Erfahrungswerten, in der Praxis werden mehrere zurückliegende Perioden analysiert, um die Klassengrenzen zu definieren. Diese Statistikfunktionen helfen bei der Entscheidungsfindung:

Funktion	Erklärung
=MAX(Bereich) =MIN(Bereich)	Maximal- und Minimalumsatz einer Datenreihe

Tabelle 4.36: Statistische Funktionen für die Größenbewertung von Zahlenbereichen

Funktion	Erklärung
=KGRÖSSTE(Bereich;Faktor)	Der größte Wert in einem Bereich mit dem Faktor als Rangfolge (1 = größter Wert, 2 = zweitgrößter Wert ...)
=KKLEINSTE(Bereich;Faktor)	Der kleinste Wert in einem Bereich mit dem Faktor als Rangfolge (1 = kleinster Wert, 2 = zweitkleinster Wert ...)
=MEDIAN(Bereich)	Der Wert, der in der Mitte des Bereiches liegt
=QUANTILE(Bereich;Faktor)	Alpha-Quantile eines Bereiches, werden zur Berechnung von Schwellenwerten verwendet
=QUARTILE(Bereich;Faktor)	Die Quartile eines Bereiches (1 = unteres Quartil, 25 % des Quantils, 3 = oberes Quartil, 75 % des Quantils)

Tabelle 4.36: Statistische Funktionen für die Größenbewertung von Zahlenbereichen (Forts.)

Kundendaten

Die Liste ist, wenn sie aus dem ERP-System importiert oder per ODBC aus einer Datenbank verknüpft wird, mit einem Bereichsnamen versehen, in unserem Beispiel *Kundendaten*. Um die Umsätze und Deckungsbeiträge als Teilbereiche dieser Liste auswerten zu können, werden zwei globale berechnete Bereichsnamen angelegt, sie verweisen auf die Spalten B und C der Liste:

```
Name: Umsatz
Bezieht sich auf: =BEREICH.VERSCHIEBEN(Kundendaten;1;1;ZEILEN(Kundendaten)-1;1)
Name: Deckungsbeiträge
Bezieht sich auf: =BEREICH.VERSCHIEBEN(Kundendaten;1;2;ZEILEN(Kundendaten)-1;1)
```

Klasseneinteilung

Die Umsatz-Untergrenze der Klasse-A-Kunden definiert sich über das Quartil, die Klasse umfasst damit die oberen 25 % (des Quantils). Mit AUFRUNDEN() und einem negativen Faktor wird der Wert auf die nächstgrößere Tausenderstelle aufgerundet. Die Untergrenze bildet das untere Quartil (75 %).

```
Untergrenze Klasse A: =AUFRUNDEN(QUARTILE(Umsatz;3);-4)
Obergrenze Klasse B: 99,9% der Obergrenze Klasse A
Untergrenze Klasse B: =AUFRUNDEN(QUARTILE(Umsatz;1);-4)
Obergrenze Klasse C: 99,9% der Untergrenze Klasse B
```

Die Deckungsbeiträge werden mit dem gleichen Verfahren in drei Klassen eingeteilt.

Die Zugehörigkeit zur Klasse ermittelt eine Formel mit geschachtelten WENN()-Funktionen:

```
B2: Umsatzwert
D2: =WENN(B2>=Klassen!$C$3;"A";WENN(UND(B2>=Klassen!$C$5;B2<Klassen!$C$3);"B";"C"))
C2: Deckungsbeitrag
E2:
=WENN(C2="";"";WENN(C2>=Klassen!$C$10;"A";WENN(UND(C2>=Klassen!$C$12;C2<Klassen!$C$
10);"B";"C")))
```

Mit der Berechnung der Abweichung lässt sich jetzt einfach feststellen, für welche Kunden im Verhältnis zum Umsatz zu geringe Deckungsbeiträge erzielt wurden. Die Funktion produziert ein Symbol (Smiley), dazu wird die gesamte Abweichungsspalte mit dem Zeichensatz *Wingdings* formatiert. Für die Farbzuweisungen sind Bedingungsformate zuständig, sie färben die Klassenzuordnungen in den Ampelfarben Grün (A), Gelb (B) und Rot (C). Die Symbole erhalten nur Rot oder Grün als Schriftfarbe.

	A	B	C
1	**Kunde**	**Umsatz**	**Deckungsbeitrag**
2	Baumann Sport	126.545 €	24.402 €
3	Barth GmbH	59.555 €	20.897 €
4	Tennis & Golf	13.068 €	4.586 €
5	Bollmann KG	87.120 €	1.569 €
6	Dietrich & Söhne	164.210 €	27.618 €
7	Golfcenter	11.387 €	3.996 €
8	Erdmann Sport	5.956 €	2.090 €
9	Fun-Corner	85.972 €	30.166 €
10	Ferritt KG	1.347 €	473 €
11	Franzen AG	57.379 €	20.133 €

C3 =AUFRUNDEN(QUARTILE(Umsatz;3);-4)

	A	B	C	D
1	**Klasseneinteilung Umsatz**			
2				
3	A	Untergrenze	120.000,00 €	
4	B	Obergrenze	119.999,99 €	
5		Untergrenze	10.000,00 €	
6	C	Obergrenze	9.999,99 €	
7				
8	**Klasseneinteilung Deckungsbeitrag**			
9				
10	A	Untergrenze	40.000,00 €	
11	B	Obergrenze	39.999,99 €	
12		Untergrenze	10.000,00 €	
13	C	Obergrenze	9.999,99 €	

Abbildung 4.199: Kundendaten und Klasseneinteilung

D2 =WENN(B2>=Klassen!$C$3;"A";WENN(UND(B2>=Klassen!$C$5;B2<Klassen!$C$3);"B";"C"))

	A	B	C	D	E	F
1	**Kunde**	**Umsatz**	**Deckungsbeitrag**	**Umsatzklasse**	**Deckungsbeitragsklasse**	**Abweichung**
2	Sporthaus Häußler	531.321 €	186.429 €	A	A	☺
3	Sport Riess	415.427 €	145.764 €	A	A	☺
4	Sport & Spass	332.279 €	116.590 €	A	A	☺
5	Sportecke	293.800 €	103.088 €	A	A	☺
6	Dietrich & Söhne	164.210 €	27.618 €	A	B	☹
7	Sporthaus Frey	134.660 €	47.249 €	A	A	☺
8	Baumann Sport	126.545 €	24.402 €	A	B	☹
9	HUBA Markt	110.220 €	30.674 €	B	B	☺
10	Sport Huber	102.430 €	35.941 €	B	B	☺
11	Bollmann KG	87.120 €	1.569 €	B	C	☹

Abbildung 4.200: Klassenzuordnung mit WENN-Funktion und Ampelformatierung

ABC-Analyse

Für die ABC-Analyse wird der Bereich *Kundendaten* um die neuen Spalten erweitert, die wieder einen berechneten Bereichsnamen erhalten:

```
Name: Umsatzklasse
Bezieht sich auf: =BEREICH.VERSCHIEBEN(Kundendaten;1;3;ZEILEN(Kundendaten)-1;1)
Name: DBKlasse
Bezieht sich auf: =BEREICH.VERSCHIEBEN(Kundendaten;1;4;ZEILEN(Kundendaten)-1;1)
```

Die Funktionen ZÄHLENWENN() und SUMMEWENN() ermitteln die Anzahl der Kunden und die Umsatzsummen pro Klasse, die Prozentwerte werden aus dem Verhältnis zur Gesamtsumme errechnet.

```
B4:  =ZÄHLENWENN(Umsatzklasse;A4)
D4:  =SUMMEWENN(Umsatzklasse;A4;Umsatz)
B14:  =ZÄHLENWENN(DBKlasse;A14)
D14:  =SUMMEWENN(DBKlasse;A14;Deckungsbeiträge)
```

D14 | fx =SUMMEWENN(DBKlasse;A14;Deckungsbeiträge)

	A	B	C	D	E
1	**ABC-Analyse nach Umsatz**				
2					
3		**Anzahl Kunden**	**%**	**Umsatz**	**%**
4	A	7	26%	1.998.242,00 €	75%
5	B	12	44%	621.505,00 €	23%
6	C	8	30%	40.446,00 €	2%
7	**Gesamt**	**27**	**100%**	**2.660.193,00 €**	**100%**
8					
9					
10					
11	**ABC-Analyse nach Deckungsbeitrag**				
12					
13		**Anzahl Kunden**	**%**	**Deckungsbeitrag**	**%**
14	A	5	19%	599.120,00 €	71%
15	B	8	30%	201.198,00 €	24%
16	C	14	52%	46.093,00 €	5%
17	**Gesamt**	**27**	**100%**	**846.411,00 €**	**100%**

Abbildung 4.201: ABC-Analyse nach Umsatz und Deckungsbeitrag

Für die Diagrammdarstellung der Verteilung auf die drei Klassen eignet sich das Kreisdiagramm. Die Datenbeschriftung weist die prozentualen Anteile der Klassen aus. Zwei Balkendiagramme setzen die Anzahl der Kunden in Relation zum Umsatz und Deckungsbeitrag.

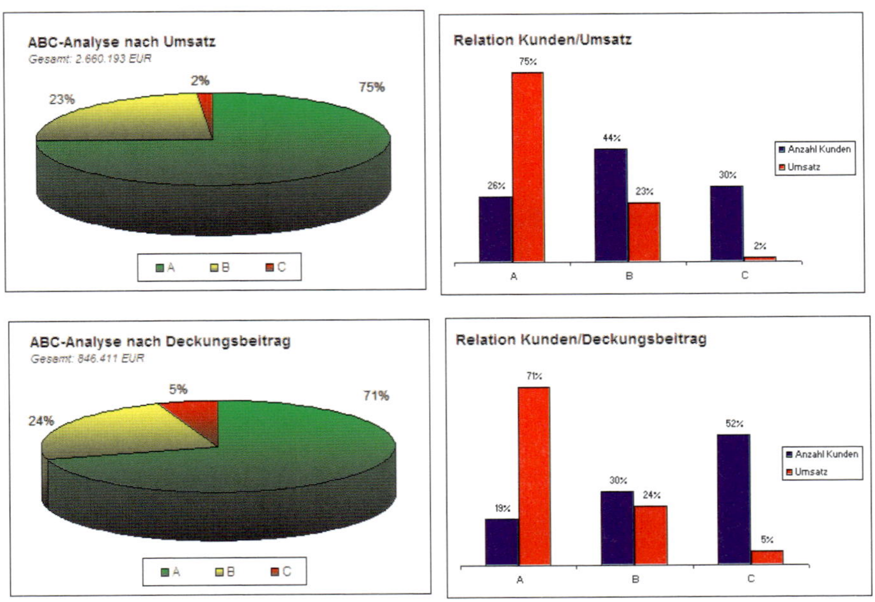

Abbildung 4.202: Diagramme für die ABC-Analyse

Lieferantenbewertung

Problemstellung

Probleme mit Lieferanten: Insbesondere in wettbewerbsintensiven Märkten mit geringer Fertigungstiefe entscheidet ein durchgängiges und transparentes Beschaffungs- und Lieferantenmanagement zunehmend über den Erfolg oder Misserfolg eines Unternehmens. Erfolgsvoraussetzung ist eine wettbewerbsfähigere Wertschöpfungskette, von der sowohl der Hersteller als auch seine Endkunden profitieren.

Fachliche Beschreibung

Als **Ziele** einer Lieferantenbewertung bzw. -beurteilung (auch: Supplier Performance Rating) werden u. a. genannt:

- Vorauswahl von Lieferanten für den späteren Verhandlungsprozess
- Reduzierung der Lieferanten
- Optimierung der Lieferantenbeziehungen hinsichtlich der zu beschaffenden Güter und Dienstleistungen

Im Rahmen der Lieferantenbewertung werden die Lieferanten auf Basis unterschiedlicher **quantitativer und qualitativer Kriterien** beurteilt. Die Hard Facts (z. B. Liefertreue, Lieferfähigkeit), die im Rahmen der operativen Lieferantenbewertung ermittelt wurden, und Soft Facts (z. B. Innovation, Kooperationsbereitschaft) aus der strategischen Lieferantenbeurteilung werden zusammengeführt und gewichtet betrachtet. Gängige Kriterien der Lieferantenbewertung sind z. B. die ppm-Rate der gelieferten Teile, der Preis, die Mengen- und Termintreue, Serviceleistungen, Zertifizierungen sowie die Innovationsfähigkeit des Lieferanten. Die erstgenannten Kriterien sind dabei objektiver Natur und relativ leicht messbar, die Innovationsfähigkeit hingegen ist eine subjektive Größe und somit schwieriger messbar.

Das Ergebnis ist ein objektives und umfassendes **Leistungsprofil** des Lieferanten für chronologische Leistungsverläufe, Wettbewerbsvergleiche und Portfolioanalysen, auf dessen Basis konkrete Maßnahmen zur Performance-Verbesserung abgeleitet und nachhaltig gesteuert werden können.

Der Lieferantenbeurteilung sollte schließlich eine systematische **Lieferantenentwicklung** folgen, die folgende Schwerpunkte haben könnte:

- Beseitigung von Diskrepanzen, die im Rahmen der Lieferantenbeurteilung festgestellt wurden
- Anhebung der Kapazitäten auf ein höheres Niveau
- Qualitätsleistungsüberwachung
- Qualitätsproblemmanagement

Excel-Praxis: Lieferantenbewertung mit Fragebogenauswertung

CD

Lieferantenbewertung.xls

Für die Lieferantenbewertung sollte nicht nur die interne Einschätzung der Qualitäten herangezogen werden. Eine regelmäßige Datenerhebung beim Lieferanten ist unerlässlich, damit wichtige Voraussetzungen abgeprüft werden können. Verfügt der Lieferant über die benötigten Zertifizierungen? Ist im Unternehmen Qualitätsmanagement etabliert? Finden regelmäßige Eingangs- und Ausgangsprüfungen statt? Diese und weitere Fragen zu internen Prozessen kann nur der Lieferant selbst beantworten.

Fragebogen

Die Beispiellösung enthält einen Fragebogen mit einer Auswahl von Fragen, die der Lieferant mithilfe der Formularelemente einfach mit Ja oder Nein beantworten kann. Bei der Erstbefragung wird er sicher aufgefordert, Kopien der angefragten Dokumente (z. B. Zertifizierung) beizulegen. Der Fragebogen kann per Mail versendet oder über Internet/Intranet/Extranet, SharePoint-Server oder Remote-Zugriff auf den Server bereitgestellt werden.

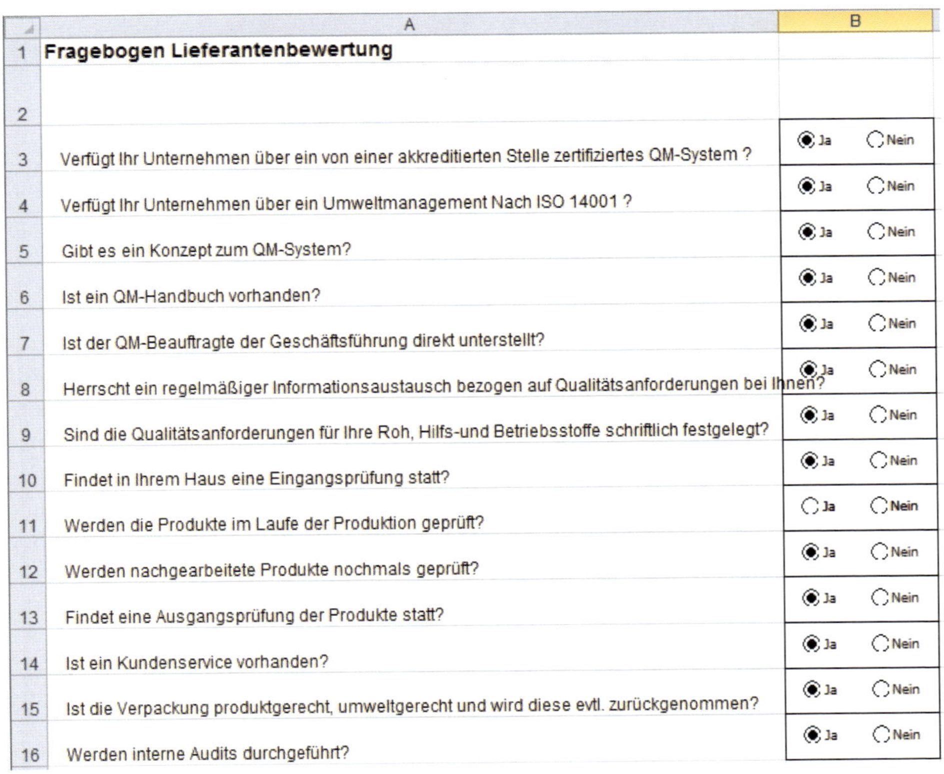

	A	B
1	**Fragebogen Lieferantenbewertung**	
2		
3	Verfügt Ihr Unternehmen über ein von einer akkreditierten Stelle zertifiziertes QM-System ?	(●) Ja ( ) Nein
4	Verfügt Ihr Unternehmen über ein Umweltmanagement Nach ISO 14001 ?	(●) Ja ( ) Nein
5	Gibt es ein Konzept zum QM-System?	(●) Ja ( ) Nein
6	Ist ein QM-Handbuch vorhanden?	(●) Ja ( ) Nein
7	Ist der QM-Beauftragte der Geschäftsführung direkt unterstellt?	(●) Ja ( ) Nein
8	Herrscht ein regelmäßiger Informationsaustausch bezogen auf Qualitätsanforderungen bei Ihnen?	(●) Ja ( ) Nein
9	Sind die Qualitätsanforderungen für Ihre Roh, Hilfs-und Betriebsstoffe schriftlich festgelegt?	(●) Ja ( ) Nein
10	Findet in Ihrem Haus eine Eingangsprüfung statt?	(●) Ja ( ) Nein
11	Werden die Produkte im Laufe der Produktion geprüft?	( ) Ja (●) Nein
12	Werden nachgearbeitete Produkte nochmals geprüft?	(●) Ja ( ) Nein
13	Findet eine Ausgangsprüfung der Produkte statt?	(●) Ja ( ) Nein
14	Ist ein Kundenservice vorhanden?	(●) Ja ( ) Nein
15	Ist die Verpackung produktgerecht, umweltgerecht und wird diese evtl. zurückgenommen?	(●) Ja ( ) Nein
16	Werden interne Audits durchgeführt?	(●) Ja ( ) Nein

Abbildung 4.203: Fragebogen für Lieferanten

Die Formularelemente (Optionsfelder) sind mit einem Zellbezug verknüpft und liefern in diesem einen Wert ab (1 = Ja, 2 = Nein). Eine Wertigkeitsspalte gewichtet die Fragen, weniger wichtige erhalten eine geringere Bewertung. Die Gesamtsumme aller Bewertungen sollte immer 100 betragen. Mithilfe einer Bewertungsskala werden die gewichteten Punkte in eine Note umgesetzt, eine Formel mit der Funktion SVERWEIS() berechnet diese Note. Das letzte Argument *Bereich_Verweis* darf hier nicht angegeben sein, damit die Funktion auch den nächstkleineren Skalenwert findet.

```
E20: =SVERWEIS($E$18;$G$3:$H$8;2)
```

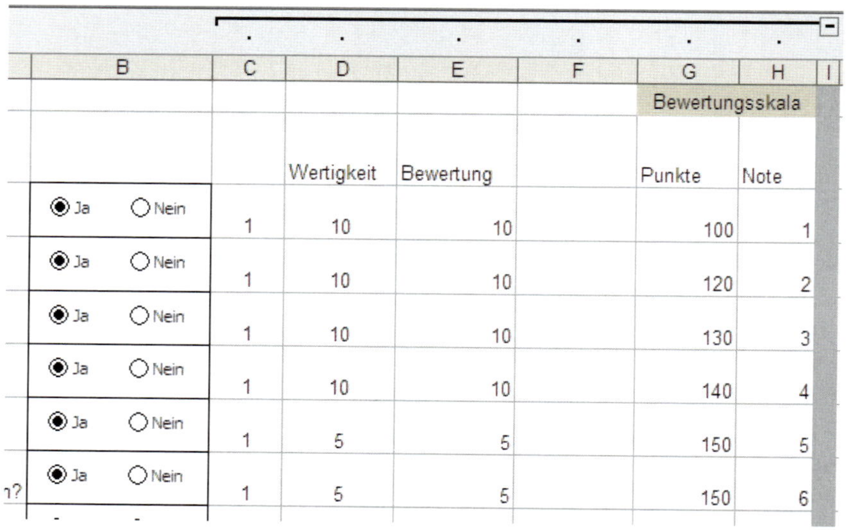

Abbildung 4.204: Wertigkeiten, Bewertungen und Skala

Lieferantenbewertung intern

Die Note aus dem Fragebogen wird im Tabellenblatt *Lieferantenbewertung* in die Spalte des Lieferanten eingetragen, alle weiteren Kriterien von Qualität bis Image des Unternehmens bewertet der Anwender manuell, auch für diese Aufgabe wird wieder eine Wertigkeitenliste angelegt, die in der Summe 100 betragen sollte. Die Bewertungsspalten sind mit Gültigkeitslisten versehen, die sicherstellen, dass der Anwender nur Noten von 1 bis 6 eintragen kann, eine Fehlermeldung weist bei Fehleingaben auf das Notensystem hin.

Sind alle Kriterien für die einzelnen Lieferanten bewertet, zeigt die Auswertung die Punktezahl (Wertigkeit x Note) an, und mit der Funktion RANG() wird die Rangfolge berechnet. Ein Balkendiagramm visualisiert das Ergebnis noch mit dem Punktestand als Datenbeschriftung.

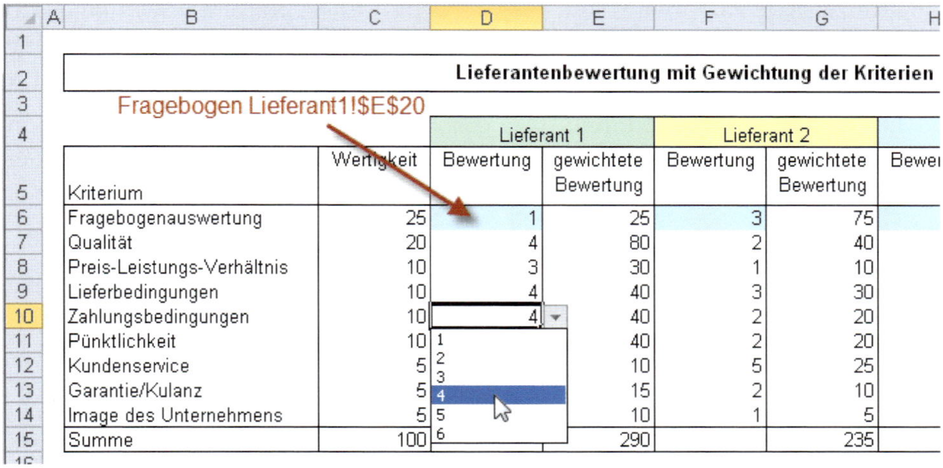

Kriterium	Wertigkeit	Lieferant 1 Bewertung	Lieferant 1 gewichtete Bewertung	Lieferant 2 Bewertung	Lieferant 2 gewichtete Bewertung
Fragebogenauswertung	25	1	25	3	75
Qualität	20	4	80	2	40
Preis-Leistungs-Verhältnis	10	3	30	1	10
Lieferbedingungen	10	4	40	3	30
Zahlungsbedingungen	10	4	40	2	20
Pünktlichkeit	10		40	2	20
Kundenservice	5		10	5	25
Garantie/Kulanz	5		15	2	10
Image des Unternehmens	5		10	1	5
Summe	100		290		235

Abbildung 4.205: Wertigkeiten und Bewertung für interne Kriterien

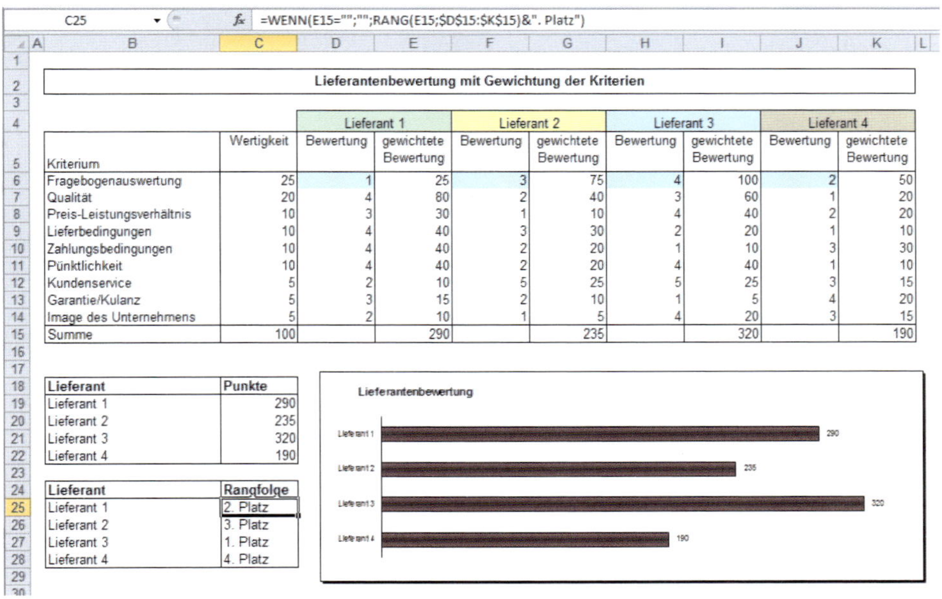

Kriterium	Wertigkeit	Lieferant 1 Bewertung	Lieferant 1 gewichtete Bewertung	Lieferant 2 Bewertung	Lieferant 2 gewichtete Bewertung	Lieferant 3 Bewertung	Lieferant 3 gewichtete Bewertung	Lieferant 4 Bewertung	Lieferant 4 gewichtete Bewertung
Fragebogenauswertung	25	1	25	3	75	4	100	2	50
Qualität	20	4	80	2	40	3	60	1	20
Preis-Leistungsverhältnis	10	3	30	1	10	4	40	2	20
Lieferbedingungen	10	4	40	3	30	2	20	1	10
Zahlungsbedingungen	10	4	40	2	20	1	10	3	30
Pünktlichkeit	10	4	40	2	20	4	40	1	10
Kundenservice	5	2	10	5	25	5	25	3	15
Garantie/Kulanz	5	3	15	2	10	1	5	4	20
Image des Unternehmens	5	2	10	1	5	4	20	3	15
Summe	100		290		235		320		190

Lieferant	Punkte
Lieferant 1	290
Lieferant 2	235
Lieferant 3	320
Lieferant 4	190

Lieferant	Rangfolge
Lieferant 1	2. Platz
Lieferant 2	3. Platz
Lieferant 3	1. Platz
Lieferant 4	4. Platz

Abbildung 4.206: Lieferantenbewertung mit Rangfolge und Balkendiagramm

Excel-Praxis: Make-or-buy-Analyse

Make or buy-Analyse.xls

CD

Die klassische Make-or-buy-Analyse beantwortet die Frage, ob ein Industriebetrieb Vorprodukte, Bauteile oder Halbfabrikate selbst erstellt oder diese von einem Lieferanten bezieht. Oder kurz gesagt: Selbermachen oder Kaufen? Auf diese Entscheidung haben zwei Faktorengruppen Einfluss:

Quantifizierbare Faktoren: Das sind vor allem die Kosten, die für Eigenfertigung oder Lieferung anfallen, aber auch die Kapazitäten- und Ressourcenbindung (Mitarbeiter, Projektteams ...).

Nicht quantifizierbare Faktoren: Dazu gehören die Qualität des Produkts, die Kunden- und Mitarbeiterzufriedenheit und das interne/externe Know-how. Diese Soft Facts spielen eine ebenso große Rolle wie die blanken Zahlen.

Basisdaten

Tragen Sie in das Tabellenblatt *Basisdaten* die Namen der potenziellen Lieferanten ein. Die Liste ist mit dem Bereichsnamen *Lieferanten* versehen, der zweite Bereich *Punkteskala* umfasst die Punkteliste, die durchgehend in den Formularen verwendet wird.

Das Bewertungsformular

Im Bewertungsformular sind die einzelnen Beurteilungskriterien in Gruppen unterteilt, für die Bewertung reservieren Sie je eine Spalte für firmeninterne Fertigung und für Fertigung beim Lieferanten. Der Name des Lieferanten wird per INDEX()-Funktion aus den Basisdaten geholt:

```
E3: =INDEX(Lieferanten;1;1)
```

Die Spalte *Gewichtung* ist für einen Prozentsatz reserviert, mit dem die Punktezahl multipliziert wird.

```
D6: =$B6*C6
D14: =SUMME(D6:D13)
```

Mit einer Gültigkeitsprüfung (Datenüberprüfung) sichern Sie das Formular gegen Falscheingaben ab und geben dem Benutzer die Möglichkeit, immer die richtige Punkteskala zu verwenden. Alle Gewichtungsspalten sind mit einer entsprechenden Gültigkeitsprüfung ausgestattet. Achten Sie darauf, dass die Summe der Gewichtungen in den einzelnen Gruppen 100 betragen sollte. Auch die Punktespalten sind mit einer Gültigkeitsprüfung versehen, hier wird die Punkteskala als Liste definiert.

2003 *Daten/Gültigkeit/Zulassen: Liste, Quelle: =Punkteskala*

2007 2010 *Daten/Datentools/Datenüberprüfung/Zulassen: Liste, Quelle: =Punkteskala*

```
Fehlermeldung: Achtung! Bitte verwenden Sie die Punkteskala!
```

TIPP **01-22: Alle Bedingungsformate oder Gültigkeitslisten markieren**

	A	B	C	D	E	F	G	H
1	**Make-or-buy-Analyse**							
2	*Bewertung nicht quantifizierbarer Faktoren*							
3								
4	**Beurteilung**	**Gewichtung**	**Firmenintern**		**Lieferant A**		**Lieferant B**	
5			Punkte	Gewichtete Punktzahl	Punkte	Gewichtete Punktzahl	Punkte	Gewichtete Punktzahl
6	**Qualität**							
7	Güte	12	3	36	2	24		
8	Beschaffenheit	15	5	75	3	45		
9	Qualitätssicherung	20	4	80	3	60		
10	Qualitätskontrolle	10	3	30	4	40		
11	Normabweichung	10	1 2	30	3	30		
12	Mitarbeiterqualifikation	12	3	24	2	24		
13	Technik	10	4 5	40	3	30		
14	Flexibilität	11	5	55	4	44		
15	Summe	100		370	24	297		
16	**Logistik**							
17	Materialfluss	12	3	36	2	24		
18	Informationsfluss	15	5	75	3	45		
19	Handling	20	4	80	2	40		
20	Transport	10	3	30	3	30		
21	Organisation	10	3	30	2	20		
22	Planung	12	2	24	3	36		

Abbildung 4.207: Bewertungsformular für die Make-or-buy-Analyse

Stückzahlkosten Eigen- und Fremdfertigung

Berechnen Sie im Tabellenblatt *Stückkosten Eigenfertigung* die Stückkosten, die bei Eigenfertigung anfallen würden. Geben Sie eine realistische Stückzahl ein und berücksichtigen Sie dabei alle anfallenden Kosten (Material, Fertigung, Personal ...). Im Tabellenblatt *Stückkosten Fremdfertigung* tragen Sie die Stückzahlkosten der gleichen Menge für die einzelnen Lieferanten ein. Hier werden direkte Kosten wie Einkaufspreis und Warenwert sowie indirekte Kosten für Transport und Transaktionskosten eingerechnet und Rabatte, Skonti etc. abgezogen.

	A	B	C	D	E	F
1	**Make-or-buy-Analyse**					
2	*Variable Stückkosten bei Fremdfertigung*					
3						
4		Lieferant A	Lieferant B	Lieferant C	Lieferant D	Lieferant E
5	Menge	500	500	500	500	500
6						
7	Warenwert	20.000,00 €				
8	Liefererrabatt	1.000,00 €				
9	Zieleinkaufspreis	19.000,00 €				
10	Liefererskonto (2%)	380,00 €				
11	Einkaufskosten	800,00 €				
12	**Bareinkaufspreis**	19.420,00 €				
13	Transportkosten	2.000,00 €				
14	Einstandspreis / Gesamt	21.420,00 €	- €			
15	**Einstandspreis / Stück**	42,84 €	- €			
16						
17	**Transaktionskosten**					
18	Vertragskosten	1.200,00 €				
19	Wareneingangskontrolle	1.100,00 €				
20	Kontrolle beim Lieferanten	200,00 €				
21						
22	Transaktionskosten / Gesamt	2.500,00 €	- €			
23	Transaktionskosten / Stück	5,00 €	- €			
24						
25	**Bezugskosten / Stück**	47,84 €	- €			

	A	B
1	**Make-or-buy-Analyse**	
2	*Variable Stückkosten bei Eigenfertigung*	
3		
4	Menge	500
5		
6	Materialeinzelkosten	1.300,00 €
7	Materialgemeinkosten	1.690,00 €
8	Fertigungseinzelkosten	26.500,00 €
9	Fertigungsgemeinkosten	23.600,00 €
10	Sondereinzelkosten der Fertigung	180,00 €
11	Sonstige Kosten	300,00 €
12		
13	**Gesamtkosten**	53.570,00 €
14		
15	**variable Stückkosten**	107,14

Abbildung 4.208: Stückkostenberechnung

Make-or-Buy-Analyse

Das Tabellenblatt fasst alle Bewertungen zusammen und liefert so die Entscheidungsgrundlage für *Make or Buy*. Die Punktesummen aus den beiden Bewertungsformularen werden per Verknüpfung in das Formular geholt.

	A	B	C	D	E	F	G
1	**Make-or-buy-Analyse**						
2							
3	Produkt:						
4	bearbeitet von:						
5	Datum:	Sonntag, 19. September 2010					
6							
7	**nicht quantifizierbare Faktoren**						
8		Firmenintern	Lieferant A	Lieferant B	Lieferant C	Lieferant D	Lieferant E
9	Qualität	370	297	0	0	0	0
10	Logistik	468	332	0	0	0	0
11	Kunden/Mitarbeiterzufriedenheit	0	270	0	0	0	0
12	Sonstiges	0	0	0	0	0	0
13	Gesamt	838	899	0	0	0	0
14							
15	**quantifizierbare Faktoren**						
16		Firmenintern	Lieferant A	Lieferant B	Lieferant C	Lieferant D	Lieferant E
17	Stückkosten	107,14 €	47,84 €	- €	- €	- €	- €

Abbildung 4.209: Entscheidungen leichter treffen mit Make-or-buy-Analyse

Betriebsstatistik

Problemstellung

Zur Steuerung eines Unternehmens reichen die Daten aus der Finanzbuchhaltung und Kosten- und Leistungsrechnung (KLR) nicht aus. Es werden weitere **Daten des betrieblichen Geschehens** benötigt, die ihren Ursprung in der Planungsrechnung des Unternehmens (Unternehmensplanung) oder der betrieblichen Statistik (Betriebsstatistik) haben können.

Die betrieblichen Daten stammen aus den unterschiedlichsten Unternehmensbereichen:

Unternehmens-bereich	Datenkategorie	Beispiele
Produktion	auftragsbezogene Daten	Start-/Endtermine der Maschinenbelegung, Produktionsmengen, Ausschussmengen, Durchlaufzeiten
Personal	mitarbeiterbezogene Daten	An-/Abwesenheiten, Voll-/Teilzeit, Fluktuation, Krankheitsdaten, Familienstand, Boni, differenzierte Personalkosten nach Mitarbeitergruppen
Instandhaltung	betriebsmittelbezogene Daten	Ersatzzeitpunkte, Wartungsintervalle, Reaktionszeiten gemäß Wartungsvertrag, Kapazitätsdaten, Verbrauchsdaten
Beschaffung	materialbezogene Daten	Materialart, Lieferanten, Lieferantenbewertung, Bestellzeitpunkte, Entnahmen, Zugänge, Bestände, Schwund, eiserner Bestand

Tabelle 4.37: Beispiele für betriebliche Datenerfassung

Unternehmensbereich	Datenkategorie	Beispiele
Öffentlichkeitsarbeit	kommunikationsbezogene Daten	Anzahl Interviews, Anzahl Pressemitteilungen, Anzahl Teilnehmer an PR-Veranstaltungen, Anzahl Produktpräsentationen
Finanzen	rechnungswesenbezogene Daten	Umsätze, Preise, Kosten, Ein-/Auszahlungen, Deckungsbeiträge, Unternehmenswert
Vertrieb	absatzbezogene Daten	Preise, Absatzmengen, Kunden(gruppen), Konditionen, Erlösschmälerungen (Rabatte, Boni, Skonti), Vertriebsgebiete, Vertriebswege, Provisionen, Außendienstdaten

Tabelle 4.37: Beispiele für betriebliche Datenerfassung (Forts.)

Fachliche Beschreibung und Beispiele

Neben der Sammlung und strukturierten Speicherung betrieblicher Daten – häufig unter Zuhilfenahme von Business Information Warehouses oder **Business-Information(BI)-Tools** – müssen diese nach vorher definierten Dimensionen und Merkmalen gruppiert und analysiert werden können. Häufig geschieht dies mittels mehrdimensionaler Auswertungsmodelle (Cubes). Letztendlich erfolgt die Präsentation in tabellarischer und/oder grafischer Form, versehen mit Kommentierungen und verbalen Erläuterungen.

Eine häufige Form der Auswertung sind **Vergleichsrechnungen**, die auf unterschiedliche Art und Weise durchgeführt werden können:

- Zeitvergleich (Vergleich von Daten mehrerer Rechnungsperioden zur Erkennung von Trends, z. B. Entwicklung der Personalkosten, Entwicklung der Mitarbeiterfluktuation)
- Verfahrensvergleich (Vergleich unterschiedlicher Fertigungsverfahren hinsichtlich ihrer Vorteilhaftigkeit, z. B. Kosten- und Qualitätsvergleich der Eigenfertigung und des Fremdbezugs von Bauteilen)
- Plan bzw. Soll-Ist-Vergleich (Vergleich geplanter bzw. unter Beschäftigungsgesichtspunkten ermittelter Daten mit den tatsächlichen Daten mit dem Ziel der Abweichungsanalyse und Ursachenermittlung, z. B. Kosten einer Kostenstelle)
- Zwischenbetriebliche Vergleiche (Vergleich gleich oder ähnlich strukturierter Unternehmen bzw. Unternehmensteile mit dem Ziel der Identifikation von »Best Practices«, z. B. Vergleich von Handelsfilialen bzgl. ihres Schwunds)

Excel-Praxis: Absatz- und Umsatzberichte konsolidieren

Eine der häufigsten Aufgaben für die Betriebsstatistik ist die Zusammenfassung von Daten aus unterschiedlichen Quellen. Im Idealfall liegen einheitliche Listen vor, hier ist »Copy & Paste« (Kopieren und Einfügen über die Zwischenablage) oft die einfachste Lösung, um die Basis für eine Auswertung zu schaffen. Eine sichere und einfache Methode, mehrere Tabellen zu kombinieren, ist die Konsolidierung, und häufig müssen die Daten auch noch verknüpft oder berechnet werden.

In diesem Beispiel liegen Jahresabsatz- und Umsatzberichte von drei Unternehmensbereichen (Filialen) vor. Das Controlling hat die Aufgabe, diese zusammenzufassen und die Abweichungen zu den Vorjahresumsätzen zu berechnen.

CD Betriebsstatistik AbsatzUmsatzberichte.xls

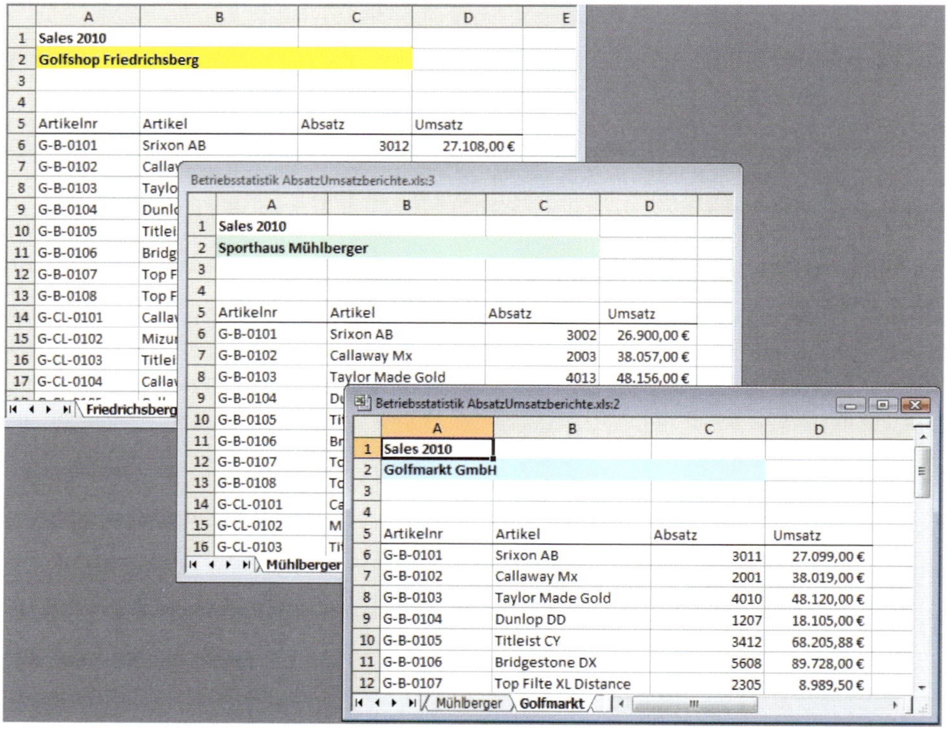

Abbildung 4.210: Drei Listen für die Konsolidierung

Absätze und Umsätze konsolidieren

Die Konsolidierung bietet die Möglichkeit, die Listen zu einer Liste zusammenzufassen. Voraussetzung ist ein einheitlicher Aufbau der Listen. Der Zellzeiger steht vor dem Aufruf der Funktion im Zielbereich, im Beispiel im nächsten Tabellenblatt *AbsatzUmsatzAuswertung*. Die Anordnung in Fenstern ist für diese Aufgabe zu empfehlen.

2003 *Fenster/Neues Fenster* (3-mal), *Fenster/Anordnen/Unterteilt*, *Daten/Konsolidieren*

2007 2010 *Ansicht/Fenster/Neues Fenster/Alle anordnen*, *Daten/Datentools/Konsolidieren*

Die Konsolidierungsfunktion wird im ersten Kombinationsfeld eingestellt, hier im Beispiel ist es die Summe. Mit dem Cursor im Feld *Verweis* kann der erste Bereich markiert werden. Kreuzen Sie vorher unter *Beschriftung aus* die beiden Optionen *Oberste Zeile* und *Linke Spalte* an, damit die Artikelbezeichnungen und die Überschrift mitkopiert werden. *Verknüpfung mit Quelldaten* ist bei Konsolidierungen über mehrere Arbeitsmappen sinnvoll.

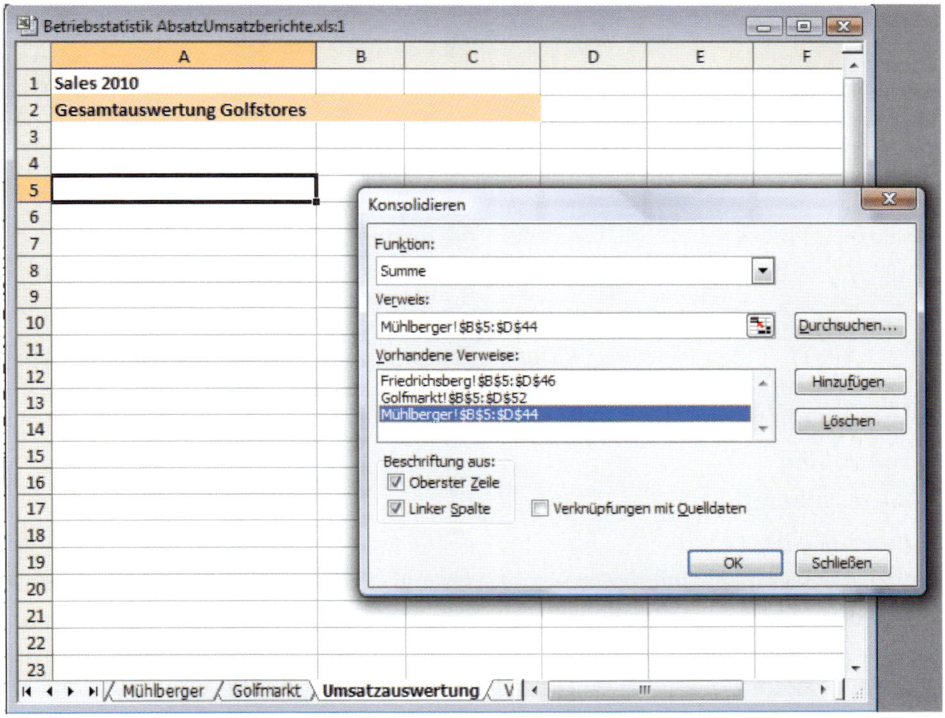

Abbildung 4.211: Mehrere Tabellenblätter aufsummieren mit Konsolidieren

Vorjahresumsatz verknüpfen

Mit der Funktion SVERWEIS() wird der Vorjahresumsatz für die einzelnen Artikel aus dem Tabellenblatt *Vorjahresumsatz* geholt. Der Bereich wird ab der zweiten Spalte angegeben, damit die konsolidierten Artikelbezeichnungen gefunden werden.

```
D6: =SVERWEIS(A6;Vorjahresumsatz!$B$5:$C$80;2;0)
E6: =C6-D6
```

In Kapitel 5, Berichtswesen (Reporting) und Präsentation, finden Sie Beispiele für die Aufbereitung von Betriebsdaten zur Übernahme in Berichte. **Hinweis**

D6 | f_x =SVERWEIS(A6;Vorjahresumsatz!$B$5:$C$80;2;0)

	A	B	C	D	E
1	**Sales 2010**				
2	**Gesamtauswertung Golfstores**				
3					
4					
5		Absatz	Umsatz	Vorjahresumsatz	Delta
6	Srixon AB	9025	81.107,00 €	2.001,00 €	79.106,00 €
7	Callaway Mx	6017	114.323,00 €	1.207,00 €	113.116,00 €
8	Taylor Made Gold	12025	144.300,00 €	4.010,00 €	140.290,00 €
9	Dunlop DD	3625	54.375,00 €	3.011,00 €	51.364,00 €
10	Titleist CY	10228	204.457,72 €	1.207,00 €	203.250,72 €
11	Bridgestone DX	16830	269.280,00 €	4.010,00 €	265.270,00 €
12	Top Filte XL Distance	6921	26.991,90 €	3.412,00 €	23.579,90 €
13	Top Flite Pro Spin	6334	18.368,60 €	5.608,00 €	12.760,60 €
14	Callaway FT-5	1600	766.400,00 €	2.305,00 €	764.095,00 €
15	Mizuno MX 560	2099	1.047.401,00 €	2.305,00 €	1.045.096,00 €
16	Titleist 905 R	381	113.919,00 €	2.118,00 €	111.801,00 €
17	Callaway Fti	698	325.268,00 €	2.118,00 €	323.150,00 €
18	Callaway FT	1027	1.324.830,00 €	537,00 €	1.324.293,00 €

Abbildung 4.212: Vorjahreswerte vergleichen mit SVERWEIS()

IT-Controlling

Problemstellung

Der Weg aus der Dienstleistungsgesellschaft in eine **Informationsgesellschaft** bringt mit, dass immer mehr Unternehmensprozesse und -funktionen mithilfe von Informations- und Kommunikationstechnologie (IuK-Technologie) immer intensiver unterstützt werden. Dies führt sowohl zu einer Verbreitung als auch zu einer Vertiefung der IT-Unterstützung im Unternehmen. Die Folge sind steigende Kosten für den IT-Einsatz. Dies macht den Einsatz wirkungsvoller strategischer und operativer Controlling-Instrumente erforderlich, um die Leistungen und Kosten des IT-Bereichs in den Griff zu bekommen. Die Gesamtheit dieser Instrumente und die Begleitung der IT-Manager durch den Controller-Dienst wird als IuK- bzw. IT-Controlling bezeichnet.

Hinweis

IT-Controlling bezeichnet dabei das Controlling der IT im Unternehmen und nicht die Unterstützung des Controllings bzw. des Controller-Dienstes mithilfe von IT-Systemen. IT unterstützt gleichzeitig das Controlling bzw. den Controller-Dienst und stellt dabei selbst ein Controlling-Objekt dar.

Das IT-Controlling umfasst die Planung, Steuerung und Kontrolle von

- IT-Prozessen (z. B. IT-Planung, Erfassung, Konzeption, Entwicklung),
- IT-Projekten (z. B. Einführung von SAP R/3),
- IT-Produkten (z. B. Betrieb einer Fachsoftware, Bereitstellung von Serverkapazität, Betrieb von Kontoauszugsdruckern, Betrieb des Abrechnungssystems, Durchführung von Datensicherungen),

- IT-Ressourcen (z. B. Anwendungsentwickler, Mitarbeiter im Rechenzentrum und Support) und
- IT-Infrastruktur

Für die o. g. IT-Controlling-Objekte können folgende **Ziele** definiert werden:

1. Sachziele (Qualität, Funktionalität, Termintreue)
2. Formalziele (Effektivität, Effizienz)

Die Formalziele »Effektivität und Effizienz« können weiter differenziert werden in:

- Transparenz bei den IT-Leistungen und IT-Kosten
- Voraussetzungen für ein Benchmarking von IT-Leistungen und IT-Kosten
- Kalkulationsbasis für die Verrechnung von IT-Leistungen
- IT-Bereich als Shared Service Center

Während vor einigen Jahren noch die wirtschaftliche Erfüllung der IT-Aufgaben im Vordergrund eines stark operativ ausgelegten IT-Controllings stand, müssen heute vermehrt die **strategischen Aspekte des IT-Controllings** Berücksichtigung finden. Diese äußert sich z. B. in der Auswahl der »richtigen« IT-Projekte mithilfe von Projektportfoliotechniken, um die immer knapper werdenden IT-Ressourcen zielgerecht einzusetzen. Ferner finden Instrumente des strategischen Controllings wie die Lebenszyklusanalyse oder Total Cost of Ownership-Ansätze Eingang in den IT-Bereich.

Fachliche Beschreibung und Beispiele

Der Umfang und die Instrumente des IT-Controllings orientieren sich an den Kunden, Produkten und Strukturen des IT-Bereichs. Typischerweise stammen die Instrumente aus folgenden Controlling-Bereichen:

1. Portfolio-Controlling
2. Produkt-Controlling
3. Projekt-Controlling

Nachfolgend werden die beiden ersten Controlling-Bereiche erläutert. Zum Projekt-Controlling wird auf die entsprechenden Ausführungen in diesem Buch verwiesen.

IT-Portfolio-Controlling

Im Vordergrund steht die Ausrichtung der IT-Systeme auf die Unternehmensziele, d. h., alle IT-Aktivitäten müssen strategische Relevanz besitzen und dürfen nicht zum Selbstzweck betrieben werden. Hierzu ist eine **IT-Strategie** zu erarbeiten, die aus der Unternehmensstrategie abgeleitet wird. Das IT-Portfolio stellt dabei ein Instrument zur **strategiekonformen** Bewertung, Priorisierung und Auswahl von IT-Aktivitäten dar. Der IT-Bereich muss sich mit Fragen des strategischen Controllings beschäftigen:

- Kundenanforderungen und Kundennutzen?
- Wertbeitrag der IT für das Unternehmen?
- Maßnahmen zur Sicherstellung der Wirtschaftlichkeit?

Das Ergebnis zeigt sich in einer **strategiekonformen Auswahl von IT-Leistungen** bei

1. Entwicklung (z. B. Entwicklungen werden von unternehmenseigenen Entwicklern unter punktueller Einbindung Externer durchgeführt)
2. Betrieb (z. B. Betrieb von Rechenzentrum, Netzen und Endgeräten im Wege eines Full Service Providing)
3. Service (z. B. Vor-Ort-Benutzerservice, Schulung und Beratung vor Ort, User Help Desk, datenschutzgerechte Entsorgung von Datenträgern)

Hinweis

Mithilfe der Balanced Scorecard (BSC) kann die IT-Strategie in der IT-Organisation verankert und den IT-Mitarbeitern vermittelt werden. Die Kundenorientierung des IT-Bereichs wird damit in den Vordergrund gerückt. Neben den vier Standardperspektiven »Kunden«, »Finanzen«, »Lernen & Entwicklung«, »Interne Prozesse« könnten beispielsweise eine »Partnerperspektive«, »Innovationsperspektive« oder eine »Sicherheitsperspektive« in die IT-BSC integriert werden.

Die nachfolgende Tabelle zeigt einen Auszug aus einer **IT-BSC**:

Perspektive	Ziel	Kennzahl
Finanzen	Einhaltung IT-Budget	Absolute Budgetausschöpfung
Kunden	Erhöhung der internen Kundenzufriedenheit	Anzahl der Eskalationen, Kundenzufriedenheitsindex, Reaktionszeiten
Lernen & Entwicklung	Verbesserung der Kompetenz der IT-Mitarbeiter	Anzahl besuchter Schulungstage, Anzahl durchgeführter Schulungstage bezogen auf die geplanten Schulungstage
Interne Prozesse	Einhaltung vereinbarter Termine	Umfang und Auswirkung von Terminverschiebungen, Anteil gehaltener Termine bezogen auf Anzahl vereinbarter Termine
Sicherheit	Reduzierung geglückter Angriffe auf die IT-Systeme	Anzahl vereitelter Angriffe bezogen auf die Anzahl identifizierter Angriffe

Tabelle 4.38: Beispiel IT-BSC (Auszug)

IT-Produkt-Controlling

Ziel des IT-Produkt-Controllings ist die Schaffung von **Kostentransparenz der IT-Produkte**, mithilfe derer einerseits ein Kostenverständnis/-bewusstsein beim Empfänger erreicht werden soll, bevor im nächsten Schritt eine Verrechnung der produktbezogen kalkulierten IT-Kosten an die Empfänger von IT-Leistungen durchgeführt werden kann.

Für den Aufbau eines wirksamen IT-Produkt-Controllings sind u. a. nachfolgende **Aktivitäten** erforderlich:

- Aufbau eines IT-Produktkatalogs, dessen Basis das IT-Produktportfolio bilden muss
- Überarbeitung von Kontierungsrichtlinien zur verursachungsgerechten Erfassung möglichst vieler Kosten auf den IT-Produkten gemäß dem Einzelkostenprinzip

- Identifikation der Kunden des IT-Bereichs und der von diesen bezogenen IT-Produkte
- Analyse der Kundenzufriedenheit und des Reklamationsverhaltens
- Aufbau eines Kundenportfoliomanagements
- Etablierung von Marketing- und Vertriebstätigkeiten für IT-Leistungen im IT-Bereich
- Optimierung und Dokumentation der IT-Prozesse
- Identifikation von Störungspotenzialen bei der Erstellung von IT-Produkten
- Aufbau qualitätssichernder Maßnahmen
- Erstellung einer outputorientierten IT-Produktplanung
- Erarbeitung von Kalkulationsmodellen zur Preisgestaltung für die IT-Produkte
- Einführung einer innerbetrieblichen Leistungsverrechnung
- Einführung einer Deckungsbeitragsrechnung

Excel-Praxis: Kostenanalyse (Total Cost of Ownership) im IT-Controlling

IT-Controlling Kostenanalyse.xls

CD

Um die Gesamtkosten des Besitzes von IT-Anwendungen (Total Cost of Application) ermitteln zu können, muss eine Auflistung über die Hardware und Software im Unternehmen erstellt werden. Auch die Dienstleistungen rund um die IT (externe Berater, Programmierung …) wird erfasst, die Gesamtsumme wird der Anzahl der Mitarbeiter gegenübergestellt. Das Ergebnis ist der Betrag der monatlichen Benutzerkosten (Total Cost of Ownership). In der Beispiellösung wird zunächst die Anzahl der internen und externen Mitarbeiter angegeben und aufsummiert.

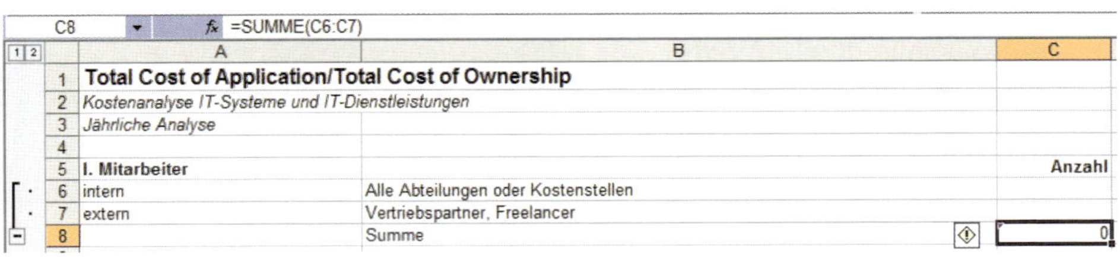

C8 =SUMME(C6:C7)

	A	B	C
1	**Total Cost of Application/Total Cost of Ownership**		
2	*Kostenanalyse IT-Systeme und IT-Dienstleistungen*		
3	*Jährliche Analyse*		
4			
5	**I. Mitarbeiter**		**Anzahl**
6	intern	Alle Abteilungen oder Kostenstellen	
7	extern	Vertriebspartner, Freelancer	
8		Summe	0

Abbildung 4.213: IT-Kostenanalyse – Mitarbeiterzahlen

Die IT-Kosten werden nachfolgend in Gruppen unterteilt und mit der Gliederungsfunktion auf die Summe der Kosten untergliedert.

- Clients
- ERP-Systeme (z. B. SAP)
- Microsoft-Software
- Sonstige Software
- Server und Netzwerk
- Sonstiges

D16 | f_x | =SUMME(D11:D15)

	A	B	C	D
1	**Total Cost of Application/Total Cost of Ownership**			
2	*Kostenanalyse IT-Systeme und IT-Dienstleistungen*			
3	*Jährliche Analyse*			
4				
5	**I. Mitarbeiter**		**Anzahl**	
6	intern	Alle Abteilungen oder Kostenstellen		
7	extern	Vertriebspartner, Freelancer		
8		Summe	0	
9				
10	**II. Clients**		**Anzahl**	**Gesamtkosten**
11	Desktop-PCs	Anzahl und Anschaffungskosten der Client-PCs im Unternehmen		
12	Laptops/Notebooks/E-PCs	Anzahl und Anschaffungskosten mobile Computer		
13	PCs Heimarbeitsplätze	Anzahl und Anschaffungskosten Client-PCs in Homeoffices		
14	Reparatur- und Servicekosten	Kosten für Hardware-Reparatur, Ersatzteile, Modernisierung		
15	Jährliche Update-Kosten	Standard: Austausch Clients alle 3 Jahre		
16	Summe			- €
17	**II. ERP-Systeme**			
18	Anschaffungskosten	Einmalige Kosten für Anschaffung Software und Software-Tools		
19	Lizenzkosten/Wartungsverträge	Jährliche Kosten für Beratung, Wartung, Service		
20	Kosten für Beratung	Anzahl der zu aktualisierenden Computer-Clients		
21	Programmierkosten	Erstellung von Berichten, Layouts, Automatisierung		
22	Summe			0
23	**III. Microsoft-Software**			
24	MS-Office	Anschaffungskosten MS-Word, Excel, Outlook, PowerPoint je PC Client		
25	MS-Exchange	Anschaffungskosten MS-Exchange je PC Client		
26	sonstige MS-Software	z.B. SQL-Server, Sharepoint-Server		
27	Lizenzen	MSDN, Action, MS Partnership		
28	Summe			- €
29	**IV. Sonstige Software**			
30	Personalabrechnung			
31	Finanzbuchhaltung			
32	Produktionssteuerung			
33	Sonstige			
34	Summe			- €
35	**V. Server und Netzwerk**			

Abbildung 4.214: Kostengruppen von Clients bis Sonstige

Für die Ermittlung der Gesamtkosten (Total Cost of Application) werden alle Zwischensummen aufaddiert, die Formel kann auch einfach die Gesamtsumme inklusive Zwischensummen durch 2 teilen, um auf das Ergebnis zu kommen:

```
D51: =SUMME(D11:D49)/2
```

Für die jährlichen Nutzerkosten (Total Cost of Ownership) wird die Kostensumme durch die Anzahl der Nutzer geteilt und für die monatlichen Nutzerkosten (Monthly Cost of Ownership) durch 12 geteilt.

```
D52: =WENN(C8>0;D51/C8;"")
D53: =WENN(D52<>"";D52/12;"")
```

Kapitel 5

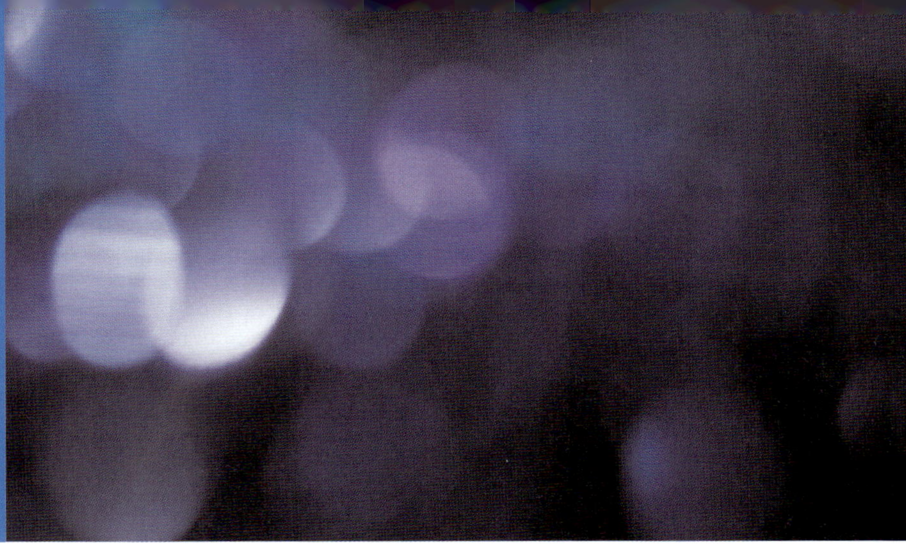

Berichtswesen (Reporting) und Präsentation

Die Zusammenstellung relevanter Informationen und ihre Weitergabe in geeigneter Form an die jeweiligen Informationsadressaten bzw. Verantwortlichen ist Aufgabe des Berichtswesens. Durch das Berichtswesen wird es erst ermöglicht, steuerungsrelevante Daten und Zahlen zu gewinnen, daraus Erkenntnisse zu ziehen und entsprechend zu agieren und zu reagieren.

Ziel des Berichtswesens und der Bildung von Kennzahlen ist die zukünftige **Informationsversorgung der Führungskräfte** (Unternehmensleiter, Abteilungs- und Gruppenleiter). Dafür ist es notwendig zu wissen, welche Informationen Führungskräfte als Steuerungsinstrument benötigen. Aus diesem Grund sollen Führungskräfte der jeweiligen Unternehmensbereiche bereits bei der Erstellung der Standardberichte und Bildung der Kennzahlen beteiligt werden.

Langfristiges Ziel muss es sein, ein von allen Unternehmensbereichen nutzbares Berichtswesen als integralen Bestandteil eines Unternehmenscontrollings zu etablieren, das die folgenden **Anforderungen an ein standardisiertes Berichtswesen** abdeckt:

- eine für alle Unternehmensbereiche im Wesentlichen einheitliche Berichtsstruktur,
- ebenengerechte Verdichtung (Aggregation) der Daten entsprechend der Organisation des Unternehmensbereichs und der Organisation des Gesamtunternehmens bzw. Konzern,
- Möglichkeit der Detailsicht auf Einzelpostenebene zur Identifizierung einzelner Geschäftsvorfälle,
- Reduzierung des Umfangs des Berichts auf das notwendige Maß,
- planungsorientierte und steuerungsrelevante Informationen,
- zeitnahe Berichterstattung.

Der Gestaltung des standardisierten Berichtswesens liegt ein **mehrdimensionales Berichtsmodell** (siehe nachfolgende Abbildung) zugrunde, das von einer Trennung zwischen drei zentralen Berichtsdimensionen ausgeht.

Zum einen muss in Berichten die Erfassung und Abbildung unterschiedlicher **Werttypen** wie Istdaten, Plan-/Budgetdaten und deren Abweichungen gegenüber Vergleichsgrößen sichergestellt sein. Diese unterschiedlichen Werttypen sollen grundsätzlich sowohl für Kosten und Erlöse als auch für Mengen zur Verfügung stehen. Zum anderen müssen unterschiedliche Berichtszeiträume abgedeckt werden. Schließlich beziehen sich Berichte stets auf bestimmte organisatorische oder produktorientierte **Aggregationsebenen** des Unternehmens (z. B. einzelne Kostenstelle, einzelner Kostenträger/einzelnes Produkt, Gruppierungen von Kostenstellen und Kostenträgern/Produkten wie Abteilungen, Bereiche, Sparten, Gesamtunternehmen).

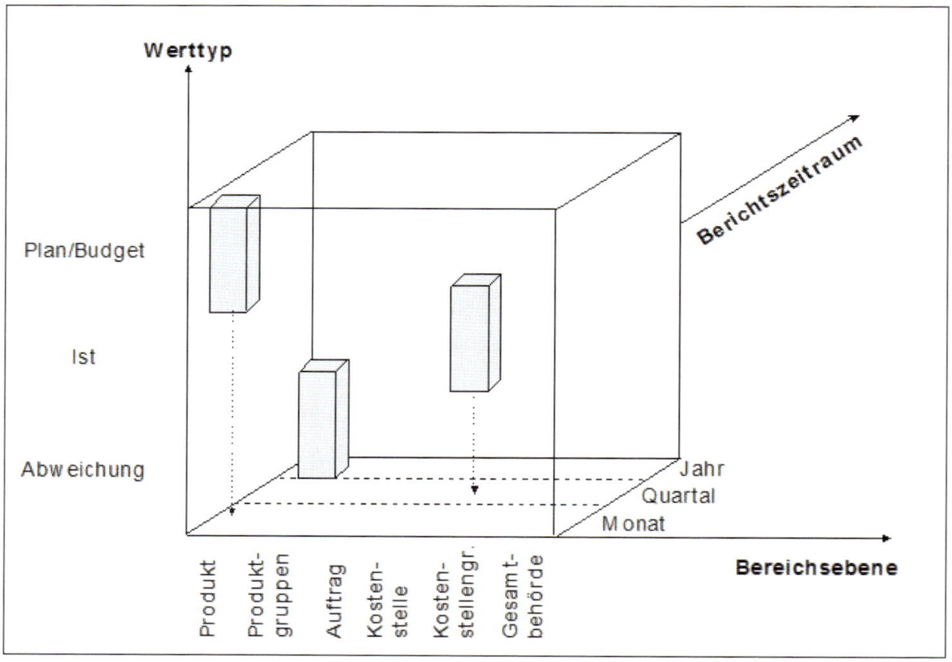

Abbildung 5.1: Mehrdimensionales Berichtsmodell

Vor dem Hintergrund des beschriebenen mehrdimensionalen Berichtsmodells ergeben sich **standardisierte Berichtstypen**, da im Unternehmen Informationsbedürfnisse gemäß der vielfältigen Kombinationsmöglichkeiten der Berichtskriterien bestehen. Beispielsweise ist neben einem Jahresbericht auf aggregierter Ebene ein Monatsbericht auf Ebene einzelner Kosten- und Erlösarten und Kostenstellen bzw. Produkten von Interesse, und dies sowohl unterjährig beispielsweise in Form von Budget-Ist-Vergleichen als auch am Jahresende. Standardisierte Berichte können wie folgt charakterisiert werden:

- die Berichtsdaten werden tabellarisch und grafisch dargestellt,
- die Berichte sind einheitlich gegliedert und strukturiert,
- die Informationen werden stufenweise verdichtet,
- die entwickelten Kennzahlen sind fester Bestandteil des Berichts,
- zusätzlich wird der Bericht durch den Controller kommentiert.

Im Einzelfall kann eine **Ergänzung um individuelle Berichte** zur Abbildung von Besonderheiten der jeweiligen Unternehmensbereiche erfolgen.

Unterschieden werden die **Berichtstypen**:

1. **Standardberichte**
   Es handelt sich um regelmäßig wiederkehrende Monats-, Quartals- und Jahresberichte, die auf einem vorher ermittelten Informationsbedarf basieren; deren Inhalt und Erscheinungstermine sind festgelegt.
2. **Ausnahme- bzw. Abweichungsberichte**
   Sie werden bei Überschreitung vorher festgelegter Toleranzgrenzen (absolut oder prozentual) erstellt; der Empfänger erhält nur in Ausnahmefällen Informationen; sie sollten zwingend Handlungsempfehlungen beinhalten und Gegensteuerungsmaßnahmen auslösen; die Häufigkeit der Berichtserstellung orientiert sich an den Abweichungen, d. h., sie erscheinen unregelmäßig.
3. **Bedarfsberichte bzw. Ad-hoc-Berichte**
   Es handelt sich um individuell und spontan angeforderte Berichte, deren Anzahl gering zu halten ist; die potenziellen Empfänger sollten identifiziert und der Kreis möglichst gering gehalten werden; die technische Realisierung erfolgt u. a. über individuelle Berichtsabfragen, die meist nur von einem eingeschränkten Benutzerkreis (z. B. Controller) durchgeführt werden sollten.

Die Dokumentation der erarbeiteten Berichtvorlagen erfolgt mittels sog. **Berichtssteckbriefe**. Der Aufbau des Berichtssteckbriefs zeigt folgendes Bild:

Berichtssteckbrief	Bericht XYZ
Berichtsempfänger	Angaben über den Berichtsempfänger
Berichtersteller	Angaben über den Berichtersteller
Berichtszweck	Beschreibung der Zielsetzung des Berichts
Berichtsklassifikation	Berichtstyp (Standard, Ausnahme, Bedarf) Berichtsart (Kostenstellen-, Kostenträger-, Profitcenter-, Vergleichsbericht)
Berichtsinhalte	Kurze Beschreibung der Zeilen, Spalten, zeitlicher Bezug, Daten, Aggregation (Anlage: beispielhafte Darstellung)
Berichtsfrequenz	Angaben zu Zeitangaben der Berichtserstellung
Berichtslayout	Kurze Beschreibung wesentlicher Layoutfragen

Tabelle 5.1: Berichtssteckbrief

Berichtssteckbrief	Bericht XYZ
Berichtswege	Angaben über einzuhaltende Berichtswege
Steuerungsmöglichkeiten	Beschreibung der Steuerungsmöglichkeiten
Selektionsmöglichkeiten	Kategorisierung: freie Selektion, feste Hinterlegung von Stammdaten
Voraussetzungen	Nennung der Voraussetzungen zu Berichtsgenerierung

Tabelle 5.1: Berichtssteckbrief (Forts.)

Nachfolgende Abbildung zeigt einen kommentierten Erlös- und Kostenbericht mit Erwartungsrechnung auf Basis des **4-Fenster-Formulars der Controller Akademie** (`www.controllerakademie.de`). Es handelt sich dabei um ein Formularprinzip, das einen Bericht in vier Felder (Fenster) unterteilt:

- Quadrant I (links oben): Plan-Ist-Vergleich, Feststellung von Abweichungen (absolut/relativ) für Absatzmenge, Umsatzerlöse, Deckungsbeiträge, Kosten differenziert nach Kostenarten etc.
- Quadrant II (links unten): Interpretation der Abweichungen; Ursachenforschung (verbale Kommentierungen im Freitext)
- Quadrant III (rechts unten): Maßnahmenliste (Freitext) mit Verantwortlichkeiten (Name) und Terminen (Fertigstellungsdatum) zur Gegensteuerung; Themenspeicher für Themen mit strategischer Bedeutung
- Quadrant IV (rechts oben): Erwartungsrechnung für die im ersten Quadranten berichteten Zahlen (voraussichtliches Ist zum nächsten Quartalsende und zum Jahresende, wenn Maßnahmen greifen)

Hinweis

Bei der Berichtskonzeption nach dem 4-Fenster-Formular kommt das bekannte **medizinische Prinzip** zur Anwendung:

1. Anamnese – Wo tut es weh? => Analyse der Zahlen und der Abweichungen
2. Diagnose – Warum tut es weh? => Identifikation der Ursachen für die Abweichungen
3. Therapie – Verordnung von Medizin => Maßnahmenliste zur Kurskorrektur

Fazit: »Ein gutes Berichtswesen erkennt man daran, dass es Maßnahmen auslöst.« (*A. Deyhle, Gründer der Controller Akademie AG, Gauting*)

Das oben dargestellte Berichtsformat kann durch **Grafiken** (z. B. Linien-, Säulen-, Torten-, Spinnennetzdiagramme) ergänzt und um die sog. **Ampelfunktion** erweitert werden. Dazu sind für die einzelnen Berichtsinhalte Schwellenwerte zu definieren, auf Basis derer sich die Ampel »rot«, gelb« oder »grün« färbt.

CONTROLLING-FORMULAR "4 WINDOWS"								
	PER MONAT				Jahresplan	VORSCHAU		
	Plan per	Ist per	Abw.			Erwartung restl. Zeit	V'Ist	Vergleich Ziel-Vorschau
			T€	%				
1 Absatz 2 Preise 3 Produktkosten								
4 DB I 5 DB II 6 DB III								
7 Personalkosten 8 Sachkosten								
9 Läger 10 Debitoren 11 Anlagen								
SACHVERHALTE = ANAMNESE & DIAGNOSE					MASSNAHMEN = THERAPIE			

Abbildung 5.2: Vier-Fenster-Formular der Controller Akademie

5.1 Datenaufbereitung für das Reporting

Garbage in – garbage out heißt ein geflügeltes Wort, das angesichts der Datenmengen in den Unternehmen immer mehr Bedeutung gewinnt. Wo keine »sauberen« Daten vorliegen, sind die Berichte nicht aussagekräftig und im schlimmsten Fall falsch. Stellen Sie sicher, dass Ihre Berichtsdaten korrekt sind, Excel unterstützt Sie mit professionellen Werkzeugen.

5.1.1 Textdaten

Warenwirtschaftssysteme, Personalabrechnungs- und Buchhaltungsprogramme älterer Bauart liefern Daten häufig nur in Textform. Excel kann Textdateien einlesen und schaltet dazu einen Textkonvertierungs-Assistenten hinzu, der die Daten analysiert und ggf. in das richtige Format übersetzt.

Excel-Praxis: Verkaufszahlen einlesen und konvertieren

Sales Golfstore.txt

CD

Die Verkaufszahlen des aktuellen Jahres und des Vorjahres liegen im Textformat vor, die Textdatei verwendet das ältere 7-Bit-Format (ASCII) für die Speicherung, die Spalten sind mit Tabulatorzeichen getrennt.

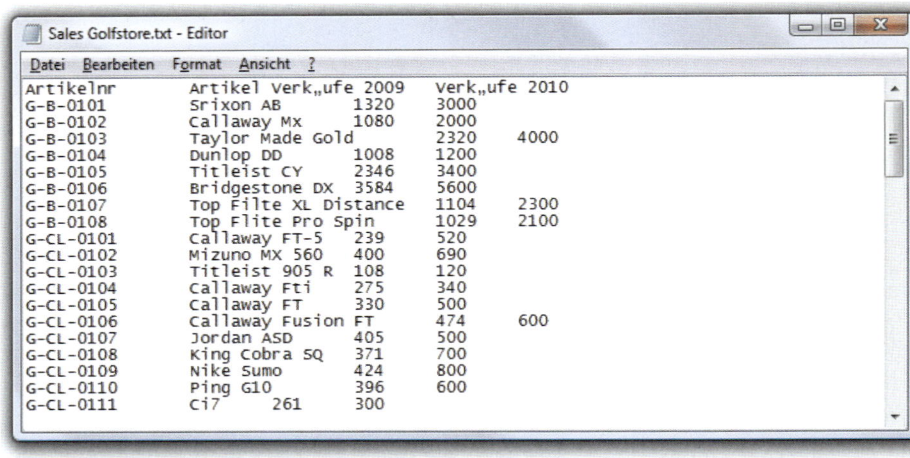

Abbildung 5.3: Textdatei mit Verkaufszahlen

Öffnen Sie die Liste, schalten Sie dazu aber auf den Dateityp *Textdateien* um, damit die Datei angezeigt wird. Der Textkonvertierungs-Assistent meldet sich und präsentiert die Datei mit einem Vorschlag für den Dateiursprung. Schalten Sie um auf *MS-DOS (PC-8)*, an den Umlauten im Text erkennen Sie, ob das Format richtig ist.

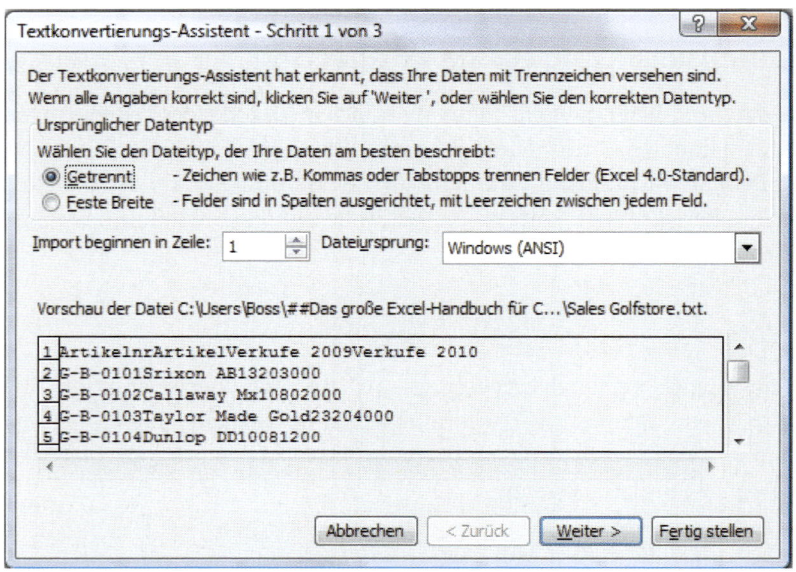

Abbildung 5.4: Der Textkonvertierungs-Assistent analysiert die Datei

Im nächsten Schritt bestätigen Sie den Tabulator als Trennzeichen oder wählen ein anderes Trennzeichen. Schritt 23 bietet noch die Möglichkeit, einzelne Spalten auszublenden oder das Datenformat zu ändern. Achten Sie auf Zahlenspalten, die Excel in Datumswerte umwandeln würde, setzen Sie diese auf das Textformat. Mit der Schaltfläche *Weitere* können Sie bei fremdsprachigen Texten das Währungszeichen (Tausenderpunkt, Dezimalkomma) bestimmen.

Klicken Sie auf *Fertig stellen*, und die Textdatei wird eingelesen. Um die Daten im XLS-Format zu speichern, schalten Sie nach *Speichern unter* auf den Dateityp *Microsoft Excel-Arbeitsmappe* um.

CSV-Dateien

Das CSV-Format (*comma separated value*) ist ein reines Textformat, das als Trennzeichen zwischen den Spalten das Semikolon verwendet. Excel kann CSV-Textdateien direkt einlesen, ohne den Textkonvertierungs-Assistenten zu bemühen. Liegen die Berichtsdaten in diesem Format vor, öffnen Sie einfach die Datei und speichern sie im XLS-Format zurück. Wenn die mit Semikolon getrennten Daten mit einer anderen Dateiendung versehen sind, reicht es oft aus, einfach die Datei in *.CSV* umzubenennen.

Textdateien per Makro einlesen

Wenn sichergestellt ist, dass die Textdateien immer im gleichen Format vorliegen, zeichnen Sie die Prozedur einmal mit dem Makrorecorder auf. Speichern Sie das Makro in der Persönlichen Makroarbeitsmappe (*PERSONL.XLS* bzw. *PERSONAL.XLSB*), damit steht es jederzeit zur Verfügung.

Listing 5.1: Makro liest Textdatei mit Tabs als Trennzeichen ein

```
Sub ImportSales()
 Workbooks.OpenText _
 Filename:="Sales Golfstore.txt" _
 , Origin:=xlMSDOS, StartRow:=1, _
 DataType:=xlDelimited, TextQualifier:=xlDoubleQuote, _
 ConsecutiveDelimiter:=False, Tab:=True, Semicolon:=False, _
 Comma:=False, Space:=False, Other:=False, _
 FieldInfo:=Array(Array(1, 1), Array(2, 1), Array(3, 1), _
 Array(4, 1)), TrailingMinusNumbers:=True
End Sub
```

5.1.2 Datenimport automatisieren mit Access UNION-Abfragen

Die Aufbereitung von Berichtsdaten ist in der Praxis besonders zeit- und arbeitsintensiv, wenn die Daten aus unterschiedlichen Quellen stammen. Textdaten, Excel-Arbeitsmappen, SAP-Querys und andere Formate holen Sie einfach als Verknüpfung in eine Access-Datenbank und erstellen Abfragen zur Konvertierung. Eine UNION-Abfrage fasst alle unterschiedlichen Daten zu einer Datenmenge zusammen, und das Ergebnis wird per ODBC nach Excel exportiert.

Excel-Praxis: Absatz-/Umsatzberichte auswerten

Fünf Filialen berichten ihre Absätze und Umsätze im Excel-Format, eine weitere Tabelle kommt in Textform. Der Bericht sollte Absätze und Umsätze für die einzelnen Artikel ausweisen.

CD

Sales Nord.xls

Sales Süd.xls

Sales Golfstore.txt

AbsatzUmsatzauswertung Golfstore.mdb, AbsatzUmsatzauswertung Golfstore.accdb

Access-Datenbank anlegen, Daten verknüpfen

Achten Sie darauf, dass alle Quelldateien geschlossen sind und von keinem anderen Programm benutzt werden, wenn Sie die Verknüpfungen anlegen. Erstellen Sie eine neue Access-Datenbank und verknüpfen Sie die Daten in das Tabellenmodul.

2003 | *Daten/Externe Daten/Tabellen verknüpfen*. Schalten Sie um auf den Dateityp *Excel*.

2007 | *Externe Daten/Importieren/Excel*

2010 | *Externe Daten/Importieren und Verknüpfen/Excel*

Suchen Sie die Datei *Sales Nord.xls* und verknüpfen Sie das erste Tabellenblatt. Die erste Zeile enthält die Spaltenüberschriften, die Verknüpfung bekommt den Namen des Tabellenblatts. Verfahren Sie so mit den beiden anderen Blättern und verknüpfen Sie auf diese Art auch die Tabellen aus *Sales Süd.xls*.

Die Textdatei *Sales Golfstore.txt* wird ebenfalls verknüpft, wählen Sie als Dateityp *Textdateien*. Der Textkonvertierungs-Assistent wird sich dazwischenschalten und das Trennzeichen (Tabstopp) abfragen. Schalten Sie auch die Feldnamen für die erste Zeile ein. Ungültige Zeichen in den Feldnamen sind kein Problem, diese werden von den Access-Abfragen eliminiert.

Nach Abschluss aller Verknüpfungen enthält das Tabellenmodul sechs Verknüpfungen auf unterschiedliche Datenquellen. Die Listen können jederzeit verändert und fortgeschrieben werden, die Access-Datenbank wird immer die aktuellen Ergebnisse berechnen. Mit dem Tabellenverknüpfungs-Manager im Kontextmenü wird die Verknüpfung kontrolliert und bei Bedarf repariert.

Daten aufbereiten mit Abfragen

Erstellen Sie Abfragen für die Verknüpfungen, die bereinigt werden müssen. Die Textdatei hat z. B. nicht die Feldnamen der übrigen Tabellen, in der Abfrage schreiben Sie einfach die gewünschte Spaltenbezeichnung vor das Original. Nutzen Sie die Kriterienzeile, um Leerzeilen und unerwünschte Zwischenzeilen zu entfernen, tragen Sie passende Kriterien ein.

Fügen Sie ein weiteres Abfragefeld ein, in dem die Business Unit (BU) festgehalten ist. Weisen Sie den Text einfach im Titel zu:

```
BU:"Golfstore"
```

Um die Abfragen von Tabellen unterscheiden zu können, setzen Sie beim Speichern das Präfix »qry_« vor den Objektnamen.

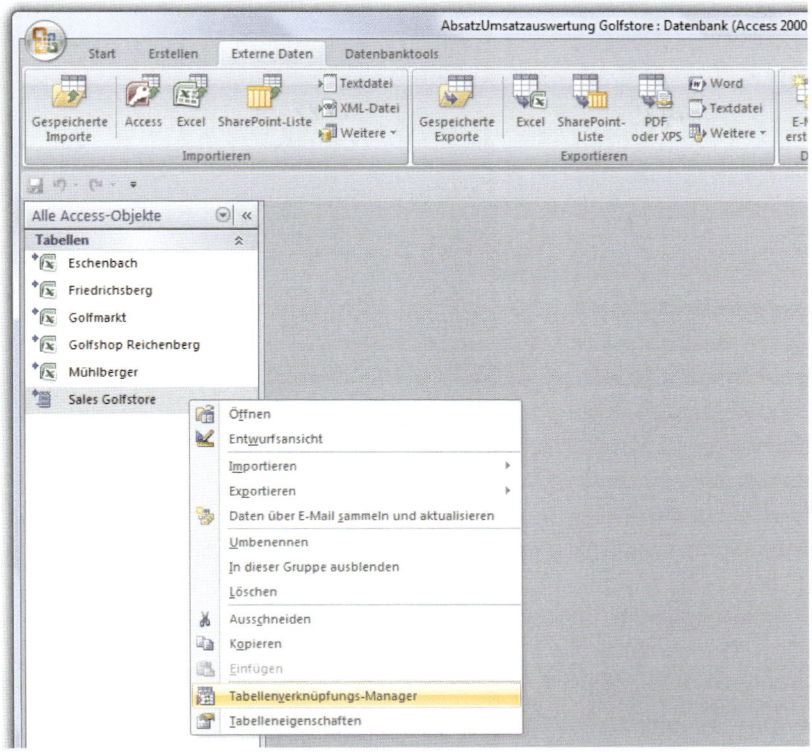

Abbildung 5.5: Verknüpfungen auf Datenquellen in der Access-Datenbank

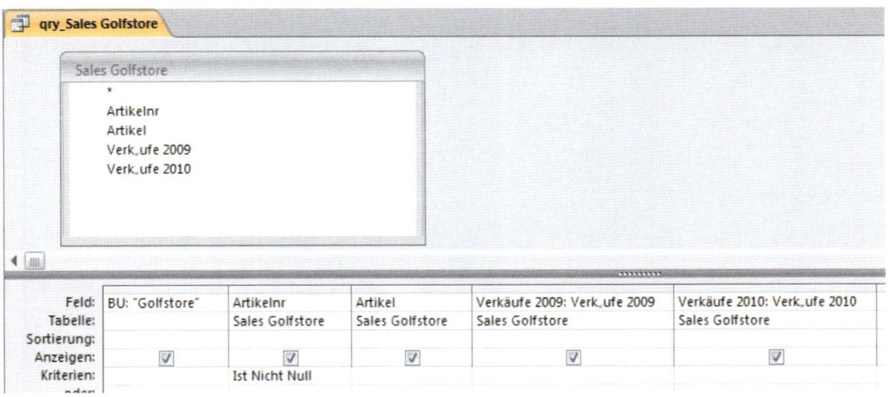

Abbildung 5.6: Access-Abfragen filtern Daten und korrigieren Feldnamen

Erstellen Sie je eine Abfrage für alle weiteren verknüpften Tabellen und fügen Sie das BU-Feld mit dem Namen der Business Unit ein. Speichern Sie die Abfragen wieder mit dem Präfix »qry_«.

BU	Artikelnr	Artikel	Absatz	Umsatz
Friedrichsberg	G-B-0101	Srixon AB	3012	27.108,00 €
Friedrichsberg	G-B-0102	Callaway Mx	2013	38.247,00 €
Friedrichsberg	G-B-0103	Taylor Made G	4002	48.024,00 €
Friedrichsberg	G-B-0104	Dunlop DD	1201	18.015,00 €
Friedrichsberg	G-B-0105	Titleist CY	3404	68.045,96 €
Friedrichsberg	G-B-0106	Bridgestone D:	5604	89.664,00 €
Friedrichsberg	G-B-0107	Top Filte XL Di:	2314	9.024,60 €
Friedrichsberg	G-B-0108	Top Flite Pro S	2113	6.127,70 €
Friedrichsberg	G-CL-0101	Callaway FT-5	531	254.349,00 €
Friedrichsberg	G-CL-0102	Mizuno MX 56(	696	347.304,00 €
Friedrichsberg	G-CL-0103	Titleist 905 R	133	39.767,00 €
Friedrichsberg	G-CL-0104	Callaway Fti	353	164.498,00 €
Friedrichsberg	G-CL-0105	Callaway FT	513	661.770,00 €
Friedrichsberg	G-Z-0101	Foot Joy Cap	1109	17.633,10 €
Friedrichsberg	G-Z-0102	Foot Joy Reger	1340	44.220,00 €
Friedrichsberg	G-CL-0143	Kramski	417	208.083,00 €

Abbildung 5.7: Abfragen mit neuen Feldern

Hinweis

Abfragen können natürlich auch Berechnungen durchführen. Legen Sie einfach ein neues Feld an und tragen Sie die Berechnung ein. Mit Strg + F2 erhalten Sie den Ausdrucks-Generator mit allen Funktionen, die Access zu bieten hat.

Daten zusammenfassen mit UNION-Abfrage

Eine letzte Abfrage sammelt alle Abfragen und kopiert die Daten zusammen. Schalten Sie um auf den Abfragetyp SQL und schreiben Sie in der Entwurfsansicht diese SQL-Anweisungen.

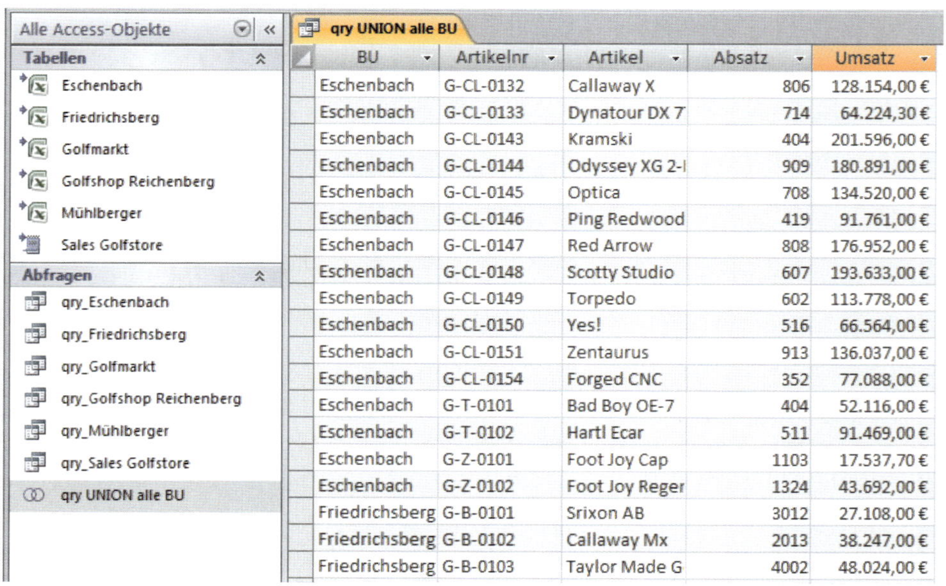

BU	Artikelnr	Artikel	Absatz	Umsatz
Eschenbach	G-CL-0132	Callaway X	806	128.154,00 €
Eschenbach	G-CL-0133	Dynatour DX 7	714	64.224,30 €
Eschenbach	G-CL-0143	Kramski	404	201.596,00 €
Eschenbach	G-CL-0144	Odyssey XG 2-I	909	180.891,00 €
Eschenbach	G-CL-0145	Optica	708	134.520,00 €
Eschenbach	G-CL-0146	Ping Redwood	419	91.761,00 €
Eschenbach	G-CL-0147	Red Arrow	808	176.952,00 €
Eschenbach	G-CL-0148	Scotty Studio	607	193.633,00 €
Eschenbach	G-CL-0149	Torpedo	602	113.778,00 €
Eschenbach	G-CL-0150	Yes!	516	66.564,00 €
Eschenbach	G-CL-0151	Zentaurus	913	136.037,00 €
Eschenbach	G-CL-0154	Forged CNC	352	77.088,00 €
Eschenbach	G-T-0101	Bad Boy OE-7	404	52.116,00 €
Eschenbach	G-T-0102	Hartl Ecar	511	91.469,00 €
Eschenbach	G-Z-0101	Foot Joy Cap	1103	17.537,70 €
Eschenbach	G-Z-0102	Foot Joy Reger	1324	43.692,00 €
Friedrichsberg	G-B-0101	Srixon AB	3012	27.108,00 €
Friedrichsberg	G-B-0102	Callaway Mx	2013	38.247,00 €
Friedrichsberg	G-B-0103	Taylor Made G	4002	48.024,00 €

Abbildung 5.8: Die UNION-Abfrage konsolidiert alle Abfragen

```
SELECT * FROM [qry_Eschenbach] UNION SELECT * FROM [qry_Friedrichsberg] UNION SELECT
* FROM [qry_Golfmarkt] UNION SELECT * FROM [qry_Golfshop Reichenberg] UNION SELECT *
FROM [qry_Mühlberger] UNION SELECT * FROM [qry_Sales Golfstore];
```

Speichern Sie die Abfrage unter der Bezeichnung *qry_UNION alle BU* und schließen Sie die Datenbank.

Daten auswerten mit PivotTable-Bericht

Das Abfrageergebnis der UNION-Abfrage wird jetzt in Excel direkt in eine PivotTable geholt und ausgewertet.

2003

Daten/PivotTable- und PivotChart-Bericht/Externe Datenquelle. Klicken Sie auf *Daten importieren*.

2007 2010

Daten/Externe Daten abrufen/Aus anderen Quellen/Von Microsoft Query

Wählen Sie den ODBC-Treiber für Microsoft Access und suchen Sie im nächsten Schritt die Datenbank. Holen Sie alle Felder aus *qry_UNION alle BU* in die Excel-Abfrage und bestätigen Sie alle weiteren Abfragen mit Klick auf *Weiter*. Erstellen Sie das Pivot-Layout mit der BU im Zeilenfeld (Zeilenbeschriftung) und den Umsatzsummen im Datenfeld (Wertebereich). Für das PivotChart eignet sich der Diagrammtyp *Balken* am besten.

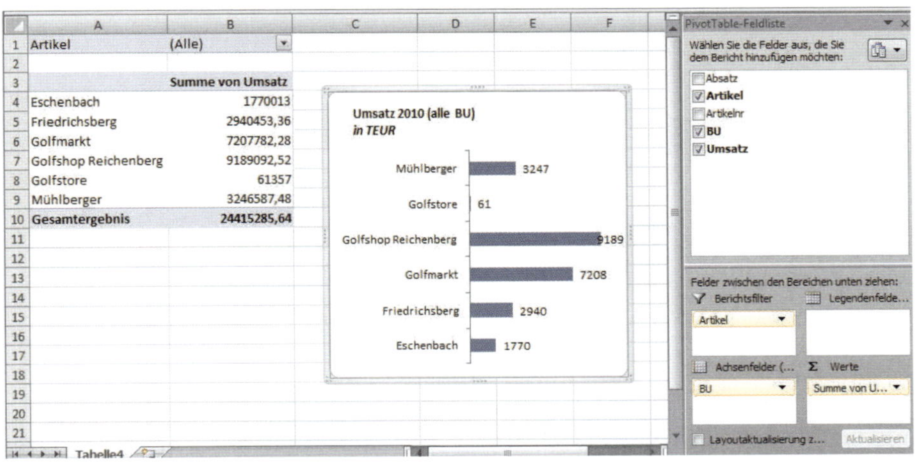

Abbildung 5.9: PivotTable und PivotChart direkt aus dem Abfrageergebnis in der Access-Datenbank

5.1.3 SAP-Berichte

Das Berichtswesen des SAP-Moduls CO (Controlling) stellt den Kern der Kosten- und Leistungsrechnung des SAP-Systems dar. Die Nutzung der SAP-Standardberichte ist die Mindestvoraussetzung zur Durchführung eines wirkungsvollen Kosten- und Erlöscontrollings mittels SAP. Unterschieden werden im SAP-Gemeinkostencontrolling Kostenstellen- und Innenauftragsberichte. Zudem sind Standardberichte auf Kostenträger- und Profitcenter-Ebene und für Kontierungsobjekte des SAP-Projektsystems (PS) verfügbar.

Die Nachbearbeitung von Berichten, die aus SAP exportiert werden, erfordert in der Praxis viel Zeit- und Arbeitsaufwand, wenn eine andere als die SAP-Darstellung gewünscht ist.

Excel-Praxis: Kostenstellenbericht Ist/Plan/Abweichung

CD

SAP-Bericht Kostenstellen.xls

Im ersten Beispiel wird die Aufbereitung eines Kostenstellenberichts aus dem CO-Modul demonstriert. Der Kostenstellenbericht *Ist/Plan/Abweichung* zeigt für die selektierten Parameter (Kostenstelle bzw. Kostenstellengruppe, Geschäftsjahr, Periode von/bis und Kostenrechnungskreis) in den Spalten die Kostenartennummer, die Kostenartenbezeichnung, die Ist- und Plankosten sowie die absoluten und relativen Abweichungen zwischen Ist- und Plankosten. In den Zeilen des Berichts sind die Kostenarten sowie deren Aggregationen mittels Kostenartengruppen dargestellt. Neben den »Echten Buchungen« werden in eigenen Berichtsabschnitten »Statistische Buchungen« und »Statistische Kennzahlen« ausgewiesen.

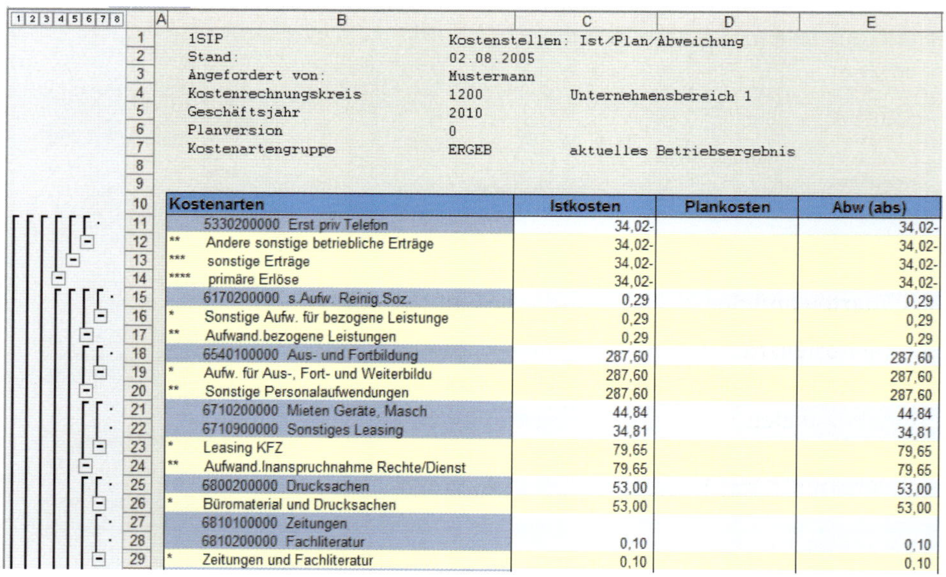

	A	B	C	D	E
1		1SIP	Kostenstellen: Ist/Plan/Abweichung		
2		Stand:	02.08.2005		
3		Angefordert von:	Mustermann		
4		Kostenrechnungskreis	1200	Unternehmensbereich 1	
5		Geschäftsjahr	2010		
6		Planversion	0		
7		Kostenartengruppe	ERGEB	aktuelles Betriebsergebnis	
8					
9					
10		Kostenarten	Istkosten	Plankosten	Abw (abs)
11		5330200000 Erst priv Telefon	34,02-		34,02-
12		** Andere sonstige betriebliche Erträge	34,02-		34,02-
13		*** sonstige Erträge	34,02-		34,02-
14		**** primäre Erlöse	34,02-		34,02-
15		6170200000 s.Aufw. Reinig.Soz.	0,29		0,29
16		* Sonstige Aufw. für bezogene Leistunge	0,29		0,29
17		** Aufwand.bezogene Leistungen	0,29		0,29
18		6540100000 Aus- und Fortbildung	287,60		287,60
19		* Aufw. für Aus-, Fort- und Weiterbildu	287,60		287,60
20		** Sonstige Personalaufwendungen	287,60		287,60
21		6710200000 Mieten Geräte, Masch	44,84		44,84
22		6710900000 Sonstiges Leasing	34,81		34,81
23		* Leasing KFZ	79,65		79,65
24		** Aufwand.Inanspruchnahme Rechte/Dienst	79,65		79,65
25		6800200000 Drucksachen	53,00		53,00
26		* Büromaterial und Drucksachen	53,00		53,00
27		6810100000 Zeitungen			
28		6810200000 Fachliteratur	0,10		0,10
29		* Zeitungen und Fachliteratur	0,10		0,10

Abbildung 5.10: SAP-Bericht Kostenstellen mit Ist/Plan-Abweichung

Kostenarten filtern

Um aus diesem Bericht eine Liste der Ist- und Plankosten auf Kostenartenebene zu erstellen, legen Sie eine Hilfsspalte an, in der die Zeilen entsprechend klassifiziert werden. Alle Zeilen, die mit * beginnen, sind Kostenartengruppen:

Kopieren Sie den Bereich ab Zeile 10 in ein neues Tabellenblatt. Fügen Sie vor der ersten Spalte eine neue Spalte ein und schreiben Sie eine Formel mit der Funktion WENN(), die den Zeileninhalt klassifiziert:

```
A1: Klasse
A2: =WENN(LINKS(B2;1)="*";"KA-Gruppe";"Kostenart")
```

Der Bereich wird mit dem AutoFilter gefiltert, und das Filterkriterium *Kostenart* in der ersten Spalte ergibt eine Liste der Kostenarten. Kopieren Sie mit eingeschaltetem Filter den Bereich ab Spalte B und fügen Sie ihn in ein neues Tabellenblatt ein, werden nur die gefilterten Daten übernommen.

01-26: Nur sichtbare Zellen kopieren

TIPP

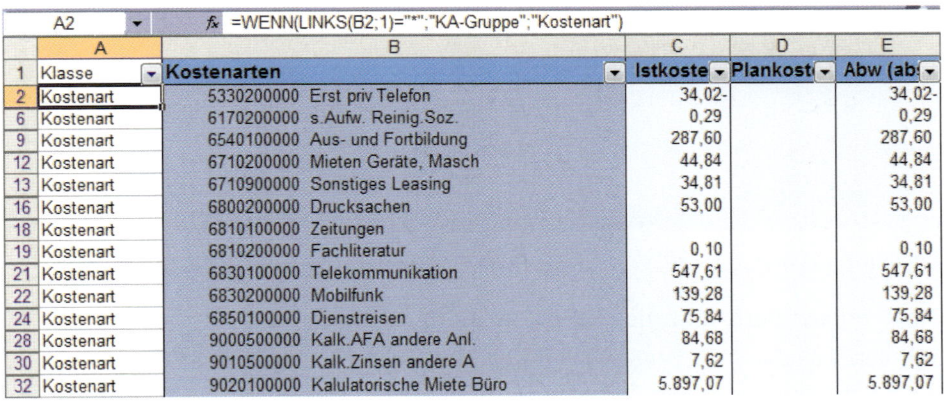

A2 =WENN(LINKS(B2;1)="*";"KA-Gruppe";"Kostenart")

	A	B	C	D	E
1	Klasse	Kostenarten	Istkoste	Plankost	Abw (ab
2	Kostenart	5330200000 Erst priv Telefon	34,02-		34,02-
6	Kostenart	6170200000 s.Aufw. Reinig.Soz.	0,29		0,29
9	Kostenart	6540100000 Aus- und Fortbildung	287,60		287,60
12	Kostenart	6710200000 Mieten Geräte, Masch	44,84		44,84
13	Kostenart	6710900000 Sonstiges Leasing	34,81		34,81
16	Kostenart	6800200000 Drucksachen	53,00		53,00
18	Kostenart	6810100000 Zeitungen			
19	Kostenart	6810200000 Fachliteratur	0,10		0,10
21	Kostenart	6830100000 Telekommunikation	547,61		547,61
22	Kostenart	6830200000 Mobilfunk	139,28		139,28
24	Kostenart	6850100000 Dienstreisen	75,84		75,84
28	Kostenart	9000500000 Kalk.AFA andere Anl.	84,68		84,68
30	Kostenart	9010500000 Kalk.Zinsen andere A	7,62		7,62
32	Kostenart	9020100000 Kalulatorische Miete Büro	5.897,07		5.897,07

Abbildung 5.11: Zeilen des Kostenstellenberichts klassifizieren

Kostenarten aufteilen in Nummern und Bezeichnungen

Um die Kostenarten von den Nummern zu trennen, fügen Sie eine neue Spalte rechts neben den Kostenarten ein, markieren die Spalte B und starten den Textkonvertierungs-Assistenten.

Daten/Text in Spalten 2003

Daten/Datentools/Text in Spalten 2007 2010

Schalten Sie um auf den Datentyp *Feste Breite* und trennen Sie die Liste an der vorgeschlagenen Stelle in zwei Spalten auf. Bestätigen Sie die Sicherungsmeldung (leere Spalte wird überschrieben), und die Bezeichnungen werden von den Nummern getrennt.

Die damit erstellte Liste lässt sich jetzt bequem mit PivotTable-Berichten auswerten, in Datenbanken kopieren oder als Datenbasis für Diagramme verwenden.

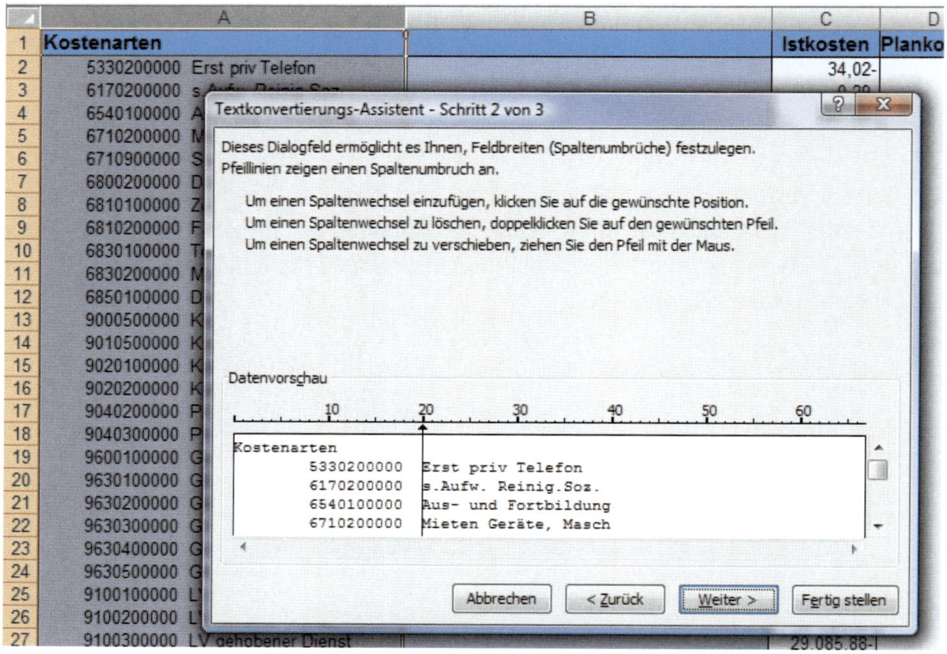

Abbildung 5.12: Nummern und Bezeichnungen trennen mit dem Textkonvertierungs-Assistenten

Excel-Praxis: Bericht Statistische-Kennzahlen

SAP-Berichte, die im XLS- oder Textformat gespeichert werden, bilden ein festgelegtes Layout ab, und das ist nur dann ideal für die Weiterbearbeitung in Excel, wenn eine erkennbare Liste ausgegeben wird. Eine Liste ist eine Datenmenge mit Kopfzeile, die möglichst keine Leerzeilen und störenden Zwischenzeilen (Zwischensummen) enthält.

Beispiel: Bericht »Statistische Kennzahlen Plan-Ist«

CD

SAP-Bericht StatKZ.xls

Das Beispiel demonstriert, wie mit wenigen Handgriffen aus einem SAP-Bericht, der nicht in Listenform ausgegeben wird, eine auswertbare Liste entsteht. Die Berichtsform mit den Kostenstellen als Überschriften und den einzelnen statistischen Kennzahlen, dazu viele Leerzeilen in unterschiedlicher Anzahl lässt sich nicht mit Filtern oder PivotTable-Berichten auswerten, auch ein Vergleich zwischen den einzelnen Kostenstellen oder die Zusammenfassung der einzelnen Kennzahlen ist in dieser Form kaum möglich.

Drücken Sie [Strg] + [Ende], um das Ende der Liste zu markieren.

Vom Bericht zur Liste

Markieren Sie Spalte A und fügen Sie mit [Strg] + [+] eine neue Spalte ein. Kopieren Sie dann die Überschrift und die erste Kostenstellennummer in diese Spalte.

	A	B	C	D	E	F	G
1	Kostenstelle:	0300-S226					
2	StatKz	Beschreibung	LstArt	Plan Monat	Ist Monat	Plan Kum	Ist Kum
3	S-30304	Direkte AK	159104	244	533	544	933
4	S-30304	Direkte AK	16800	469	373	769	773
5	S-30305	Indirekte AK	69731	153	536	453	936
6	S-30306	Alle Lohnempfänger	228835	436	336	736	736
7	S-30307	Angestellte	20310	124	383	424	783
8	S-30311	ÜStd. dir. LE o.MAZ	3039	109	417	409	817
9	S-30314	ÜStd GE ohne MAZ	45464	482	504	782	904
10	S-30341	ÜStd indir.LE o.MAZ	129360	495	575	795	975
11	S-301581	Umlage 0300-1581 (%)	11264	424	399	724	799
12	S-308012	m2 Produktionsfläche	7370528	446	507	746	907
13	S-308022	m2 Lagerfläche	2803328	210	455	510	855
14	S-308032	m2 Bürofläche	66880	411	406	711	806
15	S-308042	m2 Werkstattfläche	1510080	270	271	570	671
16	AFAKAL	kalk. Abschreibungen	41374428	148	498	448	898
17	ZINSAV	kalk. Kapitalkosten	8211160	274	248	574	648
18							
19	Kostenstelle:	0300-1331					
20							
21	StatKz	Beschreibung	LstArt	Plan Monat	Ist Monat	Plan Kum.	Ist Kum.
22							
23	S-30304	Direkte AK	10320	491	210	791	610
24	S-30306	Alle Lohnempfänger	10320	308	557	608	957
25	S-30311	ÜStd. dir. LE o.MAZ	9279,4	199	252	499	652

Abbildung 5.13: Bericht »Statistische Kennzahlen Plan-Ist«

	A	B	C	D
1				
2	Kostenstelle:	StatKz	Beschreibung	LstArt
3	0300-S226	S-30304	Direkte AK	159104
4		S-30304	Direkte AK	16800
5		S-30305	Indirekte AK	69731

Abbildung 5.14: Schritt 1: Kostenstellenspalte

Leerzeilen filtern

Jetzt können Sie die damit entstandene Liste markieren, setzen Sie den Zellzeiger in die Zelle A2 und drücken Sie [Strg] + [⇧] + [Ende]. Diese Markierung ist wichtig für den Leerzeilenfilter, der nach dem Einschalten des AutoFilters angeboten wird. Suchen Sie eine Spalte, die durchgehend Daten enthält.

Um alle Leerzeilen zu entfernen, markieren Sie die erste Zeilennummer unter der Kopfzeile und drücken [Strg] + [Ende] und [Strg] + [-]. Bestätigen Sie die Meldung, um ganze Zeilen zu löschen. Anschließend können Sie den AutoFilter wieder deaktivieren, die Liste sollte jetzt keine überflüssigen Leerzeilen mehr enthalten.

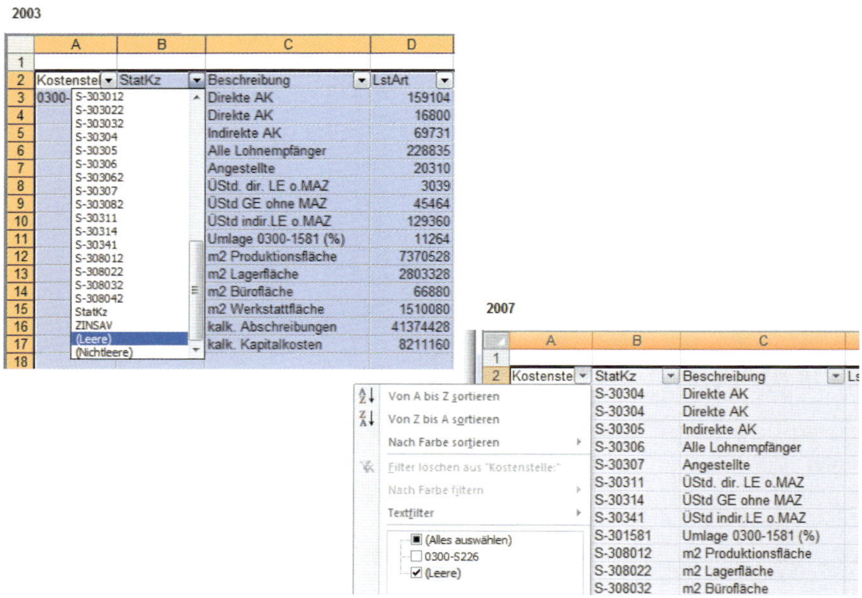

Abbildung 5.15: Leerzeilen filtern

Formel für Gruppenwechsel

Um die Kostenstellennummern nach unten aufzufüllen, schreiben Sie eine Formel mit der WENN()-Funktion, die abprüft, ob in Spalte B eine neue Kostenstelle beginnt. Ist das der Fall, wird diese eingefügt, andernfalls verwendet die Formel die vorherige Kostenstelle. Im Beispiel sucht die WENN()-Funktion nach dem Wort »Kostenstelle:«, möglich ist auch die Suche nach Leerzellen oder anderen Kriterien:

```
A4: =WENN(B4="Kostenstelle:";C4;A3)
```

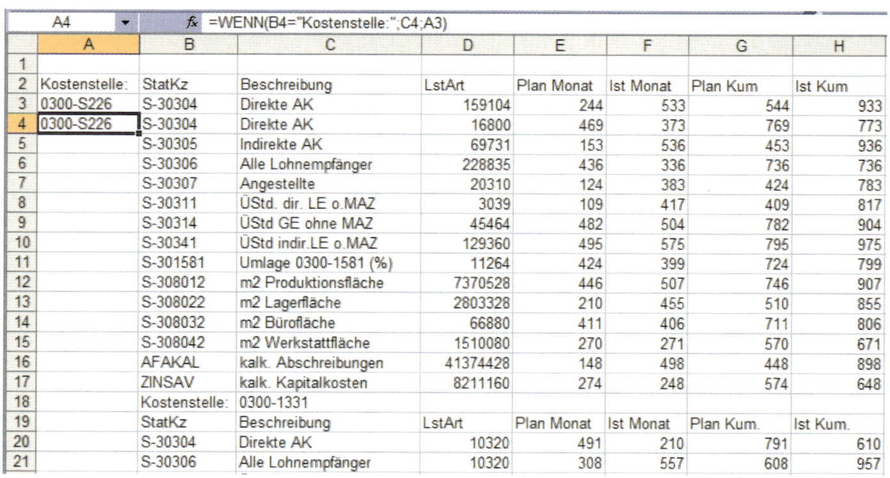

A4 =WENN(B4="Kostenstelle:";C4;A3)

	A	B	C	D	E	F	G	H
1								
2	Kostenstelle:	StatKz	Beschreibung	LstArt	Plan Monat	Ist Monat	Plan Kum	Ist Kum
3	0300-S226	S-30304	Direkte AK	159104	244	533	544	933
4	0300-S226	S-30304	Direkte AK	16800	469	373	769	773
5		S-30305	Indirekte AK	69731	153	536	453	936
6		S-30306	Alle Lohnempfänger	228835	436	336	736	736
7		S-30307	Angestellte	20310	124	383	424	783
8		S-30311	ÜStd. dir. LE o.MAZ	3039	109	417	409	817
9		S-30314	ÜStd GE ohne MAZ	45464	482	504	782	904
10		S-30341	ÜStd indir.LE o.MAZ	129360	495	575	795	975
11		S-301581	Umlage 0300-1581 (%)	11264	424	399	724	799
12		S-308012	m2 Produktionsfläche	7370528	446	507	746	907
13		S-308022	m2 Lagerfläche	2803328	210	455	510	855
14		S-308032	m2 Bürofläche	66880	411	406	711	806
15		S-308042	m2 Werkstattfläche	1510080	270	271	570	671
16		AFAKAL	kalk. Abschreibungen	41374428	148	498	448	898
17		ZINSAV	kalk. Kapitalkosten	8211160	274	248	574	648
18		Kostenstelle:	0300-1331					
19		StatKz	Beschreibung	LstArt	Plan Monat	Ist Monat	Plan Kum.	Ist Kum.
20		S-30304	Direkte AK	10320	491	210	791	610
21		S-30306	Alle Lohnempfänger	10320	308	557	608	957

Abbildung 5.16: Formel für den Gruppenwechsel der Kostenstelle

Kopieren Sie die Formel nach unten bis zum Ende der Liste. Dazu genügt ein Doppelklick auf das Füllkästchen rechts unten am Zellzeiger. Anschließend müssen die Formeln sofort in Werte umgewandelt werden, damit der folgende AutoFilter keine Bezugsfehler auslöst. Kopieren Sie die gesamte erste Spalte mit [Strg] + [C].

Bearbeiten/Inhalte einfügen/Werte 2003

Start/Zwischenablage/Einfügen/Inhalte einfügen/Werte 2007 2010

Überflüssige Zwischenüberschriften entfernen

Damit die Liste per PivotTable-Bericht auswertbar ist, sollten alle überflüssigen Zwischenüberschriften entfernt werden. Dazu wird ein benutzerdefinierter AutoFilter eingeschaltet, markieren Sie aber zunächst die gesamte Liste mit [Strg] + [⇧] + [*]. Aktivieren Sie den Filter in der Spalte *StatKz*.

Daten/Filter/AutoFilter, Benutzerdefiniert. 2003

```
Entspricht: Kostenstelle:
oder:
Entspricht: StatKz
```

Deaktivieren Sie *Alles auswählen* und kreuzen Sie *Kostenstelle:* und *StatKz* an. Die gefilterten Zeilen markieren Sie wieder ab der zweiten Zeile mit [Strg] + [⇧] + [Ende] und löschen sie mit [Strg] + [-]. Schalten Sie den AutoFilter wieder aus, und die Liste ist komplett. 2007 2010

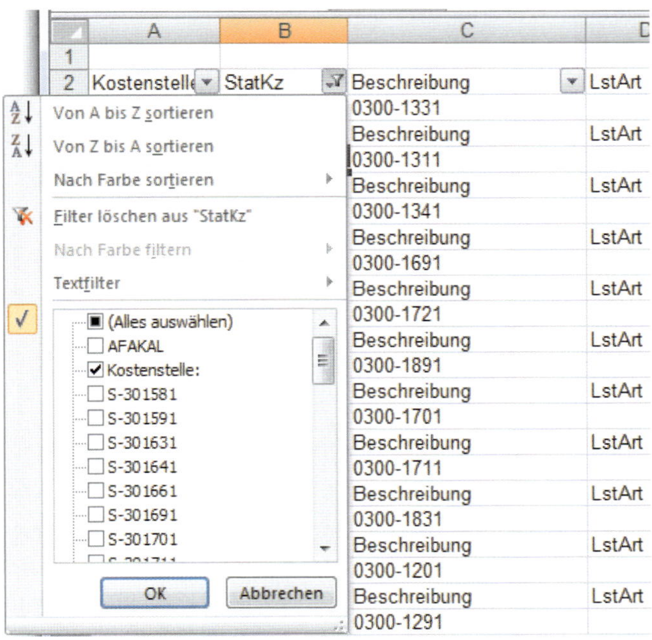

Abbildung 5.17: Benutzerdefinierter Filter für Zwischenüberschriften

Datenbank und PivotTable-Bericht

Für die Auswertung per PivotTable-Bericht wird der gesamte Bereich mit einem Bereichsnamen versehen. *Datenbank* eignet sich bestens, der Name wird von Excel bevorzugt behandelt. Markieren Sie ab der ersten Zelle mit [Strg] + [⇧] + [*], schreiben Sie den Bereichsnamen in das Namensfeld und schließen Sie mit [↵] ab.

Der PivotTable-Bericht bekommt die Datenbank als Datenbasis, das Layout fasst die Kostenstellen im Zeilenbereich zusammen und bietet die statistischen Kennzahlen im Seitenbereich (Berichtsfilter) zur Auswahl an. Im Datenbereich werden alle Plan- und Istzahlen aufsummiert. Für die Berechnung der Abweichung (Delta) erstellen Sie ein neues Pivot-Feld, das die Istdaten von den Plandaten subtrahiert.

TIPP

01-13: Daten im Wertebereich (Datenbereich) nebeneinander anordnen

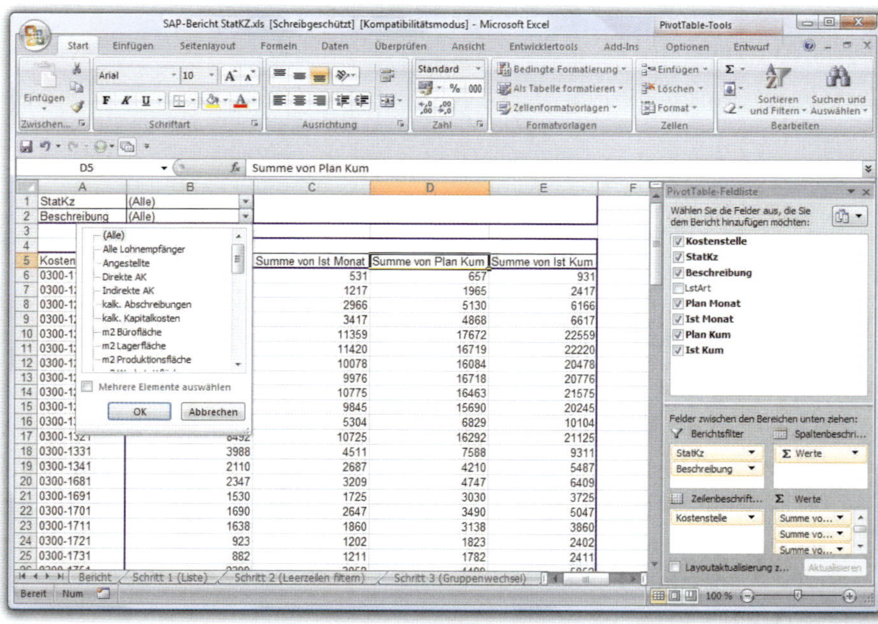

Abbildung 5.18: PivotTable-Bericht mit StatKZ-Auswahl

Excel-Praxis: Datentransfer SAP-Excel –Tipps und Tricks

CD

Datentransfer SAP-Excel Tipps und Tricks.ppt

Eine PowerPoint-Präsentation mit vielen Tipps und Tricks rund um den Datentransfer zwischen SAP und Excel finden Sie auf der CD zum Buch. Sie beschreibt die Excel-Schnittstelle in SAP, die Excel-In-Place-Technik, den Export als einfache Datenlisten sowie den Zwischenablagetransfer und die Möglichkeit, SAP-Daten per Spoolauftrag in das Excel-Format zu exportieren.

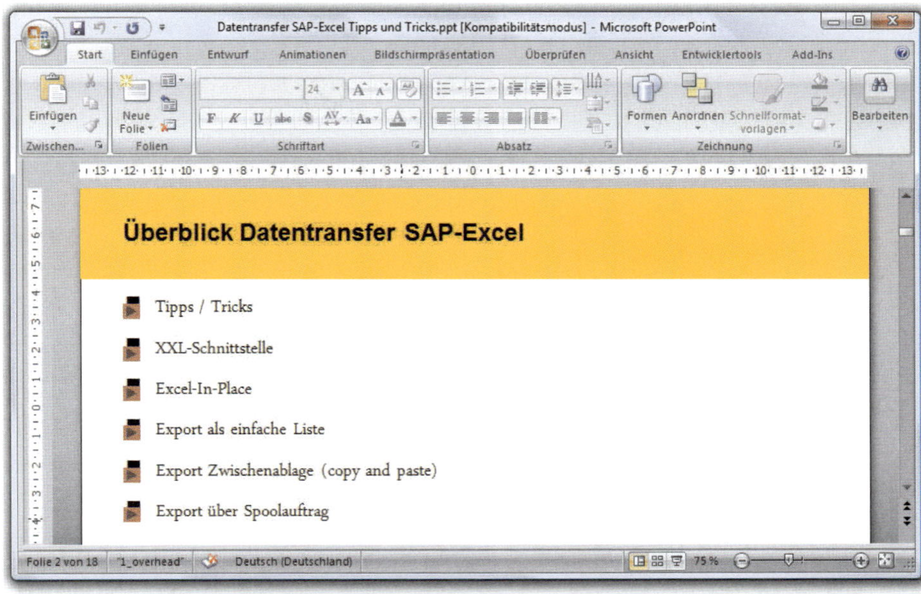

Abbildung 5.19: Tipps und Tricks zum Datentransfer zwischen SAP und Excel

5.2 PowerPivot: Business Intelligence für Controller

PowerPivot ist nicht offiziell Bestandteil von Office 2010 bzw. Excel 2010, sondern ein Add-In (Zusatzprogamm), das Microsoft kostenlos zur Verfügung stellt.

Für PowerPivot ist die Version 2010 Voraussetzung. Mit Excel 2007 können Arbeitsmappen, die PowerPivot-Daten enthalten, geöffnet, aber mit Ausnahme von Format- und Formatierungsänderungen nicht bearbeitet werden. Die PivotTables und PivotCharts lassen sich nur mit Excel 2010 wieder bearbeiten und ändern. 2010

5.2.1 Was ist PowerPivot?

Zeitgleich mit der Entwicklung von Office 2010 startete im Jahr 2008 ein Projekt namens Project Gemini, das zwar nicht mit dem gleichnamigen NASA-Projekt (2. bemannter Raumflug) zu tun hatte, für Excel-Anwender aber ebenso einen bedeutenden Entwicklungsschritt bedeuten könnte. Microsoft betitelt PowerPivot als *Self Service Business Intelligence*-Lösung, eine Software also, die es jedem Anwender ermöglicht, zu praktizieren, was bisher nur den Spezialisten im BI-Umfeld möglich war:

- Umfangreiche Datenmengen, mehrere Millionen Datensätze in akzeptabler Geschwindigkeit aus ERP-Systemen, Datenbanken und OLAP-Cubes laden und auswerten. Und zwar ohne Datenbanksprachen wie T-SQL oder MDX.
- Zugriff auf unterschiedlichste Datenquellen: SQL-Server, Access, Oracle, IBM DB2 u. a.

- Auswertungen der Daten mit den »Bordmitteln« von Excel: PivotTable-Berichte, PivotCharts, Tabellen, Formeln und Funktionen.
- Mit wenigen Klicks fertige Analysen auf SharePoint-Server-Seiten veröffentlichen. Ressourcennutzung lässt sich nachverfolgen, für die Sicherheit sind umfangreiche Features verfügbar.

PowerPivot wird mit der Installation des Add-Ins in das Menüband von Excel 2010 integriert und stellt für den Import und die Aufbereitung der Daten ein eigenes Fenster zur Verfügung. Die PowerPivot-Analysen werden in einer Arbeitsmappe im Dateiformat XLSX, XLSM oder XLSB gespeichert, PowerPivot selbst hat keine eigene Speicherform und legt keine zusätzlichen für den Benutzer relevanten Dateien an. Arbeitsmappen mit PowerPivot-Daten können bis zu 2 GB groß sein, bis zu 4 GB Daten lassen sich im Arbeitsspeicher verwalten.

5.2.2 Voraussetzungen Hardware/Software

Betriebssystem: Windows XP SP3, Windows Vista SP2, Windows 7, Windows Server 2003 R2 mit MSXML 6.0 (nur 32 Bit), Windows Server 2008 SP2 oder Windows Server 2008 R2 (nur 64 Bit). Unter Windows XP hat das PowerPivot-Fenster eine andere Benutzeroberfläche. Sehen Sie in der Hilfe nach.

Office: Gemeinsam genutzte Office-Features müssen zusammen mit Excel 2010 installiert werden. Die .NET-Programmunterstützung in Microsoft Excel muss installiert sein.

CPU: 500 MHz-Prozessor, 32-Bit- oder 64-Bit-Architektur

Arbeitsspeicher (RAM): 2 bis 4 GB. PowerPivot belegt nach der Installation ca. 25 MB Arbeitsspeicher und 33 MB für die erste PivotTable.

Datenträger-Speicherplatz: 100 MB freier Speicherplatz für die Programmdateien sowie ausreichend Platz für die Arbeitsmappen. Die benötigte Menge ist abhängig von den Datenmengen, die mit PowerPivot bearbeitet werden.

5.2.3 PowerPivot und SharePoint

PowerPivot-Daten können wie normale Arbeitsmappen auf SharePoint-Servern veröffentlicht werden. Mit PowerPivot für SharePoint und den Excel-Services von SharePoint lassen sich zusätzliche Vorteile nutzen, z. B. eine spezielle Dokumentbibliothek mit Berichtsvorschau und die Möglichkeit, Reporting-Services-Berichte zu erstellen.

5.2.4 PowerPivot installieren

PowerPivot ist ein Add-In für Excel 2010, das hier kostenlos zum Download angeboten wird:

`www.powerpivot.com/download.aspx`

Aktivieren Sie in Ihrem Browser die Webseite und laden Sie das Programm auf einen Datenträger. Achten Sie auf die richtige Version: PowerPivot gibt es für 32-Bit- und 64-Bit-Architektur:

32-Bit-Version	PowerPivot_for_Excel_x86.msi
64-Bit-Version	PowerPivot_for_Excel-msi

Tabelle 5.2: Zwei Versionen von PowerPivot

Zur Installation klicken Sie doppelt auf die Datei. Nach Abschluss der Installation steht PowerPivot in einem zusätzlichen Register im Menüband zur Verfügung. Dieses Register kann unter *Datei/Optionen/Menüband anpassen* aktiviert bzw. deaktiviert werden. Unter *Datei/Optionen* in der Kategorie *Add-Ins* steht PowerPivot in der Liste der Add-Ins.

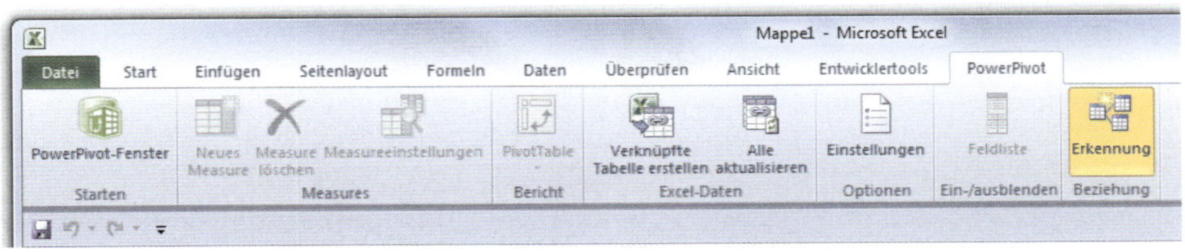

Abbildung 5.20: PowerPivot: neues Register nach der Installation

STOP

Achten Sie darauf, dass die Arbeitsmappe nicht im Kompatibilitätsmodus (XLS-Format) gespeichert ist. In diesem Fall lässt sich das PowerPivot-Fenster nicht aktivieren.

5.2.5 PowerPivot starten

Das Add-In PowerPivot lässt sich auf mehrere Arten starten:

Sie können eine aktive Tabelle zu PowerPivot verknüpfen. Öffnen oder erstellen Sie eine Liste, wandeln Sie diese mit *Einfügen/Tabelle* in eine Tabelle um. Klicken Sie auf *PowerPivot/Excel-Daten/Verknüpfte Tabelle erstellen* und bestätigen Sie den Tabellenbereich.

Sie können eine Liste oder Tabelle in die Zwischenablage kopieren, das PowerPivot-Fenster mit *PowerPivot/Starten/PowerPivot-Fenster* aktivieren und die Daten mit *Home/Zwischenablage/Einfügen* als neues Tabellenblatt einfügen.

Sie können unter *PowerPivot/Starten* das PowerPivot-Fenster aktivieren und unter *Externe Daten abrufen* die Daten aus einer Datenbank oder aus einem Bericht holen. Zur Auswahl stehen:

- Access-Datenbanken (ab Version 97)
- SQL-Server (2005 bis 2008)
- Analysis Services Cubes

- Relationale Datenbanken (Oracle, Teradata, Informix, IBM DB2 u. a.)
- Datenfeeds Atom 1.0-Format
- Office Database Connection-Dateien (ODC)
- PowerPivot-Arbeitsmappen und Excel-Dateien (ab Version 2007)

5.2.6 Das PowerPivot-Fenster

Im PowerPivot-Fenster verwalten Sie die Daten, stellen Beziehungen her, holen neue oder weitere Daten aus verschiedenen Datenquellen und formatieren die einzelnen Spalten. Im Unterschied zu Excel-Tabellen lassen sich PowerPivot-Tabellen nur spaltenweise bearbeiten. Weisen Sie einer Zelle ein Zahlenformat zu, gilt dieses für die ganze Spalte, und schreiben Sie eine Formel in eine neue Spalte, wird diese automatisch auf alle Zeilen der Tabelle kopiert.

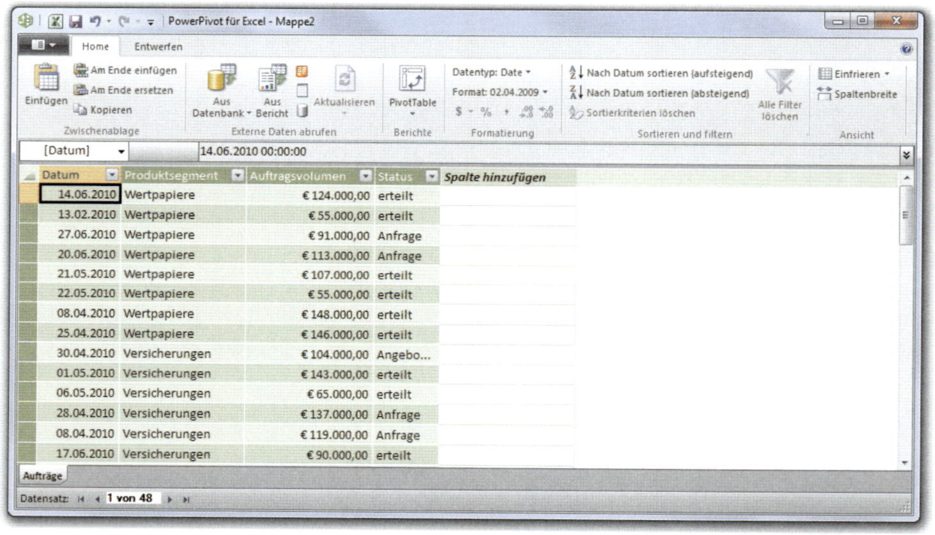

Abbildung 5.21: Das PowerPivot-Fenster, hier mit einer ersten Tabelle

Das erste Register im PowerPivot-Fenster ist ein »kleiner« Backstage-Bereich mit Speicherbefehlen. Gespeichert wird immer die Arbeitsmappe. Mit *Veröffentlichen* kann die Mappe auf einem SharePoint-Server oder auf SkyDrive veröffentlicht werden. *Schließen* schließt nur das PowerPivot-Fenster, die Excel-Arbeitsmappe bleibt aktiv.

Das Register Home

Im Register **Home** finden Sie die Import-/Exportwerkzeuge und die Formatierbefehle für integrierte Tabellen.

Die Gruppe **Zwischenablage** bietet die Möglichkeit, Daten aus der Zwischenablage in eine Tabelle zu holen. Unter *Externe Daten abrufen* stehen die Datenquellen bereit.

Die Gruppe **Berichte** enthält die Exportschnittstellen für PivotTables und PivotCharts, die wieder im Excel-Fenster erstellt werden.

Unter **Formatierung** können Sie Zahlenformate zuweisen oder den Datentyp wechseln. Ein benutzerdefiniertes Zahlenformat bietet das PowerPivot-Fenster nicht an.

Sortieren und Filtern enthält die Sortierbefehle und den Filter. Alle Spalten in PowerPivot-Tabellen sind mit einem Filterpfeil versehen, der sich im Unterschied zu Excel-Tabellen nicht ausschalten lässt. Sie können aber in dieser Gruppe alle Sortierungen und Filterungen löschen und damit den Urzustand herstellen.

Das Register Entwerfen

Dieses Register bietet Werkzeuge zur Verwaltung der Tabellen im PowerPivot-Fenster.

Unter **Spalten** werden Spalten ein- oder ausgeblendet, hinzugefügt und gelöscht.

Die **Berechnungsoptionen** sollten auf manuell geschaltet werden, wenn das Enlesen großer Datenmengen die Arbeit verzögert.

Verbindungen werden in dieser Gruppe verwaltet und können für weitere Abfragen an externe Datenquellen wiederverwendet werden.

In der Gruppe **Beziehungen** werden Verknüpfungen zwischen den Tabellen im PowerPivot-Fenster hergestellt, bearbeitet oder entfernt.

Die **Tabelleneigenschaften** geben Auskuft über die Herkunft und die Zeilenfilter der aktiven Tabelle.

Symbole, um die letzten Befehle rückgängig zu machen oder zu wiederholen, enthält die Gruppe **Bearbeiten**.

5.2.7 DAX-Funktionen

PowerPivot stellt eine Gruppe von Funktionen zur Auswahl, die ausschließlich für Berechnungen der internen Tabellen verwendet werden können. DAX (Data Analysis Expressions) ist eine Formelsprache für berechnete Spalten in PowerPivot-Tabellen und in Measures (Formeln im Wertebereich) in Excel-PivotTables. Einige der DAX-Funktionen sind identisch mit Excel-Funktionen, weitere Funktionen stehen für das Rechnen mit relationalen Daten und für dynamische Aggregation bereit. DAX-Funktionen sind in Englisch, der Funktions-Assistent, der wie in Excel auch über ein Symbol in der Bearbeitungsleiste aktiviert wird, bietet sie in 6 Kategorien unterteilt an.

5.2.8 Tutorial: PowerPivot für Controller

In diesem Tutorial zeigen wir Ihnen, wie Sie Daten aus unterschiedlichen Datenquellen mit PowerPivot importieren, verknüpfen und berechnen. Anhand eines Beispielszenarios werden Sie zunächst in die Aufgabenstellung eingeführt, anschließend lernen Sie die einzelnen Techniken in vier Lernabschnitten kennen. Die Dateien für dieses Tutorial finden Sie auf der CD zum Buch.

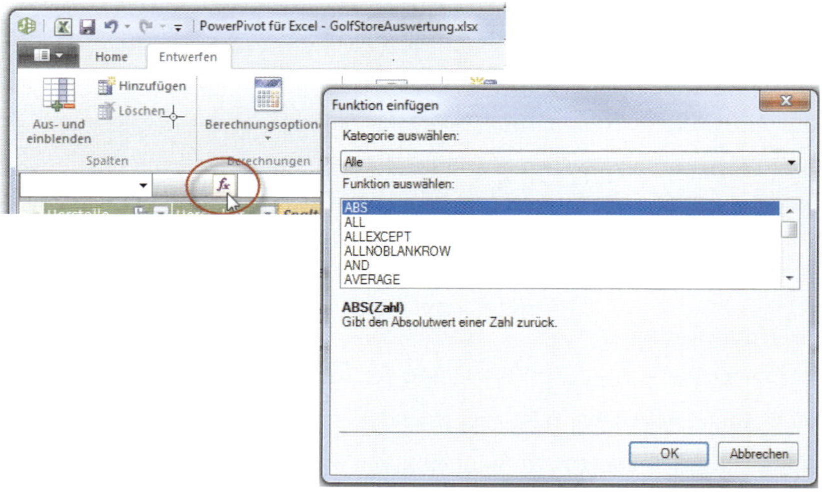

Abbildung 5.22: DAX-Funktionen im PowerPivot-Fenster

CD

Golfstore.accdb ist eine Datenbank im Access 2007/2010-Format. Sie enthält die Tabellen *tbl_Artikel*, *tbl_Hersteller* und *tbl_Kategorien*. Die Tabellen sind relational über ihre ID-Nummern verknüpft.

Dieses Tutorial können Sie sich auch als Video ansehen. Auf der CD zum Buch finden Sie die Datei *PowerPivot_Tutorial.wmv*. Starten Sie die Datei per Doppelklick, Windows wird den Media Player zum Abspielen aktivieren.

Abbildung 5.23: Video-Tutorial PowerPivot für Controller

Das Szenario

Sie sind Leiter des zentralen Controllings der Firma GolfStore GmbH. Ihr Unternehmen vertreibt deutschlandweit Golfartikel in mehreren Filialen sowie über einen Onlineshop. Die Filialen sind in die Verkaufsgebiete Nord, West, Süd und Ost untergliedert, die monatlichen Absatz- und Umsatzzahlen werden in eine Access-Datenbank übermittelt. Da Sie für die Datenbank nur Leserechte besitzen und verschiedene Listen wie die Adressen der Filialen in Excel verwaltet werden, starten Sie eine PowerPivot-Auswertung.

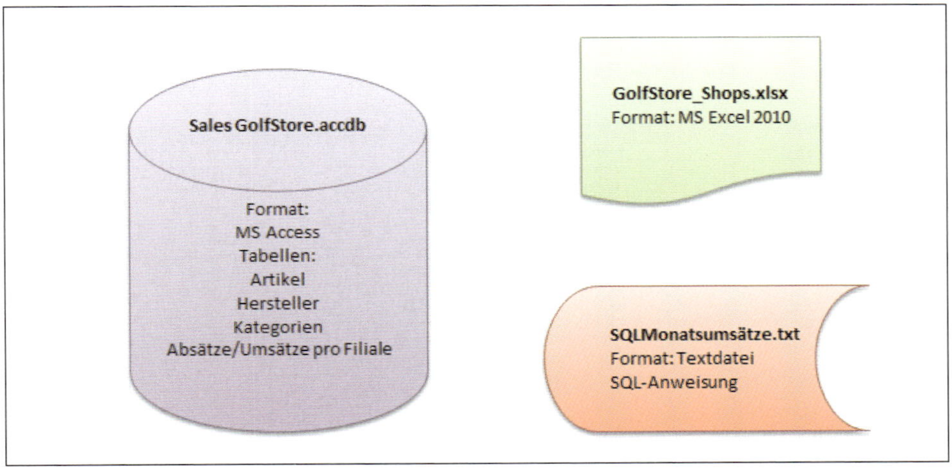

Abbildung 5.24: Datenquellen für PowerPivot

Die Aufgabe

Erstellen Sie einen Absatz-/Umsatzbericht über die Gesamtverkäufe. Weisen Sie die Absätze und Umsätze der einzelnen Filialen aus und berechnen Sie den Deckungsbeitrag I, indem Sie den Verkaufspreis (brutto) schrittweise um die Erlösschmälerungen (Rabatte) und den Einkaufspreis reduzieren.

PowerPivot wird Sie bei dieser Aufgabe unterstützen. Holen Sie Datenbankdaten, Excel-Tabellen und andere externe Daten in das PowerPivot-Fenster, erstellen Sie eine Deckungsbeitragsrechnung und präsentieren Sie das Ergebnis in Form von PivotTables und PivotCharts.

Lernschritt 1: Auswertungsmappe erstellen und Basisdaten einlesen

In diesem Lernschritt legen Sie eine leere Arbeitsmappe an und holen die benötigten Basisdaten in diese Mappe. Die Verkaufsstellen (Stores) und die zugeordneten Verkaufsgebiete sind in der Mappe *Golfstore_Shops.xlsx* gespeichert. Alle Informationen über Artikel (Einkaufs- und Verkaufspreis, Hersteller, Kategorie) finden Sie in der Access-Datenbank *Sales Golfstore*. In dieser Datenbank sind auch die Verkaufszahlen des ersten Quartals hinterlegt.

Wählen Sie *Datei/Neu* oder drücken Sie [Strg] + [n], um eine neue Arbeitsmappe anzulegen.

Speichern Sie diese Arbeitsmappe unter der Bezeichnung *GolfStore-Auswertung.xlsx* ab.

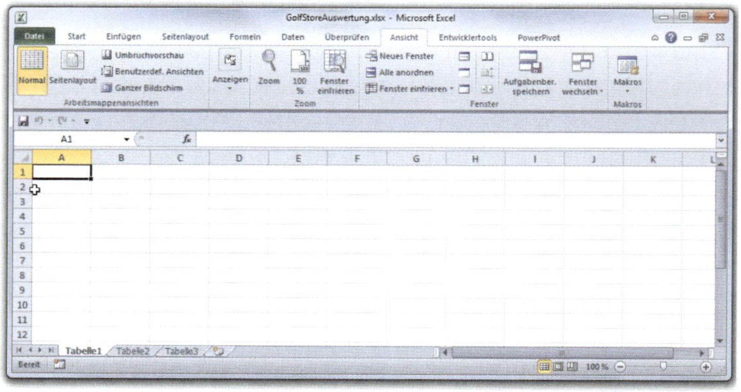

Öffnen Sie die Mappe *GolfStore_Shops.xlsx*.

Verschieben Sie das Tabellenblatt *Verkaufsstellen* in die Mappe *GolfStoreAuswertung.xlsx*.

Löschen Sie die leeren Tabellenblätter *Tabelle1 – Tabelle3*.

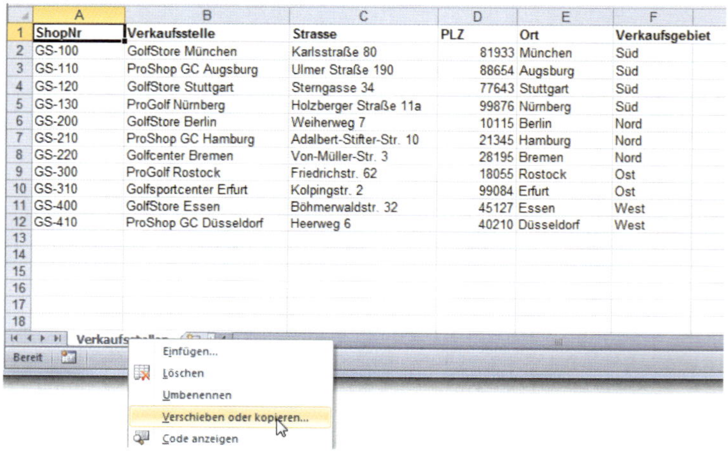

Wandeln Sie die Liste der Verkaufsstellen mit *Einfügen/Tabellen/Tabelle* in eine Tabelle um.

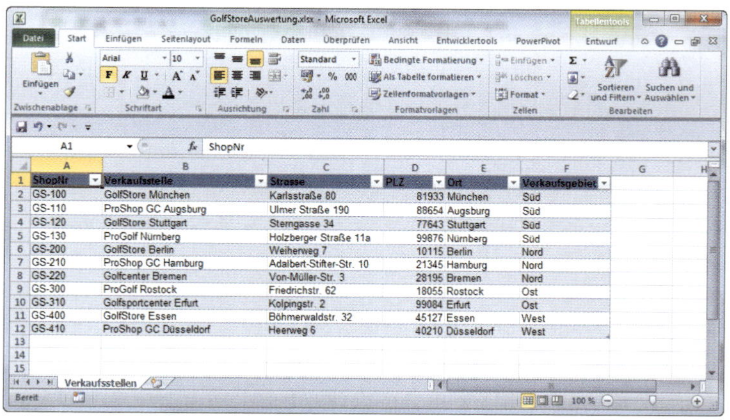

Schalten Sie auf das Register *PowerPivot* um und klicken Sie unter *Excel-Daten* auf *Verknüpfte Tabelle erstellen*.

Das PowerPivot-Fenster wird aktiviert, die Tabelle wird verknüpft. Benennen Sie das neue Tabellenblatt um in *GolfStores*.

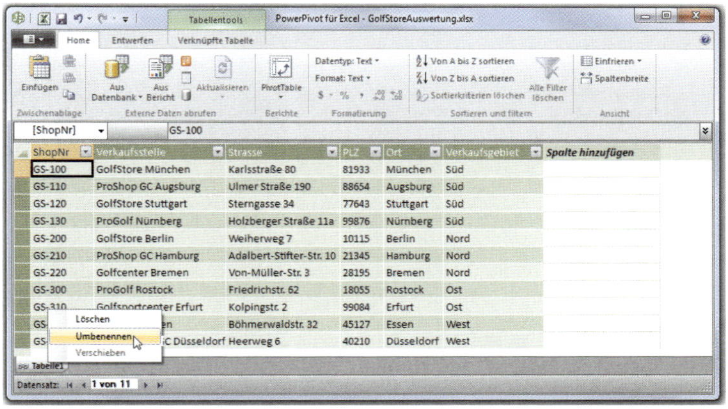

Wählen Sie im Register *Home Externe Daten abrufen/Aus Datenbank/Aus Access*.

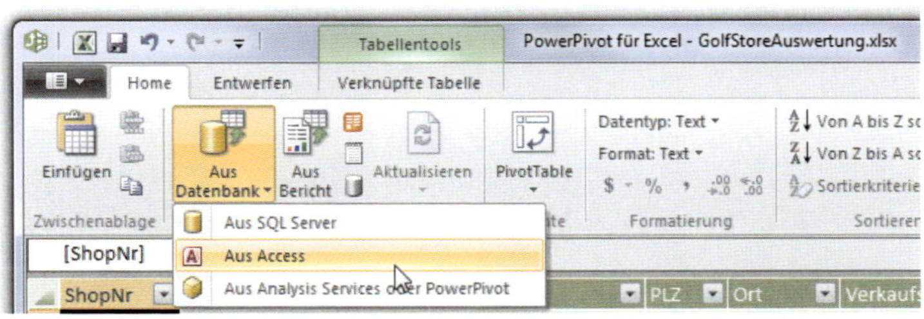

Klicken Sie im Tabellenimport-Assistenten auf *Durchsuchen*.

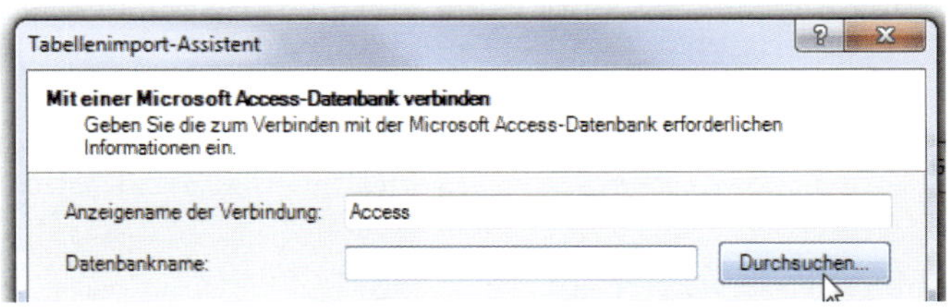

Markieren Sie die Access-Datenbank *Sales Golfstore.accdb* und klicken Sie auf *Öffnen*.

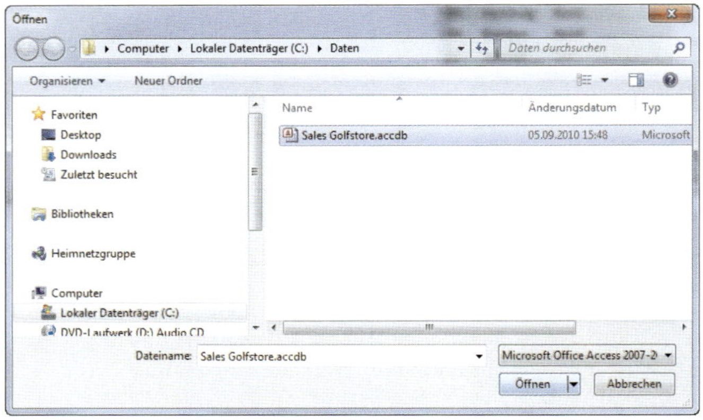

Mit *Verbindung testen* überprüfen Sie, ob die Verbindung funktioniert. Klicken Sie auf *Weiter*.

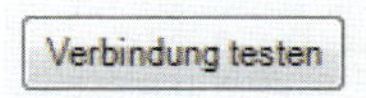

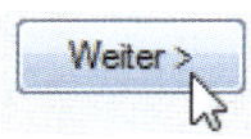

Bestätigen Sie die erste Option *Aus einer Liste von Tabellen und Sichten auswählen …* mit Klick auf *Weiter*.

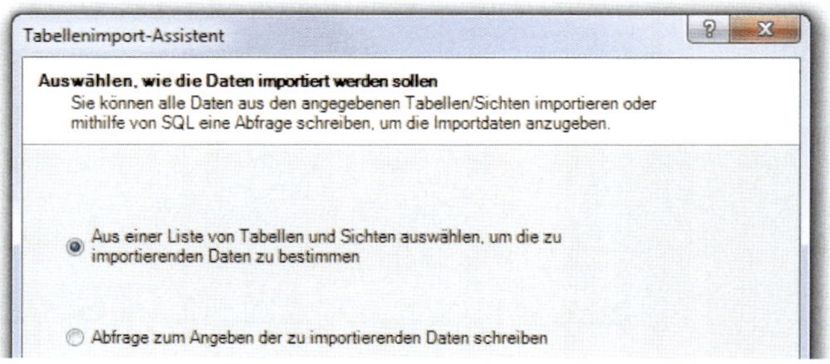

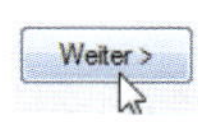

Markieren Sie die Tabelle *tbl_Artikel* und klicken Sie auf *Verknüpfte Tabellen auswählen.*

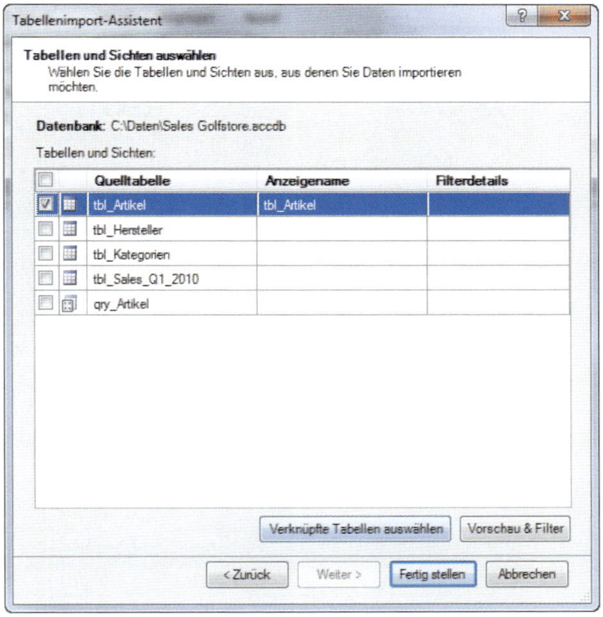

Markieren Sie auch die unverknüpfte Tabelle *tbl_Sales_Q1_2010*.

Markieren Sie die Tabelle *tbl_Artikel* und klicken Sie auf *Vorschau & Filter*.

Entfernen Sie die Felder, die Sie nicht in der Analyse brauchen, klicken Sie dazu auf das Kästchen neben dem Feldnamen: *KontraktNr, Erstaufnahme, Bemerkung.*

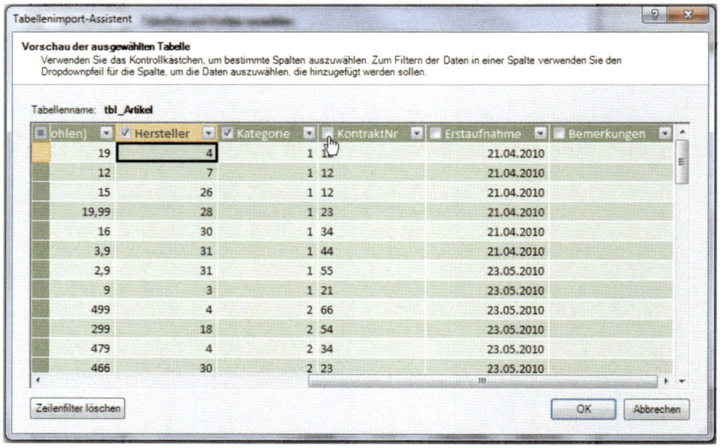

Bestätigen Sie mit Klick auf *OK*. In der Liste der Tabellen und Sichten können Sie den Filter per Klick auf den Link jederzeit überprüfen.

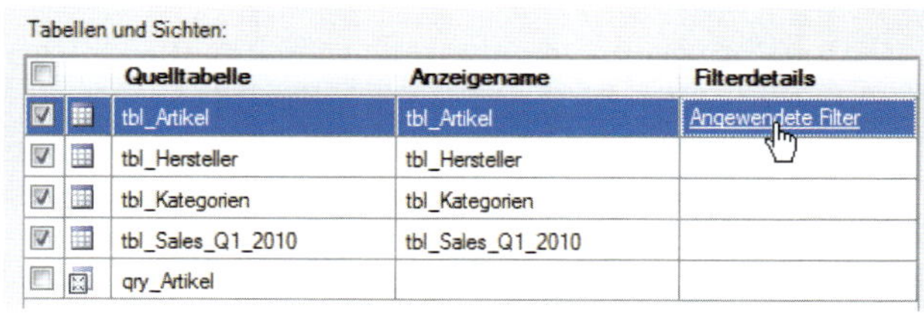

Klicken Sie auf *Fertig stellen*, um die Tabellen aus der Datenbank zu importieren.

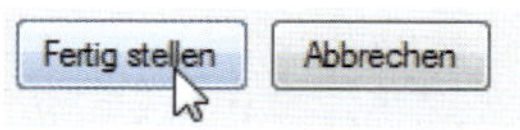

Die Daten werden eingelesen, PowerPivot meldet anschließend, wie viele Datensätze gefunden wurden. Klicken Sie auf *Schließen*.

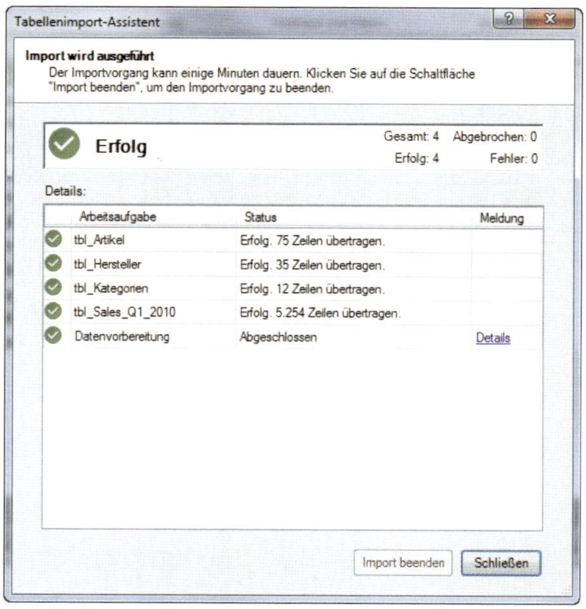

Im PowerPivot-Fenster stehen anschließend alle Tabellen. Mit einem Verknüpfungssymbol am Feldnamen werden Verknüpfungen angezeigt.

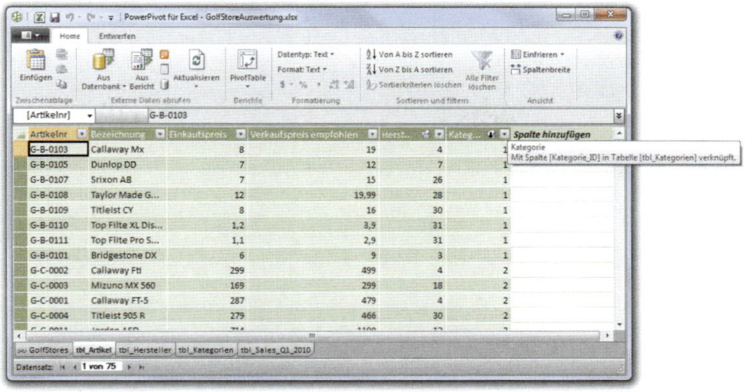

Klicken Sie auf das Speichersymbol, um die aktuelle Arbeitsmappe mit den PowerPivot-Daten zu speichern.

Lernschritt 2: Monatsumsatzauswertung mit SQL-Anweisung

Mit SQL-Anweisungen können Datenbanken variabel ausgewertet werden, das setzt aber voraus, dass die Datenbank bearbeitet werden kann. Verwenden Sie SQL-Anweisungen in PowerPivot, um zusätzliche Datenquellen und Verknüpfungen für die Analysen zu schaffen. Diesen SQL-String finden Sie in der Datei *SQLMonatsumsätze.txt*:

```
SELECT MonthName(Month([Datum])) AS Monat, Sum(tbl_Sales_Q1_2010.Umsatz) AS Umsatz
FROM tbl_Sales_Q1_2010 GROUP BY MonthName(Month([Datum])), Month([Datum]) ORDER BY
Month([Datum]);
```

Wählen Sie *Home/Externe Daten abrufen/Aus Datenbank/Aus Access.*

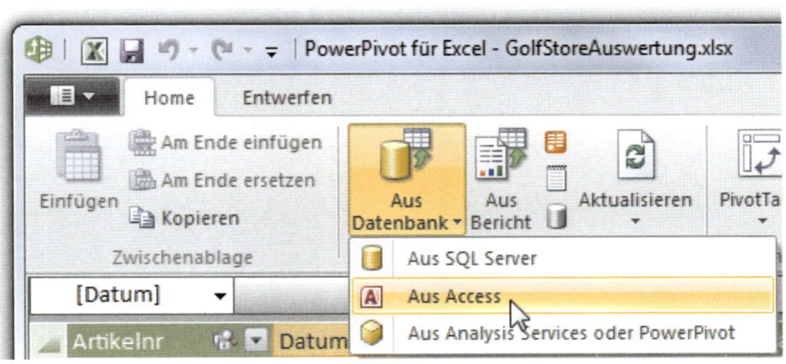

Suchen Sie die Datenbank *Sales GolfStore.accdb* und holen Sie sie in die Abfrage.

Klicken Sie im nächsten Schritt auf die Option *Abfrage zum Angeben der zu importierenden Daten schreiben*.

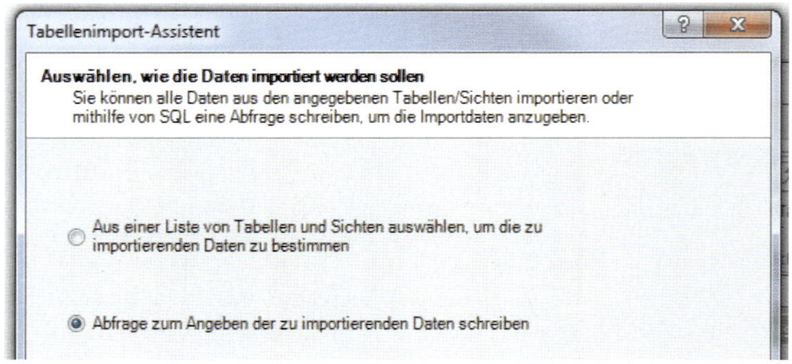

Hier können Sie die SQL-Anweisung schreiben oder mit Klick auf *Entwurf* aus einer Textdatei holen.

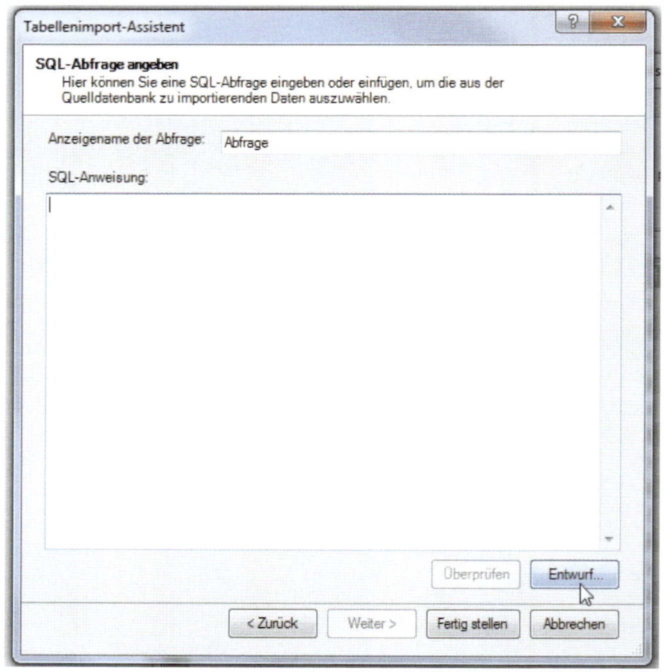

Klicken Sie auf *Importieren …*

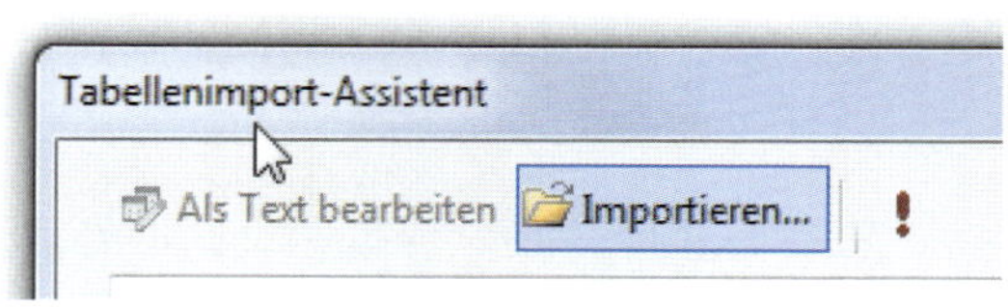

... und markieren Sie die Textdatei mit der SQL-Anweisung. Mit Klick auf *Öffnen* holen Sie diese in das Abfragefenster.

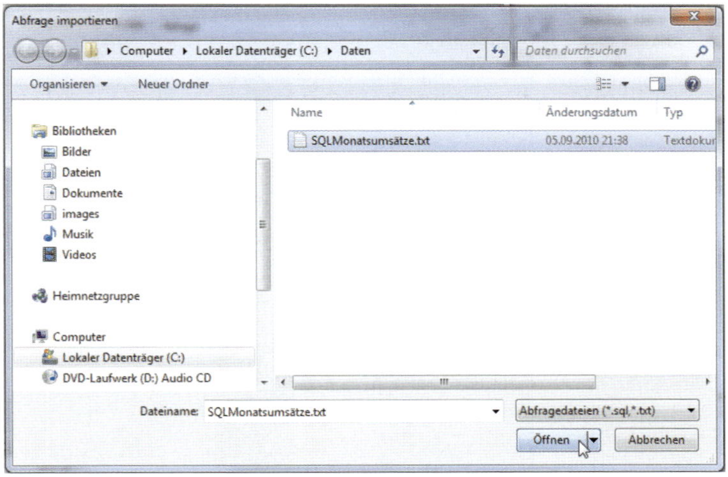

Überprüfen Sie die Anweisung und bestätigen Sie mit Klick auf *OK*.

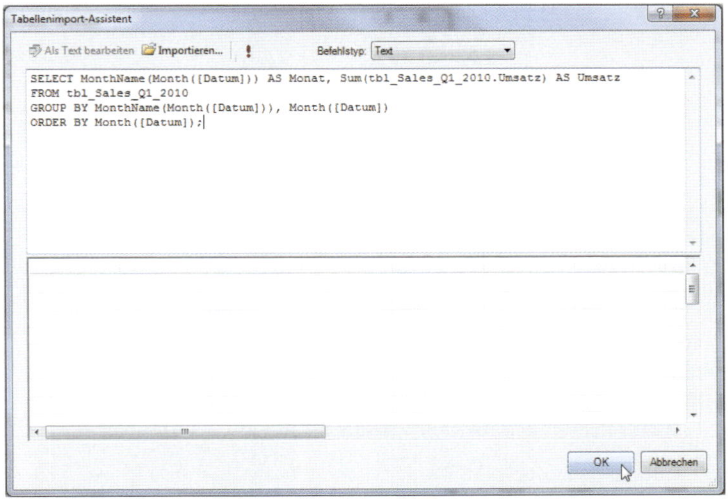

Geben Sie der Anweisung den Abfragenamen, den Sie im PowerPivot-Fenster als Registername der Tabelle sehen wollen. Klicken Sie auf *Fertig stellen*.

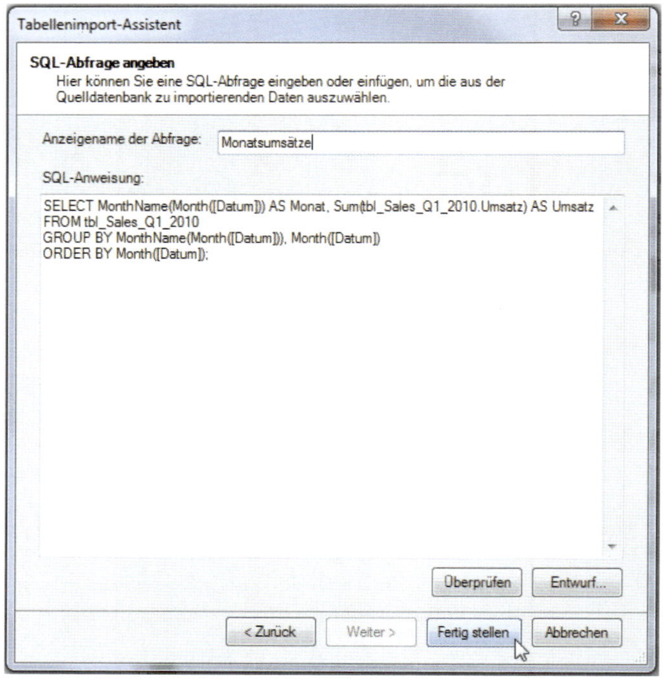

Das Ergebnis wird in Form einer Tabelle im PowerPivot-Fenster präsentiert. Formatieren Sie die Spalte *Umsatz* mit dem Euro-Währungssymbol in der Gruppe *Formatierung*.

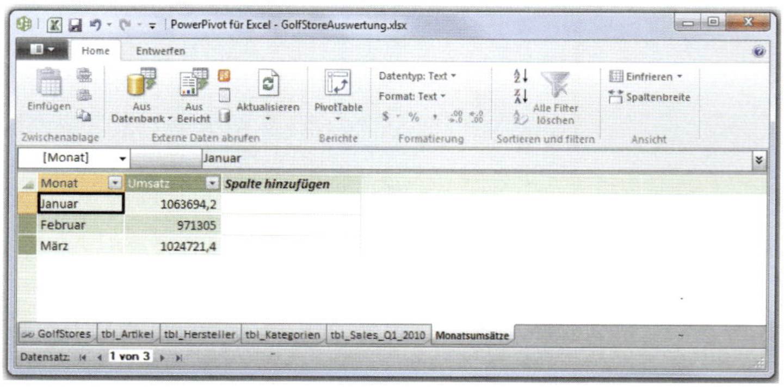

Lernschritt 3: Beziehungen und berechnete Spalten

In diesem Lernschritt stellen Sie Beziehungen zwischen den Tabellen her, für die PowerPivot nicht automatisch Verknüpfungen in der Datenbank gefunden hatte. Die Verkaufsübersicht wird dazu im ersten Schritt über die Artikelnummer mit der Artikeltabelle verknüpft und anschließend über die gemeinsame Verkaufsstellennummer (StoreNr) mit der Liste der Verkaufstellen. Erweitern Sie anschließend Ihre Verkaufsübersicht um berechnete Spalten, fügen Sie die Einkaufspreise als Kosten ein und berechnen Sie die Erlösschmälerungen aus den ausgewiesenen Rabattabzügen.

Aktivieren Sie die Tabelle *tbl_Sales_Q1_2010*. Schalten Sie um auf das Register *Entwerfen* und klicken Sie auf *Beziehungen/Beziehung erstellen*.

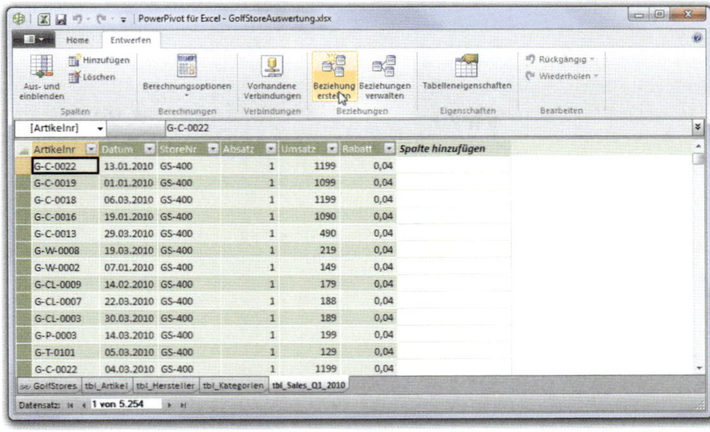

Die aktive Tabelle wird angezeigt, die Verknüpfungsspalte ist die Artikelnummer. Wählen Sie als Suchtabelle *tbl_Artikel*.

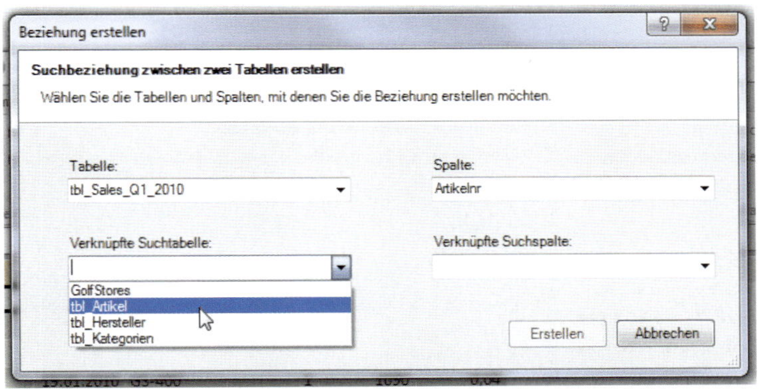

Wählen Sie für die verknüpfte Suchspalte die Spalte *Artikelnr*. Klicken Sie auf *Erstellen*, um die Beziehung herzustellen.

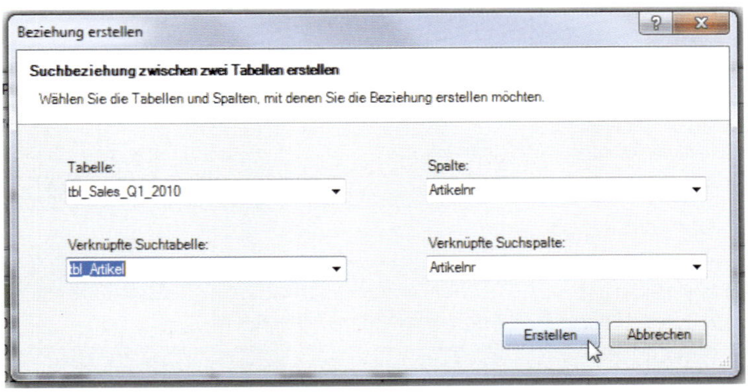

Markieren Sie die Tabelle *GolfStores* und wählen Sie wieder *Beziehung erstellen*.

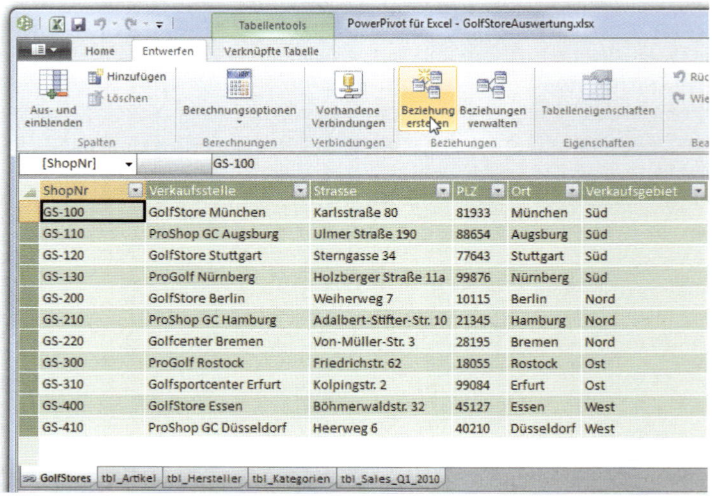

Stellen Sie die Beziehung zwischen der Spalte *ShopNr* und der Spalte *StoreNr* in der Suchtabelle *tbl_Sales_Q1_2010* her.

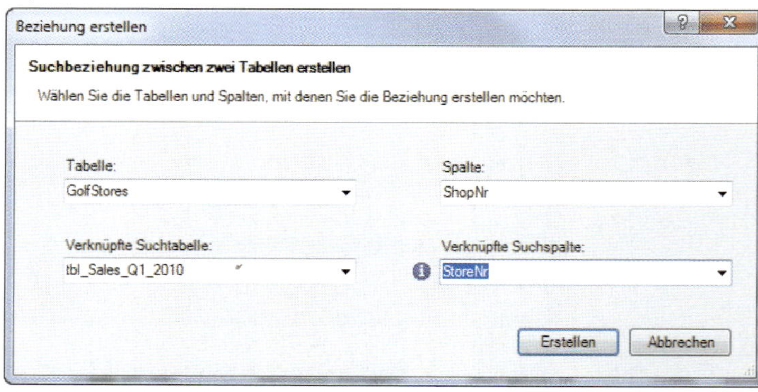

Achten Sie auf das Infosymbol, es weist darauf hin, dass die Beziehung nicht in dieser Richtung erstellt werden kann.

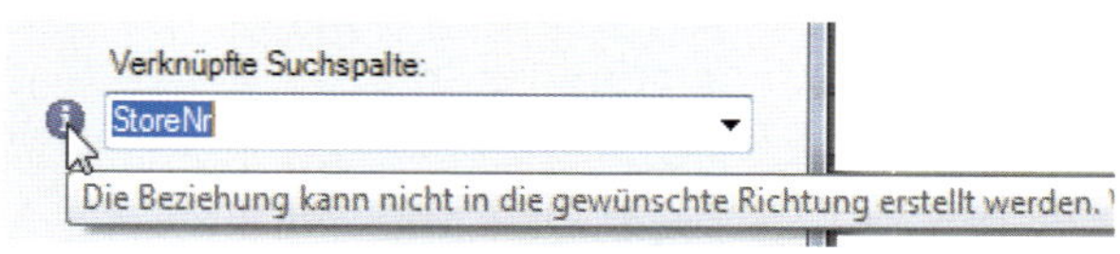

Drehen Sie die Richtung der Beziehung um und speichern Sie die Zusammenstellung mit Klick auf *Erstellen* ab.

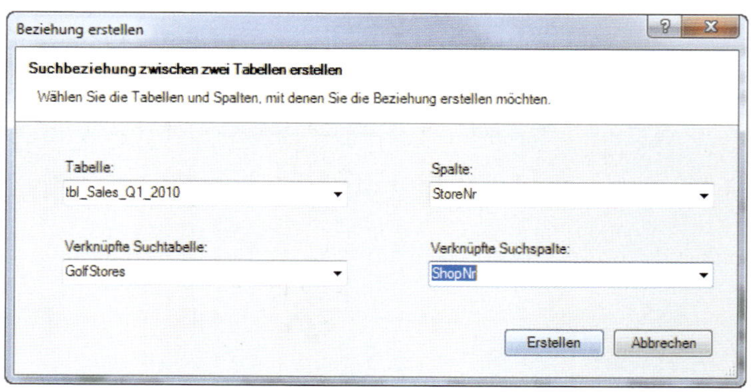

Unter *Entwerfen/Beziehungen/Beziehungen verwalten* können Sie die Beziehungen überprüfen und korrigieren.

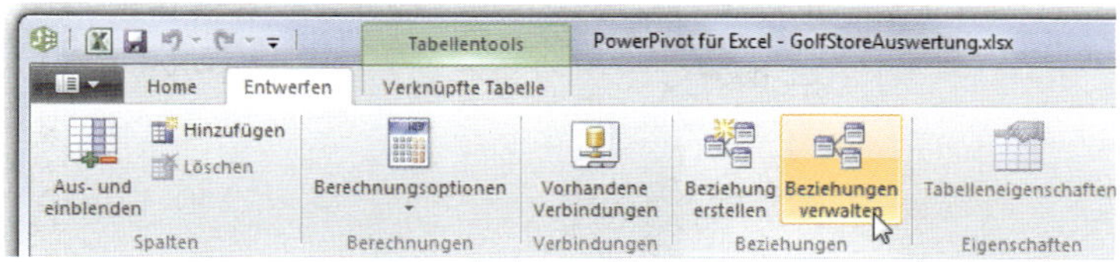

Markieren Sie die Beziehung und klicken Sie auf *Bearbeiten*, um sie abzuändern, oder auf *Löschen*, um sie aus dem PowerPivot-Fenster zu entfernen. Klicken Sie auf *Schließen*.

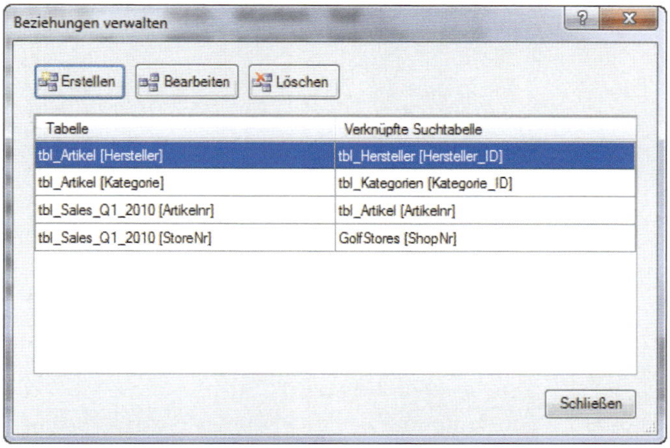

Ein Klick mit der rechten Maustaste auf den Kopf der nächsten Leerspalte markiert diese, wählen Sie *Spalte umbenennen*.

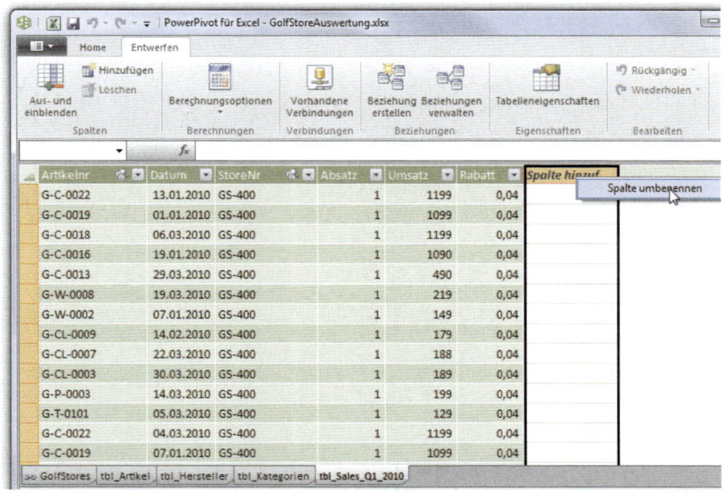

Geben Sie der Spalte die Bezeichnung *Kosten* und klicken Sie auf das Symbol für den Funktions-Assistenten.

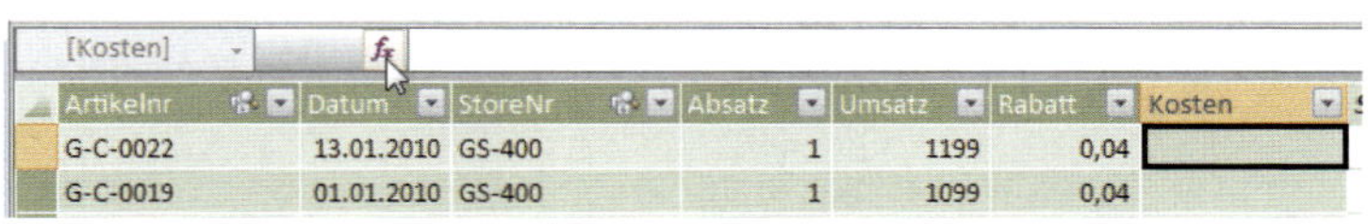

Suchen Sie die Funktion RELATED und klicken Sie auf *OK*.

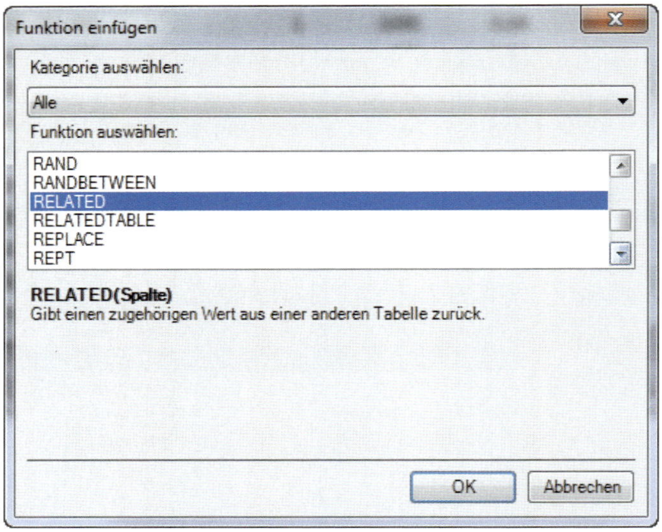

Tippen Sie den ersten Buchstaben der zu verknüpfenden Tabelle *tbl_Artikel* ein. Holen Sie mit einem Doppelklick das Feld *Einkaufspreis* in die offene Formel.

Geben Sie die schließende Funktionsklammer ein und schließen Sie mit Enter ab.

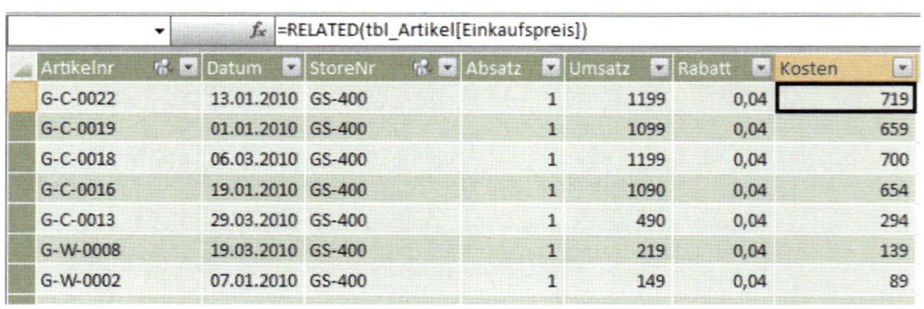

Die nächste Spalte nennen Sie *Rabattabzug*. Schreiben Sie ein =-Zeichen. Berechnen Sie die Abzüge aus dem Produkt der Spalte *Umsatz* ...

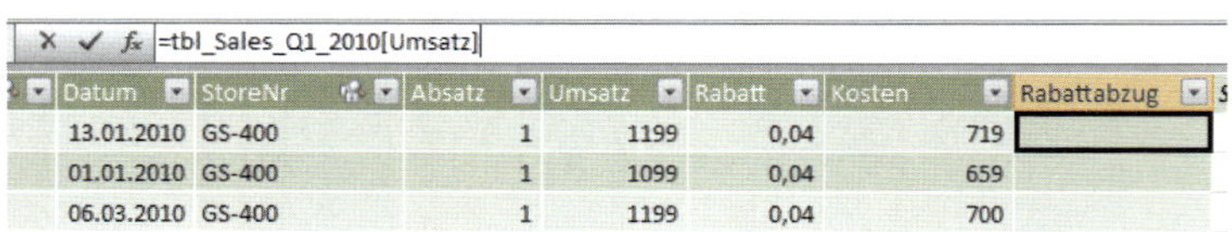

... und der Spalte *Rabatt*.

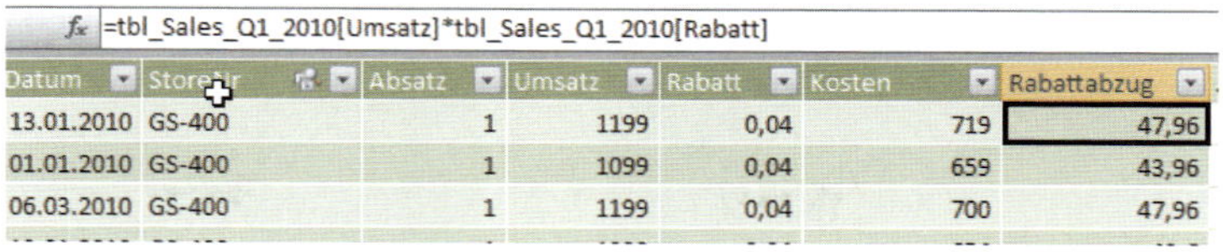

Für den Deckungsbeitrag Stufe I subtrahieren Sie mit dieser Formel die Kosten und die Rabattabzüge vom Umsatz:

=tbl_Sales_Q1_2010 [Umsatz]-tbl_Sales_ Q1_2010[Kosten]-tbl_ Sales_Q1_2010 [Rabattabzug]

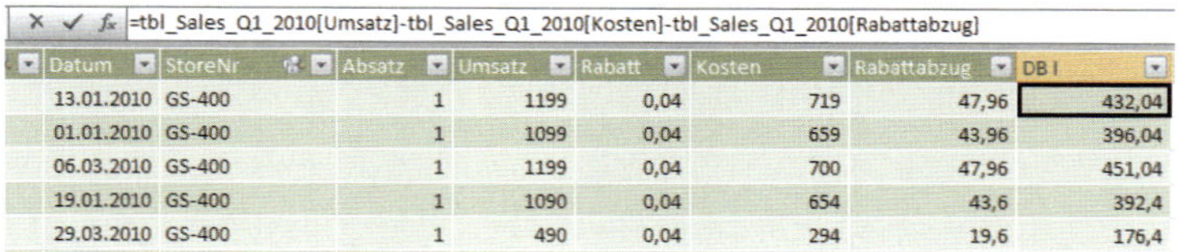

Lernschritt 4: Auswertung mit PivotTables und PivotCharts

Wenn alle Verknüpfungen und Berechnungen im PowerPivot-Fenster erstellt sind, können Sie mit den Analysen beginnen. Fügen Sie PivotTables und PivotCharts auf Basis der PowerPivot-Daten in die Excel-Arbeitsmappe ein und filtern Sie diese mit Datenschnitten.

Aktivieren Sie das PowerPivot-Fenster und wählen Sie auf der Registerkarte *Home Berichte/PivotTable*.

Bestätigen Sie den Vorschlag *Neues Arbeitsblatt*, um die erste PivotTable in einem neuen Tabellenblatt anzulegen.

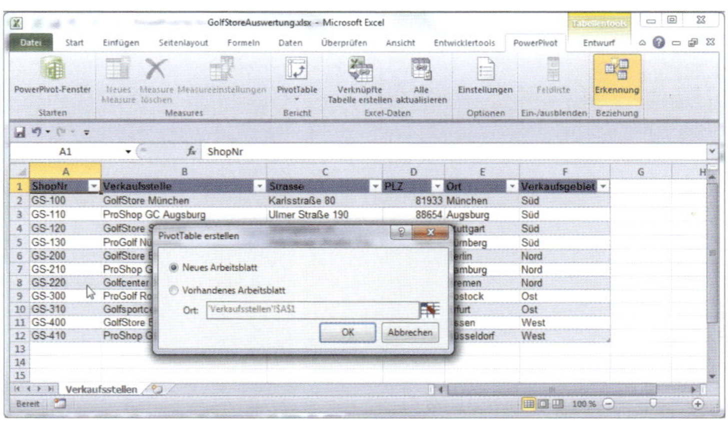

PowerPivot schaltet um auf das Excel-Fenster der aktiven Mappe, holen Sie das Feld *Verkaufsstelle* aus der Tabelle *Golfstores* in den Bereich *Zeilenbeschriftung* der PivotTable-Feldliste.

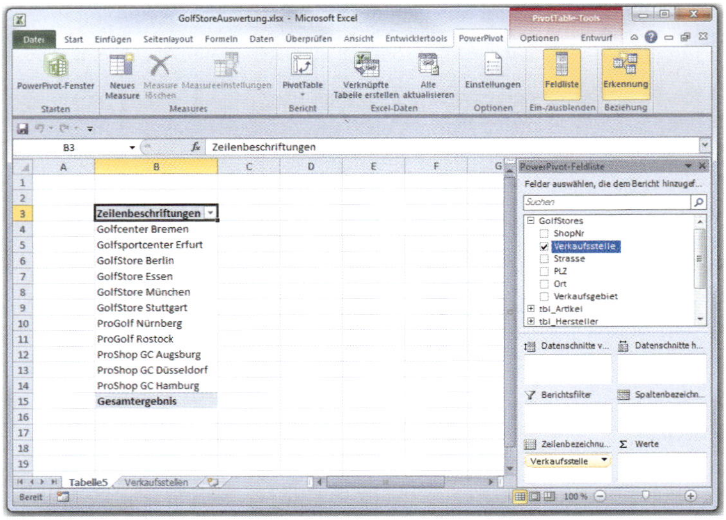

Fügen Sie das Feld *Bezeichnung* aus der Artikeltabelle in den Zeilenbereich ein und summieren Sie die Absätze im Wertebereich.

Für die Filterung der PivotTable verwenden Sie Datenschnitte. Schalten Sie um auf *PivotTable Tools/Optionen* und fügen Sie unter *Sortieren und Filtern* einen Datenschnitt hinzu.

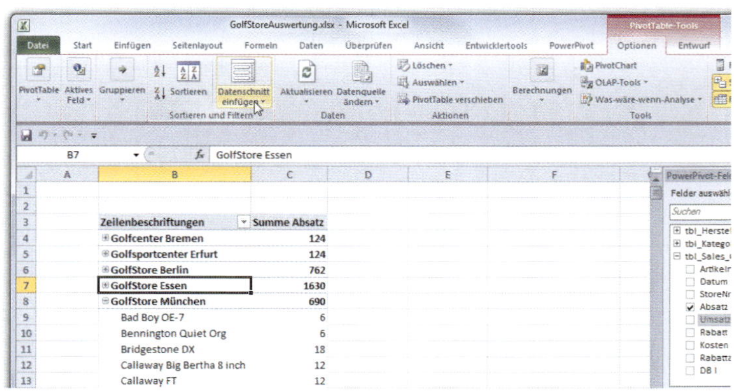

Die Daten für den Datenschnitt besorgen Sie aus der Tabelle *tbl_Hersteller*, Feld *Hersteller*.

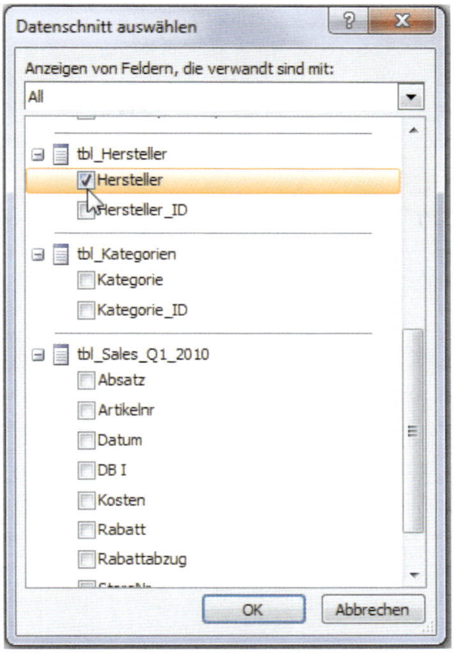

Klicken Sie auf einen Hersteller, um die PivoTable nach diesem zu filtern. Mit gedrückter `Strg`-Taste können Sie nach mehreren Einträgen filtern.

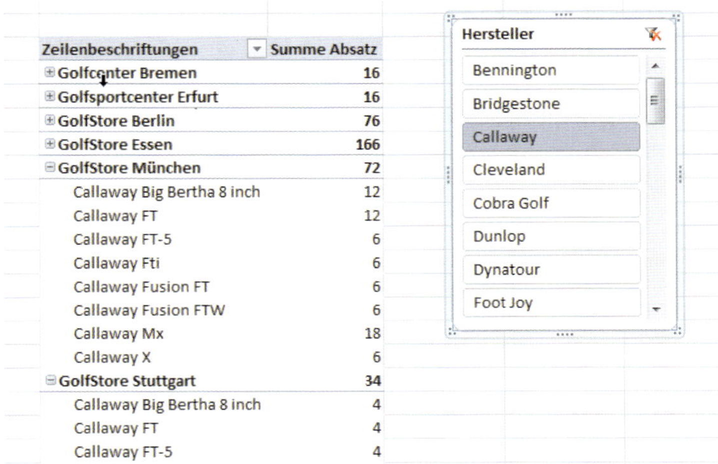

Schalten Sie zurück zum PowerPivot-Fenster.

Erstellen Sie eine zweite PivotTable für die Deckungsbeitragsrechnung.

Wählen Sie wieder die Option *Neues Arbeitsblatt*.

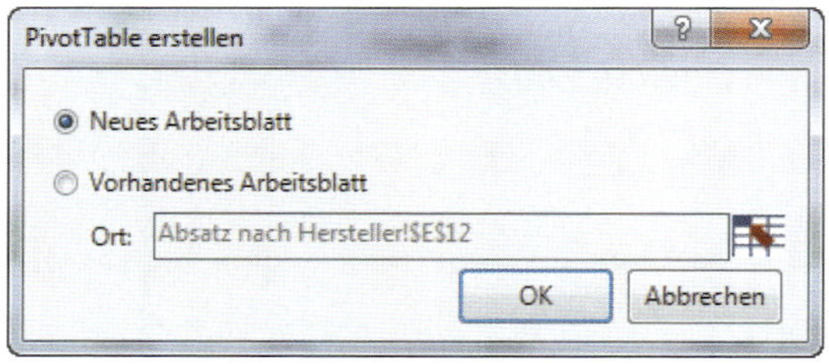

Für diese PivotTable setzen Sie die Bezeichnung des Artikels aus *tbl_Artikel* in den Zeilenbereich und summieren Umsätze, Kosten, Rabattabzüge und Deckungsbeiträge im Wertebereich. Zwei Datenschnitte filtern die PivotTable nach Verkaufsgebiet und Verkaufsstelle.

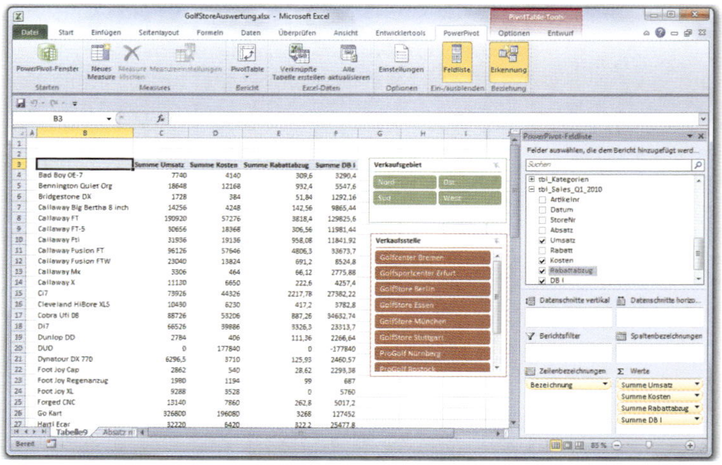

Nennen Sie das Tabellenblatt *DB-Rechnung* und setzen Sie den Zellzeiger in den Pivot-Bereich.

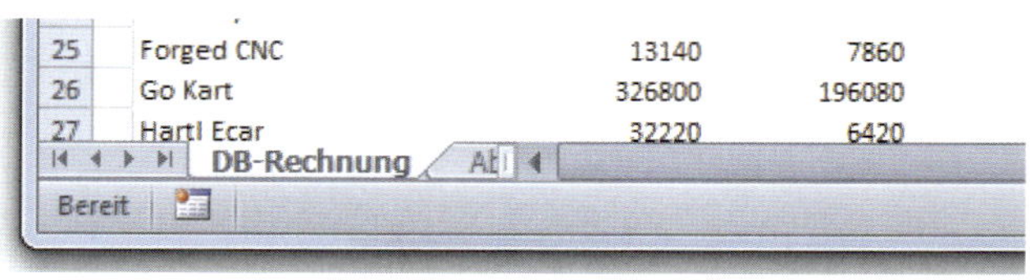

Für die dritte Analyse aktivieren Sie im PowerPivot-Fenster *Home/Berichte/PivotChart*.

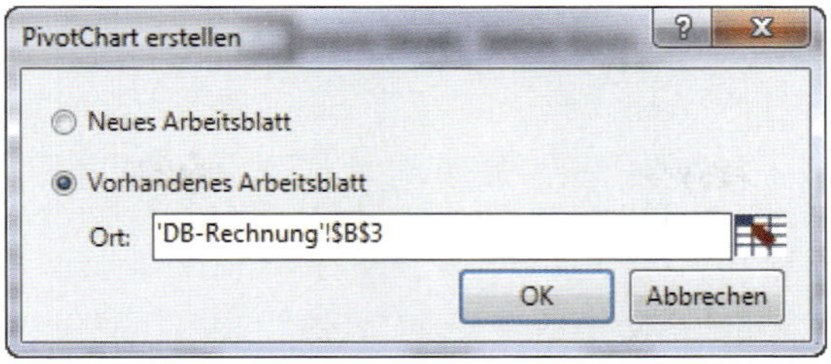

Wählen Sie für das PivotChart die vorhandene PivotTable aus dem Tabellenblatt *DB-Rechnung*.

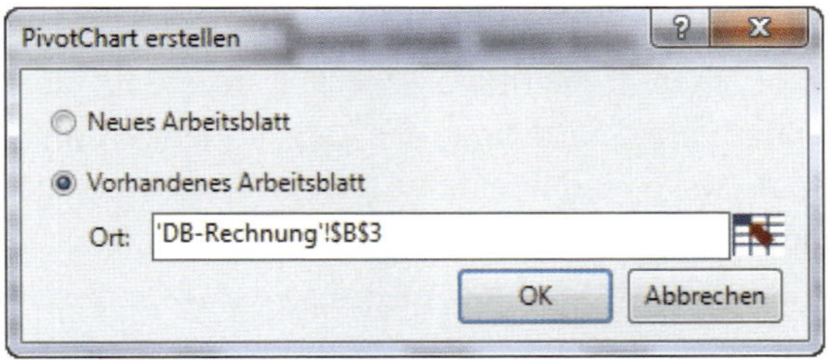

Mit *Einfügen/Diagramme* fügen Sie ein Diagramm in den neuen Pivot-Bereich ein. Wählen Sie den Diagrammtyp *3D-Kreis*.

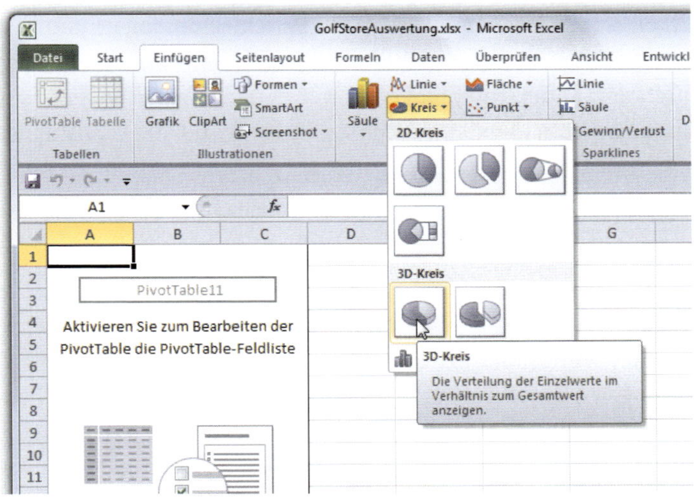

Das Diagramm erhält noch Datenbeschriftungen und einen Datenschnitt auf die Verkaufsgebiete.

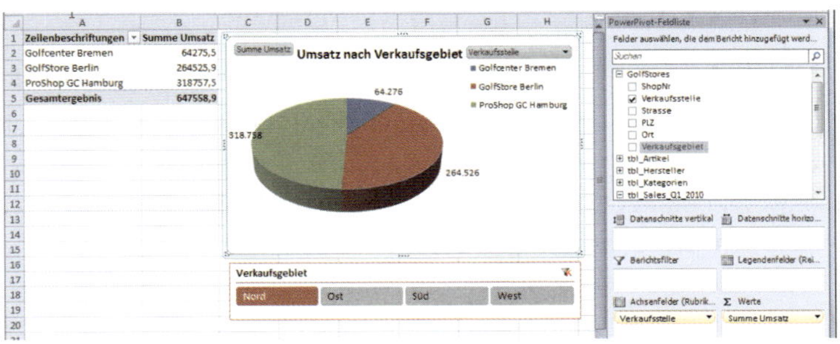

5.3 Management-Berichte

In personaler Hinsicht haben Berichte stets einen Sender (= Berichterstatter) und einen Empfänger (= Berichtsempfänger). Beide Personengruppen können sowohl aus einer (z. B. Alleingeschäftsführer oder -vorstand) oder mehreren Personen (z. B. alle Bereichsleiter) bestehen. Das Verhältnis zwischen Sender und Empfänger ist nicht immer frei von **Störungen**. Die Systematisierung der Störungen und die Zuordnung der Ursachen kann mithilfe der Informationstheorie untermauert werden. Unterschieden werden folgende Kategorien von Störungen:

- **pragmatische** Störungen (fehlerhafte Zweckorientierung; keine bzw. verspätete Übermittlung; fehlerhafte Beurteilung der Zweckorientierung durch den Berichtsempfänger; z. B. zu lange Verbalberichte, Doppelberichterstattungen, ungeeignete Vergleichsangaben, Fortführung nicht (mehr) benötigter Berichte),
- **semantische** Störungen (fehlerhafte Ausdrucksweise oder unterschiedlicher Wissenshintergrund der Beteiligten; z. B. Verwendung fehlerhafter oder missverständlicher Begriffe in den Berichten, fehlerhafte Abbildung des Informationsgegenstands führen zu Missverständnissen beim Berichtsempfänger) und
- **syntaktische** Störungen (fehlerhafte »Übermittlung« oder falsche Wahrnehmung durch den Berichtsempfänger, z. B. Selektionsfehler bei der Erstellung der Berichte durch den Berichterstatter, technische Fehler bei der Übertragung).

Bei der Berichtsweitergabe vom Berichterstatter über den Informationskanal zum Berichtsempfänger existieren zahlreiche **Fehlerquellen**, die nachfolgend beschrieben sind:

- Die **Planung und Entscheidung der Informationsabgabe** erfolgen durch den Berichterstatter. Es besteht die Gefahr, dass der Berichtszweck nicht ausreichend beachtet wurde und der Berichtsempfänger nicht benötigte Informationen erhält. Störungen können auf der pragmatischen oder der semantischen Ebene entstehen.
- Im Rahmen der **Durchführung der Informationsabgabe** durch den Berichterstatter und der Übertragung der Berichte können technische Fehler bei der Eingabe bzw. Selektion der Daten und der technischen Übermittlung entstehen. Es handelt sich überwiegend um Störungen syntaktischer Natur.

Die **Reaktion des Berichtsempfängers** kann in mehreren Stufen beschrieben werden:

- Die **Akzeptanz** der Berichte zeigt die Bereitschaft des Berichtsempfängers, die Berichte überhaupt wahrzunehmen, d. h. den Bericht nicht sofort zur Seite zu legen bzw. zu ignorieren. Hier spielt vor allem die Motivation des Berichtsempfängers hinsichtlich der übermittelten Informationen und deren Umfang eine entscheidende Rolle. Beispielsweise können unangenehme Informationen dazu führen, dass der Berichtsempfänger den erhaltenen Bericht beiseitelegt, ohne diesen Beachtung zu schenken. Auch kann die komplette Ablehnung des Steuerungsgedankens zu einer fehlenden Akzeptanz der Controlling-Berichte führen.

- Trotz grundsätzlicher Akzeptanz der Berichte ist die zweckgerichtete Verwendung nicht zwangsläufig sichergestellt. Die **Wahrnehmung** ist Voraussetzung für die damit später verbundene richtige Deutung der Berichte. Die Wahrnehmung eines Berichts setzt voraus, dass dieser beim Berichtsempfänger unverstümmelt ankommt.
- Dem folgt das **Verstehen** der Berichte – hier besteht die Gefahr von Missverständnissen auf der Seite des Berichtsempfängers. Fehlinterpretationen sind trotz der richtigen Wahrnehmung die Folge. Beispielsweise könnte der Berichtsempfänger Kostendaten als Teilkosten deuten, obwohl es sich um Vollkosten bzw. umgekehrt handelt.
- Nach dem Verstehen der Berichtsinformationen erfolgt die **Beurteilung** durch den Berichtsempfänger im Sinne der Zweckorientierung. Die Erkenntnis des Berichtsempfängers, dass die Berichtsdaten geeignet sind, seine Entscheidungen und Handlungen zu unterstützen, ist hierfür eine Grundvoraussetzung. Der Berichtsempfänger muss z. B. erkennen, dass er mithilfe des Berichts zur Deckungsbeitragsrechnung Entscheidungen über die Veränderung seines Produktsortiments fundieren kann. Während bei der Wahrnehmung und dem Verstehen die Aufnahmefähigkeit des Berichtsempfängers gefordert ist, setzt die Beurteilung der Zweckorientierung verstärkt »fachliches Können« voraus.
- Letztlich muss der Berichtsempfänger gewillt sein, die Berichtsinformationen für seine **Entscheidungen** und sein Handeln zu nutzen. An dieser Stelle tritt die sachliche Ebene in den Hintergrund, und die emotionale Sicht gewinnt an Bedeutung. So können Kostensteigerungen vom Berichtsempfänger zwar wahrgenommen und die Bedeutung für die Steuerung einer Organisationseinheit fachlich richtig beurteilt werden, jedoch werden die Berichtsinformationen verdrängt, da er die einzuleitenden Sanktionen (z. B. Initiierung eines Kostensenkungsprogramms) scheut. Dies führt auf der emotionalen Ebene zu einer Zurückweisung der Informationen. Demzufolge spielen die Persönlichkeitsmerkmale des Berichtsempfängers im Sinne eines »Wollens« eine entscheidende Rolle.

Um die vorstehend genannten Störungen und Fehlerquellen zu vermeiden, ist es erforderlich, Standards zu etablieren, um das Berichtswesen aussagekräftig, überschneidungs- und fehlerfrei zu gestalten.

Die Zusammenstellung relevanter Informationen und ihre Weitergabe in geeigneter Form an die jeweiligen Informationsadressaten bzw. Verantwortlichen ist Aufgabe des Berichtswesens. Um die **Informationsversorgung der Berichtsempfänger** (Unternehmens-, Bereichs- und Abteilungsleiter) sicherstellen zu können, ist es notwendig zu wissen, welche Informationen die Berichtsempfänger als steuerungsrelevante Informationen benötigen. Ferner müssen diese so aufbereitet werden, dass der Berichtsempfänger die mit den Berichten vermittelten Botschaften auch vollständig und korrekt erfassen und wie beabsichtigt würdigen kann.

Grundanforderungen an ein Berichtswesen stellen die Leitlinien für die Gestaltung und Generierung von Berichten dar. Anhand der Grundanforderungen erfolgt auch eine Beurteilung von Berichterstattung und Berichtswesensystemen. Die Checkliste stellt ein Instrument hierfür dar.

CD Berichtswesen Checkliste.xls

	A	B	C	D	E	F
1	**Checkliste**					
2	*Beurteilung von Berichtserstellung und Berichtswesen*					
3						
4						
5				**Priorisierung**		
6	**Beurteilungskriterium**	1	2	3	4	5
7	**Führungsorientierung**					
8	Informationsauswahl und -aggregation entsprechend des organisatorischen Verantwortungsbereichs (Berichtspyramide)					
9	Hierarchische Informationsverknüpfung über Analyseketten (Drill-down vom Summen- auf den Einzelpostenbericht)					
10	Mehrdimensionale Informationssichten					
11	Einbindung von Elementen des strategischen Controllings (z. B. strategische Ziele, die durch Kennzahlen messbar werden)					
12	Einbindung externer Informationen (z.B. Ergebnisse aus dem Benchmarking mit anderen Unternehmen bzw. Unternehmensteilen, Daten aus Fach- und Vorverfahren)					
13	Herausstellung von Informationen mit Frühwarncharakter					
14	Zusammenfassung zu Spitzenkennzahlen					
15	Institutionalisierung von Berichtsreviews zur Weiterentwicklung des Berichtswesens					
16	**Empfängerorientierung**					
17	Empfängerorientierte Festlegung von Standard-, Ausnahmen- und Bedarfsberichten, d.h. Vermeidung, dass alle Berichte standardmäßig an alle Führungskräfte verteilt werden					
18	Informationsgliederung entsprechend den Anforderungen der Berichtsempfänger					
19	Objektive und vergleichbare Berichterstattung					
20	Grafische Aufbereitung von Informationen, insbes. Zeitreihen					
21	Möglichkeit individueller Berichtsabfragen					
22	Einsatz einer anwenderfreundlichen Berichtswesensoftware					
23	**Zeitnähe**					
24	Unterteilung in Eilberichte und regelmäßig wiederkehrende Berichte					
25	Vermeidung übertriebener Genauigkeit					

Abbildung 5.25: Checkliste zur Beurteilung des Berichtswesens

Um den Berichtsadressaten an die Berichte zu gewöhnen und ihm den Überblick zu erleichtern, besteht die Notwendigkeit, die Berichte weitgehend zu standardisieren. Die Standardisierung von Berichten führt zu einer verbesserten Controlling-Qualität und Controller-Performance. Die Vorteile der Definition von **Berichtswesen-standards** liegen in

- der Übersichtlichkeit im Objektvergleich (z. B. zwischen den Filialen eines Handelsunternehmens),
- der Übersichtlichkeit im Zeitvergleich (z. B. Quartalsberichte eines Unternehmensbereichs im Zeitablauf),
- der Verbesserung der Akzeptanz der Controller-Funktion durch die Führungskräfte aufgrund nachvollziehbarer, wiedererkennbarer und damit »lesbarer« Standards,
- einem unternehmensübergreifenden Berichtswesen mit dadurch verringerten Verständlichkeits- und Einarbeitungsproblemen,
- der Übertragbarkeit der Berichtswesenstandards auf neu hinzukommende Unternehmensteile bzw. neue Organisationseinheiten und
- dem Ausbau des Berichtswesens und damit der Standardisierung im Zeitablauf unter Mitwirkung der Führungskräfte (»Best-Reporting« statt »Over-Reporting«).

Im Vordergrund der Erarbeitung eines Berichtswesenkonzepts steht die **empfängerorientierte Ausrichtung** von Berichten zum Zwecke der Befriedigung der Informationsbedürfnisse. Dabei steht die Ausrichtung auf den Empfänger häufig in einem Spannungsverhältnis zu den technischen und organisatorischen Möglichkeiten sowie den Kosten der Umsetzung standardisierter Berichte. Dies äußert sich z. B. in den Berichten, die im SAP-R/3-Standard zur Verfügung gestellt werden, die meist nur eine tabellarische Anordnung der Berichtsdaten enthalten, ohne dabei die vorstehend beschriebenen Grundanforderungen zu beachten. Erst durch den Einsatz spezieller Berichtswesentechniken (z. B. SUCCESS-Methode © von Prof. Dr. Rolf Hichert) können die Gestaltungsgrundsätze realisiert werden. Bei der Lösung dieses Spannungsverhältnisses ist der Grundsatz der Wirtschaftlichkeit zu beachten, der damit zu einem wesentlichen Bestimmungsfaktor beim Aufbau eines Berichtswesens wird.

Kurzfassung der SUCCESS-Methode von Prof. Dr. Rolf Hichert

Prof. Dr. Rolf Hichert führt auf seiner Website `www.hichert.com` aus, dass erfolgreiche Kommunikation auf verbindlichen Regeln basiert. Dieser Grundsatz gilt auch für eine erfolgreiche Geschäftskommunikation. Kreativität und Beliebigkeit sind weder bei der verbalen Ausdrucksweise noch bei der visuellen Gestaltung gefragt. Stattdessen geht es um klare Botschaften, konsequente Standardisierung und Reduzierung auf das Wesentliche. Die Berücksichtigung der sieben **SUCCESS-Regeln** ist eine wesentliche Voraussetzung für eine erfolgreiche Geschäftskommunikation.

Die SUCCESS-Regeln gelten sowohl für schriftliche (z. B. Berichte, Statistiken) als auch mündliche Formen (z. B. Präsentationen) der Geschäftskommunikation. Die Wirksamkeit von Präsentationen kann durch den fachgerechten Einsatz von Schaubildern deutlich gesteigert werden. Hingegen führt die unsachgemäße Verwendung von Visualisierungen leider sehr häufig zu Widerständen und Missverständnissen in der Kommunikation.

SAY: Botschaften vermitteln *Deliver messages* Haben Sie etwas zu berichten? Oft sind Berichte nur Sammlungen von Daten ohne erkennbare Botschaft an die Empfänger. Das gilt auch für die meisten Präsentationen.
UNIFY: Bedeutung vereinheitlichen *Standardize content* Gleiches wird gleich dargestellt und Verschiedenartiges darf nicht gleich dargestellt werden. Eindeutige Gestaltungsregeln erleichtern die Erstellung und das Verständnis.
CONDENSE: Information verdichten *Concentrate information* Hohe Informationsdichte ermöglicht die Darstellung komplexer Sachverhalte. Erst der Überblick über das Gesamte lässt eine korrekte Bewertung von Detailinformationen zu.
CHECK: Qualität sicherstellen *Ensure quality* Berichtsempfänger erwarten inhaltlich richtige Daten. Aber sind die richtigen Daten auch richtig dargestellt? Manipulierte Diagramme sind in der Geschäftskommunikation an der Tagesordnung.
ENABLE: Konzept verwirklichen *Implement concept* SUCCESS ist mehr als eine Verschönerung von Diagrammen. SUCCESS greift in die Kultur der Geschäftskommunikation ein, eine praktische Umsetzung muss sorgfältig geplant werden.

Tabelle 5.3: Überblick über die sieben SUCCESS-Regeln von Prof. Dr. Hichert ©

	**SIMPLIFY:** Kompliziertheit vermeiden *Avoid complication* Die Lesbarkeit von Diagrammen und Tabellen wird durch SIMPLIFY erleichtert. Das Entfernen von »Rauschen« und »Redundanz« befreit die Berichtsobjekte von vermeidbaren Nebengeräuschen.
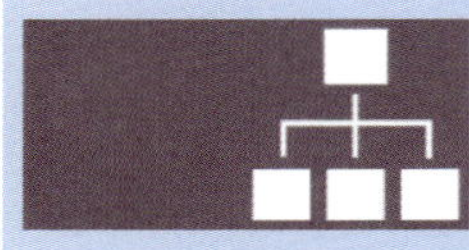	**STRUCTURE:** Inhalt gliedern *Group content* Berichte und Präsentationen haben in vielen Fällen keine in sich logische Struktur. Überschneidungen und Unvollständigkeit erschweren das Verständnis von Geschäftskommunikation.

Tabelle 5.3: Überblick über die sieben SUCCESS-Regeln von Prof. Dr. Hichert © (Forts.)

SAY: Botschaften vermitteln

Die größten Fehler werden bei der Diagrammgestaltung nicht mit grafischen Elementen, sondern mit Text gemacht. Wer seinem Chart keine Botschaft (Aussage oder »Message«) mitgibt, zwingt den Betrachter, selbst zu interpretieren, was das Chart ausdrücken soll, und genau das sollte dieses ja vermeiden. Wenn Sie wissen, was Sie zu sagen haben, schreiben Sie das groß und deutlich über oder in das Diagramm: Damit ersparen Sie dem Betrachter die Eigeninterpretation und sich selbst die Peinlichkeit, die Aussage zusätzlich (z. B. mündlich in Präsentationen) formulieren zu müssen.

Eine Überschrift *Produktionsübersicht Werk Hamburg* ist zwar richtig, aber in ihrer Nichtbotschaft absolut nutzlos. Selbst zaghafte Versuche wie

Produktionssteigerung zufriedenstellend

reichen nicht aus, sie bringen die Botschaft nicht auf den Punkt. Zögern Sie nicht, einen ganzen, grammatikalisch korrekten Satz als Überschrift einzusetzen:

Mit einem Steigerungsgrad von durchschnittlich 20 % weist das Werk Hamburg ein überdurchschnittliches Ergebnis aus.

Es ist keineswegs falsch, Zahlen in der Aussage zu verwenden, im Gegenteil. Mit der Zahl wird die Botschaft auf den Punkt gebracht, und der Betrachter kann sich in Ruhe dem Vergleich widmen, der im Diagramm visualisiert wird.

Wir haben die Kosten für externe Dienstleistungen gegenüber dem Vorjahr um 5 Mio. Euro gesenkt.

Die grafische Umsatzanalyse gewinnt erheblich an Aussagekraft, wenn Sie sprechende Botschaften in die Kopfzeile schreiben. Verwenden Sie Titel, wenn es die Größe des Diagrammobjekts zulässt, und schreiben Sie ganze, verstehbare Sätze.

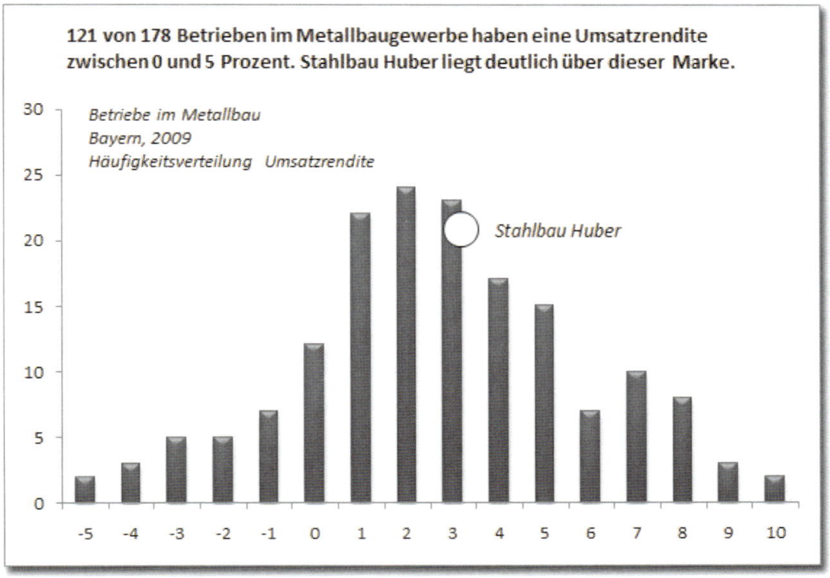

Abbildung 5.26: Klare Botschaften im Diagrammtitel

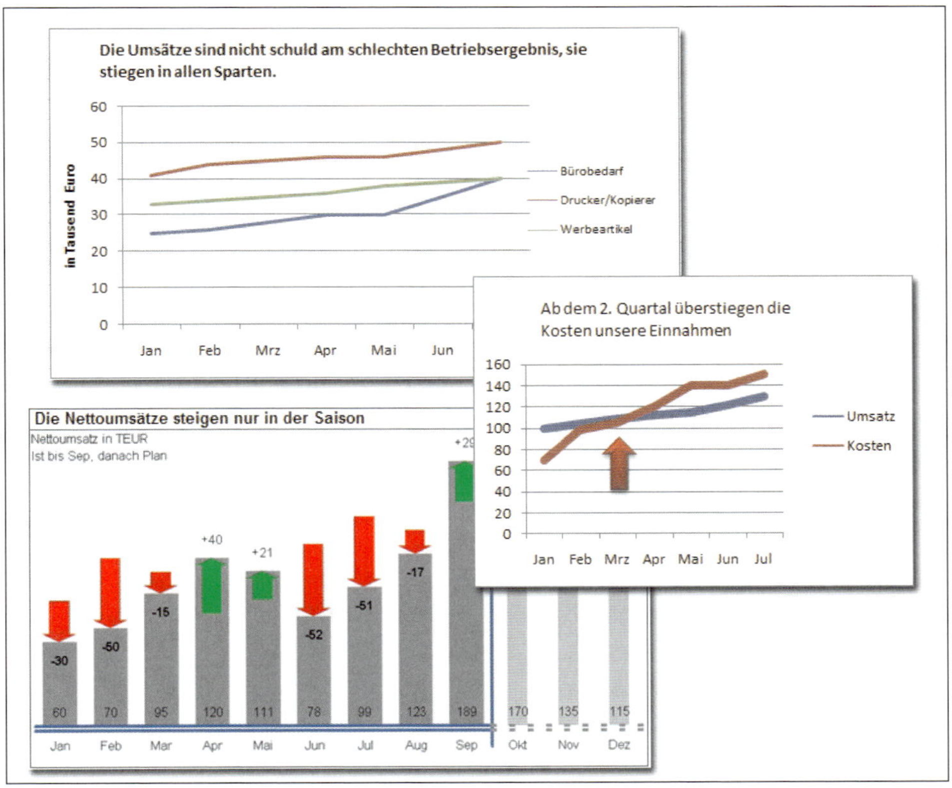

Abbildung 5.27: Diagramme mit klaren Botschaften im Titel

Excel-Praxis: Verknüpfte Titelbotschaften

CD Diagrammtechniken.xls

Für die Beschriftungselemente hat Excel leider keine Dynamik parat, im Gegensatz zu Datenreihen, Legende und Achsenskalierungen wird der Titel nicht standardmäßig mit Zellinhalten verknüpft. Um die Titelbotschaft nicht ständig »händisch« verändern zu müssen, greifen Sie zu diesen Tricks:

Titelbotschaft im Hintergrund

Schreiben Sie den Titel für das Diagramm einfach in eine Zelle des Tabellenblatts. Schalten Sie für den Hintergrund des Diagramms die Farbe aus, setzen Sie ihn auf *Transparent* und positionieren Sie das Diagramm über dem Titel. Der Titel wird sichtbar, wenn das Objekt nicht mehr markiert ist. Mit dieser Technik lassen sich auch berechnete Werte und Formelkonstruktionen in den Titel übernehmen.

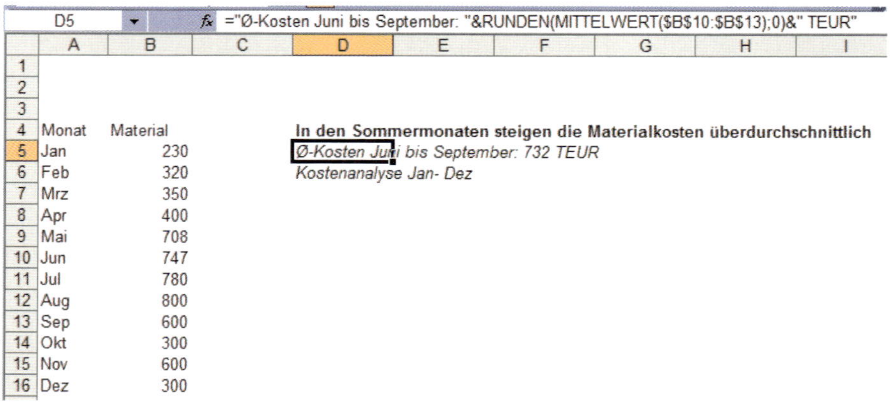

Abbildung 5.28: Titelbotschaft und Formeln im Tabellenblatt ...

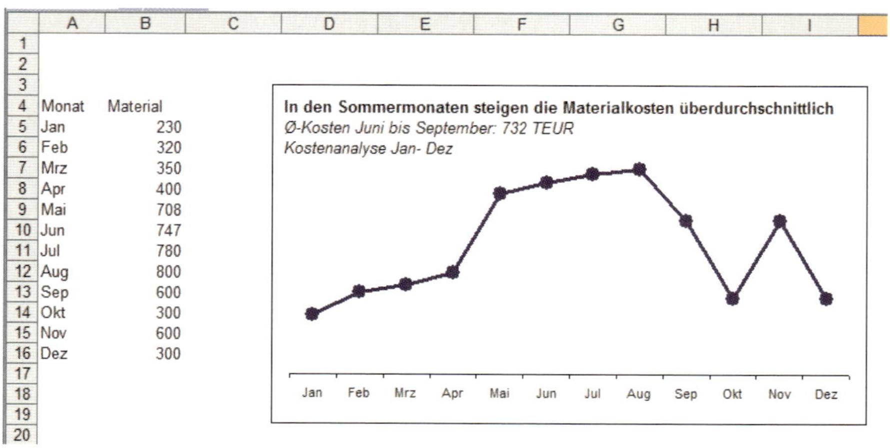

Abbildung 5.29: ... und als Titel im Diagramm ohne Hintergrund

Verknüpfte Diagrammtitel

Titelbotschaften können auch direkt mit Zellinhalten (Texte, Zahlen, Formeln) verknüpft werden.

Markieren Sie das Diagrammobjekt und schreiben Sie ein =-Zeichen. Klicken Sie im Tabellenblatt auf die Zelle mit der Botschaft und drücken Sie die Eingabetaste. 2003

Fügen Sie über *Diagrammtools/Layout/Beschriftungen* ein Titelelement in das Diagramm ein. Markieren Sie dieses, schreiben Sie ein =-Zeichen und klicken Sie auf die Zelle mit dem verknüpften Titeltext. 2007 2010

Soll der Titel einen Zeilenumbruch enthalten, konstruieren Sie eine Textformel mit der Funktion ZEICHEN(10) (ASCII-Wert für Zeilenumbruch).

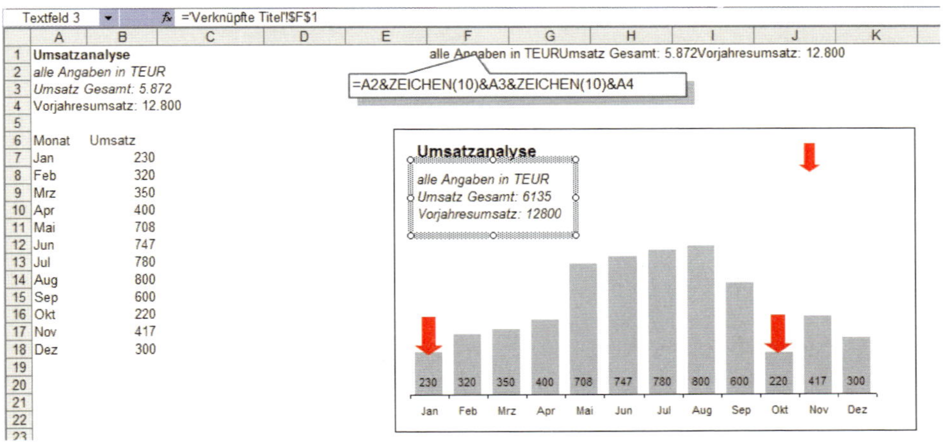

Abbildung 5.30: Verknüpfter Diagrammtitel mit Zeilenumbruch

5.4 Diagramme professionell gestalten

5.4.1 Die Funktion Datenreihe()

Das wichtigste Element im Diagramm ist die Datenreihe-Funktion. Diagramme sind dynamisch, d. h., ändert sich eine Zahl in der Tabelle, wird diese Änderung sofort auch auf das Diagramm übertragen. Diese dynamische Verbindung zwischen Diagramm und Tabelle wird automatisch aufgebaut, wenn das Objekt gezeichnet wird. Ausschlaggebend ist eine Funktion, die sichtbar wird, wenn Sie auf eine der Datenreihen, z. B. auf eine Säulenreihe, klicken:

```
=DATENREIHE(Tabelle1!$B$1;Tabelle1!$A$2:$A$7;Tabelle1!$B$2:$B$7;1)
```

Die Funktion DATENREIHE() erhält im ersten Argument die Bezeichnung für die Legende (hier die Zelle B1), im zweiten Argument wird der Bezug zur Rubrikenachse hergestellt (A2 bis A7), und das dritte Argument verweist auf die angezeigten Daten

(B2 bis B7). Das letzte Argument steht für die Position der Reihe im Diagramm (1 = linke Reihe, 2 = 2. Reihe von links usw.).

Dieser Funktionsaufbau gilt für Säulen-, Balken-, Linien- und Punktdiagramme, Kreisdiagramme haben nur eine einzelne Datenreihe:

```
=DATENREIHE(Tabelle1!$B$1;Tabelle1!$A$2:$A$7;Tabelle1!$B$2:$B$7;1)
```

Hier steht das erste Argument für den angezeigten Diagrammtitel (hier B1), das zweite bezeichnet den Bereich, in dem die Texte für die Legende stehen (A2:A7), und das dritte Argument zeigt auf den Datenbereich.

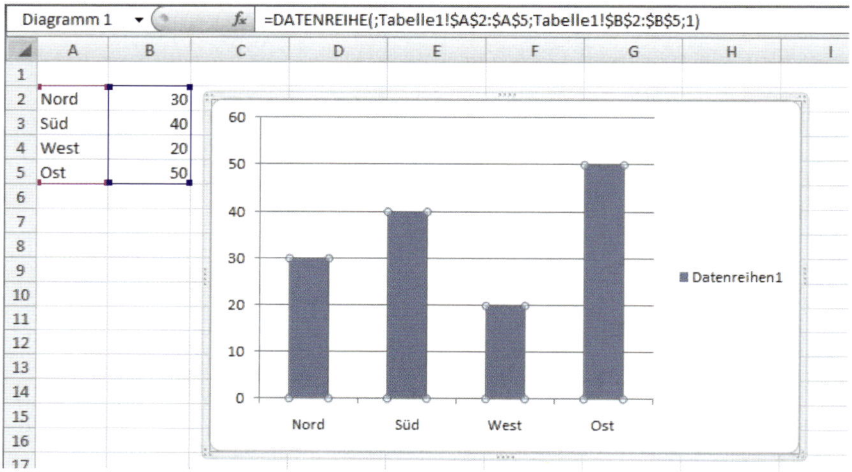

Abbildung 5.31: Die Funktion DATENREIHE() im Diagramm

5.4.2 Farbmarkierungen nutzen

Solange sich nur die Daten ändern, die das Diagramm bereits anzeigt, werden Sie keine Probleme damit haben, denn jede Änderung wird sofort optisch umgesetzt. Schwieriger wird es, wenn Daten wegfallen oder neue Daten hinzukommen: In diesem Fall stimmt der zugewiesene Datenbereich nicht mehr. Bevor Sie jetzt ein neues Diagramm erstellen, testen Sie einfach diese Techniken:

Markieren Sie das Diagrammobjekt und achten Sie auf die Farbmarkierungen, die dabei in der Tabelle angebracht werden:

- Eine magenta gefärbte Linie kennzeichnet den Bereich, der die Beschriftungen (x-Achse im Säulendiagramm, Legende für Torten) enthält.
- Grün wird diejenige Zelle markiert, die die Überschrift enthält (Legende im Säulendiagramm, Titel im Kreisdiagramm).
- Die blaue Linie kennzeichnet den Datenbereich.

Ändert sich der Datenbestand, können Sie auch über Menüs oder die Multifunktionsleiste die Bereiche neu bestimmen, schneller geht es aber über die entsprechenden

Farbmarkierungen. Zeigen Sie auf den Rand der Farbmarkierung und ziehen Sie diesen mit gedrückter Maustaste an eine neue Position. Um den Bereich zu vergrößern oder zu verkleinern, ziehen Sie das Füllkästchen der Farbmarkierung nach unten oder oben.

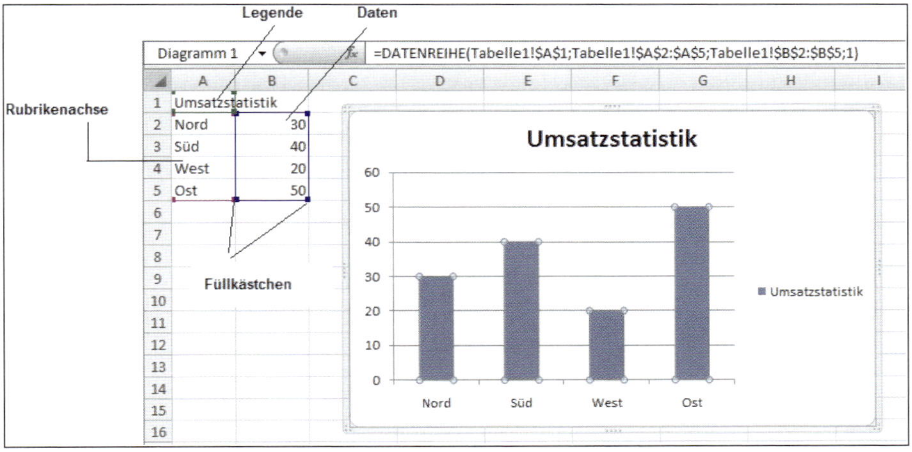

Abbildung 5.32: Farbmarkierungen kennzeichnen die Diagrammbereiche

5.4.3 Der richtige Diagrammtyp

Gene Zelazny, der amerikanische Chart-Guru (»Say it with charts«), hat vor vielen Jahren schon einige Grundregeln für die Verwendung von Diagrammtypen aufgestellt, die auch heute noch gültig sind.

Fünf Grundtypen, fünf Vergleichsarten

Excel bietet Dutzende von Diagrammarten an. Die wenigsten davon lassen sich benutzen, manche sind aus der Mode (Kegel, Pyramiden), andere wie das Netz-, Flächen- oder Ringdiagramm eignen sich nicht für eine einfache Visualisierung. Beschränken Sie sich bei der Auswahl auf einige wenige Varianten, die eine klare und einfache Visualisierung ermöglichen. Mit diesen fünf Grundtypen lassen sich die meisten Geschäftsdiagramme aufbereiten:

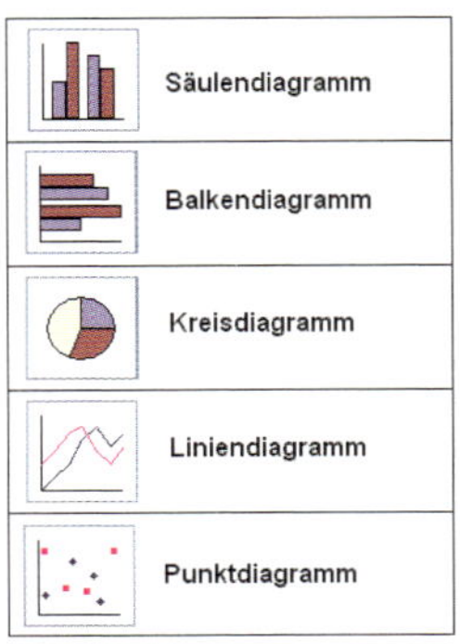

Abbildung 5.33: Diese fünf Grundtypen reichen für alle Diagramme

Die Entscheidung für einen dieser Typen trifft sich leichter, wenn Sie die zu treffende Aussage als Vergleich kategorisieren. Auch dafür gibt es fünf Grundtypen:

- Strukturvergleich
- Rangfolgevergleich
- Zeitreihenvergleich
- Häufigkeitsvergleich
- Korrelationsvergleich

In dieser Matrix finden Sie die Zuordnung der Diagrammtypen zu den Vergleichsarten:

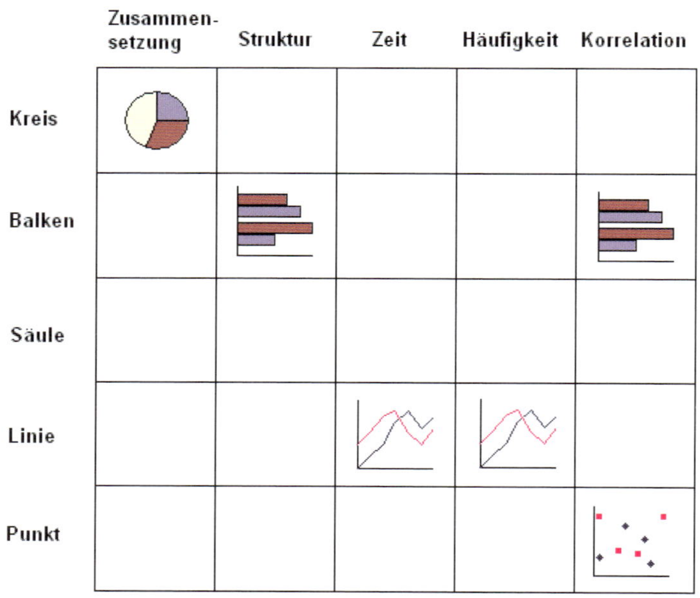

Abbildung 5.34: Das richtige Diagramm für jede Vergleichsart

Strukturvergleiche

Der Strukturvergleich liefert die Anteile an einer Gesamteinheit, wie z. B. die Umsätze pro Region oder die Marktanteile eines Unternehmens in einer Branche. Das Kreisdiagramm verdeutlicht die Aussage am besten. Portfoliodiagramme erweitern die Aussage um eine zusätzliche Dimension.

Das Kreisdiagramm sollte nicht mehr als sechs Segmente enthalten. Lassen Sie den wichtigsten Sektor an der 12-Uhr-Linie beginnen, die übrigen Sektoren werden im Uhrzeigersinn angeordnet. Der wichtigste Sektor erhält die stärkste Farbe oder dunkelste Schraffur. Enthält das Kreisdiagramm zu viele kleine Segmente, fassen Sie diese in einer Gruppe zusammen und erstellen ein Kreis-im-Kreis-Diagramm oder ein Balken-im-Kreis-Diagramm.

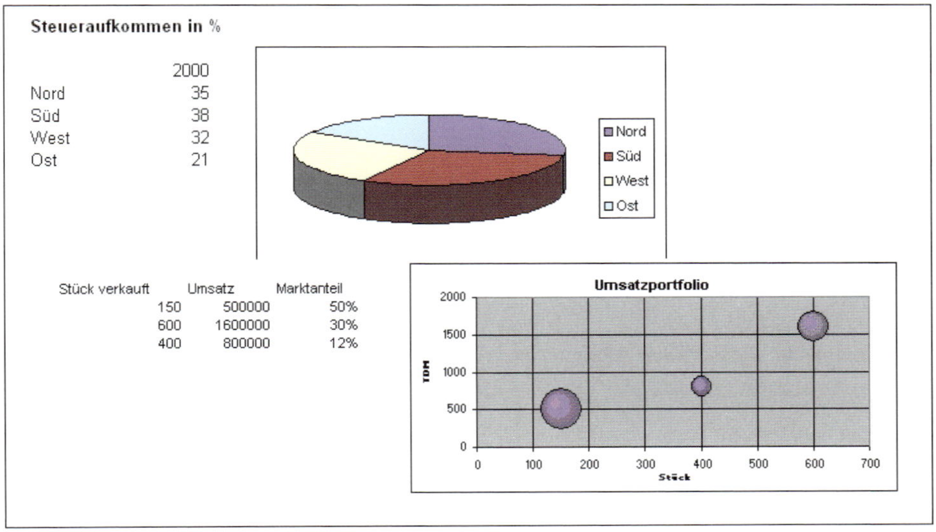

Abbildung 5.35: Strukturvergleiche mit Torten- und Blasendiagrammen

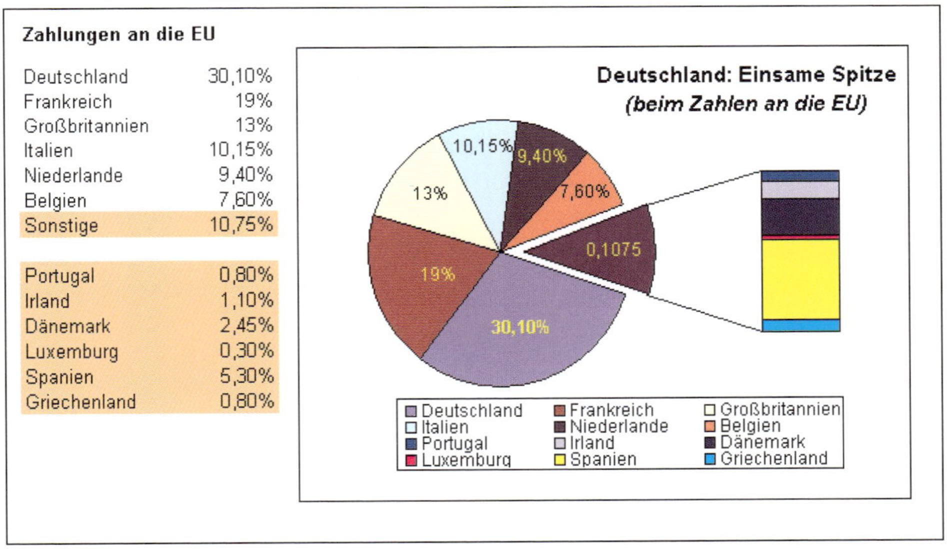

Abbildung 5.36: Ein Balken-im-Kreis-Diagramm fasst kleinere Wertegruppen zusammen

Rangfolgenvergleiche

Die Rangfolge von Objekten und die Gegenüberstellung von Werten visualisiert das Balkendiagramm am besten. In der Vertikalen sind die Objekte angeordnet, die Horizontalachse enthält die Unterteilung (z. B. Prozente).

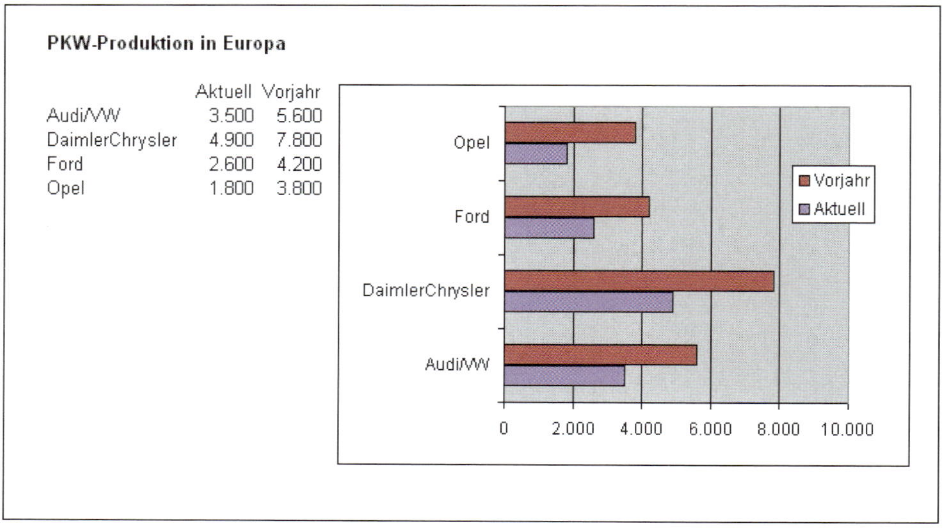

Abbildung 5.37: Balkendiagramme sind ideal für Rangfolgenvergleiche

Zeitreihenvergleiche

Veränderungen über einen bestimmten Zeitraum hinweg (Zeitreihen) verdeutlichen Sie mit dem Säulen- oder Liniendiagrammtyp. Säulen sollten nur bei wenigen Punkten zum Einsatz kommen, Linien verwenden Sie bei größeren Datenmengen. Passen Sie die Abstände zwischen den Säulen so an, dass diese optisch gut erfassbar sind. Soll das Säulendiagramm mehr als eine Reihe darstellen, verwenden Sie am besten Überlappungen. Gestapelte Säulen geben zusätzlich die Anteile der einzelnen Werte an der Gesamtheit wieder.

Im Kurvendiagramm bringen Sie mehr Punkte unter als im Säulendiagramm. Excel bietet auch die Möglichkeit, Linien zu glätten, was besonders nützlich ist für Funktionskurven.

Häufigkeitsvergleiche

Die Besetzung der Größenklassen bringt der Häufigkeitsvergleich zum Ausdruck, der in der Praxis ebenfalls über das Säulen- oder Liniendiagramm visualisiert wird.

Die Hauptachse enthält dabei die Objektbezeichnungen. Die Vergleichsart *Korrelation* zeigt auf, ob eine Beziehung zwischen zwei Variablen besteht (Beispiel: Steigt der Absatz, wenn die Preise niedrig sind?). Er wird mit zwei Balkendiagrammen mit gemeinsamer Achse oder über das Punktediagramm dargestellt.

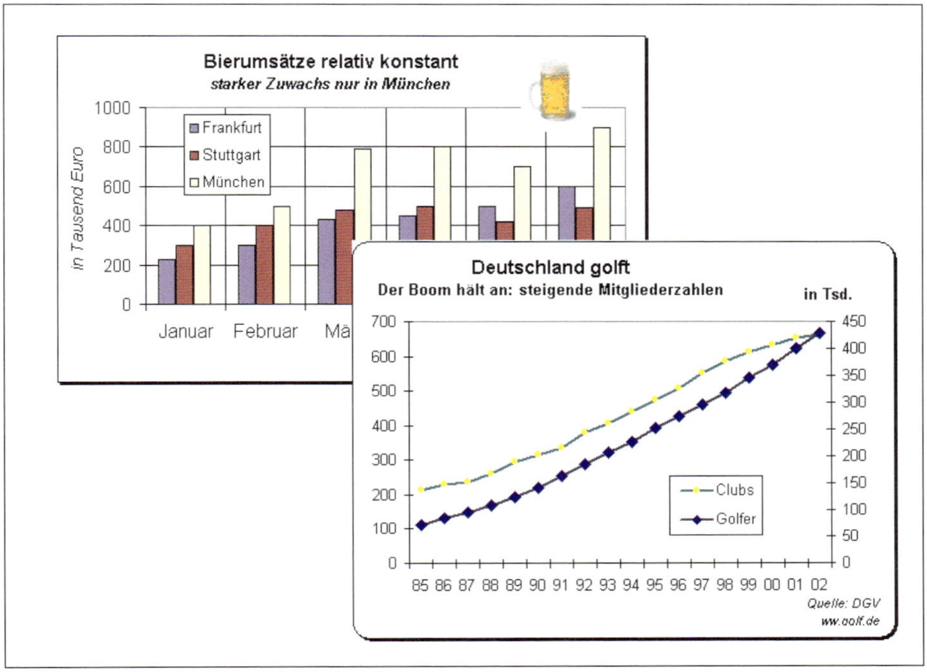

Abbildung 5.38: Säulen und Linien visualisieren Zeitreihenvergleiche

Klasse	*Häufigkeit*
21	1
27,5	7
34	10
40,5	18
47	1
53,5	1
und größer	2

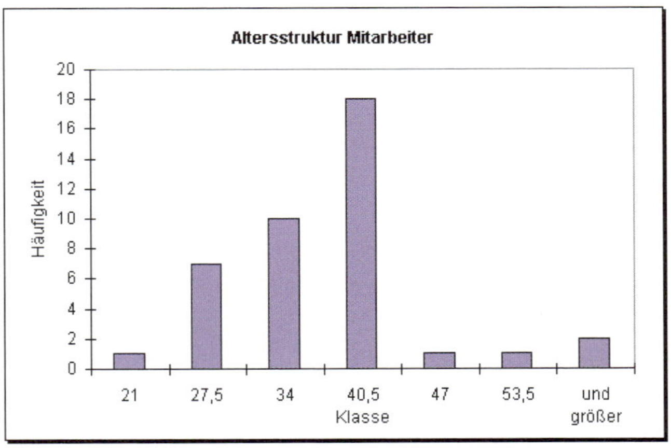

Abbildung 5.39: Häufigkeitsvergleich über das Säulendiagramm

Excel-Praxis: Die Kamera

Die Kamera ist ein Symbol, das eine ganz besondere Verknüpfungstechnik ermöglicht. Seit der Excel-Version 97 ist sie nicht mehr im Standardumfang der Symbolleisten enthalten, die Kamera lässt sich aber mit wenigen Handgriffen installieren.

2003

Ansicht/Symbolleisten/Anpassen. Schalten Sie um auf die Registerkarte *Befehle* und suchen Sie das Kamerasymbol (Kategorie *Extras*). Ziehen Sie das Symbol mit gedrückter Maustaste in eine Symbolleiste und schließen Sie den *Anpassen*-Dialog wieder.

2007
2010

Klicken Sie mit der rechten Maustaste in die Symbolleiste für den Schnellzugriff und wählen Sie *Symbolleiste für den Schnellzugriff anpassen*. Schalten Sie unter *Befehle auswählen* auf *Alle Befehle*. Suchen Sie den Eintrag *Kamera*, holen Sie ihn per Klick auf *Hinzufügen* in die Symbolleiste. Die kleine Symbolleiste zeigt anschließend ein Kamerasymbol, und mit diesem »fotografieren« Sie Bereiche aus Tabellenblättern oder Diagrammobjekte.

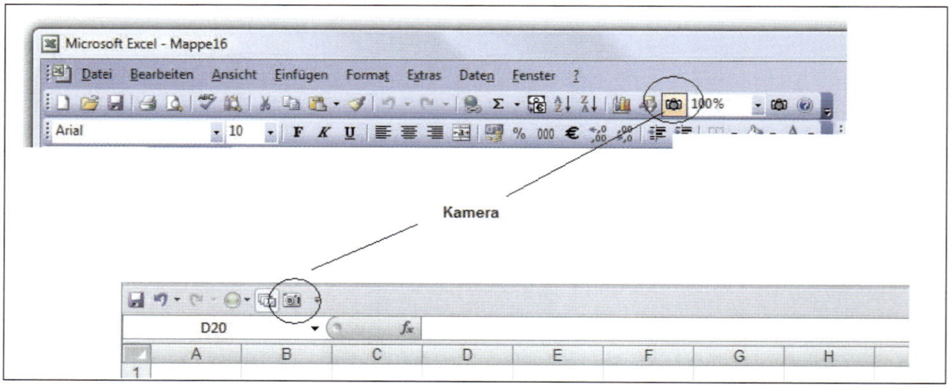

Abbildung 5.40: Das Kamerasymbol wird in eine Symbolleiste eingefügt

Erstellen Sie mit diesem Symbol eine dynamische Verknüpfung mit Grafikobjekten. Markieren Sie den zu verknüpfenden Bereich und klicken Sie auf die Kamera. Der Mauszeiger verwandelt sich in ein Fadenkreuz. Setzen Sie dieses in einem anderen Bereich oder Tabellenblatt mit Klick auf die linke Maustaste ab. Die Kamera fotografiert den Bereich und erstellt eine verknüpfte Kopie als Grafikobjekt. Achten Sie auf die Verknüpfung zum Original, die bei markiertem Objekt in der Bearbeitungsleiste angezeigt wird.

Hinweis Grafikobjekte und Diagrammobjekte kann die Kamera nicht fotografieren. Markieren Sie dafür den Zellbereich im Hintergrund des Objekts.

Die Verknüpfung lässt sich auch zwischen Arbeitsmappen erstellen, in diesem Fall erhält sie den Namen der Mappe in eckigen Klammern:

```
=[Mappe]Tabelle!Bereich
```

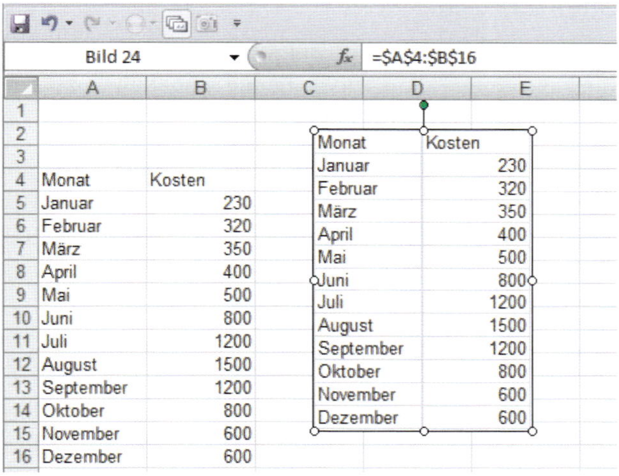

Abbildung 5.41: Kamerakopie mit Verknüpfung auf den Quellbereich

Per Doppelklick zur Quelle

Mit einem Doppelklick auf das verknüpfte Objekt schalten Sie wieder zurück zur Quellanwendung und markieren diese auch gleich wieder.

Excel-Praxis: Flexible Legende

Sie haben ein prächtiges Balken-, Säulen- oder Liniendiagramm erstellt, den richtigen Diagrammtyp zugewiesen und Ihr Chart formatiert. Leider fehlt ein passender Eintrag für die Legende, denn die vor dem Einfügen des Diagramms angebrachte Markierung enthielt keine passende Spaltenüberschrift. Das Einschalten der Legende hilft auch nicht weiter, Excel trägt mangels Daten nur »Reihe 1, Reihe 2« etc. ein. So erzeugen Sie Ihre eigene Legende:

Klicken Sie auf eine Datenreihe im Diagramm (Balken, Säule, Linie ...). In der Bearbeitungsleiste erscheint die Formel, die diese Reihe als Datenbasis hat. Tragen Sie den gewünschten Legendeneintrag als erstes Argument vor dem ersten Semikolon ein. Sie können eine Zelle mit dem Legendentext markieren oder diesen einfach zwischen zwei Anführungszeichen eintippen.

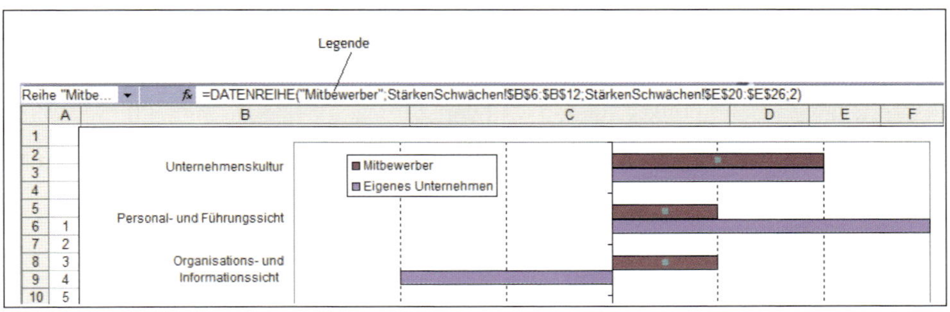

Abbildung 5.42: Legendentext selbst gemacht mit DATENREIHE()

Excel-Praxis: Grafikobjekte auf Datenreihen

Säulen-, Balken- oder Liniendiagramme wirken weniger langweilig, wenn Sie grafische Objekte einbinden. Lassen Sie anstelle eines Balkens doch einmal eine Reihe von Pfeilen, Punkten oder kleinen Firmenlogos die Achse entlangwachsen:

Erstellen Sie ein Säulen-, Balken- oder Liniendiagramm. Zeichnen Sie anschließend ein grafisches Objekt in die Tabelle oder holen Sie eine Grafik über die Zwischenablage oder aus den ClipArts. Kopieren Sie diese Grafik mit [Strg] + [C]. Markieren Sie eine Datenreihe im Diagramm und fügen Sie die Grafik mit [Strg] + [V] aus der Zwischenablage ein. Um die gestreckte Grafik zu stapeln, ändern Sie die Fülleffekte:

2003 | *Format/Markierte Datenreihen/Muster/Fülleffekte*, Format: *Stapeln*

2007 2010 | *Diagrammtools/Layout/Auswahl formatieren*, Füllung: *Stapeln*

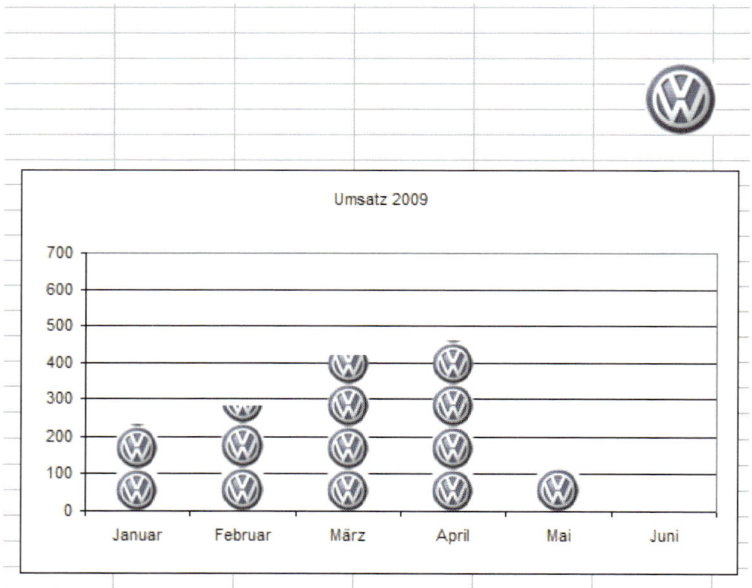

Abbildung 5.43: Säulendiagramm mit Grafikobjekt

Excel-Praxis: Linienabfall auf null verhindern

Wenn in einem Liniendiagramm die Rubrikenachse größer ist als die Wertereihe, fallen in der Regel alle Datenpunkte auf den Nullwert zurück, die noch keinen Eintrag haben. Mit einer Optionseinstellung stellen Sie sicher, dass die Diagrammreihe mit dem letzten Datenpunkt endet.

2003

Markieren Sie das Diagrammobjekt und wählen Sie *Extras/Optionen*. Schalten Sie auf der Registerkarte *Diagramm* um:

```
Leere Zellen: Werden nicht gezeichnet (übersprungen)
```

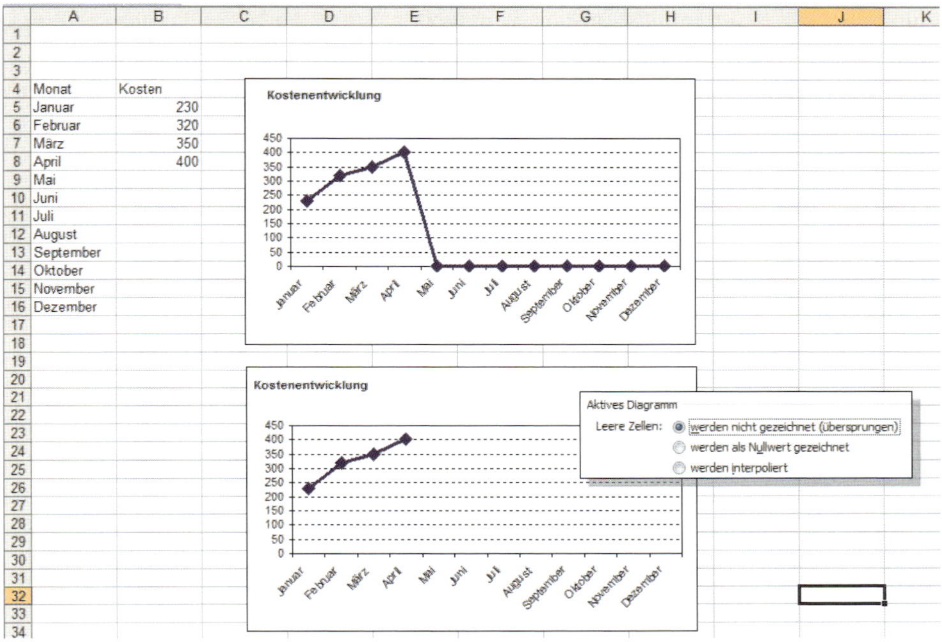

Abbildung 5.44: Leere Zellen werden im Diagramm nicht angezeigt

2007 2010

Diagrammtools/Entwurf/Daten/Ausgeblendete und leere Zellen: Leere Zellen anzeigen als Lücken

Dieser Tipp funktioniert leider nicht, wenn die Werte für das Diagramm mit Formeln berechnet werden oder aus Verknüpfungen stammen. In diesem Fall sind die Zellen nicht leer, auch wenn die Formel keinen Wert oder einen Nullwert berechnet. Hier hilft nur die Berechnung der Datenreihen über eine Matrixfunktion:

Drücken Sie `Strg` + `F3` und erstellen Sie einen neuen Bereichsnamen. In Excel ab Version 2007 schalten Sie dazu unter *Bereich* auf den Namen des Tabellenblatts um, bis Version 2003 können Sie den Namen des Tabellenblatts mit Ausrufezeichen vor den Bereichsnamen stellen, um ihn lokal zu machen:

```
=Tabelle!Bereichsname
```

Dieser Bereichsname überprüft, wie viele Zahlen sich in Spalte C befinden, und berechnet daraus eine einspaltige Matrix ab Zelle B6:

```
Bereichsname: KostenKumuliert
Bezieht sich auf: =BEREICH.VERSCHIEBEN(Tabelle2!$C$6;0;0;ANZAHL(Tabelle2!$C:$C);1)
```

Markieren Sie im Diagramm die Datenreihe (Linie) und ändern Sie die Formel mit der Funktion DATENREIHE() in der Bearbeitungsleiste ab. Schreiben Sie den Bereichsnamen anstelle des absoluten Bezugs:

```
=DATENREIHE(;Tabelle2!$A$6:$A$17;Tabelle2!KostenKumuliert;1)
```

Damit wird die Diagrammlinie nur bis zum letzten Eintrag gezeichnet, auch die Rubrikenachse passt sich automatisch an. Wenn Sie die Rubrikenachse vollständig zeichnen wollen, kopieren Sie eine Nullreihe in das Diagramm und entfernen die Linienfarbe dieser auf der Nulllinie gezeichneten Reihe.

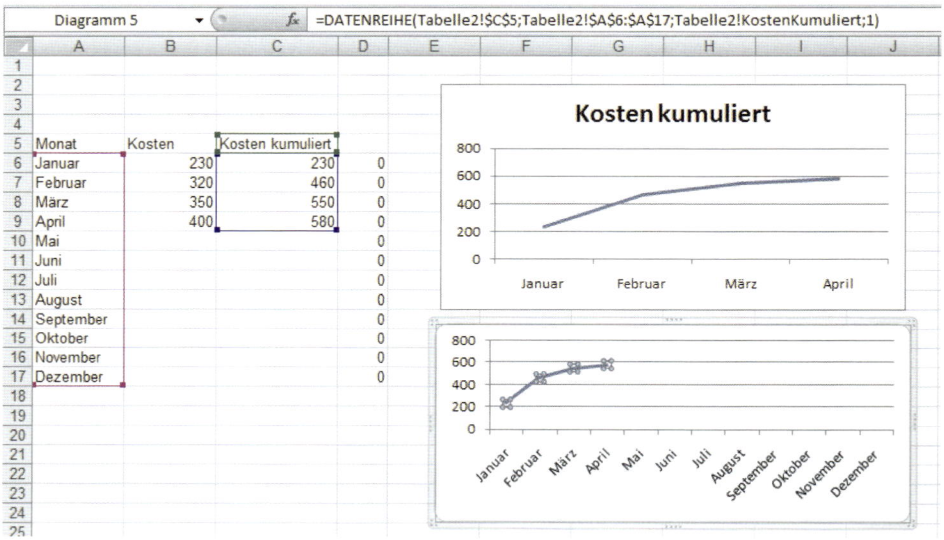

Abbildung 5.45: Die Datenreihe wird per Matrixformel berechnet

Excel-Praxis: Balkendiagramm mit Funktion

CD Diagramm mit Wiederholen-Funktion.xls

Diagramme müssen nicht immer als Objekte oder Diagrammblätter angelegt werden, für einfache Aufgaben können Sie Verhältnisse, Verläufe oder Vergleiche auch mit einer Funktion visualisieren. Die Funktion WIEDERHOLEN() aus der Kategorie *Text* des Funktions-Assistenten erstellt eine Reihe von Zeichen, die mit der richtigen Formatierung einem Diagramm ähnlich sieht.

Der Projektplan enthält das Beginn- und Enddatum der einzelnen Phasen und eine Berechnung der Dauer. Mit der WIEDERHOLEN()-Funktion wird diese Dauer als Chart in die nächste Spalte gezeichnet. Als Zeichen wird ein Buchstabe verwendet, der sich mit der Schriftart *Wingdings* in ein Kastensymbol verwandelt. Die Spalte E wird dazu mit diesem Zeichensatz formatiert.

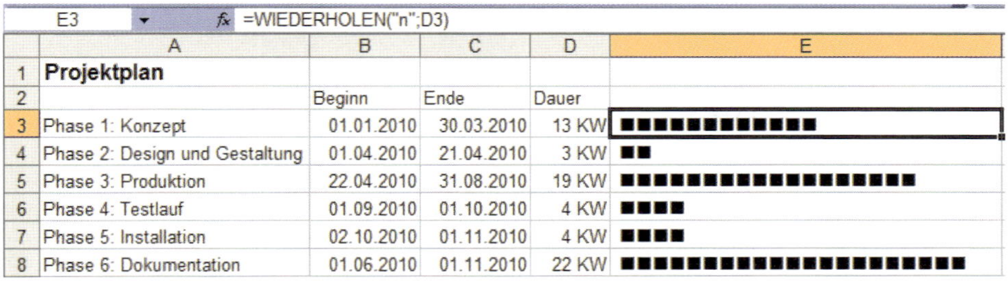

E3 =WIEDERHOLEN("n";D3)

	A	B	C	D	E
1	**Projektplan**				
2		Beginn	Ende	Dauer	
3	Phase 1: Konzept	01.01.2010	30.03.2010	13 KW	■■■■■■■■■■■■■
4	Phase 2: Design und Gestaltung	01.04.2010	21.04.2010	3 KW	■■
5	Phase 3: Produktion	22.04.2010	31.08.2010	19 KW	■■■■■■■■■■■■■■■■■■■
6	Phase 4: Testlauf	01.09.2010	01.10.2010	4 KW	■■■■
7	Phase 5: Installation	02.10.2010	01.11.2010	4 KW	■■■■
8	Phase 6: Dokumentation	01.06.2010	01.11.2010	22 KW	■■■■■■■■■■■■■■■■■■■■■■

Abbildung 5.46: Chart mit WIEDERHOLEN()-Funktion

5.5 Spezialdiagramme

Neben den Standarddiagrammtypen bietet Excel eine Vielzahl von Spezialdiagrammen an, die zwar nicht als eigene Diagrammtypen ausgewiesen sind, aber mit »Bordmitteln« einfach realisiert werden können.

Spezialdiagramme.xls CD

Excel-Praxis: Benchmark-Diagramm

Um die Differenz zwischen einem Planwert (Benchmark) und einem erreichten Istwert zu visualisieren, können Sie natürlich einen Standarddiagrammtyp wie Säule, Balken oder Linie verwenden. Mithilfe der Fehlerindikatoren lässt sich der Planwert aber auch als Benchmark horizontal über die Chartreihe setzen. Tragen Sie die Umsatzwerte eines Jahres neben den zwölf Monatsnamen ein und legen Sie in der nächsten Spalte die Planwerte fest.

Zeichnen Sie ein gestapeltes Säulendiagramm mit den Zahlenreihen *Ist* und *Plan* als Diagrammreihen. Markieren Sie die zweite Balkenreihe und schalten Sie um auf den Diagrammtyp *Punkt (ohne Linie)*. Formatieren Sie diese Datenreihe:

Format/Datenreihe formatieren 2003

Fehlerindikator Y: Anzeige: Keine

Fehlerindikator X: Fester Wert: 0,2, Prozentsatz 5, Standardabweichung 1, Muster: Ohne, Linie: Ohne

Reihenoptionen: Datenreihe zeichnen auf Primärachse 2007 2010

Diagrammtools/Layout/Analyse/Fehlerindikatoren

Weitere Fehlerindikatorenoptionen, Aktuelle Auswahl/Fehlerindikatoren Y. Löschen Sie diese mit der Entf-Taste.

Fehlerindikatoren X: Fester Wert: 0,2, Linienart: Breite 3pt

Entfernen Sie den Markierungspunkt der Linie. Jetzt wird der Benchmark-Wert als horizontaler Balken im Diagramm angezeigt.

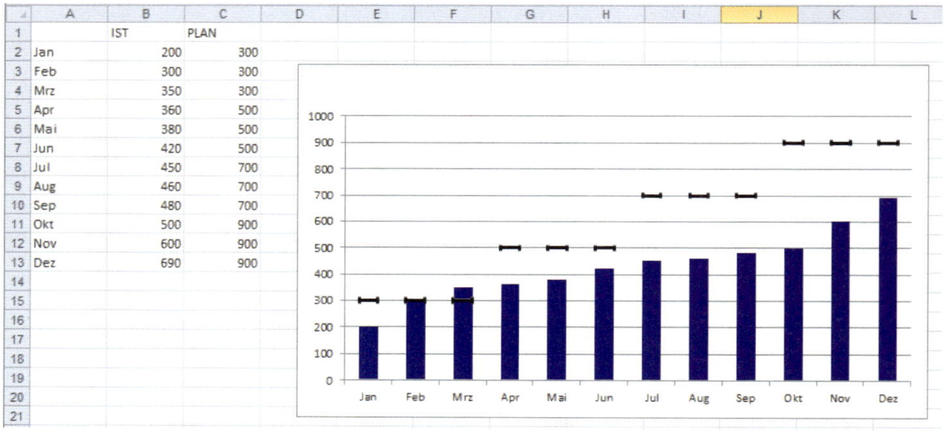

Abbildung 5.47: Benchmark-Diagramm mit Fehlerindikatoren

Excel-Praxis: Tachometerdiagramm

CD

Spezialdiagramme.xls, Tachometer

Das Tachometerdiagramm ist eine Kombination aus Ringdiagramm und Liniendiagramm. In Kapitel 4.1.7 finden Sie ein Balanced-Scorecard-Cockpit, in dem die Kennzahlen über Tachometerdiagramme visualisiert werden.

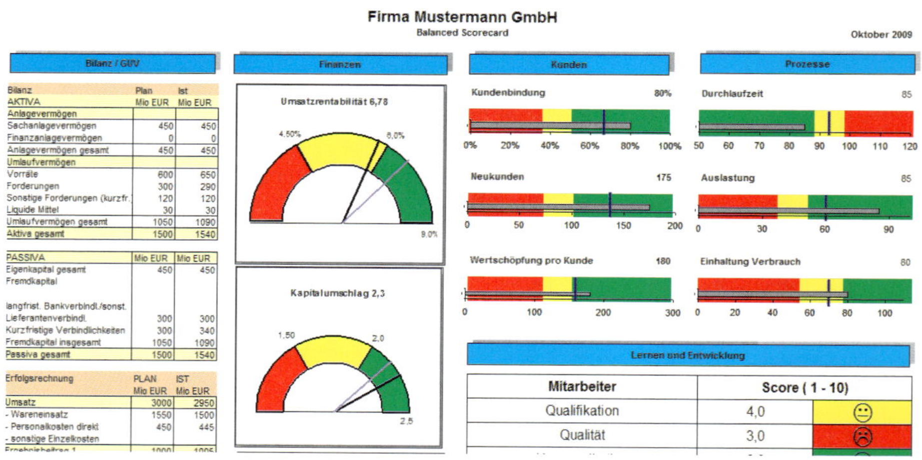

Abbildung 5.48: Tachometerdiagramme im Balanced-Scorecard-Cockpit

Scheibe und Zeiger

Für die Scheibe zeichnen Sie ein Ringdiagramm aus vier aufsteigenden Werten. Formatieren Sie die einzelnen Datenpunkte, tragen Sie für die ersten Segmente die Farben Rot, Gelb und Grün auf und schalten Sie für das letzte Segment Rahmen und Füllung aus.

```
Winkel des ersten Kreissegments: 270
Innenringgröße: 10%
```

Der Zeiger wird in einem Linien- oder Punktediagramm gezeichnet. Schreiben Sie den gewünschten Zeigerwinkel als Gradzahl in eine Zelle und berechnen Sie das Bogenmaß des Winkels über die gleichnamige Funktion. Der Sinus, der den x-Wert stellt, muss den Winkel in dieser Form erhalten (Alternative: Winkel mit *PI()/180* multiplizieren).

```
=BOGENMASS(Winkel)
```

Berechnen Sie die Koordinatenpaare für den x- und y-Punkt des Zeigers. In beiden Fällen ist der erste Wert der Nullpunkt, für den x-Wert verwenden Sie den negativen Cosinus des ins Bogenmaß umgerechneten Winkels, für den y-Wert den Sinus dieses Werts.

```
C7: =-COS(BOGENMASSS(Winkel))
D7: =SIN(BOGENMASSS(Winkel))
```

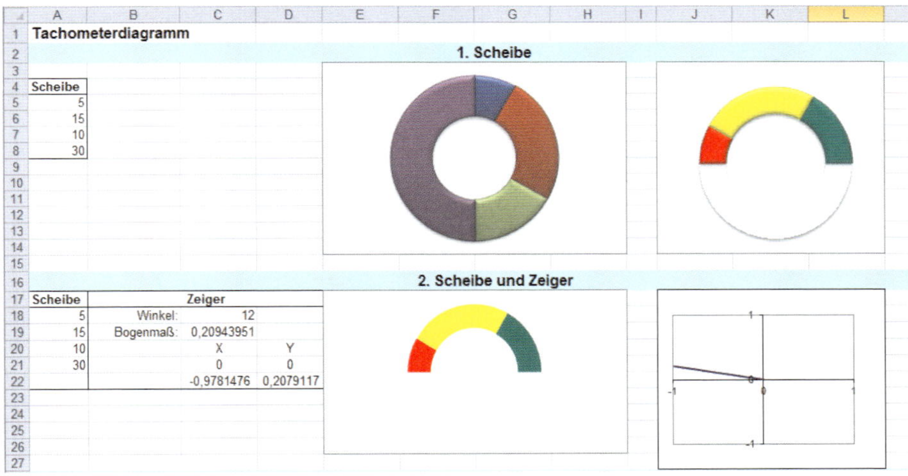

Abbildung 5.49: Die Datenbasis für den Zeiger wird über trigonometrische Funktionen gebildet

Zeichnen Sie den Zeiger zuerst in einem eigenen Diagrammobjekt, damit Sie nicht versehentlich die Scheibe zerstören. Im zweiten Schritt wird er dann direkt in das erste Objekt gezeichnet. Markieren Sie den Bereich mit den x- und x-Daten und erstellen Sie ein Punktediagramm mit dem Untertyp 3 (Linien, keine Punktmarkierungen). Entfernen Sie die zweite Datenreihe und setzen Sie die Skalierung der Rubrikenachse auf Minimum –1 und Maximum 1.

Formatieren Sie die Größenachse (Y) mit den gleichen Einstellungen.

Das Punktediagramm sollte jetzt den Zeiger bzw. die Linie von X nach Y aus dem Schnittpunkt der Achsen (Nullpunkt) exakt im angegebenen Winkel zeichnen. Diese Prozedur wiederholen Sie jetzt in dem Diagrammobjekt, in dem bereits die Scheibe aus einem Ringdiagramm erstellt wurde. Kopieren Sie die Daten des Zeigers mit [Strg] + [C], markieren Sie das Diagrammobjekt und holen Sie die Reihe mit *Inhalte einfügen* in das Diagramm.

Beschriftung

Erstellen Sie eine Beschriftungstabelle. Die erste Spalte erhält die Zahlen, die auf der Scheibe zu sehen sein sollen. Das Intervall kann frei gewählt werden, es hat keinen Bezug zu den Datenreihen im Diagramm. Geben Sie z. B. die Winkelmaße in 30-Grad-Schritten ein. Die X-Werte bewegen sich im Bereich −1 bis +1, die Y-Werte zwischen 0 und 1. Sie können später manuell angepasst werden. Kopieren Sie den Bereich mit den X-und Y-Werten der Beschriftung wieder in das Diagrammobjekt. Der Diagrammtyp ist *Linie*, kreuzen Sie die Option *Linie glätten* an. Es gibt leider keine Möglichkeit, die Beschriftung der Datenreihe aus einem anderen Tabellenbereich (hier aus der Wertespalte) zu holen. Sie können jede einzelne Datenpunktbeschriftung anklicken und den Wert manuell ändern.

42	3. Scheibe, Zeiger und Beschriftung						
43	Scheibe	Zeiger			Beschriftung		
44	5	Winkel:	12		Wert	X	Y
45	15	Bogenmass:	0,20943951		0	-0,935	0
46	10		X	Y	10	-0,823	0,471
47	30		0	0	30	-0,463	0,84
48			-0,9781476	0,2079117	50	0	0,936
49					65	0,457	0,804
50					80	0,827	0,43
51					100	0,935	0,007

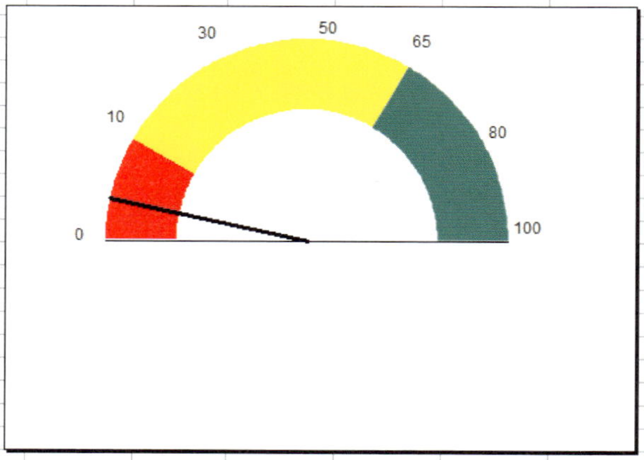

Abbildung 5.50: Tachometerdiagramm mit Beschriftung

Hinweis In der Arbeitsmappe *Spezialdiagramme.xls* finden Sie zwei Beispiele für Tachometerdiagramme: Die Marketingumfrage zeigt die Faktoren *Kundenzufriedenheit* und *Qualität* über zwei Zeiger an, im Beispiel *Kraftstoffverbrauch* kann der Drehzahlmesser mit einem Formularelement (Drehfeld) bewegt werden.

Excel-Praxis: Wasserfalldiagramm

Mit dem Wasserfalldiagramm werden die Veränderungen eines Werts vom Ausgangswert bis zum Endwert visualisiert, wobei nicht die Größe des Werts, sondern das Volumen der Änderung von Bedeutung ist. Diagramme dieser Form werden aus dem Typ

Säulen gestapelt gebildet. Angezeigt werden nur die Säulenstücke der zweiten oder dritten Reihe. Die erste Reihe stützt diese Werte, wird aber unsichtbar ohne Rahmen und Hintergrundmuster formatiert.

Spezialdiagramme.xls, Wasserfall

CD

Das Beispiel stellt monatliche Absatzzahlen in einem Wasserfalldiagramm gegenüber. Durch die Darstellung der positiven und negativen Volumina lassen sich die Schwankungen einfach ablesen.

	A	B	C	D	E	F	G	H	I	J	K
1	Monat	Absatz	Veränderung	unten	steigend	fallend			Treppe		200
2									x	y	
3		0	0		0	0			1	200	
4	Januar	150	150	200	150	0			1	350	
5	Februar	400	250	350	250	0			1	600	
6	März	350	-50	550	0	50			1	550	
7	April	200	-150	400	0	150			1	400	
8	Mai	-50	-250	150	0	250			1	150	
9	Juni	-120	-70	80	0	70			1	80	
10	Juli	-65	55	80	55	0			1	135	
11	August	120	185	135	185	0			1	320	

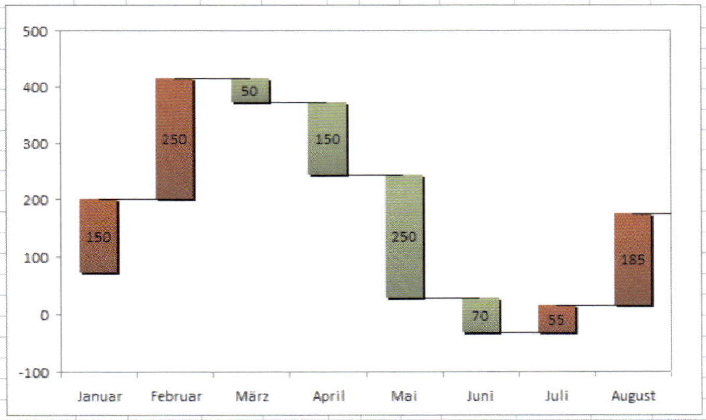

Abbildung 5.51: Wasserfalldiagramm für Absatzschwankungen

5.6 Präsentieren mit PowerPoint

PowerPoint ist wie Excel, Access und Word ein Mitglied der Microsoft Office-Familie und mit Sicherheit das meistverbreitete Präsentationsprogramm der Welt. Glaubt man den Studien, dann werden täglich mehr als 30 Millionen Präsentationen mit PowerPoint abgehalten.

Haben Sie PowerPoint oder haben Sie etwas zu sagen?

Dieser provokante Spruch drückt aus, was Präsentationsprofis an dieser Software bemängeln: PowerPoint wird dazu missbraucht, schlechte Vorträge noch schlechter zu präsentieren. Die gängige Praxis ist, Dutzende von Folien der Reihe nach an die Wand zu werfen und zu erklären, was draufsteht. Und – mit PowerPoint wird munter gelogen und manipuliert, denn Folien sind geduldig.

Exkurs

Beyond PowerPoint

Der Schweizer Rhetorikfachmann Matthias Pöhm provoziert in Büchern und Seminaren mit Aussagen wie *Präsentieren Sie noch oder faszinieren Sie schon? (Der Irrtum PowerPoint).* Er zeigt, wie ein Vortrag ohne PowerPoint gelingen kann, und deckt auf, wo und wann PowerPoint eher zum Hemmschuh wird.

ww.poehm.com

In dem Buch *ZEN oder die Kunst der Präsentation* (Addison-Wesley) zeigt Garr Reynolds, wie mit einfachen Ideen und auf Basis japanischer Meditationstechniken Präsentationen geplant und gestaltet werden. Er setzt dabei bewusst auf PowerPoint, zeigt aber Techniken für Vorträge, die sich von der Masse abheben und wirklich interessant sind.

www.presentationzen.com

Die XING-Gruppe *Besser präsentieren* befasst sich mit dem Thema und liefert gute Tipps für eine gelungene Präsentation mit und ohne PowerPoint.

www.xing.com/net/praesentationen

5.6.1 CI-Vorlage vorbereiten

Ein PowerPoint-Vortrag sollte immer den Vorschriften entsprechen, die in der Corporate Identidy des Unternehmens fixiert sind. In großen Firmen wird deshalb schon bei der Installation des Office-Pakets für jeden Mitarbeiter ein Satz Präsentationsvorlagen eingerichtet, der nach CI-Vorgaben erstellt und für alle Vorträge bindend ist. Für die Verteilung sorgt der Netzwerkadministrator, die Vorlagen können auch im Netz, im Intranet oder auf Sharepoint-Servern bereitgestellt werden.

2003

Starten Sie PowerPoint mit einer leeren Präsentation. Wählen Sie *Format/Foliendesign* und suchen Sie ein passendes Design. Mit *Ansicht/Master* aktivieren Sie die Folien- und Titelmaster. Richten Sie hier die Kopf- und Fußzeilen, Überschriften, Textformate und Aufzählungszeichen so ein, wie sie auf allen Folien einheitlich erscheinen sollen. Das Firmenlogo wird ebenfalls, falls im CI vorgesehen, auf der Masterfolie positioniert.

Mit *Ansicht/Master/Notizenmaster* bereiten Sie die Notizen vor. Diese werden in der Praxis nicht nur als Merkzettel für Vortragende, sondern auch für den Ausdruck von Handouts für das Auditorium benutzt und sollten deshalb ebenfalls nach CI-Norm gestaltet sein.

Speichern Sie die Präsentation unter dem Dateityp *Entwurfsvorlage*. Um die Vorlage zu benutzen, wählen Sie *Datei/Neu* und klicken unter *Vorlagen* auf *Auf meinem Computer*.

2007 2010

Ab Office 2007 werden alle Formatvorlagen für Office-Programme einheitlich über Designs verwaltet. Ein Design ist eine Sammlung von Formatierungen. Suchen Sie für Ihre CI-Präsentation unter *Entwurf/Designs* ein passendes Design und ändern Sie für dieses die Farben, Schriftarten, Effekte und Hintergründe mit den Symbolen in der Gruppe *Designs*. Speichern Sie das angepasste Design anschließend mit *Aktuelles Design speichern* in der Design-Auswahl.

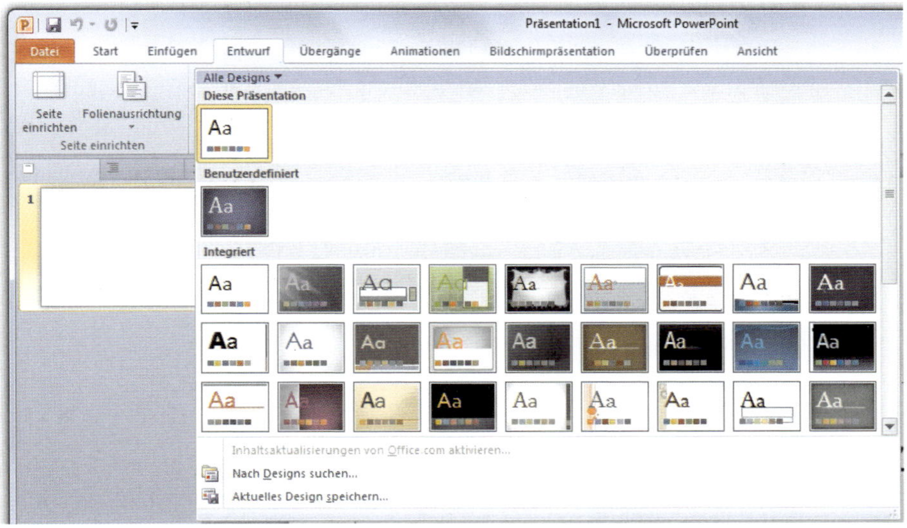

Abbildung 5.52: PowerPoint-Design nach CI anpassen und speichern

Schalten Sie unter *Ansicht/Präsentationsansichten* auf den Folienmaster um und passen Sie die einzelnen Folienlayouts an. Fügen Sie das Firmenlogo und andere CI-Elemente ein und nummerieren Sie die Folien durch. Speichern Sie dann die Präsentation als PowerPoint-Vorlage ab. Um die Vorlage für eine Präsentation zu nutzen, wählen Sie im Office-Menü *Neu*, schalten um auf *Meine Vorlagen* und öffnen eine Kopie der CI-Vorlage.

5.6.2 Von Excel zu PowerPoint

Für den Transfer von Excel-Tabellenbereichen oder Diagrammen gibt es zwei Varianten: Kopieren Sie die Daten oder Objekte einfach aus der Arbeitsmappe in eine Folie, ändern sich die Folieninhalte nicht, wenn sich die Quelldaten ändern. Erstellen Sie eine Verknüpfung, wird diese automatisch angepasst, wenn sich in Excel etwas ändert. Für den Fall, dass die Verknüpfung keine Daten mehr findet, bleibt immer das letzte verknüpfte Ergebnis in der Folie zu sehen.

Kopieren und Einfügen

Markieren Sie einen Bereich im Excel-Tabellenblatt und kopieren Sie ihn mit [Strg] + [C]. Schalten Sie dann um auf PowerPoint, suchen Sie die Folie oder fügen Sie eine neue Folie ein und holen Sie die Kopie mit [Strg] + [V] aus der Zwischenablage. Diagramme können als Diagrammobjekte auf Tabellenblättern oder aus Diagrammblättern kopiert werden. Wenn Sie ein Diagramm im A4-Querformat kopieren wollen, positionieren Sie es vorher in einem Diagrammblatt.

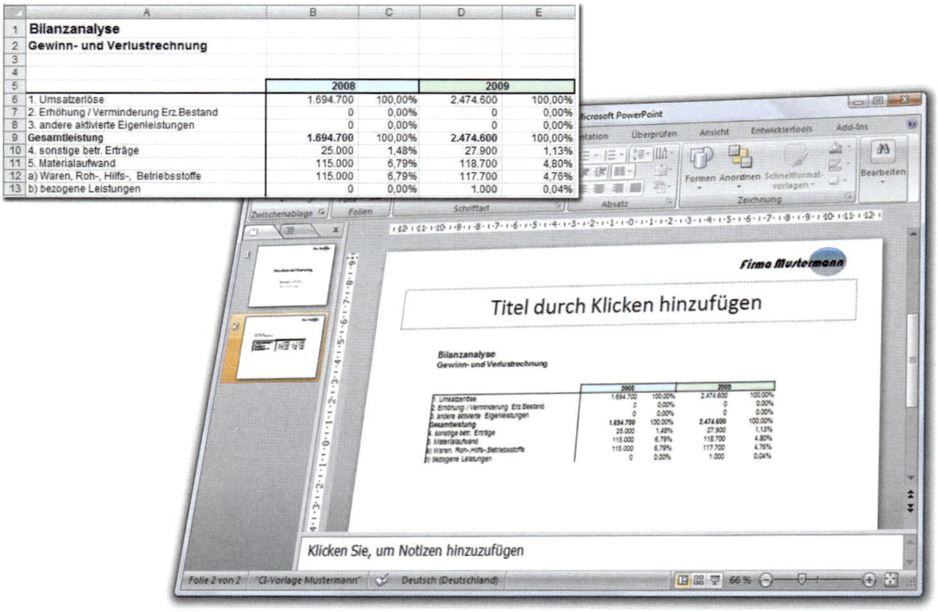

Abbildung 5.53: Von Excel nach PowerPoint über die Zwischenablage

Grafiken einfügen

Um die Excel-Daten oder das Excel-Diagramm in PowerPoint bearbeiten zu können, wählen Sie diese Transferart. Kopieren Sie den Bereich oder das Diagramm wieder in die Zwischenablage.

2003 Markieren Sie die PowerPoint-Folie und wählen Sie *Bearbeiten/Inhalte einfügen*.

2007 2010 Markieren Sie die PowerPoint-Folie und wählen Sie *Start/Zwischenablage/Einfügen/Inhalte einfügen*.

Mit der Option *Einfügen* stehen mehrere Datentypen zur Auswahl. Wählen Sie eines der Grafikformate, wird der Inhalt der Zwischenablage als Grafik eingefügt. Die Formate PNG und GIF sind von geringerer Qualität und meist nicht zu empfehlen, das JPEG-Format komprimiert die Daten zwar, bietet aber eine brauchbare Qualität. Wenn Sie sich für das Bitmap-Format entscheiden, werden die Daten als Pixelgrafiken eingefügt.

OLE-Objekte einbetten

Wählen Sie *Als Microsoft Office-Arbeitsblatt-Objekt* bzw. *Microsoft Office-Grafikobjekt* (für Diagramme), um die Daten als OLE-Verknüpfung einzufügen. OLE steht für *Object Linking and Embedding*, eine Technik, die in allen Office-Programmen unterstützt wird.

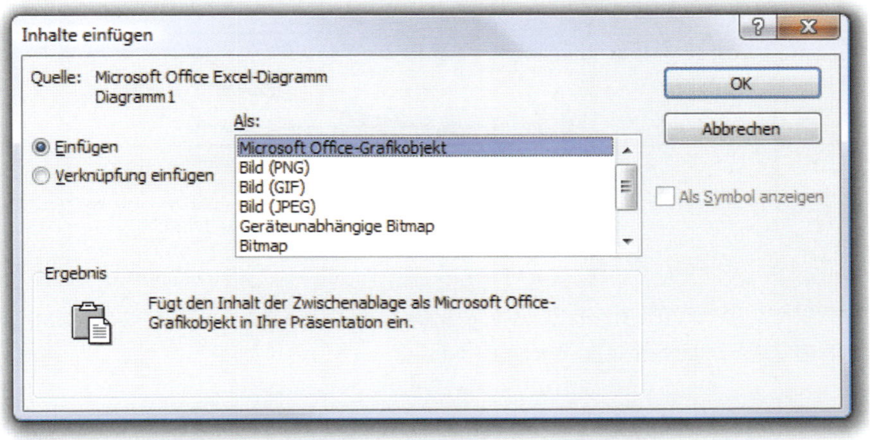

Abbildung 5.54: Office-Objekt einfügen

Das eingefügte Objekt unterscheidet sich optisch nicht von der Grafikkopie. Klicken Sie es aber doppelt an, wird das Objekt zur Bearbeitung freigeschaltet und die Multifunktionsleiste von Excel bereitgestellt. Sie können die Daten ändern und auf andere Tabellenblätter oder Diagramme umschalten. Um die Anzahl der Zeilen oder Spalten zu ändern, ziehen Sie mit gedrückter Maustaste die Markierungspunkte am Rand des Objekts. Klicken Sie außerhalb des Objekts in die Folie, schaltet die Oberfläche wieder auf PowerPoint um.

Hinweis

Das Objekt enthält nicht nur den Tabellenausschnitt oder das Diagramm, das kopiert wurde, sondern die komplette Arbeitsmappe, aus der die Kopie stammt. Das kann zu Überraschungen führen, wenn die Präsentation weitergegeben wird. Sorgen Sie dafür, dass die Objekte nur die Daten enthalten, die der Empfänger auch sehen darf.

Datenverknüpfung in Diagrammen lösen

Diagramme sind immer mit den Quelldaten verbunden, und wenn diese aus dem Objekt entfernt werden, wird auch das Diagramm nicht mehr angezeigt. So können Sie Diagramme unabhängig von ihren Daten machen:

Klicken Sie auf eine Datenreihe des Diagramms. Markieren Sie die Funktion DATENREIHE(), die damit in der Bearbeitungsleiste angezeigt wird, und berechnen Sie diese mit [F9]. Drücken Sie die [↵]-Taste, wird das Ergebnis der Funktion eingetragen, die Datenreihe zeigt jetzt die Daten an, die zuvor aus Tabellenbereichen geholt wurden. Rechnen Sie so alle weiteren Datenreihen des Diagramms um, dann können Sie dieses ohne die Quelltabelle transferieren.

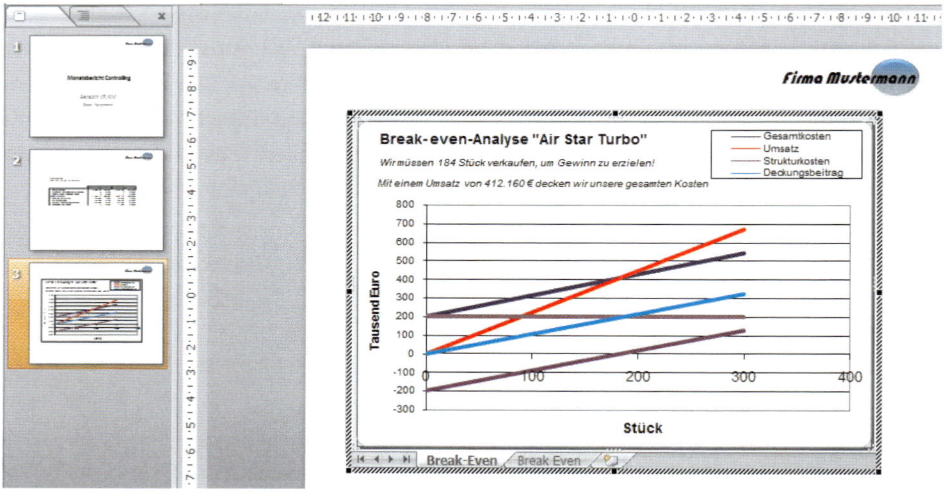

Abbildung 5.55: Excel-Grafikobjekt in der PowerPoint-Folie

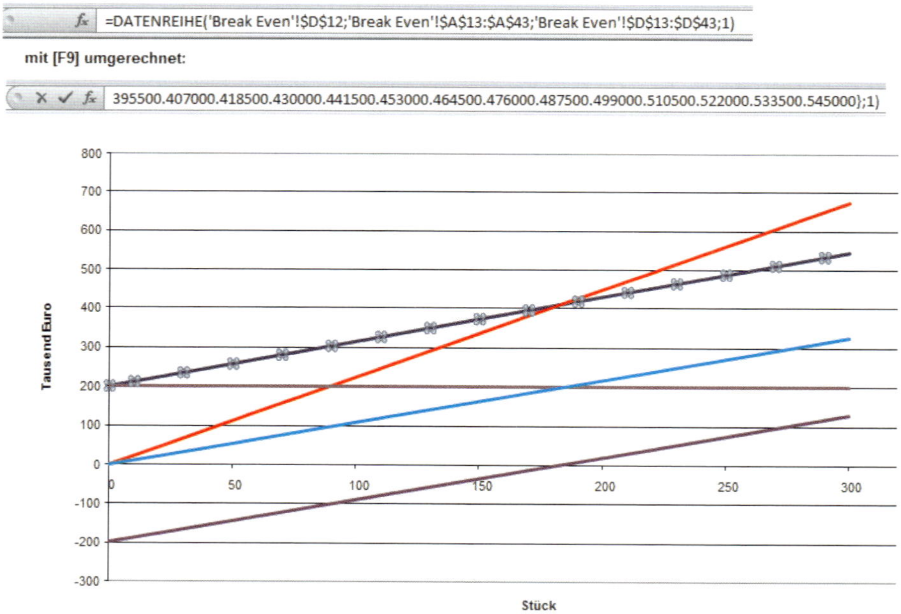

Abbildung 5.56: Um das Diagramm von den Daten zu lösen, werden die Datenreihen umgerechnet

Tabellenbereich oder Diagramm mit PowerPoint verknüpfen

Die eleganteste Lösung, Daten oder Diagramme von Excel nach PowerPoint zu transferieren, ist die Verknüpfung. Kopieren Sie den Datenbereich, das Diagrammblatt oder das Diagrammobjekt wieder in die Zwischenablage.

Markieren Sie die PowerPoint-Folie und wählen Sie *Bearbeiten/Inhalte einfügen.* 2003

Markieren Sie die PowerPoint-Folie und wählen Sie *Start/Zwischenablage/Einfügen/Inhalte einfügen.* 2007 2010

Schalten Sie um auf die Option *Verknüpfung* und klicken Sie auf *OK*. Das eingefügte Objekt wird mit der Quelle verknüpft, Änderungen in dieser sind sofort auf der Folie sichtbar, solange diese im Entwurfsmodus (nicht in der Präsentation) angezeigt wird. Mit einem Doppelklick auf das Objekt schalten Sie auf die Quellanwendung um, das Kontextmenü bietet ebenfalls Optionen zur Bearbeitung oder Konvertierung der Verknüpfung an.

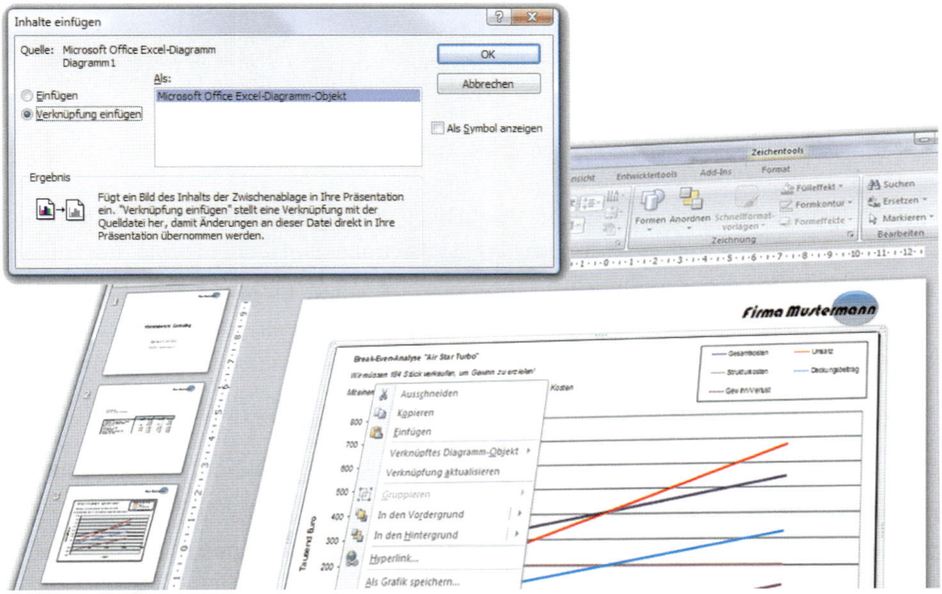

Abbildung 5.57: Das Excel-Objekt wird verknüpft eingefügt

Excel-Praxis: PowerPoint-Präsentation automatisch aus Excel erstellen

PresentationMaker.xls CD

So einfach der Transfer von Excel-Tabellenbereichen oder Diagrammobjekten über die Zwischenablage an PowerPoint-Folien ist, bei zunehmender Komplexität wird doch wieder Arbeit daraus. Jeder Vortrag ist anders, und mit jeder Präsentation beginnt die Arbeit von vorne. Nutzen Sie hier die Vorteile der VBA-Makroprogrammierung: Das Makro kann über eine Schleife das Kopieren und Einfügen der Tabellenbereiche und Diagramme von Excel nach PowerPoint automatisieren. Dazu wird einfach eine Liste abgearbeitet, die neben dem Namen der Arbeitsmappe und dem Tabellenblattnamen den zu kopierenden Bereich enthält.

Startblatt und Präsentationsauswahl

Das Tabellenblatt *START* bietet zwei Optionsfelder zur Auswahl an:

Neue Präsentation: Ist diese Option aktiv, wird eine neue PowerPoint-Präsentation angelegt.

Präsentation öffnen: Mit dieser Option aktiviert das Makro eine bereits gespeicherte Präsentation. Schreiben Sie den Namen der Datei vollständig mit Laufwerk und Ordnerpfad in die Zelle B6.

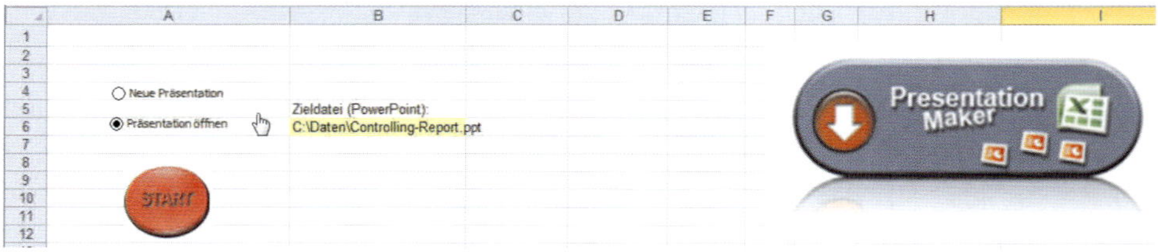

Abbildung 5.58: Optionsfelder für die PowerPoint-Präsentation

Mit der zweiten Option haben Sie die Möglichkeit, eine PowerPoint-Präsentation nach Corporate-Identity-Richtlinien vorzubereiten, Titelfolie und Folienlayout festzulegen und den Folienmaster zu präparieren. Das Makro wird immer neue Folien anlegen und sich dabei an das vordefinierte Foliendesign halten.

Bereichsliste und Folienüberschriften

In Zeile 14 beginnt die Bereichsliste mit allen Bereichen, die das Makro sammelt und in die neue oder geöffnete Präsentation überträgt. In der ersten Spalte wird die Arbeitsmappe komplett mit Laufwerk und Pfad eingetragen, die zweite Spalte enthält den Namen des Tabellenblatts. In Spalte C werden die Bereiche eingetragen, die das Makro abfotografiert und nach PowerPoint überträgt.

Hinweis Um Diagrammobjekte zu kopieren, markieren Sie den Zellbereich im Hintergrund. Das Makro kann keine Objekte kopieren.

Wenn in Spalte D (neue Folie) ein »x« gesetzt ist, wird für den Bereich der jeweiligen Zeile am Ende der Präsentation eine neue Folie eingefügt. Die neue Folie bekommt das Folienlayout *Nur Titel* mit einem Überschriftenelement. Die Spalten *links* und *oben* enthalten die Anzahl Bildpunkte (Pixel), um die das eingefügte Foto auf der Folie verschoben wird. Der *Zoom*-Faktor bestimmt die Größe des Bereichs, geben Sie hier eine niedrigere Prozentzahl ein, wird das Foto verkleinert.

Tragen Sie in die Spalten H und I je eine Überschrift für die Folie ein. Diese Überschrift wird als zweizeiliges Titeltextelement zentriert über die Folie gesetzt.

Makrostart

Tragen Sie die Bereiche in die Liste ein, die Sie in die PowerPoint-Folien übertragen wollen, und bestimmen Sie Größe, Zoomfaktor und Überschriften. Wenn Sie eine bestehende Präsentation verwenden wollen, schalten Sie auf die zweite Option um und tragen den Dateinamen (vollständig mit Pfad und Dateiendung *ppt* oder *pptx*) in die Zelle B6 ein. Die Datei *Controlling-Report.ppt* ist eine PowerPoint-Präsentation im Format von Office 2003, sie enthält nur eine Titelfolie.

Die Beispiellösung listet Bereiche aus der Arbeitsmappe *PowerPoint-Daten.xls*. Kopieren Sie diese in den Ordner *C:\Daten* oder in einen anderen Ordner, ändern Sie den Pfad in Spalte A entsprechend, um das Makro zu testen.

Bevor Sie das Makro starten, stellen Sie sicher, dass die PowerPoint-Bibliothek im Einsatz ist. Das Makro verweist nämlich auf Objekte aus dieser Bibliothek, die im VBA-Editor aktiviert sein muss:

Drücken Sie `Alt` + `F11`, um den VBA-Editor zu starten, und wählen Sie *Extras/Verweise*. Suchen Sie den Eintrag *Microsoft PowerPoint <versionsnr> Object Library*. Die Versionsnummer ist von der Office-Version abhängig (11.0 für Office 2003, 12.0 für Office 2007). Wenn Sie einen Eintrag sehen, der mit NICHT VORHANDEN beginnt, hat Excel versucht, eine ungültige Bibliothek zu benutzen. Entfernen Sie das Häkchen vor diesem Eintrag.

Klicken Sie auf den roten Startknopf, um das Makro zu starten.

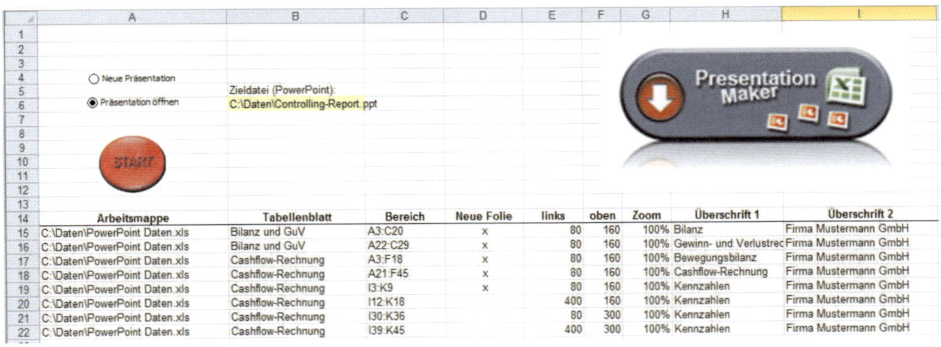

Arbeitsmappe	Tabellenblatt	Bereich	Neue Folie	links	oben	Zoom	Überschrift 1	Überschrift 2
C:\Daten\PowerPoint Daten.xls	Bilanz und GuV	A3:C20	x	80	160	100%	Bilanz	Firma Mustermann GmbH
C:\Daten\PowerPoint Daten.xls	Bilanz und GuV	A22:C29	x	80	160	100%	Gewinn- und Verlustrec	Firma Mustermann GmbH
C:\Daten\PowerPoint Daten.xls	Cashflow-Rechnung	A3:F18	x	80	160	100%	Bewegungsbilanz	Firma Mustermann GmbH
C:\Daten\PowerPoint Daten.xls	Cashflow-Rechnung	A21:F45	x	80	160	100%	Cashflow-Rechnung	Firma Mustermann GmbH
C:\Daten\PowerPoint Daten.xls	Cashflow-Rechnung	I3:K9	x	80	160	100%	Kennzahlen	Firma Mustermann GmbH
C:\Daten\PowerPoint Daten.xls	Cashflow-Rechnung	I12:K18		400	160	100%	Kennzahlen	Firma Mustermann GmbH
C:\Daten\PowerPoint Daten.xls	Cashflow-Rechnung	I30:K36		80	300	100%	Kennzahlen	Firma Mustermann GmbH
C:\Daten\PowerPoint Daten.xls	Cashflow-Rechnung	I39:K45		400	300	100%	Kennzahlen	Firma Mustermann GmbH

Abbildung 5.59: Bereichsliste und Makroaufruf für den Transfer nach PowerPoint

Das Makro startet zunächst die Präsentationsdatei oder legt eine neue PowerPoint-Datei an. Dann öffnet es jede Mappe, für die ein Eintrag vorhanden ist, kopiert den angegebenen Bereich als Grafik in die Zwischenablage und fügt diesen zusammen mit den beiden Überschriften in die nächste Folie ein. Das Ergebnis ist eine (ungespeicherte) Präsentation mit den Grafikobjekten aus den Excel-Arbeitsmappen.

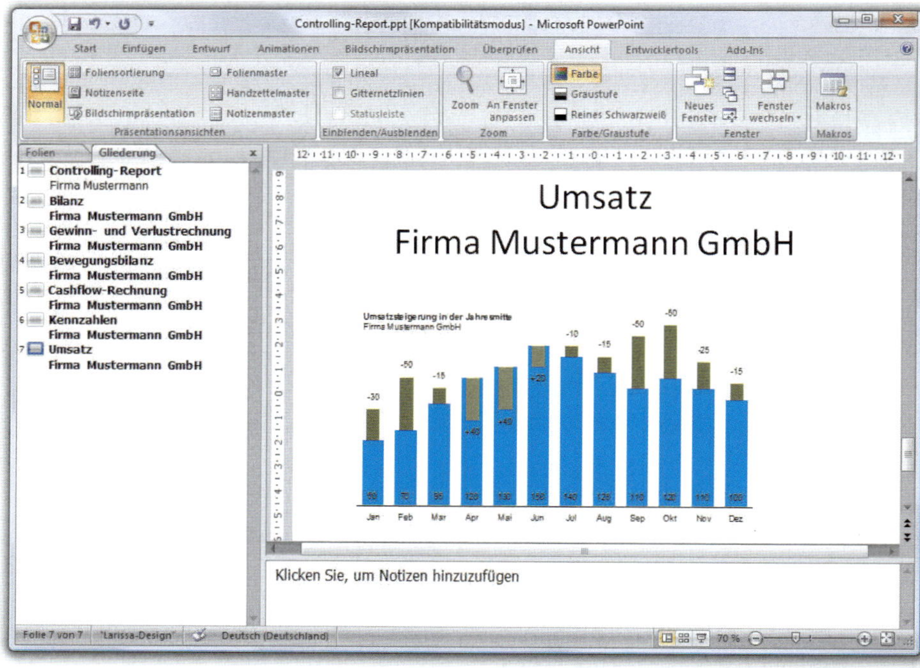

Abbildung 5.60: PowerPoint-Präsentation mit Tabellen und Diagrammen aus Excel-Bereichen

Kapitel 6

VBA-Makroprogrammierung

Excel ist nicht nur ein exzellentes Kalkulationsprogramm mit ausgereifter Formeltechnik und umfangreichem Funktionsangebot, sondern auch ein Entwicklungswerkzeug für automatisierte Abläufe und Dialoge. Die Makrosprache VBA (Visual Basic for Applications), die in allen Programmen der Office-Familie enthalten ist, bietet die Möglichkeit, Programme zu schreiben, die Routinetätigkeiten auf Knopfdruck abarbeiten. Mit modernster Objektorientierung und Objektbibliotheken und einer Dialogschnittstelle über UserForms bietet VBA alles, was zur Erstellung professioneller Programme nötig ist. Nur programmieren müssen Sie noch selbst.

Controller – Programmierer?

Müssen Controller programmieren können? Die Frage lässt sich natürlich nicht pauschal beantworten. Jedes Unternehmen stellt unterschiedliche Anforderungen, zu unterschiedlich ist die Positionierung von Excel als Analyse- und Reportingwerkzeug. Schlechte Resultate aus Makrobasteleien und halbfertige »Praktikantentools«, die Prozesse eher hemmen als beschleunigen, findet man ebenso häufig wie professionelle und brillante Makrolösungen, die das Controlling in allen Bereichen vom Datenimport bis zum Managementbericht unterstützen. Ob Makros sinnvoll sind, ist immer eine Frage der Perspektive, in jedem Fall sollte die Makroprogrammierung aber als vollwertiger Teil der Softwareentwicklung im Unternehmen behandelt werden.

Ein eisernes Prinzip aus dem Projektmanagement ist die Stakeholder-Unterstützung: Holen Sie sich ein »Go« von der Führungsebene, sprechen Sie sich mit der IT-Abteilung ab und stellen Sie sicher, dass Makros akzeptiert und erwünscht sind. Zur Unterstützung müssen natürlich Ressourcen verfügbar gemacht werden. Ausgebildete Key-User, die Makros überprüfen und reparieren können, sind ebenso unerlässlich wie ausführliche Trainingsmaßnahmen.

6.1 Training und Selbststudium

VBA ist zwar eine der leichtesten Programmiersprachen, sollte aber in qualifizierten Seminaren geschult werden. Nur mit praxiserfahrenen Trainern kann sichergestellt werden, dass Makros sicher in die Datenverarbeitungsprozesse integriert werden.

Der Buchmarkt bietet zahlreiche Bücher zum Thema VBA-Programmierung an, besorgen Sie sich Literatur. Das Internet ist eine unerschöpfliche Quelle für VBA-Hilfen und VBA-Beispiele.

TIPP

WikiVBA heißt eine kostenlose Hilfedatei mit allem, was zu VBA zu wissen ist. Die Datei finden Sie im Internet, geben Sie den Begriff in Ihre Suchmaschine ein.

Wie lernt man Programmieren? Ganz einfach, durch Programmieren. Stellen Sie sich aber eine Aufgabe, programmieren Sie nicht zum Spaß, das baut nicht den nötigen Druck auf. Die Techniken der Makroprogrammierung lassen sich am besten über eine reale Anforderung einüben.

Excel-Praxis: Projektbericht

CD

Projektbericht.xls

Projektbericht mit Makros.xls

Die Projekte, die in Ihrem Unternehmen parallel laufen, stehen unter der Leitung verschiedener Projektleiter. Sie erhalten per Datentransfer aus dem SAP-System täglich eine Liste mit den aktuellen Projekten. Ihre Aufgabe besteht darin, Statistiken über die Projektstände anzufertigen, Soll/Ist-Vergleiche über die Projektkosten zu errechnen und diese Daten den Projektleitern per Mail zu übermitteln.

	A	B	C	D	E	F	G	H
1	**Projektportfolio-Management**							
2	*Projektbericht alle Abteilungen*							
3								
4				Termine			Kosten (in TEUR)	
5	**Projektsegment**	**Projektleiter**	**Projekt**	**Beginn**	**Ende**	**Fertigstellungsgrad**	**Plan**	**Ist**
6	Basistechnik	Hausmann, Richard	Karosseriebau Instandhaltung	03.01.2010	02.06.2010	10%	100	277
7	Basistechnik	Fritsch, Bernhard	Verbesserung Elektronik	03.01.2010	22.07.2010	20%	100	333
8	Basistechnik	Dietrich, Beate	CDK Produktpflege	10.01.2010	10.04.2010	30%	200	328
9	Basistechnik	König, Heinz	Ausarbeitung Richtlinien Umweltschutz	10.01.2010	09.06.2010	50%	200	314
10	Basistechnik	Salzmann, Sabine	Getriebestrang Automatisation	10.01.2010	29.07.2010	30%	500	305
11	Basistechnik	Hausmann, Richard	Kapazitätserhebung und Pers.planung	10.01.2010	10.04.2010	10%	600	233
12	Basistechnik	Fritsch, Bernhard	Unfallverhütungsvorschriften	10.01.2010	09.06.2010	20%	500	160
13	Basistechnik	Dietrich, Beate	Planung neue Produkte	17.01.2010	05.08.2010	30%	600	177
14	Basistechnik	König, Heinz	Fuhrparkerneuerung und -pflege	17.01.2010	17.04.2010	50%	700	348
15	Basistechnik	Salzmann, Sabine	Artikelerfassung und Inventur	17.01.2010	16.06.2010	30%	800	299
16	Forschung	Dietrich, Beate	Neue Materialien Polsterung	17.01.2010	05.08.2010	10%	900	247
17	Forschung	Dietrich, Beate	Entwicklung Fahrzeug-Software VAN	17.01.2010	17.04.2010	60%	700	175
18	Forschung	König, Heinz	Mobile GPS-Empfänger	12.02.2010	12.07.2010	50%	500	320
19	Forschung	Salzmann, Sabine	Zugangskontrolle und Sicherheit	12.02.2010	31.08.2010	30%	500	248
20	Forschung	Hausmann, Richard	Entwicklung E-Commerce-Lösung	01.03.2010	30.05.2010	10%	900	187
21	Serie	Hausmann, Richard	CDLK Serie II	01.03.2010	29.07.2010	20%	400	379
22	Serie	Fritsch, Bernhard	CDLK Serie II	01.03.2010	17.09.2010	30%	800	276
23	Serie	Dietrich, Beate	CDLK Serie II	03.04.2010	02.07.2010	50%	400	204
24	Serie	König, Heinz	ABM-V Serie VI	03.04.2010	31.08.2010	30%	500	173
25	Serie	Salzmann, Sabine	ABM-V Serie VI	03.04.2010	20.10.2010	10%	400	332
26	Serie	Hausmann, Richard	ABM-V Serie VI	12.04.2010	11.07.2010	60%	400	293
27	Serie	Fritsch, Bernhard	ABM-V Serie VI	12.04.2010	09.09.2010	50%	900	383

Abbildung 6.1: Projektbericht aus dem Projektportfolio

Da die Projektliste ständig neue Projekte führt und alte, abgeschlossene Projekte nicht mehr listet, erstellen Sie am besten eine Makrolösung, die wahlweise einzelne Projektleiterberichte oder alle Berichte in einem »Batch«-Prozess anfertigt. Auch der Versand als Mailanhang lässt sich per VBA-Makros automatisieren.

6.2 Der Makrorecorder

Das wichtigste Werkzeug sowohl für Einsteiger als auch für fortgeschrittene Makroprogrammierer ist der Recorder. Wie sein Pendant in der Unterhaltungselektronik, der Videorecorder, Filme auf Magnetband oder DVD aufzeichnet, registriert er alles, was in der Excel-Oberfläche passiert:

- Öffnen von Dateien und Aktivieren von Arbeitsmappen und Tabellen
- Zellzeigerbewegungen, Blättern in Tabellen und Mappen
- Menüaufrufe, Ausfüllen von Dialogen
- Markierungen und Datenerfassung in Zellen
- Zeichnen von Objekten und Diagrammen

Der Makrorecorder registriert im Hintergrund die durchgeführten Aktionen und schreibt die VBA-Befehle in ein Modulblatt. Wird der Recorder dann beendet, besitzen Sie ein fertiges Makro, das sofort funktionsfähig ist und mit der Aktivierung die aufgezeichneten Bedienungsschritte wieder ausführt.

Hinweis

Obwohl aufgezeichnete Makros sofort ablauffähig sind, sollten Sie sich niemals darauf verlassen, dass sie auch funktionieren. Der Makrorecorder »merkt« sich nämlich absolute Positionen von Zellzeiger und Daten, und das Makro funktioniert nur, wenn die Arbeitsumgebung so vorliegt, wie sie bei der Aufzeichnung vorlag.

Excel-Praxis: Projektbericht erstellen und aufzeichnen

Zeichnen Sie ein erstes Makro auf, das aus der Liste im Tabellenblatt *Projektbericht* einen Einzelbericht für einen Projektleiter erstellt.

Aufzeichnung starten

Legen Sie eine neue Tabelle neben Ihrem Projektbericht an. Nennen Sie dieses Tabellenblatt START. Starten Sie dann die Aufzeichnung.

2003

Extras/Makro/Aufzeichnen. Aktivieren Sie die Symbolleiste *Visual Basic*, können Sie den Makrorecorder per Klick auf das Aufzeichnungssymbol starten und wieder beenden.

2007 **2010**

Entwicklertools/Code/Makro aufzeichnen. Der Makrorecorder kann einfach per Klick auf das Makrosymbol links unten in der Statusleiste gestartet und wieder beendet werden.

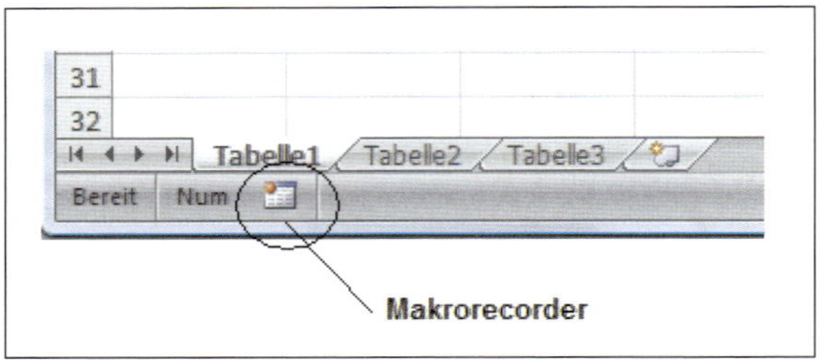

Abbildung 6.2: Makrorecorder starten aus der Statusleiste

Makronamen

Geben Sie einen Namen für das Makro ein, verwenden Sie für den Namen keine Leerzeichen oder Sonderzeichen:

```
ProjektberichtEinzeln
```

Stellen Sie sicher, dass unter *Makro speichern in* der Eintrag *Diese Arbeitsmappe* zu sehen ist. Mit *Neue Arbeitsmappe* würde eine neue Mappe erstellt und das Makro in dieser hinterlegt werden, und *Persönliche Makroarbeitsmappe* speichert das Makro in einer ausgeblendeten Mappe mit der Bezeichnung PERSONL.XLS (2003) bzw. PERSONAL.XLSB (ab 2007). Geben Sie unter *Tastenkürzel* einen Buchstaben ein, den Sie für den Aufruf zusammen mit der `Strg`-Taste benutzen wollen. Bestätigen Sie mit *OK*, um die Aufzeichnung zu starten.

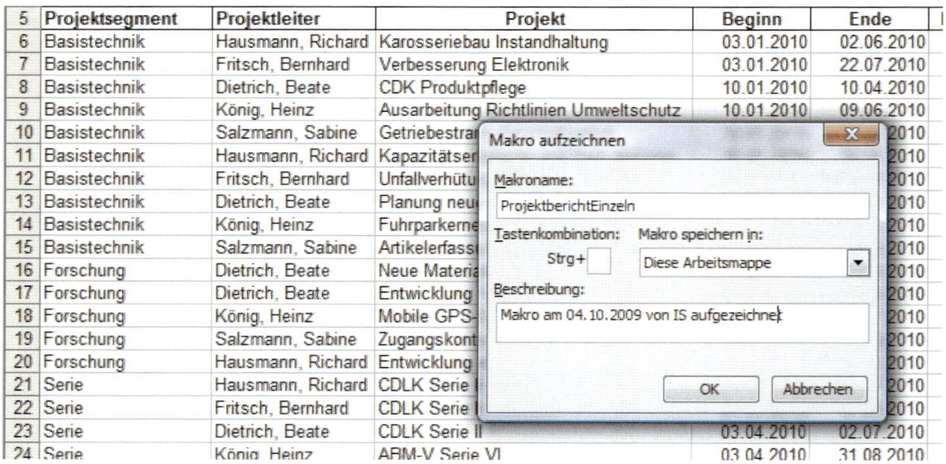

Abbildung 6.3: Der Makrorecorder wird gestartet

Makroaufzeichnung

Der Makrorecorder startet. Die Statusleiste zeigt den Hinweis *Aufzeich.* (2003) bzw. ein blaues Symbol (2007). Sie können jetzt die Aktionen durchführen, die Sie brauchen, um einen Projektbericht für einen einzelnen Projektleiter zu erstellen:

Wechseln Sie in die Tabelle *Projektbericht*. Setzen Sie den Zellzeiger in die Zelle A5 (die erste Zelle der Listenüberschrift). Markieren Sie die Liste mit `Strg` + `⇧` + `Ende` und schalten Sie den AutoFilter ein.

Markieren Sie in der Filterliste der Spalte B einen beliebigen Projektleiter (der Name wird nach der Aufzeichnung variabel programmiert). Kopieren Sie die markierte Liste mit `Strg` + `C`, fügen Sie ein neues Tabellenblatt ein und fügen Sie die kopierte Liste mit der Eingabetaste ein.

Aufzeichnung beenden

Beenden Sie die Aufzeichnung mit Klick auf das Symbol in der Symbolleiste *Aufzeichnung beenden* (2003) oder auf das Symbol in der Statusleiste (2007). Das aufgezeichnete Makro ist jetzt Bestandteil der Mappe, es steht in der Makroliste und kann dort markiert und ausgeführt werden.

6.3 Der Visual Basic-Editor

Der VBA-Editor ist das Programmierwerkzeug, er wird über das entsprechende Symbol oder mit `Alt` + `F11` aktiviert. Er startet in einem eigenen Fenster, Sie können über die Taskleiste zwischen den beiden Fenstern wechseln. Schalten Sie im *Ansicht*-Menü die einzelnen Teilfenster hinzu, falls diese nicht sichtbar sind. Das Makro finden Sie im Projekt *Projektbericht.xls*, öffnen Sie das Modul *Modul1* per Doppelklick.

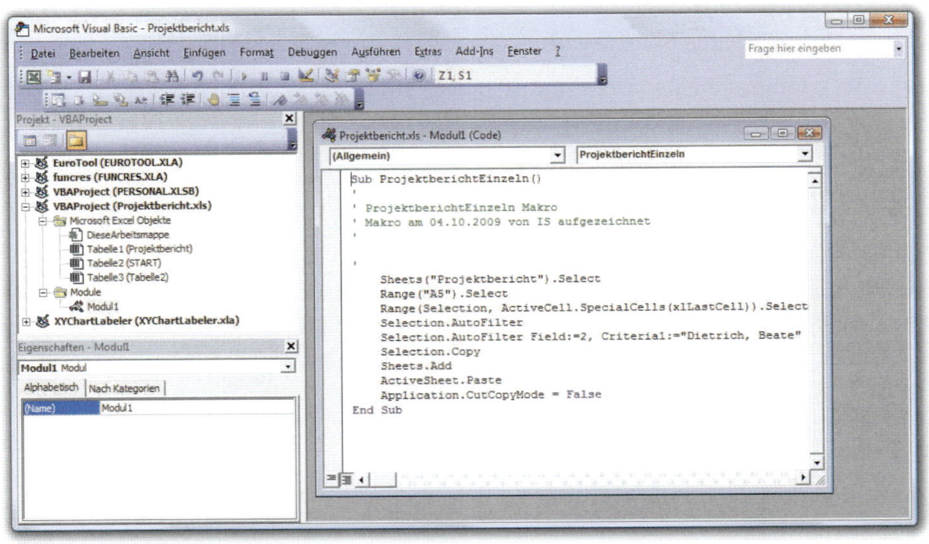

Abbildung 6.4: Der Visual Basic-Editor

6.3.1 Oberfläche

Links oben im Editor-Fenster steht der *Projekt-Explorer*, hier sind alle aktiven Arbeitsmappen und alle Add-Ins als Projekte gelistet. Klicken Sie auf ein Pluszeichen, um ein Projekt zu öffnen. Den Inhalt eines Objekts (*DieseArbeitsmappe*, *Tabelle* oder *Modul*) erhalten Sie im Arbeitsbereich angezeigt, wenn Sie das Objekt doppelt anklicken.

Das Fenster links unten zeigt alle *Eigenschaften* des Objekts, das in Bearbeitung ist. Wenn Sie beispielsweise auf eine Tabelle im Projekt-Explorer klicken, zeigt das Fenster den Namen der Tabelle (Eigenschaft *Name*) und weitere Eigenschaften wie *EnableSelection*, *StandardWidth* oder *Visible*.

Im *Arbeitsbereich* werden die Modulblätter mit den Makros abgelegt. Die Makros in einem Projekt werden in *Modulen* bearbeitet, ein Modul ist das »Kodierblatt« für Prozeduren und Funktionen. Neue Module werden mit *Einfügen/Modul* erstellt.

6.3.2 Codiertechniken

Kommentare können Sie überall einfügen, möglichst als eigene Zeilen. Schreiben Sie einen Apostroph am Zeilenanfang.

Zeilenumbrüche produzieren Sie mit [ ] und [_].

Einrückungen machen die Makros besser lesbar. Rücken Sie mit der [Tab]-Taste zwischen *Sub* und *End Sub* ein, zwischen *If* und *End If* und alle anderen Kontrollstrukturen (Schleifen, Width etc.).

Mit [F8] starten Sie den **Schrittmodus**, drücken Sie für jede Zeile [F8].

[F9] setzt oder löscht einen **Breakpoint** in der aktiven Zeile (rote Markierung), ebenso ein Klick in die Randleiste.

6.3.3 Fehler und Entwurfsmodus

Wenn das Makro nach dem Aufruf auf einen Fehler im Programm stößt, bricht es die Ausführung ab und meldet den Fehler über eine Fehlermeldung. Sie können sich entscheiden, ob Sie vorzeitig aussteigen oder den Fehler »debuggen« (vom englischen bug = Wanze). Wenn Sie sich für das Debuggen entscheiden, schaltet Excel in den Editor um und markiert die fehlerhafte Codezeile mit gelber Farbe. Ändern Sie den Code, wenn möglich, und starten Sie das Makro wieder. Lässt sich der Fehler nicht so einfach beenden, brechen Sie es im Editor mit der Schaltfläche *Zurücksetzen* ab. Mit *Debuggen/Kompilieren von Projekt* lassen Sie den Debugger alle Makros auf Syntaxfehler überprüfen.

6.4 Makro starten

Makros können auf mehrere Arten aktiviert werden:

- im Visual Basic-Editor mit der Schaltfläche *Ausführen* oder mit der Taste F5
- in der Excel-Oberfläche mit dem Aufrufsymbol in der Symbolleiste oder mit Schaltflächen oder Grafiken im Tabellenblatt

Excel-Praxis: Makroaufrufschaltfläche für Projektberichtsmakro

Ansicht/Symbolleisten/Formular 2003

Entwicklertools/Steuerelemente/Einfügen/Formularsteuerelemente 2007 2010

Zeichnen Sie eine Schaltfläche. Die Makrozuweisung erscheint, wählen Sie das Makro *ProjektBerichtEinzeln* und schließen Sie mit *OK* ab. Ersetzen Sie auf der Schaltfläche den Text durch *Projektbericht einzeln*. Klicken Sie auf eine beliebige Zelle der Tabelle, ist die Schaltfläche aktiv. Um die Zuweisung oder die Beschriftung zu ändern, klicken Sie die Schaltfläche mit der rechten Maustaste an.

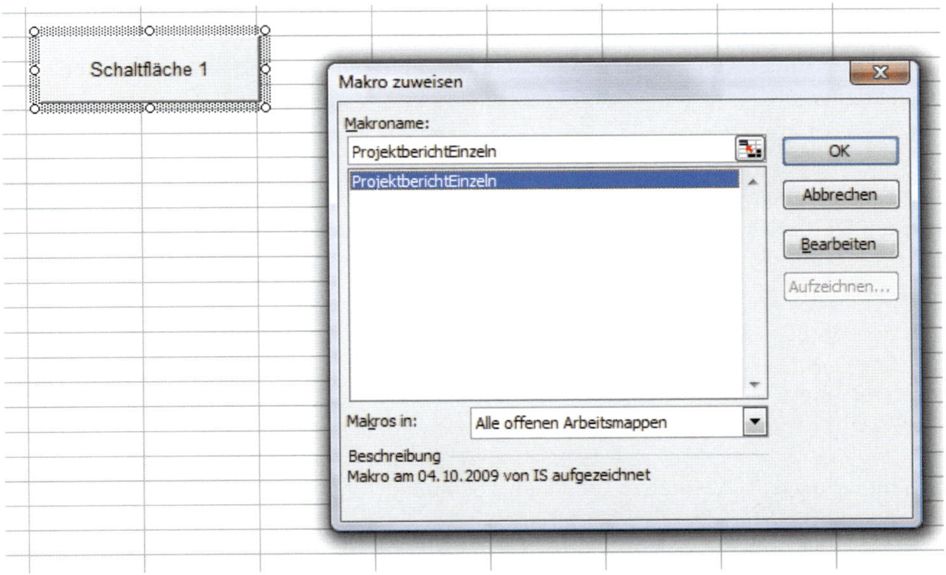

Abbildung 6.5: Schaltfläche zeichnen für Makroaufruf

6.5 Makros editieren

Mit der Aufzeichnung eines Makros beginnt die Arbeit des Programmierers erst: Der aufgezeichnete Makrocode wird Zeile für Zeile überprüft, alle Elemente des Makros, die der Recorder nicht im Angebot hat, werden hinzugefügt. Dazu zählen Kontrollstrukturen (Schleifen, Bedingungen etc.) und Variablendeklarationen.

Excel-Praxis: Aufgezeichnetes Makro nachbearbeiten

Bearbeiten Sie jetzt das aufgezeichnete Makro, holen Sie den Namen des Projektleiters über eine InputBox. Schreiben Sie diese Codezeilen unmittelbar nach der Startanweisung `Sub ProjektberichtEinzeln`:

```
Dim PLeiter
PLeiter = InputBox("Bitte geben Sie einen Projektleiter ein:")
If PLeiter = "" Then
 Exit Sub
End If
```

Die DIM-Anweisung legt den Namen und Typ der Variable fest. Mit der Inputbox-Anweisung erhalten Sie eine Dialogbox, in die der zu filternde Name eingetragen werden kann. Mit der Anweisung `IF … Then …` fragen Sie den Inhalt der Variable ab und beenden das Makro (`Exit Sub`), wennn diese leer ist.

Ändern Sie die Codezeile, die dem AutoFilter einen Projektleiter zuweist. Schalten Sie den Filter aus, falls er bereits aktiv ist, und starten Sie ihn neu. Geben Sie den Inhalt der Variable an:

```
If ActiveSheet.AutoFilterMode = True Then ActiveSheet.AutoFilterMode = False
Selection.AutoFilter Field:=2, Criteria1:=PLeiter
```

Fügen Sie dann eine Zeile unter der Anweisung ein, mit der die kopierten Daten in das neue Tabellenblatt eingefügt werden. Geben Sie dem Tabellenblatt den Namen des Projektleiters:

```
ActiveSheet.Name = PLeiter
```

TIPP

Damit kein Fehler passiert, wenn ein Tabellenblatt mit diesem Namen bereits existiert, können Sie dieses zuvor löschen. Schalten Sie dazu Fehlermeldungen und Warnungen aus:

```
On Error Resume Next
 Application.DisplayAlerts = False
 Sheets(PLeiter).Delete
 On Error GoTo 0
 Application.DisplayAlerts = True
```

Die Inputbox ist für einfache Eingaben zuständig, für Ausgaben auf den Bildschirm nutzen Sie die Messagebox. Schreiben Sie vor der letzten Anweisung `End Sub` diese Codezeile, die den Benutzer darauf hinweist, dass der Einzelbericht erstellt wurde (Leertaste und Unterstrich für Zeilenumbrüche):

```
MsgBox "Einzelbericht für Projektleiter" _
       & vbCr _
       & PLeiter _
       & " erstellt", vbInformation
```

Wenn Sie das Makro über die Schaltfläche im Startblatt aktivieren, sollte zuerst die Inputbox angezeigt werden. Geben Sie einen Projektleiter ein, achten Sie auf die Schreibweise, die Eingabe muss einem Eintrag der Spalte B entsprechen. Die Messagebox erscheint nach Ablauf des Makros, sie muss bestätigt werden, erst dann können Sie in der Tabelle weiterarbeiten.

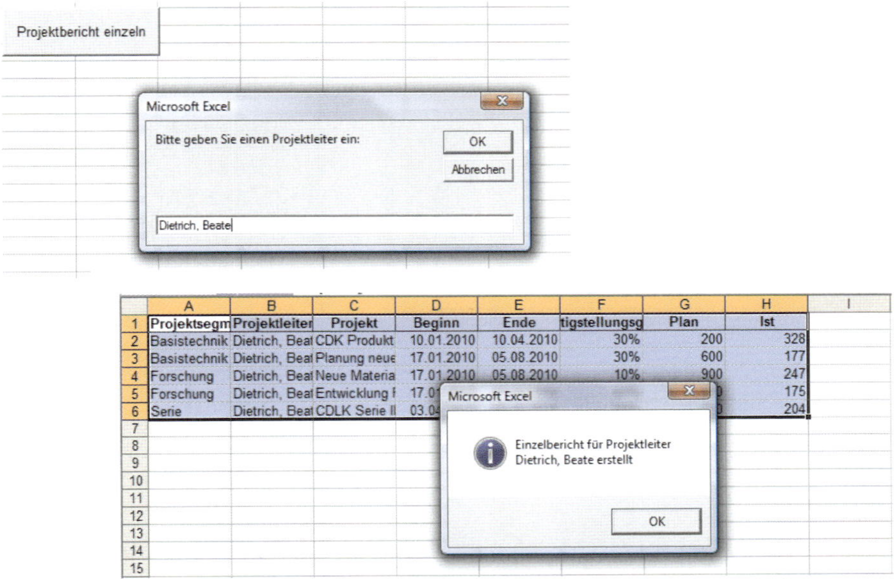

Abbildung 6.6: Makrostart, Inputbox und Abschlussmeldung

6.6 UserForms für mehr Dialog

Eingaben und Ausgaben über Inputbox und Messagebox sind nicht nur mager in der Gestaltung, sie bieten auch nicht den Komfort, den eine programmierte Anwendung heutzutage zu bieten hat. Schalten Sie, wenn Sie Dialoge mit dem Benutzer Ihrer Makros zu führen haben, so schnell wie möglich auf UserForms um. Das sind Masken, die sich nach allen Regeln der (Programmier-)Kunst gestalten und mit Daten füllen lassen.

Schalten Sie in den VBA-Editor um und markieren Sie im Projekt-Explorer Ihr Projekt. Wählen Sie *Einfügen/UserForm*. Zeichnen Sie mit den Werkzeugen aus der Werkzeugsammlung Steuerelemente wie Schaltflächen, Listen, Textfelder u. a. in die UserForm.

Tragen Sie im Eigenschaftenfenster für die markierten Steuerelemente die Eigenschaften ein (z. B. Name oder Caption = Beschriftung). Ein Doppelklick auf ein Element aktiviert das Modulblatt der UserForm und legt gleichzeitig ein Steuermakro für das Element an. Schreiben Sie die Anweisungen, die das Element oder die UserForm steuern.

Excel-Praxis: Projektleiterauswahl

Damit Sie bei der Auswahl des Projektleiters für die Einzelberichte keine Fehler mehr machen können, erstellen Sie eine UserForm mit einer Liste, einem Bezeichnungsfeld für die Beschriftung und zwei Schaltflächen, die den Dialog steuern.

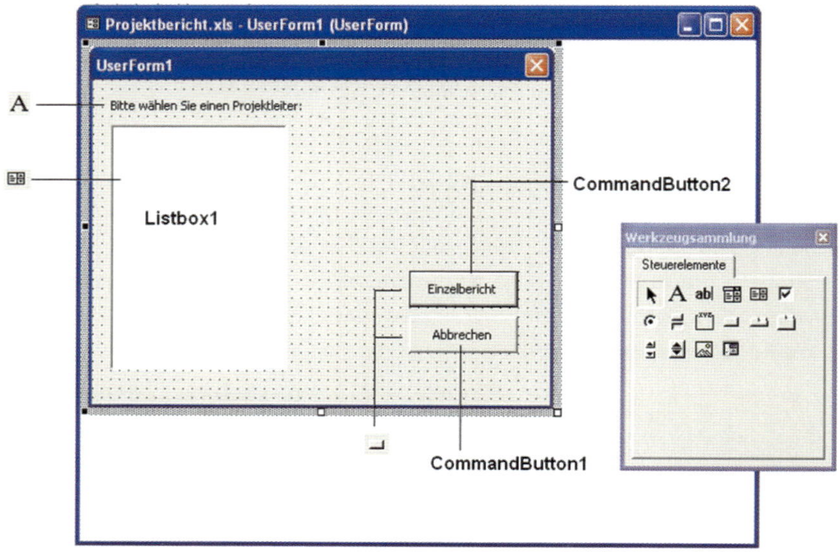

Abbildung 6.7: UserForm für die Projektleiterauswahl

Die UserForm wird über ihr eigenes Modulblatt gesteuert, das Sie entweder über das Symbol *Code anzeigen* links oben im Projekt-Explorer oder einfach per Doppelklick auf die UserForm oder auf ein Element aktivieren. In diesem Codeblatt werden die Ereignisse programmiert, die an und mit dieser UserForm ausgelöst werden. Schalten Sie in diesem Codeblatt auf das Element (Liste links oben) und wählen Sie aus der Liste rechts oben ein passendes Ereignis, z. B. *Click* für den einfachen Klick auf die Schaltfläche *CommandButton1* mit der Aufschrift »Abbrechen«. Tragen Sie den Befehl in das Makro ein, der die UserForm wieder schließt:

Listing 6.1: Makro der Schaltfläche »Abbrechen«

```
Private Sub CommandButton2_Click()
  Unload Me
End Sub
```

Projektleiter per Schleife einlesen

Schleifen bieten die Möglichkeit, Abläufe zu wiederholen oder Zellinhalte abzurufen. Die Projektleiter im gleichnamigen Tabellenblatt holen Sie über eine `Do While`-Schleife, die ab Zelle A2 bis zur ersten Leerzeile läuft.

Das UserForm-Ereignis *Initialize* ist für die Übernahme der Daten vor dem Start der Box zuständig und in unserem Praxisbeispiel wird es benötigt, um die Projektleiter in die Liste zu setzen.

Listing 6.2: Initialize-Makro der UserForm mit Schleife über alle Projektleiter

```
Private Sub UserForm_Initialize()
 Dim wb As Workbook, shPL As Worksheet, i As Integer
```

```
 Set wb = ThisWorkbook
 Set shPL = wb.Sheets("Projektleiter")
 i = 2
 Do While shPL.Cells(i, 1) <> ""
  Me.ListBox1.AddItem shPL.Cells(i, 1)
  i = i + 1
 Loop
End Sub
```

Die zweite Schaltfläche aktiviert den Einzelbericht für den Projektleiter, der vom Anwender der UserForm in der Liste markiert wurde. Prüfen Sie dazu die Eigenschaft *Listindex* der Listbox ab, sie hat den Wert -1, wenn nichts markiert ist, 0 für den ersten Eintrag, 1 für den zweiten usw.

Listing 6.3: Makro für die Schaltfläche »Einzelbericht«

```
Private Sub CommandButton2_Click()
 If Me.ListBox1.ListIndex >= 0 Then
   Call ProjektberichtEinzeln(Me.ListBox1.Value)
   Unload Me
 End If
End Sub
```

Startmakro und Schaltfläche für die UserForm

Das Makro, das diese UserForm aktiviert, schreiben Sie in das Modul, in dem sich auch das aufgezeichnete und modifizierte Makro für die Einzelberichte befindet. Es besteht aus einer einzigen Anweisung mit der Methode `Show` des Objekts *UserForm1*:

Listing 6.4: Makro für den Aufruf der UserForm

```
Sub UF_Start()
 UserForm1.Show
End Sub
```

Makro für einzelne Projektberichte an UserForm anpassen

Bevor Sie den ersten Test starten, müssen Sie das Makro für den Einzelbericht noch geringfügig korrigieren. Löschen Sie die Anweisungen für die Inputbox und die Dimensionierung der Variable `PLeiter`. Diese Variable wird mit dem Makro auf der Schaltfläche der UserForm bereits übergeben, tragen Sie sie in die Klammer der Prozedur ein. Die InputBox-Anweisung und die Absicherung mit `IF … Then` löschen Sie wieder. Hier das Makro nach der Anpassung an die UserForm mit Kommentaren:

Listing 6.5: Makro für den Einzelprojektbericht

```
Sub ProjektberichtEinzeln(PLeiter)
 Dim NeuesBlatt
 ' Projektbericht auswählen
 Sheets("Projektbericht").Select
 Range("A5").Select
 ' Liste markieren
 Range(Selection, ActiveCell.SpecialCells(xlLastCell)).Select
 ' Filter setzen
```

```
  If ActiveSheet.AutoFilterMode = True Then ActiveSheet.AutoFilterMode = False
  Selection.AutoFilter Field:=2, Criteria1:=PLeiter
  ' Gefilterte Liste kopieren
  Selection.Copy
  ' Neues Tabellenblatt
  Sheets.Add
  ' Liste einfügen
  ActiveSheet.Paste
  Application.CutCopyMode = False
  ' Blatt umbenennen
  On Error Resume Next
  Application.DisplayAlerts = False
  Sheets(PLeiter).Delete
  On Error GoTo 0
  Application.DisplayAlerts = True
  ActiveSheet.Name = PLeiter
  ' Abschlussmeldung
  MsgBox "Einzelbericht für Projektleiter" _
    & vbCr _
    & PLeiter _
    & " erstellt", vbInformation
End Sub
```

Die Schaltfläche im Startblatt muss natürlich auch noch angepasst werden, klicken Sie mit der rechten Maustaste auf das Objekt und weisen Sie das neue Makro *UF_Start* zu (das Berichtsmakro lässt sich nicht mehr selbstständig starten, weil es mit der Variable in der Klammer eine Übergabe erwartet).

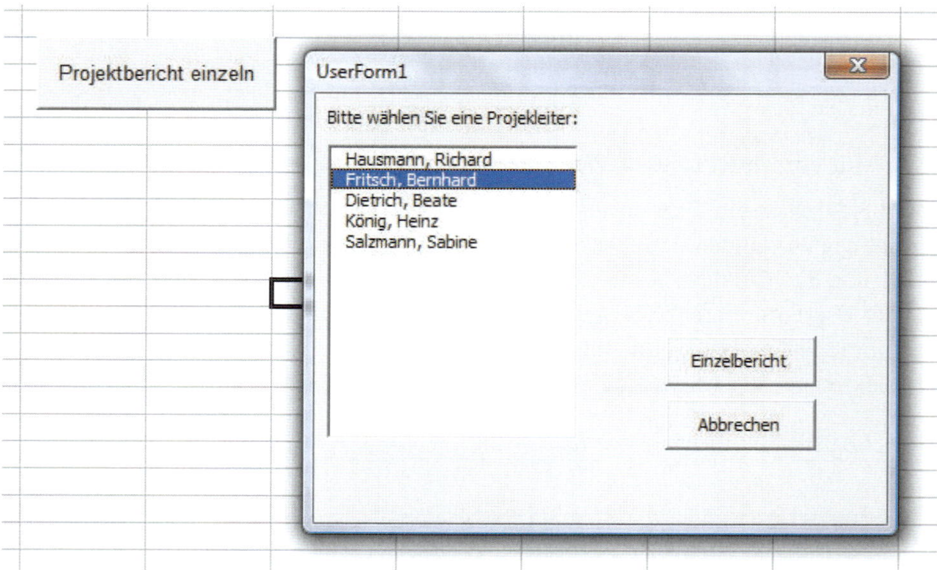

Abbildung 6.8: UserForm startet mit dem Makroaufruf

6.7 Dateien versenden über Outlook

Schreiben Sie ein weiteres Makro, das die aktuelle Tabelle aus der Mappe kopiert und als eigenständige Arbeitsmappe speichert. Die Anweisungen dazu können Sie mit dem Makrorecorder aufzeichnen. Im nächsten Schritt produzieren Sie ein Makro, das eine neue E-Mail in Ihrem E-Mail-Programm (z. B. Outlook) anlegt und die Mappe mit dem Projektbericht als Anhang einträgt. Später können Sie eine Liste mit den E-Mail-Adressen der Projektleiter anlegen und alle Berichte makrogesteuert versenden.

Excel-Praxis: Projektleiterbericht versenden

Diese Anweisung startet den Versand des aktuellen Berichts als Anhang in einer neuen Outlook-Mail. Fügen Sie sie vor der `End Sub`-Anweisung des ersten oder zweiten Makros ein:

```
ProjektleiterberichtSenden (PLeiter)
```

Das Makro kopiert die aktuelle Tabelle in eine neue Arbeitsmappe, speichert diese unter dem Namen des Projektleiters (mit »Projektbericht«) und aktiviert eine neue Mail in Outlook. Der Projektleiterbericht wird als Anhang eingefügt, die neue Mail kann nach Eintrag der Mailadresse sofort versendet werden.

Hinweis

Falls eine Fehlermeldung eine fehlende Objektbibliothek anmahnt, kreuzen Sie die Outlook-Bibliothek unter *Extras/Verweise* an.

Listing 6.6: Makro versendet Projektleiterbericht als Anhang über Outlook

```
Sub ProjektleiterberichtSenden(PLeiter)
 Dim ol As Object, mail As Object, strEndung
 ' Tabellenblatt in neue Mappe kopieren und speichern
 ActiveSheet.Copy
 With ActiveWorkbook
  .SaveAs "Projektbericht " & PLeiter
  .Close
 End With
 ' Neue Outlook-Nachricht öffnen
 Set ol = CreateObject("Outlook.Application")
 Set mail = ol.createitem(0)
 With mail
  .Subject = "Projektcontrolling - Projektbericht"
  .body = "Sehr geehrte Kollegin/sehr geehrter Kollege," _
    & Chr(13) _
    & "mit dieser Nachricht erhalten Sie den aktuellen Projektbericht. "
  ' Dateiendung ab Excel 2007 xlsx
  If Val(Application.Version) > 11 Then
    strEndung = ".xlsx"
  Else
   strEndung = ".xls"
  End If
  .attachments.Add _
  CurDir & "\" & "Projektbericht " & PLeiter & strEndung
  .display
```

```
    End With
    Set mail = Nothing
    Set ol = Nothing
End Sub
```

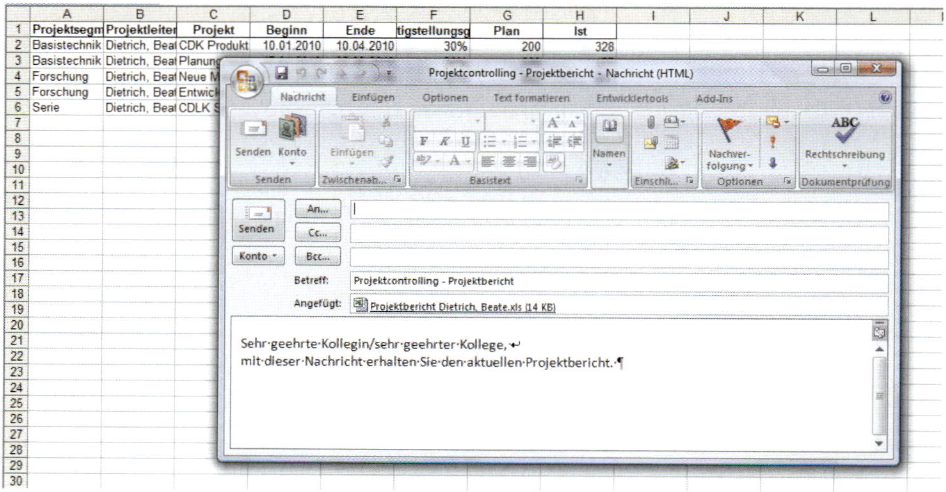

Abbildung 6.9: Der Projektbericht wird als Mailanhang via Outlook verschickt

Kapitel 7

Tipps und Tricks

In diesem Kapitel finden Sie die Tipps und Tricks, auf die im gesamten Buch verwiesen wird. Ein Symbol verweist auf den Tipp, suchen Sie einfach die Nummer in dieser Liste.

Abbildung 7.1: Tipp-Symbol

Hinweis

Viele weitere Tipps finden Sie natürlich im Internet, z. B. auf der ControllerSpielwiese (`www.controllerspielwiese.de`). Wenn Sie auch einen guten, für Controller besonders nützlichen Tipp haben, schreiben Sie uns: `info@excellent-controlling.de`.

01-01 Startordner XLSTART unter Windows suchen

Wo ist der Startordner von Excel mit der Bezeichnung XLSTART? Die Position dieses Ordners ist von der Version des Betriebssystems Windows (XP, Vista, Windows 7) und von der Installation (Netzwerk, Einzelplatz) abhängig. So finden Sie heraus, wo sich das Startverzeichnis befindet:

Starten Sie den Windows-Explorer. Geben Sie in die Adresszeile ein:

```
%appdata%
```

Drücken Sie die Eingabetaste. Der Explorer schaltet automatisch in das Applikationsverzeichnis, Sie müssen nur noch die beiden Ordner *Microsoft* und *Excel* öffnen, dann sehen Sie den Startordner XLSTART. Wenn der Ordner nicht angezeigt wird, aktivieren Sie die Ordneroptionen und schalten alle versteckten Ordner und Dateien ein.

01-02 Vorlage für neue Tabellenblätter

Wie eine Vorlage für neue Arbeitsmappen erstellt wird, wissen Sie: Eine Mustervorlage mit der Bezeichnung MAPPE.XLT (2003) bzw. MAPPE.XLTX (2007) wird im Startordner abgelegt. Wie sieht das mit neuen Tabellen aus? Auch dafür gibt es eine Vorlage. Erstellen Sie eine Arbeitsmappe mit einem Tabellenblatt, das Sie entsprechend präpariert haben (Seitenlayout, Gitternetze, Zahlenformate etc.). Speichern Sie die Mappe unter der Bezeichnung TABELLE.XLT (2003) bzw. TABELLE.XLTX (2007) im Startordner ab.

01-03 Schnelle Summen

Um größere Bereiche mit der Funktion SUMME() zu summieren, markieren Sie den Bereich inklusive der Zielspalte und klicken auf das Symbol *AutoSumme*. Hier am Beispiel einer Umsatztabelle:

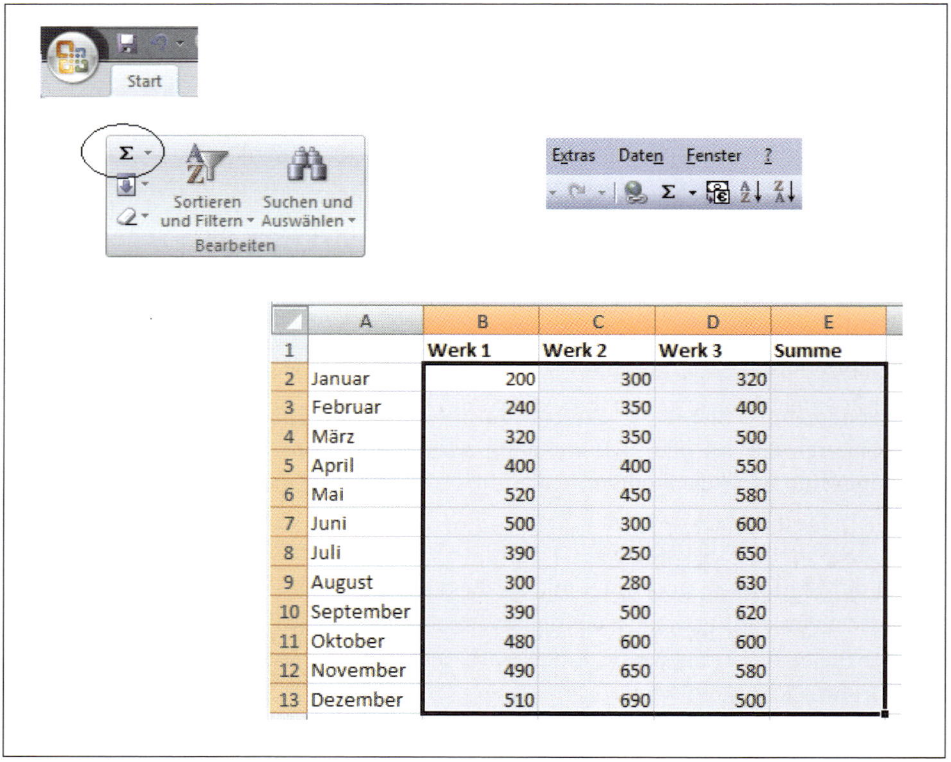

	A	B	C	D	E
1		Werk 1	Werk 2	Werk 3	Summe
2	Januar	200	300	320	
3	Februar	240	350	400	
4	März	320	350	500	
5	April	400	400	550	
6	Mai	520	450	580	
7	Juni	500	300	600	
8	Juli	390	250	650	
9	August	300	280	630	
10	September	390	500	620	
11	Oktober	480	600	600	
12	November	490	650	580	
13	Dezember	510	690	500	

Abbildung 7.2: Schnelle AutoSumme

01-04 Kopieren mit dem Füllkästchen

Mit einem Doppelklick auf das Füllkästchen rechts unten am Zellzeiger kopieren Sie eine Formel blitzschnell bis zur letzten angrenzenden Zelle bzw. zur ersten Leerzeile, vorausgesetzt, die Spalte links oder rechts von der Formelzelle ist ausgefüllt.

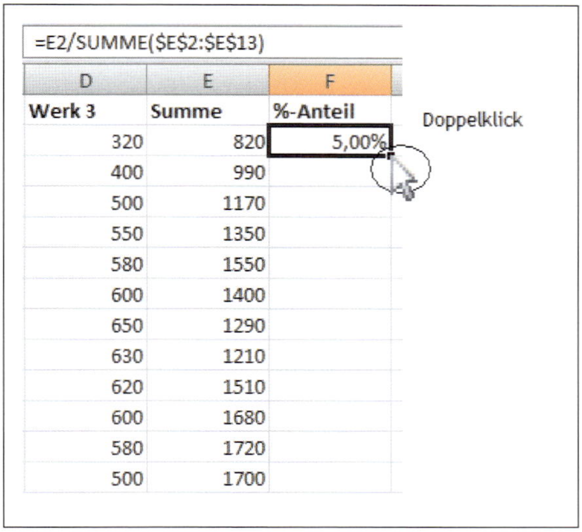

D	E	F
Werk 3	Summe	%-Anteil
320	820	5,00%
400	990	
500	1170	
550	1350	
580	1550	
600	1400	
650	1290	
630	1210	
620	1510	
600	1680	
580	1720	
500	1700	

Abbildung 7.3: Schnelle Formelkopien mit dem Füllkästchen

01-05 Mit F4 Bezugsart ändern

Markieren Sie einen Bezug (z. B. E2) und drücken Sie die Funktionstaste [F4], um diesen von relativ nach absolut zu ändern. Drücken Sie weiter [F4], ändert er sich für Zeilen und Spalten einzeln. Sie können die Funktionstaste auch unmittelbar nach dem Schreiben oder Markieren eines Bezugs in der Formel drücken.

01-06 Analyse-Funktionen sichtbar machen

Die Analyse-Funktionen befinden sich in einem Add-In, das aber aktiviert werden muss. Mit einem Trick machen Sie die Funktionsliste sichtbar:

1. Aktivieren Sie mit [Alt] + [F11] den VBA-Editor. Klicken Sie im Projekt-Explorer doppelt auf den Eintrag FUNCRES.XLA (2003) bzw. FUNCRES.XLAM (2007).
2. Geben Sie das Passwort ein, falls es angefordert wird (Wildebeest!!).
3. Markieren Sie im Ordner *Excel-Objekte ThisWorkbook* und schalten Sie im Eigenschaftenfenster die Eigenschaft *IsAddin* von *True* auf *False*.
4. Jetzt finden Sie im Excel-Arbeitsbereich die Mappe FUNCRES.XLA(M) mit der Tabelle RES und in dieser eine Auflistung aller Analyse-Funktionen.

Ändern Sie aber nichts an dieser Tabelle, setzen Sie den Add-In-Status wieder auf *True*, damit das Add-In weiter funktioniert. Eine Liste mit allen Funktionen in Deutsch und Englisch finden Sie auf der Buch-CD.

Analyse-Funktionen Deutsch-Englisch.xls CD

01-07 Bereichsnamen in Formeln verwenden

Wenn Sie in einer Formel einen Bereichsnamen verwenden wollen, tippen Sie diesen nicht ein. Drücken Sie an der Cursorposition die Taste F3 und holen Sie ihn aus der Liste.

01-08 Dynamische Bereiche

Listen werden in der Praxis meist mit Bereichsnamen versehen, damit sie in Formeln verwendet werden können. Wenn die Liste aber ständig ihre Größe wechselt, sollten Sie den Bereichsnamen so gestalten, dass er sich automatisch selbst berechnet und immer alle Zellen der Liste einschließt. Dazu brauchen Sie diese Funktionen:

```
=ANZAHL2()
```

... zählt, wie viele Zellen in einem Bereich beschriftet sind.

```
=BEREICH.VERSCHIEBEN()
```

... verschiebt einen Bezug um eine bestimmte Anzahl Zeilen und Spalten und/oder berechnet die Größe des Bereichs neu.

Nehmen wir an, die Liste beginnt in der Zelle A1, Höhe und Breite der Liste sind dynamisch. Drücken Sie Strg + F3 für den Namens-Manager und tragen Sie einen neuen Namen ein:

```
Name: Datenbank
Bezieht sich auf: =BEREICH.VERSCHIEBEN($A$1;0;0;ANZAHL2($A:$A);ANZAHL2($1:$1))
```

Alle Bezüge in diesem dynamischen Bereichsnamen müssen mit Dollarzeichen absolut angegeben werden. In Zeile 1 und Spalte A dürfen keine weiteren Einträge vorgenommen werden. Der dynamische Bereichsname wird nicht im Namensfeld links oben angezeigt, Sie können aber F5 drücken und den Bereichsnamen eingeben, um den Bereich zu markieren. In Formeln passt sich der Name automatisch an, wenn die Liste in Höhe oder Breite verändert wird.

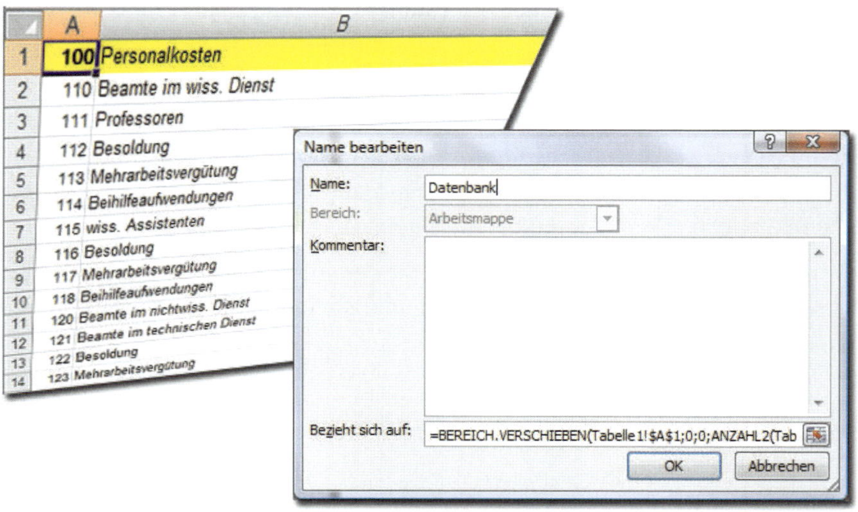

Abbildung 7.4: Ein Bereichsname für dynamische Listen

01-09: Ganze Spalten oder Zeilen in dynamischen Bereichen

Viele Excel-Funktionen fordern als Argumente einzelne Spalten aus Listen an, z. B. SUMMEWENN() und ZÄHLENWENN(). Ist der Bereich benannt, am besten wie in Tipp 01-08 gezeigt mit einem dynamischen Bereichsnamen, lässt sich die Spalte einfach mit der Funktion INDEX() als Teilmatrix berechnen. INDEX() erfordert als Argumente neben dem Bereich die Zeilennummer und die Spaltennummer. Lassen Sie einfach die Zeilennummer weg, wird die gesamte Spalte adressiert (hier Spalte 3):

```
=INDEX(Bereich;;3)
```

Das Gleiche gilt für die Zeile, hier verzichten Sie auf die Spaltennummer:

```
=INDEX(Bereich;1;)
```

Idealerweise verpacken Sie diese Berechnung gleich in einem Bereichsnamen, dann können Sie diesen anstelle der INDEX()-Funktion nutzen.

Dynamische Spalten.xls

CD

In dieser Bestellwertanalyse wird der Bereich *Datenbank* dynamisch berechnet, ebenso die Bereiche *Hersteller* und *Gesamtwert*:

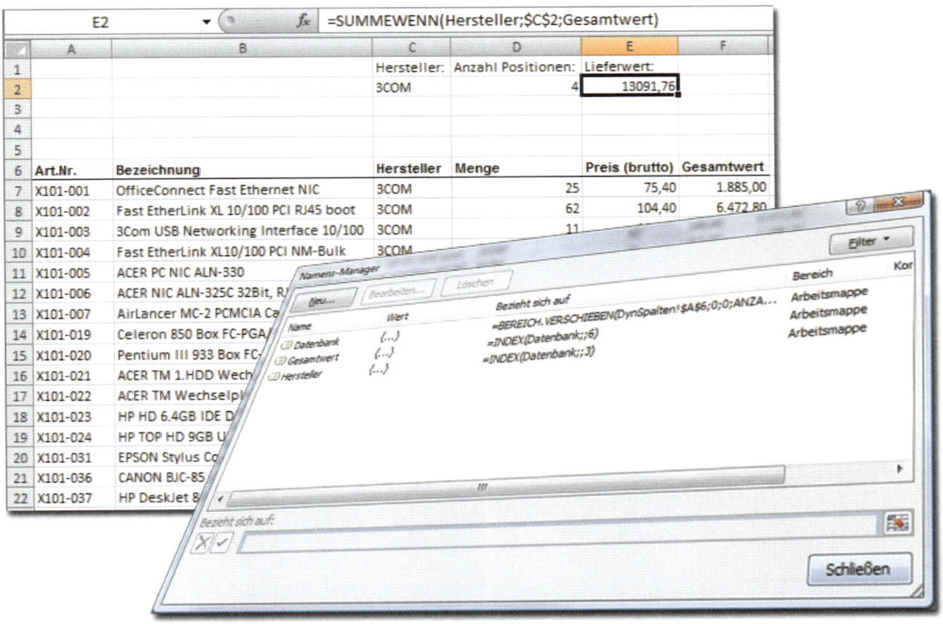

Abbildung 7.5: Dynamische Spalten – der Bereichsname »wächst« mit der Liste

01-10: Mehr als siebenmal WENN() schachteln

Die WENN()-Funktion kann nur begrenzt geschachtelt werden, d. h., im Argument *Sonst* kann noch sechsmal eine weitere WENN()-Funktion gestartet werden. Sollte das nicht ausreichen, können Sie zu einem einfachen Trick greifen. Verknüpfen Sie einfach die einzelnen WENN()-Funktionen mit einem &-Zeichen:

```
=WENN(Bedingung1;Dann;Sonst)&WENN(Bedingung2;Dann;Sonst)& … &
WENN(Bedingungn;Dann;Sonst)
```

01-11: Klassisches Pivot-Layout für Version 2007/2010

Ab der Version 2007 wird eine PivotTable sofort in einem neuen Tabellenblatt angelegt, für die Gestaltung benutzt der Anwender die Feldliste am rechten Rand. Das bis zur Version 2003 benutzte Pivot-Layout, in dem die Felder aus der Feldliste in die Bereiche gezogen werden, gibt es scheinbar nicht mehr, obwohl es sehr nützlich und in vielen Dingen praktischer ist. Mit diesem Trick aktivieren Sie das klassische Pivot-Layout wie in der Vorgängerversion:

Klicken Sie mit der rechten Maustaste in die PivotTable und wählen Sie *PivotTable-Optionen*. Auf der Registerkarte *Anzeige* können Sie das klassische PivotTable-Layout einschalten.

01-12: PivotTable-Assistent für Version 2007/2010

Vermissen Sie den PivotTable-Assistenten aus der Vorgängerversion, der Sie in drei Schritten zur PivotTable leitete? Mit dieser Tastenkombination starten Sie ihn alternativ zum direkten PivotTable-Layout ab Version 2007:

Drücken Sie [Alt] + [N] + [P].

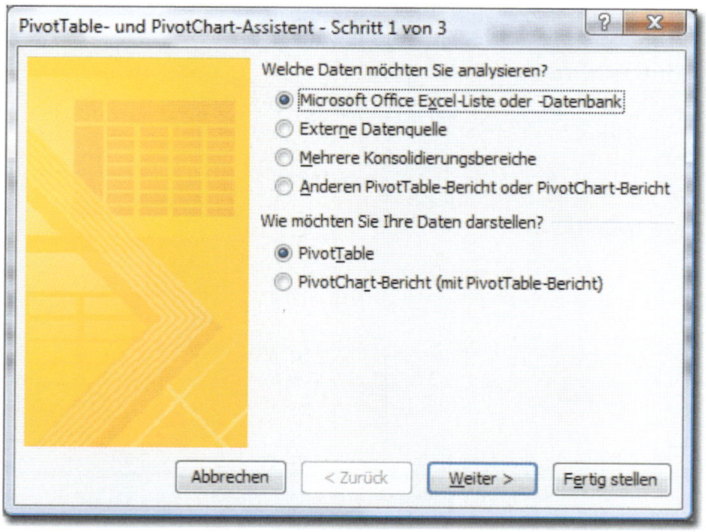

Abbildung 7.6: Den PivotTable- und PivotChart-Assistenten gibt es auch für Version 2007

01-13: PivotTables: Daten im Wertebereich (Datenbereich) nebeneinander anordnen

Wenn Sie in einem PivotTable-Bericht mehr als ein Feld im Datenbereich unterbringen, werden die Auswertungen standardmäßig untereinander geschrieben. Ziehen Sie einfach das Feld mit der Bezeichnung *Daten* eine Zelle weiter in die nächste Spalte (entspricht der Reihenfolge im Kontextmenü).

01-14: Access-Tabellen oder Abfragen direkt einlesen

Tabellen oder Abfragen aus Access-Datenbanken importieren Sie über den ODBC-Treiber mit dem Assistenten unter *Externe Daten*. Sie können aber Access-Datenbanken auch direkt öffnen, Excel wird automatisch zur ODBC-Verbindung umschalten:

Wählen Sie *Datei/Öffnen*. Schalten Sie den Dateityp auf Microsoft Access *(*.mdb)*. Markieren Sie die Datenbank und bestätigen Sie mit *OK*. Enthält die Datenbank nur eine Tabelle, wird diese sofort in eine neue Arbeitsmappe importiert und verknüpft (das Tabellenblatt bekommt den Namen der Datenbank). Stehen mehrere Tabellen und Abfragen zur Auswahl, können Sie eine davon für die dynamische Verknüpfung wählen. 2003

Wählen Sie *Daten/Externe Daten importieren/Aus Access*. Aktivieren Sie die Datenbank und wählen Sie die Tabelle oder Abfrage, aus der die Daten importiert werden sollen. 2007 2010

01-15: Gültigkeitsprüfung verhindert Überschreiben von Formeln

Abbildung 7.7: Diese Gültigkeitsprüfung schützt Formeln vor dem Überschreiben

Mit dieser Gültigkeitsprüfung verhindern Sie, dass Formeln in einem Tabellenblatt überschrieben werden:

2003 | *Daten/Gültigkeitsprüfung*

2007 2010 | *Daten/Datentools/Datenüberprüfung*

Wählen Sie unter *Zulassen: Benutzerdefiniert* und tragen Sie in das Formelfeld ein:

```
<>""
```

01-16: Makro beschriftet Datenreihen individuell

Datenreihen in Diagrammen können mit Datenbeschriftungen versehen werden.

2003 | *Diagramm/Diagrammoptionen/Datenbeschriftung*

2007 2010 | *Diagrammtools/Layout/Beschriftungen/Datenbeschriftungen*

Für die Beschriftung bietet Excel aber nur die Datenreihennamen (Legende) oder die Wertebereiche an. Eine individuelle Beschriftung mit Zuweisung anderer Zellinhalte aus dem Tabellenblatt ist nur mithilfe eines kleinen VBA-Makros möglich:

Schalten Sie in den VBA-Editor, markieren Sie das Projekt im Projekt-Explorer und fügen Sie mit *Einfügen/Modul* ein neues Modul ein. Schreiben Sie das Makro, mit dem das erste Diagrammobjekt mit den Zellinhalten aus der ersten Spalte beschriftet wird (hier ab Zelle A7). Setzen Sie für die Variable `j` die Anzahl der Beschriftungen ein:

```
Sub DatenreiheBeschriften()
  Dim i As Integer, j As Integer
  j = 7
  ActiveSheet.ChartObjects(1).Activate
  For i = 1 To j
    ActiveChart.ApplyDataLabels
    ActiveChart.SeriesCollection(1).Points(i).DataLabel.Select
    Selection.Characters.Text = ActiveSheet.Cells(i + 6, 1)
    Next i
End Sub
```

Aktivieren Sie das Makro aus dem Tabellenblatt oder zeichnen Sie eine Schaltfläche oder Grafik in das Tabellenblatt und weisen Sie dieser über das Kontextmenü das Makro zu.

2003 | *Extras/Makros/Makro/Ausführen*. Makroschaltflächen finden Sie in der Symbolleiste *Formular*.

2007 2010 | *Entwicklertools/Code/Makros*. Eine Schaltfläche finden Sie unter *Entwicklertools/Steuerelemente/Einfügen/Formularelemente*.

Produktportfolio mit Beschriftungsmakro.xls, Produktportfolio mit Beschriftungsmakro.xlsm

CD

01-17: Dynamische Gültigkeitslisten

Mit der Gültigkeitsprüfung (2003) bzw. Datenüberprüfung (2007) lassen sich einzelnen Zellen oder Zellbereichen Gültigkeitslisten zuweisen.

Daten/Gültigkeit/Zulassen: Liste

2003

Daten/Datentools/Datenüberprüfung/Zulassen: Liste

2007
2010

Der Bezug auf einen Bereich (eine Spalte, beliebig viele Zeilen) wird unter *Bezieht sich auf* eingetragen. Verwenden Sie Bereichsnamen anstelle von Bezügen, stellen Sie sicher, dass die Daten für die Liste in allen Tabellenblättern der Arbeitsmappe verfügbar sind. Wird der Bereich erweitert, ist der Bereichsname automatisch wieder richtig, wenn die Einträge vor der letzten Zeile eingefügt werden.

Legen Sie die Bereichsnamen dynamisch an, können Sie die Listen einfach fortschreiben, Neueinträge werden automatisch erkannt. Den dynamischen Bereichsnamen schreiben Sie in den Namens-Manager oder gleich in die Bezugszeile der Gültigkeitsliste, hier z. B. für den Bereich der Spalte A ab Zelle A2:

```
=BEREICH.VERSCHIEBEN($A$2;0;0;ANZAHL2($A:$A)-1;1)
```

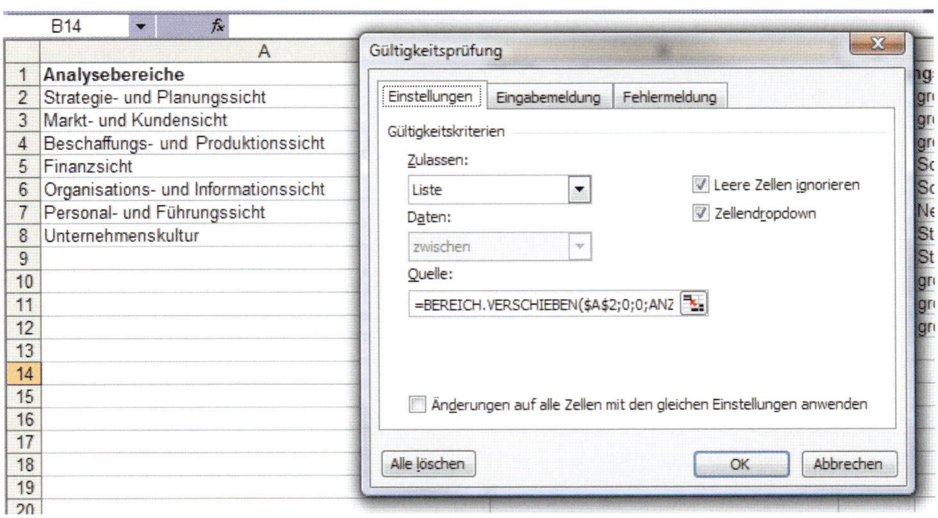

Abbildung 7.8: Dynamische Gültigkeitslisten mit BEREICH-VERSCHIEBEN()

01-18: Wechselnde Gültigkeitslisten

Besonders nützlich sind Gültigkeitslisten, die ihren Inhalt in Abhängigkeit von anderen Listen oder Zellinhalten ändern. Hier am Beispiel einer Länder-/Städteauswahl:

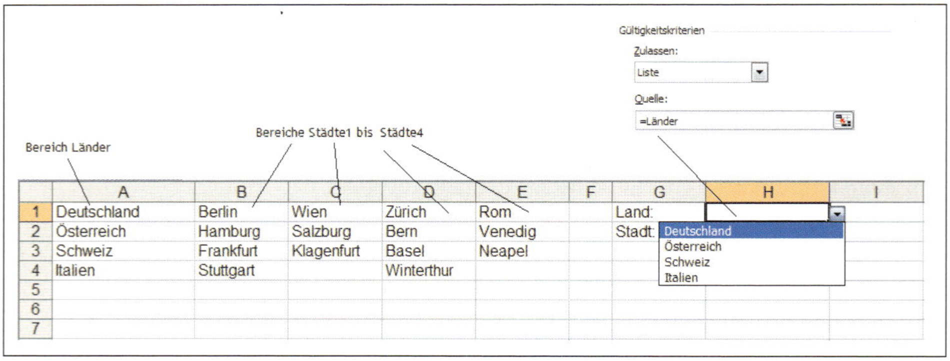

Abbildung 7.9: Bereichsnamen für die Gültigkeitslisten

Mit einem Spezialbezug in der Gültigkeitsliste in Zelle H2 sorgen Sie dafür, dass immer die richtigen, vom Eintrag in Spalte A abhängigen Kriterien angezeigt werden. Die Quelle für die Liste wird mit einer Formel berechnet:

```
=INDIREKT("Städte"&VERGLEICH($H$1;Länder;0))
```

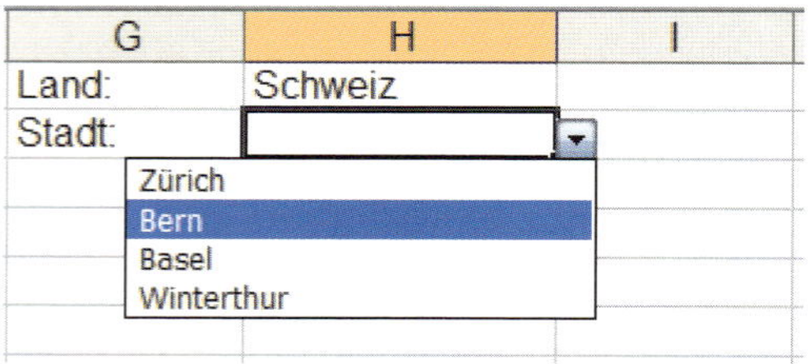

Abbildung 7.10: Eine wechselnde Gültigkeitsliste

CD Wechselnde Gültigkeitslisten.xls

01-19: Doppelte Einträge verhindern

Eine sehr verbreitete Fehlerquelle in Excel-Tabellenmodellen ist der Doppeleintrag. Im Unterschied zu Access, das Felder in Formularen und Tabellen über Feldeigenschaften schützen kann, überprüft Excel nicht, ob eine Kostenstelle, eine Kundennummer oder ein anderer Zellinhalt bereits in der Eingabespalte enthalten ist. Mit einer Datenüberprüfung/Gültigkeitsprüfung sichern Sie Ihre Tabelle ab. Markieren Sie die Spalte, die Sie vor Doppeleingaben schützen wollen (hier im Beispiel Spalte B).

2003 *Daten/Gültigkeit*

2007 2010 *Daten/Datentools/Datenüberprüfung*

```
Zulassen: Liste
Bezieht sich auf: =VERGLEICH(B1;$B:$B;0)=ZEILE(B1)
```

Diese Formel prüft nur die Werte ab, die über der aktiven Zelle stehen. Verwenden Sie diese Formel, wenn Sie die doppelte Eingabe für alle Zellen verhindern wollen:

```
=ZÄHLENWENN($B:$B;B1)<2
```

01-19: Bildkopien

Kopien aus Excel-Arbeitsblättern sehen in anderen Office-Applikationen wie Word oder PowerPoint nicht immer wie das Original aus. Excel verwendet ein eigenes Maßsystem für Spaltenbreiten, die typografische Maßeinheit Punkt wird zwar angezeigt und berechnet, für die Kopie in der Zwischenablage aber nicht verwendet. Kopieren Sie beispielsweise ein Excel-Diagramm in eine PowerPoint-Folie, kann das Ergebnis abgeschnittene Achsen oder Beschriftungen enthalten.

Abhilfe schaffen Sie, indem Sie den Zellbereich oder das Diagramm als Bild kopieren, und dafür hat Excel einen Spezialbefehl:

Drücken Sie die [⇧]-Taste und wählen Sie *Bearbeiten*. Der Befehl *Kopieren* wird damit zu *Bild kopieren*, klicken Sie ihn an. 2003

Wählen Sie *Start/Einfügen/Als Bild/Als Grafik kopieren.* 2007

Wählen Sie *Start/Einfügen/Weitere Einfügeoptionen/Grafik.* 2010

Entscheiden Sie sich für eine Kopierart:

Wie angezeigt: Die Markierung oder das Diagramm wird wie am Bildschirm angezeigt in die Zwischenablage kopiert. Alle Elemente werden mit 100 % ihrer Originalgröße eingefügt, unabhängig davon, welcher Zoomfaktor für das Tabellenblatt oder das Diagramm gewählt wurde.

Wie ausgedruckt: Die Markierung oder das Diagramm wird so in die Zwischenablage kopiert, wie der Drucker die Daten ausdrucken würde.

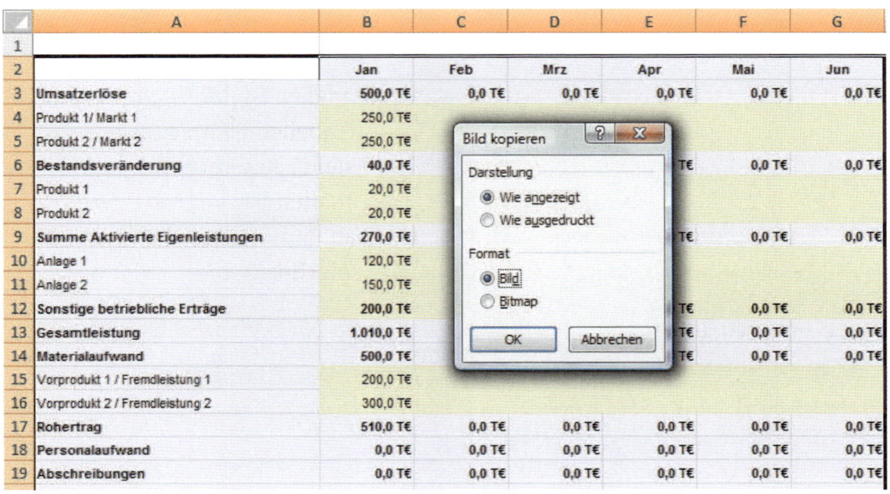

Abbildung 7.11: Bildkopien verbessern die Qualität im Zielprogramm

01-20: Gliederungssymbole in der Symbolleiste

Um einzelne Zeilen und Spalten in Ebenen zu untergliedern, verwenden Sie die Gliederungsfunktion. Markieren Sie immer ganze Zeilen und Spalten:

2003 *Daten/Gruppierung und Gliederung*

2007 2010 *Daten/Gliederung/Gruppierung/Gruppieren*

Mit *Gruppierung aufheben* entfernen Sie die letzte Gliederungsebene der markierten Zeilen oder Spalten.

Wenn Sie die Gliederungsfunktion häufig brauchen, sollten Sie die Gliederungssymbole in die Excel-Oberfläche einbinden. Ein Klick genügt dann, um die Zeilen oder Spalten zu untergliedern oder die Ebene aufzulösen.

2003 *Ansicht/Symbolleisten/Anpassen*. Schalten Sie um auf *Befehle* und suchen Sie in der Kategorie *Daten* die Symbole *Gruppierung* und *Gruppierung aufheben*. Ziehen Sie diese mit gedrückter Maustaste in eine Symbolleiste Ihrer Wahl und schließen Sie die *Anpassen*-Dialogbox wieder.

2007 2010 Wählen Sie *Symbolleiste für den Schnellzugriff anpassen* im Kontextmenü (rechte Maustaste) der kleinen Symbolleiste. Schalten Sie um auf *Alle Befehle* und suchen Sie die Befehle *Gruppieren* und *Gruppierung aufheben*. Holen Sie diese mit Klick auf *Hinzufügen* in die Symbolleiste für den Schnellzugriff und schließen Sie die Dialogbox wieder.

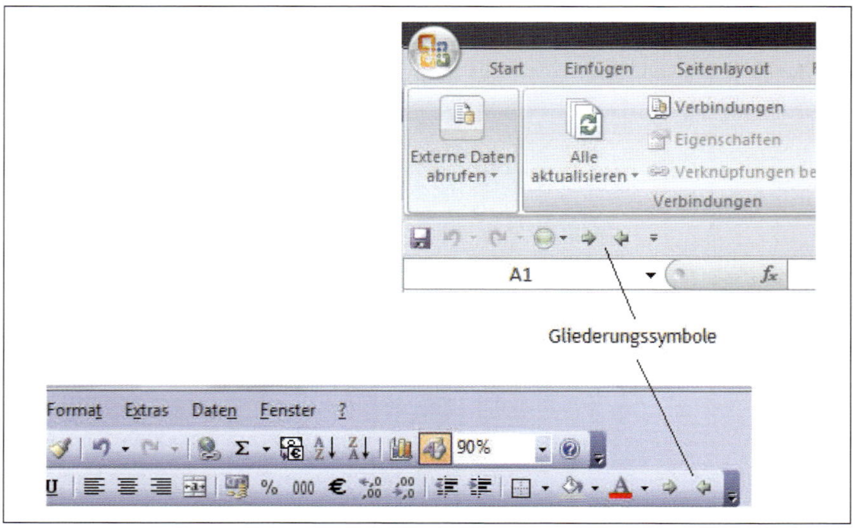

Abbildung 7.12: Gliederungssymbole in der Symbolleiste

01–21: Tipps rund ums Datum

Ein Datum ist eine serielle Zahl, der 1. Januar 1900 ist die 1, der letzte Excel-Tag ist der 31.12.9999. Excel formatiert Eingaben automatisch als Datum, wenn diese als solche erkennbar sind. Das ist nicht immer von Vorteil, hier einige Tipps dazu:

Schnelle Datumseingabe

Mit der Tastenkombination [Strg] + [.] tragen Sie das Tagesdatum in die aktive Zelle ein.

Datum als Text eingeben

Schreiben Sie einfach einen Apostroph ([⇧] + [#]) als erstes Zeichen, dann wird die Eingabe nicht als Datum gewertet. So können Sie auch Daten wie diese eingeben:

'1/3 ein Drittel, nicht 1. März des aktuellen Jahres

'1.2 Gliederungspunkt 1.2, nicht 1. Februar des aktuellen Jahres

'13-12 Subtraktion in Textform, nicht 13. Dezember des aktuellen Jahres

Datum mit Text verbinden

Wird eine Datumszelle mit einem ausführlichen Format versehen, muss die Spalte eine entsprechende Breite aufweisen, damit das Datum und nicht eine ###-Kette angezeigt wird. Häufig wird auch ein zusätzlicher Text in der gleichen Zelle benötigt:

```
Projektbericht vom 12. Januar 2010
Rückgabedatum: 1. März 2010
```

Mit der Funktion TEXT() wandeln Sie ein Datum in Text um. Das zweite Argument bestimmt das Zahlenformat:

```
=TEXT(HEUTE();"TTTT, TT. MMMM JJJJ")
```

Verknüpfen Sie das Datum mit einem Text, benutzen Sie die Funktion VERKETTEN() oder das &-Zeichen:

```
="Projektbericht vom "&TEXT(HEUTE();"TTTT, TT. MMMM JJJJ")
```

Quartal für Bilanzstichtag ermitteln

Datumsberechnung Quartal Bilanzstichtag.xls

CD

Das Quartal eines beliebigen Datums mit variablen Bilanzstichtagen in Zelle A1 ermitteln Sie mit diesen Formeln.

Formel	Berechnung
=AUFRUNDEN(MONAT(A1)/3;0)&". Quartal"	Quartal des Datums
=DATUM(JAHR(A1);MONAT(A1)-REST(MONAT(A1)-1;3);1)	Erstes Datum im Quartal

Tabelle 7.1: Quartalsberechnungen mit Bilanzstichtag

Formel	Berechnung
=DATUM(JAHR(A1);MONAT(A1)+REST(3-MONAT(A1);3)+1;)	Letztes Datum im Quartal
=REST(AUFRUNDEN(MONAT(A1)/3;0)+2;4)+1&". Quartal"	Quartal mit Beginn 1. Quartal im April (Bilanzstichtag 31.3.)
=REST(AUFRUNDEN(MONAT(A1)/3;0)+1;4)+1&". Quartal"	Quartal mit Bilanzstichtag 30. Juni
=REST(AUFRUNDEN(MONAT(A1)/3;0);4)+1&". Quartal"	Quartal mit Bilanzstichtag 30. September
=AUFRUNDEN(((MONAT(A15)+(MONAT(A15)<=MonatBilanzstichtag)*12)-MonatBilanzstichtag)/3;0)&". Quartal"	Quartal mit beliebigem Bilanzstichtag (Monat des Bilanzstichtags steht in einer Zelle mit dem Bereichsnamen *MonatBilanzstichtag*).

Tabelle 7.1: Quartalsberechnungen mit Bilanzstichtag (Forts.)

Datumsformat englisch

CD

Datum englisch umwandeln.xls

In den USA wird im Datum der Monat dem Tag vorangestellt. 3-12-2010 ist deshalb nicht der 3. Dezember 2010, sondern der 12. März 2010, üblich ist auch die Schreibweise YYY-MM-DD (Jahr, Monat, Tag). Excel hat mit der Umsetzung von fremdsprachlichen Datumswerten normalerweise kein Problem, ein Datum, das mit einem englischsprachigen Excel erstellt wurde, steht in einem deutschsprachigen Tabellenblatt automatisch wieder richtig. Problematisch sind Textdaten ohne erkennbares Datumsformat, z. B. wenn das Datum nur in Ziffernform ohne Datumstrennzeichen ausgegeben wird:

```
20100101 (1. Januar 2010)
20103103 (31. März 2010)
20102506 (25. Juni 2010) usw.
```

Analysieren Sie das Datum mit den Textfunktionen LINKS(), TEIL() und RECHTS(), hier z. B. für die Zelle A1:

```
Jahr: =LINKS(A1;4)
Monat: =TEIL(A1;5;2)
Tag: =RECHTS(A1;2)
```

Um aus den Resultaten wieder ein gültiges (deutsches) Datum zu erstellen, fügen Sie die drei Funktionen in eine DATUM()-Funktion ein:

```
=DATUM(LINKS(A1;4);TEIL(A1;5;2);RECHTS(A1;2))
```

01-22: Alle Bedingungsformate oder Gültigkeitsprüfungen markieren

Zellbereiche, die mit Bedingungsformaten versehen sind, müssen immer markiert sein, bevor die Bedingungsformatierung erneut aufgerufen wird. Excel zeigt aber nicht an, welche Zellen formatiert sind, und wenn die Markierung nicht alle formatierten Zellen einschließt, werden die zugewiesenen Formate nicht angeboten. So markieren Sie alle zusammengehörenden Zellen:

Drücken Sie F5 und klicken Sie auf *Inhalte*. Wählen Sie *Bedingte Formate* und *Alles*, wenn Sie alle bedingt formatierten Zellen markieren wollen, oder *Gleiche*, wenn Sie alle Zellen markieren wollen, die das Bedingungsformat der aktiven Zelle enthalten.

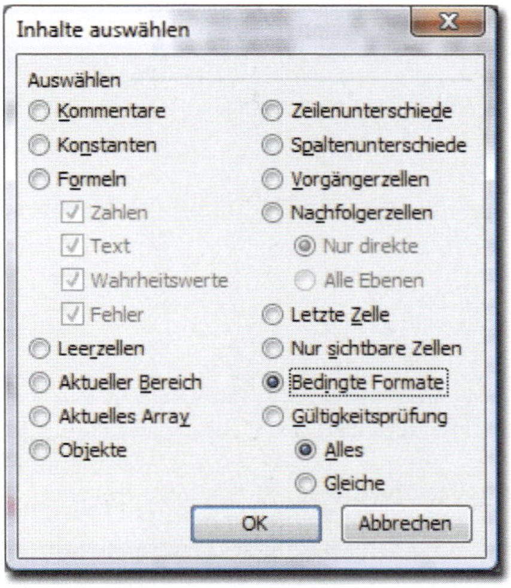

Abbildung 7.13: Alle bedingt formatierten Zellen markieren

Das Gleiche gilt für Gültigkeitsprüfungen, die sich unsichtbar für den Anwender über die gesamte Tabelle verteilen. Mit der Option *Gültigkeitsprüfung* und der Unteroption *Alle* finden Sie alle Gültigkeitsprüfungen im aktiven Tabellenbatt, mit *Gleiche* markiert Excel nur diejenigen, die identisch sind mit der in der aktiven Zelle.

01-24: Gleiche Anzahl Ziffern für alle Nummern

Für die Übergabe von Excel-Daten an externe Systeme wird häufig eine einheitliche Größe von Nummern (Personal-, Artikel-, Sachnummern etc.) verlangt. Die Formatierung der Nummern mit Platzhaltern ist die einfache Lösung. Um alle Zahleneinträge einer Spalte auf zehn Stellen zu erweitern, wird ein benutzerdefiniertes Zahlenformat mit zehn Nullen erstellt.

Sicherer und für die Textdatenübergabe besser ist die Berechnung und Verknüpfung mithilfe der Funktion WIEDERHOLEN(). Im Beispiel soll die Personalnummer in Spalte A nach links mit Nullen aufgefüllt werden, sodass jede Nummer zehnstellig wird.

	A	B	C	D
1	Personalnr	Nullreihe	Länge der Nummer	10-stellige PersNr.
2	123			
3	1234			
4	12345			
5	123456			
6				
7				
8				
9				

Abbildung 7.14: Personalnummern gleichschalten

Tragen Sie in Spalte B die Formel ein, die eine Reihe mit zehn Nullen errechnet:

```
B2: =WIEDERHOLEN("0";10)
```

Berechnen Sie in der nächsten Spalte die Länge der Personalnummer:

```
C2: =LÄNGE(A2)
```

Jetzt können Sie beide Informationen verwenden, um die neue zehnstellige Nummer zu produzieren:

```
D2: =WIEDERHOLEN("0";10-C2)&A2 oder
D2: =WIEDERHOLEN("0";10-LÄNGE(A2))&A2
```

D2 fx =WIEDERHOLEN("0";10-LÄNGE(A2))&A2

	A	B	C	D
1	Personalnr	Nullreihe	Länge der Nummer	10-stellige PersNr.
2	123	0000000000	3	0000000123
3	1234	0000000000	4	0000001234
4	12345	0000000000	5	0000012345
5	123456	0000000000	6	0000123456

Abbildung 7.15: Die Personalnummer zehnstellig

01-25: Alle Formeln, Fehler oder Leerzeilen markieren

Wenn Tabellen ein bestimmtes Volumen annehmen, wird die Suche nach Formeln, Leereinträgen, Fehlermeldungen etc. immer schwieriger. Die schnelle Umschaltung auf die Formelansicht mit Strg + # ist bei der Suche nach Formeln sehr wertvoll, für die Markierung von Leerzeilen oder Fehlermeldungen gibt es keinen Shortcut. Suchen Sie diese Zellen über *Gehezu*:

Markieren Sie alle Zellen, die Sie überprüfen wollen. Wenn keine Zellen markiert sind, überprüft Excel den aktuellen Bereich im Tabellenblatt bis zum letzten Zellinhalt. Mit F5 aktivieren Sie den Befehl *Gehe zu* (*Bearbeiten*-Menü bis 2003 bzw. *Start/Bearbeiten/Suchen und Auswählen/Gehe zu* ab Excel 2007).

Klicken Sie auf *Inhalte* und kreuzen Sie an, was Sie sehen wollen:

- Konstanten: Kreuzen Sie an, was markiert werden soll (Zahlen, Text, Wahrheitswerte, Fehlermeldungen)
- Formeln
- Leerzellen

Für *Bedingte Formate* oder *Gültigkeitsprüfungen* verwenden Sie die Option *Alle*, wenn Sie alle Zellen markieren wollen, oder *Gleiche*, wenn Sie die Zellen markieren wollen, die die gleiche Formatierung wie die aktuell vom Zellzeiger markierte Zelle aufweisen.

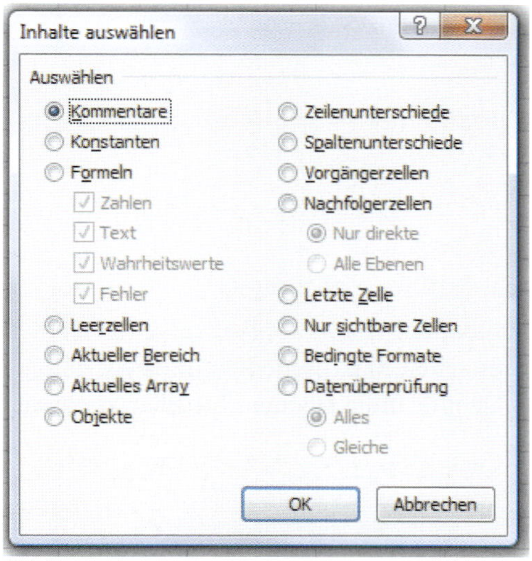

Abbildung 7.16: Mit [F5] aktivieren: Gehe zu

01-26: Nur sichtbare Zellen markieren

Wenn Sie gefilterte Zeilen markieren und in ein anderes Tabellenblatt kopieren, werden nur die gefilterten Werte kopiert. Anders dagegen Zellinhalte, die in Spalten mit der Breite 0 oder in ausgegliederten Zeilen und Spalten stehen, diese werden immer mitkopiert. So kopieren Sie nur die Zellinhalte, die Sie sehen:

Drücken Sie [F5] und klicken Sie auf *Inhalte*. Klicken Sie die Option *Nur sichtbare Zellen* an. Kopieren Sie anschließend den markierten Bereich und fügen Sie ihn an eine andere Stelle wieder ein.

Wenn Sie die Option öfter brauchen, holen Sie das Symbol für diese Operation in eine Symbolleiste.

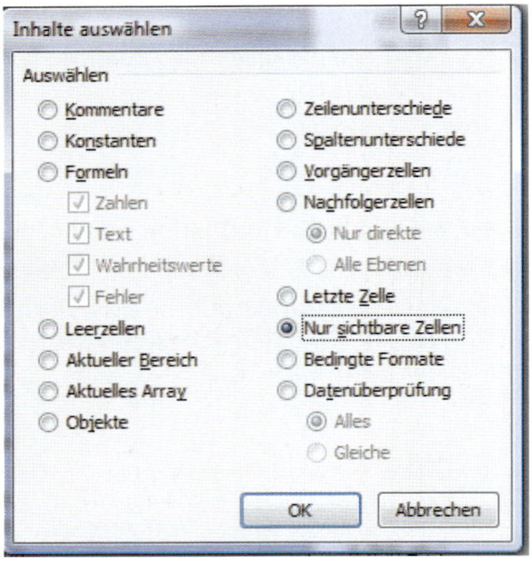

Abbildung 7.17: Nur sichtbare Zellen markieren

01-27: Kennwortschutz für Blatt oder Arbeitsmappe aufheben

Leider ist das Kennwort, das für Tabellenblätter und Arbeitsmappen vergeben werden kann, nicht sicher, es lässt sich mit einer einfachen Makroschleife aufheben. Nutzen Sie dieses Makro, wenn Sie den Kennwortschutz Ihrer eigenen Tabellen vergessen haben.

CD SchutzEntfernen.xls

Auch der Arbeitsmappenschutz lässt sich mit einem Makro aushebeln. Beide Makros können je nach Kennwortlänge aber sehr lange Laufzeiten haben.

01-28: Mehrere Office-Versionen

Arbeiten Sie mit mehreren Excel- bzw. Office-Versionen? Dann haben Sie sicher auch das Problem, dass das Installationsprogramm aktiv wird, sobald Sie Excel, Word oder PowerPoint in der neueren oder älteren Version starten, und der Setup nimmt Ihnen einige Minuten wertvolle Zeit. Mit einer kleinen Änderung in der *registry*, der Windows-Benutzerdatenbank, stellen Sie dieses Problem ab:

Aktivieren Sie die *registry* mit *Start/Ausführen* und geben Sie *regedit* ein. In Windows 7 schreiben Sie *regedit* in das Suchfenster unten im Startmenü. Alternativ dazu können Sie auch `Windows` + `r` drücken.

Suchen Sie diesen Eintrag:

```
HKEY_CURRENT_USER\Software\Microsoft\Office\Version\Excel\Options
```

Anstelle von Version x setzen Sie 14.0 für Office 2010 ein, 11.0 für Office 2003 oder 10.0 für die Version 2002/XP.

Klicken Sie mit der rechten Maustaste auf *Options* und wählen Sie *Neu/DWORD-Wert* im Kontextmenü. Benennen Sie den neuen DWORD-Schlüssel um in *NoReReg*.

Doppelklicken Sie auf den neuen DWORD-Schlüssel *NoReReg*. Geben Sie den Wert 1 ein und bestätigen Sie mit *OK*.

Wiederholen Sie diese Schritte für jede installierte Version. Für Word, PowerPoint oder Publisher ersetzen Sie *Excel* durch *Word, PowerPoint* oder *Publisher*. Für Access gilt dieser Tipp nicht, da Access die *registry* beim Start nicht ausliest.

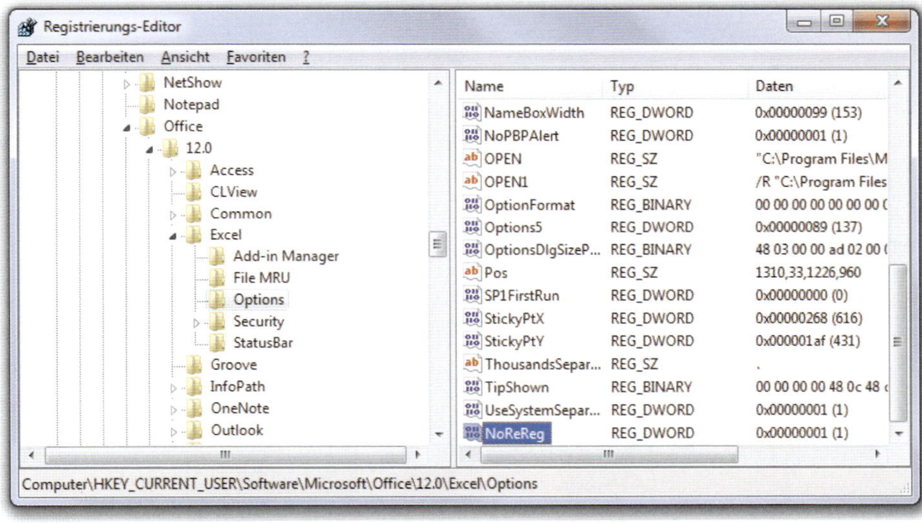

Abbildung 7.18: Mit dieser Einstellung wird Excel beim Versionswechsel nicht neu gestartet

VBA-01: Mussfelder in Formularen

Wenn Sie Ihren Mitarbeitern Formulare zur Verfügung stellen, sollten Sie sicherstellen, dass diese auch alle Informationen eintragen, die Sie für die Auswertung des Formulars brauchen. Diese »Mussfelder« können Sie auf einem Tabellenblatt (versteckt) deponieren, ein kleines VBA-Makro prüft beim Speichern der Arbeitsmappe, ob alle Felder ausgefüllt sind. Dazu verwenden Sie das `BeforeSave`-Ereignis der Arbeitsmappe. Das Beispiel zeigt einen Investitionsantrag, die Zelladressen der Mussfelder sind in Spalte L eingetragen und mit dem Bereichsnamen *Mussfelder* versehen.

VBA Formular mit Mussfelder.xls **CD**

Aktivieren Sie im Projekt-Explorer des VBA-Editors das Objekt *DieseArbeitsmappe* und tragen Sie diese Makros ein:

```
Private Sub Workbook_BeforeSave(ByVal SaveAsUI As Boolean, Cancel As Boolean)
 If Check_Mussfelder = False Then
  Cancel = True
 End If
```

Abbildung 7.19: Formular und Mussfelder-Adressen in Spalte L

```
End Sub
Function Check_Mussfelder() As Boolean
 Dim intMF As Integer
 Check_Mussfelder = True
 With ThisWorkbook.Sheets("Investitionsantrag")
  For intMF = 1 To .Range("Mussfelder").Rows.Count
   If .Range(.Range("Mussfelder").Cells(intMF, 1).Value) = "" Then
    MsgBox "Bitte füllen Sie alle Mussfelder aus, bevor Sie das Formular
    speichern", vbInformation, .Range("Mussfelder").Cells(intMF, 1).Value
    Check_Mussfelder = False
    Exit For
   End If
  Next intMF
 End With
End Function
```

Die Mappe kann jetzt erst wieder gespeichert werden, wenn alle Mussfelder ausgefüllt sind. Eine Meldung weist darauf hin, dass mindestens ein Feld nicht beschriftet ist, die Zelladresse sehen Sie in der Kopfzeile der Meldung.

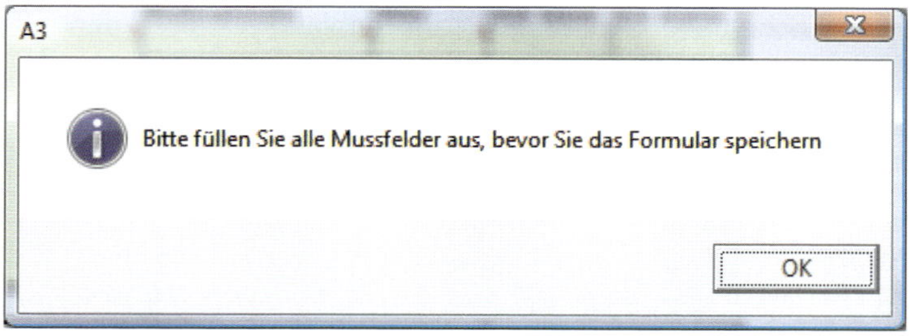

Abbildung 7.20: Diese Meldung erscheint, wenn ein Mussfeld (hier A3) nicht ausgefüllt ist

VBA-02: Gefilterten Wert anzeigen

In großen Listen ist der AutoFilter ein nützliches Werkzeug zur Reduzierung der Anzeige auf bestimmte Spalteninhalte. Markieren Sie die Liste und schalten Sie ihn ein:

Daten/Filter/AutoFilter 2003

Daten/Sortieren und Filtern/Filtern 2007 2010

In der Praxis wäre es oft sinnvoll, den gefilterten Wert anzuzeigen, aber dafür bietet Excel keine Funktion an. Mit der benutzerdefinierten Funktion FILTERWERT() schließen Sie diese Lücke, sie zeigt den gefilterten Wert in der Zelle an, in der sie hinterlegt ist. FILTERWERT() erkennt auch UND- und ODER-Verbindungen im AutoFilter.

Listing 7.1: funktionsmakro Filterwert

```
Function FilterWert(fzelle As Range) As String
 Dim strFilter As String
 ' Funktion Volatile setzen, damit sie immer berechnet wird
 Application.Volatile
 strFilter = ""
 On Error GoTo Ende
 With fzelle.Parent.AutoFilter
  If Intersect(fzelle, .Range) Is Nothing _
  Then GoTo Ende
   With .Filters(fzelle.Column - .Range.Column + 1)
   If Not .On Then GoTo Ende
    strFilter = Mid(.Criteria1, 2, Len(.Criteria1) - 1)
    Select Case .Operator
     Case xlAnd
      strFilter = strFilter _
      & " UND " & Mid(.Criteria2, 2, Len(.Criteria2) - 1)
     Case xlOr
      strFilter = strFilter _
      & " ODER " & Mid(.Criteria2, 2, Len(.Criteria2) - 1)
    End Select
   End With
 End With
Ende:
   FilterWert = strFilter
End Function
```

Rufen Sie die Funktion in einer beliebigen Zelle auf und übergeben Sie ihr die Spaltenbeschriftung der gefilterten Spalte:

```
=FILTERWERT(C4)
```

VBA Funktion Filterwert.xls CD

Nutzen Sie die Funktion auch im Bedingungsformat, stellen Sie z. B. eine Bedingungsregel für alle Spaltenbeschriftungen der Liste auf, die den Filterwert überprüft. Ist die Spalte gefiltert, wird die Beschriftung automatisch mit einer anderen Schriftfarbe gekennzeichnet.

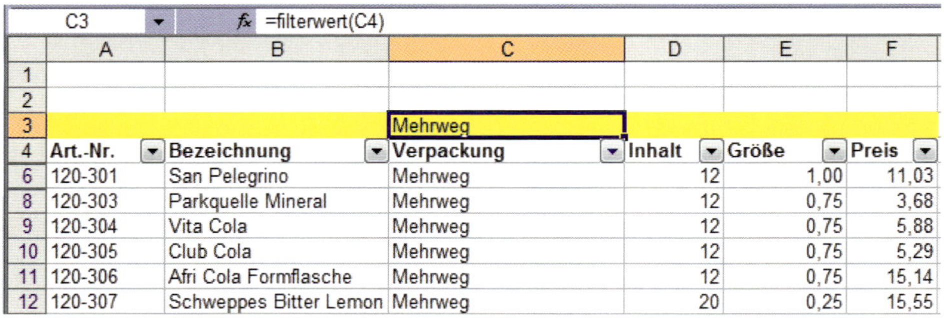

C3 | =filterwert(C4)

	A	B	C	D	E	F
1						
2						
3			Mehrweg			
4	Art.-Nr.	Bezeichnung	Verpackung	Inhalt	Größe	Preis
6	120-301	San Pelegrino	Mehrweg	12	1,00	11,03
8	120-303	Parkquelle Mineral	Mehrweg	12	0,75	3,68
9	120-304	Vita Cola	Mehrweg	12	0,75	5,88
10	120-305	Club Cola	Mehrweg	12	0,75	5,29
11	120-306	Afri Cola Formflasche	Mehrweg	12	0,75	15,14
12	120-307	Schweppes Bitter Lemon	Mehrweg	20	0,25	15,55

Abbildung 7.21: Der Filterwert aus dem AutoFilter wird angezeigt

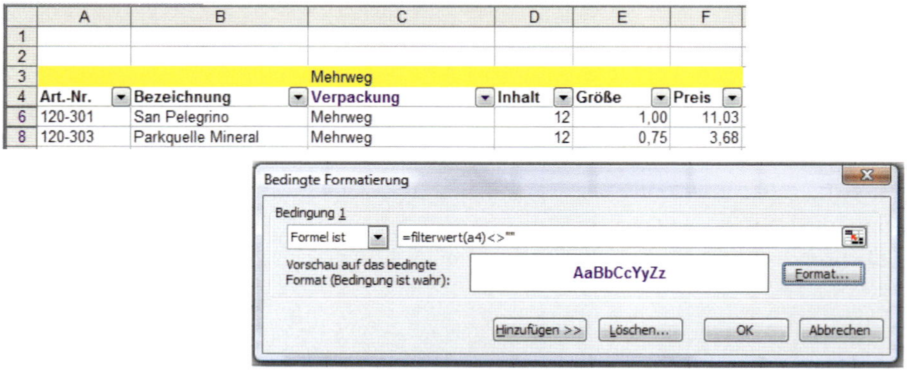

Abbildung 7.22: Mit Filterwert im Bedingungsformat Spaltenbeschriftung formatieren

VBA-03: SAP-Daten auslesen

CD

VBA SAP-Tabelle einlesen.xls

SAP stellt in fast allen Modulen zwar einen Transfer von Berichtsdaten nach Excel zur Verfügung, dazu muss aber der SAP-GUI aktiviert und der Export manuell gestartet werden. Mithilfe von Funktionsbausteinen (BAPIs) können SAP-Daten direkt nach Excel transferiert werden. Der Funktionsbaustein BAPI_USER_GET_DETAIL gibt z. B. Informationen über den angemeldeten »User« aus, und RFC_READ_TABLE bietet die Möglichkeit, alle Tabellen gemäß der Transaktion Se16 auszulesen. Um diese Funktionsbausteine nutzen zu können, wird eine SAP-Verbindung per VBA aufgebaut.

Listing 7.2: VBA-Makro für SAP-Anmeldung

```
Sub SAP_Anmeldung()
 Dim SAP_Function As Object, SAP_Connection As Object
 Dim SAP_Verbindung As Boolean
 SAP_Verbindung = False
 Set SAP_Function = CreateObject("SAP.Functions")
 Set SAP_Connection = SAP_Function.Connection
```

```
 With SAP_Connection
  .ApplicationServer = "xxx"
  .SystemNumber = "1234"
  .System = "xyz"
  .Client = "abc"
  .user = SAP_UserID
  .Password = SAP_Passwort
  If SAP_Connection.logon(0, True) <> True Then
    SAP_Connection.LastError
    SAP_Verbindung = False
   Else
   SAP_Verbindung = True
  End If
 End With
End Sub
```

Wenn die Verbindung zustande kommt, enthält das Objekt *SAP_Connection* die Funktionsbausteine, das Makro kann eine weitere Objektvariable einsetzen, um den Funktionsbaustein RFC_READ_TABLE auszulesen.

```
Set objektvariable  = SAP_Function.Add("RFC_READ_TABLE")
```

Das Makro dimensioniert alle benötigten Variablen, fordert den Tabellennamen vom Anwender an, legt ein neues Tabellenblatt an und schreibt zuerst die Spaltentitel und dann die SAP-Daten in das Tabellenblatt.

Listing 7.3: Makro SAP-Tabellen einlesen

```
Dim objTabellen As Object
Dim objOptionen As Object
Dim objFields As Object
Dim objTabdaten As Object
Dim i, j As Integer
Dim strRow As String
Dim varDataRow As Variant
Dim bolColumn As Boolean
bolColumn = False
Set objTabellen = SAP_Function.Add("RFC_READ_TABLE")
With objTabellen
 .exports("QUERY_TABLE") = InputBox("Bitte Tabellenbezeichnung eingeben")
 .exports("DELIMITER") = "|"
End With
With objTabellen
 Set objOptionen = .tables("OPTIONS")
 Set objFields = .tables("FIELDS")
 Set objTabdaten = .tables("DATA")
End With
'Aufruf des Funktionsbausteins
ret = objTabellen
'Daten in Excel-Tabelle übertragen
If objTabdaten.RowCount > 0 And ret = True Then
 Sheets.Add
 For i = 1 To objTabdaten.RowCount
  strRow = objTabdaten(i, 1)
```

```
      varDataRow = Split(strRow, "|")
      If bolColumn = False Then
       For j = 0 To UBound(varDataRow)
        Cells(1, j + 1).Value = objFields(j + 1, 1)
       Next j
       bolColumn = True
      End If
      For j = 0 To UBound(varDataRow)
        Cells(i + 1, j + 1).Value = varDataRow(j)
      Next j
    Next i
  End If
End Sub
```

Stichwortverzeichnis

Q

R

S

T

U

V

W

X

Y

Z